1999~2000

中国海洋年鉴

CHINA OCEAN YEARBOOK

中国海洋年鉴编纂委员会
中国海洋年鉴编辑部　编

海洋出版社

2001年·北京

图书在版编目（CIP）数据

中国海洋年鉴．1999～2000／中国海洋年鉴编辑部编．
北京：海洋出版社，2001.5
ISBN 7-5027-5258-7

Ⅰ．中…　Ⅱ．中…　Ⅲ．海洋－中国－1999～2000－年鉴
Ⅳ．P7-54

中国版本图书馆 CIP 数据核字(2001)第 18940 号

海洋出版社 出版发行
http://www.oceanpress.com.cn
（100081　北京市海淀区大慧寺路 8 号）
国家海洋信息中心印刷厂印刷　新华书店发行所经销
2001 年 5 月第 1 版　2001 年 5 月北京第 1 次印刷
开本：787×1092　1/16　印张：38.125（插页：44 页）
字数：1250 千字　印数：1～3000 册
定价：150.00 元

海洋版图书印、装错误可随时退换

全国人大常委会副委员长邹家华（中）在'98中华环保世纪行“建设万里文明海疆”记者团出发仪式上讲话

'98国际海洋年“爱我蓝色国土”海洋宣传日活动北京会场——国家海洋局楼前

国家海洋局王曙光局长率海洋综合管理考察团赴美考察

全国海洋厅局长会议

全球环境基金东亚海项目渤海示范区计划研讨会

中国海监总队

1983年国家海洋局正式开展海洋执法监察工作，1998年10月19日中编办批准成立了中国海监总队。中国海监总队是在国家海洋局领导下的中国海监队伍的管理机构。中国海监队伍包括北海、东海、南海3个海区总队和沿海11个省、自治区、直辖市总队，是一支覆盖全国海域的海上执法监察队伍。其主要职能是依法行使行政检查权和行政处罚权；依照法律和规定对中国管辖海域（包括海岸带）实施巡航监视；查处侵犯我国海洋权益、违法使用海域、损害海洋环境和资源、破坏海上设施、扰乱海上秩序等违法行为；并根据委托和授权进行其他海上执法工作。中国海监队伍实行准军事化管理，配备有中国海监船舶、飞机、车辆、陆岸监察设施等执法监察装备，拥有快捷通畅的指挥通信体系和信息传播网络，形成了海、陆、空三位一体的巡航执法监察方式，各级海洋执法监察人员经过严格系统的专业培训和考核，是一支精干高效的海洋执法队伍。中国海监总队的成立，标志着中国海监队伍建设已进入了一个新的发展时期。

国务院副总理温家宝在国土资源部田凤山部长和国家海洋局王曙光局长的陪同下亲切看望中国海监总队机关的工作人员

海上联合执法船编队

中国海监总队"中国海监22"号船，对执行2000年中韩合作研究项目的"Eardo"号调查船及有关活动进行了海上执法监察

受国土资源部委托进行海砂开采的海上执法监察工作

中国海监工作座谈会

登检海洋石油平台（海洋环境）

海监船对违法采砂船进行监视、取证

国家海洋局极地考察办公室

国务院副总理温家宝、国土资源部部长田凤山、国家海洋局局长王曙光等领导2000年春节通过电话，慰问远征南极的考察队员

国家海洋局极地考察办公室(原名为国家南极考察委员会办公室)成立于1981年，是承担中国极地考察具体工作的职能部门。其基本任务是组织协调和管理中国极地考察及研究工作。国家海洋局极地考察办公室下设秘书处、计划处、财务处、科技处、条件保障处、外事处。极地考察办公室还负责管理驻智利南极代表处、亚布力训练基地。80年代以来，中国先后在西南极乔治王岛建成常年科学考察站——长城站，在东南极的拉斯曼丘陵建立中山站，拥有了“雪龙”号极地考察破冰船，在上海浦东建立了中国极地研究所，在黑龙江省亚布力滑雪场开辟了极地考察训练基地，在智利设有南极代表处。至2000年，中国已经成功地组织了17次南极科学考察，并进行了中国首次北极科学考察。

浮冰站、“雪龙”号船和小艇三位一体联合进行科学考察

直升机在极地进行科学考察

小艇在浮冰区作业

内陆冰盖考察

采集浮游生物样品

中国南极长城站

“雪龙”号驶进作业区

中国极地考察工作咨询委员会主任丁德文院士在主持会议

1999年9月23日中美海洋和渔业科技合作议定书签署20周年庆祝仪式在北京举行

国家海洋局局长王曙光在GEF/UNDP 东亚海域环境保护与管理计划第七次指导委员会会议上

国家海洋局副局长孙志辉率团访问印度海洋开发局

国家海洋局国际合作司

国家海洋局国际合作司负责有关维护国家海洋权益和海洋国际合作事务。几年来，在维护国家权益方面，国际合作司代表国家海洋局受理了近50项涉外海洋科学研究项目申请，配合海上划界谈判和磋商，提供法理、方案和技术支持，积极参与地区和国际组织海洋事务，维护国家海洋权益，并根据热点问题整理出版海洋权益工作信息。在海洋国际合作方面，国际合作司努力将国际合作向为管理服务和为发展海洋经济服务的方向转化，推动了全球环境基金“东亚海域环境保护与管理伙伴关系”区域计划渤海示范项目的实施，争取到黄海大海洋生态系项目的立项和有关资助，并启动了南中国海生物多样性保护项目和珠江口海域环境保护监测整治计划调查项目。同时，组织开展了为海洋科研服务的国际和地区合作，与50余个国家开展海洋科技合作与交流，同许多国家签署了政府部门间的海洋科技合作协议、谅解备忘录和合作议定书，加强了与联合国政府间海洋学委员会、大陆架界限委员会、国际海底管理局、1972伦敦公约组织、亚太经济合作组织、海洋研究科学委员会等政府间和非政府间国际组织的合作，与香港、澳门特别行政区和台湾省的合作与交流也得到了加强。

国家海洋局副局长陈连增出席中美海洋和渔业科技合作联合工作组第十四次会议

中加国际海域划界技术培训班

国家海洋局北海分局

北海分局领导集体（自左至右：刘宇中 魏文良 王志远 王广俊 杨志华 宋义葆）

海砂勘查开采监督检查新闻发布会

俄罗斯自然资源部海洋代表团访问北海分局

国家海洋局北海分局是国家海洋局派驻青岛并代表其在北海区实施海洋行政管理的机构。负责管辖苏鲁交界的绣针河口以北中国海域。负责国家海洋法律、法规在该海区的监督实施，依法对北海区实施海洋行政管理，完成国家下达的维护海洋权益、保障海洋资源的合理利用与开发、保护海洋环境、预防及减少海洋灾害等任务。对山东、辽宁、河北、天津等省市的海洋管理工作负有监督、指导、协调和服务等职责。 北海分局现有职工 1 700 余人，其中技术人员 900 余人，高级科技人员 100 余人，学科涉及法律、管理、海洋经济、水文、气象、物理、生物、化学、地质、电子信息等专业。 35 年来，北海分局积极履行海洋行政管理、海洋科技调查和海洋公益服务等职责，努力为国民经济建设服务。为维护国家海洋权益、开发海洋资源、保护海洋环境和防灾减灾作出了重要贡献。

中国海监飞机

王志远局长检阅海监队伍

“中国海监22”号船

国家海洋局东海分局

整装待发的中国海监东海总队执法队伍

国家海洋局东海分局是国家海洋局设在东海海区负责监督管理海域使用和海洋环境保护、依法维护海洋权益、管理东海海监队伍的国家海洋行政主管部门，代表国家海洋局在东海区行使海洋行政管理职能。管辖北起江苏连云港南至福建东山的南黄海和东海海域。

东海分局下设东海检测中心、上海海洋预报中心，厦门、宁波、温州海洋预报台及中国海监第四、第五、第六支队等单位，技术力量雄厚。现有职工 1719 人，专业技术人员656人，拥有专业的海洋执法队伍和海洋技术队伍，拥有执法调查专用船 9 艘、海监飞机2架;有海洋勘探、调查、测试分析、观测预报等方面的先进仪器设备。具有海洋地质勘探、水下地形测量、海洋环境监测、水动力要素观测、生物种类鉴定、放化残毒分析、海洋环境要素预报、海洋灾害预测预报的能力。

运用先进仪器设备获取宝贵的第一手海洋资料

地 址：上海市东塘路 630 号 邮编：200137
电话总机：(021)58614939
传 真：(021)58611647
网 址：http//www.eastsea.gov.cn

“863”－818 上海示范区立体监测系统数据集成与信息服务中心

国家海洋局南海分局

‘98国际海洋年国家海洋局南海分局举办系列宣传活动。图为在湛江召开“南海海洋资源开发利用与可持续发展战略研讨会”

中国海监南海总队于2000年4月26日举行隆重的挂牌仪式，国家海洋局王曙光局长、广东省欧广源副省长、广东省政协潘金培副主席出席挂牌仪式

国家海洋局南海分局召开2000年工作会，全面落实海洋管理职能。左起：副局长王名文、朱兆新，书记李立新，局长张利民，副局长钱宏林

国家海洋局南海分局在广州天河广场举办新修订的《海洋环境保护法》大型宣传咨询活动

国土资源部海砂开采监督检查组在南海检查工作

中国海监74号船在南海进行巡航监视

中国海洋年鉴编委会

2000年5月12～13日第六届《中国海洋年鉴》编委会会议暨《1999～2000中国海洋年鉴》编辑工作会议在青岛市召开。编委会领导、成员、代表和编辑部成员及有关人员共60余人参加了会议。《年鉴》主编、国家海洋局孙志辉副局长在会上作了重要讲话；青岛市于冲副市长到会祝贺并发表了热情洋溢的讲话；著名海洋学家曾呈奎院士、文圣常院士莅临会议指导。会议开得非常成功、圆满。

主编孙志辉（中）在作报告，常务副主编徐承德（右1）主持会议

会议会场

与会人员合影（前排左7：国家海洋局副局长、《年鉴》主编孙志辉，左6：著名海洋学家、中国科学院资深院士、《年鉴》顾问曾呈奎，左8：青岛市副市长于冲，左9：中国科学院院士、《年鉴》顾问文圣常，左5：《年鉴》常务副主编徐承德）

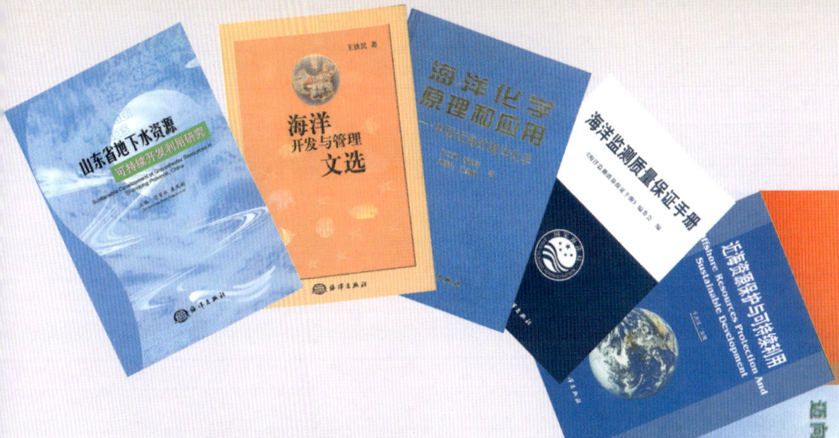

海洋出版社简介

海洋出版社创办于1978年6月2日，隶属于国家海洋局，是中央级出版社。2000年被新闻出版署评定为全国良好出版社。

海洋出版社主要出版海洋科学理论、应用技术及知识性著作；与海洋相关的基础科学、通用技术、工具类图书；科学普及读物；海洋专业的大专院校和职工教育培训教材。同时也出版计算机类、医疗保健类等大科技类图书。

20多年来，海洋出版社累计出版各类图书6 000多种，中外文期刊20余种。有130多种图书和期刊获得国家和省、部委等各种级别的奖励。海洋出版社是我国最早进入国际图书市场的出版社，在国际图书版权贸易方面做了许多开创性的工作，有非常丰富的国际版权贸易经验，与20多个国家和地区的30多家出版机构有着广泛的合作关系。

海洋出版社拥有一支高素质的编辑出版队伍。现有高中级编辑职称者60余人，下设8个图书、期刊编辑室，可以出版各种介质的出版物。

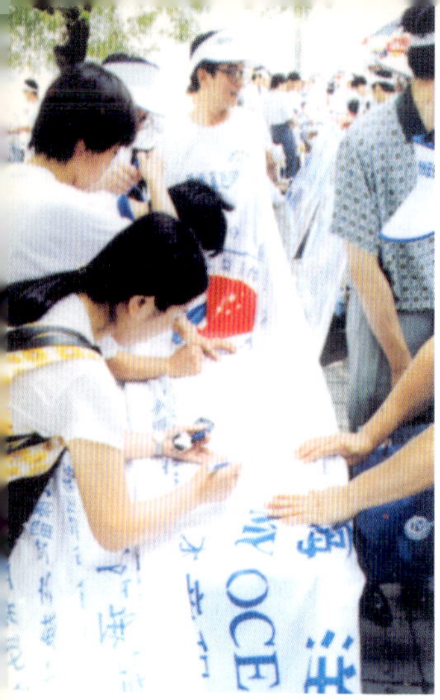

1998年7月，由'98国际海洋年大型宣传活动组委会主办、国家海洋局承办的“爱我蓝色国土”海洋宣传日，在北京和沿海各地同期举行。活动以“迎接海洋世纪，共铸蓝色辉煌”为主题，社会公众在《我的海洋章程》上签名。图为北京市市民踊跃签名

三种海水鱼生长激素cDAN基因的序列分析

国家海洋局网站主页

海洋自然保护区

1998年3月1日，由科技部、国家海洋局、全国少工委、中国海洋石油总公司、海军政治部、新闻出版署发行管理司等单位联合主办了“走向海洋”全国青少年教育活动

《1999～2000中国海洋年鉴》编委会成员名单

（以姓氏笔画为序）

编 辑 说 明

《中国海洋年鉴》是由国家海洋局主办、各涉海部门与单位协办并共同编写的大型综合性、资料性、史册性工具书。其前身《海洋技术年鉴》创办于1982年，1986年改为现名，至今已出版6卷。《中国海洋年鉴》的宗旨是集中、全面地反映中国海洋界各部门、各行业、各地区每一年度的最新进展和主要成就，收录并记载每年度发生的各种海洋事件和重要活动，为海内外人士了解中国海洋事业的发展现状提供一个窗口。

《1999～2000 中国海洋年鉴》设 10 个篇目，即：(1) 综合篇；(2) 产业篇；(3) 地方篇；(4) 海洋管理篇；(5) 海洋公益事业篇；(6) 海洋科技与教育篇；(7) 极地篇；(8) 国际海底篇；(9) 国际合作篇；(10) 附录。

1999～2000 卷《中国海洋年鉴》为了进一步扩大信息量，加大覆盖面，作了如下调整和充实：

1. 从内容上，一是管理篇增加了执法监察部分，海域管理、海洋环境保护部分扩充了新内容；二是公益事业篇增加了海洋灾害部分，全面介绍了1998～1999年我国发生的重大海洋灾害事件；三是在海洋信息管理与服务部分增加了信息网络建设与服务的内容；四是海洋科技篇突出了国家重大海洋项目的介绍，全面反映了我国几乎所有海洋科研单位的重大科研项目及其进展。

2. 从覆盖面上，本卷供稿单位增加了十几家过去从未提供过资料的机构、企业、科研院所、学校和社会团体，涵盖面更广，更全面地反映了我国海洋事业的发展现状。

《中国海洋年鉴》在内容编排上采取分类编排法，以篇、部分、分目、条目组成框架结构的主体部分。全书条目标题统一用黑体加【】表示，个别包含多层面或多侧面资料的条目则下设分条目，以黑体示之。

本卷《中国海洋年鉴》所刊载的内容和数据分别由有关主管部门和单位提供，个别部分引用了其有关部门年鉴的资料。文稿中的数据由于统计口径不同或其他原因，与统计表中数字不一致者，以统计资料为准。

本卷《中国海洋年鉴》资料未包括澳门特别行政区和台湾省数据。

本卷年鉴资料的时间界限一般为1998～1999年。

本年鉴的编辑出版，得到了海洋界各部门的支持和热情帮助，特别是得到了许多单位的经费支持，充分体现了全国几十个涉海部门支持、参与和共同承办的大协作精神。在此，对所有支持和帮助年鉴工作的单位和个人，我们表示衷心的感谢。

由于《中国海洋年鉴》内容涉及到不同行业、不同地区和不同部门，资料的搜集和处理难度较大，资料不够全面或处理不当之处，恳请各界专家、领导和广大读者批评指正，多提意见，支持《中国海洋年鉴》越办越好。

中国海洋年鉴编辑部

2001年5月

编 辑 说 明

[illegible]

《1949—2000 中国[illegible]》[illegible]

[illegible]

[illegible]编辑部

[illegible]年[illegible]

目 录

综 合 篇

特 载

专 文

大 事 记

海洋法规选编

沿海海洋经济概况

产 业 篇

海洋渔业

海洋油气业

海洋交通运输业

海洋盐业和盐化工

海洋船舶业

滨海旅游业

其他海洋产业

地方篇

海南省

广西壮族自治区

广 东 省

福建省

厦门市

浙 江 省

宁 波 市

舟 山 市

上海市

江苏省

山 东 省

青 岛 市

河 北 省

天 津 市

辽 宁 省

大连市

香港特别行政区

海洋管理篇

海域管理

海洋执法监察管理

海洋环境保护

海洋技术监督

海洋公益事业篇

海洋环境预报服务

海洋灾害

海洋信息管理与服务

海洋新闻与出版

海洋科技与教育篇

海洋科技概况

海洋调查

海洋科学研究

海洋技术

海洋教育

极　地　篇

极地考察

国际海底篇

国际海底

国际合作篇

海洋国际合作

附 录

彩页目录

（说明：单位排序不分先后）

CONTENTS

General

Marine Industries

Local Management

Marine Management

Marine Public Welfare Facilities

Marine Science and Technology & Marine Education

Polar

International Seabed

International Cooperation

Appendixes

综　合　篇

General

特 载
Special Contributions

政府白皮书：

中国海洋事业的发展

（中华人民共和国国务院新闻办公室，1998年5月，北京）

前 言

海洋覆盖了地球表面的71%，是全球生命支持系统的一个基本组成部分，也是资源的宝库，环境的重要调节器。人类社会的发展必然会越来越多地依赖海洋。

即将到来的21世纪是人类开发利用海洋的新世纪。维护《联合国海洋法公约》确定的国际海洋法律原则，维护海洋健康，保护海洋环境，确保海洋资源的可持续利用和海上安全，已成为人类共同遵守的准则和共同担负的使命。

中国是一个发展中的沿海大国。中国高度重视海洋的开发和保护，把发展海洋事业作为国家发展战略，加强海洋综合管理，不断完善海洋法律制度，积极发展海洋科学技术和教育。中国积极参与联合国系统的海洋事务，推进国家间和地区性海洋领域的合作，并认真履行自己承担的义务，为全球海洋开发和保护事业作出了积极贡献。

1998年是联合国确定的国际海洋年，中国政府愿借此机会介绍中国海洋事业的发展情况。

一、海洋可持续发展战略

中国有12亿多人口，陆地自然资源人均占有量低于世界平均水平。根据中国有关方面的统计：中国有960万平方公里的陆地国土，居世界第三位，但人均占有陆地面积仅有0. 008平方公里，远低于世界人均0.3平方公里的水平；全国近年来年平均淡水资源总量为28 000亿立方米，居世界第六位，但人均占有量仅为世界平均水平的四分之一；中国陆地矿产资源总量丰富，但人均占有量不到世界人均量的一半。中国作为一个发展中的沿海大国，国民经济要持续发展，必须把海洋的开发和保护作为一项长期的战略任务。

中国拥有大陆岸线18 000多公里，以及面积在500平方米以上的海岛5 000多个，岛屿岸线14 000多公里；按照《联合国海洋法公约》的规定，中国还对广阔的大陆架和专属经济区行使主权权利和管辖权；中国的海域处在中、低纬度地带，自然环境和资源条件比较优越。中国海域海洋生物物种繁多，已鉴定的达20 278种。中国海域已经开发的渔场面积达81.8万平方海里。中国有浅海、滩涂总面积约1 333万公顷，按现有的科学水平，可进行人工养殖的水面有260万公顷，已经开发利用的有93.8万公顷。中国海域有30多个沉积盆地，面积近70万平方公里，石油资源量约250亿吨，天然气资源量约8.4万亿立方米。中国沿海共有160多处海湾和几百公里深水岸线，许多岸段适合建设港口，发展海洋运输业。沿海地区共有 1 500多处旅游娱乐景观资源，适合发展海洋旅游业。中国海域还有丰富的海水资源和海洋可再生能源。

1996年中国制定的《中国海洋21世纪议程》，提出了中国海洋事业可持续发展的战略，其基本思路是：有效维护国家海洋权益，合理开发利用海洋资源，切实保护海洋生态环境，实现海洋资源、环境的可持续利用和海洋事业的协调发展。中国在海洋事业发展中遵循以下基本政策和原则：

——维护国际海洋新秩序和国家海洋权益。1992年2月，中国全国人大常委会通过了《中华人民共和国领海及毗连区法》。这是中国海洋领域的一项重要法律制度，为行使领海主权和毗连区管制权，维护国家安全和海洋权益提供了法律依据。为维护新的国际海洋法律制度和国家海洋权益，全国人大常委会于1996年5月批准了《联合国海洋法公约》，并郑重声明：按照《联合国海洋法公约》的规定，中华人民共和国享有200海里专属经济区和大陆架的主权权利和管辖权；中国将与海岸相向或相邻的国家，通过协商，在国际法基础上，按照公平原则划定各自海洋管辖权界限；中国对《中华人民共和国领海及毗连区法》所列各群岛及岛屿拥有主权。对于中国同邻国在海洋事务方面存在的争议问题，中国政府着眼于和平与发展的大局，主张通过友好协商解决，一时解决不了的，可以搁置争议，加强合作，共同开发。

——统筹规划海洋的开发和整治。加强海岸带的综合开发和管理，合理开发保护近海，积极参与国际海底和大洋的开发利用；沿海陆地区域和海洋区域一体化开发，逐步形成临海经济带和海洋经济区，推动沿海地区的进一步繁荣和发展。

——合理利用海洋资源，促进海洋产业协调发展。实行开发与保护并重的方针，确保海洋资源可持续利用；综合开发利用海洋资源；不断发现新资源，利用新技术，形成和发展海洋新产业，推动海洋经济持续、快速、健康发展。

——海洋资源开发和海洋环境保护同步规划、同步实施。制定海洋开发和海洋生态环境保护协调发展规划，按照预防为主、防治结合，谁污染谁治理的原则，加强海洋环境监测、监视和执法管理；重点加强陆源污染物管理，实行污染物总量控制制度，防止海洋环境退化。

——加强海洋科学技术研究与开发。重视基础研究，组织海洋关键技术攻关，发展海洋高技术，不断提高海洋开发和海洋服务领域的技术水平；加快先进适用技术的推广应用，不断缩小地区间海洋开发技术水平的梯度差；健全高等院校的海洋专业，加强职业教育，培育多层次的海洋科技人才，同时也加强公众海洋知识传播。

——建立海洋综合管理制度。不断完善海洋功能区划和规划，加强海洋开发和保护以及海域使用的科学管理；积极进行海岸带综合管理试验，逐步建立海岸带综合管理制度。

——积极参与海洋领域的国际合作。认真履行《联合国海洋法公约》规定的义务，积极参与国际海洋事务，推动国际和地区性海洋事务的合作与交流，促进全球海洋事业的繁荣和发展。

二、合理开发利用海洋资源

依据海洋资源的承载能力，中国采取综合开发利用海洋资源的政策，以促进海洋产业的协调发展。近年来，中国不断改造海洋捕捞业、运输业和海水制盐业等传统产业；大力发展海洋增养殖业、油气业、旅游业和医药业等新兴产业；积极勘探新的可开发海洋资源，促进深海采矿、海水综合利用、海洋能发电等潜在海洋产业的形成和发展。1997年，中国的海洋渔业、海盐和盐化工业以及海洋运输业、造船业、油气业和旅游业等主要海洋产业的总产值达3 000多亿元，成为国民经济发展的积极推动力量。

中国有悠久的海洋渔业发展史，积累了丰富的经验。中国渔业的发展，坚持“加速发展养殖，养护和合理利用近海资源，积极扩大远洋渔业，狠抓加工流通，强化法制管理”的方针。80年代中期以来，中国的海水养殖业迅速发展，养殖的种类增多，区域扩大。海水养殖产量从1987年的192.6万吨增加到1997年的791万吨，占海洋渔业产量的比重从27%上升到36%。根据海洋渔业资源的实际情况，中国积极调整海洋捕捞结构，养护和合理利用近海渔业资源，积极开发新资源、新渔场，使捕捞业不断适应资源结构的变化。1997年，中国海洋捕捞总产量1 385.4万吨。中国发展远洋渔业和国际渔业合作，本着严格遵守有关国际海洋法，并充分注意保护生态环境，在平等互利、合理开发可利用资源、不损害别国利益的原则基础上，积极开展同有关国家和地区的渔业合作，共同发展渔业经济。80年代以来，中国与30多个国家和地区建立了渔业合作关系。

中国重视海洋渔业资源的保护工作，采取了各种养护渔业资源的措施，以保障海洋可持续发展战略的实施。中国先后建立了各种禁渔期、禁渔区、保护区和休渔制度，取缔有害渔具渔法，限制网目尺寸和幼鱼比例。中国早在1979年就开始实行了捕捞许可证制度，限制捕捞强度的盲目增长，并从1987年开始实行渔船马力控制指标政策。从1995年起，中国实行新的伏季休渔制度，每年的7月至8月，在北纬27度以北海域全面休渔，取得了明显的经济、生态和社会效益。从今年起，中国伏季休渔的范围扩大到北纬26度，休渔时间延长至3个月。中国重视渔业资源的增殖工作，多年来一直坚持对虾和其他品种的增殖放流，取得了积极成果。

中国自60年代开始进行海洋油气资源的自营勘探开发，80年代开始吸引外国资金和技术，进行合作勘探开发。中国的海洋石油天然气开发实行油气并重，向气倾斜，自营勘探开发与对外合作相结合，上下游一体化的政策，并取得了重大进展。到1997年底，中国已与18个国家和地区的67个石油公司签定了131项合同和协议，引进资金近60亿美元；发现含油气构造100多个，找到石油地质储量17亿吨；天然气3 500亿立方米；已有20个油气田投入开发，形成了海洋石油天然气产业。1997年，中国海洋石油产量超过1 629万吨，天然气产量为40亿立方米。

中国制定了深水深用、合理利用岸线资源的政策，一切深水岸线优先用于港口建设，积极发展海洋运输业。新中国成立以来，特别是改革开放以来，海洋运输业的发展取得了很大成绩。到1997年底，中国民用船舶已发展到32万艘，近5 000万载重吨，其中从事外贸运输的船队达2 300多万载重吨。中国的港口建设和海洋运输依据建设水运主通道、港口主枢纽和水运支持保障系统的规划设想，以集装箱、煤炭、石油、矿石、粮食等大宗货物专业化泊位建设为重点，配套建设后方集疏运通路，加快装运卸系统建设，建设干线与支线衔接、装卸配套技术先进的集装箱运输系统，同时强化老港口技术改造，提高吞吐能力和效率。目前，中国共有年吞吐量1 000万吨以上的海港15个。1997年，沿海主要海港货物吞吐总量达9.05亿吨。近年来，中国沿海造船业呈高速发展态势，1997年造船总吨位居世界第三。

中国的海洋旅游业采取依托沿海城市，突出海洋特色，分区分片建设的政策。近年来，沿海地区开发建设了300多处海洋和海岛旅游娱乐区，兴建了各具特色的旅游娱乐设施，使海洋旅游业成为迅速发展的新兴海洋产业。1997年，中国海洋旅游共接待境外游客超过1 000万人次。

中国是世界上最早利用海水制盐的国家之一。目前，海水资源开发采取以盐为主、盐化结合，积极发展海水综合利用的方针，形成了盐业、盐化工业，以及海水直接利用和海水淡化等新兴产业。中国有盐田面积43万公顷，1997年生产原盐2 928.1万吨。中国的盐化工业产品主要有氯化钾、溴素、无水硝、氯化镁等，其中氯化钾、溴素等总产量超过50万吨。天津、大连、青岛、烟台、秦皇岛等沿海城市，都在扩大直接利用海水作为工业冷却水和大生活用水，这对于缓解中国淡水资源严重短缺的状况意义重大。

中国政府把大洋矿产资源勘探开发列为国家长远发展项目给予专项投资，成立了负责协调、管理中国在国际海底区域进行勘探开发活动的专门机构。中国是国际海底区域第五大投资国，并在国际海底区域获得了7.5万平方公里的专属勘探开发区。今后，中国将一如既往地积极参与国际海底的管理和开发活动，发展勘探开发新技术，为全人类和平利用国际海底资源作出应有的贡献。

三、保护和保全海洋环境

中国十分重视海洋环境保护工作，逐步建立了海洋环境保护机构和海洋环境保护法规体系，社会各界保护海洋的意识和法制观念不断增强，海洋环境保护事业不断取得新进展。由于海洋环境保护工作不断加强，在沿海地区国民经济快速增长，入海污染物急剧增加的情况下，污染严重恶化的势头得到缓解，局部海区的环境质量得到改善，并使大面积海域水质基本保持在良好的状态。

1982年，中国全国人大常委会通过了《中华人民共和国海洋环境保护法》。这是中国保护海洋环境的基本法律，对防止因海岸工程建设、海洋石油勘探开发、船舶航行、废物倾倒、陆源污染物排入而损害海洋环境等作了法律规定。中国政府还颁布了《中华人民共和国防止船舶污染海域管理条例》、《中华人民共和国海洋石油勘探开发环境保护管理条例》、《中华人民共和国海洋倾废管理条例》、《中华人民共和国防止拆船污染环境管理条例》、《中华人民共和国防止陆源污染物污染损害海洋环境管理条例》和《中华人民共和国防止海岸工程建设项目污染损害海洋环境管理条例》，以及10余项政府各部门制定的海洋环境保护规章和保护标准等，形成了海洋环境保护法律体系。国家有关部门还制定了海洋环境保护规划和计划，以及湿地保护、生物多样性保护等专业计划，建立了全海域海洋监测网和近岸海域环境监测网。

近年来，中国逐步建立了海洋环境保护管理体制。国家环境保护部门主管全国海洋环境保护工作；国家海洋管理部门负责组织海洋环境的调查、监测、监视，开展科学研究，并主管防止海洋石油勘探开发和海洋倾废污染损害的环境保护工作；国家港务监督机构负责船舶排污的监督和调查处理，以及港区水域的监视，并主管防止船舶污染损害的环境保护工作；国家渔政渔港监督机构负责渔港船舶排污的监督和渔业港区水域的监视；军队环境保护部门负责军用船舶排污的监督和军港水域的监视；沿海地方人民政府环境保护部门主管防止海岸工程和陆源污染物污染损害的环境保护工作等等。这一分工合作的管理体制，对确保海洋环境保护法律的实施及有效保护海洋环境发挥了重要作用。

中国的海洋污染管理贯彻预防为主、防治结合的方针。在做好海洋生物资源保护和海上污染防治的同时，把防治陆源性污染作为海洋环保的重点。在控制陆源污染方面建立了一系列制度，加强重点排污口的监测、监视和管理。大中城市不断调整工业布局，加强技术改造，开展三废综合利用，对污染严重的企业限期治理或关、停、并、转、迁，还建设了一批污水处理厂，控制新污染源，减少了陆源污染物入海量。为防止船舶和港口污染海洋，各类船舶均按规定装备了油水分离装置，编制了《船上油污应急计划》。港口普遍建设了含油污水接收处理设施和应急器材，每年处理船舶含油污水370万吨，回收废油

4.2万吨。为了防止海上石油开发对海洋环境的污染，采油平台全部配备了含油污水处理装置，钻井船舶全部配备了机舱油水分离装置，各油田都配备了围油栏、化学消油剂，以及溢油回收船。海上油田还制定了《海洋石油勘探开发溢油应急计划》。

作为《1972年防止倾倒废物及其他物质污染海洋的公约》（伦敦倾废公约）的缔约国，中国重视执行该公约的规定，并不断加强对海洋倾废的管理。到目前为止，中国已建立了34个三类疏浚物倾倒区，4个空中放油区，签发倾倒许可证近2 000份。同时，大力加强倾倒区的环境质量监测工作。中国严格禁止在海上处置一切放射性物质，逐步停止海上倾倒工业废物，并禁止有毒废物海上焚烧。

为了保护渔业水域的生态环境，中国政府制定了《渔业水质标准》，有关部门还制定了《贝类生产环境卫生监督管理规定》等规章制度，并采取了一系列管理措施，加强对海洋鱼、虾类产卵场、索饵场、越冬场、洄游通道、养殖场的生态环境保护。国家和沿海地区建立了多级渔业环境保护机构，全国建立了15个省级以上海洋渔业环境监测站，重点渔业水域建立了一批海洋生物保护区。1995年，中国政府有关部门制定《海洋自然保护区管理办法》，贯彻养护为主、适度开发、持续发展的方针，对各类海洋自然保护区划分为核心区、缓冲区和试验区，加强海洋自然保护区的建设和管理。目前，已建立各种类型海洋自然保护区59个，总面积1.29万平方公里，其中包括海湾保护区、海岛保护区、河口海岸保护区、珊瑚礁保护区、红树林保护区、海岸泻湖保护区、海洋自然历史遗址保护区、海草床保护区和湿地保护区等。

中国是世界上海洋灾害最严重的国家之一。影响中国沿海的风暴潮、海浪、海冰、地震海啸、海岸侵蚀、台风和海雾，以及赤潮生物灾害等海洋灾害，在各类自然灾害总经济损失中约占10%。经过几十年的努力，中国已初步建成了由近海到远海、多部门合作的海洋环境及灾害观测网络和预报、警报系统，开展了主要海洋灾害分析、预警报和评估业务，建设了海上搜救中心和沿岸防灾准备应急系统，形成了海洋减灾体系。

随着沿海地区经济的迅速发展、人口的逐步增加和海洋开发规模的不断扩大，中国海洋环境保护和减灾工作面临的形势依然严峻。为了保护和保全海洋环境，中国制定了《全国海洋环保“九五”（1996～2000年）计划和2010年长远规划》，继续贯彻预防为主、防治结合，谁污染谁治理，强化环境管理三大政策，并采取以下主要措施保护海洋环境：

——加强污染源控制，制定入海河流全流域水质目标，建立重点海域排污总量控制制度，确定主要污染物排海指标，严格限制超过规定数量的排放；

——加强海洋污染调查、监测和管理，完善污染监测网，健全卫星、船舶、岸站立体监视和执法体系；

——逐步建立排污收费制度，鼓励社会各方面发展海洋环保技术和产业；

——加强海洋监测和灾害预警系统建设，建设观测网、数据采集与通讯网、预警和服务网，以及资料质量控制系统，等等。

四、发展海洋科学技术和教育

近年来，中国不断深化海洋资源和环境调查、勘探，积极寻找新的可开发资源，研究新的开发、保护技术和方法，大力培养海洋开发与保护的科技人才队伍，普及海洋知识，努力提高全民族的海洋意识。

中国现有涉海科研机构109个、科研人员13 000多人，已经形成了一支学科比较齐全的海洋科技队伍，在海洋调查和科学考察、海洋基础科学研究、海洋资源开发与保护、海洋监测技术以及海洋技术装备制造等方面取得了许多成绩。

新中国成立以来，在海洋调查和海洋科学考察方面做了大量的工作。其调查范围从近海逐步扩展到大洋，调查方式从海面观测逐步发展到航空航天遥感、海面观测、水下探查。早在1958年至1960年，中国就组织了全国海洋综合普查；1980年至1986年，进行了全国海岸带和海涂资源综合调查，并开展了海岸带综合开发利用试验；1988年至1995年，又进行了全国海岛资源综合调查和海岛综合开发试验等等。

1983年，中国加入了《南极条约》，并从1984年开始进行南极及其周围海域调查，到1997年共进行了14次科学考察，先后建立了长城、中山南极科学考察站，为人类和平利用南极作出了积极贡献。1996年中国又加入了国际北极科学委员会，积极参与《北极在全球变化中的作用》等相关的国际合作项目。

中国海洋科学研究以近海陆架区海洋学为主，已经形成了具有区域特征的多学科的海洋科学体系。国家有关部门制定了海洋科学发展战略和支持海洋科学发展的规划和计划。近年来，中国在物理海洋学、生物海洋学、海洋地质学、海洋化学等学科取得了显著进展，为海洋渔业发展、海洋油气资源开发、海洋环境保护和海洋防灾减灾等，提供了科学指导和依据。

中国积极发展海洋技术，已经形成了海洋环境技术、资源勘探开发技术、海洋通用工程技术三大类，包括20多个技术领域的海洋技术体系。目前，中国正在实施海洋高技术计划、海洋科技攻关计划和“科技兴海”计划。中国海洋高技术研究的重点是海洋监测技术、海洋探查资源开发技术、海洋生物技术。海洋科技攻关计划的重点是海岸带资源与环境可持续利用、海水淡化、海洋能利用和海水资源综合利用等与现代海洋开发直接相关的领域。1996年，中国政府有关部门联合制定了《“九五”（1996～2000年）和2010年全国科技兴海实施纲要》。据此，中国重点研究、开发和推广海洋增养殖技术、海洋生物资源深加工技术、海洋药物开发提取技术和海水化学资源利用技术。通过实施这个纲要，培育海洋科技企业，带动海洋产业生产力水平的提高，并力争使科技进步在海洋产业产值增长中的贡献率从30%提高到50%。

中国初步形成了海洋专业教育、海洋职业教育、公众海洋知识教育体系。目前共有设立海洋专业的高等院校37所，中等专业学校29所，不断为海洋事业输送大批科技与管理人才。海洋职业教育现有20多个技术岗位，仅近3年就培训8 000多人。中国还常年利用新闻媒体对青少年进行海洋知识教育，并在沿海地区公众中开展合理开发利用海洋和保护海洋环境的常识教育。

经过几十年的发展，中国已经建成了以国家海洋信息中心为主的海洋资料信息服务系统，为海洋开发、海洋科研和环境保护提供了大量的信息服务。九十年代初，中国初步建成了国家有关部门、产业、研究机构、沿海地区共同参与的海洋信息交换网络。

为进一步发展海洋科学技术，推动海洋开发保护事业发展，中国政府制定了《中长期海洋科技发展纲要》、《海洋技术政策（蓝皮书）》和多项海洋科技发展规划。今后中国海洋科技发展的主要目标是：加强基础科学研究，解决海洋资源开发与环境保护的关键技术，提高海洋科技产业化水平，增强海洋开发和减灾、防灾的服务保障能力，提高对海洋环境的保护能力，缩小中国海洋科技水平与发达国家的差距。

五、实施海洋综合管理

1992年联合国环境与发展大会制定的《21世纪议程》提出，为了保证海洋的可持续利用和海洋事业的协调发展，沿海国家应建立海洋综合管理制度。这一倡议得到了包括中国在内的世界各国的普遍赞同。近年来，中国陆续建立并完善了国家和沿海地方海洋管理机构，形成了一定规模的海洋执法、管理监测和科学研究队伍，并制定了有关法规，开展各项海洋综合管理工作。

中国加强了有关海洋领域的法制建设。中国全国人大通过了《中华人民共和国领海及毗连区法》、《中华人民共和国海洋环境保护法》、《中华人民共和国海上交通安全法》、《中华人民共和国渔业法》、《中华人民共和国矿产资源法》等海洋和涉海管理法律。国务院制定了《对外合作开采海洋石油资源条例》、《涉外海洋科学调查研究管理规定》、《铺设海底电缆管道管理规定》和《矿产资源勘查区块登记管理办法》等行政法规。这些法律、行政法规的内容与《联合国海洋法公约》的原则和有关规定是一致的；它们的制定和实施，既维护了国家主权和海洋权益，也促进了海洋资源的合理开发和海洋环境的有效保护，使中国的海洋综合管理初步走上法制化轨道。

为了科学、有效地进行海洋综合管理，1989年至1995年，国家有关部门和沿海地区编制了海洋功能区划，划出了3 663个海洋功能区，包括开发利用区、治理保护区、自然保护区、特殊功能区、保留区等不同类型。1991年至1994年，国家有关部门和沿海地区编制了《全国海洋开发规划》，提出了海洋开发的战略目标、海洋产业结构和布局规划、海洋开发的区域规划，以及推动海洋开发的政策和措施。

近年来，中国积极开展海岸带综合管理试验，并取得了一些可喜成绩。1979年至1986年开展的“全国海岸带和海涂资源综合调查”，为开展海岸带综合管理积累了丰富的资料。自1994年起，中国政府与联合国开发计划署等机构合作，在厦门市建立海岸带综合管理示范区，取得了良好的效果，受到国际组织的好评，为中国和其他国家进行海岸带综合管理提供了经验。1997年，中国又与联合国开发计划署合作，在广西的防城市、广东的阳江市、海南的文昌市进行海岸带综合管理试验。

海洋综合管理的基本目的是保证海洋环境的健康和资源的可持续利用。为更好地做好这项工作，中国今后将在以下几个方面继续作出努力：

——完善海域使用管理法律制度；

——建立和完善海洋综合管理信息系统，深化海洋资源环境调查和评价；

——制定大比例尺海洋功能区划和综合性海洋开发保护规划；

——建立综合决策机制，促进海洋事业协调发展；

——逐步完善多职能的海上监察执法队伍，形成空中、海面、岸站一体化海洋监察管理体系；

——广泛动员社会各界参与海洋资源和环境保

护，增强广大民众热爱海洋、保护海洋的意识。

六、海洋事务的国际合作

世界海洋是一个整体，研究、开发和保护海洋需要世界各国的共同努力。中国作为一个重要的发展中国家，深知自己在国际海洋事务方面担负的责任和义务。中国一贯主张和平利用海洋，合作开发和保护海洋，公平解决海洋争端。中国积极参与国际和地区海洋事务，推动海洋领域的合作与交流，认真履行自己承担的义务，为国际海洋事业的发展作出了应有的贡献。

中国支持并积极参与联合国系统开展的各种海洋事务，相继加入了联合国教科文组织政府间海洋学委员会、海洋研究科学委员会、海洋气象委员会、国际海事组织、联合国粮农组织、北太平洋海洋科学组织、太平洋科学技术大会等近20个国际组织，并与几十个国家在海洋事务方面开展了广泛的合作与交流。

中国参与了联合国第三次海洋法会议的历次会议和《联合国海洋法公约》的制定工作，并成为缔约国。中国还参加了联合国国际海底管理局、国际海洋法法庭筹备委员会会议，以及国际海底管理局的建立工作，并当选为国际海底管理局首届B类理事国。中国作为国际海底开发先驱投资者，投入了大量的资金、技术和人才，进行海底区域的勘探活动，不仅维护了中国在国际海底的权益，而且也是对人类开发利用大洋资源的贡献。中国学者还当选为首任国际海洋法法庭法官，在国际海洋事务中发挥了积极作用。

中国重视公海及其资源的保护管理工作。1993年至1995年，中国参与了联合国关于养护和管理跨界鱼类种群和高度洄游鱼类种群的协定的制定工作。先后与俄罗斯、美国、日本等国就开发和保护白令海渔业资源问题进行谈判，签署并核准了《中白令海狭鳕资源养护和管理公约》。为了保护公海渔业资源，中国参与了保护金枪鱼、鲸类，以及濒危物种的国际活动，加入了《养护大西洋金枪鱼国际公约》，并参加了《促进公海上渔船遵守国际养护和管理措施的协定》的制定工作。

海洋是全球大通道，海洋交通运输领域的国际合作对于推动全球物资流通和经济发展具有重要意义。作为国际海事组织成员国，中国与51个国家签定了双边海运协定，积极开展海洋交通运输的国际合作与交流。在国际海事组织第16至20届大会上，中国连续当选为A类理事国。中国先后加入了国际海事组织制定的30多项公约，其中包括《1965年便利国际海上运输公约》、《1990年国际油污防备、反应和合作公约》、《1995年海员培训、发证和值班标准国际公约》、《1974年国际海上人命安全公约》、《1973/78年国际防止船舶造成污染公约》及其有关修正案、《1974年海上旅客及其行李运输雅典公约》、《统一船舶碰撞某些法律规定的国际公约》等国际公约。

中国参与了全球性海洋科研活动，包括全球海洋污染研究与监测、热带海洋与全球大气研究（TOGA）、世界大洋环流试验（WOCE）、全球联合海洋通量研究（JGOFS）、海岸带陆海相互作用研究（LOICE）、全球海洋生态系统动力学（GLOBEC）等，为推动全球海洋科技合作作出了积极努力。1985年至1990年，中国派出3艘船、300多名海洋科技人员参加了热带西太平洋海气耦合响应试验，获得大量科学资料，为了解西太平洋“暖池区”海气耦合作用对全球气候变化的影响，改进全球海洋和气候预报模式，研究厄尔尼诺等现象提供了重要依据。1990年，中国参加了北太平洋海洋科学组织（PICES），并于1992年参加了政府间海洋学委员会西太分委会。中国还参加了联合国亚太经社理事会海洋环境与海洋学研究工作组等地区性组织。中国参与了联合国教科文组织政府间海洋学委员会等国际组织倡导和发起的全球海洋观测计划（GOOS），并发起组织东北亚海洋观测系统。

自80年代以来，中国同美国、德国、法国、加拿大、西班牙、俄罗斯、朝鲜、韩国、日本等几十个国家广泛开展海洋科技合作，先后进行了长江口、黄河口、黑潮、海气相互作用、海南岛生物多样性等项合作调查和研究，取得了积极成果。仅中国和日本于1986年至1992年合作进行的黑潮调查，就进行了100多个航次的外业调查，交流科学家200多人次，为认识黑潮运动、变化规律和成因，以及西太平洋渔区资源变动等问题积累了大量资料。

依据平等互利原则，中国积极开展地区性海洋渔业合作。在1975年中、日渔业协定的框架下，中、日两国每年都协商安排渔业资源的开发和保护工作。1997年中、日两国又签定了新的渔业协定，为中、日之间长期开展渔业合作奠定了基础。中国还与韩国、菲律宾等其他周边国家进行渔业谈判，讨论周边海域渔业资源开发和保护问题。

中国还承担了帮助发展中国家培训海洋专业和综合管理人才的国际义务，并多次举办海洋方面的国际会议。1987年首次在中国北京举办了国际海洋学院海洋管理培训班。1994年10月，国际海洋学院中国中心在中国设立，到目前为止，已先后举办了3次培训班，为19个发展中国家培训了海洋专业和海洋管理人才50多人次。1996年在中国举办了第24届世界海洋和平大会，发表了北京宣言，取得了积极成果。

中国为发展海洋事业，开发和保护海洋作出了积极努力。与此同时，中国政府也清醒地认识到，由于中国是一个发展中国家，发展水平和经济力量有限，使得中国的海洋开发与保护同世界上一些发达国家相比，还存在着差距：中国的海洋科学技术水平还比较低，海洋开发技术装备比较落后，许多海洋开发领域尚处在粗放型阶段，特别是近年来随着沿海地区人口的不断增加和经济的快速发展，给海洋环境的保护和海洋资源的合理开发带来了很大压力。中国已经把合理开发利用与保护海洋资源和环境列入跨世纪的国民经济和社会发展总体规划之中，把海洋事业可持续发展作为一项基本战略。随着社会生产力的不断发展，综合国力的进一步增强，以及国民海洋意识的逐步提高，中国的海洋事业必将得到更大的发展。中国将一如既往地与世界各国和有关国际组织一道，为促进人类开发和保护海洋事业走上可持续发展道路而作出应有的贡献。

全国人大常委会副委员长、'98国际海洋年大型宣传活动组委会主任

王光英在海洋宣传日大会上的讲话

（1998年7月18日）

今天是“爱我蓝色国土”海洋宣传日。在这一天里，北京以及全国沿海各地都在开展形式多样的主题为“迎接海洋世纪、共铸蓝色辉煌”的宣传活动。在此，我以中国'98国际海洋年大型宣传活动组委会主任的名义，对这一活动表示热烈的祝贺！

蓝色国土这个提法很有意义。这是因为，我们国家不仅拥有960万平方公里的陆地领土，还拥有近300万平方公里的管辖海域。这片宝贵的“蓝色国土”同样是中华民族生存与发展的重要空间。今天，举办全国海洋宣传日活动，对于提高全民族的海洋意识，激发人们关注、热爱我们的蓝色国土具有十分重要的现实意义和历史意义。

1998年，是联合国确定的“国际海洋年”。世纪之交，越来越多的国家把发展的目光投向海洋。有识之士预言，21世纪将成为海洋开发的新世纪，人类将迎来开发利用海洋的新时代。

面海而兴，背海而衰。这是很多国家和民族的历史都印证的一条真理。走向海洋，中国便强大。远离海洋，中国便落后，甚至挨打，这是历史留给我们的教训。新中国成立之后，党中央、国务院对海洋工作给予了高度重视。以毛泽东同志为核心的老一辈无产阶级革命家，从建国之始就下大决心发展我国的海洋事业，批准开展了首次全国海洋普查，着手建设强大的海防力量。进入改革开放的新时期后，邓小平同志高瞻远瞩，批准组织了全国范围的大规模的海洋资源调查，开创了大洋和极地考察事业，并在沿海地带开辟经济特区，促进沿海经济高速发展。以江泽民同志为核心的党中央，以战略的眼光，从国家发展战略的高度部署海洋开发与保护工作，指导和推动着我国海洋事业的快速发展。

我国是位居世界前列的海洋大国，但目前，还称不上是海洋经济强国。要建设海洋经济强国，首先需要增强人们的海洋意识。海洋事务的竞争，同时也是一个国家、一个民族海洋意识的竞争，我们要从战略的高度重视海洋宣传，提高全民族的海洋观念。当前，要通过大众传播媒介、专业教育和中小学教育等多种手段，普及全社会特别是领导干部的海洋国土知识，使人们充分了解海洋的重要地位和作用，积极参与海洋事务，形成全民族齐心协力关注海洋、开发海洋、保护海洋的局面，在全社会掀起普及海洋知识，提高海洋意识，爱我蓝色国土的高潮。

国土资源部党组书记、部长
周永康在全国海洋厅局长会议上的讲话

（1999年1月13日）

在我国改革开放和现代化建设取得伟大胜利的形势下，召开这次全国海洋厅局长会议，很重要。我代表国土资源部党组和国土资源部，向在1998国际海洋年里取得重大工作成绩的海洋战线全体同志，表示祝贺，表示感谢！

我国的海洋事业，自建国以来，尤其是改革开放的20年来，取得了很大的发展。海洋经济产值从1979年的六十几亿，发展到现在的三千多亿，速度很快。很多沿海省市区提出建设“海洋大省”的雄伟蓝图，形势喜人。海洋科技也迅猛发展，进行了海上科学考察和大规模的资源调查等。从1984年开始的南极考察已经进行了15次，现在科考队已深入南极1 100公里，到达了南极冰盖最高点，中央电视台每天的报道令人鼓舞。南极考察，我们已走在世界前沿。今年，我们还计划对北极进行考察。海洋法制建设也在不断完善，包括专属经济区和大陆架的法、海洋环保的法等等。海洋环保已引起社会各界的注意。在’98国际海洋年，动员和组织全国力量开展了大规模的颇有成效的宣传活动。在7.18海洋宣传日这一天，全国各地都搞了街头宣传，我陪同王光英副委员长参加了北京的活动，引起全社会的关注。总之，我国海洋事业在改革开放20年的实践中，有了飞速的发展，在国民经济中的地位有了很大提高。尽管海洋经济占国民经济总产值的比例目前还比较小，大约是4%，但根据规划，2000年将提高到5%，很有前景，令人鼓舞。

这次国务院机构改革，将地矿部、土地局、海洋局、测绘局这四个单位共同组成国土资源部，国家海洋局作为国家局继续保留。并且明确，国家海洋局要进一步加强海域使用管理和海洋环保工作，加强海洋法制建设，推动海洋科技发展，做好海洋公益服务工作。这次改革中撤并了许多部委，成立了一批国家局，但我觉得国家海洋局不一样，你们是独管一方。所以，这次会议要认真贯彻国务院批准的海洋局“三定”方案，把国务院赋予的艰巨任务和历史使命落到实处。

前一段时间，好多报纸和简报报道了“几龙治海”的问题，国家海洋局要逐步提高海洋综合管理方面的职能。海洋局作为国土资源部管理的国家局，我从到部开始就同张登义同志讲，“你要我管，最好什么事你也不要来找我，你又管得很好，那我最高兴。你在哪个事情上推不动了，我处在这个位置上，给你加把劲，帮你推动去，为你服务”。我对部机关的同志讲，“不要去找海洋局的麻烦，不要增加海洋局的负担，你们没有直接给海洋局布置任务的职能”。这样说，决不是海洋工作在整个部里的地位不重要，而是说，放手让大家去干，相信大家都会按“三定”方案赋予的职责干好工作。本来已经“几龙治海”了，你再在上面出点子，又出不到要害处，只能带来更多麻烦。我力求当一名开明部长，全力支持海洋局把事情办好。

海洋工作是十分重要的。我国海岸线长18 000多公里，岛屿岸线14 000多公里，按《联合国海洋法公约》的规定和我国的主张，我们拥有约300万平方公里的管辖海域。当然，还有相当一部分是争议区，也就是说，离真正在300万平方公里蓝色疆土上展开我们的海洋事业，还有很大距离，还有非常艰巨的工作要做。

海洋是生命之源，陆地生物最后的形成发展都是从海洋中过来的，海洋拥有丰富的生物资源和矿产资源，海洋是地球气候的“调节器”等等，这些重大的作用，决定了海洋的特殊地位。现在，我们用不到世界10% 的耕地养活了全球22%的人口，按1996年统计，全国耕地总量是19.5亿亩，而人口一直在增长，耕地一直在减少，可开发耕地又很少。如何解决土地资源这个矛盾，对于我们国家尤其是沿海地区来讲，我想发展海洋经济就是一个重要途径。

目前，海洋开发确实存在“无序、无度、无偿”现象，好像谁都可以随便用海，谁都无偿用海。如果继续在“三无”状态下搞海洋经济，那么，这种发展就不是可持续的，必然造成海洋资源环境的破坏。把“三无”变成“三有”，是海洋管理部门的根本职责，也是海洋战线所有工作者的共同任务。这次厅局长会议要很好研究，找出解决问题的办法和途径，同时，在沿海省区市，要把陆地经济发展和海洋经济发展统筹考虑，海洋局系统的同志们应该为此做出自己的贡献。我们要深刻理解江泽民同志多次讲话提出的

"未雨绸缪"的要求，放眼看未来，不能只顾眼前利益。例如渤海，周边陆源排污严重，如不搞好养殖业发展规划，海水越来越富营养化，造成渤海环境污染非常严重。专家们讲，弄不好，渤海要变成"死海"。所以海洋局的同志们要很好地研究落实国家赋予的综合管理职能，特别是海域使用和功能区划的职能，切实搞好功能区划，并把功能区划变成有法律效力的规划和年度计划。不管是多少龙治海，我们海洋局系统这条龙要成为专治海的"龙"，是综合性管理的"龙"。海洋资源环境属国家所有，任何单位用海不应无偿。有的人一听"有偿"就紧张，没有必要。什么叫"有偿"，海洋局和整个国土资源部从来都宣布没有自己本部门利益，而是要通过"有偿"来实现"有序"。发达的国家，这方面的管理比我们要严得多。海洋功能的规划是形成"三有"的重要基础，这次《土地管理法》的修订，很重要的就是陆地土地要从过去按项目逐级审批，转变成"用途管制"，而且赋予土地总体规划的绝对权威，从根本上改变过去那种"规划规划，墙上挂挂"的面貌。我们必须研究解决变"三无"为"三有"这个重大问题。同样，对于海域使用来讲，要根据海域的实际情况来确定功能区，按功能的区划来进行规划，进而执行年度计划。对国务院已赋予我们的这项职能，我们大家一起来推动执行。

我还希望大家认真研究一下进一步发展海洋科技的问题。科学技术是第一生产力。大海这么重要，要管好用好海洋，必须依靠科技进步，贯彻科教兴国的战略。海洋科技的内容很多，包括海洋学、海洋物理和海洋生物技术、矿产技术、环保技术等等，极地考察和大洋考察也都需要高技术。海洋科技发展大有可为，发展海洋科技是我们海洋界的重要任务。

对于海洋环境来讲，绝大部分污染物来自陆源的排放。控制海洋污染，不仅要加强监测和加大执法力度，更要有治理手段。这是海洋管理部门的又一项重要任务，需要同环保部门紧密配合，同沿海省区市政府紧密结合，共同努力。

当前正在进行省市区政府机构改革。对省级机构改革，党中央、国务院总体上要求"上下对口"。我希望通过这次会议，大家在稳定这支队伍、继续做好海洋工作上多做工作；在理顺政府职能上多出主意；在实现政事、政企分开上，结合海洋管理的特点，探索一条新路子。改革是动力，发展是硬道理，改革的目的就是要发展。中国很大，各地情况千差万别，不可能一刀切就能解决的。沿海省区市中，有的海岸线很短，有的很长，达几千公里。有的与邻省交界争议很大，不仅是省际，与国外也有争议。所以各地情况千差万别，机构设置不可能千篇一律。总之，上下对口，不搞一刀切。中央的精神很明确，落实到各省市，要结合各省市的实际。大家在这几年改革中已经做了许多探索，我看还可以继续探索。成功的，要继续坚持下去；不太完善的，要进一步完善；需要彻底改的，要研究新的改革办法。今天我没有框框和定论，这些事由登义同志同党组同志一起研究。希望大家畅所欲言，集思广益。像政企政事如何分开的问题，像如何进一步强化依法行政的问题，像如何进一步把科学技术水平提高以及搞好社会公益服务的问题等等，研究得透一点，做到既积极又稳妥。

党中央已经决定，要在全国范围内开展以"讲学习，讲政治，讲正气"为主要内容的党性党风教育活动，国土资源部作为中央确定的七个试点单位之一，正在顺利实施。通过认真地、而不是走过场地搞好"三讲"教育，把领导班子和机关队伍建设好，把海洋管理和海洋科技工作搞好，这是我们海洋战线面临的重要任务。我曾到过海洋地震作业船，深知海洋事业本身是艰苦的事业，从事海洋事业的同志必须具有不怕风险，勇于献身的精神。比如南极考察，同志们在零下40℃、海拔4 000米的环境中进行工作，条件艰苦，又具危险性，这些同志的艰苦奋斗和创业精神，值得我们好好学习。我希望，海洋战线上的同志们都要发扬光大这种艰苦奋斗精神和创业奉献精神。

最后，希望海洋局党组，海洋战线的同志们高举邓小平理论的伟大旗帜，紧密地团结在以江泽民同志为核心的党中央周围，为我国的海洋事业作出新的贡献，勇攀世界海洋科技新高峰。

为“科技兴海”的发展做出新贡献

（科技部副部长邓楠在第三次全国科技兴海经验交流会上的讲话，1999年12月3日）

由科技部和国家海洋局共同召开的第三次全国科技兴海经验交流会采用边看、边议、大会和小会结合，流动召开的方式，在大家的共同努力下，取得了圆满的成功，达到了总结经验、交流情况、探讨如何进一步推动科技兴海工作的目的。这次会议为下世纪初推动科技兴海向纵深发展，奠定了基础。

我根据大家交流、讨论情况、提出的问题及下一步的工作谈几点意见。

一、科技兴海取得的成绩和经验

自1994年在山东召开首次全国科技兴海经验交流会以来，沿海地区掀起了科技兴海的热潮，极大推动了海洋经济的发展。国家和地方加大了对科技兴海的投入；突破了一批科技兴海关键技术；建立了一批示范基地和技术转移中心；海水养殖的平均亩产由1990年的252公斤，提高到现在的571公斤；沿海农民的收入也有了较大幅度的提高，一些地区已由原来的贫困，走向富裕，有的已达到小康水平；科技兴海促进了当地海洋经济的发展，海洋产业产值由1994年的1 707亿元，上升到1998年的3 306亿元，海洋产业产值超过300亿元的省市，由原来的2个，扩展到现在的7个；各地涌现了一批科技兴海的先进典型；一些新兴的产业正在逐步形成；科技兴海已由认识—发动—发展阶段，进入了提高—创新—发展阶段。

各地在科技兴海的实践中取得了一些好的经验、好的做法。概括起来，主要有以下方面：

（一）政府推动、科学规划、明确目标

科技兴海是一项依靠科技进步，推动海洋开发、利用、保护和发展海洋经济的集科研、生产、管理于一体的综合性的系统工程。几年来的实践证明，各地政府的高度重视是科技兴海取得成绩的关键。

“九五”期间，各地根据区位、资源、科技优势相继制定、出台了省级、市级和县级“科技兴海规划”、“科技兴海实施方案”等，提出了科技兴海的目标。通过科学规划，对科技兴海工作进行整体布局，改变了过去那种只重视项目的做法，使科技兴海工作，按科学规律来办。如何处理滩涂开发与生态保护、滩涂围垦带来的航道淤积的问题、浅海养殖与旅游资源开发的问题、海水养殖与生态容量及环境污染的问题等，这些问题必须通过合理的规划来解决。通过科学规划，使科技兴海有组织、有行动、有步骤、有目标的稳步向前推进。

（二）以多种模式推动“科技兴海”工作

在“科技兴海”中，我们形成了政府引导支持，科研院所、企业、金融等全社会支持“科技兴海”的良好局面，逐步走向以市场机制推动“科技兴海”的轨道。政府在“科技兴海”中的作用主要是创造环境，调动研究所、科技人员、企业和农户的积极性，如前面提到的科学规划和制定政策，创造有利于海洋科技发展、成果的转化、投入机制和市场机制等环境，包括贴息、技术入股等，推动企业、科技人员和农民积极参与“科技兴海”的事业，只要把大家的积极性调动起来就会创造出一些好的模式。同时，各地政府及时总结好的经验，加以扶持和推广。各地在实践中，探索出了不同的模式，总结起来有如下几种：

1. 以政府推动的产、学、研以及金融界的结合；
2. 以企业为主，与院所结合；
3. 企业加农户的模式；
4. 通过建立“科技兴海”示范基地，加速科技成果转化，推动产业的发展。

以上几种模式的一个主要特点是按照市场机制来运作，从而符合市场经济发展的规律，都取得了比较好的效果。

（三）加强了科研力度，科技进步在“科技兴海”的作用更加显著

国家和地方加强了对“科技兴海”技术储备的投入力度，使科技进步在“科技兴海”的作用更加显著。科技部在“九五”期间投入近5亿元用于海洋基础研究、高技术、科技攻关、“科技兴海”示范基地等“科技兴海”工作；山东省安排1 000多万元用于重大项目的攻关；浙江省每年安排200万元“科技兴海”专项经费，支持“科技兴海”项目的实施；福建省三年来投入2 000多万元支持项目的开发；广东省1998年安排800多万元用于科研项目的开发；广西自1996年以来，投入“科技兴海”的科研经费达1 500万元。

通过“科技兴海”的实施，使地方的海洋科研水平有了很大的提高，培养了一批队伍，有许多研究院所承担了国家科技攻关、863计划和基础研究项目，在国家重点基础研究第二批36个项目中，海洋有入选，最可喜的是山东省科委在组织国家攀登计划B项目的基础上，今年又开始组织实施国家重点基础研究项目“海水主要养殖生物病害发生和抗病力的基础研究”，“863”计划海洋领域的项目也进展顺利。

科技的投入换来的是高水平的科研成果，使科技进步在“科技兴海”中的作用更加显著。先后突破了海水养殖多倍体育苗技术、海水养殖工程优化技术、耐盐蔬菜的培育技术、抗风浪养殖技术、深海潜网养殖技术、低值鱼深加工技术、海水淡化和海水利用技术、海水化学资源利用技术以及海洋环境监测技术等；开发一批产品，如养殖病毒的诊断试剂、海洋生化制品、海洋保健品和海洋药物、海洋环保技术产品、海洋监测仪器设备等。

通过“科技兴海”的实施，加强了科技成果的转化。如“863”计划重大项目“海水养殖动物多倍体育种技术和性控技术”开发的牡蛎、鲍、对虾、珠母贝、扇贝、牙鲆等优良品种在大连、山东、福建、广西、江苏等地进行大规模的中试和推广，取得了显著效果，三倍体牡蛎个体比二倍体增大1/3，产量增加20%。国家攻关项目开发的高效杀虫剂二溴磷，通过大田试验，效果非常好，目前已进入产业化阶段。

山东通过项目的实施，研制开发了海洋精细化工、海洋功能食品、保健品以及海洋药物等70多个产品，新增年产值28亿元，利税8亿元，出口创汇4 000多万美元的效益规模。

福建利用开发成功的大黄鱼集约化养殖技术，在福建省山海集团有限公司进行示范，通过短短的两年试验，该公司的大黄鱼养殖从几十个网箱迅速发展到1 000多个网箱；海南引进先进的深海网箱养殖技术，在外海30米处进行养殖，既保护了环境又提高了产量，比一般的网箱养殖产量提高20倍。

山东荣成每年鳀鱼产量50多万吨，过去主要作鱼粉，每公斤1元，现在采用与有关院所联合开发了低值鱼深加工技术，年产高蛋白鱼粉3万吨，保健鱼油200多吨，每瓶鱼油售价180元，大大提高了产品的技术含量和经济效益，荣成仅水产品深加工一项年产值就达26亿元。福建石狮市利用沿海废弃的虾壳、蟹壳等，通过开发、引进高新技术，开发海洋生化保健品和海洋医疗中间品，产品全部外销，1998年产量达600万吨，出口创汇860万元。浙江海鸿集团开发的甲壳质的生化产品，年产值达4 000万元。

（四）“科技兴海”的产品正在向多样化发展，为海洋产业结构的调整奠定了一定的基础

从各位代表的发言中大家可以看出，“科技兴海”工作的内容在逐步扩大，“科技兴海”的产品在向多样化发展，海水捕捞由近海向外海和远洋发展，海水养殖种类由原来的虾贝藻发展为鱼虾贝藻综合发展，开发了大黄鱼、真鲷、牙鲆、美国红鱼等育苗和养殖技术，使养殖鱼的产量有了大幅度的提高；虾类、贝类的养殖品种也在不断增加；海水养殖模式也发生了很大的变化，出现了工厂化养殖、网箱养殖、精养高产以及立体养殖的模式；出现了一些深加工的产品，使原来没有利用价值的生物资源，通过科技进步，成为高附加值的产品。出现了一批有市场前景的海洋生化制品和海洋药物，如研制的促农作物生长剂“农乐一号”、911抗艾滋病海洋药物，其中911是我国第一个批准上临床的一类海洋药物。

海水化学资源的利用在原来提钾、溴、镁的基础上，开发出了硫酸钾产品、镁肥以及溴农药等产品；海水利用由原来的直流冷却向循环冷却发展，在国内建立了日产300吨到500吨海水淡化装置。这些产品的开发和产业化为进一步的产业调整奠定了基础。

二、要认清“科技兴海”面临的新形势和任务

虽然“科技兴海”取得了一定的成绩，但是面临着新的形势和任务，还存在着很大差距，主要表现在以下几个方面：

（一）海洋产业结构面临着调整

从国家整体的经济来看，当前的主要任务是调整产业结构，提高经济的总体素质。从海洋经济来看，也存在着同样的问题，我国的海洋产业结构不尽合理，第一产业占的比重过大，第二、三产业较小。具体到某一个行业，同样面临着产业结构的调整，如海洋渔业第一、二、三产业的比例不协调。海洋企业内部存在着产品升级换代和技术改造的问题。不管是宏观的、还是微观的产业结构调整都离不开科技进步。在调整海洋产业结构过程中，要考虑到海洋的可持续发展问题，这方面的教训是比较深刻的。如有些养殖区的养殖密度过大，不合理的养殖模式，造成生态环境的日趋恶化，赤潮事件频繁发生，仅渤海发生赤潮的面积就占了整个渤海面积的十分之一；溢油事件时有发生；有些近海渔业资源捕捞过度，面临着绝种的危险；一些滩涂贝类资源遭到破坏；黄河水资源的短缺，使沿海一些区域的海水倒灌现象更加严重；整个海洋生态环境呈下降趋势。因此，我们要清洁生产的技术，在发展和调整的过程中，注重保护，达到经济效益、社会效益、环境效益的统一。

（二）“科技兴海”面临提高整体质量和效益的任务

我国的海洋开发在许多方面仍处于粗放型或资源掠夺型，劳动密集型的产业占很大比重，海洋开发的深度和广度与国外有一定的差距，“科技兴海”产品的技术含量不高，劳动的生产率低，单位面积或单个产品的效益低，如滩涂的潮上带中有2/3是低产田，粮食亩产200～300公斤，棉花20～30公斤；海水养殖虽然亩产已达到500公斤，与国外仍有一定的差距；一些本可以获得数十倍效益的产品，现在仍停留在出售初级产品阶段。大家参观了石狮祥芝水产品公司，他们利用新的技术对低值鱼进行加工，所生产的产品的价格比原来的产品增加了10多倍，我们缺乏的就是这样的产品。而且，我们的产品多是初级和单一的产品，综合利用率低。

我国的海洋经济在国民经济中的地位不高，近几年我国海洋产业的增加值仅占GDP2%左右，距离海洋应达到的地位还有很大的距离。

目前，“科技兴海”面临着由粗放型向集约型转变、由数量型向质量型转变的艰巨任务，如海洋渔业在过去更多的是满足市场需要，丰富居民的“菜篮子”，现在转向增加效益、提高单产的质量和渔民的收入。要在海洋经济的转变过程，对“科技兴海”提出了更高的要求，也为“科技兴海”提供了新的机遇和天地。

我们现在的科技水平还满足不了提高质量和效益的要求，海洋开发中的一些技术问题还没有解决，如优良品种、养殖病害、深加工技术问题、环境保护技术等；海水养殖病害爆发会使一些地区的养殖业全军覆灭，1998年因海水养殖病害的侵袭，海水养殖损失100亿元；一些研究单位只重视科研，不重视推广和技术服务，低水平重复现象严重，不能根据市场的要求开发产品；现有的科研体系满足不了“科技兴海”的要求，缺乏有效的技术创新体系。

要提高海洋经济的质量和效益，就要降低风险，提高产品技术含量。

提高整体“科技兴海”质量和效益的另外一个方面，是要缩小不同区域发展的差距。为了缩小东、西部的差距，国家提出“西部大开发”的战略。我们“科技兴海”同样存在着发展不平衡的问题，有些地区具有丰富的海洋资源，但是开发的程度非常低，一些海岸带地区、海岛还比较落后。这种发展的不平衡，会阻碍“科技兴海”的深入发展。

（三）增加“科技兴海”产品的市场竞争力

目前我们正处于由原来的短缺经济转变为相对产品过剩阶段，在这种情况下，我们开发的产品是否具有市场竞争力，就显得非常重要。为什么有的海洋企业能够不断壮大，因为，他们是根据市场来定产品，然后组织力量进行开发。我们要大力开发市场需要的新产品，品种要多样化，在这方面可以大有作为。一是要向深海、滩涂要品种；二是要向深加工发展；三是向综合开发发展。

我们面临的另一个挑战是加入世界贸易组织给我们提出的。经过多年的谈判，目前我们已同美国、日本、加拿大等国达成了协议，我国离加入世界贸易组织越来越近，将面临着严峻的挑战，对海洋经济中的一些产业，如海洋水产品及其深加工、海洋造船、海洋油气、海洋精细化工、一些中小企业的发展等，都会产生一定的影响。国外的资金、技术将渗透到有关的领域中，而我们也将在世界舞台上与他国一决高低，竞争与机遇同在。这就要求我们开发的产品要有知识产权，要有特色，有市场，同时还要有市场竞争力。要在分析的基础上，大力发展那些有市场竞争力的海洋产品和产业。也要利用这个机会，引进国外的先进技术和管理经验来改造那些传统的、落后的海洋产业。

海洋产品应该具有竞争力，因为人民的生活由原来的温饱转变为注重生活质量，如海洋水产品就是大家比较喜欢的蛋白质产品，海洋中丰富的蛋白质资源和能源矿产资源也将是未来国际竞争的焦点。现在，扩大内需、增加新的消费点已成为一个重要的任务，我们要将大家的消费吸引到海洋上来，海洋中一些产业具有这方面的优势，海洋旅游业就是如此。

总之，海洋经济要在下世纪真正成为新的经济增长点，必须依靠科技进步调整海洋产业结构，增加质量和效益，开发有市场竞争力的产品。

三、关于“科技兴海”下一步的工作安排

我们下一步的工作重点是贯彻中央经济工作总的指导方针以及技术创新大会的精神，贯彻科教兴国和可持续发展战略的指导思想，为调整海洋产业结构、扩大内需做出贡献。具体有以下几点：

（一）要制定“科技兴海”规划和执行计划

1996年科技部联合国家海洋局、国家计委、农业部联合制定了《“九五”和2010年全国“科技兴海”实施纲要》，对于推动全国的“科技兴海”工作起到了宏观指导作用。目前，国家和有关行业主管部门以及地方都在制定“十五”计划和2015年规划纲要，科技部也在制定科技发展“十五”计划和2015规划，我们要利用这个时机，组织力量制定《“十五”和2015

年全国“科技兴海”实施纲要》和《“科技兴海”执行计划》。

《纲要》的制定要处理好由数量向质量、由粗放向集约的转变，有利于产业结构调整，特别要重视海洋生态环境的建设。以提高海洋经济质量、注重效益、增加收入，调整产业结构、提高综合开发能力，发展清洁生产技术，扩大市场作为指导思想；以开发先进适用技术，改造传统海洋产业、发展新兴海洋产业，扩大海洋经济规模促进海洋的可持续发展为目标；要扩大“科技兴海”的范围和内容。《纲要》要提出发展的思路和重点方向，要由原来的注重产品开发，逐步扩大到产品开发、生产、流通、消费的全过程；要鼓励陆地技术向海洋转移，鼓励陆地科技人员下海，形成全社会关心“科技兴海”的局面。

《“科技兴海”执行计划》要突出重点，有所为、有所不为，重点解决“科技兴海”实施中面临的重大技术问题，要将海洋科技攻关、海洋高技术、基础研究、基础工作、基地建设、产业化的试验示范纳入《“科技兴海”执行计划》中，并将《“科技兴海”执行计划》纳入国家“十五”科技计划中，加大对“科技兴海”工作的投入力度。地方作为“科技兴海”的实施主体，要根据本地的区位优势、资源优势和科技优势，选准重点制定《“科技兴海”规划》和《实施方案》。

（二）要依靠科技，促进海洋产业结构的调整和整体效益

1. 在海洋产业结构调整方面：

（1）要使整个产业的水平有一个大的提高，提高劳动生产率，发展海洋高新技术产业，如信息技术产业等，同时用新技术改造传统产业；

（2）结构要更趋合理，要向第二、三产业延伸，如海洋旅游业、海洋服务业要向产前、产后延伸，如水产品的保鲜技术、深加工技术要向广度延伸，如潮上带、深海等；

（3）大力发展海洋高新技术产业。目前，我国的海洋高技术产业的产值还不到海洋产业总产值的20%，总体规模较小。我们要充分利用国家对高新技术产业发展重视的有利时机，加强技术创新，发展海洋高技术及其产业。海洋生物技术产业、海洋药物、海洋精细化工、海洋油气、海洋环保技术、海洋环境监测技术等产业。

（4）建立生态良性循环系统。要淘汰污染严重的企业和生产方式，发展清洁生产方式。

2. 在提高质量和效益方面：

（1）以市场为导向，生产适销对路、有竞争力的产品；

（2）由数量型转移到质量型；

（3）开发更多的产品；

（4）向资源综合利用要效益、要品种。

（三）加大海洋科技的强度，创造有利于科技成果转化机制

1. 要突出重点，选择生产一线急需的问题进行攻关。在生态环境的保护、在病害的防治、优良品种的开发、生物技术、深加工技术等方面要进一步拓展与加强。

2. 建立以企业为主体的技术创新能力。

在我国从事海洋开发的企业中，无论是开发机构、开发人员、开发经费、创新手段、装备等都比较落后。而我国现有大中型海洋科研机构，分别隶属不同的政府部门，设在企业的很少。采取有效的政策和措施，鼓励扶持有条件的企业加强自身科技开发的能力，增加对科技的投入。

3. 海洋科研机构的改革，加快成果转化。

要对现有的科技开发型的海洋研究所进行改革，或鼓励海洋科技人员转向企业，从事技术开发工作。目前，国家经贸委管理的10个国家局所属科研机构已经实施企业化转制，按照《规定》要求，对于社会公益型科研机构要实行分类改革：对于面向市场能力的科研机构，要转变为科技型企业，整体或部分进入企业，或转为企业性的中介服务机构。

4. 建立海洋科技服务和中介机构。

在“科技兴海”工作中，中介技术服务体系的建立是非常重要的。根据目前我国的实际情况，选择不同的地区建立海洋技术转移中心，帮助科研院所将科技成果推向企业，为企业引进新技术、新产品，开展技术培训。通过现代信息网络技术，建立海洋技术成果数据库，为企业和研究院所服务。

（四）用市场经济机制，推动“科技兴海”工作再上台阶

1. 政府创造环境制定规划，纳入经济社会发展计划，制定政策投融资，建立技术服务体系、提供信息等。

为了推动科技成果的转化，促进科技产业的发展，国家和地方出台了一系列的政策和优惠条件，如1999年3月国务院办公厅转发科技部等《关于促进科技成果转化的若干规定》、1999年国家计委和科技部联合编制了《当前优先发展的高技术产业化重点领域指南》、1999年5月科技部和财政部联合制定了《科技型中小企业创新基金的暂行规定》等，利用好这些政策将会有力促进“科技兴海”的实施。

2. 作好试验示范、作好基地建设。

我们要发挥各方面“科技兴海”的积极性，通过“科技兴海”使老百姓得到实惠。

回顾“科技兴海”的光辉历程——我们充满了喜悦，展望“科技兴海”的宏伟前程——我们充满信心。让我们振奋精神，同心同德，努力奋斗，锐意创新，开创“科技兴海”的新局面，为我国“科技兴海”的发展作出新的更大的贡献，以崭新的姿态迎接21世纪的到来。

锐意进取 团结奋进 努力开创海洋工作新局面

（国家海洋局副局长王曙光在全国海洋厅局长会议上的讲话，1999年1月13日）

这次全国海洋厅局长会议是国家海洋局党组经过认真研究并报国土资源部周部长同意后召开的。会议的任务是按照党的十五大和十五届三中全会精神，认真总结1998年的海洋工作，对1999年的工作进行部署。周部长对海洋工作非常关心和重视，今天在百忙之中亲自到会讲话，我们要认真学习贯彻周部长的讲话和会议精神，努力把今年的工作做好。

现在，我受张登义局长委托，代表国家海洋局党组做工作报告。

一、1998年海洋工作回顾

1998年，在以江泽民同志为核心的党中央领导下，全党和全国各族人民经历了亚洲金融危机蔓延和特大洪涝灾害的严峻考验，依然保持了国民经济的持续、快速、健康发展，取得了巨大成就。对海洋战线来说，1998年是不平凡的一年，在国务院机构改革中，国家海洋局体制进一步理顺，职能扩大，任务更加繁重。在这一年里，全国各级海洋主管部门和海洋工作者牢牢把握'98国际海洋年的良好契机，以高昂的斗志，饱满的热情，创造性地开展工作，各方面都取得了显著成绩。

（一）国家海洋局机构改革任务顺利完成

1998年国务院的机构改革，由原地矿部、土地局、海洋局和测绘局共同组建了国土资源部。这是党中央、国务院作出的重大决策，体现了国家对自然资源的重视，也体现了海洋在国民经济和社会发展中的重要地位，海洋管理工作得到了进一步强化。

国家海洋局作为国土资源部管理的国家局，按照国务院的统一部署，本着对中国海洋事业高度负责的精神，认真拟定“三定”方案，强化海洋管理职能，圆满完成了机构改革任务。从多年来的实践看，国家海洋局新的职能有以下几个特点：一是宏观管理海洋的职责进一步明确；二是主管海域使用的法定地位得到加强；三是海洋环境保护任务加重；四是确立了中国海监的执法地位；五是维护海洋权益、加强海洋科技研究开发和开拓国际交流与合作等职责得到强化。人员定岗分流工作，在局党组的统一领导下，进展平稳效果良好。各级干部思想不散、秩序不乱、工作正常开展。改革后，国家海洋局编制从240人减少至100人，机关留岗人员的年龄、文化结构得到优化。司级干部平均年龄43岁，比改革前年轻9岁，处级干部年轻5岁，全体人员平均年龄37岁，年轻5岁，具有大学本科以上学历的占82%，比改革前提高21个百分点；共产党员占71%，这为今后海洋工作的顺利开展提供了组织保障。

通过机构改革，局机关面貌发生很大变化，机关各部门的工作积极性、主动创造性明显增强，工作效率显著提高，组织纪律性进一步加强，讲学习、讲政治、讲正气的气氛更加浓厚。

（二）国际海洋年系列活动达到预期效果

国家海洋局紧紧抓住'98国际海洋年这一契机，积极开展各项工作，使全民海洋意识进一步增强，海洋国土观念逐步深入人心。

国家海洋局作为主要负责单位，完成了《中国海洋事业的发展》具体编写工作，作为国务院的政策白皮书，1998年5月29日以国务院新闻办公室的名义发表。白皮书充分强调发展海洋事业是国家的战略，全面介绍了中国海洋方针政策，深刻阐明中国政府在国际海洋事务中的原则立场和海洋政策，为实现海洋资源环境的可持续利用和海洋事业的协调发展，提供了有力的政策依据。由该局负责起草的《专属经济区和大陆架法》，经专家们论证和国家各有关部门共同努力，历时8年，于1998年6月26日经全国人大常委会通过并颁布实施。该法向全世界表明了依法维护中国国家海洋权益的严正立场。这两部重要文献的出台，使中国海洋事业发展及合理维护海洋权益的工作受到全世界的瞩目。

1998年，国家海洋局积极协助全国人大环境委员会组织开展的“海洋环境保护法”执法检查和“中华环保世纪行—建设万里文明海疆”活动，得到各级党政领导和社会各界的重视和支持，成为人们共同关注的一个热点问题，强有力地推动了全民族海洋意识的提高。

国际海洋年宣传活动是国家海洋局“九五”“六个一工程”之一，经国务院批准，成立了以全国人大常委会副委员长王光英为主任、中央有关部委、局、大公司及北京和沿海省市共43个单位的44位领导组成的'98国际海洋年大型宣传活动组委会，组织开展了一系列活动。沿海11个海洋厅(局)也都发挥自身优势，围绕国际海洋年做了大量的卓有成效的工作。一场以“迎接海洋世纪，共铸蓝色辉煌”为主题，内容生动活泼，形式丰富多样的海洋宣传活动在全国范围内蓬勃展开。“全国青年海洋知识电视竞赛”、“7·18全国海洋宣传日”、“海洋与人类巡回科普展”、“飞越海岸线—蓝色国土行”等20余项活动，都收到了良好的社会效果，在国际上也产生较大影响。

（三）海洋经济正在成为国民经济新的增长点

1998年，虽受多种不利因素影响，全国海洋经济增长仍保持良好势头，主要海洋产业产值可达3 350亿元，主要海洋经济强省仍保持了10%以上的增长速度。沿海各省市区政府对海洋工作非常重视，在各海洋厅局的努力争取和扎实做好准备工作的基础上，辽宁、山东、浙江、福建、广东、广西等省（自治区）党委、政府分别召开了全省（自治区）海洋工作会议，都作出了加快海洋经济发展的重要决定。这充分表明，发展海洋经济、加强海洋管理的工作已列入各省市区政府工作的重要议事日程，海洋经济已成为沿海地区乃至全国新的经济增长点。

作为“六个一工程”之一的“科技兴海”工作成效显著。在国家科技部等部门的指导下，目前已建立了16个“全国科技兴海示范基地”、8个“技术转移中心”。国家海洋局重点扶持了墨西哥湾扇贝培育、美国红鱼华南育种技术推广研究等项目，极大地带动了示范区地区经济的发展。广东汕尾市示范基地海水养殖综合开发项日经济效益显著，年产值达4 600万美元。

一年来，国家海洋局所属各科研机构通过深化改革，积极面向经济建设主战场，大力研究开发海洋新技术产品，认真抓好科研成果转化为生产力的工作。海水淡化及综合利用工作迅速发展，杭州水处理中心的水处理产业年产值已达亿元，天津海水淡化与综合利用研究所海水利用技术已打开市场。全国人大副委员长邹家华、全国政协副主席宋健、中共中央政治局委员黄菊等先后到国家海洋局杭州水处理中心视察海水淡化工作，并作了重要指示。分别由海洋局第一海洋研究所、海洋环境监测中心研制的两种环境监测处理设备，都被列入国家重点新产品计划向全国推广，具有良好的市场前景和巨大的社会经济效益。

沿海省市区各海洋厅局通过开展有效的海洋管理工作，促进了当地海洋经济持续、快速、健康发展，特别是海洋功能区划工作，对各类海洋开发活动起到了重要的宏观指导作用。如秦皇岛市依据功能区划，合理分配养殖区和旅游区，促进了优势海洋产业—北戴河旅游业的发展。青岛市根据功能区划制定了海洋产业规划。海南省依据功能区划进行了海岸带规划工作。

（四）海洋行政管理工作全面推进

1998年，国家海洋局和各厅局认真履行海域使用管理、海洋环境保护、海洋执法监察和维护海洋权益等基本职能，海洋管理工作全面展开。

首先，海域使用管理工作迈出了扎实步伐。自推行海域使用管理制度以来，各级都把海域使用管理工作当成管理海洋的切入点来抓，排除各种阻力，认真组织实施。到目前为止，全国已发放海域使用许可证5 000多本，批准面积17.3万多公顷，征收使用金4 000多万元。为了把这项重要管理制度引向深入，国家海洋局与财政部一起于1998年适时组织召开了“全国海域使用管理工作会议”，使海域管理工作的近期目标和任务进一步明确。与此同时，全国海域使用管理示范区工作不断规范和完善，总结和探索出不少好经验、好做法，为推广全国奠定了基础。

海域使用立法是开展海域使用管理工作的关键环节。1998年，国家海洋局狠抓“六个一工程”之一的海域使用管理立法工作。在国务院法制办、全国人大环资委的指导下，制订了海域使用立法工作计划，编制了立法背景材料，并出台了一系列海域使用管理配套制度。特别是，各厅局海域使用管理法制化工作，取得了可喜的进展。目前已有11个沿海省、自治区、直辖市及计划单列市分别以人大公告、、政府令等形式颁布了本地区海域使用管理规定。此外，大比例尺海洋功能区划的编制工作继续推进。环渤海三省一市大比例尺海洋功能区划实施方案已获国家海洋局的批准，广东、海南、福建、浙江等地区的大比例尺海洋功能区划工作实施方案也获得了当地省政府的批准。所有这些，都为强化海域使用管理、合理利用海域提供了有力保障。

二是海洋环境保护工作取得新的成绩。1998年，国家海洋局出台的《全国海洋环境保护管理工作纲要》，明确了重点任务和主要措施，深受沿海省市区政府的欢迎和重视。国家海洋局制作的《保护海洋刻不容缓》电视片，受到国家领导人的高度重视，并被中央党校作为学员教学参考资料。国家海洋局认真组织《海洋环境保护法》及《建设项目环境保护管理条例》的补充修正和职责界定工作，力争行使海洋环保管理职能全部到位。

重大海洋环保项目的督促落实工作得到强化。第二次全国海洋污染（基线）调查得到了沿海地区的高度重视，有的还根据本地需要制定了当地的实施方案。这项工作现已完成全部外业调查，累计出动船只150余艘次，总航程约10万海里，采集各类样品5万多份。1998年，顺利完成了大连湾、胶州湾污染总量控制研究，《全国近岸海域污染物总量控制方案可行性研究报告》通过鉴定验收，组织完成了“渤海污染整治计划纲要”的修订和咨询报告。清理了海洋临时倾废区，批准倾废3 000多万立方米。起草并颁布了《防污设施检验规定》等规章以强化海洋石油平台环境管理。为加强各类海洋保护区的管理工作，再次向国务院呈报了建立特别保护区的请示，筹建了北方海洋生态监测站。各海洋厅局加大了保护海洋生态环境和生物多样性的管理力度，如海南省人大于1998年9月颁布实施了《红树林保护管理规定》和《珊瑚礁保护规定》等规章。

国家与地方共建海洋预报台站的工作力度进一步加大。国家海洋局下发了《关于国家与地方共建海洋观测预报服务系统的意见》，完成了辽宁、江苏、宁波3个海洋预报台的共建工作，并在抓紧筹建天津、河北两个预报台；全面部署了夏秋季海洋灾害预防工作，组织灾害预测研究并通报有关部门；完成了《海洋测预报条例》、《海洋自然保护区类型与级别划分》等国家标准的编制报批及颁布实施工作。

三是海洋执法监察工作迈上新台阶。1998年，首次以海区为单位组织了联合执法行动。在国家海洋局各分局的精心组织和各有关厅局的密切协作下，先后出动执法船100余艘、飞机30余架次、海监车60余辆，依法查处各类违法案件100多起。及时发现并发布了中国管辖海域发生的赤潮灾害，其中，珠江口和渤海的两次大赤潮，引起了社会各界的广泛关注。联合执法行动意义深远，加速了全国海洋执法监察工作的一体化进程，促进了海域使用管理工作的开展，树立了海洋行政主管部门的新形象，提高了海洋管理工作的显示度。作为“六个一工程”之一的海监队伍建设也取得进展。10月下旬，中编委正式批准成立中国海监总队，促使海洋监察队伍建设逐步走向系统化和规范化。

（五）重点项目工作取得新的进展

国家海洋局确定并大力推进的重点任务—“六个一工程”，还有两大项目。一是“海洋灾害预警预报系统”，1998年取得新进展。其《中国海洋环境监测系统项目建议书》已经国家计委批复原则同意立项，并将尽快完成可行性论证后报批。另一大项是“海洋卫星（HY—1）”项目，已经国防科工委批复立项，完成了卫星合同初稿。

南极考察工作取得突破。在第14次南极科考队完成各项工作的基础上，第15次考察队正在南极开展工作，中央电视台多次跟踪报道，已经引起中央领导的重视并深受社会各界的关注，1998年底，又将南极内陆冰盖考察胜利地推进到1 000公里，达到南极冰盖的最高点，取得世界先进水平的成果。大洋多金属结核勘探研究，1998年完成的多项任务，为中国最终确定放弃区域提供了必要的科学依据。专属经济区和大陆架勘测项目中由国家海洋局承担的各子课题基本完成计划。此外，对全国沿海的风暴潮及灾害性巨浪进行了较准确的预测，开展了厄尔尼诺研究并发布了长期预测结果，受到中央领导和社会各界的好评。

1998年，国家海洋局负责牵头5项国家自然科学基金“九五”重大、重点项目。“921”民用遥感器应用研究分系统工作进展顺利，初步建立了4个应用示范系统；“九五”国家重点科技攻关项目“海岸带资源环境关键技术研究”和“海水资源综合利用关键技术研究”等，通过了中期评估并获滚动经费支持；国家高技术研究发展计划（“863”计划）中，海洋高技术项目被正式列入其中；国家重点基础研究计划（“973”计划）中，国家海洋局申报的“厄尔尼诺现象机理和预测模式研究”与中国科学院、中国气象局联合申报的“大气与气候项目”合并，获准立项。

1998年，国家海洋局代表中国政府积极参与国际海洋事务。签署了“伦敦倾废公约1996议定书”；如期召开了中美海洋与海岸带联合协调小组工作会议及中美海洋减灾防灾国际会议；组织了“面向21世纪中日海洋合作战略研讨会”；完成了“南中国海北部海岸带综合管理”项目的培训和考察工作；“全球海洋观测系统”的东北亚海洋观测系统已经进入实施阶段。“东亚海域海洋环境保护与管理伙伴关系”第二期项目、“黄海大海洋生态系保护”项目准备金以及“中国沿海生物多样性管理”等重大项目获得了国际组织的批准。

依法维护国家海洋权益是国家海洋局的重要职责之一。1998年，国家海洋局多次组织、参与了与周边国家划界谈判和有关海洋事务的磋商工作。同时，根据国际法的一般原则和《联合国海洋法公约》的有关规定，组织安排了海洋权益方面的基础性研究。

（六）社会主义精神文明和干部队伍建设进一步加强

1998年，根据国土资源部党组确定的“用邓小平理论建设国土资源部”的时代命题，国家海洋局党组也相应提出了“用邓小平理论建设国家海洋局”的历史任务，在全局范围内掀起学习邓小平理论新高潮，各级党组织民主生活会管理逐步制度化、规范化。一年来，该局发出了向优秀共产党员何明海同志学习的号召，多次举行报告会或座谈会，各单位也通过多种形式深入开展了宣传学习何明海同志先进事迹的活动。认真贯彻落实党中央、国务院《关于实行党风廉政建设责任制的规定》的精神，加强各级领导干部廉政建设。通过这些活动，全局广大干部群众思想提高，政治进步，作风良好，工作努力。

面对国内特大洪涝灾害，全国海洋系统干部职工踊跃捐款捐物，向灾区同胞送去全国海洋工作者的深情厚意。该系统创建“青年文明号”活动也有突破进展，共有8个青年集体被授予“全国青年文明号”称号。海洋系统的扶贫工作促进了当地经济发展和脱贫致富，国家海洋局派出的扶贫干部受到当地群众好评。

1998年，完成了《国家海洋局1998～2010年人才资源规划》初稿，举办了′98全国青年海洋论坛并出版了论文集，完成了“双百人才工程”的评审工作。1998年国家海洋局所属科研单位和青岛海洋大学签署了共建青岛海洋大学研究生院的协议。

二、1999年海洋工作的指导思想和重点任务

世纪之交的1999年，是我们党和国家历史上具有特殊意义的一年。今年，全国人民将迎来共和国成立五十周年大庆，激发起建设有中国特色社会主义的新热情；澳门也将回归祖国怀抱，在完成祖国统一大业的道路上迈出新的一步。对我们海洋战线来说，机遇与挑战并存，希望与困难同在。从国际社会看海洋仍然是一个普遍关注的焦点。联合国将以海洋为主题，召开可持续发展大会，并将形成决议，敦促各国政府进一步认识海洋对人类社会实现可持续发展的重大价值，号召各国制定面向21世纪的海洋工作发展战略、方针。在国内，海洋事业的发展必将引起全社会的更大关注，海洋事业需要更大发展，海洋管理需要更加强化，我们的职能必须竭力推进到位，各项工作特别是重点任务要取得新的成绩，各省市区海洋厅局的机构改革以及局事业单位的改革面临新的挑战。形势逼人，我们必须大胆作为，扎实工作。

1999年海洋工作的指导思想是：在以江泽民同志为核心的党中央领导下，高举邓小平理论伟大旗帜，深入贯彻落实党的十五大和十五届三中全会精神，根据国务院的部署和国土资源部的要求，统一思想，锐意改革，突出重点，求真务实，认真履行海域使用管理、海洋环境保护、海洋执法监察、海洋权益维护、海洋科技进步、国际海洋合作等基本职能，千方百计促进中央与地方相结合的海洋行政管理体系的完善与提高，为海洋经济和海洋事业的大发展做出贡献。

在这一思想指导下，本着“解放思想、实事求是，突出重点、量力而行”的原则，确定1999年海洋工作的重点任务是：狠抓“一个推进”、实现“五个突破”，全面开创海洋工作的新局面。

“一个推进”就是，继续推进“六个一工程”建设，全面完成今年的各项任务。“五个突破”就是，在海域使用管理方面，实现“两项制度”（海域使用许可证制度、海域有偿使用制度）推行的突破，将海域使用纳入依法管理的轨道；在海洋环境保护方面，实现职责界定的突破，形成比较完整的工作体系；在海洋执法监察方面，实现管理体制的突破，务实开展执法工作；在海洋经济建设方面，实现共建服务工作的突破，促进新的经济增长点快速发展；在海洋科技进步与国际合作方面，实现重大项目的突破，为海洋事业的发展作出更大的贡献。

同志们，1999年海洋工作的任务十分繁重，我们一定要在以江泽民同志为核心的党中央领导下，高举邓小平理论伟大旗帜，充分调动各方面的积极性，坚定信心，扎实工作，锐意进取，团结奋进，努力开创海洋工作新局面。让我们以优异的成绩，向建国50周年献礼，迎接21世纪这个海洋新时代的到来。

（本文有删节）

国家海洋局局长
王曙光在国家海洋局党组扩大会议上的讲话

（2000年1月23日）

同志们：

这次会议的主要任务是，根据党的十五大总的要求，以中央政治局常委会2000年工作要点为指导，在认真总结1999年度工作的基础上，研究确定国家海洋局2000年重点工作安排。

一、1999年工作的回顾

1999年，是党和人民在极其复杂的国内外环境中战胜各种困难和风险，把改革开放和现代化建设继续推向前进的一年。也是我局发展史上极不平凡的一年。一年来，全局上下同心同德、埋头苦干、抓住机遇、锐意进取，全面履行国家赋予的各项职能，牢牢把握坚持“一体两翼”、突出“一个形象”、高举“三面旗帜”的基本思路，狠抓“一个推进”、“五个突破”，基本实现了去年年初确定的各项主体工作目标。

（一）“三讲”教育和党的建设、思想政治工作取得显著成效（略）

（二）“六个一工程”全面推进

“六个一工程”是国家海洋局“九五”期间的重点工作，按照去年“继续推进六个一工程建设”的部署，除“宣传一个国际海洋年”工作已于1998年顺利完成外，其他各项工程均取得了较好成绩。

1. 海域使用管理立法工作进展顺利

海域使用立法是依法管海的基础与关键。去年，我局把推进海域使用管理立法放在突出位置，当作重中之重来抓，着重做了以下三方面的工作：一是邀请有关部门和单位的专家、学者组成高水平的“智囊团”，及时为法律条文的草拟、修改提供指导意见。二是反复征求有关部门和省、市、区意见，吸取合理因素，进一步完善法律条文。同时，广泛收集国内外海洋立法资料，编制了高质量的论证报告。三是多次向有关部门和领导同志汇报海域立法工作，阐述我局主张，寻求共识。通过努力，海域使用管理立法工作取得了重大突破。国务院法制办已将海域使用管理法作为今年重点工作，国务院办公厅也已下文正式列入了今年的立法计划。

2. 中国海监队伍建设走上正轨

根据国家批复，中国海监总队和各海区总队相继组建成立，同时沿海各省市区海监队伍陆续建立，国家与地方相结合的中国海监队伍逐步壮大。目前，中国海监队伍国家直属部分拥有执法船只21艘，海监飞机两架，人员2 300多名；地方海监力量也在不断加强，组织体系和运行机制正在完善，国家与地方密切配合的海洋执法监察协调机制已见雏形。海洋执法监察队伍朝着统一、高效、反应快速的目标迈出了坚实的一步。

3. 海洋灾害预报警报系统日趋完善

“海洋环境监测系统建设项目”已经国家批准，这是目前我国在海洋基础建设领域中力度较大的一次投入，项目建成后将改善我国海洋环境监测手段落后的局面。为保证项目实施质量和进度，我局成立了项目领导小组，组织调研组分赴各海区调研，取得了大量第一手材料，编写了《项目实施总体方案》和相关的《管理办法》。目前，该项目的各项工作正按计划顺利进行。

4. 海洋水色卫星工作积极推进

海洋卫星星体研制工作顺利开展，“海洋卫星地面应用系统”已经国家计委批准，目前各项论证和筹建工作正在按计划、有步骤地顺利实施。我局编制的“海洋卫星和卫星海洋应用十五计划和2015年规划”被国防科工委纳入“国家民用航天十五计划和2015年规划（草案）”中，海洋有望与资源、气象一起构成我国民用航天的三大领域，为海洋卫星的长远发展打下了良好的基础。

5. 科技兴海项目成效显著

配合国家科技部，组织召开了“第三次全国‘科技兴海’经验交流会”，在抓好16个示范区和8个技术转移中心建设的同时，重点抓了一批能促进全国海洋经济发展的科技项目。淡化所负责设计的大连长海县反渗透海水淡化工程和水处理中心承担的浙江嵊山海水淡化工程均已投入使用并取得了良好的经济效益和社会效益。另外，碱蓬子加工利用、对虾病毒PCR检测试剂研制、珍珠多倍体育苗技术推广等项目也显示出较好的潜在经济效益。

（三）“五个突破”的目标基本实现

1999年确定的“五个突破”，是全面履行管理职能，树立海洋行政主管部门良好形象的重点和突破口。经过一年的努力，各项工作都取得了重大进展，基本实现了原定的“突破”目标。

1. 在海域使用管理方面

完善部门规章，保证“两项制度”的实施。先后出台了《海域使用申报审批管理办法》、《海域使用可行性论证管理办法》等一系列管理规定，海域使用管理的规章制度进一步完善。

为全面掌握海域使用情况，组织开展了《国家海域使用管理暂行规定》颁布以来的第一次全国性大检查。目前，地方自查工作已经结束，全国性检查完成了对海南、广东、广西三省区的检查工作。加大了海域使用的申请、可行性论证、审批、发证等工作的管理力度。由我局统一印制、下发的海域使用证已达9 000多套，使用金上缴国库实现了“零”的突破。全面推进海洋功能区划工作，向国务院呈报了《中国海洋功能区划》，制定了《全国大比例尺海洋功能区划总体工作方案》，成立了技术指导组，举办了技术培训班，沿海省市的工作步伐大大加快。海域勘界事关国家经济发展与社会稳定。经过多方努力，国务院已批准我局负责海域勘界并牵头组织试点，有关工作正有序展开。此外，开拓了海砂开采的海域使用管理工作，海砂开采混乱的局面初步扭转。加强了海底电缆管道铺设管理，保证了亚欧、中美海底光缆铺设的顺利进行。海洋专项工程勘察设计资格管理进一步加强，海岛开发保护管理工作正式启动。

2. 在海洋环境保护方面

1999年12月25日，修订后的《中华人民共和国海洋环境保护法》经第九届全国人民代表大会常委会第十三次会议审议通过，自2000年4月1日起施行。新的“海环法”将国务院赋予我局的海洋环保职能上升为法律，为我局更好地履行“三定”职责，保护海洋环境奠定了坚实的法律基础。

海洋环保配套法规逐步完善。组织制定了《海洋石油勘探开发环境保护管理若干问题暂行规定》、《海岸工程环境影响评价管理暂行规定》等一系列规章制度和标准，初步形成了较为完整的工作体系。我局海洋石油勘探开发环境影响报告书的审批权进一步明确，与有关部门的职责交叉问题初步解决。

海洋倾废管理制度进一步强化。建立和实施了倾倒区资料和数据定期报告制度，加强了对临时倾倒区的监督管理，并对倾废收费实行“收支两条线”的管理。同时，还组织国内有关专家开展了海洋废弃物评价标准与制度的研究工作。

重点海域污染物总量控制研究取得进展。在大连湾、胶州湾总量控制研究成果的基础上，开展了辽东湾、渤海湾和象山港总量控制研究，为在全国近岸海域组织实施陆源污染物排海“总量控制”与“浓度控制”的双控制度摸索了经验。

海洋环境监测全面展开。组织拟订了《1999年海洋环境监测工作方案》，加强了对赤潮的跟踪监视，全年共发现赤潮近20起。在及时向中央、国务院领导报告的同时，下发了《关于加强赤潮监测管理的通知》，增强了民众防范赤潮的意识和能力。

积极推进地方级海洋保护区选划与建设工作。南麂列岛和广西北仑河口自然保护区的建设取得新进展。我局主管的两个国家级保护区、四名同志被评为全国先进集体和先进个人。

此外，历时3年的“第二次全国海洋污染基线调查”工作全部结束。调查资料的整理和成果编制工作正在进行。

3. 在海洋执法监察方面

新的海监执法体制正在形成。组织体系上实行国家与沿海省市海洋监察队伍统一编制、双重领导，执法机制上紧密配合、协调一致，执法方式上国家与地方执法监察制度一体化和海、陆、空巡航监视一体化。海洋执法监察工作扎实展开。制定了《海洋违法案件查处程序》、《执法监察通报制度》、《执法工作例会制度》、《海上应急监视组织实施办法》等规章制度，为依法行政打下了良好基础。巡航执法力度加大。全年共组织船舶巡航监视143航次，飞机监察飞行141架次。针对沿海违法采砂、严重破坏海洋资源和生态环境的情况，组织海区总队和沿海省市地矿、海洋管理部门，开展了全国性执法活动。北海总队首次与河北省海洋局共同开展了“秦皇岛暑期海洋联合执法监察工作”，南海总队协助广东海洋机构完成了首次南海区伏季休渔监管工作等。联合执法，充分发挥了两个积极性，达到了优势互补，为海上统一执法创造了很好的经验。

4. 在为经济建设服务方面

国家与地方海洋预报台的共建工作迈上新台阶。除浙江、广东两省的海洋预报台正在筹建外，其余省级海洋预报台已全部运行。一些地市级及县级预报台的共建工作也正在推进。目前已共建地市、县级预报台5个。局属业务中心、科研单位在为我局职能服务的同时，加大改革力度，主动面向市场。如杭州水处理中心在去年市场竞争异常激烈的情况下，全年实现技工贸总收入近7 000万元。海洋一所以海洋活性物质重点实验室为技术依托，推出了几项实用性强、技术含量高、市场前景好的技术成果。海洋二所与宁波地方单位签定各类技术转让合同5项。海洋三所完成的厦门银城啤酒厂污水处理等工程通过验收并获得好评。其他各单位也都充分发挥优势，主动进入经济建设主战场，取得一定的成效。

5. 在科技与国际合作方面

一批由我局组织的国家重大任务顺利实施。极地科学考察工作成绩突出。第15次中国南极科学考察任务圆满完成，第16次南极考察正顺利进行，内陆冰盖考察和格罗夫山地质考察取得了突破性进展。成功地组织了我国政府首次北极科学考察活动，充分展示了我国的科技水平。在国际海底区域活动中，完成了我国面向21世纪的国际海底区域战略研究；履行了我国多金属结核开辟区50区域放弃义务，优选出7.5万平方公里具有专属勘探权的矿区；启动了我国第二台6 000米水下机器人的研制；着眼6 000米水深的深海采矿中试系统的试验室研究与技术设计也取得了长足进展。

作为海洋勘测专项任务牵头单位，我局做了大量的组织协调工作，并取得了显著成绩。在我局自行承担的国家专项任务中，引入竞争机制，改革用船方式，完成了预定年度计划。

在"九五"科技攻关方面，"海岸带资源环境利用关键技术研究"和"海水资源综合开发利用关键技术研究"顺利通过年度评估，并获滚动经费支持。在海洋基础研究领域，海洋三所徐洵院士在国际上率先完成对虾白斑杆状病毒（WSBV）的基因测序，该成果被评为1999年中国基础研究十大新闻之一。

海洋科技发展规划的制订以及重大海洋科技项目的申请立项工作取得较大突破。我局配合国家有关部门，完成了海洋科技规划研究报告，开展了"北太平洋战场环境调查"、国家计委"十五"全国海洋能发展规划和"数字海洋"等重大项目的论证研究工作。在国家重点基础研究"973计划"中，"中国近海环流形成和变异机理、数值预测模式及对海岸带资源、环境影响的研究"获准立项。在科技部推出的"科技基础性工作"中，"海洋药源生物及基因库的构建"、"历史海洋资料"等项目得到批准。

维护海洋权益力度得到加强。积极参与了与周边国家的海域划界谈判，组织开展了各种相关的基础性研究工作。密切配合外交部，做好中日、中韩、中朝等周边国家划界谈判工作；参加了有关海洋法磋商会议；作为东、黄海划界协调研究小组第一专题组的牵头单位，组织讨论拟定了第一专题组工作计划；围绕南海热点问题，组织了系列研究，并及时向外交部、总参等部门提供有关建议和材料，有力地配合了我国在南海的外交斗争。同时，组织了大陆架外部界限问题研讨工作，为维护我国大陆架权益奠定了基础。根据《中华人民共和国涉外海洋科学研究管理规定》，加强了对涉外海洋科学研究活动的管理，受理申请近20项。与有关部门联合下发了《关于严格执行〈中华人民共和国涉外海洋科学研究管理规定〉的通知》。

国际交流与合作进一步活跃。黄海大海洋生态系项目、东亚海项目和南海生物多样性保护项目继续推进，增强了与全球环境基金等其他有资金援助的国际组织和国家机构的联系。

一年来，在出色完成重点工作任务的同时，全局各项工作全面推进，协调发展。各项改革稳妥进行；规划和计划编制工作扎实开展；预报、信息、计量工作势头良好；出版、新闻、教育工作不断进步；战略性、前瞻性的研究工作取得新进展；对外宣传取得成效；工青妇和老干部工作有很大起色；反腐倡廉力度加大，党风廉政建设责任制全面贯彻落实；干部队伍和专业技术人员素质进一步提高；内部管理制度逐步完善；后勤工作得到改进，职工办公、生活条件有所改善；能力建设也取得了一些新的成绩。

二、2000年十大重点工作任务

2000年是完成海洋工作"九五"计划的最后一年，也是全面落实海洋行政管理职能的关键一年。做好今年的工作，对于确立21世纪的海洋工作在国民经济和社会发展中的战略地位，具有重要意义。今年工作的指导思想是：高举邓小平理论伟大旗帜，深入贯彻落实党的十五大和十五届四中全会精神，继续解放思想，深化改革，强化依法行政，加大立法力度，提高执法能力，增强综合实力，全面履行职能，为海洋经济的持续、快速、健康发展作出新的贡献。根据这一指导思想，确定今年在做好常规工作的同时，重点完成以下十项重点工作任务。

1. 加快立法进程，力促海域使用管理法年内出台。同时，还要拟定海岛与海岸带管理、海域固体矿产开采管理、海洋功能区划管理、海上人工构造物管理等规章制度，并切实开展工作。

2. 加强海域使用管理，全面落实海域使用许可证制度和有偿使用制度。同时要抓紧落实国务院关于开展沿海省际间海域勘界试点工作的批示，尽快成立勘界的组织领导机构和工作机构，制定海域勘界的有关政策和技术文件、标准。

3. 制定配套法规，认真实施《中华人民共和国海洋环境保护法》。为了使修订后的《中华人民共和国海洋环境保护法》得到有效实施，首先，要有计划、有步骤、有重点地组织拟订或修订一批配套的行政法规和部门规章。今年，要抓紧起草《海洋工程建设项目环境保护管理条例》，修订《海洋倾废管理条例》，并力争年底前出台。其次，要下大决心建立海洋环境质量公报制度。通过建立公报制度，提高各级海洋行政主管部门在社会各界的显示度。第三，认真组织实施"2000年海洋环境监测工作方案"，加快海洋环境监测能力建设。

按照"科学布局、一站多能、加大共建"的指导思想，把"全国海洋环境监测网"和"全国海洋环境预报网"的建设有机地结合起来，调整现有观测台站的布局，加快与省市的共建步伐，按计划完成中国海洋监测系统——海洋站和志愿船观测系统建设，提高技术装备水平和人员素质，为监督管理海洋环境提供有效的技术支撑。

此外，要组织编制《中国海洋生态建设规划》，制定"海洋溢油污染损害评估方法"，促进省市海洋自然保护区管理工作的深入开展。

4. 抓住重点突破，强化海洋执法监察工作。今年海洋执法监察要从三方面着手开展工作。一是大力推进中国海监队伍的组织体系建设。在初步形成的国家海监队伍体系的基础上，以省市机构改革为契机，着眼长远，立足当前，加快省市海监队伍的组织建设。要完善"中国海监"队伍的组织领导体制，增强海区联合执法的协调能力，促进海洋执法监察队伍的"一体化"进程。二是完善"中国海监"的内部运行机制。理顺部门分工和案件查处的工作程序，明确职责分工，规范各类执法业务的工作制度，出台"海洋监察执法公报制度"、"罚缴分离"制度等规定。要完善船舶动态信息系统，改革执法船舶的管理体制，提高执法人员政治思想和业务素质。三是要围绕行政管理职能有重点地开展执法监察工作。在执法监察过程中，既要注意充分调动省市海洋行政主管部门的力量，开展联合执法，也要注意发挥新闻单位舆论监督的优势，抓住正反两个方面的典型，进行集中宣传，在社会上形成声势。

5. 紧密围绕维护国家海洋权益，开展国际交流与合作。国际交流与合作工作要实现由注重科技项目、务虚研讨向突出维护国家海洋权益和海洋综合管理服务的转移。在海洋权益的维护方面，一要积极配合外交部，做好我国与邻国在海上边界问题的谈判工作。二要认真研究联合国海洋法公约第76条对我国大陆架划界的影响问题，尽早提出我国大陆架外部界限的具体方案。三要继续加强涉外海洋科学研究的管理工作，把好审批关。

在国际合作方面，要学习国外在海洋管理机构建设和海洋立法、执法方面的经验。在引进海洋管理工作所需要的资金、先进技术和管理经验上下功夫。要继续推进与国际海底管理局、伦敦倾废公约、联合国海委会等国际组织的合作。做好"黄海大海洋生态系"、"南海生物多样性"等项目的组织协调工作。

6. 组织规划重大科研项目，落实海洋科技宏观管理职能。海洋科技工作的重点，要逐步转移到以制定国家海洋科技发展战略规划和组织协调国家重大海洋科技项目上来。要立足于国家海洋事业的大局，做好海洋科技十五计划的编制工作，把涉及国计民生和国家安全的海洋高技术和重大海洋基础、战略性研究项目组织起来，争取国家批准立项。要做好"国家科技基础性工作"和"国家重点基础研究计划"的项目组织落实工作，抓紧争取我局在国家重点实验室建设上实现"零"的突破。在"海洋卫星地面应用系统"的建设上，要抓紧土建工程和仪器设备的引进和研制，在年底前按计划要求完成7个分系统的建设。

7. 按照社会主义市场经济要求，推进科技体制改革。今年要以贯彻落实《中共中央、国务院关于加强技术创新，发展高科技，实现产业化的决定》精神，积极稳妥地推进局属研究所的改革，促进海洋科技成果的产业化。要从国家海洋事业发展和市场经济的需要出发，统一思想，统筹安排，充分发挥现有科技力量的整体优势，建立起既符合我国海洋工作实际，又能与国际接轨的海洋研究与开发体制，通过技术创新，努力形成一批具有市场前景的海洋高新技术产业群，提高海洋高技术对海洋经济的贡献率，促进海洋事业的大发展。

当前各科研单位要把改革的重点放在内部。要研究制定新的用人制度，积极推行用人合同制。根据需要，可面向社会招聘专业技术人才。要下大决心先进行研究所内部管理体制和运行机制的改革，尽快掌握主动权，切不可坐等待变。

8. 调整各业务中心工作方向，确保公益服务和海洋管理技术支撑职能到位。长期以来，各业务中心的定位不甚明确，其基本职能也没有完全履行到位。今年，局属各业务中心要围绕落实局的职能调整工作方向，在社会公益服务和海洋管理及技术支撑方面找到位置。

在公益服务方面，业务中心要以全国业务中心的标准提出自己的任务目标，进一步强化在海洋预报、监测、信息及标准计量方面的社会公益服务职能，提高服务水平，拓展服务内容。在为海洋管理服务方面，业务中心要真正履行起技术支撑的职能。要努力把各业务中心办成在自身领域内的业务权威和中心部门，各类权威性的技术标准、规范和数据都要由中心发布，使其真正成为全国的业务中心。

9. 全面完成国家重大业务专项和项目，为国家海洋发展战略服务。今年，要全面完成各项国家重大业务专项和项目，为国家海洋发展战略提供前瞻性、基础性的保证。今年极地科学考察工作的主要任务是：抓紧完成“九五”计划中科研项目的结题和北极科学考察成果的验收工作；组织拟订我国极地科学考察事业“十五”计划；要理顺极地科学考察工作的管理体制，并对其内部运行机制进行改革。大洋和国际海底工作方面，要通过分阶段、分层次的项目验收工作，全面系统总结大洋“九五”工作。要以国家科技创新政策为指导，组织制订国际海底区域研究开发2015年规划纲要和大洋协会“十五”计划，力争在国家计划中占据适当的位置。要完善与政府机构改革相适应的大洋协会组织管理体制、运行机制和组织模式，建立适应市场经济需要的经费与项目管理模式和决策科学、民主、高效的项目管理体制。要继续抓好专项调查工作，在今年年底前，完成全部海上调查任务。

10. 抓好基础设施和保障能力建设，为海洋行政管理提供强有力保证。要完成《海洋工作“十五”计划和2015年长远目标纲要》的编写、印发工作，以及“十五”期间重大基本建设项目和科技三项费实施的组织论证、申报；做好修订《全国海洋开发规划》的准备工作，积极落实《渤海综合整治规划》的编写申报工作。海监船舶建造已经得到国务院领导同志的明确批示，一方面要抓紧与国家计委的沟通，争取早日落实；另一方面，要拟订切实可行的造船计划，改善船舶性能，优化船队结构，达到“既能适应执法业务需要，又能减轻日后经费压力”的要求。积极推进《中国近海污染监测能力建设项目》，力争得到国家批准。同时努力向国家有关部门争取海域使用管理、海洋环保、海监队伍建设及基本建设等方面资金的支持。

三、统一思想认识，强化内部建设，确保2000年各项工作任务顺利完成

1. 要着眼长远目标，规划当前工作，认真做好海洋发展战略研究。

2. 要突出行政管理，明确服务目标，正确处理主要职能和其他工作的关系。

3. 要摆正自己位置，理顺管理体制，形成中央和沿海省市齐抓共管海洋的强大合力。

此次省市政府机构改革，各地的海洋管理机构总体上得到了加强，为全国海洋工作的发展打下了好的基础。各分局是代表国家局在各海区行使海洋综合管理的行政职能部门，必须摆正自己的位置，正确处理好和沿海省市区各级海洋行政主管部门的关系。我们要统一认识，统一行动，逐步建立强有力的、一体化的由国家、省区市、地市、县市四级组成的层次分明、协调一致、互相衔接的行政管理体制，保证管理工作的统一性、整体性和系统性。

4. 要强化内部管理，改进工作作风，确保局系统正常运转和安全稳定。

5. 要加强队伍建设，大力反腐倡廉，全面提高干部的思想政治素质和业务素质。

6. 要加强党的建设，做好思想政治工作，为促进我局的改革、发展和稳定提供精神动力和思想保证。

同志们，21世纪是中华民族实现全面腾飞的世纪，也是人类全面开发利用海洋的世纪，2000年是我们迈向这个新世纪的最后一年，是海洋事业发展的关键一年。我局全体干部职工一定要更加紧密地团结在以江泽民同志为核心的党中央周围，高举邓小平理论的伟大旗帜，以对国家海洋事业高度负责的精神，饱满的工作热情和扎实的工作态度，全力以赴地投入到各项工作中去，确保圆满完成今年的各项工作任务，为我国海洋事业在21世纪有一个更大发展奠定坚实基础。

（本文有删节）

适应新形势 树立新观念 努力做好世纪之交的渔业工作

（农业部渔业局局长杨坚在全国农业工作会议渔业专业会议上的讲话，2000年1月8日）

同志们：

本次全国农业工作会议与中央农村工作会议再次同时召开，体现了中央对农业和农村工作的一贯重视，温家宝副总理和陈耀邦部长的报告对今年农村和农业工作作了全面部署，听了很受鼓舞和启发。根据部里统一安排，今天我们召开渔业专业会议，主要议题是根据中央经济工作会议、中央农村工作会议和全国农业工作会议精神，结合当前渔业发展的形势和特点，研究部署今年和今后一个时期的渔业工作。下面我先谈几点意见：

一、认清形势，增强做好渔业工作的信心和紧迫感

刚刚过去的1999年，是为新世纪渔业健康发展奠定基础的重要一年。尽管面临国内需求不旺，物价总水平持续下降，经济增长速度放慢的宏观经济形势，渔业仍呈现良好的发展态势。主要表现在：水产品产量适度增长，产业结构调整取得新进展，水产养殖稳步发展；海洋捕捞计划产量“零增长”目标可望实现，水产品加工和质量管理工作进一步得到重视，水产品进出口呈现恢复性增长，渔业法制建设进一步加强，渔业资源和水域环境的保护力度加大。据对全国20个主要省(区、市)不完全统计，1～11月份水产品总产量3 348万吨，同比增加189万吨。增长5.98%。其中，海洋捕捞产量1 324万吨，同比减少2.2万吨，增长－0.17%；海水养殖产量700万吨，同比增加91万吨，增长14.93%；淡水产品1 324万吨，同比增加100万吨，增长8.19%：预计全年水产品总产量接近4 100万吨，比上年增长6%左右。水产品进出口增势强劲，1～11月份出口118.9万吨，创汇27.4亿美元，同比分别增长38%和13%，进口1 22.8万吨（其中鱼粉60万吨），11. 1亿美元，同比分别增长18%和32%，预计全年水产品进出口增幅在农副产品中居于前位。这些成绩是在克服了宏观经济形势中诸多不利因素和渔业自身许多问题的基础上取得的。各级渔业行政主管部门和各有关单位为此做了大量卓有成效的工作，进行了许多有益探索，付出了艰辛努力，为新世纪渔业持续、稳定、健康发展奠定了基础，积累了经验。

第一，首次提出海洋捕捞计划产量“零增长”并基本达到了预期目标。在1998年末召开的全国农业工作会议上，我部提出了1999年海洋捕捞计划产量实行“零增长”的目标。“零增长”计划的实施，使各地真正树立起保护渔业资源、保护生态环境、保持可持续发展的观念，摆脱了长期以来形成的“以产量论英雄”的思维模式，从注重数量的扩张转向注重质量和效益的提高，促进渔业经济增长方式的转变。同时，推动了法律、法规以及压缩捕捞强度、保护渔业资源措施的贯彻落实，在国际上树立中国作为个负责任渔业大国的良好形象。一年来的实践表明，各级政府和渔业行政主管部门对“零增长”目标充分理解、高度重视、大力支持，及时调整工作思路和重点，结合各地实际，制定切实可行的保证措施，并认真组织落实，使“零增长”计划在各地得到顺利实施。统计数字显示，从去年6月份开始。海洋捕捞产量出现负增长，到11月底海洋捕捞产量较上年同期下降 0.17%。可以说这是个历史性的进步，表明沿海各级政府和渔业行政主管部门的思想观念和工作方式正在发生根本性的变化，为进一步实施渔业可持续发展战略奠定了基础。

第二，适应市场需求变化，积极调整和优化产业及品种结构，提高经济效益。去年以来，各地继续把发展水产养殖业作为调整农村产业结构、振兴地方经济、增加渔(农)民收人的重要产业来抓，名特优新水产品养殖在一些地方再度成为热点。各地在大力发展名特优新水产品养殖中，坚持以市场为导向，以效益为中心，依靠科技进步，发挥区域优势，调整和优化品种结构，成为去年水产养殖的一个显著特点。稻田养鱼得到了各地的普遍重视，不少地方把发展稻田养鱼作为稳定农业生产、增加农民收入的重要产业，摆上了重要位置，许多农民通过稻田养鱼、养蟹，既提高了粮食产量，又大幅度增加了收入，取得了良好的经济效益和生态效益。在中西部地区和一些贫困地区。随着国家扶贫攻坚力度加大以及新一轮农业产业结构调整，水产养殖业以其资源潜力、市场前景、比较效益等方面的优势，已成为当地调整产业结构、发展地方经济和引导农民脱贫致富的有效途径，渔业致富工程蓬勃兴起，呈现出良好的发展态势。

第三，对水产品质量监督和标准体系建设的重要性有了新的认识，质量意识有所增强：各级渔业行政主管部门逐渐认识到，渔业要发展，要上新台阶，要提高竞争能力，不断拓展国内外市场，就必须提高产品质量，按国际标准组织生产和管理。为此，不少地方已开始把质量监督和标准体系建设做为渔业行政主管部门的重要工作摆上议事日程，积极开展有关标准的制定修订工作，加大了已颁布标准的宣传和实施力度，加强水产品生产各环节的质量监督和管理，有重点地组织产品质量抽查，对推动水产品质量的逐步提高产生了积极作用。去年，经国家质量技术监督局批准，成立了水产品质量认证中心，对一些产品进行了全国性的质量抽查。’99中国国际农业博览会认定了115个水产名牌产品，取得了良好的效果；另外，我局决定用三年的时间制修订250项标准，目前此项工作进展顺利；在各有关省和单位的积极支持配合下，去年我们还接待了欧盟对我国水产品质量的检查，近日接欧盟通知，我国已被欧盟列入水产品贸易第一类国家名单(贝类除外)，使近年来我国对欧盟水产品出口的困难得到了一定程度的缓解。

第四，渔业资源保护工作进一步加强，法制建设取得新进展。为了加大对近海渔业资源的保护力度，1999年出台了两项休渔新举措，一是将北纬35度以北黄海海域的休渔期延长半个月；二是在南海海域首次实行伏季休渔，使我国沿海全面实行了伏季休渔制度。在各级政府和有关部门的重视和支持下，各级渔业行政主管部门和渔业执法机构采取了有力措施，使全面伏季休渔制度得到顺利实施，并取得了良好效果。据统计，三个海区共休渔船90 233艘。上百万渔民上岸休渔，基本达到了“船进港、网入库、人上岸、证集中”的管理目标。这里需要特别提到的是，南海首次实施伏季休渔，休渔海域面积广，资源品种繁多，社会环境复杂，管理经验缺乏。还涉及到4 000多艘港澳流动渔船，整个休渔期的管理难度相当大。对此，广东、广西和海南三省(区)各级政府和有关部门高度重视，大力支持，新闻媒体积极配合，形成了各级政府亲自抓，有关部门配合抓，渔业部门全力抓的良好氛围。各级渔业行政主管部门及其渔业执法队伍把伏季休渔的管理作为转变政府职能、锻炼执法队伍的契机，加大管理力度，确保了整个中国沿海伏季休渔的圆满成功，并取得了显著的效果，受到国内外舆论的好评，树立了我国政府保护资源、保持可持续发展的良好形象。

渔业法制建设也取得了一定的进展。《中华人民共和国管辖海域外国人、外国船舶渔业活动管理暂行规定》、《远洋渔业管理暂行规定》、《水产品加工质量管理规范》等相继出台，为渔业行业管理提供了有力的保障。为了进一步推进渔业行政执法体制改革，我部还下发了《关于加强渔业统一综合执法工作的通知》，要求各地建立一支综合、统一、高效的渔业行政执法队伍，这对推进地方渔业执法体制改革，保持机构稳定，起到了一定的作用。各地渔业行政主管部门转变观念，重视渔业法制建设工作，针对目前渔业法律体系不健全的情况，抓紧制定和出台了一批地方性法规和规章，特别是在养殖水面确权发证、种苗和饲料管理以及水产品批发市场管理等方面，取得了积极进展，为加强行业管理提供了法律依据。去年底，我部还组织三个海区开展海洋捕捞许可制度大检查，为调整、改革、完善捕捞许可制度奠定了基础。

第五，国际渔业交流与合作工作进一步加强。为了维护国家主权和渔业权益，尽可能减轻专属经济区制度的实施给我国海洋渔业造成的负面影响，我局协同有关部门作了大量工作。在中日、中韩渔业协定生效谈判中，尽管日方在暂定措施水域北限线(北纬30度40分)以北水域渔业安排上节外生枝，韩方对有关长江口外渔场管理问题存在异议，但我方在谈判中积极维护国家主权和渔业权益，并采取较为灵活的方式争取了谈判的主动权。在北部湾划界对我渔业影响问题上，我局组织开展了有关研究，形成了专门材料，通过多种渠道向国务院反映，并已引起中央领导同志的高度重视，江泽民主席在中越首脑会谈中明确提出北部湾划界要处理好渔业问题。温家宝、钱其琛副总理专门作出批示，要求有关部门及早研究，准备预案。在正确处理双边渔业关系的同时，我们还积极参与多边渔业合作与竞争，维护和争取我国的渔业权益，发挥我在多边渔业管理机制中的作用，为广泛开展国际渔业合作、发展对外渔业关系奠定了基础。

在充分肯定成绩的同时，也应该清醒地看到，当前渔业经济运行中还面临不少新的问题和困难。最突出的是，水产品出现相对剩余，价格持续走低，经济效益下降，卖难问题日渐突出，这是产业结构和产品结构与市场需求不适应的具体表现；资源和环境保护工作虽然采取了许多措施，取得了不少成绩，但尚未找到治本之策，捕捞强度过大的问题仍较突出，资源和环境状况并未得到根本改善；标准体系不健全，质量监督乏力，产业素质较低，制约了产业的发展。面对水产品供求格局的转变，我们的办法和经验均不多，在对渔区经济发展的指导和资源环境的管理上还有许多不适应。这些都要求我们进一步增强工作的紧迫感，树立新观念，研究新问题，采取新措施，促进渔业经济的健康发展。

二、更新观念，适应渔业发展新阶段的要求

今年是世纪之交的关键一年，也是实现“九五”计划的最后一年，为了进一步明确新世纪初渔业工作的目标和重点，有必要对当前渔业发展形势进行认真的分析和估价。我们认为，经过五十年的发展，特别是改革开放以来的快速发展，我国渔业生产和渔业经济状况已经发生了历史性的变化，目前已经进入了一个新的发展阶段。主要表现在以下几个方面：

一是我国渔业综合生产能力显著增强，市场供求关系发生了根本性变化。渔业发展所面临的主要矛盾已由供给不足转到受资源和市场的双重约束，渔业经济增长方式的转变显得更为迫切，而且正在发生积极而深刻的变化，开始由数量扩张型向质量效益型转变。

二是渔业的作用和地位已经发生了明显的变化。在产品短缺时代，渔业的作用较多地反映在满足市场需求、丰富“菜篮子”上，现在看渔业的地位和重要意义，已经不以增加了多少产量为标志，而更多地看它对促进农村和地方经济发展，增加渔(农)民收入上所起的作用。不少地方渔业已成为农村经济的支柱产业和农民增收的重要途径，展示了未来渔业发展的良好势头。

三是渔业发展的内在动力仍然是比较效益，但生产经营者的注意力已经发生了明显的变化。随着市场供求关系的转变，要求生产经营者更加积极地运用科学技术，提高生产经营水平，降低生产成本，要有强烈的质量意识、品牌意识，在激烈的市场竞争中提高自身的竞争能力，使自已立于不败之地。

四是可持续发展成为时代的要求，保护渔业资源和生态环境已经形成共识。我们正在进入一个由单纯注重经济增长向经济与环境协调发展转变的关键时期，要求我们更加重视处理好发展与养护和合理利用渔业资源的关系。

五是渔业的国际化程度显著提高，中国渔业已融入世界渔业的大格局。这主要体现在随着水产品国际贸易的增长，国际上先进的质量管理方法和产品营销形式已给我国渔业发展带来了深刻影响；新的海洋制度的建立，双边与多边渔业资源养护管理机制的逐步形成等等。这些都给我国渔业发展和管理提出了新的课题。

新的发展阶段，要求我们有与之相适应的新的工作思路、工作重点和工作方法。各地对此应有充分的认识，按照“一优两高一保”，（优化结构、高质高效、保持可持续发展）的思路，确定新的发展目标。要牢固树立养护和合理利用渔业资源的观念，树立以质量、效益为中心的观念，通过实施科教兴渔、依法治渔和可持续发展战略，经过若干年的努力，使我国渔业跨上一个新的更高的台阶，促进现代化进程，逐步实现健康的捕捞业、发达的养殖业、先进的加工业、活跃的流通业、新兴的休闲渔业和良好的渔业生态环境的发展目标。

根据当前我国渔业发展的新形势，今年乃至今后一个时期渔业工作的指导思想和总体要求是：以党的十五大和十五届三中、四中全会精神为指导，全面理解和贯彻渔业发展方针，继续实行业已出台的鼓励产业发展和保护渔业资源的政策措施，突出抓好产业结构调整、质量监督管理，科技进步、压缩捕捞强度和综合执法工作。坚持以市场为导向，以提高经济效益为中心，进一步加大产业结构和品种结构的调整力度，努力增加渔（农）民收入。2000年全国水产品产量计划为4 100万吨，比去年略有增长，渔业增加值的增幅要高于产量增长速度。强化质量监督管理，促进产业升级，提高渔业经济的整体素质和效益。继续加强资源环境保护工作，严格控制捕捞强度，海洋捕捞和内陆捕捞在1999年产量的基础上继续实行“零增长”计划。改革和完善渔业许可制度，积极探索保护资源的有效方式，坚持和逐步完善伏季休渔制度，将其作为一项基本制度长期坚持下去。切实加强渔业执法工作，实质性地推进渔业统一综合执法改革。在工作安排上，要作好规划和指导，通过组织部署若干项全局性的工作，促进发展和管理目标的实现，确保“九五”计划任务的完成，并结合各地实际，做好“十五”规划的制定工作。

三、进一步调整优化渔业产业结构，保障渔业持续、稳定、健康发展

进一步调整优化产业结构是国内外水产品市场不断变化的客观要求，也是渔业可持续发展战略的内在需要。80年代中期，我国根据渔业发展情况和资源衰退的现实，确立了以养为主的渔业发展方针，对产业结构进行了重大调整。1997年《国务院批转农业部关于进一步加快渔业发展意见》（国发［1997］3号文件），对渔业发展方针又作了进一步的调整，产业结构得到了进一步优化。但随着产业发展和市场经济体制的逐步建立，目前的渔业产业结构日益显露出对当前渔业形势的不适应性，在相当程度上制约了渔业现代化进程。从具体表现看，产业结构畸重畸轻，水

产养殖品种结构不合理，调整迟缓，不适应国内外市场的需求变化；海洋捕捞强度始终降不下来，而且对资源影响最大的底层拖网作业比重较大；远洋渔业作业结构单一，大洋性渔业开发亟待加强；加工、流通和相关产业发展相对滞后，初级产品多，加工产品少，粗加工产品多，精深加工和高附加值产品少，渔业比较效益下降，渔民增收难度大。这些都为产业结构调整提出了客观要求。我们要紧紧抓住这一有利时机，切实加大产业结构调整的力度。

我们考虑当前渔业产业结构调整的基本原则是：通过政策引导，调整对自然资源的利用结构；以市场为导向，调整产品结构；以科技为动力，以加强质量管理为手段，促进产业的升级；通过政府投资的引导，建立健全渔业发展支撑体系。产业结构调整的重点，是通过优化品种结构，改革养殖方式，积极发展养殖业；大力压缩捕捞强度，调整作业方式，实行捕捞产量“零增长”的计划目标；通过提高技术装备水平，积极发展大洋性公海渔业，调整远洋渔业的结构；通过技术进步和加强质量管理，大力发展水产加工业；适应消费市场的变化，在有条件的地方积极发展休闲渔业。

养殖业结构调整，既要面向市场，又要把握地区优势。要坚持以市场为导向，以效益为中心，大力发展名特优新水产品养殖；发挥区域优势，提高良种覆盖率，加快品种更新速度，不断推出适合市场需求的特色产品；瞄准国际市场，推出一批符合国际市场需求和质量标准的拳头产品；改革传统的养殖方式，大力推广健康养殖技术，提高集约化和现代化水平，改善养殖环境，减少病害的发生；要把稻田养殖放在农业产业结构调整的大格局中去对待，使其为稳定农业生产、增加农民收入作出更大的贡献。

捕捞业要坚持养护和合理利用渔业资源的方针，继续实施捕捞产量“零增长”计划。要将海洋捕捞和内陆捕捞产量“零增长”的计划作为一项制度长期坚持下去，需要强调的是，“零增长”不是不发展，而只是增长方式的转变，要淡化产量增长指标，强化效益指标；要坚决控制和压缩捕捞渔船数量、功率指标和捕捞强度。引导渔民转产转业，向海、淡水养殖、水产品精深加工、休闲渔业和其他非渔产业转移；严格限制严重破坏资源的作业方式，优化产业结构，提高产品质量，提高经济效益，促进捕捞业健康发展。

远洋渔业要在巩固提高过洋性渔业的同时，积极发展大洋性公海渔业，扩大我国在大洋性渔业中的份额，提高我国在公海渔业资源竞争中的地位；加快远洋渔业产业化建设，改变目前单一捕捞生产的结构，形成产供销结合、前后方配套的完整的产业链条；改变以拖网为主的单一方式，向以拖、钓、围等多种作业方式协调发展的方向转变，提高远洋渔业的综合效益和发展后劲；加强行业管理，提高渔民的法制观念，坚持依法经营，减少和避免国际渔业纠纷，保障远洋渔业结构调整的顺利实现。

水产加工业要从提高加工技术和提高产品质量，创立名牌产品，培植外向型龙头企业入手，对产业结构进行调整，以大宗产品的保质和低值产品的精深加工与综合利用为重点，采用先进的加工技术和加工方式，提高水产品质量和附加值，进一步开拓国内外市场。

积极鼓励发展渔业第三产业，引导休闲渔业健康发展，拓展渔业发展空间。休闲渔业是渔业与休闲、娱乐、旅游、餐饮等行业的结合，是第一产业和第三产业的有机结合，可以提高渔业的社会、生态、经济效益，拓展渔业发展空间。各地要认真研究，做好规划、引导和市场开拓工作，发挥各地的优势，因地制宜地发展观光渔业、垂钓业、特色餐饮业等。

中央和我部对农业产业结构调整工作极为重视，温家宝副总理和陈耀邦部长在报告中都对此进行了具体的部署。根据国务院办公厅批转农业部《关于当前调整农业生产结构若干意见的通知》精神，我部最近下发了《关于印发〈关于调整渔业产业结构的指导意见〉的通知》（农渔发[1999]14号），我局的工作安排和计划安排也将与此相配套。希望各地也要结合本地实际，制定渔业产业结构调整规划，积极向有关部门反映结构调整的打算和存在的问题，争取支持；特别是中西部地区和贫困地区，要把握住这次农业产业结构调整的机遇，把发展渔业作为本地调整产业结构的重要内容，作为脱贫致富的一条重要途径。中西部地区渔业资源潜力大，市场占有率低，劳动力和生产资料价格相对较低，发展渔业的比较优势明显。各地要多做工作，争取各级领导和有关部门的重视和支持，将渔业列入农业产业结构调整和扶贫攻坚计划的重点，争取项目和资金。各级渔业行政主管部门要加强对渔业扶贫工程的引导，发挥本地优势，以市场为导向，建立示范区，为农民提供技术支持和信息服务，引导农民发展渔业，为调整产业结构，增加农民收入，实现“八七”扶贫攻坚任务做出新的贡献。

四、努力推进渔业技术创新，提高产业素质，促进产业升级

我国渔业经过几十年的发展，生产能力、科学技术水平、组织化程度和技术装备等方面有了很大的提

高，从传统渔业向现代渔业过渡的步伐在加快。但与发达国家相比，渔业的现代化程度还比较低，已成为新时期渔业持续、稳定、健康发展的制约因素。特别是我国加入WTO的进程在加快，渔业将以更加开放的姿态融入世界渔业大格局，这对渔业发展既是一个机遇，又是一个挑战。我们要加快产业的技术进步，提高产业素质，促进产业升级，提高渔业现代化程度，以迎接21世纪的挑战。为此，我们要着力抓好以下几项工作：

一是加强渔业科技工作，加快科学技术创新步伐。中共中央、国务院去年作出了《关于加强技术创新发展高科技实现产业化的决定》，国务院办公厅批转了农业部、中编办、人事部、财政部《关于稳定农业技术推广体系的意见》（国办发[1999]79号）。我们要结合渔业实际，认真学习和贯彻中央的精神，积极推进渔业科技体制改革，加强科技创新，努力发展水产高科技，实现产业化，大力推广先进适用技术，提高劳动者的科技素质。在科技体制改革中要向有关部门做好汇报、沟通工作，把握好改革的基本方向，使改革有利于促进科技与渔业经济的紧密结合，有利于渔业科技创新能力的持续提高，有利于促进渔业科技产业的发展，有利于提高渔业科技的整体效率。各级渔业科研机构要根据产业结构调整、促进产业升级的需要及时调整科研方向，大力发展产前、产后技术的研究，稳定数量型技术，积极研究质量型技术，针对渔业行业高技术研究和应用比较薄弱的状况，加强以生物技术、信息技术为主的高技术研究并使之产业化，大力推进产学研结合。基层渔业科技推广机构是实施科教兴渔战略的基础，也是提高渔（农）民科学文化素质的依靠力量，各级渔业行政主管部门要配合地方政府做好国办79号文件的贯彻落实工作，稳定和加强渔业技术推广机构，同时要积极探索技术推广的新途径、新方式。

二是加强质量监督和标准体系建设，实施品牌战略，提高水产品的市场竞争力。随着人们生活水平的提高和水产品国际贸易的增加，对水产品质量和标准的要求越来越高，按国际标准组织生产和管理，已成为提高产业和产品竞争力的必要条件。为此，我局确定今年为全国渔业质量效益年，并准备将加强质量监督和标准体系建设工作作为今年乃至今后一个时期我局的重点工作之一，下大气力抓好。首先要加大宣传力度，利用各种新闻媒体广作宣传，在全行业、全社会树立质量和标准意识，提高消费者的认识水平，促进企业提高水产品质量和市场竞争力。其次，要加强对渔业质量法规建设和标准体系建设，制订并颁布一批标准，使渔业质量监督和标准化工作逐步纳入法制化轨道。第三，引导生产者和企业采用以危害分析与关键控制点(HA C CP)为核心的科学的质量管理规范，加强生产全过程的质量管理，认真贯彻执行《水产品加工质量管理规范》，提高加工产品的质量，为开拓国际市场创造条件。第四，建立养殖产品质量监督制度。最近经过我局与畜牧兽医部门协调，明确了水生动物的检疫、药物使用监督及药残检测的职能由渔业部门承担，近期我局准备对此项工作进行研究部署。各地对此要予以高度重视，将此项工作作为渔业行政主管部门的重点工作，研究制订实施方案，争取高起点，高标准，切实担负起这个职责。第五，配合国家质量技术监督局等有关部门对水产品进行质量抽查，对不符合标准的产品进行曝光，不怕揭短，自我加压。第六，实施品牌战略，引导企业和生产经营者创立名牌产品，提高产品知名度和竞争力。去年我部下发了《关于创名牌农产品的若干意见》，确定了创建名牌农产品的指导思想、总体目标和具体的评价、认定程序。各级渔业行政主管部门要认真贯彻文件精神，提高认识，按文件确定的指导思想和总体目标，组织实施，把创名牌水产品与产业结构调整结合起来，认真做好名牌水产品的培育、认定和开发工作；树立渔业的名牌产品，提高产业素质和竞争能力。

三是推进渔业产业化进程，提高产业的组织化程度。随着市场竞争的日趋激烈，分散的、小规模的生产越来越显露出不足，迫切需要提高产业规模和组织化程度，形成整体优势，规避市场风险，提高竞争能力。渔业生产具有高投入、高风险、产品鲜活易腐、对市场和相关产业的依赖性较大等特点，对产业化的要求就更高，需要通过龙头企业或中介组织等组织形式，将渔业的产前、产中、产后各个环节有机地联系起来，把小规模的生产经营与大市场连结起来。目前我们要结合国有企业的改革，将一些经营机制完善，具有技术、资金等方面的优势，市场竞争力强的企业培育为龙头企业，指导帮助其建立新的经济利益分配机制，选择一些区域优势明显、产品销路好、发展前景广阔的项目，形成拳头产品，带动、辐射产业发展。同时要办好各种中介组织，充分发挥中介组织的桥梁和纽带作用，规范行业管理，加强行业自律，沟通信息，提供服务，形成合力。

四是加强渔业基础设施和渔业支撑体系的建设，为产业发展提供保障。渔业支撑体系是市场经济条件下，政府保障产业发展的重要手段。目前，我国渔业基础设施严重滞后，苗种体系、病害防治体系和市场体系建设不完善，成为制约产业发展的瓶颈。为此，近年来我部做了一些工作，增加基础设施建设资金的投入，用于渔港、渔政船和良种、病害防治体系的建设。今年将重点加大原良种、病害防治体系和渔政渔港设施的建设力度，希望各地渔业行政主管部门也要积极争取地方资金，加强渔业基础设施建设，增强产业发展的后劲，为产业发展提供保障。

五是继续加强现代化渔业示范区建设，加快渔业现代化进程。建设现代化示范区，是加快现代化建设的一种有效途径，党的十五届三中全会提出，有条件的地方要率先基本实现农业现代化。目前，在一些渔业经济较发达的地区，渔业现代化水平已经达到了一定的程度，应选择一些有代表性的地区和产业，建设渔业现代化示范区，做到具有完善的行业管理法规体系、较高的科技含量、良好的生态环境、先进的综合配套设施、科学的管理模式和优良的产品质量，对实现全行业的现代化起引导和示范作用。

同志们，2000年已经到来，在举国上下欢庆新千年到来之际，我代表部渔业局向全国渔业系统广大干部职工和渔民群众致以节日的问候，祝大家新年快乐。万事如意。2000年是世纪之交的关键一年，充满了希望，也极具挑战。我们要更新观念，把握时机，认真贯彻党的十五大、十五届三中全会、四中全会精神，围绕本次会议确定的工作思路和工作重点，同心协力，努力工作，开拓进取，迎接挑战，努力做好世纪之交的渔业工作，把一个持续、稳定、健康发展的渔业带向21世纪。 （本文有删节）

专 文
Monograph

顺应新时代潮流，开创海洋事业新业绩

张登义

（国家海洋局）

21世纪是人类开发利用海洋的新时代。发展海洋大科学、高技术，加强海洋管理和维护 海洋健康，是海洋新时代的世界性课题，也是对我国的严峻挑战。我国是世界上人口最多的沿海大国，必须以维护海洋权益、开发海洋资源、保护海洋健康、保障海洋国土安全为目的，大力发展海洋事业。要坚持以海洋行政管理为主体、海洋科研调查和海洋公益服务为两翼的战略部署，逐步实现海洋管理法制化、海洋业务体系现代化、海洋服务多元化的目标，不断开拓新的工作领域，促进海洋事业长期繁荣发展，为中华民族的伟大复兴做出更大的贡献。

深化海洋调查。人类详细研究过的海底区域，专家们估计不超过海底区域总面积的10%，海洋调查的任务还十分艰巨。我国的海洋调查研究工作与发达国家相比差距更大。通过海洋调查，其中包括海洋国土资源基础调查、国际海底调查和勘探、海军战场环境调查和军事海洋学研究等，揭示海洋的秘密，可以推动科学发展，发现新的可开发资源，为海军活动提供环境资料，具有重大现实意义和深远历史意义。这是长期的艰苦的基础性工作，需要几代人的艰辛努力。

大力发展海洋科学技术。为了解决全世界共同关心的重大科学问题，许多发达国家都在组织开展全球性的“海洋大科学”研究，包括全球海洋观测，海洋科学钻探，热液海洋过程及其生态系统，海洋生物多样性，海岸带综合管理等。这些海洋大科学研究包括许多重大课题，例如：海洋与气候变化研究，海底动态与地震研究，海洋生态系统研究等。这些课题的成果对于揭示宇宙起源、生命起源、人类起源，深入研究气候变化、生物多样性、海洋健康和废物清除、防灾减灾等，都具有重要意义。当前，海洋高技术研究开发不断取得重大进展，其中主要包括：海水养殖技术，海洋农牧化技术，海洋生物深加工技术，海洋医药技术，海水直接利用技术，海水淡化技术，海洋能利用技术，海洋资源勘探开发技术等；海洋观测技术，预报技术，防灾减灾技术，海洋信息技术，海洋污染监测技术，海洋生态恢复治理技术等生命支持系统研究与保护技术；海洋公用技术，包括海洋电子技术、网络技术、高精度导航定位和制图技术、海洋遥感技术等。我国在这些领域都有一定的工作基础，有的已列入国家“863”计划，今后要加大支持力度并实行高技术先导战略，形成高技术、关键技术、基础性工作相结合的战略部署，实现高技术产业化和业务现代化，不断提高海洋科技贡献率，推动科技兴海事业持续、快速、健康发展。

加强海洋服务体系建设。由于海洋环境的特殊性，在海洋上进行养殖与捕捞、航运交通、开采矿产、旅游娱乐等活动，以及沿海地区的经济和社会发展，都需要有关于海洋环境要素的资料、信息、预报等项服务保证，这是一项全球性、公益性的服务事业。国际组织正在世界范围内组织建立全球海洋观测系统（GOOS计划），东北亚国家正在计划建设东北亚区域性海洋观测系统（NERGOOS计划）。这既是我国海洋事业发展所需要的公益性基础设施建设，又是参与国际海洋事务的一个重要项目。发展海洋服务事业要建立现代化的业务体系，包括以卫星为骨干的立体海洋观测（监测）系统，以“数字海洋”为长远目标的海洋信息系统，以快速准确预报风暴潮、海冰、海浪、赤潮等海洋灾害为主要目标的海洋预报系统，必须为各种海上活动提供及时有效的预报和信息服务，为国家处理海洋事务提供必要的决策依据。

保护海洋健康。由于人口趋海移动的压力，大量陆源污染物入海的冲击，不合理开发造成的破坏，生态目标与经济目标的冲突，海洋生态系统面临严重的威胁和挑战，许多海区出现荒漠化现象，海湾和封闭海甚至干涸或成为死海。联合国环境规划署已敲起警钟：海洋污染已构成威胁人类的十大环境祸患之一。因此，海洋的健康问题受到国际社会越来越多的关注。我国要积极参与全球海洋生态环境保护行动，积

极做好我国管辖海域的监测、保护和管理，为保护海洋健康做出贡献。

开发海洋资源。海洋是自然资源宝库，可持续发展的宝贵财富。目前，人类利用的海洋资源主要是生物资源、油气资源、海洋能源、海洋空间资源等，主要海洋产业有海洋渔业、海洋交通运输业、海洋油气业、海盐和盐化工业以及海洋旅游业等。进入21世纪，人类还可能发现许多新的具有战略意义的资源，例如海底多金属结核、多金属软硫化物、钴结壳、天然气水合物、深海生物基因等。随着可开发海洋资源的增加，海洋开发技术的提高，海洋产业群将不断扩大，海洋经济必将成为新的经济增长点。中国已经具备了全面开发利用海洋资源的基本条件，1998年主要海洋产业总产值达到3 269亿多元，1999年达到3 651亿元，经过努力，完全有可能成为开发利用海洋的大国和海洋经济强国，使海洋开发总产值进入世界前列，形成一批世界第一的海洋产业，这是包括海洋产业界在内的全国海洋工作者的共同奋斗目标。

强化海洋管理。海洋管理正在发生重大变化，管理范围由近海扩展到外海，由沿海国家分别管理发展到全世界各国合作管理海洋；管理内容涉及影响海洋环境的陆地人类活动、大气沉降活动、各种海洋开发利用活动、海洋自然生态系统管理等；管理方式也在发生变化，在强化法律手段进行管理的同时，更多使用培训和教育方法，包括环境评价、风险评估、环境指标的建立和执行、海洋保护区建立、海洋生物多样性保护等。我国作为沿海大国，应该在执行《联合国海洋法公约》的活动中发挥应有的作用，积极参加维护全球海洋法律秩序、全球海洋资源管理、全球海洋环境保护等国际事务。我国管辖的近300万km^2的海域，是我国的蓝色国土，坚决维护我国蓝色国土的政治权利、资源开发权利、科学研究权利、安全利益是我们的神圣使命。制定我国海域使用管理法律，建立科学的海域使用制度，强化海域使用行政管理，使有关行业和沿海地区合理有序地开发利用海洋，已经成为刻不容缓的历史性任务。进入21世纪，我们必须强化海洋管理，健全海洋工作体制，创造多种模式的现代管理方法，动员广大部门、地区和人民依法自觉参与管好、用好、保护好海洋的各类活动，让海洋为中华民族的可持续发展做出更多的贡献。

（本文作者1999年系国家海洋局局长）

积极发展海洋事业　努力建设海洋强国

孙志辉

（国家海洋局）

21世纪是海洋新世纪，世界沿海国家普遍以新的眼光审视海洋，制定向海洋进军、索取资源、拓展生存空间的国家发展战略，把主权管辖海域作为蓝色国土加以开发和保护。我国是世界上人口众多、陆地资源相对贫乏的发展中国家，积极发展海洋事业，适时制定并实施建设海洋强国战略，对于中华民族的伟大复兴具有十分重要的意义。

一、世界各国高度重视海洋开发，我国海洋事业的发展面临着前所未有的机遇和挑战

古今中外的历史表明，重视开发利用海洋与民族的兴旺、国家的富强息息相关。凡是海洋事业强大的国家，大多是发达国家。所有沿海国家的发达地区，几乎都处在临海地区，我国也不例外。

近些年来，随着世界经济和科技的发展，陆地资源日趋短缺，世界各国纷纷把目光投向海洋这一巨大资源宝库。此外，随着《联合国海洋法公约》的生效，各沿海国的管辖海域大大扩展，现在，世界上归沿海国管辖的海域达1.09亿km^2，其中，我国管辖海域从38万km^2扩展到近300万km^2。国家管辖海域的扩大，为沿海国家发展海洋经济提供了更大的舞台。21世纪将是海洋新世纪，世界沿海国家普遍以新的眼光关注海洋，充分制定海洋发展战略，把主权管辖海域作为蓝色国土开发利用和保护，同时积极参与国际海底和大洋的开发，向海洋索取陆地缺乏的资源，争夺在海洋上的战略利益，也促进了世界海洋经济的高速发展。目前，世界海洋产业年总产值已达1万亿美元，海洋和沿海生态系统提供的生态服务的价值达到21万亿美元。

我国是一个陆地国家，也是一个海洋大国，拥有32 000km的海岸线，7 372个岛屿，在我国管辖的

300万km^2海域中，蕴藏着丰富的资源，这是我们赖以生存、发展和国家振兴的最重要的战略基地。改革开放以来，我国的海洋经济得到高速发展，全国海洋经济产值平均每10年翻两番多，从20年前的不到100亿元，已发展到1999年的3 300亿元，海洋经济正在成为我国国民经济新的增长点。党和国家领导人对海洋经济的发展和海洋工作越来越重视，已经和正在把海洋问题提高到战略高度，摆到重要议事日程。1995年，江总书记指示："开发和利用海洋，对于我国的长远发展将具有越来越重要的意义，我们一定要从战略的高度认识海洋，增强全民族的海洋意识"。1994年李鹏总理题词："管好用好海洋、振兴沿海经济"。1999年3月5日，江泽民总书记在听取人大分组讨论时，进一步强调建设海洋强国是新时期的一项重要历史任务。最近，江泽民总书记、朱总理、温家宝副总理，对海洋工作作了一系列重要批示，为海洋工作指明了方向。沿海各级地方政府，也十分重视海洋工作，在这次地方政府机构改革中，沿海各省、区、市高度重视海洋工作，普遍设立了厅局级海洋行政管理机构，明确了职责，理顺了关系，加强了海洋综合管理。党和国家领导人及各级政府的高度重视，为今后海洋事业的发展创造了很好的条件，打下了好的基础。当前，我国海洋经济的发展，面临着国际上的激烈竞争，既有前所未有的机遇，也有十分严峻的挑战，我们应认真分析形势，制定发展战略，避害趋利，创造条件，努力发展海洋经济，为中华民族的复兴作出应有贡献。

二、建设海洋强国，应成为我国21世纪的重要战略任务

21世纪中华民族要走向伟大的复兴，海洋作为国民经济发展需要的自然资源战略基地和未来中华民族的扩展空间，在民族复兴中的战略地位和作用是不可替代的。开发利用海洋，努力发展海洋经济，可以为实现这一伟大战略目标作出贡献。我们认为，在我国实施西部大开发和建设海洋强国，是推动中华民族伟大复兴的战略性两翼。当前，启动建设海洋强国的时机已逐渐成熟，其一，我国的综合国力正在增强；其二，沿海地区社会经济发展很快；其三，我国的海洋事业已有比较好的基础，海洋科技水平有了较大的提高；其四，已有了国际海洋法律上的保障。因此，进入21世纪，我国应该尽快启动建设海洋强国战略，将其纳入国家经济和社会发展长远规划，为我国最终成为世界强国创造条件。

建设海洋强国的基本思路是：从战略的高度认识海洋，增强全民族的海洋意识，作好海洋开发利用规划，强化海洋科技创新，持续快速发展海洋经济，切实保护海洋生态环境，有效维护海洋权益，加强海洋立法和海洋管理，努力把我国建设成为海洋科技先进、海洋经济发达、海洋生态环境良好、海洋综合国力强大的海洋强国。

建设海洋强国的战略目标应从四个方面加以考虑：一是合理开发利用海洋资源，持续快速发展海洋经济；二是维护海洋权益，加强海洋管理；三是强化海洋科技创新，提高海洋事业的现代化水平；四是切实加强海洋生态环境保护，减轻海洋灾害损失。

在发展海洋经济方面，主要考虑：开发建设海洋经济区，包括临海经济带、海岸带综合经济带、海岛综合经济带、专属经济区渔业经济带、大陆架油气资源经济带、国际海区矿产资源开发区等；大力发展新兴海洋产业，不断扩大包括海洋油气、海洋运输、海洋渔业、海洋旅游、海水综合利用以及海洋化工、海洋药物、海洋环保产业在内的海洋产业群；海洋经济保持年增长率12%以上，到 2005年海洋总产值达到7 226亿元，2010年达到12 734亿元，使海洋产业逐步成为国民经济的支柱产业，到21世纪中叶，我国海洋产业的总产值将达到世界前列。

实现建设海洋强国的战略目标，就象西部大开发一样，是一项长远的历史性任务，需要长远谋划，要经过几代人的艰苦奋斗。但是，千里之行，始于足，我们每一个海洋工作者都应该立下长远志向，为建设海洋强国而努力奋斗。

三、加强海洋管理，保护海洋环境，促进海洋经济高效、协调和持续发展

海洋资源是丰富的，海洋空间是广阔的，同时，海洋资源、环境也是十分脆弱的。由于海洋作为立体空间，贮存有多种资源，使海域使用存在多宜性，若开发利用合理得当，可以发挥海域最佳使用效益，海洋资源可以为人们带来无穷无尽的财富和利益，若开发利用不合理，不科学，盲目开发，无序竞争，海洋不但不能给人类带来利益，反而会使有些资源丧失殆尽，甚至会带来灾难，这一点已为多年的历史事实所证实。人们已从多年的经验和教训中加深了理解，认识到在海洋开发中避害趋利，协调持续发展的关键是加强对海洋的综合管理。我国政府1992年签署的《21世纪议程》指出："沿海国家承诺对在其国家管辖内的沿海区域和海洋环境进行综合管理和可持续发展"。《联合国海洋法公约》中也明确规定："海洋区域的种种问题都是密切相关的，有必要作为一个整

体来加以考虑。”对海洋实行综合管理，是世界大的趋势和潮流。

我国政府十分重视对海域的综合管理，1992年，国务院发文明确要求国家海洋局和财政部建立海域使用审批制度和海域有偿使用制度。据此，1993年国家海洋局和财政部联合颁发了《国家海域使用暂行规定》并相继发布了一系列海域使用管理配套制度。目前，海域使用管理制度已在我国全面推行，沿海有12个省、区、市颁布了地方性海域使用法规，其中河北省在这方面是领先的，全国登记用海面积已达250万hm^2，发放海域使用证达1.5万本。国家根据7年来沿海海域使用管理制度的实施情况和管理现状，加快了海域使用立法的进程，已将《中华人民共和国海域使用管理法》列入了2000年国务院立法计划，国务院法制办正在抓紧修改，国务院批准后将上报人大审议。

海域使用管理虽取得了一定成绩，但仍存在许多问题，海域使用的矛盾依然突出，在某些地区海域使用的无度无序仍然存在，许多使用海域没有发挥最佳效能。因此，须进一步加大海域使用管理的力度。首先，各省、区、市要作好大比例尺海洋功能区划，这是海域管理和海洋开发最基本的依据，全国的海洋功能区划也要尽快上报国务院审批。其次，要严格审批程序，审批的原则首先要坚持使海域发挥最佳效益。第三要坚持有偿使用，适度收取资源使用补偿金，并使这些资金继续用于海洋的开发和管理，使海洋开发和管理形成良性循环。第四要加大海域管理的执法力度，对违法使用海域，破坏海洋资源和环境的事件要严厉查处。国家海洋局作为国家监督管理海域使用的行政部门，今后将进一步加大管理与执法力度，把海域使用管理工作做得更好。

保护海洋环境，对于海洋资源的可持续利用，对于海洋经济和社会的发展，是至关重要的。当前，海洋环境保护工作重点是贯彻新修订的《海洋环境保护法》，完善配套法规，加大实施力度，抓好重点海域的保护和整治工作。“渤海综合整治”就是国家计委、国家海洋局和环渤海省市正拟联合组织的国家专项，通过这一项目的实施，渤海的环境必将得到明显改善，区域产业布局将进一步优化，海洋资源开发的整体效益也将得到大大提高。

四、强化海洋科技创新，提高海洋事业的现代化水平

海洋事业的发展离不开海洋技术，特别是海洋高新技术的支撑。美、日、英、法、德等许多沿海国家为了提高在海洋技术领域的国际竞争力，分别制定了国家海洋科技发展规划，作出优先发展海洋高新技术的战略决策，积极发展海洋高新技术，海洋科技领域的竞争将日趋激烈。我国作为一个发展中的海洋大国，加强海洋科技创新队伍建设，强化海洋科学技术研究，对有效维护海洋权益、切实保护国家安全、加快发展海洋经济具有重要的现实意义和深远的战略意义。“十五”期间，在海洋科技领域我们应突出抓好以下几方面工作并力争有所突破。一是加强海洋基础科学研究。二是加强国际海底战略性资源调查勘探和极地科学考察。三是加强海洋监测、预报系统建设，形成系列海洋卫星，建成海洋基础地理信息系统，提高海洋公益服务能力。四是研究开发海洋高技术，推动海洋高技术产业发展，包括海洋监测技术，海洋生物技术，海洋矿产资源勘探开发技术，海水利用技术等，突破20项重大关键技术，建立30个以上科技兴海示范工程，促进科技成果产业化、业务化。“十五”末期，海洋科技发展的总体水平达到发达国家20世纪90年代中期水平，部分领域接近同期国际先进水平。

海洋与中华民族的生存、发展息息相关，发展海洋事业，建设海洋强国，是中国步入强国之林的必由之路。全体海洋工作者要切实增强做好海洋工作的责任感、紧迫感和历史使命感，同心同德、艰苦奋斗，努力开拓海洋事业新局面，为实现中华民族的全面腾飞作出应有的贡献！

（本文作者系国家海洋局副局长）

中国海洋减灾现状及对策建议

杨华庭
（科技部、国家计委、国家经贸委灾害综合研究组）

海洋灾害是指由于自然和人为诱发的对人民生命和财产安全造成危害的海洋现象，如风暴潮、风暴海浪、赤潮、海冰等。海洋灾害不但影响海上活动的安全，更主要的是影响海岸带地区的社会、经济和环境。风暴潮灾害居海洋灾害之首位，历史上由于风暴潮造成的生命财产损失触目惊心。中国海洋灾害种类繁多、危害严重、频繁发生。在中国沿海和海洋经济迅猛发展的同时，海洋灾害的经济损失也在以大体相同或略高的速度增加，一些年份的海洋灾害经济损失达上百亿元。1989～1998年的10年中，风暴潮灾害累计直接经济损失约1 200亿元，严重年份270亿元（1997年），死亡总计竟达2 690人。

一、海洋灾害基本概况

1998年和1999年，中国沿海共有12个台风风暴潮过程，较常年略偏多，其中有5次造成风暴潮灾害，它们是9803号强热带风暴、9806、9810台风和9903、9914号台风，共造成72人死亡、失踪，经济损失近40亿元；1998年和1999年灾害性巨浪出现天数比常年偏少，但是由狂风巨浪诱发的海难事故却呈增长趋势。值得关注的是，1999年在不到3个月的时间里，仅在辽宁和山东近海，竟发生“盛鲁”号、“大舜”号（11.24大海难）等二艘客货滚装船沉没于惊涛骇浪之中的严重海难事故，加上17艘渔船遇难，共计死亡、失踪358人，直接经济损失约5亿元；1998年和1999年中国近海海域共发现赤潮近40起，造成了历史上最严重的赤潮灾害，仅1998年海岸、近岸海水养殖业经济损失就超过10亿元；近几年，中国渤海和北黄海的冰情较轻，造成的经济损失相对不重；1998～1999年发生了3起大型海上溢油事故灾害，最严重的一次船舶溢油事件发生在1999年3月24日，当时溢出重油150余吨。受污染的总面积有200余平方公里，直接经济损失近500万元。

二、海洋灾害主要特点及分析

（一）海洋灾害主要特点

台风风暴潮灾发生次数较少，潮灾偏轻，温带风暴潮发生次数比常年偏少，且没有引起潮灾。1998年台风风暴潮灾次数是近年较少的一年，仅3次，经济损失是近10年来最轻的一年。1999年只有2次台风风暴潮造成严重损失，是近10年来较轻的一年。温带风暴潮影响时的最高潮位均未超过当地警戒潮位，没有造成灾害。

与风暴浪有关的海上恶性海难事故频繁发生。两年多来，虽然灾害性海浪发生次数偏少，但海难事故所造成的人员伤亡和经济损失却是多年来所未有的。

海冰明显偏轻。最近的3个冬季渤海和黄海北部的冰情连续明显偏轻，虽然在鸭绿江口发生了当地50年来最严重的一次冰灾，损失也相当可观，但总的情况是几乎没有发生冰情严重年那种海冰灾害。

赤潮灾害经济损失严重，全年均有发生。从1998年赤潮发生的情况看，赤潮发生的范围大，持续时间长，造成的危害和损失也严重，而且还发现了新的赤潮生物种。从时段上，1998年的赤潮不仅发生在夏季，而且春、秋、冬三季都有发生。从区域上，不仅出现在近岸水域，而且扩展到了外海。1999年，因发现及时，采取防范措施得力，没有造成严重养殖业损失。

（二）海洋灾害分析

由海洋灾害造成的人员伤亡和经济损失较90年代中期明显下降。海洋灾害主要由致灾因子、孕灾环境、承灾体及其易损性和灾情构成。海洋致灾因子包括自然和人为两大类，总起来讲，两年多以来，自然致灾因子如热带气旋、风暴潮、风暴浪、海冰等都明显减轻。而人为致灾因子，如海洋污染包括海水富营养化、不合理的海岸、海洋工程、人为促淤造地、河口及海域采砂，以及其他有害于海洋环境和生态的生产活动等等，虽然从海洋管理上正在加强，但仍在缓慢发展。而孕灾环境的改变和控制也是缓慢的。但海洋灾害的承灾体，即直接受到海洋灾害影响和损害的主要包括海岸带地区的工业、农业（含林牧渔业）、能源、港口、交通、通信、教育、文化、各种防灾减灾工程设施及生产、生活服务设施，乃至人们所累积的一切财富和海上的海洋开发、生产、安全、服务设施等等，仍然以20%左右的速度迅速增加。所以说，海洋灾害的潜在危险仍然呈上升趋势。

总的看来，1998～1999年海洋灾害人员伤亡和经济损失较90年代中期有了明显的下降（见表1）。

主要原因是自然致灾因子的明显减轻，其次是沿海各省、区、市重视防潮工程建设，防灾减灾能力显著提高。

表1 中国沿海经济与灾害损失（1989～1999年）

年份	海岸带经济（GDP）[1]	主要海洋产业产值	海洋灾害损失		登陆热带气旋个数	严重风暴潮灾害
			经济损失	死亡人数		
1989	4 195.74	384.75	57.6	522	10	8908及8923特大台风风暴潮
1990	4 698.67	443.98	41.1	297	11	9018特大台风风暴潮
1991	6 166.25	531.21	23.6	146	7	
1992	7 439.26	755.78	102.8	231	9	9216特大台风风暴潮
1993	8 150.98	978.78	84.0	132	8	
1994	13 682.59	1 707.30	193.0	1 248	13	9417特大台风风暴潮
1995	16 459.77	2 291.60	100.0	330	11	
1996	18 461.38	2 855.20	290.0	644	7	9608,9615,9618严重风暴潮
1997	22 443.32	3 104.43	310.0	200	5	9711特大台风风暴潮,9713次之
1998	24 472.70	3 269.92	20.0	209	6	
1999		3 651.30	50.0	700	5	9903,9914台风风暴潮

注：1）海岸带GDP统计中，上海、天津为全市资料，其他地区为邻海县（市）、区。

三、海洋减灾形势

中华人民共和国成立后，中国共产党和人民政府始终把减轻各类海洋灾害当做大事来抓。尤其在60年代，组建了海洋灾害监测、预报、警报系统，加强了海上安全防救工作和沿海防潮系统建设之后，海洋灾害的人员伤亡已大大降低，这对沿海地区社会经济的持续发展和近岸、离岸海洋开发利用发挥了重要作用。80年代中期，中国已形成了一个从中央到地方，从近海到远海、大洋，多部门联合的海洋灾害预报预警网络。与此同时，中国海洋环境及灾害的监测监视网，资料收集、传输与处理系统，海洋灾害警报的分发服务系统，以及海上救助打捞系统，沿海防潮工程建设和应急救灾指挥等也都得到相应的发展，形成了中国独具特点、多部门联合、从中央到沿海各级的海洋减灾工作体系（见框图）。

海洋环境及灾害监测网 监测网由沿海及岛屿海洋站网、海洋资料浮标网、海洋水文气象断面观测、海上生产船舶和平台辅助观测、多种平台海洋遥感（沿岸测冰测波雷达站、航空遥感飞机、海洋卫星、气象卫星）监测组成。目前该网已基本实现立体监测，从设站布局和数量、观测项目种类 质量等各个方面都在尽量与国际接轨，以使真正成为全球海洋观测系统（GOOS）、从而也是全球海洋灾害监测网的一部分。

海洋资料收集及实时传输交换系统。系统承担海洋环境及灾害监测网产出之数据资料的实时收集、编辑、交换及初加工处理，同时接收和处理全球海洋及气象观测网、国家气象观测网的资料信息，以及完成海洋资料信息的国内、国际实时交换。另外，该系统还要完成分析、预报警报产品在本系统内及国内国际有关业务系统之间的交换。90年代以来，该系统的实时传输能力已大大加强，基本能满足海洋减灾工作的需要。

海洋灾害分析、预报警报业务系统 海洋灾害分析和预报警报业务系统包括各种海洋实时资料情报的预处理、统计加工、填图制图、实况诊断分析、综合运用动力学、海洋学分析和统计学的各种现代预报方法制作和发布海洋灾害预报和警报，逐步使分析、预报警报产品客观化、定量化等业务。由全国、海区、中心海洋站（或海洋站）等三级预报警报机构组成（见框图）。国家海洋预报中心是海洋灾害数值模式的全国计算中心，向全国（包括气象系统、水利水文系统等）提供诊断分析资料和各种指导产品。同时还全面开展近中海和大洋，以及南极区域的海洋预报和灾害警报的发布业务。各区域预报中心（海区预报台）是所辖近中海海域、近海、沿岸、主要港口、海上及沿海经济开发区的预报及服务中心。分布于沿海各地的中心海洋站和海洋站则结合当地需要，提供附近区域近海和沿岸的预报警报补充服务。1997年以来，为了适应沿海地区经济建设的需要，沿海省（区、市）、地级市纷纷采取共建等方式建立了本地

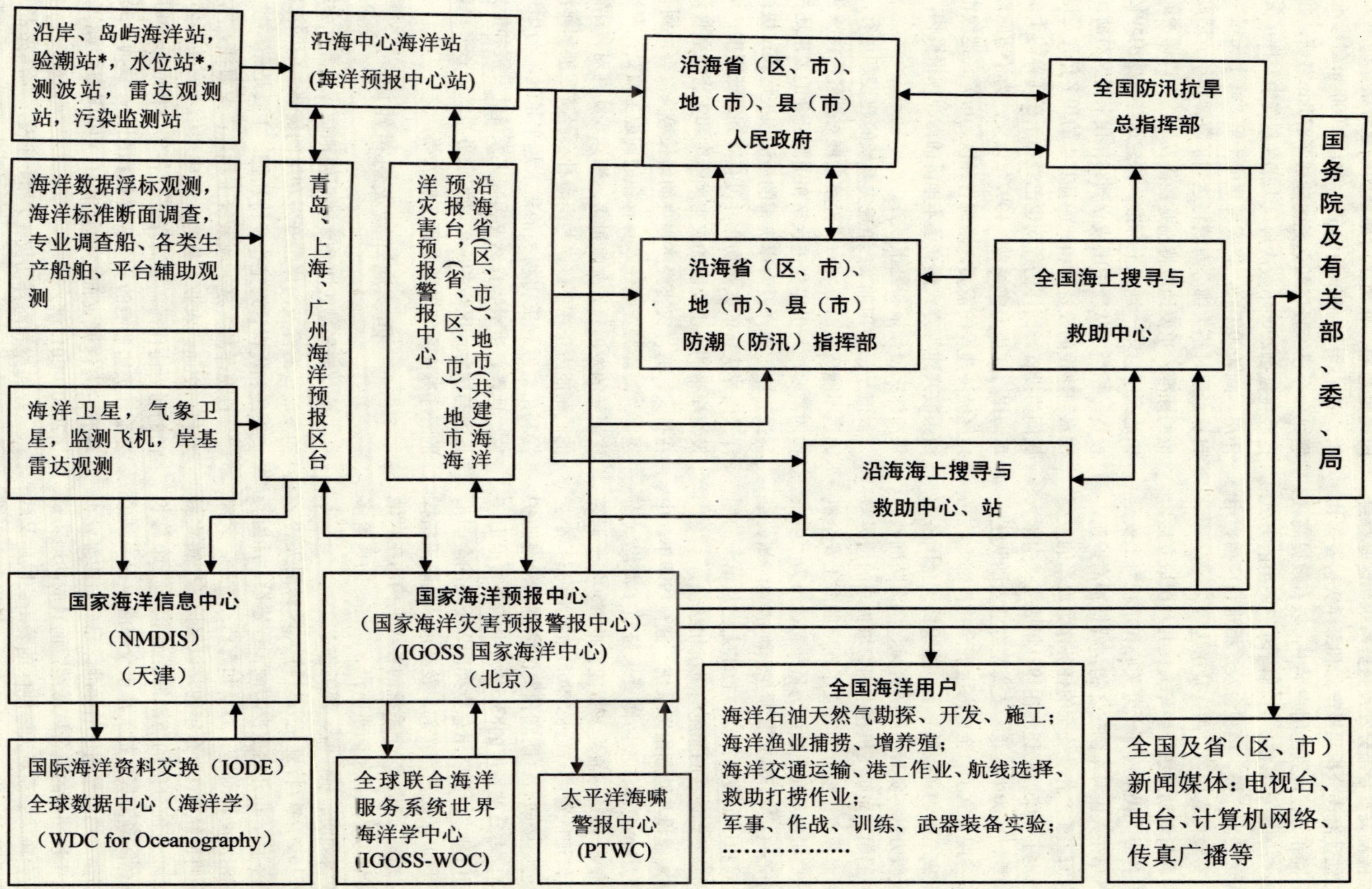

* 验潮站、水位站分属于国家海洋局、水利部、交通部、海军和国土资源部

全国海洋减灾系统运行框图

区的海洋预报机构，提供海洋灾害预报和警报服务。

海洋预报及灾害警报分发及服务系统 这是综合使用各种方法使海洋分析预报产品和海洋灾害警报比较快速、准确和方便地到达用户手中，以有效提高社会及经济效益的服务系统。目前国内所采用的方式有：对海无线传真广播、电视台及广播电台广播、电报、电话及有线传真服务、邮寄及送达等。

海上搜寻与救助系统 中华人民共和国成立后，中央和地方各级人民政府都十分关心和重视海上安全救助工作。早在人民海军创建之初，就把护渔护航，保障人民在海上生产作业安全的任务作为海军的主要任务之一规定了下来。交通部在1951年成立“中国人民救助公司”，成为中国第一支海上专业救助队伍。1974年，国务院设立了“全国海上安全指挥部”，在国务院和中央军委的直接领导下，组织协调全国各方面的海上援救力量，负责船舶防台风、渤海防冻破冰以及国内外船舶、民航飞机在中国海域失事的搜寻救援工作。沿海各省市也分别成立了相应的海上安全机构。现在这些机构与海上救助力量一起改组为“中国海上搜救中心（CMSRC）”，在沿海成立广州、烟台2个救捞局和14个搜救站点。技术上已从单一的船艇救助方式发展到现在的船艇与飞机相结合。

沿海防潮建设与防潮指挥系统 截至1999年，中国已有1.35万km海岸按照防潮要求修筑了海堤（海塘、海挡），一线达标海堤（指能够抵御50年一遇高潮位加10级波浪的海堤）总长5 965km。沿海342个县市中338个已完成防台、防潮预案的编制，沿海防护林岸线长度已占宜林长度的83.5%。中国负责沿海防潮指挥的部门是“国家防汛总指挥部”下属的全国沿海省（市、区）的防汛指挥部，及其市、县防汛指挥机构或防潮指挥分部。这个系统的各级机构均在当地政府的直接领导下，从事防洪防汛、防潮、防风等多种海洋性灾害的防、抗、救、援工作。

经过9216、9417特别是9711特大风暴潮灾害之后，沿海省、区、市开始重视防潮工程建设，斥巨资修复和重建沿海防潮海堤、海塘和海挡。首先，天津市筹集资金将已经存在百余年的，以保护各个特定目标或企业、单位的分散的防潮海挡连接成一个总长350km的整体防潮海堤，把天津市全部海岸提高到能防御25到50年一遇风暴潮位的标准。建成后的海堤不但防御了若干次严重的温带风暴潮，而且成功地防御了9711特大台风风暴潮对天津地区的袭击。以后又成立了天津市防潮办公室，建立了“天津市沿海实时潮位监测系统”，使天津市的防潮减灾工作跨上了一个新台阶。9711特大风暴潮曾给浙江省台州、宁波沿海造成巨大损失，屋毁人亡，满目疮痍。浙江省委和政府痛定思痛，作出了“砸锅卖铁建海塘”的重大决策，决心用3～4年的时间，建成1 000km高标准海塘。如今已经投资40亿元，建成了870km海塘，并且已经在抵御2000年数次台风大潮的侵袭中发挥了关键作用。到2000年底，将实现建成千里“海上长城”的目标，那时绝大部分海塘将达到了防御50年一遇高潮位的标准，重要地段特别是经济发达、人口稠密的城镇达到了百年一遇以上标准。修建这些海塘的50亿元投资，相当于从新中国成立到80年代末国家对浙江农田水利建设的投资总和。而且其中的30多亿元是地方民间的投资。同样的行动也已经和正在江苏的千余公里海岸、江岸上实施着。1997年以来，为了适应沿海地区经济建设的需要，沿海省（区、市）、地级市纷纷采取共建等方式建立了本地区的海洋预报机构，提供海洋灾害预报和警报服务。

但是，中国的海洋减灾系统的建设和运行，还远远不能适应沿海和海洋经济发展对减轻海洋灾害工作的需要，与世界先进水平和国际社会的要求还相差甚远。中国海洋及海岸灾害的经济损失增长过快；海洋及海岸灾害的人员伤亡并没有降到最低限度；近海及海岸带的不少地区的灾害风险度和灾害脆弱性还正在扩大，海洋灾害经济损失的增长势头没有得到有效遏制。海洋减灾系统本身存在的问题主要是：海洋减灾系统的发展建设欠帐过多，海洋观测网对海洋灾害的监测能力正在下降，与沿海社会经济发展和海洋开发利用对减轻灾害损失的需求越来越远，与国内气象、地震、洪水等自然灾害减灾系统的发展和能力建设，与国际或区域相应的减灾业务系统、各海洋大国的海洋减灾系统的差距正在加大等。

四、海洋减灾对策建议

为使海洋减灾工作能够更快地适应沿海社会经济的发展、海洋及海岸带开发利用的需要，中国海洋减灾系统和灾害管理工作亟待加强。主要是：

1. 海洋减灾是一项系统工程，需要海洋、气象、水利、交通、农业、林业、邮电通信及宣传媒体等部门的通力协作，需要海洋开发各部门和沿海一切可能受海洋灾害影响的社会各界积极配合。目前，要联合各有关海洋减灾部门加紧制订《中国海洋减灾规划（2000～2015年）》。

2. 海岸和海洋防灾工程的建设，海洋灾害应急系统的建设等等，从中央到沿海省、区、市，都必须纳入社会经济和海洋开发利用规划或计划。

3. 在减轻海洋灾害中，坚持科技减灾的方针有待于加强。目前全国及省、地市级的灾害区划工作、灾害的风险评估、灾害损失实时评估、灾后评估等还都基本空白。当前已经启动了国家计划项目，加强海洋观测网的技术更新和改造，以提高对海洋灾害的监测能力。

4. 中国的海洋减灾系统，无论是作为国际减轻自然灾害系统的一部分，还是作为全球联合海洋服务系统的一部分，都有待加强国际、国家间的联系与合作。

（本文作者系科技部国家计委国家经贸委灾害综合研究组研究员）

中国海洋产业的发展现状与展望

徐承德 张德山
（国家海洋信息中心）

中国是一个发展中的沿海大国，为振兴中华民族的伟大复兴，中国高度重视海洋的开发利用。近十年来，中国制定了一系列海洋产业发展战略对策，沿海省市加大了开发海洋的力度，使中国海洋产业形成高速发展的强劲势头，进入90年代以来，沿海经济产值每年以12%以上的速度增长，10年内翻了两番。主要海洋产业的产量在国际上占有重要位置，中国海洋运输业居世界第8位，中国连续6次当选世界海运“A类理事国”，港口、远洋及集装箱运输发展较快；中国水产总量已连续11年名列世界之首；中国已成为世界第三位的造船大国；1999年中国海洋石油产量已接近1 900万t，海洋天然气产量近48亿m^3，走上了高速发展之路，并开创了从国外开采和运回原油的新阶段；中国的海盐产量一直位居世界第一。

一、中国海洋产业的新发展

1999年，中国主要海洋产业总产值为3 651亿多元，占全国国内生产总值的2.4%。以海洋经济为依托的沿海市、县国民经济也保持稳步增长，国内生产总值合计27 831亿元，占整个沿海地区国内生产总值的56.3%，占全国国内生产总值的33.9%；沿海市、县的工业总产值约为44 475亿元，占整个沿海地区工业总产值的57.1%，农业总产值约4 775亿元，占整个沿海地区农业总产值的40.5%。

1. 海洋渔业呈现良好发展态势

1999年，中国水产业结构调整取得新进展，水产养殖稳步发展，海洋捕捞基本实现了“零增长”的预期目标，水产品加工和质量管理工作得到进一步重视，水产品进出口出现恢复性增长。全国水产品总产量1999年达到4 122.43万 t，占世界渔业总产量的1/3左右，水产品产量连续11年居世界首位，全国人均水产品占有量达到32.7kg，超过世界人均占有水平。1999年，海水产品总产量约为2 472万 t，比上年增长4.9%。其中，海洋捕捞产量约1 498万 t，海水养殖产量约974万 t。渔业的国际化进程也明显加快，1 000多艘各种作业类型的远洋渔船在世界三大洋的36个国家和地区从事远洋捕捞作业和生产，年渔获量达100多万吨，成为中国境外投资最成功的产业项目之一。目前，中国海洋水产业总产值达1999亿元，约占全国海洋产业的54.8%。

2. 海洋交通运输业优先得到发展

中国每年进出口贸易总量的90%依靠远洋运输。目前，中国已建成了一支以中央骨干航运业为主，地方航运为辅的远洋船队，已与近40个国家签订了双边“海运协定”，加入了30多个与海运有关的公约，参加了11个与航运有关的国际组织，集装箱船队已占世界第四位，船队航线已达150个国家和地区的1 100多个港口，海洋交通运输业产值在海洋诸产业中排第二位。中国已连续6次当选国际海事组织A类理事国，成为世界重要航运大国。1999年，中国沿海和长江干线港航水运生产量大幅度攀升，外贸吞吐量快速增长，完全扭转了1998年水运行业增长速度减缓的势头。全国货运量完成近12亿t，货物周转量21 856亿t·km，分别比上年增长8.1%和12.6%；全国沿海主要港口货物吞吐量完成13亿 t，其中外贸吞吐量完成4亿 t，分别比上年增长13.1%和11.2%；沿海主要港口国际集装箱吞吐量达到1 560万标准集装箱，保持了80年代初以来平均增长30%的强劲势头，港口运输货物集装箱化率达到65%，接近世界水平。

3. 海洋油气业是增长最快的海洋产业

海洋油气业既是新兴产业，又是率先实行全方位对外开放的行业。至1999年底，中国海洋石油总公司已经与18个国家和地区的69家石油公司签订了140个石油勘探开发合同的协议，吸收国外石油公司70亿美元的勘探风险投资和开发投资，在中国近海开展了大规模的石油勘探和开发。1999年海洋原油产量为1 891万余吨，天然气接近48亿m^3，全年实现利润约30亿元，海洋石油总产值由1990年的11.3亿元增加到

1999年185.8亿元，9年增加了15倍多，海洋石油是海洋产业中增长最快的产业。美国菲利普斯国际石油公司和中国海洋石油总公司1999年合作发现的蓬莱19-3油田是中国近十年来的最大石油发现，储量为6亿～8亿t，单井日产原油100 t以上。中国东海海域平湖油田1999年4月8日正式向上海供气，日供气规模达120万m^3，同时原油部分提前开井投产，已形成日产1 200 t的能力。这标志着中国继渤海、南海之后在东海首次进行商业性开采。涠西南油田群总体开发工程1999年建成投产，使南海西部公司原油年产量迈上200万t新台阶，年产液化气5万t，成为中国南方的重要能源生产基地。

4. 海盐产量仍居世界首位

海盐业是关系民生的重要产业，这一古老而永恒的行业在国民经济中占有特殊地位。中国海盐产量一直居世界首位。截至1998年底，全国海盐的生产总能力已超过2 400万t，质量也大幅度提高。氯化钠含纯量为96.5%以上。1999年海盐产量约为2 051万t，比上年增长31.6%,盐田总面积已达451 258万m^2。与此同时，海盐化工业和水产养殖业也不断发展壮大，呈现出以海盐为主体，综合利用海盐业资源的产业发展新格局。

5. 中国船舶业正在崛起

中国船舶业在造船产量、手持订单量等指标方面，连续数年稳居世界第三，成为中国重要的出口支柱产业。“九五”期间，中国船舶业预计实现工业总产值1 820亿元，工业增加值450亿元，造船产量已达到1 500万载重吨，实现销售收入1 800亿元。产品结构进一步优化，除常规船舶外，高技术、高附加值的船舶比例增大。造船能力迅速扩大，国内已竣工投入使用的新建万吨级造船坞（台）9座，改造船坞5座，新增造船能力200万载重吨。新增3.5万吨级以上的修船坞十几座，总容量约150万载重吨。船舶出口继续保持高速增长态势，预计船舶出口金额可达80亿美元。1999年，中国船舶工业继续保持了发展势头，工业总产值达249亿元，比上年增长11.4%。建造船舶种类已从一般散货船、油船、干货船发展到具有世界先进水平的成品油船、化学品船、滚装船、大型冷风集装箱船、液化石油气船和高速水翼客船等。已能建造15万吨级大型船舶，并具备了造修30万吨级船的能力。中国船舶工业贸易公司首次承接建造5艘30万载重吨超大型油船。广州广船国际股份有限公司为丹麦船东建造了8艘3.5万吨级成品油轮、2艘滚装船，合同总金额超过2.7亿美元。1999年中国承接的出口船订单共计603艘、559.8万载重吨，占全年承接订单总吨位的72.8%，船舶出口金额达到了16.1亿美元。

6. 海洋旅游业一派繁荣

中国滨海区可发展的景点有1 500余处，北起丹东，南至防城，在近18 000km的黄金海岸及星罗棋布的大小岛屿上，旅游业开发正浪潮叠起。近年来沿海及海岛各地都把滨海旅游业作为经济发展的先导产业来抓，大力开发旅游资源，接待的游客人次以每年高达20%～30%的速度递增。在海洋各产业中，滨海旅游业已成为主要创收大户。1999年，滨海国际旅游总产值为518亿余元，比上年增长10.5%。全年共接待海外旅游者1 331万人次，比上年增长9.6%。上海、广州、汕头、深圳、珠海、厦门、泉州、杭州、天津等滨海旅游城市的国际旅游外汇收入都超过1亿美元，接待海外旅游者人数也都在40万人次以上。珠海1999年接待游客人数接近80万人次，全年旅游总收入62.54亿元，旅游创汇3.57亿美元。青岛1999年举办了首届海洋节，推出了“港口工业”游、“海岛风光”游、“海洋体育”游、“海洋美食”游等多种特色旅游，推动了全市旅游业的发展，接待国内外游客1 154万人次，实现旅游收入81.0亿元，滨海旅游业已发展成为青岛市重要的支柱产业之一。浙江省近年来加大了对海洋旅游资源开发的力度，对各类旅游资源进行选择性、特色性、创意性、综合性开发，使海洋旅游区出现了一批独具特色、有影响、上规模的旅游产品，并取得了良好效果，舟山沙雕节的社会联动经济效益达1亿元以上，温岭的一道新千年曙光，创旅游收入达1.2亿元。

二、海洋科技推动中国海洋产业发展

为逐步完成时代赋予海洋科学研究的新任务，极大地推动传统海洋产业的技术改造和新兴海洋产业的形成和发展，中国把海洋高技术的开发、提高海洋科技贡献率放在了重要地位。经国务院批准，“九五”期间海洋高技术正式列入国家“863”计划，针对海洋科技中几个关键课题，如海洋生物技术、海洋矿产资源开发技术、海洋监测技术等展开了重点攻关。目前“863”计划涉及的海洋技术领域取得了重要进展，某些专题领域已经大大缩短了与国际先进水平的差距。“863”计划海洋生物技术主题，自1996年启动以来，国家累计拨款约1亿元，共资助100多项课题，直接参加单位100多个，已建立28个中试基地，其中国家“863”计划成果产业化基地3个，列入国家“863”计划重大产业化项目6项。牙鲆和对虾全雌育苗及健康养殖、牡蛎三倍体育苗等“863”计划项目科研成果得到了推广应用。20项课题在相关研究领域进行了国际合作。科学研究的进一步深入，科技成果的广泛应用，有力地促进了各海洋产业结构的调整，并加快了海洋产业的发展速度。

中国海洋石油总公司将海洋石油业作为高科技产业，以引进集成、创新、应用为科技发展方针，在油气田开发建设过程中广泛应用了国际先进技术，目前，已初步具备了寻找复杂地质条件下大中型油气田、自营开发海上油气田、海上专业技术参与国际竞争和开发海外油田的能力，形成了具有海洋石油特色的配套技术体系。中国石油研究中心具有勘探开发的综合研究能力，对中国近海的地质研究具有较高水平。近几年中国海洋石油的自营勘探成功率达50%以上，超过国际平均水平。探明储量达3亿 t 的绥中36-1油田由于处于高纬度冰区，油稠、开发难度较大，其开发曾被国际石油公司认为是向21世纪新技术的挑战，中国海洋石油总公司成功进行了这个油田的自营开发。“九五”期间，通过对影响海上油气勘探开发的多项关键技术进行攻关，至1999年底，已取得重大突破，获得了10项成果。其中，承担的国家“863”计划海洋领域4项高技术项目，已在海上地球物理、高分辨率勘探、多波勘探等研究方面取得重要成果。

中国船舶工业集团公司所属的广船国际是华南最大的现代化造船综合企业，具有较高的造船技术水平和造船能力，1997年和1999年该公司为丹麦船东建造的成品油轮，船上建有直升机平台，可满足联合国国际海事组织所有的防污要求，自动化程度较高，正常航行只需要14名船员，这是国内首批具有完全知识产权并具有当代世界先进水平的高技术、高附加值的船舶。江南造船集团依靠技术创新，重点发展高、新科技及高附加值的出口船，该集团承接美国船东的5艘2.2万m^3半冷半压式乙烯液化气船，是目前国内首建世界上最大的高难度乙烯液化气船，其中的第1艘已正式交船。他们还完成了“远望”一、二号远洋测量船第二次中修技术改造工程。为了进一步参与国际竞争，上海厂家大力提高造船能级，正在建设中的上海外高桥造船基地，总投资高达32亿元，两座30万吨级的大型干船坞，可在2000年承接两艘10万吨级的超大型船舶订单，将首开上海建造10万吨级以上巨轮的先河。

1999年，科技为古老海盐业的发展注入了生机活力。北方海盐区推行“深、新、长”制盐工艺，完善“制、保、排”系统，摸索出适合中国地质、气象、环境特点的海盐生产工艺；中国独创的塑料薄膜苫盖结晶池技术及设备，使海盐区的优质高产稳产水平大大向前推进了一步；不断研究开发钾、溴、镁的系列产品，并取得一些阶段性成果；盐田水产养殖技术使广阔滩涂得以充分利用，并成为盐业的又一经济增长点；盐田生物技术为海盐生产提高产量和质量提供了一条新途径；积极探索引进技术、设备和资金，大力开拓国内外盐业市场。

“科技兴海”是一项依靠科技进步，推动海洋开发、利用、保护和发展海洋经济的集科研、生产、管理于一体的综合性的系统工程。近年来国家和地方加大了对“科技兴海”的投入，突破了一批“科技兴海”关键技术，建立了一批示范基地和技术转移中心。通过加强实施“科技兴海”战略，沿海地区掀起了“科技兴海”的热潮，极大地推动了海洋产业的发展。1999年，海洋产业产值超过300亿元的省市有5个，各地涌现了一批“科技兴海”的先进典型，一些新兴的产业正在逐步形成和发展。

浙江省大力推行科技兴海工程建设，浅海滩涂增养殖技术和海洋生物资源开发利用是浙江省科技兴海工程的突破口。1999年，全省抗风浪网箱已得到推广。深度开发利用虾蟹壳资源生产甲壳素已获重大突破，全省年产1 500t，大多用于医药和化工中间体。温岭市利用甲壳素为原料，推进产品开发，其产值已接近1亿元。

国家海洋局和厦门市政府共建的厦门海洋研究开发院，经过两年的运作，1999年已有5个项目取得阶段性成果。其中鱼类生长激素基因工程中试项目，对已筛选得到的重组鱼激素高效表达酵母工程菌进行了培养基因条件实验，研制出了廉价的国产无机盐培养液配方，同时进行了发酵参数试验，试验结果表明，含1%该生物工程产品的饵料能使养殖鱼类产量增加20%以上，大大缩短人工养殖海洋高档鱼的周期，该项科研成果对发展高档海洋经济鱼类养殖业将起到积极作用，也是中国第一个拥有知识产权的海洋生物基因产品，已有多家国内外公司愿意合作开发。

通过“科技兴海”的实施，使海洋科研水平有了很大提高，开发了养殖病毒的诊断试剂、海洋生化制品、海洋药物和海洋保健品等一批产品；加强了科技成果的转化，如“863”计划重大项目“海水养殖动物多倍体育种技术和性控技术”开发的牡蛎、鲍、对虾、珠母贝、扇贝、牙鲆等优良品种在沿海地区进行大规模的中试和推广，取得了显著效果，三倍体牡蛎个体比二倍体增大1/3，产量增加20%。山东通过该项目的实施，研制开发了海洋精细化工、海洋功能食品、保健品、海洋药物等70多个产品，新增年产值28亿元，利税8亿元，出口创汇4 000多万美元的效益规模，山东荣成与有关科研院所联合开发了低值鱼深加工技术，大大提高了产品的技术含量和经济效益，仅水产品深加工一项年产值就达26亿元。

三、展 望

海洋被视为21世纪的经济增长点，一个世界性的依靠高科技争夺海洋资源的浪潮正在兴起，大力发展海洋高科技，推动海洋高科技产业化，是提高中国经济综合实力和竞争能力的需要，也是跟踪国际前沿，推动海洋开发利用向更高的层次、更广泛的领域发展的机遇和挑战。21世纪初，中国海洋高技术在海洋遥感技术、海水淡化和综合利用技术、海洋生物和生态优化技术、海洋油气开发技术、海洋信息技术、深海多金属勘探开发技术等方面将有所突破，将形成10项重大可产业化的成果，以及50项以上有自主知识产权和有产业化前景的技术，形成一批拥有巨大市场前景的海洋高新技术产业群，极大地提高海洋高技术对海洋经济的贡献率。

中国海洋未来产业已显示出广阔的发展前景。中国海水综合利用已取得研究成果80余项，其中，建立中试线7条，新产品7个，专利6个，新技术、新工艺、新材料20项，低温压汽蒸馏海水淡化技术研究、海水循环冷却技术研究、海水直流冷却技术研究等国家科技攻关专题取得了重大的技术突破和进展，为产业化的实现奠定了雄厚的技术基础。如能尽快地使现有技术转化为生产力，实现产业化，则整个行业近期可实现10亿元的年产值。1999年，大连长海县1 000 t/d 海水反渗透淡化工程投产造水，沧州化学工业股份有限公司日产18 000 t的高浓度苦咸水淡化工程部分投产运行，在浙江嵊泗县和山东长岛县的1 000t/d反渗透海水淡化工程年底竣工产水，目前正在进行2×3 000t/d 的低温多效海水淡化示范工程的设计，预计2001年投产运行。天津市正抓住机遇，努力争取率先建立海水利用产业化基地，使海水淡化与综合利用产业成为天津市的一个新的经济增长点。

在海洋药物方面，1999年中国海洋生物学专家和海洋生物药物学家运用现代生物分离与分析手段，以及细胞培养、基因文库、DNA重组等生物工程技术探索海洋生命活性物质，有力推动海洋天然产物和海洋生物药物的研究和开发向纵深发展，已发现新化合物100余种，开发了一系列海洋药物，抗艾滋病新药911、抗乙肝病毒聚甘古酯等海洋药物已进入临床研究，构成了海洋药物“科研、中试和工业生产一体化”的技术转化体系，青岛市把海洋药物列为该市新的经济增长点和新兴产业之一。

海洋是地球上富饶而远未得到开发的资源宝库，随着可开发资源的增加，海洋开发技术的提高，海洋产业群将不断扩大，海洋经济必将成为新的经济增长点，预计到21世纪，世界海洋产业总产值将超过1.5万亿美元。中国已经具备了全面开发利用海洋资源的基本条件，2000年主要海洋产业总产值可接近5 000亿元，经过努力，完全有可能成为开发利用海洋的大国，使海洋开发总产值进入世界前列，形成一批世界第一的海洋产业。 （本文第一作者系国家海洋信息中心党委书记、副主任、高级工程师）

中国海洋渔业可持续发展及其高技术需求

唐启升

（中国水产科学研究院黄海水产研究所）

一、海洋渔业可持续发展的战略意义

当今，人类面临着人口增长、环境恶化、资源短缺等问题的巨大挑战，中国首当其冲。21世纪，中国人口将突破16亿，而可耕地面积却不断减少，直接面对世界7%的耕地资源要养活人类近1/4人口的现实。为了缓解这一严峻局面并满足人们对优质蛋白质日益增长的需求，需要把目光转向海洋这一尚未充分开发利用的广阔疆域。海洋面积占地球表面积的71%，中国在渤海、黄海、东海、南海等四海可管辖的水域面积达到300多万平方公里，相当于中国内陆面积的1/3，这片“蓝色国土”不仅可以为我们提供丰富的优质蛋白质，而且也是许多具有药物和功能特殊的活性物质的巨大宝库。

近十几年来，中国的海洋产业得到了迅猛的发展，海洋产业已成为国民经济发展的新的增长点。1998年海洋产业总产估计已达3 270亿元，预计到2010年中国将进入世界海洋开发的前5名，成为海洋经济强国。在海洋产业中，海洋生物资源的开发利用位居首位。1999年，中国海洋水产品总产量达2 472万t，占世界渔业总产量的1/4，居世界第一位。中国海洋渔业成为大农业中发展最快，活力最强，经济效益最高的支柱产业之一，特别是海水养殖，其产量已从1987年的193万t 增加到1999年的974万t，占海洋渔业产量的比重，从过去的10%左右上升到39%，中国已成为世界海水养殖大国。目前，中国海洋渔业总产值达1 800亿元，约占全国海洋产业的54.2%。因此，在海洋产业大发展的21世纪，海洋渔业及其可持续发展仍是中国“蓝色革命”的主体。

二、影响可持续发展的主要问题

在中国海洋渔业高速发展的同时，仍然存在不少科学技术方面的问题，并成为制约今后健康持续发展的关键因素。

1. 养殖苗种多系未经选育的野生种，遗传力减弱、抗逆性差、性状退化等问题严重

中国海域的海洋生物物种多样性较高，但目前养殖的品种不足100种，能够形成大规模养殖生产的仅十几种。除海带、紫菜等极少数种类进行过系统的品种选育和改良外，如中国对虾、扇贝、牡蛎、蛤仔等都是未经选育的野生种，特别是经过累代养殖，近亲繁殖出现了遗传力减弱、抗逆性差、性状退化等严重问题。此外，有些名、特、优品种，如鳗鲡、鲥鱼、鲻鱼等苗种培育尚未突破技术难关，还有不少品种完全依赖于自然苗种，远远不能满足生产需求，严重制约了规模化、集约化养殖的发展。

2. 养殖病害发生日趋严重，防治技术薄弱

近年来，随着中国水产养殖事业的发展，病害发生日趋频繁和相当严重。震惊水产养殖业的对虾暴发性流行病，自1993年发病以来，每年给国家造成几十亿元的经济损失，使中国从世界上最大的出口国变成了主要对虾进口国。其他主要养殖品种如扇贝、鲍鱼、牡蛎、牙鲆、海带、紫菜等的病害也日趋严重，如近几年夏季发生的扇贝突发性大规模死亡，又损失了几十亿元。几乎形成一种不可思议的“养什么，病什么”的严重局面。近年国家和有关部门投入了大量的人力、物力、财力来协作攻关，但基本是治表不治本，迫切需要从多方面提高病害防治的技术水平。

3. 近海水域生态环境恶化，缺乏相关的保障技术

由于大量的工业废水和生活污水不经处理排入近海水域以及海洋产业高速发展对环境带来的负面影响，中国近海水域的生态质量明显下降，富营养化进程加快。1991年以来，近海水域化学耗氧量(COD)和活性磷酸盐浓度均呈上升趋势，无机氮浓度全部超标，尤其是长江口区、珠江口区和和渤海三湾最为严重，致使有害藻类和病原微生物大量繁衍，赤潮频繁发生且波及面甚大。其后果不仅危害了主要集中在中国近海海湾、滩涂及浅海的水产养殖业，同时也危害了主要集中在近海的中国海洋捕捞业，使中国近海生态系统的服务和产出受到影响，资源的再生能力受到严重损害，每年经济损失上百亿元。面对这样的严峻现实，需要加强综合治理、合理布局，需要更多科学支撑和相关保障技术，否则，可持续发展将会严重受阻。

4. 捕捞资源可持续管理缺乏科学技术支撑

过度捕捞已确认是导致中国近海重要渔业捕捞种类资源严重衰退、资源质量下降和数量剧烈波动的直接原因，但是，目前我们不仅对海洋生物资源自身的变动规律、补充机制和资源优势种类频繁更替的原因及种间关系等重要基础问题研究甚少，同时也缺乏资源评估和管理的有效技术支持，难以提出切实可行的管理措施，甚至难以对资源状况和变动趋势提出正确的评价，不可避免地影响了海洋生物资源可持续开发利用。另外，近年虽开展多品种、多区域的资源增殖放流，但由于缺乏有效的监测手段和技术，回捕率年间波动甚大，难以做出科学的解释，使放流工作带有一定的盲目性，严重影响了生产性增殖放流事业的发展。

5. 基础研究薄弱，海洋生物高技术开发与产业发展受到影响

海洋生物学研究是发展海洋高技术，促进产业发展的基础与前提。然而，多年来中国海洋生物学基础理论研究十分薄弱甚至严重滞后，科技投入少，力量分散，重点不突出，其发展的局限性和负面影响越来越明显。例如，目前所遇到的养殖品种退化、抗逆性差难以控制，病害发生又难以防治，养殖环境恶化难以修复，海洋活性物质的开发利用难以深入等问题，已明显地影响了海洋高技术产业化的迅速发展。海洋活性物质的研究与开发已是当今世界各国的研究热点，中国近年虽有所发展，但多注重开发，忽视基础研究和技术方法的创新，海洋新药及其新一代的海洋生物制品极少，利用高新技术培植的海洋生物活性物质产业更少。因此，加强基础研究，用生物技术开发利用海洋新资源迫在眉睫。

三、海洋渔业可持续发展的高技术需求

由于海洋资源与环境的特殊性，实现海洋渔业可持续发展特别需要科学技术的强有力的支持，其中高新技术及其产业化就是一个重要的方面。

1. 海水养殖优质、抗逆品种培育及苗种繁育技术

良种是推动海水养殖业持续发展的关键。实践证明在其他条件不变的情况下，使用优良品种可以增加产量10%～30%，并且可减少病害的发生，提高成活率。因此，围绕海洋主要增养殖生物优良品种培育与

繁育生物学等科学问题，需要利用细胞工程、基因工程和分子生物学等技术手段，进行增养殖种类的品种选育、种质资源开发和优质苗种的大规模繁育技术的深入研究，建立中国的海洋生物良种培育工程体系，培养出优质、抗逆和高产品种。其中，关键技术是海水增养殖优良品种的培育技术，如转基因技术、克隆技术、多倍体技术、雌核发育技术、分子标记辅助育种技术的开发与应用、高健康优质苗种的大规模培育技术和苗种培育工程化技术等。

2. 海水养殖病害防治与健康养殖技术

针对当前海水养殖业出现的死亡率高、产品质量下降等严重问题，需要从流行病学的角度研究揭示中国海水养殖生物主要病害的流行与环境生态、宿主生态、病原分子变异等因素之间的内在相互关系，需要从生态防治的角度建立主要重大病害的预警系统，实施健康养殖、清洁生产。这样，就需要有一系列的高技术支撑，如病原快速检测技术、免疫防治技术、生态防病技术、清洁生产和环境生物修复技术、安全饲料开发利用技术和抗病育种基因工程技术等。应用这些高新技术，开发新型的产品，如开发新的防病疫苗和药物等，使中国的海水养殖由目前的经济型转为生态健康型，达到资源持续开发利用的目的。

3. 海水规模化养殖与生态调控技术

为了缓解海水养殖规模化发展与生态容纳量之间的矛盾，需要根据养殖水域的营养水平和环境承受能力，研究适宜的养殖容量，发展高效、低污的规模化养殖模式，开发新的养殖水域，充分利用近海10～40m等深线内的海水养殖资源，以达到合理开发利用养殖资源，改善生态环境条件，高效持续发展海水养殖业的目的。为了实现上述目标，需要研究开发养殖容量评估技术、养殖生态结构优化技术、浅海综合立体养殖技术、深水抗风浪养殖技术、贝类生产环境安全保障技术和养殖设施工程化及自动化技术等。

4. 海洋捕捞资源可持续开发和管理技术

海洋捕捞业在世界沿海各国仍占有极其重要的地位，中国更不例外。与此有关的产业和从业人员仍相当庞大。因此，在发展养殖业的同时，要重视中国近海捕捞业和增殖业的健康发展。在积极开展和重点支持补充量动态理论与优势种更替机制研究、生态系统健康与可持续产量等基础研究的同时，为保护中国近海渔业资源和环境，需要大力发展与限额捕捞有关的资源可持续开发与管理高新技术，主要包括近海渔业资源可捕量评估技术、限额捕捞信息(3S)与监管技术、负责任（安全）捕捞技术和资源增殖放流与生态安全技术等。为了解决中国大型拖网加工船后备渔场不足这一制约远洋渔业发展的问题，还需要积极开发远洋新资源和新渔场，提高渔场探测技术和远洋捕捞技术，特别需要解决金枪鱼类围网和钓钩捕捞技术等。

5. 海洋生物活性物质开发利用技术

海洋生物活性物质的开发利用已成为海洋生物资源开发利用的一个全新的领域，并有广阔的高新技术产业化的前景。如海洋抗爱滋病新药已进入国家新药临床试验，海洋酶已在清洁洗涤剂、水产养殖、基因工程试剂及药品等方面显示出令人喜悦的开发前景。因此，海洋生物技术不仅在生物活性物质开发利用中有广泛的应用前景，同时，其技术需要也是多方面的。特别在海洋生物高技术的前沿领域，需要利用生物技术的最新原理和技术开发利用海洋新资源，如利用基因工程技术、功能基因组学、蛋白组学、生物信息学和高效表达技术等。目前，应在深入探索主要海洋生物活性成分的形成机制和构效关系基础上，建立可持续提取技术，提高活性物质筛选技术和开发技术水平，寻求更为现代的方法分离活性物质、测定分子组成和结构、生物合成方式和检验生物活性。这些基本技术的开发和利用，将为新型海洋药物、高分子材料、酶、疫苗、诊断试剂和DNA芯片等新一代的化学品和生物制品产业化发展奠定基础。

（本文作者系中国工程院院士、
中国水科院黄海水产研究所所长）

世纪之交中国船舶工业发展的特点、矛盾和对策

曹友生

（中国船舶工业经济研究中心）

一、“九五”期间我国船舶工业发展特点

虽然受到亚洲金融危机的严重影响和冲击，在“八五”高速发展的基础上，“九五”期间中国船舶工业继续保持了开拓进取、向前发展的势头，主要特点为：

1. 经济增长保持快速，造船产量稳中有升

“九五”期间，全国船舶工业经济保持了快速增

长的势头，据不完全统计，预计实现工业总产值1 820亿元（90年不变价），工业增加值450亿元，造船产量已达到1 500万载重吨，实现销售收入1 800亿元。

从不同企业看，原中国船舶工业总公司在1996～1998年的三年中，工业总产值从1995年时的149.95亿元增加到1998年的215.61亿元，年均增长速度为12.89%；工业增加值从1995年的41.44亿元增加到1998年的60.89亿元，年均增长13.69%；造船生产虽然由于受亚洲金融危机的影响，增长速度明显减缓，但三年中的船产量年均增速仍达到4.09%。地方船舶工业经济增长保持了更高的速度，福建船舶工业1995年～1999年期间的工业总产值年均增长速度为13.2%。江苏、山东、浙江等沿海各省船舶工业经济的增长速度也明显高于内地省份。

2. 产品结构进一步优化

除散货船、集装箱船、多用途船、原油船等常规船舶外，大开口多用途船、成品油船、化学品船、液化气船、散装水泥船、半潜式钻井平台等高技术、高附加值的船舶比例增大。原中国船舶工业总公司“九五”前三年内完工的船舶中，上述高技术、高附加值船舶的吨位已占到23.4%。一些骨干船厂均首次成功建造了大型自卸船、滚装船、高速车客渡船等一系列高技术船舶，在高新船舶品种上取得了新的突破。1999年首次承接了5艘30万吨级的VLCC型油船，2000年又承接了8艘5618TEU的大型集装箱船。

3. 船舶出口继续呈现高速增长态势

1999年，在受亚洲金融危机冲击，全国外贸出口普遍下降的情况下，中国船舶出口额仍然达到了16.1亿美元。1998年全国船舶出口额17.3亿美元，与1995年的8.8亿美元相比，“九五”前三年的船舶出口年均增长高达25.3%。根据目前国内手持订单的情况及主要造船企业的生产经营形势，预计“九五”期间船舶出口金额共计80亿美元，其中2000年船舶出口金额将超过前4年中的最高年份——1998年的出口额。

4. 造修船基础设施建设加快，生产能力迅速扩大

“九五”期间，国内各造修船企业纷纷投资进行基础设施的建设和改造，其中已竣工投入使用的新建万吨级造船坞（台）共9座，改造船坞（台）5座，新增造船能力约200万载重吨。新增3.5万吨级以上的修船坞十几座，这些坞的坞容总量约150万载重吨，使中国的修船能力在“九五”期间几乎翻了一番。目前一些大型船坞工程正在建设之中，其中包括列入国家重点工程的上海外高桥造船基地建设项目。

5. 地方船舶工业发展迅猛

“九五”期间船舶工业发展的一个重要特点，就是地方船舶企业和合资企业发展迅速，造船能力和产量急剧增加，竞争实力和规模明显增强。目前已基本形成与中国船舶工业集团船、中国船舶重工集团两大集团“三分天下”的格局。其中江苏6家地方骨干船厂现有生产能力69万t，1999年实际产量36.8万载重吨；合资和独资企业现有造船能力56万t。1999年该省有3家企业进入全国十大船舶出口企业，全国手持订单数前10名中该省也有3家企业名列其中。这些地方企业所建造的船舶大部分为万吨级以上，出口船舶也占到了相当的比例。福建、山东船舶工业的发展也十分引人注目。

二、当前船舶工业发展中存在的主要问题和差距

应当看到，与21世纪面临的国际竞争对手相比，中国船舶工业还存在较大的差距和问题，主要表现在：

1. 能力结构不合理，高水平能力不足与低水平能力过剩并存

中国造船产量虽居世界第三位，但仅相当于日本的1/7，韩国的1/6。全国造船产值大约相当于日本的1/5和韩国的1/4，也低于德国、意大利和西班牙等国。在国际船舶市场上，日本、韩国占据了70%左右的份额，而中国造船产量所占份额在5%～7%之间波动。因此从总体上看，中国船舶工业规模还必须有更大的发展。当前，一方面是具备较强竞争力的高水平造船能力不足，另一方面低水平能力过剩，能力结构不合理非常严重。

修船行业的情况同样如此，规模小、水平低、设施简陋的修船企业遍地开花，而能够进行大型船舶修理和改装的船坞很少，不能适应世界船队的发展和修船市场的需要。

2. 企业规模偏小，规模经济作用没有得到充分发挥

中国船舶工业企业数量众多，但企业规模却明显偏小，平均每个船厂产量不到1万载重吨，约为日本船厂平均规模的1/4，韩国船厂平均规模的1/20。

1997年原船舶总公司25家造修船厂的全部产量，还不到韩国现代重工蔚山船厂产量的一半。即使拿国内规模最大的八大船厂与日本、韩国相比较，其规模差距也十分明显。如果从企业资产规模比较，其差距更为明显。

船舶工业是一个规模经济效益比较明显的产业，特别是在高度一体化的垄断竞争型国际船舶市场上，

市场参与者之间的竞争已演变为集团化的竞争、综合实力的竞争和多角度的竞争。国际大型造船企业集团不断扩张的一个重要内因，就是要充分发挥规模经济的作用，达到增强国际竞争力的目标。中国船舶企业规模偏小，已成为影响其国际竞争力的一个重要方面。

3. 科技创新能力不足，技术水平提高缓慢

总体上看，中国船舶科技整体基础薄弱，技术的研究、开发、储备不足，加上尚未形成有效的技术创新机制，科技资源利用效率低下，严重影响技术创新能力，技术水平提高缓慢。由于科技开发投入的力度远远小于日、韩等国，中国船舶工业的技术装备水平、产品开发能力及生产制造技术均明显低于先进造船国家。

90年代后半期以来，为继续保持和扩大其竞争优势，增强科技竞争实力，日、韩及欧洲主要造船国家均不遗余力加大科技投入的规模和强度，与中国船舶科技投入不足形成鲜明的对比。由于技术改造缓慢，中国船厂的技术装备水平与世界先进造船国家相比差距巨大。中国主要船厂的人均装备率仅相当于日、韩主要船厂人均装备率的1/10。在造船机械化自动化生产中起重要作用的钢材预处理、管子加工、平面分段、立体分段流水线的数量很少，而且设备的现代化程度低，很少能达到国际水平。在船型开发和船舶设计方面，真正属于中国自主开发设计的船型，大多数是普通船型，高技术、高附加值船型很少。船舶设计技术、设计手段落后，设计周期长，成为影响中国船舶工业竞争能力的重要因素。

4. 成本优势减弱，国际竞争力不容乐观

价格竞争力是中国船舶产品在国际船舶市场占有一席之地的主要优势，这一优势的取得，主要依靠中国较低的劳动力成本。90年代后半期，中国造船成本（无论劳动成本还是材料设备成本）一直呈快速上升趋势，加上在造船周期、性能、质量等方面的差距，中国船厂的国际竞争力状况已不容乐观，竞争地位受到严重威胁。

据对90年代后半期的有关数据分析表明，中国造船业人均产量与日本、韩国相差10～15倍，人均产值相差约25倍，建造总吨船舶所需工时相差5倍左右。劳动生产效率上的巨大差距，基本上抵销了中国劳动力成本相对较低的优势。在造船周期方面，对15万t以下的各类常规船舶，日本和欧洲主要造船国家的平均造船周期均在10个月以内，而中国约需12～20个月。钢材利用率，日本各船厂平均为92.0%，中国主要船厂平均约为87.7%。万美元产值耗电量，日本为347kW・h，中国需要3 606kW・h，相差10倍左右。

5. 船用设备国产化水平停滞不前，实际装船率大幅度下降

随着近年来船舶工业规模的扩大以及船舶品种的增加和优化，配套设备的品种、质量和性能越来越难以满足船舶工业发展的需要，国产船用设备的实际装船率不断下降。在“七五”末期，原船舶总公司的国产设备实际装船率曾达到70%以上，“八五”期间开始出现下降，到1995年实际装船率已只有43.3%，并继续呈连年下降的趋势，1998年为32.5%，1999年估计已不足30%。而日本的国产船用设备实际装船率已达到97.8%，韩国也达到85%左右。由于技术引进中断，科研投入资金严重不足，致使配套设备企业研制、开发和创新的能力不断削弱。一方面，老产品生产能力过剩，另一方面，能满足船舶工业需要的高质量的新产品生产能力却严重不足。配套设备行业的相对落后，已成为影响中国船舶工业进一步发展的重要制约因素。

特别是在中国加入WTO后，原先向中国提供船用设备技术的外国厂商，将有可能转向直接向中国出口产品或在中国直接建立生产基地，技术引进将面临新的困难。

6. 管理相对滞后，造船模式转换缓慢

与国际先进造船水平相比较，中国船舶工业在组织管理技术上的差距较为突出。由于长期以来在追赶国际先进水平的过程中侧重于制造技术的提高和技术装备的改善，对管理技术重视程度不够。在技术引进中重制造技术和设备，轻软件技术和组织管理技术。管理落后是造成中国船舶企业生产效率不高，生产成本难以降低，经济效益欠佳的重要原因。严峻的市场环境和当前管理水平形成尖锐的矛盾。

从90年代初开始，中国就开始推进转换造船模式，推行壳舾涂一体化区域造船技术。在某些骨干船厂转换造船模式已初见成效。但从全行业来看，“转模”工作进展还非常缓慢，因此必须把“转模”作为提高生产组织管理水平的一项关键工作来抓，力求在“十五”期间真正取得全面突破。

三、促进船舶工业健康发展的对策措施

尽快解决船舶工业发展中存在的主要问题，缩短与国外先进造船国家的差距，正是“十五”期间结构调整的重点所在。

1. 以实施大企业、大集团战略为重点，推动结构调整，促进企业重组

目前，在原中国船舶工业总公司的基础上，已经

形成了中国船舶工业集团和中国船舶重工集团两个特大型的企业集团，要以此为契机，予以重点培植，使其逐步成为符合社会主义市场经济体制要求，适应国际竞争需要的特大型企业集团。同时，要加紧全行业的结构优化调整，通过政府和市场两只手共同推动，鼓励和支持企业打破地区、行业、所有制等界限，以资产为纽带，以规模化、专业化生产为构架，进行多种形式的重组。特别是对于一些受到客观条件限制影响进一步发展的沿江造船企业，国家应鼓励其向船舶分段专业厂转变，通过兼并、重组、联营等多种方式，充分利用下游或沿海现有造船基础设施，改造为总装船厂和交船基地。行业主管部门要为这类跨地区、跨部门的重组和专业化改造进行协调和提供政策支持。

2. 实施科技兴船战略，深化科技体制改革，加大科技投入，尽快缩小与先进水平的差距

要进一步深化科技体制改革，建立和完善船舶工业技术创新机制。加强企业与高等学校、科研机构的联合和协作，根据优势互补、利益共享的原则，建立双边、多边协作机制。鼓励一批科研院所直接进入重点造修船企业(集团)，同时支持有实力有产品的科研院所向科技型企业转变，增强船舶行业技术创新能力。继续支持大型船舶企业建立企业技术中心，强化企业作为技术创新主体的功能。鼓励有条件的企业或科研院所积极开展国际间的技术合作，联合进行产品开发和先进制造技术研究。

要大力加强用高新技术改造船厂，加快新技术、新工艺和计算机的推广应用，进一步深化造船模式转换并在中小船厂中广泛推广，尽快缩小与国外先进造船技术的差距，大幅度提高生产效率。“十五”期间，要把加强技术改造置于高度突出的地位，对一些长期来制约企业整体规模能力提高以及严重影响造船水平和质量的环节，要作为进行技术改造的重点项目尽快予以实施。

3. 降低成本，加强管理，不断提高经济效益

中国船舶工业降低成本的潜力很大，要把降低成本作为船舶工业的一项重要战略措施，长期不懈地抓下去。从基础管理着手，以降低设计成本、采购成本为突破口，加强成本控制。

要继续大力推进造船模式转换，把加强企业管理与转换造船模式紧密结合起来，促进企业按照现代造船模式的要求，积极采用先进的生产组织管理方法，实现造船生产技术和管理技术的共同提高。

4. 加快配套工业发展，增强船舶工业发展后劲

要采取得力措施抓好船舶配套产品的国产化工作。首先，适当增加对配套工业的投入。尽快提高技术装备水平，改善产品和技术的研制生产条件。其次，对于已经引进制造技术的产品，要着重在消化吸收的基础上进行二次创新，并加强引进项目的规划和论证，确保引进技术的先进性和可更新升级性，防止出现重复引进。在继续作好重点产品技术引进、跟踪、创新的同时，根据中国加入WTO后的新环境，把合资、合作、联合研制等方式作为提高配套行业技术水平的主要途径。另外，行业主管部门要进一步加强宏观调控，采取必要的措施和鼓励政策，使造船企业积极采用国产船用设备，以切实提高国产配套设备的实际装船率。

5. 积极推进投融资体制改革，拓宽融资渠道，提高投资效率

要积极推进投融资体制改革，进一步拓展船舶工业的投融资渠道，改变过去主要依靠国家投资的状况。鼓励船舶企业作为投资主体吸引社会各方面多元化投资；扩大利用政策性银行贷款和商业银行贷款融资的规模；借鉴商业化基金运作的成功经验，尝试船舶工业产业投资基金和风险投资基金的试点；继续推进船舶企业的直接融资，支持符合条件的船舶企业发行上市进行融资，要积极和有效地利用外资，利用外资的重点是有技术带动作用、能扩大市场份额的项目，以及内地和配套企业项目。

要努力提高投资管理水平，完善管理方法和程序，强化重大项目的全过程监督，提高投资效率。

6. 加强行业管理，促进船舶工业健康发展

船舶工业行业主管部门要进一步加强调控力度，以制定行业规划、行业政策为重点，以解决船舶行业发展中存在的突出问题为突破口，加强行业协调、指导和监督全面改善行业管理。通过实施全面的行业调查和项目清理，大力整治产业发展中的散、乱、差现象。要统一规划港、航、船和船厂的同步发展，推进买船与造船的统筹协作，促进造修船与航运业协调发展。要充分重视行业信息统计、行业标准、行业监督制度等行业管理的基础性工作。

7. 制定和落实有关造船政策，创造公平竞争环境

世界各造船国为提高本国船厂的竞争力，普遍采取了力度较大的扶植措施。中国船舶工业在与国外同行竞争中，明显处于不平等的地位。为加强船舶工业的出口竞争力，政府应采取积极鼓励船舶出口的有关政策，努力使中国船舶工业能与国外诸强在公平的环境下竞争。

（本文作者系中国船舶工业经济研究中心副主任）

1998～1999 年 大 事 记
Chronicle of Events

1998年

1月4日　中国科学院、中国工程院的近500名院士评选出“1997年世界十大科技进展”，其中第六项为：科学家关于新一轮厄尔尼诺现象的预测得到证实。

1月5日　海洋管理与海洋环境监测技术国际研讨会在海南举行。来自美国和中国内地沿海省市、台湾省、香港特别行政区的60多位学者参加了会议。

1月5日　农业部渔业局在广州召开了1997年度远洋渔业企业资格年审会，对获得农业部远洋渔业企业资格的企业进行了审查，对合格企业重新颁发了资格证书。农业部总经济师、渔业局局长卓友瞻，副局长杨坚出席了会议。

1月18日　广州建成全国最大水体的海洋馆。全馆共有8 000余立方米水体，展示着来自世界各地的海洋生物300多种15 000多尾。

1月27日　长江口深水航道治理一期工程正式开工。该项目计划投资155亿元，是建国以来投资最多的水上基建项目。国务院副总理吴邦国和交通部部长黄镇东、上海市市长徐匡迪、江苏省代省长季允石出席开工典礼。

2月18日　农业部部长刘江会见了也门渔业部部长，并签署了《中国—也门政府间渔业合作协定》和《中华人民共和国农业部与也门共和国渔业部合作议定书》。

3月1日　《中华人民共和国船舶安全检查规则》（1997）开始施行。

3月2日　农业部发布《渔业船舶船名规定》。

3月2日　农业部印发《中华人民共和国渔业船舶普通船员专业基础训练考试发证办法》。

3月3日　农业部印发《农业部远洋渔业企业资格管理规定》。

3月10日　九届全国人大一次会议通过了国务院机构改革方案，国家海洋局成为新组建的国土资源部部管国家局。国土资源部由原地质矿产部、国家土地管理局、国家海洋局和国家测绘局共同组建。

3月16日　中国石化集团海上重点建设项目——埕岛二号中心平台一期工程投产成功。埕岛二号中心平台是一座集供电、油气集输、注水等一体的大型综合性平台群，总投资2.8亿元，施工建设工期2年，分三期投产。一期工程的建成投产，缓解了海上供电紧张等矛盾。

3月17～19日　全国对虾养殖会议在上海召开。会议总结交流了近几年来对虾养殖的经验，明确了发展目标，提出“对虾养殖复兴工程”，用3～5年的时间争取对虾养殖业恢复至历史最好水平。农业部总经济师、渔业局局长卓友瞻，全国水产技术推广总站站长朱宝馨分别在会上作了重要讲话。

3月23日　中国气象局和国家海洋局联合举行了以“天气、海洋与人类活动”为主题的纪念世界气象日座谈会。

3月23日　在北京中国发明城举行了隆重的颁奖仪式，国家海洋局第一海洋研究所彭汉昌因在深海宇宙尘研究领域有多项重大发现并取得重大科研成果，为人类探索天体奥秘做出卓越贡献，经香港科学院国际荣誉评选委员会、美国爱迪生发明中心和中国发明城集团公司联合评定，特授予1998年第二届“爱迪生”世界发明博览会“国际最高金奖”。

4月2日　经国务院同意，农业部发出《关于在东、黄海实施新伏季休渔制度的通知》和《关于在东海、黄海实行新伏季休渔制度的通告》，决定自1998年起在东、黄海实施新的伏季休渔制度，即从26°N～35°N海域6月16日至9月15日、35°N以北黄海海域7月1日至8月31日禁止拖网和帆张网作业，24°30′N～26°N海域拖网和帆张网作业每年休渔2个月。

4月4日　中国第十四次南极考察队经142天的奋战，累计航程22 883n mile，圆满完成“一船三站”(即中国长城站、中山站及俄罗斯青年站)的运作方案后，安全返抵始发港上海。

4月8日　新组建的国土资源部正式成立挂牌。中共中央政治局委员、书记处书记、国务院副总理温家宝出席了成立大会并发表重要讲话。

4月9日　由海军113号导弹驱逐舰和“世昌”号训练舰组成的舰艇编队从青岛军港启航，前往大洋洲国家新西兰和澳大利亚进行友好访问。归程中，113号导弹驱逐舰还赴菲律宾参加该国为庆祝独立100周年举行的典礼。

4月18日　朱镕基总理签发第243号国务院令，发布《国务院关于修改〈中华人民共和国海上国际集装箱运输管理规定〉的决定》。

4月22日 世界地球日。北京及全国各地开展了丰富多彩的科普宣传活动，纪念世界地球日28周年。1998年世界地球日的主题为“海洋地质与人类”。

5月15日 中国石化集团胜利埕北古4井射开奥陶系油层试油，用10mm油嘴求产，折合日产油328.9 m^3、天然气43 650m^3。这表明埕岛油田埕岛构造中深层勘探获重大进展。

5月18～24日 广东沿岸海域海空联合执法队伍在广州仑头正式拉开帷幕。200余名海洋执法人员等对广东沿岸海域进行了执法大检查。中央与广东近20家新闻单位对此进行了采访和报道。

5月18日至12月2日 “大洋一号”、“海洋四号”分别执行中国大洋协会DY95-8、DY95-9航次任务。DY95-8航次由国家海洋局北海分局和第二海洋研究所组织实施，历时199d、航行25 092n mile；DY95-9航次由原地矿部广州海洋地质调查局组织实施，历时163d、行程25 000n mile。两航次完成开辟区取样调查、环境观测和多波束地形测量等任务，同时进行了大洋富钴结壳资源调查。

5月21日 1998世界博览会在里斯本隆重开幕。本届博览会以“海洋：人类未来的遗产”为主题，通过现实和虚拟相结合的表现手法，启发人们重视和加强对人类共同财富——海洋的合理开发利用，切实做好地球环境、海洋环境的保护工作。参加博览会的有包括中国在内的146个国家和地区以及14个国际组织。

5月28日 国家海洋局下发了《关于积极开展沿海省、市、自治区大比例尺海洋功能区划工作的通知》。此后，大比例尺海洋功能区划工作在全国沿海省、市、区迅速展开。

5月29日 经报国务院领导批准，国务院法制办复函农业部，授权农业部规章可以对在中国管辖海域内违法的外国人、外国船舶处50万元以下的罚款。

6月1～5日 国际海底管理局深海环境影响评价研讨会在中国海南三亚市召开。该会议是国际海底管理局成立以来召开的第一次研讨会，也是首次在本部以外召开的会议。来自中国、美国、德国、澳大利亚、俄罗斯、巴西、印度、波兰、日本、韩国、印度尼西亚、纳米比亚、牙买加、喀麦隆、巴布亚新几内亚等国家和地区以及国际海底管理局的近40名代表参加了会议。通过充分研讨，会议编写了《“区域”内勘探和采矿环境影响评估准则（草案）》。

6月9日 由国家海洋局监制、江苏人业广告文化传播公司设计制作的包括亚非两洲在内的海图——《郑和航海图》原貌复制品首发式在国家海洋局举行。

6月19日至9月26日 国家海洋局主办了“飞越海岸线——蓝色国土行”宣传采访活动。

6月 《国家海洋局职能配置、内部机构和人员编制规定》经国务院批准并印发。《规定》明确国家海洋局是国土资源部管理的监督管理海域使用和海洋环境保护、依法维护海洋权益和组织海洋科技研究的行政机构。

6月16～22日 应台湾省水产协会理事长曲铭先生邀请，以中国渔业协会会长(农业部渔业局局长)卓友瞻为团长的内地渔业协会代表团共12人，赴台参加“海峡两岸渔业资源永续利用研讨会”，两岸代表就中国四大海区渔业资源动态变化、渔业资源保护管理及合理利用、渔业法制管理、水产增养殖业的发展以及渔业资源永续利用的各项对策措施等问题进行了研讨。

6月20日 国务院总理朱镕基致电慰问各国南极考察队员。

6月 中国大洋协会办公室设立了以金建才为组长的国际海底区域战略研究小组，分别就“区域”资源、勘探开发技术、“区域”法律制度、以及经济评价与管理运行机制等问题开展研究工作。在6月和10月分别召开“区域”资源和技术发展战略研讨会。

7月1日 经中美两国政府批准，《中美渔业协定》(中华人民共和国与美利坚合众国关于美国海岸外渔业协定)有效期从1998年7月1日延长至2001年7月1日。

7月8日 位于埕岛油田的埕北斜501井射开馆陶组2 117.3～2 124m，用10mm油嘴放喷，折合日产油391m^3，日产气4 514m^3。该井的勘探成功，进一步证实了埕岛地区第三系勘探的巨大潜力，展示了埕岛复式含油构造良好的勘探前景。

7月11日 中国石化集团第一口水平位移超2 000m的高难度海油陆探大位移延伸定向井——桩斜314井完钻。该井被列为1998年国家重点科技项目的代表工程之一。

7月14日至8月5日 中国北极考察团赴俄罗斯和北冰洋考察。

7月15日 中国石化集团首艘试油船——胜利618油船在龙口胜利海洋船舶公司修船厂完成试油改造工程,并顺利通过国家船检部门验收。该船是由1 500 t原油运输船改造而成，在保持了原船现有装备的基础上，增设了8台套试油系统设备，一次完成海上钻井、作业平台的油气测试，油气水一次三相分离和2

次二相分离以及污液回收作业，成为首艘兼具试油作业功能的船舶，填补了石化集团海上试油船舶的空白。

7月20～31日 中国代表团出席第25届南极研究科学委员会(SCAR)会议和国家南极局局长理事会/南极后勤支援与作业常设委员会(COMNAP/SCALOP)会议。

7月28～31日 青岛海洋大学海洋遥感研究所和教育部海洋遥感开放实验室主办了第四届太平洋海洋遥感会议，会议主题是多传感资料在太平洋海域的交叉学科研究，来自中国、中国香港、中国台湾、美国、日本、俄罗斯、韩国、英国、德国、法国、意大利、加拿大、澳大利亚、印度等国家和地区的250名学者参加了会议。会议收到论文291篇。

8月 国家计委在财政预算内专项资金中安排7.6亿元，用于渔政船和国家一级群众渔港的建设，扶持27个渔港建设，建造14艘大中型渔政执法船。

8月6日 中国石化集团胜利石油管理局埕岛油田中心二号平台竣工投产。石化集团公司领导李毅中、牟书令，管理局领导王作然、宋万超为平台投产剪彩。该平台是该局海上重点工程项目，位于埕岛油田的主体部位埕北25区，海域水深约13m。该平台由油气水处理平台、动力平台、储罐平台、生活平台组成，中间靠栈桥连接，总投资2.8亿元。

8月8日 全国青少年“走向海洋”夏令营在青岛开营。全国50名学生代表参加了本届夏令营。联合国政府间海洋学委员会副执行秘书、国际海洋年协调员奥利宁向夏令营发来了贺信，对中国青少年乘船探索海洋奥秘表示祝贺，并将国际海洋年的旗帜授予本届夏令营的海洋探秘之船——“中国海监22”号船的船长。

8月10日 石化集团胜利石油管理局埕岛油田埕北251C至胜海1C海底电缆敷设完成。至此，埕岛油田已形成总长达28.67km的全国最大的浅海海底输电网络。

8月12日 全国人大常委会副委员长邹家华在全国人大常委会海洋环境保护法执法检查组第二次全体会议上表示，面对海洋环境污染日趋严重的局面，各级政府要高度重视海洋环境保护工作，加强海洋环境保护的执法力度，同时各级人大要加强对海洋环境保护法律执行情况的监督。

8月14日 石化集团胜利石油管理局浅海海域第一座修采注一体化平台——CB1C井组平台顺利投产一次成功。它的投产对改变胜利浅海油田的油井作业、维修方式进行了有益的尝试，并将大大降低油井作业和维修成本。

8月17～28日 国际海底管理局四届二次会议在牙买加金斯敦召开。以刘大群为团长、陈炳鑫为副团长的中国政府代表团出席了会议。会议重点审议《“区域”内多金属结核探矿与勘探规章》草案。会议期间俄罗斯代表团正式提出了要求管理局制定海底富钴结壳资源有关规章的要求，按照《联合国海洋法公约》的有关规定，一旦有缔约国提出其他矿产资源立法的要求，管理局应在3年内开展立法工作。

8月20日 1998青年海洋论坛在北京举行。来自全国各地海洋界和海外的50余名青年海洋科学工作者共同探讨促进中国海洋事业可持续发展、圆中华民族海洋强国之梦的良策。本届论坛收到学术论文近90篇。会后出版了《1998青年海洋论坛》论文集。

8月 中国最大的海水淡化工程在大连长海县动工兴建。该工程采用世界上最先进的双重反渗透法，设计能力为海水温度15℃的情况下,日产淡水1 000 t。

8月21日 交通部、铁道部联合发布《关于实施〈国际集装箱多式联运管理规则〉有关问题的通知》。

8月27日至9月15日 中华人民共和国渔政渔港监督管理局组织开展了1998年东海、黄海渔政执法检查联合行动，黄渤海区、东海区渔政渔港监督管理局和6省、2市渔政机构共29艘渔政船参加，从北到南，对黄海、东海中国专属经济区水域进行了执法检查，取得了明显成效。这是建国以来规模最大的一次渔政执法联合行动。

9月2日 交通部发布《中华人民共和国水上安全监督行政处罚规定》（交通部1998年第7号令）。

9月5～9日 第六届国际南极冰川学学术讨论会在中国兰州举行。秦大河教授当选为新一任主席。

9月7日 由国家海洋局、中央电视台共同主办的“全国青年海洋知识电视决赛”在中央电视台举行。

9月9日 交通部首次批准两家台湾航运公司的远洋干线班轮同时挂靠祖国内地和台湾港口。

9月20日 继青岛海洋大学、湛江海洋大学后的又一所海洋高等院校——浙江海洋学院成立。中共中央政治局委员、中国社会科学院院长李铁映致信希望海洋学院面向海洋，重视海洋，培养适应海洋开发的应用型人才。该学院由原来的浙江水产学院、舟山师范专科学校合并组建而成。学院现设15个专业，有教工440余名，在校学生2 000余名。

9月22日 中国最大的海上软基处理作业船下水。该船长46.6m，宽17m，吃水深1.2m。船上装有塑料排水板插设系统、水上定位系统、电脑检测系统等先进设备。

9月23～24日　全国国际鲜销渔船管理工作会议在山东省威海市召开。农业部黄渤海区、东海区渔政渔港监督管理局和有关省(市)渔业主管部门、渔港监督部门的负责同志参加了会议。会议研究了中国国际鲜销渔船管理的改革方案，制定了国际鲜销渔船管理办法，对国际鲜销渔船的年度总量控制、许可管理、年审制度、船员培训和持证上岗问题作了具体规定。

9月30日　国家海洋局向沿海省、自治区、直辖市以及计划单列市人民政府办公厅印发了《全国海洋环境保护管理工作纲要》。

10月12日　国家质量技术监督局批准颁布《海洋自然保护区类型与级别划分原则》为国家标准，该标准自1999年4月1日起实施。

10月13日　石化集团胜利石油管理局海洋开发公司埕岛油田CB22A-6井转注作业完工。这是石化集团海上第一口注水作业井。它的作业成功标志着埕岛油田仅靠自身能力采油的历史即将结束。

10月27日　1998中国国际渔业博览会在大连举行，历时3d，48个国家和地区派团参加了博览会，海外展位达220个。国内32个省、市、自治区的188家企业参展，展位数达253个。仅大连就签订中外渔业合资合作项目64个，总额为1.43亿美元。

10月27日　交通部召开组建海事局会议，黄镇东部长宣布中华人民共和国海事局（交通部海事局）成立，洪善祥副部长兼任海事局局长。

11月2日　农业部印发了《关于进一步加强对远洋渔业渔船管理的通知》。

11月2～5日　中美在北京共同主办海洋灾害预报与减灾国际研讨会。来自12个国家与地区的60多位代表参加了会议。与会代表围绕风暴潮、海浪、海冰、赤潮等海洋灾害的监测、预测和预报、海水入侵治理、海洋灾害影响的评估和减灾技术、海洋灾害对近海石油工业的影响等问题进行了深入交流和探讨。

11月5日　“雪龙”号极地科学考察船满载着117名科学考察人员和5辆大型车辆、雪橇、油料等极地科考物资驶离上海港，执行中国第十五次南极科学考察任务。本航次预计航行1.8万n mile，历时147d。

11月6～7日　全国海域使用管理工作会议在北京召开，沿海省、自治区、直辖市、计划单列市的财政和海洋部门的负责同志和葫芦岛、秦皇岛、烟台、舟山4个海域使用管理示范区代表及国家海洋局属有关单位的负责同志参加了会议。国家海洋局王曙光副局长和财政部康学军副司长到会并作了重要讲话。会议总结了《国家海域使用管理暂行规定》实施5年来的基本情况、经验和问题，研究了进一步推进海域使用许可证制度和海域有偿使用制度的措施，并布置了今后的工作。

11月9～13日　第十四届国际引航协会（IMPA）大会在上海召开，交通部洪善祥副部长、上海市韩正副市长以及国际海事组织（IMO）秘书长奥尼尔先生莅临大会。

11月12日　农业部印发《农业部远洋渔船检验管理办法》。

11月12日　中国石化集团新星石油公司上海海洋石油局提交的《东海西湖凹陷油气带工业勘探报告》等7项地勘科研项目获原地矿部1998年度成果奖。

12月2日　经中美两国政府批准，《中国与美国两国政府间在北太平洋公海联合对流网渔船执法的谅解备忘录》有效期又延长3年。

12月2日　执行大洋多金属结核DY95-8航次任务的“大洋一号”远洋科学考察船圆满完成在太平洋上的调查返抵青岛港。此航次调查共获富钴结壳、岩石样品4 162kg，海底剖面照相获海底照片670幅，多波束3万km^2，磁力测线长度3 950km。

12月12日　中国第一个内陆水族馆在成都开业。该馆占地4 000m^2，建筑面积7 800m^2，具有国内最大的室内观赏鱼展厅，面积达4 500m^2，有亚洲最大跨度的水下观赏廊道，跨度达2.7m，有80个分类展缸，总水体300t，全部采用人工合成配制海水，展出各种海水鱼、生物等400余个品种，近1万尾。

12月22日　中国发行首套以海洋为主题的邮票《海底世界·珊瑚礁观赏鱼》，同时这套邮票作为1999年第22届万国邮政联盟大会纪念邮票。

12月26日　由上海市、中国石化集团新星石油公司、中国海洋石油总公司联合开发的东海平湖油气田原油投产暨外运首航庆典仪式在浙江岱山原油中转站举行。

12月28～29日　《大洋多金属结核“八五”勘探报告》通过由财政部基建司主持的验收和由国家海洋局组织的鉴定。验收专家组组长丁先觉、鉴定委员会主任李廷栋院士等11位专家认为，该报告是一份高水平的综合成果，总体达到国际先进水平。

1999年

1月5～8日　中日渔委会第四次筹备委员会和第三次工作会议在东京举行，中国外交部与农业部人员组成的中方代表团与日方就相互入渔水域的作业条件和暂定措施水域共同管理等问题交换了意见。

1月8日　中国第十五次南极考察队第三次内陆冰

盖考察队(10人)乘雪地车抵达冰穹A（79°16′S、76°59′E），距中山站1 100km，海拔3 900m，历时25d。此次内陆冰盖考察获取了1 100km的考察剖面和大量珍贵的冰芯样品。

1月13～29日　农业部渔业局在福建省福州市召开了全国远洋渔业工作座谈会。

1月13～15日　全国海洋厅局长会议在北京召开。国土资源部部长周永康到会并作重要讲话。国土资源部办公厅主任郭永祥、国家审计署资源环保审计局局长东堆郎杰应邀出席会议。国家海洋局、全国沿海省、直辖市、自治区和计划单列市海洋行政主管部门的领导参加了会议。会议总结了1998年海洋工作，提出了1999年海洋工作的指导思想，确定了1999年海洋工作的重点任务。

1月15日　1998国际海洋年宣传活动组委会在北京举行总结表彰大会。全国人大常委会副委员长、组委会主任王光英致辞，国家海洋局局长、组委会副主任张登义总结海洋宣传工作，44个单位获国际海洋年宣传活动优秀组织单位荣誉称号，1998国际海洋年好新闻作品共评选出132篇优秀作品奖。

1月19日　农业部渔业局在北京召开远洋渔业缅甸项目工作小组筹备会，成立了缅甸项目工作小组，会后下发了《会议纪要》。

1月22日　中国和新西兰签署了《中新两国政府关于南极合作的联合声明》。

1月22日　由国家海洋局和湿地国际—中国项目办事处共同举办的“亚太地区重要湿地敏感性评价—黄河三角洲项目”总结研讨会在北京召开。会上，30多位中外专家学者认真总结和交流了项目的成果，并对今后如何开展海岸带湿地管理提出了建议。

1月25～28日　外交部部长助理王光亚和副司长刘振民参加新西兰组织的26个南极条约协商国部级官员考察南极冰原活动。

1月27日　外交部条法司组织专家对《中国多金属结核开辟区20%区域放弃方案》进行审议，以李廷栋院士为评审组长的专家组认为《方案》反映了依靠科技进步、利用高技术手段取得的成果，放弃后中国开辟区的结核资源量在当前预期的回采率条件下，可满足年产300万t干结核、开采20年的要求。

1月27～28日　中越北部湾划界谈判在河内举行。

1月29日　农业部发出《关于切实加强海洋渔船管理的紧急通知》。

1月31日　上海救捞局“沪救1”轮在马祖岛正西海域成功救助了马耳他籍“JOINT DORCS”轮，随船获救23人。

1月　由中国石化集团新星石油公司上海海洋石油局承担的“九五”国家科技攻关项目《东海西湖凹陷大中型气田勘探开发研究》的3个专题通过了国家科技部、国土资源部组织的验收，完成了合同规定的第一阶段任务。

2月3日　江泽民主席为中国南极长城站题名揭牌仪式在南极长城站隆重举行。由张登义任团长的中国政府南极考察团一行8人专程参加这一重要仪式。江泽民主席1997年12月31日为中国南极长城站题写站名。

2月5日　上海救捞局“沪救1”轮在福州海域成功救助了装载4 000 t化学品、主机出现故障的新加坡籍“TECHNO”轮。

2月8日　经国家质量技术监督局批准，“中国水产品质量认证管理委员会”和“中国水产品质量认证中心”在北京正式成立。农业部副部长万宝瑞、国家质量技术监督局副局长潘岳到会并讲话。

2月14日　第三次世界渔业大会中国组委会第一次会议在北京召开。会议由组委会主席、农业部部长陈耀邦主持，研究明确了大会的主题及有关组织事项。

2月14日　在新春佳节来临之际，中共中央政治局委员、国务院副总理温家宝通过卫星通信，代表党中央、国务院和全国人民慰问春节期间在南极进行科学考察的中国第十五次南极考察队的队员以及“雪龙”号船的全体船员。

2月15～19日　联合国粮农组织(FA0)第二十三届渔委会在意大利罗马召开。

2月26日　中华人民共和国海事局挂牌后的第一次交通部直属海事系统工作会议在北京召开。

3月3～5日　中日渔委会第五次筹备委员会在北京召开。会议主要就暂定措施水域及以北水域渔业安排问题交换意见。

3月5日　中国政府按照《联合国海洋法》的有关要求，在中国大洋矿产资源研究开发协会登记成为国际海底先驱投资者8年届满时，递交了《中国多金属结核开辟区20%区域放弃报告》，全部完成中国开辟区50%区域放弃工作，全面履行了作为先驱投资者应尽的义务。

3月5日　农业部发出《关于在南海海域实行伏季休渔制度的通知》，决定从1999年开始，在12° N以北的南海海域(含北部湾)，每年6月1日零时起至7月31日24时止，对所有拖网(含拖虾、拖贝)、围网及作业实行休渔。

3月5日　农业部发布实施《中日渔业协定暂定措施水域管理办法》，对《中日渔业协定》暂定措施水域的管理范围、管理对象、管理办法等作了详细规定。根据规定，中华人民共和国渔政渔港监督管理局是实施《中日渔业协定》的主管机关。

3月16～18日　中国大洋协会第三届理事会第三次会议听取中国大洋协会办公室《我国国际海底区域资源开发战略框架》报告。会后协会办公室根据理事会会议提出的修改意见，结合国际上"区域"及深海资源与技术发展的最新动向，充实已有的战略框架，于1999年9月完成了《国际海底区域资源开发战略研究报告》的编写工作。

3月23日　农业部召开'99伏季休渔新闻发布会。齐景发副部长向社会各界发布1999年中国将在南海海域实行伏季休渔制度；同时，对东海、黄海伏季休渔制度作进一步完善。决定将35° N以北的黄海海域休渔时间延长半个月，具体时间从7月1日零时至9月15日24时，开捕期与东海区相一致。

3月24日　北京大学成立"北京大学海洋协会"。中国海洋学会副理事长杨文鹤到会向中国第一个高校海洋类学生社团的成立表示祝贺，并作了"走向海洋世纪"的报告。

3月　由中国石化集团新星石油公司上海海洋石油局承担的国家科技部"九五"国家重点科技攻关项目《东海陆架盆地大中型气田勘探开发研究》被正式批准立项并开展攻关研究。这是《东海西湖凹陷大中型气田勘探开发研究》第一阶段攻关研究工作的继续。

4月1～2日　中日渔委会第六次筹委会在北京举行。

4月2日　中国第十五次南极考察队在圆满完成各项考察任务后，搭载"雪龙"号科学考察船凯旋上海港。本次考察历时149d，总航程20 326n mile。

4月5日　交通部部长黄镇东参加国家主席江泽民和埃及总统穆巴拉克在北京的会晤，并代表中国政府签署中埃海运协定。

4月13日　参加大洋钻探国际合作计划的中外科学家顺利完成在中国海区的第一次大洋钻探任务后到达香港。共有9位中国学者参加这次大洋钻探。中外科学家们于1999年2月18日从澳大利亚出发，跨越40个纬度，行程5 000km，超额完成了预定任务，这次大洋钻探揭示了南海演变的历史。

4月28日　由上海市、中国石化集团新星石油公司、中国海洋石油总公司联合开发的东海平湖油气田天然气工程建成投产庆典仪式在上海南汇县新港镇举行。

4月28～29日　中国大洋协会与国家"863"高技术项目共同投资的"CR02水下机器人研究与开发"课题在沈阳通过评审专家组的评审，钟掘院士为评审专家组组长。金建才秘书长主持了立项论证。

5月24～25日　大洋多金属结核采矿系统研制的湖试方案通过了专家论证，会议要求2001年6月30日前完成试验系统的湖上现场采矿试验，2001年底完成验收工作。

5月24日～6月4日　第二十三届南极条约协商国会议在秘鲁首都利马市举行。中国派出以外交部条法司许光建大使为团长、国家海洋局极地办主任陈立奇为副团长的一行6人代表团出席了会议。

6月1日　南海海域首次伏季休渔开始。至6月1日零时，广东、广西、海南三省（区）15 216艘应休渔船全部进港休渔，1 879艘应休渔的港澳流动渔船亦全部进入休渔状态。

6月15日　中国石化集团胜利石油管理局埕岛油田CB302井完钻，该井完钻井深4 364.95m，是胜利油田海上勘探开发20年来钻成的最深井，也是埕岛区块的一口高难度评价井和海上重点探井。用10mm油嘴放喷，日产原油181 t、天然气2 988m^3。

6月16日至10月12日　"大洋一号"船执行DY95-10航次任务。该航次由大洋协会办公室总工程师郭世勤任首席科学家，历时119d，航程20 360 n mile，圆满完成预订的富钴结壳靶区调查和开辟区环境基线调查任务。

6月24日　农业部发布施行《中华人民共和国管辖海域外国人、外国船舶渔业活动管理暂行规定》。

6月26日　由中国石化集团胜利石油管理局采油工艺研究院主持完成的国内第一口海上复合防砂井——CB22D-2井顺利完成防砂施工，开创了采用船载泵车靠近平台远距离进行海上复合防砂施工的先例。这标志着石化集团海上防砂工艺技术取得了突破性进展。

7月1日　中国首次北极科学考察队暨"雪龙"号船首航北极。国家海洋局在上海举行隆重欢送仪式，上海市副市长左焕琛及上海市政府委、办、局和中国极地研究所等有关单位领导和群众出席。国家海洋局副局长陈连增主持仪式，国家海洋局局长张登义、上海市副市长左焕琛分别在仪式上讲话。中国首次北极科学考察队首席科学家陈立奇，代表全体队员发言。他表示，决不辜负国家和人民的期望，发扬爱国、拼搏、求实、创新的南极精神，克服困难，圆满完成任务，以优异成绩向国庆50周年献礼。

7月11～15日　农业部副部长齐景发和渔业局局长杨坚对山东省烟台、威海市的渔业生产和伏季休渔情况进行了考察，并发表重要谈话。副部长齐景发在山东邱家集团公司调研时题词：“面向市场，广开思路，调整结构，提高效益”。

7月14日　全国首对船长33.1m拖网玻璃钢渔船在山东省威海下水，农业部渔业局、科技部和国家建材局有关人员参加了下水仪式。该船由中国水产科学研究院规划设计所和上海玻璃钢研究所研究设计，山东西港水产集团船舶修造厂承建，设计排水量180t、航速11.5n mile/h、主机功率330kW。

7月15日　农业部发出《关于加强渔业统一综合执法的通知》。

7月18～19日　由国务院发展研究中心、青岛市人民政府、中国海洋经济学会共同举办的“海洋科技与经济发展论坛”在青岛举行。全国政协副主席胡启立、赵南起等出席了论坛大会。“论坛”今后将每年举行一次。该次会议的主题是：中国海洋科技产业化发展战略。

7月20日　农业部发布《远洋渔业管理暂行规定》，对远洋渔业项目的建立、审批，远洋渔业企业资格的审批及远洋渔业船舶、船员的监督、管理等作出明确规定。

7月26日　中国人与生物圈国家委员会和国家海洋局联合在浙江省平阳县举行了南麂列岛世界生物圈国家保护区颁证仪式。浙江南麂列岛国家级自然保护区于1998年12月8日被联合国教科文组织国际协调理事会执行局会议正式批准接纳为世界生物圈保护区网络成员。

8月2日　国务院副总理温家宝在农业部上报的《上半年我国渔业经济形势》一文上批示：“要完善休渔制度，加强渔业管理和执法队伍建设，以保护近海渔业资源。各地和有关部门对这项工作应给予协助和支持。”

8月3～6日　深海采矿技术研讨会在国际海底管理局总部牙买加金斯敦召开。来自有关国家和先驱投资者的专家与代表、部分国家驻管理局常驻代表处代表、先期到达参加管理局第五届会议的有关国家代表以及国际海底管理局秘书处成员共计80余人出席了会议。中国大洋协会代表金建才、刘峰，中国驻管理局代表处副代表毛彬参加了会议。

8月9～27日　国际海底管理局第五届会议在牙买加首都金斯敦召开，以刘大群为团长的中国政府代表团出席了会议。会议重点对《“区域”内多金属结核探矿与勘探规章》进行了审议。理事会审议通过了法律技术委员会的工作报告，其中包括认可了中国政府提交的中国多金属结核开辟区20%区域放弃报告。

8月18日和21日　中共中央总书记江泽民分别从陆上和海上两次视察了大连港，并为港口题词“全面建设21世纪现代化的中国港口”。

8月20日　中国船舶重工集团公司大连造船新厂为伊朗国家石油公司建造5条30万吨级超级油轮合同签字仪式在北京人民大会堂举行。国务院副总理吴邦国出席签字仪式。这是中国承建的吨位最大的油轮，并创下中国造船史上一次接订单150万t的最高纪录。

8月23～24日　由北洋咨询集团和中国海洋报社共同举办的第一届海洋战略高级研讨会在北京召开，来自中国科学院、海军、国家计委、国家海洋局、北京大学等单位的50余位专家学者出席了会议。会议由海军中将、全国人大常委会委员、海军原副司令员张序三作了“海洋世纪的机遇与挑战”的主题发言。中国海洋学会理事长、国家海洋局原局长严宏谟，中国科学院院士、中国地球物理学会理事刘光鼎在开幕式上讲了话。会议就目前中国的海洋战略、海洋经济、海洋资源与开发、海洋产业、海洋环境等议题进行探讨，并就即将到来的海洋世纪中国面临的机遇和挑战、海洋可持续发展、海上中国的建立等问题进行学术交流。会议出版了论文集和光盘，并作为海洋战略思想库的一部分提供给有关部门。

8月27日　交通部发布《中华人民共和国潜水员管理办法》（交通部1999年第3号令）。

8月27～29日　农业部在湖北省武汉市召开全国渔政渔港监督管理工作会议。会议重点研究、部署渔业行政执法体制改革和近期渔政渔港监督管理工作。农业部副部长齐景发出席会议并作主题报告。

8月28日　农业部黄渤海区、东海区、南海区渔政渔港监督管理局4艘1 000吨级渔政船在湖北省武昌造船厂开工建造，副部长齐景发、局长杨坚等出席开工仪式。4艘渔政船计划于2000年底以前交付使用。

8月30日　农业部和财政部共同决定在辽宁、山东、江苏、上海、天津、广西和青岛实施7个对虾健康养殖示范项目。农业部下发了《关于下达对虾健康养殖示范项目实施方案的通知》，要求有关省(区、市)及计划单列市渔业主管厅(局)和各项目承担单位认真做好《实施方案》的落实工作。

9月3～5日　农业部部长陈耀邦和渔业局局长杨坚等考察了浙江省渔业工作，并就搞好当前渔业产业结构调整、克服新的海洋制度给渔业带来的不利影响、保护渔业资源和水域环境、加强渔业统一综合执法等问题发表重要谈话。

9月10日　经中国科协批准，中国海洋学会第五次全国会员代表大会暨迎接海洋新世纪庆祝中国海洋学会成立20周年学术年会在昆明召开。

9月20日　“光辉的历程——中华人民共和国建国50周年成就展”在北京展览馆隆重举行。江泽民总书记为成就展题写了展名，在开幕式上朱镕基总理致开幕词，胡锦涛副主席主持了开幕式。国家海洋局参加了可持续发展厅的布展。沿海省市及有关涉海部门展出了大量海洋方面的成就。开展27天，参观人数达150万人次。

9月20～24日　中国代表团出席了在印度哥瓦举行的第十一届南极局长理事会和后勤作业常设委员会会议。

9月23日　“建国50年农业和农村经济成就展”在北京农业展览馆开幕。全国人大常委会副委员长田纪云、布赫和全国政协副主席陈俊生出席了开幕式，并参观了展览。在渔业展区，田纪云等同志称赞休渔这件事办得好。9月24日中共中央政治局常委、国家副主席、中央军委副主席胡锦涛，9月27日国务院副总理温家宝先后参观了成就展，对近年来的伏季休渔工作表示满意，对渔业发展取得的成就表示满意。

9月28日　中国极地考察工作咨询委员会1999年会在厦门召开，26名代表出席会议。主要会议议程是：汇报首次北极考察情况；“九五”国家科技攻关和自然科学重点基金项目的执行情况；第十六次队的任务安排和组队；“十五”计划和2015年发展规划的预研进展；国家极地重点基础研究（973）立项；南北极国际会议和极地科普馆等事项。

9月28日　中国地质博物馆国土资源厅在北京举行了开厅剪彩典礼。国土资源厅的展览陈列，对原有的矿产资源作了较大改动，新增了土地资源和海洋资源两部分，展示了中国国土资源的工作成就，向人们展现了中国地域辽阔、资源丰富的壮丽画卷。

10月　由国家海洋局和联合国政府间海洋学委员会共同主持的“沿海超大城市国际研讨会”在杭州举行。来自中国、美国等十多个国家的30名专家学者参加了会议。中国的上海、天津都以超大城市的身份派员参加。会议的议题是城市在可持续发展中的作用。

10月4～7日　“中国国际海底区域活动战略研讨会”在杭州召开。国家综合部门、科技界和海军等方面有关人士50多人参加了会议。会议就协会办公室组织起草的《国际海底区域资源研究开发战略报告》进行了充分的讨论。形成的共识包括：（1）应从发展战略、全球战略、大国战略来审视国际海底区域，建立国家的“区域”战略观；（2）国际海底区域必将成为21世纪国际政治、经济、科技竞争的重要场所，中国应坚持积极介入“区域”活动的政策，确立寻找新的可开发资源和建立深海产业、推动中国深海技术和地球科学发展、加强在“区域”事务与国际舞台上大国地位等多重战略目标；（3）中国的国际海底区域活动应采取“持续开展深海勘查、大力发展深海技术、适时建立深海产业”的工作方针；（4）在21世纪中期以前大致可分为以资源勘查和申请矿区为主、研究开发深海产业技术为主和建立深海产业3个阶段，逐步发展“区域”及深海资源开发事业。

10月7日　中国石化集团新星石油公司上海海洋石油局在东海钻探的春晓三井，日产天然气143.19万m^3，原油88m^3。该井获得特高产工业油气流，对于扩大储量规模、加快东海石油天然气的开发，具有十分重要的意义。

10月14～18日　第四届亚洲海洋地质学国际会议在青岛黄海饭店召开，会议由国家自然科学基金委、国土资源部海洋地质研究所、中国海洋湖沼学会等组织承办，来自韩国、日本、泰国、菲律宾、印度、印尼、俄罗斯、澳大利亚、法国、瑞士、英国和美国等15个国家和中国包括香港、台湾在内的137位正式代表参加了会议。中国科学院院士汪品先、秦蕴珊出席大会，青岛市市长王家瑞博士到会致词。会议围绕“21世纪的亚洲海洋地质学”主题进行了大会和分组发言，并组织参观了山东临朐县山旺国家化石保护区。大会较全面反映了亚洲沿海国家90年代以来海洋地质方面的研究成果和研究水平，对促进相互了解、交流和合作起到了积极作用。

10月16日　大连海事大学隆重庆祝90周年校庆，中共中央政治局常委、国务院副总理李岚清致电祝贺。

10月17日　山东烟大汽车轮渡公司“盛鲁”号客货滚装船在大连西南30n mile的遇岩礁附近海域突然起火失控，全船165名乘客和船员跳海逃生。当时海上阵风7级，浪高3m，情况非常危急。正在附近作业的“辽大中渔0966”、“辽瓦渔0559”、“辽瓦渔0576”等3艘渔船发现后，立即砍缍弃网前往救助。经过2个多小时的奋力抢救，成功救起163人。另外，在10n mile以外作业的“辽大中渔0516”、“辽大中渔002”、“辽瓦渔0451”和“辽大中渔0685”闻讯后也砍缍弃网协助救助，在距出事地点5n mile的范围内搜索落水人员并担任海上通信联络任务在3个小时以上。这次海难救助创造了中国海难救助史的奇迹。

10月25日　由中国石化集团胜利石油管理局钻井工艺研究院承担，国家海洋局第一海洋研究所、天津大学、上海交通大学共同合作的国家“863”高科技攻关项目——可移动桶形基础采油平台，在胜利油田埕北20B井组安装成功。该平台的安装成功标志着中国桶形基础平台应用技术取得突破性进展，达到90年代国际水平。

11月3日　1999年中国国际渔业博览会在上海举行。在历时3天的本届博览会上，共有32个国家和地区的400多家产学研单位参展，其中海外展位172个。展出面积共8 000m²。

11月15～19日　交通部副部长洪善祥率团出席了在英国伦敦召开的国际海事组织第二十一届大会，在该届大会上，中国再次当选该组织的A类理事国，这表明中国仍稳居世界8个航运大国之列。

11月22日　由中国石化集团胜利工程建设一公司施工的中国第一条极浅海海底输气管线的第一段在埕岛油田安装成功。该管线采用双层套管，全长11km。

11月22～25日　“21世纪的南海：问题与前瞻”学术研讨会在海口举行。来自中国内地、香港、澳门、台湾的近60名长期研究南海问题的专家和学者出席了会议。

11月24日　山东省烟大汽车轮渡股份有限公司所属的“大舜”号客滚轮从烟台开往大连途中遇险。虽经全力救助，终因难船海域风浪过大，环境恶劣，于当晚23时45分左右倾覆沉没。船上302人全部落水，经数日搜救，仅22人生还。事故引起党中央、国务院和社会各界广泛关注。国务院成立了以国家经贸委副主任石万鹏为组长、交通部副部长洪善祥为副组长，山东省、辽宁省、公安部、监察部和全国总工会等单位领导参加的“11.24”特大海难事故调查处理领导小组，对事故进行调查。

11月25日　交通部发布《关于加强船舶安全生产的紧急通知》。

11月26日　对外经济贸易合作部电话通知农业部渔业局：欧盟驻华大使于25日转告，欧盟根据专家组1999年5月31日至6月15日、10月11日至21日对辽宁、山东、浙江、江苏、广东5省的水产品质量体系、加工企业的考察报告，研究决定，同意将中国列为欧洲进口水产品的一类国家名单，并认可中国报送的130多家水产品加工企业。此举将解决近几年困扰中国对欧盟水产品的出口问题，进一步推动中国水产品质量的提高和进出口贸易的开展。

11月26～27日　《中国国际海底区域资源研究开发“十五”计划》座谈会在北京召开，政府主管部门领导、有关领域高层专家30多人，其中包括11名两院院士与会。会议就大洋协会“十五”计划资源、技术、环境项目的协调发展关系、大洋协会“十五”计划与国家相关领域计划关系、传统技术与前瞻技术的关系、基础研究与应用研究的关系等提出了建议。

11月29日至12月2日　由中国科学院主办，中国17个部委局等单位联合发起的'99数字地球国际会议在北京举办，共有国内外300多名代表与会，李岚清副总理出席了开幕式并发表重要讲话，会议发表了关于数字地球的“北京宣言”。

11月30日　长江口深水航道治理一期工程导堤工程提前完工，疏浚工程全面开工，二、三期工程可行性研究报告通过交通部审查。

11月30日　第三次“全国科技兴海经验交流会”在福州市举行，12月3日在厦门闭幕。科技部、农业部、国家海洋局的领导及有关部门负责同志和沿海16个省、自治区、市的数百位代表出席了会议。会议呼吁加快科技体制改革步伐，解决科技与经济脱节、人才浪费、科技力量形不成合力、知识创新、科技成果转化、提高全社会海洋意识诸方面的矛盾与问题。国家海洋局局长张登义、科技部副部长邓楠出席会议并讲了话。

11月30日至12月3日　'99国际海事技术学术会议和展览会在上海举行。有20多个国家和地区的600多家公司参展，展览面积达13 000m²。会议主题是“21世纪的国际海事和世界合作”。

12月15日　中共中央宣传部、国家科技部、教育部和中国科学技术协会在全国科普工作会议上确定极地科普馆命名为“全国青少年科技教育基地”

12月17日　农业部“10·17”海难救助表彰现场会在大连召开。受部领导的委托，渔业局副局长李健华到会宣读了农业部《关于表彰“10·17”海难救助有功集体和人员的决定》，授予“辽大中渔0966”号、“辽瓦渔0559”号、“辽瓦渔0576”号等3艘渔船“海上救助先进集体”称号，并分别给予5万元的救助补助；同时分别给予“辽大中渔0516”号、“辽大中渔002”号、“辽瓦渔0451”号、“辽大中渔0685”号等4艘渔船1万元救助补助。

12月12～30日　由中华人民共和国渔政渔港监督管理局组织的首次全国海洋捕捞许可制度实施情况检查在全国沿海地区展开。此次检查在各地自查的基础上，共抽查了11个省级渔业主管厅（局）及其渔政渔港监督管理机构、32个县级渔政渔港监督管理机构及近千艘渔船。本次检查较全面地摸清了中国实施了近20年的海洋捕捞许可制度及海洋捕捞船的基本情况，为进一步修订完善中国海洋捕捞许可制度提供依据。

海洋法规选编
Selected Marine Laws and Regulations

中华人民共和国专属经济区和大陆架法

（1998年6月26日第九届全国人民代表大会常务委员会第三次会议通过，
1998年6月26日中华人民共和国主席令第6号公布）

第一条　为保障中华人民共和国对专属经济区和大陆架行使主权权利和管辖权，维护国家海洋权益，制定本法。

第二条　中华人民共和国的专属经济区，为中华人民共和国领海以外并邻接领海的区域，从测算领海宽度的基线量起延至二百海里。

中华人民共和国的大陆架，为中华人民共和国领海以外依本国陆地领土的全部自然延伸，扩展到大陆边外缘的海底区域的海床和底土；如果从测算领海宽度的基线量起至大陆边外缘的距离不足二百海里，则扩展至二百海里。

中华人民共和国与海岸相邻或者相向国家关于专属经济区和大陆架的主张重叠的，在国际法的基础上按照公平原则以协议划定界限。

第三条　中华人民共和国在专属经济区为勘查、开发、养护和管理海床上覆水域、海床及其底土的自然资源，以及进行其他经济性开发和勘查，如利用海水、海流和风力生产能等活动，行使主权权利。

中华人民共和国对专属经济区的人工岛屿、设施和结构的建造、使用和海洋科学研究、海洋环境的保护和保全，行使管辖权。

本法所称专属经济区的自然资源，包括生物资源和非生物资源。

第四条　中华人民共和国为勘查大陆架和开发大陆架的自然资源，对大陆架行使主权权利。

中华人民共和国对大陆架的人工岛屿、设施和结构的建造、使用和海洋科学研究、海洋环境的保护和保全，行使管辖权。

中华人民共和国拥有授权和管理为一切目的在大陆架上进行钻探的专属权利。

本法所称大陆架的自然资源，包括海床和底土的矿物和其他非生物资源，以及属于定居种的生物，即在可捕捞阶段在海床上或者海床上不能移动或者其躯体须与海床或者底土保持接触才能移动的生物。

第五条　任何国际组织、外国的组织或者个人进入中华人民共和国的专属经济区从事渔业活动，必须经中华人民共和国主管机关批准，并遵守中华人民共和国的法律、法规及中华人民共和国与有关国家签订

12月25日　国家攀登计划B类项目“海水增养殖生物优良种质和抗病力的基础研究”在青岛通过由科技部组织的专家验收。专家认为整体水平处于国内领先、部分进入国际前沿水平。

12月25日　经修订的《中华人民共和国海洋环境保护法》已由九届全国人大常务委员会第十三次会议审议通过，由中华人民共和国主席江泽民签发主席令。新修订的《中华人民共和国海洋环境保护法》将于2000年4月1日正式施行。

12月27日　中国工程院在北京公布了1999年当选的113位院士名单，中国海洋界有3位学者名列其中。他们是把海洋生物基因工程技术用于海洋环境科学研究的国家海洋局第三海洋研究所的徐洵教授、从事水产养殖研究的中国科学院海洋研究所的张福绥研究员和从事渔业资源生态学研究的中国水产科学研究院黄海水产研究所的唐启升研究员。

12月26日　秦皇岛港10万吨级航道工程竣工并通过验收。

12月28日　全国自然保护区管理先进集体和先进个人表彰暨国际生物多样性日纪念大会在北京人民大会堂召开。全国人大、全国政协、国家环保局、国家海洋局等有关部门的领导出席会议，并为50个荣获“全国自然保护区管理先进集体”称号的单位和100名全国自然保护区管理或科研先进工作者的代表颁发了奖牌和证书。　（刘大安　洪晓枫　罗大清
张德山　刘　峰等）

的条约、协定。

中华人民共和国主管机关有权采取各种必要的养护和管理措施，确保专属经济区的生物资源不受过度开发的危害。

第六条 中华人民共和国主管机关有权对专属经济区的跨界种群、高度洄游鱼种、海洋哺乳动物、源自中华人民共和国河流的溯河产卵种群、在中华人民共和国水域内度过大部分生命周期的降河产卵鱼种，进行养护和管理。

中华人民共和国对源自本国河流的溯河产卵种群，享有主要利益。

第七条 任何国际组织、外国的组织或者个人对中华人民共和国的专属经济区和大陆架的自然资源进行勘查、开发活动或者在中华人民共和国的大陆架上为任何目的进行钻探，必须经中华人民共和国主管机关批准，并遵守中华人民共和国的法律、法规。

第八条 中华人民共和国在专属经济区和大陆架有专属权利建造并授权和管理建造、操作和使用人工岛屿、设施和结构。

中华人民共和国对专属经济区和大陆架的人工岛屿、设施和结构行使专属管辖权，包括有关海关、财政、卫生、安全和出境入境的法律和法规方面的管辖权。

中华人民共和国主管机关有权在专属经济区和大陆架的人工岛屿、设施和结构周围设置安全地带，并可以在该地带采取适当措施，确保航行安全以及人工岛屿、设施和结构的安全。

第九条 任何国际组织、外国的组织或者个人在中华人民共和国的专属经济区和大陆架进行海洋科学研究，必须经中华人民共和国主管机关批准，并遵守中华人民共和国的法律、法规。

第十条 中华人民共和国主管机关有权采取必要的措施，防止、减少和控制海洋环境的污染，保护和保全专属经济区和大陆架的海洋环境。

第十一条 任何国家在遵守国际法和中华人民共和国的法律、法规的前提下，在中华人民共和国的专属经济区享有航行、飞越的自由，在中华人民共和国的专属经济区和大陆架享有铺设海底电缆和管道的自由，以及与上述自由有关的其他合法使用海洋的便利。铺设海底电缆和管道的路线，必须经中华人民共和国主管机关同意。

第十二条 中华人民共和国在行使勘查、开发、养护和管理专属经济区的生物资源的主权权利时，为确保中华人民共和国的法律、法规得到遵守，可以采取登临、检查、逮捕、扣留和进行司法程序等必要的措施。

中华人民共和国对在专属经济区和大陆架违反中华人民共和国法律、法规的行为，有权采取必要措施，依法追究法律责任，并可以行使紧追权。

第十三条 中华人民共和国在专属经济区和大陆架享有的权利，本法未作规定的，根据国际法和中华人民共和国其他有关法律、法规行使。

第十四条 本法的规定不影响中华人民共和国享有的历史性权利。

第十五条 中华人民共和国政府可以根据本法制定有关规定。

第十六条 本法自公布之日起施行。

中华人民共和国海洋环境保护法

（1982年8月23日第五届全国人民代表大会常务委员会第二十四次会议通过，
1999年12月25日第九届全国人民代表大会常务委员会第十三次会议修订通过，
1999年12月25日中华人民共和国主席令第26号公布）

第一章 总 则

第一条 为了保护和改善海洋环境，保护海洋资源，防治污染损害，维护生态平衡，保障人体健康，促进经济和社会的可持续发展，制定本法。

第二条 本法适用于中华人民共和国内水、领海、毗连区、专属经济区、大陆架以及中华人民共和国管辖的其他海域。

在中华人民共和国管辖海域内从事航行、勘探、开发、生产、旅游、科学研究及其他活动，或者在沿海陆域内从事影响海洋环境活动的任何单位和个人，都必须遵守本法。

在中华人民共和国管辖海域以外，造成中华人民共和国管辖海域污染的，也适用本法。

第三条 国家建立并实施重点海域排污总量控制制度，确定主要污染物排海总量控制指标，并对主要污染源分配排放控制数量。具体办法由国务院制定。

第四条 一切单位和个人都有保护海洋环境的义

务，并有权对污染损害海洋环境的单位和个人，以及海洋环境监督管理人员的违法失职行为进行监督和检举。

第五条　国务院环境保护行政主管部门作为对全国环境保护工作统一监督管理的部门，对全国海洋环境保护工作实施指导、协调和监督，并负责全国防治陆源污染物和海岸工程建设项目对海洋污染损害的环境保护工作。国家海洋行政主管部门负责海洋环境的监督管理，组织海洋环境的调查、监测、监视、评价和科学研究，负责全国防治海洋工程建设项目和海洋倾倒废弃物对海洋污染损害的环境保护工作。

国家海事行政主管部门负责所辖港区水域内非军事船舶和港区水域外非渔业、非军事船舶污染海洋环境的监督管理，并负责污染事故的调查处理；对在中华人民共和国管辖海域航行、停泊和作业的外国籍船舶造成的污染事故登轮检查处理。船舶污染事故给渔业造成损害的，应当吸收渔业行政主管部门参与调查处理。

国家渔业行政主管部门负责渔港水域内非军事船舶和渔港水域外渔业船舶污染海洋环境的监督管理，负责保护渔业水域生态环境工作，并调查处理前款规定的污染事故以外的渔业污染事故。

军队环境保护部门负责军事船舶污染海洋环境的监督管理及污染事故的调查处理。

沿海县级以上地方人民政府行使海洋环境监督管理权的部门的职责，由省、自治区、直辖市人民政府根据本法及国务院有关规定确定。

第二章　海洋环境监督管理

第六条　国家海洋行政主管部门会同国务院有关部门和沿海省、自治区、直辖市人民政府拟定全国海洋功能区划，报国务院批准。

沿海地方各级人民政府应当根据全国和地方海洋功能区划，科学合理地使用海域。

第七条　国家根据海洋功能区划制定全国海洋环境保护规划和重点海域区域性海洋环境保护规划。

毗邻重点海域的有关沿海省、自治区、直辖市人民政府及行使海洋环境监督管理权的部门，可以建立海洋环境保护区域合作组织，负责实施重点海域区域性海洋环境保护规划、海洋环境污染的防治和海洋生态保护工作。

第八条　跨区域的海洋环境保护工作，由有关沿海地方人民政府协商解决，或者由上级人民政府协调解决。

跨部门的重大海洋环境保护工作，由国务院环境保护行政主管部门协调；协调未能解决的，由国务院作出决定。

第九条　国家根据海洋环境质量状况和国家经济、技术条件，制定国家海洋环境质量标准。沿海省、自治区、直辖市人民政府对国家海洋环境质量标准中未作规定的项目，可以制定地方海洋环境质量标准。

沿海地方各级人民政府根据国家和地方海洋环境质量标准的规定和本行政区近岸海域环境质量状况，确定海洋环境保护的目标和任务，并纳入人民政府工作计划，按相应的海洋环境质量标准实施管理。

第十条　国家和地方水污染物排放标准的制定，应当将国家和地方海洋环境质量标准作为重要依据之一。在国家建立并实施排污总量控制制度的重点海域，水污染物排放标准的制定，还应当将主要污染物排海总量控制指标作为重要依据。

第十一条　直接向海洋排放污染物的单位和个人，必须按照国家规定缴纳排污费。向海洋倾倒废弃物，必须按照国家规定缴纳倾倒费。

根据本法规定征收的排污费、倾倒费，必须用于海洋环境污染的整治，不得挪作他用。具体办法由国务院规定。

第十二条　对超过污染物排放标准的，或者在规定的期限内未完成污染物排放削减任务的，或者造成海洋环境严重污染损害的，应当限期治理。限期治理按照国务院规定的权限决定。

第十三条　国家加强防治海洋环境污染损害的科学技术的研究和开发，对严重污染海洋环境的落后生产工艺和落后设备，实行淘汰制度。

企业应当优先使用清洁能源，采用资源利用率高、污染物排放量少的清洁生产工艺，防止对海洋环境的污染。

第十四条　国家海洋行政主管部门按照国家环境监测、监视规范和标准，管理全国海洋环境的调查、监测、监视，制定具体的实施办法，会同有关部门组织全国海洋环境监测、监视网络，定期评价海洋环境质量，发布海洋巡航监视通报。

依照本法规定行使海洋环境监督管理权的部门分别负责各自所辖水域的监测、监视。

其他有关部门根据全国海洋环境监测网的分工，分别负责对入海河口、主要排污口的监测。

第十五条　国务院有关部门应当向国务院环境保护行政主管部门提供编制全国环境质量公报所必需的海洋环境监测资料。

环境保护行政主管部门应当向有关部门提供与海

洋环境监督管理有关的资料。

第十六条 国家海洋行政主管部门按照国家制定的环境监测、监视信息管理制度，负责管理海洋综合信息系统，为海洋环境保护监督管理提供服务。

第十七条 因发生事故或者其他突发性事件，造成或者可能造成海洋环境污染事故的单位和个人，必须立即采取有效措施，及时向可能受到危害者通报，并向依照本法规定行使海洋环境监督管理权的部门报告，接受调查处理。

沿海县级以上地方人民政府在本行政区域近岸海域的环境受到严重污染时，必须采取有效措施，解除或者减轻危害。

第十八条 国家根据防止海洋环境污染的需要，制定国家重大海上污染事故应急计划。国家海洋行政主管部门负责制定全国海洋石油勘探开发重大海上溢油应急计划，报国务院环境保护行政主管部门备案。

国家海事行政主管部门负责制定全国船舶重大海上溢油污染事故应急计划，报国务院环境保护行政主管部门备案。

沿海可能发生重大海洋环境污染事故的单位，应当依照国家的规定，制定污染事故应急计划，并向当地环境保护行政主管部门、海洋行政主管部门备案。

沿海县级以上地方人民政府及其有关部门在发生重大海上污染事故时，必须按照应急计划解除或者减轻危害。

第十九条 依照本法规定行使海洋环境监督管理权的部门可以在海上实行联合执法，在巡航监视中发现海上污染事故或者违反本法规定的行为时，应当予以制止并调查取证，必要时有权采取有效措施，防止污染事态的扩大，并报告有关主管部门处理。

依照本法规定行使海洋环境监督管理权的部门，有权对管辖范围内排放污染物的单位和个人进行现场检查。被检查者应当如实反映情况，提供必要的资料。检查机关应当为被检查者保守技术秘密和业务秘密。

第三章 海洋生态保护

第二十条 国务院和沿海地方各级人民政府应当采取有效措施，保护红树林、珊瑚礁、滨海湿地、海岛、海湾、入海河口、重要渔业水域等具有典型性、代表性的海洋生态系统，珍稀、濒危海洋生物的天然集中分布区，具有重要经济价值的海洋生物生存区域及有重大科学文化价值的海洋自然历史遗迹和自然景观。

对具有重要经济、社会价值的已遭到破坏的海洋生态，应当进行整治和恢复。

第二十一条 国务院有关部门和沿海省级人民政府应当根据保护海洋生态的需要，选划、建立海洋自然保护区。国家级海洋自然保护区的建立，须经国务院批准。

第二十二条 凡具有下列条件之一的，应当建立海洋自然保护区：

（一）典型的海洋自然地理区域、有代表性的自然生态区域，以及遭受破坏但经保护能恢复的海洋自然生态区域；

（二）海洋生物物种高度丰富的区域，或者珍稀、濒危海洋生物物种的天然集中分布区域；

（三）具有特殊保护价值的海域、海岸、岛屿、滨海湿地、入海河口和海湾等；

（四）具有重大科学文化价值的海洋自然遗迹所在区域；

（五）其他需要予以特殊保护的区域。

第二十三条 凡具有特殊地理条件、生态系统、生物与非生物资源及海洋开发利用特殊需要的区域，可以建立海洋特别保护区，采取有效的保护措施和科学的开发方式进行特殊管理。

第二十四条 开发利用海洋资源，应当根据海洋功能区划合理布局，不得造成海洋生态环境破坏。

第二十五条 引进海洋动植物物种，应当进行科学论证，避免对海洋生态系统造成危害。

第二十六条 开发海岛及周围海域的资源，应当采取严格的生态保护措施，不得造成海岛地形、岸滩、植被以及海岛周围海域生态环境的破坏。

第二十七条 沿海地方各级人民政府应当结合当地自然环境的特点，建设海岸防护设施、沿海防护林、沿海城镇园林和绿地，对海岸侵蚀和海水入侵地区进行综合治理。

禁止毁坏海岸防护设施、沿海防护林、沿海城镇园林和绿地。

第二十八条 国家鼓励发展生态渔业建设，推广多种生态渔业生产方式，改善海洋生态状况。新建、改建、扩建海水养殖场，应当进行环境影响评价。

海水养殖应当科学确定养殖密度，并应当合理投饵、施肥，正确使用药物，防止造成海洋环境的污染。

第四章 防治陆源污染物对海洋环境的污染损害

第二十九条 向海域排放陆源污染物，必须严格执行国家或者地方规定的标准和有关规定。

第三十条　入海排污口位置的选择，应当根据海洋功能区划、海水动力条件和有关规定，经科学论证后，报设区的市级以上人民政府环境保护行政主管部门审查批准。

环境保护行政主管部门在批准设置入海排污口之前，必须征求海洋、海事、渔业行政主管部门和军队环境保护部门的意见。

在海洋自然保护区、重要渔业水域、海滨风景名胜区和其他需要特别保护的区域，不得新建排污口。

在有条件的地区，应当将排污口深海设置，实行离岸排放。设置陆源污染物深海离岸排放排污口，应当根据海洋功能区划、海水动力条件和海底工程设施的有关情况确定，具体办法由国务院规定。

第三十一条　省、自治区、直辖市人民政府环境保护行政主管部门和水行政主管部门应当按照水污染防治有关法律的规定，加强入海河流管理，防治污染，使入海河口的水质处于良好状态。

第三十二条　排放陆源污染物的单位，必须向环境保护行政主管部门申报拥有的陆源污染物排放设施、处理设施和在正常作业条件下排放陆源污染物的种类、数量和浓度，并提供防治海洋环境污染方面的有关技术和资料。

排放陆源污染物的种类、数量和浓度有重大改变的，必须及时申报。

拆除或者闲置陆源污染物处理设施的，必须事先征得环境保护行政主管部门的同意。

第三十三条　禁止向海域排放油类、酸液、碱液、毒废液和高、中水平放射性废水。严格限制向海域排放低水平放射性废水；确需排放的，必须严格执行国家辐射防护规定。

严格控制向海域排放含有不易降解的有机物和重金属的废水。

第三十四条　含病原体的医疗污水、生活污水和工业废水必须经过处理，符合国家有关排放标准后，方能排入海域。

第三十五条　含有机物和营养物质的工业废水、生活污水，应当严格控制向海湾、半封闭海及其他自净能力较差的海域排放。

第三十六条　向海域排放含热废水，必须采取有效措施，保证邻近渔业水域的水温符合国家海洋环境质量标准，避免热污染对水产资源的危害。

第三十七条　沿海农田、林场施用化学农药，必须执行国家农药安全使用的规定和标准。

沿海农田、林场应当合理使用化肥和植物生长调节剂。

第三十八条　在岸滩弃置、堆放和处理尾矿、矿渣、煤灰渣、垃圾和其他固体废物的，依照《中华人民共和国固体废物污染环境防治法》的有关规定执行。

第三十九条　禁止经中华人民共和国内水、领海转移危险废物。

经中华人民共和国管辖的其他海域转移危险废物的，必须事先取得国务院环境保护行政主管部门的书面同意。

第四十条　沿海城市人民政府应当建设和完善城市排水管网，有计划地建设城市污水处理厂或者其他污水集中处理设施，加强城市污水的综合整治。建设污水海洋处置工程，必须符合国家有关规定。

第四十一条　国家采取必要措施，防止、减少和控制来自大气层或者通过大气层造成的海洋环境污染损害。

第五章　防治海岸工程建设项目对海洋环境的污染损害

第四十二条　新建、改建、扩建海岸工程建设项目，必须遵守国家有关建设项目环境保护管理的规定，并把防治污染所需资金纳入建设项目投资计划。

在依法划定的海洋自然保护区、海滨风景名胜区、重要渔业水域及其他需要特别保护的区域，不得从事污染环境、破坏景观的海岸工程项目建设或者其他活动。

第四十三条　海岸工程建设项目的单位，必须在建设项目可行性研究阶段，对海洋环境进行科学调查，根据自然条件和社会条件，合理选址，编报环境影响报告书。环境影响报告书经海洋行政主管部门提出审核意见后，报环境保护行政主管部门审查批准。

环境保护行政主管部门在批准环境影响报告书之前，必须征求海事、渔业行政主管部门和军队环境保护部门的意见。

第四十四条　海岸工程建设项目的环境保护设施，必须与主体工程同时设计、同时施工、同时投产使用。环境保护设施未经环境保护行政主管部门检查批准，建设项目不得试运行；环境保护设施未经环境保护行政主管部门验收，或者经验收不合格的，建设项目不得投入生产或者使用。

第四十五条　禁止在沿海陆域内新建不具备有效治理措施的化学制浆造纸、化工、印染、制革、电镀、酿造、炼油、岸边冲滩拆船以及其他严重污染海洋环境的工业生产项目。

第四十六条 兴建海岸工程建设项目，必须采取有效措施，保护国家和地方重点保护的野生动植物及其生存环境和海洋水产资源。

严格限制在海岸采挖砂石。露天开采海滨砂矿和从岸上打井开采海底矿产资源，必须采取有效措施，防止污染海洋环境。

第六章 防治海洋工程建设项目对海洋环境的污染损害

第四十七条 海洋工程建设项目必须符合海洋功能区划、海洋环境保护规划和国家有关环境保护标准，在可行性研究阶段，编报海洋环境影响报告书，由海洋行政主管部门核准，并报环境保护行政主管部门备案，接受环境保护行政主管部门监督。

海洋行政主管部门在核准海洋环境影响报告书之前，必须征求海事、渔业行政主管部门和军队环境保护部门的意见。

第四十八条 海洋工程建设项目的环境保护设施，必须与主体工程同时设计、同时施工、同时投产使用。环境保护设施未经海洋行政主管部门检查批准，建设项目不得试运行；环境保护设施未经海洋行政主管部门验收，或者经验收不合格的，建设项目不得投入生产或者使用。拆除或者闲置环境保护设施，必须事先征得海洋行政主管部门的同意。

第四十九条 海洋工程建设项目，不得使用含超标准放射性物质或者易溶出有毒有害物质的材料。

第五十条 海洋工程建设项目需要爆破作业时，必须采取有效措施，保护海洋资源。

海洋石油勘探开发及输油过程中，必须采取有效措施，避免溢油事故的发生。

第五十一条 海洋石油钻井船、钻井平台和采油平台的含油污水和油性混合物，必须经过处理达标后排放；残油、废油必须予以回收，不得排放入海。经回收处理后排放的，其含油量不得超过国家规定的标准。

钻井所使用的油基泥浆和其他有毒复合泥浆不得排放入海。水基泥浆和无毒复合泥浆及钻屑的排放，必须符合国家有关规定。

第五十二条 海洋石油钻井船、钻井平台和采油平台及其有关海上设施，不得向海域处置含油的工业垃圾。处置其他工业垃圾，不得造成海洋环境污染。

第五十三条 海上试油时，应当确保油气充分燃烧，油和油性混合物不得排放入海。

第五十四条 勘探开发海洋石油，必须按有关规定编制溢油应急计划，报国家海洋行政主管部门审查批准。

第七章 防治倾倒废弃物对海洋环境的污染损害

第五十五条 任何单位未经国家海洋行政主管部门批准，不得向中华人民共和国管辖海域倾倒任何废弃物。

需要倾倒废弃物的单位，必须向国家海洋行政主管部门提出书面申请，经国家海洋行政主管部门审查批准，发给许可证后，方可倾倒。

禁止中华人民共和国境外的废弃物在中华人民共和国管辖海域倾倒。

第五十六条 国家海洋行政主管部门根据废弃物的毒性、有毒物质含量和对海洋环境影响程度，制定海洋倾倒废弃物评价程序和标准。

向海洋倾倒废弃物，应当按照废弃物的类别和数量实行分级管理。

可以向海洋倾倒的废弃物名录，由国家海洋行政主管部门拟定，经国务院环境保护行政主管部门提出审核意见后，报国务院批准。

第五十七条 国家海洋行政主管部门按照科学、合理、经济、安全的原则选划海洋倾倒区，经国务院环境保护行政主管部门提出审核意见后，报国务院批准。

临时性海洋倾倒区由国家海洋行政主管部门批准，并报国务院环境保护行政主管部门备案。国家海洋行政主管部门在选划海洋倾倒区和批准临时性海洋倾倒区之前，必须征求国家海事、渔业行政主管部门的意见。

第五十八条 国家海洋行政主管部门监督管理倾倒区的使用，组织倾倒区的环境监测。对经确认不宜继续使用的倾倒区，国家海洋行政主管部门应当予以封闭，终止在该倾倒区的一切倾倒活动，并报国务院备案。

第五十九条 获准倾倒废弃物的单位，必须按照许可证注明的期限及条件，到指定的区域进行倾倒。废弃物装载之后，批准部门应当予以核实。

第六十条 获准倾倒废弃物的单位，应当详细记录倾倒的情况，并在倾倒后向批准部门作出书面报告。倾倒废弃物的船舶必须向驶出港的海事行政主管部门作出书面报告。

第六十一条 禁止在海上焚烧废弃物。

禁止在海上处置放射性废弃物或者其他放射性物质。废弃物中的放射性物质的豁免浓度由国务院制定。

第八章　防治船舶及有关作业活动对海洋环境的污染损害

第六十二条　在中华人民共和国管辖海域，任何船舶及相关作业不得违反本法规定向海洋排放污染物、废弃物和压载水、船舶垃圾及其他有害物质。

从事船舶污染物、废弃物、船舶垃圾接收、船舶清舱、洗舱作业活动的，必须具备相应的接收处理能力。

第六十三条　船舶必须按照有关规定持有防止海洋环境污染的证书与文书，在进行涉及污染物排放及操作时，应当如实记录。

第六十四条　船舶必须配置相应的防污设备和器材。

载运具有污染危害性货物的船舶，其结构与设备应当能够防止或者减轻所载货物对海洋环境的污染。

第六十五条　船舶应当遵守海上交通安全法律、法规的规定，防止因碰撞、触礁、搁浅、火灾或者爆炸等引起的海难事故，造成海洋环境的污染。

第六十六条　国家完善并实施船舶油污损害民事赔偿责任制度；按照船舶油污损害赔偿责任由船东和货主共同承担风险的原则，建立船舶油污保险、油污损害赔偿基金制度。

实施船舶油污保险、油污损害赔偿基金制度的具体办法由国务院规定。

第六十七条　载运具有污染危害性货物进出港口的船舶，其承运人、货物所有人或者代理人，必须事先向海事行政主管部门申报。经批准后，方可进出港口、过境停留或者装卸作业。

第六十八条　交付船舶装运污染危害性货物的单证、包装、标志、数量限制等，必须符合对所装货物的有关规定。

需要船舶装运污染危害性不明的货物，应当按照有关规定事先进行评估。

装卸油类及有毒有害货物的作业，船岸双方必须遵守安全防污操作规程。

第六十九条　港口、码头、装卸站和船舶修造厂必须按照有关规定备有足够的用于处理船舶污染物、废弃物的接收设施，并使该设施处于良好状态。

装卸油类的港口、码头、装卸站和船舶必须编制溢油污染应急计划，并配备相应的溢油污染应急设备和器材。

第七十条　进行下列活动，应当事先按照有关规定报经有关部门批准或者核准：

（一）船舶在港区水域内使用焚烧炉；

（二）船舶在港区水域内进行洗舱、清舱、驱气、排放压载水、残油、含油污水接收、舷外拷铲及油漆等作业；

（三）船舶、码头、设施使用化学消油剂；

（四）船舶冲洗沾有污染物、有毒有害物质的甲板；

（五）船舶进行散装液体污染危害性货物的过驳作业；

（六）从事船舶水上拆解、打捞、修造和其他水上、水下船舶施工作业。

第七十一条　船舶发生海难事故，造成或者可能造成海洋环境重大污染损害的，国家海事行政主管部门有权强制采取避免或者减少污染损害的措施。

对在公海上因发生海难事故，造成中华人民共和国管辖海域重大污染损害后果或者具有污染威胁的船舶、海上设施，国家海事行政主管部门有权采取与实际的或者可能发生的损害相称的必要措施。

第七十二条　所有船舶均有监视海上污染的义务，在发现海上污染事故或者违反本法规定的行为时，必须立即向就近的依照本法规定行使海洋环境监督管理权的部门报告。

民用航空器发现海上排污或者污染事件，必须及时向就近的民用航空空中交通管制单位报告。接到报告的单位，应当立即向依照本法规定行使海洋环境监督管理权的部门通报。

第九章　法律责任

第七十三条　违反本法有关规定，有下列行为之一的，由依照本法规定行使海洋环境监督管理权的部门责令限期改正，并处以罚款：

（一）向海域排放本法禁止排放的污染物或者其他物质的；

（二）不按照本法规定向海洋排放污染物，或者超过标准排放污染物的；

（三）未取得海洋倾倒许可证，向海洋倾倒废弃物的；

（四）因发生事故或者其他突发性事件，造成海洋环境污染事故，不立即采取处理措施的。有前款第（一）、（三）项行为之一的，处三万元以上二十万元以下的罚款；有前款第（二）、（四）项行为之一的，处二万元以上十万元以下的罚款。

第七十四条　违反本法有关规定，有下列行为之一的，由依照本法规定行使海洋环境监督管理权的部门予以警告，或者处以罚款：

（一）不按照规定申报，甚至拒报污染物排放有关事项，或者在申报时弄虚作假的；

（二）发生事故或者其他突发性事件不按照规定报告的；

（三）不按照规定记录倾倒情况，或者不按照规定提交倾倒报告的；

（四）拒报或者谎报船舶载运污染危害性货物申报事项的。有前款第（一）、（三）项行为之一的，处二万元以下的罚款；有前款第（二）、（四）项行为之一的，处五万元以下的罚款。

第七十五条 违反本法第十九条第二款的规定，拒绝现场检查，或者在被检查时弄虚作假的，由依照本法规定行使海洋环境监督管理权的部门予以警告，并处二万元以下的罚款。

第七十六条 违反本法规定，造成珊瑚礁、红树林等海洋生态系统及海洋水产资源、海洋保护区破坏的，由依照本法规定行使海洋环境监督管理权的部门责令限期改正和采取补救措施，并处一万元以上十万元以下的罚款；有违法所得的，没收其违法所得。

第七十七条 违反本法第三十条第一款、第三款规定设置入海排污口的，由县级以上地方人民政府环境保护行政主管部门责令其关闭，并处二万元以上十万元以下的罚款。

第七十八条 违反本法第三十二条第三款的规定，擅自拆除、闲置环境保护设施的，由县级以上地方人民政府环境保护行政主管部门责令重新安装使用，并处一万元以上十万元以下的罚款。

第七十九条 违反本法第三十九条第二款的规定，经中华人民共和国管辖海域，转移危险废物的，由国家海事行政主管部门责令非法运输该危险废物的船舶退出中华人民共和国管辖海域，并处五万元以上五十万元以下的罚款。

第八十条 违反本法第四十三条第一款的规定，未持有经审核和批准的环境影响报告书，兴建海岸工程建设项目的，由县级以上地方人民政府环境保护行政主管部门责令其停止违法行为和采取补救措施，并处五万元以上二十万元以下的罚款；或者按照管理权限，由县级以上地方人民政府责令其限期拆除。

第八十一条 违反本法第四十四条的规定，海岸工程建设项目未建成环境保护设施，或者环境保护设施未达到规定要求即投入生产、使用的，由环境保护行政主管部门责令其停止生产或者使用，并处二万元以上十万元以下的罚款。

第八十二条 违反本法第四十五条的规定，新建严重污染海洋环境的工业生产建设项目的，按照管理权限，由县级以上人民政府责令关闭。

第八十三条 违反本法第四十七条第一款、第四十八条的规定，进行海洋工程建设项目，或者海洋工程建设项目未建成环境保护设施、环境保护设施未达到规定要求即投入生产、使用的，由海洋行政主管部门责令其停止施工或者生产、使用，并处五万元以上二十万元以下的罚款。

第八十四条 违反本法第四十九条的规定，使用含超标准放射性物质或者易溶出有毒有害物质材料的，由海洋行政主管部门处五万元以下的罚款，并责令其停止该建设项目的运行，直到消除污染危害。

第八十五条 违反本法规定进行海洋石油勘探开发活动，造成海洋环境污染的，由国家海洋行政主管部门予以警告，并处二万元以上二十万元以下的罚款。

第八十六条 违反本法规定，不按照许可证的规定倾倒，或者向已经封闭的倾倒区倾倒废弃物的，由海洋行政主管部门予以警告，并处三万元以上二十万元以下的罚款；对情节严重的，可以暂扣或者吊销许可证。

第八十七条 违反本法第五十五条第三款的规定，将中华人民共和国境外废弃物运进中华人民共和国管辖海域倾倒的，由国家海洋行政主管部门予以警告，并根据造成或者可能造成的危害后果，处十万元以上一百万元以下的罚款。

第八十八条 违反本法规定，有下列行为之一的，由依照本法规定行使海洋环境监督管理权的部门予以警告，或者处以罚款：

（一）港口、码头、装卸站及船舶未配备防污设施、器材的；

（二）船舶未持有防污证书、防污文书，或者不按照规定记载排污记录的；

（三）从事水上和港区水域拆船、旧船改装、打捞和其他水上、水下施工作业，造成海洋环境污染损害的；

（四）船舶载运的货物不具备防污适运条件的。有前款第（一）、（四）项行为之一的，处二万元以上十万元以下的罚款；有前款第（二）项行为的，处二万元以下的罚款；有前款第（三）项行为的，处五万元以上二十万元以下的罚款。

第八十九条 违反本法规定，船舶、石油平台和装卸油类的港口、码头、装卸站不编制溢油应急计划的，由依照本法规定行使海洋环境监督管理权的部门予以警告，或者责令限期改正。

第九十条 造成海洋环境污染损害的责任者，

应当排除危害，并赔偿损失；完全由于第三者的故意或者过失，造成海洋环境污染损害的，由第三者排除危害，并承担赔偿责任。对破坏海洋生态、海洋水产资源、海洋保护区，给国家造成重大损失的，由依照本法规定行使海洋环境监督管理权的部门代表国家对责任者提出损害赔偿要求。

第九十一条 对违反本法规定，造成海洋环境污染事故的单位，由依照本法规定行使海洋环境监督管理权的部门根据所造成的危害和损失处以罚款；负有直接责任的主管人员和其他直接责任人员属于国家工作人员的，依法给予行政处分。

前款规定的罚款数额按照直接损失的百分之三十计算，但最高不得超过三十万元。对造成重大海洋环境污染事故，致使公私财产遭受重大损失或者人身伤亡严重后果的，依法追究刑事责任。

第九十二条 完全属于下列情形之一，经过及时采取合理措施，仍然不能避免对海洋环境造成污染损害的，造成污染损害的有关责任者免予承担责任：

（一）战争；

（二）不可抗拒的自然灾害；

（三）负责灯塔或者其他助航设备的主管部门，在执行职责时的疏忽，或者其他过失行为。

第九十三条 对违反本法第十一条、第十二条有关缴纳排污费、倾倒费和限期治理规定的行政处罚，由国务院规定。

第九十四条 海洋环境监督管理人员滥用职权、玩忽职守、徇私舞弊，造成海洋环境污染损害的，依法给予行政处分；构成犯罪的，依法追究刑事责任。

第十章 附 则

第九十五条 本法中下列用语的含义是：

（一）海洋环境污染损害，是指直接或者间接地把物质或者能量引入海洋环境，产生损害海洋生物资源、危害人体健康、妨害渔业和海上其他合法活动、损害海水使用素质和减损环境质量等有害影响。

（二）内水，是指我国领海基线向内陆一侧的所有海域。

（三）滨海湿地，是指低潮时水深浅于六米的水域及其沿岸浸湿地带，包括水深不超过六米的永久性水域、潮间带（或洪泛地带）和沿海低地等。

（四）海洋功能区划，是指依据海洋自然属性和社会属性，以及自然资源和环境特定条件，界定海洋利用的主导功能和使用范畴。

（五）渔业水域，是指鱼虾类的产卵场、索饵场、越冬场、洄游通道和鱼虾贝藻类的养殖场。

（六）油类，是指任何类型的油及其炼制品。

（七）油性混合物，是指任何含有油份的混合物。

（八）排放，是指把污染物排入海洋的行为，包括泵出、溢出、泄出、喷出和倒出。

（九）陆地污染源（简称陆源），是指从陆地向海域排放污染物，造成或者可能造成海洋环境污染的场所、设施等。

（十）陆源污染物，是指由陆地污染源排放的污染物。

（十一）倾倒，是指通过船舶、航空器、平台或者其他载运工具，向海洋处置废弃物和其他有害物质的行为，包括弃置船舶、航空器、平台及其辅助设施和其他浮动工具的行为。

（十二）沿海陆域，是指与海岸相连，或者通过管道、沟渠、设施，直接或者间接向海洋排放污染物及其相关活动的一带区域。

（十三）海上焚烧，是指以热摧毁为目的，在海上焚烧设施上，故意焚烧废弃物或者其他物质的行为，但船舶、平台或者其他人工构造物正常操作中，所附带发生的行为除外。

第九十六条 涉及海洋环境监督管理的有关部门的具体职权划分，本法未作规定的，由国务院规定。

第九十七条 中华人民共和国缔结或者参加的与海洋环境保护有关的国际条约与本法有不同规定的，适用国际条约的规定；但是，中华人民共和国声明保留的条款除外。

第九十八条 本法自2000年4月1日起施行。

中华人民共和国海上国际集装箱运输管理规定

（1990年12月5日中华人民共和国国务院令第68号发布 根据1998年4月18日《国务院关于修改〈中华人民共和国海上国际集装箱运输管理规定〉的决定》修正）

第一章 总 则

第一条 为加强海上国际集装箱运输管理，明确有关各方责任，适应国家对外贸易的需要，制定本规定。

第二条 本规定适用于从事海上国际集装箱运输及与海上国际集装箱运输有关的单位和个人。

海上国际集装箱运输是指中华人民共和国港口与外国港口之间的海上集装箱运输，包括按照合同约定全程运输为海上国际集装箱运输的中华人民共和国港口之间的区段。

第三条 中华人民共和国国务院交通主管部门全国海上国际集装箱运输事业。

第四条 海上国际集装箱运输必须贯彻安全、准确、迅速、经济和文明服务的方针，积极发展门到门运输。

第二章 海上国际集装箱运输企业的设立和班轮航线的审批

第五条 海上国际集装箱运输企业是指从事海上国际集装箱运输的航运企业、港口装卸企业及其承运海上国际集装箱的内陆中转站、货运站。

第六条 设立经营海上国际集装箱运输的航运企业，应当经省、自治区、直辖市交通主管部门审核，报国务院交通主管部门审批。

经营海上国际集装箱班轮运输，由国务院交通主管部门批准。

外国企业不得经营中华人民共和国港口之间的海上集装箱班轮运输。

第七条 设立港口国际集装箱装卸企业应当经省、自治区、直辖市交通主管部门审批，报国务院交通主管部门备案。

本规定发布后新设立承运海上国际集装箱的内陆中转站、货运站，应当经设立该企业的主管部门审核同意后，由省、自治区、直辖市交通主管部门审批，报国务院交通主管部门备案。

对外经济贸易系统新设立的承运海上国际集装箱的内陆中转站、货运站的审批办法，由国务院交通主管部门会同国务院对外经济贸易主管部门另行制定。

第八条 设立中外合资经营、中外合作经营的海上国际集装箱运输企业，须经国务院交通主管部门审核同意后，按照有关法律、法规的规定，由国务院对外经营贸易主管部门审批。

第九条 设立经营海上国际集装箱运输的企业，应当具备以下条件：

（一）有与其经营范围和服务对象相适应的运输船舶、车辆、设备及其他有关设施；

（二）有相应的组织机构、办公场所、专业管理人员；

（三）有与所经营的集装箱运输业务相适应的注册资本和自有流动资金；

（四）国家法律、法规规定的设立企业的其他条件。

第十条 交通主管部门应当根据申请经营国际集装箱运输企业的资金来源、设备情况、管理水平、货源情况，审核批准其业务经营范围。

第十一条 交通主管部门应当将批准文件发给获准经营国际集装箱运输的企业。取得批准文件的单位，凭该文件向工商行政管理部门申请登记注册，经核准发给营业执照后，方可开业。

设立承运海上国际集装箱的内陆中转站、货运站、还应当向海关办理登记手续。

第三章 货运管理

第十二条 用于海上国际集装箱运输的集装箱，应当符合国际集装箱标准化组织规定的技术标准和有关国际集装箱公约的规定。

集装箱所有人、经营人应当做好集装箱的管理和维修工作，定期进行检验，以保证提供适宜于货物运输的集装箱。

违反本条第二款规定，造成货物损坏或者短缺的，由责任人按照有关规定承担赔偿责任。

第十三条 承运人及港口装卸企业应当保证运载集装箱的船舶、车辆、装卸机械及工具处于良好的技术状况，确保集装箱的运输及安全。

承运人及港口装卸企业违反本条第一款规定，造成货物损坏或者短缺的，应当按照有关规定承担赔偿责任。

第十四条　承运人及港口装卸企业应当按照国家规定使用集装箱运输单证。

第十五条　承运人可以直接组织承揽集装箱货物，托运人可以直接向承运人或者委托货运代理人洽办进出口集装箱货物的托运业务。

第十六条　托运人应当如实申报货物的品名、性质、数量、重量、规格。托运的集装箱货物，必须符合集装箱运输的要求，其标志应当明显、清楚。

第十七条　托运人或者承运人在货物装箱前应当认真检查箱体，不得使用影响货物运输、装卸安全的集装箱。

第十八条　装运粮油食品、冷冻品等易腐食品的集装箱，须经商检验合格后方可使用。

第十九条　集装箱货物运达目的地后，承运人应当及时向收货人发出提货通知，收货人应当在收到通知后，凭提单提货。

收货人超过规定期限不提货或者不按期限归还集装箱的，应当按照有关规定或者合同的约定支付货物、集装箱堆存费及支付集装箱超期使用费。

第二十条　海上国际集装箱的运费和其他费用，应当根据国家有关运输价格和费率的规定计收；国家没有规定的，按照双方商定的价格计收。任何单位不得乱收费用。

第二十一条　承运人及港口装卸企业，应当定期向交通主管部门报送运输统计报表。

第二十二条　与海上国际集装箱运输相关的各方应当及时相互提供集装箱运输信息。

第四章　交接和责任

第二十三条　承运人与托运人或者收货人应当根据提单确定的交接方式，在码头堆场、货运站或者双方商定的其他地点办理集装箱、集装箱货物交接。

第二十四条　参加海上国际集装箱运输的承运人、港口装卸企业应当按照下列规定办理集装箱交接：

（一）海上承运人通过理货机构与港口装卸企业在船边交接；

（二）经水路集疏运的集装箱，港口装卸企业与水路承运人在船边交接；

（三）经公路集疏运的集装箱，港口装卸企业与公路承运人在集装箱码头大门交接；

（四）经铁路集疏运的集装箱，港口装卸企业或者公路承运人与铁路承运人在装卸现场交接。

第二十五条　集装箱交接时，交接双方应当检查箱号、箱体和封志。重箱凭封志和箱体状况交接；空箱凭箱体状况交接。

交接双方检查箱号、箱体和封志后，应当作出记录，并共同签字确认。

第二十六条　承运人、港口装卸企业对集装箱、集装箱货物的损坏或者短缺的责任，交接前由交方承担，交接后由接方承担。但如果在交接后180天内，接方能提出证据证明集装箱的损坏或者集装箱货物的损害或者短缺是由交方原因造成，交方应当承担赔偿责任。法律另有规定的除外。

第二十七条　除法律另有规定外，承运人与托运人应当根据下列规定，对集装箱货物的损坏或者短缺负责：

（一）由承运人负责装箱的货物，从承运人受到货物后至运达目的地交付收货人之前的期间内，箱内货物损坏或者短缺，由承运人负责；

（二）由托运人负责装箱的货物，从装箱托运后至交付收货人之前的期间内，如箱体和封志完好，货物损坏或者短缺，由托运人负责；如箱体损坏或者封志破坏，箱内货物损坏或者短缺，由承运人负责。

承运人与托运人或者收货人之间要求赔偿的时效，从集装箱货物交付之日起算不超过180天，但法律另有规定的除外。

第二十八条　由于托运人对集装箱货物申报不实造成人员伤亡，运输工具、货物自身及其他货物、集装箱损失的，由托运人负责。

第二十九条　由于装箱人的过失，造成人员伤亡，运输工具、其他货物、集装箱损失的，由装箱人负责。

第三十条　集装箱货物发生损坏或者短缺，对外索赔时需要商检机构鉴定出证的，应当依照《中华人民共和国进出口商品检验法》办理。

集装箱、集装箱货物发生短缺，对外索赔时需要理货机构出证的，应当依照有关规定办理。

第五章　罚　则

第三十一条　对违反本规定应当给予行政出发行为，县级以上交通主管部门应全面、客观、公正地进行调查，收集有关证据；必要时，可以查看被调查企业的运输单证、财务帐册等有关资料。

有关单位和个人对县级以上交通主管部门的调查应当予以配合，如实提供有关资料；县级以上交通主管部门应当为被调查企业保守商业秘密。

第三十二条　违反本规定，同时违反国家有关价格管理的法律、法规的，由价格主管部门依照有关法律、法规的规定给予处罚。

第三十三条 违反本规定第十四条、第二十一条的规定，不是用规定的集装箱运输单证，或者不报送集装箱运输统计报表，或者报送集装箱运输统计报表不实的，由县级以上交通主管部门责令改正；拒不改正的，处5万元以下的罚款。

第三十四条 违反本规定，有下列行为之一的，由县级以上交通主管部门责令改正；拒不改正的，没收违法所得，并处违法所得一倍以上三倍以下的罚款；没有违法所得的，按照以下规定处以罚款：

（一）未经批准，擅自经营海上国际集装箱运输、港口装卸、中转站、货运站业务的，处3万元以上30万元以下的罚款；

（二）未经批准，擅自经营海上国际集装箱班轮运输，属国内区段的集装箱班轮运输的，处3万元以上30万元以下的罚款；属近洋国际集装箱班轮运输的，处5万元以上50万元以下的罚款；属远洋国际集装箱班轮运输的，处50万元以上500万元以下的罚款。

违反前款规定，情节严重的，由工商行政管理部门吊销营业执照。

第六章 附 则

第三十五条 本规定自发布之日起施行。

海洋预报业务管理暂行规定

（1999年5月21日颁布 7月2日施行）

第一章 总 则

第一条 为充分发挥海洋预报系统的整体效益，加强对海洋预报业务规范化、标准化、制度化的管理，更好地为沿海经济建设和社会发展，预防和减轻海洋灾害，保障人民生命财产安全服务，特制订本规定。

第二条 本规定遵循建立和完善分工明确、避免重复、有机结合、协调发展的海洋预报业务体制的原则。

第三条 本规定适用于各级海洋预报台和相关业务单位从事的海洋预报工作。

第四条 各级海洋预报台应根据本规定，结合实际情况，制定适合本台特点的实施细则，并报上一级主管部门备案。

第二章 海洋预报业务分工

第五条 国家海洋预报台：

（一）负责全球气象资料（GTS），海洋站、浮标、雷达站、航空监测、卫星遥感和传真资料及公共信息网资料的获取、处理、质量控制以及传输。

（二）制作并发布我国近海、邻近洋区和大洋海洋预报、警报以及预报要素的诊断分析产品。

（三）开展为沿海经济建设、社会发展、防灾减灾和海上其他活动的专项海洋预报服务和海洋环境条件评价等活动。

（四）对全国的年度海洋灾害进行分析评估及预测；对重大海洋灾害进行灾情调查、分析评估和预报经验总结，并报上级主管部门；编制《中国海洋灾害公报》。

（五）对全国海洋预报技术进行指导、解释和示范，开展与各级海洋预报台的预报会商。

（六）开展海洋预报业务的科技攻关、新方法、新技术的研究和推广应用及业务培训，促进海洋预报技术的发展。

（七）对各级海洋预报台（站）海洋预报新技术、新方法业务化的检验和评审；对本台海洋预报质量的评定。

第六条 区域海洋预报台：

（一）负责所辖海区海洋站、浮标资料的获取、处理、质量控制及传输。

（二）制作并发布所辖海区及邻近洋区海洋预报、警报及预报要素的诊断分析产品。

（三）开展为沿海经济建设、社会发展、防灾减灾和海上其他活动的专项海洋预报服务和海洋环境条件评价等活动。

（四）对所辖海区的年度海洋灾害分析评估及预测；对所辖海区的重大海洋灾害进行灾情调查、分析评估和预报经验总结,并报上一级主管部门。

（五）对所辖海区海洋预报技术进行指导与示范，开展与各级海洋预报台的预报会商。

（六）开展所辖海区海洋预报业务技术攻关、新方法、新技术的研究和推广应用以及业务培训。

（七）对本台海洋预报质量的评定。

第七条　省（市）级海洋预报台：

（一）制作并发布辖区内及邻近海区海洋预报、警报及预报要素的诊断分析产品。

（二）开展为沿海经济建设、社会发展、防灾减灾和海上其他活动的专项海洋预报服务和海洋环境条件评价等活动。

（三）对辖区内的年度海洋灾害分析评估、预测和预报经验总结；对辖区内海洋灾害进行灾情调查、分析评估，并报上一级主管部门。

（四）对所属的海洋站（台）海洋预报业务的技术指导，参加与各级海洋预报台的预报会商。

（五）对本预报台海洋预报质量的评定。

第三章　海洋预报资料获取及传输

第八条　海洋站观测资料：

（一）各海洋观测站必须根据《海滨观测规范》，及时、准确采集各类海洋环境要素，并按照《海洋站海滨观测报告电码》的格式按时传输观测资料。

（二）各中心海洋站负责将海洋站发报资料汇总、整理、校正，按时向区域海洋预报台传输资料。

（三）各区域海洋预报台负责将辖区内的海洋站资料按时向国家海洋预报台传输。

（四）各海洋站按照预约部门确定的时间、时次、方式，向预约部门及时传输资料（预约报OWT）。

（五）海洋站资料传输流程为：

海洋站—中心海洋站—区域海洋预报台—国家海洋预报台。

第九条　**浮标资料**：

（一）各分局浮标队负责接收辖区内浮标资料，并按时传输到区域海洋预报台。

（二）各区域海洋预报台负责将浮标资料按时传输到国家海洋预报台。

（三）浮标资料的传输按照《海洋资料浮标实时数据传输规程》进行。

（四）浮标资料传输流程为：

浮标—浮标队—区域海洋预报台—国家海洋预报台。

第十条　航空监测资料：

负责航空监测的单位，应及时将与海洋预报有关的航空实时监测资料处理分析后，传输到国家海洋预报台和飞行辖区的区域海洋预报台。

第十一条　岸基雷达站监测资料：

负责岸基雷达监测的单位，应及时将岸基雷达实时监测资料分析处理后,传输到国家海洋预报台和辖区内的区域海洋预报台。

第十二条　卫星遥感资料：

负责获取卫星遥感资料的单位，应及时将卫星遥感实时资料分析处理后,传输到国家海洋预报台。

第十三条　国家海洋预报台负责将获取的各类资料按时传输到各区域和省（市）级海洋预报台。

各区域和省（市）级海洋预报台按时接收国家海洋预报台传输的各类资料。

第四章　海洋要素分析、预报及发布

第十四条　各级海洋预报台根据沿海经济建设、社会发展、防灾减灾和海上各类生产活动的需要公开发布海洋短期预报、中期预报、长期预报等。

短期预报：未来72小时（三天内）海洋预报要素的描述。

中期预报：未来72～240小时（十天内）海洋预报要素的描述。

长期预报：未来240小时以上（十天以上）海洋预报要素的描述。

第十五条　海洋要素分析、预报内容包括：海浪、海温（包括海洋锋）、海冰、风暴潮、海啸、潮汐、潮流、海流、海平面、厄尔尼诺、海洋天气（内部）、赤潮、海水水质、海水盐度、海洋溢油扩散、海洋污染事件、海岸侵蚀、海岸土地盐碱化等。

第十六条　海洋要素诊断分析图包括：中国近海及邻近洋区海浪图、中国近海及邻近洋区海温图、中国近海及邻近洋区海流图、渤海及黄海北部海冰图、中国近海潮流图、近海及邻近洋区海洋天气图（地面、高空）、低纬度海洋天气图（地面、高空）、卫星遥感分析图等。

第十七条　各级海洋预报台通过广播、电视、传真、电话、公共信息网、报刊、信函等新闻媒介，以文字（预报单）、图像、图表、语音等形式公开发布海洋预报和诊断分析产品。

第十八条　各级海洋预报台公开发布的海洋预报和诊断分析产品，除在公共信息网和新闻媒介上发布外，应及时存放在各级海洋预报台的预报数据库内，供各海洋预报台相互交流使用。

第十九条　各海洋预报台根据国家、当地政府，沿海经济建设、社会发展、防灾减灾和海上其他活动的需求，确定公共服务用户，并报上一级主管部门备案。

第五章 海洋灾害预报、警报发布

第二十条 海洋灾害主要包括：风暴潮、巨浪、海啸、严重海冰、异常海温、厄尔尼诺现象、海平面上升、赤潮、海洋溢油扩散、海洋污染、海岸侵蚀、海岸土地盐碱化等。

第二十一条 海洋灾害的发布方式有：消息、预报、警报、紧急警报；还有预测、公报、通报、速报等。

第二十二条 各级海洋预报台根据海洋灾害影响的时间、危害程度发布消息、预报、警报和紧急警报。

海洋灾害远离或尚未影响到预报海区时，发布消息；解除警报、紧急警报时，也可以用消息方式发布。

预计海洋灾害在未来72小时（三天）内将影响预报海区和沿海地区时，根据海洋灾害影响的程度，发布预报。

预计海洋灾害在未来48小时（二天）内将威胁预报海区和沿海地区时，根据海洋灾害危害程度，发布警报。

预计海洋灾害在未来24小时（一天）内将袭击预报海区和沿海地区时，根据海洋灾害危害程度，发布紧急警报。

第二十三条 国家海洋局组织全国海洋灾害年度预测会商并发布预测结果。

区域和省（市）级海洋预报台对所辖海区的年度海洋灾害预测意见，应报上一级主管部门批准后发布。

第二十四条 国家海洋预报台负责组织编制中国海洋灾害公报，由国家海洋局审批并发布。各级海洋预报台可根据需要及具体情况发布通报、速报。

第二十五条 国家海洋预报台对重大海洋灾害警报、紧急警报的发布，应及时报国家海洋局审批后，报国家领导人和有关部门。

区域和省（市）级海洋预报台对重大海洋灾害警报、紧急警报的发布，应及时报上一级主管部门审批后，发所辖海区的各级人民政府和有关部门。

第二十六条 国家海洋预报台将各类海洋灾害预报、警报、紧急警报发布给在京有关部门有：全国防汛抗旱总指挥部、民政部（中国国际减灾十年委员会）、国土资源部、交通部、农业部、环境保护总局、国家海洋局、中央电视台、中央人民广播电台、中国海洋石油总公司、中国远洋运输总公司、军事部门等。

第二十七条 国家海洋预报台根据海洋灾害的影响范围和程度，可将海洋灾害预报、警报、紧急警报直接发送到沿海省、自治区、直辖市、计划单列市人民政府办公厅及有关部门。

在发送上述部门的同时，应传输到上述部门辖区内的区域和省（市）级海洋预报台（站）。

第二十八条 国家海洋预报台发布的海洋灾害警报、紧急警报，需经中央办公厅机要局全国机要通讯网（简称明传电报），发国家领导人、国务院办公厅或受影响的沿海省、自治区、直辖市、计划单列市人民政府的，报国家海洋局审批后，通过局机要部门发送。

第二十九条 各区域海洋预报台发布的海洋灾害预报、警报、紧急警报应传输到所辖海区的省（市）各级海洋预报台（站），如需向所在辖区内当地政府及有关部门发布，应商当地政府及有关部门确定。

第三十条 各省（市）级海洋预报台（站）发布的海洋灾害预报、警报、紧急警报应发布到当地各级政府及有关部门。

第六章 工作制度

第三十一条 为保证预报质量，使海洋预报业务制度化，各级海洋预报台应建立如下工作制度：

（一）海洋预报值班制度；

（二）海洋预报会商制度；

（三）海洋灾害预报、警报签发制度；

（四）海洋灾情调查、上报制度；

（五）海洋预报质量检验、评价制度。

第七章 附 则

第三十二条 在海洋预报工作中凡与本规定有悖的，以本规定为准。

第三十三条 本规定由国家海洋局海洋环境保护司负责解释。

第三十四条 本规定自颁布之日起执行。

中华人民共和国管辖海域外国人、外国船舶渔业活动管理暂行规定

（1999年6月21日经农业部常务会议审议通过 1999年6月24日发布）

第一条 为加强中华人民共和国管辖海域内渔业活动的管理、维护国家海洋权益，根据中华人民共和国渔业法》、《中华人民共和国专属经济区和大陆架法》、《中华人民共和国领海及毗连区法》等法律、法规，制定本规定。

第二条 本规定适用于外国人、外国船舶在中华人民共和国管辖海域内从事渔业生产、生物资源调查等涉及渔业的有关活动。

第三条 任何外国人、外国船舶在中华人民共和国管辖海域内从事渔业生产、生物资源调查等活动的，必须经中华人民共和国渔政渔港监督管理局批准，并遵守中华人民共和国的法律、法规以及中华人民共和国缔结或参加的国际条约与协定。

第四条 中华人民共和国内水、领海内禁止外国人、外国船舶从事渔业生产活动；经批准从事生物资源调查活动必须采用与中方合作的方式进行。

第五条 中华人民共和国渔政渔港监督管理局根据以下条件对外国人的入渔申请进行审批：

1. 申请的活动，不危害中华人民共和国国家安全，不妨碍中华人民共和国缔结或参加的国际条约与协定的执行；

2. 申请的活动，不对中华人民共和国实施的海洋生物资源养护措施和海洋环境造成不利影响；

3. 申请的船舶数量、作业类型和渔获量等符合中华人民共和国管辖海域内的资源状况。

第六条 外国人、外国船舶入渔申请获得批准后，应当向中华人民共和国渔政渔港监督管理局缴纳入渔费并领取许可证。如有特殊情况，经批准机关同意，人渔费可予以减免。

经批准进入中华人民共和国渔港的，应按规定缴纳港口费用。

第七条 经批准作业的外国人、外国船舶领取许可证后，按许可证确定的作业船舶、作业区域、作业时间、作业类型、渔获数量等有关事项作业，并按照中华人民共和国渔政渔港监督管理局的有关规定填写捕捞日志、悬挂标志和执行报告制度。

第八条 在中华人民共和国管辖海域内的外国人、外国船舶，未经中华人民共和国渔政渔港监督管理局批准，不得在船舶间转载渔获物及其制品或补给物品。

第九条 经批准转载的外国鱼货运输船、补给船，必须按规定向中华人民共和国有关海区渔政渔港监督管理机构申报进入中华人民共和国管辖海域过驳鱼货或补给的时间、地点，被驳鱼货或补给的船舶船名、鱼种、驳运量，或主要补给物品和数量，过驳或补给结束，应申报确切过驳数量。

第十条 外国人、外国船舶在中华人民共和国管辖海域内从事渔业生产、生物资源调查等活动以及进入中华人民共和国渔港的，应当接受中华人民共和国渔政渔港监督管理机构的监督检查和管理。

中华人民共和国渔政渔港监督管理机构及其检查人员在必要时，可以对外国船舶采取登临、检查、驱逐、扣留等必要措施，并可行使紧追权。

第十一条 外国人、外国船舶在中华人民共和国内水、领海内有下列行为之一的，可处以没收渔获物、没收渔具、没收调查资料，并按下列数额罚款：

1. 从事渔业生产活动的，可处50万元以下罚款；

2. 未经批准从事生物资源调查活动的，可处40万元以下罚款；

3. 未经批准从事补给或转载鱼货的，可处30万元以下罚款；

第十二条 外国人、外国船舶在中华人民共和国专属经济区和大陆架有下列行为之一的，可处以没收渔获物、没收渔具，并按下列数额罚款：

1. 未经批准从事渔业生产活动的，可处40万元以下罚款；

2. 未经批准从事生物资源调查活动的，可处30万元以下罚款；

3. 未经批准从事补给或转载鱼货的，可处20万元以下罚款。

第十三条 外国人、外国船舶经批准在中华人民共和国专属经济区和大陆架从事渔业生产、生物资源调查活动，有下列行为之一的，可处以没收渔获物、没收渔具和30万元以下罚款的处罚；

1. 未按许可的作业区域、时间、类型、船舶功率或吨位作业的；

2. 超过核定捕捞配额的。

第十四条 外国人、外国船舶经批准在中华人民共和国专属经济区和大陆架从事渔业生产、生物资源调查活动，有下列行为之一的，可处以没收渔获物、没收渔具和5万元以下罚款的处罚：

1. 未按规定填写渔捞日志的；

2. 未按规定向指定的监督机构报告船位、渔捞情况等信息的；

3. 未按规定标识作业船舶的；

4. 未按规定的网具规格和网目尺寸作业的。

第十五条 未取得入渔许可进入中华人民共和国管辖水域，或取得入渔许可但航行于许可作业区域以外的外国船舶，未将渔具收入舱内或未按规定捆扎、覆盖的，中华人民共和国渔政渔港监督管理机构可处以没收渔具和3万元以下罚款的处罚。

第十六条 外国船舶进出中华人民共和国渔港，有下列行为之一的，中华人民共和国渔政渔港监督管理机构有权禁止其进、离港口，或者令其停航、改航、停止作业，并可处以3万元以下罚款的处罚：

1. 未经批准进出中华人民共和国渔港的；

2. 违反船舶装运、装卸危险品规定的；

3. 拒不服从渔政渔港监督管理机构指挥调度的；

4. 拒不执行渔政渔港监督管理机构作出的离港、停航、改航、停止作业和禁止进、离港等决定的。

第十七条 外国人、外国船舶对中华人民共和国渔港及渔港水域造成污染的，中华人民共和国渔政渔港督管理机构可视情节及危害程度，处以警告或10万元以下的罚款。对造成渔港水域环境污染损害的，可责令其支付消除污染费用，赔偿损失。

第十八条 中华人民共和国渔政渔港监督管理局和各海区渔政渔港监督管理局可决定50万元以下罚款的处罚。

省(自治区、直辖市)渔政渔港监督管理机构可决定20万元以下罚款的处罚。

市、县渔政渔港监督管理机构可决定5万元以下罚款的处罚。

作出超过本级机构权限的行政处罚决定的，必须事先报经具有相应处罚权的上级渔政渔港监督管理机构批准。

第十九条 受到罚款的外国船舶及其人员，必须在离港或开航前缴清罚款。不能在离港或开航前缴清罚款的，应当提交相当于罚款额的保证金或处罚决定机关认可的其他担保，否则不得离港。

第二十条 外国人、外国船舶违反本规定和中华人民共和国有关法律、法规，情节严重的，除依法给予行政处罚或移送有关部门追究法律责任外，中华人民共和国渔政渔港监督管理局并可取消其入渔资格。

第二十一条 外国人、外国船舶对渔业行政处罚不服的，可依据中华人民共和国法律、法规的有关规定申请复议或提起诉讼。

第二十二条 本规定与我国缔结或参加的有关国际渔业条约有不同规定的，适用国际条约的规定，但我国声明保留的除外。

第二十三条 本规定未尽事项，按照中华人民共和国有关法律、法规的规定办理。

第二十四条 本规定由农业部负责解释。

第二十五条 本规定自发布之日起施行。

远洋渔业管理暂行规定

（中华人民共和国农业部制定 1999年7月20日发布）

第一章 总 则

第一条 为加强我国远洋渔业的管理，维护国家利益和远洋渔业企业及从业人员的合法权益，更好地参与国际渔业资源的开发，根据《中华人民共和国渔业法》及有关法律、法规，制定本规定。

第二条 本规定所称的远洋渔业项目是指在我国工商行政管理部门登记注册的企业派出渔船在公海或他国管辖海域从事海洋生物资源捕捞、加工、补给及运输等经济活动。

第三条 农业部负责全国远洋渔业发展的规划，远洋渔业项目的审批，远洋渔业企业资格的审批及远洋渔业船舶、船员的监督、管理。

第四条 从事远洋渔业生产必须遵守我国签署加入的有关海洋渔业的国际公约、协定和所在国的法律、法规。

第二章 远洋渔业项目的建立

第五条 远洋渔业项目需由省级(含计划单列市)渔业行政主管部门审核同意后报农业部审批，中央直属企业的项目直接报农业部审批。在境外成立合资或合作企业从事远洋渔业生产的，还需按对外贸易经济合作部的有关规定办理审批手续。

第六条　申报远洋渔业项目时，需报送以下材料：

（一）申报企业营业执照影印件。

（二）项目可行性研究报告。

（三）合作协议。合作协议中必须有经国家批准后方可生效的条款。

（四）拟派渔船如为新造渔船，需提供农业部渔船审批文件；如为生产渔船，需提供基本捕捞许可证；如为进口渔船，需提供有关批准文件。

（五）拟派渔船所有权证书和能证明拟派渔船处于适航状态的有关检验证明。

（六）热点或敏感国家和地区的项目须征求驻项目所在国使(领)馆的意见。

（七）外方合作伙伴的资信情况。

（八）必要时，需提供入渔国政府有关部门的准许入渔证明或捕捞许可证及其公证材料。

（九）在境外成立合资或合作企业时，需同时报国家外汇管理部门的投资风险审查意见。

第七条　远洋渔业项目经批准后如需增派渔船，项目主办单位需按第五、六条程序报批；更换合作伙伴、改变合作方式等，项目主办单位亦需按第五条程序，办理变更手续。如项目中止或执行完毕，须报省级主管部门后转报农业部备案。

第八条　已批准派往某一国家或地区的渔船调往另一国家和地区开辟新项目时，企业可先经省级主管部门报农业部备案，中央直属企业的项目直接报农业部备案，并在正式入渔后三个月内补办报批手续。热点或敏感国家和地区的项目须事先征得驻项目所在国使（领）馆的同意。

执行政府间渔业协定或部门间渔业协议从事捕鱼项目的渔业船舶，如要调往另一国家和地区开辟新项目时，须事先征得农业部同意。

第九条　农业部收到省级渔业行政主管部门或中央直属企业报来的符合本规定第六条要求的项目申请后，应在15个工作日内提出该项目的审批意见。

第三章　协调和管理

第十条　凡在某一国家或地区实施两个以上远洋渔业项目，应成立由项目单位参加的自我协调组织，明确协调管理办法，定期或不定期召开协调会议，通报生产经营情况，研究合作中存在的问题。

第十一条　在本规定第十条所述的国家或地区举办新的远洋渔业项目或涉及原项目增加渔船时，主管部门在审批项目时，应征求该企业协调组织的意见。

第十二条　远洋渔业项目的牵头单位，须定期（每半年一次）将项目的投产船数、产量、盈亏等生产经营情况向省级主管部门报告后转报农业部。

第十三条　国家对取得“农业部远洋渔业企业资格”的企业实行资格年审制度。

凡从事远洋渔业生产的企业，均可根据《农业部远洋渔业企业资格管理规定》，由企业提出书面申请，按照行政隶属关系逐级上报，经省级渔业行政主管部门审核同意，报农业部审批；中央直属企业直接报农业部审批。农业部每年将远洋渔业企业资格的审核结果，抄送国务院有关部门。

第四章　远洋渔业船舶

第十四条　本规定所称远洋渔业船舶是指具有中华人民共和国国籍，从事远洋渔业生产和为这种生产提供配套服务的船舶。

第十五条　所有远洋渔业船舶，均需严格按照有关法律、法规进行法定检验和办理渔业船舶国籍登记手续。渔船检验和渔港监督机构不得受理未经农业部批准的远洋渔业船舶的检验和登记申请。

第十六条　远洋渔业船舶出境后，项目主办单位需在十个工作日内将有关部门出具的远洋渔业船舶有效出境证明同时报省级渔业行政主管部门和农业部；远洋渔业船舶因维修、补给及卸货等原因回国，项目主办单位亦需在远洋渔业船舶进港后十个工作日内以书面形式同时报省级渔业行政主管部门和农业部。中央直属企业需在十个工作日内直接报农业部。

第十七条　凡需登记注册外国国籍的远洋渔业船舶，须按《中华人民共和国渔业船舶登记办法》的有关规定，到渔业船舶船籍港所在地渔港监督机构办理注销登记手续，并开具注销登记证明。

第十八条　远洋渔业船舶必须随船携带国家批准的有关文件，并严格遵守有关的国际渔业法规、国际惯例和我国政府签署的有关渔业协定、协议、公约，严格按照远洋渔业项目派船批件限定的海域和作业方式生产，认真如实填写《渔捞日志》。

第十九条　远洋渔业船舶不得在我国管辖海域从事渔业生产。

第五章　远洋渔业船舶船员

第二十条　本规定所称远洋渔业船舶船员是指在远洋渔业船舶上工作的职务船员和非职务船员。

第二十一条　凡从事远洋渔业生产的远洋渔业

船舶船员，必须经农业部审定的具备培训资格的单位培训，并经省级以上渔政渔港监督管理机构及其授权机关考试合格，取得相应证书后方可上岗。

第二十二条 远洋渔业船舶船员出国前，必须接受有关涉外知识教育，在境外必须严格遵守所在国及国际有关法规、惯例。

第六章 罚 则

第二十三条 对违反本规定及未经批准从事远洋渔业生产的企业，省级以上渔业行政主管部门可根据有关规定予以处罚。

第二十四条 凡可能给国家、企业造成严重不良后果的远洋渔业项目，农业部可限制或终止该项目的执行。并通知有关部门停止签发各种证件。

第二十五条 对严重违反国家有关远洋渔业审批和管理规定、不按期报告远洋渔业经营情况的企业，将暂停或取消其“农业部远洋渔业企业资格”。

第七章 附 则

第二十六条 本规定自发布之日起施行。我部其他文件如有与本规定抵触的内容，以本规定为准。

第二十七条 本规定由农业部负责解释。

海洋石油勘探开发环境保护管理若干问题暂行规定

（1999年10月18日发布）

第一条 为加强海洋石油勘探开发环境保护管理，落实国务院赋予国家海洋局的职责，根据《建设项目环境保护管理条例》第三十二条及其他有关规定，制定本暂行规定。

第二条 本暂行规定适用于在中华人民共和国管辖海域从事石油勘探开发的企业或作业者，以及他们所使用的固定式和移动式平台及其他有关设施。

第三条 企业或作业者在编制海洋油（气）田总体开发方案的同时，应当编制海洋环境影响报告书，经油（气）田开发建设项目主管部门预审后，报国家海洋行政主管部门审批。在编制海洋环境影响报告书之前，应当编制环境影响评价大纲，报国家海洋行政主管部门审查同意后，方可开展评价工作。

第四条 海洋环境影响报告书经批准后，油（气）田开发建设项目的开采规模、地点、或采用的生产工艺等发生重大变化的，企业或作业者应当重新报批海洋环境影响报告书。

第五条 海洋环境影响报告书自批准之日起满5年，油（气）田开发建设项目方开工的，其环境影响报告书应当补充修改后报国家海洋行政主管部门重新审核。

第六条 国家海洋行政主管部门将海洋环境影响报告书审批或重新审核的意见和相关文件，按要求报国家环境保护行政主管部门备案，同时抄送国家发展计划委员会等部门。

第七条 海洋油（气）田开发建设项目配套建设的环境保护设施，必须与主体工程同时设计、同时施工、同时投产使用。

第八条 海洋油（气）田开发建设项目的初步设计，应当按照环境保护设计规范的要求，编制环境保护篇章，并依据批准的海洋环境报告书，在环境保护篇章中落实防治环境污染和生态破坏的措施以及环境保护设施投资概算。

第九条 海洋油（气）田开发建设项目的主体工程完工后，需要进行试生产的，其配套建设的环境保护设施必须与主体工程同时投入试运行。

第十条 海洋油（气）田开发建设项目试生产期间，企业或作业者应当对环境保护设施运行情况和建设项目对环境的影响进行监测。

第十一条 海洋油（气）田开发建设项目含油污水处理系统连续运转满30天的，企业或作业者应当向国家海洋行政主管部门申请该建设项目配套建设的环境保护设施的竣工验收。

1995年（含）以后投产的海上油（气）田，应当按照国家有关法律法规的要求，向国家海洋行政主管部门申请环境保护设施的竣工验收，并于2000年底之前验收完毕。

第十二条 分期建设、分期投入生产或者使用的海洋油（气）田开发建设项目，其相应的环境保护设施应当分期验收。

第十三条 国家海洋行政主管部门自收到环境保护设施竣工验收申请之日起30天内，完成验收工作。

第十四条 海洋油（气）田开发建设项目配套建设的环境保护设施验收合格后，该建设项目方可正

沿海海洋经济概况
Survey of Coastal Economy

【综述】 按行政区划分，全国计有11个沿海省、自治区和直辖市，约占全国省级区划总数的1/3强；有50个沿海地级市，分别占全国地级区划总数的15.1%和地级市总数的21.2%；有132个沿海县级区划单位，占全国县级区划总数的6.4%；其中，有64个沿海县级市，占全国县级市总数的15%；有68个沿海县，占全国县总数的4%；另外，还有2个直辖市所辖的9个沿海市辖区。由此可见，沿海城市化程度明显高于内地。就总体而言，沿海市辖区、县级市和县较多的是广东省、山东省、浙江省和福建省，其次是辽宁省、江苏省和海南省，其余省、自治区、直辖市较少。应该指出的是，香港和澳门特别行政区及台湾省需特殊区划，暂未统计在内。

1999年全国沿海省、自治区、直辖市的国内生产总值为4.9万亿元，占全国国内生产总值的60.3%。其中，第一产业0.7万亿元，第二产业2.4万亿元，第三产业1.8万亿元，第一、二、三产业之比为1∶3.6∶2.8，而全国第一、二、三产业之比为1∶2.8∶1.9，说明沿海第二、三产业发展较快，产业结构优于全国。

1999年全国沿海市县国内生产总值合计为2.8万亿元，占全国沿海省、自治区、直辖市国内生产总值的56.3%。其中，沿海城市为1.8万亿元，占市、县合计的64.9%；沿海县（含直辖市区）为1.0万亿元，占35.1%。沿海市、县第一、二、三产业之比为1∶4.6∶3.8，说明其产业结构更优。应该进一步说明的是，这种产业结构应归功于沿海城市，沿海城市第一、二、三产业比达到1∶8.9∶8.1，说明其产业结构已接近高级水平；而沿海县第一、二、三产业比为1∶2.4∶1.6，说明沿海县的产业结构尚低于全国平均水平，今后应突出发展第二、三产业。

1999年全国直接海洋社会劳动者人数为369.9万人，占全国从业人员总数的0.5%。按行业分，海洋水产业最多，达241.3万人，占全国直接海洋社会劳动者人数为65.2%；以下依次为，滨海国际旅游业社会劳动者人数占全国直接海洋社会劳动者人数的13.8%，海洋交通运输业占8.9%，海盐业占6.2%，沿海造船业占3.3%，海上油气业、海洋科研服务、海洋环保和海滨砂矿等四个行业的社会劳动者人数皆很少。按地区分，海洋社会劳动者人数较多的是，山东省73.4万人，占19.9%；广东省60.8万人，占16.4%；以下依次为，浙江省占14.0%，福建省占13.4%，辽宁省占8.4%，江苏省占6.8%，上海市占6.2%；河北省、海南省、广西壮族自治区和天津市的海洋社会劳动者人数皆较少。主要行业海洋社会劳动者人数比较突出的地区是，山东省和浙江省的海洋水产业，广东省的滨海旅游业，上海市和广东省的海洋交通运输业，河北省、山东省的海盐业，山东省、天津市、广东省的海上油气业等。

1999年，全国主要海上活动船舶有29.1万艘，2 620万总吨位。就船舶数量而言，海洋渔船最多，达28万艘，占全国海上活动船舶总数的96.3%，与1998年相比，海洋渔船减少3 000多艘，说明中国近海捕捞强度受到一定的控制。海洋运输船数量不多，只有1万多艘，但其总吨位却最多，达2 056万总吨位，占全国海上活动船舶总吨位的78.5%。另外海洋油气船、海洋地质勘探船与海洋管理与科研船很少。

1999年，全国海洋科研机构共有107个，从业人员有16 119人，其中专业技术人员有11 228人，占69.7%，具有高级职称、中级职称和初级职称的专业技术人员之比为1.4∶1.5∶1。按行业分，从业人员达3 000～4 000人的是海洋事业和海洋渔业，2 000～3 000人的是科学研究和气象业，千人左右的是环境保护和水利业，其余行业从业人员皆在500人

式投入生产。

第十五条 海洋油（气）田开发建设项目自投产后，企业或作业者每4年应当对周围海域的环境质量状况进行评价，并将评价结果报告国家海洋行政主管部门。

第十六条 海洋油（气）田周围海域的环境质量状况达不到规定要求的，由国家海洋行政主管部门责令限期治理。

第十七条 对违反本规定的，由国家海洋行政主管部门依照有关条例、法规进行处罚。

第十八条 本暂行规定自发布之日起施行。

以下；平均单个机构人员超过300人的有水利业、地质勘察、海洋事业和科学研究，平均不足百人的有海盐业、环境保护和气象业；专业技术人员能级较高的是化学化工，其高级职称、中级职称、初级职称之比为3.2：8.5：1，科学研究为2.1：2.1：1，水利业为2.6：1.4：1；能级较低的农业为0.9：1：1，仪器仪表为0.7：1：1。按地区分，从业人员超过2000人的有山东省、天津市和上海市，从业人员不足500人的有河北省、湖北省和广西壮族自治区，其余地区在700～1500人之间；平均单个机构人员多为200～300人，不足百人的有辽宁省、浙江省、福建省、广东省和广西壮族自治区；各地区专业技术人员能级结构差别不太大，其中能级较高的是山东省，其高级、中级、初级职称之比为1.6：1.9：1，江苏省为1.9：1.4：1，能级较低的福建省为0.9：1.3：1。

【沿海海洋经济概况】 1999年，中国直接海洋产业增加值为2 022亿元，占全国国内生产总值的2.5%。直接海洋产业总产值为3 651亿元。按行业分，海洋水产业最多，达1 999亿元，占直接海洋产业总产值的54.7%；以下依次为，海洋交通运输业573亿元，占15.7%；滨海国际旅游业518亿元，占14. 2%；沿海造船业249亿元，占6.8%；海上油气业228亿元，占6.3%；海盐业83亿元，占2.3%；海滨砂矿业最少，仅0.9亿元。按地区分，广东省最多，达896亿元，占全国海洋产业总产值的24.5%；其次为山东省735亿元，占20.1%；第三为上海市519亿元，占14.2%；以下依次为福建省393亿元，浙江省373亿元，辽宁省278亿元，江苏省142亿元，天津市103亿元，广西壮族自治区100亿元，河北省57亿元，海南省55亿元。

排名全国前三名的广东省、山东省和上海市分别占据了诸类海洋产业的第一位，其中，广东省的滨海国际旅游、海上油气和海滨砂矿，山东省的海洋水产和海盐业，上海市的海洋交通运输业和沿海造船业，在全国都具有极其明显的优势。另外，各地区在全国具有一定优势的产业分别为：广东省的海洋水产、海洋交通运输和沿海造船，山东省的海上油气和海洋交通运输，上海市的滨海国际旅游，福建省的海洋水产和滨海国际旅游，浙江省的海洋水产、滨海国际旅游和海洋交通运输，辽宁省的沿海造船和海洋水产，天津市的海上油气和海洋交通运输，海南省的海滨砂矿等。其余地区尽管没有在全国占据一定优势的产业，但其都有一个显著的共同点，即海洋水产业都是其本地区内的优势产业。

预计未来海洋经济将有以下几种发展趋势：

（1）广义的海洋经济包括全部的涉海经济活动，它分为直接海洋产业和关联海洋产业。直接海洋产业是指直接开发利用海洋资源的经济活动，例如海洋水产业、海洋交通运输业、海上油气业、海盐业、滨海旅游业、海滨砂矿业、海洋造船业等；关联海洋产业是指利用临海区位优势或与海洋资源的开发利用间接相关的经济活动，例如滨海工农业、滨海建筑业、滨海流通业和服务业等。目前世界海洋经济正从直接海洋产业逐步扩展到关联海洋产业，一些主要海洋国家已分别把临海工业、滨海金融业、滨海工程建筑业等列入重要的海洋经济内容，中国已在个别省、市完成了区域海洋经济总量的测算，待完成全国海洋经济总量的测算后，海洋经济对国民经济的贡献率将大大提高。

（2）诸海洋产业将由单一的行业向综合化、区域化方向发展，例如：海洋产业与临海服务业，海洋交通运输业与区域经济，滨海旅游与交通运输业，海水直接利用与发电、钢铁等大耗水量的临海工业及生活用水业等。特别是海洋高新技术的开发，为海洋产业的发展注入了新的活力，使海洋产业链迅速延长，例如：海洋生物技术与制药业、养殖业和营养保健业，海洋水产业与深加工业，海洋石油与石油化工业，海盐业与盐化工业等，其中海盐业的产业链已形成十多个品种系列，并且还在逐渐拉长。海洋经济实际上是海洋资源产品的经济，海洋产业链的延长标志着海洋资源产品的增多，无疑将大大推动海洋经济的增长。

（3）为了保证海洋经济的可持续发展，必须合理开发利用海洋资源，发挥其最佳效益。中国的海洋资源，就绝对数量而言与世界诸沿海国家相比，是比较丰富的，但与中国广阔的陆地面积和众多的人口相比，则十分稀缺。例如中国管辖海域的面积在世界137个沿海国家中排在前10名内，若按海陆面积比排列则在后20名内。为此，今后将加强海洋资源管理，制订海洋资源规划，建立海洋资源法规体系和管理体系；同时，将注重发展海洋资源产业。所谓海洋资源产业就是从事海洋资源本身的再生产产业活动的生产事业，它一般分为海洋资源勘察业（对应于不可再生的海洋资源）和海洋资源再生业（对应于可再生的海洋资源）两大类。中国在进行并完成全国海洋资源综合调查后，将逐步建立起海洋资源管理型和节约型产业体系，促进海洋经济的发展。（张玉祥）

表1　沿海地区行政区划

单位：个

省级区划名称	地级市区划数	县级区划数	县级市数	县数	直辖市辖区数
合计	50	132	64	68	9
天津					3
河北	3	8	2	6	
辽宁	6	11	7	4	
上海					6
江苏	3	14	5	9	
浙江	6	23	11	12	
福建	5	20	8	12	
山东	7	20	14	6	
广东	14	23	10	13	
广西	3	2	1	1	
海南	3	11	6	5	
香港特别行政区					
澳门特别行政区					
台湾省					

表2　1998～1999年沿海地区国内生产总值

单位：亿元

地区		年份	国内生产总值	第一产业	第二产业	第三产业
合计		1998	79 396	14 600	38 692	26 104
		1999	81 911	14 457	40 418	27 036
沿海地区		1998	46 103	6 691	22 458	16 954
		1999	49 390	6 715	24 002	18 673
沿海市、县		1998	24 473	2 704	11 975	9 793
		1999	27 831	2 977	13 611	11 242
	沿海城市	1998	15 597	732	7 778	7 087
		1999	18 060	1 003	8 913	8 144
	沿海县(区)	1998	8 876	1 973	4 197	2 707
		1999	9 771	1 974	4 698	3 098
天津		1998	1 336	74	660	602
		1999	1 450	71	712	667
	沿海区	1998	177	5	104	68
		1999	427	4	280	142
河北		1998	4 256	791	2 084	1 381
		1999	4 569	806	2 243	1 520
	沿海城市	1998	455	16	264	175
		1999	1 518	291	720	507
	沿海县	1998	333	105	135	93
		1999	341	104	139	98
辽宁		1998	3 882	531	1 855	1 495
		1999	4 172	521	2 001	1 649
	沿海城市	1998	1 158	60	583	514
		1999	1 235	61	625	550
	沿海县	1998	497	150	217	130
		1999	536	149	240	147

续表

地区		年份	国内生产总值	第一产业	第二产业	第三产业
上海		1998	3 688	79	1 847	1 762
		1999	4 035	80	1 954	2 001
	沿海区	1998	589	45	306	238
		1999	652	47	320	285
江苏		1998	7 200	1 016	3 640	2 544
		1999	7 698	1 004	3 920	2 774
	沿海市	1998	263	13	144	106
		1999	289	14	155	120
	沿海县	1998	878	282	324	272
		1999	941	288	355	298
浙江		1998	4 987	631	2 710	1 647
		1999	5 365	632	2 903	1 830
	沿海市	1998	1 520	72	773	674
		1999	1 648	73	834	741
	沿海县	1998	1 934	267	1 125	542
		1999	2 104	270	1 227	607
福建		1998	3 330	610	1 445	1 275
		1999	3 550	629	1 507	1 414
	沿海市	1998	1 155	56	564	535
		1999	1 255	56	634	565
	沿海县	1998	1 394	267	675	452
		1999	1 544	279	760	505
山东		1998	76 162	1 216	3 457	2 489
		1999	7 662	1 221	3 705	2 736
	沿海市	1998	1 419	123	808	488
		1999	1 576	119	895	561
	沿海县	1998	1 379	344	650	386
		1999	1 405	307	668	430
广东		1998	7 919	1 005	3 992	2 922
		1999	8 464	1 021	4 264	3 179
	沿海市	1998	4 283	163	2 052	2 068
		1999	4 749	164	2 311	2 274
	沿海县	1998	1 376	351	581	443
		1999	1 480	364	625	491
广西		1998	1 903	574	678	651
		1999	1 953	554	696	703
	沿海市	1998	183	63	48	72
		1999	158	59	36	63
	沿海县	1998	53	25	14	14
		1999	56	22	15	19
海南		1998	439	164	91	184
		1999	471	176	95	200
	沿海市	1998	136	13	34	89
		1999	146	14	37	95
	沿海县	1998	267	133	66	68
		1999	285	142	68	75

表3　全国主要海洋产业总产值和增加值

单位：亿元

产　值	年份	合　计	海洋水产	海上油气	海滨砂矿	海洋盐业	沿海造船	海洋交通运输	滨海国际旅游
总产值	1998	3 270	1 172	186	1	75	238	529	469
	1999	3 651	1 999	228	1	83	249	573	518
增加值	1998	1 603	980	92	0.2	39	54	237	201
	1999	2 022	1 319	131	0.3	43	55	252	222

表4　沿海地区主要海洋产业总产值

单位：亿元

地　区	年份	合　计	海洋水产	海上油气	海滨砂矿	海洋盐业	沿海造船	海洋交通运输	滨海国际旅游
合计	1998	3 270	1 172	186.0	1.00	75	238	529	469
	1999	3 651	1 999	228.0	1.00	83	249	573	518
天津	1998	92	6	27.0		5	8	31	17
	1999	103	6	36.0		5	3	36	17
河北	1998	60	31			6	4	16	4
	1999	57	35			7	3	5	6
辽宁	1998	276	169	2.0		3	59	29	13
	1999	278	192	3.0		5	52	10	16
上海	1998	384	13	1.0			89	182	101
	1999	519	12	0.5			88	306	113
江苏	1998	171	105		0.01	7	8	46	5
	1999	142	111			7	11	9	4
浙江	1998	346	279			1	8	31	26
	1999	373	295			1	15	33	29
福建	1998	326	260			1		12	54
	1999	393	320			1	17		55
山东	1998	677	520	21.0	0.01	51.0	30	40	15
	1999	735	569	21.0	0.02	56.0	24	48	17
广东	1998	791	264	134.0	0.30	1.0	32	131	228
	1999	896	316	167.0	1.00	1.0	36	121	254
广西	1998	93	88		0.02	0.4		4	1
	1999	100	95		0.02	0.5		4	1
海南	1998	53	38		0.20	1.0		8	6
	1999	55	48		0.20	0.3			6

表5 海洋社会劳动者人数

单位：人

地区	年份	合 计	海洋水产	海洋油气	海滨砂矿	海盐业	沿海造船	海洋交通运输	滨海国际旅游	海洋环保	海洋科研服务
合计	1998	4 054 968	2 855 009	33 005	3 516	179 072	126 384	372 157	422 984	45 490	17 351
	1999	3 698 727	2 413 068	24 874	3 206	231 103	121 791	328 375	510 997	9 689	14 298
天津	1998	105 841	6 911	14 473		16 003	9 846	36 188	18 000	1 607	2 813
	1999	81 119	9 345	8 500		12 063	7 500	23 317	16 267	1 418	2 709
河北	1998	120 520	59 941	4 997		22 803	5 768	20 218		6 356	437
	1999	178 278	56 888			78 574	4 230	20 922	9 065	8 186	413
辽宁	1998	362 429	236 750	331		17 650	20 447	57 658	23 424	5 252	917
	1999	309 163	231 984	279		15 928	19 986	6 518	27 189	6 376	903
上海	1998	217 012	23 617	309			45 978	69 135	73 194	2 011	2 768
	1999	230 978	7 802	129			41 812	99 546	77 159	1 987	2 543
江苏	1998	257 844	183 393		102	31 554	6 154	20 720	8 574	5 672	1 675
	1999	253 137	183 925		102	32 854	6 145	12 972	9 208	6 637	1 294
浙江	1998	506 265	435 658			10 374			55 711	3 332	1 190
	1999	518 000	442 334			9 247			61 513	3 718	1 188
福建	1998	639 736	627 210			8 959				2 789	778
	1999	494 339	374 579			10 716	9 530		39 120	3 046	719
山东	1998	712 418	527 591	4 316	40	59 479	20 837	54 464	34 228	8 338	3 125
	1999	733 838	496 411	8 836	83	57 889	17 470	56 629	41 030	10 364	2 906
广东	1998	864 506	511 627	8 579	907	6 976	17 354	106 680	204 431	6 379	1 573
	1999	607 911	357 915	7 130	818	6 839	15 118	98 849	202 701	6 269	1 499
广西	1998	135 607	117 878		366	2 057		7 094	5 422	2 657	133
	1999	129 574	117 878		102	3 300		9 622	6 317	1 853	124
海南	1998年	130 848	124 433		2 101	3 217				1 097	
	1999	162 386	39 796		2 101	3 693			21 428	1 161	

表6 主要海上活动船舶

类 别	年份	艘数（艘）	总吨（万吨位）	载客量（客位）	总功率（万kW）
合 计	1998	293 591	2 607	167 905	2 293
	1999	290 755	2 620	159 053	2 519
海洋运输	1998	10 150	2 056	167 905	1 104
	1999	10 567	2 056	159 053	1 330
海洋油气	1998	152			
	1999	153			
海洋地质勘探	1998	11			
	1999	11			
海洋渔业	1998	283 218	545		1 180
	1999	279 994	560		1 180
海洋管理与科研	1998	30	6		8
	1999	31	4		9

表7　分行业海洋科研机构、人员情况

行业	年份	机构数（个）	从业人员（人）	专业技术人员（人）	高级	中级	初级	其他
合计	1998	107	17 351	12 063	3 778	4 259	2 635	1 319
	1999	107	16 119	11228	3 569	3 939	2 552	1 168
农业	1998	2	532	262	38	52	50	122
	1999	2	209	146	33	38	37	38
渔业	1998	33	3 520	2 234	488	904	561	281
	1999	33	3 325	2 099	473	835	548	243
水利业	1998	2	996	819	333	191	124	171
	1999	2	947	804	320	179	125	180
海盐业	1998	4	374	172	40	80	40	12
	1999	4	370	154	43	71	38	2
化学化工	1998	1	184	114	30	49	10	25
	1999	1	154	76	19	51	6	0
仪器仪表	1998	1	248	117	28	40	42	7
	1999	1	248	117	28	40	42	7
地质勘察	1998	1	405	235	69	76	63	27
	1999	1	383	225	87	71	68	0
交通运输	1998	10	2 497	1 779	624	492	338	325
	1999	10	2 286	1 700	571	458	339	332
科学研究	1998	8	2 711	2 011	756	777	375	103
	1999	8	2 482	1 792	680	699	328	85
气象业	1998	13	422	368	112	169	82	5
	1999	13	401	358	126	148	80	4
海洋事业	1998	12	3 855	2 772	958	911	598	225
	1999	12	3 730	2 601	890	925	595	191
环境保护	1998	18	1 223	1 006	230	388	318	70
	1999	18	1 197	984	231	375	311	67
其他	1999	2	387	172	68	50	35	19

表8 分地区海洋科研机构、人员情况

地区	年份	机构数（个）	从业人员（人）	专业技术人员（人）	高级	中级	初级	其他
合计	1998	107	17 351	12 063	3 778	4 259	2 635	1 391
	1999	107	16 119	11 228	3 569	3 939	2 552	1 168
北京	1998	5	1 570	1 241	442	435	289	75
	1999	5	1 464	1 139	395	411	265	68
天津	1998	10	2 813	1 649	542	629	352	126
	1999	10	2 709	1 550	499	567	359	125
河北	1998	2	437	267	79	89	70	29
	1999	2	413	255	99	78	75	3
辽宁	1998	13	917	701	204	307	137	53
	1999	13	903	699	201	314	159	25
上海	1998	11	2 768	1 873	580	579	371	343
	1999	11	2 543	1 757	513	507	388	349
江苏	1998	8	1 675	1 153	375	282	201	295
	1999	8	1 294	1 016	356	256	185	219
浙江	1998	14	1 190	845	255	285	204	101
	1999	14	1 188	829	286	254	207	82
福建	1998	10	778	670	183	243	196	48
	1999	10	719	620	164	230	179	47
山东	1998	15	3 125	2 091	687	806	433	165
	1999	15	2 906	1 891	630	745	385	131
广东	1998	16	1 573	1 224	321	432	331	140
	1999	16	1 499	1 140	320	410	296	114
广西	1998	2	133	83	16	55	7	5
	1999	2	124	80	15	55	7	3
湖北	1998	1	372	266	94	117	44	11
	1999	1	357	252	91	112	47	2

（张玉祥）

产　业　篇

Marine Industries

海洋渔业
Marine Fishery

综　述
Summary

【概况】 1998～1999年，面临国内需求不旺、物价总体水平持续下降、经济增长速度放慢的宏观经济形势，沿海各地以党的十五大精神为指导，继续全面贯彻落实《国务院批转农业部关于进一步加快渔业发展意见的通知》，明确发展思路，因地制宜地制定了一系列海洋渔业发展规划及政策措施，海洋渔业仍得到持续稳定的发展，海水产品产量稳步增长但速度放慢，产业结构和品种结构进一步趋于合理，水产品市场供求平稳，市场价格稳中有降，海水产品进出口贸易呈现恢复性增长，两年间全国海洋渔业生产仍保持良好的发展态势。

【主要统计指标及增减情况】 据对全国11个省、市、自治区、直辖市和中国水产总公司的统计年报汇总，并与国家统计局核对一致，1998年中国海水产品总产量为2 356.72万t (此数减去104.12万t海藻类后的2 252.60万t可与FAO接轨)。其中海洋捕捞1 496.68万t，增加111.3万t，增长8.03%；海水养殖860.04万t，增加69万t，增长8.72%。

1998年海洋捕捞产量中，远洋渔业产量为91.31万t，比上年减少1 2.39万t，下降11.95%。其中：中国水产总公司远洋产量为27.41万t，占远洋总产量的30.02%。

1998年全国海水养殖面积100.441万hm^2，增加6.648万hm^2，增长7.09%。

按1990年不变价格计算，1998年全社会海洋渔业总产值为820.13亿元，按现行价格计算，全社会海洋渔业总产值为1 178.91亿元。

1999年全国水产品总产量为 2471.92万t（此数减去117.28万t海藻类后可与FAO接轨），其中海洋捕捞1 497.62万t，增加0.95万t，增长0.06%；海水养殖974.30万t，增加114万t，增长13.29%。

1999年全国海水产品产量2 471.92万t，占全国总产量的59.96%；海洋捕捞产量中，远洋渔业产量为89.91万t，比上年减少1.4万t，下降1.53%。其中：中国水产总公司远洋产量为18.3万t，占远洋总产量的20.35%。

1999年全国海水养殖面积109.495万hm^2，增加9.054万hm^2，增长9.01%；按1990年不变价格计算，1999年全社会海水产品总产值831.13亿元，按现行价格计算，全社会海水产品总产值1 269.21亿元。1999年全国海洋群众渔业人口513.77万人，渔业劳动力229.52万人，渔业村3 978个，渔业乡327个。

【全国海洋渔业发展总体形势分析】 1998年、1999年中国海洋渔业经济发展呈现以下主要特点：

（1）生产总量稳定增长，结构有所优化,渔业基础设施和保障体系的投资力度明显加大，国内海水产品市场基本平稳。海水养殖业仍是各地渔业发展的重点，全国海水养殖产量稳中有升。各地通过加大科技推广力度，使水产养殖的科技含量不断提高，海水养殖单产不断增长。生产结构和品种结构进一步趋向合理。

养殖生产逐步从外延向内涵发展转化。苗种生产体系、病害防治体系及其他各项配套措施不断完善。名特优新水产养殖发展加快。水产养殖业结构日趋合理。

（2）海洋捕捞结构实施战略性调整，海洋捕捞“零增长”计划顺利实施。从1998年起农业部针对多年来海洋渔业资源日渐衰退、捕捞强度居高不下的局面，经慎重考虑首次提出了1999年海洋捕捞计划产量实行“零增长”的目标。沿海各省（区、市）各级政府和渔业行政主管部门对此非常重视，根据这一目标，并结合当地实际情况及时制定了相关的保证措施，1999年海洋捕捞产量较1998年仅增加0.95万t，增长0.06%，基本实现“零增长”目标，一些省（市）甚至出现了负增长的良好局面。许多省（市、自治区）还通过伏季休渔压缩了破坏资源严重的拖网作业，发展小型的流刺网和钓业，使捕捞作业结构的调整取得了一定的进展。统计数字显示，1999年拖网作业产量明显减少，而钓业、小型流刺网作业产量有一定的提高。另外，在控制新增捕捞渔船的基础上，压缩现有的作业渔船取得一定的进展，1999年海洋机动渔船比1998年减少3 224艘。

（3）适应市场需求变化，海水养殖业结构调整力度有所加大。沿海各地坚持把发展养殖业作为调整农村、渔区产业结构、振兴地方经济、增加农民收入的重要产业来抓。从统计数据看，1999年全国海水养殖面积109.495万hm^2，增加9.054万hm^2，增长9.01%。海水养殖产量比上年增长13.29%，继续保持较高的发展势头。同时以市场为导向、效益为中心，加快发展优质高效水产养殖已悄然成风，正逐渐成为水产养殖业的发展主流，名特优新水产品的养殖面积和产量都有了很大的提高，养殖业结构已开始由规模产量型向质量效益型转变。从单产水平看，海水养殖鱼类平均单产由4 509kg/hm^2提高到4 796kg/hm^2，增加287 kg/hm^2；对虾、海带、紫菜等单产水平均有不同程度的提高。

（4）远洋渔业效益忧喜参半，产业结构调整提上日程。在“积极开拓，强化管理，综合配套，提高素质”方针指引下，中国远洋渔业共派出1 652艘渔船，涉足太平洋、印度洋、大西洋公海及34个国家和地区，年产量89.91万t，比上年下降1.55%。由于国内需求下降以及国际市场波动的影响，大宗水产品价格普遍下降，远洋渔业拖网生产的经济效益普遍下降，但从事冰鲜和超低温金枪鱼钓作业和鱿鱼钓生产的企业仍取得了较好的经济效益。针对目前中国远洋渔业产业结构中过洋性渔业比例偏重、大洋性渔业严重不足的特点，再加上沿岸国日渐苛刻的入渔条件，各远洋渔业企业已把调整远洋渔业产业结构、大力发展大洋性渔业提上议事日程并加快了实施步伐。

（5）水产品质量监测力度加大，质量意识有所提高，水产品加工业结构有所改善。水产品标准和质量监督是新时期渔业行政管理的重要内容。1999年，经国家质量技术监督局批准，成立了水产品质量认证中心，对一些产品进行了全国性的质量抽查。1999中国国际农业博览会认定了部分海洋渔业名牌产品。同时，中国海水产品加工业的产业结构正在逐步发生变化，开始由过去初加工、粗加工向精深加工方向发展，产业素质和加工产品的质量有了很大的改善，产品的附加值也有了很大提高。如1999年水产医药品产量达3.75万t，较上年增加2.87 万t，增长408%。

（6）资源环境保护工作力度加大，伏季休渔效果明显。为了加大对近海渔业资源的保护力度，配合“零增长”目标，1999年出台了两项休渔新举措，一是将黄海休渔期延长半个月，二是在南海海域首次实行伏季休渔，使中国沿海全面实行了伏季休渔制度。在各级政府和渔业主管部门的重视和努力下，伏季休渔取得了很大的成绩。据统计，1999年3个海区共休渔船90 233艘。上百万渔民上岸休息、培训、旅游，基本达到了“船进港，网入库，人上岸，证集中”的既定目标。

1999年伏休工作实施顺利，效果明显。从生态效益来看，一是产卵群体得到有效保护，为幼鱼发生量的增加奠定了基础；二是严格限制对幼鱼资源具有严重破坏力的渔具、渔法的使用，改善了渔场环境，养护了幼鱼群体。从经济效益来看，一是伏休后渔获质量与渔获数量大大提高，捕捞产值大幅度增长；二是降低了生产成本，提高了经济效益。从社会效益来看，一方面广大渔民通过伏休受到了教育，传统的捕鱼观念正在发生变化，法制观念明显增强；另一方面由于伏休的实施，拖网捕捞能力有一定的分流，捕捞作业结构有所调整。另外，通过全方位大规模的休渔活动，锻炼了广大渔业行政执法队伍，提高了渔政管理水平。同时广大渔政、港监、船检干部充分利用渔民休渔在家的空闲时间，组织各种法律法规和技术宣传服务，提高了渔民的素质。

（7）国际渔业合作与交流不断深入，水产品对外贸易量取得恢复性增长。为了维护国家主权和渔业权益，尽可能减轻专属经济区制度的实施给中国海洋渔业造成的负面影响，农业部渔业局协同有关部门做了大量工作。在中日、中韩渔业协定生效谈判中，积极维护国家主权和渔业权益，采取较为灵活的方式，争取谈判的主动权，为协定的顺利实施创造了条件。在正确处理双边渔业关系的同时，该局还积极参与多边渔业合作与竞争，维护和争取中国的渔业权益，发挥我在多边渔业管理机制中的作用，为广泛开展国际渔业合作、发展对外渔业关系奠定了基础。

【存在的主要问题】 （1）渔业经济效益普遍下降。从1998年以来，为了刺激需求、拉动经济，国家采取了一系列综合措施，进一步加大实施积极财政政策的力度，并配合使用更为灵活的货币政策，同时辅以价格、税收等经济杠杆加以调节。但全面启动国民经济需要一个过程，需求不旺、物价总水平持续下降的局面仍未得到根本扭转；加之渔业资源状况不好，柴油价格持续攀升，使得渔业经济效益普遍下滑，渔民增收难度大。

（2）渔业产业结构不适应当前渔业发展形势，有待于进一步优化。随着产业发展和市场经济体制的逐步建立，目前的渔业产业结构日益显露出对当前渔业形势的不适应性，在相当程度上制约了渔业现代化进程。从具体表现看，产业结构畸重畸轻，水产养殖品种结构不合理，调整迟缓，不适应国内外市场的需求变化；海洋捕捞强度始终降不下来，而且对资源影响最大的底层拖网作业比重较大；远洋渔业作业结构单一，大洋性渔业开发亟待加强；加工、流通和相关产业发展相对滞后，粗加工产品多，精深加工和高附加值产品发展不够。

（3）新海洋制度的实施，使得海洋渔业面临严峻的形势。随着《联合国海洋法公约》的生效，200n mil专属经济区制度在全世界范围内广泛实施，海洋渔业资源争夺越来越激烈。目前，中日、中韩渔业协定将要生效，中越北部湾海域划界2000年底也将完成，由此中国海洋渔业的作业渔场将明显减少；加之有关国家加紧对公海渔业资源的争夺，远详渔业入渔条件越来越苛刻，远洋渔业的发展空间受到很大限制，中国海洋渔业将面临严峻的形势，大批渔船将从原作业渔场撤出，渔民将面临失业的危险，调整产业结构、转产转业的难度大。

（4）渔业水域环境恶化和资源衰退的局面未得到根本扭转。长期以来渔业高速发展积累的环境问题，以及时有发生的污染渔业水域事故，严重制约了渔业健康持续发展；捕捞强度过大。“三无”渔船逐年增加，电、毒、炸鱼禁而不止，当前恢复渔业资源还缺乏治本之策。

（5）渔业执法管理体制不顺，渔业资源开发与保护的矛盾日益突出。渔业执法机构的性质与职能不适应，基层渔政人员未纳入公务员序列，经费未纳入同级财政预算，影响了渔业行政执法的公正和效能；渔业执法体制多头、分散、上下不统一，与渔业资源的共有性和管理的统一性不适应，造成一些地区地方保护主义严重，渔业资源开发和保护的矛盾日益突出。为此，农业部专门下发了《关于加强渔业统一综合执法工作的通知》，以指导地方渔业行政执法体制改革，但最终改革结果还有待于地方机构改革的顺利完成，理顺渔政管理体制目标的最终实现还需时日。

海洋捕捞
Marine Fishing

【海洋捕捞发展情况】 1998～1999年期间，全国海洋捕捞业在大力保护渔业资源和努力实现中央提出的“双控”目标的基础上，平稳发展，渔业资源通过海区全面休渔得到一定程度的保护，渔业产值在产量“零增长”的基础上有所提高。1998年海洋捕捞产量较1997年提高8.03%，1999年实现产量“零增长”，维持在1998年的基础上，稳定了渔业资源。

主要特点如下：

（1）各地仍以调整近海作业，开发新资源、新渔场和发展远洋渔业为重点。捕捞重点四大海区，尤其是北方海区从捕捞底层鱼类为主向捕捞中上层为主转移，加大了中上层渔业资源的利用。主要捕捞品种有大小黄鱼、鲳鱼、带鱼、鲷鱼、沙丁鱼、鲱鱼、石斑鱼、对虾、鹰爪虾、梭子蟹、墨鱼等。带鱼产量保持120万t水平，小黄鱼达到24万t，对虾近7万t，鲳鱼33万t，墨鱼21万t，鹰爪虾40余万吨。

（2）全面实行休渔制度，加大了渔业资源的保护力度。针对渔业资源不断衰退、主要经济鱼类大量减少、海洋渔业效益下滑、渔船停产、渔民收入下降等严重问题和捕捞强度过度增长的严重状况，经国务院批准，农业部于1999年3月提出了在南海区也实行休渔的制度，并同时延长了黄海区的休渔时间，客观上减少了作业时间，对保护渔业资源起到了重要作用。

（3）从1999年开始在全国沿海渔区实行捕捞产量“零增长”的目标，进一步倡导对海洋渔业资源的保护。“零增长”计划的实施，使各地真正树立起保护渔业资源，保护生态环境，保持可持续发展的观念，摆脱了长期以来形成的“以产量论英雄”的思维模式。同时推动了法律、法规以及压缩捕捞强度、保护渔业资源措施的贯彻落实。通过各地的努力，1999年全国海洋捕捞产量较1998年仅增加了0.95万t，增长0.06%，基本实现了国家提出的“零增长”阶段目标，一些省市甚至出现了负增长的良好局面。

（4）全面实施“双控”目标。为全面保护渔业资源，渔业主管部门提出控制渔船数和功率数增加的重大措施，加大控制新增渔船数和压缩现有作业渔船数的力度，使海洋机动渔船数和参与捕捞作业船数有所减少。

（5）加大渔业管理力度，全面清理“三无”渔船。全面落实《关于“九五”期间控制海洋捕捞强度指标的实施意见》，组织渔政管理部门实施海洋捕捞许可制度情况检查；对新增、新造、进口渔船实行严格审批制度；对“三无”渔船和“沙滩船厂”进行全面清理；对生产有隐患的渔船、过期渔船严格进行报废制度等，对控制捕捞力无序增长也起到了重要作用。

（6）坚持优惠政策，鼓励发展远洋渔业，尤其是大洋性远洋渔业生产。为减少近海渔业资源的压力，国家鼓励有外海作业能力的企业发展远洋渔业生产。1998～1999年，经国家渔业主管部门批准，中国捕捞生产企业又有大批渔船参与到远洋渔业生产行列。国家除对自捕产品进入国内市场免除关税、进口增值税和相关税种外，对有关渔需物资也给予进口减免关税的优惠和国内渔需物资的价格优惠，促进了远洋渔业的发展。

（7）加强渔业法制建设和渔政管理队伍建设。为保护海洋渔业资源，中国各级渔业主管部门出台了各类有关控制捕捞强度增加、保护渔业资源的法律法规。不仅国家出台了有关休渔、产量“零增长”、控制渔船增长、加强渔政管理的有关法律法规和措施，相关沿海省市也颁布了措施更具体的法律法规，全面规范渔业生产行为。为确保渔业法规的贯彻落实，渔业主管部门提出了加强队伍建设和统一执法的具体措施，保障渔业执法统一协调，手段先进，有章可循，有法可依。

由于海洋捕捞业在长期发展中受资源变动无常、注重近期为主观念的困扰，资源利用长期建立在过度开发利用和粗放经营基础之上，相当程度上已对资源尤其是近海渔业生物资源造成破坏。由于控制捕捞强度难度大，过度捕捞开发状况依然严重，要减缓原本负荷过大的近海渔业资源的压力，使传统品种资源得到恢复尚需时日。而随着《联合国海洋法公约》的生效，中国海洋渔业的作业渔场将明显减少，从2000年起，将有3.2万艘渔船从对马、济州岛、大小黑山岛渔场撤出，每年减产160余万吨优质鱼，占全国海洋捕捞产量的10%以上，直接经济损失80余亿元。随着中越渔业协定的生效，损失进一步加大。加之各国家加紧对公海渔业资源的争夺，远洋渔业入渔条件越来越苛刻，远洋渔业的发展空间受到很大限制。中国海洋渔业将面临严峻的形势，大批渔民将面临失业的危险，调整产业结构、转产转业的难度逐渐增大，捕捞生产涉外事件和纠纷将逐渐增加，若处理不好将可能引发严重的涉外问题，影响中国对外关系。

因此，今后海洋捕捞生产总体思路是打好保护渔业资源的持久战。在具体措施上进一步加强增殖放流工作；加强渔政管理；进一步做好压缩捕捞生产能力的工作；全面实施生产许可；严厉打击“三无”渔船的生产与制造；实行配额管理；依法制渔；进一步发展远洋渔业。惟有实施好上述措施，海洋捕捞业才有可能实现持续发展。

海水养殖
Marine Mariculture

【海水养殖发展情况】 1998～1999年期间，沿海水产养殖企业，认真落实《国务院批转农业部关于进一步加快渔业发展意见的通知》，加快改革开放步伐，坚持“加速发展养殖，养护和合理利用近海渔业资源，积极扩大远洋渔业，狠抓加工流通，强化法制管理”的渔业发展方针。按“九五”时期确立的“以养为主，养捕加副并举，一二三产业协调发展”的总体思路，积极培育海水养殖新的经济增长点，在促进海洋渔业经济持续、快速、健康发展，丰富城乡居民“菜篮子”，增加农渔民收入等方面做出了贡献。主要特点是：

（1）养殖面积持续增加。1998年比1997年增加6.65万hm^2，1999年又比1998年增长13.29%，继续保持较高的发展势头，对水产养殖业投资的资金相应增加。

（2）大力发展名优品种养殖，促进养殖结构调整再上新台阶。到1999年底，全国海水名特优产品养殖比例较1998年又有进一步的提高，部分经济发达沿海养殖区，其产值占总产值比例25%以上，全国的优质水产品育苗量、投苗量比例达到20%，以市场为导向，以效益为中心，加快发展优质高效水产品已悄然成风，增加了鲍鱼、牙鲆、海参、对虾、优质贝类、鲷鱼、河鲀、美国红鱼、南美白对虾、黄鱼等数十种名优水产品养殖比例，对虾产量已恢复到15万t左右。

（3）养殖方式由过去的海域粗养一人工投饲向工厂化、设施化方向发展，提高了养殖的集约化程度。

（4）由于养殖技术水平的提高，养殖单产水平也有较大幅度的增加，到1999年全国海水养殖鱼类的单产由1998年的4 509kg/hm^2提高到4 796kg/hm^2。对虾、海带、紫菜的单产水平也均有不同程度的提高。

（5）区域发展中，南方沿海各省加大了发展海水养殖的力度。中国南方沿海各省在国家“九五”渔业发展方针的指导下，1998～1999年间利用区位优势和自然优势大力发展海水养殖业，大力发展贝类养殖和虾蟹类养殖。1998年广东省和海南省的养殖产值分别达到67.54亿元和9.2亿元，其他南方沿海省市也加快了相应的发展速度，显示出较大的发展潜力和生产、市场空间。

随着海水养殖规模不断扩大和养殖业结构调整幅度的增加，养殖生产中存在的问题也显露出来，有些问题对产业发展有相当的负面影响。主要问题是：

（1）水域环境污染日趋严重，对养殖生产的稳定和效益提高的不利影响程度不断增加，其污染源既有工农业生产、城乡生活污染源，也有部分养殖企业盲目扩大养殖规模，造成养殖病害频繁发生，经济损失惨重。

（2）基础设施和技术装备薄弱，社会化服务组织和支撑体系建设相对滞后，满足不了生产对新品种养殖中苗种、病害、生产管理技术、产品加工与销售中的技术与管理要求，劳动生产率水平低。

（3）从业人员技术素质不高，生产者组织化程度较低，不适应社会化大生产的需求，市场竞争能力和抗风险能力较差。

因此，要保证海水养殖生产持续稳定发展，除生产者要依靠科学技术，以市场为导向，以效益为中心，向管理要效益外，渔业行政管理工作要实现以下方面的转变：一是发展观念上要由注重由数量的扩张向提高质量求发展转变；二是工作重点要从抓产中管理与服务向主要抓产前、产后管理与服务转变；三是要确立可持续发展观念。

为保证海水养殖业的持续发展，今后全国海水养殖工作要在鼓励广大养殖企业和农渔民以市场为导向，加快科技进步，提高管理水平，促进持续发展的基础上，转变行政管理部门的职能，加强行业管理，

主要措施如下：

（1）加快海水养殖业的法制建设，依法保障海水养殖业实现可持续发展。

（2）加快海水养殖业种苗和病害防治等支撑体系建设，加强水产种苗质量监督管理。

（3）优化产业结构，合理有序地进行品种结构和区域布局结构调整。

（4）积极引导和推进海水养殖业产业化、现代化建设。

水产品加工

Processing of Aquatic Products

【海洋水产品加工业发展情况】 水产品加工和综合利用是渔业生产活动的延续，随着养殖与加工的发展壮大而逐渐兴旺发达。1998～1999年间，在养殖与捕捞业持续、稳定发展的基础上海洋水产品加工得到相应的发展，进而巩固了作为中国水产业三大支柱产业的地位并发展成为一个包括渔业制冷和冷冻品、干制品、鱼糜及其制品、罐头、熟食品、腌熏品、鱼粉、鱼油、藻类食品、医药化工和保健品等系列产品的加工体系。

到1999年，全国水产品加工企业达到近6 443家，冷库4 300座以上，水产加工品年加工能力不断提高，日冻结能力在10万t以上，冷藏能力近130万t/次，制冰能力20万t/d。水产品加工产值374亿元以上（按1990年不变价计算），占渔业总产值20%以上。尽管近年来，中国加大了淡水产品的加工力度，如鳗鱼、罗非鱼、河蟹等，但由海洋水产品所创造的价值仍占80%以上。以海水产品的鱼虾蟹贝为主，加工后的水产品品质优良，身价增值数倍，因此有价格优势，绝大部分产品有质量优势。国内生产的部分加工机械也有技术优势，加之服务质量较好，受到发展中国家的好评。在1998～1999年两年间，各地把水产品加工从过去抓大宗产品加工转移到培植开发名牌产品、扶持加工龙头企业、抓产品质量、产品增值上来，水产品加工成绩斐然。全国水产加工品总量到1999年达到1 127万t，精深加工也得到较快发展。通过水产品加工向系列化、多样化和高附加值方向发展，进一步拉长了渔业产业链，实现水产品的二次、三次加工增值。

目前国内海水产品加工企业有数千家，技术水平在不断提高，品种繁多，部分产品已达到或接近国际水平。海水产品加工业在保鲜、冷藏品生产方面和冷冻腌盐渍品生产方面，生产规模具有一定的优势。海水加工品随着城乡居民消费水平的不断提高而逐渐成为食物消费中的重要食品，水产品精深加工水平也有了明显提高。多样化、高质量的包装精美、营养丰富、食用方便的水产加工品已大量问市。

目前中国海水产品加工业存在的问题是：①水产品加工能力饱和度高，养、捕品种和生产数量难以满足加工生产能力需求，许多企业开工不足，生产运行困难，经济效益难以保障。②重大技术与装备制造技术改造水平较低。国内水产品加工重大机械生产技术未能很好掌握，能形成规模化生产的产品，如鱼糜制品、烤鳗、紫菜等的生产线绝大多数是进口的，重要加工产品的关键生产技术和设备制造技术掌握在发达国家企业手中。③国内海水产品加工企业在一定程度上存在小、散、多、乱的状况，龙头企业有待增加和发展，其他企业有待重组和普遍提高技术与经营管理水平。

因此，为促进海洋渔业经济的发展，必须继续实施大力发展海洋水产品加工业的重点战略，抓好水产品质量体系建设，提高水产品加工综合利用水平。

海水产品加工综合利用目前仍是渔业行业中的薄弱环节之一，要使海洋水产品加工业持续、健康地发展，其首要任务是提高水产品加工水平和产品质量，调整加工发展思路，从抓现有大宗产品加工转向抓出口产品加工，调整养殖品种，重点发展鱼类产品、虾类适合欧美市场的消费品种。采用先进加工技术和加工方式，改变产品形态，增加产品附加值，对外增加出口，对内满足各消费层次的需要。应注重抓好水产品质量标准的制定，加大监督实施的力度，依靠监督和市场机制，优胜劣汰，提高水产品加工行业的管理水平。

（1）积极开展水产品综合加工。以适合出口产品的精加工、深加工和综合利用为重点，采用先进加工技术和加工工艺，改变产品形态，增加产品附加值，开拓国际、国内消费市场。改变过去传统的盐干鱼、冻鱼为主的粗加工，转向多层次、多品种、方便化、速食化的小包装冻品、制品和调理食品为主。要提高加工企业的规模化、现代化水平，创立名牌、改变企业形象，提高生产效率和加工质量，提高加工企业的经济效益和综合效益。

（2）搞好水产品生产和加工质量监督。为适应水产品出口和食用者健康的需要，要督促引导水产加工企业采用以危害分析与关键控制点（HACCP）为核心的科学质量管理规范，加强生产全过程的质量控制和管理，提高加工品的质量卫生水平；抓好水产品生产过程的环境水质监测，抓好贝类产品加工及净化工作，在贝类主产区和贝类重点出口地区进行贝类质检中心和贝类净化厂的建设，尽快建立全国性贝类净化和质检网络，为开拓国际水产品市场和食用安全创造条件。

（3）组织开展水产品的质量认证工作，建立健全海水加工产品的质量标准体系建设。

渔业科技成果
Achievement in Fishery Science and Technology

【渔业科技获奖情况】 1998～1999年，农业部科研成果获奖情况见附录1表2。除此之外，另有乌蛤苗种培育和养殖技术的研究（山东省海水养殖研究所）、巨藻筏式养殖技术的研究（中国水产科学研究院黄海水产研究所）、中国对虾对几种主要离子适应性生理学研究及内陆咸水水域养殖试验（东海水产研究所）、北部湾渔业资源调查（南海水产研究所）、渔轮导流管及螺旋桨防腐研究（辽宁省大连海洋渔业集团公司）、苏北沿海蟹苗种类组成及其资源管理的研究（江苏省如东县水产局）、渔业技术经济学研究（中国水产科学研究院渔业经济研究所）、东海区鲐（鲹）鱼类资源数量变动的研究（东海水产研究所）、近海牡蛎作为海洋重金属污染监测生物的研究（南海水产研究所）、对虾病原弧菌快速检测和种类鉴别的分子生物学技术研究（黄海水产研究所、青岛海洋大学）等获得农业部科技进步三等奖。

1998年统计资料

表1 1998年全国海洋渔业基本情况 单位：t

地 区	总产量	海水产品小计	海洋捕捞	海水养殖
全国总计	39 066 548	23 567 168	14 966 765	8 600 403
天 津	213 767	32 872	29 647	3 225
河 北	693 317	384 917	302 190	82 727
辽 宁	3 127 064	2 814 118	1 606 107	1 208 011
上 海	268 150	122 055	120 773	1 282
江 苏	2 820 337	882 105	707 796	174 309
浙 江	4 227 337	3 727 998	3 263 063	464 935
福 建	4 759 204	4 255 187	2 054 553	2 200 634
山 东	6 505 106	5 665 247	3 325 599	2 339 648
广 东	5 542 770	3 462 032	1 954 500	1 507 532
广 西	2 175 194	1 461 470	887 829	573 641
海 南	597 676	485 037	440 578	44 459
中水总公司	274 130	274 130	274 130	

表2 1998年全国海水产品增减情况表 单位：t

指　　标	1998年	1997年	1998年比1997年增、减（一）产量	增减幅度（%）
水产品总产量	39 066 548	36 017 759	3 048 789	8.46
海水产品	23 567 168	21 764 233	1 802 935	8.28
海洋捕捞	14 966 765	13 853 804	1 112 961	8.03
海水养殖	8 600 403	7 910 429	689 974	8.72
国有海水产品量	1 171 006	1 555 725	−384 719	−24.73
海洋捕捞	940 589	1 308 977	−368 388	−28.14
海水养殖	230 417	246 748	−16 331	−6.62
海水产品中：鱼类	10 559 707	9 642 367	917 340	9.51
虾蟹类	2 585 944	2 256 240	329 704	14.61
贝　类	8 704 574	8 241 826	462 748	5.61
藻　类	1 041 224	979 792	61 432	6.27
其　他	675 719	644 008	31 711	4.92

表3 1998年沿海各省、市、自治区海洋捕捞产量（按海域、海区分） 单位：t

地区	海洋捕捞产量合计	按捕捞海域分					按内外海分	
		1. 渤海	2. 黄海	3. 东海	4. 南海	其他海域	1. 内海	2. 外海
全国总计	14 966 765	1 618 361	3 425 452	5 538 147	3 437 447	947 358	10 337 883	4 628 882
天津	29 647	23 572				6 075	23 617	6 030
河北	302 190	267 935	30 011	43		4 201	296 946	5 244
辽宁	1 606 107	715 632	615 081	71 924		203 470	1 267 326	338 781
上海	120 773		17 058	45 161		58 554	76 245	44 528
江苏	707 796	4 232	544 524	154 038		5 002	532 204	175 592
浙江	3 263 063			3 105 367		157 696	1 016 532	2 246 531
福建	2 054 553			1 808 576	198 773	47 204	1 360 000	694 553
山东	3 325 599	606 990	2 218 778	353 038	2 250	144 543	2 656 366	669 233
广东	1 954 500				1 908 569	45 931	1 908 569	45 931
广西	887 829				887 329	500	861 209	26 620
海南	440 578				440 526	52	338 869	101 709
中水总公司	274 130					274 130		274 130

表4 1998年沿海各省、市、自治区海洋捕捞产量（按海域、捕捞渔具分） 单位：t

地区	按捕捞渔具分						按捕捞产品 栖息水层分	
	1. 拖网	2. 围网	3. 小型流刺网	4.定置网	5. 钓业	6. 其他	1. 中上层	2. 中下层
全国总计	7 611 767	771 191	1 979 332	2 682 613	424 152	1 497 710	7 181 223	7 785 542
天津	7 848	5	12 032	2 052	4 830	2 880	12 923	16 724
河北	34 849	1 256	143 661	58 011	1 505	62 908	115 641	186 549
辽宁	577 623	5 810	389 147	324 331	54 255	254 941	762 764	843 343
上海	82 894	18 732		2 194	14 027	2 926	89 700	31 073
江苏	158 470	17 868	106 553	336 429	159	88 317	358 525	349 271
浙江	2 089 464	91 481	161 159	728 029	74 939	117 991	466 800	2 796 263
福建	899 912	157 681	217 124	579 686	29 058	171 092	871 392	1 183 161
山东	2 034 925	36 737	347 099	519 942	41 206	345 690	1 677 312	1 648 287
广东	1 146 559	195 701	376 155	40 171	110 284	85 630	1 954 500	
广西	512 600	192 426	40 726	56 941	31 344	53 792	386 462	501 367
海南	66 623	53 494	185 676	34 827	62 545	37 413	211 074	229 504
中水总公司						274 130	274 130	

表5 1998年海洋渔业总产值 单位：万元

指标	按1990年不变价格计算	按现行价格计算
全社会渔业总产值	16 171 053 .09	25 149 078.94
其中：海水产品产值	8 201 277.97	11 789 071.65

表6 1998年各省、市、自治区国有海水产品产量 单位：t

地区	总产量	海水产品		
		小计	海洋捕捞	海水养殖
全国总计	2 282 844	1 171 006	940 589	230 417
天津	12 541	6 162	6 030	132
河北	91 739	24 093	4 678	19 415
辽宁	275 935	261 604	199 427	62 177
上海	45 141	31 575	31 575	
江苏	84 414	40 111	33 029	7 082
浙江	193 821	165 143	163 308	1 835
福建	31 380	13 022	6 414	6 608
山东	323 663	277 179	162 562	114 617
广东	81 589	49 425	37 376	12 049
广西	49 866	22 361	17 215	5 146
海南	9 922	6 201	4 845	1 356
中水总公司	274 130	274 130	274 130	

表7 1998年沿海各省、市、自治区海洋渔业灾害情况表

地区	沉船（艘）	冲毁养殖池（hm^2）	损失水产品数量（t）	直接经济损失（万元）	死亡人数（人）	失踪人数（人）	重伤人数（人）
全国总计	458	2 401	314 368	220 087	551	137	199
天津	4	35	230	1 385	4		
河北	20		4 996	3 895	44	8	30
辽宁	44		152 535	31 795	37	24	12
上海		5	8	62	2		1
江苏	20	4	545	1 488	54	22	10
浙江	125	125	638	4 541	178	28	44
福建	79	235	24 362	8 091	94	20	14
山东	55	184	97 597	154 019	62	26	55
广东	96	1 619	32 968	13 750	52	7	7
海南	15	194	489	1 061	24	2	26

1999年统计资料

表8 1999年全国海洋渔业基本情况 单位：t

地区	总产量	其中：海水产品小计	海洋捕捞	海水养殖
全国总计	41 224 312	24 719 208	14 976 223	9 742 985
天津	230 317	37 466	34 055	3 411
河北	759 565	423 429	328 323	95 106
辽宁	3 338 326	2 968 464	1 576 911	1 391 553
上海	276 691	122 845	122 011	834
江苏	2 968 153	902 563	683 172	219 391
浙江	4 427 333	3 894 092	3 312 393	581 699
福建	5 023 205	4 485 404	2 066 455	2 418 949
山东	6 950 476	6 023 034	3 325 182	2 697 852
广东	5 759 456	3 553 690	1 945 157	1 608 533
广西	2 309 345	1 554 260	888 557	665 703
海南	707 119	570 962	511 008	59 954
中水总公司	18 299	18 299	18 299	

表9　1999年全国水产品产量增减情况　　单位：t

指　标	1999年	1998年	1999年比1998年增(+)减(-)产量	增减幅度(%)
水产品总产量	41 224 312	39 066 548	2 157 764	5.52
海水产品	24 719 208	23 567 168	1 152 040	4.89
海洋捕捞	14 976 223	14 966 765	9 458	0.06
海水养殖	9 742 985	8 600 403	1 142 582	13.29
总产量中：国有总产量	2 119 767	2 282 844	−163 077	−7.14
海水产品	979 967	1 171 006	−191 039	−16.31
海洋捕捞	725 936	940 589	−214 653	−22.82
海水养殖	254 031	230 417	23 614	10.25
海水产品中：鱼类	10 581 126	10 559 707	21 419	0.20
虾蟹类	2 770 805	2 585 944	184 861	7.15
贝　类	9 590 849	8 704 574	886 275	10.18
藻　类	1 194 393	1 041 224	153 169	14.71
其　他	582 035	675 791	−93 684	−13.86

表10　1999年沿海各省、市、自治区海洋捕捞产量（按海域分）　　单位：t

地　区	海洋捕捞产量合计	按捕捞海域分					按内外海分	
		1.渤海	2.黄海	3.东海	4.南海	其他海域	1.内海	2.外海
全国总计	14 976 223	1 624 517	3 477 667	5 455 929	3 459 653	958 457	9 751 792	5 224 431
天　津	34 055	21 282	115	—	—	12 658	22 104	11 951
河　北	328 323	282 356	41 215	—	—	4 752	320 771	7 552
辽　宁	1 576 911	669 654	626 327	59 439	—	221 491	1 255 666	321 245
上　海	122 011	—	22 036	40 803	—	59 172	62 839	59 172
江　苏	683 172	16 460	516 264	130 443	—	20 005	491 817	191 355
浙　江	3 312 393	—	—	3 129 758	—	182 635	886 558	2 425 835
福　建	2 066 455	—	—	1 829 701	174 744	62 010	1 204 835	861 620
山　东	3 325 182	634 765	2 271 710	265 785	—	152 922	2 714 223	610 959
广　东	1 945 157	—	—	—	1 885 442	59 715	1 517 222	427 935
广　西	888 557	—	—	—	888 557	—	865 581	22 976
海　南	511 008	—	—	—	510 910	98	410 176	100 832
中水总公司	182 999	—	—	—	—	182 999	—	182 999

表11 1999 年沿海各省、市、自治区海水养殖面积（按水面类型分） 单位：hm^2

地区	海水养殖面积合计	1.浅海养殖	2.港湾养殖	3.滩涂养殖
全国总计	1 094 946	263 328	201 291	630 327
天津	4 302	—	—	4 302
河北	59 891	7 080	3 694	49 117
辽宁	229 489	107 494	39 201	82 794
上海	705	—	—	705
江苏	115 167	—	—	115 167
浙江	87 512	9 372	21 719	56 421
福建	122 034	44 817	18 827	58 390
山东	224 090	78 135	26 770	119 185
广东	180 089	873	84 103	95 113
广西	58 597	14 923	3 720	39 954
海南	13 070	634	3 257	9 179

表12 1999 年沿海各省、市、自治区海水养殖产量（按水面类型分） 单位：t

地区	海水养殖产量合计	1.浅海养殖	2.港湾养殖	3.滩涂养殖
全国总计	9 742 985	4 419 357	665 223	4 658 405
天津	3 411	—	—	3 411
河北	95 106	34 608	966	59 532
辽宁	1 391 553	931 713	76 067	383 773
上海	834	—	—	834
江苏	219 391	—	—	219 391
浙江	581 699	118 128	87 343	376 228
福建	2 418 949	1 488 640	54 279	876 030
山东	2 697 852	1 564 310	92 269	1 041 273
广东	1 608 533	16 898	279 341	1 312 294
广西	665 703	262 402	53 060	350 241

表13 1999年沿海各省、市、自治区海水养殖单产水平（按水面类型分） 单位：kg/hm^2

地区	海水养殖总水平	1.浅海养殖	2.港湾养殖	3.滩涂养殖
全国总计	8 898	16 783	3 305	7 390
天津	793	—	—	793
河北	1 588	4 888	262	1 212
辽宁	6 064	8 668	1 940	4 635
上海	1 183	—	—	1 183
江苏	1 905	—	—	1 905
浙江	6 647	12 604	4 022	6 668
福建	19 822	33 216	2 883	15 003
山东	12 039	20 021	3 447	8 737
广东	8 932	19 356	3 321	13 797
广西	11 361	17 584	14 263	8 766
海南	4 587	4 192	6 723	3 856

表14 1999年沿海各省、市、自治区海水养殖单产水平（按养殖种类分） 单位：kg/hm²

地区	总水平	1.鱼类平均	2.虾蟹类平均	3.贝类平均	4.藻类平均
全国总计	8 898	4 796	1 121	11 151	21 454
天津	793	463	1 061	—	—
河北	1 588	3 183	620	2 016	—
辽宁	6 064	6 973	351	6 256	40 312
上海	1 183	—	1 183	—	—
江苏	1 905	3 666	879	2 067	1 307
浙江	6 647	4 147	1 288	9 213	3 789
福建	19 822	7 848	1 605	25 640	19 900
山东	12 039	4 666	519	15 751	32 217
广东	8 932	4 286	1 938	13 797	19 356
广西	11 361	7 916	2 979	14 135	14 135
海南	4 587	5 959	2 493	10 281	7 772

表15 1999年沿海各省、市、自治区海洋渔业总产值 单位：万元

地区	按1990年不变价格计算		按现行价格计算	
	全社会渔业总产量	海水产品产值	全社会渔业总产量	海水产品产量
全国总计	16 174 087.13	8 311 344.21	25 238 191.21	12 692 063.85
天津	122 738.00	30 059.00	181 568.00	54 391.00
河北	341 277.00	183 377.00	490 277.00	286 062.00
辽宁	1 334 852.00	1 038 962.00	1 647 379.00	1 211 866.00
上海	159 069.00	57 709.00	317 134.00	100 689.00
江苏	1 703 169.00	509 264.00	3 022 177.00	828 835.00
浙江	1 639 959.00	1 307 827.00	2 636 145.73	2 046 563.77
福建	1 803 007.00	3 360 163.00	3 034 830.00	2 240 597.00
山东	2 536 100.00	2 116 300.00	3 302 000.00	2 708 600.00
广东	2 065 324.80	956 626.63	3 690 830.60	1 866 201.16
广西	799 645.52	494 459.94	1 496 158.95	911 388.61
海南	326 686.42	256 596.64	532 069.28	436 870.31

表16 1999年沿海各省、市、自治区海洋渔业灾害

地区	沉船(艘)	冲毁养殖池(hm^2)	损失水产品数量(t)	直接经济损失(万元)	死亡人数(人)	失踪人数(人)	重伤人数(人)
全国总计	848	9 119	381 285	175 718	596	170	243
天津	2		6	20			
河北	10		60	389	38	9	60
辽宁	51		165 702	33 935	61	38	26
上海	2				3	11	1
江苏	23	3	97	1 030	51	6	9
浙江	113	30	93	3 884	127	12	81
福建	475	6 868	160 496	93 499	131	17	20
山东	64	584	22 623	17 231	87	50	9
广东	81	1 385	30 529	21 236	47	16	21
广西	1		304	1 619			
海南	26	249	1 375	2 875	51	12	16

表17 1999年全国海洋渔业乡、村及群众（非国有）渔业人口与劳动力情况及增减情况

指标（单位）	1999年	1998年	1999年比1998年增(+)减(−)
一、渔业乡（个）	327	330	−3
二、渔业村（个）	3 978	4 133	−155
三、渔业户（户）	1 346 849	1 382 568	−35 719
四、渔业人口（人）	5 137 688	5 372 561	−234 873
五、渔业劳动力（人）	2 295 190	2 711 360	−416 170
(一)专业劳动力（人）	1 889 645	1 942 741	−53 096
1.捕捞专业劳动力（人）	1 125 282	1 185 079	−59 797
2.养殖专业劳动力（人）	513 965	488 706	25 259
3.后勤专业劳动力（人）	250 398	268 956	−18 558
(二)兼业劳动力（人）	405 545	768 619	−363 074

（刘大安）

海洋油气业
Marine Oil and Gas Industry

综 述
Summary

【中国海洋石油总公司综述】 中国海洋石油总公司（CNOOC）是经国务院批准于1982年2月15日成立的国家石油公司。国务院颁布的《中华人民共和国对外合作开采海洋石油资源条例》，授权中国海洋石油有限公司全面负责中华人民共和国对外合作开采海洋石油、天然气资源业务。总公司注册资本为200亿元，拥有员工2.1万人。公司总部设在北京，下属1家独立油气勘探生产公司，1家研究中心，8家专业技术服务公司和5家基地公司；海外有休斯敦、雅加达、东京、新加坡4个代表处。

截止1999年底，中国海洋石油总公司拥有资产总额380亿元，净资产240亿元。1999年中国海上生产原油1 617万t，天然气43.9亿方，全年实现利润27.5亿元。公司净资产报酬率为7.86%，销售利润率为31%。

1999年，面对风云变幻的国际石油市场，中国海洋石油总公司对公司在新世纪的发展进行了深刻思考和筹划。在这一年，启动了资本运营战略，在获国家批准后，开始运作油气资产境外上市，并以此为核心，拉动了一场深刻而广泛的企业重组。

重组后的企业从管理体制到运行机制都更加适应国际竞争的要求。尤为重要的是，中国海洋石油有限公司在香港注册成立，作为中国海洋石油总公司的全资子公司，承担在中国海域及国际其他地区的勘探、开发和销售业务。截止1999年底，该公司拥有净探明储量约1.8亿桶油当量，是世界上拥有净剩余可采储量最多的独立勘探开发公司之一。现在国际、国内正在生产的23个油气田已拥有权益，其中合作油气田16个，自营油气田7个，每天生产份额油21万桶油当量，桶油成本接近10美元，员工不足1 000人，极具国际竞争力。

有限公司现在正向中国的香港、上海、广东、天津和辽宁等沿海城市供应天然气。人类对清洁能源的需求增强是一种趋势，中国海洋石油总公司将充分发挥靠近中国沿海市场的优势加大天然气勘探开发力度，使中国海滨城市的天空更洁净。

有限公司目前已经在印度尼西亚、缅甸等国家拥有投资权益开发，今后还将继续稳步扩展海外业务。

1999年是勘探的丰收年，与菲利普斯公司合作发现的蓬莱19-3油田是中国近10年来的最大石油发现。同时在渤海湾和南海的其他4个商业性发现，将使中国海洋石油总公司的剩余可采储量大幅增加，大大加强公司发展的后劲。

中国海洋石油总公司下属的石油专业作业公司，能够提供海洋工程、海上钻井、物探、船舶、测井等系列专业服务，拥有钻井船13艘，物探船、地质调查船9艘，海上起重、铺管船5艘，三用工作船48艘，油轮6艘及其他作业设备。1999年，正在投资1亿余美元建成一条全旋转式起重能力达3 800 t的大型起重铺管船，其起重能力居中国同类船舶之首。

中国海洋石油总公司除为中国海域的勘探开发提供服务之外，还为国际其他海域提供作业服务，已先后在卡塔尔、韩国、俄罗斯、加拿大、巴西等国海域提供物探、钻井和船舶服务。

在科技支持方面，中国海洋石油总公司现在已具备了在复杂地质条件下寻找大中型油气田、按国际标准开发油气田的综合能力，并形成了具有中国海洋石油总公司特色的配套技术体系。中国海洋石油总公司目前还承担着国家“863”计划中4个海洋领域高科技项目的研究，并已取得重要成果。

中国海洋石油总公司的科研以研究中心为基础。这个中心具有勘探与开发的综合研究能力，对中国近海的地质研究具有较高水平，近几年中国海洋石油总公司的自营勘探成功率达50%以上，超过国际平均水平。探明储量达3亿 t的绥中36－1油田由于处于高纬度冰区，油稠，开发难度较大，其开发曾被国际石油公司认为是向21世纪新技术的挑战。中国海洋石油有限公司成功进行了这个油田的自营开发。

中国海洋石油总公司正在积极推动下游产业的发展。目前运行的有3个世界级下游项目。与壳牌公司合作的中海－壳牌石化项目的总投资40亿美元，中国海洋石油总公司投资占40%，该项目主要生产装置均具世界级规模。中国海洋石油总公司独资的海南化肥项目总投资达30亿元，规模居中国化肥厂之首；由中国海洋石油总公司控股的广东LNG项目总投资达50亿元，由于中国沿海市场的清洁能源需求强劲，项目前景良好。这3个项目按计划都将于2000年启动，2005

年建成。

成功的国际合作是中国海洋石油总公司迅速崛起并高效发展的重要原因。中国海洋石油总公司在国际合作中坚持"双赢"原则，1999年取得的国际合作的成果，有力地证明了中国海洋石油总公司的合作诚意。至1999年底，中国海洋石油总公司已经与18个国家和地区的69家石油公司签订了140个石油合同协议，累计直接利用外资近70亿美元。

目前中国海域油、气发现程度仅分别为18.5%和9.2%，有极大的发现潜力和合作空间。

按照规划，到2005年，中国海洋石油总公司综合实力要有大幅度提升。海上油田油气产量将超过4 000万t 油当量，比现在增长1倍。年利润要达到100亿元左右，比现在增长2倍以上。从现在已经获得的地质储量和已经全面展开的开发工程看，这个目标的实现基础非常坚实。

据专家预测，在21世纪前叶，中国石油供应将有一个逐步扩大的缺口，中国海上油气的产量增长将成为中国油气的主要增长因素。

不仅追求高速度，更追求高效益。较高的成长能力和确保效益的决策原则是中国海洋石油总公司真正的价值。　　　（中国海洋石油总公司供稿）

【中国石油化工集团公司综述】 中国石化集团公司海上勘探开发领域主要包括渤海湾山东省境内北部的浅海地区和东海海域。

胜利浅海地区油气概况　该地区位于渤海西南部、山东省北部沿海，西起四女寺河口，经套尔河口、老黄河口、新黄河口，小清河口，东至潍河口，海岸线全长414km，水深0～18m，勘探面积约4 870km^2（包括垦东凸起陆滩部分）。该地区的勘探始于1978年，1988年5月钻探埕北12井，发现了埕岛油田。截止1999年底，埕岛油田已发现明化镇组、馆陶组、东营组、沙河街组、中生界、古生界、太古界7套含油层系，累计探明含油面积124.8km^2，探明石油地质储量3.44亿 t。自1994年开发以来，经过6年的滚动勘探开发，已投产油井206口，累计产油728万 t 。

根据第二轮资源评价结果，中国石化集团胜利浅海地区石油资源量达12亿 t，油气资源丰度为24.64万t/km^2。截止到1999年底，累计探明含油面积124.8 km^2，探明石油地质储量3.44亿 t，探明程度28.67%。剩余资源量8.56亿 t，剩余油气丰度17.58万 t/km^2。胜利浅海地区的这一资源丰度大大高于全国已在进行勘探的大多数含油气盆地的资源丰度，按照60%～70%的资源转化率计算，浅海地区还有望找到4亿～5亿t的储量，而且随着勘探工作的深化，研究工作深入和认识的进一步提高，胜利浅海地区的资源量还有可能增加，可为2010年左右浅海地区形成400万～500万t产量提供储量支持。因此，胜利浅海地区仍有很大的勘探潜力。

东海油气概况　东海陆架盆地位于欧亚板块与太平洋板块、菲律宾海板块的交会处，以长江口北岸启东角至韩国济州岛一线为北界；广东省南澳岛与台湾省鹅銮鼻一线为南界；西邻浙闽隆起区；东至钓鱼岛岩浆岩带。整个盆地由自西而东、自南而北展布的台西坳陷、台北坳陷、浙东坳陷和福江坳陷4个二级构造单元构成，面积约26.7万km^3。盆地内各凹陷的生烃量合计达248.17×10^{4}亿m^3,资源量约6.0×10^4 亿m^3。

中国石化集团在东海海域的勘探活动可以追溯到1974年。经国务院批准，中国石化集团新星石油公司上海海洋石油局（原地矿部上海海洋地质调查局）开始实施东海海域的综合海洋地质调查，勘查总面积达71万km^2。26年来，中国石化集团新星石油公司上海海洋石油局在东海海域开展了大量的地球物理、地球化学勘查和钻探工作，取得了丰硕的地质资料和勘探科研成果。目前已初步查明在台西、台北、浙东坳陷中，分布着长江、钱塘、西湖、瓯江、闽江、基隆、晋江、九龙江、新竹9个凹陷及虎皮礁、海礁、鱼山、观音、澎北凸起。在勘探程度相对较高的西湖、瓯江、长江3个凹陷中共发现局部构造近200个。在东海陆架盆地西湖凹陷发现了8个油气田（平湖油气田、春晓凝析气田、宝云亭油气田、天外天油气田、断桥油气田、残雪凝析气田、孔雀亭油气田）和4个含油气构造（玉泉含油气构造、秋月含油气构造、龙井含油气构造和孤山含油气构造），累计提交油气探明加控制储量1 590亿m^3 气当量。其中平湖油气田的发现是东海油气勘探史上的一个里程碑，该油气田于1996年启动开发，并于1999年4月正式投产，向上海市供气。

东海陆架盆地的油气勘探开发前景是非常好的。根据目前资料预测，未来10年，仅西湖凹陷就有望找到3 600亿m^3 以上的天然气储量。而东海陆架盆地具有面积大、沉积厚、构造类型多等油气生成的基本条件，一些凹陷丰富的油气资源已被开发利用或已被证实。因此，只要注入相应数量的资金，在东海陆架盆地率先突破的地区进行油气田开发的同时，对其他勘探程度较低的凹陷及地区进行滚动勘探，找到更多更丰富的油气资源是完全可能的。

同时，东海油气开发有着良好的市场前景。东海平湖油气田的开发项目已于1996年启动，1998年11月18日开井采油，1999年4月28日实现天然气进入浦东居民家庭。上海市计划浦西地区的天然气利用实现“中心开花，两翼发展”的进程方案，即在中心区域和闵行、莘庄、吴泾地区及杨浦、吴淞地区都将改用天然气。整个长江三角洲地区的工农业、第三产业、高新科技发达，1998年该地区人均国内生产总值达12 273元，远高于全国的平均水平。但由于本地区自产的能源很少，每年需调入标准煤1.3亿～1.5亿t，造成能源结构极不合理和严重的大气污染。因此，同处该地区的上海市、浙江省、江苏省对利用天然气具有追切的愿望和广阔的替换及容纳空间。根据国家有关方面预测，至2010年长江三角洲地区对天然气的需求量将达170亿m^3以上。

原中国新星石油公司整体并入石化集团后，西湖凹陷油气勘探开发的步伐进一步加快。未来10年，石化集团将按照国家“东海优先”的指导方针，加大投资力度，更快更好地开发东海洋石油总公司气资源。

（罗大清 刘崇惠 张建培
彭伟欣 宋占魁 陈健康）

海洋石油地球物理勘探
Offshore Petroleum Geophysical Exploration

【概况】 油气勘探仍然坚持“地震先行”的原则。1998～1999年，常规海上地震勘探共采集地震资料557 565km，比上两年增加52%。其中三维地震资料525 059km，增加62%；覆盖面积10 153km^2，增加26%；并且在琼东南盆地采集的2 150km^2，是目前海上采集的最大的一块三维资料。

1998～1999年是海洋石油地球物理勘探新技术发展应用的两年。1998年中国海洋石油总公司首次在中国海域开展了多波地震勘探。通过招标竞争，由Geco-Prakla公司进行多波地震资料采集。同时通过国内协作开展了多波地震资料处理方法研究与处理软件研制，到1999年研制了多波地震资料处理系统OMS，并对132km多波地震资料进行了处理。国家“863”计划海洋领域重大项目“海上中深层高分辨率地震勘探技术”完成了中深层高分辨率震源研制、采集参数试验、高分辨率处理方法研究、处理模块研制、测试、集成、处理流程研究等关键技术的研究任务，应用所研究的成果装备了中国第一艘高分辨率地震勘探船。

海洋石油地球物理勘探新技术应用研究得到高速发展。采集方面除继续以三维地震采集为主外，采集作业开始走向国外市场。地震资料处理方面加强了常规处理技术的应用研究，如规则干扰压制、Q补偿技术、精确的速度分析技术等；开展了长电缆地震资料处理技术研究，处理了琼东南地区3 100km的长电缆资料，帮助解决了该区中央凹陷争议较大的上下第三系反射界面的划分问题和基底反射界面的追踪解释问题。地震资料解释与油藏描述方面引进并开发应用了新的反演软件，开发应用了相干处理分析技术以及其他地震属性体的三维解释技术。测井新技术方面开展了利用裂缝指示曲线评价花岗岩潜山裂缝发育程度研究以及渤海海域下第三系砂砾岩测井评价方法探讨，等等。各种地球物理新技术的应用研究，提高了海洋油气勘探区域研究和目标综合评价的水平。

【海上首次多波地震勘探】 莺歌海盆地是中国海上油气勘探的重要领域，具有巨大的油气勘探前景。为了尽快开发、利用其天然气资源，1998年，中国海洋石油总公司决定开展海上多波地震勘探技术研究，这是中国海上首次多波地震勘探实践。

采用国际合作的方式，进行了海上多波地震试生产，以了解多波地震解决地质问题的能力及实际效果，摸索应用多波地震技术勘探天然气的实际经验，为进一步发展自主的海上多波地震采集技术准备条件。多波地震资料用4分量海底电缆采集，采集系统为Nessie 4C多波阵列系统。

采用国内合作的方式，研究多波地震资料处理、解释技术，建立多波地震处理、解释系统。经过一年多的努力，研制成功了海上多波地震资料处理系统OMS，采集、处理了多波地震资料132km，初步研究了多波地震解释技术。OMS针对海上多波地震资料处理特点，研究了基准面校正、海水虚反射压制、检波点横波静校正、方位校正等方法；对多波地震资料处理的关键技术进行了进一步深入研究，内容包括倾斜界面的共转换点道集抽取方法、转换波振幅补偿、转换波深度偏移、等波长滤波以及含油气性处理技术等；建立了两套海上多波地震资料处理流程。同时开展了多波地震资料的解释方法研究与应用效果分析，包括纵波、转换波剖面对比方法、多波地震属性参数计算方法、多波地震储层解释方法等。

通过试验和试生产得出确定性结论：现有的多波地震技术在莺歌海盆地可以采集到优良的转换波资料；多波地震资料能有效地判别真假亮点，能有效地消除含气地层的影响，使得因气层影响造成的“地震模糊带”能够清晰成像。

【海上中深层高分辨率地震勘探】 海上中深层高分

辨率地震勘探技术1997年底列入国家“863”计划，包括海上中深层高分辨率地震采集技术研究和海上高分辨率地震资料处理技术研究。

1998年开展了海上高分辨率地震震源的研究，通过大量的计算机模拟试验，年底研制出了频带宽、能量大、容量小的框架式多枪相干组合震源。为了考察新研制震源的性能，在海南岛以南海域约1 000m 的深水区作了远场子波测试，测试检波器沉放深度为170m，震源深度分别为2、3、4m；检波器和震源均用压力定深器确定深度。研究了中深层高分辨率地震采集方法，在渤海海区的渤中25-1、渤中26-2、渤中27-4构造上进行了采集参数和施工方法试验，共做测线19条，总长347.5km，试验获得成功。中海物探公司按中深层高分辨率地震采集的技术要求，将“滨海518”船改造成高分辨率地震采集专用船，于1999年在莺歌海盆地莺东斜坡带、北部湾、渤海PL19-3 等地区采集了近6 000km的中深层二维高分辨率地震资料。

1999年，中海石油研究中心勘探研究院与清华大学、北京大学、长春科技大学等单位协作完成了高分辨率处理方法和处理流程研究。根据高分辨率处理的需求，方法研究主要完成了以下几方面的研究内容：①高精度速度分析技术；②叠前去噪技术；③提高分辨率的处理技术；④取代叠加的零偏移距道拟合技术等。在处理流程研究方面，试验了少道叠加和不叠加两种处理方法，部分解决了叠加降低分辨率的问题。并采用少道叠加方法处理了生产资料2 400km，在剖面的中深层，2.2～2.7 s 之间做频谱分析，频带宽度为8～108 Hz。

【物探新方法、新技术应用研究】 1998～1999年广泛开展了海洋石油地球物理勘探新方法、新技术的应用研究。

三维地震相干体处理分析技术是中国海洋石油总公司引进的解释处理分析软件，它的特点是提高地震资料的横向分辨率，突出断层或地层边界的地震反射突变点。1998年通过在珠江口盆地WC14区、WC8区、WC9区以及渤海盆地NB35-2区等的实际应用，对这些地区的断裂取得了新的地质认识，并探索了一套在相干分析基础上进行三维地震资料解释的新思路。

1999年开展了勘探目标地球物理评价技术研究，利用可视化技术对地震数据体进行空间层位标定和自动追踪解释，对其他岩性和地震属性体进行岩性、岩相解释分析。在BZ13-1构造储层评价中，成为储量上报的重要资料；在马六甲油田的评价中，首次根据外方的要求进行了研究区域的时间、深度构造解释、沙体连续性解释和沉积相解释，解决了油田开发中的实际问题。

地震反演技术是储层研究与油藏描述的关键技术。1998年在渤海潜山研究过程中，应用引进的测井约束反演软件对BZ26-2构造的3条二维地震测线进行反演处理，弄清了该构造沙1段、沙2段砂岩的分布情况，为建立沉积模式提供了依据。在WC9区块储层研究中，反演的波阻抗结果反映了油气变化规律，并进一步反演得到了岩性及孔隙度等参数。

在测井新技术研究中，1998年以环渤中凹陷发育的一批花岗岩潜山为目标，从分析岩心与常规测井曲线的对应关系出发，计算出整个潜山井段的裂缝指示曲线，结合钻井取心资料和井孔成像资料确定裂缝发育判别指示区间，对研究区花岗岩潜山构造的6口井进行了裂缝识别、风化壳评价、裂缝带划分、裂缝带横向多井对比追踪以及裂缝发育程度对比等。

1999年结合渤海海域下第三系砂砾岩储层研究，分析各种砂砾岩测井响应，建立了安山岩、玄武岩、花岗岩、混合岩、凝灰岩、闪长岩等岩性识别图版，并研究了砂砾岩孔隙度计算和砂砾岩油气水识别方法。

【海峡两岸首签物探协议生效】 由中国海洋石油总公司与台湾中油公司在台北市签订的《台南盆地与潮汕凹陷部分海域协议区物探协议》，于1998年4月16日正式批准生效，5月1日开始执行。

这个协议从1994年4月第一次接触到正式批准生效，经历了4年多时间。第一次会谈由美国雪佛龙公司为中介在新加坡举行，建立了正式的联系渠道。第二次会谈于同年10月进行，双方就所达成的共识签署了备忘录。1995年双方最高领导人在香港再度会面，就台南盆地与潮汕凹陷作为联合勘探区达成共识。同年6月双方就协议文本进行谈判，并约定1995年8月在台湾举行海峡两岸石油科技研讨会，同时签订《台南盆地与潮汕凹陷部分海域协议区物探协议》，但因故未能签成，一直到1997年7月11日才正式签署。物探协议区地质上位于潮汕凹陷北部，东沙隆起东端，台西南盆地西北角及澎湖北港隆起4个构造单元的交会处，面积15 400km^2，找油前景乐观。

【海上地震采集出国作业】 1998年9月7日，中国海洋石油总公司下属的中海物探公司与美国西方地球物理公司签订了海洋地球物理服务协议书，“滨海

512”船和“南海502”船出国作业正式启动。9月28日，“滨海512”船离开天津塘沽渤海石油码头，赴美国墨西哥湾作业。10月28日，“南海502”船离开广东湛江南海西部石油码头赴美国墨西哥湾作业。

（中国海洋石油总公司供稿）

海洋油气勘探

Offshore Oil and Gas Exploration

【概况】 中国海洋石油总公司在中国近海有重大勘探潜力的区域进行作业，以增加未来的储量和产量。作业区域主要为：渤海湾、南海西部、南海东部和东海。

1998～1999年，中国海上石油天然气勘探取得一系列重大突破，尤其是渤海地区的一连串大发现，已在储量上奠定了作为21世纪前叶中国北方重要能源基地的地位。

1998年，海洋油气勘探坚持“油气并举”、“自营与合作并举”的勘探方针，全年共完成地震采集工作量409 117km，完成探井38口，其中自营探井20口，合作探井18口，获得油气发现8个；发现原油探明储量1.87亿 t，天然气探明储量71亿m^3。

1999年，又新发现了5个含油气构造：蓬莱19-3、番禺5-1、曹妃甸11-1、渤中29-4和渤中25-1，都具备一定的储量规模。尤其是渤海菲利普斯合同区内的蓬莱19-3构造，目前探明原油储量已达3亿t，控制加预测原油地质储量3亿t，储量规模正在进一步扩大。这个油田是继大庆之后国内发现的最大整装油田。与科麦奇公司合作勘探的曹妃甸11-1构造也已证明是一个大型含油气构造。珠江口盆地的番禺5-1构造初步估算探明石油地质储量在2 000万t 以上，与已探明的番禺4-2联合开发具有经济效益，这两个发现是珠江口地区勘探在多年低迷之后的一个突破。

中国石油化工集团公司在渤海湾浅海地区和东海海域进行了卓有成效的勘探工作。1998～1999年，新增探明石油地质储量5 172万t，控制石油地质储量4 883万t；新增探明天然气地质储量172.25亿m^3，凝析油地质储量246.2万t。

【渤海海域油气勘探概述】 截至1999年12月31日，中国海洋石油有限公司在渤海海域自营完成预探井1口，评价井2口，外方完成预探井5口，评价井5口。中国海洋石油有限公司自营完成二维地震采集1 883km，合作完成二维地震采集1 376km，此外，该公司还自营完成三维地震采集516km^2，这些地震资料将有助于对渤海湾的储量资源潜力作出进一步评价。

1998年，整体解剖渤中石臼坨凸起并预探凸起倾末带，新发现4个含油气构造，探明了南堡35-2的原油地质储量，使石臼坨地区整体含油规模超过3亿 t。经进一步评价，截至1999年12月31日，南堡35-2含油构造的石油探明净可采储量总计为67.3百万桶。

1998年，对渤西、渤南地区围绕开发体系进行了勘探，效果明显。其中：① 渤中13-1凝析气藏评价成功，单井最高日产气24万m^3，日产油360m^3，落实了天然气地质储量，为早日启动供气项目提供了物质基础。② 评价渤西歧口17-9含油构造，在中生界砂砾岩获得了高产油气流，单井最高日产油973m^3，日产气5.4万m^3。③ 渤中26-2含油构造再评价，发现了沙河街组油藏，扩大了上第三系油藏的含油范围，新增石油地质储量442万 t。

1998年，埃索石油公司在辽东湾02/16区块钻探锦州31-1-1井，在东营组获气层35m，这是合作者在辽东湾首次取得的油气发现。

1998年，雪佛龙石油公司在辽东湾02/31区块钻探旅大28-1-1井，在沙河街组砂砾岩获日产原油93m^3，日产天然气1万m^3。

1999年6月，菲利普斯石油公司宣布在渤海湾11/05区块获得油气发现。该发现即蓬莱 19-3构造，位于北京东南方向大约370km。初步估算该油田原油可采储量约500百万桶油当量，这是近10年来中国最大的石油发现。

1999年，菲利普斯公司在蓬莱 19-3油田已完成5口评价井，还有2口评价井正在钻探中，中外双方正进行商业性开发的研究。该油田的油质为重油，原油密度17-22 API度。油田水深23m，而且位置靠近现有的油田群，这将有利于该油田的开发。油田开发将分成两期。第一期将于2001年第四季度投产，预计原油产量将达到每天35 000桶油当量。

1999年12月，科麦奇公司宣布在渤海湾04/36区块钻探了一口发现井曹妃甸11-1-1井，该井处水深大约25m。评价井曹妃甸11-1-2井进一步证实整个油田的可采储量超过100百万桶油当量。该发现与位于其东南方向的蓬莱 19-3油田类型相似。科麦奇公司已经表示要在2000年再钻几口评价井和预探井来继续评价这个发现以及钻探04/36、05/36区块的其他构造。

在1999年的其他合作勘探项目中，02/31区块的勘探井有显示，但无经济性。02/31区块的另一口勘探井是口干井。02/16区块的一口预探井也是干井。

通过自营勘探，在渤海湾的渤南海域发现了渤中29-4浅层含气构造。该构造位于黄河口凹陷东部，距渤中28-1和渤中34油田均为18km。1999年，经对渤中29-4-1勘探井进行测试，获得了日产20.95万m^3的天然气。

继在渤中25-1构造获得深层沙河街组油气发现之后，另一口评价井渤中25-1-5井又在浅层发现了油气层，油气层厚度17.8m。测试日产油达92m^3，揭示了同一构造另一含油层系的潜力。另外，评价井渤中13-1-3井也在馆陶组见到油气显示。

【南海西部海域油气勘探概述】 1999年，中国海洋石油有限公司在南海西部海域自营完成了7 005km的二维地震采集，以及476km^2的三维地震采集；自营完成预探井2口，评价井1口，合作伙伴也在这一海域钻了1口预探井。

自营的两口预探井是珠江口盆地的文昌25-1-1井和阳江33-1-1井,文昌25-1-1井是口干井，阳江33-1-1井有油气显示，但无商业性。另1口自营井，即北部湾的涠洲12-1-5评价井获得了成功。1999年，合作伙伴在63/15合作区块钻的1口预探井崖城21-1-4井，有非商业性气显示，被放弃。

【南海东部海域油气勘探概述】 截至1999年12月31日，中国海洋石油有限公司在南海东部海域自营完成了6 752km的二维地震采集，外方合作伙伴完成了999km^2的三维地震采集，其中包括899 km^2的多用户三维地震采集。

1998年，圣太菲石油公司在珠江口盆地15/24合同区内预探番禺4-2构造获得重要发现，单井日产油1 211m^3，其中有两层单层测试日产超过500m^3。

1999年，外国公司在南海东部海域钻了5口预探井和1口评价井。其中：在15/34区块，圣太菲公司成功地钻探了1口评价井番禺4-2-2井，为油田开发和储量升级（控制储量升为探明储量）打下了基础。该区块的另1口预探井番禺5-1-1井是1口成功的发现井,它将与番禺4-2油田联合开发，将会带来较好的商业回报。1999年15/34区块共钻了3口预探井，结果是2口干井，另1口井也未遇到商业性发现。在16/08区块钻探的1口预探井也未获发现。

（中国海洋石油总公司供稿）

表1 渤海海域正在执行中的产品分成合同（勘探期）

合同区	合同性质	合同区（km^2）	合作伙伴	合同生效日期	勘探期终止日期	1999年完成钻井	2000年计划钻井
06/17	PSC	3 295	雪佛龙 卡尔加里 德士古	1992 01 01	2000 09 30		1
11/19	PSC	3 041	德士古	1992 06 01	2001 12 31		1
04/36	PSC	1 839	科麦奇 能源资源	1997 10 01	2001 09 30	1	2
11/05	PSC	9 450	菲利普斯	1995 01 01	2000 09 30	6	6
05/36	PSC	1 240	科麦奇 新田 能源资源	1999 03 01	2001 02 28		1
02/16	PSC	2 646	埃索	1996 09 01	2000 08 31	1	1
02/31	PSC	5 250	雪佛龙 卡尔加里	1996 10 01	2000 09 30	2	2
09/11	PSC	850	阿吉普	1998 10 01	2001 09 30		1

表2 南海西部海域正在执行中的产品分成合同（勘探期）

合同区	合同性质	合同区 (km^2)	合作伙伴	合同生效日期	勘探期终止日期	1999年完成钻井	2000年计划钻井
23/28	PSC	2 180	圣太菲	1997 04 01	2000 03 31		
26/35	PSC	1 530	圣太菲	1999 02 01	2002 01 31		1
WAB-21	PSC	25 155	克里斯通	1992 06 01	2001 05 31		
63/15	PSC	2 030	雪佛龙	1996 07 01	1999 11 31	1	
22/12	PSC	608	布莱尔	2000 04 01	2002 03 31		

表3 南海东部海域正在执行中的产品分成合同（勘探期）

合同区	合同性质	合同区 (km^2)	合作伙伴	合同生效日期	勘探期终止日期	1999年完成钻井	2000年计划钻井
15/24	PSC	240	菲利普斯 壳牌	1998 05 01	2001 04 30		1
16/08	PSC	1 043	阿吉普 雪佛龙 德士古	1984 01 01	2001 03 31	1	
16/19	PSC	469	阿吉普 雪佛龙 德士古	1998 07 01	2002 03 31		1
17/15	PSC	5 264	东华	1994 12 01	2000 03 31		
15/23	PSC	803	壳牌 菲利普斯	1997 01 01	2000 06 30		1
15/12	GSA	1 895	壳牌	1999 02 01	1999 10 31		
15/26	PSC	1 260	圣太菲	1997 02 01	2000 04 30		
15/35	PSC	1 457	圣太菲	1997 02 01	2001 01 31		2
15/34	PSC	5 120	圣太菲 SCS	1997 04 01	2000 03 31	5	1
16/02	PSC	3 500	圣太菲	1999 05 01	2002 04 30		1
16/05	PSC	3 010	圣太菲	1999 05 01	2002 04 30		1
26/06	PSC	4 500	SCS4	1997 09 01	2001 08 31		

（中国海洋石油总公司供稿）

【胜利浅海勘探】 1998～1999年，中国石化集团公司胜利浅海地区石油勘探方针是以寻找大中型油田、优质储量为主；区带评价与重点解剖相组合；深浅兼顾，油气并重；依靠科技，提高效益。按照“进一步评价埕岛地区，寻找优质储量；整体解剖垦东地区，拿下一个大油田；预探长堤东、埕中、青坨子地区，争取有较大发现；积极准备青东、潍北地区，寻找有利区带”的勘探思路，共部署完成二维地震勘探1 315.15km，三维地震勘探137km^2，部署完钻各类探井18口，进尺43 028.78m，其中12口井获工业油流。新增探明含油面积27km^2、石油地质储量5 172万t 新增控制含油面积16.4km^2、石油地质储量4 883万t，取得了较好的勘探效益。

【东海油气勘探】 1998年和1999年，中国石化集团新星石油公司上海海洋石油局在历年勘探和钻探的基础上，完成二维地震4 134 km，三维地震1 548 km^2，钻探井1口，新增探明天然气地质储量172.25亿m^3，凝析油地质储量246.2万t。

（1）1998年，上海海洋石油局在海礁凸起2 700 km^2浅层披覆构造进行了二维地震勘探，调查精度为4km×8km，部署了23条地震测线，地震测线总长度1 746km，调查证实了海礁凸起南块除了深部存在古潜山圈闭外，浅部存在着多个圈闭面积大、可靠程度高、闭合幅度小的披覆构造，构造大部分为古隆起背景上,经过后期地层压实作用形成。根据资料推测，大致存在着3套储层、2套盖层。

（2）1998年由“奋斗七”号、“探宝”号船使用《双船折射、广角反射地震技术》对东海大陆架、冲绳海槽、琉球岛弧并进入琉球海沟，完成地震工作量1 179.43km。1999年由“滨海511”船在残雪—断桥（黄岩）完成了二维野外地震资料采集工作1 207.7km。

（3）1998年，在春晓构造264km^2三维地震勘探野外资料基础上，提交了构造解释报告，并结合AVO、道积分、波阻抗、瞬时振幅等有关岩性处理资料，在春晓构造上预测了5口钻井井位。新增春晓构造含油气面积9.2km^2，新增天然气探明地质储量172.25亿m^3，新增凝析油探明地质储量246.2万 t。

（4）1998年在团结亭构造开展了150km^2三维地震勘探资料的采集和处理。1999年新星石油公司与石油地学服务公司（PGS）亚太有限公司签订《中国东海西湖凹陷三维地震勘探合作协议》，三维地震勘探总面积2 147km^2，并开始分别在孔雀亭区块（372 km^2）、平南区块（422km^2）、春晓/天外天区块（1 184km^2）和望山桥区块（169km^2）实施大规模三维地震勘探资料的采集和处理。1999年，新星石油公司还与中国海洋石油总公司签订协议合作，在残雪—断桥地区377km^2范围实施三维地震勘探。待这些项目完成后，西湖凹陷的2个主要油气富集区（平湖和苏堤构造带）将形成三维地震勘探连片，覆盖总面积3 280km^2。

（5）在海礁凸起南块近10 000km^2范围内进行了地球化学概查，采集了255个化探取样站位的化探样品，并对化探样品进行了较系统的地球化学分析，初步分析认为海礁凸起南块具有良好的天然气远景，并对该区的天然气富集规律进行了综合分析。

（6）1999年由上海海洋石油局在春晓构造上自营钻探施工的第三口油气探井——春晓3井位于春晓构造春一高点，本井油气层不仅在花港组较发育，平湖组也有了重大发现，其中P4层经钻杆测试，获高产工业性气流，共试获日产天然气142.62×104m^3，凝析气72.98m^3。

（罗大清　刘崇惠　张建培
彭伟欣　宋占魁　陈健康）

中国海洋石油有限公司对东海海域勘探程度较低，1999年，该公司宣布加大东海勘探投资力度。现正在完成对这一地区的地质研究。

（中国海洋石油总公司供稿）

海洋油气开发与生产
Offshore Oil and Gas Development and Production

【概况】 1998～1999年，中国海上原油天然气产量全面超额完成国家计划，取得良好的经济效益。

1998年中国海上生产原油1 631.9万t，其中原油净产量830万 t，完成国家计划的108.8%；1999年生产原油1 617万 t，其中原油净产量879.9万t，完成国家计划的108%，原油产量连续第三年超过1 600万 t。1998年生产天然气38.6亿m^3，其中天然气净产量21.7亿m^3；1999年生产天然气生产43.9亿m^3，其中天然气净产量 24.38亿m^3，均超额完成国家计划。按生产区域划分，中国海洋石油的作业海域主要有渤海湾、南海西部、南海东部和东海。

中国石油化工集团公司超计划完成了1998～1999年的原油生产任务。1998年生产原油181.01万t，1999年生产原油201.03万t，生产区域主要在胜利浅海地区。

【渤海湾油气田开发与生产】 渤海湾有中国海上最大的净探明储量，1998年渤海湾净探明可采储量92 800万桶油当量，1999年净探明可采储量101 600万桶油当量。

目前，渤海湾是国内海上第二大原油和天然气生产区。

绥中油田　绥中油田在中国海洋石油有限公司所有的自营油田中探明储量最大。它位于渤海辽东湾的南部，距辽宁省绥中县46km。截至1999年12月31日，绥中油田原油净探明可采储量约为33 270万桶。1999年，绥中油田的平均日净产量约为30 700桶原油。绥中油田产出的原油是重质油。

绥中油田被划分为3个生产区：A区、B区和J区。A区和B区于1993年开始商业性生产，共有4座平台和48口井，包括10口注水井。J区于1997年底开始商业生产，有1座平台，共有12口生产井和4口注水井。绥中油田二期正处于开发中，绥中油田的生产能力正在不断扩大。

渤西区块　渤西区块位于渤海湾西部，天津以东约20km。截至1999年12月31日，该区块有大约4 380万桶原油净探明可采储量和10.93亿m^3天然气净探明可采储量。1999年，每日平均净产量约为6 400桶原油和凝析油以及25.34万m^3天然气。该区块平均水深为10m。

渤西区块目前拥有两个在生产油田（歧口17-3和

岐口18-1）以及两个在开发油田（岐口17-2和岐口18-9）。岐口18-1和岐口17-3在1997年开始商业生产。生产设施包括两座平台，共有15口生产井。目前，产出的天然气用于天津市的发电和民用。预计岐口17-2开发工程2000年第二季度完成，将为区块增加日产11 500桶的生产能力。

锦州区块 锦州区块位于渤海辽东湾北部，距辽宁省锦州市东南80km。截至1999年12月31日，锦州20-2有约12百万桶原油和凝析油净探明可采储量以及69.49亿m^3天然气净探明可采储量。1999年，平均日产量约为99.68万m^3天然气和2 510桶原油和凝析油。油田平均水深约为18m。

锦州区块有一个在生产油田和一个在评价油田。锦州区块的商业性生产开始于1992年。生产设施包括4座生产平台和10口生产井。所有的天然气产量都通过一条48.6km长的海底管线被送到岸上的天然气处理终端，经处理后卖给锦西石化公司。

锦州21-1是一个位于锦州20-2东边的油气田。截至1999年12月31日，这一油田的探明可采储量约为500万桶原油和凝析油，以及13.73亿m^3天然气。

锦州9-3油田 锦州9-3油田位于渤海湾距锦州凝析气田以北22km。截至1999年12月31日，总净探明原油可采储量6 510万桶。油田平均水深7m。

锦州9-3油田开发包括2个生产平台，44口生产井。1999年10月底开始商业性生产，至1999年底平均日产量16 000桶。

秦皇岛油田 秦皇岛油田是渤海湾又一大油田，它位于渤海湾西部，距河北省秦皇岛市以东20km。截至1999年12月31日，中国海洋石油有限公司在秦皇岛32-6油田拥有石油净探明可采储量约为10 340万桶，油田平均水深21m。

中国海洋石油有限公司在秦皇岛32-6油田拥有51%的参与权益，并且是作业者。该地区的自营钻探始于1994年，两年中共钻探井、评价井14口。1998年，中国海洋石油总公司将秦皇岛油田的49%参与权益出售给阿科中国公司和德士古中国公司。之后，该油田的勘探、开发与生产按阿科中国公司、德士古中国公司与中国海洋石油有限公司间的一项石油产品分成合同进行。

油田开发计划包括6座平台和157口井。截至1999年12月31日，已钻井5口。商业性生产定于2001年开始。

南堡油田 南堡油田位于渤海湾的中部，河北省唐山市以东20km。截至1999年12月31日，石油探明净可采储量总计为6 730万桶。油田平均水深15m。截至1999年12月31日，中国海洋石油有限公司共钻井6口，包括3口评价井。中国海洋石油有限公司预期总体开发方案将于2000年得到中国政府批准，预计商业生产从2004年开始。

渤南区块 渤南区块由5个油田组成，位于渤海湾南部，在天津塘沽以东190km。截至1999年12月31日，公司在渤南区块5个油田的总净探明可采储量约为20 750万桶油当量。渤南区块的第一个油田渤中28-1于1988～1994年间作为油田进行开发，并开始商业性石油生产。中国海洋石油有限公司现在的开发重点集中于天然气。

中国海洋石油有限公司计划自营开发渤南区块的所有油田。由于自1995年以来，中国沿海省份对天然气的需求有很大增长，中国海洋石油有限公司正计划在2003年重新开始原油和天然气的生产。未来渤中28-1的生产将集中于天然气。该公司于1998年10月6日与山东地方政府签署一项天然气供气协议的意向书。

其他生产区域 中国海洋石油有限公司在渤海湾另外还有两个生产油田：埕北油田和渤中34-2/4油田。截至1999年12月31日，这些油田的净探明可采储量约为2 881万桶油当量，每日平均净产量为2 900桶油当量。

【南海西部油气田开发与生产】 南海西部海域是中国海洋石油有限公司最重要的天然气生产区。截至1999年12月31日，南海西部海域净探明可采储量约63 170万桶油当量，1999年净日产约62 000桶油当量。目前正待开发的东方气田拥有最大的天然气储量（约360.76亿m^3），预计在3～5年内投产。

崖城13-1气田 崖城13-1是中国海洋石油有限公司最大的天然气在生产气田，它拥有目前中国海上第二大天然气储量，仅次于东方气田。它位于南海西部，海南省三亚市以南100km。1999年12月31日，崖城13-1的天然气净探明可采储量约为24 7.57亿m^3，凝析油净探明可采储量约为529万桶。1999年日均天然气产量约为447.41万m^3。气田平均水深约为100m。

崖城13-1的勘探、开发与生产是按阿科中国公司、Kufpec（中国）公司和中国海洋石油有限公司之间的一项石油产品分成合同进行的。天然气的商业性生产开始于1995年10月。生产设施为两座平台，即1座有6口生产井的生产平台和1个处理平台。

大约85%的崖城天然气产量通过一条778km长的管道卖给香港一家大型电力公司，剩余的天然气产量通过另一条91km长的管道卖给海南省的一家化肥厂。

涠洲区块 涠洲区块位于南海西北部的北部湾，在涠洲岛以西约60km、广西北海市南约90km处。截至1999年12月31日，涠洲区块的净探明可采储量约为7 330万桶。1999年，该区块的日平均原油净产量是34 500桶，平均水深约40m。涠洲区块的原油是轻质油到中质油。

涠洲区块由两个油田组成：涠11-4及涠12-1，都是自营油田。至1999年12月31日，涠洲区块共有53口生产井。涠11-4在1993年开始商业性生产。涠12-1油田在涠11-4东28km处，于1999年6月开始商业性生产。

东方气田 东方气田位于南海西部，在海南省的东方县西南113km处。东方气田是中国海洋石油有限公司最大的天然气田。截至1999年12月31日，东方的天然气净探明可采储量为360.76亿m^3。气田平均水深70m。

中国海洋石油有限公司在东方气田拥有100%权益。根据总体开发方案，所有的天然气产量都将运输到经济迅速发展的海南省销售，其产量除民用外，其余用作一个由中国海洋石油总公司发起的石化项目的原料和发电。生产设施包括4座生产平台和1座中心平台，2个岸上天然气终端，1条116km长的海底天然气管道，以及1条113km长的陆上管道。产出的天然气将从中心平台输送至岸上终端。截至1999年12月31日，中国海洋石油有限公司已在东方气田钻井9口。并预期在2003年完成此项开发项目。

文昌区块 文昌区块位于南海西部，在海南省文昌县以东136km处，现有2个油田正在开发建设。截至1999年12月31日，中国海洋石油有限公司在文昌13-1与文昌13-2油田的石油净探明可采储量大约为10 030万桶。油田平均水深115m。文昌油田是自营项目，国家发展计划委员会于1999年批准了文昌油田总体开发方案。按照总体开发方案，文昌13-1有1座有9口生产井的生产平台，文昌13-2有1座有11口生产井的生产平台。这两个油田将共用一个浮式生产储油装置，计划在2002年开始商业性生产。

文昌8-3油气田的总体开发方案正在准备之中。该油气田在文昌13-1与文昌13-2东北19km处。截至1999年12月31日，文昌8-3的石油净探明可采储量为1 160万桶。

乐东区块 乐东区块位于南海西部，在海南省三亚市西南130km处。截至1999年12月31日，中国海洋石油有限公司在乐东区块的天然气净探明可采储量为141.44亿m^3。区块平均水深110m。

中国海洋石油有限公司在乐东区块独立进行勘探活动，并于1993年获得发现。截至1999年12月31日，总共钻井9口，包括8口评价井，发现两个气田：乐东22-1和乐东15-1。总体开发方案预计在2000年完成。

【南海东部油气田开发与生产】 南海东部海域是中国海洋石油有限公司最重要的石油生产区，位于中国南部，香港的东南方。截至1999年12月31日，在该地区获得探明可采净储量11 740万桶。1999年净平均日产原油88 500桶。目前该区域有10个油田在生产。惠州区块是该地区主要的生产油田。

惠州区块 惠州区块位于南海东部珠江口盆地，在香港东南160km，共有9个油田，其中5个在生产，4个还处于开发和评价阶段。截至1999年12月31日，惠州区块大约有4 230万桶石油净探明可采储量，日均原油净产量约42 740桶。油田平均水深约110m。惠州区块生产的原油是轻质油。

中国海洋石油有限公司在惠州区块所有油田都有51%的参与权益。其勘探、开发与生产是按阿吉普（中国）公司、雪佛龙海外石油有限公司、德士古东方石油公司和中国海洋石油有限公司签订的石油产品分成合同进行。合作的四方组成了联合作业机构CACT以经营所有上述油田。1990年惠州21-1油田开始商业性生产，现有5个油田在进行商业性生产，它们是惠州21-1、惠州26-1、惠州32-2、惠州32-3及惠州32-5。除了惠州32-5以外，每个油田都有其自己的生产平台，惠州32-5与惠州26-1共用1座平台。惠州区块共有52口生产井。

惠州26-1北油田计划于2000年第二季度投产。惠州25-1、惠州27-1与惠州33-1油田正在评价之中，截至1999年12月31日，这些油田的石油净探明储量为750万桶。

西江区块 西江区块位于南海东部珠江口盆地，距香港东南130km。截至1999年12月31日，西江区块的石油净探明可采储量总共约为31.2百万桶。1999年该区块的日均净产量约为26 860桶原油。油田平均水深99m。西江区块产出的原油是中质油。

西江区块的勘探、开发和生产是按菲利普斯石油亚洲公司、派克顿东方公司和中国海洋石油有限公司间的两个石油产品分成合同进行的。菲利普斯和中国海洋石油总公司是所有3个油田的联合作业者。中国海洋石油有限公司在西江24-3油田上拥有51%的参与权益，该油田的商业性生产始于1994年，有1座18口井的生产平台。中国海洋石油有限公司还在西江30-2油田拥有40%的参与权益。西江30-2油田位于西江24-3油田西南方12km，在1995年开始商业性生产，有1座16口生产井的生产平台。

流花油田 流花油田位于南海东部珠江口盆地，在香港东南220km处。截至1999年12月31日，流花油田估计的石油净探明可采储量约有1 030万桶。1999年日均净产量约为11 200桶石油。油田平均水深为305m。产出的原油是重质原油。

流花油田的勘探、开发与生产是按阿莫科东方石油公司、科麦奇与中国海洋石油有限公司之间的石油产品分成合同进行的。阿莫科东方石油公司和中国海洋石油总公司是流花油田的联合作业者。中国海洋石油总公司在该油田有51%的参与权益。流花油田于1996年4月开始商业性生产,有25口生产井。

陆丰区块 陆丰区块由两个油田组成：陆丰13-1和陆丰22-1。陆丰13-1油田位于南海东部珠江口盆地，在香港东南约230km处。截至1999年12月31日，陆丰13-1的探明石油净可采储量为2.55百万桶。1999年，日均净产量约为2 900桶油当量。油田平均水深146m。陆丰13-1产出的原油是中质油。

陆丰13-1的经营是按日本石油勘探公司、华南石油开发有限公司、日本矿业有限公司和中国海洋石油有限公司之间的石油产品分成合同进行的。中国海洋石油有限公司有25%的参与权益。由3家日本公司组成的集团作为陆丰13-1油田的作业者。该油田商业性生产始于1993年。陆丰13-1有1座生产平台和15口生产井。生产的原油是中质油。

邻近油田陆丰22-1油田位于南海东部珠江口盆地，在香港东南大约280km处。截至1999年12月31日，中国海洋石油有限公司在这个油田拥有石油净探明可采储量约为137万桶。1999年的日均产量约为4 900桶。油田平均水深为330m。产出的原油是中质油。

陆丰22-1的生产是按挪威国家石油（东方）公司与中国海洋石油有限公司间的石油产品分成合同进行的，中国海洋石油有限公司与挪威国家石油（东方）公司是油田的联合作业者，中国海洋石油有限公司在陆丰22-1有25%的参与权益。陆丰22-1有5口生产井，商业性生产始于1997年底。

【东海油气田开发与生产】 东海海域是具有潜力的产气地区。该地区位于经济发展迅速的上海市东部，是公司天然气发展战略的主要区域之一。该地区的第一个油田平湖油气田于1998年开始石油商业性生产，1999年4月开始天然气商业性生产。

平湖油气田 其战略位置处于近年来经济快速增

表4 中国海上油气日产量、储量

		1998年	1999年
产量	原油净产量（桶/d）		
	渤海湾	45 100	45 205
	南海西部	20 300	35 163
	南海东部	105 500	88 534
	东海	300	3 249
	海外	4 700	3 123
	合计	175 900	175 274
	天然气净产量（万立方英尺/d）		
	渤海湾	3 910	4 410
	南海西部	14 670	15 840
	南海东部	0	0
	东海	0	460
	海外	0	0
	合计	18 580	20 710
	总计净产量（桶油当量）	206 867	209 802
储量	净探明原油可采储量（万桶）		
	渤海湾	82 770	91 550
	南海西部	19 770	19 042
	南海东部	12 560	11 740
	东海	1 470	822
	海外	1 070	1 010
	合计	1 17 640	124 160
	净探明天然气可采储量（亿立方英尺）		
	渤海湾	6 040	6 057
	南海西部	27 153	26 478
	南海东部	0	0
	东海	770	672
	海外	0	0
	合计	33 963	33 207
	总计净探明可采储量（百万桶油当量）		
	渤海湾	928.4	1 016.5
	南海西部	650.3	631.7
	南海东部	125.6	117.4
	东海	27.5	19.4
	海外	10.7	10.1
	总计	1 742.5	1 795.1

长的上海地区，是中国海洋石油有限公司天然气开发战略的重要部分。平湖油气田位于东海大陆架，在上海东南400km处，是一个以产天然气为主的油气田。截至1999年12月31日，其原油和凝析油净探明可采储量为822万桶，天然气探明可采储量18.02亿m^3。1999年的日均原油净产量约为4 020桶油当量。该油气田的平均水深为90m。

平湖油气田是中国石化集团新星石油公司发现的，由中国海洋石油有限公司、新星石油公司和上海市政府成立合资企业，共同开发，属于1992年成立的上海石油天然气有限公司所有，其中中国海洋石油总公司占有30%权益。中国海洋石油有限公司为该油气田作业者，原油和天然气商业生产分别始于1998年11月和1999年4月。从开始商业生产至1999年12月31日，天然气日产量平均为18.41万m^3。原油通过一条306km的海底输油管道至浙江省的一处陆上处理设施。天然气通过一条385km的海底输气管道运至上海市的处理厂，在上海作为民用和工业用气出售。

（中国海洋石油总公司供稿）

表5　在生产和在开发的主要油气资产

位置及油田		作业者	合作伙伴	本公司权益	1999年日均产量(桶/d)	生产井数	开始生产日期(年)	截至1999年底净可采储量(百万桶油当量)
渤海湾								
生产期	绥中36-1Ⅰ期	中国海洋石油有限公司	—	100.0%	30 700	48	1993	86.6
	渤西区块	中国海洋石油有限公司	—	100.0%	7 900BOE/D	16	1997	14.0
	锦州区块	中国海洋石油有限公司	—	100.0%	8 400BOE/D	8	1992	66.0
	锦州9-3	中国海洋石油有限公司	—	100.0%	16 000	44	1999	65.1
开发期	绥中36-1Ⅱ期	中国海洋石油有限公司	—	100.0%		180	2000	246.2
	秦皇岛32-6	中国海洋石油有限公司	德士古 阿科	51.0%		80	2001	103.4
	南堡35-2	中国海洋石油有限公司	—	100.0%		20	2004	67.3
	渤南区块	中国海洋石油有限公司	—	100.0%		67	2003	207.5
南海西部								
生产期	崖城13-1	阿科	阿科与科威特石油公司	51.0%	158MMCF/D	3	1995	151.0
	涠洲区块	中国海洋石油有限公司	—	100.0%	34 500	53	1993	73.2
开发期	东方1-1	中国海洋石油有限公司	—	100.0%		26	2003	212.3
	文昌区块	中国海洋石油有限公司	—	100.0%		20	2002	111.9
	乐东区块	中国海洋石油有限公司	—	100.0%		18	2007	83.3
南海东部								
生产期	惠州区块	CACT	阿吉普、雪佛龙、德士古	51.0%	42 740	28	1990	42.3
	西江区块	中国海洋石油有限公司/菲利普斯	菲利普斯派克顿	40.0%～51.0%	26 860	16	1994	31.3
	流花11-1	中国海洋石油有限公司/阿莫科	阿莫科科麦奇	51.0%	11 200	13	1996	10.3
	陆丰13-1	JHN	日本石油华南石油日本矿业	25.0%	2 900	4	1993	2.5
	陆丰22-1	中国海洋石油有限公司/挪威国家石油公司	挪威国家石油公司	25.0%	4 900	1	1997	1.4
东　海								
生产	平湖	中国海洋石油有限公司	新星石油上海市政府	30.0%	4 020	2	1998	19.4

【中国石油化工集团海洋油气开发生产】 中国石化集团公司目前海上油气生产主要集中在胜利浅海地区。东海地区天然气合作开发区块平湖气田已正式向上海供气，自营区块还未正式投产。

在胜利浅海地区，中国石化集团公司按照“先易后难，先肥后瘦，先高产后低产”的原则，利用油藏描述技术，充分认识油藏油水分布状况及储层物性变化规律，优选油层发育好、储量丰度高、连通面积大构造高点布井，提高了单井控制储量。在此基础上，把数值模拟及经济评价研究结果与开发实践相结合，对井距进行了优化，将井距由原来的300m调至500m，并开始在海上部署水平井，使得井网的部署和井距的设置更趋科学、合理和经济，实现了浅海油田开发上的少井高产和高效。在开发埕岛油田东营组和馆陶组油藏的过程中，针对其含油层位多、含油井段长、油层平面连通性差、油水关系复杂的特点，开展精细地质研究。在保证生产井有较高控制储量的前提下，制定了以一次射开、动用主力油层为主，对东营组油水同层井段，优化避射高度，有效地提高了单井产能。1998年先后抢投了CB20A、CB1A等4个井组27口新井，日增油能力1 620t。对13口出砂较明显、电流较高的生产井进行洗井，初增油能力50 t，累计增油4 033t。1998年生产原油181.01万t，比1997年增产原油30万t，超额完成年度生产任务。1999年先后对CB25A-3等25口故障井、停产井、低泵效井进行洗井、液氮诱喷、机械清蜡等维修措施，累计增油9 000余吨。实施油井调参措施164井次，累计增油6.78万t。在全年海上大风警报148 d，实际大风186 d的情况下，克服困难，完成船舶拉油生产11.34万t。1999年海上生产原油201.03万t，比1998年增产原油20万t。

（罗大清　刘崇惠　张建培
彭伟欣　宋占魁　陈健康）

海洋油气工程技术
Offshore Oil and Gas Engineering Technology

【海洋油气工程技术】 中国石化集团海上工程涉及海上地震、滩海地震、海洋钻井、海上油气田快速评价、海上工程建设等。

1. 海上地震技术

东海海域地震工作体现了石化集团深海地震技术水平。团结亭工区的三维地震野外采集工作由中国石化集团新星石油公司上海海洋石油局“奋斗七”号船承担，地震勘探仪器采用OYO公司的DAS-1高分辨数字地震仪，该仪器由模拟部件、热敏绘画/打印机、3 480双卡盒式磁带机等组成，拥有144个记录道。地震电缆采用LITTON公司120道海洋地震电缆，该电缆由甲板电缆、前导段、前部弹性段、工作段、尾部弹性段、尾绳及尾标构成。并配有深度传感器、磁性罗盘、水鸟、深度控制/显示器（CUS-8301）1台。震源采用BOLT公司1500C、1900C型空气枪，该震源由2组（每组7枪）STAGARAY空气枪构成，并配有AIRCON－III同步控制器1台、空气压缩机7台。导航定位采用SERCEL公司NR-103差分GPS和CEOFIX导航计算机系统，该系统由NR-103接收机、KEO工控计算机、MK-37电罗经、LP810打印机、绘图仪，驾驶台显示机等构成，并通过接口与DAS-1地震仪、AIRCON-III气枪同步控制机、SC-IVA测深仪、CUS-8301电缆深度控制/显示器连接，实时控制并记录数据。水深测量采用上海726所的SC-IVA回声测深仪。

在残雪—断桥（黄岩）工区，地震仪器采用了SYNTRAK480，接收电缆为DIGITAL-24bit，为双源三缆。气枪型号为G-guns气枪,记录系统为SYNTRAK 480多电缆遥测系统。

2. 滩海地震技术

石化集团滩海地震技术主要集中在胜利物探公司。

该公司现有两套Telseis Star 480道无线遥测数字地震仪器系统，该系统具有24位模数转换、1/2ms采样能力。该系统的技术水平和生产能力均达到90年代世界先进水平。拥有一个海滩地震大队，由4个地震小队组成，分别是236队、2187队、2184队和2185队。236队是三维两栖队，也是甲级队，具有进入国际地球勘探市场的资格。2187队为三维滩海队，2184队和2185队为二维滩海队。截止1999年底，胜利海滩地震大队在全区完成1：20万重力测量；1：10万航磁测量；高精度重力3 984.25km^2；化探117.3 km^2；二维地震测线24 504km，其中数字测线19 774km，模拟测线4 730km；三维勘探面积为3 300 km^2。经钻探陆续发现五号桩、长堤、桩西、老河口、大王北、孤东、红柳、英雄滩、飞雁滩、新滩、埕岛等11个油田，探明含油面积389.4km^2，石油地质储量8.49亿吨；控制含油面积98.1km^2，石油地质储量1.38亿t。目前采集的三维面积占胜利整个滩海面积的45.5%。

石化集团胜利物探公司不但能圆满完成海滩、两栖（0～1.5m水深）地区的二维、三维地震采集任务，而且能在极浅海（1.5～5m）、浅海（5～10m）或大于10m水深地区圆满完成二维、三维地震采集任务。具备从野外采集－数据处理－资料解释及综合研究一体化的滩海地震勘探能力，并积累了丰富的经验。尤其是0～20m水深的滩海两栖地带，在国内具有较大优势。在采集上具备了从枯水线到28m水深海域内完成二维、三维勘探的生产能力，在资料处理上建立了一套完整的滩海精细目标处理流程，在解释和综合研究上形成了1套从复杂构造解释到沉积相岩性解释方法，确立了胜利滩海油气区7套油气藏成藏模式，及多套生油储集岩体的复式油气综合研究方法，并积累了丰富的经验。年地震采集施工能力三维地震勘探约400km^2，二维约500km。此外，在浅水钻井船的研制、人抬化钻机的应用、聚能弹的研制、炸药的爆速控制等方面走在了国内前列。

3. 海洋钻井工程技术

中国石化集团胜利海洋钻井始终坚持以科技为先导，不断推广应用钻井新技术、新工艺，使科学钻井水平不断提高。1998～1999年，共开钻95口，交井98口，完成钻井进尺18万余米，钻井生产的主要经济技术指标均达到或超过行业标准。在钻井施工中，利用顶驱装置，使用大扭矩井下动力马达和PDC高效能钻头，完善海水泥浆体系，积极推广以海上丛式井组交叉作业技术、高效能PDC钻头技术、定向井井下导向钻井技术、串接井下动力钻具复合钻井技术、密集型丛式井组科学施工技术、优质海水钻井液技术、顶驱钻井技术、油气层保护技术等8项“优快钻井”技术，形成了一套完整的海上科学钻井体系，钻井速度与经济效益均有明显提高。胜利海洋钻井公司从生产实际出发，在海上钻井施工中，认真贯彻执行《中华人民共和国海洋环境保护法》，积极推行HSE管理体系，结合生产实际，认真抓好海上施工平台的环境保护管理、污染治理及污水监测工作。在环境管理方面，制定了《钻井平台污染记录填写技术规范》和《违章与事故隐患连带责任管理规定》，编写了HSE管理体系文件。在污染治理方面，为3个钻井平台配备了油污水处理设施。“胜利三”号平台1999年被国家海洋局评为北海区海洋环境保护先进集体。

4. 海上气田快速评价方法技术

（1）采用气层和水层多种性质差异，提出一种综合解释与定量解释有机结合的气层评价方法。

（2）应用人工智能新技术，通过阶梯式模式识别方法，研制了储层快速评价计算方法及软件系统。

（3）研制了数据支持评价系统中储层描述、储量计算、气藏模拟和经济评价等功能模块。

（4）针对复杂构造地质问题，开发了时间域全三维处理技术以及迭前深度偏移技术。

5. 海上工程建设

中国石化集团在海上工程建设方面，具有雄厚的装备实力、一流的技术水平和丰富的施工经验，形成了系统、配套、完善的海上工程建设技术系列。

钻井平台：从座底式、自升式，到正在研制海上组装式钻井平台，适应了海上滚动钻探的需要。开发平台从单井平台、中心平台，到采修一体化平台以及固定式导管架式平台等多种形式，适应不同水深海域的施工作业需要。自行设计、施工敷设的海底管线和海底电缆体现了较高的技术水平和施工能力。

单井平台：由石化集团胜利油田自行设计、施工，采用4腿导管架形式，承担海上单井的原油生产。单井采油平台大部分采用油轮拉油方式，少部分单井进海底输油管线。

井组平台：由石化集团胜利油田自行设计、施工，采用4腿或3腿导管架，共有3井式、4井式、6井式、9井式。

移动式平台：主要包括“开发一”号平台和“开发二”号平台。平台采用可移动式，能够拖航，就位后底座插桩固定，必要时可拔桩上浮移位。平台设置油气加热、分离、计量、储存等设备，还有发电、供热、生活等设施。

中心平台：主要包括“中心一”号、“中心二”号平台。中心平台由生产平台、生活平台、储罐平台、动力平台4座子平台。生产平台设油气处理装置；生活平台设3台520kW发电机组及生活设施；储罐平台有2 000m^{3}油罐1座；动力平台设2台3 000kW发电机组及5台400kW发电机组。该平台具有海上注水、采油、输油、作业、生产、生活、发供电等多种功能，是埕岛海上枢纽工程。

海底输油管线：到1999年底，建成海底管线43条，60.40km，管线长度和管径是根据油井生产的实际情况而配套建设。海底管线是由胜利石油管理局工程建设一公司施工建设的。

海底电缆：到1999年底，建成海底电缆43条，74.04km。主要是配合海上原油生产而配套建设的，主要施工单位是石化集团胜利工程建设一公司。该公司是国家一级资质施工企业，具有承担海上及浅海海域的海底管道、电缆敷设、海上采油和作业平台的建造安装等综合施工能力。1995年分别取得法国BVQT国际质量体系认证和中国船级社ISO9002质量认证。共取得科研成果36项，获国家专利11项。

（罗大清　刘崇惠　张建培
彭伟欣　宋占魁　陈健康）

表6 中国石化集团东海钻井油气成果表

序号	井 号	完钻时间	井深（m）	测试成果	作业单位
1	龙井1井	1981 02 12	3 469.46	气显示	新星公司上海海洋石油局
2	龙井2井	1982 07 24	4 117.26	气显示	新星公司上海海洋石油局
3	平湖1井	1983 04 10	4 651	工业油气流	新星公司上海海洋石油局
4	灵峰1井	1985 03 21	2 808	油显示	新星公司上海海洋石油局
5	玉泉1井	1985 03 30	3 787.8	工业油气流	新星公司上海海洋石油局
6	天外天1井	1986 05 10	4 878	工业油气流	新星公司上海海洋石油局
7	平湖2井	1986 04 19	4 105	工业油气流	新星公司上海海洋石油局
8	孤山1井	1987 0210	3 816.51	油显示	新星公司上海海洋石油局
9	平湖3井	1987 02 27	3 705.14	工业油气流	新星公司上海海洋石油局
10	石门潭1井	1987 07 08	3 853.2	二氧化碳气流	新星公司上海海洋石油局
11	平西1井	1988 02 07	3 204.07		新星公司上海海洋石油局
12	明月峰1井	1988 02 18	2 983		新星公司上海海洋石油局
13	美人峰1井	1988 06 23	3 906		新星公司上海海洋石油局
14	平湖4井	1988 12 09	3 750.41	工业油气流	新星公司上海海洋石油局
15	宝云亭1井	1989 06 10	4 125.76	工业油气流	新星公司上海海洋石油局
16	残雪1井	1989 06 13	3 651.13	工业油气流	新星公司上海海洋石油局
17	秋月1井	1990 02 15	4 516.6	油气显示	新星公司上海海洋石油局
18	来鹤亭1井	1990 06 13	3 908.33		新星公司上海海洋石油局
19	断桥1井	1990 06 07	3 873.68	工业油气流	新星公司上海海洋石油局
20	花港1井	1991 04 01	4 403.54	气显示	新星公司上海海洋石油局
21	宝云亭2井	1991 05 10	4 053.46	工业油气流	新星公司上海海洋石油局
22	净寺1井	1992 03 10	4 513		新星公司上海海洋石油局
23	孔雀亭1井	1992 03 30	4 503.35	工业油气流	新星公司上海海洋石油局
24	平湖5井	1992 09 22	3 788.18	工业油气流	新星公司上海海洋石油局
25	武云亭1井	1993 03 25	4 301.5	工业油气流	新星公司上海海洋石油局
26	玉泉2井	1993 07 19	3 802.52	工业油气流	新星公司上海海洋石油局
27	武北1井	1994 05 25	4 381.24	工业油气流	新星公司上海海洋石油局
28	宝云亭3井	1995 01 05	4 240.18	工业油气流	新星公司上海海洋石油局
29	春晓1井	1995 05 28	3 818.0	工业油气流	新星公司上海海洋石油局
30	春晓2井	1996 01 24	3 514.02	工业油气流	新星公司上海海洋石油局
31	春晓3井	1999 12 12	3 752.3	工业油气流	新星公司上海海洋石油局

（罗大清 刘崇惠 张建培 彭伟欣 宋占魁 陈健康）

海洋油气科技工作
Scientific & Technological Work for Offshore Oil and Gas

中国海洋石油总公司

【科技工作概况】 中国海洋石油总公司的科技发展到“九五”期间已进入发展高新技术的新阶段。海洋石油作为高科技产业，以引进、集成、创新、应用为科技发展方针，在中国海上油气田开发建设过程中广泛应用了国际先进技术。目前，中国海洋石油总公司已初步具备了寻找复杂地质条件下大中型油气田、自营开发海上油气田、海上专业技术参与国际竞争和开发海外油田的能力，形成了具有海洋石油特色的配套技术体系。至1999年底，中国海洋石油总公司累计获得国家级科技进步一、二等奖18项。现在，中国海洋石油总公司承担着国家“863”计划海洋领域4项高技术项目，已在海上地球物理、高分辨率勘探、多波勘探等方面取得良好的科研成果。

【科技成果】 “九五”期间，中国海洋石油总公司通过对影响海上油气勘探开发的9项关键技术进行攻关，至1999年底已在多项高技术研究上获得重大突破，取得10项重要成果，并已成功应用于海上油气勘探与开发。

1. 渤海上第三系石油勘探取得重大突破

渤海海域可供油气勘探的面积53 000km^2，共有26个凹陷和隆起。经研究，渤海湾盆地的沉积、沉降中心从陆地向海域迁移，在此思想指导下很快在渤中凹陷上第三系浅层获得勘探发现。蓬莱19-3油田总构造面积67 km^2，地质储量6亿t，成为中国近10年来发现的最大整装油田。

2. 海上中深层高分辨率地震勘探技术

该项目属于国家“863”高科技计划的重大项目之一。通过框架式多枪相干组合震源的研制，为海上2 500m以上的中深层地震勘探创造了一个新型的频带宽、能量大的震源。在地震资料处理方法上，又创造性地实现了高分辨地震资料的不叠加处理、聚束滤波叠前去多次波方法和时频域零偏移道拟合方法等。通过技术创新，使海上中深层高分辨率地震成果剖面频宽度达10~100Hz，能分辨10m左右的地层。该技术已成功地应用于南海的地震作业，获得了很好的地质效果及经济效益。

3. 海上多波地震勘探技术

多波地震勘探比传统的纵波地震勘探可以更有效地识别地震剖面“模糊带”中的天然气异常，是90年代新发展起来的高技术。1998年中国海洋石油总公司通过对外合作在南海成功地进行了多波地震采集，与此同时又开始了多波地震处理方法研究，最终建立了海上多波地震勘探资料处理系统，为今后海上天然气勘探提供了有效的新方法。

4. 高温超压地层钻井技术

南海有着丰富的天然气资源，莺歌海琼东南盆地早已被证明是南海大气区。由于在盆地中深层分布着高温超压地层，使天然气勘探遇到很大困难，高温超压钻完井技术是必须要解决的关键技术。在国家“863”计划的大力支持下，中国海洋石油总公司已研制成功了高性能钻、完井液，高温超压地层压力预测与监测技术，以及高温超压地层测试技术。这些技术又成功地应用于南海东方1-1-11井的钻井作业中，其中压力预测、监测技术为成功钻成这口高温超压井起到了关键作用。

5. 海上大位移钻井技术

继1997年与美国菲利普斯公司合作成功地在南海西江24-3油田打成了一口水平位移为8 026.7m的大位移井，创造了世界记录之后，中国海洋石油总公司又承担了国家“863”项目，通过研制井下正排量遥控可变径稳定器、井下闭环可变径稳定器、水基钻井液和钻井实时监测软件系统的研制，已完全掌握了中国自行完成大位移井的全部技术。该项技术已在渤海歧口17-2油田4口大位移井及秦皇岛32-6-A26H大位移井进行了成功的实际应用。

6. 渤海优质快速钻井技术

在学习了美国在泰国湾快速钻井的基础上，中国海洋石油总公司通过研制整体快装井口、聚晶金刚石钻头、顶部驱动钻井等11项先进的综合配套技术，使渤海海上钻井速度不断刷新记录。1995年在歧口18-1油田进行优质快速钻井试验，其中1口井完钻深度3 563m，建井周期13.31h；1996年在绥中36-1J区7井，井深1 795m，建井周期为2.55h。此项技术为绥中36-l油田建设带来了巨大经济效益，直接节约4.5亿元。

7. 海上地球物理成像测井技术

为打破国外公司对成像测井的技术垄断，中国海洋石油总公司在承担国家“863”成像测井技术项目后，研制了井下成像测井仪、传输系统和地面控制系统，其中八臂地层倾角测井仪已取得成功。该项技术的成功标志着中国测井技术已进入世界先进行列。

8. 海上简易平台简型基础技术

为经济有效地开发海上边际油田，中国海洋石油总公司正在研制多种类型的简易式平台。继无人平台、两腿三桩平台之后，又自行研制了可移动式筒型基础平台。该项技术已在渤海锦州9-3的系缆平台取得成功。筒型基础技术可使平台基础呈筒型结构，利用负压自动下沉就位，待该平台的生产结束后，可将基础拔起，再重复使用，比原来打桩式平台节约成本50%以上。

9. 渤海绥中36-1J区酸化技术

渤海绥中36-1油田是中国海上大型稠油油田，其试验区投产后产能较高，但紧邻试验区的J区投产后，多数井产量远远达不到ODP方案指标。经分析研究认为，J区产量低的原因是储层受到严重伤害。在进一步找出地层伤害的原因后，研制出试挤液/油层保护液→油层清洗液→前置液→主酸液→后置液→油层保护液→顶替液的酸化工艺。经过酸化作业后，多井产量均有较大幅度提高，平均单井增产100m^3。此项研究成果不仅对原油增产有利，而且大大降低了油田的桶油成本。1998年实际增油26.5万t，增加收益1亿元。此项技术对绥中36-1油田的二期工程有巨大经济效益。

10. 海洋石油勘探开发数据库

随着计算机网络技术的发展，现已建成可用于生产管理和科研的海洋石油勘探开发数据库。其中勘探库已将中国近海10个含油气盆地70个凹陷约600口井的数据全部入库，数据库以图形查询为驱动方式，可任意查询不同比例尺、不同图素组合、不同类型的地质图件和数据资料。开发数据库以开发动态数据库为核心，已通过企业内部网络进行油田的生产动态管理。海洋石油工程数据库中的海洋石油工程造价库和工程定额库已建成，可为工程管理和降低工程造价发挥巨大作用。

1999年，中国海洋石油总公司共获国家级科技进步奖3项，其中“渤海快速钻井技术及其应用”、“南沙群岛及其邻近海域资源环境和权益综合调查研究”获国家级科技进步二等奖，“渤海西部自营探区近期油气体系勘探研究与实践”获国家级科技进步三等奖。

【科技队伍建设】 1999年，中国海洋石油总公司科研体制发生了重要变化。原来分散设置的科研机构重组为中海石油研究中心，实现了研究力量的整合，确立了引进、集成、创新、应用的科技发展方针。同时，明确研究中心提供服务实行订单制，确立了产业化运营的方向，这使研究系统创造成果的潜力充分释放出来。

1999年，中国海洋石油总公司还设立了总经理特别奖，用以奖励有突出贡献的员工个人和团体，激发员工的创造性。1999年的总经理特别奖被授予中国海洋石油（中国）有限公司天津分公司的刘宗芳及中海石油研究中心的李玉珊和贾旭。刘宗芳同志在主持绥中36-1油田二期开发项目工作期间，努力优化工程方案，推进钢材和设备国产化，并严格控制质量和预算，节约了10亿元；为表彰其突出贡献，卫留成总经理特嘉奖10万元。涠11-4C油田两腿三桩简易平台打破了中国海洋石油领域没有简易生产平台的历史，节约了大笔费用，为海上边际油田的开发开辟了一条新路。李玉珊和贾旭在该平台的结构设计和实际应用中起到了主要作用，为表彰其突出贡献，卫留成总经理分别嘉奖5万元。

【海洋石油人力资源开发】 中国海洋石油总公司始终把人才培养作为企业发展的长期战略，通过有计划的、多渠道的培训，使各类人才不断地提高自身素质，适应海洋石油发展和对外合作的需要。

培训除每年执行国家培训计划，选派副局级以上领导人员在中央党校、国家行政管理学院进行任职资格学习，有重点地选派领导人员和后备干部到国外建立长期合作关系的著名大学，进行MBA、EMBA、专业学历培训和短期进修外，近年又侧重组织了报考国家批准的国内重点大学的MBA硕士学位的学习；与国内重点大学联合办班，进行MBA课程培训；与上海、北京的管理干部学院联合办班，进行局处级领导人员工商管理知识的培训；与中央党校联合举办处级党政领导干部管理知识培训班。

1998～1999年的两年中，中国海洋石油总公司有7人参加了中央党校和国家行政管理学院的学习；有119人新参加和继续MBA硕士学位的学习；有126人分4批参加了局处级领导人员工商管理知识的培训，并取得国家经贸委颁发的资格证书；有40人参加了处级党政领导干部管理知识培训班；有近300人次参加了国外的各类新技术、新岗位和任职锻炼的培训。

由于扩大培训渠道，加快培训速度，为更多的人员及时得到提高，适应岗位需要创造了条件。目前，研究生比例占总公司中、高层管理人员及后备人员的35%。

中国海洋石油总公司重视并加强对直属单位领导班子成员及后备人员的培训，初步建立了一支具有国际现代化管理知识的领导人员队伍。1998年以来，各级领导人员的科学文化素质、管理和决策能力有了较明显的提高。“九五”期间，在总公司范围内有针对性地广泛进行了邓小平理论及工商管理知识培训，参加工商管理研究生和工商管理知识培训总计271人，占总数的80%，完成了企业领导人员观念转变的关键一步。

（中国海洋石油总公司供稿）

中国石化集团公司

【科技工作概况】 在海洋勘探开发中，中国石化集团公司十分注重科技对海洋油气勘探的贡献作用。针对海洋地区的勘探开发投资风险高的特殊性，石化集团充分利用高新技术作为提高海上油田开发效益的根本措施。通过广大科技人员、设计建筑单位、海洋工程专业队伍相互配合，大胆探索，创立了具有自身特色的油田勘探、开发和工程建设整体综合配套技术，保证了海上油田的高速、高效勘探开发。

【科技成果】 近两年来，石化集团在海洋油气勘探开发实践中，通过大力使用、推广新理论、新方法、新技术，使海上油田成为石化集团持续稳定发展的重要阵地。

1. 浅海勘探开发配套技术方面取得可喜成果

在地质勘探技术方面采用现代油藏描述技术，对钻遇的油层进行定量描述，计算探明储量，平均单井探明储量1 100万t；采用油藏工程优化技术，所部署的30口探井均获100t以上的高产工业油流。在钻井工艺方面，推广应用并发展完善了海上丛式井交叉作业、高效PDC 钻头、定向井井下导向技术、串接井下动力钻具复合钻井、密集型丛式井组科学施工技术、优质海水钻井液、顶驱钻井、油气层保护等八大优快钻井技术。1998～1999年完成同类型丛式开发井组共开钻44口，交井46口，进尺68 963m，平均建井周期10.96 d，与1997年相比，建井周期缩短3.25 d，节约钻井成本近7 000万元。在采油工艺方面，形成了适合浅海油田防砂的定向井防砂工艺，主要包括绕丝筛管砾石充填；双层预充填绕丝筛管；金属棉滤砂管；金属毡滤砂管复合防砂，5种防砂工艺已在埕岛油田应用了153口井，取得明显效果。在滩海工程施工技术方面，不断进行科技攻关，自行研制开发了滩海驳载撬式挖沟敷缆装置和180kW震动式打桩锤，使施工能力和技术得到了迅速提高。1999年5月1日，国内第一艘非自航式滩海铺管敷缆船下水，标志着海上油田开发建设装备水平迈上新台阶。胜利石油管理局科研成果多次获得国家和省部级奖励，其中《驳载拖橇式滩海挖沟装置》、《海水低固相不分散钻井液的应用研究》1998年获中国石化集团公司科技进步二等奖；《胜利浅海油田采油生产安全配套技术》获1999年国家经贸委安全科技进步一等奖；《胜利海上埕岛油田高速、高效开发技术培训》1999年获中国石化集团公司科技进步一等奖。各项配套技术的综合集成，保证了胜利海上埕岛油田的高速、高效开发，使海上油田成为胜利油田持续稳定发展的重要阵地。

2. 东海海域勘探开发重大科技攻关项目取得较大进展

在东海海域，中国石化集团公司承担了一系列的国家级重大课题的研究工作。

承担了“九五”国家重点科技攻关项目《中国大中型气田勘探开发研究》中的3个一级专题的研究工作：①《东海西湖凹陷苏堤区带大中型气田目标评价》，该专题采用了多项新技术，新方法开展苏堤区带古应力场、古水动力场、盖层等为主的天然气保存条件和含油气系统综合分析研究，估算了苏堤区带天然气各级别油气资源量可达4 000亿m^3，现已在春晓等4个构造上获探明加控制级的天然气储量1 100亿m^3，表明了苏堤区带具备形成大型油气田的地质条件；②《东海西湖凹陷平北区带群体型气田目标评价》，该专题以三维地震资料和钻井资料为基础，对东海平北区带开展以含气沙体追踪，断层封堵和异常压力分布为重点的天然气富集规律研究，通过气藏描述、气藏模拟对东海宝云亭油气田开展了开发经济评估研究，提出了“群体联合开发”的建议，目前宝云亭和武云亭油气田已获得224.2亿m^3基本探明储量；③《海上气田快速评价方法技术研究》，该专题结合东海春晓凝析气田储量计算和平湖油气田开发的需要，初步形成了一套海上气田综合评价技术系列：采用气层和水层多种性质差异，提出一种综合解释与定量解释有机结合的气层评价方法；应用人工智能新技术，通过阶梯式模式识别方法，研制了储层快速评价计算方法及软件系统；以及数据支持评价系统中储层描述、储量计算、气藏模拟和经济评价等功能模块；针对复杂构造地质问题，开发了时间域全三维处理技术以及叠前深度偏移技术。

中国石化集团公司还承担了国家“专项”研究任务，即《我国专属经济区和大陆架勘测》专项项目《海洋地质地球物理补充调查及矿产资源评价》下属《管辖海域沉积盆地多道地震补充调查》中的《南黄海海区多道地震补充调查》和《东海海区多道地震补充调查》2个专题，在东海海域进行多道地震调查1 200km。证实基隆凹陷是以新生代古新统、始新统、渐新统、中新统为主的凹陷；钓鱼岛隆褶带以喜山中—晚期火成岩为主，构造运动强烈，岩体断裂发育；冲绳海槽盆地西南部以龙王火山岩带为界，西部为陆架前缘坳陷，以中新统为主，东部为海槽坳陷，以上新统—第四系为主；冲绳海槽盆地为中新世—第四纪扩张盆地。另据地震资料提出，冲绳海槽盆地西侧可能有天然气水合物异常。

此外，还承担国家“863”科技项目《东海地质构造和地壳结构及其演化》。

中国石化集团海洋油气科技更详尽的内容见科技教育篇海洋技术部分。

（罗大清　刘崇惠　张建培
彭伟欣　宋占魁　陈健康）

海洋石油工业环境保护工作
Environmental Protection for Marine Petroleum Industry

【概况】 海洋石油作业遍及从渤海辽东湾、黄海、东海直到南海和北部湾的广阔海域，保护海洋环境的任务十分艰巨。中国海洋石油总公司始终坚持严格遵守国家的环境保护法规，在海洋石油勘探、开发和生产活动中采用先进和有效的环境保护措施，把对海洋环境的影响减小到最低程度。截至1999年底，海上已投产的19个油气田都认真执行国家环境影响评价制度和环境保护“三同时”制度，排放的污染物都达到国家规定的环保标准。在海洋石油自营作业中未发生过重大的溢油污染事故。

实践证明，海洋石油工业在高速高效发展取得极大经济效益的同时，也做到了海洋石油开发与海洋生态环境保护协调发展。

【海洋油气田开发环境保护管理】 由于几乎没有老的污染源，海洋石油开发环保工作的主要任务是搞好油气田开发工程的环保管理，采用先进有效的污染防治技术，将石油开发活动对海洋生态环境的影响减少到最低程度。因此，中国海洋石油总公司努力推行从可行性研究、设计、建造安装、机械完工、试运行直至生产等各阶段的海洋油气田开发工程全过程环境保护管理工作。在可行性研究阶段，编报环境影响报告书。针对油气田开发对海洋环境可能造成的影响，为工程设计和施工推荐合理可行的污染防治措施与方案，为政府管理部门决策海上油气田开发提供科学依据。在设计阶段，编制基本设计环境保护篇(章)，落实环境影响报告书提出的污染防治措施。在建造安装阶段，油气田生产设施都按法规要求配备防污染设备、排油监控装置、粪便处理装置等。这些设备都经过中国船舶检验局检验合格，并获得有效证书。在试运行和投产阶段，为预防生产作业过程中可能发生的溢油事故，每个油气田投产前都要编制溢油应急计划，配备溢油应急处理设施和器材。

到1999年底在渤海海域，公司先后投资约300万美元，共配备有围油栏2 430m、撇油器5台、工作艇4艘，有一定数量的收油袋及溢油分散剂喷洒设备，已经具备处理中、小型溢油事故的能力。在南海也逐年配备了相应的防污染设备，目前已有围油栏2 800m、撇油器8台、工作艇8艘，还有油拖网及溢油分散剂喷洒设备，也已具备了处理中、小型溢油事故的能力。海洋油气田开发工程环境保护设施投资与工程项目总投资的比例已接近工业发达国家的平均水平。

【海洋石油作业环境保护管理】 在强化海洋石油作业环境保护管理方面，中国海洋石油总公司主要开展了以下工作：

（1）宣传贯彻环境保护法规，不断提高全体职工的环境意识

公司根据企业管理和操作人员的不同情况，分别编写环保教材，开展培训，考核合格后才能上岗工作。并利用演讲、知识竞赛等形式普及环保法规及知识。通过开展这些活动，使员工的环保意识有了较大提高，保护环境成为员工在生产作业过程中的自觉行动。

（2）推行环境保护责任制，实行污染防治目标管理公司坚持贯彻“谁主管生产，谁负责环保”、“谁污染，谁治理”的原则，在海洋石油系统全面推行环境保护责任制。每年年初制订公司的《安全环保管理目标》，将污染防治指标列入各单位的考核内容，并由各地区、专业公司环境保护机构按指标进行定量考核，实行奖惩制度，与单位的职工收入挂钩，增强了钻井平台、船队等基层生产单位防治污染的积极性和自觉性。

（3）针对重点难题，开展科技攻关，提高环境保护技术水平

公司一直十分注重针对海洋石油勘探开发生产活动中的重点难题，开展环境保护科学研究工作。渤海埕北油田所产的是高粘度、高倾点、高含腊的原油，这种原油的油水分离技术在世界上都是难题。该油田投产后的一段时间内，排放的含油污水超过30mg/L的标准。在油田操作者地位转移到中方后，经过渤海公司科研攻关，对原油脱水和含油污水工艺流程进行了多项调试，对设备进行了改造，筛选出效果良好的破乳剂，终于做到了达标排放。渤海锦州9-3油田位于辽东湾北部，水深仅6~8m，属鱼虾的产卵区。为保护这一环境敏感区域，在进行油田开发可行性研究工作时，组织开展了含油污水回注地层的科研和试验工

作。在技术上攻克了设计和油藏工程方面的许多难题，最终决定为保护海洋环境，增加油田开发投资，采用污水回注地层的方案。公司积极利用对外合作这一有利条件，组织开展环境保护国际合作和技术交流活动，还多次派出环境保护管理和技术人员到国外学习、培训和考察，出席国际环境保护会议，学习工业发达国家海洋石油环境保护管理经验和先进技术。

（4）主动开展遵法协调，积极配合主管部门执法活动

海洋石油对外合作的特点要求环境保护工作人员主动与担当作业者的外国石油公司合作和协调，将国家有关环境保护的法规和要求及时传达给外方，协助作业者及时与政府主管部门联系与沟通。公司为此做了大量的工作，保持了通畅的合作渠道。如南海东部公司在协助作业者理解和遵守中国环境保护法规方面提供了大量的咨询和帮助。尤其是积极促进在南海东部海域进行开发生产作业的ACT、JHN和菲利普斯石油公司联合投资开发“溢油漂移跟踪预测软件”，初步形成南海东部区域溢油联合响应组织。

（5）坚持实施污染预防战略，防止发生重大溢油污染事故

海上各油田都针对可能出现的突发性事故，编制了《溢油应急计划》，而且每年都要举行溢油应急演习，通过海上现场操作应急处理设施和通讯联络程序来检验作业者的应急能力和有关人员的应变处理素质，为今后处理突发性事故打下了良好的基础。

为防止发生意外事故造成溢油污染，公司坚持预防为主的原则，针对可能发生重大溢油污染事故的钻井井喷、平台火灾、船舶碰撞、海底输油管线破裂等危险因素制订了严格的检查制度和检查程序，定期查找事故隐患，对海上平台和重要作业环节实施综合性和专业性的监督检查，对消除隐患起到防微杜渐的作用。

【海洋石油环境保护前景展望】 国家环境保护的更高要求和海洋石油发展战略，使海洋石油环保工作机遇和挑战并存。中国海洋石油总公司在环境保护方面准备实施以下计划：

（1）在海洋石油系统内推广ISO14000环境管理体系的认证工作，建立更加完善和可靠的环境保护管理体系；

（2）对上游油气田开发和下游炼油、石化产品加工和化肥工业，提高技术起点，采用物耗能耗小、污染物产生量小的清洁生产工艺，引进国际上的先进技术和装备，以减小对环境的污染和危害；

（3）加强环境保护科学研究，将开展海上油田含油污水回注地层，海上油田含油污水处理设施有效性和可靠性研究，高粘度、高倾点和高含腊原油溢油回收处理技术研究等研究课题，提高防治污染的技术水平；

（4）在渤海和南海筹建海洋石油作业重大溢油应急响应基地。并加强国际和地区溢油应急响应的合作，共同防止海洋污染。

（中国海洋石油总公司供稿）

【海洋石油国际合作】 见国际合作篇海洋石油国际合作。

海洋交通运输业
Marine Traffic and Transport

综 述
Summary

【海洋运输概况】 1998年全社会水路客运量完成2.05亿人，旅客周转量完成120亿人·km，分别为上年的95.5%和77.3%。其中水运部门客运量完成1.03亿人，旅客周转量完成96亿人·km，分别为上年的85.1%和73.8%。

1998年全社会水路货运量完成11.0亿t，货物周转量完成19 406亿t·km，分别为上年的97.3%和100.9%。其中水运部门货运量完成5.92亿t，货物周转量完成17 975亿t·km，分别为上年的95.5%和100.8%。

1998年沿海主要港口货物吞吐量完成9.1亿t，为上年的100.2%。内河（包括长江干线）主要港口货物吞吐量完成3.5亿t，为上年的87.3%。

1998年水运装备变化不大。全国拥有各类民用运输船舶26.6万艘，载货吨位4 850万t，客位100万客位，拖轮功率146万kW。载货吨位与上年比略有上升，客位则下降。由于航运业持续不景气，航运公司的建造新船则较大幅度下降。

1998年水路运输生产有如下特点：

（1）货物运输仍处于低谷，主要表现为国内运输、外贸运输需求相对不足，运力过剩，运价水平较低，航运业整体不景气。旅客运输仍继续出现大幅度下降局面。

（2）沿海港口生产由降转升，外贸货物吞吐量首次出现下降，降幅达7.4%。

（3）煤炭运输出现徘徊，石油运输下降。由于下半年国家加大了基础设施投入，使得矿建材料有一定增长。

（4）国际集装箱继续保持高速增长，沿海主要港口吞吐量比上年增长24.9%，国际集装箱出口箱多进口箱少问题依然严重。

1998年，水路运输面临的问题是：

（1）港航企业效益不好；

（2）船舶老旧；

（3）过高关税和增值税，使挂方便旗船激增。

1999年全社会水路客运量共完成1.92亿人，旅客周转量完成107.3亿人·km，分别为1998年的93.7%和89.2%；全社会水路货运量共完成11.5亿t，货物周转量完成21 262.8亿t·km，分别为1998年的104.5%和109.6%。沿海主要港口货物吞吐量完成10.5亿t，其中外贸货物3.9亿t，分别为1998年的114.5%和114.7%，提前一年完成“九五”计划预定目标。

1999年全国水上运输轮驳船拥有量为24.2万艘，比1998年减少7%；净载重量为4 789万t，与1998年基本持平。这表明，连续几年的船舶大型化趋势更加明显。主要港口共拥有营业性码头泊位数为9 218个，其中万吨级泊位542个，比1998年增加27个。

1999年全国水上运输、港口生产有如下特点：

（1）尽管内河货运仍处于低迷状态，但由于中国近85%的外贸货物运输是由海运承担的，所以国内外经济形势好转特别是中国对外贸易迅速增长，带动了水上货物运输走出了1998年的低谷，使之总体上呈现出较快的增长趋势。

（2）除环渤海湾地区、陆岛等少部分地区旅客运输呈稳定增长外，水运与其他运输方式相比处于不利地位，其总体下滑的趋势难以扭转，但降幅开始减小。

（3）沿海港口生产实现了历史性突破，其货物吞吐量首次超越10亿t；外贸吞吐量扭转了1998年的下降局面，出现了较大幅度的增长。

（4）国际集装箱吞吐量继续保持高速增长。全年沿海港口共完成国际标准集装箱吞吐量1 560万TEU，增幅达36.6%。继上海港之后，深圳港又成为跻身世界前10名的集装箱装卸大港；内河港口集装箱吞吐量完成188万TEU，比1998年增长84.1%。

（5）国家加大打击走私力度和国内市场需求旺盛，促进了原油贸易的增长。1999年原油吞吐量完成13 931万t，比1998年增长82.9%。但外贸出口下降46.4%，出现不平衡状态。

（6）港口竞争、货源分流造成各港口企业的效益和产量的增长不成正比，效益下降。沿海港口大型化趋势更加明显，内河中、小港口企业生产进一步萎缩。

（孔凡国）

海洋运输
Marine Transport

【国际航运业】受亚洲金融危机的影响，1998年世界经济增长速度大幅度下降，从上一年的4.1%降至2%左右，世界贸易增长速度从上一年的9.8%降至4.6%。世界经济、贸易的疲软导致国际航运市场萧条，运力过剩，运价下滑，国际航运企业经营十分困难。中国的国际海运市场已全面对外开放，航运发达国家的重要航运商大部分已进入中国的国际海运市场，面对外国航运商激烈的竞争和严峻的国际航运市场状况，1998年中国的国际航运企业经受了巨大挑战。

至1998年底，经交通部批准，中国共有260家国际海运船公司、410家船公司拥有航行国际航线和港澳航线的悬挂五星红旗船舶1 620艘，运力1 700万载重吨。中国的国际船舶代理企业为237家。外国航商在中国设立的国际航运办事机构380家，独资船务公司、集装箱运输服务公司及其分公司共72家。1998年中国的集装箱港口吞吐量1 141万TEU；由中国港口发出的国际班轮每月2 532航班，其中远洋干线班轮每月279航班。

1999年，随着亚洲金融危机影响的消除、欧洲经济的恢复、美国经济的持续走强，世界经济明显好转，世界海运市场也走出低谷，需求转旺。中国的国际航运市场经营环境明显改善，国际航运市场开始出现转机，运力结构、航线布局逐步趋向合理，运力严重过剩情况有所缓解，运价不同程度地向上调整，航运企业的经济效益有所提高。

1999年中国外贸海运量达4.17亿t，其中出口运量为1.82亿t，进口运量为2.35亿t，与上年相比，分别增加12.6%、10.6%和14.3%；国际集装箱吞吐量1 555万TEU，比上年增加36.28%，是高速增长的年份之一。至1999年底，已开辟挂靠中国港口的国际集装箱班轮为320余条航线、2 800余航班/月。其中，干线班轮300余航班/月，外贸内支线1 300余航班/月。

中国国际航运的法制建设尚不能适应客观实际的需要，不断完善法规建设是1999年政府主管部门的一项重要工作。为此，交通部重新修订了《国际班轮运输管理规定》、《国际船代管理规定》；对已上报国务院的《国际海运管理条例》提出了完善和补充意见；起草了《国际船舶运输管理规定》、《外商独资船务公司管理规定》、《国际海运发票管理办法》；加快了《航运法》的起草进度。与此同时，还加强了对国际航运市场的引导、调控和监管，发表《1998年中国航运发展报告》（中国国际航运白皮书）；重点检查了上海、江苏、浙江地区的班轮运价执行情况；联合工商、税务等部门布置了外商航运办事处的清理整顿工作；加强了对国际班轮航线市场的监督管理；对国际船舶运输企业的资质进行了复核，进一步规范了国际航运市场经营行为，改善了国际航运市场的经营秩序。

1998年底与直属航运企业脱勾后，交通部进一步加强了对国际航运业的行业管理。1999年交通部确定了对国际航运市场影响大、有代表性的16家国际航运企业作为联系单位，对这些企业进行跟踪管理和调研，指导这些企业调整运力结构和航线布局，使之实行联合和合作，提高管理水平，逐步适应世界国际航运市场，加快与世界国际航运市场接轨的步伐，为加入世界贸易组织做好充分准备。1999年交通部积极协助国际船代协会的筹建工作，加强了对国际航运行业组织的指导，积极创造条件支持国际航运行业组织在行业自律、维护行业正当利益、行业协调、稳定国际航运市场供需平衡等方面发挥更大作用。

（张守国）

【国际集装箱运输】 1998年，中国海上国际集装箱运输在逆境中求生存、求发展，国际海上集装箱在沿海主要港口的吞吐量仍以24.9%的速度增长。

（1）港口吞吐量、航班情况。1998年全国沿海主要港口国际集装箱吞吐量为1 141万TEU，比上年增长24.9%。其中上海港务局年集装箱吞吐量为306万TEU，比上年增长21.7%，在世界各港集装箱吞吐量中排名第10位。深圳港务局年吞吐量为195.2万TEU，比上年增长69.8%；青岛港务局年吞吐量为121.3万TEU，比上年增长17.6%；天津港务局年吞吐量为102万TEU，比上年增长8.9%。

到1998年底，由中国港口发出的国际班轮航班数为2 532班/月，比上年增加12.6%。其中远洋干线班轮航班数为279班/月，比上年增加25.1%。近洋航线航班数为2 253班/月，比上年增加11.2%。国内支线航班数为1 010班/月，比上年增加57.6%，内支线挂港由原来的20个国内港口增加到41个港口。

1998年国内贸易集装箱班轮运输有了飞跃性的发展，内贸集装箱港口吞吐量约60万TEU，为1997年20万TEU的3倍。中远集团、中海集团等国内大型航运公司都开始从事国内贸易集装箱班轮运输。

1999年全国港口国际集装箱吞吐量为1 805万TEU，同比增长37.6%，增幅为10年来最高。年集装箱吞吐量为100万TEU的港口有5个。其中上海港年集装箱吞吐量为421.6万TEU，同比增长25.5%；深圳港年吞吐量为298.6万TEU，同比增长53%；青岛港年吞吐量为152.3万TEU，同比增长25.5%；天津港年吞吐量为129.4万TEU，同比增长27.1%；广州港年吞吐量为117.7万TEU，同比增长39.1%。

（2）远洋干线、近海航线、国内支线布局日趋合理，航班密度明显增加。截至1999年底，停靠中国港口的远洋干线共69条，同比增长81.6%。其中北美航线28条，同比增长64.7%；大洋洲航线7条，同比增长78.5%；欧洲航线21条，同比增长90%；非洲航线5条，同比增长40%；中东、波斯湾、红海航线8条，同比增长700%；南美航线5条，同比增长150%。

由中国港口发出的国际班轮航班数为2 973班/月，同比增长17.4%。其中干线班轮航班数为544班/月，同比增长95%；近洋航线航班数为2 429班/月，同比增长7.8%；国内支线航班数为1 046班/月，同比增长15.1%。

（3）政府管理部门进一步调整管理思路，完善海上国际集装箱运输管理法规，加强市场检查和监督，加大处罚力度，初步形成竞争、有序的市场机制。

（4）继续通过班轮审批对航线结构、运力规模进行宏观调控。从航线布局上，完善上海国际航运中心干线、支线合理布局，同时鼓励深圳、青岛、天津、宁波、大连、厦门等沿海大港增加干线班轮航线和航班密度。从实际情况来看，基本达到调控目标。

（王红雁）

【中远集团运输生产概况】 1998年，中远集团全年累计完成海运量11 731.4万t，为年计划指标的111.3%，比上年减少了2.8%。全年累计完成货运周转量6 619.4亿t·n mile，为年计划指标的117.9%，比上年增加了1.3%。其中集装箱运量完成340.3万TEU，散货运量完成7 149.9万 t，杂货运量完成928.9万 t，液、气体货运量完成438.6万t，汽车运输量完成457.9万t，外代系统完成代理船舶8.429万艘次、30 245万净吨、22 201万 t货运量，空运完成揽货量60 126t。

中远集运公司全年累计完成集装箱运量338.3万TEU，比上年增加了7.6%。1998年箱位利用率为58%，比上年提高了1.3个百分点；国内共开出班轮2 657班，准班率95%，营运率98.8%，航行率72.8%，载重量利用率41%。

中远散运1998年完成运量3 727.6万t，为年计划的105%，完成周转量2 464.6亿t·n mile，船舶营运率98%，航行率65.2%，载重量利用率64.8%。

广远公司1998年累计完成货运量775.9万t，为年计划的123.2%。营运率98%，航行率45.9%，载重量利用率50.8%。大远、厦远、深远公司累计完成货运量分别为569.2万t、183.4万t和231.5万t，分别为年计划的142.3%、183.4%和231.5%。

1999年，中远集团全年累计完成海运量14 164.9万 t，比上年增加20.74%；完成货物周转量7 693.09亿 t·n mile，比上年增加16.22%。其中完成集装箱运量364.45万TEU，比上年增加7.7%，箱位利用率为62.34%，散货运量完成6 270.47万t；杂货运量完成3 967万t；液、气体货运量完成489.34万t。集运核心班轮准班率96.95%，平均准班率达到94.92%，航行率72.6%，载重量利用率44.8%。散运完成运量3 495.02万t，完成周转量2 386.89亿t·n mile；船舶营运率98.7%，航行率65.9%，载重量利用率65%。

（中远集团宣传处供稿）

沿海港口生产与建设
Coastal Ports Production and Construction

【沿海港口生产】 1998年，全国江海115个主要港口货物吞吐量累计完成12.5亿t。为上年的98%。其中江海57个主要港口货物吞吐量完成10.6亿 t，为上年的101.3%；沿海42个对外开放主要港口外贸货物吞吐量累计完成3.5亿t，为上年的93.3%。

沿海主要港口国际集装箱吞吐量完成1 141万TEU，比上年增长24.9%。

与上年相比，煤炭、原油、铁矿石、粮食、化肥等重点物资的内贸吞吐量，除煤炭基本持平、原油和海南矿增长一成多以外，其余均下降一成半到二成半不等；外贸吞吐量进口物资除粮食增长幅度较大外，其余均下降6%～29%不等；出口物资中除煤炭略有增长外，其余均下降。

1998年由于外贸货源不足，加之其他因素影响，港口企业成本上升，经济效益下滑，亏损企业增加。

1998年港口生产和经营的主要特点：

（1）生产形势整体上呈“凹”字形。1998年由于国内市场需求不足，工业生产增速较缓，加之受东南亚金融危机以及其他运输方式竞争的影响，造成水路运输需求乏力，港口生产经营情况上半年由升转降，下半年受国内政策调整影响由降转升，整体走势呈“凹”字形。

（2）外贸货物吞吐量下降幅度较大。1997年外贸吞吐量增幅曾高达15.4%。1998年受国际经济剧烈动荡的影响，港口外贸货物吞吐量止增回落。外贸进口货物吞吐量与上年相比下降6.7%。在主要大宗进口货物中，铁矿石下降4.2%；原油下降25.6%。粮食、化肥分别下降15%、21.8%。从外贸出口货物吞吐量看，与上年相比下降2.7%。在主要大宗出口货物中，除粮食大幅增长外，煤炭、非金属矿石、水泥、钢铁等其他货种均有不同程度的下降，而原油下降幅度最大，达37.3%。

（3）集装箱运输保持高速增长。1998年沿海主要港口国际集装箱吞吐量完成1 441万TEU，比上年增长24.9%，在连续14年高速增长的基础上继续保持强劲增长势头。中国集装箱第一大港上海港继续保持集装箱龙头港地位。上海、深圳等港口的集装箱中转枢纽港地位已初步形成。

从集装箱吞吐量增长较快的地区和港口分布来看，华南、华东地区的港口快于东北、华北地区的港口，如深圳、宁波、广州、上海、厦门港的增速分别为69.8%、37.2%、23.1%、21.7%和19.7%，营口、青岛、大连港 的增速分别为24.2%、17.6%、和16.2%。上述港口的增长速度普遍高于其他港口，集装箱运输向主要枢纽港集中的趋势日趋明显。

（4）港口装卸作业环境进一步改善。由于港口吞吐能力的不断扩大和装卸效率的提高，港口作业环境进一步改善，船舶在港停时不断减少。港口外贸船舶在港作业时间与待作业比率由1996年的1∶0.72、1997年的1∶0.58，进一步下降到1998年的1∶0.556。

据统计，截至1999年底，全国沿海主要港口码头泊位数共1 392个，其中万吨级以上深水泊位490个；全国沿海主要港口完成旅客吞吐量6 401万人，比1998年增长55%；全国沿海主要港口完成货物吞吐量10.53亿t，完成外贸货物吞吐量3.88亿t，比1998年增长13.8%。

1999年港口生产经营主要特点：

（1）水运货源全面增长。1998年下半年以来，国家实行积极的财政政策，加大基础设施建设的投资，努力扩大外贸出口，刺激并拉动了沿海和长江水运需求的增长，从而出现了自1992年以来罕见的增长幅度。沿海及内河各种水运货源全面增长，其中煤炭、原油、矿石、集装箱和钢铁等货源的增长幅度较大。其他如钢铁、矿建、粮食、化工原材料等均呈大幅度增长态势。

（2）沿海大多数港口吞吐量创新高。沿海港口码头通过结构调整和技术改造，进一步朝大型化、专业化和现代化方向发展，装卸效率大幅度提高，船舶周转大大加快。主要港口外贸船舶口均在港作业与待作业比仅为1∶0.53，接近国际水平。绝大多数港口超额完成了年度生产计划，吞吐量指标超1998年水平，经济效益也比预料的要好。上海港吞吐量达到1.86亿t，增幅13.7%；广州港增长29.1%，首次突破亿吨大关，达1.02亿t，成为中国第二个亿吨大港；宁波港接近1亿t，达到9 660万t，增幅11%；秦皇岛和大连港超过8 000万t；天津、青岛港为7 000余万吨；深圳港接近5 000万t。从货物吞吐量历年变化和各港比较情况看，市场竞争的出现和加剧，使中国沿海港口按规模按区域的分化进程加快，大型港口在竞争中优势明显，吞吐量增长的幅度和绝对量也较大，而功能单一的港口以及中小港口的增幅则较小。

（3）沿海客运继续大幅下降。近年来，在航空、铁路和公路客运的迅猛攻势下，水运客源逐年减少，沿海和长江干线的常规客船被迫退出客运航线，水路客运在综合运输体系中的地位进一步下降。但在陆岛、湖泊和水网风景旅游地区，水路客运目前仍具优势，其他运输方式难以取代，但完成量在整个水路旅客港口吞吐量中所占比重还很小。

（4）集装箱吞吐量继续保持高速增长。在中国港口特别是沿海主要港口，国际集装箱吞吐量在连续保持14年高速增长的基础上，1999年继续保持强劲增长热头。沿海主要港口国际集装箱吞吐量完成1 526万TEU，比上年增长34%。其中上海港、宁波港、深圳港、广州港分别比上年增长37.2%、70.6%、52.6%和40.1%；大连港、天津港、青岛港增长率分别为39.9%、27.8%和27.1%。从以上情况看，南方港口的集装箱吞吐量增速要高于北方港口。国内集装箱运输作为水路运输新的增长点，已得到越来越多的港航企业和广大货主的认同。1999年，在国内经济发展推动之下，地区之间的贸易经济联系不断加强，适箱货物运输量也大幅度增加。 （陈正才）

【港口建设概况】 1998年沿海港口基本建设实际完成投资48.0亿元，比上年减少29.4%，其中交通部统一安排投资完成25.7亿元，为年计划的132.8%，各省（区、市）交通部门安排的投资完成22.3亿元。

1998年交通部共安排沿海大中型项目8个，共建成投产泊位71个，其中深水泊位21个，中级泊位10个，小泊位40个，共新增吞吐能力1 796万t 。

1998年沿海港口建成泊位见表1。

1999年沿海港口基本建设实际完成投资59.8亿元，同比增长24.6%。其中交通部统一安排投资完成32.4亿元；各省、自治区、直辖市交通部门安排投资完成27.4亿元。

1999年交通部共安排沿海大中型项目8个，共建

表1　1998年沿海港口建成泊位一览表

工　程　名　称	吞吐能力(万t)	泊位数(个)	其　中		
			深水（个）	中级（个）	小泊位（个）
合计	1 796	71	21	10	40
沿海主要港口小计	575	10	8	2	
大连港成品油码头	180	2		2	
大连港大窑湾港区一期后六泊位	120	1	1		
青岛港前湾港区二期工程	135	3	3		
连云港墟沟港区一期工程	140	4	4		
地方港口小计	1 221	61	13	8	40
丹东海运公司码头配套工程	1	1			1
泉州后渚二期工程	50	2	2		
温州七里港区一期工程	49	2	2		
长岛北隍城客货运码头	8	1			1
长岛大黑山客货运码头	8	1			1
大连长海美人礁码头	10	1			1
大连皮口港轮渡码头	4	1			1
岱山官山岛交通码头	1	1			1
定海东蟹峙岛交通码头	1	1			1
定海金塘沥港车渡码头	10	2			2
定海里钓山岛交通码头	1	1			1
定海三江客货码头	10	2			2
定海西蟹峙岛交通码头	1	1			1
洞头大门岛交通码头	8	1			1
晋江后山陆岛交通码头	8	1		1	
湄州岛交通码头	8	2			2
汕头南澳前江码头扩建	20	1		1	
嵊山箱子岙交通码头	10	1			1
嵊泗菜园交通码头	37	4			4
北仑港监艇码头	5	1			1
滨海县滨海港建设	40	3			3
苍南龙港货运码头	20	1			1
定海大鹏岛交通码头	1	1			1
定海富翅岛交通码头	5	1			1
福安赛歧码头	14	2		2	
富鼎桐山港码头	2	1			1
福州港均盩峰洲三期	26	1		1	
福州港散货（河砂）码头	98	3	1		2
福州吉安燃油码头	10	1	1		
江东货运码头	15	1			1
龙湾白楼下客货码头	15	1			1
妈湾三号码头	60	1	1		
麻斜车渡码头	0	1			1
宁波交通公司船舶基地	30	1			1
宁德市云淡岛码头	10	2			2
莆田南日岛浮叶码头	5	1			1
汕头东海码头扩建	20	1		1	
汕头市西堤港扩建驳船码头	25	2			2
深圳市低温常压液化石油气储存	120	3	1	2	
象山西泽客运码头	0	1	1		
天津港盐码头改造	65	1	1		
盐田二期工程	320	1	1		
天津港一港池西侧码头改造	70	2	2		

（李悟洲　李传光）

成泊位48个，其中深水泊位19个，中级泊位3个，小泊位26个，共新增吞吐能力2 374万t。

(过新新　康连锁)

(1) 继续加强水运工程建设管理法规制度建设。为更加适应沿海港口建设的新形势，在总结经验、调查研究和广泛征求意见的基础上，对《水运工程施工招投标管理办法》和《港口工程施工招标文件(含合同)范本》进行了修订，同时编制完成了《水运工程质量监督规定》、《水运工程勘察设计招标投标管理办法》送审稿。

(2) 抓好港口建设项目的管理。根据国务院办公厅《关于加强基础设施工程质量管理的通知》，交通部组成了检查组对部分港口基础设施建设项目进行了重点质量抽查。从检查结果来看，港口建设项目，特别是国家重点建设项目和大中型建设项目的工程质量较好；对发现的问题，提出了整改措施，并针对如何进一步加强港口建设项目的工程质量，提出了具体措施和办法。

(3) 进一步培育规范、完善水运工程建设市场。对列入交通部年度计划的建设项目均按规定实行了招投标制、工程监理制和合同管理制。如厦门港东渡三期陆域工程、大连港大窑湾一期导堤和疏浚工程、漳州中银港区4～5号泊位水工工程、秦皇岛港戊已码头工程设备、烟台港西港池三期工程设备、防城港二期工程等项目，都实行了招标，并取得了较好的效果。

(4) 注重新技术的开发和应用。根据经贸委等7个部委的通知要求，重点进行了土工布在码头水工、航道整治、地基处理、挡土结构等工程中的推广、应用工作；开发了大直径管桩码头上部结构、半圆型防波堤结构、地连墙码头结构以及大直径嵌岩桩锚锢技术和桩基码头水平力设计等10余项新技术，从而加大了工程的科技含量，促进了水运工程技术进步，提高了筑港水平。　(李传光)

【大连港大窑湾港区后6个泊位工程】 该项工程是国家“八五”跨“九五”的重点建设项目，于1993年7月开工，其中5号、6号泊位已建成并投入使用，7号、8号、9号、10号泊位已基本建成。

该工程建设深水泊位岸线长1 462m，设计年通过能力720万t（含集装箱85TEU）。1996年批复工程调整总概算为人民币104 662.14万元，外币59.9113亿日元。码头结构形式为沉箱重力式结构，其中5号泊位为2.5万吨级集装箱泊位，码头前沿设计底面高程−12.1m；6号、7号泊位为5万吨级集装箱泊位，码头前沿设计底面高程−14.0m；8号泊位为简易万吨级泊位，码头前沿设计底面高程−9.4m，9号、10号泊位为万吨级杂货泊位，码头前沿设计底面高程−9.4m；建设工作船码头404m，护岸646m；码头前方建设集装箱堆场面积38.16万m^2，面层结构为钢筋混凝土大板；多用途仓库1座，建筑面积8 346m^2；港区后方建设集装箱拆装箱仓库1座，建筑面积1 800m^2；集装箱堆场面积1.1万m^2.，面层结构为混凝土联锁块。

该工程的建设单位为大连港务局，主要设计单位为中交水运规划设计院，主要施工单位为一航局三公司、天津航道局等，并由大连港口建设监理公司实施工程监理。　(李景奎)

【广州港新沙港区6～10号泊位工程建成投产】 港区一期工程是国家“八五”跨“九五”重点建设项目，分两个阶段建设。其中1～5号泊位工程于1995年8月7日验收并投入使用；6～10号泊位工程于1994年6月开工，已经基本建成并于1999年10月22日通过了广州港务局组织的预验收。

港区6～10号泊位工程共建设5个3.5万吨级泊位，设计年通过能力150万t。其中6号泊位为通用泊位；7号、8号泊位为杂货泊位；9号、10号泊位为木材泊位（兼作集装箱泊位）。1994年交通部调整工程概算为52 525.71万元，1997年调整工程概算总额为67 496.06万元。

该工程深水泊位岸线总长1 000m，码头前沿水深−12. 5m；码头结构形式为重力式扶壁结构，后方人工回填中粗砂。建设道路、堆场面积18.38万m^2，铺设港内铁路2.611km。建成7号、8号泊位杂货泊位仓库2座，每座仓库建筑面积为13 142.53m^2。装卸工艺设备利用国内招标采购，配备门座式起重机5台、集装箱轮胎龙门吊2台及其他配套设备。设备性能先进，工艺流程合理，能够满足工程设计和生产的要求。

该工程建设单位为广州港黄浦建港指挥部，主要设计单位是第四航务工程局、天津航道局、广东省第二建筑工程公司等，并由广州港水运工程监理公司实施工程监理。

【秦皇岛港10万吨级航道工程】 该工程是秦皇岛港煤码头三期、四期工程的配套建设项目。该工程的建成使用，提高了航道的通航能力，基本满足了大型船舶进出港的需要，从而增强了秦皇岛港作为能源集散枢纽港的地位和作用。

该工程于1998年3月开工建设，新辟10万吨级单向深水航道1条，航道长16.8km，设计底宽200m，设计底标高－16.5m；疏浚方量1 992万m^3，港池清淤20.48万m^3；利用航道疏浚废弃物吹填造陆1 317亩；导助航设施采用陆上导标、海上助航标志和DGPS辅助助航系统相结合的方式。陆上导标8座。海上助航标志包括26座活节式灯桩和1艘无人灯船、1套DGPS辅助助航系统（5个移动台）。此外还建有海监VTS系统及引航监控中心系统，建造了1 470kW（2 000马力）全回转拖消两用船1艘。工程于1999年12月26日通过了国家验收，工程质量总评为优良。

该工程建设单位为秦皇岛建港指挥部，由第一航务工程勘察设计院设计，由天津航道局、中建二局四公司等单位施工，并由秦皇岛方圆港湾工程监理有限公司监理。（李传光）

【技术改造】 1999年交通部统一安排的直属单位技术改造计划，共完成投资36.2亿元，同比增长48.4%。主要安排了沿海港口、运输、施工企业等单位生产设施和生产配套设施改造。完成了大连港务局散粮、保税区填海、内贸集装箱码头等改造工程；烟台港务局15、16号泊位加固改造工程；青岛港务局前湾煤炭堆场、八码头陆域和集装箱泊位等改造工程；上海港绿华山减载平台更新；宁波港务局港区铁路设施及北仑堆场改造工程等的建设。

（过新新 康连锁）

支持保障系统建设
Construction of the Support and Guarantee System

1998～1999年，交通部继续对支持保障系统建设实行倾斜政策和扶持措施，加大投入，加快了工程建设进度。

【科研、教育设施建设】 1998年，继续贯彻“科教兴国”方针，进一步加快了3个科研中心的建设，建成了上海船研所的航海安全试验室、水运所大兴科研试验场一期工程、天津水科所环保试验厅、南京水科院的海岸工程试验厅。继续加快了交通信息基础工程、天津水科所港口结构试验厅、河口淤积试验厅、海科所水下工程技术综合实验室、南京水科院泥沙运动基本规律研究实验室等工程的进度。

继续加强教学基础设施建设，建成了集美航海学院培训楼、上海海运学院综合教学楼，加大了对大连海事大学的船舶动力装置实验室、校园公共服务网络、试验楼工程的建设。

1999年建成了船舶运输控制系统第三个国家工程研究中心、天津水运工程科研所港口结构试验厅、上海海洋水下工程科学研究院水下工程技术综合实验室、南京水科院泥沙运动基本规律研究实验室；交通部水运科研所大兴科研试验场二期工程建设破土动工。

继续加强了教学基础设施建设，进一步加大了对大连海事大学进入国家“211工程”的建设力度。大连海事大学的船舶动力装置实验室、校园公共服务网络、实验楼工程等工程已陆续建成并投入使用。

【信息、通信设施建设】 根据《公路、水运交通信息化“九五”规划和2010年远景目标（纲要）》，交通部开始启动了以CTInet网络（中国交通运输信息网络）建设为主体的“金交”工程的建设。CTInet是连接行业内各级交通政府部门、具有行政管理职能的事业单位、大型企业集团和主要港口以及其他事业单位、覆盖全国交通系统的信息网络。其中包括交通运输EDI信息网络（一期）工程、海上安全监督EDI系统等。

由72个卫星地面站组成的从交通部至各省、自治区、直辖市交通厅（局）及主要港航单位的交通专用卫星长途通信网，到1998年底已由北京主站和69个端站开通，运行情况良好，基本形成了具有传输电话、图像、传真和电视电话会议等功能的卫星通信网络。利用该卫星专网，新开通了中海集团电视会议系统。全球海上遇险安全系统（GMDSS）工程中，B/M标准站工程正式开通了mini-m标准站的话音、传真、数据通信业务，海岸电台数选值班台（DSC）工程到1998年底开通大连等12个数选值班台的遇险DSC业务，低轨道搜救卫星系统工程完成了本地端站（LUT）搬迁至部大楼，该系统已经正式运行并获国际搜救卫星组织的批准。

1998年还建成了交通运输信息网络卫星专网数据交换枢纽站工程，开通并投入使用了三亚、湛江、天津3个海岸电台工程。

1999年，加快了以CTInet网络建设为主体的“金交”工程建设。CTInet网络管理中心已建成；调整后的建设内容为港航集装箱运输EDI系统、海上安全监督EDI系统、各港口所在省份公路快速货物运输EDI系统正加紧建设。水上安全监督信息系统一期工程的前期准备工作已基本完成。

1999年，交通专用通信网卫星通信主站及卫星通信端站工程于8月底通过验收，并开通了交通系统电视会议系统。GMDSS工程完成了18个海岸电台DSC

工程的试开通初验及软件完善工作，并进行了船岸间DSC通信试验。低轨道搜救卫星系统工程完成了卫星站（LUT）搬迁、调试、开通等工作。该系统正式投入运行，并通过验收和测试。北京海事卫星B/M站工程业经INMARSAT批准，已全部投入商业试运行。交通运输卫星数据交换枢纽站工程6月份完成与各单位计算机联网，并进行了数据业务传输及测试，11月通过竣工验收。海事卫星地面站供电电缆改造及C站改造工程项目正在抓紧建设之中。

【水上安全保障设施建设】 （1）船舶交通管理系统（VTS）。1998年基本建成了广州船舶交通管理系统一期工程、湛江船舶交通管理系统、营口船舶交通管理系统、深圳蛇口船舶交通管理系统。1999年广州VTS一期工程和营口VTS都通过了验收，已投入运行使用，并取得了一定的社会效益。深圳蛇口VTS和琼州海峡VTS扫尾工程正在加紧进行。

（2）灯塔、航标。1998年继续对灯塔和航标设施进行重建、改造，使航标的白天目视和夜间的灯光射程均有明显改善。新建了鹿屿岛、三灶山DGPS差分台，并完成了大连老铁山灯塔及DGPS、成山头DGPS台工程的改造。宁波灯塔工基地、广州灯塔工基地、大连灯塔工基地、烟台灯塔工基地、青岛灯塔工基地、广州遮浪灯塔、日照航标站以及海南洋浦DGPS站已开工建设。

（3）海监、救捞基地、码头及专用船舶建设。1998年，建成了青岛航标工作船码头、汕头海监局的业务综合用房、上海海监局综合管理中心工程和烟台救捞局的航修站工程。上海海监局外高桥救捞码头，秦皇岛海监局的工作船码头工程，烟台救捞局的顺岸码头、潜水训练基地，秦皇岛顺岸码头，以及中国船舶报告系统中心等工程正在建设中。1999年，建成了秦皇岛工作船码头、青岛综合楼、日照甚高频通信系统、日照东港监督站、上海陆家嘴浮码头、上海海事局综合楼、连云港墟沟监督站、汕头综合楼、汕头潮阳监督站综合业务用房、新沙监督站及生活设施；广州救捞局的北海救助基地、广州救捞局的湛江救助码头、从化深潜水训练基地、烟台救捞局顺岸码头和秦皇岛救助码头、大连技术业务管理中心和危资货物运输咨询中心、宁波大榭安全监督设施和船舶交管工程、海南白马井等8个监督站业务用房，以及船舶报告制和陆上搜救协调通信网等工程正在紧张建设之中；1998～1999年还建成交付使用一批海监巡逻船、航标巡检船、登陆艇、近海和远洋救助拖轮、快速救生艇、起重船、救助拖轮及通信设备。

（4）海上船舶溢油应急、防治示范工程。为实现对中国北方海区三大水道船舶溢油的信息跟踪，监视、监测、抑制溢油的扩散，并采取措施对中小规模的溢油进行回收和处理，交通部于1997年批准建设的中国北方海区海上船舶溢油应急、防治示范工程，经过论证、招标和谈判，已实施到设备采购合同的执行阶段。

（5）海上搜救直升机临时起降点工程。为完成中国海上立体搜索、救生，提高中国的救生、救助、打捞实力及水平，拟建设的海上搜救直升机临时起降点工程前期工作已全部结束，其建设方案和初步设计已通过了国家相关行业的专家评审。

【水运科学研究所大兴科研综合试验场一期工程】 交通部水运科学研究所大兴科研综合试验场工程是交通部为贯彻“科教兴国”和水运科研生产可持续发展战略方针，落实“三主一支持”总体规划而批准建设的基础工程。综合试验场位于北京市大兴县，占地面积15万m^2，其一期工程1993年由交通部批准开始建设，1999年正式通过交通部水运司组织竣工验收。工程质量总评为优良。

该工程主要包括3栋试验楼及变电站等配套设施，总投资4 879万元，总建筑面积7 328m^2。它主要围绕散货装卸系统的科研试验与产品开发，建成了计算机模拟试验室、水喷洒抑尘试验室、实时控制试验室、液压泵站、综合测试室、无线通讯与数据传输试验室、电子单元开发室、位势负载试验室、电力拖动试验室和港口物流装备与控制工程试验室等10个试验室。其中港口物流装备与控制工程试验室已通过交通部认定，成为首批部属重点试验室。

综合试验场一期工程和原来的环保试验区及试验工厂形成了以散货装卸系统为中心，以计算机模拟与工程试验相结合，以高新技术应用、关键技术开发为重点，主要研究解决散货装卸运输工程中的技术难点和热点问题，以提高散货装卸的质量、效率、效益及环保安全水平。它是目前国内学科综合性最强、规模最大、整体水平处于领先地位的散货装卸科研试验和产品开发系统，也是面向国内外开放的科研试验、科研成果后续工程化和转化、新技术新产品产业化的大型综合性研究开发基地。

综合试验场一期工程的建成，使水运科学研究所完成国家、部级科研项目的能力和水平显著提高。该所依托一期工程，完成了“波纹挡边皮带机研制”、“1 600 t/h斗轮式煤炭卸船机研制”等20余项科研项目或工程项目，同时在解决水运生产中的关键技术问题、应用高新技术方面的能力也大大加强。还使水运所的科研成果转化、科技产业化能力明显提高。

（胡 明）

海洋交通科技
Science and Technology in Marine Traffic

【重大科技项目】 根据国家“建立企业技术创新机制，逐步使企业成为技术开发主体”的精神，1998年度国家级科研项目完成立项4项，其中技术创新项目2项（焦碳出口码头装船系统关键技术装备、大型轮胎式集装箱门式起重机工试），重大装备贷款贴息项目2项（散货海上转载平台装卸系统、中置式稳定/再生拌和机）。

完成国家重点企业技术开发“集装箱港口技术装备”项目鉴定验收，完成国家级推广项目验收2项。完成国家科技攻关项目“国道主干线设计集成系统”、“深水枢纽港建设关键技术及示范工程”和“大型煤炭海运船舶及港口装卸成套设备”的年度检查及中期检查工作。（张杰 杜力）

加强科技项目管理，组织实施国家级重大科研项目。1999年，为使科研项目管理更加科学化，研究提出了交通部重大科技项目招投标管理办法和招投标的有关规定，并加强了对项目执行情况的检查。对“国道主干线设计集成系统研究开发”和“深水枢纽港建设关键技术及示范工程”两个国家科技攻关项目进行了评估。完成了部分国家开发项目和部门切快项目的验收鉴定工作。同时，积极争取国家级新项目。

加强交通科技成果管理。开展了“交通部1999年度科学技术进步奖”的评审工作，共有79个项目获奖，其中特等奖1项、一等奖3项、二等奖13项、三等奖62项。交通部1998～1999年主要涉海获奖项目在后文中将分别予以介绍。

【交通部主要涉海获奖项目简介】 **黄骅港浑水动床泥沙物理模型试验研究** 1998年获交通部科技进步二等奖。黄骅港是中国西煤东运第二通道的出海港，建港的关键技术问题是泥沙淤积问题。本研究开展了潮流和波浪共同作用下的浑水动床泥沙物理模型试验研究，以优选港池和航道 的布置方案。在一个模型中同时复演潮流和波浪作用下的悬沙和底沙运动，依据近年在潮流和波浪共同作用下的泥沙基本理论方面取得的成果，其中包括潮流和波浪作用下的输沙方程式、潮流和波浪挟沙能力公式和起动流速公式等，从理论上解决了设计这种复杂模型的相似条件。

验证试验表明，该物理模型中各站位潮位、流速、旋转流形态、流速和流向等的沿时变化以及由潮流和波浪引起的水体中含沙量分布场和海底冲淤变化等均与原型基本相似。在此模型上研究了黄骅港一期工程各方案的淤积分布和淤积量以及北堤缺口的冲刷问题。通过对环抱式港池口门不同位置和不同航道走向的多方案比选试验，明确了最佳工程布置方案，为黄骅港的建设提供了重要科学依据。（桂海生）

虎门大桥建设成套技术 1999年获交通部科技进步特等奖。虎门大桥建设成套技术依托虎门大桥工程形成，以当代国际最新科技水平和先进经验为起点，组织大规模联合科技攻关研究和总结出一套系统、完整的成套技术，内容主要包括悬索桥技术、连续刚构桥技术、交通工程技术和项目管理技术。跨径888m悬索桥是中国建设现代大跨度钢箱梁悬索桥的开端，其设计布局、结构造型、计算程序开发、施工制造工艺等方面起到示范性作用；主跨270m连续刚构桥为当时世界同类桥梁最大跨径，在设计、施工技术和抗风措施上有重大创新；在国内开发成功一套交通安全和收费管理的新技术；首次在国内大型桥梁工程建设中，在工程监理和项目管理上推行一系列改革，取得显著成果。该成套技术的部分成果已在中国建设中的江苏江阴大桥、厦门海沧大桥推广。

长江口拦门沙航道演变规律与深水航道整治方案研究 1999年获交通部科技进步一等奖。全面分析了长江口拦门沙地区水文泥沙、盐淡水特征及河床演变过程；根据各汊道演变规律，经多方案比较，选择了南港北槽作为拦门沙通海航道进行整治。

根据河床演变规律，参考国内外潮汐河口航道整治的经验，提出了以分流鱼咀、双导堤及束流丁坝等治导工程为主的疏浚工程整治方案。

对现场观测、模型试验结果和整治工程的效果、工程量估算进行全面研究，得出了该工程在技术上可行的重要结论。

根据浦东开发、开放的要求及上海市、长江三角洲的经济发展预测，分析了长江口航道现状的严重不适应性，并结合工程预算进行经济论证，认为该工程在经济上是合理的。工程已于1998年正式动工。

澳门国际机场人工岛工程建设成套技术 1999年获交通部科技进步一等奖。在海上深厚软基础上建设大型人工岛，供波音747-300型客机起降的机场航行区使用，在国内属首次。机场人工岛工程综合应用多种地基处理技术控制地基沉降；在海上工程中大批量使用先张法预应力离心高强混凝土管桩；成功地引进法国钩连块体护面成套技术；在疏浚和吹填工程中开发和应用自动导航定位的电子图形监控系统、水深及高程测量计算机成图系统和施工现场计算机指挥调度系统；联合运用多种机械化抛石工艺实现高效率作业；采用安全断面法进行护岸堤心石防台施工；使用液压打设机打设深埋塑料排水板；引进先进设备进行深厚吹填沙的振冲密实；场道沙基一次性振碾施工以及通过建立起一整套地基监测系统实现信息化施工等方面，都处于国内首创或国内领先水平。其管理经验对建筑施工企业在发挥集团优势，依靠技术进步成功地实施境外工程总承包方面具有示范和指导作用。

JAJ52型岸边集装箱起重机 1999年获交通部科技进步二等奖。该机是适用于第四代超巴拿马型集装箱船集装箱装卸作业的大型、高效、自动化港口装卸机械。其额定起重量（吊具下）为40.5t，最大外伸距为44m；采用绳索牵引式小车型式，主梁为双梯形梁结构型式，通过计算机模拟技术对工作参数进行优化，使机型主参数合理匹配。该机设置的机械及电子自动、半自动防摇装置减摇效果明显，结合半自动定位控制系统，可提高作业效率；应用DM2000电气系统及DC2000全数字化晶闸管可控直流驱动、IOS智能操作站、MM2000人机接口管理系统，可提高整机自动化控制、管理及故障诊断的技术水平。

国际集装箱运输电子信息传输和运作系统及示范工程 1999年获交通部科技进步二等奖。该项目以科技为先导，是促进中国集装箱运输技术进步和管理现代化的具有相当建设规模的系统工程。该项目对国际集装箱运输业务中的主要单证，按照UN/EDIFACT国际报文标准，结合中国实际情况，确定了21个电子交换报文标准，在中国远洋运输（集团）总公司、上海口岸、天津口岸、青岛口岸和宁波口岸（简称“一线四点”）建立EDI示范工程，实现港航内陆集疏运、海关、商检、卫检、动植物检等各相关单位间集装箱运输信息的电子数据交换，从而满足运输生产和政府监管部门对集装箱运输信息的快速、准确、及时、完整的需求和省工、省时、省钱的具体要求，并与国际集装箱运输接轨；针对冒名、篡改、泄露、抵赖等非安全因素建立了身份鉴别、完整性、保密、防止责任抵赖4种安全机制及密钥管理系统；制定了《国际海上集装箱运输EDI管理办法》及相应的替代规则、协议规则、流程规定和收费规则，从而有利于提高中国主要口岸的集装箱运输效率。

大型港口机械结构稳定性和裂纹控制技术 1999年获交通部科技进步二等奖。针对金属结构疲劳裂纹扩展和局部失稳引起整体破坏的情况，提出了一套技术控制和管理办法。它将近代断裂力学应用于裂纹监控，确定了大型结构需要巡检的部位和巡检周期，从而避免了传统疲劳分析必须有可靠原始记录的障碍；用板的超屈曲理论代替梁模型求算了受压薄壁件在具有初曲率、焊缝和弹性模量等因素影响下的临界条件，给出安全起升载荷。项目用焊接力学求解了残余压应力，可定量给出焊缝对稳定和裂纹扩展的影响，据此可建立有效的巡检管理制度。

全国水运主通道、港口主枢纽发展战略研究 1999年获交通部科技进步二等奖。从分析中国水运事业发展的现状入手，参考发达国家水运事业发展的趋势和特点，总结了中国水运的特点和差距。在分析和研究中国水运货运量和国民经济、外贸吞吐量和对外贸易、水运客运量与人均国内生产总值之间发展的相关关系的基础上，预测国民经济发展对水运的总体要求，提出了在综合运输体系中水运业发展的战略目标。

上海港罗泾煤码头装卸系统成套设备 1999年获交通部科技进步二等奖。上海港罗泾煤码头一期工程是国家“八五”重点建设项目，也是上海市重大建设工程。它是国家北煤南运的整个大系统的重要组成部分，对确保上海和华东地区的煤炭供应，配合浦东开发，保护城市环境起着重要作用。

整个系统配制合理，主要设备均为国内研制；具备卸船、装船、堆场贮存、煤仓贮存和装车五大功能的装卸工艺设计先进合理，各项流程均可同时进行，互不干扰。根据码头的特点和装载工艺的特定要求，在国内首次研制成功：（1）用于3.5万 t 的浅吃水肥大型散货船卸船作业的，具有双悬臂结构的桥式抓斗卸船机，从而可以实现卸船、装船直取作业；（2）具有双侧装船功能，工作角度范围为±115°的装船机，可在堆场小的条件下提高港口吞吐能力，通过PLC系统进行数字化位置显示；（3）装车煤仓采用刮板机配仓，代替卸料小车，从而简化了作业程序，且输煤系统封闭，并避免了污染。

码头装卸系统的计算机自动控制与计算机管理系统相结合，实现了动态实时、全方位的计算机管理和多媒体计算机控制，使整个港区的生产全部实现了信息化管理。（桂海生）

【重点实验室认定工作】 为加强交通系统普通高校和科研院所实验室的建设和管理，逐步建设一批具有较高实验水平和管理水平的交通部重点实验室，交通部科教司组织制定并印发了《交通部重点实验室认定办法》。依据《交通部重点实验室认定办法》、《交通部重点实验室认定指标体系》、《交通部重点实验室专家现场认定工作程序》，组织专家于1999年5月27日至11月20日在部属普通高校和科研院所中组织开展了首批部重点实验室认定评审工作。12月14日，交通部批准交通部水运科学研究所港口物流装备及控制工程实验室，交通部天津水运工程科学研究所工程泥沙实验室，交通部上海船舶运输科学研究所航运技术实验室，上海海洋水下工程科学研究院水下技术综合实验室，南京水利科学研究院港口、航道、泥沙工程实验室，交通部科学研究院河口海岸科学研究中心河口实验室、大连海事大学航海动态仿真和控制实验室，船机修造工程实验室，上海海运学院航运仿真中心，武汉交通科技大学港口装卸技术实验室等10个涉海实验室为交通部重点实验室。

（科教司 陆 敏）

【国际合作】见国际合作篇。

统计资料

表2 海洋货物运量

单位：万t

部门和地区	1998年 货运量	1998年 远洋	1999年 货运量	1999年 远洋
全国总计	46 025	20 863	47 714	22 621
交通部直属	28 060	15 510		
地方合计	17 965	5 353		
天　津	375	182	3 833	3 687
河　北	414	80	504	143
辽　宁	499	178	2 469	1 098
上　海	127	83	13 335	5 853
江　苏	304	133	1 551	469
浙　江	3 877	132	4 687	172
福　建	2 885	524	3 313	
山　东	1 374	469	3 001	1 998
广　东	5 696	3 208	9 788	4 350
广　西	242	131	188	92
海　南	2 098	168	1 270	
其　他	74	65	3 775	3 645

表3 海洋货物周转量

单位：亿t·km

部门和地区	1998年 合计	1998年 远洋	1999年 合计	1999年 远洋
全国总计	18 016.3	15 254.8	19 843.7	17 014.3
交通部直属	16 126.3	14 473.4		
地方合计	1 890.0	781.4		
天　津	72.6	49.2	4 496.7	4 478.2
河　北	80.7	39.0	180.8	132.8
辽　宁	121.5	48.8	452.7	322.0
上　海	12.8	9.8	5 275.5	4 336.9
江　苏	82.3	45.7	267.1	156.0
浙　江	372.2	44.4	458.8	53.7
福　建	364.8	128.5	548.1	
山　东	156.3	92.5	1 624.1	1 565.4
广　东	313.0	198.2	2 024.2	1 295.5
广　西	35.3	33.4	17.3	14.7
海　南	236.2	51.0	139.5	
其　他	42.3	40.9	4 358.9	4 342.3

表4 海洋国际标准集装箱运量

单位：万TEU，万t

部门与地区	1997年		1998年		1999年	
	箱 数	重 量	箱 数	重 量	箱 数	重 量
全国总计	559.0	5 509.0	592.1	5 483.9	758.7	7 187.8
交通部直属	358.0	3 652.0	381.8	3 681.0		
地方合计	201.0	1 857.0	210.3	1 802.9		
河 北	1.0	14.0	2.4	19.2	1.2	8.8
辽 宁	6.0	81.0			1.1	16.1
上 海	7.0	65.0	10.6	96.3	375.0	4 097.0
江 苏	22.0	233.0	26.1	172.3	26.0	249.9
浙 江	10.0	113.0	8.3	99.0	17.6	96.5
福 建	24.0	224.0	24.7	212.4	45.3	480.2
山 东	14.0	129.0	17.5	156.6	27.2	225.2
广 东	114.0	973.0	117.1	1 005.7	251.4	1 873.3
广 西	1.0	8.0	1.0	9.0	2.0	14.8
海 南					8.2	77.0
其 他	2.0	17.0	2.6	32.4	3.7	49.0

表5 海洋国内集装箱运量

单位：自然箱，t

部门与地区	1997年		1998年		1999年	
	箱 数	重 量	箱 数	重 量	箱 数	重 量
全国总计	28 478	87 234	18 585	50 750	45 658	114 296
交通部直属	28 478	87 234	18 585	50 750		
地方合计	—	—				
辽 宁					9 544	30 027
上 海					12 205	26 973
江 苏	—	—			1 275	7 425
其 他					22 634	49 871

表6 海洋旅客运输量

单位：万人次，亿人·km

部门与地区	1997年		1998年		1999年	
	客运量	旅客周转量	客运量	旅客周转量	客运量	旅客周转量
全国总计	5 402	44	5 074	37.2	5 090	34.6
交通部直属	614	15	383	10.5		
地方合计	4 788	28	4 691	26.7		
辽 宁	204	2.0	200	2.3	595	11.9
上 海	20	1.0	22	0.2	42	0.6
浙 江	1 732	8.0	1 674	7.3	1 820	7.1
福 建	289	1.0	312	0.5	416	0.6
山 东	914	4.0	872	4.9	863	4.1
广 东	1 159	8.0	1 208	8.6	1 090	
广 西	35	1.0	34	0.5	34	0.5
海 南	135	2.0	369	2.4	230	1.8

海洋盐业和盐化工
Marine Salt Industry and Salt Chemical Industry

综　述
Summary

【概况】 中国海盐年产量，长期以来居世界第一位。在国内，海盐产量约占盐的总产量的2/3，井矿盐、湖盐约占1/3。据中国盐业总公司、中国盐业协会1998、1999年盐业统计年报统计，1999年海盐盐田总面积为451 258万m^2（见表1）；1998、1999年，海盐产量分别为1 547.8万t和2 050.2万t，海盐销量分别为1833.4万t和1 837.8万t（见表2）。1995～1999年，海盐业和全国盐业一样，继续呈产大于销局面，5年年平均产量超过年平均销量约10%。近年来由于采取了严格的控制措施，各盐区，尤其是南方盐区，产能及产量逐年有所下降，但仍未摆脱产大于销局面。1998年因特大洪水造成海盐严重减产，比1997年减产28%，但因全国其他盐品种仍产大于销，这一年盐业总体上产销平衡。1999年海盐产量超过当年海盐销量约11%。以制盐母液（苦卤）和卤水为原料的盐化工生产是海盐业有机组成部分，主要盐化工产品有氯化钾、工业溴、无水硫酸钠、氯化镁、硫酸钾等（见表3），盐化工产品品种已有80余种。利用海盐区滩涂水面发展水产养殖，开发盐田生物制品如β-胡萝卜素、螺旋藻等产品是海盐业的主要副产业，已具备一定规模。

表1　1999年沿海海盐区盐田面积表

单位：万m^2

地区		盐田总面积	生产面积	养殖面积	其他面积
全国		451 258	373 511	17 967	59 781
北方盐区	合计	383 297	318 677	15 581	49 039
	辽宁	57 771	53 070	333	4 367
	山东	114 181	93 068	1 082	20 031
	河北	81 683	78 574		3 109
	天津	45 061	37 481	6 144	1 436
	江苏	84 601	56 483	8 022	20 096
南方盐区	合计	67 962	54 834	2 386	10 742
	浙江	11 155	9 159	112	1 848
	福建	15 254	11 944		3 310
	广东	10 991	7 226	1 741	2 025
	广西	4 746	3 256	533	957
	海南	25 815	23 213		2 602

表2　1998～1999年中国海盐产量表

单位：万t

地区	1998年产量	1999年产量
全国海盐	1 547.8	2 050.2
北方海盐区	1 395.6	1 923.6
辽宁	175.7	284.7
山东	487.3	785.1
河北	325.9	394.4
天津	223.7	242.7
江苏	183	216.6
南方海盐区	152.2	126.6
浙江	38.6	31
福建	50.4	41.5
广东	22.2	25.8
广西	20.8	15.3
海南	20.2	13

【食盐专营】 1996年国务院颁布的《食盐专营办法》中规定国家对食盐实行定点生产许可证等制度。对食盐定点企业两年一换证。经过1997～1998年的执行，1998年11月3日在京召开了全国定点生产企业换证工作会。经考核确定了1999～2000年食盐定点生产企业，共112家。

为落实食盐专营工作，检查食盐加碘消除碘缺乏病工作情况，国家轻工业局、国家计委、铁道部、交通部、国家工商行政管理局、国家技术监督局从1997年开始，连续3年开展了全国食盐专营大检查。1998年9月组成7个专营检查组，共32人，分赴28个省210个食盐生产、批发企业进行检查。1999年10月10日开始，由5个检查组对9省区55个食盐生产、批发企业进行了食盐专营工作检查。主要检查食盐的生产、运输和销售以及食盐的质量、盐政管理等。专营大检查得到了各地政府和企业的高度重视与配合，收到了良好的效果，有力地推动了食盐专营政策的贯彻落实。

1999年5月5日开展了第六届全国范围“防治碘缺乏病宣传日”活动。此次活动的主题是“坚持科学补碘，提高人口素质”。各地利用各种宣传形式提高群众对碘缺乏病危害的认识和食用碘盐的自觉性。

围绕食盐专营工作的开展，各省盐业法制建设得到加强，盐政执法力度加大，各级盐政执法队伍的建设逐步完善。到1999年，已有盐政执法队伍2.5万人。在公安、工商等有关部门支持下，盐政执法机构狠狠地打击了私盐贩子的违法行为，保证了食盐专营的落实和市场秩序的稳定。

【加碘盐工程项目】 项目进入收尾阶段。碘盐生产能力从1995年之前的300万t提高到1999年底的806万t。到1999年底，大包装盐能力达到376万t，小包装盐能力达到255.6万t，生产厂碘盐质量合格率达到94.7%，碘盐中含碘量为20×10^{-6}～60×10^{-6}。居民中食用盐碘合格率从1995年的39.9%提高到1999年的88.9%，居民中碘盐覆盖率从1995年的54.2%提高到1999年的93.8%。到1999年底，加碘盐工程的目标已接近实现。

1998年10月5～6日“中国消除碘缺乏病战略国际研讨会”在京召开，国家有关部委局领导以及联合国儿童基金会、开发计划署、世界卫生组织、工发组织、世界银行等国际组织和有关专家共150余人参加了会议，国务院副总理李岚清向大会致贺信。会议充分肯定了中国通过实行食盐专营，普及碘盐供应在消除碘缺乏病方面所取得的显著成绩、进一步强调食盐加碘是消除碘缺乏病成功的重要措施。会议提出，到2020年在全世界实现消除碘缺乏病的目标，为实现消除碘缺乏病明确了方向。

【盐业科技】 为配合加碘盐工程、普及食用碘盐工作，国家计委1996年批准了“九五”科技攻关项目“加碘盐生产技术及设备研究”。本项目共有2个课题，11个专题。从1998年起，对陆续完成项目开始进行验收。由江苏省江阴市华夏包装机械有限公司承担的“碘盐（半、全）自动小包装机的研究”，由中国盐业总公司制盐研究所、自贡井矿盐设研院、湖南大学承担的“碘盐半自动加碘机的研究”、“碘盐中碘的分析仪器及方法的研究”，由自贡市井矿盐设计研究院承担的“全自动加碘机的研究”、“碘盐中碘剂稳定性及碘稳定剂的研究”、“碘盐中防固结剂应用的研究”等项目分别于1998年6月15日、8月26日、11月28日通过了鉴定验收。

1998年5月8日，全国盐业实现了计算机省级联网。1999年2月8日召开了全国盐业信息网络工作会议，会上宣布全国盐业统计报表实现计算机网络报送。盐业实现了省级计算机联网，二级网正在逐步建立，从而提高了盐业科技实力和现代化管理水平。

（姚 淳）

海盐生产
Marine Salt Production

【海盐生产情况】 海盐属露天生产，受气候条件影响较大。1998年，海盐生产因受到特大洪水影响，盐产量比1997年减产28%。各地受洪水影响情况有所不同，北方盐区的辽宁、山东、江苏损失较重，超过40%；而南方盐区的福建、广东、广西、海南等省区，因1997年受到较大洪水影响，当年盐产量出现大幅下降；而1998年受洪水影响较小，盐产量较1997年出现较大恢复性增长，但因南方盐区海盐生产所占比重较小，从全国来讲，1998年海盐业因洪水影响损失较为严重。1999年气候条件正常，海盐产量达到常年水平（1998、1999年各盐区海盐产量情况示于表2）。

控制能力，平衡产销 1995～1999年间海盐生产能力过剩。近年来采取了严格的控产措施，如严格停止新建项目，淘汰一些效益差、质量低的分散能力等，使得海盐生产能力，尤其是南方生产能力逐年有所压缩，但能力过剩问题未能根本解决。

海盐产量 除1998年因特大洪水造成大幅减产外，1995～1999年，海盐年产量一直在2 000万t左右，年销量在1 800万t左右，产大于销幅度每年在10%～15%之间。近年海盐区一直在进行各种限产、控产工作。但要从根本上解决产品结构矛盾，需要更深入的工作。

海盐质量 1998年全国海盐原盐质量平均氯化钠含纯为95.87%，其中北方盐区氯化钠含纯为96.11%，南方盐区为93.00%（1999年原盐质量情况未统计）。海盐原盐质量对比前几年有所下降，1997年全国海盐原盐平均质量及北、南方盐区平均盐质分别为96.13%、96.28%和93.20%；1996年分别为96.16%、96.37%和93.21%。食盐质量逐年有所提高（食盐质量统计数字略）。

海盐的销售 海盐的销售对象主要为工业、民食、农牧渔业和出口等。在海盐销量当中，工业盐销量占65%左右，食用盐（精制盐、粉洗盐、粉洗精盐、日晒精盐）占25%左右，农牧渔业和出口盐占10%左右。工业盐用户主要是化工烧碱、纯碱的原料盐，其他包括公路化雪、软化水等，种类多，但用量相对不大。食用盐主要是加碘精盐和少量加碘多品种盐，农牧用盐主要为牲畜用盐。出口盐数量不大，但增长加快。从分省销售情况看，北方盐区销量占总销量的93%左右，其中辽宁、河北、天津、江苏等省市作为主要工业盐基地，产量较大，但由于产品结构矛盾及作为主要工业盐用户的化工用盐量近年增长缓慢等原因，销售困难，产销矛盾突出。山东作为重要的工业盐基地，是产盐量最大的省份，产量约占全国海盐总产量的1/3，而且销售较好，产销基本平衡。其原因是山东省内一些地区有高浓度的地下卤资源，使其生产成本较低，产量较高。南方盐区盐销量占总销量的7%左右，该地区尽管盐场分散，生产成本较高，但由于各省总生产规模不大，食盐可满足本省需要，食盐销量与产量基本平衡，工业盐部分从省外调进。（姚 淳）

海盐盐化工
Marine Salt Chemical Industry

【海盐盐化工概况】 据统计，1998年和1999年全国全行业盐化工产品总产量分别为122.87万t和98.78万t。表3列出了1998～1999年海盐区主要盐化工产品产量。

表3 1998～1999年海盐区主要盐化工产品产量

单位：t

年份	地区	氯化钾	工业溴	氯化镁	无水硫酸钠
1998	辽宁	2 281	491	17 145	14 304
	山东		44 448	44 769	14 948
	河北	6 952	1 828	62 203	
	天津	14 005	2 567	119 979	
	江苏	3 943	364	38 344	
	广东			61	
	合计	27 181	49 698	282 501	29 252
1999	辽宁	6 656	787	52 107	3 492
	山东		47 690	52 422	10 741
	河北	7 123	3 115	70 370	
	天津	13 196	2 456	122 204	
	江苏	7 112	516	64 780	
	广东				
	合计	33 996	54 564	361 883	14 233

近两年，盐化工的发展呈现如下特点：①工业溴产量继续保持在5万t左右；②硫酸钾生产在山东羊口盐场已形成2.3万t生产能力，1999年产量为4 458t；③不断研究开发钾、溴、镁的系列产品已达80种；④盐化工产品总产量稳步增长，但增幅趋缓；⑤以苦卤综合利用为主攻方向的科研工作正逐步深化。

1998～1999年，中国海盐盐化工业仍未从根本上摆脱低迷态势，新产品开发投入资金不足，信息手段落后，市场渠道不畅，产品结构不合理，初级原料型产品多，高附加值产品少。如溴素产品深加工率只有20%，比美国、以色列等国的85%相差甚远，因此，这一潜在的巨大市场有待开发和利用。（果文会）

盐化工科技
Science and Technology in Salt Chemical Industry

【盐化工科技基本情况】 海盐盐化工科技研究是苦卤资源（及卤水）综合开发利用的科学，主要解决溴、镁、钾及其深加工产品的开发利用。中国年产海盐2 000万t，副产苦卤1 800万m^3，其中有约500万t镁，50万t钾，5万t溴。由于利用率较低，每年这些资源的80%被排入大海，不但造成了资源的浪费，也容易对环境造成污染。世界上先进国家对综合开发苦卤及海盐卤水中的化学资源非常重视，从中提取和生产高附加值的硫酸钾、溴及其衍生物、高纯氧化镁和氢氧化镁。如美国大盐湖矿物公司、以色列死海化工厂和约旦的阿拉伯钾盐公司，都是从日晒苦卤滩晒出钾复合盐，再转化和浮选制成硫酸钾产品，并副产溴、氧化镁、氢氧化镁等高附加值系列产品。其生产成本远远低于中国，质量纯度也高。而中国利用苦卤制取钾、镁等产品，仍然主要沿用落后的工艺技术，生产设备陈旧，产品价值低，产品结构不尽合理。氯化钾、硫酸钾、氯化镁、硫酸镁等产品几乎全部亏损，加之目前还难以规模生产高附加值的高纯氧化镁、氢氧化镁等产品，致使盐化工生产萎靡不振。从80年代后期以来，空气吹溴技术的推广，使工业溴生产得到较快发展，技术水平已与国外接近。1999年产量达5.46万t，能够满足国内需求，同时也带动了溴素二次产品的开发。

【盐化工主要科研课题】 海盐盐化工科研的主要任务是：调整产品结构，充分开发苦卤及海盐卤水资源，着重开发并利用钾、镁、溴资源，以高技术开发高附加值产品，改变盐化工落后面貌。

（1）**钾产品** 中国钾资源十分匮乏，目前总产量未超过百万吨。1998年共进口氯化钾511万t，硫酸钾53万t，复合肥211万t，总价值达100亿元。中国盐行业钾资源主要是青海一些盐湖和海盐苦卤，其他行业采用曼海姆法、硫酸钠法生产硫酸钾，能力约为50

万t，因成本较高，产量只有20万t。按农业部要求，到2000年国内需无氯钾肥180万t，预计届时形成的硫酸钾生产能力仅为80万t，不足部分仍需进口。因此，如何充分开发利用海盐卤水和苦卤中的钾资源成为重要课题。

开发以硫酸钾为主要原料复合化肥产品。钾盐系列产品向含钾复合肥方面发展，投资少，见效快，效益好。国家1999年实施“钾肥放开”政策，使竞争日趋激烈，盐化工业涉足化肥领域，围绕钾盐，开发特色专用肥。

（2）**镁产品** 从卤水中提取高纯氧化镁。这一技术，在美国、俄罗斯、英国等国已经成熟，且形成规模，而在中国几乎为空白。中国是世界上最大的镁砂生产国和出口国，但用于冶金的高纯镁砂需要进口解决。因此，研究采用从卤水中提取高纯氧化镁技术，研究采用硫酸镁高纯氧化镁技术及高温煅烧设备、高温氧化镁煅烧设备，使其达到国际先进水平，实现工业化生产，使国内生产的高温氧化镁代替进口高温氧化镁也成为重要课题。

从苦卤中制取高纯氯化镁。苦卤中最大的资源是氯化镁，它除大量用于生产建筑材料外，最有价值的是生产无水氯化镁。从苦卤中制取高纯氯化镁，国外多采用氨法和酸法，国内已进入小试，逐步推广。另外，采用新技术将低值六水氯化镁转化成高附加值的白色氯化镁。

建立与制盐相配套的环保产业。美国、日本、英国等国家使浆状氢氧化镁用于酸性废水中和剂、重金属脱除剂和烟气脱硫剂等环保产业，称浆状氢氧化镁为绿色安全中和剂。中国正朝这一方向发展，拟利用海水卤水的镁资源，开发与化工相配套的环保产品。

（3）**溴产品** 开发以溴素产品为主的盐业精细化工体系。目前世界上精细化工产品品种达10万个。精细化工产品制造复杂，技术密集度高，但投资少，附加值和利润率高。中国精细化工起步晚，基础薄弱，产品品种仅有2万余个，产量少，档次低，因此盐业发展精细化工有着广泛的前景。应充分利用中国丰富的盐业资源（溴素产品，镁系产品），努力开发盐业其他精细化工产品。 （姚 淳）

【加碘盐生产技术及设备研究】 该项目系“九五”期间国家科技攻关项目。该项目共有2个课题，11个专题。中盐制盐工程技术研究院在“九五”期间承担了该课题中的5个专题，并且已按照合同的要求完成了各项技术指标，通过了国家轻工业局的验收和鉴定。现分别叙述如下：

食盐加碘工艺技术及示范线的研究（粉洗盐）（1996年6月至2000年）

项目简介：根据国内海盐晶间杂质较多的特点，在综合分析、对比国内外生产线的基础上，进行了粉盐洗涤试验，床前、床后加碘对比试验和原盐粉碎试验，确定了最佳工艺路线：原盐经3次粉碎、3次洗涤、脱水、干燥、筛分、加碘、包装等。

该工艺的特点：由于采用了逐级洗涤过程和组合洗涤方式，使杂质得以最大限度的去除，由于降低了粉碎比，从而大大减少了粉盐在成品盐中的比例，针对目前国内加碘盐生产及贮存、运输、销售过程中碘损失大等问题，将“碘盐中碘剂稳定剂及稳定剂的研究”、“碘盐包装材料应用的研究”、“碘盐半自动加碘机的研究”、“碘盐半自动小包装机的研究”等项有关的科研成果进行优化组合，有机地结合起来形成一个完整、科学、可工业化的粉洗盐加碘生产线。并用此生产工艺设计、建造一条年产10万t加碘盐的示范生产线。该生产示范线成功地解决了加碘的均匀度、生产与贮运销售过程中碘的损失大等问题。

技术经济指标：

（1）建立了一条工业生产性加碘盐示范线，规模年产10万t/年，具有较高的机械化、自动化程度。

（2）本专题攻关科技成果在示范生产线上进行半年生产考核，运行正常。

（3）本生产工艺比现有生产工艺每吨盐可节约碘剂（以碘酸钾计）34g，超过本专题合同规定的经济指标。

示范生产线科技成果已推广应用在江苏省灌东盐场10万t/年粉洗加碘盐工程和埃及5t/年食用加碘盐及5万t/年工业盐工程。其依托专题成果，半自动加碘机已销售54台，改造加碘盐生产线20条，共建成74条加碘盐生产线。半自动小报装机已销售102台，建成9条小包装生产线。该专题及所依托专题的成果获得的综合经济效益1 100万元。

碘剂及碘剂稳定剂专题以及攻关其他专题成果为修改食盐加碘标准提供了充分可靠的数据，使工厂加入的碘酸钾量每吨盐减少34g，以全国每年生产700万t加碘盐，可节约碘酸钾238t，价值3 451万元。

此成果已在国内外几个粉洗盐生产厂使用，获得较好的经济效益和社会效益。

碘盐中碘剂稳定性及碘剂稳定剂的研究（粉洗盐）（1996年6月至1999年8月）

完成单位：中盐制盐工程技术研究院、华东理工大学食用加碘盐可有效地减少碘缺乏引起的地方疾病，经试验选用碘酸钾为碘剂的3～5倍重量的碳酸钠为稳定剂，一同配成溶液，在粉洗盐沸腾干燥后，利用半自动加碘机加入盐中，制成碘酸钾50×10^{-6}的加碘盐储存2年，碘酸钾基本上不损失，采用此技术可使加碘盐的成本降低，有利于推广食用加碘盐。

技术经济指标：

（1）本技术采用碘酸钾为碘剂，3～5倍重量的碳酸钠为稳定剂制成的加碘盐储存2年，碘剂基本不损失，试验按45mg/kg盐加入碘剂，可保证规定的销售使碘酸钾含量大于34mg/kg盐的要求。每吨盐成本碳酸钠225g，价值0.23元，加碘成本降低7元，推广到全国创造的经济效益很大。中国碘缺乏，碘盐用碘大部分靠进口，这样可节约大量的外汇。

（2）应用本专题科研成果，每吨加碘盐可节约加碘费7元，100万 t 粉洗加碘盐可节约700万元。

此成果已在示范线上生产了部分样品用于市场。

碘盐包装材料应用的研究（1996年6月至1999年8月）

本专题所要解决的主要问题是选出适合中国国情，又能满足加碘盐生产需要，并可用于中国自己生产的加碘盐包装机的包装材料。以减少加碘盐在储存、运输过程中因包装破损等原因所造成的碘剂之损失。

技术经济指标：

（1）加碘盐储存1年碘的损失小于20%，即碘损失小于7 mg/kg盐；

（2）确定50kg、0.5kg加碘盐包装材料标准；

（3）所选用的加碘盐包装材料技术上要可行，经济上要合理。

由于所选用的加碘盐包装材料多是从目前流通领域中筛选出来的，故技术上均比较成熟。只要加碘盐的国家标准能相应加以修改，即可实现产业化。

碘盐半自动加碘机（1996年6月至1998年6月）

项目简介：本专题内容为研制一套适合中国中、小盐场（厂）各种食盐的半自动加碘机，该机具有以下特点：（1）生产能力及加碘量可调；（2）加碘准确，混料均匀；（3）碘损失小，节省碘剂；（4）结构简单，运行可靠，操作维修方便。

技术经济指标：

生产能力：3～35t/h可调；

加碘误差：≤10%；

加碘盐合格率：100%；

碘损失率：≤3%。

自该项目实施以来，已有70余台套在全国各地盐场使用，各项指标均已达到要求，用户比较满意。因此，可在国内加碘盐工程中继续推广。另外，还可通过外贸部门进行国际合作，拓展国际市场，前景广阔。该项目成果已转化，实现了产业化，完成产值800余万元。

碘盐中碘的分析仪器及方法的研究（1996年6月至1998年6月）

完成单位：中盐制盐工程技术研究院、自贡井矿盐工业设计研究院、湖北大学

项目简介：本专题研究加碘盐中碘的快速、准确的定量分析方法，研制准确可靠的碘盐碘测定仪器和科学合理的采样方法。主要包括研究盐碘的精密滴定法和快速、准确的光度法，达到方法灵敏、准确、重现性好，显色剂稳定；研制专用含量直读的便携式测碘仪，达到稳定、可靠、防潮、防腐；研究适用于碘盐的可行的采样方法，达到采样正确反映碘盐中的均匀性和碘盐的合格品率。

技术经济指标：

（1）氧化还原法（次氯酸钠法）和光度法

测定范围：6～60mg/kg，相关系数r=0.999 9，显色剂使用期1个月以上，方法偏差≤2mg/kg。

（2）便携式测碘仪

测定范围6～60mg/kg，灵敏度0.1mg/kg，测定偏差≤2mg/kg，稳定性≤1%min，成本低于1 000元/台。

（3） 采样方法

正确反映碘盐中碘的均匀性和合格品率，方法适用可行。

（4） 高锰酸钾－硫酸联氨法

方法变异系数≤14%，偏差≤2mg/kg。

（5）智能型测碘仪

测量范围10～100mg/kg，10～60mg/kg范围内精度为±2mg/kg。

本研究专题中次氯酸钠－草酸法、光度法和高锰酸钾－硫酸氨法，已列入国标并已实施，测碘仪批量生产并在国内外广泛应用。

此外，中盐制盐工程技术研究院在盐田生物科研方面正在进行的研究课题有：国家重点科技攻关计划项目的一个子课题“海洋生物多糖新药：四盐藻多糖复合物的研究”、天津市“九五”科技攻关项目“盐藻生物资源综合开发与产业化研究”、部级项目“小种轮虫休眠卵的生产及在水产育苗上的应用”、“盐藻中二萜化合物的研究”、“微藻采收新工艺及设备的研究”。

（中盐制盐工程技术研究院供稿）

海洋船舶业
Marine Shipbuilding Industry

综　述
Summary

【概况】 1998～1999年，中国船舶工业在参与激烈的国际市场竞争中，克服亚洲金融危机的不利影响，各项工作取得了良好成绩。不但成为国内重要出口创汇产业，也进一步扩大了在国际船舶市场中的份额，增强了中国造船业在国际市场上的影响。

工业规模　根据国家统计局的统计，中国1998年销售额超过500万元人民币的船舶工业企业共480家，职工31.5万人，销售总额327亿元，船舶工业职工人数和销售收入占全国机械工业的2.2%左右；其中海船造修厂70家，职工12.6万人，销售额183亿元。1999年全国至少有30家船厂在建造出口机动钢质海船（中国船舶工业集团9家，中国船舶重工集团4家，其他17家）。

表1　1997年、1998年船舶工业企业数量、职工人数和销售收入

	年份	企业数量	职工人数	销售收入（万元）
海船制造	1998	70	126 400	1 830 300
	1997	93	136 529	2 121 300
内河船制造	1998	122	50 700	308 000
	1997	335	84 878	360 900
渔船制造	1998	43	14 400	129 800
	1997	73	24 087	128 600
各类船修理	1998	173	73 600	655 500
	1997	515	87 802	624 700
船舶机械设备制造	1998	72	49 700	347 900
	1997	114	54 534	370 600
合计	1998	480	314 800	3 271 500
	1997	1130	387 840	3 606 100

注：1998年统计口径为全部国有及年销售收入500万元以上的非国有企业；1997年为全部独立核算企业。

造船能力及产量　按照国际通行计算口径估算，目前中国船舶工业钢质海船生产能力约为500万载重吨，比5年前300万载重吨左右有很大提高。预计2005年时造船能力可达到700万载重吨或更高水平。

按照国家统计局统计，1996～1998年间年造船产量超过300万综合吨。按英国劳氏船级社统计，1997年、1998年、1999年中国造船产量超过140万总吨，占世界5.7%左右。

表2　中国造船产量统计

单位：万综合吨

年份	全国	其中中国船舶工业总公司
1990	140.99	63.4
1996	376.72	186.3
1997	384.52	229.0
1998	314.14	222.8

船舶出口　船舶是一种以出口为主的产品，每年全球船厂建造的新船约有三分之二供出口，估计世界新船出口值为250亿美元左右。日本船舶出口值为112.7亿美元（1997年），韩国出口值为80.1亿美元（1998年）。中国近几年船舶出口值为16～17亿美元，占世界市场份额的6%～7%。尤其是1999年，中国承接的出口船订单共计603艘、559.8万载重吨，占全年承接订单总吨位的72.8%。其中散货船41艘、237.4万载重吨；油船14艘、185.5万载重吨；集装箱船39艘、78.3万载重吨；滚装船10艘、12.4万载重吨；化学品船2艘、9万载重吨；液化气船2艘、1.29万载重吨；其他船舶495艘、36.9万载重吨。船舶订单主要来自伊朗、德国、希腊、丹麦、意大利、挪威、瑞典、香港、英国等20余个国家和地区。承接出口船订单有以下特点：一是批量船型多并且是船厂建造成熟的船型；二是承接了一批技术含量高、附加值高的船舶，如滚装船、化学品船、液化石油气船；三是订单中既有老客户，又有新客户。

表3　中国船舶出口金额

单位：亿美元

年份	出口金额	年份	出口金额
1992	3.95	1996	11.54
1993	1.69	1997	16.30
1994	5.52	1998	17.32
1995	8.79	1999	16.06

1999年承接出口船订单中，中国船舶工业贸易公司位居全国接单之首，在国际船舶市场严峻的形势下，积极开拓国际市场，努力为船舶工业服务，共承

接了出口船385万载重吨，合同金额达13.2亿美元，分别是1998年的18倍和10倍。和伊朗国家油轮公司签订了建造5艘30万载重吨超大型油船（VLCC），总吨位达150万载重吨的合同，开创了中国一次承接订单总吨位、总金额的记录。

竞争力对比 改革开放以来，中国船舶工业参与国际竞争，大力开拓船舶出口，造船产量快速增长，已经成为世界第三大造船国。这表明中国船舶工业已经具备了一定的国际竞争力，可以说船舶工业是中国重加工行业中少有的能在国际市场上与发达国家一争高低的产业。但是，应当看到，尽管中国船舶工业在技术水平、品种质量、建造周期等方面取得长足进步，但仍然主要依靠低成本优势。近几年，国内造船成本居高不下，国际船价又不断下跌，常规船舶的价格优势已基本丧失；同时，由于技术开发能力不足，高附加值船舶市场开拓并不容易，使国内船舶工业的国际竞争力正在下降。导致国内竞争力下降的主要原因是由于成本快速上升：（1）国内造船劳动工资低廉的优势正在被生产率的巨大差距所抵消；（2）造船材料设备的费用甚至高于日本、韩国；（3）国内造船企业小而分散，经济规模效益差；（4）国家科研投入不足，尚未形成合理的技术创新体制和有效的技术创新机制，技术差距不能明显缩小，有些方面反而扩大。

表4 中、日、韩、德四国造船指标对比

项 目	中国	日本	韩国	德国
船厂职工小时工资(美元)	2	30	15	25
劳动生产率(万美元/人·年)	0.8	55	25	15.9
人均年造船量(总吨/人·年)	6.1	185	124	—
每修正总吨船所耗工时(工时)	120以上	20	30*	45
巴拿马型散货船建造工时(工时)	120万以上	12～13万	20万	—
28万t双壳油船建造工时	—	少于50万	60万	—
巴拿马型散货船建造工时(月)	10～12	7～9	8～9	—
造船钢材利用率(%)	87.7	92.9	91.0	90.0
万美元产值耗电量(度)	3 706	347	—	—
国产设备装船率(%)	30～40	97.8	73.6	-

*根据韩国三星重工业公司社长1999年8月宣布，该公司造船部门已达到9工时/修正总吨的水平，与日本当前平均水平相当。

表5 大中型船厂及其分布一览表

上海市(7家)	江南造船厂*,沪东造船厂*,上海船厂*,中华造船厂*,求新造船厂,东海船舶修造厂,上海爱德华船厂*
江苏省(11家)	江扬船舶集团公司*,靖江造船厂*,江都粤海造船厂*,南通中远川崎船厂*,扬子江船厂*,长江航运集团金陵船厂*,新华船舶修造厂,无锡船厂,澄西船舶修造厂,镇江船厂,国内贸易部口岸船舶工业公司
辽宁省(5家)	大连造船新厂*,大连造船厂*,渤海造船厂,营口造船厂,大连渔轮厂
广东省(8家)	广船国际股份有限公司*,文冲船厂*,黄埔造船厂,江门船厂,西江船厂,中山市粤中船厂,新中国船厂,广州渔轮厂
浙江省(3家)	浙江船厂*,宁波渔轮厂,舟山船厂*
山东省(7家)	烟台莱佛士船业有限公司*,青岛北海船厂,威海船厂*,黄海造船厂*,荣成市海达造船厂,荣成市造船工业集团总公司,青岛渔轮修造厂
广西自治区(3家)	西江造船厂,桂江造船厂,梧州造船厂
安徽省(3家)	芜湖造船厂*,长江航运集团江东船厂*,巢湖船厂
湖北省(5家)	武昌造船厂,长江航运集团青山船厂*,宜昌船厂*,湖北船厂,葛洲坝水利集团工程船业公司
天津市(2家)	天津造船公司*,天津市船厂
福建省(3家)	马尾造船厂*,厦门造船厂*,福建省渔轮修造厂

（加 * 者为现拥有出口船订单的船厂）

造船业地区分布与主要企业 造船企业主要分布在上海市、江苏省、辽宁省、广东省、浙江省、山东省、天津市等沿海省市，在广西、安徽、湖北、福建、四川、江西等省、自治区也有一定数量中小型造船企业。此外，在黑龙江、吉林、河南、海南、贵州、云南、陕西几个省也有少量小规模造船厂。

在上述57家大中型造船厂中，从工业总产值、造船完工量、手持订单量和出口交货值来看（见统计资料表4～7），最主要的造船厂有中国船舶工业集团的江南、沪东、广船国际、上海和中华船厂，中国船舶重工集团的大连、大连新厂和渤海船厂，此外江苏省的江扬、扬子江、江都粤海、靖江和福建省的厦门、马尾船厂也有相当实力。从近期发展来看，山东烟台莱佛士和南通中远川崎船厂也将成为主要造船企业。

船舶工业管理体制 根据国务院决定，由1998年新建立的国防科学技术工业委员会(简称国防科工委)负责全国船舶工业的行业管理工作。按国防科工委内部职责分工，由民品发展司实施船舶工业行业管理。在民品发展司内设有船舶处，负责具体工作。对全国船舶工业的行业管理主要是从制订行业发展规划、相关政策、相关法律规则、行业标准以及实施监督和协调等几个方面进行的。在制订行业发展规划中，有国防科工委的综合计划司参与；在制订有关船舶工业的政策和法律规则中，有政策法规司参与。

原中国船舶工业总公司从1999年7月1日起分别组建了中国船舶工业集团公司(CSSC)和中国船舶重工集团公司(CSIC)。这两个集团公司是国家授权投资的机构，对下属的企业、研究设计院所行使出资人权利，具有投资收益权、重大经营决策权和对经营者选择权。国防科工委与两大集团不存在行政隶属关系，只存在行业管理关系，并且行业管理的方式为通过两大集团总部对其所属单位实施行业管理，而不是直接与两大集团下属企业产生管理关系。

除了CSSC和CSIC以外，长江航运集团公司、中商口岸集团公司、中国水产总公司、中国远洋运输总公司等大型企业集团均拥有一定数量的造修船企业(含渔船修造厂)，国防科工委对这一类造修船厂的行业管理同样是通过这些企业各自的总公司、集团公司来进行。

在工业集团以外，还有大量造修船厂和配套厂，其中少数是外国独资或中外合资企业，国防科工委对这类船舶行业企业的管理方式，是主要依靠省级政府的相应职能部门来进行，有的省份的相应职能部门是省计划委员会、省经济贸易委员会或机械工业厅(局)。这些职能部门是船舶行业管理二级政府部门，接受国防科工委的业务指导，并有向科工委反映辖区内船舶行业情况和协调贯彻执行行业政策、规划、法规的职责。

两大集团及其主要成员 1999年7月1日，根据国务院的决定，在原中国船舶工业总公司的基础上成立了中国船舶工业集团公司和中国船舶重工集团公司。两个集团公司均为特大型国有企业，分别作为一个整体列入国务院确立的试点企业集团，享受《国务院批转国家计委、国家经贸委、国家体改委关于深化大型企业集团试点工作意见的通知》规定的各项政策，同时享受国务院确定的国有大中型重点联系企业的有关政策。

中国船舶工业集团公司共有58个企事业单位（见附录4），职工9.5万人，集团公司集中了中国南方地区大部分骨干造船企业，建造的船舶出口到包括美国、挪威、希腊、英国、新加坡、香港等世界重要的航运国家（地区）在内的50余个国家和地区；集团公司具有较强的水面舰艇建造能力，近年来建造完工并交付使用的新一代导弹驱逐舰、导弹护卫舰、综合远洋测量船等大量舰船是中国国防现代化装备建设的重要组成部分；集团公司有两家大型专业修船厂和10余家船用设备配套厂家，构成了完整的船舶工业体系；集团公司的9家科研机构能够从事各种民用和军用船舶、海洋工程、船用设备以及舰船系统的设计开发、造船工艺技术、精密仪器测试、造船标准化、软科学研究以及工程设计、监理等各项业务。集团公司还大力发展非船产品，开发成功的非船产品已进入航运、航天、建筑、电力、石化、环保、冶金、铁路、轻工等20多个行业。集团公司的第三产业涉及贸易、航运、金融、房地产等20多个领域。

中国船舶重工集团是由原中国船舶工业总公司所属的大连、天津、武汉、重庆、昆明6个地区的工业企业和中国舰船研究院大部分研究所组建起来的特大型国有企业，共有成员单位97个（见附录4），职工17万余人。集团公司拥有中国目前最大的造船修船基地，可承建和坞修30万吨级超大型船舶在内的各种民用船舶、海洋工程设备和大型水面、水下战斗舰艇、各种军辅船舶，代表中国船舶工业高技术含量的化学品船、海洋工程设备及烟草制丝成套设备等已出口到数十个国家和地区；集团公司集中了中国舰船科研、设计的骨干力量：28家科研院所、近30个专业和6个国家重点实验室，2万余名各专业技术人员。集团公司配套能力比较齐全，38家船用配套设备厂从国外引进几十种专利制造技术，形成了军用、民用舰船主机、辅机和装备的配套能力。

船舶建造
Shipbuilding

【中国建造巨型油轮实现“零”的突破】 1999年8月20日下午，中国船舶重工集团公司大连造船新厂为伊朗国家油轮公司建造5艘30万吨级超大型油轮(VLCC)合同签字仪式在北京人民大会堂举行。中国船舶工业贸易公司总经理李柱石、大连造船新厂厂长沙均刚作为联合卖方代表，与买方代表的伊朗国家油轮公司总裁苏里先生和伊朗国家油轮公司技术经理马亚海先生分别在合同上签字。

合同的签字表明中、伊双方的合作进入了一个新的阶段，也使中国在巨型油轮的建造上实现了零的突破，标志着中国船舶工业跨上了一个新的台阶，也是新建的中国船舶重工集团公司接到的第一笔订单。

【江南造船厂建成世界最大液化气船】 迄今世界上最大的22 000m^{3}乙烯液化气船于1999年1月21日下午在江南造船厂建成顺利下水，标志着中国建造高技术水平的液化气船又上了一个新台阶。

乙烯液化气船属特种运输船，迄今为止，货罐容量为22 000 m^{3}的大型乙烯液化气船世界上仅有10余艘，只有少数几个发达国家能够建造。江南船厂曾多次成功建造16 500 m^{3}及以下液化气船。这次为美国航海人控股公司建造5艘22 000 m^{3}乙烯液化气船是该厂承接的最大的一份出口船订单。合同规定，这5艘船将于1999~2000年先后交货。

22 000m^{3}乙烯液化气船由七〇八所、江南造船（集团）和德国乔特波船务咨询公司（IMC）联合设计，入德国船级（GL）。该船总长170m，型宽24.2m，型深16.7m，服务航速16.5节。

【广船国际首接半潜船】 1999年12月8日，广船国际股份有限公司与中国远洋运输(集团)总公司在北京签订了2艘18 000t半潜船的建造合同。这是国内船舶企业首次建造半潜船。

18 000 t 半潜船总长156m，两柱间长145m，型宽32.2m，型深10m，设计吃水7.5m，结构吃水7.5m，航速14节，续航力13 000n mile，航区为无限航区，采用无人机舱控制方式，入挪威DNV船级。半潜船主要用于托运大型钢结构件、海上平台以及可移动性的海上建筑，也可用于装载集装箱。18 000t半潜船设有两个大型浮箱，并装有电力推进系统和动力定位系统，能有效地保证其潜水的稳定性，其露天甲板可潜入水中深达19m。这种船舶的建造技术难度很高，造价也较昂贵。这次广船国际承建半潜船，标志着该公司的船舶产品结构调整正向更广阔的领域延伸。

【中国船舶首次成功出口希腊】 大连造船新厂为希腊船东建造的3艘大型成品油轮全部交工，获得船东好评。希腊船东教母帕潘克普罗夫人将大连造船新厂为他们建造的11万 t 成品油轮3号船正式命名为“海娇”号。以此为标志，大连造船新厂为希腊森娜玛丽斯公司批量建造的三艘同类型船宣告全部建成，同时也宣告中国船舶首次出口希腊获得成功。

从1996年4月起，大连造船新厂同希腊森娜玛丽斯公司先后签订了3艘11万 t 成品油轮的建造合同。由于这是中国造船业首次进入这一世界航运发达国家，所以引起国际航运界、造船界的广泛关注。当这3艘11万t 大型成品油船全部建成交工的时候，船东给予了较高评价。

【中国建造的第一艘铝合金穿浪型高速双体客船顺利试航】 中国建造的第一艘铝合金穿浪型高速双体客船“飞鹰”号于1998年6月23日在广东新会市顺利试航，这是航天总公司七〇一所与地方企业联合继90年代初开发出全垫升气垫船之后，在开发高速船方面取得的又一新突破。

主要由铝合金气垫船、单体船、双体船、水翼船等组成的时速与汽车相当的高速船是七八十年代在国外发展起来的新兴产业。穿浪型双体船是在常规双体船基础上发展起来的新一代双体船，它既保持了原有双体船的高速性，又大大提高了耐波性、舒适性，因此，近10年来在国外得到了突飞猛进的发展。广东航通高速船开发有限公司为浙江省海运总公司建造的这一艘载客180人的穿浪型双体船船长25m，宽9.57m，航速30节，船身为防海水腐蚀铝合金焊接结构，采用2台德国MWM616V12主机，单机功率为839kW。由国外主体设计，国内辅助设计。试航证明，该船性能指标达到设计要求，航速超过了预定值。“飞鹰”号将用于开辟浙江省舟山定海的三类海区高速客运业务。

【国产地效翼艇比翼三飞】 1998年上半年，“信天翁”3型（XTW-3）12座掠海地效翼艇在广西北海港外水域进行海上试验试航；下半年DXF100型15座地效飞行器（艇）在湖北荆门漳河水库进行了水上掠航演示；年底“天鹅号”（751型）15座动力气垫地效翼船（艇）在上海淀山湖进行了水上掠航演示，同时通过了中国船舶工业总公司的验收；“信天翁”4型20座铝合金掠海地效翼艇已在求新船厂进入总装。这一系列成果表明中国地效翼艇正迈向实用化、工程化、商品化。

以上几型艇都是12～20座客艇，艇重4～8 t，大体上属于同一档次的小型地效翼客艇，但是却采用了不同的气动布局结构，不同的主艇体线形、主翼截面、形状，不同的结构材料、工艺措施，不同的机桨匹配装置，不同的下水登陆方案。对下一步针对营运水域的优选则还有待在实践中逐步见分晓。

表8 1998年、1999年中国船舶出口统计

序号	船舶种类	1998年 数量(艘)	1998年 金额(万美元)	1999年 数量(艘)	1999年 金额(万美元)	1999年数量比1998年增长(%)	1999年金额比1998年增长(%)
1	油船(含成品油船、化学品船)	30	8 975.0	71	53 705.6	136.67	498.39
2	集装箱船	25	28 059.6	25	29 236.1	0	4.19
3	散货船	31	46 511.3	14	23 262.4	-54.84	−49.99
4	多用途船	29	30 600.4	17	22 283.0	-41.38	−27.18
5	货船及客货船	318	15 107.6	323	6 951.5	1.57	−53.97
6	液化石油气船（含液货船）	3	8 016.9	7	5 107.5	133.33	−36.29
7	拖船及顶推船	70	4 465.7	86	5 063.3	22.86	13.38
8	滚装船	0	0	3	3 945.1	100.00	100.00
9	冷藏船	1	1 540.0	2	2 567.9	100.00	66.75
10	渔船及渔业加工船	115	3 238.8	69	1 868.2	-40.00	−42.32
11	灯船、消防船、起重船等	7	437.6	54	1 744.4	671.43	298.61
12	未列名机动船舶	447	2 090.5	523	2 229.9	17.00	6.67
13	机动巡航船游艇等	35	2 009.8	66	825.3	88.57	−58.94
14	挖泥船	135	1 128.8	187	578.2	38.52	−48.78
15	未列名非机动船舶	78	154.3	61	50.5	−21.79	−67.25
16	钻探或生产平台	14	12 421.2	14	365.1	0	−97.06
17	浮船坞	0	0	2	271.3	100.00	100.00
18	供拆卸的船舶及其他浮动结构体	2	21.7	80	42.6	40.00	96.96
19	未列名浮动结构体	38 953	142.9	114 855	269.7	194.86	88.70
20	娱乐或运动用充气快艇等船、充气滑艇及轻舟	27 527	480.6	32 305	687.2	17.36	42.99
21	未列名娱乐或运动用充气快艇等船、充气滑艇及轻舟	1 294	220.2	1 182	287.7	-8.66	30.65
22	帆船	4	101.0	4	34.7	0	−65.61
23	汽船	10	118.5	26	196.9	160.00	66.12
24	充气筏	3 925	557.9	7 931	279.9	102.06	−49.82
	合计	73 054	186 304.2	157 907	161 854.4	116.15	−13.12

表9 1998年、1999年中国船厂排行榜（按总产值）

1998年 名次	1998年 船厂	1998年 总产值(万元)	1999年 名次	1999年 船厂	1999年 总产值(万元
1	沪东造船集团	283 119	1	沪东造船集团	234 834
2	大连造船厂	234 939	2	江南造船(集团)	229 861
3	大连造船新厂	223 584	3	大连造船厂	203 256
4	江南造船(集团)	197 860	4	广船国际	177 552
5	广船国际	132 684	5	大连造船新厂	171 723
6	江扬船舶集团	103 292	6	江扬船舶集团	126 245
7	中华造船厂	98 806	7	中华造船厂	114 759
8	武昌造船厂	73 726	8	武昌造船厂	90 783
9	求新造船厂	69 030	9	上海船厂	89 266
10	上海船厂	65 392	10	渤海船厂	82 195

表10 1998年、1999年中国船厂排行榜（按出口交货值）

1998年			1999年		
名次	船厂	出口交货值(万元)	名次	船厂	出口交货值(万元)
1	江南造船(集团)	196 698	1	江南造船(集团)	229 085
2	大连造船新厂	196 401	2	广船国际	188 703
3	广船国际	171 119	3	大连造船新厂	165 904
4	大连造船厂	142 636	4	沪东造船集团	157 933
5	沪东造船集团	108 140	5	中华造船厂	90 053
6	江扬船舶集团	70 747	6	大连造船厂	63 929
7	中华造船厂	60 956	7	靖江船厂	42 033
8	天津造船公司	58 274	8	江扬船舶集团	41 988
9	求新造船厂	54 650	9	渤海船厂	37 274
10	上海船厂	53 440	10	江都粤海造船公司	29 460

表11 1998年、1999年中国船厂排行榜（按造船完工量）

1998年			1999年		
名次	船厂	造船完工量(万综合吨/艘)	名次	船厂	造船完工量(万综合吨/艘)
1	大连造船新厂	63/6	1	沪东造船集团	64.26/10
2	沪东造船集团	50.0/12	2	大连造船新厂	48/6
3	大连造船厂	28.5/19	3	江南造船(集团)	33.863/12
4	广船国际	17.8/6	4	大连造船厂	32.157/23
5	渤海船厂	12.9/6	5	广船国际	21.65/9
6	江南造船(集团)	11.8/4	6	上海船厂	10.32/4
7	江都粤海造船公司	9.1/9	7	渤海船厂	10.086 8/3
8	上海船厂	8.4/3	8	中华造船厂	7.48/8
9	天津造船公司	7.8/8	9	扬子江船厂	6.2/16
10	中华造船厂	5.7/8	10	江都粤海造船公司	6.12/—

表12 1999年中国船厂排行榜（按年底手持船舶订单）

名次	船厂	船舶订单（万综合吨/艘）	名次	船厂	船舶订单（万综合吨/艘）
1	大连造船新厂	236/14	6	广船国际	43.21/16
2	沪东集团	146.75/19	7	上海船厂	24.72/7
3	江扬集团	146/34	8	厦门造船厂	18/6
4	靖江造船厂	89.58/24	9	马尾造船厂	16/13
5	江南(集团)	86.78/21	10	扬子江船厂	15.4/9

表13 1999年中国修船排行榜

名次	船厂	总产值(万元)	名次	船厂	修船艘数
1	中海工业有限公司	66 105	1	中海工业有限公司	591
2	南通远洋船务工程有 限公司	40 163	2	澄西船厂	144
3	澄西船厂	35 641	3	文冲船厂	132
4	渤海船厂	24 868	4	南通远洋船务工程有限公司	123
5	文冲船厂	24 642	5	大连中远船务公司	121
6	山海关船厂	18 495	6	天津造船公司	111
7	大连中远船务公司	18 226	7	山海关船厂	109
8	上海船厂	13 544	8	北海船厂	106
9	北海船厂	13 351	9	大连辽南船厂	77
10	华润大东船务工程公司	12061	10	华润大东船务工程公司	64

表14 中国沿海地区船坞保有量统计表

地区			环渤海湾地区	长江三角洲地区	珠江三角洲地区	三个地区合计	福建省	合计
总计(3 000dwt以上)	座		33	55	15	103	6	109
	坞容量		1 539 500	1 507 400	477 000	3 523 900	78 000	3 601 900
其中	干坞	座	29	35	9	73	5	78
		坞容量	1 325 000	429 000	249 000	2 003 000	68 000	2 071 000
	浮坞	座	4	20	6	30	1	31
		坞容量	214 500	1 078 400	228 000	1 520 900	10 000	1 530 900
总计(10 000 dwt以上)	座		31	21	9	61	5	66
	坞容量		1 325 000	1 362 000	445 000	3 132 000	75 000	3 207 000
其中	干坞	座	16	19	5	40	4	44
		坞容量	460 000	1 202 000	235 000	1 897 000	50 000	1 947 000
	浮坞	座	15	2	4	21	1	22
		坞容量	865 000	160 000	210 000	1 235 000	25 000	1 260 000
总计(50 000 dwt以上)	座		6	9	4	19	—	19
	坞容量		1 160 000	812 000	330 000	2 302 000	—	2 302 000
其中	干坞	座	5	3	1	9	—	9
		坞容量	1 040 000	180 000	150 000	1 370 000	—	1 370 000
	浮坞	座	1	6	3	10	—	10
		坞容量	120 000	632 000	180 000	932 000	—	932 000

表15 20 000吨级以上干船坞一览表

序号	省、市	厂名	船坞主尺度（m）			载重吨 (dwt)	备注
			长	宽	深		
1	辽宁省	大连造船新厂	365.0	80	12.7	300 000	造船为主
2	河北省	山海关船厂	340.0	64	12.8	300 000	
3	山东省	烟台船厂	372.0	120	13.4	300 000	造船用,建设中
4	广东省	文冲船厂	300.0	62	12.0	150 000	
5	辽宁省	大连中远船务公司	240.0	40	11.8	80 000	
6	河北省	山海关船厂	244.0	39	11.4	60 000	
7	上海市	江南造船厂	232.2	40	11.3	60 000	
8	上海市	上海船厂	262.0	44	11.0	60 000	旧坞改造,1999年10月竣工
9	浙江省	舟山龙山船厂				60 000	先建3.5万t，以后接长
10	辽宁省	渤海造船厂	235.0	38	16.2	35 000	
11	广东省	海滨船厂	210.0	32	13.0	35 000	
12	山东省	烟台船厂	205.0	45	8.3	35 000	造船用,建设中
13	江苏省	靖江造船厂	202.0	34		30 000	造船用
14	山东省	4808厂	220.0	32	13.0	25 000	
15	天津市	新港船厂	212.0	28	10.6	25 000	
16	广东省	文冲船厂	202.0	28	11.0	25 000	
17	山东省	北海船厂	192.0	27	10.8	200 00	
18	江苏省	靖江造船厂	202.0	26		20 000	造船用
19	福建省	连江湾海运船厂	180.0	28	9.0	20 000	
20	浙江省	沪东造船厂沥港厂	176.0	24	9.8	20 000	
21	浙江省	宁波北仑船厂	185.0	24	9.5	25 000	
22	浙江省	舟山五羊船厂	210.0	24/28	7.0	20 000	坞口宽
23	浙江省	舟山秀山船厂	145.0	23.5/26	10.0	15 000/20 000	坞口宽

表16　20 000吨级以上浮船坞一览表

序号	省、市	厂　名	坞号	浮坞主尺度（m）			举力 (t)	载重吨 (dwt)	备注
				长	宽	深			
1	江苏省	南通远洋船务工程公司	南通号	254	48.6/58	18.45	36 000	147 000	
2	上海市	华润大东船务公司	华东号	255.9	45-43/53	18.45	33 000	120 000	
3	江苏省	澄西船厂	衡山号	257	42/52	18.5	30 000	120 000	
4	山东省	北海船厂	泰山号	249.6	45-43/54	18	28 000	120 000	
5	上海市	新东联船舶工程公司	新东联	240	43/53	14	36 000	100 000	建设中
6	江苏省	南通远洋船务工程公司	远通号	230	44	14.5	24 000	80 000	
7	广东省	广州远洋修船厂	翠花山号	238	39	16	22 000	80 000	
8	上海市	立丰船厂	浦东号	222.5	38	17.4	22 000	65 000	
9	广东省	广海集团菠罗庙船厂	飞龙山号	199.68	47	16.5	16 000	50 000	
10	广东省	友联船厂(蛇口)公司	友联3号	230	34		20 000	50 000	
11	辽宁省	大连远洋工程公司	远洋号	224	. 32		27 000	40 000	
12	上海市	新东联船舶工程公司	海华号	217	30.5	12	27 000	40 000	
13	上海市	立丰船厂	黄山号	190	28.8	13.2	13 000	35 000	
14	广东省	友联船厂(蛇口)公司	友联2号	190	28		12 000	30 000	
15	上海市	上海轮船公司	天山号	156	35.6	14.2	10 000	30 000	
16	江苏省	澄西船厂	长山号	188.5	28.2	12.7	13 000	25 000	
17	上海市	上海船厂	白云山号	190	26.94	12.8	11 500	25 000	
18	福建省	厦门造船厂	厦船一号	175	26/37	16.4	11 680	25 000	
19	上海市	立丰船厂	华山号	164	27.4	12.1	9 000	25 000	

表17　1998年以后中国船舶重工集团承接的海洋工程一览表

项目名称	业　主	国家	项目类别	承造/修船厂	完工日期(年份)
港海1号	大港石油管理局	中国	自升式气垫钻井平台（新建）	大连造船新厂	1998
“自强”钻井平台	南海西部石油公司	中国	自升式钻井平台改装	大连造船新厂	1998
P35	巴西石油公司	巴西	27万t油轮改装成浮式生产系统	山海关船厂	1998
Bingo 9000-1	海洋平台公司	挪威	半潜式钻井平台（新建）	大连造船新厂	1998
Bingo 9000-2	海洋平台公司	挪威	半潜式钻井平台（新建）	大连造船新厂	1998
Bingo 9000-3	海洋平台公司	挪威	半潜式钻井平台（新建）	大连造船新厂	1999
Bingo 9000-4	海洋平台公司	挪威	半潜式钻井平台（新建）	大连造船新厂	1999
作业3号	胜利石油管理局	中国	自升式钻井平台（在建）	青岛北海船厂	2001
秦皇岛32-6油田	中国海洋石油总公司	中国	浮式生产系统（在建）	大连造船新厂	2001
文昌油田	中国海洋石油总公司	中国	浮式生产系统（在建）	大连造船新厂	2001

（朱汝敬　杨日旺　高建光）

滨海旅游业
Coastal Tourism

综　述
Summary

【概况】 1998～1999年中国旅游业发展态势良好，国际旅游稳中有升，国内旅游持续增长，关联带动作用更加突出，可持续发展潜力巨大。

1998年对中国旅游业而言，是不平凡的一年，在这一年中，中国旅游业经历了90年代以来最为严峻的考验：一是受亚洲金融危机和世界经济形势动荡的影响，周边国家出游率整体下降，同时以货币贬值的优势与中国争夺远距离客源市场，使中国的入境旅游承受了双重压力。二是发生在暑假期旅游旺季的历史罕见的特大洪涝灾害，涉及华中、华东、东北几大旅游区域，对全国旅游业的发展也带来了较大的负面影响；三是旅游企业在适应市场化的过程中，随着中国经济多年积累的深层次矛盾的显现，经营环境和经营状况较为困难。面对严峻的形势，全国旅游行业的职工不气馁，不怕难，千方百计努力工作，仍然取得了好的成绩。全年接待入境旅游者6 250万人次，实现旅游创汇125亿美元，分别比上年增长8.5%和3.5%；国内旅游6.59亿人次，收入2 390亿元，比上年增长2.4%和13.2%；旅游总收入3 430亿元，比上年增长10.2%。1998年，中国接待的海外过夜旅游者人数居世界第6位，旅游外汇收入位居世界第7位，奠定了中国作为亚洲旅游大国的地位。

同时，作为中国旅游业最活跃的组成部分之一的滨海旅游业也有较大发展，创造了相当可观的经济效益，确立了其在海洋产业中的创收大户的地位。

1998年，滨海国际旅游总产值512亿元（按当年价计算），比上年增加14%，增加值为23亿元。上海、天津、秦皇岛、大连、上海、杭州、宁波、绍兴、厦门、泉州、青岛、烟台、广州、深圳、珠海、北海、海口、三亚等18座滨海城市入选中国首批优秀旅游城市，占首批入选城市总数（54座）的1/3，滨海旅游业在中国旅游业中所占的重要地位由此可见一斑。

中国大陆和岛屿海岸线曲折漫长，所管辖海域面积广达300万km^2，滨海旅游资源十分丰富，加之中国沿海地区对外开放度高，经济充满活力，因而沿海地区是中国发展旅游条件最好和旅游业最发达的地区之一。

目前，世界上的海滨活动几乎成了旅游的代名词。在中国滨海度假旅游也有相当悠久的历史，发展至今已具备相当的规模。滨海旅游业的发展对中国旅游业有很大的推动作用，首先滨海旅游业的发展促进了中国传统的以观光型旅游产品为主体的旅游观念的更新，进一步完善和优化了中国旅游产品结构。滨海旅游产品是一种以休闲旅游为主体并与观光产品相结合的综合性旅游产品。单一的观光型旅游产品，由于存在参与性差、客人驻留时间短等局限性正逐渐退出世界主流旅游市场。当前，随着中国国民生活水平提高和闲暇时间的增加，为大众化度假产品发展创造了条件，滨海度假旅游的发展适应了当前中国旅游客源市场这一新的变化和需求，许多滨海旅游度假胜地依托当地旅游资源特色，开发建设休闲度假、观光游览、文化娱乐、健身康体等多种旅游项目，丰富多彩的旅游项目各具特色，集知识性、娱乐性、参与性于一体，充实和丰富了中国旅游产品的内容。其次滨海旅游的发展还在很大程度上突破了季节因素对中国旅游业的限制，大大延长了中国全年的适游期。在中国丰富的海洋旅游资源中，旅游气候环境具有夏季北方地区气候凉爽宜人，适宜避暑度假旅游，而冬季南方地区气候温暖适宜于开展避寒度假旅游的特点，可以说在中国全年都可开展滨海度假旅游，几乎不受季节因素限制。中国南部沿海区域包括福建、广东和海南三省，该区毗邻港澳台，面向东南亚，区位优越，交通便捷，又是全国最大的侨乡，为众多海外华侨华人归国和港澳台同胞还乡首到必经之地，客源异常充足，再加上本区域基本上处于长夏无冬的南亚热带和热带，濒临海洋，遂形成了在中国最为独特也最为迷人的南国热带海滨风光。椰风海韵醉游人的海南岛，是中国避寒冬泳、休闲度假的最佳去处。碧水金沙的闽南、粤东、深圳和珠海海滨，“海上花园”鼓浪屿和水清沙白的平潭、东山、南澳、上川、海陵诸岛也各有其诱人的阳光海滩风情，每年吸引了大量的冬季避寒度假游人。仅海南省，1998年春节10天接待游客25万人，与上年同期相比增长20%，创历史最高纪录，国内游客增长很快，尤其是北京、上海、广州等国内大城市来琼旅游的最多；国际游客同比增长，比上年增加17%，极大地促进了中国海洋旅游资源的开发应用。

当前国家政治经济体制改革进一步改善了旅游行业管理工作环境。尤其是政企脱钩，军队、政法机关以及其他党政机关不准办企业的措施实施后，进一步推进了社会主义市场经济体制的完善，也为行业管理工作的有效实施创造了有利条件。旅游行业管理正在从过去的较强的行政管理体制向市场体制转变。旅游行业管理的政策法规、标准化支持体系得到进一步加强。继国务院颁布了《旅游社管理条例》后，朱镕基总理又签发了《导游人员管理条例》，这是由国务院颁布的第二部行政法规。《旅游景区（点）质量评定划分》作为国家标准也已发布，这为旅游行业管理也提供了有力的支持。几年来，地方上根据自身情况也颁布了许多旅游行业法规和行业标准。可以说，旅游行业管理正在走向法制化、标准化的轨道，依法治旅、依法兴旅有了一个很好的基础和条件。

国务院批准的国家旅游局质量规范与管理司的几项职能非常明确，为实施旅游行业管理提供了根本依据，其中最后一项是指导优秀旅游城市创建工作。行使指导创优的职能，开展优秀旅游城市创建工作，为推动地方旅游业的发展发挥了很大促进作用，也标志着旅游行业管理工作发展到了一个新的历史阶段。从标准的制定和实施看，旅游标准已经从原有的酒店星级等有限范围向景区、景点、旅游产品等许多领域拓展，总体来说，中国旅游行业发展和行业管理工作已经有了一个比较好的基础，并逐步走上标准化和法制化的轨道。

表1　主要沿海城市旅游涉外饭店基本情况

城市	饭店数量		客房数(间)		床位数(张)		客房出租率(%)	
	1998	1999	1998	1999	1998	1999	1998	1999
天津	88	84	10 998	10 773	20 552	20 303	44.0	43.7
秦皇岛	37	43	5 098	6 771	101 148	14 594	29.5	37.0
大连	80	98	11 500	13 822	20 119	23 572	50.3	54.3
上海	136	286	30 987	48 940	55 174	88 680	56.9	55.5
南通	18	17	2 890	2 669	5 498	5 027	59.2	56.9
连云港	16	27	1 201	1 887	2 442	3 889	40.8	38.8
杭州	102	105	16 723	17 050	32 234	32 616	59.3	60.5
宁波	55	57	6 545	6 920	12 958	12 773	62.1	62.5
温州	36	34	4 290	4 381	8 055	8 224	69.1	66.7
福州	38	39	4 656	5 562	8 477	10 344	52.5	46.7
厦门	79	79	8 646	8 751	16 719	16 649	47.0	47.0
泉州	21	37	950	2 681	1 770	5 171	35.4	62.7
漳州	9	13	443	1 106	864	2 335	55.9	53.5
青岛	63	85	8 559	10 534	16 177	20 200	47.3	50.8
烟台	73	87	7 575	7 552	15 303	15 554	49.3	54.2
威海	47	43	4 126	3 748	8 532	6 619	36.4	43.7
广州	293	315	119 689	111 778	248 661	226 551	61.0	62.1
深圳	237	254	24 936	26 861	46 937	54 138	55.4	58.5
珠海	45	49	5 889	7 239	11 807	14 983	58.0	57.1
汕头	36	39	4 459	4 421	8 717	8 708	46.7	46.5
中山	23	52	2 712	4 686	5 148	8 745	45.5	50.0
湛江	41	24	3 924	2 968	7 536	5 677	49.8	45.5
北海	20	22	2 815	2 953	5 587	5 844	40.1	42.2
海口	90	70	5 939	8 913	10 833	16 695	50.4	53.7
三亚	78	58	7 570	8 274	14 514	16 146	40.9	45.8

表2 沿海省市旅行社单位数

地区	旅行社总数		国际旅行社		国内旅行社	
	1998	1999	1998	1999	1998	1999
天津	154	183	18	19	136	164
辽宁	227	370	52	49	175	321
河北	216	316	29	31	187	285
山东	211	299	44	50	167	249
江苏	420	449	106	67	314	382
上海	371	395	39	39	332	256
浙江	393	510	46	46.	347	464
福建	258	280	40	37	218	243
广东	474	466	205	179	269	287
广西	268	256	56	50	212	206
海南	201	184	38	39	163	145

滨海和海岛旅游
Coastal and Island Tourism

【“’98中国华夏城乡游”旅游年促销活动】 1998年，中国旅游业的年度活动主题是华夏城乡游。这是在成功举办1997年中国旅游年的基础上，旅游业推出的一轮主题系列’98华夏城乡游、’99生态环境游、2000年神州世纪游的开端。它是在过去介绍中国山水风光、文物古迹、民俗风情、度假休闲等丰富旅游资源的基础上着重介绍五千年文明史与改革开放20年来城市乡村的新气象、新变化，让海内外游客从旅行的所见所闻中切身感受华夏昔日灿烂的历史以及改革开放以来的巨大成就。通过对’98华夏城乡游的宣传促销，减轻了亚洲金融危机及国内暑期旅游旺季发生的特大洪涝灾害对中国旅游业的影响，促使国际旅游稳中有升，国内旅游持续增长。

【’98华夏城乡游首迎式】 1998年元旦下午，’98华夏城乡游首迎式在上海东方明珠塔前举行。国务委员兼国务院秘书长罗干、国家旅游局局长何光暐、国务院有关部委领导和上海市委、市政府的领导出席了首迎式。罗干对当日来自海外的近千名游客表示了热烈欢迎，并致以新年的问候。1998年正值中国改革开放20年，国家旅游局推出’98华夏城乡游旨在让旅游者在领略中国的瑰丽风光和灿烂文化的同时，突出感受到中国改革开放以来城市与乡村的新气象、新变化。

【’98华夏城乡游中国旅游欢乐节】 4月28日，’98华夏城乡游中国旅游欢乐节在河北“天下第一城”拉开了序幕。国务院副总理钱其琛为开幕式敲响了3声迎宾钟声。出席开幕式的领导还有国家旅游局局长何光暐，河北省、北京市、天津市的领导以及中国国际信托投资公司的领导、京津冀以及全国各地的6 000余名客人参加了欢乐节。本届中国旅游欢乐节围绕中华民族文化，尤其是北京文化、皇家文化展开。整个节庆期间有10大类、60余项丰富多彩的表演节目和活动内容，在欢乐节期间还举办了旅游文化艺术表演研讨会。

【’98世界旅游日中国主会场庆祝活动】 9月27日，’98世界旅游日中国主会场庆祝活动在重庆隆重举行。世界旅游组织副秘书长大卫·德维利尔、国家旅游局副局长孙钢、重庆市党政领导与澳大利亚、加拿大、日本驻华使领馆官员以及来自美国、日本等国家以及香港特别行政区的旅游界人士和重庆市旅游系统职工共同参加了庆祝活动，’98世界旅游日的主题是“政府与企业的伙伴关系：旅游开发和促销的关键”。在热烈隆重的仪式之后，举行了旅游专题演讲会。通过举办此项活动，达到了向全社会继续宣传旅游业，让社会 更加了解旅游业，从而积极支持旅游业的目的。

【’98中国国际旅游交易会】 10月29日至11月1日，由国家旅游局、上海市人民政府和中国民航总局主办的’98中国国际旅游交易会在上海世贸商城举办。这是中国举办的一次大规模的国际旅游交易活动。整个展场面积达1.9万km^2，共设展台1 300余个，来自中国及世界五大洲的38个国家和地区的15 000余名旅游、航空业界人士参展，其中4 000余人来自海外。

此次国际交易会有4个显著的特点，即广泛性、国际性、专业与公众相结合、规模大，特别是首次采用买家预约的专业方式，使参展商的有限时间得到充分利用，以取得最大成效。据抽样统计，在1 300个参展单位中，每个参展单位平均约见买家60人次，平均达成意向性协议18个，为期4天的交易会，还吸引了近4万名公众参加。中国举办的此届旅游交易会是亚太地区最大规模、最高档次的旅游交易会，说明了中国旅游业的巨大潜力和发展前景。

【'98中国国内旅游交易会】 12月8～10日，由国家旅游局、福建省人民政府主办的'98中国国内旅游交易会在泉州市举行。这是中国举办的又一次大规模的国内旅游交易活动，此次交易会共设810个展台，全国30个参展团参展。其中香港旅游界正式组团首次参展。本届交易会共有5 000余名正式代表，有近3万名旅游客商参加交易会。此次交易会与历届相比有参展团数量最多，参展代表最广泛，整体宣传造势独特等特点，尤其是由于香港旅游界正式参展，澳门特别行政区、台湾省旅游界观摩交易会，这在历届国内旅游交易会还是首次。

【粤港澳大三角旅游区进一步发展】 在开发国际旅游市场的过程中，广东省充分发挥粤港澳联合的优势，实施"品牌"战略，粤港澳珠江三角洲旅游区已开发出3～7d 不等的各式精品线路，并在海外市场获得了广泛关注。1998年，粤港澳三地联合邀请了世界主要客源市场的旅行批发商、记者、专栏作家来珠江三角洲参观考察，到年底已接待世界各地考察团近100批共600余人。1998年9月，三方共同邀请了东南亚旅行社经理、传媒记者共50人前来考察，取得了显著成果。目前，全世界已有20个国家和地区约140余家旅行社在销售珠江三角洲的线路，粤港澳大三角旅游区正发展成为具有广泛知名度的国际旅游区。

以推广'98华夏城乡游为主要内容的广州国际旅游展销会，于2月27日在广州中国出口商品交易会举行。广东省副省长卢钟鹤等出席了开幕式。来自美国、德国、法国、荷兰、波兰、澳大利亚及香港特别行政区、澳门特别行政区、台湾省等20余个国家和地区客商近400家参展。国内大部分省、市、自治区、直辖市旅游部门及旅游企业踊跃与会，把广州国际旅游展销会作为推介本地旅游产品的重要促销渠道。展销会期间，主办者为参展客户安排了多场内容丰富、注重实效的专项推介活动，如举行1998旅游市场动向和对策研讨会、旅游专题介绍会、旅游专业座谈会等。广州国际旅游促销会举办6届以来，已进入规范运作的良性循环轨道，被誉为亚太地区重要的旅游展销会之一。

'98广州国际美食节、中国旅游艺术节与广东欢乐节同时于1998年9月26日至10月5日在天河体育中心举行。"三节"期间共接待中外旅客80多万人次，各类食品的营业收入超过5 000万元。

香港、澳门回归祖国后，与内地的联系明显增强，入境旅游平稳增长，有利于形成港澳粤三角区域性旅游的进一步发展，有利于形成港澳客人入境游、内地居民游港澳双向发展的好局面。台湾集中阿里山、日月潭和清水断崖、太鲁阁这样的山水美景与海滨景观于一身，随着港、澳回归祖国以及台湾省和祖国内地逐步实现"三通"，并最终实现统一，港、澳、台将成为中国一个独具特色的滨海旅游区。

【'98鼓浪屿新春潮活动】 1998年，福建省内及厦门、福州、南平等地举办了形式多样的旅游节庆活动。

厦门举办'98鼓浪屿新春潮活动，内容包括时装表演、闽南歌舞表演、茶艺表演、万国建筑图片展、少儿卡拉OK赛、赛诗会、室内音乐会等；还举办了台湾美食节、集美旅游文化节等。5月20日，福州历史文化名城旅游纪念活动开幕式在福州广场举行，福州市旅游局为配合此次纪念活动特开辟国家森林公园、马尾昭忠祠等10条一日游线路。南坪市举办了'98武夷旅游日活动。12月30日，福建省林业厅、省环保局、省旅游局在福州国家森林公园联合举办'99中国、福州郁金花香花展暨福建'99生态旅游年开幕式活动，举行保护生态环境万人签名活动，参观竹类观赏园、鸟语林、福建森林博物馆、榕树景观区、苏铁园、珍稀植物园和兰花展。

【海南省大力发展旅游业】 1998年12月18～22日，中共中央政治局常委、国务院总理朱镕基和随行的国务委员兼国务院秘书长王忠禹，在海南省委书记林青林、省长汪啸风的陪同下，对海南省进行了为期5天的考察，对发展热带农业和旅游业作了重要指示。朱镕基指出，海南要坚持把农业和旅游业作为发展的重点和主要产业。要充分利用得天独厚的热带风光，大力发展旅游业。同时强调指出，海南在大力发展旅游业时，要注意保护环境。要合理开发利用各种自然资源，大力绿化，美化环境，改善生态平衡。一定要把海南建成椰林茂密、遍地葱绿、鲜花盛开、环境优美、交通发达、电信畅通、文明法治的宝岛。

1998年5月29日至6月1日，由海南省旅游局组织各省内40余家旅行社和旅游景点等单位150余名代表组成海南省代表团，参加’98香港国际旅游交易会。在交易会上，以美丽的风景图片、翔实的文字资料及有奖促销等形式大力宣传热带海滨度假游、黎苗民族风情游、南中国海潜水游、温泉康乐健身游、高尔夫健身游、亚龙湾海底世界等新的旅游项目，深受旅行商和游客的欢迎。

1998年10月29日至11月1日，海南省副省长李东生、省政府副秘书长郭绍明、省旅游局局长陈川民等率参展团参加了在上海市举办的’98中国国际旅游交易会。海南展厅及其布置极富特色：高大的椰树，腥红的地毯，鲜艳的绿光，仿佛扑来了阵阵椰风，洋溢起热带神秘的风情，呈现出一派旅游业明星的形象。1999年1月1日，’99中国生态环境游海南开幕式在三亚南山文化旅游区隆重举行。海南是生态环境游的重点地区。在这一年里海南省将推出丰富多彩的系列活动，向海内外游客展示海南美好的自然环境以及丰富多彩、得天独厚的热带海岛生态旅游资源。同时要加强生态保护的科普教育，提高环保意识，科学、合理地开发和利用生态旅游资源。吸引更多的国内外旅游者来海南享受温暖的阳光和清新的空气，领略美丽的热带风光和醉人的椰风海韵。

【’98济州世界岛屿文化节】 由韩国’98济州世界岛屿文化节组委会主办，韩国济州道政府、韩国观光公社等协办的，来自世界五大洲包括太平洋、印度洋、大西洋、地中海、加勒比海等区域的国家和28个岛屿代表团参加的’98济州岛屿文化节于7月18日至8月13日在济州岛举行。活动的主要内容有地区海洋风貌展、济州传统艺术演出、各岛屿传统艺术及物品展、文化节食品展、室外演出等。海南省派出了以省人大常委会副主任董范园为团长的海南省政府代表团和由省旅游局牵头的海南省旅游展览、工艺品展销和民俗艺术表演团参加本次文化节。海南省旅游局举办的图片展览突出了“椰风海韵醉游人”和“度假休闲在海南岛”的主题，展示了海南旅游的魅力，受到世界的关注，参观的旅行商和游客超过了80万人次。

【岛屿观光政策论坛大会】 由韩国济州道、中国海南省、印度尼西亚巴厘岛和日本冲绳县共同创立的第二届岛屿观光政策论坛大会于7月24～25日在日本冲绳县隆重举行。来自韩国济州道、中国海南省和日本冲绳县知事、省长、旅游局长、有关部门负责人、企业家、旅游专家学者共300人出席了会议。本届论坛在促进东亚太地区岛屿之间的交流合作、开放、发展的基础上，就岛屿地区如何开发与自然和文化相协调的旅游资源，推动岛屿地区旅游业持续发展进行了深入的探讨。海南省省长汪啸风在会上介绍了海南旅游业的发展和进一步对外开放的政策及措施，并就四岛政府在旅游方面积极开辟合作渠道，加强信息交流，联手拓展市场，联合考察研究资源，寻求和扩大共同利益的汇合点，争取与旅游相关的多领域合作等方面提出了建议，并表示海南省政府将不遗余力对旅游企业的国际合作提供支持。济州道知事禹瑾敏、海南省省长汪啸风、冲绳县知事大田昌秀共同签署了《第二届岛屿观光政策论坛共同声明》和《冲绳宣言》两个文件。

【首届青岛海洋节】 1999年7月10～25日由青岛市政府主办，青岛市旅游局、科委、财委、体委等10个部门和单位承办的首届青岛海洋节举行，并获圆满成功。海洋节通过八大板块40余项主题活动，集中展示了青岛“海洋城”的形象，展现了青岛与海洋资源、海洋生态、海洋科研、海洋航运、海洋产业的雄厚实力和海洋文化的丰富内涵，增强了社会各界认识海洋、热爱海洋的意识。首届海洋节与中国青岛对外贸易洽谈会同期举行，据初步统计，参加海洋节的市民与中外游客达180万人次。海洋节还取得了全方位的城市宣传效益。全方位的宣传工作突出了青岛的旅游城市整体形象，提高了青岛在海内外知名度。

旅游资源保护
Conservation of Tourist Resources

【全国第13届旅游地学年会】 第13届旅游地学年会于1998年10月8～11日在山东省烟台市召开。本届年会是由中国地质学会旅游地学研究会与山东省地质学会、山东省旅游地学研究会、中国地理学会旅游地理专业委员会等6家单位共同主办的。出席会议的有来自地质、地理、旅游、风景区等单位的代表共97人。原地矿部副部长夏国治、中国地质学会旅游研究会科学顾问、中国工程院院士卢耀如分别在开幕式和闭幕式上讲了话。会议共收到论文75篇，其中有关海洋旅游资源的论文占1/3。巩杰生教授的论文“中国海洋旅游资源”系统地分析了中国海洋旅游资源的优势、成因类型、海岸海岛海洋生物、海岸人文旅游资源等，并对海洋旅游资源的开发保护与调查研究等问题提出了建议。方克宣教授的“我国海岸带的自然风景资源及其区位特征”的论文，对中国内地的三条地形坡降带之一的海岸带风景资源与另两条坡降带进行了较系统的对比分析研究。日本顺正大学德村志诚、河北地理研究所研究员胡镜荣也都对海洋资源的利用、保护等提出了很好的建议。大会收到有关海洋旅游资源调查研究方面的论文，涉及广西、福建、浙江、江苏、上海、山东、天津、辽宁、河北等省（市、区）及澳门特别行政区，内容丰富，具有重要的科学价值和实用意义。

【中国旅游报召开’99生态旅游专题研讨会】 多年来，中国旅游开发存在着一些比较突出的问题，如一些部门盲目开发，使一些很好的旅游资源遭到污染或毁灭；短期行为、急功近利的行为成为一些地方发展的常见手段。因此，如何保护旅游资源和生态环境，保证自然资源可持续利用，已成为有关部门关注的重大问题。随之而来的生态旅游也便成了国际旅游业中新的热点。为此，国家旅游局联合国家环保总局等单位，推出了’99中国生态环境游，以开发生态旅游资源，推出生态旅游产品，解决好旅游业可持续发展的问题。

为了加强生态保护宣传报道，普及生态旅游知识，提高环境意识，倡导绿色旅游，由中国旅游报主办、北京龙门国际旅行社承办的’99生态旅游专题研讨会于1999年7月27～29日在北京金安皇都大酒店举行。来自全国各地景点区的负责人、地方旅游局局长以及部分旅游景点开发公司、旅行社的代表近40人参加了研讨会。国家旅游局党组成员佟华龄在会上作了重要讲话。会议代表就开展生态旅游进行了情况介绍和交流，并向全国生态旅游经营者发出了倡导保护生态环境的绿色旅游的倡议。

【国家旅游局、世界旅游组织联办生态旅游高级研讨会】 1999年8月29日至9月1日，国家旅游局和世界旅游组织联合举办的生态旅游高级研讨会在昆明召开。国家旅游局局长何光暐、世界旅游组织秘书长弗朗加利、云南省副省长程映萱等出席了开幕式并致辞，国家旅游局副局长孙钢主持了开幕式并在会议总结时作了重要讲话。

孙钢向国内旅游界的代表提出了以下希望和要求：一是要认真研究这次研讨会上世界旅游组织专家们的发言，进一步认识发展生态旅游的重要意义、指导原则和工作方法，进一步加深对保护生态、保护环境这一发展生态旅游的前提条件的理解，做到在大力发展生态旅游的同时，更好地保护生态、保护环境，使生态旅游资源能够永远利用，造福子孙后代；二是根据各地区具体实际，参考这次研讨会上介绍的国内外发展生态旅游的典型案例，重新分析中国在发展生态旅游方面所具有的优势和劣势，研究提出以市场需求为导向的发展生态旅游的总体规划和重点项目，分步骤进行实施，使生态旅游在21世纪前期能有全面的大发展。

出席这次研讨会的有来自国内29个省、自治区、直辖市的旅游行政管理和生态旅游区的90余名代表。

（赵翔翔）

其他海洋产业
Other Marine Industries

海水淡化与综合利用
Technologies for Seawater Multipurpose Use and Desalination

【综述】 海洋占地球表面积的71%，资源丰富，开发前景极为广阔。开发海洋，发展海洋经济已成为解决当今世界面临的人口、资源、环境等重大问题的一条重要出路。现在国际上许多有识之士都广泛认为“21世纪是海洋开发的新世纪”，因此，开发利用海洋资源已成为许多国家的基本国策。发展海洋经济正在成为一个全球性的发展战略问题。中国是一个海洋资源大国，具备开发海洋、大规模发展蓝色产业的有利条件。

海水淡化 随着社会的发展和随之诞生的环境污染问题，淡水资源的紧缺已经成为社会发展的制约因素，兴建水利工程和远距离调水难度越来越大，投资越来越高，海水淡化已逐步演变成解决沿海城镇、岛屿缺水问题的主要措施之一。

低温多效海水淡化技术研究在中国始于20世纪80年代末，过去的研究处于理论阶段，“九五”期间，国家海洋局海水淡化与综合利用研究所开展了双效压汽蒸馏的技术研究，并在设备的效间连接、腐蚀防护与材料选择等方面取得突破。承担的“九五”国家重点科技攻关项目专题之一“低温压汽蒸馏海水淡化技术的研究”是国家海洋局“九五”期间科技攻关的重点，通过对大中型蒸发装置的传热过程、蒸发装置的结构研究及优化设计、蒸汽离心压缩机的筛选评价和性能测试，提出低温压汽蒸馏的设计软件并为国产化提供依据。该项目目前已经完成第一阶段的全部研究内容，实现了6项技术突破，压汽蒸馏设计软件填补了国内空白，并将在山东黄岛发电厂建立2×3 000t /d的蒸馏法海水淡化示范工程。2000年底将进行由国家科技部组织的项目终期验收。

1997年4月国家海洋杭州水处理技术中心总负责的浙江省重大科技计划项目——“500m^3 /d 反渗透海水淡化示范工程”在舟山群岛嵊山镇，完成了工程总体设计和设备的研制工作，并已投入运行，标志着反渗透海水淡化技术的研究开发已走上供水产业化阶段。

1998年全国最大岛屿用海水淡化工程——大连市长海县大长山岛1 000t/d反渗透海水淡化工程由国家海洋局海水淡化与综合利用研究所综合设计、广西玉柴绿源环境工程有限公司施工，至1999年4月初正式产水。

1999年在辽宁长海县建成1 000m^3/d大型反渗透海水淡化站。1999年国家科技部在嵊泗建设4 000m^3/d海水淡化示范工程基地。

浙江省重点科技攻关项目“减压膜蒸馏海水淡化装置的研制”已通过技术鉴定。

国家重点科技攻关项目“高脱盐率反渗透复合膜关键技术开发”及“纳滤关键技术开发”已取得较大突破。

海水直接利用 海水直接利用是缓解中国沿海城市和地区淡水资源危机问题的重要途径。用海水代替原有的淡水，开发海水代替淡水做工业用水（工业冷却用水和工艺用水）和生活用水（冲厕用水），是缓解中国沿海城市和地区淡水资源紧缺问题的重要途径，意义深远，势在必行。

“海水直接利用技术研究”是“九五”国家重点科技攻关项目，由国家海洋局海水淡化与综合利用研究所承担，分别对“海水循环冷却技术研究”、“海水直流冷却技术研究”及“大生活用海水技术研究”3个专题进行了研究，目前该项目已完成第一阶段的全部研究工作，通过了由国家科技部组织的中期验收，并取得了一些阶段性成果，其中“海水循环冷却技术研究”具备了示范工程的启动条件。2000年底将由国家科技部组织验收。

海水综合利用 海洋中包容着丰富的化学资源，海水化学资源主要是指海盐、钾盐、溴素及镁盐等四大主体要素，该主体要素是中国国民经济的重要基础化工原料。

“海水卤水提取硫酸钾技术研究及产业化”、“溴素深加工技术研究”、“盐田卤水提取镁肥、高纯镁系物技术研究及应用开发”及“无机盐功能材料晶须硼酸镁的研制”是“九五”国家重点科技攻关项目的4个子专题，目前该项目已完成第一阶段的全部研究工作，通过了由国家科技部组织的中期验收，并取得了一些阶段性成果，其中“溴素深加工技术研究”专题，研制出的“高效、低毒农药——二溴磷”新产品填补了国内该项技术和市场的空白。2000年底将由国家科技部组织项目验收。

（国家海洋局天津海化所供稿）

【反渗透海水淡化步入供水产业化】 1967年国家科委和国家海洋局组织了全国海水淡化会战，会战期间对反渗透海水淡化技术进行了初步探索。1970年在会战的基础上组建了国家海洋局杭州水处理技术开发中心（前身为国家海洋局第二海洋研究所海水淡化研究室），继续对反渗透技术进行深入研究。1975年和1976年两次在浙江省镇海对3m^3/d玻璃钢圆板式淡化器进行了现场海水脱盐试验，累计运行2 000h，结果表明能将30 000mg/L的海水脱盐到1 000mg/L以下。虽然还存在着操作压力高(10MPa)和产水量低[小于10L/（m^2·h）]等问题，但这一结果显示出反渗透技术有可能发展成为实用技术。

“六五”、“七五”、“八五”和“九五”期间国家科委均把反渗透技术列为国家重点攻关项目。国家海洋局杭州水处理技术开发中心和浙江省湖州水处理设备厂等单位承担了该任务。1986年研制成功了8英寸中空纤维反渗透组件，该组件以1 600mg/L盐水为进料液，在2.8MPa下操作，当水回收率为75%时，组件脱盐率大于91%，产水量大于32m^3/d。1995年又研制成功了高盐度脱盐三醋酸纤维素中空纤维8英寸组件，以25 600mg/L盐水为进料液，在5.0MPa下操作，组件脱盐率达98%。1986年还研制成功了8英寸卷式反渗透组件，以2 000mg/L盐水作进料液，在3.0MPa下操作，组件脱盐率大于90%，产水量大于25m^3/d。中空和卷式8英寸组件的开发，为反渗透技术的推广应用奠定了基础。

随着沿海地区淡水资源紧缺矛盾日益突出，兴建水利工程和远程距离调水难度越来越大，投资越来越高，海水淡化已逐步演变成解决沿海城镇、岛屿缺水的主要措施之一。1997年4月浙江省科委对“500m^3/d反渗透海水淡化示范工程”作为浙江省重大科技计划项目正式立项，并选点在舟山群岛嵊山镇。国家海洋局杭州水处理技术开发中心为项目总负责，完成工程的总体设计和设备的研制工作，嵊山镇政府为项目的用户单位，负责土建和配套设施施工。经5个月的精心设计和施工，于1997年10月16日竣工，整套设施投入试运行。从1998年7月5日开始又进行了500h的系统性能考核运行，测试记录近4 000个运行参数数据。运行考核表明，系统运行参数稳定，设备运行正常，性能指标达到了设计要求。即，可将含盐量27 000mg/L海水淡化至200mg/L以下，淡化水符合GB5749—85中华人民共和国饮用水卫生标准。每制取1m^{3}淡水耗电5.5kW·h。嵊山500m^3/d反渗透海水淡化示范工程的建成，标志着反渗透海水淡化技术，经过30年的研究开发后步入了供水产业化阶段。

继嵊山反渗透海水淡化站之后，1997年在马迹山建成350m^3/d、1999年在辽宁省长海县建成1 000m^3/d大型反渗透海水淡化站，2000年还将在浙江省嵊泗建成1 000m^3/d和在山东省长岛建成1 000m^3/d两座大型反渗透海水淡化站。这标志着海水淡化供水产业已初具规模。这些海水淡化站的建成对缓解当地供水矛盾和促进国民经济发展作出了重大贡献。

国内已建成的5个反渗透海水淡化站主要参数见表1。

【膜技术与饮用瓶装水产业】 环境水体污染的日趋严重，人们生活水平的不断提高和健康意识的增强，人们希望能饮用更安全、更洁净、更方便、更营养的优质饮用水。膜及膜设备的工业化生产，使其成为现实。同时瓶装水新产业的迅速发展，大大地推动了膜产业进程。据不完全统计，1999年全国膜工业销售总额达20亿元，其中瓶装水制造约占30%，另一方面全国瓶装水年产量约600万t，销售总额达100亿元，瓶装水已成为中国新兴的朝阳产业。

超过滤和微孔膜过滤是中国饮用天然矿泉水（GB 8537-1995）生产工艺中必不可少的关键技术之一，超过滤和微孔膜过滤能有效地去除天然矿泉水中的胶体微粒、微生物、细菌和病毒，同时能完全保留天然矿泉水中的矿物质和锂、锶、锌、溴化物、碘化物、偏硅酸、硒等微量元素，从而保证了天然矿泉水的原口感风味和营养价值。超过滤膜组件通常采用聚砜中空纤维膜，切割分子量约为30 000～50 000的标准组件，其产水量为500～800L/h。不同制水量的超滤装置，小的有数个，大的有数十个标准组件并联组成；微孔膜滤器通常选用折叠式膜滤芯，滤芯的外径为70mm，标准长度为250、750和1 000mm几种，选择的孔径为1、0.8、0.45和0.22μm 4种，在不同压力容器中，并联装有不同数量的滤芯，能满足不同流量的要求。超滤和微滤膜组件多数是中国自己制造生产，少量进口。据统计，1998年全国矿泉水年产量达185万t。

纯净水近5年来发展迅速，1999年全国纯净水的年产量达到400万t，已远远超过矿泉水，无论是300～700mL的商业瓶装水，还是20L（5加仑）家庭、办公室用大桶水，都采用反渗透或二级反渗透工艺，以城市自来水为水源，经预处理、反渗透（或二级反渗透），臭氧消毒处理，其电导率通常能小于10μs（25℃），细菌总数≤20 cfu/mL，水质透澈晶亮，口感纯正。满足了国家饮用纯净水标准（GB 17323-1998，GB 17324 -1998）。

表1 反渗透海水淡化站主要参数

淡化站名称	嵊山	马迹山	长海县	嵊泗	长岛
产水量（m^3/d）	500	350	1 000	1 000	1 000
取水方式	沙滩沉井	开放取水	开放取水	沉井	开放取水
原水浓度（mg/L）	25 000	23 000～34 000	32 700	32 000	32 000
予处理	多介质＋活性炭	多介质＋活性炭	多介质＋细砂	多介质过滤	多介质过滤
絮凝剂	$FeCl_3$	$FeCl_3$	$FeCl_3$	$FeCl_3$	$FeCl_3$
还原剂	$NaHSO_3$	$NaHSO_3$	$NaHSO_3$	$NaHSO_3$	$NaHSO_3$
阻垢剂	H_2SO_4	HCl	无	H_2SO_4	H_2SO_4
反渗透组件数(8英寸)	42	30	108	72	72
组件排列方式	单级单段	单级单段	单级单段	单级单段	单级单段
高压泵	高速离心泵	高速离心泵	三柱塞泵	多级离心泵	多级离心泵
能量回收方式	原水泵后增压	原水泵后增压	原水泵后增压	压力交换器	压力交换器
操作压力(MPa)	～6.0	5.5	5.0	～6.0	～6.0
淡水含盐量(mg/L)	≤500	≤500	≤500	≤500	≤500
回收率(%)	35～40	36～39	38～40	35～40	35～40
耗电量(kW·h/m^3)	≤5.5	—	—	≤4.0	≤4.0
建成时间	1997年	1997年	1999年	2000年	2000年
承建单位与方式	国家海洋局杭州水处理技术开发中心，研制	国家海洋局杭州水处理技术开发中心，代理	广西玉柴绿源公司，引进	国家海洋局杭州水处理技术开发中心，研制	国家海洋局杭州水处理技术开发中心，研制

近年来，由于国际反渗透膜的大工业化生产，生产成本和销售价格在原有基础上下降了50%，国内目前反渗透膜基本上由美国Filmtec、Hydranautics、Fulid System、Osmonics等公司生产。国产膜则应用很少。反渗透整机及全套饮用纯净水设备，则都由国内公司设计制造，还有部分出口东南亚国家。国家海洋局杭州水处理技术开发中心对反渗透法制取瓶装纯净水工艺设备和工程进行了长期深入的研究，纯净水设备已系列化，先后为杭州娃哈哈、广东乐百氏、上海正广和、杭州养生堂等单位，设计和制造了150余套纯净水设备，单台制水量最高的达60m^3/h，最少的为0.5m^3/h，总造水能力达1 400m^3/h，是中国目前饮用纯水成套设备的骨干生产企业。其他主要生产企业有半岛水处理有限公司、湖州水处理设备厂、辽宁8271厂、苏州净化设备厂、深圳安吉尔水科技有限公司、北京中联捷思净水科技发展有限公司、蓝星水处理技术有限公司等。

高科技膜技术已经为人类的健康饮水事业做出了重大贡献。并且完全可以相信，未来人们的饮水对膜技术的依赖性进一步增强，膜技术在饮水深度净化中具有巨大的市场潜力。 （徐荣安）

【浙江嵊泗将建全国最大反渗透海水淡化示范工程基地】 嵊泗是浙江省最东部的一个海岛县，淡水资源奇缺。为解决海岛生活饮用水和工业用水，1997年国家海洋局杭州水处理技术开发中心在嵊山建成全国第一座500m^3/d反渗透海水淡化站，实践证明海水淡化技术是可行的。为此，1999年国家科技部确定在嵊泗建设4 000m^3/d全国最大的反渗透海水淡化示范工程基地。该示范基地分三期实施，第一期为1 000m^3/d。第一期工程是科技部科技攻关项目，由国家海洋局杭州水处理技术开发中心和嵊泗县政府承担。第一期工程将于2000年7月在嵊泗菜园镇建成出水。试运行表明，每制取1m^3淡水耗电4kW·h以下，达到国际先进水平。4 000m^3/d海水淡化示范工程基地建成后，年产淡水约140万m^3，可彻底解决嵊泗海岛淡水供需矛盾，为促进海岛经济和社会持续发展做出重大贡献。

（鲁学仁）

【18 000m^3/d反渗透苦咸水淡化厂将投产】 河北省沧州化学工业股份有限公司地处渤海湾西岸，地下井水为含盐量1 000～1 500mg/L的苦咸水，为解决生产和生活用水公司决定采用反渗透技术建造18 000m^3/d苦咸水淡化厂。1999年完成了工程招标，预计2000年底投产。该淡化厂建成后将是国内最大的反渗透苦咸水淡化厂。 （鲁学仁）

【反渗透复合膜和纳滤技术新进展】 “九五”期间国家海洋局杭州水处理技术开发中心承担了“高脱盐率反渗透复合膜关键技术开发”和“纳滤关键技术开发”两项国家重点科技攻关项目。

聚砜支撑膜制备和聚酰胺复合膜形成是制备高脱盐率反渗透复合膜的关键技术。“九五”期间主要在原材料优化、单体优化、制膜工艺条件优化、制膜设备的改进和配方优化等方面进行了深入研究，并取得了较大突破。其中在聚砜支撑膜制备方面，显著地提高了连续机制聚砜支撑膜的性能稳定性和完整性。在聚酰胺复合膜形成方面，采用先进的单面复合工艺，显著地提高了复合膜的脱盐率和水通量。制得的复合膜脱盐率大于98%，水通量大于40L/（m^2·h）。

纳滤关键技术开发专题，采用不同的技术路线分别开发了三醋酸纤维素中空纤维纳滤膜、醋酸纤维素卷式纳滤膜和复合型纳滤等3种性能及用途不同的膜与组器。纳滤膜与组器的性能均达到或超过了攻关指标。 （俞三传）

【核能海水淡化示范厂】 清华大学核能技术研究院为摩洛哥坦坦地区设计了生产能力8 000m^3/d的核能海水淡化厂。该淡化厂由10MW低温核能供热堆提供热源，淡水系统采用垂直的多效双面槽管降膜蒸发器。 （张达芳 鲁学仁）

【八效太阳能海水淡化装置】 秦皇岛船用机械所、国家海洋局天津海水淡化与综合利用研究所、清华大学共同开发了八效太阳能海水淡化装置。该装置采用玻璃真空管太阳能集热器将海水加热，立式八效蒸发将海水淡化。当海水流量为560kg/h时，浓缩比约为1∶5.5，造水比约为1∶5，淡水含盐小于130mg/L。装置工作情况基本与设计相吻合。 （张 洪 鲁学仁）

【1 200m^3/d MSF中试装置】 华北电力大学等设计了3 000m^3/d MSF海水淡化中试装置，该装置共有30级，热回收段3组27级，排放段3级，采用盐水再循环方式和短管结构。第一期按1 200m^3/d进行了168h不间断试运行。结果表明产量接近设计值，产品水含盐量低于5mg/L。试运行期间为天津大港电厂提供了6 000m^{3}淡水。 （周少祥 鲁学仁）

【减压膜蒸馏海水淡化装置研制成功】 减压膜蒸馏海水淡化装置的研制系浙江省重点科技攻关项目，由浙江大学华滤膜工业公司等承担，已通过技术鉴定。该装置产水量1～2m^3/d，脱盐率99.99%。膜材料为具有高透气性和耐热性的聚丙烯中空纤维，膜蒸馏过程中采用单独的不锈钢冷凝器，水泵能耗约为1.5kW·h/m^3。该装置在宁波等轮渡客轮上进行了近5个月的考核，性能稳定。 （林斯清）

【海水资源综合开发利用关键技术的研究】 该项目是“九五”国家重点科技攻关项目，设4个课题，12个专题，其中8个专题由国家海洋局海水淡化与综合利用研究所承担。

海水淡化所承担的8个专题是针对中国沿海城市和地区（海岛）日益面临的淡水资源危机问题，海水化学资源的不均衡提取、利用问题，借鉴发达国家和地区海水资源综合利用先进经验（或技术）而提出的。所选专题均为海水资源综合利用领域急待解决的关键技术问题。部分专题属国际海水资源综合利用领域的前沿课题。旨在开发海水直接利用技术和海水淡化技术，以解决中国沿海城市淡水资源的紧缺问题；开发海水化学资源综合利用技术（产品），以解决海水化学资源利用不均、深加工不足问题。

目前，海水淡化所承担的8个专题均在按计划实施，预计2000年年底将顺利通过验收。

特别需指出的是海水直接利用技术和海水淡化技术对中国开发西北利用苦咸水解决淡水资源不足，具有重要指导和借鉴作用。

“海水循环冷却技术研究”专题进展情况 本专题是关于海水循环冷却技术的研究。专题在前几年研究工作基础上，完成了百吨级中试，千吨级示范工程正在进行中。本专题旨在实现以海水代替淡水作工业循环冷却水之目的，并最终创建海水循环冷却技术产业。

（1）完成了中试试验研究。对实验室研究的缓蚀剂、阻垢分散剂、菌藻杀生剂和选用的防海洋生物附着技术、涂层防腐、电化学保护等技术以及海水冷却塔的使用性能进行中试考核和综合评价。根据现场出现的问题，调整并完善了有关技术。

（2）完成了海水循环冷却处理技术方案和设计参数及系统运行检测技术。

（3）完成了千吨级海水循环冷却系统设计，建立了示范工程系统。

中试和示范工程均定点在天津碱厂。中试结果达到和部分超过了合同指标要求。目前，示范工程根据天津碱厂的生产需要，确定为每小时4 000t 的规模，示范工程的前期准备工作均已完成，预计于2000年8月中旬投入运行。并在年底迎接全面验收。

（4）完成了无污染海洋防污涂料的研究：① 完成了（甲基）丙烯酸酯单体的合成、丙烯酸树脂的合成及其抛光速率的测定；② 完成了无环境防污剂的合成与筛选；③ 完成了防污涂料的配方设计与试验。在实验室完成了温度、流速、盐度等对防污涂料的自抛光速率及防污剂渗出速率的影响试验。在海上完成了防污涂料的海港浮筏挂板试验，测定防污涂料的防污有效性和海上的自抛光速率；④完成了船舶涂覆试验。

（5）已取得的成果：① 海水循环冷却技术；② 海水缓蚀剂产品；③ 海水阻垢分散剂产品；④ 海水菌藻杀生剂产品；⑤ 机械通风海水冷却塔制造技术；⑥ 建立100t/h海水循环冷却中试系统1套。

“海水直流冷却技术研究”专题进展情况 本专题是关于海水直流冷却技术的研究。具体讲，是关于海水直流冷却系统防腐蚀、防海洋污损生物附着新技术和腐蚀状态检测与监测技术的研究。为制订海水直流冷却设计规范并指导实际应用提供技术依据，旨在达到推进海水直流冷却技术发展，节约淡水资源之目的。

随着工业的发展，总用水量急剧增加，据统计城市用水中，工业用水通常占80%左右，而其中有80%是工业冷却用水。海水是取之不尽的水资源，开发利用海水代替淡水直接作冷却用水是节约淡水的重要途径。而海水直流冷却具有深海取水温度低且恒定、冷却效果好、系统运行管理简单等优点，因此具有较好推广应用前景，经济效益和社会效益显著。

（1）完成了海水管道金属和有机覆盖层防腐蚀技术研究：① 用热喷涂技术将不同成分的合金制成涂层试样，进行了室内加速耐蚀实验，与阴极保护的配伍性实验，初步确定了海水管道防腐的金属涂层材料；② 完成了有机覆盖层和金属涂层的配合性能研究。

（2）完成了电化学防腐蚀防生物附着双防技术研究：① 研究选定四元钌钛材料为本双防系统的双防电极；② 组成电化学双防系统，进行了双防效果实验，并按合同要求，完成了双电极换向仪的试制，并达到合同考核指标要求。

（3）完成了防除海水管道内生物附着研究：① 对照铂电极（国外通用阳极），完成钌—钛—铱三元阳极及钛板或不锈钢板阴极材料的研究选定；② 完成了小型电解制氯装置的研制工作。达到了合同考核指标要求。

（4）完成了海水直流冷却有关技术、设计的规范化编写工作，并征求国内同行专家意见。

（5）已取得的成果：① 海水直流冷却技术调研报告；② 海水直流冷却系统耐蚀金属材料的腐蚀数据；③ 海水直流冷却系统适用涂层防腐技术；④ 海水直流冷却系统阴极保护设计规范（初稿）；⑤ 海水输送泵阴极保护设计规范（初稿）；⑥换热器管应力腐蚀防护技术；⑦ 海水管道金属和有机覆盖层防腐蚀新技术；⑧ 小型电解海水制氯装置；⑨ 高效耐高温新型硅铝牺牲阳极。

“大生活用海水技术研究”专题进展情况 本专题是海水直接利用研究课题的一个重要组成部分，其技术关键是研究大生活用海水的后处理技术，同时提出大生活用海水技术推广应用的相关政策和法规，为在沿海有条件的地区和城市推广大生活用海水技术提供科学、实用依据，缓解沿海城市淡水资源紧缺局面。

（1）完成了不同海水含量对污水生化处理的影响实验。

（2）完成了大生活用海水合理利用海水稀释自净能力深海排污的研究。

（3）完成了大生活用海水水质标准研究。

（4）完成了大生活用海水技术推广应用的相关政策和法规建议的研究。

（5）已取得的成果：① 高盐度下嗜盐菌的培养方法；② 高盐度下城市污水的生化处理工艺；③ 大生活用海水深海排放初始稀释预测模型；④ 大生活用海水深海排放污染物影响浓度场预测模型；⑤ 大生活用海水深海排放水质点的拉格朗日余流模型；⑥ 大生活用海水深海排放扩散器长度的计算方法；⑦ 大生活用海水的技术经济分析；⑧ 大生活用海水水质标准研究；⑨ 大生活用海水技术推广应用的相关政策和法规建议研究。

“低温压汽蒸馏海水淡化技术的研究”专题总体进展情况 本专题是节能型海水淡化技术研究课题的重要组成部分。其技术关键是研究大中型蒸发装置的传热过程、蒸发装置的结构研究及优化设计、蒸汽离心压缩机的筛选评价和性能测试。通过以上研究，提出低温压汽蒸馏的设计软件并为国产化提供依据，从而为国内海岛和其他缺水地区提供可行的海水淡化技术，达到缓解岛屿地区淡水供应紧张局面的目的。

（1）建立了低温压汽蒸馏模拟装置。在模拟实验装置上进行了传热系数的测定，实验研究了液体喷淋密度、蒸发与冷凝侧的传热温差、加热蒸汽中的不凝气含量以及传热管内蒸汽流速变化对传热系数的影响。

（2）完成了大中型蒸发装置结构研究及优化设计及其高效传热过程的研究。高效负压离心式蒸汽压缩机的选型评价、研制和性能测试，开始了150～3 000 t /d低温压汽蒸馏相关设备设计软件的开发。

（3）成功地研制了双效压汽蒸馏装置，解决了蒸馏装置从单效变成多效的接口问题，为低温多效蒸馏淡化的国产化打下技术基础。

（4）已取得的成果：① 500t/ d 油气田卤水压汽蒸馏蒸发浓缩的工程方案；② 低温压汽蒸馏浓缩乌龙茶速溶剂的方案说明；③ 大连市长海县大长山岛1 000t /d海水淡化的可行性研究报告及工程设计；④ 舟山市40 000t / d 蒸馏法海水淡化的投资估算及水价分析。

专题完成并实现压汽蒸馏技术产业化后，装置的价格将大大降低，推广应用前景良好。

“海水卤水提取硫酸钾技术研究及产业化”专题进展情况　海水提钾是与国民经济密切相关的科学技术，通过本专题的研究与开发，探索和筛选出最佳工艺流程和技术参数，形成海水卤水提取硫酸钾的成套工业技术，并最终使该项技术在制盐行业实现产业化，它的突破和产业化必将使中国农业生产出现一个突飞猛进的发展，从根本上解决中国钾资源紧缺问题。

攻关目标：本专题包括“离子交换法海水卤水直接提取硫酸钾技术的研究”、“苦卤与氯化钾制取硫酸钾万吨级示范工程的研究与开发”、“石膏氨法制取硫酸钾技术”和“液膜法卤水提取硫酸钾技术”。其中，第一项内容是解决苦卤提取硫酸钾技术中的补充卤化钾来源问题，突破从海水、卤水中直接提取硫酸钾的工艺技术关键——沸石吸附淋洗工艺；第二项内容是解决苦卤与氯化钾制取硫酸钾技术向产业化过渡中的关键工艺技术问题，形成硫酸钾工业化技术；第三、四项内容是探索苦卤提取硫酸钾新工艺。

（1）完成了沸石筛选及钾吸附洗脱性能的研究室内试验部分，建成100t /a中试装置。

（2）完成了氯化钠与钾镁矾分离技术的筛选与研究，建成万吨 级示范工程试验生产装置。

（3）完成了制碱废液与盐田卤水合成石膏及石膏分离工业技术研究，建成并进行了石膏与氯化钾氨法制取硫酸钾100t /a中试。

（4）完成了液膜提钾载体的研究及苦卤中钠盐对钾萃取的影响研究。

（5）已取得的成果：已经形成100t /a离子交换法海水卤水直接提取硫酸钾中试装置1套，石膏氨法制取硫酸钾100t /a中试装置1套，10 000t /a苦卤与氯化钾制取硫酸钾示范工程1套。同时申请“苦卤与氯化钾高温盐析制取硫酸钾的方法”发明专利1项。

“溴素深加工技术研究”专题进展情况　溴素是海洋化学产业的基础产品之一，发展关键在于溴素深加工产品的开发。溴素的各类深加工产品已成为高技术高附加值的海洋化学产品，前景广阔。

攻关目标：本专题包括2个研究内容，分别是“高效、低毒农药——二溴磷工业技术研究及应用开发”及“新型阻燃剂——溴代苯酚及其磷酸酯的工业技术研究”。其中，二溴磷是溴系农药的重要品种之一，是一种高效、低毒、低残留的广谱杀虫剂，在中国二溴磷生产尚属空白，其技术关键是选择高效引发催化剂，确保原料回收率和二溴磷原油质量；溴代苯酚及其磷酸脂国内尚属空白，国内和国际两个市场均具有良好的前景，其技术关键是选择理想的氧化剂和催化剂，保证溴代苯酚及其磷酸脂的质量和原料回收率。

（1）确定了引发效率高、操作简单、脱溶易行的引发条件，确保了产品的纯度。

（2）中试规模，超额完成了专题合同100t /a 要求的规模指标和技术经济指标。

（3）250t /a 示范生产装置运行结果，原油质量达到91.5%～93%，超过了专题合同要求的大于90%的指标。原料回收率达到大于90%的合同要求。完成了农药生产的三证申办工作，目前已产出合格产品，示范品已投放市场。

（4）完成100t /a 三（二溴苯基）磷酸脂中试技术的研究，其纯度大于98%，含溴量60%，含磷大于73%，三（二溴苯基）磷酸脂消耗定额：2，4二溴苯酚980kg/t，三氯化磷230kg/t。

（5）已取得成果：① 研制成功高效、低毒农药——二溴磷农药，填补了国内空白；② 完成了二溴磷毒理试验，建立了企业标准；③ 完成了二溴磷大田药效试验；④ 完成了农药生产的三证申领工作。

“盐田卤水提取镁肥、高纯镁系物技术研究及应用开发”专题进展情况　镁是植物生长过程中所需要的营养元素，是复合肥的重要成分；高纯镁化物为高附加值产品，又是高新技术产品。高纯度功能材料氧化镁是许多非金属材料的填充物，可大幅度提高材料的性能，高纯镁化物也是制药工业的重要原料。

攻关目标：本专题包括3个研究内容：①盐田卤水提取镁肥技术研究；②镁肥及加镁复合肥应用技术研究；③盐田卤水高纯镁系物制备技术研究。通过研究解决利用苦卤提取高质量镁肥品种的生产技术及镁肥推广应用过程最佳施肥方案等问题及探索高纯镁化物的合成技术，增加苦卤镁资源的新的利用途径。其技术关键是：研究镁肥分离技术，确保产品质量；选择不同的土壤和作物的施肥方案，已达最佳肥效；研究镁系物制备技术研究。

（1）盐田卤水提取镁肥技术的研究。先后完成了镁肥分离工艺的扩大试验、1 000t /a 镁肥中试设计、设备安装等，建成了年产1 000t /a 的镁肥中试车间。产品质量达到合同要求。

（2）镁肥及加镁复合肥应用技术研究。按原定合同计划顺利地完成了水稻、棉花、花生、油菜4种作物的大棚盆栽和大田试验及推广方案的制订。

（3）已取得的成果：建立了1 000t /a 镁肥中试线1套，制订出了镁肥应用的推广方案。

“无机盐功能材料晶须硼酸镁的研制”专题进展情况 镁系无机盐功能材料的研究和发展将改变苦卤工业的产品结构，又使原材料向高技术、高附加值海洋化工新兴产业转化，其前景十分广阔。本专题的技术关键是得到高质量、高收率晶须的成须方法；在保证晶须的质量和收率的前提下，确定最佳工艺流程和设备选型；制定合理的共混工艺配方，使复合材料性能优越，扩大产品的应用范围和领域。

（1）确定了以化学试剂为原料调制原料浆液的工艺。

（2）确定了原料浆液的干燥工艺条件。

（3）对影响晶须晶种合成的加热条件作了探讨，确定了合成晶种的升温速度、加热温度和加热时间。制备出直径为1μm、长10μm左右、分散性好的晶种。

（4）对影响晶须合成的各种因素作了探讨，确定了晶种的添加量、加热速度、加热温度和加热时间。制备出直径为1μm、长20μm左右、长径比大于10∶1的晶须。

（5）确定了晶种和晶须的后处理工艺。

（6）已取得的成果：①已经完成了晶须硼酸镁的研制，制出的硼酸镁晶须直径为1μm，长径比大于10∶1；②研究了影响晶须长度和纯度的影响因素，探明了助熔剂法合成晶须的基本规律；③探索了不同的杂质种类和含量对晶须生成的影响；④完成了用氯化钠代替氯化钾做助熔剂降低生产成本的研究；⑤确定了硼酸镁晶须的生产工艺流程，同时进行了碱式氯化镁晶须的试制；⑥进行了两种晶须在塑料和铝镁合金中的应用实验研究。初步研究结果显示由于该晶须成本低、性能好，可望在许多材料领域里得到应用。

【海水淡化工程】 1998年全国最大的岛屿用海水淡化工程——大连市长海县大长山岛1 000t/d 反渗透海水淡化工程由国家海洋局天津海水淡化与综合利用研究所综合设计、广西玉柴绿源环境工程有限公司施工，1999年4月初正式产水。天津海水淡化与综合利用研究所是其技术依托单位，完成了该工程的可行性研究报告；策划并参与了该项目的国际招标全过程，完成了标书的技术部分编制。由于天津海水淡化与综合利用研究所与各有关方的密切协作，使得该项目的工程投资从最早计划的1 200万元降低至800万元左右。该工程使用了美国流体系统公司的卷式反渗透膜、美国Aplex公司的柱塞式高压泵、PEI公司的能量回收透平，主机耗电指标4.2kW·h，系统实际耗电指标5.1kW·h。

低温多效海水淡化技术研究在中国始于80年代末，过去的研究处于理论阶段。“九五”期间，国家海洋局天津海水淡化与综合利用研究所开展了双效压汽蒸馏的技术研究，并且在设备的效间连接、腐蚀防护与材料选择等方面取得突破。鉴于该所在低温淡化技术方面取得的较大技术突破，国家科技部同意调整“九五”后两年的攻关合同，建立2×3 000t/d低温多效海水淡化示范工程。示范工程的地点选择在山东黄岛发电厂，1999年8月底通过了可行性研究报告的专家论证，目前正在开展初步设计。该示范工程采用“九五”攻关的技术成果，由海水淡化与综合利用研究所与国外公司联合设计，招标选定设备供应厂家。其主要经济技术指标达到和接近国外同等容量淡化装置的先进水平。（国家海洋局天津海水淡化与综合利用研究所供稿）

海洋能源开发
Ocean Energies Development

【30kW摆式波力示范发电站已建成】 在“八五”期间青岛小麦岛研建的8 kW摆式波力实验电站的基础上，国家海洋局海洋技术研究所在“九五”期间承担了国家重点科技攻关计划项目“30 kW摆式波力示范发电站”研建。该项目旨在研建一种适合边远孤岛及沿海地区的小型实用摆式波力发电站，它将对海岛经济发展、改善海岛居民生活及海洋资源开发、巩固国

防有着重要的现实意义和深远意义，使中国摆式波力发电技术达到国际先进水平。

该电站建在山东省青岛市即墨大管岛上，岛上的居民照明原仍以油灯为主。渔民的收入虽多但没有电源，家用电器不能使用，生活极为不便。

在当地政府的支持下，国家海洋局北海分局青岛海洋预报台及小麦岛海洋站提供波、潮资料的积极配合下，国家海洋局海洋技术研究所科研人员精细设计，努力攻关，当地工程技术人员大力协助，整个系统于1999年6月2日开始运行发电。1999年9月6日向岛上居民正式供电。

该电站采用的液压机电转换方式成功地解决了在波浪极不稳定的情况下该系统的流量控制及调速问题。在发配电部分，设计应用了电力升压储能电路，解决了在大、小波浪时均能充电及供电问题，提高了电站的运行效率。该电站完整的配套和稳定的供电受到岛上居民的欢迎。

另外，为了更好地满足岛上居民用电的需求，2000年4月岛上居民又安装了一台7.5 kW的风机，以风、波互补的形式，基本上保证了岛上居民的生活用电。

电站的技术指标：

（1）装机容量30 kW；

（2）电站启始发电波高$H_{1/3}$＝0.5m；

（3）电站工作海况$H_{1/3}$＝0.5～3m；

电站出力30 kW；

电站最大出力30 kW；

（4）电站在20年一遇的台风条件下保证生存。

风机的技术指标：

（1）风轮直径6.8m；

（2）叶片数 3；

（3）调速方式：风轮偏侧；

（4）工作风速范围3.5～20m/s；

（5）启动风速3.5m/s；

（6）额定输出功率7.5 kW。

【中国潮流能的开发与利用】 潮流能是可再生能源海洋能中的一种。随着陆地人口的急剧增长、资源日渐枯竭，生态环境不断恶化，人类将目光越来越多地集中到周边沿海。潮流能与太阳能、风能一样，是一种可开发利用的一种自然能源。它与煤炭、石油和核能等常规能源相比，具有可再生、无污染的特性。因此，开发利用资源丰富的潮流能不仅对优化能源结构和缓解能源紧缺，而且对改善生态平衡和环境污染以及解决广大边远海岛能源紧缺都具有重要的现实意义和长远意义。

中国陆地海岸线长约18 000km，岛屿 6 500余个，潮流能居世界之首。据统计，中国潮流能总量的50%左右集中在浙江省舟山海域和杭州湾口，这里水道众多，能源密度高，海况较为平稳，是全国沿岸潮流能开发利用条件最为理想的海域。但是，这些岛屿地区国家电网难以覆盖，就是利用水下电缆输电也不经济，大部分岛屿处于无电状态，严重地制约了当地农业和渔业的发展及人民生活水平的提高。

哈尔滨船舶工程学院（现哈尔滨工程大学）开发利用潮流能从1982年到1999年经过了4个阶段。

第一阶段：组成潮流发电研究小组，在没有经费支持的情况下对潮流发电机的核心设备——水轮机的水动力问题进行理论和试验研究。

第二阶段：1984年在实验室内完成60 kW 直叶片自调角摆线式水轮机试验，通过了部级鉴定，其能量利用率系数接近0.3。在此基础上又完成了100 kW直叶摆式水轮机模型试验。在偏心率和摆线规律控制和叶片形式等方面进行了大量的理论分析和实验室研究工作。

第三阶段：自1985年开始重点转换到潮流发电站的总体设计，首先着眼于河流发电。1989年研究工作走出实验室，1 kW直叶片河流发电装置的发电试验获得成功。

第四阶段：进入90年代到目前开始研究潮流实验电站。对水轮机、叶片控制、电站载体、电站锚泊等技术问题进行了系统的研究。1995年10 kW潮流实验电站技术方案通过专家评审。直叶片摆线式水轮机作为一种适用潮流特性下工作的水轮机型，1997年11月获国家专利。1996年70 kW潮流实验电站立项，电站的地址选在舟山群岛的官山岛，该岛的地理位置在岱山县龟山航门一侧，距岱山县城只1n mile之遥。目前，70 kW潮流实验电站正在调试运行。

中国潮流能开发利用技术经历19年，在潮流水轮机水动力性能理论研究、模型试验研究、机构设计、叶片控制以及电站总体设计等方面进行了大量的工作。这些研究为国内潮流能开发利用打下了良好的技术基础，并积累了宝贵的经验。在水轮机的性能理论研究方面处于国际先进水平。更重要的是培养了一批由专业技术人员组成的年富力强的从事潮流能研究与应用的科技队伍。

“十五”期间哈尔滨工程大学还准备在70 kW实验电站的基础上，完善和改善电站设计计算方法，以改善和完善水轮机机构系泊形式，提高电站运行的可靠性，使潮流能开发利用技术具备产业化的基本条

件。（张淑芝）

【海山潮汐电站】 该电站位于乐清湾中部玉环县海山乡茅埏岛西南端。平均潮差4.91m。1973年7月开工建设，1975年9月建成。该站为上、下库，加抽水蓄能水库单向全程独立供电的潮汐电站，设计装机容量75×2kW，1975年安装1台75kW机组，蓄能发电容量为55kW。

1983年，该站曾因库内泥沙淤积影响发电，后采用水枪排淤取得较好效果。1986年4月经改建，扩大上下库面积（上库至0.26km^2，下库至0.03km^2），蓄能水库容量扩至12万m^3，并增装第二台75kW机组，建成一站三库连续发电的新型潮汐电站，年发电量达21万～24万kW·h。1988年1月并入县电网运行。该电站1996年再次改造，换装新机组，扩容为125×2kW，年发电量达33万～38万kW·h。

并网前，电站电力供1 200户家庭生活用电，为16个乡村企业供电。蓄能水库蓄能发电的同时，保证了全岛4 000余人的生活用水，并灌溉水田67hm^2，使水稻单产从6 000kg/hm^{2}提高到9 675kg/hm^2，抗旱能力从30天提高到70天。1986年全县大旱，该岛抗旱能力和水稻单产均为全县第一，产生了巨大的社会和经济效益。目前，该电站尚处于微利运行状态。

该电站1986～1990年5年共发电84.34万kW·h，电费总收入8.87万元，生产性支出9.26万元，折旧大修费共5.04万元，净亏损额达5.43万元。电站扩容后的1997～1999年3年间共发电106万kW·h，电费总收入51万元，折旧大修费10.92万元。

电站在库区内开展以养对虾为主的水产养殖，获得很好的收益。1986～1990年5年总产值达91.87万元，生产性支出共61.16万元，净收入达30.71万元。1998～1999年2年总产值达132.2万元，生产性支出61.6万元，净收入达70.6万元。

该电站固定资产总值81.5万元（1991年），大修折旧费只从发电收入中提取，单位电能成本为0.27元，发电、养殖分摊后单位电能成本为0.171～0.193元。受养殖影响，每年减少发电量约3万至4万kW·h，占总发电量的10%～13%，发电收入减少0.6～0.7万元，而水产养殖产值为发电产值的10倍以上，使电站达到自给有余。

【江厦潮汐试验电站】 该电站位于浙江省乐清湾北端江厦港。平均潮差5.08m，最大潮差8.39m。该站于1973年4月在地方建设中的"七一"塘围垦工程基础上开工建设，1978年土建竣工，1980年5月第一台机组发电，并联网运行。1985年底全面建成，总装机容量3 200kW，5台机组分别由1台500kW、1台600kW和3台700kW组成。电站为单库双向运行，水库面积1.37km^2，机组具有正、反向发电和正、反向泄水4种功能。设计年发电量997万kW·h，实际年发电量500～660万kW·h，电站总投资1 130万元。

至1999年电站发电已经20年，全部建成已近15年。15～20年的运行表明，中国自行设计制造的双向灯泡型贯流式水轮发电机组运行可靠，机组过水机件和海工建筑物的防海水腐蚀和防海生物污损措施效果显著，库内外泥沙淤积不明显。

由于该站水轮发电机组性能未达到设计模拟样机性能且水头损失较大，以及设计中忽视了设备检修停止运行对发电量的影响等原因，最终年发电量达不到原设计指标。此外，库区围垦种植及围塘、水面养殖全由地方经营，电站无收益。再加上人员严重超编、管理不善等原因，目前该电站尚处于亏损运营状态。

该站1986～1999年14年共发电8 198.98万kW·h，上网电量共7 457.84万kW·h，电费总收入1 790.91万元。生产性总支出3 469.69万元，折旧费共974.65万元，大修费共434.02万元，净亏损额达1 734.06万元。其中1999年发电量598.93万kW·h，上网电量收入240.58万元。大修折旧费242.16万元，净亏损441.42万元。

电站库区内围垦土地373.35hm^2，其中可耕地313.34hm^2，根据当时浙江省政府规定，每造地0.667hm^2（1亩）按500元计，则围垦价值达280万元（20世纪80年代初）。

据温岭市江厦乡政府反映，电站库区综合利用情况良好，效益显著。

（1）库区围垦土地种植：主要种植水稻、棉花等农作物和柑桔、文旦等水果。1999年产值约409.6万元，净收入约110.6万元。

（2）库区近岸水域围塘开展立体水产养殖：主要品种有对虾、青蟹、蛏、花蚶、泥螺等。1999年产值约1 985.4万元，净收入约400万元。

（3）库区滩涂和水面开展贝类甲壳类养殖和网箱养鱼：主要品种有虾、蟹、蚶、蛏和鲈鱼、大黄鱼、欧洲鳗等。1999年产值约1 285万元，净收入约265万元。

以上3项1999年总产值达3 680万元，净收入为775.6万元。可见，若把库区综合利用效益计算在潮汐电站收益内，则电站不会出现长期亏损的局面，相反还会有盈利。如1999年，电站可获利334.18万元。然而，目前江厦潮汐电站库区综合利用收益却完全与

电站无关，长期亏损也就不足为奇了。(王传昆)

滨海矿产资源开发
Beach Mineral Resources Development

【滨海矿产开发管理概况】 1999年国土资源部重点加强了对海域矿产资源，尤其是海砂开采的管理力度。1999年2月下发了《关于加强海砂开采管理的通知》（国土资发[1999]52号），对海砂勘查和开采的管理及海域生态、环境的保护等有关问题作出了具体的规定。11月，为了解决海上非法采砂、秩序混乱的问题，促进海砂及其他矿产资源勘查、开发的正常开展，国土资源部下发了《关于开展对勘查开采海砂等矿产资源监督检查的通知》（国土资发[1999]399号），并会同国家海洋局组织中国海监总队及沿海省有关部门对北海、南海、东海三大海区勘查、开采海砂情况进行了执法检查，查处了一批违法违规案件，初步摸清了勘查开采海砂的现状，为今后的管理工作奠定了基础。

1999年共颁发海砂采矿许可证4个，其中中日合资企业2个，国内投资企业2个。总投资额约1 500万元，总设计生产规模1 425万t/a，矿区总面积10.35km^2。（国土资源部矿产开发管理司供稿）

【海洋固体矿产（砂矿）开发利用情况】 滨海及陆架海洋固体矿产资源，系指位于现今海岸线零米水深线以上，且自第四纪以来曾被海水淹没过的地段和水深0～200m浅海区海底蕴藏的以固态形式产出的具有工业价值的矿产，它分为金属和非金属重矿物砂矿、砂砾石集料、工业砂、贝壳等几种类型，主要是在海洋水动力作用下，于有利的地质环境和地貌部位富集成矿；此外，海底沉积成岩的层状矿床（煤）及热液脉状金属矿脉（白钨矿、锡、金、铁、铅、锌等）延伸入现今海底岩石中的矿床，也可称为滨海及陆架海底固体矿产。

中国滨海及陆架固体矿产资源的调查研究表明，目前已探明具有工业储量的滨海砂矿矿种有：钛铁矿、金红石、锆石、磷钇矿、独居石、磁铁矿、锡砂矿、铬铁矿、铌铁矿、钽铁矿、砂金、工业砂、砂和砾石集料、贝壳等，这些矿种主要分布在山东、福建、广东、广西、海南和台湾省，其中，锆石以山东、广东、海南、广西矿床规模较大，钛铁矿主要分布在海南、广东、广西、福建，独居石、磷钇矿分布在海南、广东和台湾，工业砂、砂和砾石集料主要分布在山东、福建、广东、广西、台湾和海南，砂金分布在山东和辽宁，砂锡矿、铬铁矿、金红石、铌铁矿、钽铁矿主要分布在广东和海南。

目前，全国已探明的滨海砂矿储量为164 137.3万t，保有储量为1 162 244万t，浅海砂、砾石建筑集料估算资源量16 125.4亿t（杨子赓、王圣洁，1997）。1998～1999年全国滨海砂矿产量与产值分别示于表1和表2（中国海洋统计年鉴编辑部，2000）。

表1 1998～1999年滨海砂矿产量

单位：t

年份	合计	山东	广东	广西	海南	江苏
1998	763 224	403 451	56 073	66 700	40 000	197 000
1999	230 588	60 000	97 982	16 500	56 106	

表2 滨海砂矿工业总产值和增加值

单位：万元

地区	工业总产值			工业增加值		
	1997	1998	1999	1997	1998	1999
合计	8 840	6 037	8 890	2 210	2 175	3 030
山东		141	165		37	49
广东	1 800	3 326	6 113	450	1 320	3 247
广西	2 714	159	168	679		
海南	4 326	2 338	2 444	1 081	818	855

注：1. 1997年资料只包括稀有金属矿产品产值；1998年后资料还包括其他金属砂及石英砂等建筑材料数据；

由于中国各海区以往调查程度低，尚未探明具有工业储量的浅海砂矿，但发现了众多的重矿物高含量区或异常区。具有远景的矿种主要有锆石、钛铁矿、金红石、独居石、磷钇矿、磁铁矿、石榴石、砂金、工业砂、砂和砾石集料、贝壳等。值得注意的是中国陆架在第四纪特别是全新世以来经历了一个持续的海侵进程，形成的广泛分布的海洋成因的沙砾石沉积，可以提供丰富的建筑沙砾石矿产资源，近年来这一资源已引起多方面的关注并开始大规模开采和利用。

1998年以来，值得关注的是中国滨海海砂即建筑用砂石料的开采活动增多，主要分布在辽宁、河北、山东半岛周围、江苏、福建、广东和海南等地。海砂的开采和利用应当与治理保护同步进行，管理到位的有序开采可以兴利除害，既保护了海洋环境，又可减轻灾害，增加经济效益。但由于目前对海岸带沙砾石的开采多处在自发的无序状态，因此许多环境地质问题开始出现，这主要包括周围地区海岸侵蚀、塌岸、海水入侵等灾害现象的发生；海砂开采过程中会引起海水污染，对渔业和海洋水产业会产生消极的影响，海砂开采有时还会破坏海洋生物的生存环境。“中国近海建筑砂砾石矿产资源潜力的可视化评价”项目的研究成果表明必须从传统的海岸带海砂开发转向陆架海砂开发，这对中国实现经济和社会可持续发展具有重要意义。同时，该项目还对中国东部陆架的建筑砂砾石资源潜力作出了评价。

表3 中国东部陆架海砂资源量表

海区	面积（km^2）	参考厚度（m）	资料量（亿m^3）
辽东浅滩	6 296	2.0	125.92
渤海海峡	3 148	1.0	31.48
北黄海东部	35 214	2.6	915.56
海洲湾东部	2 099	0.2	4.19
苏北浅滩	12 560	2.0	251.20
长江口外大沙滩	19 610	2.8	549.08
东海外陆架	162 800	1.4	2 279.20
台湾浅滩	27 310	2.0	546.20
总计	269 037	1.7	4 702.83

（青岛海洋地质研究所供稿）

海洋药物和保健食品开发
Marine Medicines and Health Care Foods Development

【综述】 海洋药物的应用，在中国有着悠久的历史，是中国医药学宝库的重要组成部分。海洋生物门类众多，海洋生物的研究与开发也不断开拓新领域。按医药界目前的看法，海洋药物的用途大体可分为：预防、治疗心脑血管系统疾病的药物、抗癌药物、抗微生物感染药物、滋补保健药物和其他药物五大类。按从海洋生物中分离提取的海洋活性物质又可分为：海洋生物抗癌活性物质、海洋生物抗菌活性物质、海洋生物抗心血管活性物质、海洋生物抗放射活性物质、海洋前列腺素、海洋保健品、海洋生物酶和海洋医用生物材料。按具体海洋药物成品还可分为：增强机体免疫功能的药品、保健品，抗心脑血管疾病的药物，具有抗风湿、类风湿功能的药物，抗肿瘤药物，抗过敏药物，抗病毒类药（包括抗AIDS的药物），防治肥胖和健美用药，抗衰老及妊娠保健用药，功能紊乱调节药（包括抗抑郁、内分泌失调、性功能障碍等）和补益类营养保健药。三者之间相互交叉、相互补充，共同构成一个全面系统的海洋生物研究开发网络。当前海洋药物的应用日益广泛，不断产生着巨大的社会和经济效益。

1998～1999年，海洋药物有了较大发展，以海洋生物为原料，研制生产诸如抗衰老、益智功能的保健食品。至21世纪从海洋生物中提制的药品将达到2万种。按其用途大致可分为心脑血管药物、抗癌药物、抗微生物感染药物、愈合伤口药物、保健药物等。在对海洋生物活性的研究中，海洋毒素的研究开发是进展最为迅速的领域。多数海洋毒素具有独特的化学结构，由于许多高毒素的毒性是以对生物神经系统或心血管系统的高特异性为基础，因此这些毒素及其作用机制是发现新神经系统或心血管系统药物的重要导向化合物或线索，也可作为寻找新农药的基础。甲壳质的研究与开发在往年的基础上又有了更大的发展。随着海洋药物科学研究的不断深入，由此形成的新产品开发也取得了快速进展，海洋医药工业异军突起，已发展成为新兴产业。此外，科研与生产的紧密结合，在一些地区正在形成科研、开发、生产一体化的网络体系。

在中国药理学会的积极倡导下，以“团结和组织全国海洋药物药理工作者，促进海洋药理学发展及本学科人才培养，提高和普及相关学科技术与知识，加速海洋生物活性物质筛选步伐，推动海洋药物研究与开发进程，进而为中国海洋制药产业的崛起做出贡献”为宗旨，于1999年在青岛成立了中国药理学会海洋药物药理专业委员会。德高望重的中国工程院院士管华诗教授、关美君教授被推举为名誉主任委员，年富力强的耿美玉教授被推选为首届主任委员。中国第五届海洋药物学术研讨会于1998年10月20～23日在邮电部青岛疗养院召开，来自全国各地从事海洋药物和生物技术的科研、教学及生产企业的代表300余人，云集中国海洋科技城。会议收到论文240余篇，充分反映了“中国第四届（烟台）海洋湖沼药物学术开发研讨会”以来的研究进展。

在当前的中国，新世纪海洋药物的研究开发趋势，大致有如下一些特征：

1. 不断发现新的海洋药物资源

海洋生物占地球生物80%以上，海洋生物的多样性及其生理活性的特殊性均极大地有别于陆生生物。大量的海洋藻类、浮游生物、深海生物及不计其数的海洋微生物，均是研制海洋药物的可用资源。海洋还是新种属微生物及其抗菌物质的生存繁衍地。如陆牺鲁特格斯链霉菌鼓浪屿亚种则具有很广的抗菌谱，并由此研制出了强有力低毒抗生素。

2. 生物技术将得到广泛应用

海洋生物中众多具有独特生理活性的物质，是理想的高效、特效治疗药物及其先导化合物，但大多数含量甚微，采集、分离困难，价格昂贵，不能满足临床需要。因此，充分利用生物工程技术、基因工程、DNA重组技术来大量获取海洋生物活性物质显得尤为迫切需要。随着现代实验手段的进步，生物技术将在海洋药物的研究中发挥巨大作用，人类渴望将海洋变成一个天然的药物原料工厂。陆生生物和海洋生物基因的双向表达，将使未来海洋药物的成本大为降低，药物种类更为丰富多彩。

3. 治疗重大疾病的海洋药物不断涌现

当今危害人类健康的重大疾病，如肿瘤、心血管疾病、老年性疾病、艾滋病及耐药性细菌感染性疾病等，亟待强有力的特效治疗药物出现。海洋生物活性物质在防治上述多种疾病的过程中表现出了越来越明显的优势，人们势必将寻找治疗重大急病药物的眼光投向海洋，由海洋真菌头孢酶素而开发出的多代高效广谱抗菌药物即为成功的范例。

4. 海洋中成药的研究持续深入

海洋中成药因其与中国医药学传统理论和实践相结合而具有特殊性，海洋中成药的研制成本相对较低，而且药物具有多靶点作用，疗效确切。中国在该研究领域具有较大优势。国内生产厂家具有较好的生产基础和经验，该类药物的研究和开发目前已具有较好的势头，并将持续发展。

5. 海洋保健品的研究将出现高潮

随着人类生活水平和生活素质的提高，以及老龄化社会的到来，对保健品的需求将急剧增加。海洋生物因其远离人类现有的生活环境，且含有大量对人体健康有益的活性物质，而将倍受青睐。

【海洋生物活性物质研究】 海洋药物中含有许多活性物质，中国研究报道的就有数十种。例如，抗癌活性物质有从软珊瑚、柳珊瑚及海藻中发现并获得的前列腺素及其衍生物；从刺参体壁分离得到的刺参甙和酸性粘多糖等。中国产的具有抗肿瘤作用的海藻类主要有石莼、肠浒苔、鹿角菜、海黍子、萱藻、海萝、叉枝藻及刺松藻等。海贝类及棘皮动物中亦含多种抗癌物质。用于医治心血管疾病的活性物质有蛤素、鲨鱼油、海藻多糖等；浒苔属的一些种及北极礁膜、酸藻、鼠尾藻、钝顶凹藻等都有此作用。海洋生物中的抗肿瘤活性物质主要来源于藻类、海绵及珊瑚等海洋生物。已发现的众多海洋毒素具有很强的抗肿瘤活性。抗病毒活性物质主要在海绵、珊瑚、海鞘、海藻等海洋生物中发现，活性成分主要有萜类、核苷类、生物碱和其他含氮类、多糖类、杂环类化合物，在强心、降压、抗心律失常等药物的研究中取得较大进展。其他如神经系统药物、抑菌药物、抗过敏药物等研究已取得较大成果。中国科学院海洋研究所将基因工程应用于藻类研究，分离出的融合别藻兰蛋白，具有抑制肿瘤、延长生命的生物活性。上海第二军医大学研究河豚毒素单克隆抗体，为TTX的微量检测提供灵敏的工具试剂。山东海洋药物研究所与复旦大学遗传研究所合作，利用基因工程研制强心多肽海葵素。中山大学化学系在从南海的海绵、海葵、珊瑚等生物中获得100余种新化合物的基础上，又发现有显著生理活性的三丙酮胺、喹啉酮系列物、内酯二萜系列物、环肽类、神经酰胺等新的化合物，这些化合物在心血管系统、抗肿瘤、调节人体机能等多方面表现出较强的生理活性。中国科学院海洋研究所提出可从海藻中获取十碳五稀酸（EPA）和二十二碳六烯酸（DHA）。

在众多的海洋生物中，海洋微生物的研究越来越受到重视。

1. 预防、治疗心脑血管疾病的药用海洋生物

（1）海洋生物不饱和脂肪酸：很多海洋生物富含高度不饱和脂肪酸，其中有的生物含有丰富的EPA、DHA。近来研究证明，EPA和DHA可减少血浆甘油三酯和脂蛋白水平，防治微循环血小板聚集和抑制免疫细胞粘附、减缓动脉粥样硬化的发展。二者都具有显著的医疗保健作用，对心脑血管疾病有很好的预防和治疗效用。

（2）海洋药物：在抗心脑血管疾病海洋药物方面，目前已有很多药物从实验室进入到临床阶段。青岛海洋大学利用海带中的褐藻酸钠加工成抗血栓、降血脂新药藻酸双脂钠（PSS），具有良好的临床效果，其第二代产品甘糖酯（PGMS）也已应用于临床。以牡蛎为主要原料研制成功的“东海三豪”等保健药物也具有降血脂、软化血管和改善微循环等功效。利用海藻加工成的“脉怡康”、“必索”和利用螺旋藻开发的“海王牌螺旋藻”对高血脂、动脉粥样硬化具有良好的预防和辅助治疗作用。近几年，国内从南海珊瑚中提取抗心血管疾病药物的研究取得了一些进展。到目前为止，从南海短指多型软珊瑚和细枝多指软珊瑚中分离得到了喹啉酮，从南海柳珊瑚中分离出具有抗心律不齐和降低心脏收缩力的柳珊瑚酸。

（3）海洋生物毒素：多数海洋生物能生物合成、代谢和分泌、排泄一些有特殊生物活性的物质，称为海洋生物毒素。目前研究较多的、药理活性和化学结构较清楚的海洋生物毒素约50种，其中具有抗心脑血管疾病的活性物质有：岗比毒甲藻中有强心作用的西加毒素，麝香蛸和后部唾液腺中的麝香蛸毒素是迄今所知的最强降压物质,其效应比硝酸甘油强数千倍，具降压作用的蓝斑环蛸中的蓝斑环蛸毒素和链膝沟藻中的石房哈毒素，具降压、强心作用的长尾背肛海兔中的海兔毒素，此外还有抗心律失常的河豚毒素和反转快速电刺激诱导的房颤。

2. 具有抗癌活性的海洋生物

海洋中有一些很特殊的生物，如鲨鱼是不患癌症的鱼类。最早从鲨鱼软骨中提取的药用成分为硫酸软骨素D，主要治疗心血管疾病，可抗动脉硬化和血管内斑块形成，有抗凝血和降血脂的作用。其后人们又发现鲨鱼软骨中还有一种作用极强的生长抑制因子，能阻止肿瘤血管的生长，因而有极强的抗癌作用。鲨鱼软骨提取物的抗癌活性比小牛软骨提取物强10万倍，临床抑瘤效率为60%以上。目前，利用鲨鱼软骨，中日合作开发出了“鲨鱼软骨胶囊”，国内也自行研制出了“鲨克胶囊”。海绵也是具有抗癌活性的海洋生物。利用海绵的核苷类物质作为骨架，进行人工修饰，可以得到核苷衍生物——阿糖孢苷，这是利用海洋生物中天然活性物质创制新药的首例。

《中国海洋药物》杂志1998年第1期刊载了林厚文、易杨华、李文林等的报告《中国南海总合草台虫中新的抗癌活性成分Bryostatin19》,研究报告指出，由南海采集的总合草台虫中，经多种层析方法分离得到一种新的大环内酯化合物，应用化学方法和现代光谱技术确定了它的化学结构，并命名为Bryostatin19。体外抗癌活性实验表明，该化合物对U937单核细胞白血病细胞株有极强的杀灭作用，同时对HL-60早幼粒白血病和K562红白细胞白血病等细胞株均有显著的抑制作用。

3. 抗微生物感染海洋生物

50年前从海洋生物中发现并研制成功了第一个新抗生素——头孢菌素，开创了开发海洋新抗生素的先河。近几年，由于海洋生物技术的发展，从海洋生物中提取的抗感染活性物质更是层出不穷。海洋微藻如棕囊藻细胞中含有丙烯酸，实验证明，丙烯酸是一种对革兰氏阳性细菌、酵母菌、曲霉菌等很有效的抗菌物质。海参中提取的海参皂甙抗真菌的有效率达88.5%，是人类历史上从动物界找到的第一种抗真菌皂甙。海星中提取的海星皂甙也有抗霉菌作用。波纹藻的粗提物是一种马尾藻素复合物，其抗菌活性比制霉菌素还要高。从环节动物多毛纲的毛乳蜇虫中分离的含溴化合物，结构与灰黄霉素相似，现已用于临床，商品名为“乳头平”。从黑指纹海兔的消化腺中得到的花柏烯的衍生物具有抗HSV和VSV的作用，现已申请专利。青岛海洋大学研制的911具有明显的抗艾滋病作用。

4. 其他

海洋生物物种繁多，其医用价值也是无法衡量的。从海洋生物中寻找抗放射性活性物质，从珊瑚中提取前列腺素，从海藻中提取超氧化物歧化酶（SOD），利用海洋生物研制医用生物材料，如鲎试剂、河豚毒素试剂、甲壳素、珊瑚骨材料，利用海洋生物加工成滋补保健品等。

【甲壳质研究与开发】 几丁聚糖（Chitosan）是甲壳质(Chitin)在80～120℃温度下经强碱长时间作用，脱去乙酰基，由乙酰葡萄糖胺转变为葡萄糖胺，其聚合体为几丁聚糖。几丁聚糖是自然界少见的带正荷生物高分子化合物，显示较强的生理活性，在酸性环境能形成阳离子基因与体细胞有亲和性，能够活化体细胞，增强机体的免疫力，协调功能，护肝解毒，达到恢复和提高健康水平的目的。经研究得知，Chitosan可作为早期癌症的治疗药物，也能促进癌症术后切口愈合，缩短手术期限，减少并发症。由于放射治疗是利用强大的电离辐射杀伤癌细胞，同时产生大量自由基，对机体产生损伤，多数抗癌药物在体内代谢过程中显示细胞毒性，干扰正常治疗影响疗效。而在海洋药物中，Chitosan具有清除体内自由基及抗癌药物所产生细胞毒物的能力。甲壳质、壳糖胺因其特有的理化性能对人体生理生化过程有良好的调节作用，它的防病、治病机理不同于一般药物，不针对某一特定组织和器官，也不针对某种病毒或病菌，不产生任何副作用。它主要是通过保护和净化人体内环境、激活自身免疫系统功能而达到恢复和提高健康水平之目的。

据《时珍国医国药》所载，储益平、殷书梅等报道了甲壳聚多糖在中剂量和高剂量情况下，具有明显提高小鼠碳粒廓清指数和吞噬指数的作用，表明其对网状内皮系统的吞噬功能明显抑制由二硝基氯苯诱发的小鼠迟发型变态反映，及甲壳聚多糖具有一定的增强免疫功能的作用。另有“甲壳聚多糖降脂降胆固醇实验研究”表明，甲壳聚多糖具有明显的降低由蛋黄乳及高脂饲料所引起的动物高血脂、高胆固醇及低密度脂蛋白胆固醇作用，并能升高降低的高密度脂蛋白胆固醇。

广兵、徐鸣夏等的研究发现，甲壳质衍生物是较好的药物载体，偶联物是有效的高分子前药。

《东海海洋》刊登的“康达舒片调节血脂生物学功效的研究”（作者 蒋建国、蒋玉燕、毕忆群）表明经毒理学实验、动物学实验及临床观察等系统研究证明，以甲壳素为主要原料的康达舒片不仅安全、可靠，并对高血脂人群有明显的降血脂功效。

《时珍国医国药》刊登的“壳聚糖处理含生物碱类成分中药浸提液应用研究”（作者 王曙东等）探讨了壳聚糖作为澄清剂对主含生物碱类成分中药浸提液的影响，并与水煎液醇溶液进行了比较。结果表明：大部分中药都可达到澄清目的，淀粉含量高者澄清效果较差，沉淀除去大部分淀粉后仍有一定的澄清范围，达到澄清所需要的澄清剂量与生药量有关，而与药液体积关系不大，澄清效果与中药的药用部位及药物所含生物碱的类型无关。

《广西医学》刊登的“壳聚糖制剂研究及应用”表明，壳聚糖配以其他抗菌药物应用于外伤及烧伤，可发挥其与人体细胞有优异的生物亲和性的特点，使抗菌药物发挥极大的作用，从而能很好地发挥其本身和抗菌药物的作用，缩短了炎症期，加快了伤口的愈合，使伤口痊愈比对照组快。这就是壳聚糖外用制剂的优点，适合于医院的制备应用。

1998年《海洋科学》报道了魏玉西、李钐的“N,O一羧甲基甲壳胺的制备及其对草莓保鲜效果的初步研究”，作者用蟹壳制备出水溶性的N,O一羧甲基甲壳胺（NOCC），首次发现以NOCC涂膜对草莓有很好的保鲜效果，且NOCC对草莓的保鲜效果优于山梨酸钾。

近年来，甲壳质及其衍生物作为载体固定化酶和细胞的研究引起了广泛的重视。青岛海洋大学研究了甲壳质及其衍生物为载体的固定化技术和应用，并在1998年第2期的《海洋科学》中做了系列报道。

《福建师范大学学报》刊登的“水溶性壳聚糖对小鼠免疫功能与移植性肿瘤的影响”，作者（刘艳如、余萍）研究了水溶性壳聚糖对小鼠非特异性免疫和体液免疫功能的影响，并对荷S180肿瘤的小鼠进行抗肿瘤活性的初步观察。结果表明，水溶性壳聚糖能明显提高正常小鼠巨噬细胞的吞噬功能，对绵羊红细胞诱导的血凝素抗体和溶血素的生成有显著影响，对小鼠S180肿瘤有明显的抑制作用。青岛海洋大学研制的916具有明显的抗动粥作用，正申报临床研究。

《中国海洋药物》杂志1998年第1期刊登的青岛市立医院陈同坡、宋晓梅等人的研究报告“甲壳质对氧自由基致人脐静脉内皮细胞损伤的保护作用”，研究指出甲壳质对氧自由基损伤的内皮细胞有一定的保护作用。

【海洋中药及中成药研究开发】 中药是祖国医药学的一个重要组成部分。近年来，中药研究的各个领域均取得了很大进展，且随着现代自然科学的进步，研究手段不断更新，有力地促进了整个中医药学的发展。

植物类海洋中药 昆布为海带科植物海带或翅藻科植物昆布的干燥叶状体，它是卫生部颁布的既是食品又是药品的品种。昆布除了因其富含碘而用于防治缺碘性甲状腺肿之外，近年还广泛用于防治动脉硬化、高脂血症、高血压等病症，有报道昆布的不同溶剂提取物均有较好的降血脂作用，但对其作用机制尚少有研究。广州中医药大学中药学院黄兆胜、王宗伟、刘明平等发表在《中国海洋药物》杂志1998年第1期的论文“昆布对实验性高脂血症大鼠脂质代谢的影响”中，利用实验性高脂血症大鼠模型观察了昆布对脂质代谢紊乱的影响，着重探讨其对血清卵磷脂胆固醇酰基转移酶、高密度脂蛋白胆固醇及其亚类HDL2-C和脂质过氧化物的作用，为昆布的临床应用提供理论依据。

近年来，不少学者研究证明，昆布科水昆布、真昆布和马尾藻科鼠尾藻、海黍子等海藻的抽提物具有抗肿瘤作用。1998年卢睿春等在《海洋科学》上发表的论文“亨氏马尾藻硫酸多糖抗肿瘤活性的研究”中对亨氏马尾藻的提取物的成分和抗肿瘤活性进行了研究，为寻找新的保健食品原料和医药工业原料提供了依据。

1998年第8期《中国中药杂志》报道了左绍远的论文“螺旋藻多糖抗衰老作用的实验研究”，观察螺旋藻多糖（PSP）对D-半乳糖所致衰老小鼠的作用，结论是PSP能改善D-半乳糖所致衰老小鼠的若干衰老指标，使之恢复至接近正常水平或不向衰老方向发展，提示PSP在改善机体物质代谢紊乱及延缓机体衰老等方面具有一定的作用。

动物类海洋中药 《中国药科大学学报》刊登了“刺海马化学成分研究”，作者王强、张朝晖、臧学新、徐国钧对刺海马的化学成分进行了研究，从脂溶性组分中分离得到2-羟基-4甲氧基苯乙酮、胆甾5-烯基3β7α二醇、胆甾醇和胆甾醇硬脂酸酯等4个化合物，其中前者为首次从动物类药材中分得。

海葵毒素有广泛的生物活性，是一类潜在的抗癌药物，亦是一类很有前途的心肌刺激性药物。中国黄海葵资源丰富，黄海葵全体入药，有滋阴壮阳、收敛止泻、燥湿杀虫等功效。内服主治痔疮、脱肛、白带过多等，外用治癣。近20年来，人们对黄海葵的毒素成分有较多研究，从中分离得到多肽毒素具有强心、降血脂及抗肿瘤等药理作用，但对其小分子次生代谢产物的化学研究则少见报道。据《中国海洋药物》杂志1998年第1期中记载的北京医科大学傅宏征、张晓威、张礼和等人研究论文“黄海葵的化学成分研究”，从黄海葵全体分离多种次生代谢产物。其结构类型包括尿嘧啶类、长链脂肪酸类、甘油脂类、生物碱类等化合物。报道了首次从海葵中分得的尿嘧啶类、胆甾醇等化合物的分离和结构解析。

海蛇的主要成分为蛋白质、脂肪、氨基酸，肌肉含精胺、蛇肉碱、多种氨基酸等。中医认为海蛇性味甘、咸、温。临床用于风湿痹症、肌肤麻木、小儿营养不良。中国人民解放军第一军医大学观察了海蛇提取物对实验性贫血小鼠红细胞及血红蛋白的影响，结果发现，海蛇提取物对溶血性贫血模型小鼠的红细胞有较强的保护作用。

《中国海洋药物》杂志1998年第2期刊登的青岛市药品检验所赵鲁青、李升刚、曾瑞祥等对复方海龙口服液（CPOL）的药效学研究报告中指出，该药的动物实验结果显示，CPOL具有提高机体免疫功能、降低血脂、延长凝血时间、延长机体耐缺氧时间和改善阳虚的作用。为CPOL用于临床补肾壮阳、提高机体的免疫功能、增强抗病能力，提供了药理学依据。

海洋中成药 功能性消化不良是临床上最常见的消化系统疾病。其发病机理，目前尚未完全阐明，但多认为与胃运动功能失常有关。据此，为促进胃肠运动功能并结合中医调节气机升降等机理，青岛海军四〇一医院研制了中药复方褐藻胶囊（CAC），用于临床上治疗功能性消化不良取得较好疗效。

【新研制及生产的海洋药物和海洋保健食品】 海洋保健食品的开发近年来十分活跃，仅海藻类食品就有30余种，如“海带饴”、“海带酱”、“昆布茶”、“小球藻昆布茶”，以及用海藻研制的HL-I型降脂食品添加剂等；饮料有“海马酒”、“海蛇酒”、“海米浸酒”等。“海参口服液”其耐寒、抗病、抗癌和预防衰老作用均优于蜂王浆。中国沿海民间历来有自制茶饮和冻粉、冻胶等食品的传统，用以清热解暑、消食、解毒和消除疲劳等。牡蛎在欧美及澳大利亚有“海牛奶”之称，国内现已开发出“活性钙”、“龙牡壮骨冲剂”，并被确定为宇航员补Ca^{2+}剂。“海珍健身宝口服液”是以贻贝、刺参、干贝、牡蛎、龟板、海藻、海马等为原料生产的，可用于治疗胎儿宫内发育迟缓。其他海洋保健品还有“文蛤精”、“海胆酱”等。此外，研究的新动态是：

（1）山东医科大学生化制药系与烟台大学水产系联合对海星的补肾保健作用进行研究，发现其补肾作用优于海胆，资源丰富，可用品种多，开发前途极大。

（2）由于海洋药物科学研究的不断深入，从而形成的新产品开发也取得了快速进展，海洋医药工业异军突起，发展成新兴产业。科研与生产的紧密结合，在一些地区正在形成科研、开发、生产一体化的网络体系。如青岛海洋大学使用高科技手段，研究开发出海洋药物PSS系列产品、甘糖酯、海通片、海力特等。

（3）深圳海王集团，以海洋药物开发为中心，推出了金牡蛎、海胆皇、肽瑞宁、金樽护肝解酒片等10余个新药及海婴宝保健品。

（4）厦门海洋渔业公司与国家海洋局第三研究所合作研制出了具有治疗和保健功能的海洋宝系列产品。

（5）中国人民解放军海军医学研究所研制的鲨鱼软骨抗肿瘤制剂（SCAE），临床资料表明，鲨骨精不仅能抗肿瘤且能减轻放、化疗的副作用。SCAE调节免疫功能的其他研究正在深入开展，可望能研制出既能抗肿瘤又能提高免疫功能的鲨鱼软骨抗肿瘤制剂。

【新成立一批海洋药物教学、研究机构和生产企业】 中国海洋药物研究与开发得到蓬勃发展，受到国家和各级政府的高度重视。国内开展海洋药物及海洋天然产物研究的主要单位有：青岛海洋大学、中山大学、中国科学院海洋研究所、中国科学院植物研究所、北京大学等。

由于中国海洋药物缺乏从实验向工业化转化的中试基地，未能及时有效地解决成果转化过程中的一系列技术问题，从而影响了工业化进程和产品的经济效益。目前，中国惟一的一个海洋药物工程技术研究中心已于1998年在青岛建成。中心以青岛海洋大学和青岛华海制药厂为主要技术依托单位。中心建成后，加强了海洋药物工程技术研究的投资力度，开展中试研究，减少中间环节，缩短转化时间，提高效率，为成果转化和工业化生产创造有利条件。这是中国海洋界的一件大事，也是中国海洋药物发展史上一个新的里程碑。中心的建成促成大量的实验室成果在此孵化、成熟，并工程化，形成上游成果与产业结合的通道，使海洋药物研究的成熟的技术及产品源源不断地输送给相关产业部门，从而带动整个制药业的发展，并成为同行业进步的技术辐射源，对国家具有十分重要的现实意义。

（耿美玉　管华诗）

地　方　篇

Local Management

海 南 省
Hainan Province

综 述
Summary

【行政区划】 海南省建于1988年4月，是中国最南部的省份。按照全国人大七届一次会议的决定，辖区范围东西最宽达1 300km，南北长1 800km。北以琼州海峡中水道为界与广东、广西相连，西与越南民主共和国海域为界，东濒南海与台湾省相望，东南和南面与菲律宾、文莱和马来西亚为邻。毗邻环球通道，地理位置具有重要的政治、经济和军事战略地位。海南省有海口、三亚、琼山、文昌、琼海、万宁、陵水、乐东、东方、昌江、儋州、临高、澄迈、通什、保亭、屯昌、定安、琼中、白沙等19个市县和省政府派出机构洋浦特别经济区及西沙、南沙、中沙群岛工委。这19个市县和两个派出机构管理着35 000km^{2}的陆域国土和约200万km^{2}的“蓝色国土”。

海南省既是海洋省，也是海岛省，除海南岛本岛外，还有环海南岛周围的岛屿及西沙、南沙、中沙群岛的岛礁、洲、滩，平时出露水面的海岛有600余个，面积约1 000km^2。根据1991年《中国海岸带和海涂综合调查报告》海南省海岸线总长1 928km，其中环海南岛岸线达1 671.8km，海南本岛面积3 390km^2，岛屿岸线达308.8km。海南岛海岸线系数为0.047，在中国沿海各省区中首屈一指。

海南省是全国人大授权的惟一拥有海域行政管辖权的省份。虽然陆地面积小，但却管辖广阔的海域，约为渤海、黄海和东海合计面积的两倍。就国土范围而言，面积比新疆维吾尔族自治区还大。其中仅水深200m以内的大陆架范围就有83万余平方公里，相当于24个海南岛。

【自然概况】 海南省位于3° 57′ N～20° 17′ N、108° 15′ E～120° 05′ E。按中国气候区划，从台湾省恒春到海南省三亚市一线以北的海南省区域属于边缘热带，此线以南的西沙群岛和中沙群岛的南海中部海域为中热带、南沙群岛北部到曾母暗沙的南海南部海域属赤道热带。由于全省处于热带、亚热带气候带,长夏无冬，全年暖热，海岸带年平均气温23.8℃。雨量充沛,干湿季节各半，雨骤旱酷，夏秋多雨，冬春少雨，且旱季、雨季雨量差异大。常年风大，多热带风暴，气旋频繁，气候资源丰富多样，典型的热带气候带特征明显。与沿海各省的其他海区相比，是中国最湿热的地区。

海南省海岸依其特征和成因，可分为珊瑚礁海岸、红树林海岸、砂砾质平原海岸、三角洲平原海岸、淤泥质平原海岸、台地溺谷基岩海岸、山地溺谷基岩海岸、沙坝泻湖海岸等类型。由于河川径流丰富，海域受气候和季风影响，水文复杂多样，海流交错，盐度大，水温高，透明度深。水文环境条件良好。辖区年平均降水量为1 758mm。近两年来监测表明，沿岸表层潮流为正规全日潮流，一般分布于三亚港至莺歌海、琼州海峡东西岸段；不正规全日潮流分布在海口港和八所港；不规律日潮分布于港北港、陵水角和洋浦港。环岛潮汐类型较为复杂，潮差较小。八所港至澄迈县花场港西岬玉包角的西北岸段，平均潮差为1.5～2m；海口以东至莺歌海平均潮差在1.0m以下。环岛的波浪较大，年平均波高以东北岸最高，南岸较低。最大波高仍是由台风所致，莺歌海附近海域台风引起的波高达9m。东南沿岸台风暴潮引发的巨浪，对海岸有破坏作用。

海南省近岸海水温度自北向南增高，西高东低，且冬季沿岸低而外海高，夏季则相反，是中国海岸冬季水温最高的岸段，年表层平均水温为25.2℃。环岛沿岸表层海水的盐度分布的特点是由沿岸向外海递增和时空差异较大，全年沿岸平均盐度为21.58～33.30，每年3～5月份盐度为31.56～34.80，9～10月份盐度偏低为18.55～32.11。

海南省的海岸带和海洋的水温、盐度、透明度及其他水文条件都非常适宜珊瑚礁的发育和红树林的生长。大部分都是珊瑚礁和红树林海岸。据统计，海南省珊瑚礁岸线约200km，占海南岛及其离岸岛线总长的11%。岸礁生长带宽约1 600～2 000m，其中以东北风影响大的本岛东岸岸礁规模较大。万泉河口以北的琼海和文昌两市的岸礁连续分布，长达30km，平均宽约4km。西沙、南沙、中沙群岛的岛礁中，除西沙群岛的高尖石岛是火山碎屑岩岛外，其余均为珊瑚礁。海南省管辖海域珊瑚礁较多，珊瑚礁生物丰富。浅水造礁珊瑚种类繁多，达116种。远离海南岛的南海诸岛珊瑚更为繁茂，无论长势、种类、姿态、数量或分布范围，都堪称中国珊瑚之最。仅西沙群岛的珊瑚，就有38属127种，成为中国热带海洋中一种独特的地貌特征和丰富的生态资源，开发和增殖珊瑚礁盘海洋生物前景广阔。

海南省海南岛红树林海岸长，分布面积大，现存红树林面积约4 666.7km^2。有红树林16个科28种，占世界红树林植物的一半，占中国红树林植物的90%以上，其中有8个海南特有的珍贵树种。琼山市东寨港是闻名中外的红树林自然保护区，是中国最典型的红树林海岸。

海南省海南岛周围沿岸有许多泻湖和泻湖湾。如清澜港、新村港、铁炉港、三亚港、黎安港、小海、老爷海等都是较为典型的泻湖水系，既能构成独立的生态系，又能与大海沟通。

海南省所辖南海水体体积较大，有250万km^{3}之多，是渤海、黄海和东海等总体水体之和的5~6倍。由于海南省及周边地区工业不发达，排放入海的污染物比以上3个海区少得多，加之海水水域广阔，季风性海流使水体交换条件充分，海水质量佳，海水稀释化解污染能力大，具有大洋流水环境的特征。海南省海域海洋环境容量大，环境质量好，目前居全国各海区之首。

【海洋机构】 建立和完善海洋管理机构，是保证国家海洋管理法规贯彻执行和国家及省的海洋开发规划的实施、促进海洋开发和海洋环境保护协调发展的组织基础。海南省省、市两级的海洋管理机构建立于1995年3月，但1998年5月海南省政府撤销了海南省海洋厅，其海洋管理职能并入海南省海洋国土环境资源厅。同年8月海口市政府也撤销了海口市海洋局，其职能相应并入海口市国土海洋资源局。其他沿海市县海洋机构没有变化，仍为文昌市海洋管理局、琼海市海洋水产局、万宁市海洋管理局、陵水黎族自治县海洋管理局、三亚市海洋管理局、乐东黎族自治县海洋管理局、东方市海洋管理局、昌江黎族自治县海洋管理局、儋州市海洋管理局、临高县海洋管理局、澄迈县海洋管理局，除三亚市海洋管理局为正处级外，其余均为正科级。编制最少的为4人，最多的为25人 。

海洋资源开发与海洋经济
Development of Marine Resources and Marine Economy

【概况】 海南省海洋资源丰富，海洋旅游、海洋渔业、滨海砂矿、海洋油气、盐化工业、港口交通资源等都是海南的优势资源。随着海南省经济的发展，海洋产业市场需求也日益增加，为海南省海洋经济发展提供非常有利的条件。自1998年以来，先后有150余家来自广东、福建、山东、浙江、上海等省市以及台湾省、香港特别行政区和加拿大、日本、韩国、泰国等国家的客商来海南从事海洋开发项目，投资领域广，内容涉及海洋捕捞、海产品加工、海洋生物工程、海洋旅游等行业，投资额超过20亿元人民币。目前，海洋传统产业已具有相当规模，海洋旅游业、海洋油气业、砂矿开采业逐步崛起。1998年全省海洋产值达131.54亿元，1999年增加到149.1亿元，比上年增长13.5%，海洋经济已成为海南经济发展的新增长点。

【海洋水产业】 海南省水产资源十分丰富，除海南岛附近有北部湾、三亚和清澜等三大渔场外，还有著名的西、南、中沙深远海渔场。共有马鲛鱼、石斑鱼、鱿鱼、对虾、蓝圆 鲹和梭子蟹等40余种较高的经济鱼、虾、蟹类，年最大渔获量可达437万t。1998～1999年海南省的海洋水产业主要是海洋捕捞业，其次是水产养殖业、水产品保鲜和加工业。1999年全省水产品总产量为70.7万t，渔业产值54.8亿元，渔业增加值为37.2亿元，分别比1998年增长18%、23.1%和22.8%。渔业劳力和渔业人口的人均收入为9 566元和4 225元，分别比1998年增长3 892元和377元。海洋水产业显示了强劲的发展态势。

海洋捕捞 海南省水产业生产仍以海洋捕捞为主。1998年全省海洋捕捞产量440 578t，产值33.78亿元；1999年全省海洋捕捞产量51万t，产值42.3亿元（现价），分别比上年增长16%和25%，海洋捕捞的产量占全省水产品总量的90.83%。在海洋捕捞中，又以群众捕捞为主，产量占海洋捕捞总量的90%以上。近两年来，为了保护和利用近海资源，海洋捕捞产业进行积极调整，捕捞由近海走向外、远海，积极改造渔船，提高适航中深海的生产能力。全省投入大量资金，改造和更新渔船，开展外远海中深海生产。在捕捞方法上经过改进，初步形成刺钓、围相结合的新格局。由于刺钓业的迅速发展，水产品质量不断提高，优质鱼产量占海捕产量的比重已达60%以上。

海水养殖业 这两年发展起步较快，逐渐从原来的鱼塘养殖、麒麟菜放养和珍珠养殖发展到江蓠、泥蚶、牡蛎、对虾、青蟹、海参，海胆、石斑鱼、军曹鱼等多品种养殖。1998年以来比较重视高新技术在生产中的作用，狠抓基础技术的培训和高新技术的推广。1999年全省重点示范并推广了沉箱养鲍、近海网箱养殖、改造低位虾池、改进高位池养殖技术，海胆育苗和病害防治等均获成功，为养殖业快速发展创造了条件。1999年全省对虾产量达177 739t，比1998年增加4 885t，每亩水面增加产值800～1 000元。一批科技含量高的养殖公司和养殖专业户正在崛起。1999年海水养殖产量达17.78万t，产值12.5亿元，比上年增长23.47%和28.06%，呈现稳定增长的势头。全省有256.67km^{2}的沿海滩涂，目前仅利用了约20%，发展水产养殖潜力仍然巨大。

水产品加工　随着水产生产业的发展，水产品保鲜和加工业也应运兴起，这两年发展势头良好。到1999年底海南水产品加工企业达174家，年加工能力达508 571t，其中水产冷库120座，年冷藏总量145 145t，年制冰总量394 096t。保鲜保活技术的推广普及和快捷的海、陆、空运销网站，为海南省富有特色的水产品销售和加工业插上了“金色的翅膀”。

【港口和海洋交通运输业】　海南省共有大小天然港湾84个，其中1/3以上的港湾已被开辟为港口。目前，八所港规模最大，其次是海口港。新建的洋浦港属于天然深水良港，已完成第一期工程，第二期工程正在进行，发展前景良好。

作为一个海岛省，海南省的港口历来是其同内地及东南亚各国进行经济往来和文化交流的主要门户，海上运输已成为海南省与外界沟通的主要桥梁。海南建省办特区以来港口建设和海上交通业得到迅速的发展。

海南省主要港口有5个，即洋浦港、海口港、海口新港、八所港和三亚港。为适应渔业生产的发展，全省还建设大小渔港31处。据1998年的统计资料表明，海南全省沿海港口码头长度为5 196m，其中生产用码头长度4 967m；泊位54个，其中生产泊位48个（包括10个万吨级生产泊位）；港口综合吞吐能力可达到每年1 500万t。近两年来全省海上运输业得到迅速的发展，服务范围越来越大，运输能力逐步提高，国内航线可达上海、南京、武汉、青岛、天津、大连等港口，国际航线可达日本、韩国以及东南亚、非洲、欧洲等国家和地区。目前，海南省的海上运力已初具规模，运力结构日趋改善。1998年海南省拥有负责海洋运输船舶共计287艘，其中用于近海运输的272艘，用于远洋运输的15艘。全省海洋货运周转量1998年为236.2亿t·km，1999年达275.69亿t·km，比1998年增长5.1%。港口货物吞吐量1998年为1 290万t，1999年达1 556.8万t，比1998年增加5.6%。1998年，海南省沿海两个主要港口（海口港和海口新港）旅客周转量为2亿人·km，1999年只有1.69亿人·km，比1998年减少5.0%。

【滨海旅游业】　海南省旅游资源不仅十分丰富，而且具有当代人喜爱的热带滨海风光的特点。阳光、海水、沙滩、绿色、空气等五大要素构成了海南特具魅力的热带滨海旅游特色。据不完全统计，全省有风景名胜资源景点241处，已开发为旅游点的123处，其中有83处分布在海岸带地区，占已开发景点总数的67%。

由于海南省滨海旅游具有常年无寒冬、气候宜人、风光旖旎、引人入胜、古迹较多、民族风情和美味佳肴颇具地方特色等优势，这几年旅游业发展较快，已初步形成规模。目前，海南省已建立起了各级旅游管理机构和经营机构，具备一支经过严格培训、素质较高的旅游干部队伍。旅游交通和配套设施建设取得了显著的成绩。到1998年，全省共有旅行社265家，其中国际旅行社39家、国内旅行社166家。全省共有定点旅游饭店233家，旅游客房总数26 461间，床位50 539张。初步形成了由海口经文昌、琼海、万宁、陵水至三亚的东部旅游线和由海口经琼中、通什到三亚的中部旅游线，以及由海口经儋州、昌江、东方到三亚的西部旅游线。著名的滨海旅游景点有：五公祠、海瑞墓、东山岭、兴隆温泉、南湾猴岛、大东海、亚龙湾、天涯海角、南山寿、东坡书院等。1998年全省共接待国内外游客855.97万人次，旅游收入66.96亿元，其中国际旅游收入9 625万美元。1999年全省旅游业突出抓好海南旅游整体形象,多形式开展旅游促销，全方位拓宽市场，完善配套设施和法规，强化市场监督管理，提高服务质量。年末星级宾馆酒店达56家，比上年增加5家，其中五星级3家，增加1家，四星级4家，增加1家，三星级28家，增加3家，全年接待国内外游客929.07万人次，旅游收入72.46亿元，其中境外旅游收入8.86亿元，分别比上年增长8.5%、8.2%和9.2%。

【海洋矿产业】　海南省是中国目前发现滨海砂矿资源储量最丰富的地区。已查明的砂矿资源有：钛铁矿、锆英石、独居石、玻璃石英砂、铁、褐煤、油页岩、铅、锌、锰、磷、水泥石灰岩、水泥配料粘土、饰面石材、建筑石材、火山渣和矿泉水等。钛铁矿、锆英石、独居石、金红石和石英砂等矿常共生或伴生，形成滨海复合矿床，主要分布在东南沿海地区。其中玻璃石英砂储量可观，达4亿余吨，占全国储量的54%。主要分布在东方市八所、儋州市新隆、文昌市铺前、龙马等地。海南省滨海砂矿点相对集中，多为裸露矿，具有品位高、运输方便的特点。近两年来滨海砂矿生产发展较快，1998年，全省完成滨海砂矿产量4万t，占全国总量的5.2%，实现工业总产值2 338万元，实现工业增加值818万元；1999年砂矿产量5.16万t，实现工业总产值3 117万元，实现工业增加值996万元，分别比上年增加29%、33.3%和20.5%。

【海洋油气业】 南海油气蕴藏量大，人称“第二中东”，不仅分布广，而且储量巨大。地质学家初步确认，南海与东海等组成的大陆架是与波斯湾、墨西哥湾、北海等海区齐名的世界四大海洋储油区之一。在海南省辖的部分海域已发现莺歌海、琼东南、北部湾、礼乐滩和曾母（含部分）等5个储油气的盆地。按体积法估算，油气储量约200×10^8t。在琼北海岸附近福山凹陷的构造区，已发现较大的油田。目前，已探明并正在开采的是崖13-1气田，位于三亚市南山港以南100n mile的海域中，其储量为928亿m^3。已于1996年上岸供气，供气稳定，年供气量约3亿m^3。所提供的天然气大部分供应广东省，海南省留用一小部分进行氮肥加工和发电。1998～1999年海南省油气加工业的年产值停留在26.2亿元的水平。

【海洋盐业及盐化工业】 海洋盐业是海南省海洋传统产业之一。建省前已建造了莺歌海、东方、榆林3个国营骨干盐场、5个县属地方国营盐场和11个乡办小盐场。盐田生产面积40km^2以上，其中莺歌海盐场是华南沿海盐场面积最大、晒盐条件最好的盐场，也是海南省盐化工业的主要基地。1998年盐田面积为40.17km^2，其中生产面积为36.31km^2；海盐生产能力达到25.2万t，当年生产量为20.2万t，实现工业总产值5 569万元，增加值2 798万元，实现利税743万元。1999年生产量为12.66万t，总产值3 490.3万元，增加值1 783.6万元，实现利税460.0万元，产量产值均比上年低。

海南省盐化工业比较落后，与制盐业发展不相称。目前，只有一家生产烧碱的盐化工企业，且生产也不景气。

海洋公益事业
Marine Public Welfare Facilities

【概况】 海洋公益事业是政府海洋行政管理部门向民众提供的有关海洋资源、环境方面的服务事业，是海南省海洋主管部门的一项主要工作。1998～1999年间，海南省海洋公益事业在国家海洋局和海南省政府的大力支持下，突出抓好重点海区岸段的海洋环境监测、海洋环境预报服务、海洋基线调查、海洋风暴潮预报和海洋自然保护区的管理工作。

【海洋环境监测】 海南省海洋环境监测除海口秀英、文昌清澜、三亚、莺歌海、东方、西沙、南沙等海洋观测站坚持每天定时对海洋环境的基本要素进行观测记录外，1998~1999年间，开展每年3个航次的常规监测工作。监测范围包括海口、洋浦、东方、八所、三亚、陵水及清澜等6个重点港湾近岸海域。监测项目达17项之多，采集样品1 078个，取得数据3 290个。从1999年开始，还开展了对海口市假日海滩海水浴场水质监测、秀英工业排污口水质监测、陵水湾海水养殖区水质的监测工作，并从1998年起在《海南日报》发布年度海洋环境状况公报。根据监测结果表明，近两年来海南省重点港湾的主要污染物有：溶解氧、油类、无机氮、无机磷和化学耗氧量。近两年监测资料表明，海口湾、三亚湾海域的水质略差于陵水湾、清澜湾等其他港湾，但基本上符合国家二类海水水质标准，其他各港湾基本符合国家一类海水水质标准。

【海洋污染基线调查】 海南省第二次全国海洋污染基线调查工作是根据国家海洋局1997年7月下发的国海监发[1997]301号文《关于开展第二次全国海洋污染基线调查的通知》要求，由海南省海洋行政主管部门组织实施，1997年做前期工作，1998～1999年完成外业调查任务。这次全省海洋污染基线调查的范围为全国人大授权海南省管辖海域：北起琼州海峡中线，南至曾母暗沙，东起南中国海东部与菲律宾海域的分界线，西至北部湾中部与越南海域的分界线。调查内容包括：污染源调查、近岸41个测站水文气象观测和水质污染调查、外海区15个测站水文气象观测和水质污染调查、近岸海区14个沉积物污染调查、外海区4个沉积物污染调查；近岸海区5个测站生物残毒与生物指标调查。至1999年底止，外业调查任务已全部完成，取得了大量的海洋环境基础数据，其中外业现场调查和采样分析数据2 611个，访问收集的数据资料约9 000个，为完成各种研究报告的编写、图表的制作奠定了基础。

【海洋预报】 海南省是海洋风暴潮灾害较频繁而严重的地区。海洋主管部门负责对海洋环境的监测预报和风暴潮等海洋灾害的监测预报工作。1998～1999年间投资改造了省海洋预报台，更新了部分仪器设备。

除坚持对南海24h海浪预报每天在省电视台、省广播电台上发布，对风暴潮袭击影响海南省时也发布风暴潮警报外，海南省海洋预报台还积极开展中长期海洋环境预报，制作并发布南海海洋环境旬、月报和为部分海区、单位提供专项服务。

【海洋自然保护区管理】 海南省海域辖区有三亚国家珊瑚礁自然保护区和万宁大洲岛国家海洋生态自然保护区。1998～1999年间，两个保护区的管理正常。1999年度组织开展了对这两个海洋自然保护区进行整治：三亚珊瑚礁自然保护区着重打击查处破坏珊瑚礁的违法行为，同时开展珊瑚礁资源的调查和珊瑚恢复发展科研工作；万宁大洲岛海洋自然生态保护区重点是对岛上的居住区进行清理，根据这几年实施管理情况，在深入调查研究的基础上制定了《大洲岛国家海洋生态自然保护功能区划及规划方案》和建设方案。

海洋科技与教育
Marine Science and Technology & Marine Education

【概况】 1998～1999年间，海南省根据《国家海洋技术政策要点》，结合《海南省海洋开发规划》，坚持走“科技兴海，以海兴琼，建设海洋大省”的道路，积极发展海南省海洋高科技产业，有力地推动了全省海洋产业结构的调整优化升级。“科技兴渔”作为科技兴海的主要内容，得到了省政府及各级部门的高度重视，出台了一系列扶持开发的优惠政策，在全省实施了百项农业新技术水产项目、省科技重点项目、丰收计划项目，加大对科技兴海、海洋开发的投入。为了促进海洋科技的发展，近两年来海南省注重抓好科技人才的培养，在抓好大中专海洋专业技术人才在校培养的同时，开展渔业实用技术的培训。海南大学1998年统考招收海水养殖专业本科生一个班45人，当年该校毕业的海水养殖专业本科生一个班40人；1999年该校当年毕业的海水养殖专业本科生一个班40人，招收海水养殖专业本科生一个班45人。三亚海洋学校1998年招收海洋渔业中专2个班（海洋捕捞、海水养殖专业各一个班）学生75人，学制3年。当年毕业的海水养殖专业班1个，学生38人，学制3年；1999年该校招收海洋渔业中专班2个（海洋捕捞、海水养殖专业各一个班），学生76人，学制3年。当年毕业的海水养殖专业班1个，学生36人，学制3年。

【海洋科技重点项目】 1998～1999年全省实施百项农业新技术水产项目41个，计投资1 429万元，其中1998年28个，投资944万元；1999年13个，投资485万元。至1999年底大部分项目已验收结题。三亚市农业局水产部门承担的“高口快速拖网试验”项目获省百项农业新技术先进成果三等奖；省水产研究所承担的“鲍鱼低潮带沉箱养殖技术示范”项目获省百项农业新技术先进成果二等奖。以上两个项目均被立项为技术推广项目。琼海市海洋水产局承担的“南沙群岛深水礁盘大网目三重定置刺网新技术应用研究”项目，经专家鉴定认为，属国内首创，作业水深达270m，首次捕获目前国内未有记录的12种鱼类新品种，其技术水平达到国内捕捞南沙深水礁盘区鱼类资源的领先水平。海南省水产技术推广站承担的“近海浮绳式网箱养鱼试验”项目在陵水县新港海域试验已经通过专家验收，成果显著，经济效益可观，已被列为省百项农业新技术重点推广示范项目，可望成为今后海南省海水养殖业开发的重点项目之一。1998年省水产研究所承担了省科技厅下达的“斑节对虾养殖病害防治技术研究”项目，已进行阶段性的验收，达到了预期的目的。1999年省水产技术推广站承担的国家农业部下达的丰收计划项目——“高位池健康养虾技术”在琼海、三亚、乐东等市县设点实施，计划面积80hm^2，单产4 500kg/hm^2，实际完成面积50hm^2，完成计划面积的75%，单产5 235kg/hm^2，超额16.35%完成计划指标。

海洋国际合作与交流
Marine International Cooperation and Interflow

【概况】 1998～1999年海南省充分利用对外开放前沿的有利条件，采取有力措施，积极推进海洋事业方面的国际合作和技术交流。1998年省海洋管理部门编制了中日开展珊瑚礁保护合作项目建议书，起草了“三亚市海洋开发国际招商活动草案”，承办了中韩海洋科技合作联系会第二次会议，参与了联合国国际海底管理局在三亚市召开的深海采矿环境研讨会，组织召开了1998年海洋管理与海洋环境监测技术国际学术研讨会，参加了中日海岛浅海动物物种多样性合作研究和中澳珊瑚礁环境问题研究。承担了1997年联合国开发计划署（UNDP）援助的“南中国海北部海岸带综合管理能力建设”清澜示范区项目的组织实施，经过1998～1999年的工作，基本完成该项目的主要工作。借助项目资金和设备，培养了省和文昌市海洋综合管理人才，有力推动了文昌市海洋综合管理工作，促进了清澜湾海洋环境生态资源的恢复，为持续开发海洋环境和资源奠定了基础。经过项目实施，文昌市按照资源优势和环境优势，协调清澜港的开发利用活动，制定了综合开发利用规划，使清澜湾成为琼东北主要的经济发展区域。市政府动用司法力量，有力打击了破坏珊瑚礁和红树林的不法行为，有效地保护清澜湾的生态环境和资源，促进清澜湾生态资源的迅速恢复。

海洋立法与管理
Marine Legislation and Management

【概况】 海南省作为全国最早实行海域管理制度的省份，经过近几年的实践，已结束了“无序、无度、无偿”使用海域的历史。1998～1999年间，为进一步加强对海洋资源的保护和管理，持续开发海洋资源，促进海洋管理与环境保护的法制化、规范化，在继续加强海洋管理法规宣传、强化人们的海洋国土观念的同时，加大海洋立法的力度，逐步完善管理措施，取得可喜的成绩。

【海洋立法】 为实现海洋管理的法制化，保证海洋环境资源的可持续开发利用，海南省较为重视海洋管理的法制建设。1998～1999年间，在认真贯彻落实国家有关海洋管理法规和各项规章制度的同时，加强地方立法。海南省人大颁布并实施《海南省珊瑚礁保护的规定》和《海南省红树林保护规定》两个地方性法规，同时批准了《海口市海域使用管理规定》。海南省海洋主管部门也草拟了《海南省海岸带管理条例》、《海南省海域使用管理规定》、《海南省海域使用金征收管理规定》等等，并积极工作，争取政府的批准和省人大通过实施。

【海洋综合管理】 1998～1999年间，海南省在加强海洋管理立法、加速海洋经济发展步伐的同时，切实开展海洋综合管理工作。一是加大对海洋管理法规和保护海洋环境及海洋国土观念的宣传。如抓住1998国际海洋年的契机，投入大量的人力物力，利用各种宣传媒体开展海洋知识竞赛、海洋知识讲座、我爱海洋等宣传活动，宣传《联合国海洋法公约》、《中华人民共和国海洋环境保护法》，强化人们的海洋意识。二是积极参与《海南生态省建设规划纲要》的编制，并努力推进海南生态省建设规划的实施，积极组织年度“海南省环保世纪行”活动，促进海洋环境保护工作的落实。同时，切实抓好海洋工程项目海洋环境影响报告书的审批，严格把关，确保海洋开发管理到位。三是加大海洋管理和渔业执法的力度。海南省在发展海洋经济和保护海洋生态环境的工作中，注重政府、海监、渔政、渔监、公安、边防和工商等部门的密切配合，形成整体合力，不断加大海洋管理和渔业执法力度，通过依法处罚和打击相结合，有效地保护渔业资源和海洋生态环境。1999年度休渔，全省回港渔船达100%。1999年在全省范围内开展保护珊瑚礁资源的专项治理工作，共查处破坏珊瑚礁典型案件39宗，拆除以珊瑚为原料的石灰窑182座，查封加工珊瑚礁制品工场4处，取缔出售珊瑚制品店铺、摊位76家，从根本上扭转了全省珊瑚礁资源保护工作的被动局面，遏制了破坏珊瑚礁的违法行为。四是强化海域使用管理，全面实施国家海洋局关于海域使用管理四项配套制度，进一步规范海域使用可行性论证制度。

两年来，组织审查一批涉海的国家及省重点建设项目，同时结合海南实际，调整海域使用管理政策，建立海域使用管理项目库等。1999年1月1日前，全部完成了全省13个沿海市县海域使用旧证换新证工作，计111本。1998年全省批准海域使用计11宗、66hm^2，1999年批准44宗、100hm^2。

（陈家博）

广西壮族自治区
Guangxi Zhuang Autonomous Region

综　述
Summary

【地理、人口、经济】 广西壮族自治区地处祖国的南疆，是中国惟一临海的少数民族自治区，位于20° 54′ N～26° 23′ N、104° 28′ E～112° 04′ E。陆地总面积23.6万km^2，濒临的北部湾海域面积12.97万km^2。其中沿海地区从东到西行政区划为3个市，其陆地面积为20 299km^2，占广西全区土地面积23.66万km^2的8.5%。1998年末沿海3市总人口525.3万人，占广西总人口的11.2%。该区1998年国内生产总值（GDP）273.3亿元，占广西的14.4%；人均国内生产总值为5 210.4元，高于广西的4 067元。广西海洋产业1998年总产值92.81亿元(不含国内滨海旅游)，其中，海洋水产88.31亿元、海洋交通3.52亿元、海盐0.4亿元、滨海砂矿0.02亿元。1999年，广西海洋产业总产值为99.59亿元，比1998年增长7.31%。

【行政区划】 沿海行政区划为3个区域，3个地级市，4个县，1个县级市，7个市辖区，120个镇。各地、市及所辖的县（市、市辖区）见表1。

表1　广西沿海市县一览表

地级市名称	市辖区名称	县、县级市名称
北海市	海城区、银海区、铁山港区	合浦县
防城港市	防城区、港口区	东兴市、上思县
钦州市	钦南区、钦北区	灵山县、浦北县

【海洋自然概况】 广西大陆海岸线东起洗米河口，西至北仑河口，全长1 595km，直线距离185km，海岸线曲直比高达8.5：1。广西拥有1 005 km^2滩涂，20m水深以内的浅海6 488.31 km^2，10km^2以上海湾8个（含与广东省交界的英罗港）。沿海岛屿有679个，500 m^2以上的岛屿651个，岛屿岸线长531km，岛屿面积 84km^2。涠州岛是广西沿海最大的岛屿，面积约24.70km^2。沿岸潮汐类型为非正规全日潮和正规全日潮，最大潮差6.25m，平均潮差2.42m，近海海水盐度19.31～32.09，pH值为8左右。

广西沿海从东到西有123条中小河流，总流域面积为50 km^2，汇成21条干流流入大海，年总径流量为250亿m^3，南流江、钦州江、大风江、茅岭江、防城河、北仑河是广西沿海最大的6条入海河流，年径流量为182亿m^3。

广西大陆海岸线迂回曲折，多溺谷、港湾，使广西沿海有天然港群之称。其中具有良港条件的有北海港、防城港、钦州港、铁山港等。据初步估计，沿海可开发的大小港口21个，可建成120个以上的万吨级深水泊位，全部开发后年吞吐量可达1.4亿t，至1999年底有生产泊位139个（万吨级18个），开发利用不到15%。其中钦州港、防城港埠江口、北海铁山港可建10万吨级的泊位，具备与世界各大港直接往来的条件。1998年，防城港、钦州港、北海港共完成货物吞吐量1 077万t 。1999年，沿海3港的货物吞吐量分别为北海港252万t、防城港808万t、钦州港130万t 。

广西沿海地区地处低纬，气候处于南亚热带过渡区域，近似热带气候，是全国光热水资源最丰富地区之一。该区域年平均气温为21.8℃～22.6℃（全国平均气温为5℃～25℃），年平均降水量在1 600mm以上，其中防城港市东兴一带，年降水量可达2 800mm左右，为中国降水量最多的地区之一，10℃年积温为7 800℃～8 300℃（全国为2 000℃～8 500℃），全年基本无霜。

【海洋资源】 北部湾不仅是中国著名的渔场，也是中国海洋生物物种资源的宝库，这里栖息着鱼类500多种，虾类200余种，头足类近50种，蟹类190余种，还有种类众多的贝类、藻类和其他种类，其中有儒艮、中国鲎、文昌鱼、海马、海蛇等珍稀或重要药用生物。举世闻名的合浦珍珠也产自这一海域。分布于广西沿海滩涂、面积占全国40%左右的红树林，分布于涠州岛周围浅海、处于中国成礁珊瑚分布带北部边缘的珊瑚礁，作为重要的热带海洋生态系，具有极大的科研和生态价值。

北部湾油气资源蕴藏量丰富，在北部湾东南部海域已发现北部湾盆地和莺歌海盆地两个海底油气盆地。初步预测其油气资源量为12.59亿t。目前，已经开发的油气田有涠10-3、涠6-1、涠11-4。广西滨海地区矿产资源丰富，已知的有28种，主要有：石英砂矿远景储量10亿t以上、陶瓷矿保有储量约为300万t、石膏矿保有储量3亿多吨、石灰石矿保有储量1.5亿t。此外，钛铁矿比较丰富，沿岸已知产地8处，其中的3处初步勘查估算地质储量近2 500万t。

广西沿海地区是广西重要的旅游资源分布区，对外国人开放的旅游景点有17处，占广西全部对外开放景点数的12.2%。该区域还有9处自治区级重点文物保护单位，占广西同类总数的10.5%。北海有列入国家级旅游度假区的“银滩”，全长24km；东兴万尾岛有风景诱人的“金滩”；还有以独特的火山岩地质地貌、景色千姿百态而赢得有大、小蓬莱美誉的涠洲岛、斜阳岛和山口国家级红树林生态自然保护区的海上森林胜境以及千岛点缀的洪潮水库、钦州“龙径环珠”的钦州湾“七十二径”和龙门诸岛等景观都是国内少见的旅游资源。1998年，滨海国际旅游业共接待国际游客22 860人次。仅防城港市就接待国际游客1万余人次，营业收入375万美元。

【海洋机构】 1998～1999年广西的海洋综合管理体制和机构进一步建立和完善。目前，自治区建立了自治区级、沿海各地市级、县（区）级的三级海洋管理机构，并形成海洋监测、海洋预警预报服务网络、海洋环境生态保护框架。1999年，北仑河口海洋自然保护区升为国家级自然保护区，山口国家红树林生态自然保护区纳入联合国教科文组织世界生物圈保护区网络。

广西壮族自治区海洋机构：（1）广西海洋局；（2）广西海洋监察大队；（3）广西海洋监察预报中心（广西海洋预报台）；（4）北海市海洋开发管理办公室；（5）合浦县海洋管理办公室；（6）钦州市海洋局；钦南区海洋局；（7）钦州港区海洋局；（8）防城港市海洋局；（9）防城区海洋局；港口区海洋局（10）东兴市海洋管理办公室；（11）合浦山口国家红树林生态自然保护区管理处；（12）广西壮族自治区北仑河口海洋自然保护区管理站；（13）广西红树林研究中心。

海洋资源开发与海洋经济
Development of Marine Resources and Marine Economy

【海洋经济状况】 广西“九五”海洋经济增长迅猛。1998年全区海洋经济总产值达到92.81亿元（不含石油），比1995年增长64.9%，比1991年增长658.87%。海洋产业结构变化不大。海洋水产（含捕捞、养殖、加工）产值占95.15%左右，海洋交通运输占3.79%，滨海国际旅游占0.6%左右，海洋盐业占0.43%，滨海砂矿占0.02%。广西沿海3市的海洋经济发展不平衡，从西向东，逐渐发达。1999年全区海洋经济总产值为99.59亿元（不含石油、国内旅游收入）。据不完全统计，1998年北海市海洋产业总产值为56.94亿元，钦州市为16.14亿元，防城港市为17.91亿元。

【海水养殖】 1998年海洋水产总产值88.31亿元，1999年海洋水产总产值94.75亿元，其中海水养殖总面积、总产量、总产值有较大幅度提高。1999年全区海水养殖面积58 597hm^2，产量665 703t，产值380 172万元。分别比1997年增长12.21%、33.62%、17.99%。

【港口与运输业】 广西沿海港口建设进一步加快。1998年，广西海洋运输业总产值3.52亿元，至1999年

表2 广西沿海工农业总产值、国内生产总值（现行价）及人口情况一览表

单位：亿元，万人

沿海地市	年份	工业（亿元）		农业（亿元）		国内生产总值（亿元）				年末总人口（万人）			从业人员(万人)	
		总产值	增加值	总产值	增加值	合计	第一产业	第二产业	第三产业	合计	农业人口	非农业人口	合计	其中职工人数
北海市	1998	86.93	10.36	57.88	32.58	102.62	32.58	30.02	40.02	137.79	101.13	36.70	82.19	12.13
	1999	88.02	24.63	61.22	34.96	107.68	34.96	29.75	42.97	139.50	101.2	38.30	80.50	10.90
钦州市	1998	63.13	14.87	100.68	62.87	119.11	62.87	23.10	33.15	311.43	279.15	32.28	173.89	11.58
	1999	62.03	14.21	105.54	65.87	123.88	65.87	23.00	35.00	314.82	281.82	33.00		
港防城市	1998	26.25	5.83	30.70	19.74	51.97	19.74	14.02	18.22	76.08	58.48	17.60	40.15	6.20
	1999	38.51	11.73	30.70	19.43	54.62	19.43	15.15	20.04	77.09	59.07	18.02	40.64	5.98

表3 广西1997～1999年海洋经济发展状况

单位：亿元

年份	海洋产业总产值	海洋水产	海洋交通运输	海洋盐业	海洋砂矿	滨海国际旅游
1997	79.76	73.24	3.60	0.24	0.27	2.41
1998	92.81	88.31	3.52	0.40	0.02	0.56
1999	99.59	94.75	3.52	0.46	0.02	0.84

表4 广西海洋产业总产值在全区国内生产总值中的地位

单位：亿元

年份	海洋产业总产值	国内生产总值	海洋产值与国内生产总值的比值(%)
1997	79.76	2 015.20	3.96
1998	92.81	1 903.04	4.88
1999	99.59	1 953.27	5.10

建成生产泊位139个（万吨级18个）。1999年3港的货物吞吐量分别为北海港252万t、防城港808万t、钦州港130万t。

【海洋盐业】 1998年广西盐业总产值为0.40亿元。现有7个国营盐场，盐田面积4 745.33hm^2，其中1999年生产面积3 256.10hm^2，年产原盐15.29万t，总产值4 576万元。

【滨海国际旅游】 1998年，广西滨海国际旅游总产值0.56亿元。1999年，广西北海、钦州、防城港3个滨海城市共接待海外游客46 192人次，接待国内游客3 668.71万人次，旅游外汇收入1 013.44万美元。

海洋公益事业
Marine Public Welfare Facilities

【海洋监测预报】 为减少海洋灾害造成国家和人民财产的损失，保障广西沿海地区经济可持续发展，广西海洋监测预报中心(海洋预报台)不断拓展服务范围，增强业务能力，提高测报质量。该预报中心主要开展广西沿海以及北部湾区域的预警预报服务，监测海流、潮汐、风暴潮和建立广西海洋防灾、减灾预警预报系统等。该中心通过统计分析研究有关资料，先后建立了台风季节副高位置与台风移动路径档案、西南大风与台风影响档案以及表层海温与台风关系档案，改造和完善了广西沿海站点的风暴潮计算和计算模式。根据全国海洋灾害预测会讨论意见，结合广西实际制定了《一九九九年影响北部湾及广西沿海海洋灾害趋势预测》，及时报送自治区防总、沿海市县防办和有关部门。在灾害频繁的6～10月份，加强对台风预报值班监报工作，组织了对可能影响广西的第2号和15号台风的24h 跟踪监报。

1998～1999年，广西海洋预报台不断完善和规范预报工作程序，测报质量不断提高，1998年全年测报错情率在0.1%以内，完成月报资料共105份，保质保量完成了该年度的资料审核、报送及传输任务。1999年1～3季度开展预报公益服务1 917次，预报产品通过广西卫星电视台、北海市电视台和968信息邮箱等媒体向社会发布，使涉海单位和群众及时了解掌握海洋信息，为广西的海洋运输、渔业生产、港口建设、海上贸易和滨海旅游等活动提供了及时的服务。

【海洋环境监测】 到1999年末，在广西全面开展正规海洋环境监测工作的海洋站有涠洲岛海洋站、北海海洋站和防城港海洋站。观测项目有海洋潮汐、海浪、表层海水温度和盐度、海发光、风向、风速、气压等要素。观测时间最少有5年（防城港海洋站），最多有47年（北海站），积累了长期连续的宝贵海洋环境资料。广西海洋环境监测系统为广西的海洋经济发展和海洋工程建设、国防建设和防灾减灾提供有效服务，取得了显著的经济效益和社会效益。

自1998年以来，广西海洋环境监视网各成员单位联合调查、处理了多起资源损害、环境污染事件，联合进行了涠洲岛珊瑚礁死亡原因调查，以广西海洋通报的形式向政府有关部门提出防治建议，并协助有关部门对广西赤潮以及珍珠养殖海洋污染进行了调查。据不完全统计，1998年全区进行监视、监察共400人次，发布海洋通报7期。完成辖区全年度的海浪、海温、潮汐、风暴潮的预报任务，平均准确率在76%～81%。

北海银滩海水浴场试点监测 北海银滩海水浴场试点监测是国家海洋局下达、北海市政府部分资助、广西海洋局组织实施的1999年海洋环境污染专项监测国家重点项目。广西海洋监测预报中心、北海市海洋办承担水质监测和成果发布工作。经过3个多月的采样监测，该项工作得以顺利完成。共取得银滩海水浴场水质监测数据2 032个，向有关单位报送水质通报112份，在《北海日报》上发布水质通报16份。项目实施达到了预期目的，取得了良好的效果。

【第二次全国海洋污染基线调查】 第二次全国海洋污染基线调查工作是1997年底国家统一部署开展的大型海洋基础调查工作，1998年广西已完成了大部分外业调查工作。对广西沿岸海域环境质量开展的采样分析，其总航程达800n mile，总调查站位80个，总历时33天，取得水文气象数据912个，水质样1 080份，沉积物234份。1999年进行了补充调查和广西海区污染源调查报告及海区专业报告的编写，完成了监测数据的重新校核、资料归档、初稿编写及相关报告的图表绘制工作。

【海洋生态环境建设规划和赤潮防治】 1999年，根据广西生态环境建设规划的需求组织编制了《广西海洋生态环境建设规划》。1999年8月，根据自治区吴恒副主席“要对我区赤潮的发生与预防认真开展调查研究和分析”的指示，开展了对广西赤潮发生的条件、可能性及防治对策的初步调查、分析，完成了《关于广西沿海赤潮发生可能性分析的报告》。

【自然保护区建设】 **北仑河口海洋自然保护区** 1999年11月北仑河口海洋自然保护区获得国家级自然保护区评审委员会专家评议一致通过升格为国家级自然保护区。在当地政府的重视下，初步改革了该保护区管理机构，增加了保护区人员经费和业务经费，使保护区管理工作得到进一步提高与加强。

1998～1999年，该保护区继续开展GEF小型基金课题“中国西南端海岸木榄红海榄衰退原因及恢复方法研究”。目前，该保护区的本底调查皆已完成。

山口红树林生态自然保护区 1999年建设了保护区综合楼，解决了保护区管理站的办公问题。该保护区继续开展国外合作与交流，1999年，山口保护区与美国鲁克利湾国家河口研究保护区合作，并组织编写了《山口国家级红树林生态自然保护区管理规划》等材料，为双方下一步正式合作奠定基础。

【大比例尺海洋功能区划】 大比例尺海洋功能区划是科学合理开发利用海洋资源、保护海洋环境的基础性工作。1999年5月，《广西壮族自治区大比例尺海洋功能区划工作实施方案》经广西政府审查上报，11月国家海洋局批准实施。12月份，自治区政府正式部署开展海洋功能区划工作，成立海洋功能区划领导小组。

【海洋统计】 1999年的广西海洋统计工作取得了较大进展，初步建立起较为规范、合理的海洋科学统计体系，统计指标不断修改完善，能较及时、准确报送年度海洋经济统计数据和报表，建立了以区直、市县有关涉海部门为网络的统计信息体系。同时，广西海洋统计工作获得自治区统计局的批准，使海洋统计工作得到了合法化。

海洋灾害与防御
Marine Disasters and Prevention

【概况】 广西沿海及北部湾地区是海洋灾害多发地区，各类海洋灾害一直是沿海地区经济社会发展特别是海洋经济活动的心腹之患。随着广西沿海地区经济的迅猛增长和海洋开发利用的程度加大，海洋灾害所造成的损失也日趋严重。

【海洋环境污染】 **海上滥采砂矿污染海洋环境** 1999年春季至夏季，数十条小型采矿船在防城港港北码头以北长槛海域开展采矿作业，采矿、洗矿造成的混浊水面积约5 000～6 000m^2。海水受悬浮物污染，附近海区养殖的大蚝、文蛤、泥蚶被蒙上一层浮泥，造成生物觅食困难、生长速度减慢、偏瘦。

破坏红树林事件 1998年底至1999年春，防城港市企沙盐场和天堂坡的对虾养殖场在港口区白沙墩挖塘养虾，将挖出的泥土全部推进海滩，泥土覆盖及工程施工造成海水污染，致使米埠坪、独山脚、烂管3个地方的3.335hm^2 红树林被毁，另有1.334 hm^2 将近死亡。

印染业污染海洋环境事件 1999年10月，北海市色织厂和市能立印染厂因污水处理设备故障未及时修复，两厂把污水直接向北海市香格里拉大酒店附近海域排放，污水中的色度、悬浮物导致大片海水相间呈红色和黑色，严重影响了水质和景观。

【赤潮】 1999年12月，北海市涠洲岛南湾附近海域发生赤潮，赤潮生物为水花铜绿微囊藻。赤潮持续2～3天，面积5km^2左右，未造成大的经济损失。

【海洋灾害防御】 广西海洋防灾减灾工作基础薄弱，海洋灾害预警等方面比较落后。但是近两年该工作取得了长足的进步，1998年，广西防灾减灾预警预报系统联网正式投入使用，实现了海洋、水文、气象三家联通。同时，广西在海洋防灾减灾科学研究方面也取得了多项成果，增强了广西防灾减灾、防潮防汛决策水平及应变能力。

1998年，"广西沿海业务化风暴潮数值预报模式研究"、"广西沿海风暴潮与洪水漫滩研究"、"广西沿海警戒水位确定"、"广西海洋自然灾害调查分析和预警预报系统研究"4个研究项目，取得重大成果，正式通过鉴定验收。其中"广西沿海业务化风暴潮数值预报模式研究"项目采用整体性能可与发达国家的同类模型相媲美的结构化数值模型，初步建立了广西的近海风暴潮数值预报模式；"风暴潮与洪水漫滩研究"项目建立了一套三维风暴潮流、二维漫滩、一维河网相衔接的模型体系，从而使风暴潮模拟预报从潮位延伸到潮流，从海域风暴潮延伸到海岸漫滩以及河道洪水；"警戒水位确定"、"海洋自然灾害调查分析和预警预报系统研究"项目则初步建立了海洋、水文、气象协同监测网络及信息传输网络的雏形，为直接、快速服务于各级政府防汛防灾指挥机构及有关单位的海洋灾害预警预报系统奠定了基础。

海洋科技与教育
Marine Science and Technology & Marine Education

【海洋科学研究与开发】 1998～1999年，广西共实施海洋科技项目222项，投入科研经费683万元。其中1998年全区下达科研项目102项，投入科研经费326万元（自治区级下达25项，科技经费290万元）；1999年全区下达科技项目120项，投入科研经费357万元（自治区级下达19项，科研经费299万元）。科学研究对海洋经济的贡献率由1997年的23%分别上升到1998年的23.4%、1999年的25%。

【海洋农牧场示范工程】 在1996、1997年的基础上，1998年深化实施海洋农牧场示范工程，大幅度提高了广西海水养殖业的科技含量和整个产业的技术水平，科技对海水增养殖业的贡献率从1995年的不足20%迅速提高到1998年底的33%。广西海水养殖业的规模及效益均有了较大提高：养殖面积从1995年的3.67万hm^2提高到1998年底的5.47万hm^2，新增优质海水养殖品种10个，海水养殖产量增加了20万t，产值增加了10亿元。1998年在国家有关部门支持下成立了全国科技兴海防港市对虾集约化养殖示范基地，组织实施了国家"863"计划项目——珍珠多倍体育种及养成技术研究、对虾病害综合防治技术研究等一批海洋科技开发项目，均取得较好的成效。

【科技兴海——创新计划】 1999年起，围绕自治区党委、政府提出的"三大战略、六大突破"的要求，自治区开始实施以产品创新为核心的"广西创新计划"。根据广西沿海3市的资源特性和发展基础以及市场的需求，组织实施了"北海市珍珠、文蛤养殖与加工产品开发"、"防城港市对虾高产综合技术开发"两个大型海洋科技创新计划项目。1999年依托"创新计划"，广西相继开展大面积、多模式的对虾高产养殖技术示范400hm^2（最高单产为7 500kg/hm^2，平均单产为3 750kg/hm^2，引进南美白对虾试验示范86.7hm^2，平均单产为5 700kg/hm^2）、珍珠深水吊养示范40hm^2（育珠600余万只）。对虾高产技术辐射面积达3 335hm^2，使对虾单产平均提高30%以上。深水育珠技术覆盖面积达1 334hm^2。举办各类养殖技术培训班30多期，受训人员5 000多人次。建立和完善了以北海、合浦、钦州、防城港3市1县为轴心的鱼虾病害防治技术服务网络。研发出新产品射流自吸式增氧机，批量生产2 000台。初步解决文蛤人工育苗技术，培育出110余万贝苗。开发黑珍珠洗发露等新产品8个，推出珍珠御粉、珍珠明目滴眼液两个全国知名品牌，形成产值1亿余元的效益。

【国家"863"计划项目】 合浦珠母贝三倍体育种研究是由中国科学院南海海洋研究所和全国科技兴海技术转移广西中心共同承担的国家"863"计划重大项目"珠母贝多倍体育种和养殖研究"生产性中试的主要内容之一。1999年，在北海市涠洲岛水产育苗基地育出4 000余万珍珠三倍体苗，养成插珠近4万颗。该项目通过国家科技部组织的鉴定，取得良好的科技成果，解决了三倍体贝苗生产性大批量集卵方法和诱导处理技术，突破了三倍体幼虫培育的技术关键，提高了三倍体的成苗率技术。合浦珠母贝三倍体种苗生产技术的成功将对全国珍珠养殖业的发展有重要意义。

【海洋科技教育】 广西建立有广西海洋研究所、广西南珠研究开发中心、广西红树林研究中心、广西海洋监测预报中心等综合性或专业性海洋科研机构，培养出一批具有丰富理论基础和实践经验的海洋科研人才。据统计，至1998年，全区已建立各类涉海科研机构24个，拥有各类初、中、高级海洋科研人才2 000余人，研究领域基本涉及整个海洋领域。尤其是在红树林生态系研究、南珠基础及应用研究等方面居于国内先进水平，其中红树林胚轴光眠机理研究为国际首创，在国际上也产生了一定的影响。

【1998年科技活动周及广西四十大庆成就展】 专设海洋展览专馆宣传广西海洋科技成果及经济建设成就。通过灯箱片，图文并茂地介绍广西沿海地区的资源、区位优势及海洋开发、海洋科技成果。通过模型、录像介绍对虾高产养殖模式——高位池养虾模式。并在馆中展出一批广西近年来引进、培育的海水名贵鱼类。广西四十大庆成就展览期间，广西海洋局组织了一批有代表性的海洋科技成果参展，介绍近年来广西海洋科研、开发方面所取得的巨大成就。

【海洋宣传教育活动】 开展“广西青少年海洋科普知识、海洋动物（海豚、海狮）表演巡回展演”活动。制作一组海洋科普知识展板与海洋动物表演同时展出，做到寓教于乐。据统计，3市参观的群众达10万人，收到了较好的宣传效果。同时还举办了全国优秀学生海洋夏令营活动,海洋夏令营中开展了两个晚上的海洋知识讲座。通过举办知识竞赛和邀请广西海洋研究所的范航清博士利用计算机多媒体，向学生介绍海洋科普知识和了解海洋对人类的重要意义。另外，围绕广西海洋开发与管理，邀请多位中国工程院院士、海洋专家在南宁、钦州、北海、防城港进行巡回讲课，极大增强了各级领导及干部的海洋意识。

海洋国际合作与交流
Marine International Cooperation and Interflow

【海洋保护区合作交流】 1999年，山口保护区与美国鲁克利湾河口研究保护区合作，组织编写了《山口国家级红树林生态自然保护区管理规划》等材料，为双方下一步正式合作奠定基础。

【联合国项目】 由联合国开发计划署援助的南中国海北部海岸带综合管理能力建设项目防城港示范区的工作进展顺利。1998年完成了防城港示范区环境剖面的编写，启动了大比例尺海洋功能区划和管理战略计划编制工作。1998年6月，该项目国家办公室在广西防城港市召开了年度汇报会，对项目的进展情况作了汇报。1999年，对防城港示范区环境剖面和海岸带综合管理战略计划进行了补充修改定稿，完成了大比例尺海洋功能区划报告和海洋环境监测计划的编制工作。接待了4批国内、国际专家。1999年7月组织参加了国家项目办公室在广东阳江市召开的年度汇报会，联合国该项目办负责人出席会议，听取了有关情况，并对该项目的进展情况表示满意。同时，针对该项目还积极组织了两次区外培训和两次国外考察、培训。

海洋立法与管理
Marine Legislation and Management

【海洋立法】 **海域使用立法** 为了规范广西的海洋开发利用和自然保护工作、维护国家海洋权益、增加地方财政收入、促进海洋经济的可持续发展，广西自治区政府、人大对海域使用立法工作给予了高度重视。

1998年7月，自治区九届人大常委会通过了《广西壮族自治区人大常委会关于切实加强我区海洋环境保护，大力发展海洋经济的决议》，明确要求尽快制定海域使用管理法规。同年年底召开的全区立法工作会议上，自治区人大批准将《广西壮族自治区海域使用管理条例》列入1999～2002年的立法计划。1999年，广西海洋局、自治区法制局、自治区财政厅等有关单位经过联络和协调成立了《条例》的立法小组，正式启动了《条例》的立法程序，对《广西壮族自治区海域使用管理办法》进行修改完善，在此基础上组织起草《广西壮族自治区海域使用管理条例》，制定全区统一、更为具体的海域使用管理规定。1999年完成了《广西壮族自治区海域使用管理条例(草案)》的起草工作，由自治区法制局审查后送有关部门征求意见。

广西沿海市、县政府对海洋综合管理工作也非常重视和支持。1999年，沿海各市、县(区)人民政府皆以召开海洋管理工作会议或下发文件等方式，明确规定了各地根据实际情况实施海域使用管理制度的具体意见，协调了海域使用管理法规与其他法规的关系，支持海洋部门开展海域使用管理工作。据初步统计，1999年广西沿海各地以政府名义出台了有关海域使用管理工作的文件共7个，这些文件对广西的海域使用管理工作起到了极大的促进作用。

其他法规制定 国家已有了《自然保护区条例》和《海洋自然保护区管理办法》，但鉴于广西当前乱围乱占海域、造成海洋环境受破坏的现象比较严重，自治区计委根据自治区政府要求，正在制定的《广西海洋环境保护管理办法》中，对围占海域的行为作出了更为严格的规定。

同时，沿海3市根据自治区法律、法规和有关规定，也积极出台具体贯彻实施的措施和办法。1998年防城港市颁布了《防城港市政府关于加快海洋经济发展的决定》和《防城港市海洋发展纲要》等。

地方法规 详见表5。

表5 1998～1999年区及沿海政府、有关部门制定的海洋管理文件

发文机关	文号	标题
自治区财政厅	桂财综字[1999]3号	关于对防城港市海域使用金征收标准方案的批复
广西海洋局	桂海局字[1998] 37号	关于印发《广西壮族自治区海域使用管理工作程序》的通知
北海市人民政府	北政发[1999]37号	关于加强我市毗邻海域使用管理的通知
合浦县人民政府	合政发[1998]9号	合浦县人民政府印发《关于利用海域从事养殖业的管理办法》的通知
钦州市人民政府	钦政发[1999]49号	钦州市人民政府关于进一步明确钦南区、钦州港经济开发区海洋管理权的通知
钦州市人民政府	钦政发[1999]52号	钦州市人民政府关于进行全市海域使用清理的通知
钦州市财政局 钦州市海洋局	钦市财综字[1999]5号	钦州市财政局、钦州市海洋局关于规范我市海域使用管理工作的通知
防城区人民政府	防区政发[1999]45号	防城港市防城区人民政府印发防城区整治江山白龙珍珠港的实施方案的通知
防城区人民政府	防区政发[1999]50号	防城港市防城区人民政府印发防城区海域使用登记发证工作方案的通知
港口区人民政府	港区政发[1999]34号	关于印发防城港市港口区海域使用管理实施办法的通知

【海域管理机构设置】 除广西海洋局负责全区的海域使用管理工作外，沿海3个地级市、6个县(县级市、区)也设立了海洋管理部门(海洋局或海洋办)，并经自治区编委批准设立广西海洋监察大队和广西海洋监测预报中心。广西沿海各市、县海洋部门按法律规定的审批权限负责本行政区域的海域使用管理工作，广西海洋监察大队是自治区海洋局的下属执法单位，对各种海域使用活动进行执法监督。目前各地的海洋部门都已相继独立，其规格、知名度和影响力都有较大程度的提高。

同时，根据1998年国家海洋局机构改革中对全国海洋监察执法队伍建设提出的设想，广西将设立自治区海洋监察总队，地市设立海洋监察支队，县设立海洋监察大队。参照国家的部署，自治区在1999年也进行了积极筹备。

【海域使用管理】 国家对海域的管理权主要体现在办理海域使用证和收缴海域使用金。《广西壮族自治区海域使用管理办法》颁布实施以来，广西财政部门和海洋部门认真贯彻执行海域使用管理制度，取得了良好成绩。

据统计，1994～1999年，广西共核发海域使用许可证1 697本，批准使用面积8 130hm^2。其中，1998年，全区共发放海域使用证320本，批准使用海域面积1 385hm^2。1999年，加大了海域使用管理工作的力度，全区共发放海域使用证537本，批准使用海域面积2 776hm^2，海域使用金增收率和增收金额都有大幅度提高，详见表6。

但是广西依法用海、可持续发展的观念依旧相对淡薄，“三无”（无证、无序、无偿）用海现象仍较严重。据1999年进行的初步统计显示：自1994年以来，沿海共进行了较大规模的涉海工程项目37项，未进行环境影响评价就开工的有20余项，占总项目的2/3；全区自1993年中国实施海域使用管理制度以

表6 1997～1999年广西海域使用情况表

单位: hm^2，本

		1997年	1998年	1999年
北海市	使用证	5	4	33
	面 积	65	35	312
防城港市	使用证	4	0	17
	面 积	257	0	107
钦州市	使用证	2	2	38
	面 积	5	22	126
合浦县	使用证	105	186	337
	面 积	910	1 129	2 184
防城区	使用证	35	95	90
	面 积	7.79	66.7	23.8
东兴市	使用证	8	33	22
	面 积	2.7	32.2	24.2

来，固定使用海域3个月以上的开发利用活动共使用海域27 399hm^2。其中，海水养殖面积为24 342hm^2，工程用海2 479hm^2，滨海旅游用海1 225hm^2。以上办理海域使用证的有1 973hm^2，办证率为7.2%。

针对当前广西海域使用管理的情况，各级海洋主管部门积极采取有力措施，努力改变现状。1999年4月，自治区海洋局、财政厅、环保局等单位联合对广西海域使用管理现状进行了调研。期间在广西沿海召开了4次座谈会，听取当地政府和有关部门对海域使用管理的意见，对违法违规用海行为进行重点执法检查。根据调研情况，向自治区政府上报了《关于广西海域使用管理调研情况的报告》。自治区政府吴恒副主席对《报告》作了批示，要求尽快做好海域使用管理立法和海洋功能区划工作。同年11月，自治区海洋局又分别在北海、钦州、防城港市召开了海域使用管理座谈会，检查了3市海域使用管理工作，并对一些工作薄弱环节进行了加强。

1999年，北海市海洋办、钦州市海洋局、防城港市海洋局组织开展了辖区内的海域使用普查工作，至1999年底，已基本完成防城港市港口区以及珍珠港的海域使用普查。根据国家海洋局的要求，1999年广西还开展了更换新海域使用证的工作，当年共更换新海域使用证400余本。

【海洋执法宣传】 针对广西群众海洋意识淡薄、依法用海观念不强的问题，广西海洋部门在海域使用管理工作中注意做好执法宣传工作。1999年，北海市政府拨出了专款，开展了为期3个月的海域使用管理法规宣传；钦州市和防城区在开展海域使用治理整顿工作前，也先进行了宣传发动。通过大力宣传，广大群众对海域使用管理工作有了进一步的认识，大部分群众都能主动配合开展海域使用登记发证工作。

【海洋执法监察】 1999年广西海洋部门共参与调解大小各类涉海纠纷30余起，巡航监察出勤天数135d，处理违章施工事件1起，发布季度巡航通报4份，北海海域污染事件通报1份，违章通报1份，登船检查6次，海洋资源开发监视8次，海洋污染监视8次。

海洋环境监察 1998年查处了多起资源损害、环境污染事件。围绕全国第二次海洋污染基线调查任务对全区沿岸海域环境质量开展了两个航次的采样分析，对广西赤潮以及珍珠养殖海洋污染进行了调查。全年共出勤400人次进行监视、监察，处理了西场镇用海纠纷等涉海纠纷多起，发布海洋通报7期，为保护广西的海洋环境和海洋资源做出了贡献。

查处违法用海 1998～1999年，全区发生了多起涉海违法违规事件，特别是未经批准擅自围海筑塘事件，损害海洋资源，破坏了海洋环境。各涉海部门联合对这些违法事件进行查处，其中影响较大的有：钦州茅尾海围海毁林事件、北海竹林盐场围海毁林事件、北海市色织厂和能立印染厂污染海域事件、北仑河口保护区核心区中间榄围海事件等。

海洋资源开采管理 1999年，根据国土资源部《关于开展对勘查开采海砂等矿产资源监督检查的通知》(国土资发[1999]399号)和中国海监总队《关于开展勘查开采海砂等海洋矿产资源监督检查工作的通知》(海监字[1999]041号)的要求，广西海洋局、广西区地矿厅、广西海洋监察大队组成联合工作组，于12月中旬对勘查开采海砂等海洋矿产资源情况进行了监督检查，并形成了专题书面材料报国家有关部门和自治区人民政府，为下一步加强整改打下了基础。

海洋倾废管理 1998年广西海监开展海洋倾废监视检查50次，其中船舶巡航约5 000km，车辆巡视12 460km，登船检查15艘次，签发了倾倒许可证正本7份，废弃物倾倒量75万m^3。1999年，广西海洋部门签发疏浚物倾倒许可证3份，选划临时倾倒区3 个，批准倾倒量 25万m^3，并对违章倾倒行为作出行政处罚。

海域使用清理整顿 根据海域使用管理工作的迫切需要，广西北海、钦州、防城港市的海洋部门积极挂牌成立，中心建设规模总投资为400万元，各项基本建设进展顺利。中心下设环境监测室、赤潮研究室、生态资源室、渔业资源增殖总站和办公室，现有高级职称的科技人员4名，中级职称的科技人员2名，初级职称的科技人员3名。并购置了一些较先进的分析仪器设备，如气相色谱、原子吸收分光光度计、原子荧光光度计、荧光分光光度计、紫外分光光度计、电子分析天平等。

【赤潮监测监视】 1999年召开了赤潮专家研讨会，研究了赤潮防治对策，并成立了广东省赤潮研究中心和赤潮研究中心专家委员会，旨在集中驻粤科研院校的研究力量，开展赤潮形成机理防范、治理的研究。中心编制完成了《广东省海洋生态环境建设规划》、《广东省海洋渔业资源动态监测实施方案》、《珠江口及其邻近海域环境资源综合调查方案》、《广东赤潮研究规划》、《广东赤潮监测规划》等。1999年7月9日，在饶平柘林湾外发现少量赤潮藻类，监测中心派工作人员到饶平、南澳、澄海、达濠、潮阳等市县对赤潮的发展动态进行跟踪监测，为海洋与渔业主管部门提供了决策参考依据，并第一时间通知当地渔民将养殖网箱疏散转移到安全水域，有效地避免了海水养殖业的经济损失。

海洋立法与管理
Marine Legislation and Management

【海洋工作会议】 1999年12月23～24日，广东省委、省政府在珠海召开了第四次全省海洋工作会议，中共中央政治局委员、广东省委书记李长春，省长卢瑞华，副省长欧广源分别作了重要讲话，随后还出台了《中共广东省委、省政府关于大力推进海洋综合开发的意见》，确定全省海洋开发的基本思路是：以建设海洋经济强省为目标，突出抓好海洋综合开发和海洋综合管理两个重点，认真实施可持续发展、科技兴海和外向带动三大战略，充分发挥海洋资源丰富、区位优势、科技力量较强、产业基础较好四大优势，全面强化海域使用、海洋监察、海洋资源环境保护、海洋产业规划、海洋科技五项管理，重点发展海洋渔业、滨海旅游业、海洋交通运输业、海洋工业四大产业，依托城市，突出特色，海陆并举，稳步推进，逐步形成产业结构多样化、高级化、现代化的海洋产业体系。争取用10年左右的时间，建设海洋经济强省，海洋产业增加值占全省国内生产总值的比重上升到10%以上。

【海洋立法】 1999年3月，广东省人民政府颁布了《广东省铺设海底电缆管道管理办法》，该《办法》根据国务院《铺设海底电缆管道管理规定》，适用于毗邻广东省陆地的潮间带、内海及领海海域内铺设海底电缆管道以及所进行的路由调查、勘测及其他有关活动。

【海洋综合开发】 广东省海洋综合开发的势头良好：第一，海洋产业已成为全省经济发展的一个新的重要增长点，1990～1999年9年间，海洋产业增加值平均每年递增24.1%。其中海洋渔业、滨海旅游业、海洋交通运输业、海洋船舶工业增长快速。第二，沿海经济发展形成了新的格局。全省以海港为依托，以城市为中心，以经济特区、沿海开放城市为重点的海洋综合开发，已形成把港口、城市、岛屿和海域连成一体的临海型经济带。第三，在全省范围内逐步实行了海域使用证制度和海域有偿使用制度。第四，已初步形成政策宽松、管理有序、交通方便、基础设施配套的良好投资环境。

【海洋综合管理】 紧紧抓住“'98国际海洋年”有利时机，组织了一系列宣传活动，有效地增强了全省人民的海洋国土意识和资源环保观念。积极贯彻执行《广东省海域使用管理规定》，推进《广东省海域使用证》和《广东省海水养殖使用证》的发放，全省发放海域使用证44本，面积1 400hm^2；养殖使用证886本，面积7 070hm^2。同时，还着手制定《广东省海洋开发利用总体规划》，出台了《广东省海域使用管理规定实施意见》、《广东省海域使用费征收标准》等政府规章，省人大、省海洋与水产主管部门还组织渔港执法检查，使海洋综合管理迈上了有序开发、有偿使用、规范化管理轨道。

1999年，依照《广东省海域使用管理规定》等法规、规章，省内沿海各地积极推进海域使用证与养殖使用证发放工作。全年累计颁发海域使用证115本，发证面积4 600hm^2；养殖使用证981本，发证面积近12 000hm^2。主要工作包括：① 协调各涉海部门，进一步规范海域使用管理。② 充分履行政府职能，抓大型围填海项目用海论证、审核。③ 组织编制论证《广东省海域开发利用总体规划》及《广东省大比例尺海洋功能区划》。④ 召开全省海域使用管理工作现场会，推广徐闻等地海域管理先进经验。⑤ 调查珠江口海域围填海状况，加强海域使用档案管理。

【海洋环境保护】 1998年，广东省海洋环保与监察管理的几项主要工作：一是围绕'98国际海洋年主题，组织接待了“飞越海岸线——蓝色国土行”活动、“中华环保世纪行——建设万里文明海疆”采访团，对全省海洋资源环保问题进行了跟踪采访，海洋环保宣传活动在全国收到良好效果。二是组织'98广东省海域海空联合执法行动，查处乱倾废、乱围垦、乱填海案件，继续打击电炸毒鱼，清理外海区渔船，保护全省海洋与渔业资源。三是针对全省发生赤潮，成立了广东省海洋与渔业环境监测中心和赤潮研究中心，启动了赤潮预报和防治工作。四是加强海洋生物和水生野生动物保护区建设，抓紧处理海洋重大污染事故，查处违规倾废10余宗。

1999年，广东省实施海洋资源环境保护的主要措施：一是开展海洋资源环境监测、监视工作。1999年7月9日，饶平柘林湾海域发生特大赤潮，由于监测中心密切跟踪监视和报告，及时采取措施，避免了海水养殖业的重大经济损失。二是完成第二次海洋污染基线调查工作，编写了《广东省海洋污染调查报告》。三是编制了广东省自然保护区及海洋生态环境建设规划。四是及时调查处理重大海洋污染事故。

【海洋执法监察】 1999年，广东海洋执法监察主要工作包括：第一，利用中国海监飞机对粤东、珠江口、粤西地区沿海环境开展空中巡航监视。全年共飞行17架（次）、49h（不包括休渔巡航），并不断调整方式，对全省用海目标进行动态监视和拍照取证，逐步提高空中监管实际效果。第二，开展海域使用执法大检查及海洋环境监察。省渔政海监总队先后组织了4次执法大检查，依据《广东省海域使用管理规定》等法规，依法查处违规倾废案18宗、无证挖取海砂案36宗，查处违规围填海工程10宗。组织力量对全省200n mile专属经济区巡航监视，体现了国家海洋权益。第三，加强和完善海洋监察队伍建设。

海 洋 灾 害

Marine Disasters

【台风强风灾害】 1998年3月8日晚，广东经济开发区遭遇强风大浪袭击，沉没小渔船94艘，直接经济损失约50万元。1998年8月9日凌晨，阳江市遭受9803号强热带风暴袭击，风力8～9级，热带气旋向西北方向移动，沙扒、博贺等港内有少量小型渔船发生走锚碰撞，部分渔港内抗风能力差的渔船基本上被损毁。10月21～26日，9810号强台风袭击广东省粤东汕头、饶平、汕尾等地，风力12级以上,造成人员死亡2人，沉船109艘，损坏38艘，直接经济损失62.2万元。

9903号台风 9903号台风于6月2日生成，6月6日21时左右在惠来神泉港登陆。当时台风中心风力12级，时速44m/s，继续向偏西方向移动，横扫广东省汕尾、惠州、深圳、珠海等市，风力10级。据初步调查，全省共有受灾渔船1 100艘，养殖水面受灾3 000hm^2，损失网箱5 211个，直接经济损失7 506万元。其中惠来县有120艘渔船因台风碰撞受损，造成直接经济损失210万元；潮阳市200艘渔船碰撞受损（其中10艘小机艇沉没），直接经济损失100万元；汕尾市受灾渔船766艘，海水养殖过水面积1 742hm^2，淡水养殖受浸过水面积223hm^2，渔业直接经济损失5 208万元,海丰县损失1 271万元，陆丰市损失2 200万元。

【海上渔船舶灾害】 1999年广东省渔业船舶分别遭遇了海损事故及自然灾害。据统计，全年因渔业船舶灾害造成人员死亡13人，失踪33人，受伤6人，沉没105艘船舶，损失906艘渔船，经济损失达2 357.2万元。其中海损事故共发生92宗，死亡13人，失踪32人，受伤6人，沉没船舶24艘，损失36艘渔船，经济损失1 219.7万元；因自然灾害造成的船舶沉没81艘，损失870艘，经济损失1 137.5万元。

【赤潮灾害】 1997年11月至1998年5月，在粤东海域和珠江口附近海域发生赤潮，造成水产养殖严重损失，引起全社会的广泛关注。据不完全统计，1998年全省海洋渔业受灾面积20 000hm^2，直接经济损失2.5亿元。其中，对虾养殖发病面积11 339hm^2，其中绝产3 068hm^2，占27%，损失产量4 300余t，产值1.7亿元，阳江市海陵湾的牡蛎养殖，受灾面积100hm^2，损失产量2 600余吨，产值500余万元。饶平县水产养殖受损面积达1 690hm^2，海水网箱9 400个，损失鱼、虾、贝类5 998.5t，直接经济损失6 556万元。南澳县损失达1 000余万元。科研部门监测化验证实，粤东发生的赤潮是褐囊藻爆发引起的。

1998年3月起，珠江口附近海域发生特大的赤潮，重灾区是深圳市的大鹏湾、深圳湾，珠海市的桂山岛、伶仃岛，惠东县的港口镇，阳江市东平镇等海域，给海水养殖业造成严重损失。据不完全统计，这次赤潮全省共死鱼300余吨，直接经济损失4 600余万元。其中深圳市死鱼150t，直接经济损失近2 000万元；珠海市死鱼114 t，直接经济损失1 500万元；惠东县死鱼70 t，直接经济损失650余万元；阳江市损失

表2　福建省沿海市、县人口一览表

单位：万人

项目 市、县	年末总人口数		非农业人口	
	1998年	1999年	1998年	1999年
福州市	579.82	583.12	153.77	159.38
福州市辖区	143.69	145.40	105.74	108.50
福清市	117.92	118.54	13.94	15.19
长乐市	67.37	67.48	7.46	7.59
连江县	61.28	61.35	5.66	5.83
罗源县	28.29	25.31	2.94	2.99
平潭县	37.98	38.26	3.54	3.71
厦门市	126.59	128.99	59.34	62.75
莆田市	291.82	294.39	30.49	32.23
莆田市辖区	35.02	35.3	14.5	15.15
莆田县	159.85	160.92	8.41	9.10
仙游县	96.95	97.94	7.58	7.98
泉州市	654.19	658.05	80.08	90.98
泉州市辖区	64.00	65.04	28.19	29.41
石狮市	29.29	29.52	9.13	9.19
晋江市	99.92	100.60	12.61	13.08
南安市	147.56	147.79	10.87	11.12
惠安县	126.21	126.48	10.48	10.63
漳州市	441.54	445.49	73.05	74.44
漳州市辖区	49.05	49.68	23.13	23.70
龙海市	76.93	77.37	10.19	10.50
云霄县	39.88	40.52	5.97	5.98
漳浦县	78.71	79.34	7.29	7.11
诏安县	55.31	56.18	6.1	6.20
东山县	19.99	20.06	6.61	6.77
宁德地区	319.01	321.85	45.85	47.60
宁德市	40.54	40.84	8.48	8.76
福安市	59.00	59.66	10.08	10.81
福鼎市	54.73	55.37	7.93	8.03
霞浦县	50.43	50.81	6.13	6.47

（苏国华）

1998～1999年，福建省海洋工作重视做好：①海洋法规的研究制定和海洋政策研究工作，修改完善了《福建省海域使用管理办法》，已由省政府办公厅发出通知正在征求各涉海厅局意见。积极参加中共福建省委关于山海协作研究课题，同时根据省委办公厅安排，福建省海洋局负责组织制定了“加快发展福建海洋经济”的研究课题，牵头组织撰写了“中共福建省委关于进一步加快发展海洋经济的决定”这个纲领性文件的初稿。②加强海域使用管理工作，每年都召开年度海域使用管理工作会议，确定了霞浦、东山、漳浦、平潭、湄洲湾北岸、福安、宁德、长乐、涵江等县市区为全省海域使用管理试点，至1999年底，全省在调查、摸底、登记、造册的基础上确权发证220份海域使用许可证，海域使用管理工作取得了突破。③积极做好海洋预报及防灾减灾等海洋公益服务工作，每天通过电视台向全社会开播海洋预报服务。④1998年积极开展，“’98国际海洋年”宣传活动，推出了一系列宣传项目，取得了较好的宣传效果；1999年开展以海域使用管理为专题的宣传活动，摄制海域使用管理电视专题片，在福建电视台播出。⑤深沪湾海底古森林遗迹自然保护区工作取得了实质性的进展，保护区管理大楼动工兴建，保护区的日常管理工作也得到了加强；对宁德漳湾红树林生态系海洋自然保护区开展了前期调研工作。⑥完成了海洋污染基线调查工作的外业调查和内业资料分析、整理以及成果底图编绘和调查报告的编写。⑦大比例尺海洋功能区划工作进展良好，落实了部分经费，成立了组织领导机构，制定了工作方案和技术方案，召开了多次贯彻落实会议，工作进展顺利。此外，积极完成了海洋统计和海洋信息工作，“科技兴海”工作也得到国家海洋局的支持。总之，两年来，全省海洋工作得到了进一步加强，海洋工作逐步走上了法制化和规范化轨道，为21世纪海洋世纪的到来奠定了良好的基础。

（游建胜）

海洋资源开发与海洋经济
Development of Marine Resources and Marine Economy

【海洋水产资源开发】 福建省海域辽阔，海岸线漫长曲折，港湾滩涂面积大，海水水质肥沃，海洋生物资源丰富。1998～1999年，福建省各地继续贯彻省委、省政府做出的“培育水产支柱产业，建设海洋经济大省”的战略决策，加大改革开放，使水产业继续保持良好的发展势头。1998和1999年，全省水产品产量分别达475.9万t和502.32万t，分别比上年增长10.9%和5.5%，1999年海水养殖产量比上年净增长21.83万t，海洋捕捞接近零增长。1998年和1999年水产总产值保持稳步增长分别达到268亿元（按1990年不变价计算）和487.7亿元（现行价），分别比上年增长18%和18%。1999年，水产业第二、三产业产值达184.2亿元，比上年增长45%，大大超过第一产业增长速度。渔民年人均纯收入4 354元，比上年净增228元，高出农民年人均纯收入1 000元。

表3　福建省海洋开发资料统计

项　目			1998年	1999年
水产品产量(万t)			475.92	502.32
海水产品产量(万t)	鱼类		161.75	165.14
	贝类		197.86	30.52
	虾蟹类		28.04	212.23
	藻类		30.42	36.16
	其他			
	合计		425.52	448.54
海水养殖产量(万t)			220.06	241.89
海水养殖面积(万hm^2)			11.488	12.203
渔区年人均收入(元)			4 126	4 354
渔业总产值(亿元，当年价)			283.88	303.48
沿海主要港口货物吞吐量(万t)	福州港务局		1 287.82	1 480.56
	厦门港务局		1 639.46	1 773.38
	泉州港务局		1 111.32	1 521.19
	湄州港务局		107.97	136.12
	宁德港务局		183.35	181.55
	漳州港务局		188.47	192.27
	合计		4 517.65	5 285.08
沿海主要港口集装箱吞吐量(TEU)	福州港务局		252 378.5	37 856
	厦门港务局		653 800.75	848 493
	泉州港务局		3 577.15	81 381.25
	湄州港务局		10 068.25	15 447.75
	宁德港务局		97	
	漳州港务局		14 731	5 146
	合计		966 847	1 268 324
海洋轮驳船货物运输量(万t)	沿海		2 355	2 200
	远洋		524	951
海洋旅客运输量（万人）			312	416
船舶工业总产值（亿元）			15	16.2
原盐生产产量(万t)			50.52	42.38
滨海旅游（人次）	境外	外国人	326 787	353 045
		华侨	47 097	55 990
		港澳同胞	488 285	532 385
		台湾同胞	355 626	414 622
		合计	1 217 795	1 356 042
	国内(万人次)		2 100	2 513
全省旅游接待能力	涉外饭店数(个)		171	152
	客房（间）		16 034	17 505
	床位（张）		31 524	33 871

1998～1999年全省着重以拓展生产领域为突破口，促进养殖业进一步向优高方向发展，海水养殖主要是推进浅海养殖向纵深方向发展，并大抓滩涂传统品种养殖的稳步提高。据统计，1998和1999年，全省新增浅海养殖面积9 338hm^2和6 670hm^2。同时，各地调整品种结构，大力发展优质高效养殖业。由于鳗鲡价格回升，养鳗业开始复苏，大黄鱼依然是养殖的热点。截止1999年底，全省新增名优养殖面积达6 670hm^2，新增产值达10亿元。1998年，全省大黄鱼网箱养殖达7万个。鲍鱼生产规模进一步扩大，全省新增养殖面积6万m^2，养殖总面积达24万m^2。据不完全统计，1999年全省各地投放大黄鱼苗4亿尾，对虾苗50亿尾，美国红鱼500万尾，分别比上年同期增加80%、15%和40%。此外，点带石斑鱼、梭子蟹、斜带髭鲷、毛蟹等投苗量均有较大幅度增长。在海洋捕捞业方面，1999年为了减轻近海捕捞压力和适应伏季休渔的需要，各地集中精力打好台湾海峡两翼外海渔业战役，全省北翼组织900艘大功率渔船，南翼组织450艘大功率渔船进行规模开发，使外海渔业产量明显增加。

水产加工流通　1998年在全省开展“水产品加工与流通年”活动，加工生产增效明显。1998年全省水产品加工产值达到74亿元，比上年增长15.6%。各地积极引进加工先进技术、设备和生产新工艺、开发冷冻调理食品、贝藻类制品、鱼糜制品、罐制品、海洋生物药品、水产调味制品等系列新产品，效益良好。福州开发了绿藻晶、碳烧鳗、章鱼球、即食海带小包装等产品；泉州开发了水产半盐干制品雪花鱼、雪花虾、冷冻鱼卷和缸装鱼制品，供不应求；漳州开发的单冻鲍鱼制品深受消费者青睐。福州市南海岸生物工程有限公司精深加工的保健品“南海岸鳗钙”，成为全国品牌保健食品。全省水产加工龙头企业建设卓有成效，出现了石狮市祥芝水产食品加工厂、厦门华顺食品工业有限公司以及福清三华、金鳗、连江百洋海洋食品公司、莆田香江等集加工、饲料、营销一体化的跨地区的集团公司。市场流通领域拓宽，水产品的市场建设步伐大大加快。1998年全省在建的水产品批发市场10余个，福鼎市新建了全区首家闽东边贸水产品批发市场；1999年泉州水产品批发市场二期工程、莆田涵江闽中水产品批发市场一期、厦门东渡水产品批发市场第二期斜坡式码头相继建成，使上述市场年扩大批发量20万～30万t。同时各地还进一步建立健全以集贸市场为中心、专业市场和零售点相互配套的水产品市场，使水产品流通健全。同时，各地积

海洋环境保护
Marine Environmental Protection

【海洋环境监督管理】 陆地污染源是破坏海洋生态系统的最重要原因。治理陆地污染源要以点为主，点面结合，实行点上治理、面上控制的措施。1998～1999年，省环境保护部门要求有关部门采用先进技术、工艺和综合利用等多种手段和形式进行治理，通过总量控制和浓度控制两种方式控制入海通量，减轻海域污染。同时采取坚决的措施，关闭未经省环境保护部门及有关行业主管部门审批的那些污染物直接排海或排入11条（交溪、霍童溪、鳌江、闽江、龙江、荻芦溪、木兰溪、晋江、九龙江、漳江、诏安东溪）主要入海河流的乡镇拆船点、造船点、电镀点。

坚持以《中华人民共和国海洋环境保护法》以及有关环境法律、法规为依据，以海洋环境规划的实施为前提，严格执行建设项目的环境影响报告制度和“三同时”制度。严格控制新污染源，对老污染源实行综合治理，分期分批纳入限期治理计划，使污染源得到有效控制，促进海洋经济与环境保护协调发展。一是加强对港口、码头、围垦、潮汐发电等海洋资源开发项目的环境监督管理，严格把好项目的选址、布局、环境评价、“三同时”和验收关，并坚持把海洋规划的实施贯穿整个管理过程；二是强化对海岸工程建设项目的监督管理，对其“三废”治理技术、排海工程技术以及施工、竣工验收严格审批，并制定专门的规章、制度，做到管理有法可依，审批有章可循；三是加强对拆船厂、点的环境保护设施的检查监督，保证环境保护设施的正常运转以及严格按经审批的拆解方案进行拆解，杜绝污染事故的发生。同时，严格审批新的拆船项目，统一规划布点审批，对违反规划要求并未经省环境保护部门审批的乡、镇拆船点予以关闭；四是进一步做好海上倾废区的选点工作。

沿海各级政府加强了各自辖区的海洋环境保护工作的领导，明确了各行政区域保护管理权限，落实责任，负责各自辖区的海洋环境质量，把海洋环境保护工作纳入各级政府的议事日程。建立了海洋环境保护目标责任制，层层落实，初步形成了领导重视、责任落实、各有关部门通力合作、齐抓共管、防止无计划开发对海洋资源和生态环境造成的破坏，逐步改善海洋生态环境。

【海洋自然保护区管理】 加强海洋自然保护区管理，研究制定管理办法。依据国家级保护区的有关法规，组织有关人员调研和编写《福建省深沪湾海底古森林遗迹国家级自然保护区管理办法》，并广泛征求有关部门的意见，已于1999年11月上报省人民政府。将地处厦门海区的文昌鱼市级海洋自然保护区、中华白海豚省级海洋自然保护区和大屿-鸡屿白鹭省级海洋自然保护区3个地方级海洋自然保护区联合申报国家级海洋自然保护区，组织有关专家论证。国务院已正式批准合并这3个地方级海洋自然保护区，建立《厦门海洋珍稀物种国家级自然保护区》。

【海洋污染基线调查】 根据国家海洋局国 海监发[1997]301号文和福建省人民政府办公厅对开展福建省海洋污染基线调查工作的批示精神，按照《第二次全国海洋污染基线调查总体方案》的规定，并结合福建省的实际情况，制定了《福建省海洋污染基线调查实施方案》。经省政府办公厅批准，成立了福建省海洋污染基线调查领导小组及其办公室，并组建了福建省海洋污染基线调查联合调查队（由福建海洋研究所、福建省海洋局、厦门大学海洋与环境学院、福建省水产研究所等单位组成），于1998年开始，对福建省沿海近岸区的港湾、河口以及沿海大中城市毗邻的沿岸等重点海域进行了一、二航次调查。两航次调查历时45天，航程4 000余海里，动用2艘船只，共投入人员117人次。沿岸布设了43个水质测站、10个沉积物测站、2个生物测站、46个调查项目，采集各类样品2 500余份，测项100余项次，获取各种数据10 000余组。同时对沿海陆域进行了污染源调查，其调查主要内容有：沿海城镇生活污水、临海工业废水、港口船舶排放废水和废油、农业施用化肥和农药、海洋倾废区倾倒废物等。全面、准确、系统、完整掌握20世纪末福建省海洋环境质量状况，为21世纪开发海洋资源、发展海洋经济提供海洋环境“零点”资料。

（许珠华）

海洋灾害与防御
Marine Disasters and Prevention

【概况】 影响福建省沿海的海洋灾害主要是风暴潮、海浪、海雾及赤潮、海上溢油、海岸侵蚀等。1998～1999年造成福建省较大损害的主要是风暴潮（详见表5）。

【1998年台风暴潮灾害灾情】 1998年是福建省历史上海洋灾害相对偏轻的一年，影响福建沿海并造成经济损失的主要有9806、9810号台风（详见表6）。

表5 1998～1999年影响福建热带风暴一览表

编号	时间	登陆点	登陆时间	平均风力	影响天数	潮位
9801	7月9～10日	在台湾海峡生成消失		6～7级	1	风暴增水40cm以下,高潮低于警戒水位
9802	8月3～5日	福建福清	5日2时	8～11级	3	风暴增水129cm，白岩潭高潮接近警戒水位
9803	8月9～11日	广东阳江	11日8时	6～7级	1	风暴增水40cm以下，高潮接近警戒水位
9808	9月27～30日	沿台湾以东洋面北上		7～8级	3	风暴增水50cm，高潮接近警戒水位
9809	10月10～17日	沿台湾以东洋面北上转向日本		8～11级	4	风暴增水102cm（崇武），沙埕高潮接近警戒水位
9810	10月15～27日	在台湾海峡消失		7～12级	4	风暴增水102cm（崇武），沙埕高潮接近警戒水平
9902	4月28至5月2日	在南海北部消失		6～7级	3	最大增水50cm（崇武），高潮低于警戒水位
9903	6月2～7日	广东惠来	6日20时	8～10级	4	最大增水100cm（梅花），高潮低于警戒水位
9905	7月27～28日	减弱为热带低压后沿福建南部沿岸北上,先后登陆东山、厦门、晋江		6～8级	2	最大增水51cm（厦门），高潮低于警戒水位
9908	8月20～23日	广东深圳	22日17时	6～7级	2	最大增水53cm（厦门），高潮低于警戒水位
9909	9月3～4日	广东惠来	4日1时	6～7级	2	最大增水48cm（东山），高潮低于警戒水位
9910	9月13～17日	香港（澳门）	16日16时	6～7级	2	最大增水40cm以下，高潮低于警戒水位
9914	10月30～10日	福建龙海、厦门	9日10时	12级以上	3	最大增水121cm（厦门），东山、厦门、崇武、沙埕高潮位超警戒水位

表6 9806、9810号台风风暴灾害统计表

台风编号	地区	受灾面积(hm^2)	受灾人口			堤防决口（处）
			受灾(万人)	受伤(人)	死亡(人)	
9806	福州	4 580	15			6
	莆田	3 516	21			8
	泉州	680	0.11			
9810	莆田	36 500				
	泉州	13 135				1
	漳州			3	5	

【1999年台风暴潮灾情】 1999年是福建海洋灾害最严重的年份之一，受9914号风暴潮猛烈袭击,全省沿海受灾人口达452万人，被困人员58 189人,死亡人数达72人,农业受灾面积201 698hm^2，房屋倒塌受损为190 578间，海堤决口28km，轮船沉没3条，渔船损坏2 995条，直接经济损失达80余亿元。福建省广大军民积极投入抗洪救灾，已将受灾损失减少至最低程度。9914号风暴潮是福建省继5903号风暴潮后，福建沿海灾情最严重的一次风暴潮。 （许珠华）

海洋科技与教育
Marine Science and Technology & Marine Education

【海洋科技】 福建省的海洋科技工作近几年得到了较快的发展，在某些领域还取得了突破性的进展。首先加大了对海洋科技人才的培养力度，通过科技项目的扶持引导，进一步激励了海洋科技人员的工作积极性和主动性，涌现了一批海洋优势学科带头人。其次加大了海洋科技普及工作力度，在各涉海产业和沿海群众中提高了海洋科技意识。此外开展了海洋各职业技术教育，提高了海洋各产业中劳动者素质，如大黄鱼育苗、养成技术的推广就是通过各种途径的教育和培训的结果。省财政科技投入中每年都划出一定比例资金作为海洋科技专项经费，集中力量解决海洋资源开发中的技术难点，促进海洋开发产业化和海洋产业升级。如大黄鱼养殖产业化就是福建省海洋科技攻关的结果。大黄鱼原来是福建省海洋主要经济鱼类之一，1956～1983年最高年产量曾达6.65万t，年均捕捞产量为2.84万t，占全省海洋捕捞量的3.8%～34.7%，仅次于带鱼和中上层鱼类居第三位。但由于酷渔滥捕，致使80年代开始大黄鱼自然资源遭受严重破坏，形不成渔汛，甚至濒临衰竭，至1987年在自然海区已基本上捕获不到性成熟亲鱼。此后，福建省开始组织科技人员进行“大黄鱼的人工繁殖及其增养殖技术”的联合攻关，实现了大黄鱼的人工繁殖。尔后又从大黄鱼的育苗、养成、防病和保活运输等4个环节开展科技攻关，并先后取得了突破，为福建省大黄鱼养殖实现产业化打下了坚实的基础。到1999年全省实现大黄鱼养殖网箱99 019箱，占海区面积2 177hm^2，土池养殖526hm^2，产量20 865t，创产值10亿元以上，创税利超4亿元。而且大黄鱼的市场价格也从80年代到90年代初的每千克200多元降为如今的每千克40～60元，进入了寻常百姓家的餐桌上。在海洋科研调查方面，1998年到1999年福建省先后组织实施了全省第二次海洋污染基线调查、福建省大比例尺海洋功能区划和福建省主要港湾河口的养殖容量调查等。这些调查，有的已初步完成，有的正在实施之中。通过海洋科技攻关，福建省海洋渔业、海洋港口及交通运输、海洋化工、滨海旅游、海洋矿业及海洋药物、海洋功能食品开发、海洋能利用等各方面都取得了较大的发展，使海洋在全省经济建设和社会发展中的战略地位日益提高，已成为全省国民经济的一个重要组成部分。

【海洋教育】 福建省是中国海洋教学力量较强的省份之一，尤其是厦门大学海洋学院是中国海洋教育的“摇篮”。各海洋教育单位致力于经济与教育的紧密结合，通过深化教育体制改革，全面提高了教学质量，使得海洋教育事业得到了较快的发展。全省主要海洋教学单位有厦门大学海洋学院、厦门大学亚热带海洋研究所、集美大学水产学院、集美大学航海学院等。其中厦门大学海洋学院还是中国首批具有海洋学方面博士学位授予权的海洋教学单位。（游建胜）

海洋立法与管理
Marine Legislation and Management

【海洋立法】 重视加强海洋管理法规的研究制定工作。1998年10月31日中共福建省委六届九次全会做出了《关于进一步加快发展海洋经济的决定》。该决定是指导福建省海洋事业发展的钢领性文件，对于福建省发展海洋事业、推动海洋经济发展、加快建设海峡西岸繁荣带都具有深远的历史意义。1999年9月，福建省组织省和部分地区海洋行政主管部门、政府法制部门的代表赴广西考察和了解广西海洋管理立法情况，借鉴吸收广西海洋管理立法的成功经验。尔后吸收一些立法专家参加，重新撰写完善《福建省海域使用管理办法》，于1999年10月上报省政府法制局。如今省政府正在征求有关部门、各沿海地市县和有关高校研究所对《福建省海域使用管理办法》（征求意见稿）的意见或建议。此外，根据《中华人民共和国自然保护区条例》的有关要求，结合深沪湾古森林遗迹自然保护区的特点，组织研究撰写了《福建省深沪湾海底古森林遗迹国家级海洋自然保护区管理办法》，并多次进行了讨论和修改，也已上报省政府，有待于颁布实施。1999年针对浅海滩涂无序开发造成养殖布局不合理、水域污染及使用权纠纷日趋严重的现状，省政府制定颁发了《福建省浅海、滩涂水产养殖管理条例》。

【海域使用管理】 与各涉海部门和单位的管理法规和管理体制相比，开展海域使用管理工作还是“新生事物”。福建省根据《国家海域使用管理暂行规定》，采取先抓试点再全面推开的办法。1998～1999年，全省共确定霞浦县、东山县、漳浦县、平潭县、湄洲湾北岸管委会以及福安市、宁德市、长乐市、涵江区等9个县（市）区为全省第一、第二批海域使用管理试点县（市）。与省财政厅联合召开了两次全省海域使用管理工作会议，会议传达了全国海域使用管理工作会议的有关精神，总结交流了福建省海域使用管理工作经验和存在的问题；介绍了广西部分县市开展海域使用管理工作经验，研究布置了今后工作要点。全省海域使用管理试点县都普遍开展了海域使用的摸底、调查、登记和造册归档工作，并开始着手发放海域使用许可证。其中宁德市率先发放了133份海域使用许可证，使福建省海域使用管理工作取得了实质性的进展，结束了福建省海域使用管理工作停滞不前的局面。至1999年底，福安市、霞浦县也发放了海域使用许可证，全省共发放海域使用许可证220份。

做好海砂开采使用海域的各项前期工作，转发了国家的有关文件，受理了多宗海砂用海申请，两年内共召开了5次海砂用海初审会议。

【大比例尺海洋功能区划工作】 在广泛征求意见的基础上，研究制定了福建省大比例尺海洋功能区划工作实施方案，并取得了国家海洋局和福建省人民政府办公厅的批复同意。1999年初，省政府办公厅正式发文成立了福建省大比例尺海洋功能区划协调领导小组及其办公室，办公室挂靠在福建省海洋局。尔后组建成立了由省有关涉海厅局、省内有关专家组成的福建省大比例尺海洋功能区划技术指导组和工作组，聘请了厦门大学洪华生教授、福建省社科院院长严正教授为全省海洋功能区划技术顾问，同时落实了部分区划经费。召开了区划协调领导小组成员会议、区划技术指导组会议，修改审定了区划工作实施方案和技术方案。1999年8月省政府办公厅正式转发了“福建省大比例尺海洋功能区划工作实施方案”。8月下旬召开了全省海洋功能区划技术培训和工作会议，会议具体布置了沿海各地（市）海洋功能区划工作。截止1999年底，厦门市已经完成了海洋功能区划工作，宁德、莆田、泉州等地市都已成立了海洋功能区划协调领导小组及其办公室，研究制定出台了海洋功能区划工作实施方案，如期启动了此项工作。

【海洋统计】 在各涉海部门的积极支持下，1998年、1999年都按时完成了全省海洋统计工作，如期上报国家，同时为全国、全省海洋经济发展提供科学依据。

【海洋管理专项宣传】 在做好“’98国际海洋年”宣传活动基础上，1999年以海域使用管理为专题进行宣传，在《福建地质矿产报》第1版上协办了“海洋与管理”栏目，着重宣传海洋管理、海洋立法等内容。同时筹集专项资金拍摄海域使用管理电视专题片，并在福建电视台新闻联播、新闻观察、科技十分钟等栏目宣传福建省海洋管理的经验、存在的问题及取得的成效。《中国海洋报》也多次刊登福建省海洋管理方面的内容，如全省海域使用管理工作会议的有关精神、海域使用管理的实际进展等都在《中国海洋报》上刊载。此外，积极组织海洋管理方面的文章在《福建日报内参》及其他刊物上进行宣传。在省定海域使用管理试点县也积极做好海洋管理方面的宣传工作，如霞浦、平潭、湄洲湾北岸、东山等县都积极到村或生产队进行海洋管理方面的宣传。1998年全年编发《福建海洋工作信息》6期，1999年全年编发12期，对福建省的海洋管理工作都做了宣传，提高了海洋管理工作的显示度。 （游建胜）

高潮潮时接近，在台风影响下，潮位比正常潮位偏高100～120 cm，预计潮水位达到720～750cm，将是建国后厦门的第三高的潮位。特别指出从厦门港避风坞到鹭江道、湖滨南路部分地带，高潮时海水将漫过海堤，有可能蔓延到中山路部分地段。从9914号台风暴潮过程看，预报与实况基本相符，起到防灾减灾的效果。

海洋灾害与防御
Marine Disasters and Prevention

【抗御9914号台风】 1998～1999年厦门地区最严重的一次海洋灾害是由9914号台风引起的。1999年10月9日上午10时，9914号台风正面袭击厦门，台风中心在厦门地区停留时间长达8个小时，风力超过12级，最大风速达46m/s。这是继1959年8月23日5903号台风后袭击厦门最强的一次台风。据统计有13人死亡，727人受伤，受灾人口达76.25万人，成灾人口达41万人，被困村庄3个，被困人员9 594人,农作物受灾面积24 452.26hm^2，成灾面积15 528.86hm^2，毁坏耕地1 851.39hm^2，房屋损坏11 394间、倒塌4 612间，其中居民住房倒塌1 565间，牲畜死亡26 047头，果树毁坏622 900棵，网箱水域损坏1 802hm^2，虾池受淹1 82 4hm^2，渔船毁坏2 166只，轮船沉没2艘，海堤滑坡21 352m^2，避风坞损坏13.48万m^2，农村小海堤决口近40处，国家海洋局第三海洋研究所、海滨公园、五通村、集美防浪堤全部或部分被狂浪冲垮，马銮湾海堤决口4处，长度200～300m，大嶝海堤决口，杏林高埔海堤垮堤。直接经济损失19.4亿元，其中水利设施损失约1.8亿元，全市水产生产近于绝收，直接经济损失达4.42亿元，全市因设施进水、厂房受损、停电，停产、停业2～3d，工业、商贸电信损失约1.1余亿元。全市因道路积水公交车停开、列车受困、机场关闭、码头堆场集装箱损失严重。

9914号台风生成后，就引起市委、市政府和有关部门的高度重视，采取了积极有效的抗御措施：

10月7日，市政府领导在厦门气象台召集有关部门研究分析台风动向，提出了防、抗台风的具体方案。厦门气象台10月7日发布沿海台风警报，市防汛抗旱指挥部于10月7日晚发出《关于9914号台风市防风01号通知》。

10月8日上午，市委、市政府召开有市防汛抗旱指挥部和各区、各有关部门领导参加的紧急会议，部署抗御9914号台风工作。同时，市气象台首次发布台风紧急警报。紧接着，市防汛抗旱指挥部发出《关于9914号台风市防风03号通知》。下午，市委书记、市长洪永世对抗台风工作又作了6条重要批示。

这次40年不遇的大灾，使全市经受住了一场严峻的考验。台风袭击时，各区、各有关部门领导立即组织干部群众投入抗台风工作，确保了各项措施落实到位。市政、海洋、海监、园林、供电、供水、医疗和公安以及各区纷纷成立了抢险救灾队伍迅速投入了战斗。各个区妥善转移了危险地带的群众，特别是厦门市海洋管理部门协调各涉海部门配合同安、集美、杏林、湖里等区认真核查本区海上养殖人员，采取措施搜救海上受困人员。建设部门妥善转移了西堤周转房近千名群众。水产部门做好了渔船的避风工作。卫生部门组织医疗队奔赴第一线抢救受伤的群众。公安部门出动警力解救受困群众，并加强巡逻，维护了全市社会稳定。气象部门在停电等恶劣情况下，及时追踪台风动态情况，为市里抗台风的部署及防御提供有力依据。电信部门在危难之时，确保通信畅通，为抗灾及恢复工作提供了方便。

在这次抢险救灾和灾后重建过程中，驻厦部队、武警官兵发挥了重要作用。各驻厦部队和武警官兵领导及时组织指挥抗台风救灾工作，并亲临第一线指挥战斗。另一方面是全体官兵在危难之时，显现了人民子弟兵的英雄本色。新店镇刘五店油库码头海堤出现了决口，解放军战士纷纷跳入海中，迅速堵住了决口。机场停留的飞机机身出现倾斜，武警官兵顶住飓风，硬是用绳索拉住了摇晃的飞机，保全了几十亿元的国有资产。国家海洋局第三海洋研究所受强台风袭击，一些群众被困，一些精密仪器被淹，解放军紧急出动100余名官兵，涌入水中救护受困学生、教授、研究人员260余名，转移价值昂贵的精密器材10余件。湖边水库和钟宅海堤堤坝多次出现塌方，官兵们在狂风大雨中奋战5个多小时方化险为夷。在抢险救灾和灾后恢复过程中，各驻厦部队和武警官兵加固、抢修海堤3 665m，堵塞决口31处，清理障碍325处，清理被台风刮倒的树木14 380棵，解救受困群众858人。

海洋科技与教育
Marine Science and Technology & Marine Education

【概况】 厦门市海域宽广，海洋资源丰富；海洋传统产业基础扎实，产业部门及群众对传统海洋开发技术有创造性的发明和革新，也乐于应用高新技术发展新兴产业。经济特区改革开放政策为海洋高新技术产业化注入活力。厦门市与台湾省海洋科技专家学者、经济界人士交往密切，对合作研究台湾海峡海洋学和开发利用海洋资源有强烈愿望。

厦门市的海洋科研基础较好，科研机构和人员数量均居全国前列。拥有多家国家、省、市属海洋科研机构和涉海企、事业的海洋科技部门。有从事海洋教育和科研的中、高级人才千余人，其中副教授以上的高级人才200余人，海洋科技力量雄厚，具备独立承担海洋调查、科研和技术开发的强大能力，每年取得科研成果逾百项，其中海洋生物技术、水声技术尤为突出，若干领域位于国内前沿或达到国际先进水平，是发展海洋新兴产业和未来产业的依托力量。

1998年11月29～30日，中国海洋研究委员会（SCOR）第六届会议学术讨论会在厦门大学召开。20世纪最后一次SCOR会议在厦门召开，这是中国海洋学发展历程中很有意义的一件大事。

厦门市从事海洋科技教育的院校较多，专业门类齐全，每年培养专科以上的海洋科技人才数百人。厦门大学和国家海洋局第三海洋研究所设有海洋科学博士后流动站、博士点和硕士专业点，为厦门市发展高新技术及其产业化输送相当数量的后备高级人才。

【国家重要科研项目】 1998年，厦门大学海洋学院苏永全教授承担了“863”高健康对虾培育技术子课题的研究工作。1999年，戴民汉教授获国家杰出青年基金，承担珠江口及南海北部碳的生物地球化学研究。黄邦钦、陈钢博士获“973”项目支持，分别承担东海、黄海生态系统动力学与生物可持续利用课题中的东海、黄海浮游动物关键种群动力学种群生产力研究和东海、黄海的初级生产、异养微生物二次生产以及微型生物生态过程生态系统动力学子课题的研究工作。苏永全教授承担了“863”大黄鱼养殖病害与性早熟防治技术子课题的研究工作。

【国家自然科学基金的重要项目】 1998年郑天凌教授承担国家自然科学基金的重大项目中国沿海典型增养殖区赤潮发生动力学及其防治机理研究。1999年黄奕普教授承担国家自然科学基金的重点项目南大洋海冰区碳循环的研究。

【重要海洋科学调查】 1998年8月10～16日、1998年2月20日至3月8日和1999年8月12～18日，厦门大学和福建海洋研究所联合利用“延平2”号海洋调查船在台湾海峡海区进行了3次海洋调查。这3次调查受国家自然科学基金项目“台湾海峡生源要素生物地球化学过程研究（负责人：洪华生）”及福建省重点科研专项“台湾海峡海洋生物资源与环境动态监测与管理系统研究（负责人：胡建宇、李虹）”资助，采用较为先进的海洋调查仪器设备，主要对台湾海峡海洋水文要素、生源要素等进行了更为深入的调查研究，这对台湾海峡海洋环境保护和资源可持续利用等具有重要意义。

【厦门市海洋管理科研课题】 厦门市为了充分发挥海洋管理中科学支撑的作用，1998～1999年先后开展了“厦门西海域功能区划实施行动计划研究”、“厦门市海洋污染源的调查”、“厦门同安湾水产养殖与兼顾功能的协调发展的研究”、“厦门岛东海岸开发建设的可持续发展战略研究”、“厦门岛东南海岸污水临时排污方案的研究”、“西海域养殖出路研究”、“西海域沿岸污染源调查”、“厦门岛东海岸建筑控制线勘测与旅游资源保护及岸线景观研究”、“厦门海域资源价值的量化评估体系及其在收费标准制定上的应用”等一系列海洋管理科研课题并已经基本完成。这些科研课题的进行对厦门市海洋管理工作的开展提供了科学参考。

【第二次海洋污染基线调查】 海洋污染基线状况是国家海洋环境保护各项工作的基本依据之一。根据国家海洋局《第二次全国污染基线调查计划任务书》和《全国第二次海洋污染基线调查总体方案》，把厦门湾作为近岸区的重要调查海区。除国家总体方案在厦门西港和厦门湾口布设的站位外，结合厦门的实际情况并为了落实“海域功能区划”的需要，在同安湾、马銮湾、东部海域增设了6个水质测站、2个底质测站，使之能够比较全面、准确地反映厦门市海洋环境质量的现状。1998年7月 29～30日和11月 5～6日分别进行两个航次的海上作业。第一航次为水质污染调查，共完成6个测站的水文、营养盐、重金属等26个调查项目的观测与监测，取得数据246组。第二航次为水质和沉积物污染调查，除进行6个测站的水质项目调查外，还完成3个测站11个项目的底质污染观测，共取得数据279组。完成了厦门市海洋污染基线调查的作业调查、样品分析检测、数据汇总、数据分析整理及报告的编写工作。

在污染源调查方面，除收集现有资料外，还对九龙江口（3个站位、18个项目）和重点排污口（12个站位、8个项目）开展实测，进行污染源评价，编写厦门市海洋调查报告，并建立海洋污染源数据库与信息管理系统，为环境管理和监测提供科学依据。现已完成临海工厂企业独立入海排污、混合入海排污、市政污水排海、城市污水海洋处置工程排污和沿海农业污染物使用情况等资料的收集，正在进行沿海水产养殖废水排海调查和港口及船舶排污调查，1998年12月已按时报送污染源调查表格及全面完成九龙江口和重点排污口海上观测外业工作。污染源数据库和信息管理系统已初步完成软件开发，正在试运行。1999年上半年，厦门市政府海洋管理办公室三次派人到辽宁、海南、浙江等地参加国家海洋局组织的污染基线调查阶段性成果总结会，吸取外地经验，进一步完善充实该市的课题研究。1999年第三季度已全部完成厦门海洋污染基线调查。

【海洋教育】 厦门市从事海洋教育的院校较多，其中有厦门大学海洋与环境学院、集美大学航海学院、集美大学水产学院、集美水产学校、厦门旅游职业学校、厦门港口职业学校等。整个海洋教育专业门类齐全，设置了港口航运、滨海旅游、水产、海洋环保等数十个海洋专业。每年培养中专、大专、本科、硕士、博士等多层次海洋专业人才近千人，形成了海洋教育比较完整的体系。

在海洋科技队伍建设与人才培养方面，日本国立环境研究所特聘研究员焦念志博士应聘为厦门大学海洋与环境学院特聘教授。焦念志博士在应聘申请中指出，要建立“海洋微型生物生态过程”新的学科方向。

1999年1月20日教育部批准厦门大学海洋与环境学院增设“环境科学”本科专业。1999年7月15日至8月15日厦门大学海洋与环境学院成功举办了首届“全国环境科学研究生暑期学校”，来自美国、英国、香港及内地多所重点大学、国家基金委、环保总局的30名教师，给来自全国各地的121名学员开设了10余门课程。

海洋国际合作与交流
Marine International Cooperation and Interflow

【概况】 1998～1999年，厦门市注意拓宽海洋国际境外交流渠道，促进海洋科技对外合作。先后与法国开展“福建虾养殖的病理分析”科技合作项目；接待日本“苍鹰丸”号海洋考察船来厦交流；与东南亚海洋法律政策与管理研究中心（SEAPOL）、中国太平洋学会等共同主办“亚太海洋经济与管理研讨会”。1999年1月4～12日，由洪华生教授为主要负责人之一的“公众基础的环境与资源保护和管理——中国、越南”的CI DA（加拿大国际发展署）合作项目第一次会议在厦门大学召开。为促进海峡两岸海洋科技交流与合作，开始筹建厦门海峡两岸科技促进发展研究中心。举办了“国际海水养殖培训班”。联合国环境规划署东亚海洋协作代表团访厦，考察厦门市海洋环境管理监测、生态保护工作。

海洋立法与管理
Marine Legislation and Management

【概况】 厦门市通过这二年海洋综合管理的实践，探索出一条“立法先行，集中协调，科学支撑，综合执法，管海一盘棋”的海洋综合管理新路子。建立了政府及其部门之间、管理与科研之间相互协调的海洋综合管理机制，建立了国家法律体系下的地方性海洋法律框架，形成了海洋综合管理的科技支撑体系和公众参与机制。

【厦门市人民政府海洋管理办公室主任会议制度】 主任会议，由主任、专职副主任、涉海兼职副主任和秘书处处长组成，根据会议议题请有关部门领导列席，由主任或主任委托专职副主任召集。一般每月召开一次，安排在每月第一周的星期三，如有特殊情况随时召开会议。会议主要任务是：①讨论、决定市海管办工作中的重大问题；②讨论通过有关海域综合整治行动方案及上报海洋课题研究项目；③讨论通过提请市人民政府发布的有关规定规章；④讨论决定各有关涉海部门、各区人民政府请示市政府海管办的重要事项；⑤分析经济、社会发展、海洋管理的态势和协调工作中的问题，交换意见，互通情况。

【厦门海洋管理综合执法】 根据《厦门市海域使用管理规定》的授权，为了加强厦门海域的综合管理，1998年4月厦门市人民政府海洋管理办公室牵头正式组成厦门市海洋综合执法协调小组，开始了厦门海洋综合执法的探索和实践。

厦门市海上综合执法小组由市政府办公厅副主任兼海管办主任任组长，厦门市海洋管理监察大队主要领导任常务副组长。目前有厦门市海洋管理监察大队、海事局厦门监督站、厦门市渔政处、厦门渔监局、厦门市公安局水上派出所、厦门市交通委水路运输管理处、厦门市城市建设监察支队市容大队、厦门航道分局等8家具有涉海行政执法单位组成综合执法小组。

厦门市海上综合执法小组成立后，制定了厦门市海上综合执法制度，建立了海上综合执法通讯指挥中心，采取“海上执法统一抓，问题处理再分家”的方式进行不定期的综合执法活动，联合打击各种海上违法行为，维护厦门海域使用秩序。3年多来，厦门市通过联合执法行动，共清理占用航道的网箱渔排860余个，违章养殖上百公顷，清理规范各类沙场数十个，处理海上各类违法、违章行为250余起，处罚金额约18万元，有效地制止了破坏海洋资源的行为，保证了厦门的海洋经济健康地发展。

目前，厦门市海洋管理综合执法正向各涉海行政执法部门合署办公、组成常设的海上综合执法队伍的方向努力，以提高行政执法效率，加强海岸带的管理，全方位地进行海洋综合管理，把厦门海洋管理综合执法提高到新的水平。海洋综合执法是海洋综合管理的重要组成部分，厦门将以海洋综合执法为突破口，努力加强厦门海域综合管理，以做到厦门海域经济繁荣、环境优美、使用有序、永续发展。

【厦门市海洋管理监察大队执法监察通报】 自1998年9月起，厦门市海洋管理监察大队为了及时反映执法监察过程的各种情况和问题，开始每月编发《厦门市海洋管理监察大队执法监察通报》，至1999年12月份已编发16期。

【东部海域及岸线整治与管理】 厦门市为了加强海洋综合管理、合理开发利用海洋资源、保护厦门海洋环境，在全国率先将海洋管理工作纳入市委、市政府1999年为民办实事项目，开展了东部海域及岸线整治与管理工作。

整治范围 ①邻接石胃头到五通岸段厦门东侧水道海域水产养殖设施；②规范胡里山炮台至五通沿线海域的船舶停靠点。

整治内容 ①禁止任何单位和个人在整治海域内新增、迁入养殖设施；②邻接石胃头至香山岸线海域的海水养殖设施，限期无偿自行全部清除；③邻接香山至五通岸段海域实行有期限海水养殖，需向市海洋管理办公室办理登记手续，经验收合格后，发给临时海域使用证；④规范与划定胡里山炮台至五通一线的渔船及其他船舶的停泊点。

市委、市政府高度重视这项为民办实事项目的开展，成立了东部海域及岸线整治工作领导小组，以加强组织领导。

经过1999年的努力，特别是在突遇9914号台风的影响情况下，厦门市人民政府海洋管理办公室作为为民办实事的承办单位，本着将好事办实、实事办好的精神，精心组织，现石胃头至五通岸段厦门东侧水道海域水产养殖设施整治规范工作和设立胡里山炮台至五通的浅海海域的规范船舶停靠点工作已基本完成。

【厦门海域采砂、卸砂专项整治】 为了杜绝厦门海域直接向海卸砂这一突出问题，1999年初，监察大队队员深入厦门海域的各个砂场进行调查了解，对海域采砂进行监控，重点针对东、西海域沿岸的各个砂场进行实地调查，特别是对鸡屿、同安湾、大嶝等采运砂船开展了大量的调查监察工作。

3月15日，市海管办和市矿管办联合发布了《关于整治厦门海域采砂、卸砂的通告》。为抓好通告精神的落实，海管办和监察大队深入各个砂场现场办公，及时办理砂场临时用海登记手续，制止、处理非法卸砂、填海围海等行为。在西海域砂场，查出2个无证经营砂场，予以取缔；8个砂场因不适合继续经营，停止其营业；经整治后的17个砂场已全部办理临时用海登记。西海域直接向海卸砂、导致港口淤积的问题得到了彻底解决。与此同时，东部海域的砂场整改也已完成。东海域共有21家砂场，查处了5家非法围海或卸砂入海的砂场，取缔了3家无经营条件的砂场，经整治规范后的13家砂场全部办理了临时用海手续。通过及时查处无证采运砂、超载运砂及在非采砂区采砂等违法违章行为，督促各项采砂业主办理海域使用手续。砂场整治取得了显著成效，彻底解决了直接向海卸砂而导致港口淤积这一久而未解的问题。厦门海域采运砂和砂场经营使用海域逐步纳入了规范化管理的轨道。

【海洋法规规章】 《厦门市风景名胜资源保护管理条例》1999年3月31日经厦门市第十一届人大常委会第十一次会议通过，自1999年6月1日起施行。全文共30条，宗旨是加强厦门滨海风景名胜资源管理，以便有效保护和合理开发利用滨海风景名胜资源。

《厦门市禁止销售使用含磷洗涤剂管理规定》1999年12月29日厦门市人民政府87号令发布。该规定针对城市化进程的提高、生活污水及污染物排放量逐年增加趋势，制定了在厦门市辖区内禁止生产、销售和使用含磷洗涤剂的具体措施，以控制厦门海域氮、磷的增加，保护厦门海域环境。

【1998国际海洋年活动】 1998年是国际海洋年。在市委、市政府的领导下，市海管办根据国家海洋局有

关开展国际海洋年活动的通知精神，结合厦门的实际，确定本市“热爱蓝色国土，建设港口风景城市”活动宣传主题，通过开展一系列活动，营造出全市范围热爱蓝色国土的良好氛围，取得了显著的成效。

1998年元月份，市政府办公厅召开'98国际海洋年工作会议，成立宣传工作领导小组，建立涉海单位宣传信息网络。会后，市海管办制定了国际海洋年宣传工作大纲，编写了国际海洋年宣传口号、《厦门市海域使用管理规定》、《厦门市海域功能区划》、《厦门市海洋经济发展规划》简介及海洋知识竞赛题目、宣传材料。3月17日市委书记石兆彬率市五套班子领导、机关干部和部队官兵300余人参加环岛路示范路段清扫海滩垃圾，以实际行动揭开厦门市1998国际海洋年系列宣传活动的序幕。随后，市长助理于伟国发表1998国际海洋年电视讲话，向全市人民呼吁：共同保护、爱惜厦门赖以生存和发展的生命线——海洋。市海管办、港监、渔政等执法船艇联合出动在厦门海域进行综合执法活动；市委宣传部深入基层召开全市沿海各区、镇国际海洋年宣传现场会；市海管办向社会推出厦门海洋管理24小时热线电话号码。

市海管办与市委宣传部配合，印制了《厦门市海域使用管理规定》5 000本、国际海洋年宣传材料《学习与宣传》专刊4 000本、国际海洋年宣传单5万份；编印了20期《厦门海洋管理》简报。1998年4月和7月，市海管办利用《厦门市海域使用管理规定》颁布1周年和7.18世界海洋日之际，组织大规模涉海咨询宣传活动，向市民宣传国际海洋年概况，介绍海洋科普知识，回答群众有关涉海的咨询，组织数千名各界群众参与了《海洋章程》签名活动。1998年4月份，市海管办主动邀请省、市人大代表和省市政协委员视察厦门海域，广泛听取人大代表和政协委员的意见和建议，自觉接受人大代表和政协委员的监督，从而有力推进了海洋综合管理工作和社会各界群众不断参与国际海洋年宣传活动，促使活动不断地深入开展。

据不完全统计，共有20余家中央、省、市的电视、广播、报纸先后介绍了厦门实行海洋综合管理、清理东部海域水产养殖设施以及国际海洋年各方面的活动。各新闻媒体的报道达250余条（次），宣传力度之大，前所未有。各级新闻媒体的大量报道，扩大了国际海洋年宣传影响，有力地推动了各方面工作，形成宣传与工作相互配合、相互促进的良好局面。

（厦门市人民政府海洋管理办公室供稿）

浙江省
Zhejiang Province

综述
Summary

【概况】 浙江省位于东海之滨，是一个海洋资源丰富、经济比较发达的省份。按照国务院有关文件，浙江省大陆海岸线长度为2 253.7km，与海相接的地级或副省级市有嘉兴、杭州、绍兴、舟山、宁波、台州、温州等7个；因行政区划调整，1998、1999年沿海县及县级市、区有33个（见表1）。其中舟山市及所辖的嵊泗县、岱山县、定海区、普陀区以及温州市的洞头县均由海岛组成，台州市的玉环县大部分为海岛。

浙江省是中国海岛最多的省份，按照海岛资源综合调查量算，陆域面积在500m^2以上的海岛有3 061个，分布在5个市、24个县（市、区）。其中陆域面积在10km^2以上的有28个，合计面积为1 358.1km^2，占全省海岛总面积的79.3%。浙江省的海洋自然资源，具有较大优势的主要有港、渔、景、油、海洋能等。全省有在常规工程条件下可建万吨级以上泊位的深水岸线290.4km；有全国生产力最高的舟山渔场；有在中国东部沿海各省中居首位的滨海和海洋旅游资源；前景良好的东海陆架油气资源紧靠浙江；海洋能的蕴藏量在3 600万kW以上。

浙江省委、省政府历来十分重视海洋资源的开发。早在20世纪80年代初，省委和省政府就提出了要念好“山海经”，进入90年代以后，省委、省政府明确提出加快实施海洋开发战略、建设“海洋经济大省”的宏伟目标，并采取了一系列政策措施，有力地推进了海洋开发。据不完全统计，浙江省主要海洋产业（港口海运、海洋渔业、水产品加工、盐业、滨海旅游、船舶修造），1998年的增加值已达到204亿元，在浙江省当年的国内生产总值中占4.3%；1999年主要海洋产业的增加值为240亿元，占全省同期国内生产总值的4.5%。

为加强海洋综合开发和综合管理，省委、省政府于1998年5月召开了第二次全省海洋经济工作会议，提出了跨世纪海洋经济发展的总体要求和目标，即依托“港、渔、景、油”四大资源，充分发挥沿海区位优势和开放政策优势，以市场为导向，以科技进步为动力，加快提升传统产业，积极培育新兴产业，努力提高海洋开发水平，促进海洋经济可持续发展。具体目标是，到2000年，全省海洋产业增加值达到300亿元，占全省国内生产总值的5%以上；到2010年，达到1 000亿元，比重达到10%；海洋经济总量和主要经济技术指标位居全国前列；综合抗灾能力进一步增强；海洋生态环境步入良性循环。

（方康保　傅国君）

表1　浙江省沿海市县区一览表

1998年			1999年		
沿海地级市	沿海县级市	沿海县(区)	沿海地级市	沿海县级市	沿海县(区)
杭州市	萧山市	宁海县 象山县	杭州市	萧山市	宁海县 象山县
宁波市（计划单列市）	余姚市	鄞县 镇海区	宁波市（计划单列市）	余姚市	鄞县 镇海区
温州市	慈溪市	北仑区 平阳县	温州市	慈溪市	北仑区 平阳县
绍兴市	奉化市	苍南县 洞头县	绍兴市	奉化市	苍南县 洞头县
嘉兴市	瑞安市	瓯海区 海盐县	嘉兴市	瑞安市	瓯海区 海盐县
舟山市	乐清市	岱山县 嵊泗县	舟山市	乐清市	岱山县 嵊泗县
台州市	平湖市	普陀区 定海县	台州市	平湖市	普陀区 定海县
	海宁市	上城区 江干区		海宁市	上城区 江干区
	上虞市	滨江区 椒江区		上虞市	滨江区 椒江区
	临海市	路桥区 三门县		临海市	路桥区 三门县
	温岭市	玉环县 绍兴县		温岭市	玉环县 绍兴县

表2　浙江省沿海城市、县（市）人口及从业情况一览表

单位：万人

项目 市、县	年末总人口		农业人口		非农业人口		单位从业人员	
	1998年	1999年	1998年	1999年	1998年	1999年	1998年	1999年
全省合计	4 446.85	4 467.46	3 539.78	3 519.79	907.07	947.67	432.67	408.48
沿海合计	2 274.53	2 287.47	1 709.93	1 702.60	564.60	584.87	207.89	245.69
沿海城市小计	1 636.70	1 649.59	1 170.89	1 164.70	465.81	485.19	167.38	203.74
沿海县(市)小计	637.83	637.88	539.04	537.90	98.79	99.68	40.51	41.95
杭州市(市区)	171.89	175.27	37.28	35.98	134.61	139.29	70.89	66.01
萧山市	113.41	113.89	91.33	90.98	22.08	22.91	9.46	8.91
宁波市(市区)	119.69	121.99	49.23	48.72	70.46	73.79	34.84	34.19
余姚市	83.05	83.04	69.40	68.95	16.65	14.09	6.63	5.55
慈溪市	100.35	101.01	87.09	88.19	13.26	12.82	6.16	5.09
奉化市	48.84	49.06	40.86	40.81	7.98	8.25	4.02	2.95
象山县	53.16	53.22	43.72	45.80	9.44	7.42	8.54	7.93
宁海县	57.64	57.96	51.72	51.81	5.94	6.15	3.23	2.62
温州市(市区)	116.48	117.01	65.23	65.00	51.25	52.01	23.91	11.93
瑞安市	117.76	118.40	101.30	101.10	16.46	17.30	5.77	5.77
乐清市	112.90	113.90	102.59	103.40	10.31	10.50	4.18	4.28
平阳县	80.48	80.90	67.98	68.10	12.50	12.80	5.33	5.44
苍南县	119.16	118.90	98.36	97.40	20.80	21.50	4.41	4.74
洞头县	12.50	12.50	11.12	11.10	1.38	1.40	0.90	0.90
平湖市	48.11	48.10	39.30	39.90	8.81	9.20	4.17	3.63
海宁市	63.95	63.90	51.70	51.20	12.25	12.70	6.05	4.90
海盐县	36.45	36.50	29.40	28.90	7.05	7.60	3.98	4.11
绍兴市(市区)	32.43	33.52	9.03	8.80	23.40	24.72	11.46	10.95
上虞市	77.43	77.51	65.80	65.13	11.63	12.39	5.07	5.07
绍兴县	97.33	97.21	84.90	84.11	12.43	13.10	5.61	4.72
舟山市(市区)	68.36	68.53	48.73	47.55	19.63	20.98	10.11	9.84
岱山县	21.62	21.39	17.71	17.42	3.91	3.97	1.61	1.43
嵊泗县	8.57	8.50	6.39	6.30	2.18	2.20	0.94	0.90
台州市(市区)	140.83	142.03	116.90	115.92	23.93	26.11	12.35	12.69
临海市	108.39	109.00	95.65	95.96	12.74	13.04	5.72	5.73
温岭市	112.83	113.28	99.42	98.11	13.41	15.17	5.61	6.22
三门县	39.80	39.88	36.34	36.16	3.46	3.72	1.93	1.62
玉环县	38.38	38.79	28.63	27.96	9.95	10.83	2.51	2.40

海洋资源开发与海洋经济

Development of Marine Resources and Marin Economy

【港口海运】 沿海水运基础设施建设进展顺利。1998、1999年，浙江省沿海港口水运基础设施建设总投资2.88亿元(不包括宁波市),新增吞吐能力159万t和164万人次,其中国家大中型项目温州港七里港区一期工程1.5万吨级多用途泊位已建成，2.5万吨级散货泊位基本建成。沿海港口对外开放不断扩大。全省有沿海港口34个，共有泊位955个，其中万吨级以上深水泊位48个，300～500吨级陆岛交通码头90个。主要港口有宁波、舟山、温州、海门和乍浦，宁波、温州为全国沿海主枢纽港。宁波、舟山、海门、温州港为国

表3　浙江省沿海市县国内生产总值一览表

单位：万元

项目 市、县	国内生产总值		第一产业		第二产业		第三产业	
	1998年	1999年	1998年	1999年	1998年	1999年	1998年	1999年
全省合计	49 875 000	53 500 000	6 313 100	6 360 000	27 090 800	29 060 000	16 471 100	18 080 000
沿海合计	34 540 333	37 520 028	3 394 086	3 431 270	10 982 474	20 610 035	12 163 773	13 478 723
沿海城市小计	27 992 950	29 787 498	2 268 616	2 277 731	14 884 458	16 385 459	10 288 889	11 391 102
沿海县（市）小计	6 547 383	7 742 530	1 125 470	1 153 539	4 097 969	4 224 576	1 774 884	2 087 621
杭州市(市区)	5 687 426	6 049 378	134 320	145 242	2 678 711	2 800 245	2 874 395	3 103 891
萧山市	1 737 222	1 934 000	181 800	189 532	989 455	1 102 380	565 967	642 088
宁波市(市区)	3 525 856	3 797 778	121 783	124 837	1 663 739	1 810 138	1 740 334	1 862 803
余姚市	1 224 479	1 354 000	174 435	180 000	711 218	790 000	338 826	384 000
慈溪市	1 291 495	1 432 606	140 119	1 441 551	781 646	868 543	369 730	422 512
奉化市	465 253	506 117	81 295	82 535	247 257	272 686	736 701	150 896
象山县	623 547	691 000	160 283	167 000	313 004	356 400	150 260	167 600
宁海县	513 755	573 000	92 345	102 000	318 205	353 000	103 205	118 000
鄞　县	1 224 971	1 355 683	117 905	120 132	816 453	928 505	290 613	307 046
温州市(市区)	2 613 322	2 908 036	59 863	57 277	1 597 926	1 716 620	955 533	1 134 139
瑞安市	1 358 465	1 395 518	95 168	98 692	847 502	849 882	415 795	446 944
乐清市	12 322 015	131 800	116 500	107 000	735 506	784 000	380 009	427 000
平阳县	564 729	614 144	59 117	57 232	334 267	354 684	171 285	202 228
苍南县	612 433	688 761	87 213	92 064	324 446	363 742	200 774	232 955
洞头县	75 977	84 449	27 308	28 704	24 799	26 701	23 870	29 044
平湖市	575 460	639 500	89 114	79 500	334 745	391 000	151 601	169 000
海宁市	941 179	1 005 700	108 150	100 500	578 346	321 800	254 683	283 400
海盐县	520 557	498 500	76743	70 800	332 484	307 500	111 330	120 200
绍兴市(市区)	706 826	762 128	27 483	27 695	328 832	345 148	350 511	389 285
上虞市	1 345 628	1 411 774	170 226	165 003	886 903	918 246	288 499	328 525
绍兴县	1 885 099	2 028 629	148 688	148 778	1 213 217	1 310 524	523 194	569 327
舟山市(市区)	636 224	691 107	172 400	173 765	213 619	249 254	250 205	268 088
岱山县	179 898	192 933	85 958	89 545	40 946	43 538	52 967	59 850
嵊泗县	119 517	129 632	48 883	48 703	20 648	26 798	49 986	54 131
台州市(市区)	2 026 700	2 271 600	203 500	206 200	1 251 200	1 417 300	572 000	648 100
临海市	631 100	704 600	127 100	132 100	311 900	355 600	192 100	216 900
温岭市	1443300	1 595 650	265 300	266 302	726 000	815 817	452 000	513 531
三门县	175 600	1 997 205	71 100	74 581	57 900	70 184	46 600	52 440
玉环县	602 300	688 600	149 900	154 000	301 600	359 800	150 800	174 800

家一类开放港口，乍浦港待批，嵊泗泗礁、岱山高亭、宁波石浦、温岭礁山、台州大麦屿、平阳鳌江为国家二类开放港口。

【舟山实施“连岛工程”】 舟山的“连岛工程”将建设6座大桥，从舟山本岛的定海开始，通过连接6个岛屿进入大陆，然后与宁波的沿海大通道相衔接。整个工程的路线全长48.16km，其中水上10km，跨海桥梁的长度属世界之最。经测算,工程总投资达65亿元，根据工期安排和投资估算分11年投入。资金来源除国家有关部门和浙江省的补助之外，其余由地方筹资解决。在通过浙江省内各方专家的论证后，1999年10月，“连岛工程”一期正式上马，第一座连接大田岙与里钓山岛的岑港大桥破土打桩。 （齐潮生）

【海洋渔业】 1998、1999年，浙江省海洋渔业继续稳步发展。1998年，全省海洋水产品总产量372.80万t，海洋水产业总产值313.74亿元，分别比1997年增长12.3%和4.74%；1999年海洋水产品总产量389.41万t，海洋水产业总产值332.92亿元，分别比上年增长4.46%t 和6.11%。海洋渔村人均收入持续增长，1998、1999年分别达到5 582元和5 925元，依次比上年增长6.12%和6.14%。

海洋捕捞 1998年，全省海洋捕捞顺应渔业资源和国际海洋管理大环境的变化，在稳定传统作业的基础上，重点放在鳀鱼和上层鱼的开发利用上，全省投入鳀鱼捕捞的渔船达320对，产量21.96万t，比上年净增18.21万t，成为当年海洋捕捞增产的主要因素。同时，远洋渔业继续稳步发展，全省投入远洋生产的渔船增加到340余艘，产量15.76万t。1999年，执行国家近外海捕捞“零增长”的目标要求，进一步加大海洋捕捞作业结构的调整力度，全省减少海洋捕捞船只348艘，减少捕捞渔民3 410人，全省近外海捕捞产量312.98万t，仅比上年增加2.44万t，增幅0.78%；同时远洋捕捞继续发展，产量达到18.26万t，增产2.50万t，并初步实现了由过洋性渔业向大洋性渔业的转变，全省远洋渔业龙头企业浙江省远洋渔业集团股份有限公司也在1999年正式成立。

海水养殖 自1998年开始,在第二次全省海洋经济工作会议和浙江省委、省政府《关于加快海洋开发若干政策的通知》（省委[1998]14号）优惠政策推动下，全省海水养殖再掀开发热潮，沿海大片宜养的浅海、滩涂和被9711号台风毁损的低产棉田、桔园、盐田等被成片开发成海水养殖场，温岭、岱山、普陀等海岛纯渔区捕捞渔民纷纷弃捕从养，仅岱山县1998、1999年就有620余位渔民上岸搞海水养殖。1998年全省海水养殖面积达到7.02万hm^2，产量46.49万t，分别比上年增长10.20%和19.51%；1999年海水养殖面积增加到8.75万hm^2，产量达到58.17万t，分别比上年增长24.63%和25.12%。海水养殖产量在1999年首次突破50万t，超过了全省淡水渔业水产品总产量。

海洋渔业资源增殖 1998年以来，海洋渔业资源增殖放流工作得到加强，1998年在舟山、宁波近海海域放流中国对虾暂养苗4 897万尾、大黄鱼苗14.3万尾（其中4.5万尾大规格鱼苗为标志放流）、黑鲷鱼苗10万尾。1999年增殖放流量分别为中国对虾苗5 995万尾、大黄鱼苗30.5万尾，黑鲷鱼苗9.1万尾。1998年开始的大规模增殖放流大黄鱼苗在全国尚属首次。

渔业执法管理 以“浙江省渔政海上执法特编船队”为中坚力量，通过陆上监管、海上巡查，继续加强3个月伏季休渔管理，两年间共查获该省违规作业渔船13艘（对），其中1998年7艘（对）、1999年6艘（对），违规率在1‰以下，确保了伏休任务在浙江省的顺利完成。1998、1999年，省渔政执法特编船队海上巡查时还查获外省违规渔船25艘（对）。因工作出色，1999年“省渔政执法特编船队”还受到了农业部及农业部渔业局领导的表扬。

渔港建设 1998、1999年，浙江省群众渔港建设成绩显著。岱山高亭中心渔港、普陀桃花渔港相继建成投入使用；椒江渔港一期工程基本建成；苍南霞关渔港、玉环坎门渔港至1999年底已完成总工程量的70%。岱山长涂渔港、普陀螺门渔港、温岭钓浜渔港等一批群众渔港已通过可行性论证或扩建设计会审，即将开工建设。岱山、椒江等地在渔港建设中积极引入土地使用权出让机制，把渔港建设同小城镇建设和水产品加工、市场流通等二、三产业发展有机结合起来，为以港养港、形成渔港建设资金投入新机制作了有益的探索。 （纪志康）

【海洋旅游】 浙江是一个海洋旅游大省，在漫长蜿蜒的海岸线和广阔的海域里，蕴藏着丰富多彩的海洋旅游资源。碧海金沙，奇石宝礁、佛教名山、渔乡风情、历史遗迹、海洋生物、现代海洋工程等等，加上独特的海洋型气候，浙江海洋具有很好的旅游开发价值。从世界旅游发展特点来看，海洋旅游业仍是人们出游的热点地方，海洋旅游可以说久盛不衰。自1998年以来，浙江省海洋旅游业有了较快的发展，海洋旅游业的各旅游管理部门加大了对旅游资源开发的力度，在开发建设中对各类旅游资源进行了选择性、创意性、综合性开发，使海洋旅游业出现了一批独具特色、有影响、上规模的旅游产品，如海宁、萧山国际观潮节，舟山国际沙雕节，平湖九龙山、象山松兰山省级旅游度假区，平阳南麂岛海洋生态旅游、洞头岛渔家乐民俗风情节，舟山桃花岛武侠传奇旅游节。据不完全统计，1998年全省海洋旅游建设项目投入共计3.02亿元，1999年投入4.5亿元。这一大批具有海洋特色、地方特色、市场影响大的旅游产品的推出，为浙江海洋旅游业发展注入了新的动力。1998年，全省海洋旅游区共接待国内游客830万人次，国际游客21.1万人次，国内、国际旅游收入分别是64.62亿和9528

万美元；1999年，国内旅游接待923.63万人次，国际游客25.59万人次，国内国际旅游收入分别是67.91亿元和1.033亿美元。1999年比1998年，国内旅游增长11.2%，国际旅游增长21.28%。国内、国际旅游收入分别增长5%和8.4%。从目前浙江省海洋旅游发展总体格局看，舟山仍是该省海洋旅游发展的龙头，其旅游接待量占全省的50%以上，旅游总收入达16.6亿元，总产出占全市国内生产总值的16%左右，占第三产业的35%以上，已经成为舟山市的支柱产业。

（侯 斌）

【海洋盐业】 浙江省现有盐业生产面积9 195.32 hm^2，分布在舟山、宁波、台州、温州等市的20县（市、区），正常年景产量可达45万t，基本可满足全省食盐、小工业盐的需求。1998年全省产盐38.7万t，销盐51.4万t；1999年全省产盐30.9万t，销盐60万t，销售量创历史新高。至1999年底全省77个市（县、区）建立了盐业管理机构，实行盐务管理、盐业公司两块牌子一套班子合署办公，基本理顺了管理体制。

盐业结构调整取得新进展 1998、1999年继续贯彻“总量控制，以销定产，紧张平衡”的方针，切实把盐业结构调整与盐田废转结合起来，对慈溪等产区分散、低产、劣质的799hm^2小盐场实施废转，使全省盐田布局更趋合理。为促进盐田废转，省盐务局对废转盐田给予每公顷375元补助，当地政府也给予其他必要的扶持。同时大力扶持盐田养殖业。1999年省局再次组织第二批盐田养殖基金500万元下拨重点产区，对第一批盐田养殖基金项目中取得成效的，给予省拼盘部分20%的奖励，有力地推动了盐田养殖业的发展。

省人大发布《浙江省盐业管理条例》 1998年12月15日，省九届人大常委会第九次会议审议通过了《浙江省盐业管理条例》，从1999年2月起实施。《浙江省盐业管理条例》（以下简称《条例》）是新中国成立以来浙江省制定的第一部地方性盐业法规。《条例》对盐资源开发、制盐企业保护，以及食盐和各类盐产品的生产、加工、购销、储运等活动作出了明确的规定。全省各级盐业机构迅速组织开展全省性的《条例》宣传周活动，并对全省500余名盐政执法人员进行《条例》执法轮训。两年来，盐政工作在整治盐业市场、抓盐业大案要案方面取得了显著成效。

食盐专营措施进一步落实 一是切实保障市场供应。由于台灾和天气多雨，产区盐的产量和库存偏低，而1999年全省蔬菜加工用盐增量大，用盐时间集中，为保障供应，省盐务局采取有力措施，加大省外盐调运力度，有效地保障了市场急需。同时，全力以赴平息了1998年9月发生在萧山、上虞、诸暨、绍兴等地的食盐抢购风，保障了1999年杭嘉湖地区特大洪灾中的食盐供应。1999年还组织实施了食盐价格规范、尾数凑整、包装改版工作。大力推广彩色复合小包装，提高包装质量。二是深化“三证”管理，建立食盐专营网络。到1998年底全省已核发食盐转批许可证924本，零售许可证98 900本，基本上形成了遍及全省城乡的食盐专营网络。同时全面完成了舟山、宁波、台州等地4个食盐定点生产企业的年检换证工作。三是继续推进“统一结算”，全面实行银行托收结算和定时结算，两年共结算各类盐产品43.2万t，其中1998年24.6万t，1999年18.6万t。四是认真组织实施食盐专营工作检查。1998年国家食盐专营工作检查组对浙江省进行了抽查，省盐务局也连续两年对全省22个食盐批发企业、定点包装厂进行了重点检查。

加碘盐项目建成投产 全省38万t加碘盐项目工程在遭受9711号台风严重毁坏后，国家计委、轻工总会、财政部及时追加浙江省加碘盐项目投资420万元，保证了加碘盐工程建设的顺利推进。到1999年底全省加碘盐项目4个国家定点企业17个分厂，完成固定资产投资2 510万元，建成厂房、仓库、分装车间15 000m^2，配备加碘机42台，形成手工分装能力26万t，建成年分装能力2万t的自动化复合小包装生产线一条。1998年全省人均小包装碘盐供应量达到4.5kg，1999年达到5kg。1999年全省已有杭州、宁波、湖州等20个市、县、区通过卫生防疫部门消除碘缺乏病阶段目标评估，消除碘缺乏危害工作取得了重大成果。

（娄 栋）

【海涂资源开发利用】 1998年，全省在建围垦工程共19片，总施工面积131.93km^2，其中新开工6片计71.67km^2，围成4片计34.00km^2，投入建设资金2.7亿元。为加强依法围垦，1998年成立了省水政监察总队围垦支队；滩涂围垦许可证发放工作全面铺开。国内首艘深水插板船投入使用，“蓄淡水库水质淡化”课题取得较好成果。1999年，全省在建围垦工程规模达138.13km^2，围成14片计37.87km^2，投入建设资金4亿元。萧山九上顺坝、慈溪庵东等项目完成了前期准备工作。对私人和集体投资的中、小围垦项目加强了技术支持和资金扶持。在滩涂资源调查评价的基础上，年初完成围垦总体规划的初稿，之后根据制订“十五”规划的要求，又对初稿作了相应调整，10月完成送审稿。

（浙江省围垦局供稿）

表4 浙江省海洋开发统计资料

项目		1998	1999
海洋捕捞产量(万t)	鱼类	225.84	221.05
	贝类	20.14	23.57
	藻类	0.14	0.14
	虾蟹类	79.52	85.56
	合计	326.31	331.24
海水养殖产量(万t)	鱼类	1.11	1.70
	贝类	41.37	51.27
	藻类	1.86	2.45
	虾蟹类	2.16	2.74
	合计	46.49	58.17
海洋货物运输量(万t)	沿海	3 790.90	4 511.00
	远洋	81.70	172.00
海洋旅客运输量(万人)		1 673.00	1 820.80
沿海主要港口货物吞吐量(万t)	乍浦港	740.30	723.30
	宁波港	8 706.60	9 660.20
	舟山港	1 655.70	2 082.40
	海门港	680.40	809.00
	温州港	621.40	711.50
滨海旅游人数(万人次)	国内	1 077.73	1 524.55
	国外	67.55	77.59
海盐生产	面积(hm^2)	9 524.00	9 196.00
	产量(万t)	38.70	31.00

【海洋开发管理专用资金】 为了加大对海洋工作的投入，1998年浙江省政府建立了省海洋开发管理专用资金。1998、1999年，省海洋部门分别受理、储备“专用资金”项目116个和273个，经筛选论证，共安排立项了4批71个项目，合计资助金额1 261万元，引导各类资金投入23 655万元。其中属海洋开发类项目41个，海洋综合管理类项目26个。这些项目的实施，对加大沿海市、县海洋开发力度、应用高新技术改造海洋传统产业、引导培育新兴产业、强化海洋综合管理、推动海洋经济发展，都起到了极大的促进作用。

【蓝色工程示范区建设】 开展海洋开发管理综合试验工作，建立“蓝色工程”示范区，是浙江省促进海洋经济发展的创新举措。开展“蓝色工程”示范区建设的指导思想和目标是：资源利用更趋合理，技术含量明显提高，综合管理依法规范，实施一批海洋开发管理项目，培育一批海洋开发龙头企业，形成一个优势产业和海洋拳头产品，海洋经济总量增长明显，生态环境良好。省有关部门从1998年开始,在实地考察、专家论证的基础上，确定舟山市定海区长峙乡、温州市洞头县大门镇、台州市玉环县芦浦镇、舟山市岱山县高亭镇、宁波慈溪市庵东镇为浙江省首批“蓝色工程”示范区，给予各类项目补助资金95万元，引导各方资金投入5 602万元。目前，示范区的建设工作正按审定的规划进入具体实施阶段，并在海洋开发和管理方面取得了明显的成效，各示范区建设特色也初步显现。 （张元和）

海洋灾害与防御

Marine Disasters and Prevention

【台风暴潮】 1998、1999年对浙江影响较大的台风及台风暴潮有2次，即9806号台风及9909号台风。

9806号台风 1998年度台风影响偏迟。9月16日，9806号热带风暴在冲绳东南方大约760km的洋面上生成，后强度变化不定，从台风逐渐发展成为强热带风暴、热带风暴、强热带风暴，直至19日22时15分在舟山市普陀区登陆。登陆后进入宁波、绍兴地区，于20日上午9时在嵊州市境内减弱成为低气压后消亡。9806号强热带风暴袭击时，浙北沿海海面风力达10～12级，浙北和浙中的东部地区下了大到暴雨，局部地区下了特大暴雨。由于9806号强热带风暴正面袭击浙江省，且又适逢农历天文高潮，风暴增水和天文高潮叠加，使浙北的钱塘江河口和宁波、舟山沿海出现了接近或超过警戒线的高潮位，镇海站高潮位4.67m，实侧浪高6m。舟山、宁波和绍兴3市的20个县、183个乡镇、2 978个村、118万人遭受不同程度的灾害。普陀、岱山县城局部进水，倒损房屋7 165间，死亡2人；农作物受灾面积99 333hm^2，成灾53 330hm^2；637个工矿企业停产、半停产；损坏小型水库15座、江堤海塘158km，水闸56座。直接经济损失达7.8亿元。在抗御9806号强热带风暴中，舟山、宁波9711号台风后修建的标准海塘发挥了挡潮御浪作用，使宁波、舟山30 000hm^2农田免受潮水侵袭，减少直接经济损失5.8亿元。

9909号热带风暴暴雨 1999年9月4日凌晨，由于受9909号热带风暴倒槽东风波扰动影响，温州、台州等地上空有中小尺度对流云团生成，并迅速发展成为强对流云团，该云团在这一带扰动长达9h，使温州、丽水、台州的部分地区遭受了特大暴雨袭击，灾害严重。这次降雨的特点是雨区范围相对较小，但短历时降雨特别大，雨量集中、来势迅猛。温州市区9月4日5～8时降雨355mm，大大超过浙江省实测最大3h雨量268mm的记录（6419号台风，德清站）。3h降雨列全国第三，重现期大于500年一遇，最大降雨强度133mm/h，超当地历史最高记录。这次特大暴雨使温瑞、温黄平原河网水位超过警戒水位，温瑞河网水位超危急水位0.3～06m；温黄河网水位超警戒水位0.1～0.4m。众多小流域山洪暴发，多处山体滑坡。像这样由于台风倒槽影响，在短时间内形成局部区域强降雨的情况，在浙江省实属罕见，造成了温州市区、永嘉县南部及瑞安市西北部等暴雨中心的严重灾害。据各地上报统计，温州、台州、丽水等市（地）的17个县（市、区）、241个乡镇遭受不同程度灾害损失，受灾人口393万人，有6个县（区）城镇受淹，其中温州市区积水1m余，临海市区0.6m；冲倒房屋2.49万间，冲淹死亡152人；农作物受灾面积13.29万hm^2，成灾6.215万hm^2；受淹停产工商企业14 393个，金温铁路中断行车4 0h，67条次公路中断；损坏小型水库13座，1座小Ⅰ型和1座小Ⅱ型水库洪水漫顶垮坝，损坏堤防209.5km，损坏水闸47座。直接经济损失32.4亿元，其中水利工程直接经济损失3.3亿元。

【千里标准海塘建设】 浙江省地处东南沿海，多港湾、河口，岸线曲折，海岛星罗棋布，海岸线长达6 633余千米。由于特殊的地理位置，经常遭受台风暴潮的袭击，灾害频繁。全省海塘总长2 132km。9417号强台风在该省温州瑞安登陆，毁坏温州等地海塘530km，直接经济损失124亿元。温州等地经近3年时间的建设，建成20年一遇左右标准海塘260余千米。仅隔3年，9711号强台风又在该省台州温岭石塘登陆，除新建的“94标准”塘未毁外，台州、宁波等地又毁损了776km海塘，直接经济损失近200亿元。钱塘江海塘多建于明清时期，涌潮冲刷严重，护坡大方脚多处挂空开裂，险象环生。为了提高海塘防台潮能力，保障沿海人民的生命和财产安全，适应社会经济发展的需要，9711号台风后，省委、省政府作出了“全民动员兴水利，万众一心修海塘”的决定。决心用3～4年时间，投资50亿元，把目前防御能力偏低的1 000余千米重要海塘全部建设成高标准海塘，要求多数地段达到50年一遇标准，保护城市等特别重要地段达到100年一遇标准。这一决定深得民心。自1997年10月以来，沿海各级党委、政府把建设标准海塘作为为民造福的德政工程来抓，在沿海地区掀起了兴建高标准海塘的热潮。1998年度全省下达标准海塘建设任务114条计350km，其中宁波市为130km，要求年底建成250km，年内实际开工建设370km。到1998年底止，基本建成300km。1999年度全省共下达了标准海塘建设任务169条计463.65km，其中宁波市为139.58km。到1999年底止，在基本完成1998年度剩余的70km标准海塘的基础上，又基本建成330km，合计完成400km。至此，1998、1999年基本建成标准海塘长700km，大大提高了海塘的防台御潮能力。据统计，1998、1999年全省共投入高标准海塘建设资金达32亿元。为了加强海塘建设管理，省人大还颁布了《浙江省海塘建设管理条例》。　　（沈水土）

海洋公益事业
Marine Public Welfare Facilities

【台风暴潮、钱江涌潮试预报】 1998、1999年共有9802号等9个台风对浙江省沿海产生了不同程度的影响。在台风期间，“浙江省海洋环境监测预报中心（筹）”都发布了较为准确的风暴潮“消息”、“预报”、“警报”及“紧急警报”。如9806、9912、9914号台风对浙江影响较大，在对其风暴潮位预报中，“中心”发布的风暴潮预报不仅较准确，而且时效较长。“中心”还对8～10月份钱江涌潮的潮时、潮高进行了较准确的试预报，其中在农历8月的观潮节期间，在《钱江晚报》上公开发布了海宁盐官、钱江观潮城、之江度假村等几处观潮点的潮水预报，方便了市民、游客和旅行社，取得了较好的社会效益。

【沿海防潮警戒水位核定工作】 沿海防潮警戒水位核定工作是一项为海洋预报、防灾减灾服务的公益性工作。这项工作从1998年开始。1999年，浙江省防汛抗旱指挥部把该项工作纳入省防汛的基础性工作，由省海洋局会同省水文勘测局负责实施，并成立了协调小组，负责协调该项工作的开展。至1999年底，舟山、宁波、温州等市已完成该项工作，其余市、县仍在进行中。

【海洋污染基线调查】 历时两年半的浙江省海洋污染基线调查项目于1999年11月27日在杭州通过评审验收，标志着这项工作已全面完成，这在全国省、市、区中是首家。这次调查全面、准确地获得了20世纪末浙江省海洋环境的质量状况，对21世纪的海洋环保工作具有重要的指导作用。与会专家、领导一致认为，这次调查的成果、建议具有较高的科学性、现实性和针对性，其成果达到20世纪90年代国际先进水平，对全国各省、市海洋污染基线调查工作具有重要的借鉴意义。调查结果显示，由于受以陆域排海为主要污染物的影响，浙江近岸海域海水无机氮、磷严重超标，水质高度富营养化，受其影响已基本无一类海水，四类、劣四类水域占了大部分。自80年代初以来，部分污染因子在海水中含量已有较大提高，正在逐步构成污染，如油类、COD、TOC、个别重金属等在河口、港湾、码头等海域已造成轻度污染，已引起部分站位软体海洋生物中重金属残留超标。　（朱华潭）

海洋科技与教育
Marine Science and Technology & Marine Education

【概况】 浙江省委、省政府十分重视科技兴海工作，提出发展海洋经济必须依靠科技和教育，提高海洋开发水平。根据省委、省政府的要求，1997、1998年，省有关部门先后选择一批科技兴海重大攻关项目，作为专项列入省级科技攻关计划。在项目实施中，强调运用高新技术提升项目层次，组织技术攻关，促进了海洋科技成果和海洋高新技术产业化的发展，培植了一批海洋新兴产业的龙头和骨干。海洋科技进步在浙江省经济发展中的贡献率正在逐年提高。经过几年的努力，至1998年，浙江省建立了玉环县抗风浪网箱养殖技术示范基地、普陀区浅海规模养殖综合技术示范基地、南麂岛海珍品养殖示范基地、杭州湾上虞海涂综合开发示范基地、象山港综合养殖示范基地和全国科技兴海技术（宁波）转移中心等国家级科技兴海示范基地。

【海洋科技研究开发】 1998、1999年，浙江省科技兴海计划重点安排浅海滩涂增养殖技术、水产品添加技术、海洋药物研究开发技术、海洋生物工程技术研究开发、海洋环保、海洋装备技术32项，累计投入科技兴海专项经费400余万元。在项目实施中，通过技术集成、机制创新，促进技术创新和科技成果产业化。围绕海洋高新技术运用，实现两个突破：一是以抗风浪网箱养殖技术的关键突破为切入点，突破了浅海增养殖技术，带动了浙江浅海网箱养殖的发展，目前该技术已推广网箱3 000余只。二是通过海产甲壳动物废物综合利用技术研究项目的实施，突破了海洋生物资源开发利用技术，改变传统的生产工艺，每年从中提取甲壳素2 000余吨，壳聚糖300余吨。甲壳素产量占全国的60%，生产的高纯壳聚糖、葡萄糖盐酸盐、硫酸盐运销欧美国家，形成了亿元的甲壳素产业规模。目前甲壳素的开发利用已由医药、化工中间体向医用敷料、环保污水处理、绿色肥料、功能性保健食品及药品方向发展，成为浙江海洋产业发展的一个亮点。　（韩梦力）

【组建浙江海洋学院】 浙江海洋学院是1998年3月经原国家教委批准，由浙江水产学院和舟山师范专科学校合并而成的一所省属本科院校，实行浙江省、舟山市共建共管、以浙江省为主的管理体制。浙江水产学院建于1958年，为浙江省较早创建的省属本科院校之一；舟山师范专科学校建于1978年，为市属学校。两校合并，实现了资源共享、优势互补，增强了办学活力。学院位于风景秀丽的“千岛新城”舟山市区，教职工458名，其中专任教师230名，高级职称人员81名，中级职称人员138名。浙江海洋学院设有工程学院、渔业学院、海洋科学与技术学院、管理学院、信息学院等9个二级学院、3个直属系，并建有海洋科学研究所、海洋经济研究所、海洋文化研究所以及浙江省远洋渔业培训中心、海洋管理培训中心。学院下设海洋科学、海洋技术、船舶与海洋工程、海洋渔业科学与技术、建筑环境与设备工程、汉语言文学、英语等本科专业及应用电子技术、文秘、旅游管理与服务等地方经济建设所急需的专科专业。学院的奋斗目标是：以第三次全国、全省教育工作会议为契机，以提高教育质量为核心，以学科建设为龙头，以师资队伍建设为重点，进一步完善办学条件，深化教学改革，扩大对外开放，推进科学研究，努力把学校建成一所集海洋、水产、教育及其他基础学科为一体的、具有一定规模和海洋特色的多科性大学。学院的校训是“海纳百川，自强不息”。　（吴中平　刘立功）

海洋国际合作与交流
Marine International Cooperation and Interflow

【国际渔业合作】 1998、1999年，浙江省远洋渔业以舟山市各远洋渔业公司为龙头，加强了远洋渔业行业管理，采取多种形式，积极开展远洋渔业项目。在国际上严格对外国渔船管理的不利形势下，浙江省远洋渔业积极扩大北太平洋和西南大西洋公海鱿鱼钓生产规模，发展探索印度洋、太平洋的金枪鱼钓业，巩固了与印度尼西亚的合作项目，恢复了与缅甸的渔业合作，新开拓阿根廷海域合作项目。1998、1999年，经有关部门批准的国际渔业合作项目及新开拓的远洋渔业项目共有印度尼西亚底拖网、太平洋和印度洋金枪鱼钓等8项，沿海各地30余家企业参与，共出动渔船623艘，捕获渔货34.03万t（1998年15.77万t；1999年18.26万t）。

【海洋利用外资情况】 改革开放以来，浙江省海洋利用外资项目得到了较大的发展。1998、1999年，全省批准海洋利用外资项目共54个，总投资8 961万美元，合同外资4 469万美元。这批项目按内容分，主要集中在港口码头建设、水产养殖、水产品加工、渔业捕捞、船舶制造维修等方面；按地区分，主要集中在宁波、舟山、台州和温州4市；从外资来源上看，主要来自日本、新加坡、印度尼西亚、马来西亚、韩国以及中国香港特别行政区、台湾省等亚洲国家和地区，个别来自瑞典、美国和加拿大。其中较大的项目有与香港合资的台州中兴船舶制造有限公司，总投资2 880万美元，合同外资1 152万美元；与巴哈马合资的宁波杨公山石化码头有限公司，总投资1 562万美元，合同外资697万美元；与维尔京群岛合资的浙江中基世航乍浦港口有限公司，总投资1 205万美元，合同外资591万美元；以及印度尼西亚独资的普陀大舟海洋渔业有限公司，总投资、合同外资均为800万美元。 （董绍林）

【远洋渔业船员劳务输出】 浙江远洋渔业船员劳务输出自80年代末开始，船员劳务输出的主体为群众渔业船员，近几年来船员劳务输出从刚开始的普通船员逐步发展到以职务船员为主。1998、1999年，全省各涉海企业共组织船员劳务输出2 139人次。通过船员劳务输出，一部分船员和渔民取得了较大的收益，每年为浙江省劳务收入创汇超过1 500万美元。

【浙江远洋渔业股份有限公司】 浙江省远洋渔业股份有限公司是根据省政府批复，于1999年5月由舟山第二海洋渔业公司、省经济建设投资公司、省财务开发公司、省水产加工贮运公司和省水产局外经办共5家单位出资组建成立的股份制企业。总股本为9 100万元。公司成立以后，相继获外经贸部批准取得进出口经营权；经农业部批准取得远洋渔业资格证；经海关总署同意设立远洋渔业保税油库。公司经营范围为进出口业务、远洋捕捞、水产养殖、水产品收购、加工和销售、农业投资开发、渔需物资、船用设备仪器的生产和销售等。1999年下半年，公司以资产为纽带，通过收购、控股、参股、合作等形式，共投资4 200余万元，先后设立了6家分公司；还以契约为纽带，吸纳了2家松散性的成员企业。1999年11月，经省政府同意、省工商局批准，以母公司为核心组建成立了浙江省远洋渔业集团。公司自创建以来，十分注重远洋渔业项目的开拓经营，同时着力于代理群众渔船发展远洋渔业。1999年下半年，公司决策投资450万美元进口3艘二手大型鱿鱼钓船，年底开赴西南大西洋进行鱿鱼钓作业。同时，公司先后组织和代理了各类远洋渔船60余艘。

【涉外渔船被扣事件】 由于各级人民政府和各级渔政管理部门的重视，加强了对渔船的管理，并通过举办船长培训班，增强了法律观念，涉外渔船被扣事件有了明显的减少，1998、1999年共发生5起：

（1）1998年2月象山县浙象渔4157号、4158号对船在北部湾海域作业生产时，因作业区域超越划定的中国海域界，被越南海警队扣留。

（2）1998年2月7日宁海县浙宁海渔1101号、1102号船在上述同一海区作业生产时，被越南海警队扣留。

以上2起被扣渔船经多方交涉，被罚款后，渔船和人员才返回国内。

（3）1999年1月2日象山县石浦镇和鹤浦镇12艘群众渔船，通过新加坡海鸿有限公司和象山一个体公司联系，未经国内有关部门批准，启航前往印度尼西亚。由于新加坡海鸿有限公司根本无法办妥捕鱼许可证，1月12日渔船到达印度尼西亚杜尔基地后，滞留50余天被迫返回国内，经济损失较大。

（4）1999年8月19日舟山远洋渔业（有限）总公司的普渔6311号、6312号钢质拖网渔船前往印度尼西亚海域前在19° 53′ N、107° 36′ E拖网试生产时，一艘越南炮艇先后靠拢普渔6311号和6312号渔船检查，并强行被扣压至越南海防市吉婆岛达20余天，直接经济损失20余万元。后经中国驻越南大使馆和舟山远洋渔业有限公司多方做工作，两船和全部40余船员才被释放。

（5）1999年10月14日，温岭市浙岭渔20347号渔船在济州岛附近韩国领海内作业生产时，被韩国水警查扣，渔船被扣审查3天，船长郭明显被关押审查。后通过韩国济州岛一学校的山东籍老师莫素芬中间联系，被处罚 12万元人民币后，郭明显船长于2000年2月18日被释放回中国。 （刘立功）

海洋立法与管理
Marine Legislation and Management

【海域使用管理】 1998、1999年，浙江省以建立海域使用管理规范体系为依托，通过开展海域使用调查登记和核发海域使用证工作，加强了对海域使用的管理。

海域使用管理的规范体系 《浙江省海域使用管理办法》（以下简称《办法》）草案经过调查研

究、反复协调、征求意见，最终形成《办法》送审稿，于1998年4月在省政府第3次常务会议上顺利通过，以省政府98号令颁布，并于1998年5月1日起正式实施。《办法》的出台实施，为该省实施海域使用管理确立了法律依据。为提高《办法》的可操作性，该省又相继制定了《浙江省海域使用申请审批管理办法》、《浙江省海域使用证管理办法》、《浙江省海域使用可行性论证管理办法》、《行政处罚程序规范》等配套制度，建立了以98号令为主干、以4项配套制度为旁枝的海域使用管理规范体系，为开展海域使用管理工作提供了制度保障。

海域使用调查和核发海域使用证　为了摸清海域使用的现状，继完成舟山市、玉环县两个海域使用调查登记试点工作以后，1998年在全省范围内开展了海域使用调查登记工作。据统计，目前全省已有10个沿海市、县（市、区）完成了海域使用调查登记工作，调查登记的海域使用项目2 355个，面积达690 964.5hm^2。在完成海域使用调查登记工作以后，该省部分条件比较好的沿海市、县（市、区）率先开展核发海域使用证工作。到1999年底为止，共有8个市、县开展了颁证工作，共计颁发海域使用证328本，确权的海域面积2852.4hm^2。

（陆州舜　朱家立）

【大比例尺海洋功能区划工作】　全省沿海市、县级大比例尺海洋功能区划工作，在1997年试点的基础上，按照国家海洋局和省海洋局的统一部署和要求，采取“内外结合”、“上下合作”的工作方法，经过1998、1999年两年的努力，于1999年底全面完成。其中舟山、苍南、乐清、平阳、瓯海、临海、玉环、温岭等8个市、县的海洋功能区划已通过当地政府或人大常委会批准实施，其他各市、县（市、区）正在报批之中。温州市作为国家海洋局的海洋功能区划管理信息系统的试点单位，在国家海洋局信息中心和第二海洋研究所的技术指导和帮助下，工作初显成效。1999年10月，根据国家海洋局的要求，经省政府领导同意，决定开展浙江省海洋功能区划的修编工作，并成立了浙江省大比例尺海洋功能区划工作领导小组和技术指导组，负责有关技术指导和监督。随后，通过召开浙江省大比例尺海洋功能区划工作领导小组会议，全面部署了这项工作。至1999年底，作为前期和基础工作的杭州湾、乐清湾、三门湾、象山港等重要海域的专题区划编制工作已全面展开。

（苗永生　张元和）

【海洋监察管理】　为了完善执法程序，规范执法行为，严肃执法纪律，浙江省按照《行政处罚法》的要求，制定了一整套行政执法的规范和制度，配发了海洋行政执法法律文书，举办了海洋监察培训班。目前，浙江省部分沿海市、县（市、区）已开展行政执法工作，对违法用海单位和个人进行了处罚，有效地规范了当地的用海秩序。据统计，1999年，全省共查处违法用海案件17起，罚款58 600元。

（陆州舜　朱家立）

【南麂列岛国家级海洋自然保护区被接纳为世界生物圈保护区网络成员】　南麂列岛国家级海洋自然保护区于1998年12月被联合国教科文组织接纳为世界生物圈保护区网络成员。这是中国第一个被纳入该保护区网络的海洋类型自然保护区。1999年7月在平阳举行了颁证仪式。联合国教科文组织官员N.Noguchi（野口昇）先生向南麂列岛自然保护区管理局颁发了“联合国教科文组织南麂列岛生物圈保护区”证书，中国人与生物圈国家委员会韩念勇秘书长向南麂保护区授予铜牌。国家海洋局陈炳鑫到会作了热情洋溢的讲话，会议邀请了国家有关部门、省有关厅局及新闻等单位参加。南麂列岛保护区被接纳为联合国教科文组织人与生物圈保护区网络成员，表明了国际社会对南麂列岛的关注和对该保护区工作的认同，标志着南麂列岛海洋自然保护区工作上了一个新台阶。同时，也对南麂列岛海洋自然保护区提出了新的目标和要求。

【海砂开采管理】　1999年初，国土资源部下发了《关于加强海砂开采管理的通知》（国土资发[1999]52号）文件（以下简称《通知》），根据文件精神，省海洋局和省地质矿产部门共同向沿海市、县（市、区）海洋行政主管部门和地质矿产行政主管部门转发了国土资源部的《通知》。根据通知要求，各地海洋行政主管部门积极与地矿部门合作，开展了全面的调查摸底工作，基本摸清了全省海砂开采情况。为全面贯彻落实国土资源部《通知》的精神，加强海域使用管理，还结合管理实践，制定了《关于加强海砂开采海域使用管理工作的实施意见》（以下简称《实施意见》）。该《实施意见》规范了为开采海砂而进行海砂矿区勘查活动及海砂开采活动、各地方海洋行政主管部门应该进行的工作，细化了海砂开采初审工作程序，使海砂开采管理初审工作内容更明确、程序更清楚、操作更规范。该《实施意见》的制定，得到了国家海洋局的肯定与好评。从而使海砂开采管理工作走上了正轨。1997、1998年，省海洋局已先后立项审核了舟山向往石桥采砂装运工程有限公司等3家企业在浙江省海域开采海砂项目。该3家企业已分别申领了

（下转第230页）

宁 波 市
Ningbo City

综 述
Summary

【概况】 宁波市位于中国大陆海岸线中段、浙江东部沿海，北濒杭州湾，南与台州三门县连接，东有舟山群岛为屏障。全市辖余姚、慈溪、奉化、鄞县、宁海、象山6个县（市）及海曙、江东、江北、镇海、北仑5个区，是一个外向型滨海城市，人口538.41万人。海洋赋予宁波得天独厚的区位优势和丰富的海洋资源，辖区海域面积9 758km^2，海岸线长1 562km,其中大陆岸线778km。北仑港是中国沿海南北航线与“黄金水道”交汇的咽喉要冲，具备国内、国际航运枢纽的优势地理位置，是国家建设的大陆沿海4个国际深水中转港之一，港区的深水岸线达121km，可建各类生产性泊位285个，其中深水泊位152个，总吞吐能力为2.95亿t，现有500吨级以上生产泊位132座，其中万吨 级以上泊位 28座，年综合设计吞吐能力为9 770 万t，现已与世界84个国家和地区的518个港口有贸易运输往来。

宁波位于中纬度地带，属典型的亚热带季风气候，海洋生物资源丰富，分布有浮游植物59属197种，浮游动物17个类群167种，底栖动物258种，海洋鱼类资源有182种，分属15目70种130属。

象山港水体营养盐丰富，适宜海洋生物的栖息、生长、繁育，为鱼、虾、贝类增养殖提供了天然饵料，其渔业资源种类多、数量大、恢复力强 。先后被浙江省列入八大海水养殖综合基地之一、全国科技兴海示范基地。大目洋渔场、猫头洋渔场、渔山渔场及渔外渔场，与舟山渔场相连，资源丰富，恢复力强，渔期较长。

1998年宁波市海洋与水产局正式挂牌成立，北仑区于1999年9月成立海洋与水产局，各县（市）区于1998年给水产局增加了海洋管理职能。近几年来，市委、市政府在宁波市建设社会主义现代化国际港口城市和“以港兴市，以市促港”及“科教兴市”发展战略中，十分重视海洋经济发展。1998年9月，召开首次海洋经济工作会议，制定了《关于加快宁波市海洋经济发展的若干意见》、《宁波市海洋经济现代化建设规划》等政策性文件，把开发海洋、发展海洋经济列入全市现代化建设的长期目标规划。目前，宁波以临海型城市经济为主体的海洋产业已成为全市国民经济的重要组成部分，国家级宁波经济开发区、宁波保税区、大榭开发区已具相当规模。1998年，宁波港完成货物吞吐量8 700万t，居全国大陆港口第二位，1999年完成货物吞吐量9 600万t，集装箱突破60万TEU，居全国大陆港口第三位；以海洋捕捞为主的海洋渔业总产量1998年为60.85万t，1999年为70.32万t；石油、化工、钢铁、电力、修造船等工业初具规模；滩涂围垦开发得到长足发展，围垦的土地已成为宁波市的粮、棉、油、菜、果、渔、盐产业综合发展的重要生产基地；依靠港口的临海商贸业日趋活跃；滨海旅游业初具规模。海洋经济已成为宁波市国民经济的重要组成部分和新的增长点。

（黄 源 朱志海）

表1 宁波及各县（市）区人口及从业人员情况一览表

单位：万人

市区县	年末总人口		农业人口		非农业人口		从业人员		职工人数	
年份	1998年	1999年	1998年	1999年	1998年	1999年	1998年	1999年	1998年	1999年
宁波	535.27	538.41	404.79	401.29	130.48	137.12	69.00	63.59	66.94	62.15
市区	119.68	121.99	49.20	47.57	70.48	74.42	34.91	34.19	33.76	32.78
余姚	83.05	83.04	69.40	68.74	13.65	14.30	6.63	5.55	6.43	5.72
慈溪	100.35	101.01	87.09	86.91	13.26	14.10	6.16	5.09	6.09	5.15
奉化	48.84	49.06	40.86	40.69	7.98	8.37	4.01	2.95	3.64	3.04
象山	53.16	53.22	43.72	43.56	9.44	9.66	8.55	7.93	8.45	7.40
宁海	57.66	57.96	71.72	51.79	5.94	6.17	3.24	2.63	3.20	2.70
鄞县	72.52	72.13	62.77	62.03	9.75	10.1	5.50	5.25	5.38	5.36

表2 宁波地区国内生产总值、工农业总产值(当年价)一览表

单位：亿元

市区县	年份	国内生产总值				工业		农业	
		合计	第一产业	第二产业	第三产业	总产值	增加值	总产值	增加值
宁波	1998	973.4402	88.8366	542.9779	341.6257	2236.6838	215.3646	1363579	88.8370
	1999	1070.1760	90.0288	598.4780	381.6693	1062.2865	260.4170	142.8235	90.0288
市区	1998	352.5856	12.1783	166.3739	174.0344	573.0347	98.9575	18.4633	12.108
	1999	379.7778	12.4837	181.0138	186.2803	121.3823	1273840	19.0045	12.4837
余姚	1998	122.4479	1744.35	71.1218	33.8826	392.2950	27.9684	24.7347	17.386
	1999	135.4000	18.0000	79.0000	38.4000	125.9850	30.826	25.8449	17.953
慈溪	1998	129.1495	14.0119	79.1646	36.9730	435.2708	26.6489	19.6492	13.933
	1999	143.2606	14.1551	86.8543	42.2512	135.9732	30.005	19.8545	14.1525
奉化	1998	46.5253	8.1295	24.7257	13.6701	119.2636	6.961	12.0053	8.049
	1999	50.6117	8.2535	27.2686	15.0896	36.9971	8.099	12.5864	8.3804
象山	1998	62.3547	16.0283	31.3004	15.0260	168.1551	9.1834	31.1699	16.029
	1999	69.2000	16.7000	35.6400	16.7600	41.3869	9.972	33.3033	17.5802
宁海	1998	51.3755	9.2345	31.8205	10.3205	171.6573	10.0773	13.3185	9.551
	1999	57.3000	10.2000	35.3000	11.8000	51.4940	11.543	14.5787	10.2601
鄞县	1998	122.4971	11.7905	81.6453	29.0613	377.0073	35.5673	17.0170	11.781
	1999	135.5683	12.0132	92.8505	30.7046	196.1227	42.543	17.6512	12.3532

海洋资源开发与海洋经济
Development of Marine Resources and Marine Economy

【国家实施新休渔制度】 宁波市海洋与水产局练兴常局长根据黄海、东海鱼类生长规律，提出伏季休渔期由原来2个月延长为3个月，范围扩大1个纬度的建议，即27° N～35° N 的黄海、东海海域，休渔期从6月16日至9月15日，以进一步保护增殖带鱼、大小黄鱼、鲳鱼、鳓鱼等传统经济稚幼鱼资源。该建议经农业部调查论证后，报请国务院批准，于1998年开始实施。 （边元慈）

【象山港首次人工放流大黄鱼】 继1997年宁波市突破大黄鱼人工育苗与养殖技术后，1998年7月12日在象山港人工放流大黄鱼14.3万尾，其中体长6cm幼苗10万尾、体长9cm的鱼苗3.8万尾，每尾平均体重70 g的鱼苗0.5万尾；1999年7月3日人工放流大黄鱼30.2万尾，其中体长7.47cm的幼苗29.7万尾，每尾体重79g的鱼苗0.5万尾。 （黄 澜 边元慈）

表3 宁波市海洋开发资料统计

统计项目		1998年	1999年
海洋捕捞产量(万t)	鱼类	37.84	41.64
	贝类	4.58	4.57
	藻类	0.13	0.13
	虾蟹类	8.26	10.08
	其他	0.04	0.11
	合计	50.88	56.53
海水养殖产量(万t)	鱼类	0.53	0.99
	贝类	8.33	11.37
	藻类	0.37	0.44
	虾蟹类	0.74	0.99
	合计	9.97	13.79
海洋旅客运输量(万人次)		133.0	119.3
海盐生产(万t)		10.72	5.60

【象山港海水网箱养鱼基地】 1987年，象山港渔贸开发公司在象山港的西沪港发展24顶网箱养殖石斑鱼获得成功后，10余年来养殖品种已发展到10余种，1998年有养鱼网箱20 810只，占全市22 489只海水网箱的92.5%，成为宁波市重要的海水网箱基地和鲜活鱼出口的重要产地。1999年网箱发展到2.74万只，产鱼0.467 7万t，产值2亿元。 （边元慈）

【水产品加工】 全市水产品加工企业有293家，其中宁波海洋渔业公司等10家企业通过美国HACCP质量验证，大宇等4家水产品加工企业通过欧盟的安全卫生控制体系检查。拥有大小冷库288座，生产能力62 025t，储冰20 327t，日冻结4 502 t，制冰2 840t，年制冰47.44万t。同时，推广应用无冰保鲜、微冻保鲜、海水鱼虾保活等保鲜技术，提高了渔活物质量。1999年水产品加工产量达33.04万t。

（陈锡刚　陈　勃）

【国产先进的鱿钓船投产】 宁波海洋渔业总公司投资5 000余万元新建两艘中国自行建造的1 200t级渔船“天祥”、“天顺”号于1999年6、7月先后竣工，两船全长分别为71m和72.6m，型宽10.8m和11m，吃水4m和4.1m，主机功率1 213kW、航速13节，配有360kW发电机组3台，电脑集控全自动钓机50余台，是目前国内最大，自动化、机械化程度最先进，达到国际90年代先进水平的远洋专业鱿钓船。经在北太平洋3个月的试捕，设备运行正常，11月开始赴西南大西洋正式投产。 （陈锡刚　边元慈）

【宁海水产城】 由宁海县人民政府牵头创办的“宁海水产城”于1999年10月28日建成开市。中共中央委员、全国侨联副主席林丽韫和省、市、县等有关领导及各界人士出席了开市仪式。水产城首期工程投资6 000万元，占地面积4.5万m^2，设有178间营业用房，配有经贸洽谈中心、临时交易摊位、制冰与分体式冷库，集商贸、储运、办公、生活于一体，与全国各水产品批发市场信息中心联网，基础设施配套，服务功能齐全，按市场经济规律运行，加快水产品流通，促进生产发展。 （陈锡刚　陈　勃）

【海洋旅游业】 1998～1999年，宁波市加大旅游工作力度，制定了高起点的规划，并积极启动，旅游业取得了快速的发展，创建了“全国优秀旅游城市”，形成了“东方大港、河姆渡文化、文人故里、佛教胜地”等旅游特色。滨海旅游也初具规模，形成了石浦渔港、皇城沙滩、松兰山海滨浴场、海岛守猎、四灶浦海涂娱乐场、大榭岛与宁海县强蛟岛群风景区。

位于象山县的松兰山，自1997年以来，通过政府的引导开发，投入1亿余元，进行水、电路、通信等基础设施的建设，形成了中心区、海滨公园区、宗教文化区50个景点。松兰山庄、水上活动中心、省帆板训练基地、海岛狩猎场、企业家俱乐部、会议中心等已建成营业。1998年被省政府批准为海滨旅游度假村，现已成为华东地区集休闲、训练、度假、会议为一体的综合性海滨旅游度假区。

1998年9月14～16日，象山县人民政府在石浦渔港举办第一届“中国开渔节”，开渔节期间开展了开船仪式、文体表演、经贸洽谈、展览展示、旅游考察、开灯开船等活动。9月14日17时，县长一声令下，石浦港内1 500艘大功率钢质渔船，汽笛长鸣、彩旗飘扬、排列有序地离开码头，分别从2个航道门驶向东海，沿港公路人头攒动，在震天锣鼓和鞭炮声中，石浦港上下一片欢腾，景象蔚为壮观。

（朱志海　余亚宏）

海洋灾害与防御
Marine Disasters and Prevention

【宁波市海洋预报台】 为促进宁波海洋经济发展，宁波市人民政府与国家海洋局决定，在宁波海洋中心站的基础上共建宁波市海洋预报台。1998年7月15日始在宁波电视台对宁波海域潮位、海浪等作试预报；12月24日，市政府郭正伟副市长与国家海洋局东海分局盛六华副局长在共建协议上签字，并在镇海举行揭牌仪式。海洋预报台主要进行风暴、潮位等的预测、预报工作，同时还承担宁波海域港湾的高低潮位和潮时预报，发布大浪和风暴警报，以减少各类海洋灾害造成的损失，为宁波海洋产业的发展提供保障服务。1999年1月1日起，在宁波电视台正式发布海洋要素预报，直接为航运、渔业、旅游、港口及航道建设服务。 （忻佩忠　边元慈）

【沿海防潮警戒水位核定工作】 1998年初，宁波市海洋与水产局会同市水利局开展宁波市沿海警戒水位核定工作。至1998年11月核定了杭州湾南岸余姚慈北岸段、慈东岸段、镇海岸段、北仑岸段、象山港岸段、大目涂岸段、三门湾宁海岸段等7段警戒水位值。1999年4月，市防汛防旱指挥部批准实施。

（黄　源　罗飞强）

【海塘建设】 1997年“8.18”台灾过后，宁波市沿海地区广大群众清醒认识到，要从根本上改变长期以来疲于应付、被动挨打的局面，必须使海塘抗灾能力有质的提高，海塘建设必须坚持高起点、高标准、高质量的要求。市委、市政府作出了动员全社会的力量、加快标准海塘建设的决定，其总体目标是：奋战3年，把沿海一线保护范围3 330hm^2以上或具有重要城镇的海塘建成50年一遇标准；保护范围在667hm^2以上或有村庄、人口密集的海塘提高到100年一遇标准；保护海塘范围在67hm^2以上、无村庄海塘提高到10年一遇标准。据此，全市共需建设标准海塘350km，总投资近15亿元，从而真正构筑起一道坚固的“沿海长城”。在修复水毁海塘同时，逐步全面地兴建标准海塘，至1999年底一期（1997～1998年度）建设的标准海塘已完工37条130.06km，完成工程量（土石方和混凝土）1 011.74万m^3，投资4.62亿元；二期（1998～1999年度）已完工47.21km（应完成111km），完成工程量863.21万 m^3，投资4.20亿元。在标准海塘建设过程中，始终把质量作为海塘的生命线，把住规划设计、招标投标、施工、监理、社会监督、验收等环节，并做好标准海塘养护管理。1998年6月，市政府发布《宁波市海塘工程建设与管理规定》，实行由县（市）区统一管理和镇（乡）分级管理相结合的管理制度，明确责任制，建立海塘保护区和落实护塘经费。 （董书庭）

海洋科技
Marine Science and Technology

【科技兴海工程】 1997年11月全国第二次科技兴海会议在浙江召开以来，有力地推动了宁波市的科技兴海工作，促进了全市海洋经济的发展。1998年9月市委、市政府召开了海洋经济工作会议，提出了把宁波市海洋经济发展作为国民经济发展的一个新的经济增长点，以科技兴海为动力加快发展的思路。在科技的带动下，宁波市科技人员与渔农民首创了滩涂低坝高网养殖模式，突破了低盐度海区不宜发展海水养殖的禁锢，开拓了对虾、青蟹、蛏子、泥蚶、草鱼、海瓜子、鲻梭鱼等多品种养殖；开发了长期荒芜的杭州湾南岸和三门湾高潮位滩涂50 km^2；在浅海资源开发方面，选准海水鱼类网箱养殖和筏式、延绳式牡蛎养殖为重点，1999年海水网箱养殖规模达到3万箱，形成了具有地方特色的优势产业；筏式、延绳式养殖牡蛎扩展到6.7km^2。宁波市独创的伏浮流式坛紫菜和条斑紫菜的二茬养殖技术已大面积推广，浅海藻类养殖面积超过13.5km^2，海水围塘养殖逐步摆脱对虾病害危害的困境，已走出了一条综合养殖、立体养殖和多品种养殖的路子。

【象山港科技兴海示范区】 1999年8月，科技部、农业部、财政部、国家海洋局等部、局联合发文，批准宁波市象山港为全国科技兴海示范基地。与此同时，宁波市对象山港科技兴海示范园区作了具体规划，以海洋水产的先进适用技术和高新技术产业为突破口，重点建设以网箱标准化为主的5个各具特色、具有国内先进水平的水产养殖示范基地，即：海水网箱标准化养殖示范基地（养殖规模达到13.5万m^2，3m×3m网箱1.5万只，年养殖产量3 300t）；贝类生态养殖和产业化示范基地（建立三倍体牡蛎、鲍鱼、海带、羊栖菜、二贝二藻科学套养技术示范基地1.34 km^2）；紫菜现代化养殖、加工示范基地；海水池塘高效养殖示范基地；梭子蟹育苗、养殖、加工示范基地。 （顾增余）

【宁波海洋开发研究院】 1998年，国家海洋局与宁波市人民政府联合组建了宁波海洋开发研究院，同时加挂国家海洋局第二海洋研究所的牌子，属海洋科技开发型事业单位。该院与宁波市科委、宁波市海洋与水产局加强联系，开展了海洋工程测验以及海洋经济、海洋资源开发战略、科技兴海等的多项研究。 （任典勇）

海洋管理
Marine Management

【宁波市首次海洋经济工作会议】 1998年9月24～25日，宁波市委、市政府组织召开了全市海洋经济工作会议。这既是理清思路，统一认识的会议，也是号召全市广大干部群众向海洋进军，实现宁波市从“海洋资源大市”向“海洋经济强市”转变，加快建设现代化国际港口城市的动员大会。会议明确提出今后一个时期要立足“港、鱼、游、景、涂”五大资源优势，以发展海洋经济为中心，加快引进和发展海洋科学技术，实现海洋经济体制和增长方式的根本转变。在深入调查研究的基础上，制定出台了《关于加快海洋经济发展若干政策的通知》、《关于加快宁波市海洋经济发展的若干意见》、《关于象山港区域综合开发指导意见》、《1998～2010年宁波市“科技兴海”规划纲要》等4个政策性文件，并成立了由市委、市政府主要领导任组长、市级各涉海管理部门和沿海县（市）区负责人为成员的市海洋经济协调小组。 （赵世养）

【1998国际海洋年宣传活动】 1998年3月18日，宁波市成立了'98国际海洋年宣传活动领导小组，开展'98国际海洋年的各项宣传活动。7月18日，宁波市海

洋与水产局会同市环保局、宁波港务局、宁波港监、宁波大学、宁波海洋学校等10余家单位联合在阳光广场、杉杉公园、江厦公园等地举行“爱我蓝色国土”海洋宣传咨询、签名活动，市人大常委会副主任徐杏先到场参加活动。活动期间，悬挂标语条幅近40幅，宣传图版30余块，宣传招贴画200张，“重返海洋”歌曲录音带和VCD各100余份，近5 000名群众参加了《海洋章程》签名活动，张蔚文市长在当天的宁波日报》上发表了题为“迎接海洋世纪，共铸蓝色辉煌”一文，并在宁波电视台作了电视讲话，号召全体市民积极参与海洋开发事业。市有关新闻媒体对宁波改革开放20年来的海洋经济发展与成就作了多角度的连续报道。

【宁波首次海空联合执法活动】 1998年8月20～22日，宁波市海洋与水产局同国家海洋局东海分局联合在宁波海域开展海空执法活动。郭正伟副市长、市人大、市政协有关领导登上中国海监飞机巡视海域。中国海监、宁波港监、宁波市渔政等执法部门出动执法船5艘，对宁波管辖海域的倾废区、排污口、海底电缆、管道路由、海上船舶安全、海洋开发利用、渔船作业等实施立体监视和检查，处理各类违法行为。市人大、市政协和各县（市）区人民政府有关部门负责人及《宁波日报》、宁波电视台、宁波有线电视台、宁波人民广播电台记者随船执法检查，对执法情况进行公开报道，向社会进行了一次大规模的海洋法律、法规和海洋知识的宣传。（黄源　林桂芳）

【海域使用调查登记试点】 1999年4月29日至5月29日，宁波市人民政府与宁海县人民政府在宁海县桥头湖镇开展海域使用调查登记试点工作。试点中，实地丈量海域786块，绘制草图802张，确定界址点102个，帮助沿海行政村建立档案786份，登记海域面积3.06 km^2。调查登记试点工作为全市海域使用管理提供了有益的经验。（张士锋）

（上接第225页）

国家海洋局和国土资源部颁发的《海域使用许可证》和《采矿许可证》。

【海底电缆管道管理】 海底电缆（光缆）、管道是海岛能源、淡水输送和通信的主要载体。根据国家海洋局《关于海洋管理工作分工的意见》(国海人发［1997］051号)的要求，浙江省海洋局自1998年1月1日起，依照《中华人民共和国铺设海底电缆管道管理规定》及其《实施办法》，负责毗邻该省的领海基线向陆一侧海域(内海)内的海底电缆、管道路由调查、勘测和铺设施工的审批和监管工作。一是明确了铺设海底电缆、管道程序。根据国家有关规定，制定了《浙江省铺设海底电缆管道管理工作规则》，明确了办理铺设海底电缆、管道不同阶段所应办理的手续和程序。二是理顺了与交通、海军等相关部门的关系，规范了海底电缆、管道的登录程序。三是为掌握浙江省海区海底电缆、管道分布状况，组织开展了全省海域海底电缆、管道的普查工作。通过全面调查登记，核实了浙江省海域海底电缆、管道的正确条数、路由走向、用途等内容。为科学使用和保护海底路由资源提供了有力保障，1998、1999年，省有关部门共评审、审批海底电缆管道17条。（吴映美　朱家立）

舟 山 市
Zhoushan City

综 述
Summary

【概况】 由1 390个岛屿组成的舟山市，位于浙江省东北部、长江口南端、杭州湾外缘的东海海域中。市辖定海、普陀两区和岱山、嵊泗两县，共63个乡镇、4个街道，乡镇政府驻地岛分布在35个较大岛屿上。全市区域总面积2.22万km^2，其中海域面积2.09万km^2（包括183km^2的潮间带面积），岛屿陆地面积1 257km^2（其中98个有人居住的岛屿陆地面积达1 210km^2），岛屿岸线总长2 447.9km。1999年末，全市总人口98.42万人，比上年减少1 231人。人口自然增长率1998年、1999年分别为0.53‰和0.69‰。

舟山海洋资源丰富。可开发利用的10m以上深水岸线183.2km，20m以上深水岸线82.8km，主要分布在舟山岛、金塘岛、六横岛、衢山岛、桃花岛等26个岛屿上。港口锚地众多，航道四通八达，是建设大型深水港的理想港址。舟山渔场面积约10万km^2，年捕获量在100万t以上，有各种海洋生物1 100余种，是中国著名的渔场。舟山境内有普陀山、嵊泗列岛两个国家级风景名胜区和岱山、桃花两个省级风景名胜区，集海岛风光、渔乡风情、佛教文化于一体，加上宜人的北亚热带南缘海洋性季风气候，是观光、避暑、度假、休养和海上运动的优良场所。此外，海洋能资源也十分丰富，中国第一座70kW海洋潮流能发电站正在建设之中。

自1998年5月中旬，浙江省委、省政府在舟山召开全省第二次海洋经济工作会议以来，舟山的海洋经济快速发展，并有力地促进了国民经济的全面发展。尤其是1999年，经济增速位居全省前茅，经济总量迈上了新台阶，国内生产总值和工业总产值双双突破百亿元大关，分别为101.37亿元和100.49亿元,人均国内生产总值首次超万元，达到10 295元。1999年第一、二、三产业占国内生产总值的比重由上年的32.8：29.5：37.7调整为30.8：31.5：37.7。交通港口、渔业、旅游等海洋产业蓬勃发展。嵊泗马迹山25万吨级兼靠30万吨级矿砂中转码头建设进展顺利，兴中石油转运有限公司完成了二期建设并投入运营，朱家尖大桥于1999年5月竣工通车，同年11月，舟山至大陆连岛一期工程正式动工。1999年港口货物吞吐量达2 082万t，比上年增长26%，舟山港作为国家级大港的地位进一步巩固。渔业经济稳步发展，远洋渔业和海水养殖持续增长。1999年远洋渔业产量为14.88万t，约占全国远洋渔业产量的15%、浙江省的80%。海水养殖面积为5 604hm^2，产量为3.77万t，均比上年有大幅增长。旅游业拓宽思路，加大促销力度，成功地举办了首届舟山国际沙雕节。1999年，共接待国内外游客397.46万人次，比上年增长15.7%；全年旅游总收入16.62亿元，比上年增长9.3%。

海洋管理机构不断完善，海洋综合管理有了实质性进展。继舟山市海洋局建立后，岱山县、嵊泗县、普陀区也先后建立了海洋局，为全面实施海洋综合管理奠定了基础。舟山作为全国海域使用管理示范区，经过近两年努力，各项管理工作走在了浙江省各地市的前列。编制出台了《舟山市海域有偿使用管理暂行规定》，率先全面完成了海域使用调查登记工作，建立了海域使用审批制度，全面开展了海域使用审批发证工作，完成了全市大比例尺海洋功能区划的编制和舟山海域海底管线普查,并逐步开展了海上执法工作。根据浙江省委、省政府关于加快海洋开发若干政策的通知精神，舟山各级海洋部门积极筛选、申报海洋开发与管理项目，争取浙江省海洋开发管理专用资金的扶持。1998～1999年，共有15个海洋开发管理项目被列入浙江省海洋开发管理专用资金项目，补助资金194万元。定海区长峙乡、普陀区桃花镇、岱山县高亭镇和嵊泗县嵊山镇先后被列为浙江省“蓝色工程”示范区。这些开发管理项目和“蓝色工程”示范区建设项目的实施，产生了积极的示范、引导、推广作用，共集聚资金达6 000余万元，取得了明显的经济和社会效益，促进了舟山海洋事业的快速发展。

（马苏群）

表1 舟山市海洋机构一览表

单位名称	建立时间	现有人员（人）
舟山市海洋局	1995年9月	12
岱山县海洋局	1996年10月	4
嵊泗县海洋局	1996年4月	2
普陀区海洋局	1997年11月	1

表2 舟山市基本情况一览表

	县、区	辖区内			年末人口（万人）						全社会从业人员数（万人）			
					1998年			1999年			1998年		1999年	
		乡镇数	岛屿数	区域面积（km^2）	合计	农业人口	非农业人口	合计	农业人口	非农业人口	合计	其中职工数	合计	其中职工数
舟山市	定海区	25	127.5*	1444	35.84	24.34	11.50	36.00	23.86	12.14	29.43	6.24	30.0	5.46
	普陀区	18	454.5*	6728	32.53	26.40	8.13	32.50	23.71	8.79	18.69	4.59	17.72	4.32
	岱山县	11	404	5220	21.61	17.71	3.90	21.39	17.42	3.97	12.09	1.88	11.94	1.47
	嵊泗县	13	404	8824	8.56	6.38	2.18	8.53	6.28	2.25	4.93	0.92	4.82	0.87
	合计	67	1390	22216	98.54	72.83	25.71	98.42	71.27	27.15	65.14	13.63	64.48	12.12

表3 舟山市沿海县(区)国内生产总值、工农业总产值一览表

单位：亿元

市区县	年份	国内生产总值				工业		农业	
		合计	第一产业	第二产业	第三产业	总产值	增加值	总产值	增加值
全市合计	1998年	93.56	30.72	27.52	35.32	84.15	21.50	64.71	30.73
	1999年	101.37	31.20	31.96	38.21	100.49	24.78	67.44	31.20
市属	1998年					23.44		5.55	2.41
	1999年					28.45		5.24	2.11
定海区	1998年	36.54	5.4	14.49	16.65	25.08	10.85	10.03	5.37
	1999年	39.23	5.28	16.38	17.57	30.91	12.57	10.13	5.40
普陀区	1998年	30.04	12.07	9.39	8.58	19.29	1.38	23.04	9.43
	1999年	33.17	12.60	10.41	10.15	22.10	8.40	24.35	9.86
岱山县	1998年	17.99	8.60	4.09	5.30	11.44	1.22	16.68	8.58
	1999年	19.29	8.95	4.35	5.99	13.08	3.55	18.28	8.95
嵊泗县	1998年	11.95	4.89	2.06	5.0	4.91	0.63	9.40	4.90
	1999年	12.96	4.87	2.68	5.41	5.91	1.48	9.44	4.90

海洋资源开发与海洋经济
Development of Marine Resources and Marine Economy

【海洋水产资源开发】 1998～1999年，舟山渔业结构调整力度加大，机动渔船继续趋向大吨位、大马力，并迈向远洋、境外。1999年，全市机动渔船11 246艘，比1998年减少388艘，但总吨位达74万t，比上年增加2.6万t；总功率达135.13万kW，比上年增加5.5万kW。主要作业方式有桁杆拖虾、帆涨网、对拖网等；主要捕捞对象有虾类、带鱼、蟹类、小黄鱼、头足类等。1999年全市水产品产量为132.88万t，总产值为57.72亿元，分别比上年增长0.26%和5.76%。其中海洋捕捞产量为128.82万t，比上年减少0.42%，产值为52.78亿元，比上年增加2%；水产品加工总量达到15万t，总产值为26.43亿元，分别比上年增加42%和减少9.3%。

针对近年来渔场区域缩小和渔业资源逐渐贫乏的新情况，养殖短腿逐年拉长。1999年海水养殖面积由1998年4 554 hm^2 增至5 604 hm^2，其中围塘养殖为2 942hm^2，滩涂养殖为2 222 hm^2，浅海养殖为440 hm^2。海水养殖产量3.77万t，产值4.54亿元，分别比上年增长31%和47%，并向多品种、立体型、工厂化发展。全市全年大黄鱼养殖面积为133 hm^2，产量为240 t，均比上年增加1倍多，网箱养殖比上年增长51.2%，浅海养殖取得新进展。　（严旭光）

表4　舟山市海洋开发资料统计

项目			1998年	1999年
海洋捕捞产量(万 t)		合计	129.41	128.82
海洋捕捞产量(万 t)		鱼类	84.94	81.49
海洋捕捞产量(万 t)		贝类	6.64	8.60
海洋捕捞产量(万 t)		虾蟹类	37.56	38.25
海水养殖	产量(t)	合计	28 893	37 749
海水养殖	产量(t)	鱼类	1 674	1 270
海水养殖	产量(t)	贝类	18 922	25 818
海水养殖	产量(t)	藻类	3 482	4 746
海水养殖	产量(t)	虾蟹类	4 329	5 309
海水养殖	面积(hm^2)		4 554	5 604
沿海港口货物吞吐量(万 t)			1 655.7	2 082
海盐业		面积(hm^2)	4 125.3	4 127
海盐业		产量(万 t)	18.63	1 4.25
加碘盐		产量(万 t)	4.85	5.58
加碘盐		产值(万元)	2543	2928
滨海旅游人数(万人次)		国内	338.88	391.90
滨海旅游人数(万人次)		国外	4.73	5.56
滨海旅游收入		国内(亿元)	15.19	1 662
滨海旅游收入		国外(万美元)	2 350	24 66.2
滨海砂矿产量(万 t)		石料	890	870
滨海砂矿产量(万 t)		砂	164	230
水产品加工总量(万 t)			10.57	15.0
沿海货运量(万 t)			1 275	1 443
沿海货运周转量(亿t·km)			85.74	98.37
沿海客运量(万人)			1 304	1 480
沿海客运周转量(亿人·km)			5.17	5.46

【海岛文通运输】 舟山的海洋运输在继续实施“以客为主，客货兼顾”的同时，努力完善运输网络，切实提高综合运输效率。近两年来，在客运方面，加快了舟山至大陆的常规客轮的更新步伐。舟山至上海、普陀山至上海、普陀山至福建马尾、普陀山至宁波等航线的常规客轮不仅在技术性能上达到了快速、安全，而且在设施上达到了豪华、舒适。通过汽车轮渡这条“海上蓝色公路”使舟山的公路运输形成了以本岛定海为中心,辐射各经济大岛的公路运输网络，并与大陆公路运输网络相连接。

目前，开通大陆长途客车班线55条，日发100余班次。1999年沿海客运量达1 480万人，沿海客运周转量54 594万人·km，分别比上年增长13.5%和5.7%。舟山本岛定海至最远的嵊泗县政府所在地菜园镇，高速客轮航线由原来常规客轮的5个余小时缩短到2 h，基本实现了舟山“九五”计划提出的“2h交通圈”目标。　（陈爱国）

【港口开发建设】 舟山的港口开发建设继续贯彻“以港立市”方针，不断完善现有港口码头设施，积极引进货主码头建设项目，努力扩大港口吞吐量。两年间，客运港口重点改建完成了舟山至宁波白峰大吨位集装箱滚装码头和普陀山国际大型游轮码头，并对定海客运港口进行大规模改造。货运港口重点完善了老塘山港口码头设施；扩建兴中二期10万吨级原油货主码头及相应的设施，使之成为中国目前最大的商品油中转基地。同时，引进了上海宝钢在嵊泗马迹山建设25万吨级兼靠30万吨级的铁矿砂专用码头和岱山东海平湖油气田2万吨级原油中转码头，还建成了沈家门半升洞和定海东蟹峙岛2个1.8万吨级货主油码头。在海上货运方面，积极向大吨位、特种化、节能型货运船舶发展。目前，舟山岛货运航线北达丹东、大连，南抵海南、香港、新加坡，东北至日本、韩国。尤其在1999年开通了舟山至上海国际集装箱内支班线，从而结束了舟山的集装箱运输只能通过汽车轮渡运往上海、宁波中转的历史。1999年舟山港货物吞吐量达到2 082万t，在全国沿海港口吞吐量排位由上年的第13位跃居到第9位。　（陈爱国）

【海岛旅游开发】 由1 390座岛屿和3 306座礁石组成的舟山群岛，似串串珍珠散布在2.2万km^2的海域上，形成了一个巨大的“海上盆景园”，供开发的旅游景点多达1 000余处，目前已开发的景点有100余个。有“海天佛国”山（包括朱家尖“国家海岛生态公园”）、“南方北戴河”列为两个国家级风景名胜区和岱山、桃花岛两个省级风景名胜区。

舟山群岛海洋旅游的核心区域是“普陀旅游金三角”已成为华东地区旅游网络中不可缺少的组成部分。它由禅林幽静取胜的普陀山、海滨动感休闲的朱家尖岛、中国最大渔港沈家门渔港及海滨疗养胜地桃花岛组成。在旅游产品开发上，以海洋文化为依托，坚持走特色化、环保型、可持续发展的路子，着重做好“精品”、“名品”、“老品”三篇特色旅游文章：“精品”，即具有1 000余年历史的普陀山佛教文化旅游产品。不断提升观音朝拜旅游产品的档次，增强对舟山旅游的辐射力和市场竞争实力。“名品”，即以朱家尖岛为重点的舟山海洋文化旅游产品的开发，以“舟山国际沙雕节”为突破口，着力开发符合现代旅游发展趋势的海滨休闲度假产品。“老品”，即以定海历史文化名城为立脚点，充分挖掘整理舟山历史文化。将马岙原始渔村古文化遗址、定海鸦片战争古战场遗址、世界船王董浩云故居、台湾著名作家三毛祖居、普陀山接待寺——祖印寺等一批历史人文景观设计规划成海岛寻古探秘旅游专线产品。

（金海山）

【船舶工业】 舟山船舶工业是具有海岛经济特色和悠久历史的传统工业，经过长期的稳步发展，初具规模。1999年末有船舶工业企业150家，厂房面积50.53万m^2，固定资产达到5.81亿元。拥有各种干船坞88座，坞总容量达到18万t。已具有航修30万吨级、坞修近5万吨级，能建造1.5万吨级海洋运输钢质船舶等各种工程船舶的能力。初步形成了船舶建造、船舶修理、废船拆解、油轮清洗以及船用配件制造和船舶交易等门类的集科研、生产、配套服务于一体的船舶工业体系。

1998年，舟山市船舶工业总公司所属的东方玻璃钢船厂被国家科委列为中国3家大型玻璃钢船舶科技攻关示范厂之一，并被国家农业部指定为大型玻璃钢渔船生产推广定点企业。1999年7月，该厂与中国船舶工业总公司708所联合试制成功3座位、5座位玻璃钢气垫船。1999年9月浙江扬帆船舶集团公司经浙江省计划与经济委员会批准，建造万吨级船台和码头，同时承担德国4 650吨级多用途集装箱船，创舟山建造外轮的范例。

（李　莉）

【海洋药物开发】 舟山是浙江省较早研究开发海洋药物的海岛城市。早在50年代，舟山制药厂就开发生产了“海墨止血片”，浙江海力生集团公司就利用鱼油生产鱼油制剂系列产品“鱼肝油”等，后来相继开发生产了“角鲨烯”等海洋药物，但生产规模相对较小。90年代初以来，以海力生集团公司为龙头的制药企业充分发挥企业的地域优势和资源优势，先后开发生产了乙酯型“多烯康”胶丸、具有癌症辅助治疗作用的“角鲨烯”系列产品、填补国内空白的白血病治疗新药“硫鸟嘌呤”片剂、消炎镇痛修复关节的“氨糖美辛”片、促进幼儿生长发育的“贝特令”胶丸等一大批海洋药物新产品。其中多烯康胶丸分别获得中国海洋药物优秀创新一等奖、首届中国农业博览会银奖和舟山市科技进步特等奖。1998年产值2.31亿元，销售收入2.22亿元，利税3 234万元，利润达1 708万元；1999年产值达到2.78亿元，销售收入2.46亿元,利税3 617万元,利润2 051万元。一跃成为舟山市利税大户，被浙江省医药管理局确认为省海洋药物开发生产的主要基地。

目前，舟山市已具备了硬、软胶囊、片剂、散剂、粉针剂、油剂、滴剂、乳剂等多种剂型的海洋药物生产能力，并逐步向天然矿产药物和化工合成药物综合发展方向拓展。

【甲壳质纤维开发】 舟山拥有极为丰富的虾、蟹壳资源。据不完全统计，全市虾、蟹的年产量约35万t，每年通过加工冻虾仁、虾米、切割蟹后可收集的虾壳、蟹壳约4.5万t，按30～35：1的比率计算可生产甲壳质1 300～1 500 t。舟山市定海海山生化制品有限公司通过与科研院所协作攻关，于1998年以甲壳质作为原料，研制成功了有一定纤度、强度和手感柔软的甲壳质纤维。目前该厂已形成年产2t甲壳质纤维的生产能力。甲壳质纤维与棉混纺可制成抗菌、防臭的内衣和裤袜，达到保健目的，还可加工成甲壳质医用无纺布，广泛地用作敷贴人体创伤组织的材料。

（胡定为　陈文斌）

海洋公益与海洋环保
Marine Public Welfare Facilities and Marine Environmental Protection

【跨海桥梁】 朱家尖海峡大桥是浙江省第一座特大型跨海大桥，全长2 706 m，宽12m，主桥为76+138+76m预应力连续刚构，主跨净高23m、净宽114m，通航1 000吨级船舶。1999年5月30日，通过浙江省交通厅组织的工程交工验收，5月31日投入试运行，极大地改善了舟山旅游“金三角”地区的交通条件。1999年3月，又成立了以市长张家盟为总指挥的舟山市大陆连岛工程指挥部，决定启动建设连岛一期工程。该工程包括岑港、响礁门、桃夭门3座特大型跨海大桥，先后连接舟山岛、里钓山、富翅岛、册子岛，建设里程6.98km，其中桥梁总长2 596m，工程按一级公路标准设计,桥宽22.5m，设双向四车道，总投资7.5亿元。经过筹备,岑港大桥和响礁门大桥分别于1999年11月26日和12月28日开工,桃夭门大桥计划2000年底前后动工。

（王汉平）

【海岛城镇建设】 1998～1999年，舟山城镇市政建设投资4.2亿元，新建、扩建、改建道路23km，面积25万m^2，形成了城区道路“四面环转，纵横贯通”的格局。

1998年开工、1999年竣工并投入使用的海山公园占地32.6hm^2，总投资1 200万元，是舟山市集游览、休憩和爱国主义教育于一体的综合性公园。该公园的建成，使舟山的公园数增加到了7个，总面积达109.30hm²。至1999年底，舟山城镇绿化覆盖面积为2 749hm²，人均公共绿地面积7.83m²。两年来，先后完成了应家湾水厂建设、虹桥水厂扩建等供水工程，使全市城镇的用水普及率从1997年的95%提高到1999年的100%。舟山市煤气管道工程于1991年完成并投入使用，到1998年舟山城镇用气户（包括液化气）达6.4万户，1999年达7万户，用气普及率达到100%。这两年，也是舟山房地产业发展较快的时期。1999年，房地产开发投资量8.2亿元，施工面积128万m²，竣工面积50万m²，销售面积50.3万m²，开发投资量和施工面积均超过全市房地产开发顶峰年份的1995年。舟山市区人均居住面积达到11.89m²，超过了建设部提出的2000年人均居住面积8m²的目标。（沈兆平）

【海岛通信网络】 1998年以来，海岛电信部门以改造和优化通信网络为重点，通过拓展通信容量，改善通信结构，增强了海岛通信网的速率、质量和抗风险能力。1998年被列为浙江省和舟山市重点工程的宁波一定海海底通信光缆工程的建成，结束了舟山对外通信全部依赖微波的历史。舟山C3、C4SDH（同步数字体系）光纤、微波混合传输网工程覆盖了全市近80%的乡镇。

1998年1月，舟山市在顺利实现全市“村村通电话”工程目标的同时，“电话村电话镇”工程也蓬勃展开。截止1999年底，全市城乡局用交换机总容量达到25万余门，其中市话局近15万门，农话局10万余门；电话用户达18万户，其中市话用户11万户，农话用户7万户；全市建成“电话村”4个，“电话镇”7个；电话普及率达 到21部/百人，其中市话普及率达到40部/百人，农话普及率达 到12部/百人；全市主线普及率达到18线/百人，在浙 江省11个地市中 排名第三位，从而使舟山市跻身于国内通信先进城市行列。

（孙岱象）

【海洋气象预报】 1998年8月经国家气象局批准成立了舟山市海洋气象台。该台通过GMS-5卫星接收的实时云图资料、713C雷达资料的分析，以及卫星发送和接收的国内、国际资料的应用，提高了对海洋灾害性天气的监测和预报能力。根据监测到的资料，通过普陀山海洋广播电台每天3次对近、外海各作业海区开展海上服务。服务范围为128° E以西，南起26° N，北至34° N，服务内容为3～5d的海面风力预报和24h风浪预报，以及台风、冷空气、寒潮等灾害性天气预报，为渔民和航运部门的生命财产安全提供保障。

如9808号强热带风暴（台风）于9月27日夜在菲律宾东南偏南方向大约400km的洋面上形成，由于是近海生成，来势猛，移速快，近海渔场风浪浪高5～6 m，随着台风北移，外海风浪浪高也逐渐增大到5～6 m。由于海洋气象台的准确预报和及时转告，使得普陀区墩头渔业社在1891海区3小区和1733海区7小区作业的浙普渔61011号（对拖船）、61001号、61007号等6艘渔船在强风暴到来之前安全回港避风，避免了一场船毁人亡的海洋灾害。（徐燕峰）

【海洋生态环境监测】 浙江省舟山海洋生态环境监测站按照《海洋监测规范》（GB17378.1～7-1998）和有关国家标准监测分析方法，在实行全程质量控制条件下对浙江暨舟山渔场近岸海域进行海洋生态环境监测。监测项目包括水质监测指标22项、海洋沉积物监测指标12项、海洋生物监测指标8项。监测面积约4.7万km²。设监测站位55个，其中包括舟山海域监测站位18个。另外在舟山本岛及附近岛屿设潮间带生态环境监测断面7个。

1999年监测结果，舟山近岸海域水质以超四类水质为主，占55%，四类水质占17%，三类水质占11%，二类水质占17%，无一类水质。主要超标污染指标为无机氮和活性磷酸盐。与1998年相比，水质状况变化不大，近岸海域生物环境状况属中等污染，富营养化问题较为突出。潮间带为100%超四类水质，且生物质量状况较差，以迁移快、耐污能力强的种类为主，其中低潮区种类较少，生物量及栖息密度较低。同年7月9日监测到绿华北部12km处发现一条长约1km、宽5～10m的带状赤潮，持续时间约1h50min，赤潮生物细胞密度在108个/m³以上，赤潮带上有零星死亡小鱼漂浮。另外，6月23日和8月19日分别在东极岛附近和枸杞岛至绿华岛附近海域发现海水较正常浑浊，生物细胞密度也较高。（邵君波）

【舟山市海洋污染基线陆域污染源调查】 为配合全国第二次海洋污染基线调查，舟山市海洋局于1998年下半年在全市范围内开展了以全市社会经济状况、城市城区社会经济状况和沿海企业入海排污、海洋船舶排污、港口排污等为内容的“舟山市海洋污染基线陆域污染源调查”。

通过该次调查，已基本查清了舟山市主要污染物的入海种类、方式及数量等要素。舟山作为海岛型城市，污染物排放的主要途径是入海，污染物的主要种类为有机物和油类。从汇总的数据显示，舟山市的陆域污染物排海量得到了一定的控制（与1995年相比，废水排放量从2 110万t减少到1 545万t，减少了36.6%；固体废弃物从1.12万t减少到0.77万t，减少了34.5%），但由于缺乏海洋的综合管理，随着海上流动污染源（主要是船舶）排污量的增加，以及汇入舟山海域的大江河流携带的大量污染物入海，舟山海域的生态环境不容乐观。（翁良才）

海洋灾害与防御
Marine Disasters and Prevention

【9806号台风正面袭击舟山】 1998年舟山市主要受9806号和9808号台风影响，其中9806号台风影响尤为严重。9806号台风于1998年9月16日14时在日本冲绳岛东南方向大约750km的洋面上生成后，19日逐渐接近舟山。19日20时05分，舟山实测最大风速为39m/s，21时48分，出现最高潮位9.89m（舟山水利基面），即1985国家高程2.36m。19日22时15分在舟山普陀区登陆，中心气压为985hPa，近中心风力10级。17～19日3d 最大过程降水70.9mm。

受台风影响，舟山4个县（区）全部受灾,受灾人口达40.4万。518家企业停产或半停产，交通、电力、通讯中断，渔业生产造成重大经济损失。据统计，全市直接经济损失5.024亿元。主要损失为：房屋损坏3 944间，其中倒塌房屋351间；渔船损坏137艘，其中沉没12艘；码头损坏36座，其中沉没12座；海塘损坏86条，长121km，其中决口28条93处长，10.5km；损坏水闸49座，渠道20km，桥梁31座；农作物受灾面积11 153hm^2，其中成灾4 240 hm^2，绝收 700 hm^2，毁坏耕地43hm^2；损坏通信、输电线路226.5km；死亡2人，受伤125人。（周中楠）

【海塘建设】 舟山岛屿分割，四面环海，平原区全靠海堤保护。截止1999年底，舟山全市有一线海塘461条，长344km，其中保护面积67hm^2以上重要一线海塘250条，长275km。1951年以来，全市兴建海塘375条，长222km。这些海塘限于当时社会经济条件和科学技术水平，绝大部分存在设计标准低，施工质量差，塘身结构单薄，迎海面砌石口凹凸变形，背水坡泥方被塘顶越浪冲成壕沟，海塘长期处在带病运行状态。为减轻风暴潮等自然灾害带来的损失，保障人民生命财产安全，根据《中华人民共和国防洪法》、《中华人民共和国水法》等法律法规，浙江省委、省政府发出“建千里海塘，保万众生灵”的号召，舟山市委、市政府带领全市人民掀起标准海塘建设高潮。1998年建设设计重现期为50年，工程等级为Ⅲ级的海塘18条，长41.29km；设计重现期为20年，工程等级为Ⅳ级海塘6条，长5.9km。1999年又建设设计重现期为50年，工程等级为Ⅲ级的海塘28条，长59.55km；设计重现期为20年，工程等级为Ⅳ级海塘10条，长11.55km。这些海塘的建成极大地提高防灾抗灾能力，为舟山经济和社会健康发展提供了安全屏障。（陈成金）

【舟山统一防潮警戒水位高程值】 舟山市于1997年7月开展了防潮警戒水位核定的研究,并于1998年12月27日通过了浙江省科委主持的《舟山市防潮警戒水位核定的研究》成果鉴定会。专家认为，该成果总体上达到国内先进水平，在海岛基准面统一性研究方面达到了国内领先水平。1999年曾获得舟山市科技成果二等奖。同年5月27日，舟山市人民政府公布舟山各岸段防潮警戒水位高程（1985国家高程基准）为：舟山本岛2.30m，岱山高亭区段2.30m，六横台门区段2.60m，嵊泗菜园区段2.60m。从此，统一了舟山各部门自行采用的防潮警戒水位值。（何仁义）

海洋科技与教育
Marine Science and Technology & Marine Education

【涉海学校】 舟山市有涉海院校2所，分别为浙江海洋学院和舟山航海学校。

浙江海洋学院于1998年3月经国家教委批准，由浙江水产学院与舟山师专合并组建。设海洋科学、海洋技术、船舶与海洋工程、海洋渔业科学与技术、建筑环境与设备工程、汉语言文学、英语等11个本科专业，应用电子技术、文秘、旅游管理与服务等5个专科专业及海洋科学、海洋经济、海洋文化3个研究所。浙江省远洋渔业培训中心和浙江省海洋管理培训中心均设在该学院，并初步形成以海洋监测、海洋资源开发、海洋环境保护、海洋管理、海洋渔业等海洋应用技术学科为主的教学体系。现有专任教师230人，其中高级职称79人，中级职称138人。1998年毕业学生449人，1999年毕业生587人，1999年底在校生2 402人。

舟山航海学校于1991年11月经浙江省计划与经济委员会和浙江省教育委员会批准成立，其前身为成立于1984年的舟山水产学校。该校实行两块牌子、一套班子的管理体制，是中国政府履行《STCW78/95公约》的履约学校之一。学校设船舶驾驶、轮机管理、水产养殖、计算机财会、港口装卸机械、公关文秘、对外经济贸易等专业，有船桥模拟器室、轮机实验基地、海上训练基地等。现有教师65人，其中高级职称8人、中级职称40人。1998年毕业生235人，1999年毕业生267人，1999年底在校学生1 111人。

（王伟进）

【科技兴市】 1998～1999年，舟山市组织实施各级各类科研计划747项,其中国家级11项,省级135项；获市级及市级以上政府奖的科技成果47项；经认定登记的技术合同195项，技术合同成交金额944.5万元；专利申请受理数100件，专利授权数121件。截止1999年底，全市国有企事业单位专业技术人员总数20 345名，其中高级职称650名，中级职称6 374名，享受国家特殊津贴的科技人员18名。拥有县级以上国有独立科学研究机构和技术开发机构8个，从事科技活动人员182人。全市67个乡镇（街道）已有64个乡镇（街道）建立了科委、科协。近两年来，工业科技以扶持和培育发展高新技术以及运用高新技术改造传统产业为重点，开发成功石英谐振器、汽车发动机电控系统、安全气囊镁合金轿车转向盘、PZG（W）8系列远程监控直流屏、注射用他唑巴坦钠干粉针、非石棉密封材料、甲壳素纤维及壳聚糖、新一代绢纺成套设备等一批高新技术产品。1998年9月，中国第一条具有自主知识产权年产100 t纳米硅基氧化物系列生产线在舟山建成。同时，中国第一座70kW海洋潮流能发电站将在岱山县龟山航道安装调试。舟山岱衢族大黄鱼生产性育苗、梭子蟹全人工养殖、半开放混水海区网箱养殖技术开发及产业化工程、鳀鱼深度开发利用等重点科研项目获得进展和成功。　（朱良恩）

海洋国际合作与交流
Marine International Cooperation and Interflow

【首届中国舟山国际沙雕节】 1999年9月26日至10月28日，由世界沙雕协会（WSSA）主席格雷·科克先生授权，中国人民对外友好协会、国家旅游局主办，舟山市人民政府、上海南江公司承办的“首届中国舟山国际沙雕节”，在风光秀丽的浙江省舟山市朱家尖岛南沙滩举行，标志着“沙雕”这种西方文化旅游活动正式来到了中国。

参加“首届中国舟山国际沙雕节”国际组大赛的有墨西哥、荷兰、苏格兰、美国、日本、加拿大、爱尔兰、新加坡、英格兰、丹麦等10支国际专业沙雕队，其中英格兰队主雕手尼哥尔·泽比拉创作的《不同的世界相聚在这里》获国际组金奖。参加国内组比赛的有上海油雕院、广州美院、四川美院、中国美院、上海大学美院、香港、上海南江企业发展有限公司、中央美院、澳门、东道主舟山等10支国内参赛队，其中四川美院队主雕手曾岳创作的《劈山救母——宝莲灯》获国内组金奖。

“沙雕节”期间还举行了沙滩泳装模特表演、沙雕灯光展示、鱼灯展、沙滩摇滚音乐会、啤酒广场、吉尼斯特技表演、海乡风情文艺晚会、沙雕摄影大赛、海鲜美食、普陀山朝山进香游等10余项配套活动。共吸引海内外游客16.6万人次，产生综合经济效益达1亿元。　（金海山）

【国际捕捞渔业】 1998年以来，面对200海里专属经济区的普遍实施，赴国外捕鱼条件及管理日益苛刻，竞争日趋激烈，风险加大，过洋性远洋渔业的潜力出现萎缩。为此，舟山市及时调整远洋渔业发展思路，优化布局结构，把发展外方制约少、报批手续简单、握有自主开发主动权的大洋性远洋渔业和适合现有钢质小渔轮安全跨越的东南亚邻近地区过洋性远洋渔业作为现阶段的主攻方向。并充分利用群众股份制渔业成本省、负担轻、机制活、效益高、产权明晰等优势，大力发动群众投资入股，吸纳社会闲散资金，使舟山远洋渔业初步形成了以国有企业为龙头，集体、联户、个体积极参与的远洋渔业格局。目前，以441kW以上国产和进口二手渔轮为骨架，开展北太鱿钓、印度尼西亚双拖和南美鱿钓，并向西非、南太、南亚海域适度拓展。1998年，全市11家远洋渔业企业投入远洋渔船229艘，产量13.06万t，创产值9.11亿元，分别比1997年增长5.53%、6.56%和25.18%。1999年仍保持稳中有进，全市远洋渔船达到240艘，产量14.88万t，创产值11.03亿元，分别比上年增长4.80%、13.88%和21.07%，规模和产量、产值均名列全国地市级之冠。　（黄传平）

【友好城市往来】 自1993年以来，舟山市先后与美国、日本、菲律宾、加拿大、韩国等国家有了较为密切的联系和交往，无论是官方接触还是民间交流都取得了一定的成效。

1993年9月26日舟山市与美国加利福尼亚州里士满市建立友好城市关系以来，两市政府定期互访，在文化、卫生、教育等方面进行了交流。1998年9月，以柯宾(Corbin)市长为代表的美国里士满市政府代表团一行6人在舟山作了为期5天的访问。1999年11月，以张家盟市长为团长的舟山市政府代表团一行8人访问了美国里士满市，并签署了2000～2001年两市友好交流项目协议备忘录。

1997年10月8日舟山市与日本宫城县气仙沼市(Kesennuma－Shi Miyagi)建立了友好城市关系。两市官民并举，在经济、文化、教育、新闻和体育等领域进行了广泛的交流，取得了一些实质性的成果。两市之间的交流主要是：①派遣水产加工技术研修生赴日，学习日本先进的水产加工技术和管理经验，1998～1999年共派出102人次，为舟山市培养了一批水产加工技术骨干和管理人员；②中小学生书画作品及摄影作品互展；③《舟山日报》和气仙沼市《河北三陆新报》于1998年10月建立友好交流关系，双方定期互送稿件，从未间断；④舟山市在气仙沼市设立了舟山展厅，舟山渔民画的展出，吸引了上万名参观者。

建立友好城市，通过双方的交流、交往，使舟山市扩大了对外影响，提高了知名度，同时也增进了舟山人民与世界各国人民的友谊，进一步促进了舟山对外开放和社会经济的发展。（何惠芬）

海洋立法与管理
Marine Legislation and Management

【舟山市海域有偿使用管理暂行规定】 舟山具有较强的地缘优势，并拥有2.09万km^2辽阔海域，特殊的地理环境和资源优势使海域管理的难度增大。为此，舟山市政府依据《浙江省海域使用管理办法》，结合本地实际于1999年5月26日发布并开始实施《舟山市海域有偿使用管理暂行规定》（以下简称《规定》）。该《规定》对在全市范围内某一固定海域从事3个月以上的排他性的工业（包括造船、修船、拆船、工矿企业专用码头、采矿、石油、化工等）项目，旅游项目，排污、倾废项目，海底管线登陆点用海项目，以及其他经营性项目等开发利用活动实行海域有偿使用制度。

按照该《规定》，需要使用海域的，必须向所在地海洋行政主管部门提出申请，经有权的海洋主管部门签署意见或同意，报有权的人民政府批准后，核发国家海域使用证。该《规定》还规范了海域使用办理程序、审核内容、审核结果的事后办理手续及审批要求、海域使用期限及海域使用面积的界定。《规定》明确，海域实行有偿使用制度，使用单位和个人必须向海洋行政主管部门按规定缴纳海域使用金。舟山市各级海洋局作为政府管理海域的行政主管部门，承担本级管辖范围内的海域使用监督管理工作。

【中国首部无居民海岛管理规定将在岱山出台】 岱山县是中国12个海岛县之一。县境内有大小岛屿404个，其中有人居住岛屿16个；所辖面积5 220km^2，其中海域面积4 936.2 km^2。境内有岱衢洋、黄大洋、黄泽洋、灰鳖洋4个著名渔场，海洋生物达325种，其中鱼类127种。改革开放以来，岱山县海岛经济取得了一定的发展，但对海岛的开发保护与管理上仍存在“无序、无度、无偿”现象，特别是无居民岛屿的开发仍处在初级阶段。1999年9月，岱山县被国家海洋局确定为全国4个海岛开发保护管理试点地区之一后，成立了海岛开发保护管理试点工作领导小组，组织力量在全国海岛资源综合调查资料的基础上，对所辖区域进行了深入广泛调查，由此拟定了《关于加强无居民海岛开发保护管理的暂行规定》，并经该县政府常务会议审议通过，将于2000年初发布实施。

【发放国家海域使用证】 舟山市海洋局在摸清全市海域使用现状的基础上，按照《浙江省海域使用管理办法》及《舟山市海域有偿使用管理暂行规定》，对已使用海域的有偿项目，在实地勘测的基础上，进行了确权发证。自岱山县1998年12月24日率先在舟山进行了首批12个项目的确权发证后，相继在全市铺开。至1999年12月31日，全市两县两区已对101家涉海企业的132个用海项目,计316.06hm^2海域使用面积发放了国家海域使用证。其中：旅游业3个项目计95.4hm^2，油品业22个项目计84.14hm^2，电力业6个项目计69.56hm^2，水产加工业22个项目计20.45hm^2，修造船业30个项目计17.10hm^2，货运业14个项目计9.45hm^2，采石业19个项目计8.15hm^2，燃气业2个项目计4.6 hm^2，海底管线9个项目计3.24hm^2，制盐业4个项目计2.70hm^2，建筑业1个项目计1.27hm^2。

目前，此项工作仍在继续进行之中。

（何仁义）

【舟山市海洋功能区划】 根据浙江省计划与经济委员会、浙江省海洋局《关于组织开展沿海市、县（市、区）海洋功能区划和海洋开发规划工作的通知》，舟山市政府于1998年9月成立了以分管副市长为组长、市属有关部门及县（区）分管领导为成员的海洋功能区划和海洋开发规划领导小组。并聘请了5名由省、市海洋与经济专家组成的专家顾问组，于1999年2月起，依据《海洋功能区划技术导则》、《浙江省沿海市（县、区）海洋功能区划技术大纲》和《舟山市国民经济和社会发展“九五”计划和2010年规划目标纲要》等。对全市管辖的海域和海岛开展了大比例尺海洋功能区划编制工作。

《舟山市海洋功能区划》总字数约14万字，分4

章。划出5个大类、11个亚类、26个型、50个区，共计653个功能区。1999年12月7日，通过了由省、市专家组成的评审，并获得了较高的评价。舟山市政府将于2000年初批准实施该区划。（倪定康）

【舟山市全面完成海域使用调查登记工作】 1998年10月，普陀区政府下达《关于在全区开展海域使用调查登记工作的通知》后，该区海洋局组织专业调查力量，对所辖海域某一固定区域从事3个月以上的排他性开发利用项目进行了全面调查登记。被调查登记的用海项目有460项，使用海域面积约2万hm^2，使用岸线长度67km，调查各类码头250座。至此，舟山市海域使用调查登记工作宣告结束。共被调查项目1 400项，实际用海面积69.2万hm^2。调查各类码头597座，其中万吨级以上13座，5 000吨级至1万吨级7座，1 000吨级至5 000吨级57座，1 000吨级以下520座。全市海域使用现状的摸清，为贯彻实施《浙江省海域使用管理办法》及《舟山市海域使用管理暂行规定》打好了基础。（何仁义）

【“蓝色工程”示范区建设】 为实现浙江省委、省政府提出的“建设海洋经济大省”的战略目标，浙江省海洋局启动了以乡镇为载体、综合开发为先导、科学技术为依托，通过一批开发管理项目实施，促进海洋综合开发与管理向广度和深度发展的“蓝色工程”示范区建设。1999年7月12日，岱山县高亭镇、定海区长峙乡被批准为首批浙江省“蓝色工程”示范区。当年资助省海洋开发管理专用资金49万元，其中高亭镇20万元、长峙乡29万元。

高亭镇于1999年投资533万元，对围塘养殖、电厂余热水利用、外海捕捞、水产品加工及海洋药物开发等方面进行了示范推广，取得了较好的经济效益。1999年社会总产值达10.7亿元，比1998年增长10.3%，其中海洋经济产值占82.2%。

长峙乡于1999年投资1 565万元，在农业“一优两高”基地、海水养殖、水产品加工、旅游资源开发及基础设施等方面做了卓有成效的工作。1999年社会总产值1.45亿元，其中海洋经济产值占75.8%。

（倪定康）

上　海　市
Shanghai City

综　述
Summary

【概况】上海，简称沪，位于31°14′N、121°29′E，地处长江三角洲前缘，东濒东海，南临杭州湾，西接江苏、浙江两省，北界长江入海口，位于中国南北海岸中部。交通便利，腹地广阔，地理位置优越，是一个良好的江海港口。

上海全市面积为6 340.5km²，占中国总面积的0.1%；南北长约120km，东西宽约100km。其中17个区总面积3 924.24km²，陆地面积6 218.65km²，水面面积121.85km²。上海市江海岸线总长度449.66km。大于500m²的海岛13个，其总面积为1 339km²。

上海地区属亚热带轻季风气候，四季分明，气候暖湿，雨量充沛，年平均气温15.0～15.3℃，年平均水温17.0～17.4℃，年平均降水量1 083mm。

全市1998年人口为1 306.58万人，人均GDP达3 400美元；1999年人口为1 313.12万人，人均GDP达3 700美元，年增长8.8%。上海市海洋产业主要包括：海洋交通运输业、修造船业、海洋水产业、滨海旅游业和海洋油气业等，主要海洋产业总产值1999年为486.69亿元，比上年增长26.66%。

上海市建有一批宏伟的涉海工程，如浦东国际机场一期工程于1998年10月建成，使上海成为中国具有两个国际机场的大城市。长江口深水航道整治于1998年1月27日正式开工建设，将长江口航道水深从7.0m增至8.5m。大小洋山的深水港建设工程也在筹备之中。东海油气开发初见成效，1999年4月28日正式供气。上海海洋产业结构的调整和发展，将为上海市海洋事业可持续发展发挥巨大的作用。

（管永华　陈德昌）

表1　上海市沿海区县一览表

年份	沿海区县
1998年	宝山区、浦东新区、南汇县、奉贤县、金山区、崇明县
1999年	宝山区、浦东新区、南汇县、奉贤县、金山区、崇明县

表2　上海市及沿海区县工农业总产值、国内生产总值(现行价)一览表

单位：亿元

市区县	年份	工业		农业		国内生产总值			
		总产值	增加值	总产值	增加值	合计	第一产业	第二产业	第三产业
上海市	1998	5 897.34	1 643.25	206.75	78.50	3 688.20	78.50	1 847.20	1 762.50
	1999	5 665.65	1 758.68	206.90	80.00	4 034.96	80.00	1 953.98	2 000.98
宝山区	1998	332.13	67.05	10.24	2.99	93.49	3.00	45.58	44.91
	1999	327.48	74.19	10.93	3.05	103.89	3.05	49.73	51.11
浦东新区	1998	1 219.75	312.21	11.59	5.30	220.20	5.25	120.15	94.80
	1999	1 444.56	380.0	11.93	5.47	250.61	5.47	120.09	125.05
南汇县	1998	191.06	47.96	30.32	11.40	91.84	10.83	50.17	30.84
	1999	178.48	38.86	31.58	7.60	104.32	11.42	56.51	36.39
奉贤县	1998	185.72	44.67	22.03	7.59	76.20	7.59	44.84	23.77
	1999	190.41	48.90	22.16	8.10	78.32	7.60	44.73	25.99
金山区	1998	206.36	70.79	17.14	6.30	60.38	6.30	27.85	26.22
	1999	239.54	84.31	16.84	6.43	64.80	6.42	30.74	27.64
崇明县	1998	70.25	16.22	26.71	11.981	47.13	11.93	17.76	17.44
	1999	65.82	19.39	29.51	12.81	80.41	12.81	18.59	19.01

表3 上海市及沿海区县人口及从业人员情况一览表

市区县	年 份	年末总人口			从业人员	
		合 计	农业人口	非农业人口	合计	职工人数
上海市	1998	1 306.58	352.93	953.65	836.21	412.61
	1999	1 313.12	343.49	969.63	812.09	105.40
宝山区	1998	75.30	19.71	55.59	24.11	6.03
	1999	77.66	18.89	58.77	25.48	6.55
浦东新区	1998	156.18	32.48	123.70	42.95	12.60
	1999	160.08	31.57	128.51	44.60	12.29
南汇县	1998	69.49	52.38	17.11	50.92	6.41
	1999	69.11	51.62	17.49	45.52	5.65
奉贤县	1998	51.44	37.21	14.23	33.79	4.91
	1999	50.46	36.60	13.86	31.53	4.90
金山区	1998	53.69	35.60	18.09	34.73	5.54
	1999	53.27	34.97	18.30	29.40	5.09
崇明县	1998	69.46	52.23	17.23	43.17	4.39
	1999	66.33	51.24	15.09	37.21	4.29

海洋资源开发与海洋经济
Development of Marine Resources and Marine Economy

【海洋渔业】 1998年海洋水产业总产值为12.64亿元，其中海洋捕捞为9.95亿元，海水养殖为0.74亿元，海洋水产加工为1.95亿元；1999年海洋水产业总产值为12.10亿元，其中海洋捕捞为10.07亿元，海水养殖为0.19亿元，海洋水产加工为1.84亿元。

1998年拥有各类海洋机动渔船858艘，总吨位10.31万t，海洋捕捞产量为12.08万t，其中黄海为1.71万t，东海为4.52万t，其他海域为5.86万t；1999年拥有各类海洋机动渔船863艘，总吨位10.23万t，海洋捕捞产量为12.20万t，其中黄海为2.20万t，东海为4.08万t，其他海域为5.92万t。

1998年海水养殖面积6.03km^2，产量1 282t；1999年海水养殖面积7.05km^2，产量834t。

1998年远洋捕捞产量为4.45万t，远洋渔船65艘，总吨位3.12万t，远洋从业人员1 337人，国外经营总收入1 532万美元，国外经营盈231万美元；1999年远洋捕捞产量4.28万t，远洋渔船68艘，总吨位3.60万t，远洋从业人员1 510人，国外经营总收入5 374.34万美元，国外经营盈379.62万美元。 （管永华）

【海洋运输】 上海港有12条国际航线与世界五大洲约170个国家和地区的500余个港口直接通航。上海港货物吞吐量1998年为16 388万t，占全国的16.6%，1999年为19 810万 t，占全国的20.9%。上海港将逐渐向集装箱大港发展，国际标准箱的集装箱吞吐量1998年为306.6万TEU，占全国的26.86%，1999年达到429.8万TEU，比上年增长40%以上。上海港集装箱运输除已建成的张华浜、外高桥一、二期工程外，外高桥三、四期工程正在加紧建设中。

（管永华 陈德昌）

【滩涂资源的开发利用】 1998年滩涂总面积197km^2，其中可利用面积594km^2，已利用面积785km^2；在已利用面积中养殖用面积89km^2、种植用面积617km^2、其他用面积80km^2。1999年滩涂总面积1 797km^2，其中可利用面积594km^2，已利用面积799km^2；在已利用面积中养殖用面积89km^2、种植用面积627km^2、其他用面积83km^2。 （管永华）

表4 上海市海洋开发资料统计

统 计 项 目		1998年	1999年
海洋捕捞产量(万t)	鱼类	6.83	6.64
	贝类	2.72	3.36
	虾蟹类	2.22	2.07
	其他类	0.31	0.14
	合计	12.08	12.20
海水养殖产量(万t)	虾蟹类	0.12	0.071
	其他类	0.013	0.013
	合计	0.13	0.084
海洋货物运输量(万t)	沿海	7 208.2	13 342.1
	远洋	4844	6 468.3
海洋旅客运输量(万人次)		453.8	1 007.56
上海港货物吞吐量(万t)		16 387.8	18 640.9
境外来沪旅游人数(万人次)		152.71	165.68

海洋公益事业

Marine Public Welfare Facilities

【海洋预报服务】 1998～1999年，上海海洋预报中心通过上海电视台发布南黄海、东海区海浪电视预报730份，东海近海区表层海温电视预报72份；通过上海人民广播电台发布海浪预报1 460份；信函1 656份；发布热带气旋巨浪警报352份。汛期还向上海市防汛指挥部门发布风暴潮预报、警报654份。上述预报平均准确率约为90%。 （胡学军）

海洋环境保护

Marine Environmental Protection

【海洋环境监测】 上海海域包括长江口和杭州湾北岸海域。1999年8月实施了上海海域的大监测及9月份、10月份、11月份长江口区、杭州湾北部海域海洋环境专项监测。共布设水质站118个，底质站27个，生物站18个，共获监测数据近万个。监测结果表明，长江口近岸海域是东海区的主要污染海域，受人类活动影响较大，污染较严重，主要污染物质为无机氮、无机磷、重金属和油类等，近海大部分海域的污染超过四类海水水质标准；近海海域是东海区轻度污染海域，受人类海洋活动有一定的影响，陆源污染物质可以涉及该海域，但相对较少，且受大陆水期的影响；东海区外海海域受人类活动的影响较小，属于清洁海域。

【发布海洋环境公报】 1998年，国家海洋局东海分局发布了1期《海洋环境质量年报》；1999年发布了4期《海洋环境质量评价公报》。

【海洋石油勘探环境保护】 1998～1999年度，国家海洋局东海分局依法审批东海平湖油气田《溢油应急计划》1份，“勘探三”号春晓三井《溢油应急计划》1份。1999年3月，组织人员对东海平湖油气田进行了登检，依法对《溢油应急计划》、防污记录簿、消油剂、油污水分离装置、生活污水处理装置、垃圾处理等进行了检查；11月上旬，又一次登检平湖油气田平台，对防污染设备，特别是对油水分离装置进行了检查，对分离后向海洋排放的含油水样进行分析。结果表明，平台排放的含油污水的含油指标基本符合国家规定的标准。

1999年5月，国家海洋局东海分局同亚洲银行专家一起，对东海平湖油气田开发过程中可能产生的突发溢油事件，进行了纸面上的应急演习，取得了很好的效果。根据“预防为主，防治结合，综合管理”的方针，对可能发生的突发溢油污染事件，制定了“海上溢油快速反应决策系统”，该系统直接与石油公司溢油指挥系统联网，指导其开展溢油事件的处理。

【第二次污染基线调查】 1998年开展了上海市第二次污染基线调查，本次基线外业调查分两个航次进行。第一航次于1998年5～6月进行，第二航次于1998年9～10月进行，历时共89d，航程7 471km，航时601h12min。调查范围北起启东咀，南至金丝娘桥，西起徐六泾，东至冲绳海槽的海域及工程建设附近海域，调查面积约27 000km^2,布设86个调查站位。完成水文、气象、化学、微生物4个专业28个项目的现场分析测试及水质、沉积物样品采集工作，获现场分析测试数据21 000余个，采集水样2 400余个,沉积物样97个。调查内容包括：污染源调查、水质污染调查、生物污染调查、沉积物污染调查、放射性污染调查。其中污染源调查由上海市环保局负责；水质污染、生物污染、沉积物污染、放射性污染等调查由上海市海洋局负责。通过调查分析,长江来水、杭州湾部分北岸入海水质明显劣于附近海水；城市污水直排口的常年排放，已对附近环境生态造成严重破坏。但调查数据也表明,上海金山石化等海域水质比邻近浙江海域较好，证明该地区的污水综合处理已初见成效。

（吴振南）

海洋灾害

Marine Disasters

【风暴潮】 “9806号热带气旋”于1998年9月16日14时（北京时，下同）在20° 09′ N、131° 08′ E洋面上生成，刚生成时中心最大风速18m/s，中心气压997MPa。17日08时，该热带气旋加强发展为台风。

18日08时起，上海海洋预报中心通过上海电视台、上海人民广播电台等新闻媒体，发布了“9806号热带气旋”的风暴潮消息，当日14时起发布风暴潮警报。通过传真每6小时一次向国家海洋局海洋环境监测司、上海市人民政府办公厅、上海市防汛办、浦东新区防汛办等10余家单位发布了“9806号热带气旋”风暴潮警报，预测上海市沿海：19日上半夜有60～90cm的风暴潮增水，当晚上海市沿海的高潮位普遍超警戒水位，高桥、吴淞、黄浦公园3测站的高潮位将分别达到：5.00、5.00、4.80m。准确、及时的预报，为上海市防汛部门的指挥决策提供了科学依据。

（龚茂珣）

【赤潮】 由于海洋经济的迅猛发展，加之人们海洋环保意识淡薄，大量的污染物直接排海，导致赤潮频繁发生。1998～1999年，在中国海监飞机7架次飞行中共发现8次较大规模的赤潮现象。1998年6月3日，在30° 32′ 52″ N、121° 27′ 64″ E发现条状、橙红色、面积约136km^2赤潮；1998年7月28日，在31° 27′ 16″ N、122° 35.37′ E发现条状、褐色、面积约10km^2 赤潮；1998年11月14日，在31° 12.00′ N，122° 32′ E发现条状、红色、面积约5～6km^2 赤潮；1999年5月14日，在30° 34.60′ N，123° 12.16′ E发现块状、桔红色、面积约数十平方千米赤潮，在30° 26′ 48″ N、123° 05′ 31″ E发现条状、桔红色、面积约10余平方千米赤潮。 （管永华）

海洋科技与教育
Marine Science and Technology & Marine Education

【首次北极科学考察】 1999年，经国务院批准，中国政府组织了首次北极科学考察暨“雪龙”号极地科学考察船首航北极考察。7月1日“雪龙”号极地科学考察船从上海外高桥新港码头启航。国家海洋局局长张登义、上海市副市长左焕琛出席欢送仪式并讲话。首次北极科学考察对北极广阔的海域进行了大规模、综合性、多学科的科学考察活动。在圆满完成了各项科学考察任务后，“雪龙”号极地科学考察船于1999年9月9日返抵上海。

【长江口深水航道科学试验中心】 交通部长江口深水航道科学试验中心于1998年6月9日正式成立，它是当今世界上最大的河口模型，远期将建成一个与国际接轨的大型河口海岸研究中心。 （管永华）

【1998国际海洋年活动】 1998年是49届联大确定的国际海洋年，上海市成立了专门的委员会，组织全市开展了一系列多层次、多形式的活动。

7月18日是海洋宣传日，韩正副市长发表了电视讲话；8月上旬，上海市组织接待了由10家中央新闻单位记者组成的“飞越海岸线，蓝色国土行”记者团在沪的采访活动；上海电视台、东方电视台播发了2周的海洋年宣传广告，拍摄播出了7部海洋题材的电视片；上海人民广播电台、东方广播电台开播了海洋的专题节目；上海市和中央的各大报刊发表了百余篇报道和文章。此外，有关学会、少年科学站、学校还组织了走向海洋系列教育、宣传周、海洋节等活动。 （张华明）

【上海国际海洋博览会】 由中国海洋学会和中国国际贸易促进委员会上海市分会主办的’99上海国际海洋开发展览会，于1999年11月28日至12月1日在上海世贸商城举行。来自美国、英国、法国、德国、澳大利亚、加拿大、新加坡、中国内地及香港特别行政区、台湾省等国家和地区的120家公司参与此次盛会。展览期间，还举行了学术讨论会、技术研讨会等。 （杨开良）

海洋国际合作与交流
Marine International Cooperation and Interflow

【第一届世界华人渔业大会】 1998年，由上海水产大学主持召开了“第一届世界华人渔业大会”，来自中国、日本的有关专家出席了会议。

【第23届国际船模试验池会议（ITTC）】 1999年9月，上海交通大学主持召开了“第23届国际船模试验池会议（ITTC）”，来自美国、日本、中国等国家的专家、代表出席了会议。 （管永华　陈德昌）

【南海海洋立法专家组会议】 1999年9月24～28日，由国家海洋局海洋战略发展研究所主办、国家海洋局东海分局协办的“南海海洋立法专家组会议”在上海召开。来自加拿大、印度尼西亚、马来西亚、中国内地和台湾省等10余个国家和地区的30余位专家出席了会议。会议进行了有关学术交流。

【沿海国际超大城市发展战略研讨会】 1999年9月30日，国家海洋局东海分局接待了由国家海洋局主办、在杭州召开的“沿海国际超大城市发展战略研讨会”的会议代表。约60余位国际性超大型城市的政府高级官员、管理专家参加了会议。代表们在上海参观了上海外高桥保税区集装箱码头，游览了黄浦江、上海金茂大厦、豫园等。

【上海市灾害防御协会赴比利时、法国访问】 应欧盟防灾协会的邀请，上海市灾害防御协会代表团一行6人于1999年10月15～26日赴比利时、法国访问。在访问期间，代表团与比利时皇家气象台进行了工作交流。 （施星平）

【河口海岸沉积和动力学过程国际学术研讨会】 1999年11月10～15日，华东师范大学主持召开了“河口海岸沉积和动力学过程国际学术研讨会”，来自美国、英国、日本、丹麦、加拿大、斯里兰卡、中国内地和台湾省的专家出席了会议。

（管永华 陈德昌）

海洋立法与管理

Marine Legislation and Management

【海洋立法】 上海市海洋局向上海市人民政府法制办公室上报了《上海市海域使用管理办法》、《上海市海洋观测预报管理办法》、《上海市大比例尺海洋功能区划管理办法》等法规的立法建议，其中《上海市海域使用管理办法》被列入2000年上海市正式立法调研项目。（余飞麟）

【海域使用管理】 从1999年6月25日起，上海市海洋局会同国家海洋局东海分局和东海海监总队，对上海市的海域使用情况进行了为期4个多月的调查。

上海海域北起启东嘴，南至金丝娘桥，西至徐六泾。近海海域0～20m等深线范围内水域面积为7 226km^2。上海市海域使用类型主要有：港口码头、海洋捕捞、滩涂围垦、农业开发利用、滨海工业、滨海旅游、海底光缆、陆源污染物排海、自然保护区、减灾防灾等。这次调查，按规定填写海域使用登记表78份。据统计，海域使用面积约573km^2（不含码头、排污口、取水口和海底电缆管道用海面积），其中经营性用海约233km^2，公益性用海约340km^2，用海面积超过6.7km^{2}的单位有13家。

港口码头现状 生产用港口岸线为39.8km，泊位333个，其中万吨级泊位95个，锚地11个。这次调查登记涉海码头35个，使用岸线长度约12km，码头长度约11km。

滨海旅游 海滨浴场和水上乐园3个，用海面积5km^2。

海底电缆管道铺设 在崇明和芦潮港及其附近海域有环球海底光缆（FLAG）、亚欧海底光缆、中美海底光缆、中日海底光缆等国际通讯光缆，上海市区与崇明、横沙、长兴等岛屿之间的海底通信电缆10条，另外还有1条海底天然气输送管道在南汇登陆。

海洋类自然保护区 上海市海域有金山三岛海洋生态自然保护区和崇明东滩湿地鸟类自然保护区，用海总面积为338km^2。

入海排污口和海洋倾倒区 这次调查登记入海排污口15个，日排放量约600万t。南汇老港边滩垃圾堆场1个，系围垦滩涂33.47km^{2}而成，每天承接生活垃圾和建筑垃圾约5 000t，长江口海域三类疏浚物海洋倾倒区5个。

滩涂围垦现状 上海市滩涂总面积为1 797km^2，其中可利用面积为593km^2，这次调查登记滩涂围垦面积229km^2，滩涂围垦所得土地主要作为工业、农业、旅游、养殖等用地。

海域使用申请情况 已有10家用海单位向上海市海洋局递交了“海域使用申请表”，其中4家正在进行海域使用可行性论证。（管永华）

【海洋倾废管理】 1998～1999年，上海地区申请海洋倾倒许可证377起，国家海洋局东海分局依法受理并签发了海洋倾倒普通许可证377本，批准倾倒三类疏浚物2 640万m^3，三类废弃物（隧道渣土、河道底土）8.5万t，骨灰撒海1 413盒。1999年9月对长江口的吴淞口北倾倒区进行了环境监测。监测结果表明，海洋倾倒活动对吴淞口北倾倒区周围海域的环境影响不大，吴淞口北倾倒区可以继续使用。

（吴振南）

【海洋监察】 海洋监察管理围绕“权益、资源、环境、防灾”八字方针展开，1998～1999年，国家海洋局东海分局、上海市海洋局对上海沿岸及两江口海域加大了海上和空中执法监察力度。

船舶执法监察 1998年，共派出“中国海监”船舶执行执法监察任务62航次，累计389d，巡航1 698h，航程17 633km；1999年26航次，累计303d，巡航1 627.6h，航程27 557km。

常年安排海监船舶对海底光缆路由进行专项监视。在海底光缆路由两侧各2n mile的安全区域内，查获锚泊、拖网捕鱼等危及海底光缆安全使用效能作用的渔船1998年38艘次，1999年47艘次。

陆上执法检查 动用车辆进行陆上执法检查1998年34d，行程1700km；1999年73d，行程3 450km。

航空执法监察 “中国海监”飞机在上海地区对进入中国管辖海域进行海洋开发活动的外国籍船舶进行航空监视；对国际海底通信光缆路由、天然气海底管道和海洋环境状况等实施了航空执法监察，未发现重大海洋损害事件；对上海市的海域使用现状实施了航空调查，获取了大量的滩涂利用和围海造地的摄像资料；对金山三岛海洋生态保护区、崇明东滩鸟类湿地保护区实施了动态监测和监视；对上海港、浦东机场的建设现状和南区、西区排污口的排污情况进行了航空监视和摄像。其中1998年历时160d，飞行44架次，累计飞行136h7min，获取135负片675张，135彩色正片36张，数码相片95张，摄像资料3h13min，IR/UV资料记录16min；1999年历时153d，飞行36架次，

（下转第253页）

江 苏 省
Jiangsu Province

综 述
Summary

【概况】 江苏省，简称苏，位于中国大陆东部沿海中心，介于30° 45′ N～35° 20′ N、116° 18′ E～121° 57′ E之间，地居长江、淮河下游，东濒黄海，西连安徽，北接山东，南与浙江和上海毗邻。全省土地面积10.26万km^2，占全国土地面积的0.6%。海岸线长954km，海域面积北起前三岛，南至长江北支，约3.72万km^2。包括前三岛和兴隆沙、永隆沙在内的基岩岛屿和沙岛共16个。在江苏沿海中部，分布有全国首屈一指的海底沙脊群——辐射状沙洲，面积约1 268.38km^2。

【行政区划】 至1999年底,全省计有77个市县,44个市辖区，包括13个地级市，31个县级市，33个市辖县。其中，在江苏沿海有3个地级市，即连云港、盐城、南通市；5个县级市，即隶属盐城市的东台、大丰市和隶属南通市的启东、通州、海门市；2个市辖区，即隶属连云港市的云台区和连云区；9个市辖县，即隶属连云港市的赣榆、东海、灌云、灌南县，盐城市的响水、滨海、射阳县，南通的海安、如东县。

【人口状况】 至1999年，全省年末总人数7 213.1万人，其中沿海地区年末总人数为1 607.8万人，占全省总人数的22.29%。1998~1999年江苏省及沿海地区人口情况如表1所示。

表1 江苏省沿海市、县人口及从业人员情况表

单位：万人

地区名称	1998年					1999年				
	年末总人口	农业人口	非农业人口	从业人员	职工人数	年末总人口	农业人口	非农业人口	从业人员	职工人数
全省合计	7 182.5	5 251.8	1 930.7	3 687.9	870	7 213.1	5 124.9	2 088.2	3 533.3	717.1
沿海合计	1 062.3	1 188.6	413.7	828.9	149.6	1 607.8	1 179.1	428.7	807.2	136.4
连云港市	59.7	15	44.7	31.8	18.6	61.7	15.7	46	30.6	17.3
赣榆县	102.6	93.7	8.9	47.5	4	130.6	94.3	9.3	47.4	3.9
灌南县	69.9	62.4	7.5	34.7	3.2	70.3	62.5	7.8	34.8	3
灌云县	101.3	87.3	14	43.7	5.8	102.6	88.1	14.5	42	5.6
东海县	109.2	100.1	9.1	54.8	5.3	110	100.3	9.7	54.9	4.9
盐城市区	59.9	26.7	33.2	24.2	14.5	61.1	25.8	35.3	28.7	12.9
滨海县	106.6	93.6	13	43.4	5.5	106.8	91.7	15.1	40.4	4.1
射阳县	104.2	87.9	16.3	43.8	9.4	104.8	88	16.8	42.3	8.3
大丰市	74.1	58.8	15.3	40.2	7.5	74	56.3	17.7	39	6.8
东台市	117.6	94.5	23.1	58.5	9.8	117.6	93.1	24.5	53.6	7.8
响水县	55.5	46.7	8.8	23.9	4.8	55.7	46.2	9.5	21.9	3.4
南通市区	63.9	17.1	46.8	40.5	21.7	64.6	17.7	46.9	36.3	20.7
通州市	145.2	108.7	36.5	70.9	9	144.7	107.2	37.5	78.5	8.7
启东市	116.6	93.4	23.2	79.1	8	116	91.5	24.5	78.1	7.7
海门市	104.9	68.3	36.6	64.4	6.7	103.7	68.2	35.5	63	6.4
海安县	98.9	66	32.9	54.6	7.8	98.5	65.3	33.2	53	7.3
如东县	112.6	67.9	44.7	64	8	112.1	67.1	45	62.8	7.5

【地理区位】 江苏海域海岸类型多样，以淤泥质海岸为主。连云港市所在的海州湾基岩港湾与砂质海滩，是宝贵的海滨旅游资源。基岩港湾海岸提供了建设综合性大型海港的条件，宜于发展海洋经济、扩大对外开放。岸外水域与岛屿，适宜于发展海水养殖与海珍品的生产。占江苏海岸90%的淤泥质海岸主要集中于盐城、南通两市，适于养殖、围垦及发展滨海农牧业。围垦成陆后则是江苏最大的后备土地资源。辐射状沙洲沙脊间潮汐通道相对稳定，宜于建设大型海港。南通市濒江临海，与上海市隔江相望，拥有优越的水陆交通条件，有利于接受浦东开发的辐射，发展本地经济。

【气候条件】 江苏海岸地处暖温带与北亚热带的过渡地带，开发利用方式兼有南北之利。苏北灌溉总渠以北发展盐业的气候条件优于渠南，渠南发展农林牧业的热量水分条件优于渠北。由于具有过渡性的特点，生物种类多样，陆上植物以及潮间带与近海生物，既有暖温带种，又有亚热带种，且有利于作物与养殖品种的驯化。开发利用方式与资源种类的南北差异，形成不同岸段产业结构的差异与生物多样性。

【资源状况】 江苏海洋资源种类繁多，拥有港航、土地、生物、旅游、盐化工和油气资源。资源的密度指数在全国14个沿海省市区中位于第2位，丰度指数居全国第6位，资源综合指数位居全国第4。根据多年的调查，江苏沿海有港航资源10余处。沿岸和近海海涂面积约5 100 km^2。南黄海石油地质储量约70亿t。近海和潮间带有浮游植物288种，潮间带和底栖动物309种，游泳动物174种（鱼类150种）。

海洋资源开发与海洋经济
Development of Marine Resources and Marine Economy

【概况】 1998～1999年，江苏海洋经济稳步发展。1998年全省主要海洋产业产值为270亿元，比上年增加39亿元。以海洋经济为依托的沿海地区经济也保持稳步增长，全省17个沿海县（市、区）的国内生产总值为1 125.83亿元，比上年增加80.73亿元，占江苏全省国内生产总值的15.63%。1999年全省主要海洋产业产值为300亿元，比上年增加30亿元，全省沿海县（市、区）的国内生产总值为1 313亿元，比上年增加80.73亿元，占江苏全省国内生产总值的17.05%。全省海洋开发情况示于表2。

表2 江苏省海洋开发资料统计

统计项目		1998年	1999年
海洋捕捞产量（万t）	鱼类	42.13	42.32
	贝类	11.33	11.31
	虾蟹类	11.45	11.25
	其他	5.65	5.74
	合计	70.56	70.65
海水养殖产量（万t）	鱼类	0.38	0.46
	贝类	15.41	19.37
	藻类	0.89	0.78
	虾蟹类	0.65	1.1
	合计	17.43	21.94
海洋货物运输量（万t）	总量	322.4	290.2
	其中远洋	133	153.5
海洋旅客运输量（万人次）		209	126.5
沿海主要港口货物吞吐量（万t）	连云港	1 011	997.4
	射阳港	4	8
	陈家港	0	0
	南通港	429	370.6
	启东港	0	0
	合计	1 440	1 376
海盐生产	面积（hm^2）	63 709	57 115
	产量（万t）	182.4	214.6
海盐化工品产量（t）	氯化钾	4 093	7 113
	工业溴	364	516
	氯化镁	39 344	64 781
	其他	849 103	66 092
滨海城市国际旅游收入（万元）		5 2205.6	49 646.1
滨海城市旅游接待能力	饭店个数	47	54
	客房数（间）	5 462	5 807
	床位数（张）	10 537	11 316
浅海滩涂开发利用情况（hm^2）	总面积	657 966	638 985
	已利用面积	120 606	294 979

【海洋渔业】 1998年，江苏全省海洋水产品总产量88.21万 t，海水养殖面积11万hm^2，水产品加工量21万t，拥有水产品加工企业660个，年加工能力129

万t。海洋机动渔船20 809艘，总吨位36.12万t。1999年全省海洋水产品总产量为90.26万t，其中海水养殖产量为21.94万t，比上年增加2.5%。海水养殖面积11.52万hm^2，比上年增加5 200hm^2。水产品加工总量21.6万t，全年海洋渔业产值为101.72亿元。根据国家有关部门关于保护海洋资源、减船转产的要求，1999年江苏省海洋机动渔船数已下降为19 852艘。

面对海洋渔业资源衰竭日益显现、海洋捕捞减产减收的不利条件，1998年江苏省围绕“海上苏东”工程建设，加大了海水养殖和浅海滩涂渔业开发力度。全省贝类养殖面积达9.12万hm^2，其中围栏精养1.6万hm^2，分别比上年增长7.16%和20%。紫菜养殖面积扩大到5 246.67hm^2；对虾养殖面积1.05万hm^2，虽比上年减少553.33hm^2，但产量达到4 586 t，比上年增长50.86%；海珍品和海水鱼养殖增加了试验品种，扩大了试验规模。全省海水养殖总面积达到11万hm^2，比上年增长4.08%，养殖产量在海洋渔业总产量中的比重上升到19.76%，比上年增加了3.41个百分点。为了加速浅海滩涂渔业资源开发，在巩固传统养殖品种的同时，因地制宜开发了青蛤、泥蚶、锯缘青蟹、大黄鱼等新品种的试验养殖，推广了紫菜冷藏网、海带杂交、二茬虾养殖及虾池混养等多项新技术，其中二茬虾养殖及虾池混养技术推广率分别达到60%和80%，进一步提高了虾池综合效益。

1999年，江苏海洋渔业克服了水产品价格下跌、资源衰退等困难和不利因素，继续保持稳定发展的势头。渔业人口人均纯收入5 900元，同比增加300元。针对渔业资源日益衰退的现实和200n mile专属经济区制度实施的形势，江苏省以落实农业部提出的海洋捕捞“零增长”计划为契机，积极引导捕捞渔民开发浅海滩涂，转产发展海水养殖业，着力搞好养捕结构的调整，海水养殖产量在海洋渔业总产量中的比重上升到24.31%，比上年增加4.55个百分点。通过推广高潮位滩涂蓄水养贝和围栏养贝等先进适用技术，贝类养殖开始成为群众开发滩涂的热点，全省贝类增养殖面积已达到9.37万hm^2，其中实行围栏精养的2.33万hm^2，分别比上年扩大0.25万hm^2和0.67万hm^2。紫菜实现了增产增收，全省紫菜养殖面积0.55万hm^2，比上年扩大4.45%，共收干品紫菜5 943t，加工成品烘干紫菜11亿张，调味品紫菜5 780万张，分别比上年增长1.2倍、1.4倍和1倍，创历史最高水平，仅紫菜加工全省就实现增收2亿余元。全省海水养殖品种已增加到37个，初具生产规模的有16种。水产品种、技术、知识更新三项工程、省海水增养殖技术及苗种中心、首批入选国家“农业科技跨越计划”的紫菜养殖加工出口产业链开发等重大项目相继启动实施，科技投入显著增加。省级海洋水产新品种引种繁育中心已挂牌成立，“条斑紫菜病烂原因调查及防治的研究”获国家科技进步三等奖。

【海洋交通运输业】 江苏省1998～1999年海洋交通运输业有所发展，基础设施不断改善，运输能力得到加强。连云港墟沟一期工程是国家“八五”期间建设的重点工程，该工程共建设6个1.5万吨级顺岸式杂货泊位，年设计能力210万t。码头主体工程于1997年基本完成，其中1号、2号、3号泊位及部分生产、生活设施已竣工投入使用。1998年12月通过国家有关部门组织的初步验收。该工程已全部完成，累计完成投资91 887万元。

连云港庙岭三期工程建设规模为2.5万吨级集装箱泊位和3.5万吨级多用途泊位各1个，设计年吞吐量为200万吨位，其中集装箱27万TEU，件杂货8万t。1997年11月通过国家立项审批，1998年11月由交通部对工程可行性报告进行了审查。

苏州太仓中远国际开发有限公司截止1998年底累计完成投资54 568万元，其中1998年完成投资28 234万元。起步工程围堰吹填工程6月竣工，12月通过验收，被评为“优良工程”；码头工程包括1座2.5万吨位级多用途泊位，1座工作船码头等工程8月完工，12月通过验收，被评为“优良工程”。陆域配套工程4月动工，到年底已完成总投资的68%。通港公路工程11月通过预验收，5.276km已全线贯通。1999年2个多用途泊位基本建成，续建工程的2.5万吨级集装箱泊位上马，设计年吞吐能力20万TEU，投资概算26 262万元。

盐城大丰港是江苏省“海上苏东”发展战略的启动工程，被国家交通部列入“九五”发展规划。大丰港将于2000年建成2个5 000吨级码头，1998年已完成了围垦工程、内河运料码头工程和临时疏港公路工程。大丰港一期工程的2 300m长的引堤全面竣工。该工程共计完成土方50 000m^3，至1999年底大丰港工程已完成投资8 000万元。

南京龙潭一期工程建设规模为3个2.5万吨级和2个千吨级集装箱泊位，设计年通过能力52万TEU。1998年11月，交通部已对该工程的可行性报告进行了审查，计划在2000年开工建设。

1999年镇江大港三期工程新建2.5万吨级集装箱海轮泊位1个，2万吨位级多用途泊位1个，1.5万吨位级通用泊位2个，当年9月中国国际工程咨询公司对该项目的可行性报告进行了现场调研。

1998年全省对外开放港口外贸进出口量完成3 026.3万t，比上年增长6.1%，港口集装箱吞吐量完成52.7万TEU，比上年下降9.5%。地方交通运输部门的远洋、海运拥有远洋、海运船舶32艘，总载重量为25.09万t，比上年下降36%。1999年全省对外开放港口外贸进出口量完成3 310万t，比上年增长18.98%，港口集装箱吞吐量完成69.36万TEU，比上年增长31.67%。因为受国际航运市场萧条、运价低影响，1998年部分指标有所下降。另外，江苏内河支线发展较快，近洋支线受到较严重的冲击。船舶老化、竞争力不强也是导致经济效益下降的重要原因。

【盐业】 由于遭受恶劣天气影响，造成1998年海盐、化工等产品大幅度下降。全省盐业工业总产值5.72亿元,比上年下降27.23%。盐产品产量258.99万t，比上年减少116.49万t。全省共销售盐276.59万t，比上年下降5.42%。1998年初，经江苏省政府批准，江苏省盐业公司改制为省政府出资的国有独资公司，江苏省盐业集团有限责任公司正式成立，并获授权为国有资产投资主体。组建了金桥、银宝两大全资子公司，产区资产重组取得了重大突破。改革使全公司增添了新的活力，实现了产区不亏、销售区增盈的目标。全公司下大气力抓好成本控制，加强检查考核，使原盐制造总成本比上年减少2 928.53万元；销售区批发企业综合费用较上年下降0.63个百分点。公司还继续实行减人增效和下岗再就业工程，1998年分流下岗职工1 628人，当年下岗职工再就业率达到83.54%。通过狠抓各项改革措施的落实，1998年实现产品销售收入4.56亿元，比上年下降1. 94%，实现商品销售收入净额4.13亿元，比上年增长6.99%。全公司实现利税1.75亿元，与上年持平,其中利润7 663.98万元，比上年增长9.79%，再创历史最好水平。

表3 1999年江苏省盐业主要经济指标情况表

指标	全省合计			
	1999年实绩	为上年%	其中：省盐业集团公司	
			1999年实绩	为上年%
一、工业总产值（1990年不变价）（万元）	57 886	101.22	41 674	122.35
二、盐产品产量（万t）	301.87	116.56	184.96	125.35
1.海盐（万t）	216.62	118.35	168.42	114.14
2.真空盐（万t）	37.06	120.87	16.54	
3.液体盐（万t）	48.19	106.40		
三、盐化工产品产量（万t）	13.85	154.92	13.85	154.92
四、盐产品销量（万t）	225.15	83.07	167.45	83.08
五、批发企业购进量（万t）	66.23	97.05	56.61	98.19
六、批发企业销售量（万t）	67.59	101.53	57.59	101.84
七、销售收入（万元）			89 825.94	102.35
八、实现利税（万元）			20 026.19	114.29
其中：实现利润（万元）			10 272.30	134.03

1999年，江苏盐业经济发展上了一个新台阶。在国内市场需求仍然不旺、盐产品市场竞争日益激烈的不利条件下，江苏省盐业集团公司实现利润10 272.30万元，首次突破了亿元大关，12个分公司中有10个分公司提前实现了跨世纪发展目标，并呈现出苏中、苏北后来居上的可喜发展势头。全公司积极进行低成本扩张，整体接收了淮安井神盐电厂，公司净增资产5 228.20万元。

海洋公益事业
Marine Public Welfare Facilities

【概况】 1998年8月18日，江苏省成功地在江苏卫星电视台发布了全省海洋环境预报。江苏海洋环境预报是由江苏省科委海洋局组织，并与国家海洋局东海海洋预报中心和江苏省科技情报研究所合作，由江苏省卫星电视台向社会联合发布。即由国家海洋局东海海洋预报中心组织海洋预报人员，每天就江苏海域海况变化进行预测，并将预测数值通过微机传输给江苏省科技情报研究所，再由该所对预报数值进行后期制作，灌入磁带后交由江苏省卫星电视在每晚黄金时段发布。平时发布的内容主要有潮位、波高、海温。遇热带风暴加发风暴潮预报警报。两年中全体预报及制作人员潜心钻研有关业务知识，加强职业道德教育及政治思想工作，开展技术培训，提高预报和制作水平，保证了海洋预报的准确、准点播出，先后共发布海浪、潮汐、海温的电视预报500次，其中大浪预报32次，风暴潮警报11次，无一错报、漏报。根据国家海洋局预报中心组织的评分检验，江苏港口波浪预报平均准确率达80.1%，海区准确率为86.9%，风暴潮准确率为93.2%，台风及冷空气所引起的海浪预报准确率为80.5%，海温准确率为80%，全省海洋预报的总体准确率在80%以上。

海洋环境保护
Marine Environmental Protection

【概况】 江苏省地方性海洋监测工作始于20世纪80年代，从那时起江苏省在海岸带资源调查、海岛调查中对江苏近岸水质进行了监测。1998～1999年，江苏省根据国家海洋局的统一要求，全面开展了江苏省海洋污染基线的调查工作。污染基线调查从1997年12月筹备，1998年5月开始进行，于1999年12月完成全部内外业工作。先后共组织了65位科技人员（其中副教授以上职称者21位），海上航程2 269km，陆地行程2 500km，动用大小船舶11艘，采集样品2 275个，获得数据5 945个，编制文字报告12万余字，制作电子地图123幅。此次调查内容涉及全省海区的水质、底质、生物、陆源污染和放射性污染等项专题，调查区域覆盖了江苏主张管辖的近岸、近海及大部分入海河流，基本查明了江苏海区污染的本底情况，为今后全省海洋环境保护、海洋资源的合理利用和海洋经济的可持续发展提供了重要的零点资料。按照《江苏省海洋污染基线调查工作意见》和《江苏省海洋污染基线调查实施方案》，污染基线调查的总体要求是，根据国家的任务要求和技术规程，密切结合江苏海洋经济发展的客观需要，抓住机遇，精心组织，在完成国家任务的同时，培养和锻炼江苏地方海洋环境监测队伍，做出江苏特色。调查目标确定为，掌握通过各种途径进入江苏海域的主要污染物种类与数量，查明主要污染物在海洋环境介质中的空间分布，确定污染范围和污染程度；评价江苏海洋环境质量状况。完成主要河流对入海河口及其附近海域的环境污染的调查与评价。基本掌握新型污染物尤其是难降解有机物在江苏海域环境中的分布状况。在基本掌握海域污染规律的基础上提出控制、减轻或消除污染的对策和方法。要求调查范围覆盖江苏全部海域，调查项目相对齐全，调查数据力求准确，调查工作立足江苏现有设备，确保重点目标实现。针对江苏的实际情况，污染基线调查的范围确定为3个重点区域：连云港及海州湾、王港及辐射沙洲重点养殖区、吕四及长江口；9个重点岸段：临洪河口、灌河口、中山河口、苏北灌溉总渠河口、射阳河口、新洋港、东台河口、小洋口、通吕运河河口；以及7处一般调查河口。另外，在重点养殖区采集生物样本进行残毒调查，在田湾核电站附近进行放射性污染调查。

江苏省海洋污染基线调查工作由江苏省科委海洋局负责组织，在业务上受国家海洋局及第二次海洋污染基线调查领导小组的指导，并接受全国基线调查技术组和东海基线调查技术组的技术指导。为保证调查工作的顺利进行，成立了江苏省海洋污染基线调查队，由河海大学、中国科学院南京地理与湖泊研究所、南京师范大学、南京大学的有关科技人员组成，队长为河海大学谢金赞教授。整个调查工作分为近岸（含陆地污染源）由江苏省负责组织，近海调查由国家海洋局东海分局负责组织。具体专题和分工是：

陆源污染调查：由中国科学院南京地理与湖泊研究所承担；

水质污染调查：由河海大学承担；

底质污染调查：灌河口以南（南片）地区由南京大学承担，灌河口以北（北片）地区由南京师范大学承担；

生物污染调查：由南京师范大学承担；

放射性污染调查：采用国家海洋局第一海洋研究所的调查资料。

近海部分包括水质、底质调查，全部交由国家海洋局东海海洋环境监测中心承担。

污染基线调查中质量控制管理贯穿于工作全过程。所有参与调查的科技人员均经过国家海洋局有关部门的技术培训，并经技术考核合格后上岗。承担样品分析化验的实验室具有CMA证书，所用仪器设备均经过计量认证，并经过互校和质控样考核、队委会认可。

陆源污染调查 以收集资料为主，结合访问、座谈。从1998年5月起，走访了沿海地方政府的城建、农业、交通、水产、水利、统计、环保等8个部门，重点收集了主要河流沿岸污染源、临海企业排污口及其污水排放量等资料，按实施方案要求填写了25张表格。

水质污染调查 江苏的水质调查与国家海洋局东海海区的水质调查准同步进行，分别于丰水期和枯水期进行了两个航次的海上调查，其中因江苏滩浅、船小，部分省控点委托东海分局大船实施调查，而原国控点中部分近岸站位则由江苏船只进行调查取样。

底质污染调查 底质调查测站与水质测站重叠布设，取样设备及样品现场处理与水质取样分设在船只首尾，互不影响。此次底质调查只取底质表层样，且若3次取样不成功则放弃该测站。最终仅长江口北支一处站位因地形变化已成陆岛无法取样以外，其余测站均顺利取样分析。

生物污染调查 生物样品采集采用现场取样及向渔船购买渔货方式进行，样品种类及分析项目均按有关技术要求确定。原定生物调查只进行一次，于1998年秋季进行，并在次年春季对待定品种进行了补充调查。

放射性污染调查 原定放射性污染调查在田湾核电站附近布设20个调查站位，后因调查经费未能全部落实且江苏此方面技术力量较弱而取消。现有资料及数据采用国家海洋局第一海洋研究所数据。

海洋科技与教育
Marine Science and Technology & Marine Education

【概况】 江苏省在1998～1999年两年中，深入实施“科技兴海”战略，以海洋科技试验示范基地建设和海洋技术产业化建设为重点，全面推进海洋科技进步，重点开展了新品种的引进试验、多种养殖模式的试验示范以及精养、混养、轮养技术研究。全省沿海地区先后引进和选育多倍体对虾、多倍体河蟹、刀额新对虾、大黄鱼、美国红鱼、黑鲷、鲈鱼等新品种；推广了浅海网箱养殖、虾塘综合立体养殖、浅海生态养殖、塑料大棚暂养幼蟹、稻田养蟹等养殖新技术；开展了中国对虾精养、南美白对虾土池循环水高效养殖、虾贝鱼混养、浅海农牧化养殖模式的试验、示范；实施紫菜冷藏网、抗病饵料等病害防治措施，改进了鲍鱼防病害养殖工艺。

【海洋科技试验示范基地建设】 通过培育和强化科技创新能力，试验示范基地的科技带动和辐射作用明显加强。全国科技兴海技术转移连云港中心承担的海洋高新技术项目——对虾多倍体及性控技术试验获得成功，达到国际先进水平；连云港海珍品试验示范基地大力推广网箱养鱼技术，并通过了江苏省科委的中期评估和认定；省级赣榆海水育苗基地拓展了鱼、虾、蟹、贝、藻五大类200余个育苗品种；江苏省海洋化工工程技术研究中心研究内容从氯、溴、碘、钠向钾、镁、钙等元素方向拓展，其研究开发的溴化锂项目已进入中试。省级连云港海珍品养殖试验示范基地和康缘海洋药物开发基地的海龙软胶囊的研究取得新进展。组建了以淮海工学院为依托的海洋生物工程技术研究中心。

南通市启动建设的通州海晏滩涂贝类养殖科技示范园区和启东吕四港高效农业科技示范园区等2个科技兴海示范园区进展顺利。全市开发滩涂蓄水养殖技术形成高潮，今年新增面积1 333hm^2，示范区亩产值超万元，形成了新的亮点。启东“科技兴海”示范县建设工作实绩明显，已在滩涂上建起了5个国家级和省级海洋科技示范园区，形成了以园区带动渔民开发海洋经济的新格局。由农业部、江苏省水产局、江苏省海洋水产研究所和启东市共同投资2 000余万元、占地面积1.2km^2的省现代渔业(吕四)科技示范园——海水育苗中心一期工程也已投入运营。如东“科技兴海”试验示范基地建设成效显著，建成667hm^2养殖加工出口一体化科技示范园、4 002hm^2高密度贝类养殖、2 001hm^2藻类综合开发科技示范园及年可创产值10亿余元的海洋食品科技示范园。该县海洋经济发展的科技贡献率达到60%。

【海洋技术产业化建设】 连云港通过科技引导和技术成果转化，全市海洋产业规模迅速扩大。1999年发展海水网箱养鱼130 300只，投放鱼苗65万尾，销售成品鱼10万尾，经济效益200余万元。推广了稻田养蟹技术，养殖面积达3 335hm^2。全市虾塘混养面积达667hm^2，亩均收入3 000元，亩综合效益较以前大幅度提高。中国对虾精养面积扩大到67hm^2。秦山岛周围海域立体养殖底播贝类达2 001hm^2，盐田青蛤养殖推广到333.5hm^2。紫菜年产量达到3.7万t，一次加工紫菜达5亿张，产值2亿元。海水育苗场发展到100多家，育苗水体13万m^3，其中河蟹育苗量占全省的60%，成为全国最大的河蟹育苗基地之一。改进工艺和设备后，坑道养殖鲍鱼投放量达30万尾。江苏省海洋化工工程技术研究中心采用海盐苦卤生产优产优质氯化钾新工艺，建成年产5 000 t生产装置，年增利税300万元。在盐和溴深加工方面形成了氯化苄、溴化合物两大系列精细化工优势产业。

1998年6月，响水县人民政府与中国科学院海洋研究所签订协议，建立海洋科研教学开发联合体，开展科技交流、项目协作和海洋专业人才培训。这是国内首次由一个县与该所建立长期的技术协作关系。自联合体成立以来，该所先后派出专家5批16人次，为响水县完成了海水养殖业发展研究、三类渔港选址论证、指导新技术推广和新品种养殖，开展了二茬对虾、龙须菜、对虾塘混合养殖项目合作。该所还安排6位专家为响水县举办3场技术讲座，培训250人次。响水县通过与海洋研究所建立长期稳定的技术协作关系，拓宽了海洋科技交流渠道，促进了观念、知识、技术的更新，加速了新品种、新技术的引进推广，为发展海洋经济提供了有力的技术支撑，1999年海洋产业总产值达6.41亿元，比上年增长28.2%。南通市开发了“盖天力”片、“稀土甲壳”鳗鱼饲料添加剂、氨基葡萄糖盐酸盐、吸收性愈合海绵等一批国家级新品。获得了大黄鱼人工育苗技术、青蛤土池人工育苗技术、高密度工厂化养鳗、紫菜冷藏网技术、北美白对虾人工育苗和养殖、海洋休闲食品开发、尼龙螺旋桨等一批产生良好经济效益的海洋技术成果。该市海达水产品有限公司等5家南通中标企业参与科技开发的首批国家农业科技跨越计划——“紫菜养殖加工出口产业链开发”项目，1999年底在江苏省水产局主持下于南通市正式启动。南通双林生物制品有限公司在加拿大生物研究中心、中国药科大学、南京大学等科研单位指导下，变废为宝，从虾、蟹壳中提炼开发出甲壳素系列产品，再制成俗称生命第六要素的可食用动物纤维——几丁聚糖，使虾蟹壳增值300余倍。

【海洋科技培训】 1999年盐城市聘请墨西哥梅勒博士，就“对虾健康养殖”等课题与该市水产养殖单位的技术人员进行培训与交流。对中国对虾流行病毒从检测、预防到治疗都进行了认真的试验和研究，取得了较好的效果。根据双方达成的合作意向，在大丰禾达对虾养殖场划出13.34hm^2虾池，引进墨西哥蓝对虾进行养殖试验。实施方案以预防为主，采取了提取地下海水作为养殖用水的补充，以控制水质；适时使用增氧机，增加工厂水体溶氧量；使用自制药饵等一系列措施，当年11月10日对虾收捕时，虾体规格平均达到10.8 cm，平均1 437kg/hm^2，总产对虾19 t，产值123.5万元，获利54.9万元，41175元/hm^2。

1998年4～5月，南通市海洋处邀请了荷兰海洋专家Vos先后就荷兰概况、海洋管理、海洋产业、海洋工程港口建设等问题进行了4场专题演讲，并考察了沿海的启东寅阳滩涂开发、启东吕四港开发、如东洋口港开发项目和南通港开发、长江北岸筑堤工程，全市先后有100位市及县（市）政府有关部门人员参加了技术培训。通过交流与研讨，对荷兰海洋开发和经济发展中国家的概貌有了一定的了解，尤其加深了对该国在海洋围垦、筑堤护坡、港口建设等方面的先进技术的了解。

海洋国际合作与交流
Marine International Cooperation and Interflow

【概况】 20世纪80年代初，江苏省水产局与日本开始了以补偿贸易方式进行了海洋国际合作与交流。到80年代末，沿海各地的海水养殖业如对虾、鳗鱼、紫菜、文蛤等品种的养殖已形成规模，建立了比较稳固的创汇支柱产业。至1999年，全省沿海出口企业对日本、韩国等东南亚国家水产品的卫检、通关及市场行情规则已逐步掌握，并建立起稳定的合作关系，海洋水产品年出口创汇额数年均保持在6 000万美元以上。通过积极的市场开拓，部分海洋水产品已分别进入美国、加拿大、英国、法国、德国、荷兰、比利时、丹麦、意大利、西班牙、瑞士、瑞典、挪威等10余个国家。1999年江苏省通过美国FDA组织HACCP体系认证的注册出口水产品企业19家（全国22家），通过欧共体委员会EEC法规认证的注册出口水产品企业8家（全国11家）。为进一步开拓欧美等发达国家市场，全省各水产品出口企业开始建立行业协会，与国际惯例接轨，积极做好中国加入世界贸易组织的准备工作。

江苏省沿海渔业合资企业的建立始于1984年，17年来已由单一水产品养殖逐步发展到集加工、贸易及跨行业的综合性集团企业，到1999年底，全省渔业三资企业337家，合同利用外资28 884万美元，实际利用外资9 922万美元。

江苏省曾利用世界银行贷款先后实施了“沿海滩涂开发项目”（4 826万美元）、“沿海资源可持续开发项目”（1 000万美元）。利用这两个项目的实施，在沿海建立起出口创汇渔业生产基地，为企业引进了先进的加工机械设备。按国际金融组织的项目实施周期程序，世界银行先后来江苏的专家有10余批50多人次，为全省沿海渔业企业和各级政府管理机构了解国际惯例、走向世界提供了实践的机遇，锻炼培养了一批外向型工作人员。

1998年经农业部推荐，江苏与日本协力财团达成初步意向，无偿援助江苏省建设海水增养殖项目，内容包括文蛤、青蛤、银鲳等品种的工厂化繁殖。

由于江苏近海渔业资源衰减严重，自80年代中期开始派出多批专业团组赴世界渔业资源状况良好的海域考察过洋性捕捞作业的可能性，并先后向波斯湾海域（伊朗）、南太平洋海域（贝劳）派出规模较大的船队进行作业生产，南太平洋项目最多时派船37艘，取得了良好的社会、经济效益。到1999年累计外派渔船281艘次、船员4 000人次。生产作业的区域分别为北太平洋（日本）鱿鱼钓生产，南太平洋（贝劳）金枪鱼钓生产，摩洛哥、毛里塔尼亚、几内亚、缅甸、印度尼西亚等国的拖网生产，大西洋（阿根廷）鱿鱼钓生产。

经农业部批准，江苏开展了国际鲜销业务，全省从事近海国际鲜销业务的渔轮18艘，分别在日本、韩国、新加坡等国进行不定期的国际销售业务。

江苏省水产系统曾派遣水产专家小组赴厄瓜多尔和突尼斯进行对虾人工繁殖。赴世界10余个国家进行交流和进修人员80余人次；短期出国考察团组120余个、400人次赴40余个国家和地区进行技术、经贸考察。先后引进的水产优良品种达20余个。

海洋立法与管理
Marine Legislation and Management

【概况】 1998～1999年，江苏海域管理工作取得了一定进展。根据全省海域使用普查，截止1999年11月全省海域已登记使用面积205 956hm²。经现场调查核实，已确权面积24 519hm²，占登记面积的11.9%。共发放海域使用证91个，批准使用面积19 010hm²，是前5年的5倍。海域使用审批制度从试点转向常规，对鼓励海洋资源开发、合理利用和保护海洋资源、改变海域使用无序、无度、无偿的状况起到了重要的推动作用。1999年5月，江苏省举办了首届地方海洋监察员培训班，共有30人取得了海监执法的上岗资格，为下一步建立海洋监察队伍、加强海洋执法工作打下良好的基础。

至1999年全省沿海地区已普遍建立了海洋管理机构，设有正处级海洋管理机构2个，副处级机构1个，正科级机构12个，股级机构3个。江苏省海洋管理机构情况示于表4。

表4 江苏省海洋管理机构一览表

机构名称	主管部门	机构级别	成立时间
江苏省海洋局	江苏省科委	处级	1989年
连云港市海洋局	连云港市政府	处级	1997年
赣榆县海洋局	赣榆县政府	科级	1997年
东海县海洋局	东海县政府	科级	1997年
连云区海洋局	连云区政府	科级	1997年
云台区海洋局	云台区政府	科级	1997年
灌南县海洋局	灌南县政府	科级	1997年
灌云县海洋局	灌云县政府	科级	1997年
盐城市海洋局	盐城市科委	科级	1997年
响水县海洋局	响水县政府	科级	1997年
滨海县海洋局	滨海县政府	科级	1997年
射阳县海洋局	射阳县政府	科级	1997年
大丰市海洋局	大丰市政府	科级	1997年
东台市海洋局	东台市政府	科级	1997年
南通市海洋处	南通市科委	副处级	1997年
启东市海洋局	启东市政府	科级	1997年
如东县海洋局	如东县政府	科级	1997年
通州市海洋办	通州市科委	股级	1997年
海门市海洋办	海门市科委	股级	1997年
海安县海洋办	海安县科委	股级	1997年

1998年，省政府根据《国务院批转农业部〈关于进一步加快渔业发展的意见〉的通知》精神，结合江苏实际情况，下发了《关于进一步加快渔业发展的通知》，明确了“九五”和今后一段时期全省渔业发展的指导思想、目标任务以及一系列扶持政策。为贯彻实施《中华人民共和国行政处罚法》，全省80%以上的渔业执法人员参加了培训。加强了对海洋辐射沙洲滩涂渔业管理，对蒋家沙滩涂水产养殖使用依法确权发证。渔政、公安、边防等部门密切配合，严厉打击、驱赶侵渔渔船，全年查处外籍侵渔渔船123艘次、外省违规作业渔船6 070艘次。顺利完成海洋伏

季休渔管理任务，伏休首次由2个月延长到3个月。继续组织开展禁止电毒炸鱼和清理“三无”渔船活动，查处电捕鱼5 816起、炸鱼75起、毒鱼87起，清理“三无”渔船415艘。依法加强渔港监督、渔船及船用产品检验、渔业无线电管理、船员培训等工作，办理船舶进出渔港签证4 220艘次，组织安全检查53次，处理船舶交通事故41起，检验各类渔船2 429艘、船用产品26 243台(件)，办理渔船保险88份，渔民人身平安互助6 654份，举办各类船员培训班41期共1 989人次。渔业水域环境监测、污染事故调处和水生野生动物保护工作也受到进一步重视。

1999年，江苏省政府颁布了《江苏水产种苗管理规定》。海洋伏季休渔实现了“船进港、网入库、人上岸、证集中”的预期管理目标。以换发新版捕捞许可证为契机，坚决落实农业部下达的渔船数、马力“双控”指标，严格控制捕捞强度。以蒋家沙为重点的辐射沙洲和滩涂渔业管理取得积极成果，通过重新登记、确权发证，初步实现了滩涂养殖从无序到有序、从自然采捕到规模开发的过渡。按照“适时驱赶、重点查处”的方针，全省组织3次大规模的打击驱赶侵渔渔船联合行动，全年共查处外籍侵渔渔船120余艘次、外省市违规渔船6 000余艘次。办理渔船互保162艘，渔民人身平安互保8 045人次。全年全省共查处电毒炸鱼7 450起，没收电捕工具7 820台套。检验各类渔船2 596艘、船用产品45 233台（件）。

（江苏省海洋与渔业局供稿）

（上接第244页）

累计作业飞行115h1min，获取摄像资料5h19min，135负片671张，数码相片324张，IR/UV记录资料7min。

查处违章倾废案件 1998年4起，其中罚款3起计人民币7.2万元；1999年14起，其中罚款7起计人民币6.9万元。

发布海洋执法监察工作通报 1998年发布《东海巡航通报》9期632份；1999年发布《东海巡航通报》5期289份，《东海海洋执法监察通报》3期280份。

【海洋权益】 对进入中国管辖海域进行海底光缆和天然气管道铺设及维修的外国籍施工船舶实施了监督管理。其中，1998年监督管理6国16艘外籍船，对其中1船实施了登临检查，获取船位报告书211份；1999年监督管理7国13艘外船，获取船位报告书248份。

【海洋监察员队伍建设】 1998年对45名行政执法人员进行行政执法基本法规培训；1999年对海洋监察员专业培训34人次。举办海域使用管理培训班共培训55人。

（张亚明）

山 东 省

Shandong Province

综 述

Summary

【概 况】 山东省濒临黄海、渤海，海岸线长3 121km。0～20m 深的浅海总面积2 9031km^2，潮间带 滩涂面积3 200km^2。沿岸有面积500m^2以上的岛屿326个，岛陆面积136km^2，岛岸线总长737km；其中北起北隍城岛，南至南长山岛的庙岛列岛，由21个岛屿组成，纵列于渤海海峡，是山东省最大的群岛，也是黄海与渤海的分界。沿岸有面积大于1km^2的海湾51处；其中位于渤海南部的莱州湾面积达6 966km^2，是山东沿岸最大的海湾；位于山东半岛南部的胶州湾面积为374km^2，是山东沿岸最大的半封闭式内湾。此外，较大的海湾有桑沟湾、丁字湾、崂山湾，面积均在100km^2以上。

山东省陆地东西横跨700km，南北长约400km，陆域面积约15.72万km^2，辖17个市地、139个县市区；其中沿海有7个市地、36个县市区，另外青岛、烟台、威海三市还设有经济技术开发区和高技术产业开发区，县级建制。1999年全省人口为8 882.8万人。

表1 山东省沿海市县一览表

沿海市地	沿海县级市	沿海县
青岛市	胶州、即墨、胶南	
烟台市	莱阳、海阳、蓬莱、龙口、招远、莱州	长岛
威海市	荣成、文登、乳山	
潍坊市	寿光、昌邑	
日照市		
东营市		垦利、广饶、利津
滨州地区		无棣、沾化

全省有县级以上海洋科研单位39个，其中隶属于国家部委的7个；海洋科技人员约1万多名。1995年11月16日正式挂牌成立的山东省海洋与水产厅，是主管海洋事务和渔业行政的省政府组成部门。沿海市（地）、县（市）和部分市辖区设有海洋与水产局。

省委、省政府高度重视海洋资源开发利用。1998年9月，省委、省政府召开了全省“海上山东”建设工作会议，作出了《关于加快“海上山东”建设的决定》，制定了《“海上山东”建设规划》，积极推进科技兴海，加大依法治海力度，实现了海洋经济持续快速发展。1999年,全省海洋产业总产值达到902.46亿

表2 山东省沿海市地、县市区海洋机构一览表

沿海市地海洋机构	沿海县、市、区海洋机构
青岛市海洋与水产局	城阳区海洋与水产局
	崂山区海洋与水产局
	胶州市海洋与水产局
	即墨市海洋与水产局
	胶南市海洋与水产局
烟台市海洋与水产局	莱山区海洋与水产局
	蓬莱市海洋与水产局
	龙口市海洋与水产局
	长岛县海洋与水产局
	芝罘区海洋与水产局
	福山区海洋与水产局
	莱州市海洋与水产局
	招远市海洋与水产局
	牟平区海洋与水产局
	海阳市海洋与水产局
	莱阳市海洋与水产局
威海市海洋与水产局	荣成市海洋与水产局
	文登市海洋与水产局
	乳山市海洋与水产局
	环翠区海洋与水产局
潍坊市海洋与水产局	寿光市海洋与水产局
	昌邑市海洋与水产局
	寒亭区海洋与水产局
日照市海洋与水产局	东港区海洋与水产局
东营市海洋与水产局	东营区海洋与水产局
	河口区海洋与水产局
	广饶县海洋与水产局
	垦利县海洋与水产局
	利津县海洋与水产局
滨州地区海洋与水产局	无棣县海洋与水产局
	沾化县海洋与水产局

元，比1995年接近翻一番；海洋产业增加值为447.96亿元，占全省国内生产总值的5.8%，比1995年增加了1.3个百分点。

随着社会和技术进步，为适应经济国际化需要，海洋产业结构不断优化，加快了海洋产业化进程。海洋渔业作为山东海洋经济的第一支柱产业，在克服海洋渔业资源衰退、海水养殖病害蔓延等困难中稳步发展。1999年，全省海水产品总产量达到6 02.3万t，海洋渔业总产值达到568.58亿元，约占海洋产业总产值的63%；全省海水养殖面积达到22.41万hm^2,海水养殖产量269.79万t。由于对虾、扇贝连年大面积病害，全省海水养殖产量占海水产品总产量的比重由1996年的50.1%下降到44.8%，下降了5.3个百分点。海洋石油是新兴海洋产业，也是发展速度最快的海洋产业。1995年全省海洋石油产量只有54万t，产值仅6.5亿元；1999年产量已突破200万t，产值达到15.7亿元。滨海旅游属于海洋第三产业，发展速度也比较快。1999年全省滨海旅游总收入已达到180.8亿元，占全省海洋产业总值的20%。海洋交通运输业、造船业、海盐业等传统海洋产业也都取得长足发展。

【“海上山东”建设】 1998年9月14～16日，省委、省政府在济南召开了全省“海上山东”建设工作会议，这是自1991年提出建设“海上山东”战略以来，第一次召开专题研究“海上山东”建设的工作会议。省委书记吴官正在会上作了题为《开发保护海洋，建设“海上山东”》的重要讲话。省委副书记、省长李春亭主持了会议，省委副书记、常务副省长宋法棠在会议结束时作了重要讲话，副省长林书香在会上作了《“海上山东”开发建设规划》的说明。省委副书记陈建国，副省长邵桂芳、陈延明，省政协副主席王久祐、管华诗，沿海市地市长、专员及省直有关部门主要负责同志出席了会议。吴官正在讲话中指出，实施“海上山东”建设战略7年来，全省海洋经济得到很大发展，已成为国民经济十分重要的组成部分。建设“海上山东”，对全省经济和社会的发展，实现跨世纪发展的宏伟目标，有着不可替代的战略作用。他要求各级党委、政府，必须引起高度重视，切实加强组织领导，在认识上、组织上、政策上、措施上真正到位，把“海上山东”建设搞得扎实有效。会议期间，吴官正、李春亭在会上为刚刚宣布成立的“山东海洋工程研究院”揭牌，举办了“海上山东”建设成就展，省委副书记陈建国、副省长陈延明、济南军区副政委张文台等和省直60余个部门的负责人及与会代表共1 200余人观看了由济南军区歌舞团演出的“拥抱蔚蓝”大型专场文艺晚会。

为了加强“海上山东”建设工作的领导，省政府办公厅于1998年9月28日发出“关于成立‘海上山东’建设领导小组的通知”（鲁政办发[1998]68号），公布了领导小组名单，由省委副书记、常务副省长宋法棠任组长，副省长陈延明、省政协副主席兼青岛海洋大学校长管华诗、省军区副司令员秦江昌任副组长，省政府31个涉海部门和沿海7个市地主要负责人为领导小组成员。领导小组办公室设在省海洋与水产厅，为该领导小组的日常办事机构。

1998年12月25日，中共山东省委、省政府发出《关于加快建设“海上山东”的决定》（鲁发[1998]24号），要求全省加大实施“海上山东”战略的整体推进力度，实行依法治海，积极推进科技兴海，加大海洋开发与管理的投入，强化海洋管理部门的综合协调职能，促进海洋经济持续健康发展，为富民兴鲁作出新贡献。

1998年8月25日，省政协在威海市召开了“海上山东”建设研讨会，会议由省政协副主席李殿魁主持，沿海7市地政协负责人、省政府有关部门负责人和有关专家参加了会议。会后，省政协向省委、省政府提交了《关于加快“海上山东”建设的建议》。

（王铁民）

海洋资源开发与海洋经济
Development of Marine Resources and Marine Economy

【海洋渔业】 1998～1999年，山东省海洋渔业工作在“内强素质，外塑形象，努力开创海洋与水产工作新局面”的思想指导下，通过实施“科教兴渔”、“两高一优”和可持续发展战略，实现了全省海洋渔业增产、渔民增收、渔区社会稳定的目标，海洋渔业经济持续稳步增长。1998年全省海洋水产品总产量为566.5万t，较上年增产47.9万t，海洋水产业总产值达518.9亿元；群众海洋渔业专业劳力达37万人，兼业劳力11.2万人。1999年，海洋水产品总产量较上年增长6.3%，达到602.3万t，海洋水产业总产值实现568.6亿元；群众海洋渔业专业和兼职劳力分别达到37.8万人、11.9万人。这期间，因受国际、国内经济形势的干扰，特别是受亚洲金融危机和国内市场需求疲软及副食品价格下降等因素的影响，比较效益下降。但由于采取加大海洋渔业结构调整力度，推行海洋农牧化建设工程，调整优化产业结构，大力实施“科教兴渔”、可持续发展和经济全球化等战略，提高了海洋渔业经济运行质量和效益，优化了生产结构，增强了渔业产业化水平和渔业市场竞争力，促进了海洋渔业经济全面发展。

海洋捕捞生产实施战略性调整，近海捕捞采取限船压产，严格执行统一的休渔期制度，使海洋捕捞产量有史以来，由逐年增长转向限产，成功地实现了国家确定的海洋捕捞“零增长”目标这一具有历史意义的转折。海洋捕捞产量1998年为332.6万t，1999年332.5万t，略低于上年。近海渔业资源养护、合理利用以及地方性海洋水产资源科学开发受到普遍重视，多品种增殖放流工作力度进一步加大，部分优质鱼、虾、蟹、贝类资源量得到恢复，地方性新资源开发利用取得成效，减轻了传统经济鱼类捕捞压力。如辫子鱼、口虾蛄、鹰爪虾、毛虾等资源有明显回升。仅滨州地区就开发毛虾资源7.4万t，创产值2.5亿元。1999年省财政投入增殖放流经费550万元，在保证常规增殖品种中国对虾、日本对虾、海蜇等增殖任务的基础上，采取多种形式筹措经费，扩大了海参、鲍鱼、梭子蟹、海胆、海水鱼等名特优品种的增殖放流规模。目前，全省近海资源增殖主要种类已达6个，年放流苗种近4.2亿尾（个、头），增殖数量年均增长20%以上，回捕率逐年提高。针对近海渔业资源持续衰退、捕捞比较效益日益下降的实际，海洋渔业着眼拓展海洋捕捞作业领域，稳步推进外海和远洋渔业生产，一是实行严格的伏季休渔制度，压缩近海捕捞强度，实行近海捕捞产量“零增长”。二是采取政策鼓励，积极引导和扶持群众渔业发展远洋渔业生产。在1998年全省远洋作业渔船达到近150艘的基础上，1999年又有37艘大马力渔船加入到远洋渔业行业，使全省远洋渔业从业人数达3 797人，渔船达到186艘，总功率9.4万kW，总产量15.3万t，国外经营收入1.1亿美元。

海水养殖业实施可持续发展战略，围绕海洋农牧化工程，以对虾、扇贝“二次创业”为重点，将海水鱼类养殖作为新的突破口，积极调整优化养殖生产结构，海水养殖向名优高效和规模化方向迈出了新的一大步。对虾养殖针对以往生产中出现的关键问题，大规模改造虾池，完善配套设施，抓好健康虾苗培育，因地制宜，总结创新，研究推广“健康精养高产养虾”、“渗水养虾”、“地下卤水养虾”、“封闭式养虾”、“多茬养虾”等养虾技术模式，对虾养殖产量大幅度回升。1999年全省对虾养殖自1993年跌入低谷以来，首次突破2万t，达到2.4万t，结束了对虾养殖自暴发虾病后，产量多年一直在2万t以下徘徊的局面。扇贝养殖采取养殖品种结构调整，重点压缩栉孔扇贝养殖面积，扩大海湾扇贝、虾夷扇贝养殖规模，实行贝藻间养、轮养。据统计，烟台、威海等扇贝养殖大市共压缩栉孔扇贝养殖面积5 000hm^2，增加海湾扇贝6 000hm^2。全省扇贝养殖年产量达到54.5万t，产值达到25.2亿元。海水网箱养鱼发展迅速，1999年网箱养殖达到15 000余箱，规模比上一年扩大了1倍，生产商品鱼2.2万t，养殖品种也实现了多样化，主要有鲈鱼、牙鲆、真鲷、梭鱼、大黄鱼、美国红鱼、大菱鲆等。

海洋水产品加工、流通面向国内和国外两个市场，积极发展精深加工和国际鲜活水产品运销，使渔业产业化水平有了新的提高。海洋水产品加工企业，利用现代化技术嫁接改造传统水产品加工生产，通过引进关键技术和设备，提高了精深加工档次、水平、质量，大力研究开发加工新领域和新产品。现已开发精深加工水产品五大列、200余个品种，使海洋水产精深加工产值占全省加工产值的30%以上。以海带为代表的大宗水产品精深加工开发，取得长足发展，年生产各种海带食品6万余吨。海洋保健品和海洋药物开发也有重大突破，在’99中国国际农业博览会上有9种海洋药物及保健品获得名牌称号。海洋鲜销渔业健康发展，大大增强了水产品出口创汇能力。1999年，出口水产品40余万t，创汇突破8亿美元，分别比上年增长30%和8%。 （徐国强）

表3 山东省海洋渔业开发情况

项目		1998年	1999年
海洋水产品产量(万t)		566.5	602.3
海洋捕捞产量(万t)		332.6	332.5
海水养殖面积(万hm^2)		18.88	22.41
海水养殖产量(万t)		233.9	269.8
海洋机动渔船	艘数(万艘)	51 871	44 692
	总吨位(万t)	73.8	70.2
	总功率(万kW)	136.5	135.7
海洋水产总产值(亿元)	总产值	519.8	568.6
	海洋渔业产值	269.5	282.2
	海洋捕捞产值	169.3	169.6
	海水养殖产值	100.2	112.6
	海洋水产品加工值	135.2	166.3
海洋水产增加值(亿元)		279.4	286.9

【海洋交通运输业】 截至1999年底，山东沿海有港口26处，泊位244个。其中，万吨级泊位69个，最大靠泊能力20万吨级。青岛港进入亿吨大港行列，日照

港成为国内第二个现代化煤炭输出港口，岚山港成为长江以北最大的液体化工产品集疏港。初步形成了以青岛港、烟台港、日照港为主枢纽港，龙口港、威海港、岚山港为区域性重要港口，东营港、羊口港、蓬莱港等中小港口互补、内外贸并举、客货兼备的港口群体多层次共同发展的格局。

省内港口同世界上140个国家和地区的400余个港口通航。1998年全省沿海港口完成货物吞吐量1.35亿t，为上年同期的100.6%，其中外贸吞吐量4 959万t，为上年同期的87.8%，集装箱吞吐量135.4万TEU，为上年同期的119.1%。旅客吞吐量为823.4万人次，为上年同期的106%。1999年全省沿海港口完成吞吐量1.4亿t，其中外贸5 810万t，集装箱172万TEU，分别比上年增长5.7%、17.3%和29.4%;沿海地方港口完成吞吐量3 400万t，其中外贸333.2万t、集装箱4.7万TEU，分别比上年增长6.2%、26.7%和42.4%。

客货滚装运输从无到有，发展迅猛。目前已有龙口、蓬莱、烟台、威海等8处港口开展滚装运输，开辟了13条航线，其中国际航线2条，跨省际航线11条，为发展外向型经济、促进两地经济发展发挥了巨大作用。

海运实力迅速发展。各海运企业通过各种途径广泛筹资、融资，举债购造船舶，至1999年底，全省地方海河运力发展到187万t，居全国第五位，其中海上运力65万t，水运业户发展到1 500余家。航运企业82个，航运从业人员5万人，为全国五大航运省份之一。运力结构逐步优化，钢质船代替木帆船，并向大吨位、多功能、专业化、远洋型方向发展，船舶的技术状况有了极大的改善。运力结构由过去单一的散货轮发展到散、杂货轮、滚装渡轮、集装箱轮多船型综合发展的运力格局。结束了山东航运仅在近海运输的历史。水上运输航线不仅遍及全国沿海各港口和香港，还先后开通了至日本、韩国、俄罗斯、澳大利亚、东南亚、南美洲等诸多国家和地区的集装箱和散杂货运输航线50余条。

支持保障系统逐步完善。水运工业、港航设计、施工能力、船代货代网络都得到了较大的发展。水运工业已发展到具有造万吨级以上船舶的实力，修造水平逐步和国际水平接轨。威海船厂逐渐发展成为中国北方规模较大、竞争能力较强的造船企业，建造了中国第一艘综合节能示范船——2 000 t沿海货船。黄河航运局船厂成功研制开发了双体承压舟，在山东省及周边省市的河流渡口上得到了广泛的推广应用。省筑港施工企业海陆工程并举，具备国家航务工程施工一级资质，同时具有公路工程路桥施工一级资质及装饰、工业与民用建设一级资质，年施工产值达3亿元；船代、货代业务综合实力在全国居第四位。

海洋运输发展迅猛。进入90年代，地方国际海运企业为搞好运输生产和经济效益，重点抓了以下工作：一是多方筹措资金，购置新型海运船舶。如省国际海运公司和烟台海运公司不断从国外购置大吨位、节能、功能较齐全的新船，使运输能力持续发展壮大。二是广泛招揽外贸运输货源。仅省国际海运公司一年即组织计划外运输货源15万余吨，约占其完成总运量的35%，较好地弥补了计划内货源的不足。三是积极加强与港口、代理单位的联系，搞好港、航、货衔接工作，使船舶停港时间不断缩短，运输效率明显提高。四是在继续巩固至香港、澳门等地和日本、泰国、马来西亚等国家的10余条老航线的基础上，又开辟了泰国至菲律宾、新加坡、朝鲜、印度尼西亚等4条国际航线，并采取长跑短插的运输方法，加快船舶的周转，增加运输收入。五是严格修船时限，缩短停运时间，节省修理费用，并利用运输间隙，鼓励船员自修、自养，保证营运船舶的正常航行，超额完成计划运输任务。六是搞好安全生产。各地方海运企业把海运生产作为企业的生命线，普遍开展“创安全船舶优胜竞争”活动，制定《船舶海上安全生产联利计奖办法》和“安全质量否决权”等规章制度，促进海上安全状况显著好转，重大海损事故大为减少。七是努力节约燃材物料。 （刘甲申　刘凤琴）

【滨海旅游业】 1999年，山东旅游业共接待海外旅游者56.2万人次，国际旅游收入2.6亿美元，分别比1998年增长25.2%和20.83%；接待国内旅游者6 428.7万人次，旅游收入285.17亿元人民币，分别比上年增长10%和16%。

山东省及各沿海城市政府继续加大工作力度，并相继出台一批政府文件，主要有：山东省委、省政府《关于加快旅游业发展的意见》、烟台市人民政府《关于加快旅游业发展的决定》、青岛市人民政府《关于加快旅游业发展的意见》等。1999年6月29日，全省对外开放和旅游工作会议在青岛召开，中央政治局委员、省委书记吴官正，省长李春亭以及全省17市地的书记、市长参加了会议，这是山东历史上最高规格的旅游工作会议。经过3年的努力，青岛、烟台、威海等沿海城市于1999年荣获“中国优秀旅游城市”，占全省荣获此殊荣总数的50%。

在基础设施及旅游项目建设方面，1999年3月，山东旅游信息网开通，这是目前中国旅游业最大的政府信息网。威海市采取股份制形式组建大型旅游企业，以海滨自然风光、历史文化、民俗风情和人文景观为重点，推出多种大型旅游项目；东营市以黄河入海口为主体吸引物，发展以黄河口、大油田、湿地生态为主要特色的旅游项目；烟台市重点向海内外推出“海滨历史和海洋生态旅游”等4条黄金线路，以全面推动滨海旅游业的发展；日照市确立了突出太阳文化、海滨旅游度假、杜鹃花3个重点的发展思路，并将进一步提高旅游产品的附加值；青岛市于1999年7月推出首届青岛海洋节，并推出了帆船表演、海洋巡游以及以海为主体的多种旅游项目。

截至1999年底，山东省星级饭店达167家，其中五星级3家，四星级10家，三星级75家，二星级62家，一星级17家；旅行社659家，其中国际旅行社50家，国内旅行社609家。（王明波）

【海洋矿产业】 山东海洋及近岸矿产资源比较丰富，矿藏种类繁多，蕴藏量较大。目前已发现矿种102种（含亚矿种，下同），探明储量的矿产65种，其中能源矿产5种、金属矿产17种、非金属矿产41种、水气矿产2种，探明矿产地459处（不含石油、天然气、地下水以及共伴生矿产）。探明的矿产以能源和非金属矿产为主，而金属矿产基本为共伴生矿产及综合矿，除金矿外，矿床规模一般较小，开发条件差。

全省已探明的35种主要矿产，沿海 7 市（地）29种矿产探明有储量；山东矿产保有储量居全国前三位的23种矿产中，铪、石墨、菱镁矿、滑石、透辉石、铸型用砂、建筑用大理岩和溴矿等 8 种矿产的探明储量全部分布在这里；另外，重要战略资源石油和重要矿产金矿资源绝大部分也蕴藏在山东沿海地带，如金矿探明储量约占全省探明总储量的93%。

山东海洋及近岸矿产资源的潜在价值约5 226亿元，约占全省矿产资源潜在总值的11.6%。沿海7市（地）中，东营市因蕴藏并探明了丰富的石油、天然气资源，而使其潜在价值居首位，烟台市以其丰富的金、铜和菱镁矿、石墨、滑石等矿产资源而居第二位，其余依次为潍坊市、青岛市、日照市、威海市和滨州地区。山东海洋及近岸比较丰富的矿产资源是全省矿产资源的重要组成部分，为发展地区经济、建设“海上山东”、建设以矿产资源为依托的黄河三角洲和沿海经济增长带提供了充足的资源保证。

依照《矿产资源法》及其有关配套法规的规定，1998年，沿海7市（地）经地质矿产主管部门审查登记发证的勘查项目达257项，约占全省发证总数的69%，包括基础地质14项、矿产勘查243项；开展勘查的矿种14种，即金属矿产：金、铜、铅、稀土矿及多金属矿产，非金属矿产：石墨、滑石、高岭土、萤石、重晶石、花岗石、钠长石和宝石，水气矿产：地下水和矿泉水。

1999年，经审查登记发证的项目322项，比上年度增加65项，占全省总项目的62%，包括基础地质14项、矿产勘查308项；开展矿产勘查的矿种23种，即能源矿产：煤、地热，金属矿产：金、银、铜、铍以及多金属矿产，非金属矿产：白云岩、高岭土、萤石、石棉、重晶石、钾长石、钠长石、沸石、饰面用花岗石、水泥用灰岩、膨润土、蛇纹岩、玄武岩、蓝晶石、蓝宝石，水气矿产：地下水、矿泉水。

1998～1999年，省矿产资源委员会审查批准的各类矿产储量报告39份，其中沿海地区14份，包括能源矿产储量报告2份；金属矿产储量报告6份；非金属矿产储量报告5份、水气矿产储量报告1份；按矿床规模分，大型矿床2处、中型矿床4处、小型矿床8处。批准矿产地均已进入矿山建设或开发利用阶段。

沿海地区是山东省矿产开发程度很高的地区之一，已探明的矿产多数都进行了开发。1999年，已开发利用的矿产65种（其中38种矿产储量列入了储量表），包括能源矿产4种、金属矿产4种、非金属矿产55种、水气矿产2种；开采矿山总数4 006个，从业人员约44万人，实现矿业产值约289亿元，比上年增长3%，约占全省矿业总产值的63%，人均产值903元，比全省人均值多74%。沿海7市（地）中，以东营市创矿业产值最高，约占沿海地区矿业总产值的79%；其次是烟台市，约占总产值的11%；其余依次是潍坊市、青岛市、威海市、日照市和滨州地区。沿海地区矿业经济已成为山东矿业经济的重要组成部分和地区经济发展的支柱。（乔恩光　吕昶）

【海洋油气业】 胜利石油管理局海上油田位于渤海湾南部的极浅海海域、埕北低凸起的东南端，南界距海岸3km，与陆上桩西油田、五号桩油田相邻。海岸线全长414km，最大水深约15m，勘探面积4 870km^2。1978年11月，胜利油田使用自行研制的中国第一艘座底式浅海钻井船——“胜利一”号在埕北海域钻成第一口探井——埕中一井，1988年5月，钻探埕北12井时发现埕岛油田。自1994年埕岛油田投入开发，已发现明化镇组、馆陶组、东营组、沙河街组、中生界、古生界、太古界7套含油层系，累计探明含油面积124.8km^2，探明石油地质储量3.44亿 t。经过6年的滚动勘探开发，埕岛油田已投产油井206口，累计生产原油728万t，成为胜利油田持续稳定发展的重要阵地。

1998～1999年，胜利石油管理局把浅海石油勘探的工作重点放在寻找大中型油田和优质储量上，进一步加大油田勘探工作力度，取得较好的勘探成果。在埕北11、埕北20、埕北30三个潜藏带上部署8口探井，均获得高产工业油流或油气显示；在埕岛东营组成功勘探埕北古4井，测试2 978.4～2 990m井段，12mm油嘴，获日产原油267.3 t、天然气41 900m^3的高产油气流；在埕北243井勘探中测试明化镇组1272.8～1281.0m井段，8mm油嘴，获日产油89.9t。1998～1999年，海上油田共开钻95口，交井98口，完成钻井进尺18万m以上，埕岛地区累计新增探明含油面积19.2km^2，新增石油地质储量3 352万t。

海上油田的建设，按照卫星平台—中心平台—海底管线的开发建设模式，因地制宜地走出一条具有胜利特色的浅海油田开发建设新路子。1998年竣工投产了中心二号平台和埕北20A、埕北1A等4座井组平台及3座采油平台；成功铺设了埕北20A—中心二号等4条总长8.24km海底管线及8.31km的海底电缆。1999年先后建成和完善投产了7座井组平台和6座单井平台，铺设投产11条总长10.26km海底管线及9条总长16.78km的海底电缆。到1999年底，海上共建成各类采油平台55座；海底输油管线43条、总长60.4km，海底注水管线6条、总长5.4km，海底电缆43条、总长74.04km；油气接转站3座，联合站1座。

海上油田的开发，在充分认识油藏油水分布状况及储层物性变化规律的基础上，把数值模拟及经济评价研究结果与开发实践相结合，优选油层发育好、储量丰度高、连通面积大的构造高点布井，提高了单井控制储量。对井距进行了优化，由原来的300m调至500m，并在海上部署水平井，实现了浅海油田开发上的少井高产和高效。1998年海上生产原油181.01万t，比1997年增产原油30万t，超额完成年度生产任务。1999年先后对CB25A-3等25口故障井、停产井、低泵效井进行洗井、液氮诱喷、机械清蜡等维修措施，累计增油9 000余吨。实施油井调参措施164井次，累计增油6.78万t。1999年海上生产原油201.03万t，比1998年增产原油20万 t。 （刘崇惠）

【海洋盐业及盐化工业】 山东省是中国最大的盐业生产基地，制盐工业分布在沿海7市25个县区。山东省盐业资源丰富，可利用滩涂面积3 223.6km^2，尤其是从莱州市虎头崖往西经昌邑、寒亭、寿光、广饶、垦利的6个县区滨海滩涂有丰富的地下卤水资源。最低浓度7Be，最高19Be，是海水浓度的6～8倍，资源量约82亿m^3；地势平坦，气象条件优越，年平均蒸发量2 200mm，年平均降水量600mm以下，雨季集中，特别适合于盐业生产。山东省海盐、盐业化工生产均占全国首位，1998年实现工业总产值20.2亿元，1999年实现工业总产值24.1亿元（不含氯碱和纯碱工业）。

山东省海盐生产工艺和科学技术达到国内先进水平，大中型企业盐田结构趋于合理，直接生产作业基本实现机械化。盐田总面积1 143万hm^2，海盐生产能力920万t，1999年生产海盐795.6万t，年销售量超过800万t，均占全国的1/4以上。海盐平均含纯达到96.2%以上。为实现2000年消除碘缺乏病目标，先后投资6 348.8万元，重点改造了羊口盐场、寿光菜央子盐场等7个生产企业，并按照合理布局、保证质量的原则，确定了16家食盐定点生产企业，在全省形成了56万t 食盐生产能力。食盐品种齐全，包括精制盐、再制盐、洗涤精制盐、食品工业专用盐、强化营养盐、保健盐、低钠盐和养殖用盐等多种系列产品。

近年来，山东省海盐化工业实施大企业集团带动战略，走联合创新、集团化、规模化发展之路，获得迅速发展。盐化工生产能力和实际产量均达到20万t以上。制溴技术和管理水平居国内领先地位，先后建设了无棣、广饶、卫东、菜央子、岔河、寒亭二场、鲁北、灶户、敖里盐场等20余家以溴及溴的衍生产品为主的盐业化工厂。溴素的生产能力4.8万t，1998年生产44.5万 t，1999年生产47.7万t，产量和市场占有率均为全国的85%。纯碱和烧碱生产能力达到124.5万 t和85.5万 t，分别居全国的第一和第二位。相继开发了一批包括“1211”灭火剂、氢溴酸、溴化锂、四溴双酚A、十溴联苯醚、TKP为代表的制冷剂、灭火剂、阻燃剂、农药医药、染料中间体和无机溴化物等6个系列50余个品种。盐碱联合的山东海化集团有限公司成为全国最大的海洋化工生产企业，是山东省的八大骨干企业集团之一。 （赵玉科）

海洋公益事业

Marine Public Welfare Facilities

【海洋污染基线调查】 1997～1999年，在省政府和国家海洋局的领导下，依据国家海洋局海监发（1997）301号文，山东省海洋与水产厅组织沿海7市地海洋与水产局，组成了以北海监测中心等技术单位为主的31个单位150人参加的调查技术队伍，开展了迄今省内最大规模的第二次海洋环境污染基线调查。

外业调查二次，历时67d，动用大小船只80余艘，航程4 000km，共完成水质测站200站次，沉积物测站53个站次，生物测站26个站次，采集分析各类样品3 200余个。在此基础上编制了调查技术报告——《山东省海洋环境零点现状及污染防治对策》一书。

第二次海洋污染基线调查，对山东省海域污染源类别、数量、水质、沉积物、生物污染状况进行了定性、定量分析。依据调查监测资料，进一步对山东海洋环境进行综合评价分析，预测了环境污染发展趋势及对海洋资源开发、海洋经济持续发展、人体健康的长远影响，提出了防治海洋污染对策建议。为各级政府、涉海部门监督管理海洋环境、制定海洋开发政策、建设“海上山东”提供决策服务。（孙景茂）

【海洋自然保护区管理】 目前，山东省现有海洋类型的自然保护区7处，分别是：日照前三岛海洋生物市级自然保护区、山东省庙岛列岛海洋自然保护区、成山头泻湖生态省级自然保护区、无棣古贝壳堤县级自然保护区、青岛大公岛海岛生态自然保护区、海阳千里岩海岛生态市级自然保护区。其中无棣古贝壳堤自然保护区、青岛大公岛海岛生态自然保护区和海阳千里岩海岛生态自然保护区是在山东省海洋与水产厅成立后组织、指导选划的。（刘树军）

海洋灾害与防御
Marine Disasters and Prevention

【海洋渔业】 海洋污染加速了海水养殖病害的大面积流行。山东省海水养殖的主要品种扇贝，继1997年发病之后，1998年再次发生大面积死亡，其产量仅为52.02万t，比1997年减产31.53万t，损失达15亿元。养殖扇贝大面积死亡的主要原因是海洋污染导致浅海养殖环境的恶化或老化。海洋污染主要来自陆源污染、海洋石油开采污染和船舶排污等。

1999年，各沿海市地认真贯彻1998年全省扇贝抗灾减灾会议精神，大力调整扇贝养殖结构，压缩栉孔扇贝养殖面积，扩大海湾扇贝、虾夷扇贝养殖面积，并推行秋分夏收的栉孔扇贝养殖模式及实行贝藻间养或轮养。虽然栉孔扇贝病害仍较严重，病害再次爆发，但由于已及时对扇贝养殖结构进行了调整，海湾扇贝养殖面积增幅较大，且长势良好，大大缩减了因栉孔扇贝死亡带来的损失。（徐国强）

【海洋交通运输】 1998年全省共发生海损事故17起，其中重大事故8起，死亡14人，沉船2艘，经济损失789.9万元，海损事故已全部经港监调查处理结案。1999年全省共发生海损事故20起，重大事故6起，经济损失790万元。但进入10月份后，接连发生“大华”轮火灾、“盛鲁”轮沉没的重大事故，尤其是“11·24”“大舜”轮特大海难事故的发生，使全省海上交通安全生产形势变得严峻。为扭转这一被动局面，在省交通厅和各市地交通主管部门的领导下，山东省交通厅航运管理局采取了一系列加强海上交通安全管理工作的应变措施，积极促进海上交通安全生产，形势由不利方面向有利方向转化。一是积极贯彻落实党中央、国务院、省委、省府和省厅的一系列指示精神，进一步加强对安全管理工作的领导。二是组织检查组对沿海重点水域进行了以客运为重点的安全检查，对一批存在严重事故隐患的船舶进行了停航或整顿。三是召开了沿海水上交通安全管理工作紧急会议,对进一步加强海上交通安全工作做了部署。四是陆续出台了一些海上交通安全管理文件和办法，拟定了在全省范围内开展海上交通治理整顿的意见。（刘甲申 刘凤琴）

海洋科技与教育
Marine Science and Technology & Marine Education

【概况】 山东省拥有雄厚的海洋与渔业科技力量。截至1998年，全省共有县属以上海洋与渔业研究、教学单位55个，其中中央驻鲁单位15个，省属专业研究所3个，省属中等专业学校一个；科技人员11 300余人，其中高级职称人员2 000余人，分别占全国的40%、30%；两院院士11名。在海洋与渔业科学研究的许多领域居国内领先地位，有些达到国际先进水平。

为了加快“海上山东”建设，山东省委、省政府把科技兴海作为一项重大战略措施来抓。1998～1999年，山东省在继续重点实施“四〇工程”的基础上，重点进行了海洋农牧化的研究与开发以及海洋化工、海洋药物的开发技术研究，取得了很好的成效,促进了海洋科技成果的产业化，推动了海洋高新技术产业的发展，培植了一批海洋新兴产业的龙头和骨干。1998年全省海洋产业产值816亿元，年增加值414亿元，占全省GDP的5.6%。科技进步贡献率达45%。

1998～1999年，省科学技术发展计划重点安排海洋水产增养殖及捕捞、加工技术研究开发，海洋药物、海洋化工、海洋环境服务技术研究开发等项目90余项，累计直接投入科研经费近千万元，取得科研成果160余项，其中150项达到国内外先进水平。海水养殖、海洋化工、海洋药物和海洋食品工程四大海洋高新技术产业有了进一步的发展，潍坊海盐及盐化工基地、青岛海水增养殖高效优质苗种繁育基地、荣成海洋功能食品研究开发基地和长岛海珍品增养殖基地等4个国家级科技兴海基地得到了进一步完善，建立了山东威海贝类养殖示范基地（国家科技兴海基地）。山东省渔业技术推广站承担的“大规格鳖种养殖技术研究”课题获得了1998年山东省科技进步二等奖，山东省海洋水产研究所承担的“海水稚鱼生物饵料DHA营养强化技术研究”和“多级S型净化池优化水质养虾模式研究”课题分别获得了1999年山东省科技进步二等奖，“海水稚鱼系列微粒合饵料（MBD）的研制”课题被评为1999年山东省十大科技成果。

【海洋渔业】 由山东省组织承担的国家攀登计划项目“海水增养殖生物优良种质和抗病力的基础研究”已进入总结收尾和专著出版阶段，该项目对中国主要海水增养殖生物的细胞遗传学和种群遗传结构进行了深入研究和比较分析，为保护遗传多样性、有目的地开展遗传育种起到了积极作用。及早发现和确定并分离纯化了造成危害最大的对虾杆状病毒，初步建立了PCR检测技术、DNA探针诊断技术；在扇贝、鲍鱼病害研究方面，分离发现了衣原样生物和原核生物感染以及几种新的病毒，同时在对虾、扇贝、鲍鱼的免疫机能和抗病力上开展了大量基础研究，为控制病害流行传播提出了指导性意见。在国际上首次建立了海带遗传化模式，培育了258株带蛋白性状报告基因的海带；收集了百余株单倍体克隆裙带菜，并获得了杂交优势种；筛选出8个具抗病能力的优良品系紫菜和8株龙须菜色素突变体。增养殖生态环境的保护与改善研究，在主要有害赤潮生物及其与富营养化的关系、赤潮生物的防治技术、有机污染和氨氮诱发对虾发病的机理、养殖生态系的优化结构、利用系统分析研究对池塘生态系统数学模型、有机磷农药对微藻和中国对虾伤害的机理等若干方面均取得了突破性进展。该项目在“种质”、“病害”和“养殖环境”等关键科学问题方面取得了一批重要成果，不仅对中国海水增养殖业的持续发展有重要指导作用，也为中国海洋生物技术的研究开发奠定了理论与方法学基础，整体水平处于国内领先，有相当一部分进入了国际前沿，在国际同领域研究中占有一席之地。利用基因、酶、细胞等生物工程技术和引进驯化手段，培育出优质高产抗逆海洋新品种，居全国领先水平。三倍体牡蛎育苗1998年获5亿粒，养殖270hm^2，可收入1.5亿元；三倍体扇贝和三倍体对虾研究已突破育种技术难关；鲍鱼控温促熟及大小鲍鱼育种技术研究取得突破性进展，单产量达到8 670个/m^2，鲍鱼养殖的总体水平已达到国际先进水平，尤其是在育种和单位面积产量方面居国际领先水平；海水稚鱼微粘合饵料的研制开发取得突破，填补了中国该类产品空白，产品质量达到日本同类产品水平，价格比日本产品降低50%以上，并已形成规模化、系列化生产和应用，产品遍销全国10余个省（市），为用户每年创造效益近千万元，节省外汇上百万美元。牙鲆、鲍鱼和海参已形成较成熟的工厂规模化全套生产技术，1998年产值9亿元。

（薛久明）

【海洋交通运输】 山东海运积极实施科教兴航战略，坚持科技是第一生产力，促进科技教育与海运发展的有机结合，使海运发展走到依靠科技进步和提高劳动者素质的轨道上来，不断取得新成就。

1998年全省组织2 601名船员参加各类培训班考试。至1999年，积极引导和鼓励企业进行船舶更新改造的工作持续进行，年内淘汰老旧船舶87艘，运力1.5万t，更新船舶34艘，新增运力1万t。调整运力，进一步优化船舶结构。制定了《船员培训机构认可办法》。完成了17期船员培训考试任务，培训船员1 678名。

（刘甲申 刘凤琴）

【海洋油气】 胜利石油管理局充分利用现代科学技术，通过广大科研、设计、工程人员的相互配合，大胆探索，创立了具有胜利特色的海上整体开发配套技术。在地质勘探技术上形成了现代油藏描述等技术，提高了单井的控制储量。勘探开发装备，从座底式、自升式钻井平台到正在研制的海上组装式钻井平台，适应了海上勘探的需要。推广应用并发展完善了海上丛式井交叉作业、高效PDC 钻头、定向井井下导向技术、串接井下动力钻具复合钻井、密集型丛式井组科学施工技术、优质海水钻井液、顶驱钻井、油气层保护等技术，保证了胜利海上埕岛油田的高速高效开发。

（刘崇惠）

海洋国际合作与交流
Marine International Cooperation and Interflow

【海洋渔业】 1998年，山东省鲜销渔船达到218艘，占全国的80%以上。运鲜累计达2 397航次，运销各类鲜活水产品2.3万t，销售额5.6亿元，创汇6 759万美元，实现利润6 266万元。8月28日，山东省鲜销渔业协会在烟台召开成立大会，并先后在济南设立了秘书处，在石岛设立了办事处，在青岛、烟台、威海、日照设立了工作组。11月23日至12月4日，山东省海洋与水产厅厅长宋修武带队赴日考察访问，加强了与日方的联系，规范了国外代理，与山口县签署了会谈备忘录和会谈纪要，双方同意自1999年起在鱼类养殖、保鲜技术、虾贝病害防治、水产品深加工等方面进行实质性合作。日方对山东鲜销船运销下关鱼市场提供便利服务。根据全国鲜销渔船管理工作会议关于实行鲜销船总量控制的规定，山东省鲜销渔业协会把鲜销船压缩到180艘，共减船38艘。1999年7月4日，协会理事会通过了《推荐国际鲜销渔业船舶国外代理人暂行办法》和《代理合同》，完成了规范代理的实施方案。1999年，运鲜航次2 208个，运销各类鲜活水产品22 359t，销售收入45 850.8万元，创汇6 101.55万美元，利润5 608.4万元。

1998年，山东省水产“三资”企业共有702家，产值约28.2亿元，利润约2.2亿元，出口水产品约13.7万t，创汇约4.56亿美元，新增外资总额达700万美元。1999年，全省水产“三资”企业达751家，出口水产品34.1万t，产值36.5亿元，利润4.5亿元，创汇6.1亿美元，新增外资额2 900万美元，利用外资总额5亿余美元。

1998年，山东省具有远洋渔业企业资格的企业共有6家，实际在外渔船145艘，产量约1 2.34万t，产值6.4亿元，利润5 953万元。1999年，山东省远洋渔业累计在外渔船186艘，产量15.29万t，创汇1.13亿美元，产值9.4亿元，利润4 627万元。（徐国强）

【海洋交通运输业】 山东海运新开辟了泰国至菲律宾、新加坡、朝鲜、印度尼西亚等4条国际航线，海上运输航线先后开通了至日本、韩国、俄罗斯、澳大利亚、东南亚、南美洲和香港特别行政区等诸多国家和地区的集装箱和散杂货运输航线50余条，结束了仅在近海运输的历史。

威海船厂积极承揽国外造船订单，先后为利比里亚建造了171箱全冷藏集装箱船，为德国建造了4艘820TEU集装箱船。（刘甲申 刘凤琴）

海洋立法与管理

Marine Legislation and Management

【海域使用管理立法】 1998年7月6日，省政府令第92号发布《山东省海域使用管理规定》。同年10月，山东省人民政府法制局与山东省海洋与水产厅共同编印了《山东省海域使用管理规定》释义。此后，潍坊市人民政府于1998年12月31日印发了《潍坊市海域使用管理办法》（潍政发[1998]100号）、日照市人民政府于1999年11月15日印发了《日照市海域使用管理规定》（日政发[1999]101号）、滨州地区行政公署于1999年6月2日印发了《滨州地区海域滩涂使用管理暂行办法》（滨行发[1999]67号）、东营市人民政府办公室、威海市海洋与水产局也都制发了实施省政府第92号令的通知。《青岛市海域使用管理条例》先后于1999年1月22日青岛市第十二届人大常委会第七次会议和同年8月22日省九届人大常委会第九次会议通过，正式发布施行。蓬莱、长岛、海阳、龙口、垦利、广饶、寿光等市、县人民政府也制定了实施省政府第92号令的规范性文件。

1999年9月20日，由山东省财政厅、山东省海洋与水产厅共同制定的《山东省海域使用金征收管理暂行办法》经省政府批准后发布施行。之后，烟台、潍坊、日照、东营、滨州5市地海洋与财政部门相继制定了该办法的具体实施意见。《青岛市海域使用金征收管理暂行规定》于1998年1月15日经市人民政府批准后发布施行。

【海域使用管理情况】 《山东省海域使用管理规定》和《山东省海域使用金征收管理暂行办法》先后发布施行，是山东省海域使用证制度和有偿使用制度全面推行的重要标志。为了做好海域使用管理工作，实现高位起步、快速上路，省里每年召开一次全省海域使用管理工作会议，进行动员部署、情况与经验交流、研究解决共同关心的问题。与此同时，利用多种新闻媒介，对海域使用管理制度进行宣传。相继规范了海域使用申请审批程序，建立了海域使用可行性论证制度和海域使用管理季报制度，统一了海域管理行政处罚文书格式和海域使用金专用票据，对业务骨干进行了集中培训，为部分市地配备了较高精度GPS信标差分机，总结推广了烟台市海域使用管理示范区的经验。截至1999年底，全省共登记用海单位4 067个，占全省用海单位的85%；经审批核发《国家海域使用证》3 321个，占用海单位的70%。

【海域使用管理示范区】 1997年，国家海洋局和财政部印发了《关于开展海域使用管理示范区工作的意见》的通知（国海发[1997]389号），确定在全国选定4个沿海地级市作为国家海域使用管理示范区，经各省研究并申报批准，山东省烟台市为4个示范区之一。为了加强对该示范区工作的领导，山东省海洋与水产厅、山东省财政厅于1998年7月1日制发了《关于加强国家海域示范区组织领导工作的通知》（鲁渔海综[1998]4号），公布了山东省海域使用管理示范区领导小组，对示范区工作提出了明确要求。烟台市及长岛、蓬莱、龙口、莱州、海阳5县市也成立了相应的领导小组，制定了示范区工作实施意见。经过1998～1999年跨年度实施，《烟台市海域使用规划》通过专家评审，《烟台市大比例尺海洋功能区划》取得阶段性成果，建立了海域使用申请、登记、核测、论证、审批等一系列配套制度，海域使用监察工作也开展起来。截至1999年12月底，该市用海登记单位为2 904个，登记率达99.8%；审批核发《国家海域使用证》2 877个，发证率达到98.9%。烟台市作为国家海域使用管理示范区的各项预期指标全部完成。

【大比例尺海洋功能区划编制工作】 1998年7月17日和9月8日，《山东省大比例尺海洋功能区划工作实施方案》先后经国家海洋局审查、山东省人民政府同意；同年10月25日，全省大比例尺海洋功能区划工作会议在济南召开，对开展大比例尺海洋功能区划工作进行动员部署；同年12月17日，山东省海洋与水产厅向沿海市地人民政府、行署和沿海县（市）人民政府及省政府有关部门印发了该《方案》，要求各市地、县市两级海洋部门抓紧制定本级大比例尺海洋功能区划工作实施方案，报上级海洋行政管理部门审查同意后，报当地人民政府批准实施。省里成立了由省政府办公厅副主任侯英民任组长、省海洋与水产厅副厅长高永福任副组长，省政府涉海部门及沿海市地海洋部门分管副局长为成员的山东省大比例尺海洋功能区划领导小组。此外，还根据国家海洋局的要求，成立了有8位专家参加的技术指导组和由16位工作人员组成的编写组。省里统一组织有关编写骨干参加了国家海洋局先后在大连和北海市举办的区划培训班。1999年2～6月，沿海市地大比例尺海洋功能区划工作实施方案先后经省海洋与水产厅审查同意并报市（地）政府（行署）批准。省海洋与水产厅统一购置了最新版1：5万陆图、海图作为底图，在沿海市地现场核测的基础上标出草图，并委托青岛海陆数字图像有限公司制作区划图件。

1999年，省海洋与水产厅先后4次组织区划编写组专家赴渤海沿岸4个市地进行指导。到1999年12月底，山东省大比例尺海洋功能区划报告书已完成初稿，滨州、东营、潍坊三市地和烟台市区部分已完成资料收集、区划报告初稿和草图标绘工作。山东省大比例尺海洋功能区划工作已取得阶段性成果。

庙岛列岛及邻近海域大比例尺海洋功能区划、胶州湾及邻近海域大比例尺海洋功能区划，均于1998年先期完成并通过专家评审。

【海域使用规划】 烟台市海洋与水产局根据《烟台市海域使用管理暂行规定》和市政府的指示，组织各涉海部门于1996年制定了《烟台市海域使用规划编写大纲》，在广泛调查的基础上，参照城市总体规划和各海洋产业部门开发规划，于1997年3月完成规划初稿和草图，之后经多次修改，于1999年形成《规划（送审稿）》并送有关专家审阅。同年12月10日，《规划》专家评审会在烟台召开，以青岛海洋大学副校长吴德宝教授为首的专家评审委员会13位专家对《规划》给予充分肯定，一致通过评审。并建议吸取专家们意见进一步修改后报市政府批准实施。

（王铁民）

【海洋交通运输】 省航运局通过联合省直有关厅、委、局、办或以省交通厅名义先后出台了《山东省〈水路运输管理条例〉实施办法》、《山东省省内水路运输企业审批管理办法》、《山东省水路运输管理费征收和使用实施办法》、《山东省货主码头管理规定》等一系列规章或规范性文件，有利地保障了全省水路运政管理工作的不断深入和全面开展。1997年国务院颁布《中华人民共和国水路运输管理条例》。山东省公布实行了《山东省〈水路运输管理条例〉实施办法》，明确山东省交通厅主管全省水路运输事业，山东省航运管理局具体负责全省水路运输的行业管理工作。在交通部统一规范下，随着全国五级航运管理机构的建立健全，管理职能的相对明确，水路运政各项管理工作从贯彻《条例》，统一补办审批、发证手续，逐步走向制度化、规范化、程序化；同时成立的全省700余人的水路运政管理队伍，具备独立行政执法地位，成为水路运政执法的主体。山东水路运政管理，寓管理于服务之中，起到了应有的保驾护航作用。

（刘甲申 刘凤琴）

【海洋油气】 在海上勘探开发建设中，胜利石油管理局从实际出发，制定完善了《胜利石油管理局浅海环境保护管理规定（试行）》和《胜利石油管理局滩海油田勘探开发环境保护管理办法（试行）》。积极推行HSE管理体系，认真做好海上施工平台的环境保护、污染治理及污水监测工作，为3条钻井平台配备了污水处理设施。同时，定期对海上油田进行环境保护工作大检查，使海上环保措施、责任得到落实，有效地保护了海洋环境，使埕岛海域的水质保持良好的环境状况。“胜利三号”平台1999年被国家海洋局评

为北海区海洋环境保护先进集体。　（刘崇惠）

【海洋及近岸矿产资源管理】 1998年2月12日，国务院发布实施了《矿产资源勘查区块登记管理办法》、《矿产资源开采登记管理办法》和《探矿权采矿权转让管理办法》3个行政法规；1999年6月8日，新的国家标准《固体矿产资源/储量分类》发布，并于同年12月1日实施；1999年7月15日，国土资源部、国家计委、国家经贸委、中国人民银行和中国证监会联合颁布了《矿产资源储量评审认定办法》；1998年8月14日，山东省发布实施了《山东省实施〈中华人民共和国矿产资源法〉办法》，全面贯彻了修改后的《矿产资源法》所确定的基本原则和基本法律制度，并与国务院的行政法规相衔接，结合山东省实际，对矿产勘查、开发和保护、矿产储量管理以及探矿权、采矿权有偿取得和依法转让等均作了全面规定，进一步规范了矿产资源勘查、开采行为和行政管理行为，也强化了海洋及近岸矿产资源勘查、开发利用的管理力度。

矿产资源（包括海洋及近岸矿产资源）属于国家所有，合理开发利用和有效保护矿产资源，维护良好的矿业秩序，促进矿业经济可持续发展是矿法赋予各级地矿主管部门的职责。1998～1999年，山东省地质矿产主管部门依法行政，在全面加强矿产资源储量管理的同时，推进了矿业权管理制度改革，规范了勘查区块登记程序和地质勘查行为，加强了矿业权属纠纷的调处，强化了各级地矿主管部门的监督管理职能，改进和完善了地质勘查、开采年度检查制度，逐步培育和规范了矿业权市场。1998年，山东省率先在全国实现了矿业秩序全面好转。继而在两权换证试点取得成功经验基础上，1999年全面开展并完成了换发勘查、采矿许可证工作。历时3年多的全省矿山企业占用储量监测登记工作，于1999年底全部完成，走在了全国前列。为适应国家新的《固体矿产资源/储量分类》要求，正确确定以往探明的矿产资源储量，实现新老储量的统一归口统计管理和真正意义上的国际对比，根据国土资源部的部署，山东省于1999年下半年全面开展了全省35种（全国45种）主要矿产资源储量的套改工作。从而为实现全省矿产资源的科学规划，宏观监督管理，促进海洋及近岸矿产资源的综合勘查、合理开发和有效保护，奠定了坚实的基础。

（乔恩光　吕　昶）

【大事记】

1998年

5月15日　全国海洋知识电视竞赛第一赛区竞赛在山东省广播电视台演播大厅举行，山东、辽宁、江苏、青岛、大连、北海分局组织代表队参加了竞赛，省人大副主任王道玉、副省长陈延明、山东省政协副主席李殿魁、国家海洋局副局长王曙光等领导应邀出席并为获奖代表队颁奖。山东代表队获该赛区第一名，并荣获山东赛区一等奖和最佳组织奖，取得进京参加全国海洋知识电视竞赛决赛的资格。山东省海洋与水产厅对参赛的5名队员给予通报表彰。

6月29日　山东省海洋监察总队挂牌仪式在济南隆重举行，来自全省相关执法部门和海洋与水产系统的有关领导百余人参加了名牌揭幕仪式。

7月6日　省长李春亭签发第92号省政府令，发布施行《山东省海域使用管理规定》，规定主要对海域、海域使用、海域管理部门、海域使用者的权利和义务、海域使用规划的编制与审批、海域使用的审批程序、海域有偿使用及法律责任作了明确规定。并于8月1日起施行。该《规定》是山东省海洋综合管理的第一个省政府规章。

9月14～15日　全省“海上山东”建设工作会议在济南召开。这是省委、省政府作出建设“海上山东”重大战略决策以来召开的第一次专门研究“海上山东”建设有关问题的工作会议。会议由省委副书记、省长李春亭主持，省委书记吴官正和省委副书记、常务副省长宋法棠作重要讲话，副省长林书香对《“海上山东”开发建设规划（草案）》作了说明，副省长邵桂芳宣读了省政府《关于建立山东海洋工程研究院的通知》，吴官正、李春亭为山东海洋工程研究院揭牌。省委副书记陈建国，副省长韩寓群、陈延明，省政协副主席王久祐、管华诗，沿海市地市长、专员及省直有关部门的负责同志出席了会议。

1999年

9月20日　省财政厅、省海洋与水产厅制定的《山东省海域使用金征收管理办法》经省政府审查同意，以鲁财综字第58号文印发沿海市（地）政府（行署）、沿海县（市）政府、沿海市地财政、海洋行政主管部门施行。此办法的发布施行，标志着海域有偿使用制度开始全面推行。

（其他有关大事见综合篇大事记）

青 岛 市
Qingdao City

综 述
Summary

【概况】 青岛市位于亚欧大陆与太平洋的海陆交汇地带，是中国的重要港口和山东省沿黄流域的主要出海口岸之一。下辖7区5市，总面积 10 654km²，总人口699.6万(1999年统计)，其中有6个沿海区(市)。青岛三面环海，海岸线长730.64km，沿海分布49处港湾和69个岛屿，管辖海洋面积 1.38万km²，大大超过陆域面积，海洋资源非常丰富。青岛海洋产业门类齐全，具有较好的发展基础和极大的发展潜力。

表1 青岛市沿海区（市）及其海洋管理机构

区（市）名称	海洋管理机构
胶南市	胶南市海洋与水产局
胶州市	胶州市海洋与水产局
即墨市	即墨市海洋与水产局
崂山区	崂山区海洋与水产局
城阳区	城阳区海洋与水产局
黄岛区	黄岛区海洋与水产局

为加快向海洋进军的步伐，青岛市委、市政府根据山东省“海上山东”建设工作会议精神，把海洋产业发展提到战略高度，于1999年1月召开了全市海洋与水产工作会议，研究部署了“海上青岛”建设的总体思路和目标任务，把海洋产业列为全市国民经济的增长点和优先扶持发展的两大重点产业之一，充分发挥自身的海洋区位、海洋资源和海洋科技优势，大力实施依法管海和科技兴海战略，把海洋科技城逐步发展成为海洋科技产业城。为此，青岛市按照《海洋产业发展规划》，提出了以港口为龙头，水产为基础，旅游、造船为重点，海洋药物、精细海洋化工为新兴产业的思路，加快海洋科技产业城建设发展步伐，取得了显著成效。1999年，青岛市海洋产业产值达到208.6亿元，比上年增长10.3%，其中：海洋水产业完成90.7亿元,占43.4%；交通运输业完成20.4亿元，占9.8%；滨海旅游业完成81.1亿元，占38.9%；修造船业完成5.0亿元，占2.4%；盐业完成11.4亿元，占5.5%。海洋产业增加值完成99.2亿元，比上年增长3.7%，占全市国内生产总值的10%。

海洋资源开发与海洋经济
Development of Marine Resources and Marine Economy

【海洋水产业】 1998年以来，青岛海洋水产业认真贯彻“加速发展养殖、养护和合理利用近海资源，积极扩大远洋渔业，狠抓加工流通，强化法制管理”的指导方针，坚持以市场为导向，以经济效益为中心，加大新品种、新领域开发力度，大力推进产供销、渔工贸、渔科教、产学研一体化进程，使海洋水产业现代化真正转移到实施科教兴渔和可持续发展战略的轨道上来，以精品养殖为代表的第四次海水养殖浪潮在青岛初步形成。1999年,全市共完成海产品总产量113.5万t，比上年增长14.4%，其中：海水养殖68万t，比上年增长26.6%；海洋捕捞45.5万t，实现“零增长”。实现总产值61.7亿元，比上年增长22.2%。全市海水养殖面积达3.6万hm²，比上年增长31.6%。全市水产品加工量达24万t，加工产值达26亿元，分别比上年增长－7%和－6.8%。全市水产品出口16.4万t，创汇3.24亿美元，分别比去年增长64%和40.9%。

水产养殖 网箱养鱼取得突破性发展。1999年，全市网箱养鱼已发展到12 000余箱，占全省网箱总数的4/5，其中新引进的浮绳式抗风浪网箱非常适合青岛的深海养殖环境，对全市网箱养鱼的稳定发展和养殖品种的结构调整，起到了积极的推动作用。对虾养殖“二次创业”初见成效。青岛依靠科技进步，大力推广封闭式和低盐底养虾等新模式，取得了显著成效。全市养虾面积已达8 000hm²，其中按照高标准改造虾池1 053hm²。经过改造的高标准虾池的经济效益普遍好于未改造的虾池，特别是胶南的封闭式养虾示范点，取得了平均亩产290kg、最高亩产410kg的良好效果。1999年全市对虾产量达到5 432t，实现总产值2亿余元，是自1993年虾病暴发以来收效最好的一年。水产养殖基地建设、名特优新品种的引进步伐加快。胶南的封闭式养虾、黄岛的网箱养鱼、城阳的滩涂贝类精养以及胶州的梭子蟹养殖等基地的相继建成，对青岛市水产养殖业的快速发展起到了龙头带动作用。名特优新品种的引进，进一步优化了青岛市的水产养殖结构。1999年，青岛市相继引进了锯缘青蟹、大口胭脂鱼、长毛对虾、华贵栉孔扇贝、大菱鲆

表2 青岛市沿海市、县人口及从业人员情况一览表

单位：万人

年份	1998					1999				
统计项目	年末总人口数	农业人口	非农业人口	从业人口	职工人数	年末总人口	农业人口	非农业人口	从业人员	职工人数
青岛市	229.6	70.9	158.7	128	76.6	232.2	70.8	161.4	136.0	78.3
胶州市	75.1	61.6	13.5	42.9	9.3	75.4	61.5	13.9	43.0	9.9
即墨市	106.1	95.1	11.0	58.7	8.7	106.3	94.6	11.7	59.5	8.9
胶南市	83.7	71.9	11.8	43.4	7.0	83.6	71.3	12.3	35.8	7.0

表3 青岛市国内生产总值、工农业总产值一览表

单位：亿元

市县名称	年份	国内生产总值				工业		农业	
		合计	第一产业	第二产业	第三产业	总产值	增加值	总产值	增加值
青岛市	1998	458.10	20.54	229.72	207.84	888.95	198.50	37.44	20.54
	1999	546.86	20.55	280.13	246.18	962.9	280.13	37.93	20.55
胶州市	1998	91.66	18.50	45.67	27.49	188.95	43.17	32.48	18.50
	1999	84.03	18.14	38.83	27.06	170.1	38.83	3231	18.14
即墨市	1998	86.89	22.63	38.15	26.11	144.74	35.21	38.95	22.63
	1999	92.68	22.17	39.50	31.01	152.31	39.50	38.87	22.17
胶南市	1998	85.71	23.70	35.70	26.31	133.23	32.0	38.61	23.70
	1999	90.85	23.023	42.11	25.51	149.8	42.11	38.99	23.23

以及条斑紫菜等新品种，有的品种已经发展成为全市水产养殖业新的经济增长点。

海洋捕捞 为进一步保护好渔业资源，实现渔业生产的可持续发展，根据国家农业部提出的海洋捕捞产量“零增长”的指示精神，青岛市进一步强化了渔业资源保护力度。一是继续实施“三控三上”（控小上大、控木上钢、控近上远）政策，加快压缩小马力渔船步伐，大力发展大马力渔船，进一步扩大了外海生产能力和规模，为积极拓展远洋渔业打下了基础。二是认真实施捕捞许可制度，严格审批程序，从根本上降低了近海捕捞强度。三是加强伏季休渔管理，有效地保护了渔业资源。通过实施上述措施，有效地控制了全市的捕捞强度。1999年,青岛市捕捞产量达45万t左右，与上年基本持平，实现了“零增长”的预期目标。

基础设施建设 1999年，全市水产基础设施建设立项资金达1.1亿元，其中红岛渔港扩建工程现已开工建设，进展顺利；胶南市积米崖渔港修扩建工程已进入规划论证阶段，正在积极争取农业部立项；青岛海洋产业技术市场和青岛市病害防治中心顺利建成；即墨女岛、城阳河套、胶南琅琊渔港的续建、扩建工程和青岛市贝类净化与质检中心建设也都取得新的进展。青岛市的渔港建设已初步形成合理布局，为海洋水产业的发展奠定了坚实的基础。另外，青岛市的渔船制造业也取得了新的突破，胶南渔轮修造厂向斐济出口2艘441.3kW渔轮，实现了青岛渔船出口零的突破，该厂生产的3艘24m玻璃钢渔船也顺利下水，填补了该市生产玻璃钢渔船的空白。

【港口建设和海洋运输】 青岛坚持“以港兴市”的原则，加快了建设北方国际航运中心的步伐。目前国际航运中心已初具规模。青岛港已与130余个国家和地区的400余个港口通航。年吞吐能力达亿t，货物吞吐量超过7 000万t，并成为国际集装箱中转港，具备接卸第五代集装箱的能力。1999年，集装箱吞吐量154.27万TEU，比上年增长27.14%，列全国第二位，成为世界集装箱吞吐量最大的港口之一。1999年青岛港还建成了亚洲第一、世界第二的20万吨级矿石码头，稳步跨入世界16个亿吨大港的行列，25万吨级的矿石巨轮可自由进出青岛港。随着港口建设的快速发展，青岛的海洋运输也取得了迅猛发展。1999年，全市海运企业共完成货运量1 949万t,比上年增长8.8%；货物周转量达1 528.7亿t·km，比上年增长8.9%；完成旅客运输量604万人，旅客周转量达6 586.2 万人·km，海洋运输企业共完成营运收入20.4亿元，比上年增长9.7%。

【船舶修造业】 海西湾大型船舶修造基地工程已经启动，首期投资7亿元的基础设施建设正在加紧进行，基地建成后，将具有建造20万吨级以上的超级油轮、6 000TEU的新一代集装箱船和15万吨级的散货船能力，修船能力达到国内领先、国际一流水平。青岛依托港口和保税区，发挥直通国际市场的优势和强大的人流、物资流、资金流、信息流、技术流的带动作用，大力发展加工出口和仓储业，形成青岛的临港工业，带动环胶州湾工业聚集带的发展。

【海洋旅游】 青岛近年来制定了一系列促进旅游业发展的措施，通过营造全市的大环境，大力发展滨海旅游业。1998年，全市接待国内外游客达1 033.5万人次，旅游业收入69亿元，外汇收入1.023亿美元。1999年，青岛又突出“山、海、城”特色，推出多种特色旅游，并举办了首届海洋节。海洋节期间，举办了“港口工业”游、“海岛风光”游、“海洋体育”游、“海洋美食”游等多种特色旅游，丰富了滨海旅游内容，推动了全市旅游业的发展。1999年，青岛共接待国内外游客1 154万人次，实现旅游收入81.0亿元，滨海旅游业已发展成为青岛市重要的支柱产业之一。

表4　青岛市海洋开发资料统计

项目		1998	1999
海水捕捞产量（万 t）	鱼类	19.14	20.13
	贝类	12.59	10.23
	藻类	0.01	0.03
	虾蟹类	10.05	12.97
	合计	41.79	43.36
海水养殖产量（万 t）	鱼类	0.46	0.57
	贝类	51.58	65.41
	藻类	1.0	1.14
	虾蟹类	0.59	0.81
	合计	53.63	67.93
海洋旅客运输量(万人次)		548	604
青岛港货物吞吐量（万 t）		7 018.3	7 256.9
海洋货物运输量（万 t）	沿海	136.4	186
	远洋	1 655.6	1 763
海盐生产面积及产量	面积 (hm^2)	70.5	84.1
	产量 (万t)	36.1	44.3
海盐化工产量（万 t）	烧碱	9.25	8.96
	纯碱	52.8	53.66
滨海旅游人数（万人次）	国内	1 013.5	1 131
	国外	19.95	22.77

【海洋药物和保健品制造业】 青岛国风药业为核心的海洋药物和保健品制造集团正在形成，原山东省海洋药物研究所成为国风药业的研究开发中心，国风药业采取股权与产权置换方式，吸收中国科学院海洋研究所海化室，投资2.99亿元组建海洋药物生物工程中心，加快技术创新体系建设，创造名牌企业和名牌产业。曾创造PSS研究开发模式的青岛第三制药厂采取名牌企业嫁接方式，由海尔集团控股成立了海尔药业股份有限公司，为海洋药业发展规模经济奠定了基础。青岛国信公司瞄准海洋药物和生物技术，投资2亿元，与青岛海洋大学合作开展海洋药物和生物技术的研究以及产品开发。国家海洋药物中试基地、国家海洋药物研究工程中心相继在青岛建立，一批科研单位和企业共建的海洋药物和保健品研究开发机构和产学研实体，共同组成了青岛的海洋药物和保健品研究开发基地。目前，正在开发和研究的品种达50余个，其技术和成果辐射全国，也为外地的资源利用和海洋药物及保健品制造业提供了大量成果。

海洋公益事业
Marine Public Welfare Facilities

【首届海洋节】 1998年国际海洋年期间，青岛在全市开展了大规模的海洋宣传活动，并配合国家海洋局开展了一系列大型活动，社会各界的海洋意识普遍提高。1999年，青岛市委、市政府又决定从1999年起每年举办一届海洋节，通过丰富多彩的海洋活动，把海洋同社会经济发展、对外开放和市民参与紧密联系起来，以此促进青岛的对外对内开放和社会经济的全面发展。1999年7月10～25日，青岛成功举办了首届海洋节。海洋节期间，开展了海洋旅游、海洋体育、海洋游乐、海洋文化、海洋科技、海洋餐饮、海港工业等各种大型活动。海洋科技活动丰富多彩，青岛各海洋科研单位的实验室、科学考察船、海洋科技馆等全部对学生和市民开放。海产博物馆、海军博物馆、海豚馆、海洋游乐城等海洋娱乐场所对学生实行优惠票价，寓教于乐，得到青岛及外地师生的称赞。国家海洋局和青岛市人民政府成功举办了’99中国青岛海洋科技成果展示交易会，来自国内外的参展项目达500余个，会上项目成交11项，成果转让金额1 300余万元，还有175个单位就151个项目形成合作意向。海洋节期间，青岛市人民政府还与国务院发展研究中心共同创办了“海洋科技与经济发展论坛”。1999年以“中国海洋科技产业化发展战略”为主题，来自全国各沿海省市的海洋高层次专家参加了该研讨会。这些活动的成功举办，集中展示了青岛“海洋城”的形象，充分展现了青岛海洋资源、海洋生态、海洋科研、海洋科普、海洋航运、海洋产业的雄厚实力和海洋文化的丰富内涵，增强了广大市民认识海洋、热爱海洋、保护海洋的意识，表达了青岛市由海洋科技城向海洋科技产业城转变的决心。海洋节作为一个城市品牌，进一步提高了青岛市在海内外的知名度，极大地促进了青岛市的对外开放和社会的全面进步。

【青岛海洋产业技术市场】 为充分发挥青岛海洋科技优势，加快海洋科技成果商品化、产业化进程，推动青岛由海洋资源大市迈向海洋经济强市，尽快实现由海洋科技城向海洋产业城的历史转变。1999年7月17日，中国首家海洋产业技术市场——青岛海洋产业技术市场在青岛正式挂牌开业。该市场的建立，为青岛市海洋科研单位与企业之间架起了一座桥梁，对于促进海洋科技成果转化将起到积极的推动作用。海洋产业技术市场的主要职责是：组织发布海洋产业技术信息，促进科技成果转化，进行学术交流和海洋科技培训等。市场开业当天，就有涉及海洋环保、海水养殖、海洋药物及保健品、海洋化工等方面的12个项目签订了转让合同。

海洋环境保护
Marine Environmental Protection

【城市污水处理和海洋环境监测】 为保护好海洋环境，实现海洋资源的可持续利用，青岛进一步加大了海洋环境保护力度。一是加大城市污水处理能力。目前，青岛已建成团岛、海泊河、麦岛、李村河4个大型污水处理厂，污水处理能力近40万t，占全市排水量的70%，并对注入胶州湾的大沽河上游进行了综合治理，有效地保护了海洋环境，在城市污水排海治理方面走在了全国的前列，为全市社会经济实现可持续发展创造了良好的环境。二是积极组织开展海洋环境监测和调查工作。1998～1999年，全市共组织了4次大型海洋环境监测调查工作。1998年，青岛配合国家海洋局、农业部渔业局开展了第二次全国污染基线调查和沿海养殖水域环境监测调查以及贝类生产环境卫生监督管理工作，完成了青岛市近岸海域环境调查，其中青岛市沿海养殖水域环境监测调查工作受到了农业部的好评，国家已决定在青岛开展贝类生产环境卫生监督管理试点项目。1999年，青岛在上年对全市养殖海域环境监测调查的基础上，编制了《青岛市近岸养殖海域环境监测调查报告》，为全市的科学养殖提供了依据。根据国家海洋局的要求，青岛还开展了全市重点海域环境监测工作，对大沽河、海泊河两个河口和两个重点养殖区进行了监测。成功完成了迎欧盟水产品质量考察工作，欧盟和两部一局（农业部、外经贸部和商检局）对青岛的水产品、双壳贝类监督监控管理工作给予了肯定和较高评价。

【海洋环境保护执法】 1998年，青岛市组织有关部门，对胶州湾及前海一线实施了历时1个多月的联合执法检查，共检查了围海填海场所和陆源排污口23个，查处违章违法填海、倾倒垃圾及废弃物和超标排污案件7起。1998～1999年全市共调查处理海洋及渔业污染事故13起，为渔业生产单位和个人挽回经济损失近500万元。另外，青岛还组织开展了近岸海域赤潮监测、监视管理工作，并对航道疏浚工程进行了海域使用环境评价。为了建立海洋自然保护区，经过积极争取，青岛市委、市政府已决定建立大公岛海洋岛屿生态系统自然保护区，目前建区工作正在紧锣密鼓地进行。

海洋科技与教育
Marine Science and Technology & Marine Education

【概况】 青岛集中了中国主要的海洋科研教育机构，是中国进行海洋科研、教学和国际学术交流的基地，海洋科技密集程度居全国之首，素有“海洋科技城”之称。目前，全市共有25个海洋科研、教育、管理机构，海洋专业技术人员5 000余人，占全国同类人员的40%，其中高级专业技术人员1 100余人，占全国同类人员的35%。现有中国科学院院士、中国工程院院士13位，其中涉海院士10位。青岛海洋大学是中国最大的综合性海洋高等学府。青岛海洋科研、教育学科门类比较齐全，设备比较完善，拥有各种海洋调查船22艘。在海洋生物、海洋水产、海洋地质、海洋化学、物理海洋、环境海洋、海洋腐蚀与保护等学科的研究与教学方面，居全国一流水平。

青岛作为沿海开放城市和国家的海洋科研基地，发展海洋科技产业具有得天独厚的优势。近年来，青岛市委、市政府从实现更高水平发展的战略高度出发，把发展海洋科技产业作为跨世纪发展高新技术、加快产业升级的战略重点，提出用10年左右的时间，基本把青岛建设成为海洋科技产业城。目前，青岛已建立了薛家岛、胶南市和城阳区3个不同特色的市级科技兴海示范基地，开展了养殖新品种、新技术应用推广、水产品精深加工、海藻化工产品和海洋保健品研制开发，取得了显著效果，发挥了科技兴海示范基地的带动作用，促进了青岛海洋科技产业发展。

海洋立法与管理
Marine Legislation and Management

【海洋管理法规体系建设】 为加快海洋管理的规范化、法制化、科学化进程，青岛把海洋法制建设作为海洋管理中的一项重要工作来抓，取得了显著成效。1999年8月22日，青岛市第一部海域使用地方性法规《青岛市海域使用管理条例》，经山东省九届人大常委会第十次会议批准，由市人大常委会公布实施。该《条例》的出台，是青岛实施依法管海、依法用海的重大举措，标志着青岛的海洋立法工作已走在了全国的前列。

【海域使用确权管理工作】 青岛以贯彻落实《青岛市海域使用管理条例》和推进海域使用两项制度为重点，在全面做好养殖海域确权工作的基础上，重点抓好海岸工程用海的确权发证工作。1999年，全市45个不同类型的海岸工程用海单位，已确权发证24个，其中对北海船厂海西湾基地填海造地征收海域使用金1 200万元，全部以股本金的形式投入该工程的开发，开创了海域使用管理新的模式。截止1999年底，全市累计颁发海域使用证325个，确权面积27万亩，海域使用确权发证率达到80%，青岛的海域使用已经步入了依法管理的轨道。

【海洋执法监察工作】 为了进一步加大海上执法力度，1998年青岛市成立了市海洋监察支队，这是青岛市实施依法管海、依法兴海战略的一项重要举措，标志着青岛的海洋法制管理进入了一个崭新的时期。海监支队的主要职责是实施海上巡航执法监察和陆地涉海工程监察，维护好近岸海域的使用管理和海洋环境与资源的保护。继市海洋监察支队成立以后，1999年青岛6个沿海区（市）已有5个区（市）成立了海洋监察大队，并新建了3艘执法船舶，为全市海洋执法监察工作提供了保障。市海洋监察支队成立以来，共查处非法占用海域 1.3万亩，有力地 保证了全市海域使用的有序、有度、有偿管理。

（青岛市海洋与水产局供稿）

河　北　省
Hebei Province

综　述
Summary

【概况】 河北省沿海地区有秦皇岛、唐山、沧州3市，有抚宁、昌黎、乐亭、滦南、唐海、海兴6县和丰南、黄骅2个县级市，有山海关区、海港区、北戴河区、秦皇岛经济技术开发区、京唐港经济技术开发区、黄骅港经济技术开发区和中捷、南大港2个县级农场。

表1 河北省沿海市县一览表

沿海市	沿海县级市、县及县级单位
秦皇岛市	山海关区、山海关开发区、海港区、北戴河区、抚宁县、昌黎县
唐山市	丰南市、滦南县、乐亭县、唐海县
沧州市	黄骅市、海兴县、中捷友谊农场、南大港农场（2农场均为县级单位）

河北省有海岸线487km，有海岛132个，岛屿岸线长178km。河北省海岸线主要由基岩质、砂质和泥质海岸构成。河北省海岸线平直，浪差小，风浪一般在3级以下，气候属暖温带半湿润大陆性季风气候。河北省海岸带总面积11 379.88km^2，其中陆地面积3 756.38 km^2，潮间带面积1 167.9 km^2，浅海面积6 455.6km^2。

河北省海洋管理机构比较健全，河北省海洋局为省政府主管全省海洋事务的职能部门，下辖中国海监河北省总队（含秦、唐、沧3个海监支队）和昌黎黄金海岸国家级海洋类型自然保护区管理处。秦、唐、沧3市和沿海县市均设有海洋局。

表2 河北省沿海市县海洋机构一览表

省及沿海市	沿海县（市）区	海洋管理机构
河北省		河北省海洋局
秦皇岛市		秦皇岛市海洋经济局
唐山市		唐山市海洋局
沧州市		沧州市海洋局
	山海关区	山海关区海洋局
	山海关开发区	山海关开发区海洋经济局
	海港区	海港区海洋局
	北戴河区	北戴河区海洋局
	昌黎县	昌黎县海洋经济局
	抚宁县	抚宁县海洋局
	乐亭县	乐亭县海洋局
	滦南县	滦南县海洋局
	唐海县	唐海县海洋局
	丰南市	丰南市海洋局
	黄骅市	黄骅市海洋局
	海兴县	海兴县海洋局

河北省委、省政府高度重视海洋工作，1998～1999年，借助“1998国际海洋年”的东风，深入开展海洋宣传，增强了全省上下海洋意识、海洋国土意识、海洋经济意识。海洋综合管理力度不断加大，海洋管理逐步到位。1998年，省人大组织开展了《中华人民共和国海洋环境保护法》执法大检查；1999年，省委、省政府决定在全省开展环保法执法大检查，把海洋环保列为重要内容。河北省重视海洋立法，省人大把制定地方海洋管理法规列入1998年立法调研计划和1999年立法计划，省人大常委会于1999年11月审议通过了《河北省海域管理条例》，这是全国沿海省市由省人大通过的第一个地方性海洋管理法规，为依法管理海洋提供了强有力的法律支撑。河北省各级海洋管理机构，下大力气推行海域使用许可证和有偿使用制度，使海域使用管理逐步做到规范化、制度化、科学化。依法加大海洋环保力度，加强对海洋环境监测，依法查处污染海洋环境的行为，对陆源污染进行综合治理，海洋环境质量得到改善。

省委、省政府高度重视开发利用海洋资源、发展海洋经济，省领导多次就发展海洋经济作出批示，省海洋局组织制定了《河北省科技兴海规划》，省计委组织编制了《河北省海洋产业发展规划》。1998～1999年，河北省继续大力推进科技兴海，重点抓了8个科技兴海示范区、5个科技兴海产业基地和6个海洋支柱产业，海洋经济快速发展，海洋主要产业产值已从1993年的49.91亿元增加到1998年的121.45亿元，年均增长19.8%。

表3 河北省沿海市县人口及从业人员情况一览表

单位：万人

沿海市县	年末总人口		农业人口		非农业人口		从业人员		职工人数	
	1998年	1999年	1998年	1999年	1998年	1999年	1998年	1999年	1998年	1999年
秦皇岛市	67.30	67.6	18.80	18.50	48.50	49.10	41.80	44.80	24.00	25.70
抚宁县	50.20	51.20	46.20	46.10	4.00	5.10	26.70	26.90	2.60	3.10
昌黎县	54.10	54.20	48.00	47.90	6.10	6.30	29.40	29.80	3.30	3.50
唐山市	163.60	164.50	42.50	41.90	121.10	122.60	101.00	96.80	54.10	58.80
乐亭县	49.40	49.50	43.70	43.70	5.70	5.80	26.10	29.50	4.10	3.80
滦南县	56.20	56.70	51.60	52.10	4.60	4.60	30.20	31.60	3.70	3.50
唐海县	13.60	13.70	10.90	10.90	2.70	2.80	7.60	7.00	6.10	6.00
丰南市	52.50	53.30	40.30	40.70	12.20	12.60	29.80	28.60	4.70	4.70
沧州市	44.00	58.10	13.60	13.80	30.40	44.30	20.30	24.70	12.70	13.90
黄骅市	46.60	47.10	38.50	39.40	8.10	7.70	33.30	24.20	3.20	5.30
海兴县	20.50	20.80	18.30	18.50	2.20	2.30	12.20	11.10	1.10	1.10
合 计	618.00	636.70	372.40	373.50	245.60	263.20	358.40	355.00	119.60	129.40

表4 河北省沿海市县国内生产总值、工农业总产值一览表

单位：亿元

沿海市县	年份	国内生产总值				工 业		农 业	
		合计	第一产业	第二产业	第三产业	总产值	增加值	总产值	增加值
秦皇岛市	1998	131.19	4.25	52.47	74.47	136.21	39.94	7.66	4.25
	1999	263	41.83	97.22	123.95				41.83
抚宁县	1998	32.58	8.98	15.31	8.29	49.95	13.79	17.00	8.98
	1999	32.67	9.01	15.34	8.32				9.01
昌黎县	1998	34.51	14.03	11.15	9.33	45.80	10.14	24.65	14.03
	1999	33.01	13.73	9.20	10.08				13.73
唐山市	1998	264.72	10.05	179	75.67	358.55	158.20	19.20	10.05
	1999	832.56	171.37	421.83	248.36				171.37
乐亭县	1998	50.79	24.96	11.16	14.67	40.53	8.89	45.11	27.96
	1999	55.58	26.40	13.19	15.99				26.40
滦南县	1998	56.55	18.47	23.62	14.46	77.11	20.88	32.46	18.47
	1999	61.05	18.85	26.11	16.09				18.85
唐海县	1998	22.15	6.89	9.72	5.54	31.85	9.31	14.02	6.89
	1999	23.46	7.18	10.20	6.08				7.18
丰南市	1998	75.11	22.09	30.70	22.32	116.79	28.42	36.93	22.09
	1999	83.08	23.50	34.82	27.76				23.50
沧州市	1998	58.92	1.28	32.71	27.93	53.81	25.28	2.18	1.28
	1999	422.53	77.60	5 210.31	134.62				77.60
黄骅市	1998	53.89	7.46	29.97	16.46	85.43	27.09	12.30	7.46
	1999	44.97	4.04	27.19	13.74				4.04
海兴县	1998	7.17	1.76	3.50	1.91	11.34	3.17	3.40	1.76
	1999	7.35	1.61	3.67	2.07				1.61

海洋资源开发与海洋经济
Development of Marine Resources and Marine Economy

【概况】 河北省政府把“以港兴市，建设沿海产业带，建设海上秦唐沧，把发展海洋经济作为一个新的经济增长点”列入了《河北省国民经济和社会发展“九五”计划和2010年远景目标规划》，沿海各级政府把开发利用海洋资源、发展海洋经济，列入重要议事日程，采取有力措施，加大了开发利用海洋资源的规模和力度，海洋经济快速发展。

【港口建设、交通运输】 河北省高度重视港口建设，港口建设快速发展。作为晋煤东运第二条大通道的龙头项目黄骅港建设速度加快，1998年完成投资4.86亿元，完成年度计划的110.6%，待到2003年第一期工程完工后将形成年吞吐量3 000万t 的能力。京唐港1998年完成投资8 186万元，完成年投资计划的102.3%，二期工程进展顺利。作为渤海深水港的优良港址资源曹妃甸岛，建港的前期工作正抓紧进行，唐山市已投资1 000余万元，开展科学勘察和研究论证，河北建设投资公司、首钢、包钢等7家企业已签订了联合投资建港协议，可望在“十五”期间开工建设。

河北省共有运营泊位44个，吞吐能力1.35亿t，其中地方港口运营泊位16个，年吞吐能力1 128万t。京唐港已实现国际通航，年吞吐能力780万t，在全国沿海港口中排第二十三位。

【海洋渔业】 随着渤海湾渔业资源的锐减，河北省大力发展外海捕捞，1998年全省赴黄、东海作业的渔船已达560条，比1997年增加近百条。为增强远外海作业能力，全省钢壳渔轮发展到52条，比1997年新增28条。1998年全省海洋捕捞产量30.22万t，比1997年增长15.7%，其中远海捕捞产量达3万t，比1997年增长37%。

近年来，河北省通过实施科技兴海工程，大力提高海水养殖技术水平，调整养殖结构，在稳定发展对虾养殖的基础上，形成了渔、虾、蟹、贝、藻多品种养殖格局。1999年，全省海水养殖产量达到9.5万 t。对虾养殖面积20 000hm^2，产量1.28万t，位居全国前列。浅海、滩涂贝类增养殖开发势头强劲，滩涂贝类养殖面积已达33 350hm^2，精养面积8 670hm^2，浅海浮筏式养贝达到7万余台，1999年贝类产量达到7.3万t，成为继中国对虾之后的第二大产业。海水名特优养殖初具规模，海育淡养的河蟹养殖面积达13 340hm^2，成为全国五大产区之一。工厂化养殖牙鲆、美国红鱼取得成功。

表5 河北省海洋开发统计资料

统计项目		1998年	1999年
海洋捕捞产量（万t）	鱼类	14.6	15.4
	贝类	7.6	4.9
	虾蟹类	6.5	4.8
	合计	28.7	25.1
海水养殖产量（万t）		8.79	10.75
沿海主要港口货物吞吐量(万t)	秦皇岛港	7 855.0	8 261.4
	京唐港	519.0	651.4
	黄骅港	55.1	55.8
海洋旅客运输量（万人次）		3.0	4.0
海洋货物运输量（万t）	近海	334.2	
	远洋	79.9	134
原盐生产面积及产量	面积（万hm^2）	8.4	8.2
	产量（万t）	313.8	395.7
盐化工产量	纯碱（万t）	90.2	94.8
	烧碱（万t）	29.2	29.2
	氯化钾（t）	6 952	7 123
	工业溴（t）	1 828	3 244
	氯化镁（t）	62 203	70 370
	其他盐化工产品（t）		118 347
滨海旅游人数(万人次)	国内	937.0	1 025.12
	国外	13.7	12.0

【原盐生产和盐化工】 河北省沿海地区具有发展原盐生产的优越条件，全省盐田面积8.17万hm^2，原盐生产能力525万t，是全国第二大盐区。河北省“长芦盐”享誉中外，南堡盐场是亚洲最大的盐场。1999年原盐产量394.4万t，居全国第二位。近年来，河北省大力发展加碘盐和食品盐系列产品，全省加碘省生产能力已达45万t，开发食品盐系列产品10余种，大大提高了原盐的综合效益。

河北省充分利用丰富的原盐和苦卤资源大力发展盐化工，盐化工产品已达20余种。1999年生产氯化钾7 123.45t，工业溴3 244 t、氯化镁70 370 t，产品质量全部达到优、一级品标准。河北省盐化工主要产品产量居全国第二位。

【滨海旅游】 河北省沿海海岸类型齐全，有丰富的自然景观和人文景观相组合，具有发展旅游的优越条件，北戴河是中外闻名的旅游胜地。近年来，河北省大力开发滨海旅游资源，加强交通、通讯、服务等基础设施建设，促进了滨海旅游业的快速发展，1999年，全省滨海国内旅游收入41亿元，外汇收入6 740万美元。

海洋公益事业与海洋灾害
Marine Public Welfare Facilities and Marine Disasters

【河北省海洋预报台】 1998年，经省政府批准同意，由国家海洋局和河北省共同投资共建河北省海洋预报台，河北省海洋局和国家海洋局北海分局签署了在国家海洋局秦皇岛海洋中心站的基础上共建河北省海洋预报台的协议。在国家海洋局、国家海洋局北海分局的大力支持下，河北省海洋预报台和唐山、秦皇岛海洋预报站于1999年6月正式建成。1999年6月16日在秦皇岛市举行了河北省海洋预报台挂牌仪式，国家海洋局、国家海洋局北海分局和省有关部门的领导出席了挂牌仪式。从1999年7月1日起，通过沿海市电视台正式向社会发布海洋预报。河北省海洋预报台的建成，填补了河北省海洋预报的空白，为海洋防灾减灾、发展海洋经济提供了保障。

【海洋灾害与防御】 河北省海洋灾害发生比较频繁，主要有风暴潮、海侵（包括海岸侵蚀、海水倒灌等）、赤潮、海冰4种。按每年发生的概率排列依次为赤潮、海侵、风暴潮和海冰；按成灾损失排列依次为风暴潮、赤潮、海侵和海冰。由于渤海污染严重，近岸海水富营养化，赤潮发生频繁。1998年8～10月，渤海发生大面积赤潮，高潮时赤潮面积达5 855km^2。此次赤潮波及河北省，给海水养殖业造成巨大损失，特别是抚宁、昌黎滩涂和浅海贝类养殖损失最为严重，造成经济损失近1.12亿元。1999年7月，河北省黄骅、秦皇岛、京唐港附近海域先后发生较大规模赤潮，省领导对此非常重视，省委书记叶连松、省长钮茂生、副省长何少存、刘健生先后作出批示，河北省海洋局及时组织海监总队和市县海洋局对赤潮进行监视监测，及时通报有关部门采取防范措施，未造成重大经济损失。

河北省海岸侵蚀在秦皇岛、黄骅岸段较为明显，每年海岸被侵蚀2～29m不等。据统计，秦皇岛海岸从50年代以来，已后退200余米；从80年代以来，已后退100余米。海侵造成海岸后退、海滩变窄、浴场被毁、村庄被淹，对海洋经济的发展造成重大影响。

海洋环境保护
Marine Environmental Protection

【海洋环保执法大检查】 1998年6月，省人大组成由省海洋局、省环保局等单位参加的执法检查组，对沿海市县贯彻执行《中华人民共和国海洋环境保护法》的情况进行了检查。1999年，省委、省人大、省政府决定在全省开展环保法执法大检查，把海洋环境保护列为执法检查的重要内容，并把秦皇岛海域环境保护列为全省环保法执法检查的三个重点之一。通过连续两年的执法大检查，引起了沿海各级政府和有关职能部门对海洋环境保护工作的重视，沿海市县政府采取有力措施对陆源污染进行了综合治理，关停“十五小”企业1 083家，近两年沿海3市都建设了污水处理厂，进一步减轻了海洋环境压力，改善了海洋环境质量。

【重点海域环境保护】 秦皇岛市北戴河既是闻名中外的滨海旅游胜地，也是中央领导暑期办公场所。河北省人民政府对秦皇岛海域环境保护高度重视，列为全省8个省长环保联系点之一。为确保暑期北戴河海洋环境质量，省海洋局组织省海洋监察总队连续4年在北戴河暑期办公。组织省海洋监察总队、市县海洋局开展联合执法，对海洋环境进行监视、监测，对于保护北戴河海洋环境发挥了积极作用，多次受到省领导的肯定和表扬。

【海洋环境监视网】 为发挥群众在保护海洋环境中的作用，沿海3市组成了由125名乡镇领导和海洋捕捞、养殖、盐业等行业的场长、船长和技术人员担任监视员的海洋环境监视网。监视员经过培训，持证上岗，分片包干，并建立了举报和奖励制度。近几年，先后有10余起海洋污染是由群众监视员举报的。1998年，群众监视员举报中捷染化二厂通过沧浪渠向海域排放污水，被多家新闻媒体曝光，引起当地政府重视，责令该厂停产整治。

【全国第二次海洋污染基线调查】 根据国家海洋局统一部署，1998、1999年，河北省海洋局在省环保局的配合下，依靠国家海洋局北海分局监测中心，对海域环境和陆源污染情况进行全面系统的调查。在对调查结果测试分析的基础上，编写了河北省全国第二次海洋污染基线调查报告，为各级政府和有关部门掌握海洋环境质量状况、有针对性地做好海洋环境保护工作，提供了科学依据。

海洋科技
Marine Science and Technology

【河北省科技兴海规划】 1998年，在国家海洋局的大力支持下，由国家海洋信息中心的专家编制了《河北省科技兴海规划》。该规划是依据国家科技兴海规划纲要，并结合河北省实际情况，在广泛征求有关部门意见的基础上完成的。规划确定了河北省科技兴海的指导思想、区域布局、发展目标和重点任务。规划确定河北省科技兴海的目标是：海洋科技贡献率由1995年的35%提高到2000年的40%和2010年的55%；海洋主要产业增加值到2000年达到80亿元。规划提出2010年前科技兴海的任务是：围绕海洋农牧化、海洋生物工程、海洋化工和海水直接利用等4个重点领域，狠抓海洋新技术和新产品的开发，提高技术创新能力，组织实施一批科技兴海示范工程，加快科技成果产业化，推动海洋经济登上一个新台阶。

【唐海科技兴海示范县】 1997年10月8日，国家正式批准将唐海列入国家级科技兴海示范县。1998年，唐海县全国科技兴海示范区建设方案经全国科技兴海办公室组织的专家论证通过。根据方案，投入科研经费97万元，启动了三大主体项目（海水良种繁育基地、滩涂池塘健康养殖、淡水生态养殖）和三大辅助项目（浅海增养殖、名贵鱼养殖及相关产业化建设）。目前，主体项目和辅助项目技术经济指标已达到或超过了设计水平。唐海县池塘健康养殖模式已达8种，引进名、特、优品种11个，生态综合养殖面积已达4.2万亩。工厂化养殖河豚鱼和美国红鱼获得成功。唐海推广稻田养蟹6万亩，稻米和河蟹被国家确认为绿色食品，被联合国环境规划署官员称为“中国可持续发展的杰出典型”。

【科技兴海工程】 近年来，河北省围绕海水养殖、海洋生物工程、水产品加工、盐及海洋化工、海水资源综合利用等领域实施“科技兴海”工程，已累计投入科技资金670余万元，实施项目43项。通过引进新品种和先进的适用技术，建立了8个不同类型的海水养殖示范区（基地），扶持了6个支柱产业，建设了1个国家级科技兴海示范县，建立了1个海水增养殖工程技术中心，进行了河豚毒素镇痛药物攻关，加大了成果示范推广力度，提高了海洋产业的科技含量和海洋开发规模和水平，1998年科技兴海所涉及的海洋优势资源产业科技开发产值达30余亿元。

海水养殖业 在科技兴海龙头项目引导示范下，已逐步调整了养殖结构和模式，通过引进新的养殖品种和新技术，养殖效益、规模、质量和产量在不断提高，1998年海水养殖产量在整个海洋水产品产量中所占比重比1997年提高3.2个百分点。该省先后引进的牙鲆鱼、加州鲈鱼、河豚鱼等鱼类，养殖规模不断扩大，唐海县已成为中国最大的河豚鱼养殖出口基地，1998年养殖面积达467hm^2，产商品鱼450t，创产值6 400余万元。对虾养殖通过病害防治、新品种引进、调整养殖模式，已逐步走出低谷，重新成为支柱产业，1998年养殖面积达20 000hm^2，产量1.24万t，比上年增长10%。养殖品种已有中国对虾、日本对虾、刀额对虾、南美白对虾、罗氏沼虾、斑节对虾等多个品种，逐渐摸索出了“多稀混”、“三早一适时”、“立体混养”、“双茬轮养”等多种养殖模式，形成了多品种、多模式、立体养殖格局。

同时，河北省贝类养殖及其他海水养殖业逐步向纵深和多品种发展，精养面积已达6 670hm^2，比上年增加3 000hm^2，藻类养殖已小面积引种成功，为河北省实施大面积生产推广积累了经验。

水产品加工 是河北省的一个薄弱环节，近几年该省以市场为导向，积极引进先进加工技术，提高了水产品附加值，建立了抚宁贝类加工、黄骅鱼糜加工示范基地。目前抚宁枣园村已成为远近闻名的贝类加工专业村，年加工干贝上万吨，创产值7 000余万元。

海洋生物工程技术 在河北省已经起步，主要进行了HBTX镇痛药制备研究、鱼油和海产贝壳的综合开发。HBTX镇痛药物制备研究已对高纯TTX、河豚肝油衍生物进行了对比试验，筛选出了镇痛效果较好的原料药，现正在进行毒理、药理实验，同时进行戒毒实验，取得了很好的效果。

盐及海洋化工 重点进行了苦卤及氯化钾高温盐析法制取硫酸钾，苦卤生产轻质氧化镁及钾盐系列产品中试，AH-90重交通量道路石油沥青已开发成功，进行了大批量生产，已成为高速公路和高等级公路的替代进口产品。

海水资源综合利用 重点进行了秦皇岛热电厂冷却水增养殖海珍品和利用地热资源活体保鲜技术开发，均取得了良好效益。保鲜越冬的海珍品错季鲜活供应市场使附加值成倍增长。随着社会的发展，海水综合利用将展示出良好的前景。

海水增养殖工程技术中心 已列入省“九五”建设计划，一期工程1 000m^{2}高标准育苗室已建成投产，二期工程正在紧张进行。

海洋立法与管理
Marine Legislation and Management

【河北省海域管理条例】 河北省高度重视海洋立法工作，1994年9月省政府就颁布了《河北省海域管理暂行规定》。1997年7月省人大常委会视察海洋工作，听取并审议了河北省人民政府关于海洋工作情况的报告，正式向省政府发出关于加强河北省海洋工作的建议函，提出要加快海洋立法进程。省政府责成省海洋局、省法制局尽快起草河北省海域管理条例草案。在深入调研、吸取其他省市经验和广泛征求各方面的意见的基础上，起草了河北省海域管理条例草案。省人大常委会把该条例列入1999年省人大立法计划，经省内外多次调研、部门协调，于1999年11月29日，经省人大第十二次常委会审议通过了《河北省海域管理条例》，这是河北省第一部地方性海洋管理法规，也是全国沿海省市由省人大通过的第一部地方性海洋管理法规。《河北省海域管理条例》的颁布实施，为依法管理海洋提供了法律支撑，使海洋管理逐步走上法制化轨道。

《河北省海域管理条例》共计5章41条，条例规定“省人民政府代表国家对全省海域使用和海域环境保护工作，实行统一领导和管理”，明确了省人民政府管理海洋的职责。同时，条例也明确了海洋行政管理部门的职责，规定“省人民政府海洋行政主管部门负责全省海域使用的综合管理与协调。依照国家法律、法规的规定，负责本省海域环境保护的监督管理。”

【河北省大比例尺海洋功能区划】 《河北省海域管理条例》明确规定：“省人民政府海洋行政管理部门会同有关部门和沿海市人民政府，根据国家海洋功能区划、海洋自然属性和社会经济发展需求，编制毗邻海域的海洋功能区划和海域使用规划，报省人民政府批准。”根据国家海洋局统一部署，从1998年起开始了编制河北省大比例尺海洋功能区划工作。成立了由省政府尹亚力副秘书长为组长，由省政府有关部门和沿海市人民政府领导参加的领导小组。制定了“河北省大比例尺海洋功能区划工作实施方案”和“河北省大比例尺海洋功能区划技术方案”，成立了功能区划技术组，举办了功能区划技术培训班，完成了野外调查、资料收集和工作底图转绘工作，预计该项工作于2000年底完成。

【海域使用管理】 河北省积极推行海域使用许可和有偿使用制度，在工作中抓重点、攻难点、求突破，使全省海域使用管理逐步走向规范化、制度化。截止1999年底，全省共核发海域使用许可证246个，批准使用海域面积5 067hm^2，征收海域使用金700余万元。该省在海域使用管理方面重点抓了三方面工作。

秦皇岛国家海域使用管理示范区工作 秦皇岛市是国家海洋局、国家财政部确定的全国4个海域使用管理示范区之一。省海洋局会同市海洋局研究制定了《秦皇岛海域使用管理示范区实施方案》。在对海域使用情况进行深入调研的基础上，经市政府多次协调研究，秦皇岛市政府下发了《关于实行国家海域使用证制度的通知》，出台了《秦皇岛市海域使用管理暂行规定》。规定明确全市实行统一的海域使用许可证制度，包括海水养殖只办理海域使用证。此外，秦皇岛市海洋局还以涉海大企业为重点开展工作，为秦皇岛热电厂、山海关船厂等大企业办理了海域使用许可证，征收了海域使用金。目前，秦皇岛市大多数用海单位都办理了海域许可证，确权面积达1 390hm^2，征收海域使用金417万元。

海域使用管理从基层突破 海域使用管理的主要矛盾是滩涂使用管理和海水养殖，河北省从基层抓起，依靠县级政府取得突破。滦南县海洋局通过抓科技兴海，推动了全县贝类开发，引起县政府的重视，县政府专门发文规定滩涂使用统一归县海洋局管理。乐亭县海洋局经多方努力，提请县政府批准出台了《乐亭县海域使用管理暂行办法》、《乐亭县海域使用审批工作程序》，把矛盾比较突出的海水养殖纳入了统一的海域管理，使海域使用管理打开了局面。

海域使用可行性论证制度 为科学、合理、有序地使用海域，河北省认真执行国家海洋局制定的海域使用三项配套制度，对海岸及海洋工程坚持使用审批前的可行性论证。1998～1999年，先后对南戴河建设人工岛、秦山液体化工码头、烟台救捞局秦皇岛救助码头、秦皇岛煤码头四期护岸南侧造陆工程项目进行了海域使用可行性论证。

【海洋监察执法】 河北省重视加强海洋监察队伍建设，1992年正式建立海洋监察大队，与省海洋局一个机构两个牌子。1995年经省政府批准，海洋监察大队独立设置，编制16人，下设秦、唐、沧3个中队。1999年经省编办批准，更名为中国海监河北省总队。现全省共有专、兼职海洋监察员75人，装备有“中国海监201”海洋监察船1艘，并配备了交通、通讯、调查取证设备，具备了海洋独立监察执法能力。1998年

（下转第281页）

天　津　市
Tianjin City

综　述
Summary

【概况】　行政区划　天津市地处渤海湾的西岸，地理坐标为38° 34′ ～40° 15′ N、116° 43′ ～118° 04′ E。南北长189km，东西宽117km，周长900km，陆域面积11 919.7km^2，按现行规定，管理海域面积3 000 km^2。海岸线长约153km，滩涂面积370 km^2，天津市下辖18个区县，沿海区有3个：塘沽区、汉沽区、大港区。

自然概况　天津市东临渤海湾，西接北京，南北与河北省接邻，地处华北平原的东北部，海河流域下游,腹地广阔，是华北、西北广大地区最近的出海口，是欧亚大陆桥中国境内距离最短的东部起点。

天津夏季受海洋影响，冬季受内陆作用，四季分明，处于大陆性与海洋性气候的过渡带上，属暖温带半湿润季风性气候。天津市的海洋资源主要有盐业、石油和鱼类等。　（孙连友）

表1　天津市沿海地区人口及从业人员情况一览表

单位：万人

沿海市区	年份	年末总人口	农业人口	非农业人口	职工人数
天津市	1998	905.09	383.72	521.37	209.67
	1999	910.2	381.5	528.7	211.8
塘沽区	1998	45.80	7.04	38.76	15.05
	1999	46.3	6.6	39.7	18.8
汉沽区	1998	16.75	4.56	12.2	5.8
	1999	16.8	4.5	12.3	4.5
大港区	1998	31.9	10.56	21.43	14.95
	1999	32.5	10.3	22.2	14

（刘利华）

【海洋机构】　天津市海洋局是天津市海洋行政主管部门，内设4个处，所属事业单位有：天津古海岸与湿地国家级自然保护区管理处、天津市海洋监察大队和天津市海洋预报台。

【主要工作】　1998～1999年，天津市海洋管理工作不断加强，有效促进了海洋事业的发展。

海洋立法受到高度重视。《天津古海岸与湿地国家级自然保护区管理办法》、《天津市海域使用管理办法》经过充分的酝酿、调查、起草、修改，分别于1999年6月和11月以市政府15号令和16号令的形式发布，为依法行政奠定了坚实的基础。广泛地开展了法规的宣传贯彻和执法人员的培训工作。参加了1998年渤海联合执法行动，加强了日常的执法监督工作。

海域使用管理工作纳入科学化、规范化和制度化轨道，为科学管理海域提供了依据。开展了1：50 000大比例尺海洋功能区划。在海域管理中为全市重大涉海经济项目服务，促进美国道化学60万t 乙烯工程、15万t 进口原油接卸码头等项目落户天津，积极协调围海造陆、选划临时倾废区等项目的开展。

海洋环境监督管理力度加大，取得重大进展。历时两年开展了第二次海洋污染基线调查，获取海洋水文、水质、底质、生物四大项4 000余个监测数据，为规划21世纪初渤海经济、社会发展以及制定海洋环保政策和环境综合整治提供了基础数据。拟定天津市海洋生态环境建设规划并编列入全市城市生态环境规划。与国家海洋局北海分局在塘沽海洋站的基础上共同组建天津市海洋预报台，1999年5月1日正式通过电视台对天津地区发布海洋预报和海洋灾害警报。天津古海岸与湿地国家级自然保护区完成业务用房、标示牌、界碑等基础建设，建立起必要的巡回检查制度。制定保护区保护规划，并开展一系列宣传和科普活动。1998年在全国人大组织的“建设万里文明海疆”活动中，天津市海洋环境管理和海洋环境质量状况得到了全国人大领导和记者团的好评。

海洋科技和海洋外事工作取得积极进展。编制完成了天津市《科技兴海规划》，国家科技兴海办公室已批准天津市为国家级科技兴海盐田生物技术转移中心和海洋精细化工示范基地，市领导就基地建设批示要求：“示范基地要实现产业化，只有产业化才有地位。”批准实现产业化的海洋项目已经立项。天津古海岸与湿地国家级自然保护区与美国切萨皮克湾国家级河口保护区于1998年5月正式建立姊妹保护区，双方开展了交流与合作。积极参与联合国开发计划署、全球环境基金和国际海事组织发起并批准实施的东亚海域环境管理伙伴关系渤海示范区项目。

深入广泛开展国际海洋年活动，增强全市人民海洋意识。市长李盛霖亲自担任天津市1998年国际海洋年活动组委会主任，动员组织涉海单位、沿海地区以

表2 天津市沿海区国内生产总值、工农业总产值一览表

单位：亿元

市、区	年份	国内生产总值				工业		农业	
		合计	第一产业	第二产业	第三产业	总产值	增加值	总产值	增加值
天津市	1998	1 336.4	74.03	660	602.35	2 562.6	40.21	156.2	71.01
	1999	1 450.1	71.01	711.93	667.12	2 751.4		150.1	
塘沽区	1998	78.09	1.3	32.93	43.86	74.43	95.94	2.56	1.03
	1999	322.88	1.28	202.48	119.12	514		2.51	
汉沽区	1998	10.96	2.13	4.4	4.42	32.7	7.58	5.00	2.18
	1999	18.74	2.18	9.82	6.74	29.06		5.03	
大港区	1998	79.75	1.14	60.59	18.01	196.8	55.15	2.63	0.61
	1999	84.96	0.62	67.76	16.58	209.55		1.45	

表3 天津市海洋开发资料统计

统计项目		1998年	1999年
海洋捕捞产量（万t）	鱼类	0.994	0.931
	贝类	1.046	1.36
	虾蟹类	0.887	1.07
	合计	2.93	3.36
海洋养殖产量(万t)	鱼类	0.067	0.067
	鱼蟹类	0.256	0.266
	合计	0.323	0.333
海洋货物运输量(万t)	沿海	193	466.3
	远洋	2 625	3 761.7
海洋旅客运输量（万人次）		45.3	48.7
天津港货物吞吐量（万t）		6 818.4	7 297.7
海盐生产	面积(hm^2)	389.8	374.8
	产量(万t)	223.7	242.7
海盐化工产量（万t）	氯化镁	12.00	12.22
海洋石油产量（万t）		342.5	349.7
滨海旅游人数（万人次）	国外	30.47	32.08

（刘利华）

及宣传、教育、文化、科技、工业、公安、市容、商业、交通、邮电等社会各界广泛参与。据不完全统计，遍布全市城乡的各类活动有数百项，参与者达百万人次，发表新闻报道稿件逾百篇，专门发行了一套3枚专题纪念封和一套10枚天津海洋风光明信片。天津市海洋局被评为国际海洋年活动全国先进组织单位。

【海洋经济】 天津海洋经济在经历了1998年的下降之后，1999年开始回升，基本恢复到1997年的历史最高水平。其中港口、交通运输、石油天然气呈较高的增长态势。

（孙连友）

海洋资源开发与海洋经济
Development of Marine Resources and Marine Economy

【海洋经济与社会发展状况】 天津市海洋经济在经历了1998年低谷后，开始回升。

1998年天津市海洋产业产值93亿元，增加值46.25亿元，海洋产业增加值占全市国内生产总值的3.46%。1999年海洋产业产值103.5亿元，海洋产业增加值65.52亿元，分别比1998年增长11.3%和41.6%。海洋产业增加值占全市国内生产总值的4.52%。

水产业 1998年天津市水产业产值为5.5亿元,增加值2.8亿元,1999年产值为6.22亿元,增加值3.11亿元。

盐业 1998年盐业产值为4.6亿元，增加值为3.6亿元,产量为223.7万t；1999年盐业产值为5.02亿元，增加值为3.90亿元。

港口、交通运输 1998年天津市港口及交通运输产业总产值为30.6亿元，增加值为9.7亿元；1999年天津市港口及交通运输产业实现产值36.1亿元，增加值21.25亿元，港口吞吐量达7 297.7万t。

石油天然气 1998年石油天然气产值为27.9亿元，增加值为19.8亿元,产量342.5万t；1999年石油天然气产业产值36.23亿元,增加值为27.65亿元,在天津海洋产业中跃居第一位。

旅游业 1998年滨海国际旅游外汇收入为2.018亿美元，折合人民币16.75亿元；1999年滨海国际旅游外汇收入为2.09亿美元，折合人民币17.35亿元。

此外，海洋化工和石油化工是天津市特有的海洋产业。1998年天津市海洋化工产值为26.65亿元，完成工业增加值7.14亿元；1999年天津市海洋化工产值为31.53亿元，完成工业增加值6.37亿元。

1998年天津市石油化工产值为72.7亿元，完成工业增加值14.48亿元，原油加工量为499.3万t。1999年天津市石油化工产值为91.95亿元，完成工业增加值18.56亿元，原油加工量为574.3万t。（刘利华）

海洋灾害与防御
Marine Disasters and Prevention

【赤潮监视】 加强赤潮的监视，为天津市防灾减灾服务。1998年10月3日“中国海监”飞机在距天津港约2km的海面，发现面积约800km^{2}的水色异常区，经分析判断为赤潮。市海洋局及时向市政府进行汇报，市长李盛霖、副市长孙海麟、梁肃等市领导都做了重要批示。按照市领导的要求，4日开始，市海洋监察大队租用船只配合“中国海监”飞机、“中国海监”船对天津港附近海域发生的赤潮进行了海空联合监视、监测，并随时将监视情况上报市政府和通报有关部门。监测结果表明，主要赤潮生物种类为膝沟藻和叉角藻。7日，天津港附近海域赤潮现象基本消失。此次赤潮时间较长，面积为近年来罕见，给天津市海洋渔业资源造成了一定影响。

1999年7月2日大沽锚地附近海面再次发生赤潮，面积约为500km^2。市海洋局接到国家海洋局北海分局通报后，及时派市海洋监察大队租用船只配合“中国海监”飞机对大沽锚地附近海域发生的赤潮进行了海空联合监视、监测，并随时将监视情况上报市政府和通报有关部门。监测结果表明，主要赤潮生物种类为闪光原甲藻和佛氏翅甲藻。4日，赤潮现象基本消失。此次赤潮未给天津市渔业资源造成太大损失。

为了增强海洋环境保护意识，天津电视台“今晨相会”节目组与市海洋局共同拍摄了一个反映赤潮的专题节目，《今晚报》、《天津工商报》等新闻媒体刊登了赤潮和海洋环境保护的文章和图片。

（张士琦）

海洋公益事业
Marine Public Welfare Facilities

【海洋环境监测】 按照《第二次全国污染基线调查天津市实施方案》的要求，1998年5月21～31日、9月18～25日，市海洋局及所属市海洋监察大队在国家海洋局北海监测中心的配合下，完成了天津市和黄骅海域的第一次和第二次海上外业调查工作。

第一次海上外业调查进行了水质污染调查，天津市共设水质测站20个（国控测站10个，市控测站10个），其中，近岸重点区测站7个，近岸非重点区测站4个，离岸海区测站9个。此次外业调查监测站位22个（含黄骅2个），每个站位监测项目8个，共采集水样448个，辅助项目数据198个。

第二次海上外业调查进行了水质和底质两项调查，监测站位25个（含河北省5个），每个站位监测项目9个，采集水样500余个，辅助项目数据225个。

【天津市海洋预报台】 国家海洋局以国海监发[1998]176号文件提出与沿海省市政府共建地方海洋预报台的建议，市领导对此十分重视，批准市海洋局与国家海洋局北海分局在塘沽海洋站基础上，共建天津市海洋预报台。国家海洋局、市编委正式批复，同意在塘沽海洋站基础上加挂天津市海洋预报台的牌子，实行“一套人马，两块牌子”，促进天津市防灾减灾工作。

1999年4月30日上午，在塘沽海洋站举行了天津市海洋预报台揭牌仪式。市政协副主席周绍熹、国家海洋局原副局长杨文鹤及市编委、科委、财政局、广播电视局、气象局及塘沽区、汉沽区、大港区政府等部门的领导出席了揭牌仪式，有关新闻单位进行了宣传报道。1999年5月1日天津市海洋预报台正式对天津地区发布海洋预报和海洋灾害警报。海洋预报信息的播发，对天津市防灾减灾、保护人民的生命财产、推进海洋航运、海水养殖、海洋捕捞、滨海旅游和海洋石油勘探开发等海洋经济的发展，起到积极的推动作用。

【海洋环境污染现状调查】 组织编写了《天津海域海洋生物资源现状评价及趋势分析》、《海上石油勘探开发和海洋倾废污染海域环境现状评价及趋势分析》、《海洋事故与灾害分析》、《天津古海岸与湿地国家级自然保护区现状评价及趋势分析》4个专项报告。

（张士琦）

海洋科技与教育
Marine Science and Technology & Marine Education

【概况】 天津市涉海科技力量集中，具有较强的技术优势和人才优势。在津的涉海科研院所12个，拥有一支海洋工程、海洋技术、交通运输、制盐及海洋化工、海水淡化综合利用、海洋生物、海洋石油和海洋环保等门类齐全、水平较高的科技队伍。

【“科技兴海”战略】 实施“科技兴海”战略，配合市滨海新区的建设规划和重点项目，组织完成了

“市临港工业区方案比选”、“天津市海洋经济和产业发展研究”、“海洋高新技术开发区选项研究”软课题研究，促进了滨海地区经济的发展。结合国家“九五”海水综合利用科技攻关项目，对海水化学资源利用、海水综合利用、盐田生物技术开发等项目进行了论证，并由市科委立项支持，开始进行海水循环冷却中试及盐藻粉开发提取保健品的开发。

【全国科技兴海技术转移中心天津中心】 1998年7月，结合天津市海洋科技的优势领域，组织申报建立了全国科技兴海技术转移中心天津中心，以盐田生物为突破口，依托轻工总会制盐研究所承担国家科技重点盐田生物科研攻关及有关技术转移、成果推广和培训任务。其盐藻养殖开发天然胡萝卜素系列保健产品及卤虫、轮虫等盐田生物研究开发都达到国际和国内领先水平，科研成果转化率达到30%～50%，产生了上亿元的经济效益。通过向沿海省市进行技术转移和培训，有力地促进了海洋科技的发展。

【天津海洋高新技术开发区】 以发展海洋高新技术为主的天津海洋高新技术开发区继续快速发展，逐步形成以海洋化工、盐化工、盐田生物、海洋石油施工和电子产品为支柱的海洋高新技术开发区。该区起步区占地面积4.54km^2，规划面积24km^2，1999年底已投入3亿元完成“六通一平”，在投资软环境上已经形成便利的服务体系，1万m^{2}的海洋高新技术创业中心正式运行。已批准注册企业1 331家，其中外资企业371家，协议利用外资8.24亿美元，累计实现产值90亿元，税收6亿元，与天津经济技术开发区、天津保税区形成项目互补联动开发的态势。1999年8月，在该区基础上正式申报建立全国科技兴海海洋精细化工示范基地，获得国家正式批准。首批计划的海水高效制取硫酸钾、海洋防腐涂料、盐田生物开发、高效农药、溴系列产品等项目正在启动。 （杨 健）

海洋立法与管理
Marine Legislation and Management

【概况】 1998～1999年，海洋立法工作得到高度重视。《天津古海岸与湿地国家级自然保护区管理办法》、《天津市海域使用管理办法》经过充分的酝酿、调查、起草和多次修改，发布实施。为依法行政奠定了坚实的基础。

【天津古海岸与湿地国家级自然保护区管理办法】 1999年6月28日，天津市人民政府第14次常务会，审议通过了《天津古海岸与湿地国家级自然保护区管理办法》，于7月23日以市人民政府15号令颁布实施。

《天津古海岸与湿地国家级自然保护区管理办法》是天津市为自然保护区设立的第一部政府规章，也是天津市海洋管理的第一部政府规章。

该《管理办法》主要内容为：立法宗旨；适用范围；保护区管理机构及职责；保护区的建设与管理；奖励与惩罚。共计23条。

【天津市海域使用管理办法】 1999年10月19日，天津市政府第16次常务会审议通过了《天津市海域使用管理办法》，11月5日以市政府16号令颁布实施。

《天津市海域使用管理办法》从1996年开始起草，经反复征求意见和修改，于1999年列入天津市政府年度立法计划。

该《办法》主要内容为：立法宗旨、依据和适用范围；海域使用证制度；海域有偿使用制度；罚则等共计24条。与该政府规章相配套的《天津市海域使用收费管理办法》，已由天津市海洋局会同天津市财政局正在制定中。 （刘菊人）

【海洋执法监察】 1998年3月22日至4月10日、6月28日至7月3日，市海洋局参加了2次渤海联合执法行动，对天津市重点海域进行监察监视，进一步摸清了天津市近岸海域资源开发、环境保护现状，为今后加强海洋综合管理储备了大量基础资料。联合执法过程中，对现场进行了录像、照相等取证工作，取得调查笔录16份，发现了一些污染海洋、破坏海洋资源的行为，对有关单位提出了整改意见。同时，配合渤海联合执法行动陆地组和海上组，胜利完成联合执法行动任务，使2次渤海联合执法行动取得了圆满成功。

【海域使用管理】 1998年、1999年，市海洋局对天津市用海单位进行海域使用年检，收取了1997、1998年度海域使用金，并严格按照规定上缴市财政。截至1999年底，天津市共批准和登记海域使用面积662.4hm^2,颁发海域使用证11个。 （张士琦）

【天津市大比例尺海洋功能区划】 根据国家海洋局《关于组织开展沿海省、市、自治区大比例尺海洋功能区划工作的通知》的部署，1998年4月，天津市海洋局启动海洋功能区划的前期筹备工作。5月组织草拟出区划工作大纲，7月拟出《天津市大比例尺海洋功能区划工作实施方案》，8月拟订《技术实施方案》。10月25日将方案上报国家海洋局审核，国家海洋局以国海管发[1998]295号文件批复同意。市政府于1999年9月，以天津市人民政府名义（津政发[1999]54号文件），向全市全文转发了天津市开展大比例尺海洋功能区划工作实施方案。同日，以市政府（津政发[1999]75号文件）名义批复同意天津市大比例尺海洋功能区划技术实施方案。

区划范围 区划面积约5 200km^2。分潮间带、浅海和陆域三个部分，海域部分为海岸高潮线向海一侧到38° 32′ N～39° 20′ N、118° 8′ E以内的区域，面积约3 000km^2。陆域部分根据天津市的实际情况确定范围为塘沽、汉沽和大港三区行政区域，面积2 200km^2。与河北省相邻的区域海域界线划分按照《海洋功能区划导则》重叠1km执行。

工作进展 1999年6月市财政配备资金到位。1999年9月，在市政府批准之后，组建了由13个市有关政府部门为成员的“天津市大比例尺海洋功能区划协调办公室”由27个政府部门、单位和近20名专家教授组成的“天津市大比例尺海洋功能区划编写组”和专家咨询组。区划协调办公室立即启动工作，1999年11月17日召开天津市海洋功能区划工作会议，全面启动编写工作。

1999年9月绘制完成海洋功能区划工作底图，共计全开图幅6幅。11月完成天津市大比例尺海洋功能区划总体设计，并发至各协调办成员单位和编写单位执行。年底，有关部门完成征集有关区划基础资料。

1999年9～10月，市海洋局领导带领有关人员和专家，徒步完成了天津市海岸线区域情况的实地勘察。勘察工作自与河北省交界的歧口为起点，由南向北推进，直至河北省涧河口，行程近300km。采用先进的GPS定位技术，对海岸线区域的构造物逐一测量，并与工作底图进行核对、填图。为取得第一手资料，市海洋局组织专家深入沿海村镇进行近20次社会调查，了解有关重点区域资源的历史和现状。1999年11月，市海洋局组织专家对南部区域进行海洋生物与水产资源的海上外业调查，核实天津市海域的资源环境状况，调查范围达800余平方千米。通过这些调查，掌握了海岸线区域的现实使用情况，取得了自80年代海岸带调查以来最新的基础资料。

预计，2000年第3季度完成区划编写工作，报市政府批准实施，年底大比例尺海洋功能区划工作将结束。 （刘旗开）

海洋环境保护
Marine Environmental Protection

【天津古海岸与湿地国家级自然保护区】 保护区建设 1998年1月，天津古海岸与湿地国家级自然保护区管理处正式组建，管理人员陆续调入并开始工作，截至1999年底在编人员4人。该处隶属天津市海洋局行政主管，接受国家海洋局业务指导。

1998年12月，完成“天津古海岸与湿地国家级自然保护区发展建设规划”，此规划已被市政府批准并纳入《天津市自然保护区发展建设规划》。

1998年，市计委将保护工程经费列入1998年基建项目计划，并于当年付诸实施。

1999年，市计委批准保护区办公房建设项目，并列入天津市2000年基建项目投资计划。

1998年5月，天津市政协副主席周绍熙率市政协常委、委员20余人视察保护区。1998年，配合中央电视台拍摄制作国际海洋年专题片进行播放宣传。1999年6月，由市有关部门组成的“天津市国家级自然保护区工作检查组”到保护区检查工作，对保护区的工作给予肯定。

保护区勘界 1999年4月，在市海洋局领导下组织有关专家对6个核心区、缓冲区进行了勘界核查，利用先进的全球卫星定位系统（GPS）技术对各核心区、缓冲区的边界进行了精确的测量。

科研管理 1998年3月，组织召开“保护区保护开发专家座谈会”，请有关专家教授对七里海湿地保护和利用协调发展提出咨询意见。

1998年，组织南开大学、天津师范大学、原地矿部天津地矿所等单位，开展“天津古海岸与湿地国家级自然保护区湿地生态系统综合评价指标体系的研究”，1999年底已完成报告初稿。

【国际合作与交流】 全球环境基金东亚海项目渤海示范区项目 1998年天津市海洋局派员出席了东亚海项目办公室在菲律宾马尼拉召开的合作伙伴会议。

中美伙伴海洋自然保护区合作 1998年5月，经中美两国政府（中国国家海洋局与美国国家海洋与大气局）批准，美国切萨皮克湾自然保护区与天津古海岸与湿地国家级自然保护区建立伙伴保护区。并在保护区生态旅游开发、保护区的环境教育和宣传两个规划的制定达成合作意向。

1998年8月，美国海洋与大气局贝克一行5人参观了七里海湿地核心区，并与有关专家和地方有关领导进行了座谈。

1999年3月，在“中美海洋自然保护区研讨会”上，中美保护区双方进行了第一次接触，并就所关心的问题进行了讨论，希望今后进一步加强交流与合作。6月，保护区派员赴美国切萨皮克湾河口保护区进行为期15天的学习培训。7月，天津市海洋局派员代表保护区赴美出席了“中美海岸带综合管理联合协调小组”第二次会议。

【汉沽浅海生态海洋特别保护区选划建设进程】 为保护海洋生态环境、生物资源和生物多样性，天津市海洋局会同有关部门于1997年9月组织专家正式启动选划工作。

1998年3月，在天津市第十三次人代会上，由天津市海洋局组织代拟，高庆祝等10名代表联名提出建立海洋特别保护区的议案。引起各有关政府部门的高度重视。

1998年期间，专家组先后进行了三次海上调查和三次社会调查外业工作。通过社会调查，确定了建区的必要性和可行性。选划工作于1998年7月中旬完成外业调查，进入内业工作阶段。1999年底，已编写出《关于建立〈天津汉沽浅海生态系市级海洋特别保护区〉的论证报告》、《海上、社会调查报告》，摄制《汉沽浅海生态环境亟待保护》专题录像片，绘制出《汉沽浅海生态市级海洋特别保护区概位图》。市海洋局将就建立海洋特别保护区有关建设和管理问题与有关部门和当地政府进一步磋商落实，并按照程序进行评审，上报市政府批准。

【天津市人大开展《中华人民共和国海洋环境保护法》执法检查】 根据全国人大的部署，天津市人大于1998年6～7月对塘沽、汉沽、大港3区和天津港、渤海石油公司、大港油田等涉海企业进行《中华人民共和国海洋环境保护法》执法检查。市人大常委会李振东副主任带队，市人大城建环保委领导和部分人大代表、海洋局、环保局的负责人参加了检查。

【1998年中华环保世纪行“建设万里文明海疆”记者团来津采访】 为配合1998国际海洋年，全国人大组织1998中华环保世纪行“建设万里文明海疆”记者团于1998年6月29日至7月2日到达天津市进行海洋环保采访活动。

记者团成员参加了天津市海洋环保工作汇报会。天津市委常委、常务副市长杨新成、市人大常委会副主任罗远鹏、李振东出席了汇报会，全国人大环资委委员、中华环保世纪行组委会秘书长李华忠在汇报会上讲话。市环保局代表市环保局、市海洋局向记者团成员汇报了天津市海洋环境保护工作的情况。李华忠秘书长、李振东副主任在市海洋局局长宁书辰和北海分局副局长刘宇中陪同下专程来到“海监22”号船，听取有关海域管理及海洋监察的工作汇报，对联合执法行动给予了高度评价。

【天津市人大领导听取海洋工作汇报】 1998年6月，天津市人大常委会副主任李振东等就1998国际海洋年和全国人大部署《中华人民共和国海洋环境保护法》执法检查海洋环境保护，在市人大专门听取天津市海洋局汇报本市海洋管理工作，天津市海洋局局长宁书辰就天津市海洋资源、环境保护、执法监察等7个方面进行了详细汇报。李振东等领导对市海洋局的管理工作给予很好的评价。听取汇报的还有市人大城建环保委的领导。这是市人大领导首次专门听取海洋工作汇报。

（刘禛开）

（上接第275页）

和1999年，河北省海洋监察总队按照全面监视、重点监察、严格执法、注重效果的原则，围绕“三个区域”（秦皇岛海域、黄骅石油勘采海域、海洋自然保护区）和“四个重点”（海域使用、海洋石油勘采、海洋倾废、赤潮应急监视），加大监察执法力度，取得明显成效。仅1999年，就组织监察执法63次，查处违规事件6起。

【海洋自然保护区建设和管理】 昌黎黄金海岸国家级海洋自然保护区管理处，依法加大了保护管理力度，先后查处了违法开发核心区、在保护区海岸开挖养虾池、违法挖掘沙丘等违法事件，有效地保护了海洋自然保护区的生态环境。1998年，在昌黎黄金海岸海洋自然保护区建立了北方海洋生态监测站，昌黎黄金海岸海洋自然保护区和国家海洋局环境监测中心对保护区海域进行系统的海洋生态环境监测，为预测海洋生态环境变化趋势、保护海洋生态环境提供了科学依据。

黄骅古贝壳堤遗迹自然保护区 1998年，河北省组织专家对黄骅古贝壳遗迹建立省级自然保护区进行了调研论证。1998年9月，河北省人民政府正式批准建立黄骅古贝壳堤遗迹省级自然保护区，为有效地保护这一海洋古地质遗迹提供了保障。为加强对海洋生态环境的保护，河北省拟在南大港建立省级滨海湿地自然保护区，由有关专家组成的调查小组，正进行野外调查和前期论证工作。（河北省海洋局供稿）

辽 宁 省
Liaoning Province

综 述
Summary

【自然概况】 辽宁省位于中国大陆海岸线最北端，南部辽东半岛呈楔形嵌入黄海和渤海之间。西衔河北省，东与朝鲜半岛隔江相望。土地面积147 500 km^2，1998年人口4 090.4万人，1999年人口4 103.2万人。全省海岸线总长2 920km，其中大陆岸线长2 292.4km，岛屿岸线长627.6km。在黄海和渤海的近岸海域中，有面积在500m^{2}以上的海岛266个，其中有人居住的海岛30个，岛屿面积191.5 km^2，岛上有居民9.7万多人。省管辖的近岸海域面积达6.8万km^2，滩涂面积2.7万km^2。辽东湾和海洋岛两大渔场面积达600多万hm^2，在全省水产养殖和渔业资源开发中具有重大意义。沿海6市土地面积57 672 km^2，占全省土地面积39%。人口1 687.1万人，占全省人口的41%。

表1 辽宁省沿海行政区划表

省辖市	县级市	县	区
大连	庄河、普兰店、瓦房店	长海	金州、甘井子、旅顺口
丹东	东港		
营口	盖州		老边、鲅鱼圈
盘锦		盘山、大洼	
锦州	凌海		
葫芦岛	兴城	绥中	龙港

注：大连市为计划单列市。

【行政区划】 辽宁省共有14个地级市，17个县级市，27个县，56个区。其中沿海地级市有6个，即丹东、大连、营口、盘锦、锦州、葫芦岛；沿海县级市有7个，即东港、庄河、普兰店、盖州、瓦房店、凌海、兴城；有长海、盘山、大洼、绥中等4个沿海县；有金州、甘井子、旅顺口、老边、鲅鱼圈、龙港等6个区。

丹东市 位于辽宁省东南部，濒临黄海，北接吉林省，东隔鸭绿江与朝鲜民主主义共和国相望。全市土地面积14 910km^2，人口239.9万人。辖东港市、凤城市、宽甸满族自治县、元宝区、振安区、振兴区。

表2 辽宁省 沿海县（市、区）人口及从业人员情况

单位：万人

县(市、区)	年份	年末总人口	农业人口	非农业人口	从业人员	职工人数
辽宁	1998	4090.4	2227.2	1863.2	328.90	75.50
	1999	4103.2	2226.3	1876.9	281.80	53.10
长海	1998	8.80	6.60	2.20	4.30	1.30
	1999	8.80	6.40	2.40	4.00	1.00
瓦房店	1998	101.80	71.30	30.50	62.00	13.00
	1999	102.30	71.40	30.90	45.00	13.00
普兰店	1998	82.10	65.50	16.60	50.00	6.00
	1999	82.10	65.10	17.00	37.00	6.00
庄河	1998	88.00	71.90	16.10	33.00	7.00
	1999	87.90	71.70	16.20	31.00	6.00
东港	1998	65.50	55.00	10.50	30.00	6.00
	1999	65.50	54.90	10.60	31.40	6.30
凌海	1998	61.90	52.40	9.50	28.00	6.00
	1999	61.90	52.40	9.50	26.20	3.90
盖州	1998	87.80	70.20	17.60	36.00	9.00
	1999	87.90	70.20	17.70	35.10	8.50
大洼	1998	37.80	29.00	8.80	17.10	13.30
	1999	38.60	30.10	8.50	13.50	1.00
盘山	1998	27.80	23.80	4.00	10.50	6.00
	1999	27.90	24.10	3.80	5.80	0.00
绥中	1998	61.00	52.60	8.40	30.00	3.90
	1999	61.10	52.70	8.40	30.30	3.80
兴城	1998	54.50	42.50	12.00	28.00	4.00
	1999	54.60	42.50	12.10	22.50	3.60

其中东港为沿海县级市，大陆海岸线长93km。

大连市 位于辽东半岛南端，东临黄海，西滨渤海，全市土地面积12 745km^2，人口540.4万人。辖瓦房店市、普兰店市、庄河市、长海县、中山区、西岗区、沙河口区、甘井子区、旅顺口区、金州区。大陆海岸线长1 646km。

营口市 西临渤海的辽东湾。全市土地面积5 401 km^2，人口221.8万人。辖大石桥市、盖州市、站前区、西市区、老边区、鲅鱼圈区，其中盖州市、老边区、鲅鱼圈区为沿海县（市、区）。大陆海岸线长96km。

锦州市 南接渤海的辽东湾。全市土地面积10 301km^2，人口303.5万。辖凌海市、北宁市、义县、黑山县、古塔区、凌河区、太河区。其中凌海市

为沿海市。大陆海岸线长166km。

盘锦市 位于辽宁省西南部，人口117万，总面积3 959 km^2，海岸线长136.65 km，辖盘山县、大洼县、兴隆台区、双台子区。辽河油田、双台子河口国家级自然保护区坐落其中。

葫芦岛市 位于渤海辽东湾的西岸，西与河北省相接。全市土地面积10 415km^2，人口264.5万人。辖兴城市、绥中县、建昌县、连山区、南票区、龙港区。其中兴城市、绥中县、龙港区为沿海县（市、区）。大陆海岸线长273km。

【海洋管理机构】 辽宁省海洋水产厅是管理海洋与水产事务的省政府组成部门。设置业务处室主要有渔政处、养殖处、捕捞处、资源管理处、环境管理处、科技教育处，企业经济处、外经外事处，以及办公室、人事处、计划财务处等。省辖沿海6个市都建立了海洋管理机构，负责管理市辖海域的海洋事务。丹东市海洋水产局，内设海洋业务科室一个，即海洋科；大连市海洋局是市科委下属的二级局，内设开发处、监察处、规划处、办公室，下设大连市海洋监察大队，属事业性行政执法单位；营口市海洋水产局下设海洋管理办公室，是自收自支事业单位；盘锦市海洋水产局下设海洋管理办公室，属事业单位；锦州市海洋水产局内设海洋管理处，具体管理海洋事务；葫芦岛市海洋管理办公室隶属于市科委，是市政府管理海洋事务的机构。

表3 辽宁省沿海城市人口及从业人员情况

单位：万人

城市	年份	年末总人口	农业人口	非农业人口	从业人员	职工人数
辽宁	1998	4 090.4	2 227.2	1863.2	338.00	248.00
	1999	4 103.2	2 226.3	1 876.9	857.30	360.00
大连	1998	262.40	62.30	200.10	131.00	98.00
	1999	264.20	61.10	203.10	274.70	127.40
丹东	1998	70.10	12.20	57.90	39.00	30.00
	1999	70.20	12.10	58.10	125.70	46.90
锦州	1998	81.40	15.50	65.90	55.00	39.00
	1999	82.20	15.50	66.70	176.10	58.20
营口	1998	64.70	14.90	49.80	33.00	27.00
	1999	65.50	15.10	50.40	96.80	40.40
盘锦	1998	54.00	6.80	47.20	35.00	30.00
	1999	54.30	6.70	47.60	60.10	49.60
葫芦岛	1998	89.70	44.90	44.80	45.00	24.00
	1999	90.50	44.80	45.70	123.90	37.50

表4 辽宁省海洋管理机构一览表

省级	辽宁省海洋水产厅
省辖市级	大连市（计划单列市）海洋局、丹东市海洋水产局、锦州市海洋水产局、营口市海洋水产局、盘锦市海洋水产局、葫芦岛市海洋管理办公室
县市区级	长海县水产局、瓦房店市科委海洋办、普兰店市科委海洋办、旅顺口区科委海洋办、庄河市科委海洋办、甘井子区水产局、金州区水产局、东港市海洋水产局、锦州市经济技术开发区农业发展局、凌海市海洋水产局、大洼县科委海洋办、盘山县科委海洋办、兴城市国土资源局、绥中县海洋水产局

【海洋经济】 辽宁是海洋大省，海岸线绵长，近岸海域辽阔，海洋资源丰富，拥有巨大的开发潜力和广阔的发展前景。改革开放以来，辽宁的滨海区位优势得到了充分发挥，全省海洋经济实力逐步增强，海洋产业连年保持着快速的发展势头。1998年，全省海洋产业产值达到400亿元，较1997年增长45亿元，占全

表5 辽宁省海洋开发资料统计

统计项目		1998年	1999年
海洋捕捞产量（万t）	鱼类	57	58.4
	贝类	9.8	8.4
	藻类	0.381 8	0.124 7
	虾蟹类	13.9	12.8
	合计	81.081 8	79.724 7
海水养殖产量（万t）	鱼类	1	0.7
	贝类	68.2	80.2
	藻类	26.4	29.1
	虾蟹类	0.6	0.5
	合计	96.2	110.5
海洋货物运输量（万t）	沿海	1 085	1 371
	远洋	820	1 098
海洋旅客运输量（万人次）		474	595
沿海主要港口货物吞吐量（万t）	大连港	7 515	8 505
	丹东港	231	375
	锦州港	561	723
	营口港	1 758	1 903
	旅顺新港	525	525
海盐生产	面积（hm^2）	55 124	57 771
	产量（万t）	158	285
滨海国际旅游人数（万人次）		22.3	29.2
海盐化工产量（万t）	烧碱	37.5	33.4
	氯化镁	1.7	5.2
	工业溴	0.05	0.08
	氯化钾	0.2	0.7
	无水硫酸钠	1.4	0.3

国海洋产业总产值的12.2%，占全省国内生产总值的10.3%，占全省农业总产值的40.5%。1999年全省海洋产业总产值达450亿元，较1998年增长50亿元，占全国海洋产业总产值的17%，占全省国内生产总值的10.8%，占全省农业总产值的46.1%。

当前海洋产业仍以传统产业为主，海洋水产业占海洋产业总产值的64.6%，其次是滨海旅游业占5.7%，修造船业占17.5%，海洋化工业占1.5 %，海洋交通运输业占9.8%，海洋油气占0.8%。

【"海上辽宁"建设】 建设"海上辽宁"是省委、省政府1986年提出的战略设想，并于1996年召开了"海上辽宁"建设工作会议。多年来，在省委、省政府的领导下，全省海洋资源开发取得了令人瞩目的成就，海洋综合经济实力明显增强。海洋各业发展迅速，科技水平不断提高，海洋外向型经济取得可喜进展。1998年1月正式下发了《"海上辽宁"建设规划》，组建了"海上辽宁"建设领导小组及办事机构，负责协调"海上辽宁"建设工作，还成立了由多名省级老领导组成的海洋经济研究会，开展了专题调研活动。省人大、省政协也非常重视"海上辽宁"建设，关心海洋工作，多次专题听取海洋管理部门的汇报，每年都开展几次关于海洋工作的视察活动。其他有关部门和社会各界，对海洋工作也都给予了关心和帮助，社会公众的海洋意识正在逐渐得到强化。

海洋资源开发与海洋经济
Development of Marine Resources and Marine Economy

【海洋水产】 辽宁濒临黄、渤二海，著名的辽东湾、海洋岛两大渔场水产资源丰富。1998年，全省水产品总产量达312.7万t，其中海水产品产量达281.4万t，水产品总产值150 亿元，水产行业总产值232亿元，出口水产品24万t，创汇3.4亿美元。1999年，全省水产品总产量达333.8万t，其中海水产品产量达296.8万t，水产品总产值165亿元，水产行业总产值258亿元，出口水产品33.2万t，创汇4.0亿美元。

海水养殖 海水养殖在全省水产业中占有举足轻重的地位。1998年全省海水养殖面积20万hm^2，产量120.8万t。其中，浅海养殖面积7.3万hm^2，产量74.7万t；滩涂养殖面积9万hm^2，产量37万t；港湾养殖面积3.7万hm^2，产量9.1万t。1999年全省海水养殖面积22.9万hm^2，产量139.1万t。其中，浅海养殖面积10.7万hm^2，产量93.2万t；滩涂养殖面积8.3万hm^2，产量38.4万t；港湾养殖面积3.9万hm^2，产量7.6万t。

海洋捕捞 近年来，近海资源衰退，国家控制捕捞强度，要求海洋捕捞业实现"零增长"。根据这一政策，对全省近海捕捞生产作业方式及船只进行了调整，改革渔具渔法，开辟新渔场，发展外海和远洋捕捞。1998年全省海洋捕捞产量160.6万t，其中远洋捕捞产量18.3万t。1999年全省海洋捕捞产量157.7万t，其中远洋捕捞产量20.0万t。

【港口建设与海洋运输】 辽宁宜港岸线资源丰富，适宜建港的大陆岸线有1 000余千米，其中深水岸线400km，中水岸线300km，浅水岸线300km。经勘察有优良商港港址38处，其中可建设10～30万吨级深水泊位的港址11处；1～5万吨级深水泊位的港址14处；可建设万吨级以下泊位的港址13处，目前全省已建成商港12个。有渔港港址资源77处，已开发利用的20处，可建二级渔港的港址37处。

表6 辽宁省沿海城市国内生产总值一览表

单位：亿元

沿海城市	年份	国内生产总值	第一产业	第二产业	第三产业
辽宁	1998	3 881.73	531.46	1 855.22	1 495.05
	1999	4 171.69	520.8	2 001.48	1 649.41
大连	1998	649.22	40.23	270.75	338.24
	1999	689.14	39.11	294.41	355.62
丹东	1998	75.7	1.81	31.39	42.5
	1999	79.66	1.86	30.91	46.89
锦州	1998	76.96	5.73	35.22	36.01
	1999	82.49	6.11	36.35	40.03
营口	1998	89.65	4.04	54.05	31.56
	1999	97.01	4.72	56.75	35.54
盘锦	1998	174.89	2.38	139.4	33.11
	1999	196.07	2.18	155.54	38.35
葫芦岛	1998	91.33	6.03	52.38	32.92
	1999	90.92	6.65	50.61	33.66

"九五"期间，积极利用和开拓国内外两个市场，以外贸运输为主，重点建设矿石、油品、煤炭、集装箱、滚装和客运等专业化码头，扩大港口综合吞吐能力。形成以大连为中心，营口、锦州、丹东为枢纽，旅顺、葫芦岛、绥中、盘锦、庄河、瓦房店等为网络，中小结合、层次分明、功能齐全、分布合理的海洋交通运输布局。

1999年，沿海主要港口生产用码头泊位已达到122个，其中万吨级泊位67个，码头总长度为22 872m。1999年沿海主要港口货物吞吐量达到6 017万t，其中进口1 786万t，出口4 231万t。外贸货物2 259万t。集装箱吞吐量为868 892TEU，重量为886万t。旅客吞吐量为595万人次。

【盐与盐化工】 辽宁省是全国海盐重要产区之一，近年来加大了对盐田基本建设投资力度，加快企业技术改造，使盐的产量和质量有了很大提高。1998年全省盐田总面积55 124hm²，生产面积50 817 hm²，生产原盐157.6万 t，利税总额364万元。1999年全省盐田总面积57 771hm²，生产面积53 070 hm²，生产原盐284.7万 t，利税总额5148万元。全省认真贯彻国务院“食盐实行专营，工业盐实行计划管理”的要求，加强了对盐业市场的管理。全省精制盐及碘盐小包装生产能力不断提高，全省基本实现了食用碘盐的目标。

盐化工方面业，1998年全省生产纯碱71.9万t，烧碱71.2万t。1999年全省生产纯碱37.5万t，烧碱33.4万t。生产氯化钾6 565t，工业溴787 t，无水硫酸钠3 492t，氯化镁52 107t。

表7 辽宁省沿海县（市、区）国内生产总值一览表

单位：亿元

沿海县（市、区）	年份	国内生产总值	第一产业	第二产业	第三产业
辽宁	1998	3 881.73	531.46	1 855.22	1 495.05
	1999	4 171.69	520.8	2 001.48	1 649.41
长海	1998	7.53	4.43	0.7	2.4
	1999	8.73	5.47	0.69	2.57
瓦房店	1998	108.44	20.48	62.49	25.47
	1999	109.46	18.53	66.4	24.53
普兰店	1998	100.06	18.71	59.35	22
	1999	114.6	19.83	63.89	30.88
庄河	1998	61.02	17.67	26.84	16.51
	1999	70.31	20.25	31.49	18.57
东港	1998	58.67	17.29	22.23	19.15
	1999	65.86	17.73	25.56	22.57
凌海	1998	25.31	11.42	7.4	6.49
	1999	26.85	10.58	8.57	7.7
盖州	1998	34.31	12.18	12.85	9.28
	1999	35.69	12.19	13.34	10.16
大洼	1998	27.34	15.8	5.6	5.94
	1999	26.28	15.69	5.29	5.3
盘山	1998	25.9	15.07	6.28	4.55
	1999	27.04	14.46	7.49	5.09
绥中	1998	21.46	10.24	2.84	8.38
	1999	23.25	8.83	5.61	8.81
兴城	1998	27.07	6.59	10.65	983
	1999	28.51	5.53	11.78	11.20

【海洋油气开发】 辽宁省海洋油气资源主要分布于辽东湾海域，其特点是油气资源储量丰富，储油构造、特别是盖层条件良好。据初步测算，石油资源储量约7.5亿t，天然气储量约1 000亿m³，开发潜力很大，目前处于勘探试采阶段。1998年，辽宁海洋油气的总产值为20 933万元。1999年原油产量为28万t，产值20 182万元。天然气产量7 653万m³，产值为40 85万元。

【滨海旅游】 辽宁省各级政府充分利用改革开放的大好形势，十分重视和积极开发旅游资源，加强滨海旅游区建设，发展全省滨海旅游业。接待游客来自130余个国家和地区。1998年，全省滨海旅游接待游客223 025人次。其中外国游客168 928人次，华侨8 641人次，港澳同胞24 146人次，台湾同胞21 310人次。国际旅游收入16 307万美元。1999年，全省滨海旅游接待游客292 392人次。其中外国游客229 109人次，华侨9 457人次，港澳同胞25 391人次，台湾同胞28 435人次。国际旅游收入19 151万美元。

表8 辽宁省沿海城市工农业总产值一览表

单位：亿元

沿海城市	年份	工业总产值	工业增加值	农业总产值	农业增加值
辽宁	1998	6674.14	1664.05	986.9	531.46
	1999	7328.66	1795.71	977.05	520.8
大连	1998	1201.46	247.04	79.56	40.23
	1999	1230.82	267.73	78.51	39.11
丹东	1998	72.96	29.04	3.71	1.81
	1999	87.26	28.89	3.32	1.87
锦州	1998	131.76	28.63	7.84	5.73
	1999	142.43	30.1	7.47	6.11
营口	1998	135.89	50.11	8.02	4.04
	1999	121.86	56.61	9.41	4.72
盘锦	1998	205.54	116.18	3.47	2.38
	1999	241.22	129.19	3.56	2.18
葫芦岛	1998	141.25	47.68	13.4	6.03
	1999	190.78	44.44	11.86	6.65

海洋公益事业

Marine Public Welfare Facilities

【海洋环境观测、监测】 辽宁海洋科技力量比较雄厚，初步形成一支具有相当规模的海洋观测、监测的科技队伍。开展海洋环境及灾害观测、监测服务业务的主要是国家海洋环境监测部门、气象部门、沿海海洋站、港口和军队有关部门。沿海气象台（站）、中心海洋站主要承担海洋气象与海区环境观测监测、预报预警业务；各涉海部门和军队等依据需要开展相关服务业务。根据优化结构后的全国海洋站网布局，辽宁沿海现有小长山、老虎滩、温坨子、鲅鱼圈、盘锦、葫芦岛、芷锚湾等7个海洋站，还有分散在各部门的基本站和辅助站。纳入“全国验潮站网”的有丹东、大东港、小长山、海洋岛、芷锚湾等13个验潮站。鲅鱼圈测冰雷达站实施了对辽东湾的冰情监测。

表9 辽宁省沿海县（市、区）工农业总产值一览表

单位：亿元

沿海县（市、区）	年份	工业总产值	工业增加值	农业总产值	农业增加值
辽宁	1998	6 674.14	1 664.05	986.9	531.46
	1999	7 328.66	1 795.71	977.05	520.8
长海	1998	1.9	0.26	8.8	4.35
	1999	1.54	0.23	10.48	5.47
瓦房店	1998	231.5	55.67	35.46	20.48
	1999	270.5	64.13	30.57	18.53
普兰店	1998	260.24	55.47	32.67	17.65
	1999	278.12	59.9	34.04	19.83
庄河	1998	121.25	24.93	30.87	17.32
	1999	139.96	28.98	34.37	20.25
东港	1998	82.21	17.17	28.81	17.29
	1999	94.84	22.5	29.56	17.73
凌海	1998	32.08	7.32	25.14	11.42
	1999	36.85	7.75	20.62	10.58
盖州	1998	59.32	12.45	20.54	11.62
	1999	84.2	12.8	20.30	12.19
大洼	1998	24.68	4.94	25.05	15.63
	1999	27.69	5.53	25.96	15.69
盘山	1998	24.95	6.25	21.18	13.34
	1999	30.70	7.67	23.47	14.46
绥中	1998	17.23	2.36	19.38	10.24
	1999	19.59	2.54	16.57	8.83
兴城	1998	20.40	9.75	11.98	6.29
	1999	22.83	10.67	11.05	5.53

【海洋预报、预警与公益服务】 辽宁省海洋预报台成立后，从1998年元月起，每天向全省发布海洋气象信息，1999年总计发布3 600余项预报产品，深受全省人民及海洋工作者欢迎，收视率达11%。鲅鱼圈测冰雷达站，在冬季及时向国家海洋环境预报中心及有关部门通报辽东湾冰情。大连海上搜救中心成立以来，担负着全省海域内紧急搜救任务，被称为渔民的保护神。

海洋灾害与防御

Marine Disasters and Prevention

【海洋灾害】 辽宁省是中国海洋灾害较重的省份之一。不仅灾害种类多，而且发生的频率也较高，并具有突发性。全省海洋灾害主要种类有赤潮、海冰、冷水团、风暴潮、海岸侵蚀、海水入侵、海域污染等。沿海6个市每年都不同程度受到海洋灾害的影响。

赤潮 辽宁已成为全国赤潮多发区之一，自80年代以来，沿海几乎每年都有赤潮灾害发生。近年来赤潮灾害呈现的特点一是发生频繁、持续时间长。每年发生赤潮次数逐年上升，而且赤潮来的时间早，终止时间晚。二是发生范围广、面积大。赤潮发生范围由辽东湾近岸海域的点状出现，向北黄海远离海岸扩散，并有新的赤潮生物出现，面积在100km^{2}以上的赤潮已不鲜见。1998年葫芦岛海域发生面积约2 500 km^{2}的赤潮，造成经济损失约5亿元。1999年在辽东湾发生了面积达6 000 km^{2}的赤潮，经济损失近7亿元。

海岸侵蚀 辽宁滨海地区存在着严重的海岸侵蚀现象。大致为两个方面:一是海岸地质构造及特定的自然地理环境造成的，如泥沙结构的冲刷岸段、风暴潮、海平面上升等；二是不合理开发和人为破坏的结果，如大量挖取海滩沙石及建筑不合理的海岸工程等。营口盖州至太平湾有近100km海岸发生严重侵蚀现象，海岸线每年后退3～5m。近年对盖州团山镇至归州乡50km海岸线考察结果，其中10km岸线，海水已侵蚀近岸农田，形成3m多高陡坎，海岸线急剧后退，沿岸水土流失严重。海水入侵，水质变坏，严重威协着沿岸人民生命财产安全。

海冰 辽宁省地处中纬度大陆性季风气候区，加上特定的地形条件，冬季西伯利亚寒冷空气南下，对辽东湾影响很大。沿岸海水结冰宽度由数千米到数十千米。冬季海面封冻及初冬、初春沿岸流冰，直接影响海上交通运输及渔业生产，威胁着人民生命财产安全。因此，海冰是辽宁海洋灾害之一，对海冰的监测预报是防灾减灾的一项重要工作。

【核定主要港口和重要岸段警戒水位】 辽宁省自70年代以来，沿海警戒水位值一直没有核定，海洋的实际水位值已发生很大变化，其原水位值对当前的水位警戒工作已起不到指导作用。为此，辽宁省海洋水产厅组织了对重点港口、沿海主要岸段海洋警戒水位值核定工作，为沿海地区防灾减灾工作提供了科学依据。

【自然保护区】 随着人们海洋意识的提高，全省海洋自然保护区工作已引起各级政府和有关部门的重视。

丹东鸭绿江口国家级自然保护区 保护区包括芦苇湿地、滩涂和浅海海域等多种生态类型。保护区总面积77 000 hm^2，其中芦苇沼泽面积6 133 hm^2，滩涂面积24 200 hm^2，浅海面积46 666 hm^2。

鸭绿江口国家级自然保护区是由多种生态系统组成的统一体，具有完整性和连续性。其生态系统既有内陆湿地和水域生态系统类型，又有海洋和海岸生态系统类型，该保护区属于自然生态系统类。保护区内生态系统类型具有多样性，如芦苇沼泽生态系统、河流水生生态系统、海岸滩涂生态系统及海洋水生生态系统。各种生态系统结构完整、功能稳定，形成一个巨大的复合生态系统，区内一些生态系统尚未或很少受人类活动影响，仍保持着良好的自然性和完整性，为多种生物提供了适宜的生存环境。这里是丹顶鹤、黑鹤、白鹳、大天鹅、白枕鹤、灰鹤等多种珍稀鸟类迁徙中的停歇地，整个保护区内共发现动植物千余种，还有繁多的昆虫和微生物，众多的生物种类，使其成为一座庞大的生物基因库。

双台河口国家级自然保护区 双台河口国家级自然保护区位于辽宁省盘锦市西南，地处辽东湾顶端、双台河入海处，总面积8万hm^2。1985年为市级自然保护区，1987年升为省级自然保护区，1988年经国务院批准为国家级自然保护区。这是一个以保护丹顶鹤、黑嘴鸥等多种珍稀水禽及完整的滨海湿地生态系统为主的野生动物类型自然保护区，是中国目前保存较完好的滨海芦苇沼泽湿地之一，具有较好的原生型自然景观和野生动物资源。区内拥有丰富的水利资源，有大凌河、太子河、大辽河等河流携带大量泥沙汇入渤海，泥沙的沉积致使浩淼海水退却形成了大面积发育滩涂，时至今日仍在发展，是中国丰富的“湿地资源宝库”。

区内有野生动物409种，其中哺乳类20种，鸟类249种，两栖类5种，爬行类10种。属于国家重点保护的动物有25种，有些属于世界濒危物种，具有重要的保护价值，是不可多得的野生动物物种基因库，也是世界上具有十分重要意义的保护区。建区以来，重点抓了野生动物及其栖息环境的保护，下大力气进行野生动物保护的宣传教育，开展科学研究和资源调查。为了加快保护区的建设和科学研究，该区除了与有关科研单位进行合作外，还与世界野生生物基金会、日本野鸟之会等国际野生动物保护、科研组织进行合作，几年来，有数十名外国专家来保护区进行考察并合作研究，取得了可喜的成果。

绥中原生砂质海岸及生物多样性海洋自然保护区

该保护区海洋生态结构完整，地貌类型齐全，子系统发育完善，拥有保护、研究和观赏价值的沉积地貌客体。保护区集海滩、河口三角洲、沙坝—泻湖、岩脊滩、沙性植物、防护林以及濒危文昌鱼、历史遗迹姜女坟等为一体的海岸—海洋复合体，具有很高的保护价值。

保护区的主要保护对象有原生砂质海岸及海岸防护林带，即六股河—团山角；天然生长的刺参、魁蚶等海珍品栖息地及环境；文昌鱼、芷锚湾及姜女坟礁石区。保护区总面积455 km^2。

【辽宁省第二次海洋污染基线调查】 辽宁省海洋水产厅组织有关科研单位和科技人员对全省海洋污染情况进行了调查。两个航次行程4 000余千米，调查站位200余个，获得各类调查数据上万个，基本摸清了辽宁省毗邻海域水质、底土、养殖区生物及放射性污染情况，为有效保护海洋生态环境奠定了基础。

海洋科技
Marine Science and Technology

【科技兴渔】 近年来，围绕渔业生产的重点技术问题，全省普遍加大了科技攻关和技术推广工作力度。1998年全省申报国家和省水产科研项目、丰收计划项目共10项，争取科研经费230万元。共获省厅以上科技进步奖17项，丰收计划奖1项。其中省水产技术推广总站主持开展的“文蛤滩涂养殖技术”获省科技进步一等奖。实施省以上水产技术推广项目7项，面积42 021hm^2，新增产量1.84万t，创产值6.3亿元，利税2.8亿元。1999年全省共承担省部级科研推广项目19项，投入资金400余万元，有科技部“九五”攻关项目、农业部“九四八”引进项目。完成技术推广项目9项，总投入100万元，总面积17 342hm^2，总利税1.6亿元，获得省部级科技进步奖7项，其中二等奖5项，省厅级科技进步奖11项，都具有很高的技术水平和良好的生产应用前景。

海洋国际合作与交流
Marine International Cooperation and Interflow

【外向型渔业】 辽宁省凭借资源、区位、政策等优势，大力发展全省外向型渔业。全省已与世界30余个国家和地区建立了贸易合作关系，采取多种形式招商引资。1998年出口水产品23.6万t，出口创汇3.39亿美元；1999年出口水产品33.2万t，出口创汇4.0亿美元。在辽宁举办的'98中国国际渔业博览会，有31个国家和地区、1 000余名外商参展，参加咨询洽谈的有46个国家和地区的2 000余名外商。展览会期间，仅大连展团就签订渔业合作项目64个，总额为1.43亿美元。这次博览会是目前亚洲最大的一次渔业盛会，极大地提高了辽宁在国际上的知名度。

1999年，辽宁省积极争取西班牙政府贷款1 611万美元，用于支持辽宁远洋渔业发展；落实世界银行贷款1 000万美元，发展辽东湾海水增养殖和水产加工等项目。在'99中国国际农业博览会上，辽宁渔业共有17个品种获得12块奖牌。接待欧盟水产品质量标准检查获圆满成功，欧盟同意将辽宁水产品定为一类概念，辽宁水产品只要对一国出口通过，其他欧盟国家不需再逐个申请检查。远洋渔业日益发展壮大，针对国际海洋渔业秩序变化的实际情况，努力开发新渔场，加强与南美沿岸各国的渔业合作，全省远洋渔船已达260艘，远洋产量达20万t，产值超过10亿元，远洋渔业总体实力继续保持全国领先水平。辽宁省大连海洋渔业集团公司是全省对外渔业的窗口，在全国水产品出口创汇中名列前茅。

海洋立法与管理
Marine Legislation and Management

【海洋综合管理】 辽宁省紧紧围绕强化海域使用管理、强化海洋环境保护、强化海上执法监察三项基本职能，积极推进海域使用许可证制度和有偿使用制度，加大海洋环境管理，查处违规事件，为海洋经济建设服务。海域使用管理是海洋综合管理的核心，在做好基础性工作前提下，积极推行海域使用“两项制度”。1998年辽宁省完成了所辖海域的核查登记工作，共登记用海面积152 610hm^2，基本掌握了全省主要用海类型、用海面积等情况。1999年顺利完成了新版国家海域使用许可证换证工作，出台了《辽宁省海域使用管理技术规程》，这在全国是第一份。1998年共审批各种用海申请605份，审批海域4 936hm^2，收缴海域使用金335万元；1999年，全省审批用海项目149个，审批用海面积3 535hm^2，收缴海域使用金553万元。海域使用无度、无序、无偿的局面得到初步改善。

认真贯彻执行《中华人民共和国海洋石油勘探开发环境保护条例》和《中华人民共和国海洋倾废管理条例》及其实施办法，加强海洋环境保护管理工作。1999年，对辽河油田海南作业区2号平台油气起火事故，多次对平台防火措施、溢油应急计划等进行检查，就火灾产生的原因、灭火情况以及防止石油污染海域的措施等问题提出了改进意见。对绥中36-1油田基地码头疏浚物临时倾倒区选划召开了审查协调会，进行了4次跟踪监测，效果比较理想。

【葫芦岛国家海域管理示范区】 1997年9月，经国家海洋局批准，葫芦岛市被列为国家级海域使用管理示范区。葫芦岛市政府十分重视，在政府常务会议上认真审议了示范区工作，通过了该市示范区工作方案，成立了组织领导机构，筹措了相应的经费，经过两年的示范，各项工作取得明显进展。全面开展海域使用普查、登记、核查工作，对全市40个沿海乡村及其他用海单位和个人的用海资格、用海面积、海域使用金缴纳情况等进行了核查，基本摸清了全市海域使用现状。到1999年底，全市用海单位共登记278家，登记率95%，发放海域使用证88份。完善地方法制建设，保障海洋综合管理顺利进行。依据国家和省有关规定，结合示范区具体情况，完成了《葫芦岛市海域使用管理暂行办法》编制工作，兴城市、绥中县政府分别以政府文件的形式出台了《兴城市浅海滩涂养殖管理暂行办法》和《绥中县关于加强和改进海域养殖管理的若干规定》，为示范区工作的顺利进行提供了法律保证。编制了《葫芦岛市大比例尺海洋功能区划》和《海域使用规划》。在市政府的领导下，由市海洋办牵头，会同涉海部门、科研单位和有关专家同心协力，共同完成了“两划”的编制工作。至1999年底区划报告、区划图、信息系统已初步完成。积极推行了海域使用可行性论证制度。在示范区内由于改变海域属性而对海洋资源、海洋生态环境造成影响的用海项目，必须进行海域使用可行性论证。

【大比例尺海洋功能区划】 1997年以来，辽宁省开始进行大比例尺海洋功能区划工作，这是《“海上辽宁”建设规划》的细化和补充。至1999年底，丹东、锦州、营口、盘锦、葫芦岛5市的功能区划已完成初稿。辽宁省于1997年开始进行区划技术大纲和工作方案的拟定工作。1998年下半年正式组织区划编制工作，辽宁省人民政府办公厅下发了工作通知，成立了以副省长杨新华为召集人的辽宁省“两划”工作联席会议，技术方面成立了技术指导组和编写组。沿海各市依照省里的做法，成立了相应的组织领导机构，制定了工作方案和编制大纲。全省海洋行政管理人员先后进行了3次培训。1999年下半年，全省进行了外业调访，对全省2 300km海岸线和毗邻海域进行了实地调查，搜集文字资料约800份，图件45幅。对海域开发现状在工作底图上作了清绘，依据海域自然属性和主导功能作了初步框定，掌握了第一手资料。通过资料对比分析、计算与统计等内业工作，完成了丹东、营口、锦州、盘锦、葫芦岛5市区划成果，均符合国家规定的要求，包括现状图和区划彩图（1∶5万陆图）、7万～8万字的区划报告、信息系统等。成果初稿完成后，征求了各市有关部门、重要用海单位的意见，经多次修改完善后，形成了海洋功能区划评审稿。

【’98国际海洋年】 辽宁省委、省政府非常重视’98国际海洋年的宣传工作，成立了以副省长杨新华为主任的’98国际海洋年辽宁省宣传活动组委会，全年活动有有声有色，轰轰烈烈。

海洋知识电视竞赛 为配合全国海洋知识电视竞赛，举行了辽宁省海洋知识电视竞赛，来自沿海6市、省厅直属单位及驻辽涉海中直单位的12支代表队参加了竞赛。海洋与水产系统的400余名观众到现场助威。省委常委、副省长徐文才观看了整个比赛，并作了重要讲话。省人大原副主任李军、国家海洋局新闻信息办公室李红锋主任、北海分局新闻法规处秦平副处长及有关领导也应邀光临指导。在全省海洋知识电视竞赛的基础上，辽宁省代表队经过全国第一赛区的比赛，取得了参加全国海洋知识竞赛电视决赛的资格。决赛中，辽宁省代表队充分发挥了自身优势，勇夺桂冠，并获得最佳组织奖，得到了全国海洋界同仁的赞赏，充分展示了辽宁海洋战线广大干部职工良好的精神风貌，辽宁省海洋行政主管部门在全国树立了良好的形象。

7.18海洋宣传日 1998年7月18日，“爱我蓝色国土”海洋宣传日活动在辽宁省全面展开，将’98国际海洋年庆祝活动推向高潮。是日，辽宁普降中雨，但丝毫没有影响活动的正常进行，省会沈阳及沿海6市同期举办“爱我蓝色国土”海洋宣传日活动。据统计，全省共有1 200余人参加了宣传活动，设立宣传点320个，出动宣传车90多台次，散发各类宣传材料56 000余份，《海洋章程》群众签名48 000余份。各地利用乐队、横幅、空中彩球、宣传板、秧歌队等多种形式，向广大公众宣传海洋知识，整个宣传活动热烈隆重，群众参与踊跃。全省各级各类新闻媒体进行了多角度全方位的报道，在广大人民群众中引起了强烈反响。在省会沈阳，以省海洋水产厅厅长张宏声为总指挥，组织厅内40余人走上街头进行海洋宣传。副省长杨新华在《辽宁日报》发表了题为《纪念国际海洋年，开创“海上辽宁”建设新局面》的署名文章，省政府副秘书长仲跻权亲临现场，接受了记者采访，辽宁电视台在晚间新闻节目中对全省情况进行了综合报道。

青少年“走向海洋”教育活动 辽宁青少年“走向海洋”教育活动成效显著。大连市海洋局与市旅游局、教委等部门，开展百校、百店、百期广播专栏“走向海洋”活动。从市内大、中、小学生中选出100名组成学生记者团，进行海洋宣传采访；选出100家酒店，以招贴画、传单、播放海洋歌曲等形式开展海洋宣传；由国际广播电台组织100期海洋专题节目，向世界各国广播。东港市本着“提高海洋意识要从娃娃抓起”的指导思想，由团市委、教育局牵头，在全市中、小学生中开展“走向海洋”教育活动，在各个学校通过墙报、板报、宣传栏等形式开展宣传活动，通过文学、美术、摄影、小制作和小论文等形式进行创作活动，达到提高学生的海洋意识、关心海洋、热爱海洋的目的。在全省活动的基础上，选拔了3名学生参加了在青岛举行的全国青少年“走向海洋”夏令营活动。

（辽宁省海洋与渔业厅供稿）

大 连 市
Dalian City

综 述
Summary

【概况】 大连是以港兴市的。19世纪末，这里还是一个名叫青泥洼的小渔村。随着商港的辟建，规模不断扩大，如今已成为中国北方重要的港口、工业、贸易和旅游城市。全市辖6个区、3个县级市和1个海岛县，总面积12 574km^2，人口540万，其中市区面积2 415km^2，人口260万人。

地理位置优越。大连位于辽东半岛南端，东濒黄海，西临渤海，南与山东半岛隔海相望，北依资源丰富、人口密集、工农业生产发达、进出口需求旺盛的东北三省和内蒙古东北部的广大腹地。大连又处于环渤海地区的圈首、京津的门户、东北亚经济区的中心区域，与日本、韩国、朝鲜、俄罗斯远东地区相邻，在对外开放中占有地缘优势。

资源比较丰富。大连市矿产资源种类繁多，金刚石质量优良，储量居全国之首。大连是中国北方的重要水产品、水果和水稻产地。海洋资源丰富，海岸线长1 906km，其中，陆岸线1 288km，岛岸线长618km，岛屿266个，领海基线以内属大连管理的可开发利用的海域面积为2.3万km^2，岛屿数量与面积分别占81.5%和89.6%。海岸和滩涂类型齐全，比例协调，功能多样。宜港岸线占辽宁省宜港岸线总长的70%。南部海岸和东部海岸有利于建设港口及发展旅游和海水养殖业；西部渤海海岸，不仅宜于晒盐，也是海滨砂砾的集散地，还宜于开拓海滨浴场、发展旅游业。沿海共有海洋生物172科、414种，鱼、虾、贝、藻等种类繁多，资源量大，特别是海珍品在国内外享有盛誉。大连是中国四大产盐基地之一，宜盐滩涂18.8万hm^2，占辽宁省宜盐滩涂面积的50.8%，大量的原盐资源潜力，为发展盐化工提供了基础条件。全市共有潮汐电站站址20余处，其中4处属于三类资源。

涉海工业基础雄厚。大连是中国重要的工业基地之一，尤其是涉海工业的发展在国内外享有一定的知名度。具有90余年历史的大连造船厂的主导产品，如远洋船舶及主机、集装箱起重运输机械等在国际市场上有一定的竞争力。大连港是中国最大的综合国际商港之一，拥有煤炭、原油、木材、集装箱、管道运输等多种码头。

在改革开放政策指引下，大连市国民经济增长速度逐步加快，综合经济实力显著增强。全市地方财政收入已由1978年的20.1亿提高到1998年的64.4亿元。1998年，全市实现国内生产总值935亿元，按可比价格计算比1978年的42.1亿元增长6.8倍，年均递增10.8%；人均国内生产总值也由1978年的943元猛增到17 251元。尤其是1992年以后，国内生产总值已连续7年保持两位数递增，其中1993～1998年共增长127%，年均递增14.7%。1998年农业总产值达185.7亿元，生产粮食147.7万t、蔬菜201.4万t、水果95.4万t、水产品200. 5万t；全市完成工业总产值1 769亿元，工业增加值388.4亿元；以吸引跨国公司投资和兴办嫁接式企业为重点，继续加大对外招商力度。截止1998年末，全市完成自营进出口总额56.7亿美元，其中出口34.5亿美元，出口商品供货总值348.9亿元。新批利用外资项目1 128项，其中，外商直接投资项目760项；合同外资金额25.2亿美元，实际利用外资金额14.1亿美元，其中外商直接投资12.4亿美元。1999年全市国内生产总值突破1 000亿元大关，比上年增长11%，人均国内生产总值2 290美元，完成固定资产投资222亿元；完成农业总产值188亿元，完成工业总产值1 930亿元。

海洋资源开发与海洋经济
Development of Marine Resources and Marine Economy

【港口、运输业】 **大连港** 1998～1999年，大连港克服亚洲金融危机、腹地经济持续低迷及港口间竞争日趋激烈等不利因素影响，群策群力，港口生产再上新台阶。

客货运量、营运情况 1998年全港完成货物吞吐量7 515.1万t，同比增长6.7%；完成国际集装箱56.2万TEU，同比增长16.1%；完成旅客吞吐量634.8万人次，同比增长9.2%；实现营运收入113 223万元。1999年全港完成货物吞吐量8 505.2万t，同比增长13.2%；完成国际集装箱73.6万TEU，同比增长40%，完成旅客吞吐量656.1万人次，同比增长3.4%；营运收入76 527万元。

重点工程、泊位、航线 1998～1999年大连港以深水泊位建设为重点，港口建设取得新进展。国家重点基建项目大窑湾一期后6个泊位：5号、6号、7号、8号泊位交付使用；9号、10号泊位基本完成。大连港务局重点项目工程：大窑湾散粮进口泊位配套工程、散粮泊位改造工程、新港成品油续建工程通过验收；新港1、2号泊位通过改造分别由10万吨级、5万吨级提高到20万吨级、8万吨级。大港区4、5号泊位和香炉礁4号泊位改造为滚装泊位。

至1999年底，大连港务局共拥有集装箱、原油、成品油、煤炭、散粮、散矿、化肥、滚装等生产泊位73个，其中万吨级以上泊位39个。可接卸第四、第五代集装箱船和10～20万吨级油轮。大连港口的年吞吐能力已超过8 000万t，集装箱年处理能力150万TEU，拥有国内外客运航线8条，货运同世界160余个国家和地区有运输往来。

集装箱运输 1998～1999年大连港集装箱运输呈现强劲态势，尤其是1999年，其规模优势、区位优势、服务优势、管理优势逐渐显现，形成了远洋线、近洋线、海铁联运线交织的集装箱运输网络。1999年底已拥有集装箱干线5条，航班密度达219班/月，同比增长43%。内贸集装箱加速发展，1999年合资合作后，当年完成内贸箱量9.1万TEU，是1998年的2.8倍，内贸航线已达8条。集装箱中转箱量进一步扩大，初步建立了以大连港为中心的环渤海内支线网络，将环渤海的营口、锦州、龙口等8个重要港口的进出口集装箱通过大连中转。在腹地建成沈阳、哈尔滨、长春三大内陆干线，已有沈阳、延吉、哈尔滨、长春4条班列直通大连港。

地方港口、企业码头 大连市除了大连港这一中心枢纽港外，在全市海岸线上，还分布着大小30余个地方港口、企业码头。这些地方港口、企业码头以大连港为龙头，以东北腹地为依托，形成了全市发达的水上客货运输网络。纳入交通行业管理的地方港口和开放的企业码头共27家，生产泊位85个，其中万吨级深水泊位4个,年货物吞吐能力2 000万t。1998年营运总收入5 324.47 万元，货运量1 315.66万 t， 客运量260万人；1999年营运总收入达5 814.39万元，货运量1 714.16万t，客运量264.86万人。

市场经济体制的建立，打破了大连自有码头封闭经营的局面，企业纷纷将空余泊位向社会开放。在全市27家地方港埠企业中，有地方港口企业6家，企业码头21家。部分企业码头已逐步形成以社会运输为主业的经营格局。辽宁省远洋渔业集团公司为了满足社会客货运输需求，先后投资2 300万元，建造深水货运泊位和改建码头，专门从事社会客货运输。此外，大连市地方港埠企业码头种类齐全，有从事陆岛客运的专用码头、客货综合码头、大件运输专用码头、化学专用码头、专门从事海上旅游运输的专用码头等，这些专用码头构成了大连地方港埠企业门类齐全的整体格局。

在大连市地方港埠企业中，已有11个地方港口、企业码头经有关部门批准，准许停靠国际贸易船舶，从事国际贸易货物装卸作业。1998年上半年共装卸国际贸易货物36万t。地方港埠企业的对外开放极大地方便了船东和货主，促进了大连市对外经济的发展。

大连远洋运输公司 1998年完成货运量569.2万t，是年计划指标的142.3%； 完成货运周转量133.8亿t·n mile，是年计划指标的167.3%; 完成航次779个，船舶营运率达98.1%，船舶安全面达100%。运输收入、经济效益均达到了预期的目标。

1999年完成货运量652万t，比上年增长14.5%；完成货运周转量118.5亿 t·n mile，比上年下降11.5%。安全、经营和管理工作都达到预期目标，航运主业收入创历史最好水平。

大连船舶工业公司 1998年大连地区建造大型船舶20艘103.4万t，出口15艘79.9万 t，船舶产值47 669万元，实际出口创汇2.8亿美元；1999年建造大型船舶16艘82.3万 t，出口11艘66.9万 t，船舶产值44 314万元，实际出口创汇2.3亿美元。

【海洋渔业】 1998～1999年，大连市海洋渔业继续保持良好的发展态势。1999年各项指标均创历史最好水平，水产品产量首次突破200万t大关， 实现水产品产值81亿元， 分别比1998年增长8.1%和10.5%；实现渔业总产值142亿元，比1998年增长13.8%；渔民人均收入6 720元，比1998年增长12%。全市水产品人均占有量由上年的350kg增加到370kg。

调整优化结构，发展增养殖业 1998年海水养殖面积84 000hm^2，1999年海水养殖面积100 000hm^2，比1998年增加19%。1999年全市在浅海养殖浮筏受海域规划清除2万台筏的情况下，克服困难，调整养殖区域布局，新增浮筏5 000余台。全年浮筏养殖生产完成产量78万t，比上年增长20.5%。下调发病率较高的栉孔扇贝放养规模，增加海湾扇贝的养殖比重。裙带菜、海带等藻类生产采取新技术、新工艺，16.3万台收获产品29万t，比上年增长13.6%； 滩涂精养面积14 000hm^2，收获产量25万t。新增海底底播面积12 340hm^2， 收获产量2.5万 t。海上网箱1 800个，比上年增加1 300箱，收获六线鱼、鲈鱼、牙鲆、河豚等名贵优质产品680t，创产值1 800万元。陆地养鱼新增面积1万m^2，全市8万余平方米陆地工厂化养鱼,全部进入产出期，高值鱼存池率由上年的30%提高到80%，商品鱼产量比1998年增长60%。

海洋捕捞继续保持发展活力 1999年全市机动渔船18 902艘，其中，捕捞机动渔船13 511艘，养殖机动渔船5 121艘。1999年全市又新增远洋渔船30艘，使在境外作业的渔船达到133艘，渔船总数居全国沿海城市首位。

水产品加工业整体实力增强 先后投资1.1亿元，改造、扩建水产品精深加工厂30家，提高了技术、装备水平。1999年加工水产成品48.3万t，实现加工产值43.6亿元，分别比1998年增长13.4%和14.1%。用于加工的水产品原料98万t，占全市水产品总量48.9%。

创建名牌产品，拉动产品升级换代 经国家农业部严格评审，大连棒棰岛牌海参、海王星牌盐渍裙带菜、金山牌海带浓缩汁等13种产品获得名牌产品奖，获奖数占全国水产加工品获奖总数的15%、辽宁省的81.1%、大连农业的90%。近100种水产制品质量指标稳定提高，抽查合格率达到100%。

【滨海旅游业】 1999年，是大连市滨海旅游业实现较快发展的一年，主要经济指标明显增长。全年共接待海外旅游者26.1万人次，比1998年增长30%；实现旅游外汇收入1.82亿美元。接待国内旅游者2 000万人次，比1998年增加100万人次。全市实现旅游总收入74亿元，比1998年增长20%，占大连市国内生产总值的7.4%。

国内外市场得到进一步拓展 海外客源大幅增长。1999年，日本来连游客10万人次，比1998年增加27.01%；韩国6.5万人次，比1998年增长61.18%；台湾省2.6万人次，比1998年增长32.19%；香港和澳门特别行政区2.5万人次，比上年增长5.42%。大力开发国内市场，共签订游客双向交流协议人数98.1万人次，旅游综合效益达5.3亿元。

加强滨海旅游业的管理 安排了1 300万元旅游发展基金，培训各类旅游从业人员5 000余人，面向社会招聘了70余名“银发”导游，从严治理旅游市场。

旅游基础设施日趋完善 加大了旅游基础设施建设，重点改造了从星海广场至海之韵广场的滨海路、人民路、中山路、旅顺南路等4条“绿色长龙”；星海湾、棒棰岛、金石滩三大景区绿化工程又上新水平，市区新增绿地面积180万m^2，绿化覆盖率达40%。全市星级饭店总数达到66个，各区市县都有了星级酒店；新批旅行社21家，已开发景区、景点、度假村达160余处；旅游纪念品发展到1 000余种。1999年大连市被国家旅游局评定为首批“中国优秀旅游城市”。

【海洋盐业】 大连市有国有盐场4个（大连盛泰海化实业有限公司、大连皮子窝化工厂、大连旅顺盐场、大连复州湾盐场），盐田面积为30 350hm^2，其中生产面积为27 700hm^2；大连市有乡镇集体盐场60余个，主要分布在瓦房店沿海地区，盐田面积为5 140hm^2，生产面积为4 780hm^2。全市总计盐田面积为35 497hm^2，其中生产面积为32 480hm^2。海盐平均年产量约160万t，其中国有盐场年产140万t左右。

大连市有国家确定的3个食盐生产定点厂。大连金州盛泰海化实业有限公司生产的加碘精制盐，生产能力为5万t，大连皮子窝化工厂生产的加碘粉碎洗涤盐，生产能力为7万t，大连复州湾盐场生产的加碘粉碎洗涤盐，生产能力为10万t。食盐定点厂1998年度销售食盐12.5万t，产值4 375万元，利润750万元。1999年销售食盐16.5万t，产值5 700万元，利润900万元。

海洋公益事业
Marine Public Welfare Facilities

【海洋环境监测】 大连市有近岸海域环境监测站8个，海水监测站位市区有29个，各区（市）县52个。监测频率按枯（4月）、丰（7月）、平（10月）3个水期进行。监测的项目有水文气象9项（包括水深、水色、透明度、风向、风速、海况、天气现象、水温、气温），一般指标5项（包括化学耗氧量、悬浮物、溶解氧、酸碱度、盐度），有害物质监测14项（包括汞、镉、铜、锌、铅、铬、砷、油类、氰化物、挥发酚、无机磷、氨氮、硝酸盐、亚硝酸盐）。1999年完成了大连地区渤、黄海污染基线调查，成立了近岸海域赤潮监测网。

【海洋环境污染与治理】 大连市1998年城市污水排放总量为46 504万t，其中工业废水排放总量为32 269万t。1999年城市污水排放总量为46 238万t，其中工业废水排放总量为32 468万t。大连市注重城市和海洋环境的污染防治和环境基础设施建设的投资，环境投资额年年增长，1998年环保投资额为20.23亿元，1999年为25.74亿元。同时，加大污水治理力度，严格遵守污水排放标准，使工业废水达到国家规定的有关质量标准的排放率逐年提高，1998年工业废水达标排放率为86.15%，1999年为98%。

【确定警戒水位线】 大连市附近沿海1998～1999年无巨浪发生，也无风暴潮发生。但鉴于各防灾部门历史上沿用的警戒水位标准和以往灾害的损失程度，结合沿海经济高速发展的现状，确定了大连附近沿海各岸段防风暴潮警戒水位标准。

大连市岸段的黄海北部大沙河口至渤海金州湾警戒水位为1985年国家高程基准2.19m，庄河市岸段警戒水位为1985年国家高程基准3.22m，皮口岸段警戒水位为1985年国家高程基准2.87m，长海县岸段警戒水位为1985年国家高程基准2.70m，普兰店湾至复州湾警戒水位为1985年国家高程基准 2m。

【海洋气象观测】 大连市在黄海海域有两个海岛观测站，即大长山岛站，每年6月15日至9月30日，每日5次观测，其他月份每日2次；海洋岛站每3小时观测发报一次，每日8次。平均一次观测项目为11个，33个数据。

大连市气象台负责渤海、黄海北部和中部海域的气象预报和服务。通过海岸电台每日两次用中英文明码编报，发布未来24h天气、海浪和能见度的预报及东亚地面天气形势。预报海区有≥6级风时，电台广播的天气预报报头冠以“海面大风警报”。预报≥7级风时，通过海岸电台，用中英文发布海洋“大风警报”，如果≥7级风是由台风引起的，则改发海洋“台风警报”。每6小时发布一次，订正预报，在任何正点发布。

海洋灾害与防御
Marine Disasters and Prevention

【海洋灾害】 1998～1999年大连地区及黄、渤海海域无台风影响。

大风：黄海、渤海海域1998年出现8级以上风只有1次，发生在3月18日，平均最大风速为20m/s，最大阵风29m/s。据调查没有造成损失。1999年出现8级以上风共有4次，分别为2月26～27日、3月18～22日、4月12～13日和11月24～26日。其中，4月12～13日出现平均最大风速20m/s，最大阵风26m/s。大连市气象台于4月11日16时发布大风警报，预报各海区偏北风7～8级，提前22h报出，期间共发布大风警报8次。由于海上渔船通讯设施落后，收听不到天气预报和大风警报，发生翻船事故，经济损失达400余万元。11月24日14时，平均最大风速19m/s，阵风26 m/s，大连市气象台于11月23日16时发布大风警报，预报各海区北风7～8级，提前20h报出，期间共发布大风警报10次。

【大连港防波设施建设】 至1999年底，在大连港共拥有防波堤12处，总长度7 995.75m。分布在大连港东、北、西北面及甘井子、黑嘴子、大窑湾等各作业区。1999年大窑湾岛式防波堤开始建设，长度640m，预计2001年底竣工。

为防治海洋污染所做的部署、采取的措施：①为防治海上溢油产生的海洋灾害，1999年大连港务局购置了海上溢油应急防污设备，包括转盘式收油机、消油式喷沥器、轻便储油罐等。②为防治海上固体废物污染海洋、影响船舶航行，大连港务局每年投入大量人力、物力进行打捞，其中1998年打捞164次，1999年打捞250次，两年共打捞漂浮物4.06万kg。

海洋国际合作与交流
Marine International Cooperation and Interflow

【大连港务局】 大连港务局与挪威、日本、荷兰共同投资兴建的大连港湾液体储罐码头有限公司于1998年4月成立、1999年12月正式投入运营，主要从事液体化工储存、转运和灌桶业务。1998年与新加坡港务集团共同组建大连港湾开发有限公司，旨在加快老港区改造步伐。1999年与全球最大集装箱制造商和亚太区主要集装箱场站经营者之一的香港胜狮集团及美国科利尔等公司合资成立大连胜狮国际集装箱有限公司。

【大连旅游业】 1999年，大连旅游业利用外资吸引社会资金投资老虎滩极地海洋动物馆、大连金石海上旅游服务公司等23个项目，总投资金额35 781万美元，其中，合同内资额5 421万美元，合同外资额26 286万美元。

【大连盐业】 金州盛泰海化实业有限公司1999年生产5 000余吨滩晒细白盐，对韩国出口1 640t，创汇45万美元；皮子窝化工厂1998～1999年向日本出口钠镁盐3 000余吨，创汇107万美元；复州湾盐场1998年向日本等国家出口3 799t 白色氯化镁，创汇161万美元。全市盐业两年合计创汇313万美元。

海洋立法与管理
Marine Legislation and Management

【海域使用现状】 大连市可开发利用海域面积为2.3万km^2，实际开发利用海域面积约112 000hm^2（约占可开发利用海域面积的5%）。其中养殖用海面积约为78 700hm^2（浮筏养殖30 015hm^2,滩涂养殖20 670hm^2，海底养殖28 000hm^2），港口用海面积约4 000hm^2，盐田用海面积约28 000hm^2（其中国营盐田用海面积22 400hm^2，非国营盐田用海面积5 600hm^2），其他用海面积约1 330hm^2。截止1999年底，全市除国营盐田用海面积之外的实际利用海域面积约89 640hm^2，其中市海洋局直管海域面积约为12 600hm^2，长海县海域面积约为37 680hm^2，旅顺口区海域面积约为2 133hm^2，瓦房店海域面积约为12 000hm^2，庄河市海域面积约为15 200hm^2，普兰店市海域面积约为2 000hm^2，甘井子区海域面积约为1 333hm^2，金州区海域面积约为6 670hm^2。

【海洋规划】 1998年完成了《大连湾及其邻近海域大比例尺功能区划》、《大连市海洋开发与建设九五计划和2010年长期规划》报告送审稿，1999年10月由大连市人民政府正式颁布实施，为海洋综合管理和海洋资源开发利用提供了科学依据。在海洋资源的持续开发利用和繁荣经济、保护海洋生态环境方面将发挥重要作用。

【推行“两项制度”】 截止1999年底，全市总共颁发《国家海域使用许可证》2 042套，批准用海面积43 280hm^2（占实际已开发利用海域总面积的36.8%），征收海域使用金1 160万元。其中1999年全市颁发《国家海域使用许可证》114套，新批准用海面积2 533hm^2，征收海域使用金650万元。全市共完成换证1 762套，占换证总数的92%。

【清理海上养殖物】 为加强大连港区锚地和航道管理、制止侵占港区锚地和航道水域非法养殖行为、保证船舶航行安全，大连市政府于1998年10月颁布了“关于清理大连港港区水域内养殖物的通告”并成立了相应的办事机构。1999年共清除港区内养殖物面积为15.698 km^2，占总共应清除面积20.443km^2的76.79%，清除南部旅游区海域养殖筏2 558台。

【海洋执法监察】 1999年，大连市50名监察执法人员已全部持证着装上岗。大连市海洋管理部门对市直管海岸线用海单位进行了普查登记，登记率达到90%。全年海洋监察执法人员共出动540人次，监察单位81家。（大连市海洋局供稿）

香港特别行政区
Hong Kong Special Administrative Region

综　述
Summary

【概况】 香港四面环海，陆地面积为1 098 km^2，海域面积约为1 800 km^2，海岸线约有870 km。1999年总人口共有697.5万，整体人口密度达6 480 人/ km^2。

香港位处珠江三角洲入口，与邻近的华南地区构成一个经济整体。香港主权自1997年7月1日回归后，与内地的关系更加密切，并继续肩负起国际社会与中国的重要联系，发挥作为世界主要金融、商业和通讯中心之一的国际地位。香港地理位置优越，再加上与内地和东南亚地区的紧密经济联系，即使在1999年的亚洲金融风暴影响下，香港仍是世界第九大贸易经济体系（若将欧盟当作一个单位计算，香港的排名更跃升至第五位）、世界第九大银行中心（以对外银行交易量计算）、第七大外汇交易市场（以成交额计算）及亚洲第二大股票市场(以资本市值计算)。香港并拥有全球最繁忙的货柜港（以吞吐量计算），以及世界上一个最繁忙的国际机场（以乘客量和所处理的国际货物量计算）。美国传统基金会连续第六年评定香港为世界上最自由的经济体系之一，美国凯托研究所也把香港列为世界最自由的经济体系。此外，世界经济论坛选出香港为世界第三个最具竞争力的经济体系。

1998及1999年的本地生产总值开支估计分别为12 668 及12 304亿港元（按当时市价计算）。1998年的本地居民生产总值约为12 904亿港元，按人口平均计算，同年的人均本地生产总值为24 900美元，高居全球第15位。1999年的人均本地生产总值为23 200美元，高于加拿大及澳大利亚等先进经济体系，并位列于亚洲前茅，仅次于日本。

为使香港继续成为亚太地区贸易和金融枢纽及世界大都会，多个大型基建项目如香港迪士尼乐园、数码港、大埔科学园、西九龙和中区的两项大型填海工程、港口发展以及九号货柜和内河货运码头的建筑工程正在进行。这些工程对于香港的海洋经济发展和自然生态有深远的影响，必须有一个全面的管理及监察机制。香港港口及航运局、海事处、环境保护署（以下简称为环保署）及渔农自然护理署（渔农处自2000年起改称为渔农自然护理署，以下简称为渔护署）等政府部門就肩负起香港海洋资源的管理、环境保护以及海洋生物的保育工作。

海洋资源开发与海洋经济
Development of Marine Resources and Marine Economy

【海洋水产】 **海洋捕捞**　海鱼是香港主要原产品之一。1999年的海鱼捕获量为127 780 t，批发总值约为15亿港元，较1998年的180 000 t (约值21亿港元)为低(见表1)。扣除在香港以外地方出售的渔获，1999年内供本地食用的渔获有62 930t，约为全年香港海鲜消耗量的36%。1998年，香港共有4 500艘渔船，其中3 800艘乃机动渔船，约有19 200名渔民在渔船上作业。1999年，渔船的数量增至5 170艘，当中约2 300艘乃舢舨和非机动渔船，在渔船上作业的本地渔民有12 900名，另有6 300名内地过港渔工随船工作。

表1　香港海鱼捕捞情况概览

项目	1998年	1999年
总海鱼捕获量(t)	180 000	127 780
总批发市值(亿港元)	21	15
拖网渔获量(t)	128 810	85 610
渔船数量(艘)	4 500	5 170
渔民人数	19 200	19 200

本地渔船主要以拖网方法捕鱼，所得渔获量占总海鱼捕获量之72% (1998年) 及67% (1999年)，而1998年及1999年经拖网所捕捞的渔获分别为128 810 t及85 610 t。除拖网外，本地普遍的捕渔方法还包括转网、刺网和延绳钓等。由于中国政府在南中国海实施为期两个月（1999年6～7月）的休渔期，约有350艘渔船受到影响，香港特区政府（以下简称港府）曾向975名受影响渔民提供4 600万港元的低息贷款。

海产养殖　香港有26个指定的海鱼养殖区，大多数的养殖场面积较小，海鱼被饲养在悬于浮排的密集网箱内。1998年约有1 495名海鱼养殖业人士作业，1999年则升至2 900名（见表2）。1998及1999年的海鱼养殖量分别为6 160 t 及5 810 t，两年的活海鱼供应量维持在1 200～1 250 t之间，而价目值则由

8 500万港元（1998年）下跌至6 600万港元（1999年）。

表 2　香港海产养殖情况概览

项　　目		1998年	1999年
总海鱼养殖量（t）		6 160	5 810
总批发市值（亿港元）		2	2
从事海鱼养殖业人数		1 495	2 900
养殖活海鱼供应量（t）		1 200	1 250
养殖活海鱼批发市值（万港元）		8 500	6 600
其他海产养殖量（t）	蚝	64	57

1998年的严重赤潮，导致总重量达1 500 t的养殖海鱼死亡，造成8 200万港元的损失。渔护署除协助海鱼养殖业人士复业外，更改善赤潮的预先警报系统，并与海鱼养殖协会合作成立支援小组，在赤潮出现时统筹适移鱼排及采取其他补救措施。至于拥有200年历史的本地养蚝业，养蚝供应量则由1998年的64 t下降至1999年的57 t。

【港口运输】 由于亚洲金融风暴的影响，海上运输业的业务收益指数由1998年的107.8跌至1999年的100.6 (以1996年季度平均指数为100作基准)，下降约6.6%。1998及1999年抵港与离港船舶分别为470 000和425 000航次。1999年内，远洋轮船和内河客货船抵达及离开香港各港口分别共有7.4万和35万航次（见表3）。这些船舶共装卸超逾1.66亿t 的货物，跟1998年船舶装卸货物量的1.68亿t 相若。客运方面，1998及1999年分别运载了1 680及1 640万人次的旅客。1999年内，香港货柜（集装箱）运输业共处理了1 620万个20英尺标准货柜单位，较1998年的1 470万个货柜增加约11.2%。以货物吞吐量计算，香港是全球最繁忙的货柜港。根据统计处及规划署显示，与港口有关的工商企业约占本地生产总值的两成，所雇用员工达劳动人口的1/5。

海上交通日渐频繁。为应付港口需求，海事处计划于2002年全面将航监系统升格。并分阶段推行公众货物装卸区管理改革计划，第一及第二阶段改革已分别于1998及1999年完成。此外，现仍在兴建的九号货柜码头将于2002年开始投入服务，该码头占地70 hm^2，将会提供每年260万个标准货柜单位的处理量。而首个专为内河货运而设的内河码头亦已于1999年底落成，加强了香港与珠江三角洲之间的联系。

表3　香港港口客货运输情况概览

项目			1998年	1999年
进出船只	远洋轮船	抵港	40 706	37 205
		离港	40 921	37 275
	内河客船及货船	抵港	189 609	175 265
		离港	189 414	175 193
进出口货柜(万个20英尺标准货柜单位)	经货柜码头	卸货	464.6	483.4
		装货	490.9	546.1
	不经货柜码头	卸货	263.8	319.2
		装货	238.8	272.3
进出口货物(万t)	远洋轮船	卸货	9 010.4	8 862.1
		装货	3 737.8	3 960.1
	内河货船	卸货	1 674.7	1 768.4
		装货	2 294.1	2 293.2
经水路出入境旅客人数(万人次)		抵港	885.6	854.3
		离港	911.1	889.8

【滨海旅游】 1999年内，访港旅客达1 068万人次，较1998年的960万人次增加11.5%。港府为拓展香港旅游景点，将会筹建多个新项目，其中天水围的国际湿地公园、海洋公园内的海洋奇观及香港仔的渔夫码头等皆以海洋资源为主题。港府并展开海港及海滨地区规划研究，以评估海港旅游的潜力。1999年11月，行政长官董建华先生宣布港府与迪士尼公司达成协议，在大屿山竹篙湾填海兴建迪士尼主题公园。

海洋公益事业
Marine Public Welfare Facilities

【海洋监察及预报】 环保署于香港水域（其中包括海湾和避风塘）设立了91个水质抽样站，另有82个抽样站在内陆水域设立。该署定期对这些抽样站的水质进行监察及调查，全面记录海域内水体的理化性质及微生物数量等水质状况，并以年报及互联网网页方式将调查结果定期公布。结果显示，1998年维多利亚港中部的海水含菌量（以大肠杆菌计）平均每100 ml达7 000个。1999年的海水含菌量则为每100 ml 6 100个，与1998年的平均含量相若，该区水质仍对公众健康构成威胁。此外，该署亦定期监察41个宪报公布的泳滩，以水质含菌量界定泳滩等级以作为水质指标。于泳季内，调查报告会每星期向传媒公布一次。泳滩水质监察结果显示，被评为“良好”级别（即每100 ml海水含有平均少于24个大肠杆菌量）的泳滩由1998年的16个升至1999年的22个。凡被列为“良好”及“一般”(即每100 ml 海水平均含有25 ～180个大肠杆菌量)类别的泳滩，皆符合港府所制定的水质指标，适宜游泳。

1998年赤潮肆虐，为改善赤潮的预先警报系统，渔护署以监察浮游植物的数量变化代替用肉眼监察，以便于在赤潮形成前预先警报及防范。

【海洋天气预报】 香港天文台通过约40余个自动气象站、自愿观测船舶及日本气象厅的地球同步气象卫星等监测香港气象，并提供所有天气预报、水文及海洋气象等资料，如香港潮汐时间表、极端风暴潮和海浪出现的概率评估等。如遇上恶劣天气，天文台更负责发出有关强烈季候风、热带气旋、豪雨及雷暴等警告。除香港范围外，天文台更为航运界提供南海和东海等区域的天气预报。1998年，天文台推行了一项“资料查询系统”服务，以互动电话形式提供各种气象和地球物理资料。另外，天文台也设立了一个“打电话问天气”录音热线，为市民提供最新的天气预报、温度、恶劣天气警告及热带气旋消息。1998年内，每天平均有65 100次电话查询，全年多达2 400万次。至1999年，这项服务的使用率更接近2 500万次。

海洋环境保护
Marine Environmental Protection

【污水处理改善工程】 香港每日产生逾200万t污水，港府正计划实施一系列的污水收集整体计划，以改善污水收集网络，整个计划预计合共耗资132亿港元。该计划共分3个工程部分，其主要设施包括昂船洲污水处理厂、一套深层竖井及管道。整个策略性污水排放系统将全香港划分为16个污水收集整体计划地区，各项工程将分期进行。部分地区的污水收集计划已于1997年底竣工，余下的各项计划预计于2005年完成。从各区网络所收集到的污水，将会被导引至该污水排放系统内，并转送往昂船洲中央处理厂，经处理的污水最终经由一条深海排污渠排放入香港以南水域，其中约七成流入维多利亚港的污水可因此而被堵截。当局已于1996年5月展开环境影响评估，以确定污水排污渠口位置。然而，策略性污水排放计划的第一期工程却遇到多项技术困难，以致进度受到阻延，现时计划已再度展开。港府并考虑世界自然（香港）基金会的意见，将未排放之污水作彻底消毒处理，以减低污水中的细菌含量。另一方面，所有把污水排放入公共污水渠的用户（包括住宅和工商业用户），均须缴付基本排污费用，排污费只用以弥补污水处理设施的营运及维修开支，政府仍会继续从基本工程储备基金拨款支付设施建设成本。

【漂浮垃圾及海上倾倒废物】 为了解决漂浮垃圾的问题，管理海洋及沿岸垃圾跨部门的工作小组已于1994年成立。该小组制定了多项有效措施，如增加明渠垃圾收集次数及扩充海事处的垃圾收集船队等。从1996年开始，海事处展开了为期3年的计划，将垃圾收集船队现代化，该计划已于1999年3月完成。目前，海事处共有13艘政府船只及51艘以合约方式租用的船只负责收集海港漂浮垃圾，有私营机构更提出于1999年底试用一新式船种，当局正进行有关的研究。

1998 及1999年所收集到的漂浮垃圾总体积分别有14 000m^3 及12 000m^3。渔护署于1999年9月19日全球清洁海滩运动中，光从印洲塘及海下湾海岸公园一带便清理出12 t 的垃圾。为杜绝漂浮垃圾的源头，有关部门将会增设更多垃圾收集站，并加强宣传教育活动。

香港近年发展工程繁多，大量淤泥由海床挖出，由1998年的310万m^3 增至1999年的800万m^3，这些淤泥并不适宜用填海方式处理，只能让持有许可证人士弃置在淤泥卸置区内。只有设置自动监测系统记录所有倾倒物入海活动的船只，才会获发海上倾倒物料许可证。此外，环保署亦经常派员到海上巡逻，并将非法倾物人士票控，1999年共有8宗非法倾物入海的定罪个案。

【海岸公园及海岸保护区】 香港位于亚热带，又处珠江河口的东面，不同的水域受南海海流、珠江水流及黑潮海流等相互影响。海洋性及河口性的生态系统，再加上季候风及季节性的冷暖水流调节，孕育出种类繁多的海洋生物，其中最少有150种具有渔业价值。然而近年的海鱼捕获量不断下降，并相继发现死因不明的中华白海豚(于1999年1～6月间发现的6条死亡海豚中，除其中一条确定被船叶打死外，其他均死因不明)、后海湾水禽数目下降等等，反映出香港海洋环境每况愈下。污染、沿岸发展工程、过量及采用破坏性捕鱼方法等，都是引致海洋环境恶化的主要原因。为减低对近岸海洋资源所造成的破坏，设立海岸公园及海岸保护区，乃保护现有的海洋环境及生态的重要措施之一。

香港现有3个海岸公园，分别是沙洲及龙鼓洲、海下湾和印洲塘海岸公园，并有1个鹤咀海岸保护区。海岸公园占有较大海域，可作存护及康乐用途；而海岸保护区相对面积较小，但存护价值却甚高，因此海上活动管制也较严格，故于保护区内，只充许科学研究和教育活动。此外，渔护署于1998～1999年间委托大专院校就4个地区进行成立海岸公园可行性的评估，最后划定新界东北的东平洲为全港第4个海岸公园，该海岸公园预计可于2001年正式成立。同时，渔护署正规划在大小鸦洲及大屿山东南面为具有特别科学价值的区域（SSSI），设立江豚保护区，有关部门正研究把这两个地区划定为海岸公园。

【湿地保护】 港府已在1995年，将约1 500 hm^2 的米埔及后海湾内湾划定为拉姆萨尔湿地（RAMSAR site），并成为中国第七片拉姆萨尔湿地。该湿地不仅是多种候鸟，如极度濒危之黑脸琵鹭的栖息地，更是孕育多种海洋生物的重要生境。由于这片拉姆萨尔湿地极具存护价值，港府已于1997年完成了一份米埔保护计划，并打算于1999～2004年间实行，该计划确保保护区内的自然生境不受任何骚扰，并得到妥善管理。多个环保团体，如长春社、世界自然（香港）基金会亦曾举办多项后海湾湿地保护及教育活动。然而，米埔及后海湾湿地近年受到对岸深圳的急速发展所影响，深圳海岸线逐渐被拉直，引致后海湾及内湾的水流速度改变并堆积淤泥，令泥滩于10年间升高约30 cm，泥滩内的生物数量亦因此而减少。若情况持续，湿地最终会变为一片旱地。此外，急速的都市发展也带来另一个危机，根据“后海湾水质区域控制策略研究”显示，现有以至预计的整体污染量均已超出了后海湾的吸纳能力。因此，一个完善的米埔保护计划更是刻不容缓。

除米埔及后海湾湿地以外，上水燕岗／松柏朗的淡水湿地，亦正面临西北铁路即将横跨燕岗／松柏朗来兴建的影响，自香港观鸟会与世界自然（香港）基金会提出反对后，港府亦初步同意更改路线，减底对湿地的影响。

【海洋生物资源保护】 **人工鱼礁计划** 20世纪70、80年代大规模的挖砂填海及大兴土木的工程，导致水质被污染，并几乎破坏了所有天然鱼苗繁殖区，特别在吐露港一带，现已有10余种海洋鱼类绝迹，再加上海洋资源被过度捕捞，使香港渔业前景雪上加霜。前港英政府为了保护海洋生态及增加渔业资源，遂于1996年拨款1亿港元进行一项为期5年的人工鱼礁计划。渔护署正试验在海岸投放由轮胎及船只残骸等造成的人工鱼礁，以提供食物、庇护及栖身之所予多种海洋生物，从而增加各种海洋生物尤其是幼鱼的存活及成长机会。

人工鱼礁敷设计划分两期实施，第一期于1998年开始，分阶段把20艘旧船及200组以42个旧轮胎造成约20m^3 的金字塔形人工鱼礁，沉放在印洲塘及海下湾海岸公园内8个地点。该计划的初步成绩非常理想，在该海岸公园内所敷设的人工鱼礁，已有多种无脊椎动物及高价鱼的鱼苗迅速在鱼礁内聚居，当中发现有超逾110种鱼类。最近的调查发现，自人工鱼礁投放后，在印洲塘海域一带出没的鱼类由10余种增至现在的百余种之多。“人工魚礁敷设研究”已于1999年9月完成所有的咨询工作，所收集的意见将会作为第二期计划的参考。第二期计划将于2000年底开始，试验在牛尾海及塔门等海岸公园以外海域敷设人工鱼礁，并进一步禁止在人工鱼礁范围内捕鱼。

【海洋动物保护】 **海豚** 香港水域共发现有不少于15种海洋哺乳类动物，其中印度太平洋驼背豚(即中华白海豚)及江豚为本地原产海洋哺乳类动物。由于中华白海豚被选为象征香港回归的吉祥物，其生态研究及保护的重要性受到广泛的关注。中华白海豚广泛分布在香港和珠江口、西太平洋及印度洋沿岸海域。研究显示在香港水域内，共发现有88（春天）至145（夏天）头出没于大屿山以北及西一带。据估计，整个香港及珠江口种群共有超过1 000头中华白海豚。

由于兴建新机场，各项填海及挖砂工程，严重破坏了中华白海豚的生境。渔护署及环保署已制定有关法例，并采取了一系列措施，如划定沙洲及龙鼓洲海域为海岸公园范围、举办生态讲座、与海洋公园鲸豚保护基金合作进行科学研究工作等。自1998年开始，粤港环境保护联络小组每半年进行一次定期审核，并于1998年底成立了专家组，研究中华白海豚的保护工作。此外，海洋教育是海豚存护的首要基础，海洋公园鲸豚保护基金肩负起向公众推广保护海豚及环保信息的工作，举办了多项观豚及教育活动。中华电力有限公司与环保团体绿色力量合作在龙鼓滩兴建的第一所白海豚资源中心，已于1999年开幕，并开始提供海洋知识予市民。

海龟 在香港海域出没的海龟共有4种，当中只有绿海龟在香港海域产蛋。1998年7～9月期间，渔护署及香港海洋环境保护协会在香港惟一曾出现海龟巢的南丫岛南部的深湾沙滩发现了12个巢穴。由于部分产蛋地点太过接近高潮线，渔护署人员首次把海龟蛋移往人工孵哺器内护理，并成功将86只经人工孵化的小海龟放回大海。为保护海龟的生境，港府已于1999年7月，根据“野生动物保护条例”把南丫岛深湾列为限制地区，禁止未持有许可证人士在海龟产蛋季节进入该区。

海洋灾害与防御
Marine Disasters and Prevention

【赤潮】 香港每日产生超逾200万t污水，这些污水增加海水营养物。根据研究显示，1998年香港海域的磷酸盐平均含量较1997年的为低，但硝酸盐（即无机氮）含量却跟1997年的相若，仍处于偏高浓度，研究结果证明这是香港水域经常出现水华的其中一个原因。赤潮亦是水华的一种，赤潮一般不会造成严重伤害，只有在大量腰鞭毛虫积聚下，使海水缺氧，才导致鱼类死亡。然而，1998年3～4月间所暴发的灾难性赤潮事件，却导致大量养鱼死亡。这场赤潮源于香港东北面的吉澳，于两个星期内蔓延至全香港水域，杀掉超逾1 500 t的高价海水养鱼，鱼户合共损失约8 200万港元。这是香港首次遇到以螺沟藻*Gyrodinium aureolum*为主要品种的有毒赤潮，该种海藻直接损害鱼类腮部组织，导致鱼类死亡。这场“赤潮风暴”严重影响了香港的海鱼养殖业，当中约有1 500名持牌养鱼户受到影响，港府为此发放了紧急救济补助金及低息贷款予养鱼户，以协助他们复业。

渔护署就赤潮的管理及预防，展开了多项工作。包括成立专家小组，就赤潮问题提供意见，并开展了监察及管理本地赤潮的顾问研究。该研究已于1999年5月完成，建议加强各政府部门的协调，监察浮游植物、海产毒素及泳滩，去代替以肉眼监测赤潮。该研究更建议加强教育工作，并改善与市民之间的沟通。

【台风】 香港属于亚热带气候，约有半年时间气候温和。平均每年约有31个不同强度的热带气旋在北太平洋西部、东海及南海上形成，并于每年5～11月期间吹袭香港，9月则是最有可能受台风影响的月份。由于1998年上半年受“厄尔尼诺”现象影响，头6个月内并没有热带气旋在北太平洋西部及南海形成，这是自1946年以来最迟有热带气旋于这些区域形成的一年。直至7月，才出现首个热带气旋丽歌（编号9801），但这个气旋并没有对香港造成太大影响。香港于8月9日才首次悬挂热带气旋警告信号（彭妮，编号 9803），此乃战后最迟悬挂热带气旋警告的一年，1998年内共有5个热带气旋令香港需要悬挂热带气旋警告信号。

1999年内香港悬挂了8次热带气旋警告信号，多于平均的6次。香港天文台于4月首次悬挂了热带气旋警告(姬蒂，编号9901)，并于月底悬挂三号强风信号(利奥，编号9902)，这是香港最早悬挂三号强风信号的一年。1999年内共有5个热带气旋需要悬挂八号或以上警告信号，平了1964年创下的纪录。第一个八号东北烈风或暴风信号(利奥，编号9902)于5月2日悬挂起，这亦是香港最早悬挂八号烈风或暴风信号的一年。随后的一个台风玛姬(编号9903)于6月正面吹袭香港，天文台需要悬挂九号烈风或暴风风力增强信号。8月，另一个有记录以来最多雨量的台风森姆(编号 9910)横过香港新界东北部，天文台除了悬挂八号烈风或暴风信号外，更要发出黑色暴雨警告信号。9月内，共有3个热带气旋影响香港，其中台风约克（编号9915）于16日正面吹袭，天文台需要悬挂十号飓风信号，这是自1983年以来首次悬挂十号飓风信号。同月26日，另一热带风暴锦雯（编号9919）横过香港，八号烈风或暴风信号需于月内再度悬挂。1999年内共有5个热带气旋需要悬挂八号或以上警告信号，当中有4个曾正面吹袭或横过香港，打破了1964年只有2个热带气旋登陆香港的纪录。全年的风暴共造成7人死亡及约900人受伤。

为了提供准确的热带气旋资料，香港天文台设有多台测潮器，不分昼夜监测热带气旋所引致的海平面上升情况。并每天3次将载有无线电探空仪的气球发放上天空，以量度高空天气资料。天文台更经常与广东省气象局交换天气雷达图像，并从黄茅洲、沱泞列岛及内、外伶仃岛上的自动气象站收集资料，以掌握热带气旋等灾害性天气迫近香港情况。每当热带气旋威胁香港，天文台会透过传媒、互联网及电话录音与查询系统发出警报，提醒市民采取适当的预防措施。

海洋科技与教育
Marine Science and Technology & Marine Education

【概况】 香港海洋科技发展主要由港府多个部门推动，各大专院校亦有参与相关的研究及发展。政府部门当中，渔护署进行了多个与海洋水产有关的科技研究项目，包括赤潮的监测、人工鱼礁敷设研究及水产养殖研究等。水产养殖项目中，除了要发展更高效率的饲养技术外，更研究清理长沙湾及深湾海鱼养殖区海床的淤泥，以改善养殖区的生态环境的可行性。环保署现正研究一套新的数学模型，以评估香港各类发展项目的累积影响。此外，土木工程署亦进行多项水力研究，评估大型海港工程对海港造成的影响。该署也采用先进的水力模型技术及电脑数学模型，预测大型填海工程对海洋水流及泥沙流移的影响，并将资料应用于海事结构设计及航道研究上。而水文气象、海洋学、海洋气象等的海洋科技项目则由天文台负责研究。

各大专院校方面，皆有进行海洋科学研究，并培育有关领域上的科技人才。全港共有两所附属于大学的海岸实验室，其一为香港中文大学的海洋生物研究所，该研究所位于沙田吐露港，设有水产养殖室及多个大小型室内外养殖池。研究重点包括海产生物之生理与生物化学在养殖上的应用、海洋生态、毒理学、污染研究、海洋分子生物学及生物科技等方面的研究。另一所海岸实验室乃位于鹤咀的香港大学太古海洋科学研究所，一直致力于研究海洋生态、海洋生物分类及生态研究等课题。此外，香港大学的地球科学系亦有进行海洋地质学方面的研究。海洋生物学是香港科技大学生物系研究重点之一，其中包括有渔业、生态及生物科技等的研究。而海岸与大气研究中心则研究有关气象学、近岸水域模型、海岸工程、遥感、海洋天然产物及毒理学等课题。香港理工大学设有航运学系，为香港航运业进行有关研究并训练人才。海洋环境研究是香港城市大学生物及化学系的研究重点，新成立的海岸污染及环保研究中心主要研究海洋生态、污染及毒理学等课题。香港浸会大学生物系及自然资源与废物管理研究中心也进行有关海洋环境监测及毒理学之研究。此外，香港公开大学的科技学院亦设有多项海洋环境研究课题，如赤潮及海水污染等。

另一方面，海洋教育的普及化，对于保护现有的海洋环境及生态与海洋生物资源的存护有很重大的意义。多个政府部门、环保团体及民间组织经常举办一些富有趣味性的活动、展览及讲座予中小学生及大众市民参与，以教育下一代及宣扬海洋保护信息为目标。渔护署曾举办多项活动，如海岸公园的导游及考察、海岸生态讲座及红树林种植活动等。海洋公园鲸豚保护基金会更举办了多次海上观豚考察团、清洁沙滩活动、与渔护署合办的红树林种植活动及予中小学生参与的海洋公园教育日营等。世界自然（香港）基金会经常举办米埔湿地的教育导游及日营、基围收虾活动、与香港海洋保护协会合办的“孩子与海洋九八”国际海洋年庆祝活动、与香港观鸟会合办的湿地观鸟活动及制作香港环境资料概览等。长春社也透过社区及学校探访、展览、湿地嘉年华及后海湾湿地之旅等活动，让市民认识湿地的生态价值。此外，香港海洋公园及香港科学馆分别通过水族设施及部分互动展品与现场导览，向市民大众介绍海洋生物及水文气象等资料。建设方面，绿色力量与中华电力有限公司在龙鼓滩合作兴建的第一所白海豚资源中心已开始提供海洋生态知识予大众市民。而筹建中的香港赛马会世界自然(香港)基金会海下湾海洋教育中心，预计可于2001年运作。

海洋国际合作
Marine International Cooperation

【国际航运组织】 香港以“中国香港”名义，作为附属成员身份参与国际海事组织的各项活动，1998～1999年内，香港出席了在伦敦举行的国际海事组织会议共38次。于1999年，香港参加了国际海事组织与联合国贸易和发展会议在瑞士日内瓦举行的外交会议，并参与国际海事组织的事务，包括海员培训和发证标准及修订《高速船安全守则》等事项。此外，香港作为海上救援协调中心的工作得到国际认同，并获选为国际海事组织与国际民用航空组织搜救联席工作小组成员。海事处更积极参与“亚太地区港口国监督谅解备忘录”的港口国监督工作，并为东京谅解备忘录电脑信息新系统督导组成员及技术合作顾问组组长，协助审定技术及推行合作计划。

【海洋科学合作】 于1990年成立的粤港环境保护联络小组一直协力合作处理粤港两地环境问题，如大鹏湾及后海湾的环境管理和保护问题等。自1998年起，双方每半年进行一次定期审核，确保工作按计划进行。联络小组更探讨在后海湾集水区内采取进一步的污染管制措施，并于1998年底成立了专家组，研究中华白海豚的保护工作。联络小组曾于1998及1999年举办研讨会，讨论废物管理及海泥疏挖等海洋环境问题。为了取得更佳的协调，双方将于2000年成立粤港持续发展与环保合作小组。

“九八珊瑚考察”是一项由多国海洋科学家及业余潜水员合作参与的全球性大型环境普查活动，旨在勘察世界各地珊瑚礁状况，世界自然（香港）基金会出任该活动的香港区统筹。本地考察报告显示，曾有渔民在印洲塘海岸公园及东坪洲内使用鱼炮捕鱼，而沙塘口山岛及海下湾海岸公园等地方，则有珊瑚被船锚破坏。全球的考察报告则显示出世界各地的珊瑚礁普遍出现白化现象，而部分可作量度指标的物种数量亦正在下降，情况令人关注。庆幸的是，香港区内的珊瑚礁并没有出现严重的白化现象。

【国际海洋会议】 1998～1999年间，在香港举行的海洋科学国际会议包括由香港中文大学主办的第二届亚太藻类研讨会、水产养殖生物技术研讨会及香港城市大学主办的第二届海洋污染及毒理学国际会议等等。

海洋管理与立法
Marine Management and Legislation

【海洋管理】 海洋管理工作由数个政府部门分工负责。海事处负责管理港口，确保船舶在香港水域内安全航行。为了提高航运活动的效率，海事处实行了多项措施，如综合海上交通管理、海港巡逻、监察航行船只、设置海上浮标及执行主要国际海事公约等。此外，海事处还负责清理海港内的漂浮垃圾及油污，并执行有关法例。土木工程署负责策划、设计、兴建及保养公众海事设施，其中包括码头、航标、防波堤及航道等。除了建筑工程外，土木工程署还负责避风塘、碇泊区及海鱼养殖区内的疏浚工程。渔护署负责提供与捕捞渔业及海产养殖业有关的研究及技术，并进行自然及野生生物的保护工作以及执行有关的法例。在海洋生态存护方面，渔护署负责管理海岸公园、划定重要生态保护区及推广自然教育工作，并对环境影响作出评估及检讨。为了精简行政管理架构，2000年1月1日起，环保署、渔护署及新设的食物环境卫生署会直接隶属于新成立的环境食物局。

【海洋立法】 港府于1998年3月修订了《动植物（濒危物种）保护条例》，把本地野生珊瑚列入受保护的海洋生物名单之内。于1999年，已有一宗因非法采集及拥有本地野生珊瑚而被成功检控的个案。

1998年4月，港府开始实施《环境影响评估条例》，该条例旨在巩固现行的环评制度，使其成为法定规则，为评估大型发展项目所引致的环境影响及实施有效的预防和缓解措施，提供一个有系统及公开的架构，并就环评程序制定明确的技术指引及准则。香港的海洋环境管理，亦由以上条例所监管。

此外，为配合《控制危险废物越境转移及其处置巴塞尔公约》的规定，禁止从发达国家进口危险废物，于1999年底，港府就管制本地与内地的危险废物事宜，与国家环境保护局签订了备忘录，限制输入危险及不可循环再用之废物。 （朱嘉濠 蔡国豪）

海洋管理篇

Marine Management

海域管理
Management of Sea Area

综 述
Summary

【概况】 1998年，国务院根据第九届全国人民代表大会第一次会议批准的机构改革方案，设置国家海洋局，并明确国家海洋局是国土资源部管理的监督海域使用和海洋环境保护、依法维护海洋权益、组织海洋科技研究的行政机构，在国务院“三定”方案中，明确设立海域管理司，其主要职责为：草拟中国海岸带、海岛、内海、领海、毗连区、大陆架、专属经济区及其他管辖海域的海洋基本法律、法规和政策。草拟海洋功能区划、海洋开发规划，核准海域使用许可证，具体组织海域勘界，审核并监督海底电缆、管道的铺设。中国海域管理工作首次被写入政府职责。

中国是一个发展中的海洋大国。改革开放后，沿海地区作为改革开放政策的示范带，经济上得到了迅猛发展。据统计，1978年海洋产业年产值约为60亿元人民币，至1990年，年产值达到447.37亿元，是1978年的7.45倍。在90年代，海洋产业产值较80年代增长进一步加快，增长速度（除1997、1998年外）基本保持在两位数字。1999年海洋产业总产值达3651.3亿元，比上年增长11.7%。

面对快速发展的海洋经济，海洋也承受着人口不断增加、资源逐渐减少、环境污染日益加重的压力。各行业间争抢岸线、海域的事件时有发生，开发利用矛盾增多，从海洋开发中获得的经济利益与海洋资源数量、种类和环境容量现状不协调，开发技术手段落后等，使中国海洋管理面临着更为艰巨的任务。1998年是联合国确定的国际海洋年，主题为“海洋——人类未来的财富”。该年5月，国务院新闻办公室发布了《中国海洋事业的发展》白皮书，向世界宣示了中国政府对海洋的政策主张和原则立场：维护《联合国海洋法公约》确定的国际海洋法律原则，维护海洋健康，保护海洋环境，确保海洋资源的合理利用，实施海洋可持续发展战略。这也是海域管理工作的政策指导。

1998～1999年，海域使用管理工作，建立了《海域使用可行性论证管理办法》、《海域使用许可证管理办法》、《海域使用申报审批管理办法》等配套制度；积极推进了海域使用证制度和海域有偿使用制度，开展全国海域使用普查登记，在全国建立了4个海域使用管理示范区。海域使用立法工作也取得突破性进展，《海域使用管理法》列入国务院立法计划。大比例尺海洋功能区划工作在全国展开，部分沿海市、县已完成大比例尺海洋功能区划工作；由联合国开发计划署援助的《南中国海北部海岸带综合管理能力建设项目》顺利开展，国家“九五”科技攻关项目《海岸带综合管理技术研究》取得重要成果。《海岛开发保护政策纲要》和《无居民海岛管理规定》的制定工作全面启动，并在辽宁、山东、浙江、广东开展了海岛开发和保护管理的试点。海洋开发规划作为沿海地区经济发展的重要指导性文件，对优化海洋产业结构、合理开发利用海洋资源，保护海洋环境，促进海洋经济可持续发展起重要作用。1998～1999年，浙江、山东、广东的一些沿海市、县，已完成本地区海洋开发规划的编制工作，并将其纳入当地政府经济和社会发展计划，在具体实施上给予了保证。

为加强对海砂开采的管理，保护海洋环境和资源，实现海洋资源的可持续利用，1999年，国土资源部下发了《关于加强海砂开采管理的通知》及《关于开展对勘查开采海砂等矿产资源监督检查的通知》，据此国家海洋局制定了《海砂开采使用海域论证暂行办法》，对在中国管辖海域从事海砂开采的企业和个人实施规范管理，建立了海砂开采管理秩序，将海洋资源开发与海域使用管理相结合，改变了过去海砂开采无序、管理混乱的局面，提高了海洋资源开发效益，也促进了海砂资源出口创汇，为海洋经济增长做出了重要贡献。

海洋开发管理
Marine Development Management

【海砂资源管理】 为了贯彻落实江泽民总书记在中央人口、资源、环境工作座谈会上提出的开发利用自然资源要在保护中开发，在开发中保护的指示精神，改变海砂开采无序、管理混乱的局面，国家海洋局在国土资源部的大力支持下，实施了对海砂开采的管理工作，并取得了显著成效。

（1）基本摸清了国内海砂资源的基本情况。

1998年底至1999年，通过收集大量的地质调查资料，如《黄海沉积物调查报告》、《东海海洋地质综合调查报告》、《南海北部内陆架沉积固体矿产调查报告》、《全国海岸带及滩涂资源综合调查报告》、《全国海岛资源综合调查报告》、《中国滨海砂矿分布及富集规律》、《中国滨海砂矿》等，并对这些资料进行了研究、分析和整理，大体掌握了中国近海海域砂矿资源的种类、质量及分布状况，并编制完成了中国近海“海域固体矿产平面分布图”。

（2）制定了海砂开采规定，规范了海砂管理程序，明确规定取得矿产资源勘查证、海砂开采海域使用证、海砂开采许可证三证齐全，才是有效的、合法的开采行为。

根据《中华人民共和国矿产资源法》和《国家海域使用管理暂行规定》等有关法律、法规，结合海砂开采的实际情况和海洋管理的客观要求，国土资源部于1999年2月下发了《关于加强海砂开采管理的通知》（国土资发[1999]52号），国家海洋局根据该文件精神于1999年8月颁发了《海砂开采使用海域论证暂行办法》（国海管发[1999]370号），1999年11月，国土资源部又下发了《关于开展对勘查开采海砂等矿产资源监督检查的通知》（国土资发[1999]399号），明确海砂开采必须严格遵守《矿产资源法》及其配套法规，必须符合国家海洋功能区划、海洋开发规划的总体原则；必须以勘查为基础、以海域使用可行性论证为依据，以保护生态环境为前提，同时也不能影响其他海洋开发活动。另外还建立了海砂开采实行一级管理的制度和中国海监总队负责海砂开采监督执法工作的有关制度。

（3）海砂开采管理制度建立以来，完成了6家单位开采海砂的审批工作。

1999年，已完成了舟山向往公司、营口远东实业有限公司等6个单位开采海砂海域使用的论证、审批、发证及收费工作。征收海砂开采海域使用金230万元。

（4）各级海洋行政管理部门坚定不移地执行国家海砂开采管理制度，认真学习，大力宣传，摸清家底，依法行政，完成了海砂开采普查登记工作和监督执法大检查，基本实现了海砂开采工作管理有制度、生产有秩序、监督有保障、使用金30%直接上缴中央的预期目标。经过不到两年的工作，使中国海砂开采无序、无度、无偿，管理多头、扯皮、混乱的局面得到彻底改变；使海砂开采影响其他开发活动、破坏海洋生态环境的行为得到全面治理。

【海底电缆管道管理】 为了统筹考虑和合理规划海底电缆管道的建设布局，国家海洋局认真组织了海底电缆管道建设规划、法规和技术规程的建设和各类海底电缆管道路由、铺设施工的审批、服务工作。

（1）法规和技术规程的建设情况。为加强对海底电缆管道的保护，保证海底电缆、管线的正常运行，针对中国近海电缆经常遭受破坏的情况，国家海洋局正在拟定《海底电缆管道保护规定》（草拟稿）。

（2）1998～1999年间，依法审批铺设海底电缆管道项目，积极为国家电信事业的发展和经济建设服务。

两年间，共审批中美、亚太二号、北海至临高等5个大型国际、国内光缆的路由调查、铺设施工及路由改道项目。审批工作在认真作好路由调查协调的基础上，努力做好每一个环节的管理和服务工作，确保项目顺利进行。

【海洋工程勘察设计资质管理】 1998年海洋工程勘察设计资质管理工作面临着国家资质管理体系改革和调整的形势，国家建设部拟对原工程资质管理体系进行大的调整和合并，由原来33个行业调整到21个行业，以适应市场经济发展的需要。为培育海洋工程建设市场，鼓励各行业将新技术带入海洋领域，加快中国海洋工程事业发展，本着一个标准（建设部资格分级标准）、一套制度（国家海洋局资格管理办法及有关技术规定）、一视同仁的原则，1998～1999年对电力、交通、机械、冶金等行业的15家工程单位的资质情况进行了审查，其中5家获得了海洋工程设计甲级证书，2家获得了乙级证书。

【海洋开发规划】 海洋开发规划作为沿海地区经济发展的重要指导性文件，对优化海洋产业结构，合理开发利用海洋资源，保护海洋环境，促进海洋经济可持续发展起重要作用。它通过分析中国海洋自然环境和资源状况以及社会经济供求关系，统筹安排海域空间开发和海洋资源开发，引导资源合理流动，同时对经济发展作出科学预测，将海洋开发和沿海陆域开发相结合，以取得最佳经济效益、社会效益和环境效益。1998～1999年，浙江、山东、广东的一些沿海市、县，已完成本地区海洋开发规划的编制工作，并将其纳入当地政府经济和社会发展计划，在具体实施上给予了保证。

海域使用管理

Management of Sea Area Use

【抓好示范，以点带面】 为进一步推动海域使用管理工作，提高管理水平，为正在进行的海域使用管理立法提供管理经验，1997年7月28日，国家海洋局和财政部联合发文将葫芦岛市、烟台市、秦皇岛市和舟山市作为海域使用管理示范区。1998年10月8日国家海洋局印发了《海域使用管理示范区工作标准和要求》。明确了示范区建设和管理的目标，使其实现应有的示范作用。通知从机构、制度建设情况、海域使用登记工作、海洋功能区划和海域使用规划工作、海域使用可行性论证工作、海域使用审批及监察管理、海域使用金征管工作以及总结等7个方面对示范区的工作提出了具体的要求，对于积极稳妥的推进示范区的工作起到了积极的作用。

【召开全国海域使用管理工作会议】 为总结《国家海域使用管理暂行规定》颁布5年来海域使用管理工作取得的成绩和存在的问题，进一步推进海域使用管理工作，国家海洋局和财政部于1998年11月6～7日在北京联合召开了“全国海域使用管理工作会议”。国家海洋局副局长王曙光和财政部副司长康学军做了重要讲话。会议对海域使用管理工作的成绩给予充分肯定。但海域使用管理是一项新的工作，仍然面临着许多问题和困难，因此必须统一思想，提高认识，加强管理，加速立法进程。会议认为葫芦岛、秦皇岛、烟台和舟山4个国家海域使用管理示范区的试点工作是成功的，为全国的海域使用管理工作提供了许多可以推广和借鉴的经验，今后应进一步加快海域使用管理示范区建设工作，并对海域的出让、转让、出租、抵押等问题进行尝试。会议要求沿海各省、市要在1999年内，对行业、部门和个人使用海域情况进行全面调查、登记、确权和发证或换证工作。会议最后强调了在刚刚完成的中央国家机关机构改革工作中，国务院重申要继续推进海域使用许可证制度和海域有偿使用制度，并规定这两项制度的贯彻实施是国家海洋局和财政部的重要职责。会议理清了许多过去模糊不清的问题，找到了一些解决问题的办法和途径，明确了海域使用管理工作的前进方向，为海域使用管理工作的发展起到积极的推动作用。

【完善海域使用管理配套制度】 1998年10月29日，国家海洋局正式印发了《海域使用申报审批管理办法》、《海域使用可行性论证管理办法》和《海域使用许可证管理办法》等海域使用管理的有关配套制度，进一步完善了海域使用管理制度，规范了海域使用许可证的申请、审批、发放管理工作和可行性论证工作程序。

【人员培训】 准确理解和掌握海域使用管理的法律法规，是海域使用管理人员正确依法行政的前提。考虑到从事海域使用管理的人员来自不同的行业，业务知识和法律知识参差不齐。1999年4月国家海洋局与财政部、国务院法制办联合举办海域使用管理培训班，编写了《海域使用管理培训材料汇编》。由于培训内容新颖、可操作性强，培训班受到了沿海各级海洋工作者的热烈欢迎。

【海域使用管理工作检查】 为了检查《国家海域使用管理暂行规定》实施6年来的执行情况，1999年5月19日，国家海洋局、财政部联合下发了关于开展全国海域使用管理工作检查的通知。检查工作分为三个步骤进行：一是沿海各级海洋管理部门开展自查自检工作，要求各级海洋管理部门按照《海域使用管理检查表》，了解和掌握本辖区内的海域使用管理工作情况，查找出当前存在的问题；二是根据各地上报的《海域使用管理检查表》汇总分析，确定全国联合检查的重点地区和内容；三是在1999年底总结海域使用管理检查工作情况，并根据检查中发现的问题，部署2000年全国海域使用管理工作。沿海地方海洋管理部门和各分局对该通知重视，抓紧开展本地区的海域使用管理自我检查工作。在此基础上，国家海洋局组成的检查组完成了海南、广东、广西三省区的检查。各地根据检查提纲作了认真充分的准备，不回避问题和矛盾，收到了预期效果。

【海域使用可行性论证】 为了实现用海的科学性和提高海洋的综合效益，根据《国家海域使用管理暂行规定》，对一些用海项目须进行海域使用可行性论证，并需要确定具有可行性论证资格的单位。为此，1999年2月24日，国家海洋局印发了《海域使用可行性论证资格管理暂行办法》。根据该“办法”，1999年11月16日国家海洋局下发了《关于公布海域使用可行性论证资格证书单位的通知》，确定了9家为甲级海域使用可行性论证资格证书单位。这9家单位是在对提出申请的25家单位的资历、技术力量、仪器设备和管理水平进行了评审后，根据审定委员会的评审意见选定的。它们分别是国家海洋环境监测中心、交通部第一航务工程勘察设计院、国家海洋局第一海洋研究所、青岛环海海洋工程勘察设计院、东海海洋工程勘察设计研究院、国家海洋局第二海洋研究所、国家海洋局第三海洋研究所、南海海洋工程勘察与环境研究院、中国科学院南海海洋研究所。另外确定广西海洋监测预报中心为乙级海域使用可行性论证资格证书单位。

【立法概况】 1998年8月至1999年6月，在《国家海域使用管理暂行规定》的基础上，国家海洋局组织专家进行了深入的实地调研，起草了《海域使用管理法》文本及说明。经与各有关部门沟通和协调，向国务院法制办及全国人大汇报了有关立法工作情况。经过多次的立法研讨会后，使法律文本逐步完善。

针对海域使用立法中必须搞清楚的有关问题，1999年3月9日至11日国家海洋局海域管理司组织了中国社会科学院法学所、国家海洋信息中心、海洋环境监测中心、海洋战略所的专家及财政部和山东省海洋与水产厅的有关人员，就海域使用法的宗旨、目的及立法过程中需要解决的问题、海域使用法与现行法律法规的关系和海域使用法的框架结构等方面进行了详细的讨论研究，初步就以上问题达成共识，并形成文字材料，为海域使用管理立法确立了基本框架。

1999年5月24日，国家海洋局、财政部联合下发了关于征求对《中华人民共和国海域使用管理法》（征求意见稿）意见的函，向沿海省、自治区、直辖市人民政府办公厅，国家计委、国家经贸委、建设部、交通部、水利部、农业部、国家环保总局、总参谋部征求意见。对反馈的80多条意见，逐条分析研究，作出应答意见。

为掌握《国家海域使用管理暂行规定》贯彻落实的真实情况，了解目前海域使用管理工作中存在的主要问题和海域使用中的主要矛盾等，1999年10月9日至22日，国家海洋局和财政部一同对辽宁、广西、海南三省进行实地立法调研，印发了《海域使用违规情况记录表》，进行全国性调查，就有关问题进行深入调查，掌握了大量立法所需的第一手资料，并就有关情况汇编成《海域使用立法调研报告汇编》和《海域使用典型案例100例材料汇编》等。

为了使海域使用立法有一套完整的背景材料，根据立法工作计划和国务院法制办的意见，抓紧组织了立法材料的编写工作。至1999年底已经完成《韩国海岸带管理制度研究》、《国内海域使用管理法规和配套制度汇编》、《国外海洋管理法规汇编》、《海域使用立法调研材料汇编》、《国外海域使用管理立法与实践》、《海域使用法律制度与现行法律协调问题处理研究》、《中国海域使用存在问题100例》、《中国海域使用管理制度实施5年来的总结》、《海域使用立法的重要性和紧迫性》（包括录像材料）、《海域使用立法调研报告》、《海域使用立法宗旨和原则》、《海域使用基本法律关系的研究》、《海域使用管理中处罚幅度的研究》、《海洋资源资产评估和有偿使用标准的研究》等的编写工作，为科学合理地开展立法工作奠定了基础，同时也为各级海洋主管部门的工作提供了很好的参考和借鉴作用。

地方海域立法工作是全国海域使用立法工作的重要组成部分。加大地方立法力度，也是改变中国长期以来存在的海域使用“无序、无度、无偿”的混乱局面、实现海洋综合管理的重要保证。为此，在抓紧国家立法的同时，积极指导和促进了地方立法。截止1999年底，15个沿海地方（11个沿海省、自治区、直辖市和4个计划单列市）除以往已通过政府和人大立法的9个地方外，天津又完成了政府立法，河北、青岛已由政府令升格为人大立法。

海岸带海岛管理
Coastal Zone and Sea Island Management

【中国海洋功能区划获国家科技进步三等奖】 1999年12月，中国海洋功能区划获国家科技进步三等奖。海洋功能区划是中国政府在80年代末提出并组织开展的一项海洋管理的基础性工作，其目的在于加强海洋综合管理，协调解决海洋开发利用和环境保护工作中出现的问题，促进海洋经济持续、快速、健康发展。该项工作自提出以来，已得到全国人大、国务院和有关部门的高度重视，已经颁布实施的《中华人民共和国海洋环境保护法》（以下简称《海洋环境保护法》）、《国家海域使用管理暂行规定》和《中国21世纪议程》等一系列政策法规，明确了其在海洋管理工作中的重要地位和作用。

【沿海省、自治区、直辖市海洋功能区划全面展开】 沿海省、自治区、直辖市海洋功能区划是沿海地方人民政府监督管理海域使用和海洋环境保护的依据，对于协调沿海地区人口、资源、环境的关系，实现海洋经济持续、快速、健康发展具有重要意义。1998年，国家海洋局在组织开展大比例尺海洋功能区划试点工作的基础上，正式启动了沿海省、自治区、直辖市大比例尺海洋功能区划工作。该项工作得到沿海地方人民政府的支持和协助，分别成立了以副省长或其他主管部门领导为组长、有关部门领导参加的区划编制工作领导小组和技术指导组，安排了专项经费，确保了区划编制工作组织到位、人员到位和资金到位。为了加强各部门之间的协作配合，提高海洋功能区划的科学性和实用性，国家海洋局组织成立了由国家发展计划委员会、国土资源部、交通部、农业部、水利部、国家环境保护总局、国家林业局、国家测绘局、总参作战部、海军司令部、北京大学、青岛海洋大学、中国科学院地理研究所、国家海洋局及所属有关单位、沿海11个省、自治区、直辖市海洋管理部门等单位推荐的专家或专业管理人员组成的全国大比例尺海洋功能区划技术指导组。为了提高海洋功能区划成果质量，国家海洋局先后在辽宁大连和广西北海举办了海洋功能区划技术培训班，并分别在各省市举办了沿海市（县）海洋管理人员参加的海洋功能区划技术培训班和海洋功能区划管理信息系统培训班。这些培训班的举办增进了对海洋功能区划工作重要性的认识，提高了工作人员的业务水平，充分交流了工作经验，为全面推进大比例尺海洋功能区划工作奠定了坚实的基础。

【海洋功能区划管理信息系统建设工作启动】 建设海洋功能区划管理信息系统是海洋管理工作面向社会、面向企业、面向公众的需要，是提高政府服务质量、转变职能的重要手段，对于实现决策的科学化、规范化，提高办事效率和工作质量，加强各级海洋管理部门基础能力建设具有重要意义。1999年11月开始，国家海洋局组织制定了海洋功能区划信息管理系统建设工作方案和技术方案，邀请国家海洋信息中心、国家海洋环境监测中心、国家海洋局第二海洋研究所、中国科学院遥感所及部分省、市海洋管理部门的专家共同研究了海洋功能区划信息系统建设工作，并将有关内容以会议纪要形式下发。同时，正式启动了浙江温州市和辽宁丹东市海洋功能区划信息管理系统建设试点工作。

【南中国海北部海岸带综合管理能力建设项目顺利开展】 1997年6月，由联合国开发计划署（UNDP）援助、外经贸部中国国际经济技术交流中心承担、国家海洋局组织实施的“南中国海北部海岸带综合管理能力建设项目”正式启动。该项目借鉴国际先进海岸带管理经验，在分析海岸带管理存在问题的基础上，从提高海岸带综合管理能力建设入手，强调人员培训、信息交流和机构间协调，通过制定海岸带综合管理战略计划，辅之以海洋功能区划、环境监测计划和地理信息系统应用等技术手段，加强机构建设、法制建设、财政建设和公众参与，从而实现持续利用海岸带资源和环境的目标。项目以广东省阳江市海陵湾、广西壮族自治区防城港市和海南省文昌市清澜湾为示范区，建立起了三种海岸带综合管理的示范模式，即广东的海洋渔业资源可持续发展模式、广西的港口开发管理模式和海南的海洋资源综合利用管理模式。三个示范区的所在地政府提高了对海岸带综合管理的认识，工作人员得到了海岸带综合管理方法的培训，大大提高了示范区的海岸带综合管理能力，也给邻近区域带来利益和示范作用。同时，通过项目执行，各个示范区编制了长期环境监测和战略管理计划，公众对海岸带综合管理的认识有所提高，从而为政府实施可持续发展战略打下了群众基础；海域功能区划的制定及其批准执行将为地方政府管理海岸带资源提供强有力的手段；通过可持续的财政机制的审议和建立，促进地方政府推进可持续发展计划；除了可以恢复以往受损害的资源外，污染问题也得到了一定的控制。三个示范区获得的经验将为中国海岸带综合管理提供示范作用。

【海岸带综合管理技术研究取得重要成果】 “海岸带综合管理技术研究”是“九五”国家科技攻关96-922项目的课题之一。该课题旨在以海岸带管理科学为基础，借鉴国际社会的经验，以海岸带资源与环境为主要研究对象，重点解决海岸带综合管理的技术、方法、机制问题，为国家宏观调控海岸带环境的可持续利用和沿海地区社会经济的持续发展，提供必要的科学依据和辅助决策信息。该课题共分为人口趋海移动规律研究和海岸带人口预测研究、海岸带综合管理科学指南、海岸带资源开发潜势和优化配置研究、防治海洋环境退化管理方法和机制研究及海岸带综合管理典型区研究等5个子课题。该课题自开展以来，在国家海洋局、国家教委、中国科学院、农业部和沿海省市等有关部门及其所属研究机构的共同努力下，已取得重要成果。现已完成子课题研究报告6个；公开发表论文5篇；完成的《海岸带管理指南——基本概念、分析方法、规划模式》一书已由海洋出版社正式出版；在有关国际会议和交流中多次报告并发表相关论文多篇；在子课题“海岸带综合管理典型区研究”中分别完成了“广东海岸带综合管理规划研究”及“玉环县海岸带综合管理运行机制研究”，并进行了县级海岸带综合管理试点，制定了地方海岸带管理办法。该课题的研究为国家对全国海洋资源环境进行宏观综合评价和动态分析提供了理论依据和技术支持；

研究成果的报告特别是《海岸带管理指南》一书对中国海洋管理层及学术界，特别是沿海地方政府的海岸带管理具有一定的指导作用。在实践部分的研究中，以浙江省玉环县为试点，制定了地方海岸带管理办法，促进了该县的海岸带综合管理工作，有利地推进了县海洋功能区划工作。1998年玉环县被列为省级海域使用试点县并正式开始海域使用管理行政；1999年在该项目研究成果的前提下，玉环县提出了“玉环乐清湾生态型养殖农牧化示范园区”的项目，目前正在论证中。

【海岸带管理培训班在天津举办】 1999年9月18日，国际海洋学院中国业务中心和国家海洋信息中心在天津举办了为期9天的“海岸带管理培训班”，国家海洋局有关司、处领导及沿海省市海洋管理部门的管理人员参加了培训。国家海洋局副局长陈炳鑫、国家海洋局海域管理司司长陈明剑、海洋发展战略所所长高之国及副所长杨金森、厦门市政府海洋管理处处长陈国强以及联合国东亚海项目主任蔡程瑛和南京大学教授王颖等分别就中国的海洋政策、海域使用立法思路和进展情况、国际海洋法、海岸带综合管理的基本概念和经济分析、海洋生态分析、如何搞好海岸带综合管理、海岸带资源开发利用与保护以及综合管理的实例分析等方面的问题做了深入的探讨和生动的讲述，收到了良好的效果。

【浙江省无人岛屿开发与管理研究通过评审】 1998年12月，《浙江省无人岛屿开发与管理研究》通过专家评审。课题报告分析论述了浙江省无人岛自然环境和资源特点、开发利用现状和存在问题以及无人岛在未来海洋经济发展中的作用，提出了无人岛开发管理采取整体规划与分步实施相结合、开发与保护相结合的指导思想，吸收了国内外海岛开发管理的新经验，所提的管理措施具有一定的可操作性。浙江省海岛数量居全国首位，无人岛占海岛总数94%以上。该研究为推进全国无居民海岛管理工作提供了有益的参考。

【国家海洋局成立海岸带海岛管理处】 1999年8月，国家海洋局根据工作职责，专门成立了海岸带海岛管理处，具体负责海岸带、海岛管理工作。主要职责是组织拟定海岸带与海岛开发及保护、海洋功能区划的技术标准、规范和配套工作制度；编制海岸带和海岛开发保护规划，提出中国海岸带和海岛综合开发整治的政策措施，监督管理海岛开发保护工作；组织开展海岸带与海岛资源调查、综合评价及开发利用现状调查、登记和统计工作，建立海岸带综合管理信息系统；负责无居民岛屿的综合管理工作，组织制订无居民岛屿管理制度，并监督实施。

【海岛管理工作全面启动】 1999年8月，国家海洋局组织召开了海岛管理政策法规编写组会议，确定了海岛管理工作方案，启动了《全国海岛开发保护政策纲要》和《无居民海岛管理规定》的制定工作。同年9月，国家海洋局组织开展了海岛开发保护管理试点工作，试点分别在辽宁长海县、山东长岛县、浙江岱山县、广东万山县进行，目的是通过在局部地区建立海岛开发保护管理制度，为国家制定海岛开发保护政策和无居民海岛管理法规提供背景材料和实践经验。试点工作期限两年（1999年9月至2001年9月）。试点地区将完成海岛使用现状普查、海岛开发保护规划、海岛开发保护政策拟定、无居民海岛管理制度建设、无居民海岛资料建档和命名立碑等工作内容。目前，4个试点县已经依据海岛开发保护管理试点工作方案制定了实施方案，成立了试点工作领导小组，开展了海岛开发利用现状的调查，编制了海岛开发保护规划，并以县政府的名义颁布了无居民海岛管理的规范性文件，加强了对无居民海岛开发利用活动的监督管理。同年12月，为了保证海岛开发保护管理试点工作的顺利进行，国家海洋局成立了全国海岛开发保护管理工作技术指导组，成员主要来自国家计委、国家经贸委、民政部、财政部、国土资源部、交通部、农业部、国家林业局、总参作战部。技术指导组的主要职责是开展海岛调研，对开发保护管理工作提出意见和建议，参与制定海岛政策、法规和配套制度，指导和协调海岛开发保护管理试点工作。

（国家海洋局海域管理司供稿）

海洋执法监察管理

Management of Ocean Supervision and Law-Enforcement

【综述】 1998年10月19日，中央编制委员会办公室下发《关于国家海洋局船舶飞机调度指挥中心更名为中国海监总队的批复》。其后中国海监总队和各海区总队相继组建成立，同时沿海各省市区海监队伍陆续建立，国家与地方相结合的中国海监队伍逐步壮大。至1999年底，中国海监队伍国家直属部分拥有执法船只21艘，海监飞机两架，人员2 300多名。地方海监力量也在不断加强，组织体系和运行机制正在完善，国家与地方密切配合的海洋执法监察协调机制已见雏形。海洋执法监察队伍朝着统一、高效、反应快速的目标迈出了坚实的一步。

1. 中国海监总队挂牌成立

1999年1月13日，中国海监总队挂牌成立。国家海洋局局长王曙光兼任中国海监总队总队长，张有份任中国海监总队常务副总队长，胡殿贵、米国中任中国海监总队副总队长，庄进任中国海监总队副政治委员。根据国家海洋局印发的《中国海监总队职能配置、内设机构和人员规定》，中国海监总队机关参照国家公务员制度进行管理。其主要职责是依照有关法律和规定，对中国管辖海域（包括海岸带）实施巡航监视，查处侵犯海洋权益、违法使用海域、损害海洋环境与资源、破坏海上设施、扰乱海上秩序等违法违规行为，并根据委托或授权进行其他海上执法工作。中国海监总队内设办公室、巡航处、执法处、装备技术处、信息处、政治部（人事处）6个处室，并管理国家海洋局机要处。中国海监总队组织结构见附图。

2. 海洋执法监察力度加大

新的海监执法体制正在形成。组织体系上实行国家与沿海省市海洋监察队伍统一编制、双重领导，执法机制上紧密配合、协调一致，执法方式上国家与地方执法监察一体化和海、陆、空巡航监视一体化。

巡航执法力度加大。1999年共组织船舶巡航监视143航次，飞机监察飞行141架次。针对沿海违法采砂、严重破坏海洋资源和生态环境的情况，组织海区总队和沿海省市地矿、海洋管理部门，开展了全国性执法活动。北海总队首次与河北省海洋局共同开展了“秦皇岛暑期海洋联合执法监察工作”，南海总队协助广东海洋机构完成了首次南海区伏季休渔监管工作等。联合执法，充分发挥了两个积极性，达到了优势互补，为海上统一执法创造了很好的经验。

3. 加强海监业务指导

为全面开展海监业务工作，1999年从9月中旬起，中国海监总队在北海区总队、东海区总队和北京分别召开了海监系统执法处长会议、装备技术处长会议、巡航指挥工作会议、信息工作座谈会和密码工作座谈会。这5个业务工作会议共同的宗旨是落实职责，统一思想，理顺关系，研究布置工作。并分别形成会议纪要下发各海区总队和沿海省市有关部门用以指导工作。通过一系列业务会议的召开，促进了各海区总队职责落实，带动了海监系统工作的全面展开。

4. 建章立制，依法行政有了良好的开端

中国海监总队通过调研，在较短的时间内相继出台了一批规章制度，并以国家海洋局和海监总队的名义印发执行，这些规章制度主要有《关于海洋违法案件查处程序等问题的通知》、《关于印发〈海洋行政执法文书格式〉的通知》、《关于建立海洋执法监察通报制度的通知》、《关于海洋执法工作例会制度的通知》、《中国海监船舶使用暂行规定》、《海上应急监视组织实施办法》、《中国海监船舶保险工作管理规定（暂行）》、《国家海洋局电话密码机管理规定》等。在海监总队机关内部管理方面，制定了《海监总队行政管理暂行规定》、《中国海监总队行政值班室暂行规定》、《待岗人员管理办法》等规章制度。上述规章制度的实施，规范了海监总队的工作程序，树立了总队机关工作形象，使总队各项工作步入了依法行政的轨道。

5. 部署了全国海砂勘查、开采执法检查工作

根据国土资源部《关于开展对勘查开采海砂等矿产资源监督检查的通知》和国家海洋局有关文件的精神，针对沿海违法采砂、严重破坏海洋资源和生态环境的情况，1999年12月9日海监总队下发了《关于开展海砂等海洋矿产资源勘查开采监督检查的通知》，同时各海区总队会同沿海省市的地矿、海洋管理部门，拟定了各海区的执法监督检查计划。这次海砂执法检查是中国海监总队成立以来组织的第一项全国性执法行动，对于提高中国海监队伍的显示度，强化海洋行政执法职能，拓宽中国海监队伍的执法领域具有重要意义。

6. 构建全新的海监运作机制

为使海监总队机关在起步时能适应现代化管理节

附图：　中国海监总队组织结构图

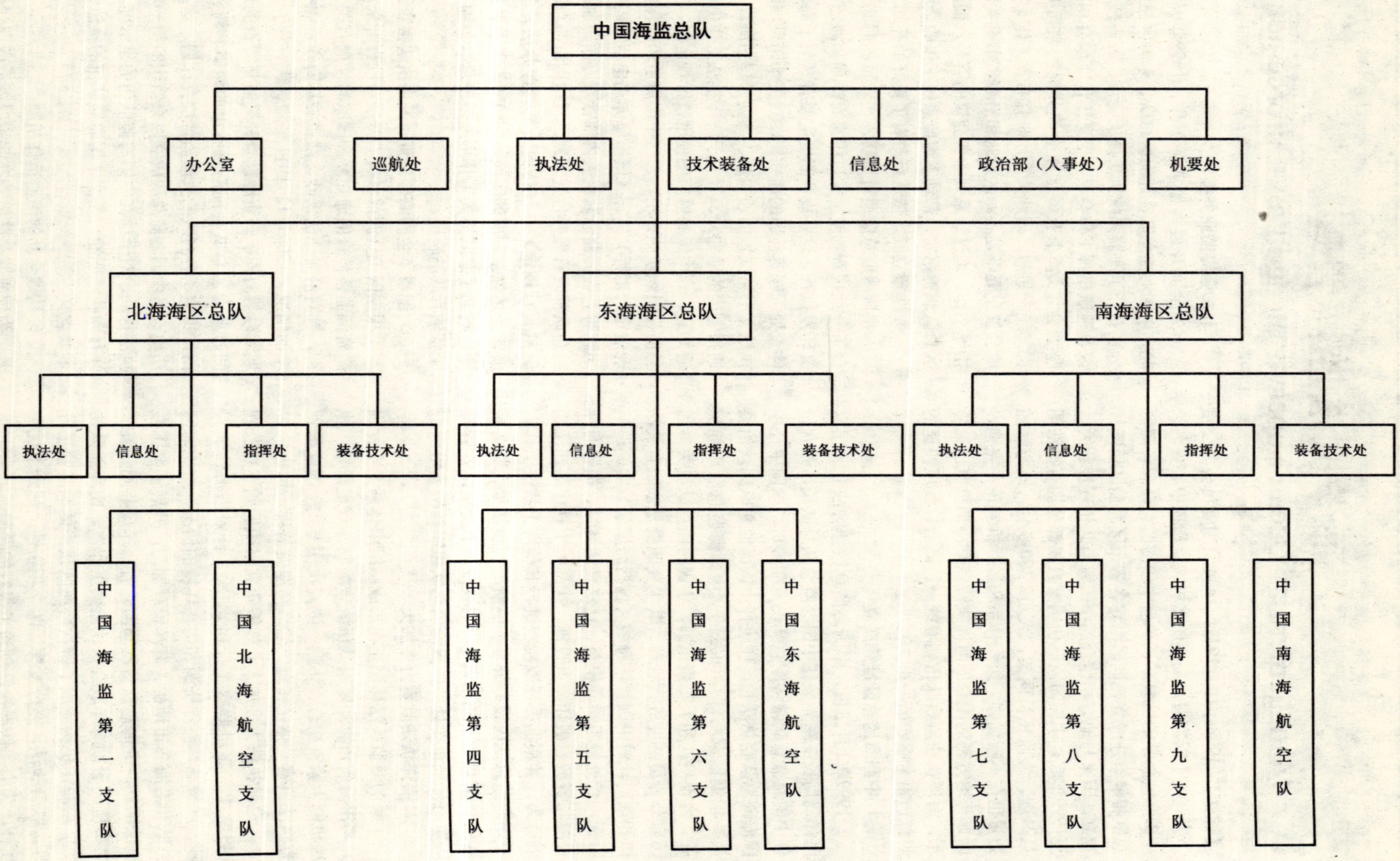

奏，跟上社会和国家海洋局办公自动化步伐，总队狠抓了建立海监管理需要的机制构建工作。经过努力，已经建立起总队巡航管理系统和总队机关协调办公自动化系统，初步做到海监船舶、飞机动态信息及各有关海洋信息的可视化，做到了总队机关信息资源共享，提高了办事效率和办公质量。另外，海监船舶管理方案的草案已经形成，海监制式服装和中国海监标识即将进入筛选和审定阶段，新的海洋监察员培训与证书管理办法正在征求意见，总队的办公环境经过整治面貌焕然一新。总之，总队通过扎实的基础建设，已经构建起适合海监特点的新的运作机制，展现出新的精神风貌。（中国海监总队供稿）

【北海海洋执法监察】 **1. 中国海监北海总队成立**

1999年8月18日中国海监北海总队成立，在山东青岛举行了隆重的挂牌仪式，这是国家海洋局依据国务院赋予的“负责建设和管理中国海监队伍，依法实施巡航监视、监督管理、查处违法活动”的职责而组织建立的北海区中国海监队伍。

挂牌仪式在国家海洋局北海分局举行，国家海洋局党组副书记、常务副局长、中国海监总队总队长王曙光、海军北海舰队政治部主任袁玉清少将、青岛市副市长杨军、国家海洋局北海分局局长王志远、党委书记王广俊、北海分局副局长、北海总队总队长宋义葆、政委魏文良以及军地有关单位代表出席了挂牌仪式。

挂牌仪式结束后，中国海监北海总队在青岛大公岛海域举行了由5艘中国海监船、3艘中国渔政海监船和2架中国海监飞机组成的海上编队演习。中国海监总队王曙光总队长检阅了演练编队。

中国海监北海总队隶属国家海洋局北海分局和中国海监总队双重领导，由中国海监山东省总队、河北省总队、辽宁省总队、天津市总队以及中国海监大连市支队、青岛市支队、中国海监第一支队和中国海监航空支队组成。中国海监北海总队是一支由国家和地方政府共同组建、实行统一业务领导的海区执法监察队伍，由国家海洋局北海分局副局长出任北海总队总队长。北海区各省、直辖市和计划单列市海监总队、支队的领导出任北海总队的副总队长。

中国海监北海总队的主要职能是依照法律和规定对北纬35°以北的中国管辖海域（包括海岸带）实施巡航监视、查处侵犯海洋权益、违法使用海域、损害海洋环境与资源、破坏海区设施、扰乱海区秩序等违法违规行为。北海总队以海上、空中、陆岸一体化的巡航方式，对中国管辖海域实施不间断的监控。依靠执法的整体功能和效率，为维护中国海洋权益，保护海洋环境和资源，提高中国海洋管理水平而努力工作。

2. 1998年渤海联合执法行动

为强化对渤海海洋环境、海洋资源的管理，加大海洋执法监察力度，促进渤海经济持续健康的发展，1998年3～7月，国家海洋局北海分局协同环渤海省市海洋主管机构共同组织实施了渤海联合执法行动。

1998渤海联合执法行动分两个阶段进行，历时53天，沿岸陆地巡视动用车辆27部，参加人员近千人次。海上巡视动用“中国海监”船和“中国渔政海监”船28艘，空中巡视动用中国海监飞机两架。依据中国现有海洋法律法规，对渤海区域陆源污染，海域使用，海岸侵蚀，石油开采，海洋倾废，船舶排污和休渔管理等进行全面的执法监察。

本次执法全面了解了环渤海海区海洋管理的基本情况，查处了大量违法违规事件，进一步宣传了有关海洋法律法规，提高了涉海企业、部门及沿海人民群众自觉守法遵法的自觉性。

（中国海监北海总队信息处供稿）

【东海海洋执法监察】 **1. 执法监察情况** 1998～1999年，东海分局出动“中国海监”船164航次，2 346名（次）海洋监察员出海执法监察679d，航行3 632h、34 839.7n mile；安排“中国海监”飞机在东海区历时318d，飞行80架次，累计飞行251.1h，55 242km，获取摄像资料8h32min、负片1 382张、数码照片419张、红外/紫外记录资料23min；派出“中国海监”车辆和海洋监察员，行车里程26 090km，加强登检涉嫌违章船舶，查获各类违法违规事件38起，其中立案31起，罚款17起计17.75万元，警告14起。同时，发布《东海巡航通报》和《东海执法监察通报》17期1 380份。

（1）海域使用监督检查。1999年依据《国家海域使用管理暂行规定》的规定和财政部、国家海洋局《关于海域使用检查工作的通知》（国海管发[1999]262号）的要求，东海分局组织中国海监第四、五、六支队重点检查了上海市，浙江舟山、宁波，福建厦门市、泉州市、漳州市、龙海市的海域使用现状，基本摸清了情况，特别是通过对上海市沿海的三区三县的执法检查，推动了上海的海域使用管理工作。

（2）海砂开采专项执法监督检查。为贯彻国土资源部《关于加强海砂开采管理的通知》的精神和《国家海域使用暂行规定》，针对东海区近岸海域违法开采海砂活动十分严重的状况，东海分局会同东海区各省市海洋、地矿部门，分别于1999年10月和12

月，组织中国海监第四、五、六支队采取海上登临检查采砂船只与陆上调查相结合的方式，分别对浙江省舟山、宁波，杭州湾、长江口，福建省南部的近岸海域开展了海砂开采的专项执法监督检查。通过检查表明：浙江省舟山市、宁波市，福建省厦门市、泉州市、漳州市、龙海市等地的非法采砂活动十分严重，全部集中在海岸线附近海域；长江口、杭州湾海域未发现采砂现象。

（3）海底电缆管道执法监察。依据《铺设海底电缆管道管理规定》及有关规定，1998～1999年，东海分局在中日、环球、中美和亚欧海底光缆路由两侧各两海里范围内，查获危及光缆安全与使用效能的作业船舶88艘次，其中，经教育后驶离的64艘次，采取强制措施的24艘次，对情节恶劣的4艘次违章船舶，予以立案查处。

（4）海洋倾废执法监察。1998～1999年，东海分局采取船舶巡航、陆上定点、随航核实等常规方式，结合专项突击执法检查行动，加强对海洋倾废活动的执法监察力度，两年内依法查获违章倾废事件18起，分别为未经批准倾废案8起，未办理许可证擅自倾倒案3起，未按规定填写《疏浚物倾倒情况记录表》案7起，其中处以罚款13起计10.15万元，警告5起。通过严厉查处倾废违章行为，保障了《海洋倾废管理条例》各项规定的实施。

（5）海洋石油勘探开发环境保护执法监察。依据《海洋石油勘探开发环境保护管理条例》及有关规定，东海分局组织对海洋石油平台进行例行性公务检查，对平湖油气田生产平台进行执法监视，同时做好应急监视工作。1999年11月10日，根据有关单位的举报，在不到2小时内备便了“中国海监”飞机和船舶，成功地实施了对一外国钻井平台应急监视的各项准备。

（6）陆源污染物排海监督监视。1998～1999年，东海分局把上海市南区、西区，浙江舟山定海港和宁波北仑港的排污口作为监视监测重点，其中使用中国海监飞机航高2 400m，对上海市南区、西区排污口进行了航空摄影，较精确地计算了可见污水带扩散形状及面积，还整理了航空监视排污口的专题取证照片。另外，及时发现6次赤潮现象，立即通报当地政府及有关部门采取紧急措施；将1988～1999年海监飞行发现赤潮现象进行了总结与分析，编写了《1988～1999年东海区海监飞行发现赤潮次数统计与分析》专题报告。

（7）海洋生态保护监督检查。东海分局组织了对金山三岛海洋生态自然保护区进行执法监督检查和实地考察；对“启兴沙”进行定位和航摄，基本确定了其位置及当月最低潮位时露出水面的面积。

（8）海洋权益维护监督监视。依据《中华人民共和国涉外海洋科学研究管理规定》等有关法律法规的规定，1999年10月中旬至11月上旬，东海分局安排“实践”船和“中国海监47”船对非法进入中国管辖海域的外国调查船舶进行了专项监视。依据中国现行法律法规，使用中国海监船舶、飞机，对进入东海海域进行海底光缆铺设、修理和平湖油气田管道作业的日、英、法、意大利、荷兰等7个国家26艘次船舶实施执法监督检查，并于1998年2月11日，派出海洋监察员对进行平湖油气田海底输油、天然气管道铺设施工的注册“NASSAU”的“BAR331”船实施例行性公务检查。

2. 综合执法行动

1998年根据国家海洋局的统一部署，东海分局于8月下旬会同宁波市海洋与水产局、交通部宁波海上安全监督局、宁波市渔政渔港监督管理处等海洋管理部门，组织开展了宁波海域联合执法行动。此次行动投入“中国海监3807”机和“中国海监47”、“东巡12”、“中国渔政731”、“中国渔政745”、“中国渔政747”等5条执法船只，100余名海洋、海上安全监督、渔政执法监察人员从空中和海上采取点面结合、海空协同的方式，依法对宁波市管辖海域的海洋资源和海洋环境及渔政管理等情况实施了巡视检查。

1999年按照国家总队建设“一体化”执法监察体制的总体部署，结合东海区实际情况，在浙江省舟山、宁波，福建省闽南、闽东海域组织了多次海洋综合执法行动。

3. 执法人员培训

根据国家海洋局“九五”海洋监察员培训计划，东海分局共安排并组织实施两期海洋监察员培训班和一期海监飞行监察员基本技能与政策教育培训班，培训一线岗位执法人员226名。同时，为提高海洋监察员的依法行政水平，组织海洋监察员参加《行政处罚法》等“四法”和《宪法学》、《行政法学》的培训，进一步提高了海洋执法监察队伍的综合素质。

（国家海洋局东海分局执法处供稿）

【南海海洋执法监察】 **1. 1998广东沿岸海域海空联合执法行动** 1998年结合国际海洋年宣传工作南海分局与农业部南海区渔政渔港管理局、广东省海洋与水产厅共同组织了大规模的1998广东省沿岸海域海空联合执法行动。行动目的是：检查海域使用、海洋倾废、海洋环境保护情况及对渔船、渔场进行监管，查处违法违规行为。

1998广东沿岸海域海空联合执法行动于5月18～24日和6月15～20日进行，分别对粤东、大亚湾到珠江口沿岸海域进行检查。行动中，共出动中国海监飞机1架，中国海监船、中国渔政船、中国渔政海监船及所属快艇共32艘次，车辆16辆次，执法人员200余名。这次联合执法行动，海监飞机监察飞行8架次、17个飞行小时；船、艇航行累计4 000余海里；检查违规围海造地工程7项，登检倾废作业船5艘，检查作业渔船330多艘，处罚违章用海2宗，违规倾倒作业船1艘，违规作业渔船19艘。近20家新闻单位对这次联合执法行动进行了采访和报道，其中，文字报道近30次，电台、电视台播出近百次。广州电视台制作了2个专辑，并在“城市话题”栏目中播出，羊城晚报以《巡航在广东海岸线上》为题，在新闻影刊作图片专版报道。中央电视台“焦点访谈”节目组就检查中发现的汕头市南澳县围海造地问题进行了专门采访。

2. 南海首次伏季休渔监察

1999年，南海区首次实行伏季休渔制度。应广东省渔政海监检查总队的要求，南海分局派出中国海监飞机，大力支持，密切配合首次伏季休渔监管。6月1日至7月20日，“中国海监B-3807”飞机共飞行15架次，航时44h 40min，航程近万公里。分别对台湾浅滩渔场以及从广东与福建交界的饶平三百门到广西的防城等61处渔场和港口，以及南海北部、北部湾北部海域的渔场海洋石油开发区进行了空中监视。海监飞机还利用机载雷达对航线附近30n mile内海域进行监察，特别是对珠江口外海域的370渔区、北部湾北部海域的389、390、391渔区进行了专门检查。

中国海监飞机参加南海区首次伏季休渔监管工作，充分发挥了海监飞机机动灵活、空中监视尺度大、反映速度快、工作效率高的特点，分局海洋航空执法监察人员与广东省渔政海监检查总队的检查售货员密切配合，有力地补充了地面和海上的监管工作，显示出海监飞机的强大威慑力，在广大渔民中引起了强烈的反响，大大地加强了休渔监管力度，有效地促进了休渔制度的顺利实施。

3. 海、陆、空立体联合执法监察

1999年10月、11月，中国海监南海总队与广东省渔政海监检查总队两次组织湛江地区沿海各有关海洋管理部门和执法监察队伍，派出“中国海监3808”飞机和多艘渔政海监船及所属快艇，对粤西湛江至海陵岛一带海域实施海、陆、空立体联合执法监察。主要检查目标为：粤西沿海一带倾废区使用和海域环境状况；湛江发电厂、湛江康居工程、湛江宝满工业区、中国海洋石油总公司南海西部石油公司海上公园填海工程、茂名市电白炼油厂填海工程、阳江市海陵岛围海养殖等围海、填海工程；粤西沿海禁渔区线附近渔场。通过2次检查，对海域使用法规进行了广泛的宣传，使用海单位提高了规范用海的认识。联合执法，显示出国家与地方执法力量的联合对违法违规用海者具有强大的威慑力，使海域使用管理等工作中的一些“老、大、难”问题得以开始进入解决程序。

（国家海洋局南海分局供稿）

（上接330页）

为了监测中国近海主要海洋现象的变化情况，国家海洋局在渤海、黄海、东中国海和南中国海分别选择了若干断面（标准断面），坚持每年对这些断面进行监测。1998年在上述4个海区的13条断面进行了219站次的监测，共获得数据量415 190B。1999年对上述4个海区的13条断面进行了195站次的监测，共获得数据量299 348B。

浮标资料 浮标是获取海上定点、连续的海洋环境资料的有效方法，国内在北海、东海、南海三个海区各设立了一个资料浮标固定站位，主要观测水文气象项目。

1998年，3个站位共获取数据量49 747组；1999年，3个站位共获取数据量53 908组。

卫星遥感资料 国家海洋环境预报中心每日接收处理气象卫星资料，用于海洋环境预报。其中长年接收日本GMS静止卫星红外、可见光资料，每日资料量140MB左右；冬季每天接收NOAA极轨卫星资料，用于海冰监测，日资料量10MB左右。

船舶水文气象辅助观测资料 船舶水文气象辅助观测是组织部分远洋、近海运输船等进行海上水文气象观测，所获取的大面积、非定点的第一手海上观测资料，对提高海洋预报准确率、保障船舶航行和海上作业安全具有十分重要的意义。

1998年共61艘船舶参加水文气象辅助测报，获取数据量共33 578组；1999年共56艘船舶参加水文气象辅助测报，获取数据量共28 880组。

（齐 平）

海洋环境保护
Marine Environmental Protection

综 述
Summary

【概况】 1998国务院进行机构改革。国家在充分发挥各部门现有海上力量和技术优势的基础上，强化了国家海洋局监督管理海洋环境保护的力度，进一步理顺了管理体制，为依法管理海洋环境提供了组织保障。国务院赋予国家海洋局“监督管理海洋环境保护”的具体职责是“组织拟订海洋环境保护与整治规划、标准和规范，拟定污染物排海标准和总量控制制度。按照国家标准，监督陆源污染物排入海洋，主管防止海洋石油勘探开发、海洋倾废、海洋工程造成污染损害的环境保护；管理海洋环境的调查、监测、监视和评价，监督管理海洋自然保护区和特别保护区。核准新建、改建、扩建海岸和海洋工程项目的环境影响报告书。管理海洋观测监测、灾害预报警报、综合信息、标准计量等公益服务系统。负责发布海洋灾害预报警报和海洋环境预报”（国办发[1998]44号文）。

为做好海洋环境保护工作，国家海洋局于1998年9月颁布《全国海洋环境保护管理工作纲要》，明确了新形势下海洋环境保护管理的要点任务和主要措施：①建立完善各项环境保护法规制度；②继续抓好现行海洋环保法律、法规和规章的实施；③制定海洋环境保护与整治规划；④建立入海污染物总量控制制度；⑤建立海洋和海岸工程环境保护管理制度；⑥进一步加强海洋自然保护区的监督管理；⑦完善海洋环境监测体系；⑧健全环境标准体系，加强环境质量监督；⑨加强海洋防灾减灾管理体系建设；⑩建立海洋环境保护管理信息系统，并对各级海洋行政管理部门深入开展环境保护管理工作提出了要求。

1998年全国九届人大将《中华人民共和国海洋环境保护法》的修订工作列入九届人大立法计划，1999年12月25日，《中华人民共和国海洋环境保护法（修正案）》经九届全国人大第十三次会议审议通过。新修订的《中华人民共和国海洋环境保护法》于2000年4月1日生效实施。为了强化海洋环境管理，适应国际海洋事务的发展，这次修订完善了法律制度的规定，增加了“海洋环境监督管理”和“海洋生态保护”两章内容，强化了有关法律责任，与国际公约的衔接更加紧密，对保护和改善海洋环境，保护和利用海洋资源，维护生态平衡，防治污染及损害，将起到积极作用。特别要指出的是修订后的《中华人民共和国海洋环境保护法》以法律形式明确了“国家海洋行政主管部门负责海洋环境的监督管理”的职责：负责组织海洋环境的调查、监测、监视、评价和科学研究。负责全国防治海洋工程建设项目和海洋倾倒废弃物对海洋污染损害的环境保护工作。管理全国海洋环境的调查、监测、监视，制定具体的实施办法，会同有关部门组织全国海洋环境监测、监视网络，定期评价海洋环境质量，发布海洋巡航监视通报。负责管理海洋综合信息系统，为海洋环境保护监督管理提供服务。为海洋行政主管部门今后开展海洋环境保护监督管理提供了强有力的法律依据。

为进一步提高全民族的海洋意识，在’98国际海洋年之际，经国务院批准，国家海洋局牵头组织开展了丰富多样的海洋宣传活动。同时积极配合全国人大开展“《中华人民共和国海洋环境保护法》执法大检查”和“中华环保世纪行——建设万里文明海疆”活动，引起各级党政领导和社会各界对海洋环保的重视和支持，海洋资源与环境已成为人们共同关注的一个热点。（司 慧）

陆源污染控制与管理
Land-based Pollution Control and Management

【入海河流的陆源污染控制和治理措施】 近岸海域的污染物80%来自陆地，因此抓好陆源污染的防治，是保护海洋环境的重点和关键，而流域的水污染防治和治理又是入海河流陆源污染控制的根本。1998～1999年间，国家环境保护部门在各大入海河流的陆源污染控制方面做了很多工作。下面分别对主要入海河流的陆源污染控制工作做一介绍。

淮河流域 1998年淮河流域的水污染防治措施主要包括淮河流域总量控制的实施、推动城市污水处理厂建设和加强监督检查。至1998年4月，全流域1 562家日排污水量在100t 以上超标排污企业，已完成治理工程并通过验收的有826家，占52.88%；正在调试的331家，占21.19%；停产治理的185家，占11.84%。

海河流域 1998年9月《海河流域水污染防治规划》的编制工作完成送审稿，国家环保总局经局务会讨论并原则通过，报国务院审定。要求流域内工业污染源限期内必须达标排放，同时流域内的重点城市应建二级污水处理厂。

国务院于1999年初批复了海河流域水污染防治规划，要求到2000年底流域内所有工业污染源都要做到达标排放，海河流域需要建设城市污水处理厂90座。截至1999年底，海河流域1 591家重点污染源中，794家已达标，166家治理工程已完工待验收，204家正在施工，停产、关闭276家，尚有156家未动工，约占10%。城市污水处理厂进展较差，海河流域仅建成4座、在建17座、69座尚未动工。

辽河流域 国务院于1999年初批复了辽河流域水污染防治规划，要求到2000年底流域内所有工业污染源都要做到达标排放，辽河流域需要建设城市污水处理厂34座。截至1999年底，辽河流域707家重点污染源中，393家已达标，12家治理工程已完工待验收，94家正在施工，停产、关闭102家，尚有107家未动工，约占15%。辽河流域建成城市污水处理厂3座，在建13座、18座尚未动工。

【渤海碧海行动计划“环境专项调查”】 1998年12月8～9日，国家环保总局在北京召开了渤海环境保护工作会议，决定以渤海为重点，讨论实施碧海行动计划。1999年初，国家环保总局组织环渤海三省一市及有关涉海部门开展了渤海碧海行动计划环境专项调查。“环境专项调查”的目的是全面摸清影响渤海环境质量的主要污染源和主要污染物及其分布状况，科学评价海域环境质量现状和变化趋势，找出现存的和潜在的主要环境问题，提出相应的对策建议，为制定《渤海碧海行动计划》提供依据。

“环境专项调查”涉及环渤海130个县（市、区）辖区及海域。调查内容包括自然环境和社会概况、自然资源概况和发展规划、近岸海域环境功能规划、海域污染源调查与评价、近岸海域环境质量调查与评价、海域生态环境损害和污染灾害事故、近岸海域污染治理状况、海洋环境管理、海洋环境监测和科研等。调查的基本方法是以检索、搜集现有的资料为主，适当附以增补性的调查。

“环境专项调查”的成果由《渤海碧海行动计划环境专项调查总报告》和辽宁省、河北省、天津市、山东省的《渤海碧海行动计划环境专项调查报告》以及《环境质量与污染状况专题报告》、《环境工程与生态工程规划专题报告》、《环境质量预测与管理信息系统专题报告》、《海洋生态系统结构与动态变化专题报告》、《海洋生态生物资源及其环境影响专题报告》、《防治船舶及其相关作业污染损害专题报告》、《政策与法规专题报告》共同组成。

【中韩黄海环境联合调查】 根据国家环保总局和韩国海洋水产部签定的1998年黄海环境合作研究协议，1998年10月30日至11月22日，中韩双方共同进行了1998年度中韩黄海环境合作研究。韩方的承担单位是韩国国立水产研究振兴院（NFRDI）下属位于仁川的西海水产研究所（WS-FRI），中方的承担单位是中国科学院青岛海洋所和近岸海域环境监测网中心站。调查共设24个站位，由平行的A线（石岛—仁川）、B线（青岛—群山）和C线（盐城—木浦）组成，其中A线有6个站位，B线和C线各9个站位。采样与分析采用了韩方提供的方法，并且双方共同采样、共同分析。其中包括DO、SS、COD、油类、TOC、营养盐、重金属（水质和沉积物）、浮游动植物等8大类样品，这些样品均被带回实验室进行分析。而对水温、盐度、透明度、pH值项目逐点进行现场测试。分析结果表明，调查海域的水质良好，除韩方沿岸的个别站位的个别项目水质超中国海水水质一级标准外，其余各测站所有项目均达到一类海水标准。目前黄海海域环境污染问题主要表现在沿海各国的近岸海域。

根据国家环保总局和韩国海洋水产部于1999年签订的黄海环境合作研究协议，双方又进行了合作研究。双方项目承担单位与调查站位数与1998年大体相同，其中A线的A1站位应韩方要求向外海一侧做了移动，B线和C线各9个站位没有变化。根据协议，1999年合作研究的采样、分析方法与1998年相同。调查项目包括室内化验项目和现场测试项目，室内化验项目在1998年的基础上新增加了多氯联苯一项，现场测试项目没有改变。结果表明，调查海域的水质良好，目前黄海海域环境污染问题主要表现在各国沿海的近岸海域。

【东、南海近岸海域环境调查】 1998年10月8日至12月11日，国家环保总局继1997年对中国渤海海域、黄海海域近岸海域环境综合调查之后，又组织“国家环保总局近岸海域环境监测网”的组长单位——浙江省舟山海洋生态环境监测站及44个成员单位对东、南海近岸海域环境进行了66天的综合调查。调查内容涉及自然概况、经济和社会概况、水文、气象、陆地污染源、海上污染源、水生生物、沉积物、海水水质、入海排污口、放射性等10个方面170个项目。调查范围为：东海北起长江口北岸，南至福建东山湾，东至30m等深线以西近岸海域；南海东起汕头南澳岛，西至广西北仑河，南至30m等深线以北近岸海域。共布设监测点位305个。

参加调查的有上海、浙江、福建、广东、广西和海南等6个省（自治区、直辖市）环保局（厅），34个市（县）环保局和44个环境监测站及有关单位共2 000余人，出动车辆113辆，船只83艘，动用仪器设备210台（套）。

这次综合调查由海上和陆源两部分组成。国家环保总局“浙海环监”号监测船（总吨位540t，船长54m，吃水2.5m）承担海上监测调查的主要任务，沿海各主要城市配合"浙海环监"号监测船进行了同步采样和监测。

截止1998年12月7日，共采集各类样品7 641份，完成监测项目120多项。根据这些资料进行初步分析，东、南海近岸海域水质主要受无机氮和无机磷的影响，其次是化学耗氧量和石油类。在调查过程中，一、二、三、四类水质均有发现，从总体来讲，南海水质好于东海，南海水质主要为一、二类。

【沿海城市的达标排放】

大连 1998年，全市共完成污染治理项目199项，总投资1.6亿元，其中环保补助资金4 599万元。到年底，已有128个企业完成了治理任务，实现了达标排放。全市工业废水、废气、废渣和粉尘治理率分别达到89.5%、89%、51%和89%。1998年，大连市627个汇总企业的工业废水排放总量为32 208万t，其中直排入海的有29 190万t，工业废水达标排放量为27 805万t，达标排放率为86.3%。

天津 市环保局在调查核实的基础上，分4批对943个超标污染的市属企业下达了限期治理计划，截至1998年年底，市属单位和区县以下下属单位分别完成了3年期限治理任务的60%和61%。1998年，天津市2 460个汇总企业的工业废水排放总量为19 328万t，其中直排入海的有1 349万t，工业废水达标排放量为15 315万t，达标排放率为79.2%。

青岛 1998年，全市安排限期治理项目66个，关停并转迁项目11个，治理总投资3 643.49万元，其中环保贷款731.5万元。1998年，全市809个汇总企业的工业废水排放总量为9 168万t，其中直排入海的有4 096万t，工业废水达标排放量为6 301万t，达标排放率为68.7%。

上海 根据污染物排放总量控制计划目标，1998年全市有76家重点污染企业完成达标治理任务，累积占总量控制目标任务的72.6%。1998年，上海市2 189个汇总企业的工业废水排放总量为90 020万t，其中直排入海的有10 188万t，工业废水达标排放量为79 356万t，达标排放率为88.2%。

宁波 1998年，宁波市769个汇总企业的工业废水排放总量为13 102万t，其中直排入海的有1 895万t，工业废水达标排放量为9 082万t，达标排放率为69.3%。

厦门 1998年，厦门市755个汇总企业的工业废水排放总量为3 277万t，其中直排入海的有872万t，工业废水达标排放量为2 397万t，达标排放率为73.1%。

深圳 1998年，深圳市655个汇总企业的工业废水排放总量为3 087万t，其中直排入海的有805万t，工业废水达标排放量为2 865万t，达标排放率为92.8%。

海口 1998年，海口69个汇总企业的工业废水排放总量为1 048万t，其中直排入海的有1 009万t，工业废水达标排放量为943万t，达标排放率为90.0%。

【沿海地区的建设项目环评执行情况】

辽宁 1998年辽宁全省办理设立的建设项目数为5 094个，其中5 011个向环保部门申报，有81个编制了环评报告书，1 073个项目填报了环评报告表，环评制度执行率为98.4%。

天津 1998年天津市办理设立的建设项目数为1 319个，并且全部向环保部门做了申报，有12个编制了环评报告书，837个项目填报了环评报告表，环评制度执行率为100%。

山东 1998年山东全省办理设立的建设项目数为5 496个，其中5 264个向环保部门申报，有97个编制了环评报告书，2 845个项目填报了环评报告表，环评制度执行率为95.8%。

江苏 1998年江苏省办理设立的建设项目数为12 796个，其中12 763个向环保部门申报，有193个编制了环评报告书，6 643个项目填报了环评报告表，环评制度执行率为99.7%。

上海 1998年上海市办理设立的建设项目数为3 203个，其中3 051个向环保部门申报，有101个编制了环评报告书，2 763个项目填报了环评报告表，环评制度执行率为95.3%。

福建 1998年福建全省办理设立的建设项目数为6 102个，其中5 727个向环保部门申报，有77个编制了环评报告书，4 467个项目填报了环评报告表，环评制度执行率为93.9%。

广东　1998年广东全省办理设立的建设项目数为20 623个，其中20 005个向环保部门申报，有330个编制了环评报告书，13 023个项目填报了环评报告表，环评制度执行率为97%。

海南　1998年海南全省办理设立的建设项目数为683个，其中355个向环保部门申报，有18个编制了环评报告书，293个项目填报了环评报告表，环评制度执行率为98.4%。

【近岸海域环境功能区划】　为加强近岸海域环境保护，适应沿海地区经济、社会发展的需要，国家环保总局组织开展了全国近岸海域环境功能区划工作。近岸海域环境功能区划是制定海洋环境保护规划，推行各项环境管理制度，强化海洋环境保护监督管理，实行入海污染物总量控制，实施海洋环境目标管理的基础工作，对加强海洋环境保护工作具有重要意义。

为尽快完成此项工作，1998年9月18日国家环保总局下发了《关于近岸海域环境功能区划工作有关问题的通知》；10月27日，总局自然生态保护司又下发了《关于抓紧完成近岸海域环境功能区划工作的紧急通知》，督促各地尽快完成任务。截止1998年底，按照国家《海水水质标准》（GB3079-1997）编制或调整的近岸海域环境功能区划方案，已经当地政府批准的有河北、天津、浙江和广西4省（市、自治区）。

在1998年工作基础上，经过各方的共同努力，到1999年底，全国11个沿海省、自治区、直辖市，已有10个完成了按照国家《海水水质标准》（GB3079-1997）调整后的"近岸海域环境功能区划方案"向当地政府的报批工作。年内已经开始汇总编制"全国近岸海域环境功能区划方案"的相应工作。为了规范全国近岸海域环境功能区划工作的管理，做好海洋环境保护的基础性工作，国家环境保护总局于11月10日召开局务会审议通过了《近岸海域环境功能区管理办法》，并以国家环境保护总局令第8号实施。

（国家环保总局海洋环保办公室供稿）

海洋自然保护区建设与管理
Construction and Management of Marine Nature Reserves

【概况】　自1998年以来，为了推进海洋保护区工作再上一个新台阶，国家海洋局进一步加强了对已建国家级、地方级海洋自然保护区的管理工作的组织、协调、监督和指导，并积极推进选划、建设新的地方级海洋保护区。组织各国家级海洋自然保护区在充分利用已有资料的基础上，开展补充调查和科学研究，完善科学报告，加强法规制度建设和执法管理，开展国内外交流与合作，使保护区在原有基础上得到了提高。积极开展了自然保护区的宣传，提高了当地政府和民众对海洋生态保护的认识。加强了法规制度建设，编制了保护区发展规划，配备了管理人员，加强了海洋环境监察监视和执法管理，保护与管理方式逐步由以往的简单看管保护走向主动恢复资源、改善环境的轨道，保护区建设管理工作取得明显成效。

督促指导国家级海洋自然保护区，建立健全法规制度。1999年，《天津古海岸与湿地自然保护区管理办法》和《浙江南麂列岛自然保护区条例实施细则》分别由天津市和浙江省人民政府批准颁布实施。国家海洋局还组织了对1983年颁布实施的《中华人民共和国海洋环境保护法》的修订工作，专门增加了"海洋生态保护"一章，对红树林、珊瑚礁、滨海湿地生态系的保护有了更加明确、具体的规定，使海洋保护管理工作有了更具体的法律依据。

1999年12月28日，在人民大会堂隆重召开的由全国人大常委会、全国政协、国家环保总局、国土资源部、国家林业局、农业部、国家海洋局等有关部门领导、有关国际组织代表以及全国29个省、自治区、直辖市的有关部门代表和自然保护区的先进集体、先进个人参加的"全国自然保护区管理先进集体、先进个人表彰会暨国际生物多样性日纪念会"上，国家海洋局主管的海南三亚珊瑚礁、浙江南麂列岛两个国家级自然保护区荣获先进集体称号，海南三亚珊瑚礁自然保护区管理处主任石福、浙江南麂列岛自然保护区管理局局长曹光招、河北昌黎黄金海岸自然保护区管理处副处长段新玉、广西山口红树林自然保护区管理处副处长陈光华等4人荣获先进个人称号。海南三亚珊瑚礁自然保护区管理处主任石福还代表海洋系统自然保护区在先进事迹报告会上介绍了管理工作经验，得到了与会领导和代表的一致赞赏。国家海洋局副局长孙志辉在主席台上就座，并与全国人大常委会副委员长布赫、全国政协副主席杨汝岱、国家环保总局局长解振华等领导为先进集体、先进个人颁奖。会后，副局长孙志辉和环保司司长王飞会见了海洋系统自然保护区先进集体、先进个人代表，向他们表示祝贺，并勉励大家继续努力，为中国海洋自然保护事业做出更大贡献。

1997年3月，国家海洋局根据浙江省海洋局和南麂列岛保护区管理局的要求，通过中国人与生物圈国家委员会向联合国教科文组织推荐，报送了南麂列岛保护区要求加入国际生物圈网络的申请。1998年12月，联合国教科文组织人与生物圈计划国际协调理事会执行局正式批准浙江南麂列岛保护区成为国际生物圈保护区。按照联合国教科文组织惯例，1999年6月，在南麂列岛保护区所在地平阳县，联合国教科文组织官员为南麂列岛国际生物圈保护区颁发证书，国家生物圈委员会和国家海洋局的领导为保护区授牌，有关领导和专家参观考察了保护区，对保护区的建设管理提出了评估意见，并对今后如何管理好保护区，使其成为人与自然和谐相处的海上生态乐园提出了建设性意见。

1999年1月，根据广西自治区海洋局和山口红树林国家级自然保护区管理处的要求，国家海洋局又通过中国人与生物圈国家委员会向联合国教科文组织推荐，报送了山口红树林自然保护区要求加入国际生物圈网络的申请。1999年12月，广西山口红树林国家级自然保护区加入国际生物圈组织的申请也获得联合国教科文组织人与生物圈计划国际协调理事会执行局全体会议通过。

1998年至1999年9月，国家海洋局环保司组织了北仑河口红树林保护区由自治区级晋升为国家级的升级申报工作。在1999年11月16～18日召开的国家级自然保护区评审中，广西北仑河口海洋自然保护区由自治区级升为国家级的申请，获得国家级评审委员会的一致通过。

1999年，为加强海洋生态管理工作，首先从保护区生态监测入手，组织完成了河北昌黎黄金海岸自然保护区春、夏、秋、冬四个季度月的外业调查，并开展了样品鉴定、数据统计和监测报告编写工作。

1998～1999年期间，国家海洋局还选划建立了河北黄骅古贝壳堤省级、辽宁原生沙质海岸与海洋生物多样性县级、山东无棣贝壳堤县级3个海洋类型自然保护区。根据大连湾及其临近海域大比例尺海洋功能区划和大连市“九五”计划以及2010年长期规划，国家海洋局指导大连市海洋局自1998年开始组织海洋科研单位和院校技术人员，开展了老偏岛—玉皇顶海洋生态和海王九岛海洋景观两个地方级保护区的选划调查工作，1999年11月通过了大连市有关部门领导和有关科研院校专家参加的论证，12月根据专家所提意见，对论证报告进行了修改和完善，通过当地环保部门向市政府申报建立市级海洋自然保护区。

为履行《中美海洋渔业与科技合作协定》下的海洋与海岸带综合管理协调小组第一次会议纪要确定的任务，国家海洋局与美国海洋大气局在红树林、珊瑚礁、滨海湿地方面建立了三对姊妹保护区，在海岸带综合管理、宣传教育、生态旅游、海洋环保法律等方面开展了合作与交流，1999年3月，中国国家海洋局和美国国家海洋大气局在海南三亚联合举办了海洋自然保护区管理人员研讨会，进一步加强了双方在海洋生态保护领域的交流与合作。

根据《中美海洋渔业与科技合作协定》下中美海岸带综合管理联合协调小组会议纪要，为实施海洋环境保护及海岸带综合管理项目，应美国商务部国家海洋大气局（NAOO）的邀请，国家海洋局选派海洋环境保护和自然保护区管理人员5人于1999年6～7月间，分两批赴美参加为期1～2周的“海洋保护区管理人员培训班”和“海岸带综合管理法律培训班”。主要内容是针对美国的自然保护区管理和海岸带立法体制及有关海洋、环境、资源保护的方法、有关法律、法规进行授课培训，并实地考察了美国的海洋保护区，通过授课培训及参观访问，对美国的立法体系及相关海洋、环境、资源的综合管理和法律法规制度有了初步了解。

1998年9月29日至10月8日，国家海洋局与世界自然(香港)基金会在米埔保护区合作举办了第四期海岸带湿地保护区管理研讨班，开展了研讨交流；1999年10月25日至11月1日，又举办了第六期海岸带湿地保护区管理研讨班。在北京和台北举办的海峡两岸自然保育研讨活动中，国家海洋局环境保护司的海洋生态保护工作人员介绍了海洋部门海洋自然保护区和海洋生物多样性保护的情况，这些研讨交流活动，使海洋自然保护区管理人员的理论水平和管理能力都有了很大提高。

1999年，在三亚国家级珊瑚礁自然保护区的基础上，组织开展了“南海珊瑚礁生态系统信息库建设”项目，完成了资料收集、典型区域补点调查和数据分析、处理等工作，为今后建设中国珊瑚礁生态系统信息库提供科学依据。

机构改革后，为配合海洋环境保护法的修订和贯彻实施，加强海洋环境保护工作的宣传力度，根据新职责、新任务和实际工作需要，将内部刊物《海洋自然保护工作通讯》更名为《海洋环境保护工作通讯》，并增加了宣传内容，扩大了发行范围发至国务院各有关部委、中国科学院系统有关单位、各海洋科研院所、海洋大专院校，沿海各省、自治区、直辖市和计划单列市海洋行政主管部门，国家海洋局领导及有关单位，突出了海洋环境保护工作重点。

1998～1999年，国家海洋局组织制定了国家标准《海洋自然保护区类型与级别划分原则》和《海洋自然保护区管理技术规范》。1998年10月经国家质量技术监督局批准颁布，并于1999年4月实施。《海洋自然保护区管理技术规范》，1999年在征求意见基础上进行了修改，现正在组织对征求意见稿进行修改完善。

1998～1999年，国家海洋局在开展海岸带湿地保护工作的同时，积极配合林业部门牵头组织《中国湿地保护行动计划》的编制和修改，并承担其中“海岸带湿地保护行动计划”的编写。海洋环境保护司有关领导和人员分别担任《中国湿地保护行动计划》领导小组和联络组成员。对《中国湿地保护行动计划》第四稿特别是海洋湿地保护部分提出了具体修改意见。

截止1999年，全国已有国家级和地方级各种类型的海洋自然保护区60个，其中海洋海岸生态系统保护区30个，海洋自然遗迹保护区7个，海洋生物多样性自然保护区23个。（王艳香）

表1　中国国家级海洋自然保护区（截止1999年）

保护区名称	所在地区	面积(hm^2)	主要保护对象	主管部门
蛇岛—老铁山自然保护区	辽宁旅顺口	17 000	蝮蛇、候鸟及其生态环境	国家环保总局
鸭绿江口滨海湿地自然保护区	辽宁东港市	112 180	沿海滩涂、湿地生态环境及水禽、候鸟	国家环保总局
昌黎黄金海岸自然保护区	河北昌黎	30 000	自然景观及其邻近海域	国家海洋局
盐城珍禽自然保护区	江苏盐城市	453 000	丹顶鹤等珍禽及滩涂湿地	国家环保总局
南麂列岛海洋自然保护区	浙江平阳县	20 106	岛屿及海域生态系统、贝藻类	国家海洋局
深沪湾海底古森林遗迹自然保护区	福建晋江市	3 400	海底古森林、牡蛎礁遗迹	国家海洋局
惠东港口海龟自然保护区	广东惠东县	800	海龟及其产卵繁殖地	农业部
内伶仃岛—福田自然保护区	广东深圳市	858	猕猴、鸟类和红树林	国家林业局
湛江红树林	广东 廉江县	11 927	红树林生态系统	国家林业局
山口红树林生态自然保护区	广西合浦县	8 000	红树林生态系统	国家海洋局
合浦儒艮自然保护区	广西合浦县	86 400	儒艮、海龟、海豚、红树林等	国家环保总局
东寨港红树林自然保护区	海南琼山市	3 337	红树林及其生态环境	国家林业局
大洲岛海洋生态自然保护区	海南万宁县	7 000	岛屿及海洋生态系统、金丝燕及生境	国家海洋局
三亚珊瑚礁自然保护区	海南三亚市	8 500	珊瑚礁及其生态系统	国家海洋局
天津古海岸与湿地	天津市	21 180	贝壳堤、牡蛎滩古海岸遗迹及湿地生态系	国家海洋局
黄河三角洲	山东东营市	153 000	原生性湿地生态系统及珍禽	国家林业局
厦门海洋珍稀生物自然保护区	福建厦门市	6 300	文昌鱼及生态系统	国家海洋局
双台河口水禽自然保护区	辽宁盘锦市	80 000	丹顶鹤、白鹤、天鹅等珍禽	国家林业局

表2 中国省市县级海洋类型保护区（截止1999年）

序号	保护区名称	所在地区	面积(hm^2)	保护对象	主管部门
01	三山岛海珍品自然保护区	大连市	200	栉孔扇贝、皱纹盘鲍等海珍品	农业部
02	金石滩地质自然保护区	大连市	2 200	典型地质构造、古生物化石、奇特海岸地貌	国家环保总局
03	朱家屯海蚀带自然保护区	大连市	1 350	海蚀地貌	国家环保总局
04	海洋珍稀生物自然保护区	长海县	220	黄刺参、皱纹盘鲍、栉孔扇贝的繁殖海域及对虾洄游场所	国家环保总局
05	绥中砂质海岸和海洋生态	绥中县		砂质海岸和海洋生态	国家海洋局
06	黄骅古贝壳堤自然保护区	黄骅市	100	古贝壳堤、贝壳沙及区内植被	国家海洋局
07	庙岛海洋自然保护区	长岛县	5 250	暖温带海岛生态系	国家海洋局
08	成山头海洋生态自然保护区	荣成市	3 000	海岸地貌、泻湖生态系	国家海洋局
09	荣成桑沟湾自然保护区	荣成市	13 333	海珍生物	国家环保总局
10	即墨海洋生物自然保护区	即墨市	915	海洋经济生物	国家环保总局
11	金山三岛海洋生态自然保护区	金山县	4 000	海洋生态系及海岛中亚热带植被	国家海洋局
12	崇明东滩湿地自然保护区	崇明县	4 900	海洋湿地生态系	国家海洋局
13	宁波海洋遗迹自然保护区	宁波市	456	古海塘及海防遗迹	国家海洋局
14	长乐海蚌自然保护区	长乐县	4 667	海蚌	农业部
15	官井洋大黄鱼自然保护区	宁德县	8 800	大黄鱼	农业部
16	龙海红树林自然保护区	龙海市	200	红树林	国家林业局
17	大亚湾水产资源自然保护区	深圳市	60 000	珍珠贝、鲍鱼、江鳐贝、藻、鱼虾	农业部
18	海康白蝶贝自然保护区	海康县	25 880	白蝶贝（大珠母贝）	农业部
19	担杆岛猕猴自然保护区	珠海市	2 270	猕猴及生境	农业部
20	上川岛猕猴自然保护区	台山市	1 300	猕猴及生境	国家林业局
21	硇洲岛沿海资源自然保护区	湛江市	1 533	鲍鱼、龙虾、江鳐贝等海水产	农业部
22	南澳鸟屿岛鸟类自然保护区	南澳县	256	鲣鸟、军舰鸟、多种鱼类	国家林业局
23	钦州湾自然保护区	钦州市	20 000	红树林、滨海沼泽、自然景观	国家海洋局
24	涠洲岛鸟类自然保护区	北海市	2 630	候鸟、旅鸟停歇站	国家林业局
25	青澜港红树林自然保护区	文昌县	1 400	红树林	国家林业局
26	文昌麒麟菜自然保护区	文昌县	6 500	麒麟菜、拟石花菜、珊瑚等	农业部
27	铜鼓岭自然保护区	文昌县	1 333	猕猴及生境、珊瑚等	国家环保总局
28	西沙东岛白鲣鸟	西沙群岛	180	白鲣鸟	农业部
29	临高白蝶贝	临高县	34 300	白蝶贝生境	农业部
30	彩桥红树林	临高县	350	红树林生态系	国家环保总局
31	临高角珊瑚礁	临高县	32 400	珊瑚礁生态系及白蝶贝	国家环保总局
32	临高角	临高县	3 457	珊瑚礁生态系	国家环保总局
33	三亚鲍鱼	三亚市	67	鲍鱼	农业部
34	牙龙湾青梅港红树林	三亚市	156	红树林生态系	国家环保总局

续表

序号	保护区名称	所在地区	面积(hm^2)	保护对象	主管部门
35	三亚河红树林	三亚市	467	红树林	国家环保总局
36	琼海麒麟菜	琼海市	2 500	麒麟菜、江篱、拟石花菜	农业部
37	儋县白蝶贝	儋州市	6 500	白蝶贝及生境	农业部
38	磷枪石岛珊瑚礁	儋州市	131	珊瑚礁生态系统	国家海洋局
39	新英红树林	儋州市	115	红树林生态系	国家林业局
40	东场	儋州市	696	红树林生态系	国家环保总局
41	夏兰	儋州市	24	红树林生态系	国家环保总局
42	花场湾红树林	澄迈县	150	红树林生态系	国家海洋局

注：中国香港、澳门特别行政区和台湾省自然保护区未计入。 （王艳香）

【海洋生物多样性】 中国海域生物种类繁多，已记录的物种有20 278个，它们隶属于5个生物界，44个门，具有海洋生态系统的各种类型。动物界记录的种类最多约24门，12 794种。超过2 500种的有环节动物、脊椎动物和软体动物等三个门；超过100种的有8个门。中国海洋物种的特有门类多，中国海有12个门是海洋生态环境特有的，在淡水和陆地生态环境中找不到它们门类。

中国海域不仅有很多世界海洋的生物物种，而且还保存了许多在北半球其他海域早已灭绝的古老孑遗物种和一些在进化上属于原始或孤立的类群，其中特有属、种很丰富，仅鱼类特有种就有80种。

中国海洋生物的水平分布特点是物种由北往南逐渐增加。195种造礁珊瑚中，分布在东海西岸的仅27种，大部分都分布在南海海域；红树植物的分布也有类似情况。

中国海岸湿地包括潮间带滩涂和河口沼泽，总面积超过200万hm^2，其中泥沙质滩涂和沼泽约为167万hm^2，其余为岩礁滩涂和珊瑚礁滩涂。中国`海岛超过5 000个，90%以上的岛屿紧靠大陆。海岸湿地和岛屿是海洋水生生物栖息繁衍的理想场所。自然保护区的建设大多都建在这些地区。

目前，中国生物多样性和生态环境面临着围海造田、围塘养殖、挖砂采石、乱挖珊瑚礁、滥伐红树林等人为活动和环境污染的威胁，造成海岸侵蚀，土地流失，海洋生物生存空间日趋缩小，使海洋生态系统遭受破坏，生物多样性减少。

海洋污染防治与管理
Prevention，Control and Management of Marine Pollution

【海洋石油勘探开发环境保护管理】 1998～1999年进一步深化海洋石油勘探开发环境保护管理工作。国务院“三定”方案赋予国家海洋局的职责，以及中编办和国务院法制办关于海洋石油勘探开发环境影响报告书的批复的协调意见，环境影响报告书原由国家环境保护总局审批，改为由国家海洋局审批，解决了海洋石油勘探开发环境保护管理上职责交叉的矛盾。国家海洋局发布了《海洋石油勘探开发环境保护管理若干问题暂行规定》，要求开展竣工验收和环境后评估等工作。

1999年6月召开了《秦皇岛32-6油田开发工程环境影响评价大纲》和《文昌13-1/13-2油田开发工程环境影响评价大纲》的审查会，9月和12月国家海洋局分别对上述两个油田的环境影响报告书进行了审查，作出了批复意见。

为加强对海洋石油勘探开发石油平台废弃处置的管理，根据有关国际法和国内法律法规的规定，起草了《海洋石油平台废弃处置管理暂行规定》，先后征求了有关部门和建设单位的意见。

加大了海上开发油气田的环境保护情况的检查力度。调查处理了胜利油田CB6A井组倒伏溢油事故，辽河油田的火灾事故，菲利普斯、中国海洋石油总公司的海上溢油井喷火灾等事故。

主管部门按照《海洋环境保护法》的有关规定，审批了建设单位报送的溢油应急计划，对化学消油剂进行了核准。对海洋石油开发含油污水达标排放进行监督监视，对超标排放情况进行了处罚。1999年共排放含油污水3 174.5万t。

【赤潮预防与管理】 针对近年来我国近岸海域赤潮频繁发生的严重形式及1999年发生在渤海的大面积的赤潮，国家海洋局发布了《关于加强近岸海域赤潮预防与管理的通知》和《关于进一步加强近岸海域赤潮监视及信息通报的通知》。组织研究了赤潮生物物种和毒素的监测方法和标准，研究起草了赤潮预防与管理有关规定。 （杨积武）

【海洋倾废管理】 1998年和1999年海洋倾废管理围绕完善管理制度、解决管理薄弱环节这个中心开展工作，加强临时海洋倾倒区的管理，逐步完善临时倾倒区管理规章制度，制定和实施了倾倒区资料与数据季度和年度报告制度，全面贯彻实施《海洋倾倒区选划与监测指南》。组织选划和审批了秦山化工码头、湛江港龙腾航道、长江口深水航道治理工程一期工程、广州港出海航道、黄骅港一期工程等工程项目所需的疏浚物临时倾倒区。同时，启动和开展了秦皇岛港、天津港、京唐港、黄骅港、日照港、长江口等地区的长期性海洋倾倒区的选划论证工作。1998年共签发倾倒许可证490份，批准倾倒三类疏浚物5 110万m^3、三类碱渣13.3万t、骨灰1 630kg。1999年使用的长期性海洋倾倒区为21个、临时性海洋倾倒区44个，共签发倾倒许可证507份，批准倾倒三类疏浚物5 199.17万m^3、三类碱渣8万t、骨灰864kg。1999年查处违规违章海洋倾倒案件共13起，罚款共17.3万元。

在倾废区监测方面，监测结果表明各海区的倾废活动基本正常，倾倒区周围海域环境质量良好，没有严重的污染现象。1998年对厦门港海洋倾倒区进行的监测结果表明，该倾倒区已有不同程度的淤积，倾倒区及附近海水水质良好，但底质已受轻度污染，表层沉积物中重金属铅、锌、镉的含量较高。该倾废区生物总量较低，表明倾倒对底栖生物影响较大。1999年对长江口吴淞口北倾废区的监测表明，海域无机氮和活性磷酸盐的超标率皆为100%，所有测站的均值为1 050.1μg/L，超过四类海水水质标准1倍多；活性磷酸盐的均值为32.49μg/L，超二、三类海水水质标准，污染指数为2.15；铅的污染也相当严重，超标率达89%；化学需氧量的超标率为22%，其他污染物（指标）没有超标。对淇澳岛东南倾废区的监测表明，该海域超标严重的污染物为无机氮（100%超标），均值达477.69μg/L，已接近四类海水水质标准；其他污染物（指标）的超标测值较少或没有超标。 （向友权）

【海洋交通环保工作】 交通部在公路、港口和航道建设高速度发展的同时，在交通行业环境管理、环境保护宣传教育、交通污染防治、环保科研监测、环保培训和信息交流方面作了大量的工作，取得了一定的成绩。

按照国家解决长江和太湖污染的总体部署，交通部在贯彻1997年与国家环保总局、建设部等三部、局联合发布的《防止船舶垃圾和沿海固体废物污染长江水域管理规定》和《关于加强长江船舶垃圾和沿海固体废物管理的若干意见》的同时，又与国家环保总局等五部（局）联合发布了《关于加强重点交通干线、流域及旅游景区塑料包装废物管理的若干意见》。

1998年交通部组织完成了26项（其中公路16项、水运10项）交通工程环境影响报告书的预审工作，并参加了8项交通工程和环保验收工作，全年交通行业大中型工程建设项目环评执行率达100%。全交通行业投入交通污染防治资金2亿多元，交通行业废弃物处理能力有所加强。全年港口接收处理船舶污水500余万吨，回收废油4万余吨，接收船舶垃圾3万余艘次。由于交通行业各港航监督管理部门的共同配合，中国港口水质一直都保持在二类水平，好于70年代的三类水平。 （洪晓枫）

【第二次全国海洋污染基线调查】 为全面、准确掌握20世纪末中国管辖海域的环境质量状况，为21世纪提供海洋环境“零点”资料，并为国家制定海洋环境保护政策、规划沿海地区社会经济发展、调整产业结构、维护中国海洋权益提供基本科学依据，在1976年至1982年相继开展了渤海、东海、南海和黄海第一次污染基线调查的基础上，国家海洋局于1996年下半年组织沿海省、自治区、直辖市、部分计划单列市海洋机构和国家海洋局所属有关单位，开展了第二次全国海洋污染基线调查。

为了全面做好这一世纪之交具有战略意义的重大海洋环境系统工程，国家海洋局早在1993年就组织有关方面的领导、专家和学者开始了前期准备工作。1996年成立了以国家海洋局副局长为组长的项目领导小组和以国家海洋环境监测中心为组长单位的项目技术组，负责调查工作的组织领导协调和技术业务工作。同年上半年技术组编制完成了《第二次全国海洋污染基线调查总体方案》。1997年1月，邀请中国工程院副院长、中国工程院环境委员会主任委员卢良恕院士、中国工程院环境委员会副主任委员钱易院士、石玉林院士、丁德文院士、中国工程院秘书长葛能全教授以及交通部、水利部、中国环境监测总站的教授专家，对《第二次全国海洋污染基线调查总体方案》进行了咨询。专家们认为，第二次全国海洋污染基线调查规模大，范围广，工作量大，技术难度大，要求高，周期长，投资大，是中国海洋事业的一项重要基本建设，也是加强中国海洋环境保护工作力度的一项重要举措。《第二次全国海洋污染基线调查总体方案》提出的目标明确、适度；制定的工作原则具有较强的针对性；确定的重点调查区符合中国沿海社会经济发展和海洋环境保护工作的实际需要；调查内容全面、广泛，涵盖了大气、海水、沉积物、生物体等多种介质；调查站位布设合理，考虑周到；调查项目比较齐全，比以往中国历次海洋污染调查、监测的项目有较大幅度增加，尤其是新增加了多项难降解有机物和生物学指标，并注意合理布点和样品的代表性，做到了与国际基本接轨。"总体方案"采取的质量保证措施贯穿于整个调查工作的全过程，特别是强化了现场样品采集与储运环节的质量保证。"总体方案"提出的主要成果具有实用性和先进性，既有传统形式的文字调查报告和图集，又有运用高技术手段和方法建立的数据信息系统及其他多媒体资料信息软件，能比较全面、完整地反映出基线调查的全貌和水平。

按照"总体方案"的要求，国家海洋局在1997年6月召开的全国海洋厅、局长会议上，就开展第二次全国海洋污染基线调查工作做了动员和初步部署。随后向沿海省、自治区、直辖市、计划单列市政府发出了"关于开展第二次全国海洋污染基线调查"的通知，希望沿海地方政府积极支持、参与此项工作，并视本地的需求和支持能力，在其近岸海域适当增加调查站位密度和测项数目，同时匹配必要的经费。自此，第二次全国海洋污染基线调查全面启动。

本次调查范围覆盖包括中国的内海、领海及专属经济区等全部管辖海域。其中，近岸海域为调查重点，而鸭绿江口、辽东湾、渤海湾、珠江口、大连湾、锦州湾、胶州湾、杭州湾、湄州湾、大亚湾、海口湾等36处海湾、河口以及大中城市毗邻海域为调查的重中之重。全海域布设站位近千个，调查内容全面，包括污染源、水质、沉积物、生物、放射性、大气等，调查项目100余项。

为保证调查的高质量，技术组专门编制了《第二次全国海洋污染基线调查技术规程》，并在北京、大连、青岛、上海、杭州和广州等地举办了多期技术培训班和研讨会，污染源、生物、放射性、数据信息等专题组也专门组织了不同形式的业务技术培训，有效地保证了调查质量。

1998年全部海上和野外调查工作结束，累计出动各类船只150余艘次，航程10万余海里，采集各类样品5万多份，获得各类分析测试数据20余万组，参加人员3 000余人。

调查结果表明，中国海洋污染快速蔓延的势头得到了一定程度的减缓，但海洋环境质量恶化的总趋势至今仍未得到有效地遏制。

海域污染范围不断扩大，大部分河口、海湾以及大中城市邻近海域污染日趋严重。1998年中国近海海域水质劣于国家一类海水水质标准的面积已达约20万km^2，比1992年扩大近1倍。

近海海域主要受营养盐污染和有机污染，并逐年加重；局部海域油污染和重金属污染仍较突出；人工合成的有毒有机物质在近岸海水、沉积物和海洋生物体内普遍检出。

近岸海洋生物污染损害日趋显著，赤潮等环境污染损害事件频发，海洋生态破坏加剧。50年来，围海造地、开垦滩涂总面积超过70万hm^2，滨海湿地丧失近50%，红树林丧失70%左右，近岸珊瑚礁80%遭到不同程度的破坏。

排海污染物的持续增加导致中国海域污染面积越来越大。资源的无序、无度、无偿开发是海洋生态破坏的主要原因。

1998年沿海地区企业排入近岸海域的工业废水约39.8亿t，占全国工业废水排放总量的19.9%。通过不同途径入海的各类污染物质1 500余万吨，主要是化学需氧物质、氨氮、油类物质和磷酸盐四类，合计占总量的95%以上。其他还有硫化物、锌、砷、铅、总铬、挥发酚、氰化物、铜、镉、汞等。

1999年海上油（气）田共排放入海含油污水3 174.5万t，入海油量877 t。沿海各类机动渔船排海污水约153万t。

近海海域水质 近海海域水质已有约20万km^2受到污染影响，水质劣于国家一类海水水质标准，已对海洋渔业水域水质造成负面影响。其中约4万km^2海域水质劣于四类海水水质标准，已不能满足水产养殖、海水浴场、海上运动娱乐以及滨海旅游区、海港和海洋开发作业区的水质要求。沿大部分滨海地区，水质劣于一类海水水质标准的区域扩展至距岸10～30km处，而江苏、上海、浙江以及辽东湾沿岸，已扩展至距岸120～200km处。对海水环境质量造成明显影响的主要是氮、磷等营养物质、油类和有机物质，以及铅、汞等重金属。近岸2/3的重点海域受到营养盐污染，其中辽河口、大连湾、胶州湾、长江口、杭州湾、象山湾、三门湾、乐清湾、闽江口、珠江口等海域污染较重。近海海水油类含量超过二类海水水质标准的面积仍达4万km^2，主要是在河口、海湾以及大中城市邻近海域。渤海和南海石油开发区海水含油量也较高。近海普遍受到有机物污染。总有机碳平均含量超出2.0mg/L。中国近海海水铅含量普遍超过一类海水水质标准。一些河口、海湾已受到汞的局部污染，如锦州湾、辽河口、渤海湾、烟台近岸、莱州湾等。海水中镉含量普遍很低，但辽宁锦州湾却高达6.6μg/L，已超过二类海水水质标准。

近海沉积环境质量 近海沉积环境质量总体尚属良好，但局部海域，尤其是一些河口、海湾的沉积物已受到有机物、营养盐物质、重金属以及有机氯化合物等的污染。有机污染主要是在鸭绿江口、大连湾、辽河口、秦皇岛近岸、海州湾、象山湾、厦门湾、海口湾等地；长江口、杭州湾、象山湾、三门湾、乐清湾均有大范围的总氮污染区。沉积物重金属污染主要是在锦州湾、大连湾、辽河口、烟台近岸等地。其中锦州湾沉积物汞的最高含量超过沉积物环境标准值11倍，镉超标5倍。沉积物有机氯（滴滴涕，多氯联苯）污染区主要是在辽河口、锦州湾、大连湾、烟台近岸和珠江口。

中国沿岸80多个地点自然生长或人工养殖的经济贝类（毛蚶、文蛤、贻贝、牡蛎、蛏子等）的检测结果表明，有近一半贝类体内有害物质残留量偏高。主要残留有害物有石油烃、砷、镉和滴滴涕。近海10个地区的鱼类（鲈鱼、梭鱼、虾虎鱼、蓝点马鲛、鲻鱼、黑鲷、石鲽等）也有10%左右体内有害物质残留量偏高。主要残留有害物是滴滴涕和砷。部分沿海城市附近贝类体内石油烃残留量普遍偏高；镉残留量以锦州、营口、丹东、大连、秦皇岛和塘沽等地较高；砷残留量在宁波、厦门、汕头、北海、湛江、温州、锦州等地偏高；滴滴涕残留量在湛江和汕头偏高。部分沿海地区经济贝类的卫生状况欠佳。辽宁庄河、大连、盘锦，河北北戴河，山东青岛，江苏吕四，浙江温州，福建厦门，广东深圳以及海南海口等10处主要滨海旅游地和水产养殖区的调查表明，贝类体内粪大肠菌群含量范围介于1～2 400个/g鲜肉之间。约5%的贝类粪大肠菌群含量较高。沿海10个地区中，庄河、大连、盘锦、北戴河、吕四、温州、厦门沿岸经济贝类粪大肠菌群含量较低，卫生状况相对较好，其他地区贝类粪大肠菌群含量较高。10个地区中，贝类体内异氧菌数量较高的是海口沿岸的菲律宾蛤子、球蚶和文蛤，秦皇岛沿岸的杂色蛤、毛蚶以及吕泗沿岸的四角蛤蜊，其卫生质量较差；青岛和大连沿岸的镜蛤、牡蛎、皱纹盘鲍等体内异氧菌含量最低，卫生质量良好。贝类体内的弧菌含量以厦门和温州沿岸最高，大连、盘锦和庄河沿岸最低。

赤潮发生情况 由于营养盐污染和有机污染逐年加重，90年代以来，中国近海赤潮发生频率加大，10年间累计发现200余起，平均每年达20起。1997～1999年3年间，共记录到较大规模的赤潮45起，其中渤海和黄海24起，东海10起，南海14起。共造成直接经济损失逾20亿元。赤潮发生次数较多的有广东、山东、浙江、辽宁和上海近海。长江口、珠江口、辽东湾、杭州湾、莱州湾、大亚湾、汕头—汕尾海域以及天津近海等也是赤潮的多发区。近年来，赤潮发生的范围越来越大、持续时间越来越长、危害越来越重，不仅出现在夏季，春、秋两季也时有发生，不仅出现在近海，并有向远海扩展的趋势，而且发现有新的赤潮生物形成的赤潮。

溢油污染情况 溢油事件屡有发生。仅1997和1998年两年就记录到40余起。1997年4月8日，渤海胜利开发一号平台、胜利8号平台排污，在海面形成两条400m × 200m 油带。1998年11月13日，装载9 300 t汽油的“建设51”号油轮在珠江口内伶仃洋与装载4 000t零号柴油的“津油6”号船相撞，导致柴油泄漏入海，在海面形成22km的油带。1998年12月3日渤海埕岛油田CB6A-5井发生倒塌，油井底部套管破裂，造成历时半年的重大原油泄漏事故，溢油面积达250km^2，造成渤海主要经济鱼虾类重要产卵场和幼体索饵场，以及山东浅海滩涂增养殖区严重污染，经济损失1 000余万元。 （战秀文）

【海洋环境监测工作会议】 1999年9月7日至9月9日，国家海洋局在北京主持召开了海洋环境监测工作会议。来自沿海11个省（自治区、直辖市）和计划单列市海洋行政主管部门与海洋环境监测机构、国家海洋环境监测中心、国家海洋局各分局及各海区环境监测中心、中国海监总队、国家海洋局机关有关部门的66名代表出席了会议。国家海洋局副局长王曙光主持了会议，并就中国海洋环境保护的基本形势、主要任务和近期工作等做了重要讲话，副局长陈连增作了“抓住机遇，开拓进取，努力开创海洋环境监测工作新局面”的工作报告。会议听取了国家海洋局环境保护司司长王飞所做的“中国海洋环境监测工作的发展设想”和关于《海洋环境调查监测管理暂行规定（讨论稿）》及有关配套制度的编制说明。

这次会议是1998年国务院“三定”方案完成后，国家海洋局组织召开的第一次海洋环境监测大型会议，对指导中国海洋环境监测工作、促进中央与地方相结合开展海洋环境监测管理工作、建立健全中国海洋环境监测体系将起到积极的推动作用。本次会议的主要议题是：贯彻落实国务院新“三定”方案赋予国家海洋局“管理海洋环境的调查、监测、监视和评价”的行政职责；全面总结中国海洋环境监测工作；讨论并修改有关海洋环境监测管理的规章制度；研究讨论海洋环境监测系统的建设与发展问题，特别是如何加快沿海省（自治区、直辖市）海洋环境监测业务机构建设问题；部署今后一个时期的海洋环境监测工作。

会议认为，中国的海洋环境监测经过20多年的发展，已基本形成了一个初具规模的以国家海洋局系统为主体，各涉海行业共同组成的全国海洋环境监测体系和网络，监测范围覆盖了200余万平方公里的中国管辖海域，有效地维护了国家海洋权益，为海洋环境保护事业做出了重要贡献。海洋环境监测的成果，为中国海洋环境保护、开发、管理工作提供了重要决策依据，并在沿海经济建设和海洋开发事业中发挥了重要作用。但也应该看到，中国的海洋环境监测工作还存在着一些急待解决的问题，如有效的行政管理体制尚未建立，管理法规、制度急需进一步健全；监测业务系统不健全，既重复又分散，整体效能低，特别是缺少沿海政府的参与，使整个监测工作政府行为不明显；现有的监测工作站位偏少、项目不全、监测区域分布不合理，不能满足海洋环境管理、沿海经济和社会发展的需要。

在全面总结中国海洋环境监测工作的基础上，会议明确提出了今后一段时期内海洋环境监测工作的指导思想是：以实现国家环境保护目标为依据，坚持海洋环境监测为海洋环境管理和沿海经济建设服务的原则，认真贯彻“控制性监测为主，趋势性监测兼顾，逐步开拓污染源监测、总量控制监测、生态监测等监测新领域”的方针，加强统一监督管理，完善业务体系建设，提高技术水平和服务效能，努力开创中国海洋环境监测工作的新局面。今后一段时期内的工作目标为“一个落实，两个突破，三个加强和四个提高”。即落实国务院新“三定”方案赋予国家海洋局“管理海洋环境的调查、监测、监视和评价”的行政职责，理顺国家局同地方海洋管理部门，以及海洋部门同其他涉海部门的工作关系，形成比较完整的全国海洋环境监测工作体系；在地方海洋环境监测业务机构的建设上取得突破性进展，在实现监测工作重点向近岸海区的战略转移上取得突破性进展，使海洋环境监测工作真正进入沿海经济建设和海洋管理主战场；加强海洋环境监测行政管理体制的建设、加强海洋环境监测业务系统的建设和加强海洋环境监测能力的建设，基本实现监测工作的规范化、制度化和现代化；提高科学监测水平、提高监测队伍素质、提高监测产品质量、提高监测为管理服务的效能，基本做到为海洋环境保护决策提供依据，为海洋环境执法提供技术监督和为沿海经济建设提供服务。

会议强调指出，沿海省（自治区、直辖市）海洋行政主管部门建立自己的海洋环境监测业务机构、组织开展对近岸海域的海洋环境监测工作，既是新形势下海洋环境监测工作发展与作好海洋环境保护工作的需要，也是履行“监督管理近岸海域环境保护”行政职责的需要。会议要求，在充分发挥现有海洋环境监测（中心）站骨干作用的基础上，各级海洋行政主管部门要积极创造条件，通过共建、自建等形式，尽快建立本地区的海洋环境监测站（中心），国家海洋局将从技术、人员、资金等方面给予支持。为适应新形势的发展和管理的需求，会议决定对“全国海洋环境监测网”进行改造和重组，修订“全海网”章程，编制下阶段“全海网监测工作方案”，力争将“全海网”建成以省海网为基层网、功能齐全、运转灵活、功效显著的海洋环境监测网络。

会议对1999年国家海洋局组织沿海省市开展海洋环境污染专项监测（试点）的工作思路和组织方式给予了高度评价，认为有效地带动与推动了沿海省市海洋环境监测工作的开展，在实现海洋环境监测工作重点向近岸重点、热点、敏感海域转移，提高海洋环境监测工作为海洋环境管理和沿海地方经济建设服务的质量与效能，以及提高海洋行政主管部门工作的显示度等方面均有所突破，取得了良好的效果。会议建议在总结1999年试点工作经验的基础上，尽快组织制订“2000年全国海洋环境监测工作方案”和“全国海洋环境监测‘十五’计划和2015年远景目标”。

（隋吉学）

【在沿海地区开展专项海洋环境监测试点】 中国自1978年开展海洋环境监测以来，经过20年的努力，已基本掌握了近海海域的污染状况和变化趋势。但是，随着形势的发展和社会的进步，特别是沿海地区社会经济发展迅猛，大量污水和陆源污染物向海洋排放，给海洋环境特别是近岸海域、大中城市毗邻海域及一些重点海湾和河口区域造成了严重污染，海洋环境质量恶化，生物资源枯竭，生态环境破坏。而由于技术、设备和经费等原因，对近岸海域及一些重点海域和污染源的监测不够，难以全面掌握其环境质量状况和变化趋势，更难以为海洋环境管理提供有效服务。因此，国家海洋局为全面履行“管理海洋环境的调查、监测、监视和评价”的职责，全面落实海洋环境监测工作要为沿海社会经济发展、海洋行政管理、群众生活和国防军事服务的方针，贯彻“控制性监测为主，趋势性监测兼顾，逐步开展生态、污染源和总量控制监测”的思路。切实提高海洋环境监测为沿海地区经济建设服务的质量与效能，于1999年在沿海省、自治区、直辖市、计划单列市开展了专项海洋环境监测试点工作。

试点工作充分考虑近岸重点海域的环境管理需求、沿海社会经济发展的需要和人民生活对海洋环境质量的要求，以国家海洋局现有监测力量和技术条件为依托，以沿海地区海洋环境监测力量为主体，以实用性和可操作性为前提，选定了一批近岸经济建设热点区、重点排污区、主要水产养殖区、重点旅游区、著名海水浴场等，筛选出主要监测项目，加大测站密度，提高监测频率，开展较高时空密度的监测，以显著提高监测的显示度和服务时效。

开展的专项监测试点有：大连湾、胶州湾污染物总量控制监测，重点陆源排污口监督监测，重点倾废区监测，主要水产养殖区监测，辽东湾、珠江口、长江口赤潮卫星遥感监测，秦皇岛北戴河和广西北海银滩海水浴场监测，河北昌黎黄金海岸附近海域海洋生态试点监测等。

监测结果表明，重点排污口海域普遍受到无机氮、活性磷酸盐的污染，且污染程度严重。监测的9个养殖区都受到了不同程度的污染，主要污染物是活性磷酸盐、无机氮和化学需氧量；其中属于重污染程度的海域一般已不再适宜养殖。监测的3个海水浴场的水体质量较好，适宜开展人体直接接触海水的海上运动或娱乐，但3个海水浴场的粪大肠菌群和石油类应予以控制。生态试点监测海域水质富营养化严重，且已受到锌和铅的污染，大部分区域水体不符合海洋自然保护区的水质要求。其沉积物已经受到有机物的污染，但程度较轻，鱼类和贝类的卫生质量基本符合中国食品卫生标准。赤潮卫星遥感监测全年共接收分析卫星图像188幅（其中渤海109幅、长江口42幅、珠江口27幅），发现判定赤潮12起，区域18块，总面积达8 346.2km^2，发布赤潮卫星遥感通报12期。

通过专项监测试点，掌握了中国近岸海域的环境质量状况，培养和锻炼了沿海地区的海洋环境监测队伍和力量，强化了海洋行政主管部门监督管理海洋环境的职能，大大提高了监测为管理和经济建设服务的针对性和时效性，引起了各级政府对海洋环境监测工作的更大关注和更加重视，提高了公众的海洋环境保护意识。 （战秀文）

海洋环境监测、观测
Marine Environment Monitoring and Observation

【海洋环境观测】 1998～1999年，继续加强海洋环境观测工作的能力建设，不断提高服务能力。由海洋站、资料浮标、海监飞机、志愿观测船和岸基测冰雷达等组成的海洋环境观测网络，按照《海滨观测规范》及有关规定完成了海洋环境观测任务，扩大了观测资料的服务范围。

为了使海洋环境观测工作上一个新台阶，国家海洋局自1996年开始向国家发展计划委员会申报中国海洋环境监测系统——海洋站和志愿船观测系统建设项目的立项工作（以下简称项目），经过充分论证和国家计委委托中国国际工程咨询公司对该项目进行的实地考察、调研和项目评估后，国家计委于1998年11月正式批复了项目建议书，原则同意该项目立项。

按照国家计委的批复意见和中国国际工程咨询公司的评估意见，国家海洋局于1999年4月完成了项目《可行性研究报告》的编制并通过了由全国著名院士、教授组成的专家评审组的评审。1999年7月国家计委正式批准该项目。

该项目建设旨在海洋站和志愿观测船30余年工作的基础上，应用海洋、电子、计算机和信息通讯等领域的高新技术建设、改造和装备中国的海洋站和志愿观测船以及数据通信网络。通过该项目的建设，将基本改变中国海洋环境监测系统站网布局不合理、技术落后、设备陈旧和现有工作模式的现状；实现对中国滨海、近海和邻近大洋海域的海洋环境进行有效地监测；为实现中国海洋环境监测体系的建设奠定基础；为提高我国海洋环境预报警报工作水平，有效地实施《中华人民共和国海洋环境保护法》，保护海洋环境,合理开发利用海洋资源和减轻海洋灾害，提供准确、可靠的海洋环境基础资料和服务。项目建设内容如下：

海洋站网布局 在该项目建设中，采取新建和重建相结合的方式，合理调整站网布局，在海洋开发区、灾害多发区及空白区增设站点，改变中国原来从河北至山东沿岸、江苏沿岸以及浙江至福建、广东和广西部分岸段缺少海洋环境监测站点的状况；在石油平台上建站既具有环境要素代表性好、建站成本低的特点，又具有安全可靠、便于维护保养等优点，因此在项目建设中适当增加石油平台站的建设；对现有站网中代表性差、生活条件或管理特别困难、站网密度相对密集的站，在项目实施中不再对其建设投入。通过站网布局的调整，基本形成具有获取代表性、准确性、连续性和系统性海洋环境资料能力的监测站网。

海洋环境监测内容 项目建设中海洋环境监测站自动监测项目是根据各站所处的地理位置、环境状况、监测要素的代表性以及当地的经济发展情况，本着需求与可行相结合的原则确定开展潮汐自动监测、海浪自动监测、表层水温和盐度自动监测、风、气压自动监测、气温、湿度和降水量的自动监测。海洋污染监测项目，根据需要和现有的条件而确定，配置相应的水质监测仪器，提高污染监测能力。以海洋环境监测站和中心站（总站）为基地，在原来污染监测工作的基础上，开展附近海域的污染监测。

示范站的建设 根据各个海洋环境监测站的地理位置、自然环境、开展监测项目内容、监测项目的代表性，以及办公设施基础条件、专业技术人员素质和管理能力等，项目建设中选择13个左右的站加强投资，重点建设，使这些站建设成具有多功能、较好的站容、站貌，良好的管理水平和技术素质，先进的技术装备，能反映出中国海洋监测系统的发展水平和海洋监测队伍精神面貌，起到示范作用和能对外开放的站。

自动监测仪器设备配置 自动监测仪器设备包括测量传感器、数据采集器、通信设备、供电电源和计算机等，按“分散采集/集中处理”和“集中采集/集中处理”两种形式集成。各站根据确定的监测项目、测点的分布和工作条件，确定仪器设备的集成形式，配置所需要的各种仪器设备。

（1）对测点分散的站，按分散采集/集中处理的结构形式，在各测点分别配置独立的测量设备；对测点比较集中的站。按集中采集/集中处理的结构形式，配置一套由测量传感器和数据采集器组成的测量设备。

（2）对有人值班的站，配置值班微机进行数据的收集、处理和传输；对无人值班的站，不配置值班微机，测量数据的收集、处理和传输由某一测量设备的数据采集器兼顾。

（3）对无正常市电或交流电的站，配置太阳能电源。

配套设施的建设 在项目实施中不仅要进行新建、重建站的各类配套设施建设，还要对现有的各类配套设施进行改造和维修，以保障海洋监测工作的顺利开展，同时也使海洋环境监测站工作条件、环境条件和站容、站貌得到改善和改观，向社会展现出一个新形象。这些设施的建设也需要加强与地方政府及有关部门的联系，取得匹配建设经费或建设条件的支持。

根据各站的不同情况，对下列6类工程项目安排经费，按统一的工程标准进行建设。

（1）对现有的验潮井和验潮室室内设施（内墙、工作台、浮子设施、井内水尺）以及与潮汐监测工作配套的水准系统（基本、校核水准点设施）、井外水尺、电源及信号入室缆线路由等项目进行建设、修缮和维护。

（2）对值班室（或机房）、污染监测实验室、室内设施，电源信号缆线入室、配电等项目进行建设、修缮和维护。

（3）对现有站的风杆、百叶箱、围栏等进行更换、维修。

（4）对海洋环境监测站的避雷设施、接地体等进行建设。

（5）对示范站的整体环境、工作用房等进行整治、建设和维修。

（6）对新建、重建和部分现有站的验潮井进行建设（包括验潮室），对部分有条件的新建和重建站还建设温、盐井。

志愿船观测系统建设 选择120艘国内、国外航线的志愿船配备自动化仪器设备，其中70%的船舶航行于国内主要航线上。挑选在航率高、船舶性能好、主要在国内航线上的30艘志愿船采用海事卫星通信方式自动传输资料，其他志愿船仍通过船舶上的通信部门向岸台或卫星地面接收站传输资料。

分别在三个海区建设海事卫星（Inmarsat-C）接收站。

建设现有的5个船舶测报管理站，开展志愿船测报工作的管理、非实时资料的收集和处理工作。

在志愿船观测系统建设中，针对志愿船观测工作的特点（志愿船的动态变化、非专业人员等），在实施中以装备自动化设备（包括30套卫星通信设备）为主，陆续配备在志愿船上，视航运部门的业务变化，随时不断地进行调整志愿船。

数据通信网建设 数据通信网是联结现场海洋环境监测系统与预报、信息、监测服务系统的纽带。通信网建设充分利用国家现有的公共通信网络，建成现代化的数据通信网，保证海洋环境监测站和志愿船的资料及时、可靠、安全的传递。该通信网与国内现行的海洋预报资料传输网相衔接，既能保证正常定时资料的传输又可以满足在发生海洋灾害时，各级海洋环境预报部门对实时资料的需求；同时也能满足国家或区域业务中心对非实时资料传输的需求。通信网由有线和卫星通信网络两部分组成。

根据海洋环境监测站所处地理位置、通信条件的差异，大部分站采用CHINAPAC（分组交换网）传输数据，接入方式有专线和异步拨号方式；少部分站仍采用PSTN（公共电话网）传输数据。

定时数据传输。数据格式为OHM报、OWT报，利用异步拨号接入或专线接入CHINAPAC，由海洋环境监测站直接向区域预报中心传输，并与现行VSAT衔接。个别不具备直接入网的海岛站先通过VHF方式，将OHM报传输到岸滨站，然后再传输。数据流程如下：①实时数据传输。在发生海洋灾害或有需要时，由用户利用PSTN或CHINAPAC与海洋环境监测站通信计算机联网，调取实时数据；②非实时数据传输。由海洋环境监测站将非实时数据先传输到中心海洋站（总站），经质量检验后，再由区域业务中心调取，然后再传输到国家业务中心。

项目建设的质量和计量管理 该建设项目的实施是国内海洋监测系统建设和发展中的一项重大的基础性工程，因此在项目建设中一定要高度重视质量问题，在建设的过程中贯彻“以质量为中心，以标准化计量为基础”的工作方针，采取有效的质量保障措施。

（1）对新建和重建站的选址和设施设计、现有站设施改造或设施增建的设计和工程建设的质量进行评审、审批和监督。

（2）建立和健全该项目所确定使用的自动监测仪器的检定规程或暂行检测办法。使自动化监测仪器的计量管理有章可循。

（3）建立某些监测要素的现场检定（标定）方法，配置必要的检定（标定）设备，完善项目建设和运行所必需的计量管理功能。

该项目目前正在积极稳妥地进行，预计在2001年完成。项目完成后，将使中国海洋站和志愿船观测系统的总体技术及管理水平达到国际2090年代初期的先进水平，实现对中国海域海洋环境定点、连续、准确、长期的动态监测和实时数据通信，并在充分利用现有资源的基础上，形成国内功能完备、性能可靠的开放式海洋环境监测系统。通过该项目的建设，使国内海洋环境监测站网的布局基本趋于合理，工作结构进一步优化，使对海洋自然环境的观测工作与对海洋污染状况的监测工作有机结合起来，改变国内海洋环境监测系统技术落后、设备陈旧的现状，使工作环境和工作条件得到改善，人员技术素质进一步提高，全面树立中国海洋站的新形象。（齐 平）

【海洋观测资料】 随着海洋环境观测技术的飞速发展，由海洋站、资料浮标、志愿观测船、海监飞机、卫星遥感等组成的全方位、立体海洋环境观测网正在获取越来越多的海洋观测资料。这些海洋观测资料在国家海洋经济建设、开发和利用海洋、保护和管理海洋、预防和减轻海洋灾害、维护国家海洋权益以及海洋科学研究等方面都发挥着重要的作用。1999～2000年海洋环境观测资料的获取主要包括海洋站资料、近海断面监测资料、资料浮标资料、卫星遥感资料、船舶水文气象辅助观测资料等几个方面。

海洋站资料观测与观测资料 国家海洋局现共有海洋观测站61个，其中中心海洋站11个，长年对沿岸海域的水质、潮汐、波浪、温盐、海冰、气象等项目进行全天候的观测，为海洋开发、海岸工程、海洋环境保护、海洋预报和海洋科研提供了可靠的资料。1998～1999年所获资料见下表。

海洋站观测资料统计表

项目	年份	观测站次	资料条数	数据量(MB)
温盐	1998	49	191 110	2.36
	1999	49	191 110	2.40
潮汐	1998	37	31 390	4.21
	1999	37	31 463	3.50
波浪	1998	36	55 500	7.08
	1999	35	52 500	7.01
海冰	1998	8	1 400	0.18
	1999	8	1 450	0.19
气象	1998	47	69 560	8.97
	1999	49	75 480	9.41

近海标准断面监测 断面监测主要内容包括海洋水文（水深、水温、海浪、海流、水色、透明度、海发光）、海洋气象（气温、气压、湿度、风、云、能见度、天气现象）、海洋化学（盐度、溶解氧、总碱度、pH、硅酸盐、硝酸盐、亚硝酸盐、氨氮）等。

（下转315页）

海洋技术监督
Marine Technological Supervision

综　述
Summary

【概况】 随着经济全球化加快，旨在促进科学技术交流、消除贸易壁垒、减少重复检验，达成计量检定、校准、检测数据互认和国际间产品、服务质量互认的合格评定活动自80年代以来风靡世界。

中国加入WTO在即，必须迎接经济全球化挑战。国家在《中华人民共和国产品质量法》、《中华人民共和国计量法》及法律体系法规中列入了推行企业质量体系认证制度、产品质量认证制度和计量认证制度的规定，并颁布了《中华人民共和国产品质量认证管理条例》、《产品质量认证委员会管理办法》、《产品质量认证检验机构管理办法》、《产品质量检验机构计量认证管理办法》等一系列合格评定的法律法规。中国自1994年4月到1995年5月先后成立了"中国质量体系认证机构国家认可委员会"、"中国实验室国家认可委员会"、"中国认证人员国家注册委员会"和"中国产品质量认证机构国家认可委员会"，从而将质量认证机构、实验室认可和认证人员置于国家质量技术监督局的管理控制之下，从法律、程序和组织上完成了将合格评定工作纳入国家统一管理的准备。

随着中国市场经济的建立和国家机构改革，为维护市场秩序，发挥政府宏观调控作用，强化标准化、计量和质量监督管理，除对县级人民政府质量技术监督局实行垂直领导外，还强化各类技术法规建设和对各技术机构的管理。其主要表现是对计量认证行业评审组的整顿，二合一评审，检定、校准与检测工作并轨与机构考核。

国家海洋标准计量中心顺应时代潮流，自1998年以来，主要就如下几个方面开展工作。

（1）抓好国家海洋标准计量中心定位定向工作，完成机构改革，抓好基本建设；

（2）强化法制，确立以管理为主，以科研为基础，以测试服务为切入手段的业务方向，把国家海洋标准计量中心建设成国内第一流检定、校准和检测实验室，国家海洋局执法管理的坚强的技术支持单位和合格的国家法定计量检定机构；

（3）充分发挥标准化技术归口单位优势，推动标准制订与监督工作、推动质量监督检验工作；

（4）以标准化、计量为主要内容的现代化管理机制引入到海洋工程、海洋开发与海洋管理事务中。

（秦嗣仁　雷富）

海洋质量控制与管理
Marine Quality Control and Management

【ISO14000环境管理体系系列国际标准】 ISO14000环境管理体系系列国际标准是由ISO/TC207制定的。TC207的宗旨是支持环境保护工作，改善并维持生态质量、减少人类各项活动所造成的环境污染，使之与社会经济发展达到平衡，促进可持续发展。TC207的职责和主要任务是根据ISO的宗旨和目的，就涉及环境管理方面的问题广泛研讨；协调世界范围内环境管理标准化方面的工作；共同制定国际标准；进行环境管理的信息交流；并与其他国际组织合作，有效地开展环境管理系统的标准化工作。TC207的业务范围不包括污染物的测试方法，这方面工作主要由ISO/TC146"空气质量"、ISO/TC147"水质"、ISO/TC90"固体物质"和ISO/TC43"声学"等技术委员会负责。

TC207制定标准的指导思想是：不增加贸易壁垒，无论环境好的地区还是环境差的地区；可用于内审及对外认证注册等；必须回避对改善环境无帮助的任何行政干预。根据上述指导思想，规定了制定ISO14000系列标准的原则是：应具有真实性和非欺骗性；产品和服务的环境影响评价方法和信息应有意义、准确、可检验；评价方法、试验方法不能采用非标准方法，而必须采用国际标准、地区标准，国家标准或技术上能保证再现性的试验方法；应具有公开性和透明度，但不应损害商业机密信息；非歧视性；能进行特殊的、有效的信息传递和教育培训；应不产生贸易障碍，对国内、国外应一致。

ISO14000环境管理体系系列标准制定的进展情况见表1。

ISO14000环境管理体系系列国际标准主要为针对向社会提供产品及服务的机构的环境管理标准，在质量体系认证、产品质量认证及实验室认可过程中应一并考虑的因素，在海洋工程建设、沿海城乡规划及海

表1 ISO 14000环境管理体系系列标准

序号	标准序列号	标准名称	备注
1	ISO导则64	产品标准中环境因素导则	1997年3月颁布实施
2	ISO14007	环境管理体系—规范及使用指南	1996年9月颁布实施 GB/T24001-1996
3	ISO14004	环境管理体系—原则、体系和支持技术通用指南	1996年9月颁布实施 GB/T24004-1996
4	ISO14010	环境审核指南—通用原则	1996年10月颁布实施 GB/T24010-1996
5	ISO14011	环境审核指南—审核程序—环境管理体系审核	1996年10月颁布实施 GB/T24011-1996
6	ISO14012	环境审核指南—审核员资格要求	1996年10月颁布实施 GB/T24012-1996
7	ISO14020	环境标志和声明—通用原则	1998年3月颁布实施
8	ISO14021	环境标志和声明—自行声明的环境申诉（Ⅱ型环境标志）	1999年10月正式颁布实施
9	ISO14024	环境标志和声明—Ⅰ型环境标志和声明—原则与程序	1999年4月颁布实施
10	ISO14031	环境管理—环境绩效评估—指导纲要	1999年10月颁布实施
11	ISO14040	环境管理—生命周期评价—原则与指南	1997年6月颁布实施
12	ISO14041	环境管理—生命周期评价—目标及范围的界定及清单分析	1998年10月颁布实施
13	ISO14050	术语和概念—术语使用原则指南	1998年5月颁布实施
14	ISO14015	环境管理—现场与实体的环境评价	CD委员会草案
15	ISO14025	环境标志和声明—Ⅲ型环境标志—指导原则与程序	CD/TR委员会草案/技术报告
16	ISO14032	环境管理—环境绩效评估—ISO14031案例研究报告	TR技术报告
17	ISO14042	环境管理—生命周期评价影响评价	FDIS最终国际标准草案
18	ISO14043	环境管理—生命周期评价影响评价—解释	
19	ISO14047	环境管理—生命周期评价影响评价—ISO14042的应用举例（未来技术报告）	已批准项目，但尚未形成草案 技术报告
20	ISO14048	环境管理—生命周期指示格局	已批准项目，但尚未形成草案 技术报告
21	ISO14061	环境管理—生命周期评价影响评价—ISO14041目标、范围意义和清单分析的应用举例（正在准备）	技术报告草案
22	ISO14049	帮助组织适用环境管理体系的有关ISO14001和ISO14004的信息	技术报告
23	ISO14062	促进产品发展的环境因素指南	已批准项目，但未形成草案
24	ISO19011	质量环境审核指南	工作组草案
25	ISO14020修正案		委员会草案
26	ISO14050修正案		委员会草案

海洋公益事业篇

Marine Public Welfare Facilities

海洋环境预报服务
Marine Environmental Forecast Service

综 述
Summary

【概况】 1998～1999年，中国的海洋环境预报服务工作在原基础上又有了新的进展。表现在：灾害性海洋环境数值预报模式不断完善、改进与创新；预报产品日益丰富；各个海洋灾害预报项目的预报准确度不断提高；沿海海洋预报单位在继续做好公益性海洋环境预报服务的同时，还努力满足海上石油开采、工程作业、交通运输等部门对专业预报服务的要求。两年来海洋环境预报服务最大限度地减少了海洋灾害造成的损失，为促进沿海经济的发展做出了新的贡献。

国家海洋局每年春季继续组织各海洋预报部门的海洋灾害（风暴潮、海浪等）预测会商和新闻发布会，继续受到用户的普遍关注与好评。

风暴潮预报 两年来，海洋预报部门认真做好每次风暴潮预报，受到有关部门的普遍欢迎。例如，当9914号台风逐渐向福建省沿海靠近时，厦门海洋预报台、国家海洋预报台及时准确地发布了风暴潮警报，受到当地政府及有关部门的高度评价。9914号台风风暴潮是两年来引起潮灾最严重的一次过程。

国家海洋预报台预报产品已做成网页，上网发布风暴潮预警报及预报图。用户可以直接从网上查看。严重的风暴潮警报（预报图）通过中央机要局的明传电报（文字预报），增发负责防汛指挥的副总理、国务院办公厅值班室、国务院办公厅信息处和民政部等部门。

另外，这两年根据防潮工作实际需要，有关部门对个别站、点的防潮警戒水位值进行了调整。

国家海洋环境预报中心风暴潮预报研究又有了长足进展。1998年该中心与上海市防汛信息中心签订“上海市风暴潮漫滩模式合作研究”项目合同，合同目标是采用美国国家最新一代台风风暴潮漫滩模式(SLOSH — Sea, Lake, and Overland Surges from Hurricanes)建立适合上海的漫滩预报模式。经双方努力，该模式已经在上海市防汛信息中心试运行。在国家计委三项费的支持下，建立了一个在GIS支持下的4层嵌套网格的风暴潮漫滩数值预报模式。在国家高新技术研究项目863-818-01-04课题支持下，采用卡尔曼（Kalman）滤波方法，建立了一个东海的风暴潮同化预报模式。该中心还与中国海洋石油工程设计公司合作建立了渤海温带风暴潮数值预报模式。

天津市防汛抗旱指挥部防潮分部办公室于1998年委托国家海洋局海洋技术研究所、国家海洋信息中心、国家海洋环境预报中心建立的集潮位、信息采集、处理和风暴潮警报发布为一体的系统工程，经过一年多系统建设和试运行后，通过专家评审验收。

海浪预报 两年来，用全谱模式的计算结果作为计算小于20m浅水区域海浪数值模式边界值，应用于国家计委下达的“风暴潮漫滩模式研制和浅海海浪数值计算模式研制”课题的研究工作，进行近岸浅水区海浪数值计算。近海小于20m浅水区域海浪数值计算采用引进的SWAN模式。1998年起，国家海洋环境预报中心应用混合型模式参加“863”计划818-01-04“东海示范区监测资料在数值计算中的应用与常规监测资料对比试验”课题的研究工作。目的是试验上述示范区内高频地波雷达、ADCP、ACCP、CTD、合成孔径声呐（SAS）及卫星遥感等高技术自动监测资料在数值模式中所起的作用，力求弄清这些资料与常规监测资料间的关系及研究解决不同资料同化处理技术等关键问题。

此期间，海浪数值预报模式不断完善，海浪预报技术有较大提高，尤其海浪预报服务系统取得了很大的发展，使得海浪预报产品越来越受到沿海各级政府和广大用户的重视。国家海洋环境预报中心除负责政府间海洋学委员会和中国政府规定的海浪预报公益服务外，还通过电传、电报、电话、有线传真、因特网向国内外用户提供专项海浪预报服务。

海温预报 两年来，国家海洋环境预报中心针对海温数值预报业务化系统中存在的问题，进行了三方面的改进：采用逐步订正法获取数值预报初始海温场；采用简化的参数化过程表达云量的影响，消除了原数值模式对预报云量的依赖性；采用固定增益的卡尔曼滤波方法，并结合数值预报模式对卫星遥感SST资料和船舶测报资料进行了同化研究，比单一的卫星遥感结果有一定的提高。

厦门海洋预报台与青岛海洋大学合作进行的福建近海海温数值预报研究，也取得了新的进展。试验结果表明，所研制的预报模式无论对台风、寒潮侵袭过程或正常天气形势下都可作出较好的响应，适合于3

～10d 的海温预报。

中国科学院遥感应用研究所主持的卫星遥感渔业信息分析技术已取得阶段性成果，可进行中心渔场渔情速报和渔业资源量评估，并可直接用于指导渔业管理、渔业捕捞和渔业资源养护。

海冰监测预报 国家高新技术研究项目863-818-06-04海冰卫星遥感技术课题研究，大大地促进了海冰预报业务工作的开展，对海冰资料的可靠性、规范化起到了重要作用，海冰长期预报也迈出了新的一步。1997/1998年冬季海冰预报曾获国家海洋环境预报中心预报服务奖，同时也成功预报了1999/2000年冬季10余年来最严重的冰情，对海上油气的开采、海上交通运输安全起到了指导性的作用，深受广大用户的好评。1998～1999年期间，主要对1～7d海冰数值预报模式进行了改进研究，将海冰模式与ecom-si三维海洋模式耦合构成海冰动力热力耦合模式，进行了冰－海洋耦合模式的改进研究，并将预报结果与海冰动力模式和海冰动力－热力模式预报结果进行对比。

海洋气象预报 目前除公益性海洋气象服务外，海上石油开采、工程作业、交通运输等部门对专业气象服务的要求越来越高，专业海洋气象服务成为海洋气象服务的重要组成部分。为了满足这些部门对海洋气象服务的需求，沿海海洋预报单位加强预报基础建设，提高通讯、预报的自动化水平，进一步扩大服务范围和预报海区，增加预报项目和预报时次，提高预报时效和准确率，尽最大努力减少灾害造成的损失，为促进沿海经济的发展做出了贡献。

为了提高预报水平，各预报部门普遍加强了海洋气象预报技术的研究工作。尤其是1998年和1999年全球先后受到了1997/1998年近百年最强的厄尔尼诺现象及随后发生的持续较长时间拉尼娜现象的影响，全球气候发生显著异常，中国的海洋气象灾害频繁出现，影响严重。以此为契机，结合国家重点研究项目，着重研究了海洋变化（如厄尔尼诺现象、拉尼娜现象）对中国近海气候及海洋灾害的影响，得出了许多有益的成果。

厄尔尼诺/拉尼娜现象预测 在赤道中、东太平洋，表层海水温度比一般年份异常偏高（暖）时，被称为厄尔尼诺现象(El Nino)，而表层海水温度比一般年份异常偏低（冷）时，则被称为拉尼娜现象(La Nina)，这一现象又被称为反厄尔尼诺现象。

继国家海洋环境预报中心于1997年初用统计模式成功地预测1997/98年的厄尔尼诺事件之后，1997年下半年对统计模式进行了改进。在1998年初用修改后的模式成功地预测了1997/1998年厄尔尼诺现象的结束时间，以及1998/2000年的拉尼娜事件。

夏季极地地区气象服务 极地地区气象服务，是指南北两极地区的气象预报、地面气象观测、气象资料和卫星云图的接收、海冰观测以及海冰预报等综合性服务。目前服务的主要对象是极地科学考察船、在站区野外作业的极地科学考察队。

南极夏季科学考察一般在每年的11月份开始至第二年的3月底结束。极区航线气象预报是保障南极夏季科学考察顺利进行的重要工作。1998～1999年完成了第15、16次南极科学考察气象保障任务。

1999年7～9月中国首次进行了北极多学科综合性科学考察，国家海洋环境预报中心是中国开展北极地区大范围气象预报服务的惟一单位。船上的气象预报人员惟一能够接收和使用的是船上的高分辨卫星云图接收系统，依靠每天接收的卫星云图，结合预报中心的预报，保障了船只安全和直升机的起降，使首次北极科学考察圆满完成任务。 （王喜年）

风暴潮预报
Storm Surge Forecast Service

【风暴潮预报服务】 这两年发布风暴潮预报和警报的单位，有国家海洋预报台(北京)，青岛、上海、广州、厦门、海南、广西海洋预报台，到1999年底又相继成立了辽宁、河北、天津、浙江海洋预报台，发布风暴潮预报和警报为当地政府和有关部门服务。

厦门海洋预报台于1999年初对本年度海洋灾害预测时指出，1999年福建省的海洋灾害重灾区将发生在闽南沿海地区。这一信息提供给厦门市政府后，有关部门根据该预测意见，加速海沧等地12km标准海堤的修建，新建标准海堤经受住了9914号台风风暴潮的袭击。据省有关部门估计，减少了经济损失近20亿元。

厦门海洋预报台在10月8日上午参加该市防台会议，在会上向各部门领导分析预测海洋灾害的趋势，并分发风暴潮台风浪的警报单，又通过电台、电视台及报刊向社会公众发布风暴潮预警报。预报厦门站高潮位达720～750cm，将是厦门历史上第三个高潮位。实际出现了厦门历史上第四个高潮位732cm。预报与实况基本相符，这次风暴潮预报是成功的，受到当地政府及有关部门的好评。

国家海洋预报台当9914号台风逐渐向福建省沿海靠近时，10月6日08时第一次在中国中央电视台午间新闻后播发风暴潮预报，并同时用传真向国家防汛总指挥部、有关沿海省市防汛指挥部和局各预报台发尼诺发生后，中国东部沿海降水偏多，中国华南沿海气温偏高。

【热带气旋概况】 热带气旋是影响中国沿海的主要灾害性系统之一。1998年和1999年这两年在西北太平洋生成的热带气旋比常年偏少，对中国的影响较常年较轻，具体情况如下。

1998年西北太平洋热带气旋特点如下：① 生成少：仅有12个，比常年偏少16个，是1951以来生成最少的一年。② 登陆少：年内仅有9802、9803和9806 3个台风在中国登陆，比常年偏少4～5个。是1949年以来等登陆最少的年份之一（1950、1951年也各为3个）。③ 初台登陆晚：9802号于8月4日在中国台湾省登陆，初台登陆比常年偏晚35天左右，是1949年以来初台登陆时间最晚的一年。④ 强度弱、损失轻：3个登陆者均为热带气旋或强热带气旋，强气旋雨范围小，持续时间短，造成的损失比常年偏轻。

1999年热带气旋特点如下：① 生成个数为17个，比常年偏少11个，仅次于1951年以来的1998年。② 登陆个数比常年偏少，年内仅有9903、9908、9909、9910和9914在中国登陆，比常年偏少2～3个。③ 登陆地段集中，减弱快。5个登陆的热带气旋均集中在福建南部的龙海至广东珠海之间的数百千米的沿海地区，其中4个在广东登陆，1个在福建登陆。由于登陆后减弱较快，影响范围小，持续时间较短，因此，除9909和9914使浙江、福建两省部分地区遭受较大损失外，其余3个造成的损失较轻。

（宋家喜 季晓阳）

极地地区气象服务
Meteorological Service for Polar Areas

【概况】 极地地区气象服务，是指南北两极地区的气象预报、地面气象观测、气象资料和卫星云图的接收、海冰观测以及海冰预报等综合性服务。目前服务的主要对象是极地科学考察船、在站区野外作业的极地科学考察队。

夏季极地地区气象预报始于1984年，中国首次南极科学考察。随着改革开放的深入发展，中国的综合国力不断增强，1999年中国首次北极科学考察队于7月1日从上海启航赴北极地区进行多学科的综合考察。北极航线以及在北极考察期间大船、海上小艇作业、直升机起降和队员在浮冰上考察的气象任务保障由国家海洋环境预报中心承担。

两极地区气象条件十分复杂，天气瞬时万变，著名的南极咆哮西风带风大浪高，对航行的船只具有极大的威胁。夏季北极航线和北极地区更是大雾弥漫，对船只航行和北极科学考察带来了极大的不便和危险。由于两极地区人烟稀少和特殊的地理环境，气象观测资料严重不足，尤其是北极65°N以北地区，没有任何气象观测资料可以使用，给气象预报工作带来很大的困难。1997年底在雪龙船上首次安装使用的高分辨卫星云图接收系统，1999年7～9月在北极考察期间，接收到的高分辨卫星云图对气象预报、海冰预报和监测发挥了重要作用。

【南极科学考察气象服务】 南极科学考察一般在每年的11月份开始至第二年的3月底结束，此时是南半球的夏季，故称南极夏季科学考察。南极地区夏季科学考察气象服务主要有两大任务，即极区航线气象预报和海冰监测与预报、陆地站区气象预报。极区航线气象预报是保障南极夏季科学考察顺利进行的重要工作，在极区航线气象保障中采用两种预报方式，直接派遣预报人员登船作现场预报，预报中心将每天作的极区航线气象预报及时发往船上，船上的预报人员根据当时当地现有气象资料和实际情况参考预报中心的气象预报，经过综合分析最后作出预报供船上使用。这是一种十分有效的预报方法，它集中了大多数预报人员的意见，同时又弥补了南极地区气象资料不足的问题，更重要的是南极地区由于太阳黑子活动频繁，受其干扰和周边环境的影响气象仪器有时接收不到气象资料，有时由于机器故障错过接收资料的时间。上述双重气象保障方法，从多方位解决了两极地区气象保障服务中的不足，实践证实了它的可行性和可靠性，夏季极区航线气象服务多年来取得了令人满意的效果。

【北极地区气象服务】 1999年7～9月中国首次进行了北极多学科综合性科学考察，国家海洋环境预报中心是开展北极地区大范围气象预报服务的惟一单位。

影响两极地区夏季科学考察活动的天气系统是截然不同的。南极地区影响船只航行安全的主要是气旋大风，而北极地区则主要是大雾天气。由于大雾频繁出现给北极科考工作带来了很大的困难，尤其是给直升机的起降带来了极大的威胁。首次北极科学考察沿途气象预报人员主要接收日本地面气象传真资料，可使用范围到60°N。进入白令海接收的是美国阿拉斯加地区区域性地面气象传真图资料，可使用范围到65°N。而北极科学考察在65°N以北地区，船上的气象预报人员惟一能够接收和使用的是船上的高分辨卫星云图接收系统，依靠每天接收的卫星云图结合预报中心发布的预报，保障了船只安全和直升机的起降，使首次北极科学考察圆满完成任务。（姜德中）

厄尔尼诺/拉尼娜现象预测
El Nino/La Nina Monitoring and Forecast

【拉尼娜现象】 在赤道中、东太平洋，表层海水温度比一般年份异常偏高（暖）时，被称为厄尔尼诺现象(El Nino)，而表层海水温度比一般年份异常偏低（冷）时，则被称为拉尼娜现象(La Nina)，这一现象又被称为反厄尔尼诺现象。目前在国际上还没有关于拉尼娜公认的定义，但我国科学家一般把赤道中、东太平洋海域(范围为5° S～5° N、90° ～150° W，)的表层海水温度距平连续6个月低于－0.5℃，就定义为一次拉尼娜事件。

和厄尔尼诺现象一样，拉尼娜现象也是全球气候系统异常的一个强信号。在拉尼娜发生时期，赤道中、东太平洋信风比常年偏强，海水温度偏低，云量减少，海平面气压比常年偏高，海平面高度相对偏低。而在赤道西太平洋海域，海水温度比常年偏高，对流活动加强，云量增多，降水偏多，海平面气压偏低，海平面高度则偏高。另外，位于太平洋西北边界的黑潮比常年偏强，黑潮和黑潮延伸体区的海表温度比常年偏高。

1950年至今已发生10次拉尼娜现象，分别发生在1950、1954/1955、1964、1967/1968、1970/1971、1973、1975、1984/1985、1988/1989，1998/2000年。在拉尼娜事件中，赤道中、东太平洋海温降温幅度一般小于厄尔尼诺现象中的增温幅度，一般海温距平在－1℃，最强可接近－2℃。1950年至今，最强一次拉尼娜事件发生在1988/1989年，从1988年4月开始，至次年的5月才结束，共历时13个月。赤道中、东太平洋海温距平连续9个月低于－1℃，最低达－1.74℃。

【拉尼娜现象预测】 继国家海洋环境预报中心于1997年初用统计模式成功地预测1997/1998年的厄尔尼诺事件之后，1997年下半年对统计模式进行了改进。该模式不仅包含东亚季风的作用，而且还包含前期西太平洋暖池对下次厄尔尼诺事件发生的作用。在1998年初用修改后的模式成功地预测了1997/1998年厄尔尼诺现象的结束时间，以及1998/2000年的拉尼娜事件。统计结果表明，1996年6月至1999年12月，预测的赤道东太平洋海温距平与观测值的相关系数达0.91。值得注意的是，该统计模式存在两个大的问题：第一，预报值偏小；第二，在某些厄尔尼诺年，预报的最大增温超前于观测值。因此，该模式有待于进一步改进和完善。

1998/2000年的拉尼娜事件有如下两个特点：①赤道东太平洋海表温度降温首先发生在110° ～120° W（1998年5月20日），然后异常降温区向日界线扩展。1998年11月南美沿岸（NINO1＋2区）才开始出现负距平。②这次拉尼娜现象发展迅速，NINO3.4区的温度距平从1998年5月的0.87℃降到6月份－0.76℃，降幅达1.63℃。

【厄尔尼诺长期预测】 通过对1750年至今近250年太阳活动和厄尔尼诺现象资料分析，发现厄尔尼诺现象与太阳黑子11年周期的位相有关。93%的厄尔尼诺发生在太阳黑子的的峰值、谷值和下降位相，而在上升位相很少发生厄尔尼诺现象。值得指出的是，在资料较好的近100年内，在太阳黑子的上升位相没有发生一次厄尔尼诺现象。另外，在一个完整的太阳黑子周期内（约为11年左右），一般发生2～3次厄尔尼诺现象。在最近50余年内，每个太阳黑子周期都发生3次厄尔尼诺现象（如果包括1979年的弱增暖事件）。

研究结果还表明，厄尔尼诺现象发生的时间间隔与太阳黑子活动位相有关。在太阳黑子上升位相，每4～5年发生一次，其概率达86%；在谷值位相至靠近该位相的下降位相区，厄尔尼诺发生的周期较短，一般为2～3年。

（王彰贵）

海洋灾害
Marine Disasters

【综述】 随着海洋开发事业的迅速发展和沿海经济的不断繁荣，海洋灾害造成的威胁与日俱增，越来越受到沿海各级政府和有关企业部门的重视。由于灾害预报水平的提高，预警范围和能力的增强及防灾减灾措施的建设，有效地遏制了灾害造成的损失。

1998～1999年海洋灾害造成的直接经济损失有所减小，但仍出现了多次损失较大的灾害案例。

【风暴潮灾害】 风暴潮灾害一般表现为高水位和风浪联合作用为害，其造成的损失仍居海洋灾害之首。

1. 台风和强热带风暴风暴潮灾害

（1）1998年台风和强热带风暴风暴潮灾害。

本年中国沿海共发生台风和强热带风暴潮7次，只有9803、9806、9810号台风和强热带风暴风暴潮造成灾害。

9803号强热带风暴于1998年8月11日登陆广东省阳江市，广东省从珠江口到雷州半岛东岸均出现较大风暴潮，最大出现于闸坡站（98cm），珠江口内黄埔站最高潮位超过当地警戒水位。强热带风暴登陆时虽然风力不大，但登陆时潮位较高，在风暴潮、巨浪的共同影响下仍造成一定的损失，其中海水养殖等损失较重。受灾较重的有广东省电白县、阳西县和高州市。据统计，全省共有110个乡镇233.5万人受灾，紧急转移2 280人，冲毁公路桥涵52座，毁坏公路路基113km，水产养殖损失严重，直接经济损失约4亿元。

9806号台风于9月19日22：45在浙江省舟山市普陀区登陆，近台风中心最大风力有10级。受其影响浙江北部沿海、杭州湾、长江口出现较大风暴潮，上海高桥验潮站最大增水103cm。9月18～19日，浙江沿海海面风力10～12级，局部地段拍岸浪高7～8m，镇海站实测浪高6m。台风登陆时正值天文大潮期，潮高浪大。舟山、宁波、绍兴3市20个县183个乡镇2 978个村的118万人遭受不同程度的损害。岱山县东沙镇新道头海塘等几条海塘被冲垮，海水涌入内陆。普陀、岱山县城进水，倒塌房屋7 165间；死亡1人，伤125人；受灾农田99 000hm^2（149万亩）；637个工矿企业停产、半停产；供电中断100条次144 h；损坏江堤海塘158km；海塘决口149处11.4km。舟山冲毁海塘86条约121km；海塘决口28条10.5km。据浙江省统计，直接经济损失7亿余元。上海市无灾害损失。

9810号台风于10月26～27日影响粤东、闽南近海，受其影响福建东山站出现80cm的最大风暴潮增水，最高潮位超过了当地警戒水位。此次灾情损失较小。

（2）1999年台风风暴潮灾害。

本年中国沿海共发生5次台风风暴潮，只有9903和9914号台风风暴潮造成灾害。

9903号台风于1999年6月6日晚登陆广东省惠来县，横扫广东省南部后，进入福建省漳州境内。受其影响，北起福建省闽江口、南至广东省珠江口沿岸均出现了50～100cm风暴增水，其中广东省韩江三角洲平原近岸为最大风暴潮区域，潮阳市海门（站）最大增水达103cm。珠江口海域出现波高5～6m的巨浪。受风暴潮和巨浪的综合影响，广东省揭阳、汕尾、潮州3市的经济损失严重：汕尾市有3个县（市）的39个乡镇受灾，死亡2人，经济损失5.6亿元，潮州市死亡1人，经济损失1.2亿元。尤其是遭受风暴潮正面袭击的惠来县，渔船碰撞损坏120余艘（只），沉没8艘（只），经济损失1.1亿元。

9914号台风于1999年10月9日上午10时正面袭击福建龙海市沿海。受台风引起的风暴潮影响，福建省沿岸的潮位普遍偏高。东山至沙埕各站的最高潮位普遍超过当地警戒水位，其中崇武站超过警戒水位60cm。厦门市出现最大风暴潮增水122cm。福建沿海出现波高5～6m的巨浪。受风暴潮和巨浪的共同影响，厦门、晋江、惠安、石狮等地的10余处海堤被冲毁，崇武码头被淹。厦门市区、泉州市区街道多处受淹，沿海有多处海堤受损。莆田市有3个县（区）21个乡镇16.11万人受灾，37个村庄被潮汛围困，全市倒塌房屋1 500余间，受灾农作物面积4 800hm^2，海堤决口6处。厦门、东山、漳浦等市、县水产养殖损失严重。9914号台风风暴潮共造成72人死亡、失踪，经济损失近40亿元（见表1）。

表1 9914号台风风暴潮灾害统计表

受灾地区	受灾人口（万人）	转移人口（万人）	淹没农田（hm^2）	损坏房屋（万间）	死亡、失踪（人）	损坏船舶（艘）	损坏堤防（km）	水产养殖（hm^2）	直接经济总损失（亿元）
厦　门	76.25	2.3	24 452	1.1	12	2 166	21.4	3 626	9.3
泉　州	80.99	5.3	34 214	2.3	18	63	76.4	4 396	7.2
漳　州	145.70		85 100	1.3	14	646			7.7
莆　田	106.70		22 000	11.1	22	120	179.0	2 639	13.1
福　州	42.90		19 000	1.7	6			770	2.7
合　计	452.54	7.6	184 766	17.5	72	2 995	276.8	11 431	40.0

2. 温带风暴潮灾害

（1）1998年温带风暴潮发生次数较常年偏少，莱州湾羊角沟站出现50cm以上增水过程34次，渤海湾塘沽站出现50cm 以上增水过程27次，但均未超过当地警戒水位，未造成风暴潮灾害。

（2）1999年渤海湾沿岸温带风暴潮灾害较多，莱州湾偏少。渤海湾塘沽验潮站出现50cm以上风暴潮增水过程32次（年平均27.4次），100cm以上风暴潮增水过程4次，其中2次最高潮位接近警戒潮位（490cm），天津塘沽局部低洼区域、渤海石油公司码头曾一度上水。

莱州湾羊角沟验潮站出现50cm以上风暴潮增水过程32次（年平均36次），其中100cm以上风暴潮增水8次，150cm以上风暴增水3次，但最高潮位均未超过当地警戒水位（550cm）。（陈祥福）

【海浪灾害】 **1998年海浪灾害** 1998年中国近海波高4m以上的灾害性巨浪出现天数比常年偏少，渤海13d（常年26d）、黄海29d（常年95d）、东海87d（常年123d）、台湾海峡76d（常年90d）、南海79d（常年169d）。所遭受的台风浪灾害也比常年轻，是历年来遭受风浪灾害较轻的一年。

1998年8月10～11日，广东省阳江市附近受9803号台风影响(当时风速40m/s)，分析浪高6m（没有实测资料），受灾较严重的是广东省电白县、阳西县和高州市，其中水产养殖损失262hm^2，农牧渔业损失3.05亿元，工业交通运输业损失0.262亿元。损坏塘坝310座，护岸51处，水利设施损失0.303亿元。

1998年9月18～19日，受9806号台风浪影响，东海海面出现7～8m的狂浪区，浙江沿海海面风力10～12级，局部地段拍岸浪高达7～8m。19日镇海站实测浪高达6m。处于台风浪正面袭击的舟山、宁波损失严重。舟山冲毁海塘86条约121km；海塘决口28条约10.5km；毁坏桥梁13座，公路123km。

海浪造成的恶性海难事故时有发生，仅山东省所辖海域共发生海难事故45起，其中由于风浪引起船只翻沉11艘，死亡16人，失踪47人。统计资料表明，风浪引起的海难仍占各项海难事故的前两位。

1999年海浪灾害 中国近海及邻近海域波高大于4m的灾害性海浪主要是在寒潮大风和台风影响下形成的。中国近海形成灾害性海浪的天数分别为：渤海13d，黄海42d，东海99d，台湾海峡94 d，南海117d。受灾害性海浪的影响，引发的海上恶性海滩事故频繁发生，人员伤亡、财产损失和社会影响都很严重，是近10年来海浪灾害最严重的年份之一。辽宁、河北、山东、江苏、福建、广东、海南等省共发生海难事故226起，造成翻沉船舶57艘（只），死亡、失踪600余人。其中山东省所辖海域发生各类海难事故45起，共造成死亡、失踪403人，翻沉船舶24艘（只）。广东省、海南省和福建省所辖海域发生各类海难事故122起，较1998年增加34.5%；死亡、失踪166人，较1998年增加12%。

由灾害性海浪造成的较大海难事故有：

3月19日，辽宁省5艘渔船遭受大风浪袭击，沉没在成山角东北方向距海岸100n mile的海面上，死亡、失踪16人，直接经济损失500余万元。

4月13日，辽宁省大连市的5艘渔船遭遇巨浪袭击，沉没在距石岛港东偏南120n mile的海面上，死亡、失踪34人，直接经济损失500余万元。

5月1日凌晨，一艘载有3 000t 钢材的巴拿马籍货轮“长顺”号，受恶劣海况的影响，在海南省文昌市龙楼镇附近海域触礁沉没。

9月16日16时广东省珠海市沿海在大风、巨浪、暴雨共同影响下，全市直接经济损失9 904万元，受伤91人，其中斗门县1 100hm^{2}农田遭受水浸，鱼虾塘浸顶1 352 hm^2，逃走鱼虾3 580t。

10月17日10时03分，山东烟大汽车轮渡公司载有166名旅客和船员及38辆汽车的“盛鲁”号客货滚装船，在大连市西南30n mile处海面起火失控，遭到狂风巨浪袭击沉没，船上163人获救，死亡、失踪3人。

11月24日，山东省烟台市“大舜”号客货滚装船，在恶劣海况条件下，所载汽车固定不牢，相互碰撞，在距烟台牟平养马岛5n mile海面引起失火后，被巨浪推翻，造成死亡、失踪280人的特大海难事故。

12月16日凌晨，航行在南海载有3 000 t圆木的巴拿马籍“VIOLE-TOLEAN”号海轮，遭到狂风巨浪袭击，在汕头东南40n mile海域沉没。

12月19日16时，广州海电船务公司所属3.5万t巨轮“新珠江”号，在台湾海峡遭遇大风和狂浪袭击，沉没在彭湖列岛附近海面，船长失踪。（许富祥）

【赤潮灾害】 1998年在沿岸近海共发现赤潮22起。其中南海10起、东海5起、渤黄海7起。不仅出现在近岸海域，而且扩展到较远海域；持续时间很长，不仅发生在夏季，而且春、秋、冬三季都有发生；是历史上最严重的赤潮灾害，造成了严重的危害和重大经济损失，还发现了新的赤潮生物种。

1999年在沿岸近海共发现赤潮16次。发生赤潮较多的沿岸海域有：广东省6次、山东省5次、辽宁省3次。受其影响，海洋生态环境受到破坏，海洋养殖业损失较重。但由于发现后沿海各地区及时采取防范措施，没有造成严重经济损失和人员中毒事件。

表2　1998年近海赤潮统计表

时间	海域	赤潮生物	损失
1997年12月至1998年1月	泉州—汕尾附近海域	棕囊藻	1.8亿元
1～2月	汕尾附近海域	褐囊藻	
3月上旬至4月上旬	珠江口附近海域	密氏裸甲藻	3.5亿元
3～5月	漳州附近海域		0.5亿元
4月20日	阳江附近海域	裸甲藻	
4月下旬	深圳附近海域	甲藻、硅藻	
5月18日	大亚湾	甲藻	
5月30日	长江口		
7月3～8日	胶州湾	中肋骨条藻、高贵盒形藻	
7月28日	长江口		
8月15日至9月10日	烟台附近海域	红色裸甲藻	较大损失
9月2日	莱州湾		
9月10日	大亚湾	锥状斯氏藻	
9月16日至10月19日	渤　海	叉角藻	1.2亿元
9月18日	锦州湾	叉角藻	
9月29日	葫芦岛附近海域	叉角藻	
10月1日	曹妃甸附近海域		
10月3日	天津附近海域		
10月9日	曹妃甸—南堡海域		
11月6日	潮阳海门注		
11月7日	广东红海湾		
11月8～9日	大亚湾	红色中蛤虫	

表3 1999年近海赤潮统计表

时间	海域	范围	赤潮生物
2月	广东省饶平附近海域	小范围	
3月14～15日	广东省大鹏湾南澳海域	小范围	
3月25～29日	广东省大亚湾径于前海域和大鹏湾盐田海域	数平方千米	
5月14～16日	浙江省舟山附近海域	数十平方千米	
5月20～26日	广东省大亚湾惠州港	小范围	
6月10～26日	广东省饶平县杨林湾	约400km^2	球形棕囊藻
7月2～4日	天津市大沽锚地、河北省岐口以东和山东省黄河口附近海域	400～1 500km^2	
7月10～23日	广东省饶平附近海域		
7月13～21日	辽宁省辽东湾	6 330km^2	夜光藻
7月17～21日	辽宁省蛇岛附近海域	100km^2	夜光藻
7月17日	山东省北隍城岛附近海域	680km^2	夜光藻
7月18日	大连市旅顺口至傅家庄	30.4km^2	
7月23日	青岛市胶州湾团岛咀至沧口水道	26km^2	骨条藻
7月26日	青岛市小麦岛附近海域	60km^2	红色中蠕虫
8月6日	山东省石岛附近海域	160km^2	
9月25日	渤海中部	30km^2	

【海岸侵蚀灾害】 1999年局部地区海岸侵蚀十分严重。尤其是在采沙严重的海岸，近3年内海水向陆地侵蚀达100m之多，侵蚀最严重的地方达200～300m。海岸侵蚀较严重的岸段有江苏、河北、山东、浙江的杭州湾、福建中部、广西和海南等地。

山东省日照市东潘一带海岸，年均后退约7.5m，蓬莱一带黄土海岸年均后退0.6m，林格庄一带尚未护岸的岸段年均后退1.0m以上。江苏省废黄河口一带海岸，仍以每年2.3m 的速度后退。辽东半岛西岸及河北的北戴河至山海关一带海岸也在缓慢后退。海南省文昌市由于近岸珊瑚礁被大量采挖，部分海岸已向陆一侧后退230m，年均岸线侵蚀后退20m。

海岸侵蚀造成的灾害虽然是缓慢性的，但是它能造成沿岸村镇和工厂坍塌、道路中断、海水浴场环境恶化、海岸防护林被海水吞噬、岸防工程被冲毁、海洋鱼类的产卵场和索饵场遭破坏、盐田和农田被淹没等严重后果，严重影响沿海人民的生产和生活。

【海上溢油灾害】 （1）1998年在中国近海海域监测到了1起大型溢油事故和20余起小型溢油事故。

11月13日，在珠江口内伶仃洋西北水道，上海油轮公司载有9 300t 汽油的“建设51”号油轮与载有4 000 t 0号柴油的“津油 6”号油轮相撞，造成“津油6”号油舱破裂，导致柴油外泄约1 000 t，海面溢油带长约22km，使这一带海域受到严重污染。

（2）1999年发生重大溢油事件1次，较大的船舶溢油事件4次。

1998年12月3日至1999年6月25日，位于38° 16′ N、118° 48′ E的胜利油田CB6A-5井发生倒塌，井底部套管破裂，引发长达半年的重大原油泄漏事故。大量原油从海底浮出海面，在水中漂流，并随时间推移，水温升高，油块逐渐融化成油带和油膜。3月中旬油膜、油带已扩散到CB6A-5井周围7n mile范围。5月下旬，油膜向四周扩散，污染中心区面积达250km^2。该起溢油事故时间之长、范围之广、危害之大，是近几年来最严重的溢油事故。它造成直接经济损失354.7万元，间接经济损失795.48万元。

1月31日，海南金轮实业股份有限公司发生1起重油泄漏事件，在秀英排污沟至海口市后海 带出现了长约1 500m、宽约100m 的油膜。

3月24日凌晨02：40，载有1 032 t 重油的福建省燃料供应公司“闽燃供2”号油轮在行至珠江口伶仃岛附近时，与浙江“东海209”空载油轮发生碰撞，使福建油轮一个油舱破损，溢出重油150 t。几天内，油污就漂至20km外的水域，在珠海市附近海域形成大于102km^2 的污染带,受污染的总面积超过200km^2，造成了近20年来珠江口区域污染面积最大的一起油污染事故。据统计，珠海香洲、淇澳的养殖渔业受重油污染面积453.3km^2，直接经济损失近500万元。

5月1日凌晨，一艘载有3 000 t钢材的巴拿马籍货轮“长顺”号，在文昌市龙楼镇附近海域触礁沉没。在风浪的冲击下，船上油柜出现裂缝，大约有2t柴油溢出，形成一条长约1 200m、宽约100m的油带。

8月8日凌晨2时，三亚港内一艘运油船沉没，所运载的柴油溢出，使三亚港至三亚湾的小青洲岛、鹿回头、三亚角一带海域受到柴油的污染。

（路应贤）

【海冰灾害】 1998年1月下旬黄海北部的鸭绿江口发生了50年以来最为严重的一次冰灾。较厚岸冰受涨潮的影响，大量冰在潮、流的作用下，相互挤压和碰撞，造成17处码头严重破坏、11艘船沉没、19艘船严重受损，险情持续了6天。1998/1999年渤海及黄海北部的冰情明显偏轻，且持续时间较短，是近10年以来最轻的一年。12月下旬辽东湾的冰情发展十分迅速，使正在辽东湾作业的钻井船无法按时撤离。在盛冰期间，辽东湾海洋石油平台及海上交通运输受到一定影响，但未发生由海冰造成的海损、海难事故。

（张启文）

【厄尔尼诺和拉尼娜事件】 20世纪以来最强的厄尔尼诺事件，在1997年12月达到最高值后，1998年春季开始衰减，于5月结束。1998年10月拉尼娜事件发生。1998年中国长江流域发生的特大洪涝灾害与厄尔尼诺和拉尼娜事件有关。1999年拉尼娜事件比较强，受其影响，本年度中国气候发生异常。

【1998/2000年ENSO冷事件】 1998/2000年ENSO冷事件爆发于1998年10月，结束于2000年3月，维持时间长达18个月，是一次爆发迅速、持续时间长、强度较大的冷事件。

1998年6月，20世纪最强的1997/1998年厄尔尼诺事件刚刚结束，赤道太平洋160°～110°W洋面突然出现大范围异常强的海温负距平区，SSTA中心强度低于正常3℃以上，异常冷水先向西后又向东扩展，沿赤道插入中、东太平洋的暖水区，并迅速增强，范围也不断扩大。8月，南美沿岸也有温度低于正常的弱冷水区生成。10月两股冷水区汇合，155°E以东赤道太平洋完全为冷水控制，冷事件形成。这是一次十分典型的中部型暴发过程。由于1997/1998暖事件结束后，赤道东太平洋仍有残留暖水维持数月，次表层海温负距平在东移过程中受到抑制，首先在中太平洋浮出，同时，赤道冷水两侧还长期维持着两暖水区，南部的暖水抑制了秘鲁冷洋流的北上，海表异常冷水中心主要稳定在中太平洋。1998/1999年冬季冷事件出现第一个峰值，NINO 3区海温距平指数达－1.0℃。随后，负距平逐渐减弱，春末到秋初维持弱的冷位相异常。秋季，赤道中、东太平洋海温再次下降，于1999/2000冬季到达第二个峰值，而且强度和范围超过了第一个峰值，NINO 3区海温距平指数达－1.5℃。在赤道中、东太平洋海温迅速向冷事件转化的同时，大气特征也相应地发生了急剧的变化。南方涛动指数从1998年3月的－3.5突然升高到5月的0.1，7月又升到1.3，并在翌年4月前一直稳定在1.0附近，1999年1月达到峰值2.0，气压场的转变为海洋迅速变冷提供了有利的条件。冷事件期间，130°E～150°W之间一直维持较强的东风距平，东太平洋西部为弱的西风距平，东部在1999年1月以后维持弱东风距平。1999年春末夏初，信风带北移，冷事件发生季节性减弱，高、低层纬向风距平均相应明显减弱。南方涛动指数也基本处于正常状态。11月以后，南方涛动指数再次上升，2000年2月出现第二峰值1.6。

在整个冷事件期间，赤道地区对流活动一直比较稳定。OLR负距平区位于常年对流活动活跃的印度尼西亚上空，中心位于130°E附近，距平值低于－30Wm^{-2}，140°E以东大部对流受到抑制，150°E～160°W之间OLR正距平达40Wm^{-2}以上。上述OLR距平分布表明赤道太平洋上空沃克环流较常年明显加强。

2000年初，冷事件达到最强以后，随着西太平洋次表层暖水的积蓄和东移，斜温层调整，赤道东太平洋海温突然升高，甚至出现正距平，3月冷事件结束，但NINO 4区海温距平指数仍为－1.4℃，海温异常持续到6月。大气响应也明显滞后，SOI直到5月才完全恢复正常，而中太平洋地区风场和对流的异常冷位相特征持续时间则更长。

这次强冷事件的长期维持也给许多地区的气候造成了影响。特别是1999年东南亚大部的严重洪水，中美洲及南美北部的异常多雨，北美东南部、亚洲南部和澳大利亚的强热带风暴活动等都与它的影响有关。

（李晓燕）

海洋信息管理与服务
Marine Information Management and Service

21世纪初我国海洋信息工作发展设想

王 宏
（国家海洋信息中心）

21世纪是信息时代，以数字化、网络化为主要特征的信息技术已成为推动全球经济一体化进程的主要源动力之一。信息资源已被世界公认为国民经济和社会发展的重要战略资源，从而成为各国争夺的焦点。21世纪也是海洋世纪，面对日渐枯竭的陆地资源，人们的目光自然转向了幅员辽阔的蓝色海洋。毫无疑问，谁把握了海洋，谁就占有经济发展的先机。因此，海洋涉及着国家利益和国家安全。这就是21世纪初中国海洋信息工作发展所面临的大环境和宏观背景，既有挑战，更蕴藏着机遇。

经过30多年的努力，我国的海洋信息工作已取得了长足的进展。初步建立起了一个综合性的海洋信息业务体系和一支初具规模的专业技术人才队伍，在海洋管理、海洋经济、海洋科学、国家安全和海洋权益等许多领域发挥了巨大作用。特别是在海域管理、海洋环境保护、海洋监察执法、战场环境保障、公众宣传与政府网站建设等工作中，海洋信息技术和信息产品对管理与决策的支撑已有目共睹。但不容否认，我国的海洋信息工作还存在许多不足，特别是与国外先进国家相比一些方面差距明显。正视和分析这些差距与不足是确定21世纪初我国海洋信息工作发展目标的基础和前提。以下从4方面概述21世纪初期中国海洋信息工作的主要任务。

充分发挥信息技术和服务支撑作用，努力实现信息共享

随着建设“海上强国”战略的实施，国家在海洋发展战略、政策与规划、海洋管理、海洋开发、国家安全与权益维护等方面，对海洋信息技术和服务支撑的需求越来越大、要求越来越高，将使得我国海洋信息工作目前存在的问题和矛盾日益突出。主要表现在：①海洋信息工作为管理、执法和国家安全服务的目标不甚明确，没有充分体现和发挥现有信息资源、信息技术的支撑作用，海洋信息服务业务化程度不高；②缺乏健全、统一的海洋信息资源管理体制。国家没有完整、有效的法律和法规管理涉海部门之间、机构之间的各类海洋信息，信息共享程度很低；③海洋信息资源现状不清、基础信息源不足、信息更新缓慢，导致海洋信息服务缺乏完整性、系统性和时效性，不能满足海洋工作的需求。同时，海洋信息资源散失现象突出，一些宝贵的调查观测资料、专项研究资料、档案文献资料等甚至面临流失或湮没的危险；④缺少健全的海洋信息质量管理保证体系和服务资格认证体系，海洋信息产品开发和服务在数量、质量、深度、广度等方面尚不能满足需求。

正是由于上述问题的存在，使得海洋信息公益服务和技术支撑没能有机地融入海洋资源管理、海域使用管理、海洋环境保护、海洋权益维护和海洋科技发展等海洋管理工作之中；海洋管理和决策部门难以得到全面、科学的海洋综合信息和信息产品服务。解决这些问题的主要思路是：

（1）确定海洋信息工作的切入点，明确目标和方向，使海洋信息服务和技术支撑长入海洋管理、国防建设、科技发展和海洋开发活动中。

（2）制定、完善海洋信息资源管理的法律和法规，建立、健全海洋信息资源管理体制及海洋信息质量管理保证和服务资格认证体系。

（3）明确海洋信息管理部门的职责，发挥国家业务中心的作用，协调指导涉海部门之间、机构之间的各类海洋信息资源的开发利用，努力实现信息共享。

（4）加大海洋信息资源开发的投入力度，进一步完善国家海洋信息业务体系和网络建设，加快信息更新步伐，提高海洋信息服务的业务化水平。

加强基础业务规划与业务能力建设，开展国家海洋信息化工程建设

海洋信息化的主要内涵包括两个方面，一是海洋信息的数字化，主要任务是将历史与现实的、分散的、非标准的、不同载体、不同信息源的各类海洋信

息进行数字化处理，形成以海洋基础地理、海洋环境、海洋资源、海洋经济开发、海洋管理等为主题信息平台的、统一的、标准的、易于管理者和科学家理解和使用的海洋基础数据系统和相关的信息产品。二是海洋信息的网络化。主要任务是建设实时信息网络、统计信息网络和海洋行政管理信息系统。

国家海洋信息化工程建设的总体目标是在高新技术条件下，建成面向主题的国家（1∶100万）、省市（1∶50万）和区县（1∶5万）三级信息平台；在国家基础信息设施的支持下，建立快速、高效、共享的国家海洋信息资源和技术支撑环境，即多功能国家海洋信息网络，实现海洋经济、海洋生态与环境、海洋灾害、海域管理、海洋执法管理等信息的高度共享；全面提高我国海洋管理工作对海上突发事件的快速响应和处理能力，全面提高对海洋环境、资源和经济开发等信息的综合分析评价与预测能力，为国家管理、开发和利用海洋提供实时、动态和全面的信息产品和辅助决策信息，为国家安全和海洋战场环境保障提供信息和技术服务，促进我国海洋事业的快速发展。

“十五”期间，要按照国家海洋信息化建设的方针、原则和目标，初步建立起一个结构完整、功能齐全、技术先进并适合我国海洋信息管理与服务要求的业务化运行系统。主要包括：

（1）完成国家海洋信息化总体规划、基本设计和相关政策法规的制定；基本建立起有利于海洋信息资源共享和促进海洋信息资源开发利用的管理体制和信息服务体系。

（2）共建、联建省市海洋信息管理实体，初步建成分布式海洋信息服务体系和业务系统的基本架构，促进成果转化和技术转移，带动地方管理需求。

（3）构造高速、宽带、多功能的海洋通信网络体系和先进可靠的数据交换中心，为国家和地方省市海洋管理部门提供快速准确的信息交换平台。完成海洋信息采集、处理、管理、监测、传输和信息服务等关键技术的研究与开发；提高海洋信息资源的整体性、适用性、时效性和可获得性；完善国家和地方政府网站建设，提高信息更新和发布能力。

（4）建成以海洋基础地理、海洋环境、海洋资源、海洋经济开发、海洋管理和国家安全为主题的国家、省市和部分区县的三级信息平台，形成一批国家级海洋基础信息数据库群体，广泛提供联机共享服务。

（5）加工制作面向应用、以用户需求为驱动的海洋信息产品，为各涉海部门提供信息产品服务和技术支持；向社会提供内容丰富、形式多样的海洋信息和信息产品服务。

应用高新技术，建设中国“数字海洋”

“数字地球”的概念一经提出,就在中国科学界引起了巨大反响。作为“数字地球”核心的空间对地观测系统、信息高速公路和国家空间数据基础设施建设已经成为目前国内研讨的热点问题，并相继提出了“数字中国”和“数字国土”等相关概念。国内海洋界人士也充分利用这一机遇积极行动起来，共同商讨海洋与“数字地球”的关系，并提出了在我国建设“数字海洋”的设想，即用数字化手段统一处理和表现海洋过程，使人类最大限度地理解并有效利用海洋信息资源。“数字海洋”是以海洋客观现象为研究对象，以国家信息基础设施即信息高速公路为依托，以海洋空间数据基础设施（MSDI）为基础，以最新信息技术为支撑的一个庞大而复杂的系统。其具体构成包括数据（空间数据和非空间数据）、操作平台和应用模型三个部分。

“数字海洋”发展的基本思路是：从国家的根本利益出发，在掌握我国海洋信息资源、国家信息基础设施和国际信息技术发展现状与趋势的基础上，以维护海洋权益与国家安全、保护海洋生态与环境、提高海洋资源开发能力、促进海洋经济发展为应用目标，开展“数字海洋”“221”工程的研究与开发。即两个关键技术：“数字海洋”空间数据基础设施关键技术和“数字海洋”支撑技术研究；两个平台：动态四维海洋地理信息系统和空间数据平台的研究与开发；一个原型：构造“数字海洋”原型系统并开展应用示范研究；为中国海洋信息事业的发展做出贡献。

“数字海洋”是海洋多学科、多技术的综合体，其支撑技术包括：宽带网络技术、卫星遥感数据获取与应用技术、海量数据存储和压缩技术、互操作技术、科学计算、分布式对象技术、分布式空间数据资料库技术、空间数据仓库技术、各类应用模型、分布知识智能（KDI）、虚拟现实技术、WebGIS技术等。在建设过程中，引进国外先进的硬软件开发平台和网络技术构筑自己的应用系统，是中国近年来信息系统建设的基本方法。但应用系统的开发和工程建设必须由自己完成，并坚持创新。

培养复合型海洋信息技术人才，建立结构合理的专业技术队伍

由于海洋信息工作集信息采集技术、信息处理技术、信息管理技术、网络技术、地理信息系统技术、可视化技术等信息高新技术为一体，因此必须十分注

重自身专业技术队伍的建设，加大人才培养力度。重点培养一批既熟悉信息技术和海洋管理，又有海洋专业知识的复合型技术人才；建立合理的用人制度和激励机制，确保主体专业技术队伍结构合理、思想创新、人员稳定。今后应采取的措施包括：

（1）大力提倡和支持在高等院校设立海洋信息专业和学位授予点，开设海洋信息课程，培养高素质人才，确保国家海洋信息工作后继有人。

（2）加强中央和地方海洋管理人员海洋信息技术培训工作，提高管理人员信息应用能力和水平，使海洋信息真正支撑起海洋管理日常工作。

（3）与国际接轨，建立符合实际、合理的用人制度和激励机制，营造宽松开放、竞争创新、高效稳定的工作环境和工作氛围。

（本文作者系国家海洋信息中心主任，研究员级高级工程师）

海洋资料管理与服务
Marine Data Management and Service

【海洋环境与灾害信息管理与服务子系统建设】 海洋环境信息与灾害子系统是国家海洋信息系统建设项目的一个子系统，是在海洋资料文档、数据库建设和海洋资料产品设计与开发基础上建成的。其主体结构包括数据预处理系统、数据管理系统和产品制作与服务系统。其中数据预处理系统包括各种类型海洋资料和质量控制方法设计以及各种标准代码与技术指标；数据库管理系统包括清单数据库，南森站数据库，海流数据库，海面气象数据库，台站数据库，浮标数据库，污染数据库，地质、地球物理数据库和灾害数据库；产品制作与服务系统包括光盘数据集、水文气象电子图集、热带气旋分析产品、环境质量评价方法等。该子系统的信息产品包括信息清单产品、典型海洋资料产品、台站资料产品、浮标资料产品、污染资料产品、海洋灾害资料产品、地质、地球物理资料产品、COADS资料产品、GIS信息产品、网上服务产品。该系统具有合并、排重、更新、质量控制、统计分析、查询检索和图集产品制作等多种功能并能通过Internet网进行信息和信息产品发布，面向国内外提供海洋环境与灾害数据资料产品的信息服务和资料交换。

该系统已对国内各有关部门包括海洋管理、海洋科研、教学、国防军事、海洋开发等提供了大量的海洋资料查询、检索、统计分析与环境评价服务。该子系统已通过专家鉴定。

【全球海洋气候查询显示系统的研制与图集出版】 为满足国防与科学研究以及海洋开发的需求，提供世界大洋海洋气候变化背景分析产品，国家海洋信息中心收集整理了近150年来的国内外全球海洋气象水文资料，并且对资料进行了严格的质量控制、统计、客观分析和计算机绘图，建成全球海洋气候查询显示系统并制作了电子版图集。在此基础上，出版了《世界大洋气候图集》。主要内容包括累年各月平均风速、风浪高、涌浪高、波浪周期、海面气压、气温、海表水温、相对湿度、云量、能见度和天气（雾、降水和雷暴）等值线图，海面风、风浪和涌浪玫瑰图，盛行风矢量图，全球热带气旋发生频率等统计和移动路径图。

【中美合作海面气象资料标准化处理】 根据政府间海洋学委员会第十七届大会的决议，各成员国对各类历史海洋资料采取有效措施进行抢救，以便使这些历史海洋资料在全球海洋研究中发挥作用。中国国家海洋信息中心与美国国家气候资料中心达成协议，共同处理美国收集到的历史海面气象资料。

经过中美双方二年的共同努力，该项工作已经完成，对1878～1894年的15.6万站次的全球海面气象资料进行了资料整理、录入和质量控制，并建成标准化格式文件，共198万条记录，数据量达230MB。该数据集将被合并到COADS（全球海洋大气资料系统）数据集中，供世界各国使用。通过该项协议，国家海洋信息中心将获得1970～2000年的全球地面气象连续观测资料，数据量达100GB。 （郭丰义）

海洋信息、网络的建设与管理
Construction and Management of Marine Information and Network

【国家海洋信息系统建设】 “九五”国家重点项目“国家海洋信息系统建设工作”，1999年初接受了日本专家和国家信息中心检查组的检查，8个信息子系统的建设顺利通过。海洋法规系统1999年新入库170余篇，计90余万字，及时将有关内容提交给国家法规库，向用户提供全文查询服务。

国家海洋信息系统建设 国家海洋信息中心利用第三期日元贷款建设的信息服务系统自1991年开始论证，经过近9年的时间，历经了可行性研究、总体方案设计、基本设计、国际招标、合同谈判、系统集成到系统的开发研制，已建成技术含量较高、系统性较强的信息系统。开通的“中国海洋信息网”与国际互联网连通，有效地进行了信息传输和信息服务。

国家海洋信息系统设计建设项目，是一项设计复杂、技术发展迅速、信息量宠大的大型系统工程项目，采用了3S（RS、GIS、GPS）、多媒体、Internet等高新技术，融海洋科学、信息科学、计算机与通信网络技术于一体，具有很强的整体性、系统性和实用性。整个系统的设计建设与开发应用，完成并部分超出了原系统设计要求。结构布局合理，界面友好，整个系统综合集成于一体，便于维护和发展，整体上达到了当前国际先进水平。

国家海洋信息系统基本上包容了海洋信息各个专业领域，由7个业务化运行的子系统和中国海洋信息网组成。该系统针对海量数据和动态性强等特点，开发建设并具备了海洋信息收集、传输、处理、存储和管理、海洋信息产品设计、制作和服务等功能，填补了国内空白。

该系统的建成在中国实现了海洋信息共享。作为大型业务化支持系统，为中国海洋经济综合分析评价和预测、海洋资源开发利用、加强海洋管理、维护海洋权益、保护海洋环境，并为国防建设以及海洋科学研究和教学等提供了有效的服务，取得了良好的经济和社会效益，受到国际海洋有关组织和机构的关注。

通过国家海洋信息系统的建设，形成了中国海洋信息技术产业的基础条件，对海洋领域的软科学技术发展具有十分广阔的前景。依靠中国海洋信息网推动海洋软科学技术发展并逐步形成海洋软科学技术产业，将对中国的海洋开发与管理起到重要作用，国家海洋信息系统的建设为迎接知识经济时代的到来奠定了海洋领域的基础。

国家海洋信息系统信息服务与信息产品 国家海洋信息系统技术含量较高，系统性较强，研究开发了各种信息产品和多项内容的服务。

1. 国内外海洋经济信息服务与信息产品

国内外海洋经济信息服务是在建成国内外海洋经济数据库群基础上，利用先进的、科学的统计分析预测软件——SAS系统，对国内外海洋经济状况进行统计、评价、预测、分析，以图、表、文字报告、刊物、简报以及远程联机查询等方式提供综合服务。

主要信息产品有：①海洋经济统计和预测分析产品（海洋经济统计年报，海洋经济预测分析报告）；②海洋市场经济信息分析产品（市场行情通报，市场经济信息综合分析报告）；③海洋经济开发环境评价产品（沿海经济环境现状分析报告，海洋经济开发综合评价报告）。

2. 海洋空间信息服务与信息产品

充分发挥遥感技术应用的作用和优势，以地理信息系统为核心，对海洋环境、资源基础信息及相关的社会、人文、管理等开发活动信息进行综合全面的分析处理，结合先进的辅助决策模型，制作海洋环境资源现状、特性、资源评价、资源规划等各类信息产品，为中国在海洋权益、海洋划界等重大问题上提供科学决策信息，为进行区域性的灾害性评估提供应急建议。

主要信息产品有：海洋设施管理（主要海洋设施分布图，现有海洋设施类型、功能、服务目的、管理机关等基础信息设施，破坏事件处理方案建议）；海洋自然资源管理（主要海洋矿产、油气资源分布，主要渔业资源分布，滩涂资源分布，红树林、珊瑚礁分布和现状，海洋保护区现状，海洋主要资源开发现状，自然资源非法开采与破坏处理方案建议）；海域、海岛、海岸带使用管理（海域使用现状，海岸带资源资产化信息）；海洋权益维护。

3. 海洋环境与灾害信息服务与信息产品

准确反映中国海洋环境和环境质量状况、主要污染区、污染源的现状及时空分布；分析主要海洋污染物质漂移扩散趋势；给出海域环境纳污承载能力分析结果和倾废区、排污口选划方案和优化布局建设等，并对发生海洋污染事件进行损益评估，提出处理方案和对策。为海洋管理与环保部门掌握海洋环境状况、规划布局和海洋环境整治提供必要的信息产品。具有突发性海洋灾害（如台风、风暴潮、大风、巨浪、重冰、海雾、赤潮等）的预报能力；通过对缓发性海洋灾害（如海岸侵蚀、海平面上升、涨水倒盐、生态环境污染等）信息的处理分析，对可能发生的海洋灾害进行影响分析、经济损失分析，提出动态监测方案及防治对策，为海洋管理和经济产业部门服务；为海洋科学研究和国际交换提供服务。

主要信息产品有：① 海洋环境评价（海洋环境质量评价指标，海洋环境质量现状分析报告，海洋环境质量年报）；② 海洋倾废区管理（海洋倾废区现状，海洋倾废区环境承载力分析，海洋倾废区选划方案建议，违章倾废处理方案）；③ 海洋排污管理（沿岸主要排污口现状，海洋排污损益分析，排污口优化布局，违章排污处理方案）；④ 海洋溢油处理

（溢油区环境污损状况，海区溢油漂移、扩散趋势分析，溢油造成的经济损失评估及环境影响，溢油污损处理措施方案）；⑤ 防灾减灾（台风的历史状况统计、分析、图表，突发性海洋灾害预警预报，缓发性海洋灾害监测方案、影响分析报告，缓发性海洋灾害经济技术分析、防治与减灾对策建议）；⑥ 其他信息产品（海洋气象诸要素的统计和气象学分析图表、报告，海浪诸要素的统计、海浪状况分析、海洋地质地貌、泥沙运动状况和特征分析图表报告，海洋生物分类、分布特征统计、分析图表，海洋重磁资料图表和分析研究报告，海洋化学诸要素的统计分析图表报告）。

4. 海洋制图信息服务与信息产品

在建立海洋底图数据库，建设海洋等值线和特征图等绘图系统的基础上，用CAD绘图仪制作各种比例尺的地理底图。

主要信息产品有：① 各种比例尺的海洋底图；② 光盘地图：在研究数据处理的质量控制技术、数据统计和数据插值方法，保证数据的可靠性，地图绘制所需方法的准确性基础上，根据地图信息的特点，建立结构合理的海洋图集和光盘地图数据库；③ 西太平洋地形图：编辑国际有用水深数据联合目录，建立资料目录数据库，制定水深数据采集规定、格式及质量控制标准，建立海底地形命名及地名文件；④ 海底地形图自动制图应用软件。

5. 海洋潮汐潮流分析预选信息服务与信息产品

随着科学技术的飞速发展，海洋用户对潮汐潮流预报也提出更高的要求，他们已不再满足于查书本了解高低潮预报值，而是希望得到一段时间的潮汐潮流的变化曲线，甚至了解某个时刻的水深信息及航行中的即时流速流向，以便控制航向和海洋作业。本系统的建设目的就是要实现这些功能，并且还具有数据压缩功能，信息的管理检索功能，对任意时刻、时段的潮汐潮流预报功能，潮高和水深的叠加功能及支持图形用户界面的绘图功能。

主要信息产品有：① 潮汐表（含电子版本）；② 潮汐潮流分析预测图、表。

6. 海洋法规和科技情报信息服务与信息产品

以现有国内外海洋法规资料为基础，建立由国家海洋信息中心、中央有关部委及沿海省市海洋执法管理部门所组成的海洋法规信息网。采用先进的软件和科学的数据处理方法，实现法规信息量规范管理，建立海洋法规数据库和信息点的联机检索系统。

7. 海洋科技文献信息服务与信息产品

建成全国联网的、计算机查询检索的、多文种服务的文献情报流通管理自动化和服务系统。并能通过因特网联机查询国内外大型文献数据库，能为海洋经济发展和科研生产部门、管理决策部门提供全面的文献服务。

产品形式有海洋文献信息自动化管理服务，海洋文献全文自动化检索。

（国家海洋信息中心供稿）

【中国海洋资源综合数据库集成】 “中国海洋资源综合数据库集成”是国家“九五”期间的重点科技攻关项目“国土资源与区域经济信息系统和国家空间信息基础设施建设”的重要组成部分。该项目依照总体设计的标准化、规范化、网络化及法制化的原则，使用统一的数据编码、数据交换和元数据标准及规范化的基础地理数据，实现了中国海洋资源、海洋经济、海洋环境数据库与其空间数据以及元数据集成。系统建设过程中，应用了信息科学、图形图像处理、计算机技术、网络和通讯技术，系统开发涉及到海洋化学、海洋物理、海洋气象、海洋法规、海洋经济、海洋制图、海洋遥测遥感等多学科领域，将海洋资源、海洋环境和海洋经济等专题数据与基础地理的空间信息有机地结合起来，形成逻辑上集中的分布式空间数据库群。

完成情况

（1）建设“中国海洋资源综合数据库集成”分站点。该站点与国家空间信息交换中心相连，与其他分站点（包括国家信息中心在内的12个站点）共同构成一个分布式空间数据服务网络系统。

“中国海洋资源综合数据库集成”分站点的建设，是在中国海洋信息网的域名(coi.gov.cn)空间内注册专用域名nsii.coi.gov.cn，建设“中国海洋资源综合数据库集成”专用的WWW服务器，具有独立的IP地址：159.226.185.21。站点建设专题组规划了页面栏目，确立了Web页面信息结构，采用了项目总体设计的统一要求的主页设计风格，开发设计了相应的Web页面，并按海洋资源、海洋经济、海洋环境、海洋灾害、海洋法规、元数据库、分析模型、极地考察、Web GIS 9个信息栏目对海洋信息进行了组织，每个栏目又分多层进行信息发布。并在主页显著位置，设立了与其他分站点的连接。

（2）采用目前先进的计算机网络技术、数据库技术和地理信息系统技术，建设“国家海洋资源综合数据库空间集成”的数据交换中心，实现信息查询与信息导航功能，TELnet远程登录功能，数据库查询功能的开发，支持海洋资源综合数据库集成。

（3）建立“中国海洋资源综合数据库集成”元

数据库，使用户通过对元数据库的查询，浏览并获取海洋资源综合数据库的信息。

（4）参与了“国土资源和区域经济信息系统与国家空间信息基础设施建设”空间实体信息和空间属性信息的编码标准的编制。完成了“中国海洋资源综合数据库集成”数据库属性信息的编码。

（5）建设“海洋资源”、“海洋经济”、“海洋环境”、“海洋法规”数据库。

“海洋资源”数据库：由全国海岛资源调查和全国海岸带和海涂资源综合调查，获取了相关的海洋资源数据。经过数据的分类、录入、质控，建设了“海洋资源”数据库12个（中国海岛资源数据库、中国沿海渔场资源数据库、沿海地区渔港分布概况数据库、沿海地区机动渔船资源数据库、沿海主要港口码头泊位及吞吐能力数据库、沿海港址资源及环境条件数据库、海洋石油及天然气储量资源数据库、沿海盐场资源数据库、滨海公园资源数据库、海水浴场资源数据库、滨海风景名胜资源数据库、滨海文物古迹资源数据库）。

“海洋经济”数据库：信息是在现有的全国海洋统计网的基础上，通过沿海海洋信息采集网络（由18个部委局和11个沿海省、市、自治区统计部门和海洋管理部门组成），搜集各类、各行业国内海洋综合经济信息。经过信息的传输、分类、录入，建设了“海洋经济”数据库9个（国内海洋综合经济数据库、海洋水产业数据库、海洋运输－海洋交通营运收入数据库、海洋运输－海洋交通运输数据库、海洋运输－海洋集装箱运输数据库、海洋运输－主要港口客货吞吐量数据库、海洋盐业数据库、海洋石油与天然气业数据库、滨海旅游业数据库）。

“海洋环境”数据库：信息是利用卫星、飞机、船舶、浮标、观测站等多种信息采集手段，通过不同的技术和方法的严格质量控制、分类、排序、查询、删除、合并等作业程序，建设了“海洋环境”数据库8个（台站温盐数据清单、台站波浪数据清单、南森站资料清单、台站温盐资料、台站波浪资料、南森站资料①、南森站资料②、南森站资料③）。

“海洋法规”数据库：建立了相应的信息搜集体系，搜集了1949年新中国成立以来的“海洋法规”信息，进行了信息预处理，包括使用扫描识别技术，建设了“海洋法规”数据库7个[有关国际海洋公约（中文）、有关国际海洋公约（英文）、国家海洋局法规、行业（沿海省市）海洋法规、联合国海洋法公约（中文）、联合国海洋法公约（英文）、倾废公约]。

（6）建设1∶100万中国海洋基础地理数据库。由中国专署经济区和大陆架勘测提供数据支持，以现实性强的海底地形资料做基础，解决了海洋基础底图资料数据采集、处理、图形数据编辑出版等过程中的资料精度控制、局部纠偏、数据格式转换等环节的技术处理问题，制定出较为可行的数据处理和业务工作流程。

（7）建设1∶400万中国海洋资源分布图及其开发利用现状图形数据库，包括海洋油气资源分布图、海洋水产资源分布图、海砂资源分布图、海洋能开发利用分布图等，并上网发布。

（8）建设1∶400万中国海洋经济统计分布图形数据库，包括海洋综合经济统计分布图、海洋旅游业统计分布图、海洋渔业统计分布图、海盐统计分布图等，并上网发布。

（9）建设1∶400万中国海洋环境分布图形数据库，包括海表面温度均值分布图、海洋盐度均值分布图等，并上网发布。

（10）建设1∶400万中国海洋灾害情况图形数据库，包括海冰灾害情况图、台风灾害情况图等，并上网发布。

（11）建立不同比例尺的中国海区，黄、渤、东、南海区及特定海区及特定海域的图形文件库，可根据需要随时提供数据或纸介质图件。

（12）直接利用HTML语言制作的图文并茂的上网信息有：海洋资源信息（包括：辽阔的中国近海、漫长的中国海岸、美丽的中国海岛、丰富的海洋生物、宝贵的海洋资源等）、海洋自然保护区信息（中国海洋自然保护区分布图、国家级自然保护区介绍、地方级自然保护区介绍）、海洋产业信息（包括：海洋养殖、海洋捕捞、海洋运输、海洋水产加工、海洋油气勘探开发、滨海旅游等）、海洋灾害信息（包括：2000年度海洋灾害预测、1999年度海洋灾害评估、1999年度海洋灾害预测意见、1998年度海洋灾害评估；1993～1999年监测发现的中国近海赤潮统计）、海洋环境公报（1994年、1995年、1996年、1997年、1998年海洋环境质量、状况与管理；20世纪末中国海洋环境质量公报）、海洋经济统计分析信息（包括：1996年、1997年、1998年中国海洋经济发展状况）、海洋资源开发利用（包括：滩涂资源遥感监测，海洋环境遥感监测，河口地形遥感监测，辽宁省海岸综合管理地理信息系统，中国海洋能利用进展）、潮汐预报（预报中国主要的12个港口：秦皇岛、大连、塘沽、青岛、连云港、吴淞、镇海、厦门、广州、北海、海口、高雄当月的潮汐信息，包括每日逐时潮高和每日高低潮时间）、极地考察（包括：组织机构、自然环境概况、极地资源、考察站与考察船、考察概况、研究成果、国际交流）、海洋环境对全球环境影响评价（中国沿岸海平面变化趋势统计结果的分析、威胁中国沿海脆弱区的海平面上升及预测、海平面上升对中国主要脆弱区潜在影响的评价、中国沿岸海平面上升的预测模型、海平面上升对珠江三角洲经济和环境可能影响及预防措施）、分析模型（同种资源数量评价模型、不同种资源数量评价模型、同种资源密度评价模型、不同种资源密度评价模型、中国沿岸海平面变化的预测模型、区域海洋经济评估模型、沿海地区经济评估模型、海洋产业经济增长对总体海洋经济增长的贡献模型）。

解决的主要关键技术

“国家海洋资源综合数据库集成”项目组，设计了适应本子专题的数据交换的技术路线，采用了多项当前世界上最新的网络技术，保证了网络运行的安全性和高效使用。实现了网络监测、网上节点管理、认证服务、服务系统建设管理等功能。

（1）1∶100万海洋基础地理底图的研制过程中解决了：①数学基础（投影计算转换、精度控制纠偏、图廓自动生成等）控制：编制了数学基础控制程序；②图形数据编辑：进行了内容要素关系分类处理、色层管理等；③海洋基础地理信息数据向GIS入库的数据接口转换：应用了图形数据矢量化技术、数据处理质量控制技术、图形数据编辑处理技术。

（2）海洋经济信息处理过程中应用了信息分析技术和信息产品制作技术。信息分析技术包括：常用数理统计分析技术、计量经济学和时间序列分析技术、数据探索（趋势推测和异常数据检测）技术、分析预测模型的建立与评估技术。信息产品制作技术包括：统计报表制作技术，统计图形制作技术，数据集、报表、图形与HTML文件的转换技术。

（3）海洋环境数据库的数据种类较多，各类数据时间跨度大，数据采集方式较多。在处理中，对数据进行了标准化处理，制定了数据存储格式，并严格对资料进行了质量控制。因此应用了：①资料标准化处理技术；②资料质量控制技术：采用了范围检验、非法码检验、相关性检验、过失误差检验、递增性检验、合理性检验、环境特性检验、稳定性检验和全等性检验等关键技术；③数据压缩和快速读取技术：利用每个数据存储单元上的每一个BIT进行数据存储，可将40GB的磁盘空间降为7GB。南森站采用逐年逐月的资料为一个文件，每个文件内数据按10度方区排序存；④数据库设计关键技术：对资料实体集采取逐个分析、逐层分解的方法，将一个资料实体转化为海洋环境要素为基础的基表，并符合关系型数据库的第一范式，然后找出并确定各要素之间的函数依赖关系，结合数据特点，将满足第一范式的关系（基表）逐步转化为满足第二范式、第三范式甚至第四范式的关系。然后，测试所建数据库结构的性能。最后，比较可能出现的几种结构形式。以提高系统运行效率为目标，确定出反映海洋环境数据特点的数据库结构；⑤数据库集成技术。

（4）海洋法规数据库建设采用了“TRS全文检索数据库管理系统”。主要的技术特点是：①图文检索一体化，支持多种格式的数据存储和检索；②具有全文检索功能；③海量数据库容和高性能；④使用知识词典进行概念检索；⑤因特网访问数据库。

（5）WEB GIS建设过程中，根据空间信息的特点，将空间信息分类、分层管理，采用空间、属性信息一体化管理设计，开发了空间信息共享平台。

“中国海洋资源综合数据库集成”的研究成果，能够为广大海洋用户提供全面的海洋信息服务，可为政府部门对海洋的宏观决策与微观调控提供科学依据，为海洋产业部门对海洋产业的合理布局、统筹规划提供咨询，并满足海洋科研部门对海洋研究的信息需求以及社会大众用户对海洋科普、海洋法规、潮汐预报等方面的需求，具有广泛的应用前景。该项目将于2000年4月进行验收。 （姚湜予）

【“数字海洋”研究与建设】 1999年9月21日，受国家科技部、国家自然科学基金委员会和国家海洋局的委托，国家海洋信息中心在天津主持召开了“数字海洋”发展战略与规划报告审核会。报告中提出了中国“数字海洋”发展的基本思路和“十五”期间发展的总体目标以及主要研究内容。作为“数字地球”核心的空间对地观测系统、信息高速公路和国家空间数据基础设施建设已经成为当前中国研讨的热点问题并相继提出了“数字中国”和“数字国土”等相关概念。海洋界人士也积极探索海洋与“数字地球”的关系，提出了在中国建设“数字海洋”的设想，并将其列入了“十五”和2015年国家海洋科技发展计划之中。其目标是充分利用海洋领域国家“八五”和“九五”科技攻关成果，广泛搜集多源卫星遥感信息，全面完成中国海洋信息化工程和海洋空间数据基础设施建设，到2015年，基本实现海洋信息共享和“数字海洋”基础工程建设。1999年着手进行“数字海洋”战略与政策法规的研究、“数字海洋”能力建设和支撑技术的攻关以及原型系统开发与应用示范研究。

提高了业务处理效率，读者使用也更为便利，整个文献业务管理的自动化程度大大提高。同时，图书流通进入计算机操作，适应条码阅读器阅读和计算机管理的新型借书证也正式启用。

作为该系统集成的一部分——海洋文献网上服务系统也于同年投入运行。即，通过中国海洋信息网（COInet）设立了“海洋文献”Web站点，当年有18个多种类型的数据库包括全文数据库和文档试验上网，上网的数据库记录和其他信息已接近40万条。用户可以通过因特网和内部网，方便地查看文献馆的主页，随时查询、检索海洋文献馆的自建库、国内库和国外库，浏览已经上网的馆藏图书目录、新书通报、中文报纸、中文期刊目录、外文期刊目录、外文刊内目次、海岛档案卷内目录、日贷设备档案卷内目录等海洋档案库、网络版《海洋信息》、《海洋通报》、《中国海洋年鉴》等出版物、科技查新咨询指南以及文献馆简介等栏目，能迅速了解国内外海洋文献信息，及时获得海洋文献服务。

【第二次全国海洋文献信息工作协调会议在天津召开】 第二次全国海洋文献信息工作协调委员会会议于1999年5月11～13日在天津召开。来自国家海洋局、中国科学院、中国水产科学研究院、高等院校、国土资源部、海军、中国船舶工业总公司和山东省等系统或地方的24个文献信息部门的代表共35人参加了会议。

全国海洋文献信息工作协调委员会的委员单位已达到39个，比成立时增加了18个。会议对全国海洋文献信息工作协调委员会及海洋文献信息资源共享所涉及的诸多问题展开了讨论并达成了共识。会议一致认为，海洋文献信息工作是海洋科学技术工作的重要组成部分，对促进中国海洋事业的发展具有重要作用。为了贯彻落实江泽民总书记和李岚清副总理视察北京图书馆时的讲话精神，积极响应全国125个文献信息单位发起的“全国文献信息资源共建共享”的倡议，在当前书刊价格急剧上涨，各单位经费严重不足的情况下，按照“资源共享，优势互补，互利互惠，自愿参加”的原则，共同建立并维护全国海洋文献信息协调委员会，加强全国海洋文献信息的共享与协调是十分必要的，它有利于海洋文献合理布局、节约采购经费、降低馆藏重复率、提高馆藏覆盖率和文献利用率，增强中国海洋文献资源保障系统的总体功能。会议取得了预期的效果并就协调委员会更名、协调委员会简章、工作计划和外文原版期刊协调办法等有关问题达成了共识。

全国海洋文献信息协调委员会的前身“全国海洋图书情报工作协调委员会”于1990年5月在天津成立，该协调委员会是根据国家科技部门的文件精神，在国家海洋局的指导下，由有关海洋单位通过友好协商所组建的全国海洋文献信息部门的行业性、业务合作性协调组织。

【《中国海洋与水产机构及科学家》编辑出版】 《中国海洋与水产机构及科学家》1999年12月出版。编辑出版全新的《中国海洋与水产机构及科学家名录》被批准为联合国水科学和渔业情报系统（ASFIS）的《水科学与渔业文摘》（ASFA）咨询委员会信托基金项目，并得到了部分财政资助。1986年版的《中国海洋科学家名录》共收录76个有关机构中的海洋科学家778名，而《中国海洋与水产机构及科学家》共收录海洋与水产机构86个，海洋科学家与水产科学家1 445名，收录范围是在中国内地从事海洋、水产研究与管理的机构及这些机构的中国科学院院士和中国工程院院士、研究员、教授、(教授级)高级工程师和获得博士学位的副研究员。

该书作为最新最全的《中国海洋与水产机构及科学家名录》已被编入中国海洋信息网（http://www.coi.gov.cn），并收入由联合国教科文组织及政府间海洋学委员会（UNESCO/IOC）建立和维护的《世界海洋科学家名录》数据库（http://www.ioc.unesco.org:591 /glodir/）。本书的出版是中国对ASFIS的又一新的贡献，同时也展示了中国海洋与水产领域的人才和实力，拓展了中国在ASFA领域进行国际交流与合作的空间，成为中国海洋和水产机构及其科学家与世界各国进行交流、合作的桥梁和纽带。

【《海洋通报》（英文版）创刊】 该刊1999年上半年创刊，其中文译名与中文版的《海洋通报》同名。该刊为综合性海洋科技学术刊物，半年刊，16开本，96页。主要报道中国海洋科学技术方面的最新研究成果，主要内容包括海洋水文、海洋气象、海洋物理、海洋化学、海洋生物、海洋地质、海洋环境保护、海岸与河口科学、海洋技术、数字海洋、海岸带管理、海洋工程、海洋经济等方面的新理论、新方法和新技术。国内外公开发行。

【ASFA国际合作效益显著】 加入ASFIS是中国海洋和水产文献信息发展的一个里程碑。

（1）中国自1985年加入联合国水科学和渔业情报系统（英文简称ASFIS）。15年来，始终积极参与

ASFIS的各项活动，作为ASFA中国国家中心，为ASFIS输入提供了中国70余种海洋与水产科技期刊的14 000余篇主要论文，几乎每年都超过协议规定1 000条文摘标引数额。这个数量在ASFIS 系统各国中是较高的。从每年统计数量表明，在ASFIS系统的20个国家中中国是第5位，在亚洲中国是第一位，并且中国提供标引单的质量，不止一次得到ASFIS总部的称赞。中国为推动这个国际性的科技情报系统的发展起着积极的作用，被粮农组织渔业统计处称为"ASFIS系统中最活跃的成员之一"。国家海洋信息中心文献馆加入这个系统同时也促进了国内科技文献检索的现代化进程，为国内海洋和水产文献开辟了一个与世界各国交流的重要渠道。

（2）通过ASFA国际合作，1986年获得的水科学和渔业情报文摘（ASFA）光盘数据库成为中国引进的第一个数据库光盘产品，对国内情报界带来深远影响。在此基础上，又对ASFA光盘数据库进行了二次开发，在全国建立了13个ASFA服务分中心，采取下载数据分建多个专题数据库的形式，在网络传输和联机检索不很发达的时期，及时满足了全国海洋与水产用户的需求。ASFA服务分中心的模式，作为首创受到ASFIS的肯定。

（3）通过ASFA国际合作，每年可以获得1万余美元的国外海洋出版物，丰富了馆藏文献资源。

（4）通过ASFA国际合作，采取自建和引进相结合的方法已经建立起一个中外文海洋文献检索系统，1987年获国家海洋局科技进步一等奖。其中ASFA光盘数据库的引进，被作为开辟新的收集渠道，获取世界范围海洋文献资料的典范，1986年获得国家科委授予的科技情报成果二等奖。一时成为新闻采访、参观和文献检索服务的热点。（侯秀生）

海洋专利管理
Marine Patents Management

【海洋专利管理】 1998～1999年，国内海洋界向国家知识产权局申请专利保护的主要技术项目如下：

重组鱼生长激素基因工程酵母菌 Pichia Pastoris CN97 115622.0 国家海洋局第三海洋研究所

本发明利用甲基营养型毕赤酵母Pichia Pastoris真核蛋白高水平表达系统。将鱼生长激素基因克隆到酵母整合型质粒载体，经转化、筛选、诱导表达，获得了重组鱼生长激素基因工程酵母菌，能在胞内或胞外高效表达鱼生长激素。该表达产物可促进各种鱼类、贝类的生长，所构建的工程酵母菌作为饵料添加剂用于鱼类、贝类的人工养殖。

一种多通道窄光谱带的水下辐照度传感器 CN98 247738.4 中国科学院南海海洋研究所

本专利技术是一种测量水下光谱辐照度的海洋光学测量仪器传感器，由单一的余弦集光器窗口和不少于3个的分立光谱通道组成。每个光谱通道均为由截面为圆形的干涉滤光片与光电元件的组合，其光谱带宽不大于10mm，各分立光谱通道紧密排列在一圆筒状容器内，并由上盖和密封件配合整体密封在一水密外壳内。该测量传感器整体结构紧凑，大大减小了辐照度传感器截面的直径，从而有效地减少了仪器自阴影效应，提高水下光谱辐照度测量精度达20%以上。

海洋植物生长素及制法 CN 95 109424.6 中国科学院南海海洋研究所

本发明涉及一种海洋植物生长素，用于促进海洋植物，特别是单细胞藻和各种海藻的生长和繁殖。其组成中含有天然水体底质（海泥）、水生生物（海洋动、植物）及海水的无机盐提取物，含有丰富的海洋植物生长繁育必需的氮、磷、钾、硫、硅、铁和其他中量、微量元素以及腐植酸类、糖类、氨基酸类、蛋白质、维生素类生物活性物质，能快速、高效、持久、稳定地促进海洋植物的生长繁育，便于大面积推广使用。

海水制盐工艺 CN 97 105641.2 中国科学院海洋研究所

本发明涉及一种新的制盐工艺，把从海水中分离提取食盐、溴、氯化钾、氧化钾结合一起，克服了现有制盐工艺产生大量苦卤难以利用和污染环境的不足，所制食盐可直接用于制碱，并具有海水利用率高和产品成本低的优点。新的海水制盐工艺共分4步：

（1）将海水蒸发浓缩至12～15° BC⁻；

（2）用石灰乳提镁，或先提钾后再提镁；

（3）蒸发母液使其进一步浓缩至15～18° BC⁻，用吹出法提溴；

（4）蒸发制食盐。

从卤水制备轻质氧化镁的方法 CN 97 121088.8 中国科学院海洋研究所

一种从卤水制备轻质氧化镁的方法，包括在常温搅拌条件下向卤水加入稀氨水沉淀剂，滤出沉淀物，将沉淀物烘干后在温度为 800～900℃下轻烧。所述的稀氨水是用自来水和重量百分浓度为25%～28%的氨水配制，两者的体积比为2～3∶1，稀氨水的用量需使卤水的pH≥11.5。本发明所涉及的制备轻质氧化镁的方法工艺简单，设备投资小，原料消耗少，成本低，具有推广应用价值。

浮力测定盐度的方法及浮力盐度计 CN 97 105725.7 中国科学院海洋研究所

本发明涉及一种通过浮力测定海水盐度的方法和装置，装置简单，价格低廉，现场使用快捷，并且不用电源、试剂，也不用使用前的标准海水校准。测定方法是根据水样对浮子的浮力及不同温度下浮力与密度、密度与盐度的关系算出盐度，测量装置由测量筒、双行滑动轨道、温标尺、盐度计量尺和温度计组成。

三倍体对虾育苗方法 CN 97106096.7 中国科学院海洋研究所

一种三倍体对虾育苗方法，用于培育对虾养殖新品种。该方法包括三个步骤：① 改对虾夜间产卵为白天产卵；② 用6-DMAP作诱导剂诱导对虾三倍体；③ 将对虾胚胎或动体、成体制成细胞悬液，用流式细胞计测定细胞中的相对DNA含量，进而确定对虾染色体倍性。该方法能改变对虾繁殖习性，诱导工作在白天进行、过程简便，诱导剂毒性低、成本低，工艺流程可操作性强，诱导率高，检测迅速，成为适于规模生产的三倍体对虾育苗方法。

大水体污染处理方法及所用装置 CN97105746.X 中国科学院海洋研究所

一种大水体污染处理方法，其特征是通过喷洒器的喷气管用气体将污染底泥搅起来，同时用喷液管把由过氧化氢、焦磷酸盐和水组成的甲组处理剂喷洒在泥、水混合体上，随后再用喷液管把由亚铁盐、腐殖酸钠、硅酸纳、硝酸钾、喹乙醇、维生素C、柠檬酸铁和盐酸吗啉双胍组成的乙组处理剂和水一起喷洒在污染水体上，并用气体搅拌。该方法简易可行、投资少、工期短见效快，无二次污染，还可使相通水体产生良性效应而得到净化。

电子海图显示与信息系统 CN 94110321.8 大连海事大学

电子海图显示与信息系统能自动显示航行中船舶在海图上的位置，能够提供船舶航行中所需的报警信号和全面综合衡量船舶周围信息，并能实现船舶操纵和避碰的连续运作。该系统由输入、输出部分，主控制器和外设所组成。输入部分由能够提供海图信息的扫描和数字化仪或原始海图数据库构成，分别通过接口与主控制器相连接；输出部分由字符显示器、图形显示器和打印机构成；外设由雷达、劳兰、罗径、计程仪和测深仪所构成，分别通过雷达接口和导航设备接口与主控制器相连接。

（崔立增）

海洋档案管理

Marine Archives Management

【海洋档案工作管理与服务简介】 1998年国家海洋局机构改革中，撤销了档案处，其工作职责由新成立的综合业务处承担。

1998～1999年，主要抓了规章制度建设、专题档案业务指导及档案服务等方面的工作。

（1）为加强对海洋档案的管理，使其更好地为海洋事业和经济建设服务，1999年10月29日国家海洋局与国家档案局联合下发了《关于印发〈海洋档案管理规定〉的通知》。通知要求沿海省、自治区、直辖市及计划单列市海洋厅（局）、档案局、国家海洋局属单位贯彻执行。该规定分七章共30条。

（2）从北极科学考察、大洋多金属结核调查及'98国际海洋年等活动一开始，就对其档案的收集、整理与归档工作提出了要求。因此，档案工作开展顺利，档案成果丰富。

（3）为便于工作查考、学习和更好地发挥档案的作用，1999年编辑印发了《国家海洋局大事记》（1988～1997）、《国家海洋局安全保卫、档案、保密法规选编（1981～1999）》，近几年又连续编印了5个年度（1995～1999年）的《国家海洋局文件选编》。

这些档案编研材料下发后，得到了普遍欢迎和好评。

【海洋档案馆工作】 该馆收藏有国内外多种海洋档案、资料。现有馆藏档案40 000多卷，其中主要有：①海洋调查档案。主要保存有1960～1989年开展的近70次全国海洋调查形成的档案；在太平洋中部特定海区进行综合调查形成的档案；1980～1987年全国海岸带和海涂资源综合调查形成的档案；1984年以来中国南沙海域调查获得的档案。②海洋基础科学研究档案。包括中国近海水文特征研究档案；海洋气象学研究档案；海岸和海底地形、地貌、海底地质构造、海洋沉积等研究档案。③海洋环境保护档案。包括海洋环境污染监测档案；海洋环境科学研究档案以及海洋环境保护政策和法规档案。④海洋技术档案。主要包括海洋观测技术、观测仪器、海洋工程技术档案等。⑤海洋系统有关单位形成的其它海洋档案，也具有一定数量和规模。⑥海洋科技信息档案。已积累了近几年研究出版的《2000年中国海洋开发研究》、《中国海洋开发研究与基本资料汇编》、《海洋科学主题词表》、《中国锰结核调查选区的情报研究》、《渤海石油开发区海潮流资料综合处理》、《太平洋潮汐表》等调查课题形成的档案资料。

1983年12月至1987年12月，国家海洋局、国家档案局、海洋档案馆、全国海岸带调查办公室，完成了全国海岸带调查档案的归档工作。该项工程在10个省（自治区、直辖市）、18个部委、500多个科研调查单位配合下，整理形成档案12 893卷、图纸3 363张、照片档案11 020幅及部分录像带、影片和软盘，建立起一整套完整、准确、系统、由国家统一管理的科技档案，并编制出目录260册。为确保档案质量，在国内还首次系统地完成了专题档案的整理、著录和分类等档案技术标准系列，在5省市中开展了机检，大大提高了档案检索的深度和广度。

【北极科学考察档案资料收集工作】 经国务院批准，1999年7月1日，由国家海洋局极地办公室负责组织的中国首次北极科学考察团乘“雪龙”号科学考察船奔赴北极，掀开了中国以政府行为进行北极科学考察活动的新篇章。

此次科学考察活动一开始，就对科学考察工作中将形成的档案资料的收集、整理等有关事宜提出了具体要求。及时印发了《关于做好北极科学考察档案资料工作的意见的通知》。《通知》具体布置了考察档案的收集、积累和汇交工作安排，强调北极科学考察档案资料的珍贵性，明确指出该项档案工作是北极科学考察工作的重要组成部分，应保证首次北极科学考察档案资料的齐全、完整。

“雪龙”号科学考察船启航后，国家海洋局极地办公室主任、首席科学家陈立奇专门召集参加科考单位负责人会议，强调做好科学考察档案工作的重要性，使科研人员在思想上树立档案意识，自觉地做好档案工作。国家海洋局极地办公室首次采取与随船的13家新闻单位20名记者签定《档案管理目标协议书》的方式，要求记者把在北极考察期间形成的文字、声像、照片等报道材料，整理出完整一套交给国家海洋局极地办公室档案室，对于不按协议上交档案的单位，今后将取消直接参加采访极地考察活动的资格。

由于领导重视，各部门人员认真负责，此次科学考察档案收集、整理工作取得可喜成绩。如在科学考察期间建立冰站，直升机执行冰上科考，在北冰洋组织游泳，告别北冰洋活动等，都有专人负责拍摄一套完整的声像资料，并现场收集；在船上出版的《极地探索报》每出一期，即存档一期，并保存了一套电子版报纸；考察期间在局域网上发出的北极科学考察资料都立即刻成光盘永久保存；在返航途中，船队领导还专门组织了一次捐赠资料、仪器设备大会，号召大家将各种有保存价值的资料和实物捐献出来，统一由国家极地档案馆保存。

【大洋多金属结核调查档案工作】 中国对大洋多金属结核的调查研究，是从70年代末开始的。1983年首次进行了试验性专门调查。尔后，于1985～1988年以及1990年专门对中太平洋和东太平洋海盆进行了较大规模的调查研究，均取得了极其丰富的地质、地球物理和多金属结核的数据档案和样品。

90年代，中国又开始了系统的勘探工作，即在联合国海委会批准的开辟区内做进一步的勘探。

“九五”期间勘探工作的重点是在10.5万km^2的范围内，结合采矿和选冶项目的要求作好多金属结核资源勘探，完成50%区域放弃工作，同时根据“环境基线及其自然变化”项目的要求，开展开辟区物理、化学、生物和地质环境基线调查。与此同时，依据“推进主体、展开两翼”的战略布局，在资源调查上逐步由单一的多金属结核资源拓展为对富钴结壳、多金属硫化物、天然气水合物、深海生物基因资源的探索性调查和研究。

为完成上述任务，编制了《大洋富钴结壳勘探总体设计》，着手制定有关的标准和规范，在搜集国内外资料的基础上启动了富钴结壳及天然气水合物等资源的探索性研究工作。1996年主要对“八五”档案资料进行整理，完善勘探、采矿等项目的总体设计；1997年实施了DY95-6、DY95-7两个航次勘探调查。

通过多项调查分析测试总结形成了一系列的成果档案资料。主要成果为：① 对矿区的基本地形和水深状况有了基本了解；② 初步摸清了表层沉积物类型及其分布特征；③ 通过地球物理探测和柱状样的分析，初步查明区内沉积的地质年代及其沉积间断；④ 查明了区内多金属结核的形态、类型、丰度、品位及其与地形、地质构造和沉积物类型之间的关系；⑤ 了解了多金属结核的分布规律，圈定了具有开采价值的富矿区；⑥ 对矿区内的水文、气象及生物、化学环境因素有了初步的了解；⑦ 初步估算和综合评述了远景矿区和申请矿区内多金属结核的资源量；⑧ 对矿区开采的技术条件和环境进行了初步的分析和评述。

【1998国际海洋年大型宣传活动档案归档】 为迎接1998国际海洋年这一世纪之交的海洋盛事，几十家中央、国家有关部委、单位和十几个沿海省市联合起来，共同组成了由全国人大副委员长王光英任组委会

主任的'98国际海洋年大型宣传活动组委会。在组委会的统一领导下，各有关涉海部门和单位、沿海各地以及关心海洋的社会团体、民间组织和企事业单位都以积极主动的姿态迅速行动起来，以“迎接海洋世纪，共铸蓝色辉煌”为宣传主题，从“全国性、地区性、行业性”三个层次，开展了涉及教育、文化、科学、经济、体育五大类型的宣传活动。

1998国际海洋年中，丰富多彩的海洋宣传活动以前所未有的大规模、全方位、深层次，为中国人打开了认识海洋的窗口，使海洋意识在越来越多的中国公众头脑中扎根。同时，反映这一活动过程的历史记录——18卷纸质档案、41盘音像档案、41张光盘于1999年2月归档，被载入“史册”。

【海洋档案工作目标管理】 为强化海洋科技事业单位的档案管理，促进海洋档案信息资料的开发利用，并使其档案工作跟上时代步伐，适应新形势的需要，根据国家档案局、国家科委、建设部联合发布的《科技事业单位档案管理升级办法》要求，国家海洋局系统自1994年开始进行档案目标管理工作，截至1999年底基本完成目标管理工作，定级情况详见表1。

【海洋档案事业情况统计】 主要包括“机构、人员”、“档案年度存档”、“档案年度利用”等情况统计（详见表2～4）。

表1 海洋档案目标管理达标定级情况一览表（国家海洋局系统）

序号	单位名称	级别	考核评定时间
1	国家海洋环境监测中心	国家一级	1997.12.25
2	国家海洋局北海分局	国家二级	1997.11.26
3	国家海洋局南海分局	国家二级	1997.10.28
4	国家海洋信息中心	国家二级	1997.7.17
5	国家海洋局第二海洋研究所	国家二级	1996.4.16
6	国家海洋局第三海洋研究所	国家二级	1997.9.25
7	国家海洋局海洋技术研究所	国家二级	1996.10.17
8	中国极地研究所	国家二级	1997.9.19
9	国家海洋局东海分局	国家海洋局(部)一级	1997.7.8
10	国家海洋标准计量中心	国家海洋局(部)一级	1996.11.7
11	国家海洋环境预报中心	国家海洋局(部)一级	1997.12.7
12	国家海洋局天津海水淡化与综合利用研究所	国家海洋局(部)一级	1998.10.30
13	国家海洋局极地考察办公室	国家海洋局(部)一级	1999.7.23
14	国家海洋局海洋发展战略研究所	国家海洋局(部)二级	1998.11.10
15	海洋出版社	国家海洋局(部)二级	1999.9.14
16	宁波海洋学校*	宁波市一级	1994.3.21

*按教育系统评定要求完成

表2 海洋档案事业机构、人员情况一览表 （国家海洋局系统）

年 度	机构数（个）处、科、室	全部档案工作专（兼）职人员（名）	大专文化以上(名)	中专文化以下(名)
1998	20	46	25	21
1999	20	40	26	14

表3 海洋档案事业机构档案年度存档 （国家海洋局系统）

年 度	档案全宗（个）	案卷（卷）	单位（件）	音像（盘）	照片（张）	底图（张）	电子档案	
							磁 盘	光 盘
1998	17	3 765	3 676	16	630	60	0	0
1999	17	1 666	898	281	394	80	51	44

表4 海洋档案事业机构档案年度利用情况一览表 （国家海洋局系统）

年 度	利用人次	编史修志		工作查考		学术研究		经济建设		其他		档案资料复制
年	次	卷次	件次	卷次	件次	卷次	件次	卷次	件次	卷次	件次	页 数
1998	2 959	981	118	3 438	367	2 034	150	125	0	1 301	147	29 467
1999	6 297	243	90	4 291	540	1 936	890	123	19	561	135	29 831

（张连秋）

海洋新闻与出版
Marine Journalism and Publishing

海洋新闻工作
Marine Journalism

【海洋新闻信息工作】 按照“突出重点，夯实基础，健全网络，稳中求进”的工作思路，1999年国家海洋局在新闻信息方面主要做了以下工作。

（1）全年共组织新闻发布会3次，较大的新闻报道活动9次，截至11月底，在有关新闻媒体刊发183条新闻。尤其是相继组织了渤海、黄海、东海突发大面积赤潮、中国圈定太平洋深海采矿区和首次北极科学考察的宣传活动，做到了有声势、有力度，较好地扩大了海洋工作的社会影响，增强了全民海洋意识。

（2）加强了海洋信息的上报工作。截至11月底，国办、中办共采用国家海洋局信息17条，其中得到中央领导批示信息5条。同时，进一步建立健全了国家海洋局系统信息工作制度及信息工作队伍，《海洋工作信息》相对固定为每月2期，信息编发的质量和数量不断提高，11月底前编发信息331条，比较全面地反映和交流了大量海洋工作信息。

（3）组织承办了1998国际海洋年大型宣传活动总结表彰大会及有关宣传活动的收尾工作。完成了21份人大代表、政协委员提案议案的答复工作。组织完成了有关海洋书籍和音像的编制工作。（李红锋）

【中国海洋报社及中国海洋报】 中国海洋报创办于1989年，由国家海洋局主办，1993年由周一刊改为周二刊。截止1999年12月底，共出版报纸879期。1998～1999年，中国海洋报社高举邓小平理论伟大旗帜，紧跟党中央关于宣传方面的战略部署，坚持正确的舆论导向，在国家海洋局党组的领导下，在宣传国家海洋事业大政方针、传递海洋经济信息、传播海洋科技知识、增强全民族海洋意识等方面做出了积极的努力。

1998年概况 1998年，中国海洋报紧紧抓住1998国际海洋年这一契机，围绕国家海洋局1998年中心工作，采取多种措施开展宣传报道、扩大发行及经营创收工作，取得了明显成效。

1. 新闻报道工作，强调突出重点，营造声势，着眼社会效益

（1）国际海洋年宣传报道力度大，效果好。1998国际海洋年是全球瞩目的热点，为抓住机会，搞好宣传报道，增强社会公众对海洋的认识，早在1997年底便着手开展了策划工作。1998年1月2日，在新年的第1期报纸上即推出了专版，集中刊登了社论“进军海洋，实现民族全面振兴”、消息“世界奏响蓝色乐章”、“中国走进海洋年”以及“国际海洋年缘何而来”、“海洋国土蕴藏着丰富的海洋资源”、“我国海洋经济高速发展”、“我国海洋事业步入黄金时期”等文章，集中反映了海洋年的主题，受到读者普遍好评，以至应读者要求增印若干份分发沿海各地。7月18日是海洋宣传日，《中国海洋报》又以“地球上有生命，是因为有海洋”为题组织了专刊，不仅介绍了海洋与人类生存的重要关系，而且介绍了中国海洋可持续发展的战略。在“世界地球日”、“世界气象日”、“世界环境日”，该报也围绕海洋进行了充分报道。

1998年国家海洋局共组织了20余项大型活动宣传海洋年，中国海洋报社都积极地予以配合，较充分全面地作了报道。如海洋与人类科普展、海洋知识电视大赛、海洋歌曲征集、飞越海岸线—蓝色国土行、发行海洋年邮票、青少年“走向海洋”等活动，都进行了全方位宣传。在海洋年里各地纪念活动丰富多彩，为做好连续报道，便于各地交流，在一版开设了国际海洋年专讯，共发表动态消息百余篇。

在搞好海洋年重大活动宣传、努力报道好各地动态的同时，中国海洋报社还挤出版面与宁波海洋学校、宁波市海洋与水产局联合主办了“我与海洋”有奖征文活动，既烘托了海洋年的气氛，又为广大读者和涉海单位干部职工抒发对大海的真挚情感提供了园地，增强了读者的参与性和报纸的可读性。

此外，中国海洋报社还邀请有关领导、海洋专家著文，就“中国如何迎接海洋21世纪”发表见解，以国际海洋年特稿的形式予以登载，为高层领导决策提供了参考。

（2）抓住海洋工作的大事不放，务求宣传及时、到位。海洋方面的大政策、大方针，是指导中国海洋事业发展的准绳，《中国海洋报》对国家海洋大政方针的宣传历来极为重视。1998年5月29日，国务院新闻办发表了《中国海洋事业的发展》白皮书。6月26日全国人大通过并颁布了《中华人民共和国专属

经济区及大陆架法》，这些都是中国海洋界的大事，《中国海洋报》都运用多种形式进行了充分的宣传。尤其是专属经济区及大陆架法出台后，不仅发表社论，高度评价其重大意义，还采取知识问答形式引导读者学习和理解。

延长伏季休渔期，是关系中国渔业经济持续、健康发展的大事。《中国海洋报》主动配合农业部渔业局搞好该项工作的宣传，既选择休渔工作搞得好取得了明显成效的典型作正面报道，又对各地出现的违规现象提出中肯的批评和建议，对该项工作的开展起到了一定的指导作用和促进作用。

为配合沿海省市海域使用管理的宣传，《中国海洋报》以较多版面连续刊登了山东、海南及大连的做法和经验，并登载了有关专家的呼吁和建议，为各用海单位了解有关政策、推动海域使用管理步入法制化轨道作了正确的舆论引导。

（3）跟踪海洋高新技术产业发展动态，组织专题报道。涉及海洋高新技术方面内容的稿件，1998年在《中国海洋报》上所占篇幅较大。不少稿件如“901海带诞生记”、“广东海洋产业产值已达850亿元”等曾给读者留下了深刻印象。在第一版“热点透视”栏目中，报社组织策划了新兴海洋产业系列报道，“克隆鱼在中国”、“鱼油给你健康”、“7元一吨淡化水，成本还能降吗?”、“海水，不尽的资源宝库”、“海洋药物浮出海面”等专题报道，使读者对中国新兴海洋产业及海洋高新技术发展有了较高层次的认识与了解。

（4）“两会”报道持续、深入，涉及面较广。“两会”期间，人大代表、政协委员们汇聚京城，参政议政，共商国是，中国海洋报社抓住这一时机专访人大代表、政协委员，请他们就如何搞好中国的海洋工作发表意见和建议，既能引起高层对海洋工作的重视，又能形成对海洋工作舆论支持的良好氛围。因此，1998年“两会”召开期间，报社抽派2名记者赴会采访，发表两会专题报道近30篇，其内容包括海洋权益、海洋综合管理、海洋科技、教育的投入、海洋法制建设等。

（5）密切关注海洋环境管理和资源保护工作，全力配合各方面组织的执法行动。1998年，宣传海洋环境和资源保护是《中国海洋报》的一个重点工作。3月22日至4月10日，国家海洋局北海分局会同环渤海省市开展渤海联合执法行动、广东开展海空联合执法检查、海南进行环保世纪行活动、全国人大环资委等单位组织“中华环保世纪行”活动，海洋报都派记者随行，发表了大量有分量的报道，累计达50余篇。其中仅呼吁治理渤海的稿件，就有4篇。有的稿件还被中央人民广播电台采用。该报记者李文军参加“中华环保世纪行”活动，在河北省黄骅市深入采访，采写的稿件揭露了某厂严重污染海域的问题，有力地推动了问题的解决，在当地反响较大。

（6）继续讴歌海洋战线先进典型，树榜样，鼓斗志。1998年该报除继续搞好学习何明海先进事迹的宣传报道外，还与国家海洋局团委合作，开展了青年文明号巡礼系列报道活动，讴歌了一批在平凡岗位上无私奉献、勤奋工作的优秀青年；同时，与海军配合突出宣传了全国典型东海舰队优秀舰长柏耀平的先进事迹。

（7）及时捕捉机构改革信息，为广大干部职工释疑解惑。1998年国务院进行机构改革，国家海洋局与地矿部、国家土地局、国家测绘局共同组成国土资源部，对此，大家都比较关心。该报积极捕捉有关信息，在国土资源部成立，国土资源部、国家海洋局“三定”方案批准实施及国家海洋局定编定岗、人员分流工作基本完成时都进行了及时报道。

在“三定”工作结束、国家海洋局机关职能部门领导选配完成、新机构开始运转之时，该报又开设了“新领导，新打算”专栏，专访新任司领导，宣传其“施政纲领”，收到了较好效果。

1998年《中国海洋报》共出报102期，采编稿件400余万字。有一篇稿件在第十二届产业报好新闻评比中，荣获一等奖，2篇稿件获三等奖。

2. 发行工作抓住机遇，认真策划，积极运筹，成效显著

新闻出版署1998年117号文件下发后，对报纸发行作了硬性要求。为扩大发行，中国海洋报社上下特别是发行部门做了大量工作。1997年报社在国家海洋局有关领导的支持下，争取到了一笔专项发行经费，使1998年的发行工作有了充分的物质保障。其次，报社及时调整了发行奖励政策，加大了各记者站的任务指标，个人订报实行优惠等政策，使1998年报纸发行量有了较大幅度的上升。

1998年初中国海洋报社派员，采取“大篷车”的形式，到南方一些省市开展发行调查和宣传工作；广东记者站抓住国际海洋年的机遇，与广州市教委联合，在广大中学生中发起了为期数月的广州市中学生“走向海洋”活动，使《中国海洋报》第二季度在广州地区的发行量大幅度上升。

1999年概况 1999年，中国海洋报社对报社机构和报纸版面进行了改革。目前，中国海洋报实行总编负责制，下设三部一室（新闻部、副刊部、社会工

作部和总编室）。在报纸版面方面，强调重点突出，主张精品意识，进一步提高了报纸的实用性、可读性和服务性。1999年共出报103期，期发行量1万余份，创收纯利较1998年同期略有增长。

1. 出台版面设置新框架，突出海洋特色

1999年3月，为更好地贯彻落实《中国海洋报》的办报宗旨和国家海洋局领导指示精神，体现出《中国海洋报》作为国家海洋事业的窗口和中国海洋界惟一一张综合性报纸的作用，报社领导班子提出了加大海洋宣传力度的意见，确定版面要突出海洋特色，并做到"年度有计划，季度有重点，大事有策划，宣传不断线"。

报社从6月份正式推出改版后的报纸，在各版的设置中，去掉了非海洋内容，如"沿海传真"、"生活"栏目等，突出了涉海内容的具备可读性、实用性、鲜活性、服务性的栏目和专版，如一版的"热点关注"、"北极热线"，二版的"实用技术"、"专家视点"、"蓝色信息网"，三版的国际海洋、管理法制等。自6月份以后，陆续刊登了"长山水道航路秩序开始整顿"、"数字海洋，潜力巨大的开拓空间"、"海上110，刃锋还需砥砺出"、"我国水监新体制出台"、"为海洋产业建'超市'"等系列热点关注栏目稿，并推出了"海上采砂，仅说不是不够的"等海域使用立法特别报道。同时，报社派出记者随行第十六次南极考察，这是报社第一次派记者参与南极报道，并开辟了"南极纪行"栏目。

2. 对突发事件反映敏锐，精心策划

1999年5月8日，以美国为首的北约袭击中国驻南斯拉夫大使馆，报社对此很快作出了反应。5月9日是星期天，报社召开了紧急会议，传达中央精神，调整版面安排，并立即派记者到示威抗议现场采访，同时给新华社及光明日报社发去慰问信；5月11日中国海洋报刊登了现场采访照片、最新动态，并约请海洋法专家介绍事件背景，分析事实真相，提出中国应采取的对策。在此后的一段时间内，报社紧密追踪事态发展并作及时报道。

3. 迎国庆50周年和澳门回归，积极开展揭批法轮功

为迎国庆50周年和迎接澳门回归，中国海洋报社结合海洋行业特点，于8月推出了"中国海洋五十年"栏目，刊登了"壮哉，中国船"、"伴随新中国成长的港口业"、"海盐业，借科技扬帆"、"海洋综合管理阔步向前"、"海洋法制建设成绩斐然"等一组10余篇稿件，充分展示了建国50年来涉海各业所取得的伟大成就。于11月《中国海洋报》开设迎澳门回归专栏，全面介绍澳门的概况，为迎接12月澳门回归营造良好的舆论氛围。

对于法轮功的揭批，用较大篇幅报道了国家海洋局学习、领会、贯彻中央精神的情况，并刊登了《海洋出版社三拒法轮功》的正面报道，收到了良好的效果。

4. 经营创收及发行工作取得积极进展

中国海洋报社社会工作部成立后，经营创收人员由原来的2人增加到7人，经营、采编人员之比由原来的2：11增加为7：8。该部门一方面不断完善各项创收及发行管理制度，另一方面实行目标管理，努力开拓创收和发行渠道。1999年8月，报社开展了"中国海洋五十年"的宣传报道，获得了涉海企业的积极赞助，在取得良好的社会效益的同时取得了一定的经济效益。9月，报社利用建社10周年的契机，举办了"海洋经济宣传研讨会"，吸引了不少沿海省市的有关单位参加，获得了多方面的经费支持。1999年，中国海洋报社完成广告流水额较上年同期略有增长，发行报纸份数有所增加。

5. 加强通联工作，积极筹建通联网络

吸引更多的通讯员加入《中国海洋报》的行列，建立健全通联站正常而有效的工作机制，充分调动广大通讯员的积极性和创造性，是进一步解决稿源，提高质量，办好报纸，扩大发行，增加创收的基础。为此，报社制定了《通讯员管理条例》，并通过广告等多种途径，发展了一些通讯员。这项工作仍在进行之中。（陈丹红等）

【中国海洋石油报】 被广大读者称之为"蓝报"的中国海洋石油报，是中国海洋石油总公司主办的向国内外公开发行的一张行业报。1993年9月29日试刊，1994年2月21日正式创刊，现为每周2刊。

中国海洋石油报社以宣传贯彻中央发展海洋石油的战略决策，展现海洋石油队伍的精神风貌；促进改革和科技进步；沟通国内外石油信息；推动两个文明建设为宗旨，坚持"站稳行业立足点，扩大社会辐射面"的办报方针，面向全国广大读者，一步一个脚印，一年一个台阶，不断发展，走向成熟。

中国海洋石油报社新闻采编和办公自动化工作已具规模，建立了新闻综合网，实现新闻采编、信息检索、激光照排和广告创意自动化、网络化。通过报社内部计算机联网，记者、编辑、部室主任、总编辑可在计算机上完成写稿、改稿、审稿、组版、签发等全部工作流程，实现了新闻采、编、校、排的一体化作业，编前会也可在网络上完成。报社不仅同新华社联

网，也正在加紧建设自己的因特网站（www.seainfo.com.cn）。

《中国海洋石油报》创办7年来，在积极宣传报道海洋石油工业的同时，把视野扩展到“蓝土地”上的相关产业和事业，紧紧抓住“我爱蓝色国土”这个主题，为增强全体国民的海洋意识，树立陆海一体的国土观，推动我国海洋事业的发展，开展了一系列的宣传活动。

经过与光明日报社、中国环境报社、中央人民广播电台、人民文学社等媒体的共同努力，以及一些专家学者、著名作家的大力支持，“蓝色国土”这一概念已经逐渐为全社会所接受，成为耳熟能详的语汇。1996年10月18日，中共中央总书记、国家主席江泽民为海洋石油工业题词：“开发蓝色国土，发展海洋石油。”这是党和国家最高领导人第一次使用这一概念，这既是对“蓝色国土”这一概念的肯定，也是对战斗在蓝色国土战线上全体同志的极大鼓舞。

1998年是联合国确定的“国际海洋年”，《中国海洋石油报》加大了“蓝色国土”的宣传力度，把活动的重点放在青少年身上，开展了七大项活动。

一是2～5月与《中国青年报》联合主办“中国青年蓝色国土意识大型读者调查“活动，设计了“国民海洋意识”、“感受大海”、“重视海洋污染”、“认同海洋主权”、“海洋资源与开发”和“了解海洋”等方面的问题，共收回调查问卷2.9万份，调查数据为今后国民海洋意识宣传教育工作提供了依据。新华社和日本共同社等媒体报道了这次调查活动和数据版及其调查报告的有关内容，中央电视台“12演播室”栏目制作了专题片对此进行深入报道。

二是协助中央电视台青少年部“第二起跑线”节目组摄制完成了电视片《走向海洋》。

三是与中国少年儿童出版社合作出版了《海洋三字经》和《我爱蓝色国土》等海洋教育书籍，书籍在教育部和团中央举办的少年儿童读书活动中被推荐。

四是与辽宁少儿出版社合作出版了《我爱蓝色国土丛书》一套5本。

五是与中国产业报协会联合举办“在国际海洋年里”专栏，特约了4位海洋专家撰写了宣传海洋意识的文章，10余家产业报刊登了这些文章。

六是与首都高校国际政治研究会联合举办海洋意识和海洋政治讲座，希望通过高校教师向学生更多地宣讲海洋意识和海洋知识。

七是协助团中央和国家海洋局举办了“’98国际海洋年南海青年学生营”活动，组织了全国70余名大中学生到西沙慰问参观，亲身感受大海，增强海洋意识。

在21世纪里，《中国海洋石油报》将继续做好“蓝色国土”宣传这篇大文章，为使国民树立适应新时期要求的海洋意识大声疾呼。 （疏 骏）

【中国船舶报】 《中国船舶报》原由中国船舶工业总公司、中国船舶工业行业协会共同主办；1999年7月1日，中国船舶工业总公司重组为中国船舶工业集团公司和中国船舶工业重工集团公司，《中国船舶报》也改由两大船舶集团公司与行业协会三家联合主办。主办单位改变后，《中国船舶报》的办报方针与读者定位仍旧不变，以介绍国内外船舶工业及相关涉海行业的业内人士。报纸每周1期，对开8版。

《中国船舶报》自1990年创刊以来，逐步形成了自己的特色——那就是一个“船”字，以“船”为线索把造船、用船、验船及为船配套、为船服务部门的信息反馈和他们所关注的内容联系起来，以造船人独特的视角视照海事界，让读者能够“一报在手，行业在握”。1999年7月1日起，中国船舶报社更换了新的领导班子。在中国船舶工业新的格局中，新班子积极开拓报道领域，及时反映业内动态，力争保持报纸原有的特色和质量并有所提高。

1999年，《中国船舶报》除了做好对造船等相关海事部门的日常动态信息报道外，主要做了以下几个方面的重点报道：

（1）继续进行“国轮国造，国货国运，国船国旗”的报道。对此问题《中国船舶报》进行了数年的呼吁和跟踪报道。1998年，国家三次决定对船舶工业提高退税率，最终达到17%退税，对此，《中国船舶报》的多年呼吁功不可没。

（2）呼吁发展工程船，接受1998年洪水的教训，加快对长江、黄河等大江大河的清淤疏浚。

（3）抗议北约野蛮轰炸中国驻南斯拉夫大使馆的暴行，重点报道卢恩光捐资1 000万元建造航空母舰和全国各地的捐建航母的热潮。

（4）中国人民海军成立50周年的专题报道。重点宣传了人民海军成立50年来装备建设的重大成就和国防军工战士为之做出的重大贡献。

（5）开辟了“将帅访谈”专栏，报道了人民海军部分高级将领对海军装备和海军建设的贡献。

（6）船舶两大集团公司成立的报道。对于两大集团公司成立以后的性质、宗旨、章程、组成、结构、人员安排及生产经营情况等进行全面报道。

（7）中国首次承建超大型油轮（VLCC）的相关报道。

（8）中国最大的造修船基地——上海外高桥造修基地开工的报道。

（9）第十届中国国际海事会的报道。为配合这次盛会的召开，《中国船舶报》全面采访了造船、航运、船检、渔检、海洋石油、海军等海事部门的领导和专家，并组织了数个专版予以报道。（由淑敏）

海洋出版工作
Marine Publishing Work

【海洋出版社】 海洋出版社成立于1978年6月2日，隶属国家海洋局。20余年来，海洋出版社已累计出版各类图书6 000余种，中外文期刊20余种，有160余种图书和期刊获各种级别的奖励。其中，《中国近海沙蚕科研究》获国家科技图书一等奖，《西北太平洋海气相互作用调查图集》获中国图书奖，《海洋浮游生物学》获国家教委优秀教材特等奖，《水下及淤泥中施工与地基处理》和《爱我海洋》（初级本、普及本）获全国优秀科技图书三等奖，《波浪对海上建筑物的作用》获教育部科技进步二等奖，《水下工程爆破》获水利部第二届全国优秀水利科技图书二等奖。这些优秀图书的出版填补了一些领域的学术空白。1998年和1999年的两年中，海洋出版社共出版图书498种。为配合'98国际海洋年的宣传活动，海洋出版社组织出版了40余种适应不同层次读者需要的海洋科普图书。《走向海洋》丛书（8册）由中国科学院院士曾呈奎先生担任主编，海洋学界各学科的专家亲自撰写，是系统介绍海洋基础科学知识的普及读物；《现代海战战法库丛书》（10册）则聘请海军军事专家主持编写，以生动的笔调为青少年读者展现了千百年来的海战风云。《爱我海洋》（2册）系为配合“'98国际海洋年全国青少年海洋教育活动”而请专家撰写的，本丛书出版后，深受广大青少年读者的欢迎，年内重印3次，发行量达40余万册。两年间，海洋出版社共有3种图书获得国家科学技术著作出版基金的支持，它们分别是：《中国湖相化石硅藻图集》（1998年出版）、《工程海冰学概论》（1999年出版）、《海洋化学原理及应用》（1999年出版），均具有很高的学术价值。

为适应中国海洋开发和管理的需要，海洋出版社在1998年和1999年间，出版了一批海洋管理方面的图书。《海洋法规汇编》（附光盘）、《海洋管理教育丛书》（5册）、《中国海洋政策》、《中国海洋综合管理研究》、《中国海洋倾废管理》、《海洋环境容量》、《河口环境监测指南》、《沿海环境影响评价指南》、《21世纪中国海洋科学与技术展望》等。

1998年与1999年间，海洋出版社共有13种图书获省部委级奖励，它们分别是：《水下及淤泥中施工与地基处理》和《爱我海洋》（初级本、普及本）获全国优秀科技图书三等奖；《走向海洋》丛书、《南极洲地名词典》、《海洋沉积物－海水界面研究》、《中国海湾志（14分册）》、《中国海洋年鉴（1997～1998）》、《少年儿童电脑入门》获国家海洋局优秀图书奖；《波浪对海上建筑物的作用》获教育部科技进步二等奖；《舟山海洋龙文化》获浙江省政协优秀文史资料图书三等奖；《河北省海洋经济发展研究》获河北省第一届哲学社会科学规划研究项目优秀成果三等奖等。

1998年出版工作基本情况 1998年，海洋出版社围绕国际海洋年的工作特点，紧密配合国家海洋局的中心任务，调整了图书结构，狠抓了图书质量，进一步深化改革，调动了全社职工的积极性，出版了一大批受到全国青少年欢迎的海洋科普图书，同时也出版了许多在海洋工作中发挥作用的海洋专著书籍和大科技方面的图书，图书质量进一步提高，发行码洋有较大增长，在收到好的社会效益的同时，在经济效益上也收到了较好效果。

（1）图书出版情况。1998年该社新列选题278种，其中与海洋相关专业选题98种，占总品种的35%；大科技类156种，占总品种的56%。实际发稿256种，正式印制图书250种，其中重印、再版书72种次，占出书总数的28.8%，总印数104.3万册，平均每种印数4 650册，单本书印数和重印再版数比前几年明显增加。

（2）期刊出版情况。《海洋学报》编辑部人员少、任务重，但《海洋学报》中文版每年6期、英文版每年4期均能按时出版，受到了海洋界专家、学者的好评。通过办刊，加强了该社与社会的广泛联系。

1998年是《海洋世界》、《海洋管理与开发》两种刊物实行承包制方式运作的第一年，在经验少、人员新、经费少的情况下，充分发挥外聘人员的积极性，无一期误期，出刊质量有所提高，发行量稳中有升，基本上形成了良好的发展势头。

（3）图书发行情况。主渠道发行品种316种，全年共发行图书码洋3 068万元，创该社图书发行码洋历史最高水平。其中，主渠道发行码洋1 360万元，自办发行码洋977万元，自费出版和编辑室销售图书码洋731万元。

（4）国际合作情况。全年版权贸易方面，签订销售版权协议1项，签订购买版权协议2项，达成购买版权意向12项，对外发行期刊4种共13期。组织并参加了第七届北京国际图书博览会和第50届法兰克福国际图书博览会。

1998年出版工作的主要特点

（1）海洋科普图书和专业技术著作出版取得较大成果。为了配合国际海洋年开展海洋宣传活动，海洋出版社专门组织策划出版了数十种海洋科普图书。其中《走向海洋》丛书和《现代海战战法库》丛书，具有较高的知识含量，为海洋出版社将来拓展出版不同层次的海洋科普图书品种奠定了良好基础、提供了较完备的蓝本。《爱我海洋》、《喧闹的海洋》、《海底世界》、《海娃娃世界丛书》等深受广大青少年的欢迎，均再版重印。同时也收到了一定的经济效益。

在专业技术和学术著作出版方面，1998年出版的《中国湖相化石硅藻图集》是中国第一部湖相石藻图集，填补了该学科的空白。《南极洲地名词典》一书共计250万字，12 000余个条目，范围包括海、海峡、岛屿、冰川、冰峰、冰架、湖泊等，是一部极具规范性、科学性、实用性的工具书。《中国古动物》一书，是该社近年来在组织策划选题方面较为成功的范例，该书图文并茂，配以中文(繁体)、日文、英文3种文字，其中大量的珍贵照片资料是首次发表，具有极大的参考和使用价值。

为了配合海洋综合管理工作，该社组织出版了《海洋法规选编》（附光盘）、《海洋监察管理》、《海洋环境保护与监测》、《中国海洋综合管理研究》等书，为中国的海洋管理工作做出了贡献。《21世纪中国海洋科学与技术展望》是由中国海洋科技界的10余位权威人士所撰写，《1998青年海洋论坛》均由活跃在中国海洋工作各条战线的博士、硕士所撰写。该两本书以崭新的形式从不同的角度展望了中国及世界的科技和经济发展的前景，受到了中国海洋界的好评。

（2）全国青少年“走向海洋”教育活动取得显著成效。1998年是国际海洋年，为了配合开展海洋宣传活动，1997年9月份该社向国家海洋局提出了在全国青少年中开展“走向海洋”教育活动的建议，得到了国家海洋局有关单位的大力支持。

经国家教委同意，由国家海洋局、国家科委、全国少工委、海军政治部、海洋石油总公司和新闻出版署发行司共同发起此项活动，具体工作由海洋出版社承办。沿海各省、自治区、直辖市以及计划单列市对此都十分重视，有关部门均为此联合下发了文件，有组织地在当地的中小学中开展了阅读海洋科普书籍的活动，并组织了以海洋知识教育为内容的团、队活动，举办了海洋知识竞赛和海洋美术展览等一系列活动。该社还在国家海洋局北海分局的支持和配合下成功地组织了全国青少年“走向海洋”夏令营活动，并在此基础上，选拔了3名优秀高中生赴葡萄牙里斯本参观了世界海洋博览会。这些活动在全国青少年中产生了广泛的影响，使广大青少年增强了海洋意识，使他们更加了解海洋、热爱海洋，为长大后投身海洋建设事业打下了基础。有数百万青少年参加了此项活动。海洋出版社为海洋年专门策划出版了数十种海洋科普图书，也受到了广大青少年的欢迎，同时也收到了一定的经济效益。

（3）图书质量明显提高。图书质量是出版社的生命，该社对图书质量抓得很紧，制定了各种图书出版的规定和流程，严格“三审”、“三校”制度。在强调以责任编辑为中心的图书责任制的同时，实施了责任校对和责任印制负责制，使该社图书质量有了明显提高。1998年上半年向新闻出版署送检的31种图书，印制质量全部达到优秀和良好，其中2种还被推荐为署优产品。

《中国海湾志（14分册）》、《中国海洋年鉴1994～1996》、《爱我海洋》（初极本、普及本）3种书获1998年国家海洋局优秀图书奖，重印版《京都古戏楼》获高等学校人文科学研究三等奖。

（4）发行码洋创历史最好水平。1998年海洋出版社改革了发行管理体制，发行部门制定了一系列管理规定，定出了每个人的工作指标，尝试了风险抵押，调动了大家的积极性。同时，该社制定了鼓励编辑室和各部门的人员发行图书，出台了图书项目负责制，促进了图书发行工作。在具体图书的发行上，对效益较好的图书仍采取了巩固老阵地、开拓新区域的做法，同时针对有些图书发行量下滑，适度开拓了新的选题，并加大对科普图书的发行工作，使1998年该社图书码洋创历史最高水平，为该社今后的发展打下了较好的基础。

1999年出版工作基本情况

（1）图书出版情况。海洋出版社图书出版新列选题248种，海洋和与海洋相关的选题71种，占总品种的29 %；大科技类选题141种，占总品种的57 %；实际发稿图书180 种，已经印制、出版图书154 种，各编辑室均已超额完成年初制定的指标任务：发稿编辑报批选题不少于4个，每室必须有2～3种重点图书选题的工作目标及利润指标。

（2）期刊出版情况。1999年编辑出版《海洋学报》中文版6期，英文版4期。一年来，《海洋学报》

出版：海洋出版社

《海洋世界》 月刊

主办：中国海洋学会

主编：陈泽卿

出版：《海洋世界》杂志社

《极地研究》 季刊

主办：国家海洋局南极考察办公室

中国极地研究所

主编：刘东生 许世远

编辑：《极地研究》编辑部

《海洋地质与第四纪地质》 季刊

主办：国土资源部海洋地质研究所

国土资源部第四纪地质研究中心

主编：张光威

编辑出版：《海洋地质与第四纪地质》编辑部

《海洋地质动态》 月刊

主办：国土资源部海洋地质研究所

国土资源部广州海洋地质调查局

出版：国土资源部海洋地质研究所

《海洋地质》 季刊

主办：国土资源部广州海洋地质调查局情报图书室

主编：陈邦彦

编辑：广州海洋地质调查局情报图书室

《中国造船》 季刊

主办：中国造船工程学会

主编：吴有生

编辑出版：《中国造船》编辑部

《船舶知识》 月刊

主办：中国造船工程学会

主编：王义山

编辑出版：《舰船知识》杂志社

《船舶工程》 双月刊

主办：中国造船工程学会

主编：丁 玮

编辑出版：中国造船工程学会《船舶工程》编辑部

《航海》 双月刊

主办：上海市航海学会

主编：林文春

编辑出版：《航海》杂志社

《中国航海》 半年刊

主办：中国航海协会

主编：黄蕴和

编辑出版：中国航海学会《中国航海》编辑部

《水动力学研究与进展》 季刊

主办：中国船舶科学研究中心26个单位

主编：周连第

编辑出版：《水动力学研究与进展》编辑委员会

《中国水产》 月刊

主办：农业部渔业局

主编：刘统锦

出版：《中国水产》杂志社

《科学养鱼》 月刊

主办：中国水产学会

中国水产科学研究院淡水渔业研究中心

主编：戈贤平

编辑出版：《科学养鱼》编辑部

《海洋渔业》 双月刊

主办：中国水产学会

中国水产科学院东海水产研究所

主编：乔庆林

出版：《海洋渔业》编辑部

《水产学报》 季刊

主办：中国水产学会

主编：孟庆闻

出版：中国水产学会

《水产科学》 双月刊

主办：辽宁省水产学会

主编：陈介康

编辑出版：《水产科学》编辑委员会

《现代渔业信息》 月刊

主办：中国水产科学研究院

东海水产研究所

主编：谢营梁

编辑：《现代渔业信息》杂志编辑委员会

《中国水产科学》 季刊

主办：中国水产科学研究院

主编：吴万夫

编辑出版：中国水产科学研究院

《远洋渔业》 季刊

主办：东海水产研究所

主编：赵传絪

《海洋水产研究》 半年刊

主办：中国水产学会

主编：唐启升

编辑出版：中国水产科学研究院黄海水产研究所

《水产养殖》 双月刊

主办：江苏省水产学会

江苏省淡水水产研究所
江苏省海洋水产研究所
主编：沈 绩
编辑出版：《水产养殖》编辑部
《海洋测绘》 季刊
主办：海军海洋测绘研究所
中国测绘学会海洋测绘专业委员会
主编：孔令户
出版：海军司令部航海保证部
《气象水文海洋仪器》 季刊
主办：中国仪器仪表学会气象水文海洋仪器分会长春气象仪器研究所
主编：吕凤华
《海湖盐与化工》 双月刊
主办：中国轻工总会制盐研究所
主编：高纪隆
出版：中国轻工总会制盐研究所
全国海湖盐工业科技情报站
《中国海上油气》(工程) 双月刊
主办：中国海洋石油生产研究中心
主编：张 钧
编辑出版：《中国海上油气》(工程)编辑部
《中国海上油气》(地质) 双月刊
主办：中国海洋石油勘探开发研究中心
主编：杨川恒
编辑出版：《中国海上油气》(地质)编辑部
《海岸工程》 季刊
主办：山东海岸工程学会
青岛市海岸工程学会
国家海洋局第一海洋研究所
山东省筑港总公司
山东省航运工程设计院
交通部一航局二公司
主编：曲绵旭
出版：《海岸工程》编辑部
《河口与海岸工程》 季刊
主办：浙江省河口海岸研究所
主编：韩曾萃
编辑出版：《河口与海岸工程》编辑部
《海洋经济》 季刊
主办：山东省海洋经济研究中心
中国海洋学会山东分会
主编：郑贵斌
编辑出版：《海洋经济》编辑部
《沿海经济》 月刊
主办：中共南通市委员会 中国地区开发促进会
主编：李昌森
编辑出版：《沿海经济》杂志社
《青岛海洋大学学报》 季刊
主办：青岛海洋大学
主编：文圣常
出版：《青岛海洋大学学报》编辑部
《河海大学学报》 双月刊
主办：河海大学
主编：郭志平
编辑出版：《河海大学学报》编辑部
《湛江海洋大学学报》 季刊
主办：湛江海洋大学
主编：吴琴瑟
编辑出版：《湛江海洋大学学报》编辑部
《环渤海经济瞭望》 双月刊
主办：环渤海地区经济信息协会
总编辑：林开明
出版：《环渤海经济瞭望》杂志社
《中国海洋药物》 双月刊
主办：中国药协会
主编：关美君
出版：山东省海洋药物科学研究所
《中华航海医学杂志》 季刊
主办：中华医学会
总编辑：龚锦涵
编辑：《中华航海医学》杂志编辑委员会
《养鱼世界》 月刊
社长：郑焕生
发行所：养鱼世界杂志社
《台湾水产学会刊》
主办：台湾水产学会
总编辑：肖锡延
出版者：台湾水产学会编辑委员会
《海洋科技会刊》 季刊
主办：台湾海洋科技学会
发行人：陈镇东
出版者：台湾海洋科技学会
《中国渔业经济研究》 双月刊
主办：中国水产科学研究院
中国水产总公司
中国水产学会
中国国土经济学研究会
（海岛开发专业委员会）
主编：吴万夫

编辑出版：《中国渔业经济研究》编辑部

《浙江海洋学院学报》 季刊

主办：浙江海洋学院

主任委员：佘显炜

编辑出版：《浙江海洋学院学报》编辑部

《渔业现代化》 双月刊

主办：中国水产科学研究院渔业机械仪器研究所

主编：张淼湧

编辑：《渔业现代化》编辑部

《中国港湾建设》 双月刊

主办：中国港湾建设（集团）总公司

主编：王海滨

出版：中港一航局天津港湾工程研究所

《世界海运》 双月刊

主办：大连海事大学

主编：杨守仁

编辑：《世界海运》编辑部

《港工技术》 季刊

主办：交通部第一航务工程勘察设计院

主编：傅洪喜

编辑：《港工技术》编辑部

《天津航海》 季刊

主办：天津市航海学会

主编：李开荣

编辑：《天津航海》编辑部

《船舶》 双月刊

主办：中国船舶及海洋工程设计研究院

主编：郭彦良

编辑出版：《船舶》杂志编辑部

（张德山）

海洋科技与教育篇

Marine Science and Technology & Marine Education

海洋科技概况
Summary of Marine Science and Technology

综　述
Summary

【海洋科技进展概况】 随着海洋经济与社会的快速发展，海洋执法管理力度将不断强化，海洋公益服务领域将不断扩大，海洋权益斗争将日益激烈，对于海洋科学技术的发展也将提出更高的要求。

在“九五”期间，海洋科学技术得到了党中央和国务院的高度重视，并取得了历史性的发展。“九五”初期，海洋“863”计划、海洋水色卫星发射计划得到国务院批准，科技兴海在各沿海省市蓬勃发展；“九五”后期，海洋基础科研工作得到有力的支持，为今后海洋科技的进一步发展奠定了坚实基础。“九五”期间，国家对海洋科技的总投入达8亿多元人民币，比前几年有了成倍的增长，极大地支持了海洋科学技术的快速发展。“九五”海洋科技的发展主要有以下几个方面。

1.“九五”初期海洋高技术被正式列入国家高技术计划（“863”计划），海洋水色卫星即将发射，使海洋监测技术、海洋生物技术、海底探测技术、海洋卫星遥感技术等取得了跨越式发展，只用了3年的时间就大大缩短了与世界先进水平的差距，个别成果为国际首创。

（1）海洋监测技术。经过3年的技术研究与开发，海洋环境立体监测和信息服务上海示范区和珠江口示范区已初具规模，高频地波雷达、近海环境自动监测系统、高精度温盐深剖面仪、ADCP和ACCP海流剖面仪、卫星遥感应用系统、海洋光学测量系统等海洋高技术监测仪器已基本完成研制任务，目前正在进行海上现场试验工作。

（2）海洋生物技术。中国的海洋生物技术取得了快速发展。如在海洋生物多倍体及性控方面取得了重大突破，无论是在种类上还是在数量上，都处于国际先进水平，三倍体牡蛎、鲍鱼、扇贝、珠母贝、全雌牙鲆等已达到规模化生产的能力，特别是三倍体牡蛎推广面积超过万亩。在病害研究及其预警预报方面，在国际上率先破译了引起中国及整个亚洲地区大规模流行病的对虾白斑杆状病毒(WSDV)基因组遗传密码，并开发出快速灵敏实用的病毒检测试剂盒。在海洋药用活性物质研究与开发方面，从海洋生物提取的一种新型抗艾滋病药物911目前已进入了一期临床试验，此外海蛇毒素、芋螺毒素、鲨鱼软骨素等几种海洋生物活性物质研究与开发取得了初步进展，从海洋微生物中大规模筛选抗真菌、抗细菌、抗肿瘤等天然活性产物的工作已启动。

（3）海底探测技术。为了开发海底资源，科研人员对海底地形、地貌和地质构造探测技术，海洋油气探测、开采技术，海底矿产资源综合评价技术，深海采矿技术等深海探测、开发技术进行攻关，均取得了很好的成果，有些技术打破了西方国家对中国的技术封锁，并已应用于目前的大洋资源勘探、开发之中。

（4）海洋卫星研制。中国第一颗海洋水色卫星的研制及卫星地面站的建设项目已经国家批准，目前已完成下传频段S频段改为X频段的确定、经费追加、“海洋一”号正样检验星产品交付验收。计划2001年5月发射。

（5）海洋遥感技术。海洋遥感技术已成为海洋科技、海洋管理、海洋公益服务及海洋军事等不可或缺的高技术手段。经过5年的研究，在微波遥感、光学遥感等领域突破了许多难关，现已成为赤潮监测的手段之一，并应用于海冰、海浪、海温、风场、水下地形等领域监测之中。目前国家海洋局第二海洋研究所已能实时接收美国SeaWifs海洋水色卫星资料，并进行及时的遥感处理。

2. 海洋关键技术的攻关取得了一批成果，许多成果已转化、应用到实际海洋管理与海洋开发之中。

（1）海岸带关键技术的攻关。围绕海岸带环境监测、预测及防治技术，沿岸和浅海养殖区养殖容量与优化技术，海岸带动力环境及其灾害预测技术，海岸带综合管理技术与信息系统等四方面关键技术进行攻关，据初步统计，已完成了140项成果，获得专利和新技术6项。

（2）海水综合利用的攻关。围绕海水淡化技术、大生活用水利用技术、海水化学资源提取技术等项进行技术攻关。取得成果80余项，其中建立中试线7条，新产品7个，专利6个，新技术、新工艺、新材料20项。

（3）复合反渗透膜技术、纳滤关键技术、分离膜关键设备及技术引进吸收、日产1 000 t的海水淡化示范工程技术等都有所突破，并形成了具有中国自主知识产权的新型膜组器及其工程应用技术。

此外，还开展了“波浪发电技术”、“南沙科学考察”、“南极科考”等科技攻关工作，并都进展顺利。

3. 大范围的近海和远洋调查任务进展顺利，获取了大量海洋环境、海洋资源的资料。

（1）开展海洋划界基础资料的调查，维护中国的海洋权益。“九五”期间，经国务院批准，组织了国家海洋局、原地矿部、农业部、中科院等部门的广大科技工作者开展了中国大陆架、专属经济区的海洋综合调查，获取了大量宝贵资料。目前，所有外业勘测工作已近尾声。

（2）开展太平洋多金属结核资源调查，探查深海资源宝藏。5年间，国家海洋局共开展了3个航次的远洋调查工作，海上作业人员500余人，总航程7.4万n mile，在中国的15万km^2开辟区内，进行了水下自治机器人的试验、深拖视像和环境基线的调查，同时开展了海底热液、富钴结壳和深海生物基因等多种新资源的调查、分析，完成了“区域放弃”工作，为国家保留了7.5万km^2的保留区。国家海洋局的35项目研究课题和3个技术设备研制都已完成，取得了丰硕的成果。

4.“九五”后期海洋基础研究得到重视，海洋科研基础性工作、公益研究工作也已启动，几个海洋科研基地正在逐步形成，预计“十五”初期海洋科学研究将跃上新的台阶。

（1）自1999年至今，共有4项国家973海洋项目得到批准，开创了海洋科学发展的新纪元。广大科技工作者结合国家对海洋科学的重大需求，向国家科技部申请了“中国近海环流形成变异机理、数值预测方法及对环境影响的研究”、“东、黄海生态系统动力学与生态资源可持续利用”、“海水重要养殖生物病害发生和抗病力的基础研究”、“中国边缘海的形成演化及重大资源的关键问题研究”及“厄尔尼诺监测及形成机理研究”等重大基础研究项目，现已得到批准，预计5年内国家将支持科研经费近1亿元。目前，专家们正在开展海上调查和分析、研究工作。

（2）几个重点海洋科研基地的形成，将加快海洋科学的创新与发展。为了加快海洋科研的发展，近几年来，重点支持了海洋环境科学、海底科学、海洋生物技术等重点实验室的发展，初步形成了几个海洋优势学科和科研基地，培养了一批青年科技人才队伍。

（3）1999年4项海洋科技基础性工作项目获得批准，一批基础性工作项目和公益研究项目已上报国家科技部。为了加强海洋科技发展的基础，国家科技部对海洋进行了倾斜支持，重点支持了海洋数据库、极地数据库的建设项目。

5. 科技兴海已经得到沿海省市的认同，并取得了较大成果。

（1）为了在全国范围大力推进科技兴海工作，从1994年以来，国家海洋局配合国家科技部先后召开了4次全国科技兴海工作交流会，并推选出数十个科技兴海示范基地和技术转移中心，这些中心与基地在推广成熟海洋开发技术方面，开展了大量工作，大大地推动了沿海海洋经济上档次、上水平。为了推动海水农业的发展、海洋化工产业的发展，国家海洋局组织了全国海水农业发展战略和技术开发研讨会、全国海洋化工技术研讨会，推动海水农业、海洋化工的向前发展，还组织专家选编、出版了《科技兴海适用技术汇编》，促进科技成果的转化。据统计，1994年海洋产值超过300亿元的省市只有山东和广东两省。到1999年，超过400亿元的省市除广东、山东外，还有浙江、福建、辽宁、上海等。海洋科技的大发展为海洋经济的腾飞创造了条件。

（2）通过支持一些较成熟的海洋科研成果的转化，促进沿海海洋经济的快速发展。如广西的海湾扇贝育苗技术推广、对虾苗种繁育技术推广、珠母贝多倍体育种和养殖技术推广，大大推动了当地海洋农牧化的发展；随着海洋淡化技术的日益成熟，海洋科研人员先后建设了“嵊泗日产500吨级”、“长海1 000吨级”和“长岛1 000吨级”海水淡化示范工程，解决了当地用水紧张的问题。

（3）在青岛政府的倡议下，在1999和2000年两年的青岛海洋节期间，与青岛市科委共同举办了两届海洋科技成果展示交易会，推动了海洋“产、学、研”的结合。

（4）重新设立海洋创新成果奖，面向全国海洋界，鼓励创新成果和优秀人才的脱颖而出。

6. 各科研院所正在进行海洋科技体制改革，并迈出了坚实的步伐。

（1）随着全国科技体制改革的不断深化，广大海洋科技工作者也逐步提高了对科技体制改革的认识，观念也有所更新，认识到改革对于海洋科技事业发展的重要性，提高了对改革的认同。

（2）近几年来，各研究所逐步加快了改革步伐，现已基本在研究所内部完成了管理机构的改革，较大幅度地精减了管理队伍；结合国家的需求，在所内开展研究方向与学科结构较大调整和优势集成，现正在逐步形成各自的优势学科。

（3）改革中，各研究所还建立起面向市场提供服务的技术开发体系，主动走向市场，为社会服务；并建立了面向所内外提供有偿服务的后勤服务体系。

“21世纪是海洋世纪”的观点已逐步被人们所接受，这就为海洋科学技术的发展提出了更高要求和新的挑战。国家海洋管理部门正在积极、认真地规划着海洋科学技术的发展：

（1）积极、主动地为海洋国防能力建设服务。

（2）积极参与国家航天计划，推动海洋系统卫星的立项。

（3）促进海洋高技术的进一步发展，提高海洋技术水平和技术开发能力。

（4）加强海洋科技对海洋管理、海洋公益服务和海洋资源开发的支持，争取科技攻关项目的立项。

（5）加强对近海海洋环境的监测能力，争取“近海关键要素实时监测系统”。

（6）大力推进科技体制改革，建立适应海洋发展新时代的海洋科研创新体系。

（7）围绕国家目标，积极申请海洋基础研究、基础性工作及公益研究专项，为今后的进一步发展打好基础。（邱志高）

国家重要研究项目
State Key Scientific Research Projects

【“九五”海洋攻关项目】

1. 海水资源综合开发利用关键技术研究

（1）课题：海水直接利用技术研究

专题设置：

- 海水循环冷却技术研究
- 海水直接冷却技术研究
- 大生活用海水技术研究

（2）课题：节能型海水淡化技术的研究

专题设置：

- 低温压汽蒸馏海水淡化技术的研究
- 低位余热大型多级闪蒸海水淡化装置研究

（3）课题：海水化学资源综合利用关键技术研究与开发

专题设置：

- 海水卤水提取硫酸钾技术研究及产业
- 溴素深加工技术研究
- 盐田卤水提取镁肥、高纯镁系物技术研究及应用开发
- 无机盐功能材料晶须硼酸镁的研制

（4）课题：海藻资源综合利用新技术研究

专题设置：

- 马尾藻碘精海藻天然抗氧化剂提取技术研究
- 高效新型海藻植物生长剂的研究
- 海洋微藻高度不饱和脂肪酸的提取技术

2. 海岸带资源环境利用关键技术研究

（1）课题：海岸带环境污染监测、预测及防治技术

专题设置：

- 近岸特定海域纳污能力评价和污染预测技术
- 海岸带环境污染监测支撑关键技术
- 突发性污染灾害预测、应急处置及评估技术
- 近岸海域典型环境污染防治技术应用示范

（2）课题：大规模海水养殖区养殖容量与优化技术

专题设置：

- 海湾系统养殖容量与环境优化技术
- 滩涂池塘系统养殖容量与环境优化技术
- 潮间带养殖系统养殖容量与环境优化技术
- 浅海养殖系统养殖容量与环境优化技术

（3）海岸带海洋动力环境及其灾害的预测技术研究

专题设置：

- 海岸带侵蚀及淤积灾害预测与预防技术研究
- 典型河口冲淤灾害预测技术研究
- 近岸带灾害性动力环境的数值模拟技术和优化 评估技术研究
- 近岸带动力环境遥感应用技术研究

（4）海岸带综合管理技术和信息系统研究

专题设置：

- 海岸带综合管理技术研究
- 海岸带资源与环境综合管理信息处理技术研究
- 海岸带资源与环境基础信息系统
- 海岸带综合管理地理信息示范系统

3. 南极地区对全球变化的响应和反馈作用研究

专题设置：

- 南大洋海冰－气相互作用的物理过程研究
- 南大洋生态系统动态变化和碳的生物地球化学研究
- 南极大气和空间物理过程对全球变化的响应研究
- 南极站区近现代自然界面环境过程对全球变化的响应与反馈研究

· 东南极雪冰内气候环境记录及冰盖变化研究

· 拉斯曼丘陵元古代以来的岩石圈构造演化及其环境意义研究

· 中国南极考察区的海洋－大气－冰雪－生物等圈层的相互作用综合研究

【海洋高技术项目】

1. 海洋监测技术（818）主题

专题设置及课题情况：

（1）海洋环境立体监测系统技术和示范试验

· 近海环境自动监测技术

· 高频地波雷达海洋环境监测技术

· 海洋遥感环境监测应用系统技术

· 系统集成和信息产品技术

（2）高精度CTD测量技术

· 高精度CTD剖面仪和定标检测设备

（3）船用声学海流剖面测量技术

· 船用多功能声学多普勒海流剖面仪(ADCP)

· 船用声相关海流剖面(ACCP）测量关键技术

（4）合成孔径声呐成像技术

· 合成孔径成像声呐技术研究

（5）海面和海水层光学测量技术

· 海面海水层光学测量系统

· 海面微结构光学测量装置

（6）海洋遥感应用关键技术

· 卫星高度计遥感信息应用技术研究

· 合成孔径雷达(SAR)遥感信息应用技术研究

· 海洋光学遥感信息应用技术研究

· 卫星遥感海冰监测技术研究

· 海面风场和海流场多源遥感信息复合分析技术研究

（7）海洋渔业遥感信息服务技术和示范试验

· 卫星遥感渔业信息分析技术

· 海洋渔业服务地理信息系统技术

· 海洋渔业遥感服务系统技术集成和示范试验

（8）远洋海洋渔业信息服务系统

（9）珠江口海洋环境立体监测综合技术示范试验

2. 海洋生物技术（819）主题

专题及课题设置：

（1）海水养殖动物的多倍体育种育苗和性控技术

· 牡蛎三倍体育苗与养殖技术的研究

· 扇贝三倍体技术的研究

· 珠母贝多倍体育种和养殖的研究

· 鲍多倍体育种技术研究

· 对虾多倍体育种育苗和性控技术研究

· 全雌牙鲆遗传育种技术

· 贝类四倍体的开发研究

（2）海水养殖工程优化技术

· 富含EPA 和DHA等营养物质的海洋微藻饲料开发

· 海水养殖饵料酶解新蛋白源的研究开发

· 免疫与代谢调控剂提高珠母贝成珠率的生产技术

· 对虾病原检测试剂盒研制

· 高健康虾培育技术开发

· 海水鱼病免疫检测药盒与疫苗的研究

· 虾池有机污染物生物降解技术

· 工厂化养殖海水净化与高效循环利用关键技术

（3）海藻种苗工程技术

· 大型海藻良种克隆纯培养及保存技术

· 海藻种质鉴定和育种的分子生物学技术

· 海藻生物反应器育苗技术

（4）海洋动植物转基因关键技术

· 对虾抗杆状病毒基因工程育种技术研究

· 转基因蓝藻制备新型溶栓剂——尿激酶原

· 高效表达转人原胸腺素基因蓝藻开发技术

· 对虾连续性细胞系的建立

· 定点整合转生长激素基因鱼的研究

· 牙鲆鱼克隆技术的研究

· 海洋动物分子标记选种技术

· 转核酶基因的抗杆状病毒对虾

· 海洋小球藻转化表达体系的建立

· 螺旋藻转基因表达体系的研究

· 转人肿瘤坏死因子－a 基因海洋蓝藻的构建

· 衣藻转海葵毒素基因研究

（5）海洋生物抗肿瘤抗病毒活性物质的研究开发

· 鲨鱼软骨抗肿瘤活性物质的规模生产新技术

· 新型抗艾滋病海洋药物911的研究开发

· 抗肿瘤新药鲍鱼多糖的研究

· 抗肿瘤新药乌贼墨蛋白多糖的研究

· 鲨鱼软骨抗肿瘤活性物质的规模生产新技术

（6）海洋生物酶和毒素的研究开发

· 海洋碱性蛋白酶和溶菌酶的研究开发

· 特殊功能和用途的海洋生物酶

· 重组海蛇毒素抗癌作用研究

· 芋螺毒素的基因工程药物研究

• 南海海洋特有生物资源功能基因组研究

（7）海洋医用生物材料和生化工程产品的研究开发

• 海洋生物多糖制备人体软组织修复材料的开发研究

• 优质甲壳质、壳聚糖工业化生产新技术

• 甲壳质衍生物抗动脉粥样硬化作用的研究

• 藻胆蛋白荧光标记物和诊断试剂

• 高性能琼脂糖层析介质的研究应用

• 复合氨基低聚糖农作物系列抗病增产剂研究及中试推广

（8）抗盐和耐海水植物培育与应用

• 抗盐耐海水植物培育与应用

• 耐海水蔬菜的细胞及基因工程选育与应用

• 抗盐耐海水植物滩涂规模化种植

• 耐盐优质狐米草大规模繁殖的研究及细胞工程育种

• 芦苇新品系规模生产技术和在滩涂生态养殖中的示范

3. 海洋探查与资源开发技术（820）主题

专题及课题设置：

（1）海底地形地貌与地质构造探测技术

• 海底地形地貌的全覆盖高精度探测技术

• 海底沉积物来源、厚度与结构的探测技术

• 海洋深部地壳结构的探测技术

• 海洋岩石层三维地震成像技术

• 海洋动态大地测量基准技术

（2）海洋矿产资源综合评价技术

• 海上矿产资源的地球物理综合探查技术

• 海上矿产资源的地球化学快速探查技术

• 海上油气资源区域快速综合评价技术

• 海洋大地电磁探测技术

（3）海上天然气地震勘探技术

• 海上中深层高分辨率地震勘探技术

• 海上多波地震勘探技术

（4）海洋地球物理测井成像技术

（5）高温超高压地层钻井技术

• 高性能优质钻井液及完井液的研制

• 精确的地层压力预测和监测技术

• 高温超压测试技术

（6）海洋大位移丛式井钻井技术

（7）海上新型多功能移动式采油系统技术

（8）极浅海重载爬滩运输技术。

（孙　洪）

【海洋高技术项目进展】 1996年将海洋高技术作为第八个领域列入了国家高技术研究开发计划（“863”计划），使中国海洋高技术进入了一个新的发展阶段。1998～1999年是中国海洋高技术实施的关键阶段。到目前为止，海洋高技术设立了3个主题，3个重大项目，24个专题96个课题，37个青年基金项目。

重大项目主要研究进展　海洋领域有3个重大项目：海洋环境立体监测系统技术和示范试验、海水养殖动物的多倍体育种育苗和性控技术、莺琼大气区勘探关键技术。

1. 海洋环境立体监测系统技术和示范试验

该项目是研究海洋环境立体监测系统技术，建立一个由海岸－平台基海洋环境自动监测站、卫星遥感地面接收处理站、高频地波雷达站和其他可利用的监测设备及区域和地方海洋环境数据处理中心等硬软件设备组成的区域性海洋环境立体监测和信息服务系统，进行高技术研究成果的适用性示范试验。该重大项目的完成将在总体上达到以美国C-MAN和挪威SEAWATCH系统为标志的90年代近海监测技术的国际先进水平。

该项目选定上海区域作为示范区，完成了系统的总体设计，研制了近海海岸基、平台基、海床基和高频地波雷达等一批关于海洋动力环境、生态环境、海洋污染和泥沙的海洋监测仪器设备，开展了海洋遥感应用等关键技术攻关。尤其是高频中程地波雷达是一种超视距岸基对海监测雷达，这种雷达可不受地球曲面的影响探测海面动力要素（海流、风场、浪高等）及海面低速运动目标。因此，该技术对于海洋环境监测、灾害预测以及特殊环境调查具有重要应用价值。

2. 海水养殖动物的多倍体育种育苗和性控技术

研究开发先进、稳定的海水养殖动物的三倍体育苗和产业化技术、四倍体育种关键技术和性控技术，对海水养殖的主要品种贝、虾、鱼类进行遗传改良，培育生长快、品质优、抗逆能力强的海水养殖动物品种，巩固和扩大贝类养殖规模，对推动中国海水养殖产业的发展具有重要的意义。

目前该项目研究发展了虾、贝类染色体制备和检测一系列技术；诱导成功了牡蛎、鲍鱼、珠母贝、扇贝和对虾三倍体，进行了条件优化，分别探讨了诱导开始时刻、诱导持续时间和诱导强度三者与三倍体诱导率的关系。1998～1999年两年春季育苗共使用亲贝2 000kg，培育牡蛎三倍体群幼虫450亿只，共生产三倍体群苗6亿枚以上，2000年将培育群苗15亿枚左右。三倍体诱导率在70%以上，三倍体平均体重比二倍体对照组增加40%左右，具明显抗逆性。1998年试

验养殖面积333hm^2，1999年达533hm^2。鲍鱼自1996年三倍体的直接制备技术取得重要突破后，采用新的制备技术生产的三倍体苗种数量连年上升，从1996年的30余万枚增加到1999年的100余万枚，预计2000年可达到120万枚以上，三倍体诱导率为50%左右，成活率为二倍体的3～4倍。珠母贝培育出2 100余万只，胚胎初期三倍体诱导率达91%。扇贝经多次试验不断改进生产工艺，总结出了生产性三倍体扇贝的有效诱导方法，使三倍体诱导率稳定在80%以上，胚胎孵化率为60%左右，技术上具备了大面积生产的条件。中国对虾到1997年底共诱导30万尾幼虾，诱导率达51%。1998年开始通过优化试验条件，使三倍体诱导率提高到93%。1999年又对斑节对虾和日本对虾的三倍体诱导进行了研究，得到了较高的诱导率。扇贝三倍体的诱导、苗种培育和养殖已形成配套技术，诱导率达80%以上。全雌牙鲆于1998年取得重要技术突破，掌握了灭活牙鲆精子遗传物质并保持其运动和受精能力的关键技术，1999年对其实验方法和条件进一步完善，性转化率在90%以上。

为了促进重大项目“海水养殖动物的多倍体育种育苗和性控技术”的成果应用与推广，加强了对选择的辽宁旅顺、山东荣成、江苏连云港、广西北海中试基地的建设。① 太平洋牡蛎：1998年在荣成、大连共筛选了5个企业作为中试企业，仅在荣成一地的3个公司，利用1 200m^{3}水体，育出幼体95亿只，三倍体胚胎诱导率30%～89%。三倍体技术的推广将率先在中国沿海地区实现牡蛎养殖产业化，将产生重大的经济效益。1999年又增加了罗源、南澳和威海3个中试基地，仅在这3个基地就已放养三倍体牡蛎为400 hm^2。② 对虾：中试主要在全国科技兴海技术转移连云港中心和青岛市郊区县的两个养殖企业进行。1998年在连云港兴建了800m^{3}水体的育苗育种实验室，新建或改造养殖试验区300余亩，诱导出三倍体对虾苗种33.3万尾。③ 鲍鱼：与大连的两家养殖公司合作，1998年和1999年分别生产鲍鱼三倍体苗80万和100万枚，其中1998年的三倍体处理鲍鱼现已长到4～5cm，即将达到商品规格。同时1999年还在旅顺和湛江、深圳增加3个中试基地。2000年三倍体苗种500万枚。④ 珠母贝：1999年在广西中试基地开展了合浦珠母贝直接诱导三倍体的大规模生产性的种苗生产工艺研究，突破了关键技术，当年即育出三倍体处理组贝苗2 100余万只。

3. 莺琼大气区勘探关键技术

本项目针对莺琼地区大气田高温高压的特点，开发高分辨率及多波地震技术开发，实现穿透深度4 000m、地层分辨率5～7m的海上地震勘探能力；自主开发研制海底多波地震装备系统及资料处理解释系统,形成四维三分量地震仪开发能力，实现高压油气区地层、构造识别及高精度解译；开发适应高温超压钻进的高性能优质钻井液和精确的地层压力预测监测及测试技术，并应用于1～2口高温超压井的生产。

该项目实施以来在以下方面获得突破性进展：

（1）海上中深层高分辩地震勘探关键技术部分已研制完成，具备探测深度2 500～4 000m、地层分辨率达10m的国际先进水平，其关键技术已在中国海洋石油总公司地震勘探生产中大规模推广应用。

（2）多波地震技术开发中多波仪器关键器件开发成功，其单项性能指标优于国际同类水平（如美国著名的OYO公司的产品），研制完成的多波电缆样机通过水下试验考核，打破多波装备研制的国际垄断，为国产化开辟了道路。多波资料处理基本模块开发完成，已进入实际资料试算。

（3）研制出建立在分子螯合理论上的高性能抗高温钻井液配方，建立了高温超压表观粘度数学模型。

（4）精确的地层压力预测和监测技术取得突破进展，成功完成两口高温高压井的压力预测。

一般项目主要研究进展

1. 818主题　（1）合成孔径声呐成像技术（简称SAS）。目前，已完成湖上成像试验，并获得了成功，正在紧张有序地开展原理样机的研究工作。

开展这项研究工作，标志着中国将成为国际上少数几个拥有该技术的国家之一。这种技术可用于海底地形地貌测绘，如地形测量、水下施工场地勘测、航道测量、海底矿产开发、水下物体探测（如水下失落物体搜寻、水底资源探测、沉船）等。

（2）声相关流速剖面仪（ACCP）。ACCP是采用声相关技术解决深海海流测量问题。现在已进入试验室样机海试阶段，标志着中国在这方面的研究进入国际先进国家的行列。

（3）声学多卜勒海流剖面仪（ADCP）。研制了ADCP（声学多卜勒海流剖面仪），并在海上把自行研制的ADCP设备和3台同类国外设备测试结果进行比照，证明中国自行研制的设备在主要功能上已达到国外同类产品的水平。而且，在世界上第一次把测海流场和海水悬浮泥沙两种换能器集成在一个设备上，具有中国特色，目前正在进行设备的完善，为产业化作前期准备工作。

（4）无人机遥感系统。突破无人机海监遥感系统关键技术，研制了两架无人机，已经过了北京、深圳等多次试飞，取得了一批具有实用意义的成果。目前已有多家单位表示愿意出资购买或进一步投资开发，应用于他们自己的领域。

（5）海洋渔业遥感信息与资源评估服务系统技术及系统集成、示范试验利用地理信息、卫星定位和遥感信息，建立了海洋渔业生产和渔场环境数据库和渔场预报专家系统。

该项技术将大大改变中国海洋渔业生产信息应用的落后状态，为海洋渔业资源评估、近海渔场养护、远洋渔业生产指挥调度提供了技术支撑。该项目标志着中国海洋渔业生产信息应用技术达到国际20世纪90年代中后期水平。

2. 819主题 （1）抗盐、耐海水蔬菜的细胞及基因工程培育与应用。该项研究通过种质资源和细胞工程筛选，已获得多个抗盐一级蔬菜品种和品系，抗盐性能均大于1%氯化钠，一些细胞系在1.8%氯化钠单盐培养基中保持旺盛生长。目前的海水无土栽培和滩涂盐碱地栽培中试试验取得很好效果，该项成果在北京锦绣大地农业公司进行中试试验，得到党和国家领导人江泽民主席、温家宝副总理的充分肯定。抗盐耐海水植物中试推广已在山东莱州、海南等基地开展。突破了利用海水和滩涂种植经济作物的技术障碍。该项成果在中国抗盐耐海水蔬菜研究领域具有领先水平，对于沿海地区利用广阔的滩涂盐碱地和取之不尽的海水资源进行蔬菜种植，节约淡水资源具有重大意义，社会和经济效益前景广阔。中国沿海滩涂面积约867万hm^2，该技术的推广，展现了海水农业发展的美好前景，开创了一条高科技农业发展的新方向。

（2）中国第一个新型抗艾滋病海洋药物911研究技术突破。该课题以海藻提取物为原料，经化学改构得到海洋硫酸多糖－聚甘古脂。目前已完成临床前药学和药效学研究，确定为一类新药，其化学结构新型，分子修饰具独特特点。1999年7月6日正式申报临床研究，已获国家新药临床试验批文。

911的研究成功具有巨大的社会效益、经济效益和国际影响。它是中国第一个抗艾滋病新药，也是第一个海洋药物新药，具宜口服、价格低、提高抗体免疫能力强等特点。

（3）复合氨基低聚糖农作物系列抗病增产剂研究开发及中试推广。甲壳素的降解物复合氨基低聚糖制成的“天达－2116”农作物系列抗病增产剂，抗病、抗逆作用明显，增产效果显著，能够全面优化农业产品品质，具有生产成本低，投入产出比高的特点，是一种抗病、增产、优质、高效、无毒、无残留、无污染、无公害、无副作用的新型农作物植保产品，其性能优于国内上市的所有同类产品。

（4）新型生态农药“农乐一”号海洋生物制剂。“农乐一”号是海洋生物制品，无毒、无污染，是新型生态农业产品，极具推广价值，是海洋科技用于农业的一个创举。通过大量的试验示范，表明“农乐一”号具有明显的抗病、增产效果，对粮食作物小区试验，增产幅度在20%～30%，几万公顷的大面积使用后增产在10%以上，抗病指数提高10%。1998年在贵州铜仁地区实施1.53万hm^2，使20万农户受益，增产1 100万kg，创效益1 000多万元。1999年已在贵州推广6.67万hm^2，另在新疆、西藏、海南等省作示范试验。

（5）海水养殖工程优化技术。富含EPA、DHA等营养物质的海洋微藻饲料开发研究已筛选出21个微藻藻株和8个异养藻株，酶解新蛋白源的研究，完成了工艺条件试验，制备出100kg高效复合多肽及寡肽类饵料蛋白源。免疫与代谢调控剂提高珠母贝成珠率的生产技术研究，在理论研究和产业化应用方面都有重要进展。

对虾病原检测试剂盒研制课题取得良好成果，部分成果已在全国推广，海水鱼病免疫检测药盒的研制，已完成9个海鱼病菌单克隆抗体的制备和实验。

（6）海洋动植物转基因关键技术。定点整合转生长激素基因鱼的研究，已进行了克隆测序海鲤基因组靶位DNA，获得转基因海鲤800余尾。

（7）海洋生物抗肿瘤抗病毒活性物质的研究开发。鲨鱼软骨抗肿瘤物质规模生产技术研究取得较快进展，完成鲨鱼软骨胶囊生产工艺，鲨鱼软骨抗肿瘤、免疫调节功能评价试验，获卫生部《保健功能食品》批准证书；

（8）海洋生物酶和毒素的研究开发。海洋碱性蛋白酶和溶菌酶的研究，已突破200万单位/L产酶水平，获得产酶菌最佳培养条件、液体浓缩酶的制备工艺和最佳稳定剂配方，构建了基因库。目前课题组正加紧申请菌种的专利保护，可望在“十五”期间形成拥有独立知识产权的高技术产业。

重组海蛇毒素抗癌作用的研究，已完成海蛇毒素分泌组织mRNA提取与分析及cDNA文库的建立，正进行部分基因的原核表达等工作。

芋螺毒素基因工程和药物研究取得突破性进展，从芋螺毒素中获得新的基因序列SO3并合成该基因序列多肽，初步完成实验室工艺研究，试验表明镇痛效果优于美国产品，且毒副作用小，目前已申请专利，并有望成为中国具有知识产权的Ⅰ类镇痛新药。

（9）抗肿瘤新药K- 001。开发海洋生物抗肿瘤新药，抗肿瘤作用明显、机理独特、毒副作用小、可长期使用、口服给药，具有自主知识产权，是国际第一个从蓝藻中提取的具有抗癌活性的生物制品。

3. 820主题　（1）海域地形地貌与地质构造探测技术。目前该项目已取得了突破性进展，首次获得东海冲绳海区具国际标准的高精度海底地形图，以及横贯东海陆架及海槽穿透莫霍面的地壳结构图。现已基本建立了一套海底地形地貌高精度数据采集、海洋大地测量基准、数字化自动成图、地形地貌资料人机交互解释的全套技术和生产能力,及深部地质构造探测系列高新技术。

开发成功“全覆盖监控”技术软件，在资料的精度评价和导航定位优化技术方面对原系统做了较大的改进。

完成“双船折射、广角反射地震探测外业数据采集技术研究”成果验收，国内尚属首次，达到国际先进水平。

自主开发研制成功深海海底物质探测高技术仪器和装备在大洋勘探中经受住了检验。

自主研制完成深海沉积物捕获器。在1999年7～8月大洋航次中，在水深为5 200余米的中国太平洋多金属结核西矿区进行了深海捕获器的海上现场试验，成功地完成了捕获器系统的投放和回收。在5 000余米深海底经过36天停放期，系统工作状况良好，仪器运转基本正常。特别是其在超高压下的动、静态密封性能良好，未见滴水渗漏现象。

海洋动态大地测量基准技术课题，利用GPS、GLONASS和卫星测高技术，研究成功海洋广域差分GPS技术，离岸1 500km范围内定位精度优于±10m，为国内多制式空间定位技术奠定了基础。

（2）井下成像探测处理系统。完成了具有20世纪90年代国际先进水平的八臂地层倾角测井仪的研制和相应的解释软件系统，经过井下实验取得了良好效果。此为国际上第一台八臂地层倾角测井仪。打破国外测井公司在成像测井系统高新技术的垄断局面，而且有望实现国产测井仪器打入国际市场的预期目标。

（3）海洋矿产资源综合评价技术。该课题高技术成果含量显著、创新点突出、具有良好的应用前景，开发了SAR技术探测烃类渗漏的机理和信息处理技术的研究及“磁亮点”方法和MSRI参数评价方法，并依据“磁亮点”方法设计了计算程序和分析模式。

完成了海洋拖曳式多道伽玛能谱仪测量系统的机械设计及调试。建立了海洋油气资源综合评价系统。并经过实验区实验获得满意的效果。

海底地球化学快速探查技术，气态烃传感器研制取得了突破性进展。完成震动式采样装置样机研制。

甲烷、乙烷、丙烷气体烃传感器研制成功。共制作了286个不同条件的气体传感器，研制的LGCII气敏元件对氢气、甲烷、乙烷及丙烷的检测限，比国内现有气态烃传感器提高6个数量级，整套系统在国内外属首创。

海上油气资源区域快速综合评价技术，实现了三维空间目标盆地的地质模拟描述；程序地层学盆地描述技术有所创新；整套技术进行了海区前期实验，效果较好。

海底大地电磁仪完成主压力仓工艺设计。

（4）海底大位移井井眼轨道控制技术。完成大位移目标井QHD32-6-A26（测量深度4 399m，水平位移3 727m）。

（5）可移动筒型基础采油平台试装成功。在对渗流场理论研究取得较大进展的基础上，通过技术攻关集中突破了筒基平台在插入海底过程中保压实时平衡技术和沉放过程的自动控制技术，采用新型裙端结构，对筒基平台进行了抗海流防淘空结构改造。

1999年10月，中国第一台自主研制的可移动筒型基础采油生产平台在胜利油田沉放安装成功，它标志着中国浅海边际油田的开发向高效集约目标又迈进了一大步。该平台不仅能重复使用，而且其造价也大幅度下降。

海洋高技术项目管理措施　为了推动海洋领域的工作，贯彻落实全国技术创新大会的精神，采取了以下措施。

1. 加强管理，落实措施

（1）开展了中期检查和评估。为了使各课题做到目标、进度、措施、责任明确，组织专家对海洋领域的3个主题的重大项目、课题项目、青年基金项目进行了全面的中期检查、评估，采用现场检查和集中检查、定性和定量相结合的方式。对部分重点课题组织专家进行现场检查，对一些项目进行集中检查，由评审专家按照设计的表格进行打分，排出顺序。针对课题存在的问题，制定改正措施。对实施进展好的课题给予表扬，对进展不好的课题提出批评，并亮黄牌警告，终止了部分进展差的子课题。

（2）强化了责任专家制度。1999年初完成海洋领域3个主题专家组的换届，注意了专家组组成的专业搭配和对产业化的推动，使专家组成员逐步年轻化。

对海洋领域的每一个课题都设立了责任专家，其主要职责是加强对课题的跟踪管理，了解课题的进展，负责协调解决课题中存在的一些问题。责任专家是根据专家组每位专家的专业特长，负责相应的一些课题，有些是专门聘请的专家。对工程依托性强的课题实行专家监理制度。

（3）加强对领域重大项目跟踪管理。为了加强对重大项目的管理工作，召开了重大项目工作会议，及时了解重大项目的进展，解决存在的问题。强调加强对重大项目的跟踪管理，对照合同要求，及时调整进度，以确保任务的完成。

（4）实施课题过程管理责任表制度。为了强化课题过程管理，要求每一个课题填写《“863”计划海洋领域课题过程管理责任表》，坚决落实各课题过程管理检查计划，作到分工明确、责任清楚、要点突出、关键点落实、指导到位。既对课题组提出要求，又对责任专家提出要求。

2. 加强技术集成，提高成果显示度

按照“863”发挥整体优势出重大成果的精神，通过中期检查、评估，对高技术含量显著、创新点明显、2000年能出显著成果的课题进行技术集成，增加投入，形成合力，以提高成果的显示度。如对与对虾有关的苗种培育、病害防治、养成技术、饵料开发等5个课题进行集成，选择青岛即墨进行成果中试。

由地球物理、地球化学、地质学3个课题组成的海底矿产资源综合评价专题，将3个课题有机地形成海洋油气资源探测物化探地质综合技术集合体，选择渤海海域，确定目标和方案，进行实地海洋油气远景预测检验，并为生产部门提供实用化的科技成果。

3. 加强中试示范，推动产业化进程

为加速科技经济一体化的进程，加强各类科技计划的衔接。选择科技兴海计划确定的全国科技兴海示范基地荣成、旅顺、威海、罗源、南澳等地，与企业联合，进行重大项目“海水养殖动物多倍体育种育苗和性控技术”的中试推广。使高技术在改造传统产业、培育新兴产业中发挥科技是第一生产力的作用。

4. 加强技术服务，扩大成果推广

发挥科技成果转化中的中介机构的咨询、培训、服务等作用，完善技术服务体系，扩大成果转化的范围。如依靠科技兴海计划建立的北海、连云港等技术转移中心推广重大项目“海水养殖动物多倍体育种育苗和性控技术”中的三倍体珠母贝、对虾的技术成果；举办三倍体育苗与养殖技术培训班，面向全国推广该项技术，为传统产业产品的升级换代创造条件。

5. 加强官产学研结合，促进科技成果转化

抓重点项目，加强官产学研结合，探索科技成果转化的新机制，是加速产业化进程的一种方式。

山东大学生命科学学院与企业组成天达生物技术有限公司，走产学研一体化道路，加快了天达2116农作物抗病增产剂系列产品的开发及产业化进程。企业投入400万元，进行全国范围中试推广。荣成贝类养殖示范基地，当地政府和企业投入了500万元资金用于示范基地的建设，主动要求扩大中试规模。“海洋环境立体监测系统技术示范试验”项目与上海市人民政府签订协议共同投入进行示范系统的建设，其中上海市投入1 000万元、国家海洋局投入800万元。在珠江口海洋环境立体监测示范试验课题中，香港科技大学出资2 600万元港币用于系统的建设。

6. 加强产业链建设，培育新兴产业

加强产业链建设，培育新兴产业是海洋领域的一个努力的方向。

在重大项目的牡蛎三倍体育苗和养殖技术攻克后，牡蛎产量将大幅度提高，致使供大于求，市场价格和养殖户积极性降低。为此，设立了“牡蛎综合利用产业化技术”课题。

在外海水域30m以下，进行鱼类养殖的“深海潜网设备与养殖技术”课题的研究开发成功，将是中国海水养殖鱼类的革命化技术，对提高产量、保护海洋环境具有重要的意义。其应用于船用机械设备制造、鱼类育苗和养殖、生态环境、生物饵料、水下监测等多个专业，是一项具巨大经济效益、环境效益的新兴产业。

7. 加强前沿性课题研究，开拓技术新领域

海洋蕴藏着极其丰富的生物基因资源，随着后基因组时代的到来，海洋生物功能基因组的研究与开发将为攻克重大疾病提供新的药用基因，并且为工业生产提供新的生物制剂。亦是国际海洋生物功能基因组研究的方向所在。

为推动中国这 前沿领域的研究，加快特有海洋生物资源的保护、利用和产业化进程，经专家论证，与教育部科技司配合，支持在中山大学建立海洋生物功能基因组开放实验室及其研究项目的开展，集成全国的优秀研究力量，抢占国际国内的制高点，取得具有显示度的成绩，使中国的海洋生物功能基因组研究尽快地在国际上占有应有的地位。 （孙 洪）

【海洋勘测专项进展情况】 经国务院批准的海洋勘测专项是“九五”国家重点项目。该专项是一项重要的基础性勘测研究工作，旨在为中国海洋资源开发、海洋管理和海洋环境保护提供可靠的基础资料、研究成果和专业图件。共设4个海上勘测项目和2个综合性研究项目。在国家综合部门的指导和支持下，各项目牵头部门（单位）和承担单位领导重视，认真组织实施，进展情况比较好，大部分项目、课题按计划执行，并且取得了显著的成绩。

01项目 进行多波束海底地形勘测，由国家海洋局科技司和中国地质调查局基础调查部牵头实施。承担单位14个，投入科技人员176人。为保证海上勘测任务的顺利完成，1997～1999年国家海洋局、原地矿部、中国科学院等部门先后利用引进的多波束测深系统进行勘测。截止到1999年底，共完成多波束勘测近50万km。共处理勘测资料191 078km，完成了部分区块的地形图编绘，开展了利用卫星资料进行南沙岛礁海域水深地形研究、坐标转换与测绘基准研究和多波束勘测技术研究等。“多波束勘测技术研究”课题已完成，并通过验收。

02项目 进行海洋生物资源补充调查及资源评价，由农业部渔业局牵头，承担单位13个，投入科技人员156人，完成中国专属经济区和大陆架海洋生物资源补充调查和资源评价，绘制海洋生物资源及环境专业图件。截止到1999年底，02项目共完成40个航次调查，完成计划总航次的85%。其中“北斗”号船已完成18个航次调查，占计划调查总航次的75%。04、05、06课题进行海上调查23个航次，已全部完成外业调查任务。获得生物资源样品56 000kg；鉴定出鱼类1 107种，头足类93种，虾类181种，蟹类91种；取得环境数据13.3万个，声学积分值数据4.2万n mile。生物资源调查样品已全部分析测定完毕。生物环境中水文、化学、初级生产力、叶绿素a的分析工作已全部完成，浮游植物、鱼卵、仔鱼分别完成85%，底栖生物完成75%，浮游动物完成58%。数据录入和汇交工作中，水文、化学已全部完成，初级生产力和叶绿素a已完成85%，浮游植物完成85%，鱼卵、仔鱼完成60%，浮游动物完成40%，底栖生物完成25%。已完成生物资源草图400余幅。

03项目 进行海洋地质地球物理补充调查及矿产资源评价，由中国地质调查局基础调查部和国家海洋局科技司牵头实施。承担单位11个，投入科技人员237人，勘测项目及工作量为：表层取样3 212个，柱状取样215个，重磁测量108 907km，单道地震测量51 795km，多道地震测量5 000km，浅剖与侧扫测量31 562km，地质浅钻3口。截止到1999年底，包括使用可利用资料，已完成的勘测工作量占勘测总工作量的80%。其中重力测量53 209km，磁力测量52 345km，单道地震测量17 630.4km，多道地震实测5 024km，浅层剖面侧量实测13 631km，地质表层取样测量1 926个，柱状取样219个，地质浅钻完成2口。完成了室内分析、测试工作量50%以上，汇交了部分勘测资料，开展了课题研究工作。完成了SA12区块地质地球物理补充调查研究报告，提交1∶100万底质图、自由空间重力异常图、布格重力异常图、磁力异常图和地质构造图及相应的编图说明书，汇交了该图幅的全部资料。管辖海域沉积盆地多道地震概查课题已经完成，并于1999年12月10日通过验收。

04项目 进行海洋环境补充调查及环境评价，由国家海洋局科技司牵头实施。承担单位9个，投入科技人员176人，完成中国专属经济区和大陆架海洋环境补充调查及环境评价，编绘海洋环境图件。截止到1999年底，已全部完成黄、东海4个航次、南海2个航次和“灾害地质”课题3个航次外业调查任务，总航程51 701n mile，获得了大量的数据、资料。其中水文气象观测资料771个站，海水样品40 604个，底质表层取样802个，岩心样111个。对所有观测资料、样品测定数据进行了整理、统计和分析，按时完成了项目、课题资料汇编，并于1999年10月底前将全部调查资料以磁盘的形式汇交到专项资料汇集单位。编写了4个课题的“调查工作报告”和“海洋环境补充调查工作报告”，开展了课题（专题）研究，完成了海洋环境图件编绘方案和“海洋环境补充调查综合研究报告”编写提纲，编绘水文、化学、底质、灾害地质图件数百幅，撰写论文21篇。

05项目 进行海洋战略研究，属于综合性研究项目，因涉及到各有关部门，并依托海上勘测取得的最新资料和研究成果，由专项领导小组办公室负责，委托海洋发展战略研究所牵头实施。承担单位11个，投入科技人员135人，利用国内外已有的资料和海洋勘测专项所取得的最新资料和研究成果，以及当今海洋划界的理论与方法，进行综合分析研究，提交海洋开发保护战略研究报告和政策图集。截止到1999年底，已初步完成“专属经济区和大陆架开发保护战略研究”报告15份。完成了《中国海洋政策图集》编辑设计书，并经编委会第一次会议审查通过。基本上完成了《中国海洋政策图集》底图的总体设计与编绘，签订了该图集编制、出版委托书。发表研究论文2篇。

06项目 建立海洋地理和资源信息系统，与05项目一样，由专项领导小组办公室负责，委托国家海洋信息中心牵头实施。承担单位6个，投入科技人员91人，完成海洋地理和资源信息系统及基础地理、多波束测深、海洋环境、海洋矿产资源、海洋生物资源、海洋经济等分系统建设，完成产品开发和系统的集成，提交完整的、业务化的海洋地理和资源信息系统。截止到1999年底，完成了海洋地理和资源信息系统总体设计与标准规范制定；完成了多波束测深、海洋基础地理、海洋环境、海洋矿产资源、海洋生物资源和海洋经济等设计工作；进行了多波束测深、海洋环境调查等资料的收集、处理、质量控制等工作，初步建成1：50万中国近海海域及近海陆地基础地理信息系统及多波束测深、海洋水文、海洋气象、海洋生物、海洋经济等数据库；完成了水深数据潮汐订正方法研究和计算，并向各有关单位提供了潮汐订正数据；完成了06项目网络服务系统建设，进行了信息产品联机服务关键技术研究及应用。（王建文）

【“九五”攻关96-922项目进展】 **海岸带环境污染监测、预测及防治技术** 完成大连湾、胶州湾环境质量评价，开发出海上溢油应急处置产品——消油剂、高效CAX复合混凝剂和CA系列含油污水处理设备，研究了养殖扇贝死亡的原因，提出了解决风、浪、潮、流联合概率非单一解的新方法，编写完成《海岸带综合管理科学指南》。①完成了大连湾、胶州湾环境质量评价，计算了海湾纳污能力和排污入海总量控制数值并提出管理方法，建立了海湾类型的陆源排污入海总量控制模式和方法体系。成果鉴定达到国家先进水平，可应用于中国沿海各级海洋综合管理中。建立了大连湾污染及陆源排污口基础信息库、赤潮灾害基础信息库、溢油灾害基础信息库。②开发出海上溢油应急处置技术产品——消油剂。产品对溢油的乳化率达50%～80%，生物毒性低，已获得实用型专利。已建立消油剂生产车间和分析实验室，产品已投入市场，销售额累计50万元。③开发出的高效CAX复合混凝剂产品和CA系列含油污水处理设备，是处理含油污水的关键材料与设备。混凝剂利用来源广泛、无毒、价格低的工业废料复配而成，处理后含油浓度达到排海标准。CA系列污水处理设备集混凝、絮凝、沉降、排污、出水为一体的专利组合污水处理设备，使用CAX复合混凝剂，对污水进行混凝综合处理，吸附过滤污水至达标排放或回用。该设备运转费用低，不产生二次污染。④已证实海湾富营养化是导致养殖扇贝死亡的主要原因，提出在黄海海湾应减少养殖扇贝密度，进行贝藻间养、轮养，改善生态环境，扩大养殖区养殖容量等优化措施；在莱州湾实施后，1997年经济效益比1996年提高3 000万元。1998年莱州湾、长岛、威海等地根据研究成果，调整养殖布局、优化结构。“桑沟湾养殖容量研究”获1998年水科院科技进步一等奖和农业部科技进步二等奖。⑤在滩涂池塘养殖中，发现对虾－缢蛏－罗非鱼三元混养的封闭养殖系统是最佳养殖模式，具有重要的经济和生态优势。发现在潮间带高潮区也适宜蛤仔生长，蛤仔生长状况与密度显著相关。在浅海区证实，高温和饵料不足是导致栉孔扇贝大批死亡的环境因素；经过模拟试验，已初步证实栉孔扇贝、海带和刺参(贝、藻、参)三者多元化养殖是较好的养殖模式。⑥利用ASSM声学悬浮泥沙剖面仪、OBS光学浊度探头和近底多层采水样相结合观测方法，获得黄河口高浓度泥沙剖面动态资料。⑦发展具有创新意义的海浪计算谱模式和风暴潮漫滩模式，提出解决风、浪、潮、流联合概率非单一解的新方法，较国外普遍使用方法有明显的优越性。风暴潮、浪联合漫堤模式以及海上固定平台和浮式平台的设计标准已在海洋石油工程中得到应用，由于降低了环境条件设计标准，有明显的经济效益。⑧已编写完成《海岸带综合管理科学指南》被联合国作为培训教材应用在我国海岸带管理示范项目中。⑨在对辽宁省地理信息系统示范区用户需求分析基础上，初步建立了辽宁省海岸带1：25万和东港市1：5万基础地理数据库，进行鸭绿江口国土开发信息系统示范，为地方政府实施综合管理服务。

（国家海洋局海洋环境监测中心供稿）

海岸带综合管理技术和信息系统研究 完成了国家级、地方省市级、地方县级的海岸带资源环境综合管理信息系统设计初稿，正在进行系统集成技术应用研究和数据模型分析与研制以及标准规范方面的研究工作。

完成了基础地理数据库、海岸带环境数据库、资源和涉海经济数据库建设，遥感技术应用取得了很大进展。完成了中国海岸带陆域等高线数据矢量化和数据入库处理工作，为1：50万地形图29幅的沿海陆地等高线图建立了GIS数据库。在搜集了复杂地区地形图的等高线分色版图像资料20幅的基础上，并对其余图件进行扫描、图像处理和纠正，完成全部图形数字化和数据的检查校对及数据入库工作，并且实现了与国家测绘局1：50万陆地地理数据库的空间配准，成果数据达200MB。

补充和完善了基础地理、环境与灾害、资源与社会经济、污染和遥感数据库，建立系统分析预测模型及制作相关专题产品，对辽宁省和东港市两级系统进行实用化系统集成和集成系统开发。1999年，已经开发出海底地形及反映多种要素分布的图件产品，省级和县级系统基本成型,有关信息系统成果也已经在UNDP援助的广西防城港、广东阳江和海南文昌县的海岸带地理信息系统建设中得到应用。

96-922项目信息管理系统整体框架也已建成。为

2000年顺利完成攻关任务打下了良好基础。04课题1999年顺利通过了国家科技部组织的中期评估验收。

（国家海洋信息中心供稿）

国家自然科学基金重要项目
Key Projects of the National Natural Science Fund

【“台湾海峡生源要素生物地球化学过程研究”通过结题验收】（项目主持人：厦门大学洪华生教授）

该项目系国家自然科学基金“九五”重点项目。该项目以微食物网在C和P的生物地球化学循环中的动力学为核心，比较深入地研究了台湾海峡生源要素生物地球化学过程，取得了一批创新性成果。

（1）综合利用遥感、现场走航、定点观测等水文和叶绿素资料，并有效地参考了浮游生物的指示作用，较全面地揭示台湾海峡不同时间尺度上的水动力变化，深入地认识到海域水系消长及上升流强度的变动对碳及营养盐生物地球化学循环的控制作用。

（2）通过对碳和磷的贮库、输送的初步估算，表明夏季南部海峡表现为大气CO_2的强源、溶解有机碳是主要的有机碳形态、颗粒有机碳中陆源约占60%；对生物生产力有着不可忽视的作用。同时将ECOPATH生态模型和物理－生态数值模型应用在台湾浅滩上升流生态系的研究，在定量化方面做了有益的探讨，为下一步的深入研究打下基础。

（3）首次比较系统地开展亚热带海域微型浮游生物生态学的研究，对台湾海峡微型食物网有了比较清晰的认识。结果表明，该海域以微型（Nano）和微微型（Pico）浮游植物为主，其对生物量和生产力的贡献可高达60%和80%；浮游植物的初级产量有一大部分为细菌和异养鞭毛虫所利用；异养鞭毛虫表现了较高的生态传递效率；微型食物网对传统食物网的贡献可达1/3。

（4）将台湾海峡区域的研究置于全球变化的框架下，注意到1997～1998年这一20世纪最强的EI Nino年海域生态环境的特异性，从物理、化学、生物耦合的视角出发，初步探索了水动力变动及其生态响应，包括渔业资源变动，与EI Nino之间可能存在的关联。

【国家自然科学基金“十五”重点项目“胶州湾流域生源要素流失与海湾富营养化演化过程”通过立项】（项目主持人：华东师范大学张经教授） 该项目研究胶州湾流域生源要素通过不同渠道向海湾的流失；海湾中生源要素（碳、氮、磷、硅等）在水体—沉积物耦合系统中的内部循环；湾内生源要素的输运及其与黄海的交换；富营养化的历史演变。本课题以富营养化的生物地球化学过程与演化为主线，强调国家目标，研究成果将深化富营养化领域的研究内容，并促进基础研究与环境监测和保护之间的结合。主要研究内容包括：胶州湾集水盆地中生源要素的流失，生源要素通过大气沉降与沉积物水体交换向海湾的输送，水域光合作用对生源要素的吸收特点，水体中颗粒物动力学与微食物环，胶州湾水交换特点与生源要素的输送胶州湾富营养化的历史演变等。

【东海、黄海生态系统动力学与生物资源可持续利用】（1999年10月至2004年9月）（项目首席科学家：农业部黄海水产研究所唐启升院士）该项目系国家重点基础研究发展规划项目。其依托部门是国家自然科学基金委员会、农业部。项目下设的课题有：

（1）东海、黄海高生产力区中尺度物理过程的特性和演变机制研究。

（2）东海、黄海重点区域海底边界结构及其物质沉降和再悬浮的作用研究。

（3）东海、黄海重点海区生态系统动力学模型的数值研究。

（4）东海、黄海生源要素的循环与再生研究。

（5）东海、黄海重要接口附近生源要素的输运过程研究。

（6）东海、黄海的初级生产、异养微生物二次生产以及微型生物生态过程研究。

（7）东海、黄海浮游动物群落结构和生物量的动态变化及其对生态系统的调控作用研究。

（8）东海、黄海浮游动物关键种种群动力学和种群生产力的研究。

（9）东海、黄海底栖生物生产力与水层系统－底栖系统耦合过程研究。

（10）东海、黄海食物网营养动力学特征与模型研究。

（11）东海、黄海主要生物资源种群动力学与关键种早期补充机制的研究。

（12）东海、黄海生物资源优势种交替规律及人类活动对生物资源可持续利用影响的研究。

【国家自然科学基金委员会与香港研究资助局联合资助海洋与环境科学项目】 1999年，国家自然科学基金委员会与香港研究资助局联合科研基金开始实施，其资助的六大领域之一为海洋与环境科学，已启动的研究项目有：①河口海岸泥沙、水流及污染物相互作用的机理与模型研究——以渤海湾与深圳湾为例；②波浪和海洋环境的相互作用；③区域空气品质数值预报系统的研究；④基于氧光导检测的环境污染光纤生物传感器研究；⑤难分解有机污染物光化学氧化机理及技术应用；⑥复杂地形上局地大气环流的研究及在香港空气污染问题上的应用。（王 辉）

【中国沿岸主要港湾大振幅假潮基本特征和成因分析研究】 该项目由国家海洋局第一海洋研究所负责，南海分局参加。国家海洋局第一海洋研究所研究员陈则实等首次对中国沿岸主要港湾大振幅假潮变化做了统计和个例分析，讨论了主要港湾大振幅假潮的基本特征；分析了渤海、黄海主要港湾假潮类型及其功率谱；初步探讨了大振幅假潮的成因；填补了国内在这方面研究的空白。

大振幅假潮出现比较频繁，具有明显的局地性、季节性和年际变化。多出现在春末和夏季，其原因可能与大气扰动类型有关。

振幅分布多少具有统计学上的分布趋势，其出现的机率是随振幅增大而减少。平均振幅的变化范围为50.8~81.0cm。龙口港湾和漩门湾（坎门站）的大振幅假潮最为突出。前者，1980年9月1日发生的最大振幅可达293cm；后者1960年5月24日出现的最大振幅可达170cm。

周期分布有3个特点：分布较为分散，如龙口港湾多出现在51~60min、81~90min、90~100min和101~110min范围内；集中在某一区间范围内，如老虎滩、三沙、嵊山和东澳岛等站则集中在1~10min范围内；集中在2个区间范围内，如漩门湾（坎门站）多出现在1~10min和11~20min范围内。这表明每个港湾存在不同方向的振动，即纵振动、横振动或其他方向的振动。

多发生于水位处在高潮面或低潮面时，这可能是由于在停潮和平潮期间，海水处在稳定状态中，假潮易呈现出来；而在其他时刻，海水处在不稳定状态中，覆盖了这种小振动。

假潮的延时长短不一，短的在0.5h内，长的可达几个小时，甚至1~2d。其中延时在0～6h内的占总次数的65%。

对大振幅假潮成因的动力学分析、天气学分析和数值模拟，初步得出：①气压突变或风速、风向突变是产生假潮的主要原因；而气压和风速、风向空变的良好配合，则是发生大振幅假潮的主要原因之一。②低层大气的弱静力稳定层结以及由垂直风速的切变引起的剪切不稳定性，是假潮气象学成因的一种必要条件和物理机制。③发现龙口港湾大振幅假潮的发生与雷暴天气有密切的关系，进而分析得出雷暴和飑线（含龙卷）是激发大振幅假潮发生的最主要原因。④由移动的气压扰动（冷锋东移）与它所激发的浅水长波近共振导致了向东传播的增幅海洋长波波列，当它们入射龙口港湾后，与该港湾的纵向基态自然周期再行耦合，可能是龙口港湾发生大振幅假潮的重要动力原因和基本机制。⑤数值模拟表明，用观测到的移动气压波为强迫力的模式能够解释在龙口港湾观测到的最大振幅为293cm的假潮；龙口港湾大振幅假潮直接由气压振动引起不太可能，而是由移动气压扰动在湾外产生的海波与进入该港湾的长波引起的耦合共振的结果。（路应贤）

南海分局参加者以现存的全部验潮站的自记纸带式验潮仪记录的15个站，2 326个月为基础资料，研究南海北部沿岸海洋站所在海湾假潮发生的全貌，并对其发生机制作进一步的探讨。研究表明，这些验潮站所在的海湾的假潮出现频率不算高，一般都不超过1次/月，而最大振幅可达1m；相对于南海沿岸不大的天文潮差，假潮的影响值得注意。几次典型个例分析表明，它们的发生都与风速和风向以及气压的剧烈变化有关。这些大气扰动在春天多为冷空气南下，在夏季多为热带气旋活动。研究认为，假潮的发生很可能是大气扰动通过外海表面波作为中间机制，与港湾自由态振动之间耦合共振的结果。

（国家海洋局南海分局）

【珠江口台风暴潮沿河口上溯演变机制研究】 该基金项目由国家海洋局南海海洋环境预报中心承担。研究工作自1997年1月起，原定1999年12月完成，实际工作推迟半年结题。以往国内外风暴潮问题的研究中，人们比较注重它在港口或沿岸一线的影响，而对于它沿河道上溯的情况关注较少。该项目主要研究内容是珠江口台风暴潮沿河道的上溯现象，它的成长、变异、消衰等过程，以及相应的动力学机制。在研究方法上强调从实测资料分析入手，采取统计分析，个例综合分析，动力学分析和数值模拟相结合，并注意风暴潮、天文潮和泾流的综合作用，侧重于演变机制的探索。

主要研究成果反映在5篇论文中，已发表3篇。文中对台风暴潮沿河道上溯运动的综合性认识、对各种圆对称台风风场模式，包括比较普遍使用的模式的分析和所采取的改造、对数值模拟应用中显式模式和辐射边界条件等基础技术的讨论、对风暴潮沿河道上溯演变的机制分析，以及风暴潮数值模式计算不准确情况的原因分析，都有独到和创新之处。项目还获得一些应用技术成果的副产品。项目的成果具有较好理论意义和实用价值。（国家海洋局南海分局供稿）

【黄海、东海入海气旋爆发性发展过程的海气相互作用研究】 详见海洋调查部分同条目。

【中国沿海典型增养殖区有害赤潮发生动力学及防治对策研究】 项目主持人是暨南大学齐雨藻教授和中科院海洋所邹景忠研究员。暨南大学水生生物所，中科院海洋所、水生生物所、南海海洋所，国家海洋局南海分局、第一海洋研究所、第二海洋研究所，厦门大学、中山大学和汕头大学等10个单位近百名科技人员参加了该项目研究。

该项目4个子课题：①中国沿海典型增养殖区有害赤潮生物学和生态动力学研究；②中国沿海典型增养殖区有害赤潮发生动力学及防治机理研究；③中国沿海典型增养殖区有害赤潮生消动态过程和机制研究；④赤潮防治、防治机理及对策的研究。1998年11月国家基金委在青岛主持进行年度审查和学术交流。1999年11月由国家基金委在厦门主持通过中期验收并进行学术交流。目前已完成论文70余篇，其中43篇已发表。主要成果：

（1）对中国典型增养殖区大亚湾、大鹏湾、胶州湾等海域开展了有害、有毒赤潮藻的调查、分类、培养及藻种库研究，发现了若干新纪录赤潮藻。深入揭示了中国有害、有毒赤潮种类组成，如定鞭金藻纲、真鞭藻纲、细绿藻纲及针胞藻纲等。现已确立了8个门(纲)的60余藻株的培养物，建立了赤潮藻藻种库同国际赤潮藻种库接轨，成为中国微藻藻种库中心。

（2）在分类学上首创应用先进的生物学手段和技术，建立利用单个细胞DNA的制备方法，并成功地确认1997～1999年在广东饶平海域发生的棕囊藻赤潮原因种为球状棕囊藻（*Phaeocystis* cf .*pouchetii*）。

（3）开展了赤潮藻种间关系、他感作用（alleloathy）和围格网中宇宙赤潮发生动力学研究。研究表明，磷是棕囊藻生长的最重要的限制因子，其次是维生素、微量元素。可见，海域富营养化不一定是棕囊藻赤潮发生的主要原因。

（4）建立了藻毒素的生化研究及毒素检测标准方法。对水华束丝藻所含的麻痹性贝毒的纯化方法进行了初步研究，建立并完善了两种HPLC测定方法（即Oshima和Thielert）。

（5）绘制了中国沿海首张以HPLC为主要分析手段的PSP、DSP时空分布图。另外，对藻毒素在翡翠贻贝、扇贝体内积累和排除的研究也取得一定进展。

（6）获得大量现场调查监测的宝贵资料。在胶州湾东北部海域连续进行3个多月11个航次，20余项的水文、水质和浮游生物采样分析，取得1 053个水化学、324个浮游生物资料。在大亚湾衙前海域设典型增养殖区赤潮监测站，并进行8个站的大面监测，同时设有水文气象连续观测站。计有近30个包括水文气象、水质、沉积物、浮游生物等监测项目。海上作业100余个航次，取得水化学5 000余个，水文气象3 000余个，沉积物150余个，以及一大批浮游生物的资料数据。捕捉了多次赤潮发生过程的环境资料。

（7）对几次重大赤潮进行研究。①1997年11月至1998年2月分别在汕头至饶平海域和汕尾海域发生的大规模褐囊藻赤潮；②1998年4月在珠江口万山群岛、桂山岛一带发生的严重的米氏裸甲藻赤潮；③1998年4月23~27日在深圳西部海域发生的旋沟藻赤潮等。

（8）开展赤潮生态系的地球化学循环规律和水动力学研究。选大亚湾衙前养殖区为研究对象，对沉积物－水界面磷酸盐的溶出和吸附规律、水体富营养化与赤潮关系；潮汐动力学与赤潮关系等10余个专题进行研究。对此已有进一步揭示。

（9）初步建立了潮流场数值模拟、海域营养盐动力数值模拟、潮流－营养盐－浮游植物－赤潮的耦合模型。

（10）基于以藻治藻的原理，研究抑制和防止赤潮发生的方法与机理表明，细基江蓠适宜生长在亚热带海域，有明显的去氮效果。厦门港口4种贝类对单细胞藻的摄食实验表明，僧帽牡蛎是能比较有效去除浮游植物的经济贝类。

（11）利用胶体化学中插入法开展的粘土改性实验使絮凝能力提高了两倍，而利用表面吸附法使改性后的粘土对赤潮藻的去除率显著提高。

（12）开展了无机和有机杀灭剂实验。证实混合金属层状氢氧化物正电胶体（MMH）对赤潮藻去除率达95%，而聚硅酸金属盐（PSMS）对赤潮藻去除率为90%。同时还证实在多种无机杀灭剂中硫酸铜和硝酸银可缓释，是一种低毒、长效，比较经济的方法。（梁 松）

【晚第四纪以来南海古海洋学研究】 该课题为海洋局第二海洋研究所钱建兴博士获得的国家自然科学基金青年基金资助项目，其研究成果获得国家自然科学基金优秀研究成果专著出版基金资助，由科学出版社于1999年10月出版《晚第四纪以来南海古海洋学研究》专著，该专著主要内容如下：

（1）在南海北部陆坡岩心中发现了与底层流的簸筛作用有关的有孔虫砂和粉砂分选层，即等深流沉积物。

（2）几个建立与确定：① 建立了8个岩心浮游和底栖有孔虫的氧同位素地层；② 建立了晚更新世以来的标准稳定碳同位素地层，使得氧、碳稳定同位素第一次成为一对匹配并互为佐证的划分地层的工具；③ 建立了晚第四纪以来高分辨的标准碳酸钙地层学时标，并在南海具有广泛的可对比性；④ 建立了晚第四纪以来4个不同地质历史时期的碳循环图解；⑤确定了现代南海的溶跃面（CLD）为2 900m水深，临界补偿深度（CCrD）为3 500m水深，小于5%的碳酸钙含量为4 020m水深，在南海未发现明显的补偿深度（CCD）界面。

（3）南海晚第四纪以来古海洋演化特点：① 晚第四纪以来的冰期时具有明显高于间冰期的平均沉积速率和沉积通量；② 晚更新世以来存在着两次显著的对碳酸钙百分含量造成稀释的陆源物质注入时期，导致了碳酸钙百分含量具有晚更新世以来的最低值和低值；③ 根据有孔虫的氧同位素所反映的冰期时南海南部和北部表层水团的古水温和古盐度基本相同，而间冰期时则存在着明显的纬向温度梯度；④ 底栖有孔虫的 $\delta^{13}C$示踪表明，南海的深水层在末次冰期最盛期时混入了一个明显的低养分（低PO_4）水团，该低养分水团产生于太平洋和南海的向下混合，Cd/Ca的示踪研究也证明在中层水－深层水界限附近混入了一个低养分水团。⑤ 由浮游有孔虫的 $\delta^{18}O$和转换函数古温度计算结果表明，186ka以来在晚全新世、最末一次间冰期和180～160ka时具有低的古盐度，其他时期具有高的古盐度。 （孙煜华）

【渤海生态系统动力学与生物资源持续利用】 海洋生态动力学（GLOBEC）是当今海洋科学跨学科研究的国际前沿领域，也是一项目标明确、学术层次高的基础研究计划。国际GLOBEC科学指导委员会成立于1991年，为推动海洋生态系统动力学学科发展作出了重要贡献。中国是开展海洋生态系统动力学研究较早的国家之一，并与世界主要GLOBEC研究国家建立了广泛的合作关系和工作联系，中国科学家于1991年进入国际GLOBEC科学指导委员会，是1998年国际GLOBEC科学大会5个组委成员国之一，同时还推动了西北太平洋GLOBEC区域计划的发展，参与了“气候变化与容纳量”的科学计划与实施计划的制定。

1994年由国家自然科学基金委员会发起，成立了中国海洋生态系统动力学发展战略小组，确立了中国以近海陆架区为主研究生态系统动力学的发展目标。目前正在研究的影响较大的海洋生态系统动力学项目主要就是“渤海生态系统动力学与生物资源持续利用”（1997～2000年）和“东海、黄海生态系统动力学与生物资源持续利用”（1999～2004年），前项由国家海洋局第二海洋研究所苏纪兰院士和中国水产科学院黄海水产研究所唐启升院士主持的国家自然科学重大基金项目，其开展渤海对虾早期生活史与栖息地关键过程、浮游动物种群动力学、食物网营养动力学和生态系统动力学模型等方面的研究，是西北太平洋地区第一个具有国家层次的GLOBEC实施研究项目，不仅使中国在这一国际前沿领域先占据了一席之地，也为中国深入开展海洋生态系统动力学研究奠定了坚实的基础。 （孙煜华）

【南海海洋环流时空分布特征及其动力机制的研究】 由中国科学院南海海洋研究所和青岛海洋大学合作开展研究（1998～2000年），已取得以下主要研究成果。

利用南海南沙海域1987～1999年共13年11个航次的南海南沙群岛及其邻近海域综合科学考察的CTD资料，计算了各航次调查期间的地转流场分布；应用1992～1998年ERS1和ERS2卫星遥感的海面风场资料、Topex / Poseidon高度计资料和 Levitus 温－盐资料，研究了南海环流的季节变化、年际变化及中尺度涡；证实南海海盆尺度环流在冬（夏）季为一气旋式（反气旋式）环流，首次提出春（秋）季在南海中部出现反气旋式(气旋式)环流异常；并估计出南海海面热量通量对海面高度（SSH）的季节变化贡献约为20%，风应力对SSH的季节变化的贡献约为80%。

根据上述观测资料与简化模式的结果对比，首次建立了南海上层海洋环流的动力学架构：上层海洋在季节平均意义上总处于准稳定的Sverdrup平衡状态；在风应力和海面热通量共同作用下的受迫振荡是南海SSH和温跃层季节变化的主要机制。此外，还首次给出了南海的第一斜压模态的Rossby 变形半径的地理分布。

利用深海与陆架耦合模式探讨了南海上层流场对季风及其转变的响应和动力机制；利用HAMSOM模式研究了南海环流的时空变化特征，并揭示了南海中的Kelvin波和Rossby波的某些运动学特征。

利用POM模式成功地模拟出了南海海平面高度、上层环流和海温季节变化的主要特征；首次给出吕宋冷涡和越南冷涡的时空尺度以及演变过程，指出吕宋冷涡主要是南海局地风应力Ekman抽吸的结果，而黑潮的影响则是次要因素，海面浮力通量对其影响甚微；证实黑潮是以流套形式影响南海，并且黑潮流套常年存在；黑潮对南海的影响主要局限于南海北部，浮力通量对南海北部SSH的影响较南部明显；证实南海北部广东外海沿300m等深线终年均有流向东北的南海暖流（SCSWC），夏季SCSWC较冬季流速强、流幅宽；黑潮对冬季SCSWC起主要控制作用。冬季SCSWC主要来源于其东侧的西南向海流，其中还有部分海水来自黑潮；夏季SCSWC包含有相当部分海水来自18°N以南的西边界流；POM模式的敏感性试验结果也证实了上述简化模式所揭示的动力学框架。

基于上述主要研究成果撰写出论文21篇，其中8篇已在国内外学术会议和学术刊物上发表。

（甘子钧 刘秦玉）

表1 1998年国家海洋局青年海洋科学基金资助项目表

单位：万元

编号	项目名称	申请者	单位	金额	各单位合计
98204	对非线性与非平稳的海浪资料进行经验模分解和Hilbert谱分析的研究	鄢利农	一所	2.0	
98302	美国红鱼养殖群体遗传多样性的研究	吴谡琦	一所	2.0	
98304	胶州湾生态动力学模型研究	万振文	一所	2.0	
98305	低沸点溶剂萃取茵陈油的研究	沈继红	一所	1.0	13.0
98405	台湾弧陆碰撞带构造几何学和运动学研究	郑彦鹏	一所	2.0	
98406	南黄海中部泥质区物质来源研究	陈志华	一所	2.0	
98502	南黄海冷水域营养元素的动力学模式	王保栋	一所	2.0	
98201	西北太平洋环流的季节变换研究	许东峰	二所	1.8	
98202	近期琉球群岛两侧海洋环流的数值研究	刘勇刚	二所	1.8	7.6
98301	海洋经济贝类细胞及体液免疫机制的初步研究	陈全震	二所	2.0	
98307	深海采矿对生态环境影响试验结果的评价	王春生	二所	2.0	
98102	海洋倾废管理信息系统应用研究	魏筱芳	三所	2.0	
98212	星载散射计探测台湾周边海域风场研究	林明森	三所	2.0	
98308	经济藻类中内源质粒的研究	王风平	三所	2.0	11.0
98310	南极生物低温酶的研究	曾润颖	三所	2.0	
98504	铁、锰氧化物纳米微晶对金属的富集特性及应用	杜俊民	三所	1.0	
98409	海滩侵蚀综合数值模式研究	陈坚	三所	2.0	
98701	瞬态光谱仪实用处理分析方法研究	李铜基	技术所	2.0	
98703	自容式海洋仪器中通用单片机模板研究	刘惠	技术所	2.0	6.0
98704	基于子波变换的悬浮物声散射信号分析方法研究	张锁平	技术所	2.0	
98507	水性碳钢水冷器防腐涂料的研制与开发	黄鑫	淡化所	2.0	2.0
98110	我国海洋产业的产业研究理论和方法研究	于江涛	战略所	1.0	1.0
98603	南极中山站至内陆冰盖物质平衡研究	温家洪	极地所	2.0	4.0
98605	南极中山站日侧极光运动特性与极区电离层对流的相关研究	贺龙松	极地所	2.0	
98103	在Corel Draw环境下，实现栅格数据图象等值线的自动跟踪	孙以康	信息中心	2.0	
98104	TOPEX/POSEIDON卫星高度计资料的伴随法数据同化研究	韩桂军	信息中心	2.0	
98105	海洋资料Internet服务方法研究与实现	付世杰	信息中心	1.2	

续表

编号	项目名称	申请者	单位	金额	各单位合计
98106	中国海洋信息网公共网关接口技术方法研究	安晓华	信息中心	1.2	6.4
98602	冰边缘线预报技术研究	李 海	预报中心	2.0	2.0
98314	有毒藻类的毒素检定技术及其毒性研究	郭 皓	监测中心	2.0	2.0
98213	热带气旋影响下南海风浪场的卫星遥感分析与预报研究	马 毅	南海分局	2.0	3.0
98311	大亚湾增养殖区水环境营养因子动态特征及期自净容量研究	谢 健	南海分局	1.0	
98503	新型复合纳滤膜的研制	吴春金	水处理中心	2.0	2.0
98802	海洋贝类生物体内环境污染物的毛细管电泳研究	丁永生	大连海事大学	2.0	自理

表2 1999年国家海洋局青年海洋科学基金资助项目表 单位：万元

编号	项目名称	申请者	单位	金额	起止年月
99101	三维荧光谱参量化方法及应用于油种鉴别的研究	胡泽建	一所	1.5	2000年1月至2001年12月
99105	卫星微波辐射计反演海面风场方法研究	王振占	技术所	2	2000年1月至2001年12月
99201	利用数字式电离层测高仪（DPS-4）研究南极中山站电离层特性	刘顺林	极地所	1.5	2000年1月至2001年12月
99301★	海温资料的客观分析和Kalman滤波四维同化研究	王可光	预报中心	4	2000年1月至2001年12月
99302	80国际海水状态方程新形式的研究	隋 军	计量中心	2	2000年1月至2001年12月
99303	棉兰老海流季节变化和年际变化的研究	于 非	一所	2	2000年1月至2001年12月
99304	中尺度数值模式应用于海面风场预报的研究	马 艳	一所	1.5	2000年1月至2001年12月
99306	南海海面水温资料的伴随法数据同化研究	刘克修	信息中心	2	2000年1月至2001年12月
99307	中国近海及周边海洋环境变化与我国近海灾害性海洋气候的相关性研究	张冬生	信息中心	1.5	2000年1月至2001年12月
99308	长江口特定海域台风浪数值预报模式的研究和应用	崔海灵	东海分局	1.5	2000年1月至2001年12月
99309	东海沿海海温变化特征及变化趋势研究	郭伟其	东海分局	1	2000年1月至2001年12月
99401★	中子活化研究北极海洋大气气溶胶的地球化学过程	朱赖民	三所	4	2000年1月至2001年12月
99402	用于清洁生产的膜可再生技术的应用研究	张国亮	水处理	1.5	2000年1月至2001年12月
99404	南海海水痕量重金属背景值研究	于 涛	三所	1	2000年1月至2001年12月
99409	浆状氢化镁制备工艺研究	黄西平	淡化所	1.5	2000年1月至2001年12月
99401★	中子活化研究北极海洋大气气溶胶的地球化学过程	朱赖民	三所	4	2000年1月至2001年12月

续表

编号	项目名称	申请者	单位	金额	起止年月
99402	用于清洁生产的膜可再生技术的应用研究	张国亮	水处理	1.5	2000年1月至2001年12月
99404	南海海水痕量重金属背景值研究	于涛	三所	1	2000年1月至2001年12月
99409	浆状氢化镁制备工艺研究	黄西平	淡化所	1.5	2000年1月至2001年12月
99411	晶须硼酸镁的表面处理以及在镁合金中的应用研究	李慧青	淡化所	1.5	2000年1月至2001年12月
99501	黄河三角洲水下底坡失稳破坏过程研究	孙永福	一所	2	2000年1月至2001年12月
99502	“863”长柱状岩心的孢粉分析及其古环境恢复	李珍	一所	2	2000年1月至2001年12月
99503	东海陆坡土体稳定性研究	刘乐军	一所	1	2000年1月至2001年12月
99506	冲绳海槽晚更新世SST旋回与海水［CO_2(aq)］定量关系研究	杜德文	一所	2	2000年1月至2001年12月
99507	海底多金属热液硫化物中黄铁矿的标型特征研究	张道建	一所	1.5	2000年1月至2001年12月
99508	富钴结壳资源的GIS空间多变量评价和资源量计算	王英	二所	1.5	2000年1月至2001年12月
99509	冲绳海槽海底天然气水合物的分布规律研究	方银霞	二所	2	2000年1月至2001年12月
99510	辽东湾海底采砂对海岸侵蚀的影响研究	张永华	监测中心	2	2000年1月至2001年12月
99601	海洋污染生物派金虫发生生态机理研究	张喜昌	监测中心	2	200年1月至2001年12月
99602	栉孔扇贝种群退化生态遗传机理的研究	卞正和	监测中心	1.5	2000年1月至2001年12月
99604	利用微生物脂肪酶合成富含共轭亚油酸甘油酯的研究	石红旗	一所	1.5	2000年1月至2001年12月
99607	海洋微生物中几丁质酶基因的克隆与分析	肖湘	三所	1.5	2000年1月至2001年12月
99609	海水养殖环境污染生化监测技术的研究	顾海峰	三所	1.5	2000年1月至2001年12月
99612	经济贝类对藻类毒素的转化研究	关春江	监测中心	2	2000年1月至2001年12月
99613	生物体内的乙酰胆碱酯在海洋环境污染物生物效应监测中的指示作用研究	韩建波	监测中心	2	2000年1月至2001年12月
99614	南极中山站近岸海冰区微生物生理生化研究	曾胤新	极地所	1	2000年1月至2001年12月
99701	远洋船舶气象预报可视化发布及数据管理系统	邹斌	预报中心	2	2000年1月至2001年12月
99705	我国海洋经济发展动态分析	李宏伟	信息中心	1	2000年1月至2001年12月
合计				60	

注：★为重点资助项目。

（辛红梅）

海洋调查
Marine Survey

【南海季风试验】 其为国家科技部“九五”攀登计划项目（1996～2000年），也是多国参加的国际合作项目。该项目由国家气象局牵头，中国科学院和国家海洋局参加，国家海洋局巢纪平院士为专家组成员。

根据项目计划要求，由国家海洋局于1998年4～5月和6~7月利用国家海洋局南海分局“向阳红14”船承担了季风爆发前后两个航次的海上调查任务，作业范围5°～21°N，面积约200万km^2的南海中、南部海域。调查断面12条，CTD测站60个，ARGOS浮标站4个，累计出航时间32天，总航程7 800余海里。按计划圆满、出色地完成各项调查任务，并在以下四方面做了开创性工作：

（1）对南海中、南部海域进行了比较全面、系统的物理海洋学调查；

（2）采用CTD连续观测仪器测得南海中、南部200万km^2内的物理海洋学要素；

（3）采用ADCP仪进行长时间、多断面测量；

（4）首次使用美国全球浮标中心提供的ARGOS浮标进行次表层流路跟踪等。

两航次首席科学家均为国家海洋局第二海洋研究所研究员许建平，船长分别是国家海洋局南海分局的邓富文、李永波。 （孙煜华）

【南海季风试验的外场观测试验】 1998年5月1日至8月31日，国家“九五”科技攀登项目南海季风试验进行了为期4个月的外场观测，它是一个多国和多地区协作的大型大气—海洋联合观测计划，也是这个地区第一次大规模的气象和海洋学家的联合研究。参与南海季风试验外场加强和加密观测的有中国内地南方10省市、美国和澳大利亚、东南亚七国（泰国、越南、马来西亚、新加坡、文莱、印度尼西亚、菲律宾）以及中国台湾省、香港和澳门特别行政区。在参试国家、地区的大力支持下，历时4个月的外场试验圆满结束，按预定计划成功地观测到了南海北部的早期季风爆发、全面爆发和季风气流北推至江南和长江流域的过程，取得El Nino事件影响下东亚季风区大量宝贵的资料，为后期的研究工作奠定了坚实的基础。

南海季风试验设大尺度观测区和加密试验区。大尺度观测区（10°S～40°N，70°～150°E）主要以常规观测为主；加密试验区为南海及其附近地区（10°S～30°N，95°E～130°E），试验区内设南北两个通量观测阵（IFA）。SCSMEX的外场试验加强观测阶段为1998年5月1日至8月31日，其中5月5～25日和6月5～25日为加密观测的两个时期（IOP）。

外场观测试验主要由大气观测网、海洋观测网、海气界面观测网、卫星观测网四部分组成，主要外场观测平台包括由以下方面：

探空观测：参加SCSMEX的陆地和岛屿探空测站共有66个，IOPs期间加密探空站为36个，实际每天进行4次观测的有33站，两个IOPs之间的10天仍连续加密观测的有11站。“科学1”号和“实验3”号按预定计划分别定位于南海南部和北部进行探空观测，“海研1”号在IOP1期间按计划进行探空加密观测。

综合探空系统（ISS）观测：综南海季风试验综合探空系统（ISS）布置在南海北部的东沙岛上，主要用于提供南海及其下游地区的风场变化、云系演变、降水时间序列等观测资料。

光学雨量仪观测：3部光学雨量仪分别安装在东沙、ATLAS浮标和“实验3”号船上，同热带测雨卫星（TRMM）的观测一起提供南海北部上空比较精确的降雨量测量。

风廓线仪观测：香港、新加坡和东沙站分别布有风廓线仪，它们均按计划完成了连续测量高空风（12～15km 以下）的观测任务。

无人飞机观测：东沙岛无人飞机在科学家们的精心策划下，成功地进行了19次监测飞行，获得了描述东沙海域稳定天气形势下大气边界层特征的重要资料。

地面观测：参加SCSMEX的地面站共有237个，其中在IOPs期间每天加密观测至24次的有105站，其余测站每天进行8次观测。海上“科学1”号、“实验3”号、“海监74”号、“向阳红14”号和“海研1”号均按计划进行了地面气象观测。

雷达观测：雷达观测网由34部数字化天气雷达、东沙C-Pol雷达和“实验3”号船载TOGA多普勒雷达组成。东沙C-Pol雷达成功地观测到线性对流云系及中尺度对流系统的结构资料，“实验3”号TOGA多普勒雷达在IOPs期间与东沙C-Pol雷达组成双多普勒雷达观测阵，成功地测得季风爆发和对流发展过程中多个对流系统的演变生命史，还获得了珍贵的热带飑线、对流云团和水龙卷资料。

通量观测：西沙海一气通量观测塔建在永兴岛西南距岛约300m的海面上，塔高18m。梯度观测系统为4层：2、4、8、16m，包括温、湿、风梯度观测，温度、湿度风速脉动观测，长波和短波辐射观测以及海温观测。本次观测完整地记录了季风爆发、中断、副高影响、冷空气入侵等过程的资料。此外在东沙岛和“科学1”号与“实验3”号和“海研1”号海洋考察船上也布设了高精度的海气通量观测仪器。

辐射观测：东沙安装了美国航空航天局（NASA）先进的地面辐射收支观测仪，根据这些资料可计算大气热量收支，以此了解加热场对季风的推动作用。

卫星观测：包括地球同步卫星（GMS-5），极轨卫星（NOAA）和热带测雨卫星（TRMM）。它与探空观测共同构成南海季风试验高空大气观测网，这些卫星测量得到的资料为南海季风试验和研究提供降水反演资料、云、高分辨的黑体温度（TBB）、射出长波辐射（OLR）、水汽通道、海面温度以及植被、陆面过程等方面的资料。

海洋科学考察船：先后有6艘海洋科学考察船参加了SCSMEX观测，获得了大量大气、海气界面通量以及海洋中的温度、盐分与海流的资料，得到了数百个从海表直到深海的海洋剖面。此外，海洋考察船作为大气观测平台，施放了近500个GPS探空设备，测得每隔10秒的大气要素。

锚碇浮标：台湾科学家在东沙至太平岛之间投放了3个大型ATLAS浮标，东沙附近也布置了1个浮标，此外在巴士海峡及南海北部施放了9个海洋锚碇浮标，这些浮标获得了连续、宝贵的大气和海洋观测资料。

漂流浮标：“海监74”号船在南海南部分别投放了4个ARGOS漂流浮标。

AXBT飞机下投式温深仪：在南海区域由美方从飞机上投放了数百个温深仪，获得了高空间密度的海表面温度资料，这种资料对于监测南海海表温度的详细分布十分有价值。（丁一汇 柳艳菊）

【中国第一次近海面层海一气通量铁塔观测】 海一气通量（热量、动量、水汽）交换强烈地影响海洋上大气边界层结构，进而影响大气环流和海洋环流，因此是气候变化的重要机制之一。随着气候变化研究特别是气候数值模式的发展，作为关键参数海一气通量的观测研究越来越受到重视。国际上许多大气科学试验,如ATEX（大西洋季风实验）、TOGA (热带海洋和全球大气试验)都把海一气通量观测作为其主要内容，目前正在推行的三大海洋计划，即“全球大洋通量联合研究”（JGOFS）、“全球海洋生态系统动力学研究”（GLOBEC）、“海岸带陆海相互作用研究”（LOICL）亦把海一气通量的观测摆到特别显要位置。

海一气通量可以采用铁塔观测、船舶观测、浮标观测、卫星传感器观测，而铁塔观测具有定点、连续、仪器稳定等优越性，较之其他方法可获得更精确的测量值。特别是风速较大情况下，观测仪器的稳定性订正遇到很大困难，而铁塔观测的优越性更显突出。但是，目前世界上海洋观测塔多分布于中高纬度，低纬洋面上铁塔通量观测很少，尤其是西南季风爆发过程中近海面通量交换特征尚无人进行观测研究。1998年5月14日至6月22日，国家科技攀登项目南海季风试验（SCSMEX）在西沙永兴岛海区实施了洋面铁塔通量观测，首次获得了较长时段定点、连续的西沙海区湍流通量观测资料，为研究季风爆发、发展、中断过程中近海面层物理过程、能量收支和湍流结构提供了可能；同时，它又和船舶通量观测、浮标通量观测、ISS观测一起组成南海通量观测阵（IFA），通过不同观测的对比和订正，得到南海以至更大范围海域海一气交换量，这对揭示西南季风爆发、发展的海一气相互作用机制有重要意义。

西沙海一气通量观测塔建在西沙永兴岛（16°50′N，112°20′E）西南面礁盘边缘，距岛屿约250m，气象要素分布基本不受陆面影响；塔基为1.5m×1.5m×1.5m水泥平台，台面位于海面以下0.5～1.5m（随潮位变化）；塔体呈三角形，高18m，由3层9根桩线固定；仪器安装在伸臂上，伸臂长1.5m。梯度观测系统（包括铂电阻电动通风干湿表、EZC-1型三杯式风速计）分为4层，分别距塔基面2、4、8、16m；10m高处安装Kaijo DAT-300超声风速一温度仪、HUMAIR T-H探头、钨莱丝温度脉动仪、风向标；辐射仪器（向上、向下TBQ-2型总辐射表、Eppley长波表）安装在由塔体向前支出的横轩上，横杆长2m，辐射表距水面（标准水面）约1.5m。水温表浮在水面以下，分别距水面0.5m和1.5m。

湍流脉动测量仪器1998年5月14日开始记录，梯度观测、辐射、水温仪器16日启动，至6月22日停机，连续观测近40天。使用涡度相关法、廓线法对观测资料进行了初步分析，获得了海面动量、感热、潜热通量及湍流强度等一些统计量特征：

（1）观测期间湍流强度，即σ_u、σ_v、σ_w与平均风速之比为0.096、0.066、0.045。在近中性条件下

（$Z/L\approx0$），各相似函数基本为常数，$\sigma/u^*\approx3$，$\sigma/u^*\approx2$，$\sigma w/u^*\approx1.25$；稳定条件下u、v、w三方向σ/u^*近似相等；$\sigma t/t^*$在稳定与不稳定条件下变化趋势相似，但符号相反。摩擦速度u^*随风速增大而变大，观测期u^*变化于0.05～0.50m/s之间。

（2）观测期间动量变化于0.05～0.30N/m^2之间。季风暴发前风速较小，动量亦较小，日变化很小；季风暴发期动量增大。曳力系数C_D平均为1.12×10^{-3}，变化范围在$(0.8\sim1.5)\times10^{-3}$之间，其分布接近于关系式$10^3C_D=0.003U_{10}^2+0.020U_{10}+0.836$或$10^3C_D=0.056U_{10}+0.732$。

（3）感热通量观测期间多在0～10W/m^2之间变化,大时可达到20W/m^2，白天黑夜都为正值；由于海面温度日变化很小，感热通量日变化很小，其趋势白天中午稍高，夜间稍低。潜热通量由海洋向大气输送,在弱风和比较稳定的天气形势下，其值为50～150 W/m^2，在季风暴发、风速增大时，潜热通量增大到200～350W/m^2。潜热通量日变化较大，一般白天中午高，夜间较低。观测期间鲍恩比平均为0.05左右。

（4）试验结果与渚碧礁平台观测、西太平洋热带海域TOGA-COARE两个观测试验结果（无明显天气系统影响、微风、强日照条件下）比较，动量通量数值较西太平洋热带海域TOGA-COARE观测试验结果偏高，这是由于季风爆发后风速增大的原因。同样由于风速较大，感热通量、潜热通量也较TOGA-COARE观测试验结果有所增大。

本次通量观测试验集中在5月16日至6月20日，南海季风爆发时间为5月17～22日，季风爆发之前资料较短；另外，本次观测湿度脉动资料和辐射观测资料因仪器损坏不够完整，没有进行海洋热收支计算。为了弥补上述不足，并研究南海季风爆发期间近海面层通量输送的年际变化，2000年5～6月在西沙海－气通量观测塔上再次实施了定点、连续的观测。

（闫俊岳）

【中日东海特定海区河流入海环境负荷及其对海洋生态系统影响】 根据中华人民共和国政府和日本国政府于1993年3月签署的中日环境保护合作协定，国家海洋局和日本环境厅经多次友好讨论和协商，一致同意在东海特定海区开展河流入海环境负荷及其对生态系统影响研究，并于1997年3月18日就项目实施（1997～1999年）签订了协议，其目的是研究污染物对生态系统影响和确定环境容量，为东海的海洋环境保护提供科学依据。

根据协议，项目实施中进行两个航次的外业调查，第一航次调查已于1997年10月进行（略），1998年5月13～26日利用国家海洋局东海分局“海监49”船进行第二航次调查，其中又分两个航段。第一航段为大面调查，于5月13～18日实施，区域为31°～32° N、122° 30′～124° E。在1997年设置的15个大面站上，于1998年又增加了C1站的水文连续观测站（每小时观测1次，共26h），并在该站布放了沉积物捕获器。第二航段为围隔生态实验，实施海域为绿华山水域。本航次利用多管无扰动沉积物采样器、Hydrolab水质测定仪、围隔生态实验装置、采水器、SLC9-2海流计、分光光度计、浮游生物网、光量子仪、沉积物捕获器等仪器设备进行了有关生物、化学、水文和沉积等方面的调查。获取样品和数据约2 300个，其中生物950个，化学650个，水文350个，沉积350个。具体测试项目有：

（1）环境参数：水温、盐度、pH、DO、ORP、电导率、透明度、光照；

（2）营养盐：PO_4^{3-}、PP、DOP、DTP、TP、NO_3^-、NO_2^-、NH_4^+、DIN、DON、DTN、PN、TN、Si；

（3）悬浮颗粒：POC、PON、TPM、POM；

（4）生物学：初级生产力、细菌生产力、浮游植物、浮游动物、细菌、叶绿素a、光合色素；

（5）污染物：油、有机氯、重金属；

（6）沉积物参数：营养盐、POC、含水量、含沙量、粒度、碱度、有机氯、重金属。

本航次的海上总指挥为原国家海洋局东海分局副局长张有份，第一航段中方首席科学家为国家海洋局第二海洋研究所周怀阳研究员，第二航段中方首席科学家为国家海洋局第一海洋研究所朱明远研究员。参加单位有国家海洋局第一海洋研究所、国家海洋局第二海洋研究所、国家海洋局东海分局和青岛海洋大学。

（孙煜华　潘建明）

【黄海、东海入海气旋暴发性发展过程的海气相互作用研究】 该课题是国家海洋局第二海洋研究所袁耀初研究员申请并获资助的国家自然科学基金重点项目（1998～2001年），也是中、韩、日三国合作调查研究项目。为完成该项目，以下两方面的工作是关键：①执行1999年6月航次计划；②执行国际合作计划。1999年6月4～19日，由中、韩、日三方各自派船在黄海、东海预设断面上采用CTD测站观测、ADCP全航程观测、测潜式锚碇浮标、温度链锚系观测、气旋入海前后的定点气象观测和气旋入海时的气象跟踪观测；同时，陆上采用雷达和遥感技术系统进行气象与海洋要素监测。中方由国家海洋局南海分局

"向阳红14"号船执行，参加航次调查单位有国家海洋局第二海洋研究所、国家海洋局海洋环境预报中心、国家海洋局南海分局、中国科学院贵阳地化所、日本广岛和台湾大学海洋研究所等，航次圆满、提前完成了任务，实现了国际上首次在此海域进行实地海气同步观测。该项目已取得了物理海洋学及气象学共7个调查项目（CTD、ADCP、海流锚碇、温度链锚碇、常规气象、气溶胶、热通量）的高质量资料。经过系统研究、理论分析和数值模拟计算，取得了一些突出成果与进展，其中气旋中心内部大气向海洋输送潜热、气旋向潜热大的区域运行、气旋出海对海况影响和微量元素的异常等都是新的发现，在科学上、社会效益和经济效益上均具重大意义。（孙煜华）

【海底地形地貌全覆盖高精度探测技术】 系国家"863"高技术项目中的课题（863-820-01-01），"拖体声学超短基线定位技术研究"是该课题的主要研究内容之一，该定位技术研究主要应用声学技术、计算机技术，研究定位数据的实时采集、处理技术和通信技术，包括实时漏波技术、声线弯曲修正技术等，开发定位数据的实时采集和处理系统；利用引进的水下声学设备及指令的显示单元，进行系统集成，建立海底视声像系统拖体的相对母船位置和大地坐标实时定位，实现与广域GPS系统同一数量级的拖体大地坐标的精确定位。可确保海底视像、侧扫声呐图像、浅剖图像和微地形等海底主要信息数据的可靠性和定量分析的精确性。在做好各项准备的前提下，于1999年由国家海洋局第二海洋研究所组织，国家海洋局海洋技术研究所等单位参加，实施了拖体声学超短基线定位系统的通信与静态试验（池试与海试）、动态试验（湖试）和利用国家海洋局东海分局"海监49"进行联合试验（海试），各项试验由国家海洋局第二海洋研究所包更生高工负责。各类试验表明，声学超短基线定位技术和设备能实时跟踪母船后方的拖体在水下作业时的大地坐标，并将坐标数据实时传送到应用测量系统。同时，数据漏波技术的采用，又保证了大地坐标计算值的稳定变化。

（孙煜华　李淑菁）

【海洋光学遥感信息应用技术研究】 由国家海洋局第二海洋研究所负责的海洋光学遥感信息应用技术研究（863-818-06-03），按课题合同要求，于1998～1999年间，组织了国家海洋局第二海洋研究所、国家海洋局海洋技术研究所、中国科学院南海海洋研究所、青岛海洋大学等7个单位合作，完成了4个以海洋光学垂直剖面的现场测量、数据集建立、适合中国海区大气校正模型的初步选型为目标的水光学剖面测量航次，测区覆盖东海和南海的一类和二类水体，测量仪器包括水下光谱仪（SPMR/SMSR）、光谱仪（SEPLTRIX、PIS-B、PIS-C）和透明度仪等。测量获得了卫星、航空和船测三者准同步的水中光谱特性和水体的叶绿素、悬浮泥沙、DOC等遥感参数，为导出中国水体的实测离水辐射率，改进和完善二类水体海水层的校正，提出一套适合中国水体的归一化离水辐亮度校准模型、吸收系数模型以及生物光学算法模型提供了较完整的数据基础。（孙煜华　李　炎）

【中分辨率成像光谱仪初样航空校飞】 在中分辨率成像光谱仪初样校飞领导小组的领导下，根据项目实施要求，国家海洋局第二海洋研究所负责的地面应用分系统于1999年7月16日至8月8日组织了国家海洋局第二海洋研究所、国家海洋局第三海洋研究所、国家海洋局海洋信息中心、中国科学院遥感所和华东师范大学河口海岸研究所等单位参加的航空校飞与地面准同步观察。校飞期间共分为5个海上测区和3个陆上测区，配合了4个航空校飞测线，进行了海面、滩涂、植被和土壤的反射率光谱测量；海上叶绿素、悬浮泥沙、黄色物质、透明度等参数测量，还进行了滩涂土地利用和植被覆盖的调查，为初样航空校飞资料的评价作了较充分的准同步资料准备。1999年8月8～31日，组织了航空校飞资料的处理和质量评价，评价工作根据纳入中分辨率成像光谱仪初样航空校飞实施细则中的《中分辨率成像光谱仪初样校飞评价准则》，进行了分门别类的定量评价计分和在3种不同方法评价的基础上进行图像质量综合评价，提出了改进意见。（孙煜华　李淑菁）

【中美海底光缆网络系统】 中美海底光缆网络系统从中国经日、韩直达美国，是中国首条国际光缆主干线，它将满足中国至美国乃至世界各地日益增长的通信要求，具有显著的社会效益和经济效益，路由调查是该项工程先行的重要基础工作。经国际招标，由英国大东公司为路由调查总包，国家海洋局第二海洋研究所分包中国海域路由调查（1997～1998年）。

本项目对中美海底光缆网络系统东海和南海海域约2 000km的路由进行了综合性的调查，获取路由区的水深地形、海底面状况、浅地层结构、海底沉积物工程特性等方面的资料。同时，对路由区的海洋气象、水文、地震地质、海床活动性与海洋开发活动等资料进行了整理、分析。从海底工程地质条件、海洋动力环境和海洋开发活动等方面对光缆路由条件进行了全面系统地综合评价，并根据调查成果和“安全可靠，经济合理，技术可行”确定路由的原则，对预选路由进行了必要的调整，撰写完成的《中美海底光缆网络系统（中国海区）路由调查报告》（含英文版3卷7册、中文缩写本2册、附图220幅）可以作为该网络系统中国海域路由段海底光缆的设计、施工以及今后维护的科学技术依据。

本项目的海上调查使用了当今国际上先进的仪器装备，首次在国内光缆路由调查中采用了SeaBat 8111多波束测深系统、System2000侧扫声呐－浅地层剖面系统等全数字式的工程地球物理探测技术，对光缆路由要求调查的走廊带全程进行了大比例尺全覆盖测量。采集的数据齐全，各项记录清晰、完整，获得了东海和南海陆架连续的高质量的地形地貌、浅部地质等资料。

本项目在资料和数据处理上使用了Caris Hips等先进的软件系统，具有快速、高效和实时显示的功能。图件编制成功地应用了自行开发的依托Auto CAD平台的成图软件包，具有自动生成航迹图、水深图、等值线图、剖面图、图廓注记、航迹自动旋转并自动裁切等应用功能，保证了图件编制的高效率和高质量。针对光缆路由长距离的特点，设计的图件格式要求能容纳调查所获得的与路由条件相关的全部信息，便于施工部门使用。成果报告按国际上最新的技术要求编写。

根据本次最新调查结果，结合多年的工作积累，并广泛收集各种方法（遥感、航测、海测）所取得的最新成果，用信息处理方法、理论计算方法和类比方法等，对路由区海洋工程地质、灾害地质等方面获得了若干新的认识，如砂质海滩的季节变化、海床活动性、水下沙波运移规律、东海陆架外缘古沙堤分布特征、上部陆坡细颗粒沉积的不稳定性等方面进行了较深入的研究，这些结果对于光缆的施工和维护都具有重要意义。

本项调查全面满足当前国际上海底光缆路由调查最新技术规格书的要求，成果达到了国际先进水平，其采用的实施方案、调查方法、资料采集和处理的技术手段对于今后国内同类工程具有指导意义。

此外，该所承担并完成了国家海洋局交给的《海底电缆管道路由勘察规范》和《海上平台场址工程地质勘察规范》的制订工作。 （孙煜华）

【珠江口海域水质水文累积影响和数模验证调查（CES）工程】 珠江口海域水质水文累积影响和数模验证调查工程（下称CES工程），系由香港Joint Venture of Hyder Consulting Limited 和 CES(Asia) Limited.联合顾问公司委托南海监测中心独立承揽的大型涉外海洋调查工程项目。项目是与国家海洋局第一、第二海洋研究所和中科院南海所协作，由南海分局直接领导，通过项目办公室组织实施。CES工程项目为香港特区政府立项项目，经特区政府环境保护署公开招标并确定由上述两顾问公司具体操办。工程主要目的是确定调查区域内水文水质现状和为校正香港特区政府新的水质水文数学模型提供必需的数据，以便正确评价沿岸社会发展对珠江口水域的累积性影响。

CES项目现场调查范围含香港特别行政区水域和广东省珠江口水域，前者在香港特别行政区招标，后者在中国内地招标。工程项目国内涉及调查范围为珠江口及其邻近水域，即27°7 5′~22 °4 6′N 、113°6′ ~114° 34′E之间的水域，调查以两种方式进行，即水文水质监测和潮周期强化调查（下称A包），以及长期水文水质监测调查（下称B包）。

A包调查在丰水、枯水和平水期各进行一次现场调查。调查区内设106个水质大面站（包括5个浮游生物采样站），5个25h 连续观测站，走航ADCP/CTD/DO/Tu 测定，6个1个月连续水位观测站，及常规气象要素和波浪观测。观测项目如下：水深、潮位、流速、流向、水温、盐度、浊度、透明度、溶解氧、悬浮物；常规气象要素和波浪：风速、风向、气温、浪高、浪（涌）向和浪（涌）周期；化学：pH、5天生化需氧量、总有机碳、氨氮、总凯氏氮、硝酸盐、亚硝酸盐、总磷、活性磷酸盐、硅酸盐、叶绿素a、E.coli、总铜和溶解铜；水位观测：在内伶仃岛设站进行观测，其余5站向有关水位观测单位进行同步观测资料收集；浮游植物：主要进行个体数量及分布、优势种、多样性指数、均匀度和种类组成等分析。

B包调查区内设14个水质大面站，每周进行一次现场监测，其中单周进行8个站监测，双周进行14个站监测，每航次现场调查要求2天内完成，调查项目为：水温、盐度、浊度、透明度、溶解氧、悬浮物、风速、风向、气温、浪高、浪（涌）向和浪（涌）周期、pH、5天生化需氧量、总有机碳、氨氮、总凯氏氮、硝酸盐、亚硝酸盐、总磷、正磷酸盐、硅酸盐、叶绿素a、E.coli、总铜和溶解铜；一个长期ADCP/CTD观测站，对流速、流向、水温和盐度连续观测6个月；一个陆上气象观测站，对风速、风向、气温、气压连续观测6个月。

CES工程从投标工作到执行完毕，历时约两年。整个过程大致分为投标阶段（1997年12月至1998年6

月30日）、现场调查和实验室分析阶段（1998年7月至1999年4月），以及最终报告编写和印刷阶段（1999年5月至2000年1月）。

A包任务先后共出海750人次，作业27天，出动船只24艘。参加B包海上现场水质水文采样观测人员约100人，先后参加海上调查的船只共12艘（条）。

CES工程严格按照合同要求进行，较好地履行了合同的各项责任和义务，圆满完成了调查任务，成效显著：①获取调查观测资料207 831个，其中A包83 620个（水文气象23 634个，水质59 986个），B包124 211个（水文气象15 931个，水质108 280个）；②完成报告29份，文字部分共约790页、278 946字；数据报表共约6 160张，图2 037幅；③完成CTD/DO/TU剖面1 337个，水质采样及分析共2 094组，铜和总铜样品共2 237个，生物采样及分析15站；采集雇主QA/QC样297个；④完成海流观测24天，走航ADCP 6天；⑤完成长期ADCP连续观测134天和水温、盐度连续观测149天；完成6个月陆上气象观测；海上气象观测29航次；⑥完成1个站3个月水位连续观测和5个站水位资料收集。

CES项目点多、面广、线长、风险高、困难大、要求严，总体完成任务好，质量高。工程从投标到执行整个过程，严格按照国际惯例进行操作，这与国内运行惯例有诸多不同。

【亚欧海底光缆系统（SEA-ME-WE3）中国段路由勘察】 亚欧海底光缆系统（SEA-ME-WE3）中国段路由勘察是受总承包商EGS（亚洲）有限公司的委托，由南海工程勘察中心承担了亚欧海底光缆中国段南海区海底光缆汕头-BU5、汕头-BU7、HK-BU5、HK-BU6-BU7和MACAU-BU6段350m水深以浅的浅海浅底层，声呐扫海和底质取样。海上勘察工作时间为1997年9月4日至10月27日，使用DATASONIC SIS-1000海底成像系统，完成5 000km 浅地层和旁侧声呐测线，35个柱状和34个表层底质样品，通过路由区海底地貌、浅地层、现代动力沉积、地震活动、海底障碍物、地质灾害及路由稳定性的分析，对光缆路由进行综合评价，提出合理化建议，为路由选择和光缆铺设提供依据。提供成果包括《亚欧海底光缆系统（SEA-ME-WE3）中国段南海区路由勘察报告》和1：5万勘察成果图（BATHYMETRY&SEABED FEATURES&GEDLOGICAL PROFILE）。项目1999年1月通过专家评审。

（国家海洋局南海分局供稿）

【南沙群岛及其邻近海区综合科学考察】 南沙群岛及其邻近海域位于南海南部，是中国南疆的屏障和门户。南沙群岛海区蕴藏着丰富的油气和渔业资源，是中华民族可持续发展的重要疆域。为了有效地维护国家权益，开发利用海洋资源，发展海洋经济，必须拥有海洋国土和海洋资源环境状况的精确资料以及海上长期立足的能力，对南沙海区进行深入的科学研究、开发和建设，将是中国21世纪资源开发与利用的重要组成部分。

中国对南沙群岛海域开展大规模实地考察始于80年代，在国家科委、国家计委的领导和支持下，1984年、1987年、1993年和1997年连续4次立项由中科院牵头，会同8个部委40多个单位近500名科技人员，在南沙群岛及其邻近海区开展多学科综合科学考察和研究工作，共进行了28航次的海上考察，总航程18余万km，考察岛礁38座，并在 34座岛礁上设立了考察碑志，调查和分析了南沙群岛海区国土资源、矿产资源、油气资源、渔业及药用生物资源分布；研究了区域地质演化与古环境的变迁、海底地球物理与构造地质、海洋－大气物理场、海洋生物地球化学过程与生源要素通量，生物多样性与生态等；在相关研究领域发表论文1 000余篇，出版专著、文集和图集48部。先后获得了中国科学院自然科学一等奖、中国科学院科技进步一等奖、国家科技进步二等奖。

在海洋权益方面，详细分析了了与南沙海域划界有关的资源环境与地理、地貌的各要素；提供了水道、锚地与港口选址及工程环境等方面的数据，为中国关于南沙海区的外交决策和国防建设做出了关键性的贡献。

在油气资源方面，重点研究了万安、曾母盆地的油气潜能，提出了勘探的有利地区，并发现了南薇盆地。

在生物资源与生物多样性方面，发现海洋生物新种61种，中国新记录347种，发现5处高生物量海区和底拖网4个渔场，相当于南海北部渔获量2～4倍。

在揭示海洋环境规律和热带海洋科学研究方面，基本摸清了南沙海区海洋环流和主要流系的配置格局， 观测发现了北南沙东向强流及冬夏季南沙逆风流的存在；发现南沙暖水。建立了生源要素的通量模型；建立了珊瑚生长率温度计，重建百年海面温度序列，后报百年南海年平均温度。建立了25万年以来的微体生物地层序列及其与环境变化的关系；完成“南永2井”地质钻探，取得岩心413m，揭示了南沙群岛中新世晚期以来珊瑚礁发育演变与环境的关系。开创了研究地壳结构、构造演化及应用粘弹性介质有限元研究动力学机制的新领域。

南沙综合科学考察研究成果在中国的社会发展、经济建设上具有广阔的应用前景，对维护我国南沙群岛的主权与海洋权益具有重要的科学价值，对海洋资源的开发、海洋科学的发展与海洋技术的应用与创新有着重要的学术价值和实践意义。

“九五”南沙考察，在考察技术上取得了中国南沙考察史上几个方面的突破，首次采用自行设计的拖网在南沙海区进行岩石拖网采样，取得了具有重要科学研究价值岩石样品；应用当今世界上最先进的多波束声呐系统，对中国最南端曾母暗沙进行了海底地形地貌勘测；采用自行设计制造的可拆装浮筏在珊瑚礁泻湖和礁坪进行工程地质钻探，解决了珊瑚礁泻湖和礁坪钻探的技术问题。首次在南沙考察过程中进行全程4 900n mile声学多普勒流速剖面仪（ADCP）测流，获得了整个航次的海流资料。

（中国科学院南海海洋研究所供稿）

【海洋地质调查工作】 1998～1999年，中国专属经济区和大陆架地质调查取得重大进展。由中国地质调查局组织实施的海洋地质地球物理调查和矿产资源评价工作，共完成表层地质取样2 593个，柱状样242个，重力测量91 512km，磁力测量90 868km，单道地震测量33 588km，多道地震测量5 024km，高分辨率浅地层剖面测量23 909km，地质浅钻2口。通过调查和研究工作，在以下几个方面取得了重要成果：东海冲绳海槽盆地、南海中建南盆地、南薇东和南薇西盆地的油气资源调查及评价；弱勘探区矿产资源远景预测及综合研究；海域区域地质构造和地壳结构征研究；黄、东海浅钻孔地质调查及古海洋环境演化研究；冲绳海槽热液活动以及块状硫化物矿特征。上述工作的开展，大大提高了中国专属经济区和大陆架的地质调查程度，为海洋资源开发、海洋环境保护和海洋管理提供了重要的科学依据。

1999年3月12日至4月23日，广州地质调查局“探宝”号和“奋斗四”号调查船在中国南沙管辖海域进行以油气为主要目的的综合地质地球物理科学考察，总计完成多道地震调查10 083km，以及相应的重力、磁力和水深测量。通过这次科学考察，完成了该调查区全部的综合地球物理普查，取得了丰富的第一手资料，为进一步查明该区的地质构造特征、盆地分布和地层厚度，分析油气地质条件，寻找油气富集带和有利局部构造，从而进一步评价该区油气资源潜力提供了重要的科学依据。

1999年10月，广州海洋地质调查局“奋斗五”号调查船在西沙海槽进行高分辨率多道地震资料采集，这是中国首次开展天然气水合物资源海上实地调查。此次调查获得了重大发现，初步鉴别出中国西海槽130km地震剖面上存在有天然气水合物矿藏的显示标志，显示矿层厚80～300m，展示了巨大的资源前景。同时，通过高分辨率多道地震资料处理工作，总结了一套针对天然气水合物资源调查的资料处理方法和解释方法，为中国进一步大规模开展天然气水合物这一新型能源的调查评价工作奠定了技术基础。

1999年9月，1∶100万永暑礁幅海洋区域地质调查项目开始启动，这是中国第一次正式按国际分幅开展1∶100万海洋区域地质调查填图工作。目前取得的主要成果是编写了《1∶100万海洋区域地质调查规范》。

（张海启）

【其他】 有关极地和大洋矿产资源勘查等内容参见“极地篇”和“国际海底篇”。“渤海碧海行动计划‘环境专项调查’”、“中韩黄海环境联合调查”、“东海、南海近岸海域环境调查”、“第二次污染基线调查”见“海洋管理篇”的“海洋环境保护”部分。

海洋科学研究
Marine Scientific Research

物理海洋学
Physical Oceanography

【概况】 物理海洋学是研究人类和生物赖以生存和生活的海洋中的物理环境，以及该环境变化的物理过程。自20世纪50年代之后的几十年间，中国的学者长期致力于流、浪、潮和风场的系统研究，积累了相当丰富的研究成果。80年代初开始，随着中国海洋开发的兴起和发展，广大学者已纷纷把研究重点转移到国民经济主战场。嗣后不久，学者们和国家有关职能部门已注意到，海洋开发是否成功，是否能持续发展，必须在海洋开发的同时，保护海洋。而保护海洋，首先是要在海洋经济开发的水域上，完善地建立起海洋环境综合保障体系及其预报体系。本着这一精神与原则，中国的物理海洋学家们的视野更开阔，研究更深入，课题更结合国民经济生产部门的需要。他们在研究探讨不同类型、不同尺度的海洋中的物理环境及其变化的同时，采用高新技术与方法，从多学科、跨学科的角度出发，综合性地考虑地球上气候和天气的形成与变化，海洋生物生存和生活环境与变化，海洋中的物质与热量的输送，海平面变化，海岸和海底侵蚀与变化等问题。既从理论上开创新意，建立起符合中国国情的物理海洋研究体系，又十分重视研究成果在生产实际中的应用与贡献。

近几年来，特别是在1998～1999年期间，国家海洋局、中国科学院、教育部、农业部（渔业局）、国家气象局、国土资源部（地矿部）、交通部、中国海洋石油总公司等部门以及下属的各研究单位都作出了可喜的成果。

【物理海洋学研究概况】 教育部系统海洋高校在物理海洋学领域上的研究成果主要反映在海浪、浅海动力学、余流与输运、水团与水温预报等领域。近几年，尤其是在1998～1999年，研究面向国民经济、为国防、海洋工程、船舶、防灾减灾等方面服务。其间的一项重要研究是“近岸带灾害性动力环境的数值模拟技术和优化评估技术研究”。海浪研究有一系列成果，具有代表性的是首次提出解析形式的海浪谱形。提出“混合型海浪数值预报模式”，已列国家海洋预报中心的业务化预报中心的业务化预报系统，获联合国技术信息促进系统中国国家分部颁发的科技成果奖；浅海动力学研究的代表性成果是，创建超浅海风暴潮模式，并将风暴潮动力学和预报方法系统化，创建浅海余流和长期物质输运理论；在水团与水温预报、内波与水温盐细结构、平均海平面等方面的研究在国内外均有较大影响；在海洋遥感方面，提出的成果有“台风浪空间结构的卫星遥感研究”、“南沙海区物理海洋参数时空变化的遥感研究”等。

（刘安国　谢正侠）

中国科学院系统所属的海洋研究所在物理海洋领域上的研究成果主要反映在陆架潮波动力学、海平面变化、海洋环流、风暴潮、物质输运研究上。中国科学院海洋研究所承担国家、中国科学院、省部委及其他重要研究课题20余项，均进展顺利。如中国科学院重大项目B“中国海陆海相互作用及其环境效应”在长江入海物质变动规律、东海（长江口）物质输运循环基本状况和规律等方面已形成了比较完整的认识和描述，提出了今后需要解决的关键科学问题和所采取的技术路线。国家基金课题“沿岸海平面低频变化的模拟与预报”研究，以月平均气候数据为基础，借助海气耦合全球气候模式输出，在国内首次采用降尺度方法在年际至年代际时间尺度下研究沿岸海平面变化的规律和机制，实现了其长周期变化的模拟和预测；发现了北太平洋中纬度海气系统的年代际变化，已成为当前全球气候变化的研究热点之一；指出在年代际时间尺度下，降水过程与这种振荡密切相关联，因而有可能是其主要形成机制之一。该研究所创立的“降尺度”技术在中纬度海气相互作用的研究中富有潜在的应用前景。“陆架海潮波动力理论及应用研究”涉及陆架海潮波动力学多项基本问题，取得了有影响的成果，推进了陆架海潮波动力学研究：①在陆架海潮波动力学基本问题——国际上称为Taylor问题的研究中，首次给出含磨擦项的Taylor问题正确解，随后进一步解决了含开边界条件的定解问题，从而对陆架海潮波分布基本结构给出了更完全的理论模型，解释了其主要特征；②首次导出多波共存条件下非线性磨擦项的精确Fourier展开式，提示了磨擦非线性效应的基本特征，并用实际潮汐分布论证了这些特征的普适性；③从理论上导出了陆架海潮流垂直结构基本特征的5项基本规律，并用实测资料证实了这些规律：④依据动量和能量平衡原理计算了杭州湾和渤海潮流中的海底曳力系数，表明这些海区该系数仅为国际普遍采用值的1/4～1/2，对潮波控制方程的基本参数的确定及估算海洋潮能消耗有基本参考价值。两年来，中国科学院海洋研究所科技人员在各类学术刊物上发表该学科研究论文近40篇，其中在一级学术刊物上发表论文30余篇、SCI论文4篇。

（练树民）

中国科学院南海海洋研究所承担了国家自然科学基金项目“卫星高度计波高资料的同化研究”，国家重点基础研究发展规划（973）项目的课题“南海多涡结构的形成与演变规律”、“南海环流及其变异预测模式”，中国科学院“引进国外杰出人才”项目“南海环流中等尺度动力学”，广东省“科技创新百项”项目“广东河口海岸典型干堤防灾能力的诊断与整治措施研究”，国际合作项目“南中国海海洋环流和生态系的物理过程”，重大基础研究项目“重点海域三维声速场统计特征与变化规律的研究”，“重点海域内波、中尺度涡、锋面的统计特征和变化规律研究”，中科院资源环境领域创新工程重要方向项目“西太平洋暖池动力过程与海气相互作用”、“中国近海关键动力过程及其环境效应研究”，中国石油总公司委托国务院试点项目“广东LNG接收站和输气干线的海洋水文气象”等重要研究课题。发表了“热带印度洋年代际海洋变率及其动力学解释”、“一个海洋环流模式伴随系统的初步试验”、“南海放射虫与初级生产力的古海洋学转换关系”、“太平洋年代际海洋变率的信号通道”等主要论文。通过分析研究，南海所得出的主要结论是：进行了南海海域表层海温异常的数值试验，指出表层海温异常的气候意义可以通过IMP-AGCM的数值模拟得到反映；研究了南海海洋上层环流及其对夏季风爆发的响应、夏季风转换期的异常表层水分析和大陆坡区斜压海流的垂向结构。应用国际上最先进的高分辨率水下剖面光谱仪对南沙海域水体剖面光谱特性进行测量，完成海水黄色物质信息提取模式研制。以高度计获得的海面风、浪遥感资料和海面动力高度为基础，就南海及其邻近海域海面风、浪的特征及其关系，极值波高推算等方面开展了研究分析。分析了南海海面动力高度及地转流的变异特征，研究了南海海流场的时空变化特征及中尺度涡的演变特征等。初步提出了底层强动力过程形成机理，对海底边界层的定常和周期性层流作了初步研究；对普林斯顿海洋模式（POM）进行了改进，使模型适用于浅海台风流场的计算；应用任意变化地形和水深的Boussinesq型方程，建立非线性不规则波三维水质点速度数学模型。

（朱良生）

国家海洋局系统的海洋研究所在物理海洋学领域上的研究成果主要反映在海浪、潮汐、海气相互作用、海洋环流、风暴潮等方面。

在环境海洋学科方面，教育部系统的高校在近几年来，特别是在1998～1999年间主要在如下4个研究方向上取得重要进展：海洋环境动力学；大气、海洋污染化学；海洋环境规划与管理；海洋环境生态学。

在海洋环境生态研究学方面，青岛海洋大学是“渤海碧海行动计划”的组长单位，1998～1999年间承担了国家攻关和攀登计划B等重大项目，在国内首次提出有机磷农药对海洋微藻伤害的自由基机制；首次系统观察了有机磷农药对对虾各组织超微结构的伤害。此外，在“胜利油田浅海滩涂石油勘探开发对环境生态资源影响和控制对策研究”、“中国北方海域小型生物生态学、方法学和分类研究”等方面均取得良好成果。在大气、海洋污染化学上，研究主要反映海洋环境分析化学特色，首次应用Gibbs吸附议程提出目前国际上最完善的“化学污染物海洋生物富集双箱动力学模型”，并在国际上首次应用碳-13技术研究有机污染物在海洋生物中的富集过程。首次合成了性能好、成本低、运用于多种油品污染处理的溢油凝油剂；在海洋环境规划与管理方向，首先提出“全国海洋功能区划的原则与方法”。在海洋环境监测与评估、污水排海及海上溢油预测数值模拟等方面均有一批成果；海洋环境动力学，主要成果是“拉格朗日余流和长期输运过程的研究——一种三维空间弱非线性理论”、“风暴潮客观分析、四维同化及数值预报产品”等。在浅海动力学、浅海环流、浅海风暴潮、特别是海洋数值计算方面，提出了“流速分解法”、“交序法”等计算手段，为长期输运大大节省了计算量。在海洋水团分析、海温预报方面均有大量研究成果。

在环境海洋学科研究方面，中国海洋界与美、英、法、德、加、日等国有着长期合作关系，并通过多学科研究与相互渗透，正在蕴酿提出一个新的研究方向——海洋生态动力学和污水排水环境工程。

【海洋气象学研究概况】 在海洋气象学科方面，教育部系统的高校的研究成果，主要反映大气－海洋动力学、海－气相互作用、海岸气象学3个方面。近几年，尤其是在1998～1999年间取得显著成果。在大气海洋动力学研究上，首次提出冬季黑潮与大气环流相互作用的正反馈机制；在El Nino事件形成机制和ENSO循环机制的理论研究中，提出了新观点，即发展了两层和多层准地转基本流的扰动发展与非线性理论。此外，在阻塞动力学方面也提出了新观点。在海—气相互作用研究上，主要是研究南海海洋与大气相互作用，特别是南海水温的低频振荡以及南海区域性海气相互作用。在海岸气象学研究上，在"近岸灾害性动力环境的数值模型技术和优化评估技术研究"中，提出了计算和预报海岸大风过程风场计算方法，该成果已在海阳核电厂工程和上海洋山深水港建设工程中成功地得到应用。此外，在"台风、暴雨监测、预报、服务系统研制"、"近海异常海温分析及预报研究"、"黑潮与天气环流相互作用动力机制的研究"、"海浪数值预报研究"中均取得显著成果。

（刘安国　谢正侠）

国家气象局在海洋气象学科的研究成果主要反映在热带气旋异常运动的研究上。近年来，随着高速电子计算机和遥感技术的发展，热带气旋的业务预报水平有了迅速提高，但对于一些异常的台风运动目前各种动力和统计的模式其预报能力仍很低。台风异常运动一般是指与环境基本引导气流存在很大偏差甚至正交或发生台风移向移速突变的运动。目前，对这类运动往往还不能给出正确预报，其原因是缺少台风内部资料，尤其缺少突变关健时段的资料。另外，对运动偏离和突变的物理机制还远未搞清。对此，90年代初在西北太平洋开展了一系列台风外场科学试验，取得了台风内部、环境、大气、海洋的详细加密观测资料，从而推动了台风异常运动的研究。

大尺度环境基本气流的调整和突变或天气尺度环流系统与台风的相互作用往往引起台风异常运动。另外，台风异常运动往往发生在弱环境引导场中，这时台风内部非对称结构、海温和地形也都会对台风的运动产生明显影响。

不同尺度系统的相互作用　在影响热带气旋运动的诸因子中，大尺度环境引导气流是最重要和基本的。热带气旋的运动突变经常是由大尺度环流的调整所引起，譬如副高的进退、ITCZ的断裂、赤道缓冲带的形成和消退、行星波的传播以及信风和季风的交替等都会引起相应热带气旋运动的突变。大尺度环流从一种状态向另一种状态的转变将引起热带气旋周围环境引导气流的突然变化，从而导致热带气旋的运动发生突变。研究结果表明，基本气流速度的变化会显著影响热带气旋的运动，这种现象对称热带气旋表现得比非对称热气旋明显。另外，水平均匀的具有不同垂直结构的环境气流可造成热带气旋显著不同的运动。

除大尺度天气系统以外，热带气旋环流周围的其他天气尺度的系统也可通过与热带气旋的相互作用导致热带气旋的异常运动。研究表明，东风波或另一个热带气旋的靠近，也会引起热带气旋运动的突变。当热带气旋位于东风波波谷西侧，热带气旋将向西南方向转折。当热带气旋位于东风波谷的正南方，热带气旋将向偏北方向移动；当热带气旋位于东风波波谷的东侧时，热带气旋将向西北方向运动。因而，热带气旋在两个东风波先后影响下可能会出现一种蛇形运动路径。另一个天气尺度系统是从东亚长波槽南端切断下来的冷涡，它往往导致东海台风突然西折而突然登陆华东。

热带气旋的运动有时还会受到其周围中小尺度系统的影响。研究结果表明，热带气旋与其周边中尺度系统（MSS）的相互作用可导致热带气旋路径的振荡。当MSS位于热带气旋的东北象限时，热带气旋的路径摆动的振幅最大；当MSS位于东北或东南象限时，热带气旋路径将比无MSS的路径偏西；而当MSS位于西北或西南象限时，热带气旋路径将偏东。

动力和热力非对称结构对热带气旋运动的影响

近年来，热带气旋非对称结构对运动的影响越来越引起科学家的关注，尤其在弱环境流场中，这种影响将变得十分显著。对SPECTRUM-90 3个转向的目标试验台风Abe、Flo、Gene的研究表明，这3个台风在转向前其等压线呈东北密、西南疏的不对称分布，而且这种不对称分布围绕热带气旋中心作逆时针旋转。当等压线稠密区转到西南象限呈西南密东北疏的不对称分布时，台风将减速，并向偏北和东北方向转向，而且台风具有前一种不对称分布时的移速是具有后一种不对称分布移速的3.2倍。研究成果还用正压模式采用4个不同结构的初始场对台风移速作了数值模拟，这4个初始场的代号分别为：ANE-等压线东北方向稠密的不对称向稠密的不规则圆结构，SCC-同心圆结构，ASW-西南方向稠密的不对称结构，ASW+SNC-西南方向稠密的不规则圆结构。模拟结果表明，具有东北方向等压线稠密结构台风的移速是两个西南方向稠密台风移速的5.8倍和7.7倍。

用β平面上准地转正涡度方程所作的数值试验表明，β项将引起热带气旋等压线东密西疏的不对称；而涡度平流项则有相反的作用，使不对称变得对称或均匀化。试验结果还表明，东密西疏的不对称越强，向西的移速越快。上述研究表明，热带气旋内部的非对称结构对其运动有明显的影响。

此外，利用TCM-90的加密观测资料，研究了加密观测在热带气旋动力非对称结构分析中的重要性。研究结果表明，应用加密探空和飞机下投资料的分析场会出现一对偶极子。流场的不对称结构在加入加密探空和飞机下投资料后就显示出来了。分析发现，该偶极子的气旋和反气旋之间的通风流恰与台风移向一致。而且，200hPa偏差流场上同时出现了另外一种辐散、辐合中心的偶极子结构，两个中心的连线也恰与台风运动方向一致。这种不对称流场对诊断台风的移动方向是有参考价值的。

除了动力不对称结构，热带气旋的热力不对称结构也会显著影响热带气旋的运动。热带气旋内部中尺度强对流系统的存在就是热带气旋热力非对称结构的一种表现。数值研究表明，热带气旋有向其内部对流不稳定区运动的趋势。在弱环境流场中，这种热力非对称结构往往可成为一种主导因子而导致热带气旋打转、转折或偏离弱环境引导气流等种种异常运动。而且对流越强，这种“吸引”作用越大。

中低纬度系统相互作用对热带气旋运动的影响

热带气旋与中纬度环流系统的相互作用不仅会引起热带气旋结构和强度的突变，还会引起热带气旋和中纬度槽前暴雨的加剧，更为突出的是这种作用往往会引起热带气旋运动的突变。这类中纬度系统主要是长波槽和高空切断冷涡。

热带气旋的运动受中纬度高空切断冷涡的影响十分显著。研究表明，东海台风在东亚大槽前一般是向北或东北方向移动。然而，当西风槽加深并在其南端切断出冷涡，大槽两侧的大陆高压和副热带高压在槽的断裂处反气旋式打通且合并加强，往往导致槽前台风突然西折。副热带高压的增强西伸和台风南侧的高空切断冷涡的共同作用，是东海北上台风突然西折的主要原因。数值研究也表明，高空冷涡可使台风运动方向发生突然转折，冷涡的大小和深度的变化可改变台风的垂直结构，导致台风上下层中心的偏离，形成垂直风切变，从而影响台风运动。

数值试验的结果表明，青藏高原的高空流型与西北太平洋热带气旋的运动有着密切的关系。在仲夏青藏高压稳定加强的阶段，东亚一般为西风大槽，副高在近海一般为经向型，此时热带气旋多向北移动或在西北太平洋西侧转向东北方向。当高原上空为槽时，原来高原上空高压东移，使得副高西伸加强，热带气旋多在副高南侧东风气流引导下西行。

另一方面，热带气旋与冷锋相遇往往会导致热带气旋突然停滞或打转。当南海热带气旋向西北方向移动并遇到中国南部沿海的冷锋时，热带气旋会突然停滞、转向西南方向而不登陆，这种遭遇过程往往使南海热带气旋最终在华南近海减弱消失。当热带气旋趋近梅雨锋时，情况又有所不同，它将切断梅雨锋系水汽输送通道。梅雨锋系的能量尤如被“吸收”到台风之中，梅雨将迅速消退或结束。

地形对热带气旋运动的影响 弱环境引导下，热带气旋不仅会受到其内部结构以及不同尺度系统相互作用的影响，地形效应也是一个十分重要的影响因子。

统计分析表明，台湾岛附近热带气旋运动发生偏折的机率最大，且台湾岛周围也是产生诱生低压的高频区。

研究表明，台湾岛可在背景场中诱生出一对偏差偶极涡（有台湾地形的平均积分场减去无地形平均积分场）。在东风背景下，偶极涡的低中心位于岛屿西侧，高中心位于岛屿东侧。这对偶极涡可使从不同方位趋近岛屿的热带气旋形成不同的转折路径。

东风场中，岛屿西侧为低中心，东侧为高中心，当热带气旋从台湾东北部接近台湾时，东侧的高中心与热带气旋环流相互作用能使热带气旋运动右偏，西侧的低中心使热带气旋向西南方转向，也即“左折”现象。当热带气旋从台湾岛东南部接近台湾岛时，东侧的高中心可使热带气旋向南偏转，西侧的低中心则可使热带气旋向北运动。西风场中，岛屿东侧为低中心，西侧为高中心，此时的情况恰与东风场相反。从台湾岛西北部接近台湾岛的热带气旋先向北然后转为偏东南方向运动；从台湾岛西南部接近台湾岛的热带气旋则先向南然后转向偏东或东北方向运动。另外，台湾海峡是当台风从东或东南方向靠近台湾岛时产生诱生低压的特别地区，诱生低压的产生与岛上中央山脉背风坡减压和台风中层涡度高层散度与诱生低压叠置有关。

利用一个β平面准地转正压涡度方程，从另一角度分析了热带气旋接近台湾岛时的“右偏”现象，结果表明当热带气旋距台湾岛小于150km时，其路径会受地形影响而向右偏转，偏移幅度可达100km。这可能是由于地形造成的热带气旋环流的最大风速区向中心收缩的缘故。此外，通过对热带气旋运动方程的分析指出，地形可能会通过强迫抬升、动量、质量和水汽的交换以及磨擦和地形造成的大尺度环流的演变等直接或间接地影响热带气旋的运动。

台风异常运动的机理或台风突变机理是国际大气科学界尚未解决的问题，也是天气预报的难题。重大灾害往往由台风突变所造成；台风路径预报年平均误差的大小也与该年台风异常运动发生的次数紧密相关。可见对台风异常路径（突然转折、高速、停滞、打转、回旋、摆动等）的研究十分重要。

台风运动并不完全受大尺度环境基本气流支配，

台风涡旋对环境基本气流存在反馈。它的运动主要是与环境气流相互作用综合的结果。这种作用就直接与台风结构有关。20年前把台风当作质点或点涡，把它当作一个“黑箱”（无论其内部结构如何），按引导气流作预报，有时会出现很大误差。没有资料也只能如此。10年前把台风当做一个对称涡旋放在模式中运转，预报虽有一定改进，但误差仍不小。近年来按近似实际结构设计人造台风（Bogus）放入模式，从而显著地提高了模式的预报能力，平均误差有了明显缩小。这种Bogus技术用于模式台风的构造，这样使得模式有时对台风路径的突然转折也能报得出来。可见台风结构不仅影响着台风的强度变化、风雨分布，也与台风运动有密切关系。

21世纪对台风异常路径或突变运动预报的前景是乐观的。如果能从卫星遥感和雷达回波数字化资料“解读”出台风结构的主要特征，并构造出“拟真”的人造台风模型，同时改进模式的物理过程和同化技术以及垂直和水平分辨率，则对台风异常运动的预报能力将会有显著提高。 （陈联寿）

【物理海洋学主要研究课题】 中韩合作水循环动力学研究 国家海洋局第一海洋研究所研究员汤毓祥与韩国海洋研究所研究员李兴宰等合作，在系统分析1996～1998年6个不同季节南黄海的水文特征、水团结构及其季节变异的基础上，比较深入地研究了入侵南黄海的高温高盐水舌的形成和演变过程及其与黄海暖流生、消的关系。首次发现初春南黄海中层冷水的存在，并探讨了其形成机制。同时，揭示了秋季长江口—济州岛连线与黄海混合水间存在一条甚强的锋面，阻碍着黄海与东海水的交换；提出了黄海冷、暖季环流模式。明确指出，冬季济州岛西侧部分混合水绕岛东行，形成济州暖流，在夏季表层海盆尺度的气旋式环流内部存在小的气旋和反气旋流环，并由此在黄海中部形成一支北向流；提出了黄海暖流水是从对马暖流水和陆架混合水所形成的锋带中衍生出来，而并非是对马暖流直接分支的新看法。揭示了黄海暖流路径和强度存在较明显的季节和年际变异，并首次提出这种变化与风的强弱密切相关。明确指出了夏季黄海不存在向北输运高盐水的黄海暖流；对南黄海的重要生源要素作了较全面的测定和分析，获得这些要素的空间分布和季节变异的特征。对黄海冷水团的生物地球化学特性进行了较系统全面的总结。提出黄海溶解氧垂直分布中最大值是温跃层与浮游植物的光合作用共同导致的结果。该项研究在同类研究中处国内领先，并达到国际先进水平。

中日合作“东海特定海区河流入海环境负荷及其对生态系统影响的研究” 国家海洋局第一海洋研究所研究员朱明远与日本国立环境科学研究所研究员渡边正孝等合作，1997年10月和1998年5月开展了长江口外特定海区现场调查和围隔生态实验，对调查海区的水文、化学、沉积和生物特性以及主要生态过程进行了较深入的研究，建立了水动力和生态模型，初步提出了估算环境容量的一般方法。围隔实验区是赤潮多发区。在赤潮发生过程中，磷酸盐是比硝酸盐更重要的环境因子，浮游植物群落演替明显。实验海区浮游植物优势种在10月是中肋骨条藻，5月是原甲藻。

对于油污染，浮游动物比浮游植物敏感，甲藻比硅藻敏感，油污染可能改变海洋生态系统的结构。油污染能显著抑制浮游植物的光合作用，初级生产力和光合同化系数是比较敏感的检测油污染的指标。

研究海区由长江冲淡水与东海外海水控制，可分为靠近长江口的高浊度、低生产力区，中部的低营养盐高生物量高生产力区和靠外海的低营养盐低生产力区。重金属、有机农药含量均处较低水平，尚有较大的剩余环境容量。沉积物中从表层到底层油类含量增高，反映了近年来长江口油类污染有日益严重的趋势。海水中石油烃浓度在调查区东北部相当高，应该对油污染给予高度重视。海区氮、磷的营养盐浓度尤其是无机氮浓度相当高，说明富营养化已相当严重。

根据物理自净和生物、化学自净能力，计算了在一定质量标准下海域的环境容量。

研究海区基础生产力高、生物资源丰富，同时又是赤潮多发区。估算这一海域的环境容量可以作为中国沿海开放海区环境容量的示范。

近岸长周期重力波形成机制的研究 国家海洋局第一海洋研究所副研究员刘新安等研究提出了以反映随机海浪非线性存在的波面高度分布高阶矩为参量，采用Hermite级数展开形式来描述非线性随机海浪的有别于Longuet-Higgins（1963）的非线性海浪模型的另一种便于应用的表达形式，建立了破碎前变浅随机海浪的波面高度分布二、三阶矩随水深和有效波高的变化关系，导出了二阶功率谱（波能谱）、二阶谱以及波面表达式等。精确至二阶的变浅随机海浪的能谱表示式中含有两项，尤其是第二项反映了由于变浅作用导致二阶非线性相互作用引起的谱能变化，其中在该项中的前者表示能谱高频部分变化，主要集中于二倍谱峰频处；后者为能谱低频部分，即长周期重力波的变化。

基于在青岛海洋大学物理海洋实验室完成的变浅作用下未破碎随机海浪实验，就所得的150个波能谱分析得出，当有效波高为2.5m以上的实验组资料所得的浅水波能谱，在高频部分，尤其是于二倍峰频处明显出现了二次峰，而低频部分的谱分量的能量逐渐增大，与上述的理论结果相同。进一步分析得出，长周期重力波谱峰（本次实验中为入射重力波谱峰的0.2 fp）频率值随水深变浅而增大；长周期重力波谱和重力波谱谱峰值之比随海面高度分布偏度的增大而增大，并获得了其实验关系式。同时还获得了浅水波面高度分布中三参量（σ、λ_3、λ_4）与H_s/d之间的关系，浅水波高分布中的参量与H_s/d和表征入射海浪波形特征量（$\overline{H}_0/\overline{T}_0^2$）之间的关系。这些成果在国内为首次获得，至少同目前国际上同类研究进展在同一水平上。

黄海暖流及其形成机理的研究 国家海洋局第一海洋研究所研究员汤毓祥等，充分利用1996～1998年“中韩黄海水循环动力学合作调查”的6个不同季节所获水文和流的观测资料，系统、全面地分析研究了黄海暖流的结构特征及其季节变异。基本查清了该暖流的起源及其与对马暖流的关系。建立了机理性的三维斜压数值模式，开展数值试验，进一步探讨了黄海暖流形成和变异的机理。

比较深入地研究了入侵南黄海的高温高盐水舌的形成和演变过程及其与黄海暖流生、消的关系。首次指出，黄海暖流仅冷季（秋末至初春）出现在黄海。

黄海暖流的强度和路径皆存在一定的季节和年际变异。多数年份，暖流路径明显偏于黄海槽的西侧，大致沿50m等深线、地形较陡的位置北上。相应地，暖流北伸的强度较大，如1959、1997和1999年冬季。而有的年份，暖流路径则大致沿槽北上，强度亦相对较弱，如1986年冬。数值试验表明，这种变异主要与冬季风场密切相关。北风愈强，暖流路径愈偏西，且北伸强度大。

提出了黄海暖流水是从对马暖流水和陆架混合水所形成的锋带中衍生出来，而并非是对马暖流直接分支的新看法。尤其是在东海东北区对马暖流主流路径上投放了30余个卫星测流浮标，竟无1个从对马暖流中分离出来进入济州岛西侧海域，便是最有说服力的证据。

提出了黄海冷、暖季环流模式。与以往明显不同的是，明确指出冬至初春，进入济州岛西侧的部分混合水绕岛东行，形成一支稳定的济州暖流。分析认为，夏季黄海不存在向北输运高盐水的黄海暖流。

（路应贤）

中日副热带环流合作研究 该课题为国际合作项目（1995~1998年），国家海洋局第二海洋研究所为项目执行中方负责单位。主要成果有：①首次报道台湾以东黑潮有两种不同的流态，并发现上述流态是与台湾以东存在各种涡分布、位置及尺度大小有关。②首次报道1997年强El-Nino年间，在台湾东南海域黑潮流量及黑潮流速明显减少。③揭示台湾以东黑潮以下存在逆流及黑潮以东存在涡及南向流。④揭示在冲绳岛东南海域总存在一个中尺度反气旋式涡。⑤通过中日两国调查船在1993～1997年共10个调查航次的数值计算，表明琉球群岛以东西边界流总位于近冲绳岛东南的陆坡上，并揭示它的流结构、流量及季节与年变化。⑥揭示琉球群岛西边界流的来源。还揭示在它周围有各种尺度的涡，这些涡的强度与位置直接影响这支海流的结构及流量。⑦通过北太平洋环流的季节变化的数值模拟，计算表明：采用与网络相关的Smagorinsky方案，比采用通常的常数情况，更能反映中尺度结构；在平均情况下，在台湾以东明显存在两个分支；台湾以东常存在一个气旋式涡；黑潮以下总存在深层逆流等等。⑧通过历史资料，建立起由船测光谱反演出海面叶绿素浓度算法；用SeaWiFS卫星资料反演推导得到海面叶绿素浓度的算法。

浙江省两潮耦合数值预报技术及产品研制 该项目为浙江省“九五”重点项目（1996～1999年），是根据浙江省海洋灾害尤其是风暴潮灾害严重的特点，进行了沿海天文潮和风暴潮两潮耦合数值预报技术的研究，通过研究建立了浙江及其附近海域风暴潮和天文潮两潮耦合数值预报模式，模式采用大、小区域嵌套网格技术，小区边界用10个分潮调和常数的预报模式，考虑了海平面的季节变化，使之在理论上更为完善。成果经过历史上6个次强风暴潮验证，尤其是经过了超历史记录的9711号台风暴潮和9806号强热带风暴增水预报检验，表明成果预报质量可靠，显示出良好的实用价值，成果可作为新一代预报模式投入今后的业务预报。

（孙煜华）

南海上层海洋动力过程的低频变异对夏季风变化影响 该专题该年度已完成论文6篇，并陆续在核心学术刊物上发表，取得了如下的主要成果：①通过分析定点测站海水的动力、热力学结构，描述夏季风爆发、维持期间东沙群岛西南部大陆坡附近上层海洋的变化，讨论近表面水的温度、盐度和海流对海面风场的响应。发现海温最大变幅发生的深度比盐度最大变幅发生的深度偏深25m；夏季风爆发期，表层盐度达到极大值，表层温度也相对持高值，两者在季风爆发后呈下降趋势；夏季风爆发前后上层海流均以偏西向占绝对优势，与夏季风场引起的直接效应不尽一致。②数值试验表明，东亚大气环流对南海及其邻近海区SST异常的响应具有时变性，在空间上维持一定的经向结构和纬向结构。南海海洋环流对于以不同方式变化的季风转变时的响应的模式试验结果表明，对于不同方式变化的季风转变,在季风过渡时期的南海流场的调整有较大的差别，但在过渡之后最终的流场基本结构则是一致的；当冬季风向夏季风转变时，在南海南部经常会产生一些涡旋群，向夏季流场转化尚需较长的一段时间来调节；而当夏季风向冬季风转变时，在南海南部的流场迅速向冬季流场转变。③讨论了西南季风的变化及其与南海南部海区表层地转流的结构和演变间的关系。发现海区西部的表层流的结构随夏季风的盛衰而有变化，表明夏季风对南沙群岛海区表层流的调控作用西部大于东部，南海南部春夏季季风转换期存在盐度逆转的异常表层水。④应用COADS风应力、Levitus温度资料，描述了年循环的南海上层海洋动力场与热力场之间的关系和南海大尺度动力场的年际变化，得到南海混合层的时空分布特征，剖析了混合层深度及其内部温度季节变化规律，研究了南海混合层特征形成、演化的原因。研究发现，上层海洋海温变化与上层海洋环流基本模态结构非常相似，季风通过流场调整对南海混合层的时空分布有着明显的影响。（方文东）

海洋物理学
Marine Physics

【概况】 该学科主要研究方向是海洋声学、海洋光学和海洋遥感。该学科研究的一个显著特点是能最快、最广泛地应用高新技术，其成果尤受学术界关注。20世纪80年代以来，尤其是90年代，随着高技术的迅猛发展，海洋物理学的研究内容不断拓宽，与物理海洋、地理学、信息技术及计算机等学科的关系更为密切。由于其研究的手段通常是采用高新技术，且又在应用中不断提高与完善，从而在研究过程中又不断衍生新的学科分支。诸如计算海洋声学、海洋－声学联合仿真技术、海洋地理信息系统、动力学与卫星遥感仿真技术、激光遥感等。从某种意义上说，当代海洋物理学是海洋科学中成功应用高技术的典范，极具发展前途，极有可能由其开始突破海洋学的传统观念，开辟海洋研究的新方法与新途径。

中国正在积极研究卫星海洋学和海洋光学攻克学科前沿的关键问题，主要研究项目有：

（1）新一代星载海色传感器光谱通道设计方案研究。中国近海是国际卫星海色遥感专家和海洋光学专家共同关注的典型的Ⅱ类海域。国际上已经发射的卫星海色传感器仅适用于大洋Ⅰ类海域，在中国近海的叶绿素反演误差高达1 000%。青岛海洋大学海洋遥感研究所在中国近海卫星海色遥感反演问题上已取得初步的创新性研究成果，有关论文在PORSEC’98上作邀请报告并将在《Applied Optics》上发表。此项研究属于NASA SIMBIOS PI研究计划，并得到基金委和教育部科技司的资助。研究的关键科学问题有：高光谱海洋光学模型；中国近海气溶胶模型；高精度海色遥感反演方法；海色传感器的光谱通道计算机模拟；海色传感器Sea WiFS、MODIS、MERIS、GLI在中国近海的印证；中国近海海洋光学数据库。此项研究已建立的国际合作有：NASDA，关于GLI资料在中国近海和日本海的大气校正和气溶胶模型；NASA/GSFC，SIMBIOS PI研究计划，Sea WiFS和MODIS资料在中国近海的反演、印证、数据融合；ESA/ENVISAT PI研究计划，MERIS资料在中国近海的反演、印证、数据融合；日本东北大学关于GLI资料在东中国近海的印证；美国South Florida大学关于生物光学算法，德国柏林自由大学关于海洋－大气辐射传递模型以及计算机模拟；美国海军研究实验室（Mississippi）关于东中国海海洋光学参数现场实验。卫星海色遥感可提供海中叶绿素浓度、泥沙浓度、有机溶介物浓度、海洋初级生产力等海洋生态环境参数和海洋光学参数，对赤潮监测、近海污染、远洋渔业，海洋通量研究、海－陆相互作用研究以及海军作战环境研究均至关重要。

（2）卫星SAR对中国近海内波的观测和研究。中国近海被国际上公认为是研究非线性内波最优良的天然实验室。近年，美国、德国、英国的著名海洋遥感专家均投入SAR－内波的研究，兴趣都在中国近海。内波与潜艇的活动关系密切。内波有可能摧毁石油平台等海上工程。国际上利用SAR观测和研究内波主要在90年代，中国尚属起步。研究的主要科学问题有：从SAR内波图像反演内波参数；中国近海内波形成动力机制；星载SAR，机载SAR及现场船测同步印证；水下活动目标SAR内波成象机制；中国近海内波分布及时空变化波段、极化、倾角对SAR内波成象的影响；内波对声传播的影响。已建立的国际合作有：ESA/ENVISAT，PI研究计划；中德政府间国际合作项目。该项研究的参加单位有：青岛海洋大学海洋遥感研究所、物理海洋研究所、北京遥感信息研究所、海军潜艇学院、中国科学院声学所。

1998～1999年间卫星海洋学和海洋光学已完成和正在执行中的国内重点研究项目有：①海洋

"863"计划：海洋光学遥感信息应用技术研究（子课题）、SAR遥感信息应用技术研究（子课题）、高度计遥感信息应用技术研究（子课题）、海面和海水层光学测量系统、固体激光多普勒测风雷达。②国家自然科学基金项目：东海关键海洋通量过程研究、多传感器资料用于东中国海海色参数反演和数据融合、海洋油气藏激光探测机制研究。③国防科技预研与国防科工委项目：激光水下目标探测关键技术研究、卫星遥感在黑潮监测中应用技术研究。④"九五"国家科技攻关专题：近岸带动力环境遥感应用技术研究。

1998～1999年间卫星海洋学和海洋光学正在执行中的国际合作与境外合作项目有：①与欧空局合作项目：黑潮10年尺度研究、南海海洋环境卫星遥感研究。②NASA/SIMBIOS项目PI研究计划：东中国海多海色卫星传感器资料印证与融合。③中美合作项目：东中国海海色参数反演和立体同步实验、海色遥感中的海洋光学基础研究。④中法合作项目：利用TOPEX卫星高度计资料研究太平洋降水及其与区域气候的关系。⑤青岛海洋大学与香港理工大学双边合作项目：神经网络技术在卫星遥感资料处理中的应用。（刘安国　谢正侠）

【海洋声学】 20世纪50年代后期，在汪德昭院士主持下，有关单位开始进行中国近海声学考察，并组织中国与前苏联合作的联合水声考察。其后分别在渤海、黄海、东海、南海四海区进行水声考察，尤其是研究水声在典型的海洋水文条件下的传播、衰减、混响强度和海洋环境噪声。同时，还进行了中国近海声速分布规律研究；对浅海声道成因进行系统分析；利用简正波理论、射线方法和角度谱方法探讨了浅海中混响问题，对浅海信道中信号场的横向相关作了理论分析，给出了依赖于海底性质的表达式。

进入80年代后，中国海洋声学研究水平有很大提高，一些成果已达到国际水平，研究成果反映在如下几方面：①声场理论和数值预报，如简正波声场的变换与过滤研究；反转点会聚区理论与南海深海声道研究；浅海声传播损失数值预报研究、水下声场数值预报模型等。②声散射研究，尤其是关于水中弹性体的声散射理论与实验；流体交界附近弹性体的散射；海洋中目标的反射与散射；粗糙表面的声散射等。③声信号传播，尤其是关于水声信道中的空间相关、声信号在海洋声道中的传播；声信号在颗粒介质及沉积物中的传播等。④海洋噪声，如流体噪声、浅海环境噪声场的空间相关与垂直方向性等。此外，在海底声学参数研究、被动声源定位研究、声场起伏、非线性声学方面都取得了重要成果。

值得指出的是，国际声学界尽管对深海声场的规律了解比较透彻，但对于浅海只是在90年代才受到关注，而中国水声界在浅海研究方面在国际上已处显著地位。1996年8月，中国水声界与美国水声界联合在中国远黄海区进行浅海声学综合实验；1997年，首届国际浅海声学会议在北京召开。

90年代，尤其是1998～1999年期间，中国学者在海洋声学逆向研究上取得较大进展。该研究可通过声学测量信号非接触、定量地反演海底沉积层的声学参数、海洋环境参数，为国防和海洋工程应用提供环境参数，应用广泛。例如教育部系统的青岛海洋大学承担的重大基础性研究计划"海底声特性理论描述及反演研究"、"海洋—声学耦合模式研究"等。现已提出相关的应用软件。

【海洋光学】 20世纪70年代以前，中国的海洋光学研究处于开创阶段，在进行海洋光学仪器研制的同时，在一些典型的海区进行海洋光学性质的基础研究。70年代后，研究进程加快，基础理论研究集中在海洋辐射传递和信息传输、窄光束水中传输、海洋激光探测的光学问题、激光与海洋相互作用的问题。此外，在海洋水色谱、海洋水色的反演、海洋生物光学模式、海面目标物的可见光识别等方面也都取得成果。80年代中期后，中国在海洋光学的应用研究上取得较大进展，研究集中于水中能见度、图像传输、水下机载电视、水下激光扫描电视、海洋激光雷达及其信息处理等方面，其中在水下机器人三维视觉与水下激光观测方面的成果尤为显著。青岛海洋大学研制成的"宽视觉水下激光扫描电视"能很好解决混水中近距离下的观察问题；西安光机所研制的"SS-1000型水下电视系统"已安装在"RECON-IV"水下机器人上作业，工作深度1 000m，水下可视距离160m。

20世纪90年代末，海洋光学遥感信息应用技术研究取得较大进展，1998～1999年间，国家海洋局（第二海洋研究所、海洋技术所）、中国科学院（南海海洋研究所）、教育部（青岛海洋大学）等经过了多次现场测量、研究后，为建立一套适合于中国水体的归一化离水辐亮度校正模型、吸收系数模型以及生物光学算法模型提供了较完整的数据系统。（刘安国）

【海洋遥感】 20世纪70年代起，中国已经开始进行海洋遥感的应用研究，如在胶州湾用遥感方法测量入海泥沙和污染物。80年代中国海洋遥感研究主要是两个方面：海洋遥感的基础研究和海岸带遥感技术应用。前者包括遥感图像处理、海水光谱特性和微波散射特性、海洋遥感物理机制研究等。后者主要是海岸线测量、滩涂面积计算、海岸带演化、悬移质运移、油膜扩散、海冰等与卫星资料的相关性研究。

80年代，卫星遥感集中在NOAA卫星接收处理系统。在卫星海表面温度（SST）反演模式和大气温、湿廓线反演模式方面进行了卓有成效地研究。20世纪80年代末，1988年9月中国发射第一颗极轨气象卫星“风云一”号(FY-1)，卫星上设置了两个海洋水色通道，能反映丰富的海洋信息。与此同时，“风云一”号气象卫星海洋应用站、气象卫星数据处理微机系统、地理信息系统与遥感图像数据处理相结合的微机系统等相继建成，从而中国海洋遥感的研究与应用进入新阶段。在此前后，新型遥感技术、多种形式的机载遥感仪器相继开发；海洋环境遥感监测与预报；海岸带与海岛环境遥感调查等都已开展。近10余年来，中国卫星海洋具有了明显进展。如中国近海卫星SST变化的调和分析，卫星海表温度数据网格化和同化方法研究。在应用方面的研究更为普遍，主要集中在大河口（黄河、长江、珠江等）的淡水运移、泥沙扩散，近岸水域叶绿素分布，重大溢油事故中的油膜扩散，赤潮，中尺度海洋现象研究，南大洋风场研究等。

90年代末，尤其是在1998～1999年间，在应用技术上研究成果尤为突出，如国家海洋局系统承担的“海洋水色遥感与仿真系统”和“微波遥感技术及其应用”等研究。此外，国家海洋局（第一海洋研究所）、中国科学院（南海海洋研究所）、教育部（青岛海洋大学、浙江大学）等单位分别承担了“海面和海水层光学测量技术研究”和“海面微结构光学测量系统”等课题。前一课题的成果对光学遥感应用有重要价值。后一项研究成果将为深化物理海洋动力学和卫星遥感海洋学研究提供基础数据。

（刘安国　谢正侠）

国家海洋局第二海洋研究所海洋遥感技术研究在国内海洋遥感领域具有一流水平，目前已能接收中国“风云一”号、美国NOAA、美国Sea WiFS等多颗卫星资料，具备相应的中国一流的数字和图像处理技术，并在遥感仿真研究、微波遥感与应用研究、水色遥感与应用研究、遥感与GIS应用研究等领域形成优势与特色。1998、1999年间，对Sea WiFS海洋水色遥感应用技术（专项）、中国极轨卫星应用效果的数字仿真系统（专项）、海洋光学遥感信息应用技术研究（863高技术项目）、Sea WiFS与AVHRR卫星资料同化技术研究（专项）、对地遥感模拟仿真研究（专项）、可见光卫星遥感光谱复合研究（863-818青年基金）、合成孔径雷达遥感信息应用研究（863高技术项目）、重点海域航天SAR数据应用示范工程（专项）、长江三角洲地区遥感卫星动态咨询系统（重点项目）、地表遥感信息传输及其成像机理研究（国家自然科学基金重大项目）和赤潮监测及其短期预报试验性研究（浙江省重点项目）等进行了研究，研究成果质量颇高，其中鉴定项目均达到国内领先、国际先进水平，“Sea WiFS海洋水色遥感应用技术研究”获得了1999年国家海洋局科技进步一等奖。在研863-818项目的中期评估结果，在35个参评项目中，共评出3个“优”，海洋局二所的“光学遥感信息应用技术研究”为其中之一；同时，863-818青年基金项目也获得总体评价为“优”。（孙煜华）

在航空遥感方面，90年代末，1998～1999年间中国已突破无人机海监遥感系统关键技术，已研制成两架无人机，且在北京、深圳等地完成了多次试飞，展现出广阔的应用前景。（刘安国）

【海洋物理学主要研究课题】　地物波谱特性测量研究　国家海洋局第一海洋研究所研究员李武等，从历史资料收集、现场测量和模拟试验3个渠道获取地物波谱资料，应用多种光谱和微波波谱测量仪器进行多次现场（包括陆地、海面和海洋垂直剖面）和航空条件下的地物波谱测量，取得陆地和海洋的多种典型地物目标波谱资料和同步测量的环境要素、测试条件参数资料。经处理分析，建立了包括海洋光谱、海洋微波波谱、陆地地物波谱的地物波谱数据库。具有查询、检索、修改、创建图形和结果输出等功能。编制了海洋和陆地典型地物波谱图集。

研究了不同类型地物波谱特征、空间分布、动态变化，以及地物波谱特征与环境因素的关系，主要结果有：①建立海面微波后向散射系数σ^0和海面微波辐射亮度温度T_b与海面风速、水温、泡沫和油膜的关系，以及工作频率、极化方式、入射角等仪器技术参数对测量结果的影响。②建立离水辐射率测量方法（剖面法），得到中国不同海区离水辐射率的光谱特征和海面光谱反射比的分布以及反射比与水中主要水色要素的关系；进行了海面“白泡云”的光谱特征、覆盖率测量研究，估算了上述参数对海洋水色遥感的影响。编制了离水辐射率、“白泡云”光谱等的数据处理软件。③提供中国不同景观特征的典型地物植被、土壤、岩石和内陆水体等的波谱特性。

（路应贤）

海洋信息传输的研究 由于受海洋中恶劣传输条件的影响，水声通信系统中同步信号的处理是系统的一个关键问题。厦门大学海洋系水声信息传输研制小组在水声信号调制解调器中，采用了有源带通滤波、AGC及可变阈值检测、脉宽鉴别降噪、群同步相关处理进行同步信号的检出，取得了较满意的结果。同时在水声传输系统数字鉴频中，开发了采用MAX153、基于PC机打印机接口、带有数据缓存的水声信号采集系统，使用方便，采集速度高。并对MAX153实现最快转换时间及高速数据缓存的接口进行了研究。

（许肖梅）

国家海洋局海洋动力过程和卫星海洋学开放实验室 该实验室成立于1999年8月，主任为苏纪兰院士(苏纪兰院士于1999年当选为联合国政府间海委会主席和被聘为俄罗斯科学院院士)。该实验室是将国家海洋局第二海洋研究所在国内海洋领域具有很强优势的海洋遥感技术与海洋动力过程研究强强融合与学科交叉，充分发挥了物理海洋和海洋遥感的互补优势，适应了国际海洋科学研究的新格局，紧跟海洋科学发展前沿，为与国际接轨作出贡献。其研究工作紧紧围绕海洋现象和过程，全力解决国民经济建设有关的重要理论问题，并在海洋环流与海洋动力过程、海洋遥感与卫星海洋学等方向上针对国际前沿科学问题，力求取得创新性成果。其中，海洋环流与海洋动力过程主要研究：①大洋环流、近海环流以及各种环流过程。②开展观测和数值模拟，以建立正确描述环流结构、变异和动力机制的理论模式；强调季风和黑潮对中国近海环流系统的作用、中尺度过程在水体交换、物质循环和海洋生态中的作用。③研究海洋灾害、生态动力、环境、海气相互作用等重要海洋过程。卫星海洋学主要从事：①发展海洋遥感理论和技术，利用遥感数据研究海洋学主要过程。②研究海洋光谱特性、热辐射特性和微波散射特征。③研究可见光、热红外和微波辐射传输理论。④研究海洋遥感图像处理原理和技术、遥感图像仿真理论和技术、海洋遥感模型和信息提取技术及遥感技术在数字海洋中的应用和遥感技术在海洋中的应用研究。

实验室在学术委员会主任巢纪平院士和副主任苏纪兰院士、郭华东研究员、赵进平研究员指导下，拥有一批在国内外有影响的科研骨干，具备接收多颗国内外卫星资料的卫星地面接收、处理系统和物理海洋调查研究的现代化仪器设备。目前承担的项目主要有：国家高技术项目“863”、国家重大基础研究项目“973”、国家攀登计划项目、美国Sea WiFS资料接收与处理、国家自然科学基金重大项目和国家自然科学基金重点项目及国际合作项目等。

（孙煜华）

海洋化学
Marine Chemistry

【概况】 中国的海洋化学研究始于20世纪50年代，直至80年代初，研究领域主要是海洋水文化学、海洋资源化学、海洋地球化学和海洋物理化学方面。80年代中期后，研究有较快进展，兴起不少新兴的学科，如河口化学、海洋有机化学、海洋生物地球化学、海洋环境化学、同位素海洋化学等领域，并形成中国的特色。

海洋水文化学和河口化学研究概况 由于河口三角洲是中国开发的重点，自80年代中期后，河口化学研究十分活跃。河口作为陆—海界面物质交换的重要场所，人类活动最频繁和生态结构相对脆弱的海区，一直受到重视。其中，水—海底界面化学是海洋地球化学的重要组成部分，有自身的循环过程，也蕴含着重要的成岩信息。有关这方面的研究，近年仍基本局限于近海。在海—气界面化学方面，气溶胶为海—气界面作用的产物，它参与大气运动，与成云过程密切相关，对研究污染物长距离输运和气候效应，有重要意义。

河口化学所以有较快的发展，缘于以下几方面的原因：一是研究手段采用新技术；二是多学科交叉综合；三是国际间的合作调查。现已形成各具特色的黄河口化学、长江口化学、珠江口化学、中小河流河口化学。

海洋资源化学研究概况 20世纪80年代以前，主要是研究海水无机化学资源，即研究海水制盐，从海水和苦卤中分离、提取化学资源的技术与有关理论问题。80年代中期后，提出了若干新的理论概念，开拓了一些新兴的富集技术和工艺。自中国开展太平洋海域调查以来，中国学者已进行取自南海和太平洋地区铁锰结合的锰－铁、锰、铜、钴、镍等组分的波谱研究，为大洋多金属结核的开发提供依据。

中国的海水淡化技术已进入实用阶段，且已生产出成套设备。当前，海水化学元素的提取已与海水综合利用相结合，成为很有发展前途的新领域。

在海洋天然有机物资源化学方面，中国在近期内主要的研究方向是提取、分析、测定某些海洋生物体中的化学成分及具有抗癌等功效的活性物质。

海洋地球化学与海洋物理化学研究概况 60年代中期许多科研单位开展了河口硅酸盐物理化学过程

的研究，重点研究海洋地球化学、河口硅酸盐含量变化及其在水中氧化物的吸附过程、海水基本物质物理化学性质。70年代，开展了海洋地球化学过程的平衡与动力学问题、不同海域沉积物中重金属污染情况和沉积物中地球化学要素分布变化规律研究。80年代后，海洋地球化学界已更多地关注海洋生物地球化学，随着中国主要河口及其毗邻近岸水域调查的开展，除研究海－河、海－气和海－沉积物等界面间所发生的迁移过程的特征和通量外，集中地研究污染物和营养物及生物代谢物等在河口近海水域现场条件下的海洋生物地球化学以及海洋有机物的生物地球化学研究。

中国海洋物理化学研究，自80年代后，研究加快，在此阶段作出了重要成果，主要反映在分级离子/配位子交换理论研究、静电交换—分级离子/配位子交换复合模型理论、海洋中化学过程的介质效应、海水物理—化学性质研究等方面。90年代中期后，研究有较大进展，主要成果反映在海洋微表层富集机理研究、海洋中固液界面相互作用研究、海洋电腐蚀研究、浅海原油净化过程研究、南海海洋物理化学研究等方面。

海洋环境化学研究概况 该学科是从放射性污染调查开始起步的。70年代海洋环境化学的研究逐步深入，研究了中国近海各种污染物的含量、分布和迁移规律，污水排海的环境效应等。通过实验，研究各种海洋污染物以不同形式从大气和陆地进入海水、埋入海底沉积层、进入海洋生物体再返回大气、陆地的过程和运动规律；污染物随陆地流入海后在港湾、河口发生的物理化学作用等。尤其是在石油和有机污染研究，石油污染生化监理技术、排海污染物和海洋倾废的环境污染研究都取得较好成果。

与海洋环境化学密切相关的海洋有机化学正在迅速发展，它是一门研究海洋中有机物质的来源与组成、含量与分布、通量与循环、迁移与变化规律的学科。80年代后，研究进展加快。主要的研究内容为：总有机物研究；海洋腐殖质研究；碳水化合物、氨基酸和其它含氮物；类脂化合物和有机污染物。90年代后，研究主要集中在三方面：以碳和磷为中心的生源元素的生物地球化学研究；围绕碳水化合物、氨基酸、类脂化合物的有机地球化学研究；油类和合成有机污染物的检测和环境影响。

关于海洋放射性化学的研究也相当深入，90年代以来主要集中在海洋环境中天然放射性同位素的分布与应用、海洋环境中人工放射性同位素的分布与应用、海洋环境中稳定同位素的分布与应用几方面。

进入90年代以后，中国海洋环境化学的一些研究项目已纳入国际合作研究项目，一些项目已取得良好效果。其中有1992年全面开展的“全球变化中的中国近海环境变化”项目。

为支持与响应国际环境与发展研究，中国强化了陆源优先污染物对近海环境影响的研究。

其中，尤其是针对城市生活污水海洋处置(排海工程)、固体废渣海洋倾斜(海洋倾废)和富营养化以及合成有机物等的研究。 （刘安国　谢正侠）

1998～1999年，中国科学院海洋研究所承担海洋化学重大研究课题近20项，“马尾藻碘晶及海藻天然抗氧化剂的研究”对马尾藻碘晶及海藻天然抗氧化剂进行了深入的基础理论研究，摸清了马尾藻碘及海藻多酚的含量、分布特征、化学形态；建立并完善了产品的制备方法和中试生产工艺；进行了海藻多酚及马尾藻碘晶的毒理学试验、抗氧化效果试验、人体补碘实验及产品的稳定性实验等，并确定了产品质量标准。为产品的开发打下了良好基础。“防海生物污着多肽涂料研制及应用”提出了一种防海生物污着多肽涂料及制备方法。该涂料是以氨基酸为原料，催化剂磷酸作用下，高温聚合取得多肽酰胺，经水解得多肽乳浊液，分别与水性涂料基料和油漆基料及相应的辅料配制而成两类防生物附着涂料，适用于海水养殖网笼及海洋结构上，防海生物污着，提高水产品的产量与质量，减缓金属结构物在海水中的腐蚀速度。它具有无毒、高效、无污染、应用面广、成本低、价格便宜等优点。它是利用多肽干扰生物代谢和扼制生物碳酸钙沉积，以及阻止碳酸钙晶体的生长，从而达到防海生物污着。本产品属国内首创，在国际上居领先地位，具有巨大的市场开发前景。中国科学院重大项目“海洋环境中钢铁设施锌铝合金与有机覆盖层防腐蚀新技术研究”，研制了热喷涂锌、铝及其合金与其合金以及与有机覆盖层的复合防护方法，通过分析设计，室内外试验，电化学性能测试，腐蚀机理研究，最后从工艺、材料（合金线材）及现声应用和工程项目考核（例如船舶，钻井平台），得出在海上各种区域环境条件下的金属与有机复合覆盖层的最佳方案，从目前工程海上试验和应用看，有的已达10余年的防腐效果，远远超出了普通油漆的防腐方案，达到了国内领先水平。从试验的全面性和合金的含量范围看，甚至超过了国外同类技术。本技术首先可以在国内海洋港工设施、管道、钻井平台推广应用，是替代常用油漆与阴极保护防腐方法的新一代方案，并可在内陆等各个领域推广，作为新的长寿命防腐方法应用将产生重大的经济效益和社会效益。同时在海洋金属腐蚀与防护的理论方面进行了研究，出版了4部专著。如《海洋腐蚀环境理论及其应用》是中国科学院海洋研究所海洋腐蚀与防护研究室的科研工作者多年来所取得的科研成果的系统总结，主要探讨了海洋腐蚀与环境的有关理论及其应用，《海洋腐蚀与防护》上篇介绍了金属在海洋环境中的腐蚀行为及实验方法,下篇为海洋腐蚀控制理论及相关技术。《海洋腐蚀环境と防食の科学》广泛介绍了海洋腐蚀环境中金属的腐蚀机制等基础理论和港湾大型钢铁结构物的阴极保护工程应用实例，浓缩了著者从基础到应用的研究成果。

（练树民）

在东海冬夏两季总溶解无机碳的分布规律研究方面，目前中国对海水中溶解无机碳的研究测定开展很少，所用的测定方法一般为库仑滴定法。库仑滴定法处理双样数据的最小偏差为0.3 μ mol/kg，远优于用红外法处理双样的最小偏差2.2 μ mol/kg，所以，就目前的分析技术而言，库仑滴定法是最准确的方法。1999年，姬泓魏、刘辉、雷富采用库仑滴定法对东海海域冬、夏两季总溶解无机碳的分布规律进行了测定，认为：①东海冬季海水溶解无机碳主要受部分深层水上涌物理混合控制，而夏季除了受物理混合控制外，还受生物光合作用的影响。②在长江口附近冬夏季均存在明显的溶解无机碳梯度分布，其均受陆源排海的影响。但夏季无机碳含量普遍较低，可能是长江水入海量大于冬季的缘故。③冬夏两季的溶解无机碳的周日变化均表现出复杂性，与任何相关参数均未呈现出很好的相关性，这些都是由物理混合、生物、化学等多种因素共同作用下表现出来的一种合成结果。总的来看，考虑到环流的存在，台湾暖流对冬、夏两季东海海域影响面较大，具体表现为中下层高温、高盐水上涌起物理混合作用；另一方面，长江水的入海影响也不容忽视。第三，夏季的生物作用比冬季表现得更为突出。这些反映了东海海域水团和环流系统的复杂性。

（姬泓魏 雷 富）

【河口化学】 河口区活跃的生物地球化学过程，以及经河口入海的物质通量对近岸生态系的重要影响，使得河口化学继续在陆海相互作用研究中占据突出地位。近两年的研究重点仍以营养物质为主。

营养盐 沈志良讨论了包括河口在内的沿岸近海海域营养物质的输入和输出，强调开展沿岸近海营养物质收支动力学研究的重要性。郭卫东等根据中国近海尤其是河口水化学呈磷限制的特征，提出了潜在性富营养化的概念，在此基础上提出了一种新的富营养化分级标准及评价模式，并运用该模式评价了中国近海的富营养化水平。熊辉等讨论了鸭绿江口溶解无机氮、磷及硅的含量及分布变化特征，指出NO^{3} N、SiO_3^{2-}呈保守行为，PO_4^{3-}则表现出明显的再活化，而NO_2^- N、NH_4^-N在盐度小于5时浓度随盐度增大而增大，而在盐度大于5时，其分布又趋于保守。石晓勇、史致丽等利用黄河口悬浮颗粒物进行磷酸盐的吸附－解吸模拟实验，对该河口磷酸盐的缓冲机制进行了探讨，指出悬浮颗粒物表面对磷酸盐的吸附和解吸起较大作用。陈希青等模拟研究了上海市污水排入长江口竹园排污区时，污水－海水混合过程中磷含量和形态的变化，及其在颗粒物－海水界面的转移动力学。王保栋根据长江口及其邻近海域硝酸盐和硅酸盐的平面分布特征，发现除冬季外，长江冲淡水中的营养盐同时向两个方向输送，即向北或东北输入南黄海西南部及向南或东南输入东海，据此提出“长江冲淡水双向扩展”的观点。杨逸萍、胡明辉等研究了九龙江口$MgCl_2$可提取磷、NaOH/NaCl可提取磷、HCl可提取磷等不同形态磷的河口行为，并估算出生物可利用磷的入海通量约为517t/a，其中潜在生物可利用磷(PBAP)的贡献为溶解活性磷(DRP)的3倍。陈松、廖文卓等研究了九龙江口水体中1995年磷的转移及入海通量。张远辉等研究了1997年冬季小潮期间九龙江口盐度锋面及其营养盐的化学行为，发现九龙江口SiO_3^{2-}、$NO_3^- + NO_2^-$基本呈保守行为，而PO_4^{3-}则有明显的缓冲现象。彭云辉、王肇鼎等研究了珠江口伶仃洋水域的活性硅酸盐，指出硅酸盐与盐度基本呈保守混合，但枯水期存在生物转移；同时还估算了硅酸盐的输入通量。

有机物 王江涛等研究了鸭绿江口溶解有机碳的含量及分布变化特征，发现盐度大于1.6时其行为主要受海水稀释作用控制，而在盐度0~1.6的区域有明显释放添加，最大混浊带DOC的浓度最高，表明有颗粒有机碳转化为溶解有机碳。陈松等研究了九龙江口水体中1995年有机物的转移，表明水体总有机物的含量受悬浮物含量控制，盐度小于5时悬浮泥沙和有机物产生明显的絮凝沉降，而盐度大于5时接近于理想混合，指出溶解有机碳为水体有机物的主要形态，并估算了DOC的平均入海通量。蔡阿根、李文权等研究了九龙江河口及相邻海域颗粒有机碳的分布变化特征及与浮游植物生物量的关系。骆世昌、余汉生研究了珠江口水体中的BHC和DDT，发现该河口仍有它们的残留物存在，但含量未超过国家水质标准，受海水稀释作用影响，浓度从河端向外海逐渐降低。

痕量元素 任景玲等讨论了枯水期鸭绿江口溶解态铝的含量及其分布特征，表明在河海混合初期铝快速清除，其后则表现为与低浓度海水的简单混合，并认为悬浮颗粒物的吸附－解吸作用及胶态和有机结合态铝的絮凝是造成铝清除的主要原因。王琦、于志刚等测定了罗纳河下游近入海口处悬浮颗粒物中的钴、铬、铜、锰和铅含量，发现颗粒态痕量元素含量已受到罗纳河流域人文活动的显著影响。

常量元素 常量元素的研究集中在杭州湾和珠江口。张力军等指出，杭州湾的溶解态Ca^{2+}、Mg^{2+}、SO_4^{2-}及珠江口表层水样中K^+、Na^+、Ca^{2+}、Mg^{2+}、SO_4^{2-}主要受陆源径流与外海水物理混合稀释影响，基本表现为保守性，他们还将两河口中这些元素与盐度之比值与中国其他河口及大洋的相应比值进行了比较。陈国华等发现，杭州湾、珠江口海水中锶与硼均具良好保守性质，且主要来自湾外海水潮汐输入，并认为B/Cl比可作为近岸河口海水硼污染的一种指标。

密度和碱度 陈国华等采用磁力浮沉子密度测量装置，分别测定了杭州湾及珠江口海水水样的密度，发现测定值均高于相应条件下国际标准海水状态方程的计算值，指出高Ca^{2+}/Cl比、高碱度及高SO_4^{2-}/Cl比是造成两河口海水密度正偏差的主要因素，并首次给出了两河口海水密度的状态方程。李福荣等分别测定了杭州湾及珠江口海水的碱度和比碱度。杭州湾碱度高值出现在北岸上海石化总厂附近，丰水期受径流影响湾内海水比碱度显著增大，而枯水期湾内碱度和比碱度与盐度呈负相关关系。珠江口区自湾北到湾外碱度随盐度增大而增大，与盐度呈密切正相关。

（郭卫东　胡明辉）

【水－海底界面化学】 水－海底界面化学主要研究海水与沉积物之间物质的迁移、转化、循环及其通量大小。近年的研究以沉积物对重金属的吸附动力学为主。

陈松等模拟研究了厦门港表层沉积物对海水中Pb的吸附动力学及水环境条件的影响，指出吸附过程可用交换吸附动力学模式描述，沉积物对铅的吸附以化学作用为主。陈松等还模拟研究了长江口悬浮沉积物对铅的吸附动力学，发现沉积物的吸附性能与其氧化铁和有机物等活性组分的含量密切相关，盐度和pH对吸附产生明显影响，沉积物对铅的吸附性质与厦门港沉积物相似。田玉红等通过对南沙群岛海区表层沉积物与铜离子交换吸附作用的实验研究发现，铜离子在海水条件下与沉积物的交换吸附为一价阳离子交换，不同站位的沉积物对铜离子的交换吸附能力不同，铜离子在沉积物上的吸着行为存在着分级离子/配位交换反应。

陈松、廖文卓等发现，铁、锰在南沙海域沉积物间隙水中有明显富集，它们（尤其是锰）在沉积物－间隙水－海水之间的界面分配和转移与水深密切相关，与沉积物的氧化还原条件也有一定关系。陈淑梅等通过实验研究发现，在硫化物存在条件下，重金属在固、液两相间的分配主要受酸溶硫化物（AVS）影响，AVS决定了沉积物中重金属的化学活动性，AVS归一化沉积物中二价有毒金属可作为预测和评价重金属化学分配行为的有效方法。潘建明等研究了西南极海沉积物中硒的赋存形态及各形态之间的转换和迁移，发现具有再次进入上覆海水潜在能力的主要是有机结合态硒，他们还估算了硒的沉积通量及从沉积柱表面逸入上覆海水的扩散通量。林锦璇等通过溶液化学平衡反应模型理论定量研究了陆缘南海软泥水和底层海水中成矿金属的存在形式和沉析作用。王湘芹通过对太平洋CC区东区上覆水、间隙水、沉积物、结核中的环境参数和元素含量的分析，研究了成矿元素在界面间（上覆水－沉积物、间隙水－沉积物、上覆水－间隙水、沉积物－结核）的迁移变化规律。曾志刚等研究了大西洋中脊TAG热液活动区中热液沉积物的稀土元素地球化学，指出其稀土组成可在一定程度上反映热液流体的演化特征。

养殖水域海水－沉积物界面间的营养盐循环对海水水质有重要影响，近年来这方面的研究也颇受重视。丘耀文等分析了大亚湾养殖水域底层海水、上覆水、沉积物间隙水中营养盐的含量和磷的化学形态，并估算了各营养盐在沉积物－海水界面的扩散通量。

【海－气界面化学】 海－气二氧化碳界面过程及气溶胶和金属入海通量是近年来的研究重点。

张龙军等通过对东海冬、夏两季表层海水和大气二氧化碳分压的现场测定，发现冬季受垂直混合作用的影响，陆架区是二氧化碳的源，而黑潮水是二氧化碳的汇；夏季受生物活动的影响，陆架区水系是二氧化碳的汇，而黑潮及影响区域则成为二氧化碳的源。王伟强等分别研究了西太平洋及普里兹湾附近的南印度洋的海－气二氧化碳分压及碳通量，指出7° N以北，0° ～2° S、10° ～43° S及58° S以南的西太平洋海域为大气二氧化碳的汇区，其余则为源区；而普里兹湾附近的南印度洋总体上是大气二氧化碳的汇区，其碳通量平均为–310.0mg/(m^2 • d)，海气二氧化碳分压差与环流、水温、磷酸盐和叶绿素a的分布有很好的相关性。张远辉等研究了普里兹湾及邻近海域二氧化碳的分布及海气通量，指出表层水PCO_2的分布大致呈近岸低、远岸高的特征，其分布变化主要受生物活动控制；调查海域平均海—气二氧化碳通量为 $-71.9\ g/(m^2 \cdot d)$，进一步证实南大洋可能是全球重要的二氧化碳吸收区。

刘毅、周明煜研究了中国东部海域大气气溶胶的入海通量，表明每年沙尘气溶胶总沉降通量依渤海、黄海、东海及日本以南海域的次序减少，各海域春季的干沉降通量均占全年干沉降通量的40%以上。东海污染元素总沉降通量以春季最大，夏、秋季次之，冬季最小。刘昌岭、张经等指出，黄海海域大气尘土年沉降量最大可达到该海域河流每年泥沙输入量的38%，气溶胶中大多数元素的浓度存在季节性变化，并初步估算了这些元素在黄海海域的入海通量。陈立奇等研究了台湾海峡西部海域大气中颗粒金属的来源和入海通量，发现铁、铜主要来自地壳风化尘土，铅和镉主要来自污染源，而钠主要来自海水，来自大气中的铅、镉通量高于河流的输入通量。

张金良等对国内外学者近年来在大气干、湿沉降研究方面的工作作了较为系统的综述，重点讨论了大气沉降对海洋生态系统的影响，尤其是与河流输送量的对比，指出大气干湿沉降对某些海区的初级生产较之河流而言有不可忽视的作用。

（郭卫东　胡明辉）

海洋生物学
Marine Biology

【概况】 中国海洋生物学的研究有较长的历史，也有较好的基础。80年代初以前主要是从事基础研究，包括海洋生物分类、区系研究，海洋生态学研究和海洋实验生态研究。80年代中期后，由于中国开展了深海、远洋，尤其是南极和南大洋调查，海洋生物学研究内容丰富多采。随着中国海洋开发的掘起，形成规模的海洋产业后所出现的问题，研究的内容又更具应用性，新的学科不断涌现。如海洋微生物学，研究内容有大洋和南极微生物、海洋油污染的微生物降解、海洋微生物和其他生物相互作用等；再如海洋污损生物学，研究内容有电站冷却污损生物研究、海洋油田开发区污损生物、人工鱼礁和网箱污损生物、污损生物腐蚀机理等。这一时期基础研究也更加深化，提高了研究的层次。如海洋动物生理学研究中，在鱼类生殖内分泌生理学、海洋动物视觉生理学方面就有引人注目的成就；在海洋动物生化研究中，已分离出基础生化、水产生化和药用生化等几个研究领域，在海洋生物遗传学上也有很大进展。其中，海藻遗传研究已从80年代前以海带、裙带类的单倍体遗传育种拓展到褐藻、绿藻和红藻的遗传研究。在海产动物遗传研究方面，主要是开展了利用生物工程技术对海产动物的遗传进行改良。90年代以来，中国海洋生物学研究进入了新的时期。1991年，中国得到联合国全球环境基金和世界银行的资助，制定了中国生物多样性行动计划，相应地也制定了“中国海洋生物多样性保护行动计划”。随着中国政府于1992年在《联合国生物多样性公约》的签字，该行动计划迅速展开，并已取得显著成果。随着中国在大亚湾等港湾建立核电站，一门新兴的港湾生态学正在形成，国家已建立了中国科学院大亚湾海洋生物综合实验站。该实验站于20世纪90年代初经中国科学院批准正式向国内外开放。随着三峡工程等的建设，一门河口生态学正在出现。

这一时期，中国海洋生物学在初级生产力与新生产力、海洋生态与生物学、海洋生物灾害、海洋生物工程、实验生物学、养殖生物学、水域生物学等方面都取得了显著的成就。

中国海洋生物学的奠基人、学科开创者、前辈和当代著名学者都在基础学科上作出过重要贡献。他们是曾呈奎（中国海洋科学先驱者之一、中国海藻学奠基人）、刘瑞玉（甲壳动物学家、底栖生态学奠基人）、刘建康（鱼类学家、淡水生态学先驱者）、伍献文（中国海洋科学考察的先创者、鱼类学与水生生物学先驱）、赵法箴（水产养殖学家）、张福绥（贝类养殖学、海洋生态学家）、唐启升（海洋生态学家、水产养殖学家）、方宗熙（海洋生物学家）、朱树屏（海洋浮游生物学家）、郑重（海洋浮游生物学家）、朱元鼎（鱼类学家）、张玺（海洋生物学家）、费鸿年（鱼类学家）、吴宝铃（海洋生物学家）等。近半个世纪以来他们所开创的研究已取得了巨大的发展。

海洋生物学分类与区系　在海洋植物方面。中国的海藻研究，尤其是在经济海藻类研究方面成绩斐然，中国海藻学奠基人曾呈奎及其合作者基本上搞清了中国海域底栖藻类的种类、分布及区系特点，提出藻类系统发育的新论点和新的分类系统；编著了《中国经济海藻志》、《中国常见海藻》等专著。组织中国的海带、紫菜人工的栽培研究；协助生产部门建立中国褐藻胶工业。

张福绥长期从事贝类学研究，60年代研究海洋贝类分类区系。70年代从事贻贝增养殖生物学和幼体生态学研究，解决了建立自然苗场的关键技术，首先将贻贝育苗工程化，为中国其他贝类人工繁育和增养殖奠定了基础。80年代引进美国海湾扇贝，90年代引入墨西哥扇贝，均已形成产业化。唐启升在海洋生态系统与生物资源评估和管理、资源增殖和渔业生物学方面作出贡献，开拓了中国大海洋生态系研究，推动了中国海洋生态系统动力学研究的发展。

在海洋鱼类研究中，系统地研究了中国海区的鱼类，已发现中国海区的鱼类有1 200余种；基本上了解了软体动物的种类、形态、特征和地理分布等；在黄海和东海已发现的桡足类超过200种；在中国近海已发现的虾类超过300种，蟹类超过600种；在棘皮动物分类研究中，鉴定出海参纲40余种、海胆纲20余种、蛇尾纲约40种、海星纲约20种。在毛颚动物研究方面，中国近海各海区已发现29种型，占世界种型的2/5。对环节动物多毛类的研究，在渤海发现多毛类100余种，西沙和中沙群岛海域发现60余种。

鱼类分类研究工作开展得较早，同时还开展了海洋鱼类地理学的研究，这方面专著有《中国软骨鱼类志》、《黄渤海鱼类调查报告》、《东海鱼类志》、《南海鱼类志》、《南海诸岛海域鱼类志》等。

中国动物志出版，1993～1995年已经完成15卷。物种多样性研究成绩斐然，内地和香港特别行政区及台湾省40个单位、132名科学家对1970年以来中外学者在中国海域记录的物种进行全面、系统研究和审定，从细菌至兽类，共确认20 278个物种，每种含中拉学名、同种名、分布、根据文献和隶属的分类系统。《中国海洋生物种类与分布》一书于1994年出版。

海洋生态学研究概况 从50年代开始，中国学者对港湾污着生物群落的钻孔生物群落的种类、形态、数量及个体生态和群落生态，进行了系统的研究。其成果对防腐蚀和污损的研究起了重要作用。到了60年代，已基本掌握了中国近海各海区浮游生物和底栖生物的分布和数量变动规律、群落区系特点及其与海区水系关系。

在个体生态学研究方面，对主要捕捞对象进行系统调查研究，对其生活习性、生殖习性以及洄游规律有了比较深入了解。

海洋生态学和生物学研究，90年代以来主要的研究有：胶州湾生态学和生物资源研究；南沙群岛及其邻近海区海洋生物多样性与生物资源研究，珊瑚生态系统多样性的研究、功能与恢复机制研究；大亚湾核电站试运行阶段生态调查研究；大亚湾海洋生物研究；珠江口海洋生物研究；南海水产生物研究；南海海洋生物研究；大洋沉积物中细菌及其在锰氧化原中的作用的研究等。

刘瑞玉是中国海洋底栖生物生态学研究的奠基人，在海洋底栖生物生态学、甲壳动物生物学分类学基础研究和中国对虾养殖应用研究中均作出重要贡献。首次发现黄海冷水性生物群落，首次搞清对虾生活史。

海洋生物工程和实验生物学研究概况 到80年代中期，在主要经济海产动植物的实验生态学研究方面有了显著进展，其中海带、紫菜和对虾、贻贝、扇贝、合浦珠母贝大珠母贝，以及梭鱼、牙鲆等数十种鱼的实验生态学研究较有成效，成功地解决了育苗培育、育珠技术和人工养殖技术，并获得了经济效益。海洋生物学家已经对海洋生物种类的组成、生活习性、季节变化、分布和移动与海洋环境关系等方面进行系统研究，并开始生态系研究。

徐洵在海洋生物基因工程研究上作出重要贡献。80年代中期在国外，曾利用DNA重组技术在研究生物功能蛋白的起源上有新发现，从而深化了对分子进化的认识。90年代初创建中国最早的海洋生物基因工程实验室，主要从事“鱼生长激素基因工程”、“海洋环境病毒污染检测的生物技术研究”、“对虾白斑杆状病毒的分子生物学研究”、“对虾白斑杆状病毒的分子生物学研究”、海洋基因工程等方面的研究。1999年，徐洵领导下的实验室在国际上率先完成对虾白斑杆状病（WSBV）基因组DNA的全序测定，建立了对虾白斑病毒基因检测技术。

1987年中国科学院海洋研究所实验海洋生物开放实验室建成并对外开放。1995年联合国教科文组织中国海洋生物工程中心在青岛海洋大学海洋生命学院成立。国家海洋局海洋生物工程重点实验室历时6年筹建，1997年建成后对外开放。这些机构的建立与开放，均加速了该领域的研究进程。

海洋药物学研究概况 海洋药物学是一门研究海洋药物资源、海洋生物活性物质的贮量、分布、作用，以及作为药物系统的研究与开发，同时也包括药物工艺工程化研究的学科。现代概念的海洋药物系指来自海洋生物资源和矿产资源的药物。但就当代的研究与开发来说，主要还是侧重于海洋生物资源。当前海洋药物研究的内容包括：海洋现代药、海洋中药及中成药、海洋卫生材料、海洋保健食品及海洋药用添加剂等诸方面。这是一门跨学科的新兴学科，它既是海洋资源化学发展的一个重要的分支学科，也是为海洋生物资源和海洋矿产资源深层次开发而发展起来的一门新学科。

中国对海洋药物的现代研究始于60年代前后，但发展相当迅速。1980年在中国药学会中成立了“海洋药物学术组”；1981年创刊了在中国乃至于世界上也是惟一的海洋药物专业性的杂志，现名为《中国海洋药物》；一些专业研究机构在沿海各大城市，甚至是内地城市相继建立；学术活动也十分活跃。相关的学术会组织如“中国海洋湖沼学会药物学分会”、“中国航海医学会海洋生物工程专业委员会”、“中国生物工程学会海洋生物工程专业委员会”等先后建立。一些海洋制药的企业陆续扩大规模，一些新上的海洋制药企业也投入生产。其中有中国较早成为海洋制药企业的青岛第三制药厂、山东省海洋药物研究所制药厂、厦门海洋渔业公司（海洋保健食品）等。

青岛是中国海洋药物较早的研究与生产基地，山东烟台、莱州，以及广东、广西、江苏、浙江、辽宁、福建、海南、上海、北京、河北，甚至在四川、湖北、黑龙江都有一批从事海洋药物生产的企业。在一些企业、研究单位，甚至在一些县也成立了海洋药物研究的重点基地、实验室和研究机构。如青岛第三制药厂建立了“国家海洋药物工业中试基地”，中国科学院海洋研究所建立了“藻类基因工程实验室”，山东省长岛县建立了“长岛海洋药物研究所”等。

在一些高校也组建了相应的专业、系、所、中心等研究机构。除青岛海洋大学外，还有中国药科大学、中山大学的海洋药物化学系、附设于南京中药医药大学中的“江苏省海洋药物工程研究中心”、清华大学“海洋生物技术研究发展中心”等。

1999年底，国家海洋局第三海洋研究所和青岛海洋大学合作，共同开展了海洋药源资源库和基因库的构建。业已收集保存大量海洋微生物菌种，其中包括具有药用价值和菌种和深海、南极、北极菌种。在海洋药源生物基因库建设上，已提取了珊瑚、对虾、原生动物等的染色体DNA和mRNA，并构建了包括深海、极地微生物在内的基因文库。在海洋药源生物信息库的建设方面，目前已完成信息库基本框架的构建和计算机编程工作。

在海洋药物的研究中，青岛海洋大学是一个重要的研究中心，其成就十分显著。中国工程院院士、青岛海洋大学校长、华海药业集团董事长管华诗曾研制开发“PSS”（藻酸双脂纳）等新药，早期主持青岛海洋大学“海洋药物与食品研究所”。1995年在海洋大学多个海洋药物研究机构的基础上，组建成“国家海洋药物工程研究院”，1996年经国家科委批准，以青岛海洋大学为技术依托组成“国家海洋药物工程技术研究中心”，其中设在山东无棣的富施特螺旋藻养殖基地在1997年7月建成，7种产品已投入生产。

在海洋药物教学上，青岛海洋大学在原水产品贮藏与加工硕士点、博士点基础上，1996年新增生药学（海洋药物）硕士点。

在海洋药物的研究中，开发新型海洋药物的基础是海洋生物活性物质。进入20世纪80年代后，由于分子光谱、核磁共振波谱、高分辨质谱、高压液相层析、单晶X衍射等精密仪器的应用，使微量复杂的海洋生物活性物质得以快速分离和鉴定，从而加速了一批批海洋生物活性物质的发现。30余年来，学者们集中对海洋藻类、海绵动物、棘皮动物、腔肠动物、被囊动物、软体动物以及微生物进行了广泛研究，从中分离和鉴定出大批的新型化合物和各种生物活性物质。在国内，现已从海洋生物中发现上百种新化合物和海洋生物活性物质。其中，海藻硫酸多糖、二倍半萜、内酯二萜、环二肽、藻胆蛋白、EPA和DHA、鲨骨素、甲壳素及其衍生物、海洋毒素等，经药理证明有抗菌、抗病毒、抗肿瘤、抗放射、防治心血管疾病等作用。临床上已经应用的“准”字号海洋药物已有多个(藻酸双酯钠、甘糖酯、河豚毒素、多烯康、甘露醇烟酸酯)，“健”字号药用品也达数十个。除海洋药物外，国内外利用海洋生物研究和开发的海洋保健品已形成多种系列，如鱼油系列、水解蛋白系列、海藻系列、贝类系列等。

此外，以基因工程等生物技术为手段，进行有价值的海洋生物活性物质基因分离，培育新的活性物质转基因生物，或培育药用活性物质含量高、生长快、抗病强的海洋生物，以解决原生海洋生物中生物活性物质微量存在造成的药源不足问题。

在海洋药物研究中，中国在海洋中药和中成药的研究与开发也是很有成就的，主要有植物类海洋中药、动物类海洋中药、矿物类海洋中药和海洋中成药。此外，在海洋保健食品方面，也在不断的开发中。 （刘安国　谢正侠）

1998～1999年，中国科学院海洋研究所在海洋生物学方面承担国家、中国科学院、省部及其他重要研究课题近50项，如：国家攻关专题“海洋资源综合开发利用关键技术研究”选出9603和9612两种富含n-3PUFA的微藻；确立了微藻高效培养工艺条件；完成了中试试验；取得了用超临界技术萃取藻体中n-3PUFAs的各种工艺参数，提取率达80%，产品中PUFA的含量为35%；并开发出“含EPA或DHA的海洋微藻胶囊”具有广阔的产业化前景。“殖新品种的引进、驯化研究”在青岛市科委的支持下，将原产于拉丁美洲的太平洋沿岸的蓝对虾引入中国，开展了人工繁殖试验。经研究和一系列技术处理，培育出南美蓝对虾虾147万尾，且虾苗健壮，活力强。该工作在亲虾运输、检疫、促熟、交尾及幼体培育过程中进行了系统研究，为下一步工作打下了良好基础。

1999年出版的科技专著《中国近海的放射虫》概括了中国近海放射虫生态学和分类学的研究成果。生态学方面，介绍了黄海、东海和南海沉积物中的放射虫数量分布，黄海、东海和南海西沙群岛浮游生物中的放射虫数量分布与季节变化；讨论了东海和南海放射虫数量分布与环流系统的关系以及与海底火山的关系，冲绳海槽地层岩心中的放射虫与古环境关系；统计结果表明，南海放射虫对水体环境有一定敏感性，对反映水团性质有一定的指示意义。在分类学方面，记述了放射虫3目53科238属541种，含5新种和新记录75种，讨论了放射虫分类的系统问题，对近海的放射虫区系作了详细分析，认为黄海、东海与南海区的放射虫区系属太平洋浅水区系或可再下分为黄东海与南海两个亚区系。《海洋生物技术》专著于1998年12月正式出版。该专著由曾呈奎院士和相建海研究员主编，组织国内从事海洋生物技术研究与开发的学者，分别就如何以高新技术改造传统的海水养殖业，如何冲出当前病害蔓延、效率不高的困境，促进中国海水养殖健康持续的发展，如何高效地筛选具有开发价值的海洋生物，如何利用生化工程、基因工程等开发天然产物、海洋药物，如何进行海洋环境与资源多样性的保护等各分支领域进行了描述。充分反映了国内外海洋生物技术发展的动态和重要成就，预测了今后的趋势。

在海洋生态与环境保护方面承担重大科研课题十几项，均取得了突出成绩。如国家“九五”科技攻关专题“海水养殖系统养殖容量与优化技术研究”研究了浅海筏式养殖系统的营养动力学模型、基础生产力和供饵力、贝类生理生态学特征及其与重要环境因子的关系、浅海网箱系统中鱼类养殖对环境的影响；建立了浅海养殖系统养殖容量评估体系，评价了浅海养殖系统的养殖容量，并优化出贝藻轮养、扇贝离岸养殖等养殖模式。“海水养殖系统养殖容量与优化技术研究”围绕建立海湾生态系统养殖容量评估指标和养殖环境质量评价体系，提出了海湾复合生态系统养殖优化技术、优化示范海湾养殖容量产量－产值－效益等内容开展了大量的研究工作。在内湾养殖容量的研究方法及养殖容量估算模型的建立、贝藻多元化养殖优化技术、梭子蟹笼养技术以及环境恢复生态调控技术等方面有较大的突破，在生产应用中获得了较好的经济、社会效益。“潮带养殖系统养殖容量与优化技术研究”以潮间带海水养殖区重要的养殖种类菲律宾蛤仔为研究对象，以胶州湾潮间带养殖区养殖容量和养殖优化技术为研究重点进行了系统研究。完成了潮间带养殖系统沉积环境生态评价，有机质含量较高的砂－粘土型底质是蛤仔生长适宜环境；确定了潮间带养殖系统的供饵力，建立了蛤仔生长模型，并在此基础上估算了养殖容量，提出了优化技术；建立了潮间带养殖环境评价指数，评估了养殖区环境质量，首次提出了潮间带养殖区卫生质量分级标准；监测了蛤仔体内赤潮毒素、重金属、石油烃、农药和微生物的含量，提出了贝类洁净生产技术。优化技术后的实验区贝类产量较对照区增加10%以上。“滩涂池塘养殖系统养殖容量与优化技术研究”研究了滩涂池塘以对虾为主的封闭式综合养殖优化结构和养殖管理、滩涂池塘几种养殖模式的养殖容量，以及邻近海域对封闭式综合养殖池塘容量。其中三元综合养殖模式使养殖的总产量提高了28%，对浅海的污染降低了90%；防治对虾白斑综合症的预防技术也获得了生产性效果，为对虾暴发性流行病防治开创了一条新途径。

（练树民）

【海洋生物学主要研究课题】 皱纹盘鲍幼虫附着变态诱导的研究 国家海洋局第一海洋研究所研究员吴宝铃等，在国内率先开展足粘液对皱纹盘鲍幼虫附着变态诱导的研究。采用正交实验，分析研究了足粘液、KCI、GABA3 种诱导物质对皱纹盘鲍幼虫附着和变态的相互作用。结果表明，成鲍的足粘液对同种面盘幼虫的变态有极强的诱导作用。幼虫对变态诱导剂的反映与幼虫的发育阶段有关，幼虫变态率对变态诱导剂的反映也与幼虫的发育阶段有关，幼虫变态率与变态诱导剂的浓度有关。大部分幼虫在同种成鲍足粘液上附着和变态，足粘液诱导幼虫变态与环境中K^+有关。此项研究使幼虫附着、变态率提高40%。皱纹盘鲍足粘液对幼虫有极强的诱导效应，为开发新的高品质的诱导剂提出了新思路。

主要海水养殖贝类病害学研究 国家海洋局第一海洋研究所研究员王文兴等，完成了：①扇贝病害研究：在野生和养殖的栉孔扇贝消化腺管上皮细胞内发现衣原体样原核生物感染，并利用泛影葡胺密度梯度离心技术将病原体纯化。这在国内外文献中未见报道。同时证实，国外发现的海湾扇贝衣原体样生物感染在我国养殖的海湾扇贝中同样存在。据此，并结合有关分析初步提出，细胞内衣原体原核生物感染导致的病理变化可能是养殖扇贝暴发性死亡的基础条件，环境条件恶化会起到推波助澜的作用，而其他病原体的继发感染也会加速死亡。②皱纹盘鲍病害研究：首次在皱纹盘鲍的外套膜、腮、消化道等部位的结缔组织细胞和血淋巴细胞中发现2种可疑病原体，即球状的病毒样颗粒和立克次体样原核生物。同时，初步探索了以PCP技术检测立克次体的可能性。

上述两类病原体的感染可能是导致皱纹盘鲍抗逆能力下降，并最终大量死亡的重要原因之一；③贝类免疫性及研究技术：利用与法国海洋开发研究院合作研究的机会，对双壳类血淋巴细胞进行了全面分析。

（路应贤）

东、黄海生态系统动力学与生物资源持续利用 该项为国家重点基础研究发展规划（“973”项目），国家海洋局第二海洋研究所的苏纪兰院士为科学顾问，中国水产科学院黄海水产研究所唐启升为首席科学家。项目以东、黄海陆架区海洋物理过程与生物过程相互作用和耦合为核心，以主要资源种群为对象，针对资源关键种能量流动与转换、浮游动物种群的补充、生源要素的更新、关键物理过程的生态作用、水层与底栖系统耦合和微食物网的贡献等关键科学问题开展多科交叉综合研究。拟在东、黄海生态系统动力学关键过程和生物资源补充机制研究上取得突破，为建立中国近海可持续发展的生态系统、合理的渔业管理体系和负责任的捕捞制度提供科学依据。

（孙煜华）

珠母贝多倍体育种及养殖研究 此项研究是国家“863”计划819主题的重大项目，研究经费共300万元，1996年开始，2000年结束。课题的研究目标任务是开发珠母贝多倍体诱导技术及一系列配套技术，研究多倍体产生机理及其遗传学基础，观察珠母贝三倍体生物学特性及生产性状，提高三倍体诱导率，开展珠母贝直接诱导三倍体的种苗生产技术，贝苗养成技术以及三倍体育珠的生产性中试，进行人工诱导四倍体的研究，培育出四倍体成贝，以实现四倍体和二倍体交配产生百分之百的全三倍体的育种途径。为进一步促进中国海水养殖事业的发展作出贡献。

通过诱导处理条件和方法的研究，提高了直接诱导三倍体的诱导率，早期胚胎的诱导率一般达到90%以上，成贝的三倍体比例超过60%，并筛选出高效低毒的新诱导剂6-DMAP。通过珠母贝三倍体的生殖腺发育、生长、死亡率、不育性、同工酶表达及杂合度与生长关系研究，探讨了三倍体的生物学特性及其遗传基础，通过人工诱导四倍体以及非整倍体产生研究，探索了四倍体和非整倍体产生的条件、机理，并培育出四倍体成贝。这是珍珠贝类最早培育出四倍体，也是国内最早培育出四倍体贝类和最早报道非整体成贝的存在。在直接诱导三倍体的生产性育苗中试中，连续两年在48m^{3}水体中培育出三倍体处理组贝苗共4 000余万只，达到40万只/m^{3}的高水平，三倍体诱导率达到90%以上。在三倍体贝苗养成中试中通过近二年的海上养殖，三倍体组的壳高、体重比二倍体对照组增加13.5%和24.9%，插珠率提高22.0%。三倍体育珠生产性中试正在进行中，但从目前初步检查结果来看，三倍体组的留核率、成珠率、珍珠大小都明显超过二倍体。

（姜卫国）

南沙珊瑚礁生态系统结构与功能研究 在“九五”南沙综合科学考察项目中，拟定了“南沙珊瑚礁生态系统结构与功能研究”的专题，其目的是研究南沙群岛海区珊瑚礁生态环境中生物体中元素为分布、迁移，借此提供主要生物元素的循环模式及其在生态环境中流量框架图像。

对渚碧礁生态系统环境及生源要素C.N.P.的生物地球化学循环研究中，表明礁内外理化因子分布存在差异，尤其是礁内理化因子时间变化较礁外具显著差异；在生源要素C.N.P.的迁移转化发现礁栖海洋生物中的C.N.P.含量要比水体中高得多；在生物体中元素含量高集系数与海水中相应元素含量的比值，是反映生物与海水之间物质迁移循环的一个重要参数；在珊瑚礁生态系食物链营养级的升高其主要生物元素大多呈衰减趋势，可说明生物元素沿海洋食物链的放大累积是不成立的；对生物体元素的相关分析表明，许多元素具有较好的相关关系，这反映了元素物化性质对其在生物体中分布的影响。

1999年4月对南沙群岛渚碧礁珊瑚礁的调查，在礁上现场工作9天是历来现场调查观察最长的；同时采用微量元素分析、有机碳同位素分析、质谱分析和海水痕量金属分析等方法是历来较全面测试分析。

（陈清潮）

海洋环境微生物学研究 海洋环境微生物学是环境科学、海洋科学及生命科学中最为活跃的学科之一，受到国际、国内的高度重视。近年来，厦门大学海洋微生物学研究小组瞄准国际研究前沿，力求创新，注重新技术新方法的应用，率先在国内采用AODC、DAPI技术测定海洋环境中的细菌丰度，^{3}H-thymidine组入DNA、^{14}C-Leucine及^{3}H-thymidine组入Protein法测定细菌生长速率和生产力，FMS法测定细菌胞外酶活性，Microtox法测定海水急性毒性，以脂肪酸标志物测定沉积物中细菌生物量和种群结构，用DNA探针快速鉴定菌、藻新种。由于这一系列新技术的尝试与应用，已形成了鲜明的特色，主要应用于微生物的生态过程与海域生产力的关系、水产养殖动物的病害与防治、有害污染物的微生物降解与治理研究。在这些研究的基础上，提出了微型生物净化环境，特殊细菌指示上升流，海洋污染的生物修复作用，以及以菌治藻和菌治菌的生态防病、防毒的新见解。尤其是微生物食物环(microbial loop)的研究工

作，直指国际研究前沿。在环境生物整治技术和水生动物微生物疾病的控制方面也崭露出良好的应用前景。（郑天凌）

甲壳动物生物学 在锯缘青蟹[*Scylla serrata* (Forskal)]染色体研究中，厦门大学锯缘青蟹课题组应用经改进后的染色体研究技术（包括C-带技术、银染技术），以锯缘青蟹精巢为材料，对锯缘青蟹染色体的数目、大小、形态进行了研究，对有丝分裂中期染色体和减数分裂二价体进行了核型分析，同时还研究了青蟹减数分裂I过程中染色体的行为、核仁的变化，主要结果如下：

（1）锯缘青蟹染色体数目为：$2n = 98$, $n = 49$。青蟹有丝分裂中期染色体呈点状、块状和可进行核型分析的形状；染色体大小变化范围为0.6～3.1 μ m；染色体核型为2N = 40 M + 22S M + 36T，NF = 168。减数分裂二价体呈块状和短棒状；大小变化范围为1.4～3.8 μ m；二价体核型为N = 42 M + 3 SM + 4T。

（2）青蟹减数分裂I前期染色体行为相当复杂，可分为细线期、偶线期、粗线期、双线期和终变期。减数分裂I过程中核仁的变化是因不同时期细胞对核糖体的需求不同所引起的。精子发生存在区域同步现象，这与青蟹精巢的组织学研究结果一致，这种区域同步现象在十足目动物中广泛存在。

（3）应用银染和C-带染色对锯缘青蟹染色体进行研究。青蟹二价体Ag-NORS存在多态性，数目为1～7个，其最多数目与间期核仁的最多数目一致。有一条二价体始终具Ag-NORs，可作为细胞遗传标记。银染阳性部位与C-带染色强阳性部位基本一致，这些部位就是核仁组织区。

（4）本研究未发现异形性染色体。

（王桂忠）

中华绒螯蟹眼柄神经分泌结构研究 中华绒螯蟹是中国重要的经济蟹类，其眼柄内分布有内分泌结构，能分泌多种激素，对其生理功能有重要的调控作用。对中华绒螯蟹神经内分泌结构，以及摘除眼柄后对其肝脏和精巢的结构和氨基酸含量的影响进行了系统的观察。结果如下：

（1）中华绒螯蟹神经内分泌结构。中华绒螯蟹神经内分泌结构由神经内分泌细胞和其轴突末梢汇集而成的窦腺构成。显微和超微结构观察表明，神经内分泌细胞有5种类型，神经内分泌细胞多集群分布，分布在眼柄神经节的内髓和外髓；窦腺是由神经分泌细胞轴突末梢聚集而成，呈椭圆囊状，位于内髓与端髓之间侧面。窦腺壁由结缔组织膜和胶质细胞构成。轴突末梢内为电子密度高的分泌颗粒，根据颗粒的大小、形态和电子密度特征，将轴突末梢分为5种类型，窦腺内的激素颗粒多为圆形、椭圆形，也有变形颗粒如棒状、多边形颗粒。

（2）摘除单侧眼柄对中华绒螯蟹肝脏和精巢结构的影响。中华绒螯蟹肝脏由4类细胞构成，即吸收细胞、储存细胞、分泌细胞和胚细胞。摘除眼柄后，与对照组比较，组成其肝脏细胞的种类未变，而肝脏细胞的组成发生了变化，分泌细胞明显增多，储存细胞明显减少；一秋龄幼蟹精巢中生殖细胞有精原细胞、初级精母细胞、次级精母细胞、精细胞和精子。摘除眼柄后，精巢发育加快，精子数量明显增多，而且精巢发育同步性提高。超微结构观察表明，组成肝脏和精巢同类细胞在摘除眼柄前后未发现有区别。

（3）摘除单侧眼柄对中华绒螯蟹肝脏和精巢氨基酸含量的影响。利用氨基酸自动分析仪分析了中华绒螯蟹肝脏和精巢氨基酸(除胱氨酸和色氨酸未测外)的含量。摘除眼柄后，组成肝脏和精巢氨基酸的种类没有变化，而含量发生了变化。与对照组比较，摘除眼柄后，肝脏中16种氨基酸除蛋氨酸外，其他种类氨基酸含量相对较低；而在精巢中，除蛋氨酸外，其他种类氨基酸含量相对较高。（康现江）

海洋动物分类 卵形鲳鲹和布氏鲳鲹分类性状的研究：卵形鲳鲹（*Trachinotus ovatus*）和布氏鲳鲹（*T. blochii*）外形相似，内地和台湾省的地方名均称为黄腊鲹、红衫、金鲳或黄腊鲳，有些专著和论文指出这两种鲳鲹为同物异名，但它们在海水网箱养殖时表现出不同的耐温特征。为此，厦门大学海洋与环境学院海洋系张其永和洪万树与台湾中央研究院动物研究所邵广昭合作对海水网箱养殖的卵形鲳鲹和布氏鲳鲹进行了形态分类的比较研究，从计数性状和量度性状以及骨骼系统鉴别种间差异，证实这两种鲳鲹是同属中的不同种。（洪万树）

海洋生态研究 （1）台湾海峡初级生产过程及其调控机制研究。厦门大学环境科学研究中心采用生态学研究方法和国际上研究初级生产力的最新手段，从海洋水文、化学、生物等多学科交叉入手，全面地研究台湾海峡初级生产过程及其调控机制。除进行水文、化学、浮游生物等常规项目的观测外，还重点进行了浮游植物生物量和生产力的粒级结构、光产品结构、光合色素组成、细菌生产力及异养活性、浮游动物对浮游植物的摄食率，中小型浮游动物和微型硅藻以及脂肪酸、甾醇对POC来源的指示作用等研究，取得了多项有创新性的成果。在国内首次比较系统、全面地开展海域初级生产过程及其调控机制的专题研究，提出了在较大的时空尺度上，该海域初级生产力主要受水动力及所输送营养物质，尤其是磷补充的调控，而在较小的时空尺度内，浮游动物的捕食、细菌对有机碳的转化则起重要作用；首次揭示了台湾海峡微型和微微型浮游植物对海域浮游植物生物量与生产力的贡献高达80%，北部以微型为主，南部以微微型为主，营养盐及水系的影响是造成南北差异的主要原因；用自行建立的特征光合色素、脂肪酸和甾醇为生物标志物的生物标志物方法，指示该海域浮游植物类群组成及物质循环，并定量标志了POC的来源与时空变化；建立表层叶绿素和水柱叶绿素的定量关系，并初步建立了现场数据经验关系－遥感技术相结合模式。该研究成果为该领域的生物资源评估、开发与管理提供了科学依据，并为开展海峡两岸及东南亚地区区域海洋科学研究领域的进一步合作奠定了良好的基础。（洪华生 黄邦钦）

（2）香港与厦门港污染沉积物对比研究。该课题由厦门大学环境科学研究中心洪华生教授主持，与香港科技大学研究中心合作完成，取得如下成果：①首次全面、系统地研究了有机污染物（包括饱和烃、长链烷基苯、多环芳烃、含氯农药和多氯联苯等）在香港维多利亚港和厦门西港沉积物中的分布特征、来源和变化过程。研究结果证明，香港维多利亚港的有机污染物主要来自当地的输入，且石油烃污染相当严重，农药含量较低，而厦门西港沉积物中的石油烃污染较轻，但残留农药如DDT的含量较高，DDE/DDT比例表明还有近期输入的残留；②自制模拟装置，在实验室对沉积物磷循环进行了比较深入的研究；③采用先进的生物标志物手段（脂肪酸、甾醇等）示踪污染物的来源及变化，研究认为可用粪甾醇来指示生活污水的影响范围和程度；④探讨了微生物生态、大型底栖生物生态和底栖硅藻与沉积物和水体污染的关系；⑤从港湾的生态环境特点探讨了填海工程的影响。研究成果在国内外学术刊物和学术会议上发表或交流，于1996年与香港科技大在香港成功地办了“亚太沿海环境科学和管理国际会议”，于1997年出版专著《香港和厦门西港污染沉积物研究》，并获得1998年国家教育部科技进步三等奖。

（王新红）

达尔文启动性项目 （1）青岛海洋大学英国达尔文实验室。青岛海洋大学英国达尔文实验室于1999年6月正式成立，是以达尔文启动性项目为基础建立起来的。其主要功能是以专门从事生物多样性研究的科学家为核心，通过对自然环境尤其是海洋环境生物多样性的监测，对环境与健康进行科学评价，提高公众的环保意识，同时负责培训研究人员，承担环境保护方面的检测与评价工作。

（2）达尔文启动性项目。目前进行的达尔文启动项目是与英国赫里奥特－瓦特大学（HERIOT-WATT UNIVERSITY）的国际合作项目，1999年4月1日正式启动，本项目主要研究山东省，尤其是青岛沿岸海洋细菌多样性。通过达尔文启动性合作科研项目使青岛海洋大学研究海洋细菌多样性的能力进一步提高，达到国际先进水平，进一步进行山东沿岸微生物学研究及沿岸海洋细菌多样性研究，并通过培训将其先进技术手段传输给其他研究者而扩大其影响力。青岛海洋大学将首先建立山东沿岸代表性水域细菌的菌种库及数据库，它还可以向其他中国科学家提供菌种及资料。并计划于2001年在青岛举办“中英海洋细多样性学研讨会”。（李筠）

对虾苗期细菌症状的诊断与控制 欧洲联盟第三个研究与技术开发框架计划中，专门安排有欧洲联盟成员国的科学家与发展中国家的科学家国际合作研究经费。

青岛海洋大学海洋生命学院徐怀恕教授，与比利时根特大学微生物研究室 Dr. Jean Swings 教授、水产研究室Dr. Patrick Sorgeloos 教授、英国赫里奥特-瓦特大学Dr. Brian Austin教授及厄瓜多尔中央水产研究所Dr. Jorge Calderon 教授联合申请欧洲联盟国际合作科研项目“对虾苗期细菌病害的诊断与控制：养殖水体、环境条件、养殖技术与虾苗健康的关系”。申请书经过专家评审及欧洲欧盟科学委员会讨论获得批准。合同号为：TS3-CT94-0269。中方的合作单位还有莱州市大华水产有限公司。

课题的研究工作于1994年6月1日至1997年5月31日进行，现场实验研究工作在山东省莱州市大华水产有限公司进行，室内实验研究工作在青岛海洋大学海洋生命学院海洋微生物研究室进行。经过30余位教师、研究生及工程师、技术工人3年的刻苦钻研，认真实验及资料整理工作，完成了预定的研究任务，于1999年4月由海洋出版社出版了研究论文专辑——《对虾苗期细菌病害的诊断与控制》一书。成果于2000年1月28日通过了教育部主持的专家鉴定，其研究成果达到国际先进水平。

这项国际合作科研的特点及成果是：

（1）与发达国家合作研究，中方专家组与比利时、英国、厄瓜多尔等国的包括水产学家、细菌学家、免疫学家、营养学家及化学家在内的多学科的科学家共同进行研究。直接利用国际上先进的技术理论、实验条件，数据可靠。

（2）从水质的理化因素、微生物区系、致病菌、组织病理特性、病原菌的快速诊断技术、疫苗、有益微生物、营养以及育苗技术等多个角度，对中国对虾育苗期细菌性病害进行了全面系统的研究。①通过对水质理化因素和虾体自身及周围生物因素与虾苗健康的关系的综合研究，提出减少育苗过程中化学药物尤其是抗生素类药物的使用，对维持养殖环境微生物区系的正常水平、降低环境污染、提高虾苗的健康水平、培育高质量的虾苗具有重要的意义。②建立了快速检测病原菌的ELISA技术、荧光抗体诊断技术等一套快速灵敏的虾病监测、诊断技术。在研究过程中，还就对虾工厂化育苗技术进行了总结和改进，提出了改善育苗系统、使用有益微生物、优化养殖生态环境、培育健康虾苗的新思路。

（3）研究成果的主要新结论：证明哈维氏弧菌（*Vibrio harveyi*）为中国对虾幼体细菌病的病原，该菌株的致病力较强，口器是主要传播途径。首次提出溶藻胶弧菌(*Vibrio alginolyticus*)在育苗期间不是致病菌，从某种意义上说，溶藻胶弧菌是中国对虾苗期的有益菌的新结论，并提出了以人工调节有益菌的数量来抑制病原弧菌的生物防治措施，从而达到减少或不使用抗生素防治苗期虾病的看法。

还探索了对虾免疫机制、疫苗防病以及应用有益菌对改善养殖水体微生物区系、改善水质、提高虾苗健康水平的作用。

（4）该项研究取得了全面详实的技术资料，获得了高水平的研究成果，达到了国际先进水平。其研究成果，对国内对虾工厂化育苗技术的进步以及对虾养殖业的发展也将会起到积极的推动作用。

目前，欧洲联盟正在执行“科学与技术开发第五个框架计划”，其他国际机构都有与发展中国家的合作科研项目；另外，中国还与许多国家签定有科技合作协议。 （李 筠）

湛江海洋大学重要科研项目 （1）合浦珠母贝种质资源的研究。该项目主要从形态水平、染色体水平、蛋白质－同工酶水平和基因水平，系统地分析了北部湾和大亚湾两个种群的异同，结果表明：①壳高与壳长、壳宽与壳长分别呈乘幂和对数相关关系；壳重指数为17.02～44.38，平均25.22；壳宽系数0.07～0.20，平均0.13。北部湾种群个体较大亚湾略大，但壳宽系数与壳重指数都较小。②合浦珠母贝核型公式为2N = 28 = 16m + 6sm + 4 st + 2t，NF = 50。但在染色体排序方面表现出较明显的群体差异。③蛋白质－同工酶电泳显示多态位点酶的比例为61.5%。④核DNA的PCR反应表明具有丰富的多态性，基因杂合度达95%以上。 （叶富良）

（2）南海名贵海水鱼类种苗繁育及养殖技术推广。名贵海水鱼类养殖是发展海洋经济的一个新的增长点。广东每年需要名贵海水鱼苗约3亿多尾，但本地自繁自给率不足10%，制约了名贵海水鱼类养殖业的发展。因此，尽快研究出名贵海水鱼类全人工繁殖技术，提供大量优质苗种，是当务之急。该校在花尾胡椒鲷、斜带须鲷、眼斑拟石首鱼、红笛鲷、军曹鱼、尖吻鲈、大黄鱼等7种鱼类的全人工繁殖已取得突破性的进展，并创新以下3种技术：①海上网箱和室内池越冬配套培育亲鱼技术；②室内水池+室外土塘+海上网箱三级配套的种苗培育技术；③室内水池+室外土塘相结合的“链条式”培育适口饵料技术。该项课题将于2000年鉴定。 （黎祖福）

（3）墨西哥湾扇贝在粤西沿海的养殖应用研究 该项目集墨西哥湾扇贝的养殖应用研究与推广于一体，经过3年多的研究，结果表明：①该贝最高生存水温为32.5℃，在冬季水温15℃左右仍能正常生长；该贝生存适宜比重范围，稚贝（3.9～5.0mm）为1.018～1.024，小贝（21.7～28.5mm）为1.016～1.028，中贝（34.3～40.1）为1.012～1.028，大贝（44.5～52.0mm）为1.011～1.0225。②该贝在湛江港北面和流沙港养殖7.7个月，壳高达到50mm以上的商品规格，但前者附着物多，黑心肝病率达100%，贝存活率仅33.9%，亩产量仅1 929kg，但长速快，干贝率达3.92%，仍有效益；后者附着物极少，病害少，贝存活率达82.5%，亩产量达4 585kg，干贝率为3.64%，效益明显。根据研究结果确立了适合粤西沿海的“秋冬春”养殖法，可避夏季繁殖死亡、肉质变差及淡水和台风，制定了养殖生产技术措施。

（刘志刚）

（4）马氏珠母贝全脏器药效成分（抗肿瘤活性）的研究。以马氏珠母贝全脏器为原料，经盐溶、酶解、醇沉等处理后，得到糖胺聚糖粗制品，体外抗肿瘤实验表明其具有抑瘤活性。进一步经吸附、等电点沉淀、醇沉、CTAB络合等法进行除杂及分级分离，得到一糖胺聚糖级分。抗肿瘤试验结果显示，该级分对小鼠体内S180肉瘤和艾氏腹水癌可显著增敏临床常用抗癌药的抑瘤作用，抑瘤率分别达61.96%与46.3%。并显示有抗凝血作用。 （吴红棉）

山东省海水养殖研究所重要科研项目 （1）优质虾苗培育技术研究。利用先进的病毒快速检测手段，从自然海区选择健壮个体大，不携带病原体的野生亲虾，采取综合技术措施进行苗种培育，1998年在33.2m^{3}的实验水体中共培育出无特定病原体(SPF)子一代优质虾苗137.8万尾，平均体长1.23cm，出苗密度4.2

万尾/m^3，经抽样检测未检出HHNBV。该课题通过研究在室外养殖过程中切断水平传播途径的技术，培育了4 500余尾子一代高健康亲虾，1998年利用1 000尾子一代高健康亲虾培育出子二代优质虾苗2 561.6万尾。小规模试验证明，优质虾苗抗病力强，成活率比普通虾苗高28%，生长速度快25.81%。

（2）鲈鱼营养与全价高效配合饲料研究。该项目经4年实施完成了如下内容：提出了鲈鱼的主要营养指标，为鲈和海水鱼的饲料配方设计提供了理论依据，研究出加工海水鱼饲料的半膨化工艺，配制并筛选出两组全价高效饲料，经总消化率和蛋白南消率验证以及1998、1999两年重复生产试验，36个海水网箱(4m × 4m × 2.5m)平均产量450.7kg，饲料系数为1.54，与传统饲料鲜杂鱼相比，产量提高13.29%～14.65%，饲料系数降低33.19%～37.10%，成活率提高6.62%～13.29%，经济效益提高27.35%～33.41%。

（3）花鲈（北方种群）亲鱼培育技术研究。该项目由莱州湾获得全长2.5cm自然鱼苗，经7年培育，最终育成有效亲鱼50尾，亲鱼培育技术获得重大突破，性腺成熟率达到88%，大大超过了海捕亲鱼性腺成熟率（10%）的水平。1999年18尾亲鱼产卵总量达20kg（约1 400万粒），孵出仔鱼1 000万尾以上，在规模和数量上取得重大进展。

（4）长叶海带引种及繁育。1996～1997年成功地将长叶海带配子体从日本引进，培育出幼苗，并养殖成功，1998年育苗1 569万株，1996～1998年试养面积达到12亩，亩产1 690kg（淡干），成功地分离了长叶海带的雌雄配子体，培育出配子体克隆。长叶海带是一种优良的食用海藻，成品菜藻体长度在10m以上，叶片中带部厚度均匀，边缘部小，是一种有前途的养殖种类。

（5）日本真海带繁育技术研究。该项目成功地引进了日本真海带的配子体，并培育出幼苗，1998年在生产条件下成功地培育出12帘幼苗，平均出苗148株/cm，1996～1998年在不同海区进行了13亩试养取得1 240～2 850 kg/亩的产量，比现养殖品种增产25%～45%，成品菜色泽浓褐，叶片的长、宽厚及中带部，平直部均好于现有养殖品种，在试养过程中未发生病害，显示出日本真海带的优良性状。该项目成功地从日本引进新的种质资源，丰富了海带遗传的多样性，这对全国海带养殖品种的更新换代及海带养殖业的持续发展，具有很大的意义。目前该项目已进入产业化阶段，1999年在山东省长岛县培育真海带幼苗2.5亿株，获产值250万元，养成867hm^2，获产值7 800万元。

（6）日本蟳人工育苗及养殖技术研究。该项目在30m^3育苗水体中，育出第二期幼蟹3 048只/m^3，养殖1.8亩，亩产91.2kg，平均规格86.8g/只，养成成活率15.76%。

（7）六线鱼人工育苗及养殖技术研究。该项研究育成平均全长3.49cm的苗种1.83万尾，出苗量为1 743尾/m^3，池塘养殖面积2.08亩，亩产商品鱼272.8kg，平均尾重135g，网箱养殖水体200m^3，单位水体产量11.45kg/m^2，平均尾重157g。

（8）单胞藻类商品化生产技术研究。该项目经3年实施，获得超浓缩海水单胞藻总量达110.25kg（2.5kg × 46），冷冻浓缩样品稀释930倍后，藻液细胞浓度达40万个/mL以上。冷冻样品解冻后，细胞色素正常，形态完整，复苏20天的样品生长繁殖完全正常，用该产品投喂动物幼体获得较理想效果。

（9）水产药物包埋剂的研究。经3年实施，研制成一种新型水产药物包埋剂，现场验收试验表明，包埋剂包埋的颗粒饲料经2h浸泡，浸出液仍透明澄清，而未经包埋的对照组则浸出物较多，呈黄色混浊状，经紫外分光光度计测定，包埋剂组浸出浓度比对照组平均降低59.18%，使用包埋剂制成的药饵比普通饵料的摄食率提高了94.6%，包埋剂外观呈褐色粘性液体，具浓厚的水产品鲜腥味，现场验收总产量达到1 t。

（10）移植刀额新对虾进行全人工养殖技术研究。经3年实施，育苗部分和养成部分已分别通过专家验收，育苗部分验收结果为平均出苗11.07万尾/m^3，虾苗平均全长为6.0mm，虾苗活泼健壮，体表光洁，共出虾苗1 352万尾。1999年9月23日对养成部分的验收结果为：养殖总面积195亩，对虾平均体长7.65cm，平均体重6.86g /尾。

（11）青蟹引种繁育及产业化开发研究。项目的技术指标：2002年形成年产Ⅲ期以上幼蟹1 000万只的生产能力，池塘养殖33.3hm^2，亩产30kg，规格达到200g/只以上，实现经济效益800万元，1999年6月26日对该项目进行第一次验收，育苗水体120m^3，共出蟹苗269 266只。1999年育苗300m^3，共出幼蟹48.2万只。养殖100hm^2左右，亩产31.3kg，该课题正在继续正常进行。

（12）栉孔扇贝良种选育及开发。该项目主要研究内容包括：①复壮育种；②杂交育种。项目技术指标为：复壮育种10亿粒，养殖扇贝333.5hm^2；杂交育种子二代苗种100万粒，养殖扇贝0.33hm^2。1999年6月9日对该项目复壮育种部分进行了现场验收，结果为：育苗7 187.5万粒，平均壳长671.5mm；多倍体育种1999年10月25日测得，苗种数量10万粒左右，最大贝苗壳高达2.84cm。现该项目正在继续进行。

（李美真）

中国水产科学研究院长江口渔业生态重点开放实验室 该重点开放实验室是东海水产研究所基础理论研究的一部分。主要以长江口、杭州湾及毗邻海域的可持续利用为研究范围。研究内容涵盖长江口及其邻近水域生物物种及其遗传多样性数据库和基因库构建、生态系统多样性与渔业生态动力学的研究、渔业生物物种间能量流动及其模型的研究、渔场生态环境动态变化与生物资源演替机制研究、主要渔业物种的遗传结构及其种间结构变异研究、特种水产生物的基因表达与调控研究、以地理信息系统和遥感图像处理技术相结合的渔业生态环境监测预警服务系统研究等。

中国水产科学研究院东海水产研究所重要科研项目 （1）国家专项。承担“底层生物资源评估调查研究”、“东黄海主要中上层渔业种类资源评估”、“浮游植物和浮游动物调查研究”、“东海虾蟹类资源调查研究”、“我国海洋生物资源利用状态研究”等项目，共完成航程16 000余海里的海上调查。其中完成底拖网站位454个，中层拖网站位65个，水文站位350个，浮游动物站位358个，浮游植物站位357个，鱼卵仔鱼站位358个，营养盐站位228个，底栖生物站位146个，生产力站位22个。目前各课题组正在进行室内标本鉴定、生物学测定和数据整理录入工作，并已全部通过中期检查评估。

（2）海洋渔业遥感信息与资源评估服务系统技术及系统集成、示范试验。该项目经国家科技部组织的专家中期评估认为：“课题综合利用3S技术和人工智能技术建立起一套可靠实用的渔业遥感资源评估服务系统，完成情况较好，阶段成绩显著”。目前该项目正准备接受国家验收。

（3）贝类净化技术研究。该项目为中华农业科教基金项目，在完成山东、江苏、浙江三省贝类产区环境质量调查的基础上，经过近二年的小试，于1999年在青岛设计了2t/次的净化模式和研制了配套的净化用水处理装置。净化后的贝类微生物卫生指标达到国家标准和欧共体91/492/EEC指令中规定的要求，并通过了农业部和中华农业科教基金会组织的验收。目前，该项目已着手在青岛、厦门等地建立更大规模的贝类净化工厂。

（4）赤潮毒素的快速测定技术。该项目为国家948项目，项目研究人员在加拿大进修的半年期间，对由国内采集的PSP样品240个、DSP样品30个、ASP样品10个进行了分析测定，掌握了当前世界上最先进的赤潮毒素快速测定技术。目前，该所的赤潮毒素测定实验室已建成，大型仪器设备均已到位，正在调试之中。

（5）内陆盐碱地水产养殖开发技术研究。在对中国北方4省11市、县咸水水域及低洼盐碱地实地考察的基础上，选择河北省沧州地区2hm^{2}低洼盐碱水域为日本对虾和中国对虾养殖试验点。试验结果平均亩产对虾30.7kg,折算亩产净收入985元。现已通过农业部和沧州市政府组织的现场验收。目前，该项目已在沧州市政府的支持下，向黄骅、海兴等市、县推广。

（归从时）

上海水产大学重要科研项目 （1）海藻生物反应器育苗技术。1999年在江苏南通进行了条斑紫菜细胞工程良种养殖1.3hm^{2}的用苗（3个品系：SF-9805，SF-9806，py 4 -5）自由丝状体扩培,采苗及养成。在福建进行了坛紫菜细胞工程的丝状采苗及养成（HTB$_2$B$_2$、HTB$_2$B$_1$、HTA、^{60}CO及NG处理的丝状体）共3.3hm^2。

比较了不同类型光生物反应器培养条斑紫菜和坛紫菜自由丝状的效果以及几个主要因子的试验。

（2）海带克隆育苗技术中遗传标记和群体遗传学研究。1999年种海带采集（“荣福”和“901”品种，前者的叶片具有宽、厚的特点，后者具有长的特点且能够抗逆境）及不同品种（系）的海带和不同海区海带孢子体的采集。并将上述采集的两个种海带分离形成30～50个雌、雄性配子体无性繁殖系，并正在扩增培养。已建立适合海带孢子体的同工酶电泳和DNA抽提并用于PCR扩增。正在将上述方法用于不同品种（系）的海带及不同海区海带种群遗传学方面的研究。已投资16万元人民币建立了一个功能比较齐全的“实验藻类生物技术”实验室，拥有PCR扩增仪、紫外可见分光光度计、柱层析系统、电泳系统、凝胶摄像系统等仪器。

（3）藻类蛋白核结构及其光合作用和CCM的研究。已对莱茵藻胞外碳酸酐酶和叶绿体碳酸酐酶（Cah$_3$）进行了金相免疫分子定位，结果表明胞外碳酸酐酶主要分布于细胞壁外、壁中和胞原空间中。Cah$_3$则分布在类囊体膜上。另外，对藻类CCM机制进行了探索性研究，发现pH值调节也可以使碳酸酐酶活性提高，表明CO_2诱导胞外碳酸酐酶是与pH变化有关系。对莱茵藻不同组分叶绿体碳酸酐酶活性进行了测定，发现莱茵藻叶绿体中存在3种同功酶：基原碳酸酐酶，被抑制剂AE抑制膜碳酸酐酶和不被AE抑制膜碳酸酐梅。

（4）鱿鱼副产物中生物活性物质的利用研究。完成从鱿鱼羽状壳提取β-壳聚糖的工艺研究，确定了最佳工艺条件，制得高粘度、高脱乙酰度的β-壳聚糖。对产品的抗菌性和成膜性作了研究，并对其应用途径作了探索：①制作了人造皮肤，并作了初步的动物试验。②对以β-壳聚糖和土豆淀粉为原料制备可食性壳聚糖—淀粉可食性薄膜的工艺进行了研究。并通过对膜的拉伸屈服应力的测定和对耐折性、透明性、保鲜效果的评价，确定了制备壳聚糖－淀粉膜的最佳条件。研究结果表明，此膜的保鲜效果明显好于一般的保鲜膜。探索了从鱿鱼墨提取蛋白聚糖的工艺。比较了国产D201大孔强碱性季铵I型阴离子和D315大孔弱碱性内烯酸系阴离子交换树脂的分离效果，并对初步纯化的级分检测了糖醛酸、蛋白质、岩藻糖等含量。前一时期曾对初步纯化的制品进行体外细胞培养试验，检测其抗癌性，但由于细菌污染未获成功。目前正通过改善实验室条件，严格操作等措施，继续进行。关于鱿鱼皮的利用，按原计划是探索粘多糖的提取，由于经费所限，本部分工作改成从鱿鱼皮中提取和纯化胶原蛋白。这种水产胶原蛋白有望开发成具有美容作用的保健品（日本市场已有同类产品）。目前对鱿鱼皮胶原蛋白的提取工艺的研究正在进行中。

（5）海带制碘废液中岩藻多糖产品开发。1999年7～10月准备阶段工作已完成，包括查找资料，联系合作实验单位等。1999年11月至2000年7月 海带制碘废液中岩藻名称提取纯化的工艺条件，已基本完成。经过8个月的实验，对海带制碘废液用3种不同工艺条件进行提取，分别是：①电化学法；②化学方法；③膜分离法。所得产品较理想，其中化学方法纯度可达11.07%。该阶段工作基本完成计划，近期准备用3种方法联合对产品进行纯化。再用液相色谱分离技术进行进一步分离，以达到原来计划中的指标。

（上海水产大学供稿）

大珠母贝外套膜表皮细胞的超微结构　近两年的研究主要集中在珍珠贝外套膜的形态和生理生化，尤其是对大珠母贝和九孔鲍外套膜表皮细胞的超微结构进行了系统和深入的研究，揭示了大珠母贝的表皮细胞可以分为5类，九孔鲍的则分为4类。在不同的外套膜区域，其细胞组成与结构各不相同；分泌细胞在边缘膜区和中央膜区以不同的方式行使功能。参与贝壳和珍珠形成的细胞类型是相似的，包括形态结构、物质运输方式等。除此以外，还将大珠母贝、合浦珠母贝和企鹅珍珠贝用于人工育珠的的外套膜小片的表皮细胞进行了比较观察，提出了3种贝在细胞结构与物质转运方式上的细微差异，从而造成贝壳和珍珠层的差异，为探讨贝壳和珍珠的形成机制积累了参考资料，为人工育珠的生产实践提供了理论指导。

（杜晓东）

重组鱼生长因子　国家“九五”攻关项目“重组鱼生长因子”旨在针对性地解决中国目前海水鱼养殖周期长、生长慢的突出问题，应用基因工程方法构建了高效表达的鲈鱼生长激素甲醇酵母工程菌，并申请了国家专利，专利公开号为：CN 1207415A。为了达到生产目的，对发酵条件进行了优化，工程菌酵母可用廉价的工业无机盐培养基高密度发酵，各种最适发酵工艺参数已基本确定，工程菌生长密度最终OD_{600}可达50～100。为了试验促生长效果，于1998年开始在厦门火烧屿海域进行中试海水鱼网箱喂养试验，网箱养鱼试验的鱼种为花尾胡椒鲷，试验组和对照组各为2个网箱，约有6 000尾鱼苗，含重组鱼生长激素酵母添加剂在饲料中的比例为1：100，每3天添加一次，连续3个月喂养，在经5个多月后（1999年1月14日）进行了现场验收。验收结果表明，喂含重组鱼生长激素饲料的试验组比对照组体重增加约20%。

（杨　丰）

对虾抗杆状病毒基因工程育种技术研究　本项目目的在于构建转基因载体进行转基因育种研究。项目研究工作现已取得重大突破，成功地构建了反义RNA转基因载体系统（现正在申请国家专利），该系统所选用的元件均为国内外首次采用，具有极高的创新点：

（1）载体系统选用的靶基因为对虾白斑杆状病毒DNA聚合酶基因，该基因是在完成测定对虾白斑杆状病毒基因组全序列（该病毒基因组申请国家专利已得到受理，并在申请国际专利）的基础上，通过计算机生物软件分析后确定的。DNA聚合酶基因是病毒复制的关键基因，因此转基因虾如果大量表达该基因的反义RNA链便能在RNA水平上抑制其功能，从而有效地阻断病毒复制传代，进而产生明显的抗病毒活性。

（2）载体系统选用的启动子和终止子均来自源对虾本身，为日本对虾肌动蛋白基因的启动子和终止子。利用转基因动物自身蛋白的强启动子将有效地在转基因动物体内启动外源基因片段的表达，而肌动蛋白基因的启动子是公认的强启动子，因此必将能有效地启动靶基因－病毒DNA聚合酶基因的反义RNA链在转基因对虾体内大量表达。

该载体系统不仅可以应用在该课题研究上，而且可以作为一种很好的转基因表达载体用于对虾或其他动物转基因方面的研究。（林雄晖）

海洋药源生物资源及基因库的构建 1999年底，在国家科技部支持下，国家海洋局第三海洋研究所与青岛海洋大学合作，共同开展了海洋药源资源库和基因库的构建。除了微生物和藻类以外，其他生物难以人工培养存活。因此重点设立了微生物和藻类资源库；对难以培养的动植物则制成标本库以作为标准种之用；由于海洋生物采集条件比较苛刻，尤其是深海生物，且难以直接大规模应用，但可以通过保存这些生物的基因，并通过基因工程手段对资源进行持续利用，为此必须构建海洋药源生物基因库，以推动中国海洋药物的研究开发工作。对濒危的、难以获取的（如深海、极地生物）或具有重大应用价值的生物构建基因库，同时鉴于中国海洋药源生物资源研究分散、缺乏交流的现状，必须设立信息库以利于资源共享，以推进中国海洋药源生物的研究和开发利用。

在海洋药源种质资源库建设方面，已收集保存了大量海洋微生物菌种，其中包括具有药用价值的菌种和不易采集的深海、南极、北极菌种。并筛选到有明显抗菌活性或有明显抗肿瘤细胞活性的微生物70余株。保存了海水微藻88种159株、大型藻类17种137株。已收集和保存了海洋药源生物标本150余种。在海洋药源生物基因库的建设上，已经提取了珊瑚、对虾、鲍鱼、海鞘、黄海葵、鲨鱼软骨、螺旋藻、原生动物的染色体DNA和mRNA，下一步将构建其DNA文库和cDNA文库。同时，构建了一些不易采集的微生物样品，如深海、极地微生物的基因文库。在海洋药源生物信息库的建设方面，目前已完成信息库基本框架的构建和计算机系统编程工作，并查阅和收集中国多年来有关海洋生物资源调查与研究的报告和文献。现初步已归纳整理出100余条具有药用功能的海洋生物的相关信息，每种生物的相关信息分别归为不同条目录入信息库。将进一步在收集、整理和录入基础上，对系统进行优化，准备联机上网，试行网络化查询服务，以实现资源共享。

重组抗菌抗病毒肽的研究 水产养殖中由于抗菌素的过量使用，造成水产品品质低下。因此，科学家们致力于研究动物本身存在的天然抗菌抗病毒因子。近年来在昆虫、鱼、哺乳动物等的防御系统中先后发现一些小肽起重要作用,分子在15～40肽之间,由于天然抗菌肽含量极微，人工直接合成，价格十分昂贵。如能通过基因工程生产抗菌肽，则可获得大量低廉的产物，必将对海水养殖中病害防治有重大意义。

已发现并完成其分子结构的海洋生物抗菌肽不多，一是从鲎血细胞中分离出鲎素，其类似物中有一种十七肽（T）具有特别强的抗艾滋病病毒活性，效果比AZT强数倍。1996年，在鳐鱼体内分离到一种有抗菌活性的33肽（PIN）。同时，在其他生物体内发现的抗菌肽种类很多，公认最有效的是柞蚕和蜂毒中的抗菌肽，两者活性结构域融合的分子（CEME）效果最强。几年来，利用基因工程技术将上述抗菌肽基因克隆到微生物体内，希望通过有抗病活性的工程菌解决部分养殖病害问题。除了T在大肠杆菌表达外，其他活性肽在酵母中表达，因为酵母是理想的饲料，可以作为添加剂加入饲料中，在应用上较为方便。目前已经成功的构建了大肠杆菌pBV220-GFP-T的基因工程菌，表达产物约占菌体总蛋白的20%左右。已获得抗菌肽CEME和鳐鱼抗菌肽PIN的酵母工程菌株。经检测，表达产物有抗菌活性，CEME效果较明显。今后重点进行CEME工程酵母菌的中试验。

产纤维素酶的海洋菌株的分离及其基因克隆 从台湾海峡潮间带的红树林土壤中分离到一株产纤维素酶的短小芽孢杆菌S-27，纤维素酶包括多种水解酶成员，构成了一个复杂的纤维素酶家族，一般将纤维素酶分为葡聚糖内切酶、葡聚糖外切酶和b-葡萄糖苷酶3类。该项目发现的S-27菌株只有葡聚糖内切酶的活性，这是该菌的特点之一。纤维素酶可将纤维素物质转化成为有用产物，近年来，纤维素酶的一个新的应用领域是其中的葡聚糖内切酶成功地应用于洗涤剂工业，由于洗涤剂的水溶液为碱性，因此适用于洗涤剂添加剂的纤维素酶必须在碱性条件下有较高活性。已发现及克隆的大多数葡聚糖内切酶水解纤维素底物时，一般为酸性或中性偏酸性，该项目发现的S-27菌株所分泌的葡聚糖内切酶在较广的pH范围内均有很高活性，在pH9条件下，仍具有79.0%的活性，在pH11.0下放置60min，仍具有52.7%的活性。因而，可能有较好的应用价值。

除了研究该酶的性质外，还克隆到该酶的基因，并对其进行测序。测序结果显示其全长为1 980 bp，推测其含660个氨基酸。比较GenBank中的已知葡聚糖内切酶，发现该酶的氨基酸序列与C.cellulovorans的EngC及B.sp. KSM-522的EG-IV同源性极高。然而3种酶的酶学性质均不相同，因此序列的差异对所编码酶的影响有待进一步的研究，该研究也将有助于对短小芽孢杆菌葡聚糖内切酶的进一步改造。

（徐 洵）

对虾病原检测试剂盒的研制 从病虾中分离纯化出病毒DNA，从中选出一段1 420bp的片段，克隆得到阳性质粒（pBV01）,筛选得到一对灵敏度高、特异性好的引物，建立了PCR模板的快速制备技术，在1h内完成10个样品的制备，样品量仅需1～10mg，研制了对虾白斑杆状病毒（WSBV）PCR检测试剂盒。通过改进试剂盒的配方，提高了试剂盒的稳定性。实验证明，在37℃放置1周，试剂盒仍较稳定。阳性质粒（pBV01）经DANSIS软件分析，在两端引物范围内有两个HindII酶切位点，经酶切去除中间74bp后再连接得到内标模板，应用内标模板与待测样品共用一对引物，竞争性PCR扩增原理，建立了对虾白斑杆状病毒（WSBV）PCR定量方法。通过测定大量感染程度不同的对虾样品，初步确定致病临界值为每毫克组织103个病毒。在定量PCR研究基础上，开发出对虾白斑杆状病毒（WSBV）半定量PCR检测试剂盒，从而更为准确地评价病毒的感染程度。根据文献报道的斑节对虾杆状病毒（MBV）序列，设计了特异性引物，研制出斑节对虾杆状病毒（MBV）PCR检测试剂盒。上述试剂盒已在广东、广西、浙江、山东、福建、海南等地推广应用。（徐丽美）

对虾白斑杆状病毒基因组全序列测定 该项目在国家“863”计划的资助下已完成。对虾白斑杆状病毒（WSBV）是造成国内对虾养殖业严重损失的罪魁祸首，研究人员首先从严重感染病毒的日本对虾组织中纯化了约100μg完整的WSBV基因组DNA，经电泳鉴定没有受到对虾染色体DNA的污染，适合构建DNA文库，然后通过构建Sau3A1不完全酶解片段克隆DNA文库和随机克隆（即“鸟枪法”）DNA文库，采用自动测序方法，测定了WSBV基因组DNA全序列，共有305 108bp，为双链环状DNA病毒，G+C占总核苷酸的41%，是迄今为止已知的最大动物病毒。另外，通过构建感染该病毒对虾组织的cDNA文库，用标记的病毒DNA作探针，筛选了病毒的cDNA克隆子，进行测序，获得了病毒80余个cDNA序列。所有的序列数据与国际基因数据库的资料进行同源比较、分析，从分析结果来看WSBV在DNA水平上分析未发现与其他生物体同源；氨基酸同源性检索表明，WSBV与多种真核生物蛋白质有部分同源，但同源程度不高，尤其与目前已知序列的几种A型杆状病毒基因组没有同源性，说明WSBV是一个新的病毒。与国际基因数据库分析比较后初步能确定功能的基因有2个，即DNA结合蛋白基因和DNA聚合酶基因。目前WSBV基因组全序列已申请了国家专利，申请号99124717.5，国际专利正在申请。WSBV基因组全序列测定工作的完成，为研究揭示该病毒复制增殖的机制、感染途径及发病机理提供了理论依据，为进一步预防和治疗该病毒奠定了分子生物学基础。从科学意义方面，本项目开启了对海洋经济动物病毒基因结构和功能研究的先例，填补了这一领域的空白。

（杨 丰）

中国开辟区（太平洋）海洋生物生态基线研究 中国开辟区（太平洋）海洋生物生态基线研究是国家“九五”重大科研项目——中国大洋矿产资源研究开发的研究课题之一。内容包括大洋深海巨型底栖生物、大型底栖生物和小型底栖生物；大洋鱼卵仔稚鱼；大洋浮游动物和浮游植物；大洋叶绿素α和初级生产力等8项研究。调查海区位于7° 22.55′～11° 07.5′ N、141° 22.5′～154° 52.5′ W范围内。

中国已于1991年3月在太平洋东北部C C区获得了15万km^2的开辟区，成为继前苏联（现为俄罗斯）、日本、法国、印度之后的第五个先驱投资国。依据国际海底管理局的有关规定，申请执照矿址一定要获得海洋学和环境基线资料，而海洋生物生态是环境基线调查研究的重要组成部分，它是环境影响评价必不可少的基础数据。其中，深海底栖生物群落生态效应是采矿环境影响评价最主要的环境生物学指标。

“中国开辟区（太平洋）海洋生物生态基线研究”课题由国家海洋局第三海洋研究所负责，国家海洋局第二海洋研究所参加。调查作业使用“大洋一”号和“海洋四”号科学调查船，进行了DY95-6、DY95-7、DY95-8和DY95-10共4航次的海上调查。历时4年（1997～2000年）完成。（江锦祥）

红树林、珊瑚礁生态保护与管理 红树林生态系和珊瑚礁生态系与上升流生态系、沿海沼泽地并列为世界四大高生产力海洋生态系。这两种生态系具有巨大的经济效益、社会效益和生态效益,已成为全球范围内生物多样性、沿海湿地和海洋生境保护重要对象，并在减轻全球变暖的不良影响方面有着不可忽视的作用。因此，保护和维护红树林生态系和珊瑚礁生态系的高生产力是“世界保护战略”的重要内容。

本项目利用遥感与地理信息系统技术及常规调查相结合的方法，开展资源的测绘、信息处理、信息可视化及辅助决策等研究。1999～2000年度完成了利用遥感技术进行红树林、珊瑚礁资源测绘的方法研究；完成了红树林、珊瑚礁资源管理信息系统数据结构设计和软件开发；完成了基于IE界面的红树林、珊瑚礁信息显示、查询、分析、输出的实用化软件包。同时提出了利用HTGIS地理信息系统控件软件工具解决网络平台的红树林、珊瑚礁资源管理信息系统建设方案。在卫星遥感分析方法方面，在总结现有卫星资料处理方法的基础上，提出了一种红树林资源遥感分类新方法，并利用TM遥感资料提取了中国红树林主要分布区的红树林资源分布面积。

重要发现：以往的红树林遥感分类方法有：①通过假彩色合成进行人工目视解译分析红树林分布区；②利用TM6个波段（除TM6）进行主成分变换后进行密度分割处理，分析得到红树林分布区；③利用TM6个波段（除TM6）进行最大似然分类处理形成红树林分布区；④利用TM资料和DEM模型，结合人工神经网络分析得到红树林分布区。红树植物生长在潮间带，其土壤较潮湿或被水淹没，混合光谱特性在一定程度上受到水和潮湿土壤的光谱影响，在数字图像上表现为降低反射率的特点，这是红树林的光谱特性，本项目分析了红树林光谱特性，并研究了红树林生境条件对光谱的影响。经过多次试验，采用对TM4波段信息进行超量扩增的方法，将红树植物与潮湿地表或水光谱相混合的作用效果显示出来，其方法为：①将TM4数据拉伸处理，即将原来图像中0～255灰阶中的0～48的灰阶数据，拉伸到0～255区间，超界部分为255，形成超量扩增的TME4。②生成的TME4与原有的TM2、TM3、TM5进行等混合距离分类方法或最大似然分类法，完成红树林分类信息提取。经过对TM4的超量扩增，使陆上高反射率信息退化为255，而陆生植物和红树林的光谱信息则变得清晰可分，此方法在海南红树林遥感分类中获得了验证。

（周秋麟　滕骏华）

国家海洋局生物工程重点实验室　1998～1999年期间，该实验室承担了国家“863”计划项目4项，国家“九五”攻关项目1项，国家基础性工作项目1项，中国大洋协会项目1项，以及各类基金项目多项。两年来，取得了以下研究成果：

（1）鱼生长激素基因工程中试研究：已完成了用国产化学纯或分析纯的全无机盐培养液取代进口昂贵培养液的研究，优化了发酵条件，发酵酵母菌密度达60个OD_{600}以上。于1999年1月14日在厦门火烧屿海域进行海水鱼网箱喂养现场验收显示，连续3个月喂养含重组鱼生长激素酵母添加剂，在经5个多月后试验组比对照组体重增加约20%。

（2）对虾白斑杆状病毒基因组的研究：实验室在这方面的研究处于国际领先水平，在国际上首次报道了大量纯化对虾白斑杆状病毒基因组DNA的方法，并率先完成了该病毒的全序列测定，世界权威科学杂志《自然》追踪报道了这一研究的最新进展。

（3）在完成对虾白斑杆状病毒全序列测定的基础上，开发了对虾白斑杆状病毒快速检测的PCR试剂盒及半定量试剂盒，并已在中国沿海各地区推广应用，为对虾病害的预防提供了科学依据。

（4）开展了海洋微生物及深海极端环境微生物特殊基因的分离克隆研究、纤维素酶基因及甲壳素酶基因应用开发研究，构建了抗菌肽基因工程菌。

（5）申请国家专利2项。

（6）在国内外学术刊物上共发表论文8篇。

（7）培养硕士及博士研究生10余名。

（杨　丰）

农业部海洋渔业资源可持续利用重点开放实验室

该实验室为部级重点开放实验室，1997年1月挂牌成立，依托于中国水产科学研究院黄海水产研究所。现有研究人员40人，其中，中国工程院院士2人，研究员12人，副研究员17人；在职硕士研究生15人，博士研究生4人。主要研究方向为可持续捕捞量与海洋生态系统动力学研究；养殖容纳量与生态优化模式研究；海水养殖生物病原生态学与疾病控制研究；海水养殖生物种质资源与重要性状遗传改良研究。

该实验室自成立以来，在科学研究、学科建设、人才培养、对外交流、改善科研条件等方面成效显著，共承担国家“863”计划7项，“973”计划9项，攀登计划B7项，国家专项计划6项，国家自然科学基金项目8项，国家“九五”攻关项目11项，国际合作项目5项，省部委课题46项，横向课题等18项；共获各类科技成果奖20项，其中，国家科技进步二等奖2项，国家科技进步三等奖1项，省部委级科技成果奖9项，其他奖励8项。

中国水产科学研究院增养殖环境质量优化与污染控制重点开放实验室　该实验室为院级重点开放实验室，于1997年12月挂牌成立，依托于中国水产科学研究院黄海水产研究所。现有研究人员14人，其中，研究员3人，副研究员7人；有在职硕士研究生1人，博士研究生1人。设化学、生物、微生物等实验室。万元以上大型精密仪器多台。主要研究领域为海洋环境污染调查与研究；退化海洋生态系回复途径；海洋与渔业环境污染修复技术；海洋渔业水域污染控制技术；海洋分析化学等。

该实验室正在进行国家863项目、国家“九五”攻关项目、国家自然科学基金重大项目、国家海洋勘探专项等10余项重大课题的研究。已获国家奖2项，省部级奖12项，国家专利6项，发表论文300余篇。

（李学增）

对虾病毒性暴发病防治技术研究　①对HHNBV流行病病原监测表明，1999年中国对虾养殖早期阶段发病面积增加，其主要病原仍然是HHNBV。采用核酸探针斑点杂交技术对中国不同地区细小病毒(HPV-ch，IHHNV)分离株进行同源分析已完成，结果正整理，待发表。应用核酸探针对不同地区病原作了比较研究。②深入研究了检测技术、优化了PCR模板制备技术，继续进行核酸探针试剂盒的应用推广工作。对采样方法作了改进，继续按计划进行病毒生态调查，每次调查取样为160~300份。观察表明，目前的养殖方式，尚不足以切断病原传播。1999年进行了养殖水体环境因子变化对发病影响的研究。③在预防病毒性疾病的药物研究中，继续进行庆康灵6号在生产中的应用效果试验及其作用机制研究，在山东、天津等地的数百亩生产池试验，效果较好，对虾均未发生病毒病。室内免疫试验表明，该药物可以明显地提高对虾血浆的抗菌活力。进行了带病毒对虾、发病对虾、健康对虾免疫指标比较研究。对对虾血清凝集素的活性作为免疫指标做了初步研究如凝集素的测定方法、凝集专一性及活性变化规律，证实血清凝集素可以作为衡量对虾身体状态及免疫功能的较为灵敏的指标。进行了超声波对对虾免疫力的影响研究。继续进行水体有机物降解菌株的筛选工作，已分离菌株100株。④示范区养殖试验取得如下结果：在辽宁东港示范区，共进行5个虾池，总面积2.9hm^2。采用海水消毒净化、补充淡水的半封闭养殖方式，切断和控制病原传播途径，养殖结果表明预防HHNBV疾病成功率达到100%。平均亩产148.7 kg。山东乳山示范区在25.5hm^2，共计18个示范养殖池，平均亩产81.4 kg。海区盐度偏高，达37~38，浮游植物以甲藻为主，影响水质调控；另外对虾苗源携带病毒。福建示范区采用淡水加地下咸水的方式养殖，共16hm^2，亩产对虾156.5 kg，最高亩产183.2 kg，对虾体长大于12 cm的占32%。基本上未发生病毒病。

完成编写对虾精养健康养成技术规范的工作，并已为生产推广应用。

对虾病原检测技术研究 分离纯化了对虾HHNBV，进行小鼠免疫、效价测定、总RNA和mRNA抽提，用RT-PCR克隆出了抗体重链和轻链可变区的基因。设计了抗体重链可变区、轻链可变区和连接物的引物序列，进行了21条引物的序列合成。利用互联网资源进一步进行了引物序列的比较和优化。进行了天然抗体库的轻重链可变区基因的RT-PCR扩增条件的探索。进行了重链和轻链可变区的组装，经PCR反应扩增出了单链抗体的全基因。进行了全基因切割粘性末端和切割后产物的回收。将单链抗体全基因重组入噬菌体表达性载体pCANTAB 5E。再次进行了小鼠免疫和脾脏mRNA抽提，为二次抗体库构建打下基础，以便有条件增强单链抗体的结合力。针对研究工作中目前遇到的技术难点进行了深入研究，探讨多种解决方案，并与国内外技术同行进行了技术交流与协作。将重组的噬菌体抗体基因ScFv /p CANTAB 5E转导入大肠杆菌TG1菌株，获得200余个克隆。利用噬菌体M13KO7进行了拯救。利用亲和反应对重组噬菌体抗体进行了两次淘选－拯救，获得10余个淘选后的克隆。扩增了淘选后的克隆，采用ELISA和PCR技术对淘选后的克隆进行特异性筛选。针对筛选后发现的多样性问题，进行了再次抗体库构建工作。

进行核酸探针检测试剂盒优化，提高灵敏度。优化采样及样品处理。制备4×3新的检测试剂盒规格。用PCR技术合成探针。与农业部水产技术推广总站联合，对试剂盒进行全国性培训班推广。

选取对虾白斑杆状病毒基因中一段1 420bp 的片段设计4对引物，并将该片段切除中间74bp 后再连接以作为内标。根据引物对扩增区所对应的片段构建了内标质粒；该内标用于阳性对照的定量PCR研究和真值相符；4对引物中有1对扩增出300bp，其特异性和灵敏度都好，对引物则扩增出230bp片段。以该引物对和内标对健康对虾和病虾进行定量PCR检测，大致确定致病临界值为10^3个病毒拷贝。采集到病毒拷贝数包括10^1、10^2、10^3、10^4、10^5、10^6 的日本对虾样品，得到其定量PCR相应结果。同时发现，在体内的病毒拷贝数在10^4 以上时，对虾迅速发病并死亡，但此时一般不出现明显白斑。

PCR试剂盒应用于斑节对虾显示，其对病毒的耐受程度较日本对虾高，具有明显白斑的斑节对虾在体内病毒拷贝为10^6时，一般仍能存活。初步确定日本对虾的病毒感染危险临界值为10^4 拷贝；初步确定斑节对虾的病毒感染危险临界值为10^7 拷贝。

模板制备时间只需30min；可检测出10^1拷贝的WSBV病毒DNA。

PCR检测试剂盒已在全国沿海辽宁、河北、天津、山东、浙江、福建、广西、海南等8个省市推广使用；并已在厦门、青岛、福建同安等地举办技术培训班。

中上层生物资源评估调查与研究课题 该课题以农业部“北斗”号海洋生物资源与环境科研调查船为海上调查平台，采用国际上先进的走航式回声积分与拖网取样相结合的方法，对中国近海包括黄、渤、东、南海所有海洋水域的中上层生物资源进行4个季度的高强度、大面积堪查与研究，旨在查明中国近海主要中上层生物资源的生物学特征、数量分布、群落组成及其洄游分布规律。

该课题1998～1999年的主要任务是外业海上调查与内业调查资料的分析与处理。两年间共实施海上调查16个航次，占计划外业调查总计24个航次的66.7%。其中黄海3个航次、东海4个航次、南海9个航次。累计总航程46 405n mile，获得40 855n mile的有效回声积分数据和全水层声学映像。共实施生物学取样拖网站位1 442个，其中底拖网调查站1 274个，变水层拖网站168个。获取生物资源样品55.8t，其中包括许多首次捕获或多年未见的稀有品种或罕见标本。另外，利用声学方法对南海，尤其是地形极其复杂的台湾海峡和台湾浅滩附近水域进行系统的生物资源调查尚属首次。

在进行外业调查的同时，及时进行有关内业生物学样品的测定与数据分析工作。落实了生物资源分布图件的底图，确定了图件的绘制软件，制定了图件的绘制标准及技术规范，为完成课题的出图任务奠定了基础。

声学评估方法以往主要用于对生物群落中占绝对优势的单一种类的生物资源进行评估，像该课题这样同时对二三十个种类进行评估则是一个新的挑战。该课题的有关人员协同努力，已基本摸索出一套合理的数据分析与资源评估方案，并编制了适应声学数据特点的、快捷易用的数据录入软件，为完成资源评估工作提供了保障。

该课题于1999年8月通过了中期评估。

（黄海水产所供稿）

海洋地质与地球物理学
Marine Geology and Geophysics

【概况】 这是一门理论性与应用性都很强的学科，由于国民经济发展的需要，自50年代开始，便广泛地开展了河口、海岸、岛屿、陆架、陆坡以及深海大洋的地质和地球物理综合勘探调查。在海平面变动、河口海岸及三角洲的演化、海底地形、地貌、海底构造、沉积作用模式、古海洋学、海洋地球化学、海洋工程、海洋地质遥感、灾害地质等方面均有重要研究成果。

80年代初以来，中国实施改革开放政策，海洋油气业的掘起与开发，使中国海洋地质学、地球物理勘探获得了巨大的发展机遇。学者们从理论上深入探讨中国近海盆地的形成、演化和海底构造等问题。研究的成果对中国海洋油气业的发展起了重要作用。

（刘安国　谢正侠）

1998～1999年，中国科学院海洋研究所承担各类海洋地质学科研课题35项，其中主要有“冲绳海槽及相邻陆架古环境演化的研究”、“长江、珠江入海物质的变动规律”、“海底油气管线的关键技术及其灾害环境问题研究”、“更新世末期陆架沙漠－黄土堆积群的研究”、“海陆源粉尘通量及物质组成特征的研究”等。

在此期间发表论文多篇，这些论文涉及沉积学、矿物学、地球化学、沉积动力学、古环境及构造地质等。李铁钢等通过对南黄海东南部巨厚泥质沉积区YS102孔微体古生物群落的分析,认为黄海暖流及其伴生的冷水体约形成于6 400年前，在其形成初期，冷水体处于明显的强势状态，而暖流的强度却相对较弱，这一过程持续了2 200年左右，是南黄海东南部巨厚泥质沉积区的主要堆积期。直至距今4 200年前后，黄海暖流的影响强度开始加强，冷水体相对减弱，一直达到现代的水文状态。

曾志刚在1998～1999年期间，对滇东南老君山锌锡钨多金属成矿区进行了总结，并针对海底热液沉积物样品，进行了稀土元素以及硫、铅、稀有气体和锇同位素测试工作，采用稀土元素和同位素相结合的方法，分别建立了冲绳海槽Jade区和大西洋中脊TAG区的多元同位素示踪体系，深入研究了海底热液成矿物质的来源及其富集成矿的机制。有关创新点：①确认含矿夕卡岩为一套区域变质作用形成（183～313Ma BP）的岩石，而与燕山期的岩浆活动无关。原岩的构成与热水沉积作用有关，其岩性与不纯碳酸盐岩、钙泥质岩、泥质岩和海相火山沉积岩等岩类组合有一定联系。其中，岩性组合复杂的地段，最有利于含矿夕卡岩的形成。这为扩大成矿远景区提供了理论依据。②现代海底热液成矿的物质具有多来源的特点，火成岩、海水和正常的深海沉积物以及深部地幔源均有可能成为热液成矿的物质来源。其中，有关冲绳海槽Jade区海底热液沉积物的氖、氩和锇同位素方面的研究，以及有关大西洋中脊TAG区海底热液沉积物稀有气体同位素研究，至今在国内外尚未见这方面的系统研究报道。同时，还通过不同海底热液活动区中热液沉积物的同位素地球化学对比研究，探讨了不同热液活动区同位素组成的异同及其控制因素，揭示了海底热液活动及其成矿与沉积环境、构造背景和岩浆活动的关系，为现代海底热液活动及其成矿作用的研究开拓了新的思路。

孟广兰等研究认为，海水蒸发浓缩和结冰析盐都是常见的生成卤水的自然过程。蒸发成因的卤水在自然界广泛存在，而对自然界中是否保存有冰冻成因的卤水则一直是学术界有争议的问题。该研究根据一组室内海水结冰析盐实验的结果，分析了所得卤水及冰样的水化学组成和氢、氧同位素组成，发现冰冻成因卤水中氘同位素的含量明显区别于海水蒸发形成的卤水，它们的δD值随卤水矿化度的升高呈两个相反的变化趋势。因而提出卤水的δD值可以成为判别冰冻成因卤水的一个重要标志。

现代海洋中的碳酸盐矿物以镁方解石最为普遍，而铁方解石很罕见。李安春、陈丽蓉等在冲绳海槽东坡C2-6站表层沉积物中发现大量自生铁方解石，并从矿物学特征、化学组成及碳氧同位素组成入手对该自生铁方解石的形成环境与成因进行了较深入的研究，对矿物中铁的富集进行了较深入的探讨，提出了生物化学过程和粘土对自生铁方解石形成的重要作用。

李凡等1998年编写专著《黄海埋藏古河道及灾害地质图集》。（练树民）

在海底探测技术方面，90年代末，国家海洋局第二海洋研究所研制开发了一套适合于中国特有的、具有自主版权的海底多波束地形地貌电子成图系统软件，还出版了《多波束勘测原理技术与方法》专著。

该所拥有除通用海底探测设备、技术外，还具有全国惟一的与国际接轨的深海海底探测技术和大洋环境基线调查技术与能力。在海底勘测方面，首先使用了多频、多波束、深拖、海底照相、深潜机器人和超短基线高精度定位系统等。还仿制改进了在环境调查上（深、浅海）成功率高、不受扰动的原状样采样设备（1998年DY95-8航次和1999年首次北极航次取样成功率为100%。）与用于深海底流长时间序列观测的深海锚系技术等（1998年的DY95-8航次）。

（孙煜华）

海岸和海底地形、地貌研究概况 20世纪80年代，任美锷从动力、沉积相和海滩循环等方面综合地探讨了敞开性潮滩的沉积动力性过程，通过台风异常事件揭露了风暴潮在海岸沉积过程中的作用规律，并深入地研究了淤泥质海岸的发育。此外，从人与自然的关系，研究人类作用对华北海岸发育的影响。中国科学院海洋研究所和南海海洋研究所的学者们研究了砂质海岸和珊瑚礁海岸的发育规律，提出了砂质海岸沿岸输沙率的定量计算公式。陈吉余及其他中国学者对长江口、黄河口、珠江口、钱塘江口、滦河口等进行了地貌地育、沉积过程和动力作用的研究，讨论了潮汐和潮流的特征、河口环流、岸滩冲淤和河槽演变等问题，并对三角洲沉积相和沉积模式作了广泛的探讨，发展了动力、沉积和地貌相结合的“海岸动力地貌”研究，为港湾建设、航道整治和滩涂开发等提供了科学依据。大陆架研究方面，在50年代末全国海洋综合调查有关沉积类型成果的基础上，有关单位分别对中国近海各海区进行了10km×10km测网的测深和取样工作，查明中国近海大陆架地区的海底地形、沉积物类型及其分布。

40余年来这方面研究工作坚持理论联系实际，为生产建设服务的方针，编绘了一批海岸和海底地形、地貌基本图件，例如：东海1∶100万海底地貌图，包括了东海大陆架、冲绳海槽、琉球岛弧、琉球海沟及大洋盆5个部分。还填补了中国1∶100万海陆连结地质图空白，针对一些实际问题，如天津新港泥沙回淤问题，提出了综合治理方案。华东师范大学从研究河口历史过程和现代演变规律，提出河口发育模式，为河口整治和规划提供科学依据。尤其是通过“六五”期间的海岸带和海涂调查、“八五”期间海岛调查，获得了海岸带区域系统的多学科资料。

在海底地形地貌探测技术上，20世纪90年代后，成果颇丰，其中1998～1999年间国家海洋局第二海洋研究所在“海底地形地貌和地质构造探测技术”研究上成果尤著，内容涉及多波束探测系统全覆盖精密探测技术、深拖系统的高分辨率海底地形地貌扫描成像技术、海底地形地貌电子数字化成像技术等。

海洋地质构造和海洋地球物理勘探研究 刘光鼎在海洋地质学和地球物理学两个领域上都是重要的开拓者。他开展了用海洋地震勘探方法在海洋条件下的适应性，寻找与油气藏相联系的地质构造，发现渤海中、新代沉积盆地下第三系为良好的生油层，次一级构造单元有利于油气储集等研究。从20世纪50年代末起，历时20余年，在中国近海的各海区进行综合地质物理调查。在100余万平方公里的近海大陆架地区系统地完成了1∶100万比例尺的综合地球物理概查。在此基础上，中国学者先后在渤海、南黄海、东海陆架、珠江口、北部湾和莺歌海、珠江口和东海陆架等盆地钻获工业油气流，为中国近海大陆架的油气勘探和开发开辟了广阔的前景。研究中心问题是：中国近海及其邻近洋区地质构造特征，重点岛屿和海岸带的地质构造图，渤、黄、东、南海陆架大地构造单元的划分，海底组成结构，中国近海的地质构造等问题。

20世纪70年代以后，应用物探技术和深钻技术，全国开展以寻找海底石油资源为目的的海底石油地质构造研究。90年代，测量了南海中央海盆至北部陆坡400km长的地壳剖面，测量到清晰的莫霍界面及其向陆坡抬升。中央海盆地壳厚度8～9km，陆坡为17～18km。

80年代中期，刘光鼎系统地总结了中国海洋地质地球物理30年的工作。运用岩石板块大地构造理论，具体地分析了中国近海的地质环境，并通过地质地球物理综合解释，阐明中国地质构造特征及其演化历史和机制。

金翔龙在中国海底科学（海洋地质－地球物理学）领域上也作出了开拓性的贡献。在中国边缘浅海的海底研究上，推动了浅海油气勘探的进程；在南海首次取得深海地壳属性的重要证据，并发现铁锰结核；在大洋海底勘探开发方面，为中国成为世界上第五个国际海底先驱投资国作出贡献。在理论上，对中国海的构造格局、地壳性质与演化均有重要论述。

1995年后，尤其是在1998～1999年期间，在大洋矿产资源勘查与研究和海底地形地貌全覆盖高精度探测技术领域上作出了重要成果。

海洋沉积研究概况 20世纪50年代以来，研究的中心问题是“中国海洋现代沉积物分布规律”。60年代初，中国科学院海洋研究所的学者比较详细地研究了东海沉积物分布特征；中国科学院南海海洋研究所等单位对南海北部沉积物进行了研究；1963年，中国科学院等单位开展了中国浅海沉积矿产研究。70年代以后，海洋沉积学的研究与寻找海底石油结合起来。之后，尤其是80年代中期以来，中国海洋沉积学研究分别在区域海洋沉积学和海洋沉积学基础理论方面，加强了研究的深度与广度。在河口海岸区，围绕经济建设和环境保护，更加重视沉积动力学和现代沉积作用的研究；在中国陆架及边缘海盆、海洋沉积学的研究中，在理论上侧重于古气候、古环境沉积记录的识别和提取，在应用上主要是为中国海底资源勘查和海洋权益保护提供依据和方案，在大洋区海洋沉积学的研究中主要是围绕多金属结核进行。

在理论研究上，业治铮等论证了冲绳海槽晚更新世—全新世的沉积格局及其与地质构造的关系，并推断出该区晚更新世的沉积速率为5.5cm/ka，全新世的沉积速率为3.5cm/ka。此外，还提出西沙石岛晚更新世生物砂屑灰岩的沉积构造、相序结合及三级界面的三维分布。

秦蕴珊首先提出并建立陆架的沉积模式，从宏观上阐明了沉积分布的空间格局，强调时代控制，并以此为据，划出两个形成时代不同和两种不同成因类型的内陆架沉积和外陆架沉积；并绘制出中国第一张完整的陆架沉积类型图。秦蕴珊等应用风成理论阐明海底黄土沉积都是末次冰期近源风成的产物；并从岩石学、矿物学和地球化学等多学科的角度出发，论证了大洋“类黄土”的风成性质。秦蕴珊还研究了中国陆架自晚更新世以来的演化过程，提出陆架演化的4个阶段。80年代中期，秦蕴珊等在南黄海埋藏古河系分布的研究中，提出了中国陆架区埋藏古河道、古湖泊、古三角洲分布一个较完整的轮廓。

1996年以来中国学者们，在对中国边缘海的沉积物分区研究方面进展较快，深入地探讨了浅海、半浅海、深海沉积物体系的分布规律。还建立了“全球沉积岩数据库及管理软件。”

古海洋学研究概况 中国古海洋学研究始于20世纪世纪70年代初期。早期，由于微体古生物的研究，推动了海洋微体化石在海洋石油开采、矿产中的研究与应用。嗣后，运用岩屑再造南海北部晚第三纪古水温变化史的成功，又为古海洋学在含油盆地的应用提供了可能。实际上，中国古海洋学的研究从初创一开始就十分活跃，至90年代初，其研究规模与发展速度空前提高。目前，中国古海洋学研究已成为中国地球科学研究的一个重要特色，研究古海洋是中国参加国际大洋钻探计划(ODP)的积极发起者与推动者，多次有关“古海洋学”为中心内容之一的国际会议在中国召开。中国古海洋学界不仅推动海峡两岸学术界的合作，在国际古海洋学界中也起着十分重要的角色。迄今，全国古海洋学学术会议已举行过多届，分别在1989年、1992年、1995年召开；多次较大规模的专题考察均已取得主要成果。其中有1991年地矿部第二海洋地质大队在中美南海联合调查基础上完成的专题考察；1994年4～6月，由中德合作在南海南北进行为期8周的古海洋学专题考察，此次考察以追踪季风为主题的“太阳”号第95航次是在中国近海进行的第一次大规模古海洋学调查，其成果在1996年夏在北京举行的国际地质大会上发表。此外，还有中国科学院系统组织专题考察等。

中国古海洋学研究的海域主要集中在中国边缘海区。特别是南海北部与深海盆地，在南海晚更新世以来古水温、古气候及古海流的研究。中国对南海晚第四世纪古海洋学研究中取得的重要进展有：南海冰期与间冰期时的表层环流根本不同，导致了海水温度场的重大差异；南海深水陆源物质沉积速率大大高于大洋，冰期沉积速率高于间冰期，南海冰期生产力明显超过间冰期，取得了百年、十年等级高分辨率的古季风、古环境记录，从而将南海古海洋学推进到一个新阶段；冲绳海槽的古海洋研究较早，最先取得了晚更新世以来氧同位素曲线。古海洋研究还引进转换函数法，从有孔虫化石群数量变化中提取海洋古温度信息。

在前第四纪的古海洋学研究中，也取得一批重要研究成果：对古生代壳相和笔石相地层、晚古生代泛大陆时期的古海洋学研究、华南泥盆纪的古海洋学研究，南海北部含油盆地的第三纪古海洋学研究等，上述成果都是在不同程度上将“全球变化”的学术思想与地层古生物的实际材料相结合，从而探索“地球表层系统演化”。

中国古海洋学研究，除发表一批论文和论文集外，还出版了一系列专著，如中国科学院南沙综合考察队的《南沙群岛及邻近海域第四纪生物类群》（1991，英文版）；中国科学院南海海洋研究所的《南海礁区现代造礁珊瑚类、骨骼类结构的研究》（1991）；还有中国与澳、俄、日、泰、印尼、马来西亚七国合作，而由中国编制完成的《末次盛冰期西太平洋古地理图》，以及所附的说明书，也在1995年出版；同年还出版了同济大学编的《十五万年来的南海》（1995）专著。

此外，国家海洋局第二海洋研究所的钱建兴也编著了《晚第四纪以来南海古海洋学研究》（1999）。

在中国古海洋学研究领域的代表人是业治铮和汪品先。业治铮致力于发展古海洋学这一新兴学科，在他的主持下，青岛海洋地质研究所、中国科学院海洋研究所和同济大学海洋地质系合作进行南海古海洋学研究，研究于1991年完成，翌年即出版了《南海晚第四纪古海洋学研究》专集。汪品先于20世纪70年代完成中国第一口海上油井的微体古生物分析；80年代，推进海洋微体化石在海洋石油开采、矿产中的应用；90年代，又开拓新领域，结合大气圈、水圈演变的岩石圈研究，其中一些研究已列入国际大洋钻探合作计划。此外，还开展海洋地质与季风关系，以及通过海洋地质记录反映东亚季风对全球气候的影响研究。汪品先等提出的该项研究在1999年初已开始执行。

在古气候演变方面，1998～1999年间还提出了一些新成果，如国家海洋局系统提出的“庙岛、舟山群岛与冲绳海槽沉积气候记录及全球意义”等。

（刘安国　谢正侠）

【海洋地质学主要研究课题】　晚更新世以来海陆相地层硅酸体碳同位素、碳年代学研究　国家海洋局第一海洋研究所研究员王永吉领导的研究组，进行了富集较高纯度硅酸体方法研究，对部分现代硅酸体进行化学成分分析。对典型第四纪剖面硅酸体进行鉴定，并进行硅酸体碳同位素和碳年代学测定。探讨利用硅酸体定量解释植被及气候变化的途径。公布了23个代表性植物种属的的化学成分。列出了不同种属硅酸体中碳元素的含量，使碳同位素、碳年代学研究更有目的性和选择性。阐述了利用碳同位素定量分析大气候的原理、应用以及利用硅酸体进行碳同位素研究的意义；论述了碳同位素与纬度和气候带变化的关系。

中国开辟区地震地层学、构造特征与成矿条件研究　国家海洋局第一海洋研究所研究员吴金龙等，通过对东、西矿区的地层与构造活动的研究，以火山作用为主线，重点探讨了矿区结核丰度、类型及主要锰矿物组成与火山活动的关系，并首次在太平洋CC区提出了结核火山的成矿模式。

东、西矿区的火山活动主要受近东西向横断层的控制，形成了玄武岩质的海底火山链、火山穿刺、浅层侵入体和沉积物中的火山基性组分，它们是结核形成与富集成矿的主要物质来源。

通过对矿区的结核丰度、类型及主要锰矿物组成的统计分析结果，结核的丰度高→低，结核的类型S→SR→R型，结核的主要锰矿物组成从水羟锰矿→钡镁锰矿，均以海底火山（链）为轴心呈有规律的分布，这一规律在西矿区尤为明显。

东矿区火山作用弱且零散，这是造成东矿区结核丰度普遍偏低、分布极不均匀的主要原因。用现有7.5′×7.5′网距获得的结核丰度图进行矿区评价将带来较大的误差。

结合结核有用金属元素自身的地球化学行为，以及其他控制因素，提出的结核火山成矿的新模式，为指导矿区评价具有重要意义。

西矿区结核丰度高，分布稳定，现有的结核丰度图可较真实地反映结核分布规律，考虑到地形坡度、品位等因素，西区勘探目标应以测区北部和测区中南部的山间谷地为主。

通过分析与研究，东矿区分布3条结核低钡镁锰矿分布带，它们与推测的东西走向的转换断层－火山岩带基本相符，初步分析证明，它可作为东区矿区评价的重要参考指标。

庙岛、舟山群岛黄土与冲绳海槽沉积气候记录及全球意义　国家海洋局第一海洋研究所研究员李培英等，获得了一批比较可靠的年龄数据，其中AMS ^{14}C18个、常规^{14}C5个、TL8个、ESR5个。据此标定黄土剖面和海槽岩心所揭示的极性事件与漂移，基本建立起本区末次间冰期以来古气候演化的时间序列。

对1 000余个样品的剩磁分析结果表明，黄土－古土壤中记录的布莱克事件（约130～110ka BP）和拉尚事件（约45～37 ka BP）比较可靠，蒙戈事件（27.5～23.7ka BP）和哥德堡事件（13.7～11.2 kaBP）的可靠性有待证实。在冲绳海槽C155、C96等岩心中发现了两次极性漂移，其年代分别介于7 350～7 000 a BP和2 600～2 300 a BP，但它们在全新世黄土—古土壤和陆相沉积中没有记录下来，表明短期极性漂移具有区域性特征。

通过高分辨率环境磁学研究获得：①海岸、海岛黄土－古土壤磁化率和粒度是灵敏的古气候代用指标，两种曲线变化规律一致，反映了末次冰期以来气候变化的周期性，可以与海槽岩心同位素曲线和浮游有孔虫代表性种属的丰度变化相比较，末次间冰期以来存在5次较大尺度的变化周期（约140～75、75～55、55～30、30～12和12 ka BP至今）和10余次较小尺度的气候波动；② 黄土－古土壤磁组构反映了它们形成时的古季风强弱与方向，磁化率主轴方向主要呈NW和SE向，其中黄土以NW向为主，P值大；古土壤以SE为主，P值小得多；黄土形成时冬季风为主且强盛，古土壤形成期盛行夏季风；③ 黄土磁化率低而古土壤磁化率高；天然剩磁强度，当热退磁温度升到250℃左右时，古土壤损失70%～80%，而黄土的衰减比例小得多，故得出古土壤的磁性增强主要起因于成壤过程中的机械破碎作用，并非前人认为的生物成因；④ 海槽样品的磁性与气候的关系尚不明确；其磁组构特征仅反映海底动力条件如古海流的强弱变化。

黄土－古土壤与海槽岩心的气候记录显示，末次冰期－间冰期的气候周期变化在万年尺度上不存在相位差异，而在冰后期则存在千年相位差。全新世中—晚期变冷事件（或称新冰期Neoglacial），其海洋记录——代表性暖水种*P.obliquiloculata*最小值带跨越年代约为5～3 ka BP（C96、C170岩心），而陆地记录——上、下黑垆土之间的全新世黄土或全新世古土壤磁化率低值段的年代约介于4～2 ka BP。两者相比，陆地滞后于海洋的相位差约为1 ka。

冲绳海槽水下平原沉积速率比较高，一般为20cm/ka左右，最高在4 0cm/ka以上；尤其全新世沉积速率，如C96岩心，高达80cm/ka，较以往报道高很多倍。

末次冰期早期的气候条件比晚期更为干冷，冬季风更强盛，延续的时间也更长。其证据是：末次冰期早期黄土（$L_{1\text{-}5}$）的沉积速率比晚期黄土（$L_{1\text{-}1}$）高，粒度比晚期黄土粗，磁化率比晚期黄土低。因此，末次冰期晚期为最盛期的传统概念需要修正。

沉积物中有机碳同位素的环境和气候演变标志 国家海洋局第一海洋研究所研究员蔡德陵等，对长江入海物质按月测定了一个年度的水中悬浮体含量、有机碳含量和有机碳同位素值，发现均有明显的季节性变化规律，而且与黄河的规律十分相似。结合按日测量的径流量与输沙量，计算出长江颗粒有机碳的加权平均值为-26.2×10^{-3}，与黄河的-26.5×10^{-3}十分接近。因此，确定该值为本研究区的陆源颗粒有机碳端员值。在测定海洋源端员值时采集了0～150m层的网采浮游生物，其δ^{13}C平均值为-19.9×10^{-3}。由一年四个季度采集的近海浮游植物δ^{13}C值的测定表明，其变化范围为-25.9×10^{-3}～-19.2×10^{-3}，且观察到它的变化与海水温度之间存在着弱的正相关关系（r=0.69）。

根据物质衡算方程式，由冲绳海槽中段近百个取样站位表层沉积物的δ^{13}C值定量地计算出沉积有机质中陆源物质所占的百分比。发现在表层沉积物δ^{13}C值与沉积物中粒度参数（包含了粘土、粉砂、砂的广泛范围）和碎屑矿物中的轻矿物组分之间存在着一定的相关关系；证明了沉积有机碳δ^{13}C值可以作为该区沉积物主体的物源示踪剂。对冲绳海槽海域海底沉积物中陆源物质百分比作出定量的估算是前所未有的。

分析测定了5个柱状岩心中δ^{13}C的记录，对陆架和半深海岩心采用AMS^{14}C测年和磁性地层学相结合的方法确定了岩心的时间标尺，并由δ^{13}C记录恢复了古气候演变的历史。结果表明，δ^{13}C变化曲线在陆架、陆坡和半深海的3个岩心中是十分相似的，在全新世都显示出3个δ^{13}C旋回。由此，初步证明了δ^{13}C信号可以作为古气候演变的一个指标。两个岩心还测定了木质素含量和组成，作为陆源物质输入量的一个指标。

对于深海环境中的两个不存在陆源物质输入的柱状岩心，沉积物记录的δ^{13}C变化反映了表层海水水温的变化，并恢复古海水中CO_2浓度。 （路应贤）

海底地形地貌全覆盖高精度探测技术 该课题（1996~2000年）是863-820主题首批启动专题“海底地形地貌和地质构造探测技术”（863-820-01）专题中的重点课题，其研究内容有多波束探测系统全覆盖精密探测技术（863-820-01-01-01）、深拖系统的高分辨率海底地形地貌扫描成像技术（863-820-01-01-02）和海底地形地貌电子数字化成图技术（863-820-01-01-03）等。在国家海洋局第二海洋研究所金翔龙院士指导下，主要成果为：

（1）进行了高精度差分GPS定位和精密导航系统的开发，以“大洋一”号高精度差分导航定位技术改造为突破口，自主开发了导航软件，在距导航台700km 范围内差分GPS信号良好，静态定位精度达±1.85m，动态达±5m。并解决了“大洋一”号精密导航技术达200m的深切谷、冲积扇、滑塌构造等地质特征。

（2）研制的拖体声学超短基线定位系统，水下定位精度（动态）可达5×10^{-3}，作用距离2 000m，工作深度1 000m，这标志着中国对水下目标的定位技术已达到国际先进水平。

（3）进行了以多波束系统探测数据为主要处理对象，建立中国海底地形地貌数据资料电子数字化自动成图系统，具有美国NOAA的ANCS Ⅱ的海底地形自动成图系统的功能。可以输入各种地形地貌探测数据和环境形态数据，进行数据的格式转换、同化幅合、误差评估和网格插值，其成图功能包括投影转换、底图设计、线型和符号选择及灰阶色标设定，可按图幅提供各种投影系统的大比例尺的二维等值线图、三维立体图和假彩色立体形态图。该成果填补了中国海底地形地貌大比例尺数字化成图技术的空白，既适合于中国该领域的自身特色，又与国际海域划界标准接轨。完成了中国第一个自主版权的海底多波束地形地貌成图系统，图件输出速度快数倍于国外商用软件。可服务于各类多波束探测成图。

海底天然气水合物研究 面对日益严峻的能源危机，以能量高、分布广为特征的天然气水合物越来越受到世界各国重视，是21世纪的重要后续能源。天然气水合物是甲烷等气分子和水分子组成的固态结晶物质，主要出现于300~500m以深水深的海底沉积物之中，在寒冷的高纬度区域也有分布。全球天然气水合物中的甲烷碳达10^{16}kg或达$20\times10^{15}m^3$左右的甲烷气，相当于煤炭、石油和天然气水合物等已知化石燃料含碳量的两倍。而且天然气水合物作为温室气体的载体，作为海底稳定性的影响因子也不可忽视，所以近10余年来在全球兴起了天然气水合物研究的热潮。基于对天然气水合物在能源潜力、国家权益、环境效应等方面的重要地位的认识，国家海洋局第二海洋研究所一直关注着国内外天然气水合物的研究动态，在收集了大量有关天然气水合物的资料基础上，金翔龙院士等科学家多次向国家海洋局、中国大洋协会、国家科技部、国家计委等部门提出开展天然气水合物调查研究的倡议书，引起了中国政府的高度关注，国务院有关领导曾就天然气水合物作了亲笔批示，国家科技部也以“我国21世纪后续能源发展战略”课题为基础展开天然气水合物在21世纪的能源地位研究。国家海洋局第二海洋研究所曾参与主持完成了“海底天然气水合物资源调查研究专项可行性研究报告”，并完成了国家科技部资助的“我国21世纪后续能源发展战略研究”分课题“我国21世纪天然气水合物的发展战略研究”任务。目前正在国家海洋局的支持下，开展“冲绳海槽海底天然气水合物资源潜力分析研究”和“海底天然气水合物的地震识别技术研究”，并取得了一些初步的研究成果。

风暴潮对河口冲淤的危害 该课题为“九五”攻关项目“中国海岸带关键技术研究”（1996~2000年）中“近海岸灾害性动力环境的数值模拟技术和优化评估技术研究”的内容之一，其使用先进的剖面海流计、声学泥沙剖面仪、CTD和光学测沙仪器（DBS）进行现场观测，解决了悬沙浓度垂向剖面连续观测、泥跃层观测和底边界层内流速剖面观测问题，为河口冲淤研究提供了先进的技术和方法；建立了基于遥感和沉积记录的风暴潮冲淤灾害信息提取方法；初步建立了分析风暴潮冲淤灾害的三维数值模型，中期评估得到好评。 （孙煜华）

海底矿产资源的地球化学快速探查技术 国家高技术研究发展计划之课题820-03-02“海底矿产资源的地球化学快速探查技术”由中国科学院南海海洋研究所、甘肃有色地质研究所、中国地质大学、中国海洋石油南海西部公司等单位承担，以研制能采海底3m深沉积物、能测微量气态烃、能现场快速发现化探异常、能实现低成本、高效益和容易操作的海洋油气化探系统为目标。课题于1997年12月正式启动，目前已按计划完成振动式化探采样器主体和“海洋油气烃类数据实时处理显示系统”软件的研制，在气态烃传感器及其辅助装置的研制上已取得重要突破。

课题的主要创新点为：①研制的海底振动式化探柱状采样器实现自成体系的钻具下降和提升，与国内外现有的振动式采样器利用起吊钢缆来提升钻具相比，有不会拉弯钻杆、降低绞车荷载等明显优点。有实时监控系统，实时显示机具的下海、触底、两个方向的倾斜、钻进速度和深度、海水温度压力、提升力矩、提升高度等的动态信息，实现采样的过程控制。②研制的气体传感器及混合气体分离装置对甲烷、乙烷、丙烷及氢气的检测限基本达到10～9，比国内外现有气态烃传感器灵敏度提高9个数量级。对标准气的测试和陆上实验区土壤样品应用检验表明，检测的线性、重现性、稳定性和寿命都基本达到实用化水平，可望在海上和陆上现场使用，并具有广泛的应用前景。③通过研制的软件系统，实现海底化探现场测试数据的传输和可视化的数据处理、统计分析、异常圈定和初步异常评价，成为海底化探采样现场测定数据的实时分析处理的工具。

整套系统在国内外属首创，已通过领域办公室组织的中期评估，转入海上试验阶段。 （周 蒂）

河口海岸动力沉积和动力地貌综合国家重点实验室 河口海岸动力沉积和动力地貌综合国家重点实验室依托于华东师范大学，1991年由国家计委批准筹建，1995年12月通过国家验收并正式向国内外开放。该实验室是在华东师范大学河口海岸学科30余年研究工作的基础上创建的，著名的河口海岸学家、中国工程院院士陈吉余教授和中国科学院院士窦国仁教授任实验室学术委员会顾问，中国科学院院士汪品先教授任实验室学术委员会主任，沈焕庭教授和中国科学院院士苏纪兰教授任学术委员会副主任，丁平兴教授为实验室主任。实验室现有固定人员33人，其中研究人员27人（教授16人，副教授9人，讲师2人；其中具有博士学位17人），技术人员5人，管理人员1人。

该实验室主要从事河口海岸的应用基础研究，研究方向为：河口演变规律与河口沉积动力学；海岸动力地貌与动力沉积过程；河口海岸生态与环境。拟通过多学科交叉渗透和综合分析，深入研究各种时空尺度的河口海岸动力沉积和动力地貌过程及人类活动对自然环境与过程的影响，揭示河口海岸各地区自然要素和界面的相互作用与变化规律，发展河口海岸学科理论体系，同时为港口航道等工程建设、沿海资源开发、生态环境保护、规划管理等服务。

该实验室自运行以来，分别在河口、海岸、沿海灾害、海岸带资源开发与生态环境保护四个方面进行了较高水平的基础性研究，先后承担了国家攻关项目10项，“863”课题1项，“973”课题2项，国家自然科学基金重大项目1项、重点项目2项、面上基金项目30余项，省部委课题93项，横向协作95项，国际合作18项等。共出版中外文学术专著及专辑10册，发表学术论文384篇，其中被SCI收录40余篇。获国家及省部级进步奖23项。例如，“中国海岸带与海涂资源综合调查研究”获国家科学技术进步一等奖；“浦东国际机场东移与九段沙生态工程研究”获上海市科技进步一等奖；“中国河口主要沉积动力过程研究及其应用”和“长江口三角洲风暴沉积与环境演变”获国家教育部科技进步二等奖；“长江口深水航道治理与港口建设”获上海市科技进步二等奖。此外，实验室充分发挥该学科的特色，积极为国家一些重大建设项目献计献策，在高层次上为国民经济建设发挥了巨大的效益。例如，陈吉余院士提出的将浦东国际机场向滩地东移的咨询建议，为国家节省3.6亿元的投资。

河口海岸国家重点实验室属国家重点学科发展项目，设有自然地理学、第四纪地质学硕士点和博士点，生态学硕士点和博士点，地理学博士后流动站。实验室固定人员中有教授16名，其中14名是博导。近几年，实验室专、兼职人员一起共同培养硕士生67名，博士生24名，博士后出站9名，与外单位联合培养研究生3名，与国外合作培养研究生1名，现在读研究生有74名。实验室为研究生的学习和研究提供了一流的环境和调和设备。实验室十分重视中青年教师的培养和优秀人才的引进，45岁以下的青年科研人员占实验室总人员数的52%，其中有“长江学者计划”特聘教授1人，国家杰出青年科学基金获得者2人；有2人进入国家人事部百千万人才工程，2人获国家教育部跨世纪优秀人才基金，4人获上海市科技启明星基金，4人获上海市教委曙光计划基金。实验室已形成初具规模的高层次人才培养基地。

该实验室贯彻“开放、流动、联合、竞争”的宗旨，十分重视对外开放、国内外学术交流与科技合作，并把它看作是提高研究水平、学术水平、管理水平和走向世界的重要环节。实验室与美、英、荷、日等高校、科研机构进行“长江口泥沙输移和扩散”、“三角洲湿地发育研究流域环境变化与灾害”、“瓦登潮滩生物沉积作用”、“东亚地区环境演变研究”等多项国际合作研究，每年约有20余人次出国进修、访问、参加国际学术会议或从事合作研究；同时邀请20余位国外著名的教授和专家来实验室讲学、指导。已资助开放课题4批，共45个，其中89%课题由外单位客座研究人员承担，总经费达60万元人民币。每年来室工作的客座人员约20人次。实验室与国内外同行有着广泛的学术联系和交流。

该实验室拥有宽敞的实验办公大楼和现代化的仪器设备，实验室利用世行贷款和“211重点学科”建设经费，购置了一批现代化仪器设备，其中包括测量流、浪、潮的ADP声学流速剖面仪、恩特柯174SSM自记式海流计、SBE26浪潮仪，测量温、盐、深的SBE25CDT，测量水深及悬浮沉积物等的449DF热敏式双频测深仪，测量泥沙浓度的OBS-3浊度计和声学悬沙仪，测量水下地形的3050-Ⅱ旁侧声呐，探测浅海海底结构的GEOChirp浅地层剖面系统，用以精确定位的1008/586全球定位系统（GPS）、GBX-PRO差分定位仪等野外勘测仪器；以及气相色谱－质谱联用仪（GC/MS）、流式细胞仪（FCM）、光子检测系统、等离子发射光谱仪（ICP）、Varian气相色谱仪、LS100Q激光粒度分析仪、交变退磁仪等室内测试分析仪器；还有工作站网络系统和集地理信息系统、遥感图像处理系统与地图出版系统于一体的地理信息和图像处理系统。　（华东师范大学供稿）

大洋多金属结核及海底沉积物分析测试标准方法的研究　该课题由青岛海洋地质研究所海洋地质实验测试中心负责与合作单位广州海洋地质调查局海洋地质测试中心共同承担。其中海洋地质实验测试中心承担大洋多金属结核等离子发射光谱法多元素测定及海底沉积物中H_2O^+、$CaCO_3$等项目方法研究，广州海洋地质调查局海洋地质测试中心承担海底沉积物（除H_2O^+、$CaCO_3$外）分析方法的研究。标准方法的精密度协作性检验工作则由海洋地质实验测试中心、武汉综合岩矿测试中心、安徽省中心实验室、沈阳综合岩矿测试中心、山东省中心实验室、南京综合岩矿测试中心共同协作完成。

通过研究，建立了海底沉积物中碳酸钙的测定方法；研制确定了大洋多金属结核中吸附水的测定方法；针对大洋多金属结核形成环境特殊、颗粒极细的特点，建立了结核中铁的测定方法；依据结核中铝的赋存特性，建立了三氧化二铝的测定方法；用磷钒钼黄光度法在波长440nm处测定五氧化二磷，既保证了其测试结果的准确性又可以有效地避开铁的干扰；建立了海底沉积物中吸附水、化合水的测定方法；建立了等离子体原子发射光谱法测定大洋多金属结核及海底沉积物中常量、微量和稀土分量的方法。

大洋开辟区沉积物和多金属结核的Sr、Nd、Ce同位素组成及其示踪意义研究 该课题取得的成果主要在于：①利用表层沉积物粘土组分的Sr、Nd同位素组成对中国大洋开辟区进行分区和物源恢复；②分别利用碳酸盐岩心和沸石粘土岩心恢复早中新世海水和海底火山活动的演化；③利用结核微层和区域上结核的Sr、Nd、Ce同位素组成特征，揭示出结核成矿物质来源及南极底层流路径。

该课题对大洋沉积物和多金属结核进行Sr、ND、Ce同位素系统研究在国内尚属首次，因而该项研究不仅提供了大量的珍贵数据，在样品选取、预处理和分析方面积累了一定的经验，而且弥补了中国在沉积物的Nd同位素研究、结核的Ce同位素研究方面的空白。

1999年12月26日，本课题经中国大洋矿产资源研究开发协会组织专家验收通过。同时，中国大洋矿产资源研究开发协会委托国家海洋局对本课题进行评审，专家评定研究成果达到国内领先水平。

中国专属经济区和大陆架矿产资源评价课题 该课题由青岛海洋地质研究所负责，广州海洋地质调查局研究所，上海海洋石油局，地科院矿床所参加。

该课题采用的补充评价方法对主要含油气盆地是从储集层中的储量出发，充分应用目前最新勘探成果进行评价，基本上解决了前从比生烃岩的生烃量角度出发进行评价中出现的问题。对部分评价难度较大的含油气坳（凹）陷，该课题采用从生烃岩生烃量角度和从储集岩储量角度进行评价时，重点是解决如何运用本地区最新的油气田资料反演求取评价参数来提高评价的准确性。应用本地区（或相邻地区）勘探程度较高海域评价反演求出的参数，对本地区（或相邻地区）勘探程度较低海域进行综合评价，避免了借用国外或其他较远的盆地评价参数而导致误差较大的局面。

中国海域区域地质构造和地壳结构特征及其演化 该项目由青岛海洋地质研究所负责，共有五个部委的八个单位参加，参加研究人员共计63人，其中有研究员或教授16人、博士13人。该课题主要研究海域区域地质特征、构造特征、地壳结构和形成演化、冲绳海槽海底岩石类型、火山活动和热液活动、划分出控制台湾东部构造格局的一些主要断裂构造、建立弧陆碰撞过程发生的时间序列和运动序次、探讨台湾东部弧陆碰撞带的形成和发展演化。各专题收集了各海区的重、磁、地震和部分包括钻井、柱状样和热液沉积物样品或分析结果在内的资料，并进行了整理、分析和测试，对东黄海区域地质，尤其是深部地壳结构有了更深入的了解，建立了南海及其围区新生代以来地质构造事件序列，研究了存在的三个区域性不整合，初步确定了其构造运动属性；对红河断裂入海后的延伸和特征进行了探讨，初步推断红河－巴拉巴克断裂是华南与印支板块的边界；对冲绳海槽JADE热液区热液沉积物,特别是块状矿化物矿床的特征及其成因有了较系统的认识,取得了一批阶段性成果；通过稀土元素和同位素的研究，探讨了冲绳海槽地区热液活动的基本特征，如金属元素和硫的来源、热液演化，并与其它地区的热液活动特征进行对比研究；根据矿物学特征和岩石化学资料，探讨了冲绳海槽玄武岩的形成及演化过程；研究发现测高数据反演、生成的海底地形模型可以快速填绘海底地形特征分布及有关构造特征。

石油地质“哑层”ESR测年的研究（国土资源部科技司科研项目） 该项目由海洋地质研究所承担。项目取得如下成果：①项目组对济阳坳陷、渤中坳陷、塔里木盆地和南海珠江口盆地的样品进行了测试发现，沉积物中石英氧空位深度和所接受的总剂量存在正相关关系，相关系数都在0.9以上，有的地区相关系数高达0.98，进一步证明石英氧空位可以作为一种Ma-Ga范围内新的地质计时计；②首次报道了塔里木盆地北缘库车河剖面烧变岩形成年龄，计算出该剖面三叠统烧变岩的形成年龄为3.26±0.3Ma，中侏罗统烧变岩的形成年龄为2.33±0.2 Ma；③对珠江口盆地XF33－2－1#样品进行了热力学实验，发现I1/I2值与古地温呈相关关系，并与地层年龄有很强的相关性，具有古地温指示和地质计时的实际意义。此英文稿已被SCI摘录的《Applied Magnetic Resonance》所录用；④对塔里木盆地深层样品（5 000余米）进行了寿命实验，得出的沉积物中石英氧空位在27℃时的平均寿命为1 018年，比日本学者报道的花岗岩石英氧空位平均寿命高了3个数量级。这也是国内外首次进行石英氧空位的寿命实验；⑤发现一种测定花岗岩年龄更简便的新方法，有待进一步研究。

浅水区地层剖面高分辨率探测技术研究 该课题是国土资源部“九五”部控科研项目之一。该项目的主要研究内容包含浅水区浅剖声波基础理论、抗干扰数据采集方法技术试验、浅水区浅剖数据处理方法探索和高噪背景下浅剖记录的分析对比和解释方法等4个方面。项目由海洋地质研究所独立承担。项目自1998年上半年正式启动，到目前为止，已完成了合同规定的所有研究内容。研究取得了一定突破和进展：① 依据对大量外业试验资料结果的分析和声学基础理论的推导研究，提出了对传统浅地层剖面设备声源系统（以Geopulse-5000浅层剖面系统为例）简易改造的方案，并将该方案付诸实施，在实时水深只有1m的极浅海区进行测量作业，获得了良好的剖面记录。② 通过大量广泛深入且系统有序的海上试验，获取了大批各种操作和安装条件单一变化以及外界因素（如船只类型、航速、流向等）单独改变时对浅地层剖面记录面貌的影响资料。并在对其进行深入对比分析和综合研究的基础上，分别提出了砂质和泥质两种典型的底质类型条件下，利于突出有效信息，压制各种干扰的设备操作参数和安装条件。分别建立了获取抗干扰高分辨率数据采集方法的流程。③ 在浅地层剖面各种声源系统在浅水区工作条件下，所形成的声场特征和所产出的各种干扰波的特征及传播规律的研究等方面取得较大进展，推导建立了许多对海上施工和剖面对比解释有重要指导意义的理论公式。从声波传播机制理论的角度，分析研究了在浅水区进行浅地层剖面测量需采取的各种抗干扰措施及其可行性。④ 提出了在浅地层剖面记录上识别和剔除这些干扰背景的方法。

该项目对提高仪器的分辨率和在极浅海区的适用性有重要的实用价值，所取得的部分成果已成功地应用于日照岚山、威海石岛、烟台蓬莱和青岛海西湾等地的港口和航道疏浚工程勘察以及胜利油田和大港油田的近海井场调查和水底管线敷设及路由调查工作中，取得了良好的社会及经济效益。

中国海岸带晚第四纪多发－高频事件沉积的气候－环境意义研究 该项目通过对晚第四纪海岸风沙沉积序列、风暴沉积序列、洪泛沉积序列的研究，建立起千年级的高分辨率事件地层的典型剖面和气候－环境演化模式。

研究进展：①首次发现和建立了普陀山晚更新世事件地层剖面。②在普陀山湖泊沉积层中，首次发现古槐树 *Sophora japonica* L. 和古枫杨 *Pterocarya stenopteta* DG.化石。首次发现植物种子和昆虫化石。③首次在地表发现和建立了福建东山全新世－晚更新世的完整事件地层剖面，基底为混合岩，时限超过13万年，完全可与普陀山剖面相对比。④首次建立起华南晚更新世风暴沉积序列，并完成了化石组合和磁化率研究，使之可与上述两剖面和台湾同类型沉积序列相对比。⑤ 首次公布了新发现的福建深沪湾晚更新世冲洪积序列剖面和广东广沃晚更新世复合洪积扇的沉积序列，对丰富和提高中国海岸带晚第四纪事件沉积和类型、特征及其古气候－古环境内容，正确认识和防治某些地质灾害有着非常重要的科学意义和实际意义。⑥ 在台湾海岸带晚第四纪事件沉积研究中有许多新发现和新认识，首次发现和建立了台湾东北岸福隆双溪河南岸的晚更新世风沙－土壤层交互更叠序列及其下伏的风暴沉积序列；发现和建立了台湾东岸港仔晚更新世风沙－土壤层交互更叠序列及其所夹的洪泛层、湖泊沉积层；发现和建立了澎湖群岛的乌嵌、北寮碳酸盐型和硅质碎屑型两类风暴沉积旋回剖面；建立了恒春半岛的龟山、猫鼻头、鹅銮鼻－龙盘风暴沉积旋回剖面；发现石门洞公园一带是一个由南往北撒开的复合洪积扇体，现今尚可找出20个以上的扇层。对台湾环岛海岸类型进行了新的划分；提出了台湾不是岛弧，而是移置体的新认识，并重新划分了台湾的构造带。进一步证明了中国海岸带晚第四纪沉积的主体是晚更新世的产物，全新世沉积仅仅是零星的分布，厚度薄。

现代黄河三角洲地质环境演变过程及预测研究 该项目由原地矿部科技司批准立项。属部控重点项目。通过野外实际调查，结合遥感和计算机技术对新河口、水下岸坡、尾闾河道以及相对海平面变化等方面深入进行了分析研究，得到了一些新的认识，并就黄河三角洲地质环境未来变化提出了预测。

该项目开展了4方面的研究工作：尾闾沙道演化成因机制及预测；入海口门演化成因及预测；口门附近岸线及水下岸坡变化规律及预测；地面下沉造成海平面相对变化的机制及未来预测。三年来，项目组围绕上述研究目标的主要内容收集资料，开展了野外调查和室内研究工作，取得了较好的研究成果

项目取得的主要进展：①根据野外调查和遥感影像解译，研究了1996年以来黄河入海口门的变化特征，分析了影响新的口门形成的主要因素。②研究了海洋动力学方面，包括潮汐、潮流等因素对入海口门泥沙沉积的影响，从沉积动力学的角度研究了沉积

成光缆损坏，取得较大经济效益。

（7）污水排海管线地基工程勘察及评价。青岛海洋大学在黄岛经济技术开发区污水排海工程项目研究中，通过对拟建污水排海管线海区工程勘察，根据基岩埋深、水深、地层情况优选管线入海路由，结合海洋环境条件，确定入海管线长度。建成后效果很好，并获得国家海洋局科技进步二等奖。另外在山东核电站选址时，在乳山、海阳两地的污水排海研究中作了大量工作，并得到有关专家的肯定。国家海洋局第一海洋研究所等单位在秦皇岛、南戴河等地区的污水排海工程中做了浪流潮观测及工程地质研究，为管线路由的选择、长度及管道埋深的确定提供可靠依据。（冯秀丽　杨作升）

【灾害性海洋环境条件的评估技术】 正确评估灾害性海洋环境因素及其对工程结构的综合作用，对各类近海工程结构设计标准以及河口海岸城市防灾设防标准的确定，具有重大的理论意义和实际意义。当前，国内和国外的各类规范，大都采用通过单因素进行频率分析而确定的设计标准。美国最新版本的《API规范》虽然提出了风、浪、流联合作用问题，但规范本身也承认有关风、浪、流联合设计标准的建议是“含糊的”（ambiguous）。在中国，正确评估灾害性海洋环境因素将直接影响到近海油气工程的顺利进展，同时，也是河口和海岸城市防灾设防标准的主要依据。随着中国海洋油汽资源开发事业的进展，大批海洋平台在各海区设计和建造。一方面，平台造价昂贵，稍有破坏，不仅造成巨大经济损失，而且会带来溢油污染等灾害性后果；另一方面，中国有一大部分油田属于边际油田（marginal oil field），不合理地选择风、浪、流、潮等海洋环境条件的设计标准，会造成投资增大，也会使一些边际油田失去开发价值。因此，合理地选择风、浪、流联合作用下各类平台的设计标准，将直接影响到近海工程的安全性和经济性。当前，中国海洋石油工程全部照搬了美国《API规范》作为行业规范，但是《API规范》的编制基础是以墨西哥湾资料为主要依据的，它只对风、浪、流极端荷载下的设计标准提出建议，甚至连规范本身也承认按照其中某些条款进行设计，会带有明显不利的后果。所以，青岛海洋大学减灾防灾研究所刘德辅教授于1999年提出了灾害性海洋环境因素的联合概率分析方法，这是对美国《API规范》的进一步修正。该方法提出了以“联合概率”为基础的新途径，它针对不同结构特征，选用不同的抽样方法，用随机模拟技术求得适用于近海工程和海岸工程的设计标准。这一新方法不仅再现了同时作用在工程结构上的各种灾害性海洋环境荷载的真实状况，而且充分考虑了不同工程结构产生最不利响应时的荷载条件的不同特色，较各国规范提出的建议，具有明显的优越性。该方法提出了一种适用于种类灾害性海洋环境因素的新型极值分布理论——复合极值分布理论，并且，在该理论下开发的重点抽样法随机模拟软件可用于求解“非高斯过程和具有不同相关性的多维随机变量联合概率”，该软件具有收敛快、模拟结果相对误差小的特点，优于国内外普遍采用的Monte-Carlo法。同时，该方法也提出了适用于近海和海岸工程的若干建议。

（1）近海工程设计标准：对固定式平台，建议选取以波高最大和同时出现的风、流作为样本，进行随机模拟所得的百年一遇联合概率水平为设计标准；对自升式平台，建议选取以风速最大和同时出现的波高、流速为样本，进行随机模拟所得的百年一遇联合概率水平为设计标准；对平台立管，建议选取以流速最大和同时出现的波高、风速为样本，进行随机模拟所得的百年一遇联合概率水平为设计标准。

（2）海岸带城市防灾设防标准：根据海岸带不同功能区划，分别采用以浪为主和以潮位为主的其他同时出现因素的多年一遇联合概率水平为设计标准（采用百年一遇或五十年一遇，可在综合进行经济、安全度系统分析后确定）。

（3）河口城市防灾设防标准：对天文潮、风暴增水、上游洪水三种因素进行联合概率随机模拟，选用最不利的组合作为防灾设防标准（设防标准重现期可根据经济、安全系统分析选定）。（史宏达）

【海洋平台结构的最新进展】 （1）张力腿平台（TLP）的最新进展。TLP具有平台的整体安全性和稳定性好、平台作业寿命长、石油开采方便等优点，目前世界上已有9座TLP投入使用或正在建造之中，对其研究也引起了各国海洋工程专家的重视。中国台湾学者Lee等研究了波浪和结构相互作用下TLP的动力响应。张力腿平台的浮体是大型结构，而其张力腿相对来说属于小结构，它们和周围流体的相互作用是截然不同的。Lee等人考察了这两种不同的流固耦合作用，并体现在整个结构的运动控制方程中。数值计算的结果分析了平台尺寸、吃水深度、非线性刚度变化等对TLP浪激响应的影响。他们还对带水下系统的张力腿平台的纵荡运动进行了详细的理论分析和数值计算，并对一些敏感参数做了对比分析。

（2）平台结构动力响应的研究。海洋平台结构的动力响应是一个老问题，各国进行了数十年的大量研究，但实际上仍然有一些问题难以解决。在做海洋结构动力分析时，比较难以确定的就是结构阻尼，即结构运动方程中的阻尼矩阵。掌握了结构的动力响应，即可对整个平台结构实施控制。可调质量阻尼器（TMD）即是当今世界对平台振动和疲劳响应的研究课题。目前，青岛海洋大学工程学院院长李华军教授及其他专家们也正在进行这方面研究，并取得了一定的理论和分析成果，为中国北方油田的平台振动控制提供了依据。

（3）结构疲劳与断裂。海洋平台的破坏除强度不够外，还有在海洋波浪和冰荷载作用下的疲劳破坏，因此，对结构疲劳与断裂的研究始终是海洋工程结构研究的重要课题。中国船级社结合冰激振动应力响应计算结果和疲劳裂纹扩展试验对渤海固定平台在冰环境中的疲劳强度与设计进行了研究。结果表明，屈曲冰激起平台最大的热点应力，弯曲冰作用下结构的疲劳寿命最短，而挤压冰环境中结构失效前的允许裂纹尺寸最小。所以，海冰环境中平台构件的强度设计应取屈曲冰，断裂设计取挤压冰，结构疲劳寿命评估选弯曲冰。该项工作和所取得的结果在国际上尚属首次。

（4）结构健康监测技术。结构控制和监测在近海工程结构系统中具有广阔的发展前景。在过去30年中，各国已投入大量精力进行这方面研究，但只在近几年才有非常突出的成果，这与科学技术及计算机的发展密不可分。健康监测在中国只是刚刚起步，但随着一部分钻井平台的老化，许多固定平台和移动平台需要进行健康诊断和控制。国外主要采用对所谓“关键单元”的监控，而对于深海复杂结构的平台，这一技术还需要改进。目前，在国内胜利油田与青岛海洋大学工程学院合作正在研究一种类似“爬行机器人”的技术，它可以不断在平台结构上移动，从而反馈平台的当前状态，并对病态部分提出警告和修复策略，从而达到动态控制的目的。 （史宏达）

【沉积物质的观测与采样技术】 （1）长岩心活塞取样器研制。国家海洋局第一海洋研究所臧启运主持，研制成功两套长管重力活塞取样器，采用分离吊装方案，解决了重2.5t、总长23m的取样器释放和回收技术。1997年10月19日在东海冲绳海槽北部水深703m处，一次成功采取了17.11m长的海底沉积物柱状样，创造了国内同类取样技术取样长度的新记录；1998年9月在黄海又获取了10.35m的柱状岩心。

（2）沉积物捕获器研制。国家海洋局第一海洋研究所研究员张德玉等研制成功浅海和深海沉积物捕获器各1台。解决了超高压、动静态密封技术、水下液压传动技术、抗腐蚀和生物附着技术、自动控制系统长期稳定技术。浅海沉积物捕获器在1997年10～11月，在东海北部112m水深处，连续运转20d，成功回收；深海沉积物捕获器于1999年7～8月，在东太平洋水深5 200m处，连续运转36d，成功回收。

（3）沉积物来源定量判识技术。国家海洋局第一海洋研究所研究员孟宪伟等开发了一套沉积物来源定量判识软件系统（SEES），通过在冲绳海槽中部大面积试验，实现了陆源、火山源、生物源等不同沉积物端员定量分离。

【海底沉积物厚度和结构探测技术】 国家海洋局第一海洋研究所研究员吴金龙等，在原有单道地震探测系统基础上，解决了高压脉冲相互干扰，实现了双震源频道自动控制，开发了一套双震、三频道准同步地震资料采集系统，可同船准同步获取不同分辨率、不同探测深度的三种频率的地层剖面。

【多波束勘测技术】 国家海洋局第一海洋研究所研究员周兴华与广州海洋地质调查局第二海洋地质调查大队研究员陈圣源等，于1999年11月，在分析多波束系统的基本原理和系统集成的基础上，评价了多波束系统、定位系统、船姿传感器、电罗经等外部传感器及系统集成对多波束测量精度的影响；分析了多波束测量的各种误差源，给出了误差模型和精度评估方法；对多波束数据后处理的几种自动算法做了对比研究，研究了多波束数据的交互式处理技术和成图技术；研究了多波束成像图的特点和镶嵌，以及多波束数据应用于海底底质分类问题；对深浅水多波束系统测量的工作模式和测量精度等进行了评估和研究，解决了深浅水多波束系统测量资料及图件编制的拼接问题；修改完善了“多波束海底地形勘测技术规程”。

【可移动桶形基础采油系统技术】 由胜利石油管理局常务副局长何牛厚、国家海洋局第一海洋研究所研究员朱儒弟、天津大学教授任贵永、上海交通大学教授阙沛文等合作，在深入研究地基与桶形基础相互作用复杂关系的基础上，创造了一套科学的设计方法、研制了一套智能化施工工具和一个桶形基础平台，实现了平台设计技术、平台海上施工过程中既相互影响又随机变化的各种参数的实时测控技术、负压抽吸沉降等技术的有机集成，形成了比较完善的可移动桶形基础采油系统技术。解决了水浅地层硬造成的极限可用负压小，不易形成有效密封、浪流对地基动力作用大等桶形基础应用中的特殊技术难题。

中国首座可移动桶形基础采油平台于1999年10月在胜利油田滩海地区顺利安装成功，填补了国内空白，总体技术达到90年代国际先进水平。采用本项技术，平台总造价可节省30%。

【亚欧海底光缆系统（SEA-ME-WE3-中国段）路由勘测技术】 由国家海洋局第一海洋研究所研究员曲绵旭负责的、连接亚欧两洲33个国家的洲际大干线亚欧海底光缆系统（SEA-ME-WE3）路由勘测，使用了当前世界先进的多波束海底地形勘测系统、侧扫声呐海底地貌勘测系统、海底浅地层剖面探测系统和GPS全球定位系统等仪器设备，按目前国际流行的作业方式，在工程委托方技术专家现场监理下，进行同船、同步勘测。多波束测深与侧扫声呐探测达到全覆盖要求。地形、地貌、地层资料可现场显示，实时分析判断，发现不良路由段及时改线勘测。沉积物柱状样品原色显示，形象直观地反映了沉积物的组成和结构特征。沉积物CPT测示结果图示，清晰地反映了埋设层的抗剪切强度等土力学性质。采用上述仪器、方法，完成了路由中国海域登陆段宽500m、1∶1 000，近岸段宽500m、1∶5 000，浅海段宽1 000m、1∶50 000的勘测。与国外同类技术比较，该项勘测技术达到了国际先进水平。

【海洋石油原油鉴别技术】 由国家海洋局第一海洋研究所研究员丁永耀领导的小组，应用三维全扫描荧光光谱法和“指纹”谱法及以重心为主编制的GP5计算机软件建立了一套完成的油种鉴别法。荧光光谱法是以油中多聚芳香化合物和杂环化合物为鉴定指标，此类化合物有较高的稳定性，它们几乎不受风蚀的影响，石油中的共轭π键结构使其有很高的发光效率，不同的取代基的影响又使分子的激发波长和荧光发射波长及荧光效率不尽相同。因此，三维全扫描荧光谱表现出细微的光谱结构和丰富的谱特征信息，对于各油井的油种可从“指纹”图上予以准确鉴别。该技术已成功地将面积仅数十平方千米内的80余口油井的油种进行分类。通过严格条件下的考核验证，鉴别准确可靠，并可与邻近的各个油区的油种区别开。

【滩海工程多功能（波、流、风、沙）试验水槽的设计建造】 由国家海洋局第一海洋研究所研究员张亭健等设计建造的滩海工程多功能试验水槽，总长62m、内壁表间距1.5m、最大水深70cm、沙坑长大于20m。配置了美国进口随机波造波机，功率30kW流量可调造流系统，功率30kW风速可调造风系统；准潮汐发生系统以及尺度为28m×1.5m×0.38m的槽内模型沙池。此水槽可以完成如下试验研究工作：

（1）海上油气开发工程平台式建筑物整体及其构件在浪、流、风单独或联合作用下的受力试验研究；

（2）在海洋环境动力作用下，埋设式输油管线稳定性试验研究；

（3）在海洋环境动力作用下，敷底式平台基础、墩式建筑物基础与床沙的相互作用及其稳定性试验研究；

（4）在海洋环境动力作用下，浮体及其锚系系统的运动和受力试验研究；

（5）码头、防波堤、护岸等断面设计合理性试验验证及优化设计方案的试验推求；

（6）在海洋环境动力作用下，泥砂质海床变形机理试验研究；

（7）波、流合成动力学试验研究。

该水槽整体结构设计合理，功能针对性强。在风道、沙坑及进出水流设施设计上有所创新。作为滩海工程模拟试验研究的专用水槽，其功能在国内外具有明显的先进性，是国内一般水槽难以替代的。

（路应贤）

【洞头东臼避风港工程采用新型特种桩基技术】 海洋捕捞业、运输业的持续发展，已使防波堤——避风港的建设成为一种产业热点。但由于海洋工程的投资浩大，防波堤——避风港的建设又常令全国沿海各地政府、企业望而却步。浙江洞头鹿西乡东臼避风港工程采用新型特种桩基技术，既保证了工程质量的安全可靠，又大幅度减少了工程投资，从而走出了一条民间集资建设避风港的新路。

东臼避风港工程采用的新型特种桩基技术全称为现浇混凝土薄壁筒桩技术，该技术系国家海洋局第二海洋研究所谢庆道研究员悉一生经验积累的专利发明（国家专利号：ZL98 2 33440.0；发明专利公告号：CN1221056A）。它与国际国内传统的桩基技术不同点是采用自动排土，振动现场灌注成筒桩的技术原理，即用特制桩靴，成孔器振动压沉，一次成孔现浇成桩，极适宜在自然条件多变的海洋环境中快速施工。据在东臼避风港现场数据表明，口径为1.5m、长30m 的桩基，施工时间仅需3h 。该桩基为薄壁结构，成本是同口径的混凝土灌注桩的2/3~2/5。同时，该技术可以克服传统桩基的建材用量大、施工工艺复杂、时间长、现场污染严重、地基变形、桩身质量等之不足。

由于该种桩基施工快、强度大、工艺简单（能自动排土），成本低廉，已引起全国各相关行业的关注，它是软地基处理的一种创新技术，在海洋工程、水利工程、交通工程、工民建诸方面均有极其广泛的应用前景。（孙煜华）

【海港水文规范】 《海港水文规范（JTJ213--98）》由交通部于1998年4月20日发布，并已于1999年6月1日开始实施。该规范是在《港口工程技术规范（1987）》第二篇海港水文（JTJ213--87）的基础上修订而成的强制性行业标准。规范的主要技术内容，包括海港工程水文的潮位、波浪、海流和泥沙的分析与计算，以及作用在海港水工建筑物上波浪力的计算。在规范中对于潮位和波浪均规定有设计标准及相应的计算方法；对于海流和泥沙则给出其特性或一般规律，观测或调查的基本要求以及有关的计算方法。

1998年版《海港水文规范》修订的主要内容有：风浪和涌浪要素计算图，单突堤、双突堤和岛式防波堤后的波浪绕射系数图，浅水直立墙上立波作用的公式，以及大直径圆柱表面上环向波浪压力强度的公式等。增补的主要内容有：风浪的方向谱；波浪在水流作用下的变形计算；斜坡式建筑物的越浪量；浅水区圆柱墩上的波浪作用力；大直径圆柱墩的群墩系数；小直径圆柱上的破碎波作用力；波浪和水流对桩基和墩柱建筑物的作用；以及淤泥质海岸航道和港池的淤积计算等。

《海港水文规范》除适用于交通系统的港口工程建设外，对于渔港、军港以及一般的海岸和近海工程建设也可参考作用。

【滨海核电厂的海域工程】 滨海核电厂的海域工程包括直接防护核电厂厂址的防波堤和防浪护岸，取排水建筑物以及重要码头等。核电厂海域工程建筑物与港口和海岸工程中的同类建筑物，在主要功能、结构型式以及设计和施工方法等方面基本上是相同的。但是由于核安全的重要性，根据核安全法规的有关规定，对于直接防护核电厂厂址的防波堤和防浪护岸，或是保证核电厂正常运行的海工建筑物，应采用比一般港口和海岸工程建筑物为高的设计标准，包括设计潮位标准、设计波浪标准和抗震设计标准等。

广东岭澳核电站外防波堤——位于广东大亚湾的岭澳核电站（大亚湾第二核电站），其冷却水的取水口在厂区西部，而排水渠的出口在厂区东部。在厂区前海域中布置有一道大致与岸线平行的外防波堤与厂区护岸形成取排水渠系统。外防波堤总长约1.57km。堤轴线处海底高程约－5.0～－9.0m。设计采用混凝土钩连块体护面的抛石斜坡堤。最高高水位为6.35m（核电厂的基准洪水位，相当于最高的校核水位），相应于－10m海底高程处的$H_{1/10}$（波列中1/10大波的平均波高）达12.8m。当斜坡堤的外坡坡度为1∶1.5时，与海底高程－5.0m、－7.0m和－10.0m相应的护面钩连块体重量分别为15t、18t和20t。斜坡堤的顶面高程为7.5m，堤顶混凝土防浪墙顶高程为12.2m。为满足排水渠的防渗隔热要求，在斜坡堤抛石堤心的中部设置一道柔性地连墙，防止排水渠中温水延程通过防波堤渗入海域，以较短的路径进入取水口影响取水温度。外防波堤工程已于1998年竣工。

江苏田湾核电站防浪护岸——田湾核电站（即原连云港核电站）的厂区由防浪护岸保护，护岸分北护岸、东护岸和南护岸三段，均采用人工块体护面的抛石斜坡结构。当地大浪来向为偏东向，东护岸起主要防浪作用。东护岸长1 046m，其轴线处海底高程约－1.5～－2.0m。最高校核水位为7.04m，相应的$H_{1/10}$= 4.8m。设计要求护岸顶部的防浪墙在厂区地坪以上不能太高，以免造成压抑感，并尽量满足在防浪墙后可观海的要求。为此，选用消浪性能较好的两层扭工字块体作为斜坡护岸的护面结构；此外，结合地基稳定的需要，护岸采用1∶2较缓的外坡，并设置二级较宽的平台，以降低波浪在斜坡面上的爬高和减少墙顶的越浪量。扭工字块体的单块重量为5t。防浪墙顶高程为9.5m。地基处理主要采用塑料板排水固结方法。田湾核电站的东护岸工程于1999年开始施工。

（谢世楞）

【厦门市消浪方块直立护岸】 1999年建成的厦门市环岛路国际会展中心广场海滨护岸，在设计招标竞选中推荐采用了一种新型直立式结构——“天力消浪块体”结构。天力消浪块主要由开孔的水平顶板与前端为圆弧形的竖直结构构成。当用天力块构筑护岸墙身时，上下层的块体为交错安放，不但能形成波流的消能通道，而且形成圆弧面与孔道上下左右交替的优美外观。消能方块护岸不但本身外形美观，也与国际会展中心建筑融成整体协调景观。

天力块是在总结了日本各种消浪块体的使用经验后，在波浪试验的基础上修改而成的一种专利块体，消浪性能良好，消浪方块墙的波浪反射系数约为0.4～0.5。由于墙前反射波小，因此作用在墙身上的波峰和波谷作用力均小，墙顶的越浪量也小。

厦门市消浪方块护岸的结构断面，自海底面高程－2.0m向上，护岸墙底层为87cm厚的钢筋混凝土底板，底板上为四层天力消浪方块。消浪方块的外框尺寸为长×宽×高=5.5m×3.0m×1.4m，每块重约25t。消浪方块安放后其长边即为护岸墙身的宽度，天力块的配筋率约为65kg/m³，在顶层消浪方块上安放钢筋混凝土盖板后砌筑上部胸墙。

消浪方块护岸墙安放在10～100kg的抛石基床上。根据海底下淤泥等软弱土层厚度的不同，基床底高程为－3.6m或－4.4m。护岸墙后有抛石减压棱体和土工布等反滤层，然后进行回填土，护岸地面高程5.44m。

1999～2000年，由中交第一航务工程勘察设计院为主研制开发了用于直立式结构的新型消浪方块——“消浪工字块”，根据波浪模型试验的结果，新型“消浪工字块”的消浪效果优于天力消浪块。

（王美茹）

【秦皇岛港10万吨级航道工程】 秦皇岛港10万级航道是秦皇岛港第三、第四期煤码头工程的配套项目，航道设计底宽200m，底标高－16.5m，航道边坡1：4，航道全长16.8km。该航道是目前国内沿海港口一次开挖的最长的航道，其疏浚工程量达到1 992万m³。该工程于1998年春开工建设，至1999年底，历时两年完成了包括疏浚工程、水陆域视觉导助航设施和DGPS（差分全球卫星定位系统）助航设施在内的全部工程的建设，并顺利通过了国家验收。

秦皇岛港10万吨级航道属于在天然缓坡地形上人工开挖的长航道，由于航道起始点附近的一段已超出了普通视觉导航10km左右的可视距离，为保证船舶在航道中的航行安全，在设计中采用了以陆上导标视觉导航系统为主，辅以水域活节式灯桩和DGPS助航系统的导、助航设施综合布置方案。

在陆上导标的布置中，需要重点解决的是由于秦皇岛港现有东航道前导标位于新建10万吨级航道导标通视区范围内所造成的导标通视区的干扰问题。为解决这一问题，需对东航道的前导标进行改造，通过方案论证，最终采用前导标合一布置的方案，即分别在10万吨级航道与东边标，标牌形状分别为圆塔形和圆锥形，使其保持各方位的视标效果一致。在合一的导标上，对应两航道的方位（150° 和191° ）各布置一套导标灯，经过实地试验两组灯光基本不干扰。这种合一布置的形式在国内尚属首次采用，它不仅可以保证导标的使用效果，还可以节约分别建设导标所多出的基建工程费用。10万吨级航道导标系统（含东航道前导标改造）共建导标8座，其中前、后中心标为钢筋混凝土实体标，标顶高程分别为33 m和62 m；其余导标均为钢结构标。

10万吨级航道工程水域部分共布设大型活节式灯桩26个。

10万吨级航道的DGPS助航系统是中国沿海港口中将DGPS系统引入船舶导航的第一个成功的范例，新研制开发的DGPS船用导航系统能及时准确地提供船舶在长航道中航行时的船位参数，其定位精度误差小于1 m，该系统的应用为引水员在远距离或恶劣天气条件下引领船舶进出港，提供了既安全准确又方便直观的辅助手段。

（贾立新）

海洋生物技术
Marine Biotechnology

【鱼油深加工技术】 国家海洋局第一海洋研究所研究员李光友等，研制开发的脱除浓缩鱼油中固脂的溶剂分提技术，具有结晶迅速、分离阻力小、分提效率高的特点，使鳀鱼油中液态油的得率提高近2倍，可进行大规模生产；改进的尿素包合法浓缩鱼油中的EPA和DHA技术，可在常温下操作，免去常规法中的加温和冷却步骤，比常规法能耗少，成本低，且产品得率高，质量高；用喷雾干燥法制备微囊化鱼油技术，已达到中试水平，可转化为工业生产。总体技术水平达到了国际同类研究的先进水平。

上述技术已在山东省高技术产业发展项目“低值鱼精深加工综合利用”中应用。同时也可用于其他油脂的加工，尤其在高级营养保健油品的生产中具有重要的应用价值。可分别用来脱除其他保健油品中的固脂；浓缩月见草油、黑加仑油、紫草籽油、紫苏籽油中的功能成分 γ-亚油酸和 α+亚油酸；将保健油品加工成微囊。

【盐生植物碱蓬的加工利用技术研究】 国家海洋局第一海洋研究所研究员李光友主持研制开发出低沸点溶剂萃取技术、碱蓬籽油精炼技术、共轭业油酸制备技术。用于滨海和内陆盐碱荒滩上大量产出的野生碱蓬籽的深加工，提取含大量高度不饱和脂肪酸的高营养价值的食用油，并可利用碱蓬籽油制备具有重要生理功能的共轭亚油酸。其残渣中含有25%以上的粗蛋白，是一种很好的饲料蛋白源。

该项技术中利用的萃取溶剂，由于其沸点低，从萃取后的混合油和残渣中脱除溶剂所需的温度比较低，能耗小，产品中溶剂残留少，油脂质量较高。该技术为国内外首创，处于国际领先水平，具有很高的开发利用价值。

【海藻硒化低聚糖的制备与应用技术】 国家海洋局

第一海洋研究所研究员李光友领导的研究组，筛选出了合适的催化剂，开发了无机硒技术和海藻硒化低聚糖制备技术，可以从天然海藻中制备具有高效抗肿瘤和提高肌体免疫力的海藻硒化低聚糖。经查新，海藻硒化低聚糖为一种新的化合物，经分析试验，属无毒物质，其抑瘤率为67.8%。已制备出抗肿瘤制剂用于临床，效果很好。

由于海藻硒化低聚糖制备工艺先进，设备要求简单，原料来源非常丰富，具有显著的抗肿瘤作用，而且无毒。在食用、药用以及饲料添加剂等方面应用广泛，具有很好的产业化前景。

【贝类等海洋生物抗肿瘤物质的筛选】 国家海洋局第一海洋研究所研究员王文兴领导的研究小组，从20余批贝类等海洋生物中筛选出一种海洋植物和一种海洋动物，从中提取了有效抗肿瘤物质，经纯化后对感染子宫颈癌的小白鼠进行灌注试验，抑瘤率达44.2%，使宫颈癌明显缩小，无任何毒性反应，其体重和脾脏、胸腺等免疫器官皆有增高，说明可以避免严重的化疗等引起的毒副作用。

【虾蛄人工育苗技术】 国家海洋局第一海洋研究所副研究员张锡烈等，试验研究解决了亲虾蛄的捕捞、挑选、运输、消毒，暂养池消毒方法、水温调控、暂养时间、投喂饵料、性腺催熟，孵化缸选用、消毒、孵化环境条件和时间，虾蛄幼体饵料种类、投喂方式与数量等方法技术。1997年11月首次成功地培育出虾蛄幼体3.4万尾。 （路应贤）

【鲍鱼杂交、多倍体遗传育种及养殖技术】 （1）鲍鱼多倍体的遗传育种技术。近年来，运用染色体组工程技术进行贝类三倍体育种研究与日俱增。在国外，自1981年以来，通过人工诱导的方法，对美洲巨蛎（*Crassostrea gigas*）、华贵栉孔扇贝（*Chlamys nobilis*）、大扇贝（*Pecten maximus*）、合浦珠母贝（*Pinetada martensii*）、皱纹盘鲍（*Haliotis discus*）等经济贝类诱发三倍体均获得成功。在国内先后对合浦珠母贝、皱纹盘鲍、栉孔扇贝（*Clamy farreri*）等也进行了人工诱导多倍体的研究，并获得初步成功。国内外的研究结果表明，三倍体贝类具有生长周期缩短、一般不育、成熟期持续生长、肉质改善、个体增大、成贝寿命延长、存活率提高以及抗逆性增强等特性。因此，根据各种经济贝类养殖的实践需要，培育三倍体品种，对促进贝类养殖生产的发展，将具有重要的经济价值和广泛的应用前景。是海洋生物工程的重要研究内容之一，是获得优良品种的途径。

国家海洋局第二海洋研究所于1998年初用细胞松弛素B诱导法获得的盘鲍（*Haliotis discus*）三倍体诱导群，成功地解决了受精卵发育的同步化这一关键技术，使三倍体的倍化率达70%以上，较国内同行水平提高20余个百分点。在陆上工厂化养殖条件下，对其生长情况进行研究，结果表明：①在育苗期的一周年内，盘鲍的三倍体群与二倍体个体间在生长上无明显差异；②一周年后盘鲍的三倍体群与二倍体个体间在生长上出现分化；③二周龄的三倍体盘鲍在壳长和体重上分别较二倍体个体大14.76%和50.19%；④二周龄半的三倍体盘鲍在壳长和体重上分别较二倍体个体大20%和41.02%；⑤如按6cm作为商品鲍，则三倍体只需养殖26个月，而二倍体个体需养殖30个月，即养殖时间可缩短4个月。

（2）杂交技术在海洋经济贝类上的应用。利用皱纹盘鲍（*Haliotis discus* Hannai）与日本引进的盘鲍（*Haliotis discus*）之间进行杂交来培育下一代，结果在生长和对温度的适应性方面都比其父本要强。同时，还发现一种变异群体——“黄鲍”，这种新的变异群体的生长较自然种要快；经福建省科技局组织专家鉴定：双亲“黄鲍”的子一代性状的稳定性为93.5%。

【海水对虾微咸水养殖技术】 国家海洋局第二海洋研究所于1999年在萧山现代农业开发区进行海水对虾（斑节对虾和南美白对虾）微咸水养殖，并取得成功。该地区地处钱塘江边，属于围垦区，常年盐度在3以下，pH为8.5~9.5。苗种经过淡化处理后，每亩放苗1.5万，经过58d 养殖，平均规格达10cm，每亩单产达100kg。该项技术具有重要的推广价值。

【海水养殖病害防治技术研究】 （1）海水养殖水体系中蛭弧菌的生态防病技术研究。海水养殖水体系中蛭弧菌的生态防病技术是一项从根本上解决或减轻虾池中多品种养殖出现的各种病害，具有重大经济效益和环保意义的高新生物技术。国家海洋局第二海洋研究所科技人员于1997~1999年在象山港及邻近虾池设立实验站，观察水体和泥样中弧菌、蛭弧菌的四季演变、消长规律以及相互关系；以一些海水养殖动物致病菌为靶细菌，分离筛选有经济价值的蛭弧菌，获得成功，已筛选到的数十株活性较高的能分解鱼、虾、蟹致病菌的蛭弧菌，开展了实验室条件下的蛭弧菌增殖生产试验，并应用于虾池中进行生态防病，已取得良好效果。目前，蛭弧菌增殖培养已进入中试阶段。

（2）养成期锯缘青蟹“黄水病”的防治技术研究。养成期锯缘青蟹“黄水病”的防治技术研究课题，由国家海洋局第二海洋研究所承担（1997~1999年），其主要研究内容是：①开展养成期锯缘青蟹主要病虫害调查；②青蟹养成期主要病虫害，尤其是“黄水病”的病原生物学研究；③青蟹“黄水病”流行病学研究；④青蟹“黄水病”的综合防治技术研究。研究发现，“黄水病”是浙江省（或中国东南沿海省份）养殖期锯缘青蟹的常见性暴发病，每年均会暴发流行。其病因是受一种目前国内外尚未报道的新病原体感染所致。病原体已分离并经感染试验证实。经药敏试验已筛选开发出一组有效的抗菌药物，并应用于药物饵料的防治病试验。在此基础上开展试验塘综合防病技术试验已取得重大成效。试验塘青蟹养成成活率提高到55%以上，比目前普遍低于20%的存活率提高1倍以上。该项技术在浙江推广面积达333hm^{2}以上，取得显著的经济效益。

【海洋低值鱼提取技术】（1）精制鱼油。中国在各类名贵鱼类的养殖中（如鳗鱼、甲鱼、鲑鱼等）也正在用含有EPA、DHA的精制鱼油替代植物油，但是使用的精制鱼油主要依靠进口，增加了生产成本。国家海洋局第二海洋研究所（1998~2000年）生产的精制鱼油完全可代替名贵水产养殖所需的进口精制鱼油，也是优良的家禽家畜饲料营养强化剂。利用低值鱼资源开发精制鱼油是该所承担的国家海洋局科技兴海项目和浙江省科技兴海重大项目成果。该项技术特点是生产成本低、投资少、风险小、见效快。该项技术生产出的产品质量各项指标均优于进口鱼油的质量，含有较高的营养活性物质二十碳五烯酸（EPA）和二十二碳六烯酸（DHA）。

（2）鱼油微胶囊。随着营养学研究的不断深入，多元不饱和脂肪酸对人体的营养价值正在日益显示出其重要性。人类对保健食品的深度开发，也显示出对特殊脂肪酸EPA、DHA的迫切需要。科学家预言：营养学21世纪的热点将是多元不饱和必需脂肪酸。海产鱼油多元不饱和脂肪酸品种齐全、含量丰富，将是天然的海洋保健品。鱼油微胶囊（粉末鱼油）正是采用近年来作为国内外食品领域研究热点之一的微胶囊技术，利用可形成胶囊壁或被膜的物质将核心物质鱼油包埋使之与外界环境隔绝，在适当的时候再释放出来。从而掩盖其鱼腥味，减少其富含的不饱和脂肪酸的氧化损失，解决其贮运困难，并拓宽其应用范围。

参考国外的科研成果，经过大量试验研究，国家海洋局第二海洋研究所已开发出鱼油微囊化的全套工艺。经检验分析，使用该工艺制出的鱼油微胶囊完全具备鱼油的一切生理活性，其包埋率为80%~85%（超过目前国内外55%~65%的包埋度）。作为微囊化重要材料的胶囊壁材，选用几种营养价值较好的食品原料，其性能稳定，隔绝性好（在－20~60℃均有很稳定的隔绝性），且成本较低。该鱼油微胶囊产品可广泛应用于药品、保健食品等。

（3）鱼蛋白活性肽营养保健品。国家海洋局第二海洋研究所科技人员以海洋低值鱼为原料，用先进的生物技术酶解法制取了鱼蛋白活性肽营养保健品，产品分为液体和干粉两种，液体色泽透明，呈微黄色，有鲜味，口感好，水解液经喷雾干燥制成微黄色粉末，香味浓郁，速溶于水中，且有愉快的海鲜味。经分析产品有效成分蛋白质含量达90%左右，氨基酸组成比例平衡，必需氨基酸占总氨基酸45%左右，脂肪0.58%，碳水化合物2.1%，含有多种水溶性维生素VB_1、VB_2、VB_5及丰富的无机元素钾、钠、钙、磷、镁、铁、锰、锌、铜、硒等，是一种高蛋白质、低脂肪及易吸收的短肽类营养保健品。

经动物生长实验、代谢实验（对照组为豆浆粉、婴儿乳粉、婴儿豆乳粉，各组蛋白质量均相等）证明，鱼蛋白活性肽的增长率及代谢消化率均高于婴儿乳粉及其他对照组。这表明在相同蛋白质含量的物质中，鱼蛋白活性肽产品中必须氨基酸含量高，比例平衡，同时由于平均分子量低，易于消化吸收，有利于机体的代谢及生长。目前日本、美国的市场已有该类产品销售。

由于鱼蛋白活性肽是一种可溶于水的小分子蛋白质，因而特别容易为人体所吸收，非常适合老人和小孩食用。可用作婴儿代乳粉，也可以作为食品营养添加剂，可以制成各类保健口服液等。该营养品可促进儿童的智力发育、促进钙质吸收、提高机体免疫力，有抗衰老、防止心血管疾病等功能作用。

（4）海鲜酱油。海鲜酱油以海洋小鱼虾为主要原料，国家海洋局第二海洋研究所科技人员应用现代生物工程技术（微生物发酵技术）研制而成。海洋水产动物蛋白经酿造发酵，转化成氨基酸、有机酸等营养物质，同时鱼体腥味物质三甲胺得到分解，消除腥味。经分析测定海鲜酱油必需氨基酸、水溶性维生素等营养成分高于普通酱油，富含牛磺酸、钙等海洋水产特有的营养保健成分。全氮量大于1.5g/100mL，氨基态氮大于0.8g/100mL，达到ZBX66013特级标准。经项目查新证明，该项技术和产品属国内首创。

【辣素防污漆研制】 由国家海洋局第二海洋研究所研制的辣素防污漆于1999年10月通过专家鉴定，该产品配方设计科学，性能优良，工艺流程合理，样品具有良好的防污能力，尤其是防止危害最大的藤壶有特效。该成果为保护海洋环境开辟了一条新路，具有广泛的推广应用价值。在技术上采用有机粘土复合技术，大大减少了防污漆中辣素的含量，高纯辣素用量仅为美国专利的几十分之一，降低了成本，是技术上的重要突破。该成果不仅填补了国内空白，而且在总体上达到国际先进水平。（孙煜华）

【中国科学院海洋研究所实验海洋生物学开放实验室】 该实验室成立于1987年，历任主任为曾呈奎院士、费修绠研究员、相建海研究员，于1999年进入中国科学院知识创新体系。实验海洋生物学开放实验室针对海洋生物资源高效持续开发利用的创新目标，确定了以下重点研究方向：揭示与海水养殖生物良种培育和病害防治有关的遗传学、发育生物学及生理、生化学变化规律与作用机理，突破海水养殖生物优质、健康、高产种苗培育和病害防治的关键技术，建立海洋天然产物开发的新技术、新工艺。

实验室由7位责任研究员组成，分别作为研究组组长和各相关的学术带头人，每位学术带头人分别聘请1～2位助手。各组吸纳5～8名研究生或高级访问学者。另外拟设立1个青年实验小组和1个海外学者联合实验室，开展具创新性的基础科学研究。

主要研究内容包括：

1. 海洋生物增养殖的生理和发育学及人工调控途径

（1）藻类生理学与发育调控：生长发育的生理学基础（包括光合、营养代谢等）和生长的调控机理。

（2）动物分子发育生物学：研究海洋动物的早期发育过程及分子机制。

2. 蓝色农业的种子工程和健康养殖

（1）藻类种质与种苗生物学：研究藻类种质、种苗的生长发育规律和人工调控途径。

（2）动物生殖与遗传工程学：研究海洋鱼虾贝的繁殖与遗传规律，发展生殖与遗传操作的高新技术，提高养殖对象的产量和品质。

（3）病害微生物学：研究海洋生物病害主要病原体的遗传物质基础和感染机制。

3. 海洋生物活性物质的高效筛选、构效确定及制品研究

（1）海洋药源生物学：研究海洋生物的活性筛选模型及生物活性的物质基础和代谢累积途径。

（2）功能基因高效表达方法学：研究与生物活性有关的基因高效表达的模型、机制和系统。

实验室由室正、副主任，学术委员会负责人，学科带头人的代表和专职管理人员组成室务会。室务会行使科研业务管理和行政管理工作。实验室聘请国内外同领域学术水平高、有一定资历的专家组成学术委员会，确定实验室研究方向，研究制定目标和审核研究内容，进行学术指导。学术委员会由11～15人组成，室外专家应占70%以上，每届任期4年。实验室人员结构由固定人员和流动人员组成，两者比例约为1：2，固定人员约25人，其中研究人员占总数的70%，技术人员占26%，专职管理人员占4%；研究人员中包括责任研究员和研究骨干，流动人员约50人，包括博士后、研究生、高访学者和研究辅助人员。全室人员平均年龄不超过45岁。实验室公用仪器与设备由总工程师率2～3名工程技术人员管理。

实验海洋生物学开放研究实验室是中国海洋生物学攀登计划B、“973”项目的首席科学家、海洋“863”海洋生物技术的专家组组长所在单位，该室研究人员在“九五”期间承担了多项国家级重大研究课题，如国家攀登计划B“海水增养殖生物优良种质和抗病力的基础研究”已于1999年10月经过了国家科技部组织的验收鉴定，取得一大批成果，包括400余篇论文，7本专著和5项专利等，已申报山东省科技进步一等奖。验收专家组认为，该项研究取得了一批优秀成果，为中国海洋生物技术的进一步发展奠定了理论与方法学的基础，为中国海水养殖业的持续发展提供了理论指导。有相当一部分研究内容进入国际前沿。该项目从细胞、分子水平对中国主要增养殖生物的细胞遗传学、种群遗传结构进行了深入研究和比较分析，查清了数十种海洋动物染色体核型，研究和开发了染色体制备、检测新技术；在同工酶、DNA水平上，确定了适合中国国情的检测遗传基础差异的技术体系，为尽早搞清中国海洋动物种质资源的遗传背景打下基础；研究了对虾繁殖的内分泌调控和生理功能，探讨了多种技术对性腺发育的影响以及对虾性别分化机理和人工调控技术，填补了中国对虾内分泌学研究的空白，丰富了人类对于对虾繁殖发育生物学上的认识，为对虾生殖操作和健康养殖提供了可靠的可行依据；在国际上首次建立了海带遗传转化模式，成功培育出了转基因海带。

该室承担的多项国家海洋“863”课题和“九五”攻关课题将于2000年年底完成，其中海洋“863”重点课题“对虾多倍体育种及性控技术研究”已进入中试规模试验，建立和完善了中国对虾多倍体诱导技术和全雌对虾育种技术，在山东、江苏等沿海地区进行了较大面积三倍体虾和全雌虾的试养，共计育出中国对虾多倍体虾苗170余万尾，养殖面积达 $11.3hm^2$，雌性化虾苗1 000余万尾，养殖面积约 $66.7hm^2$；同时在国际上首次成功地大批量诱导出中华绒螯蟹三倍体，应用前景很好，该项育种技术将于2000年底进入产业化规模生产。海洋“863”重点课题“全雌牙鲆遗传育种技术研究”已突破关键技术，通过了专家论证，即将进入中试阶段。建立了牙鲆鱼雌核发育诱导技术和功能雄牙鲆亲鱼培育技术，并已成功地培育出雌核发育牙鲆幼鱼2万余尾，功能雄牙鲆亲鱼2 000余尾，为大规模全雌牙鲆育种奠定了基础。国家自然科学基金重大课题“紫菜育苗工程”已建立了完善的紫菜细胞种子库，分离保存了20个种，120个细胞系。良种紫菜细胞导入生产累计超过了4 $000hm^2$。已申请国家专利三项，2000年底前建成数个以专利技术为支撑的紫菜高新技术育苗生产基地，为紫菜养殖提供优质、高产的种苗，在全国各地沿海形成大规模紫菜养殖产业，获得重大的科研成果。国家“九五”攻关课题“海藻良种化养殖：海带细胞工程育苗”进展顺利，已取得重要的阶段性成果。国家“九五”攻关课题“抗肿瘤海洋生物新药”，将在“九五”末，完成基因重组别藻蓝蛋白、苔藓虫素、海绵毒素、螺旋藻蛋白多糖等海洋抗肿瘤活性物质的临床前实验，为“十五”进入临床研究打下基础。国家“九五”攻关课题“马尾藻碘晶、海藻天然抗氧化剂”已经申报国家发明专利两项，完成中试生产工艺设计，产品质量指标，设计的仿生技术生产海藻碘盐技术已经开始得到应用。

实验海洋生物学开放实验室已经涌现了一批青年科技人才。青年学术带头人、博士生导师郭希明研究员是1997年百人计划入选者，现任美国新泽西州立大学海洋海岸学院助理教授，美国农业部水产养殖品种基因组研究小组成员，美国农业部动物遗传专家组成员，四倍体贝类（牡蛎）（美国专利序号 08/895077，台湾序号：第075451号）专利拥有者。1985和1988年两度获得美国华盛顿大学道纳逊奖，在贝类遗传育种方面做出突出成绩，发表论文45篇，其中以第一作者在国际杂志上发表论文15篇，两篇被《分子海洋生物技术》和《基因组》杂志选为封面发表。由于在该领域有多项理论创新和技术发明,其突出贡献被美国的《水产》杂志专题介绍。青年学术带头人、博士生导师秦松研究员在国际上首先了克隆了几种蓝藻的别藻蓝蛋白基因，基因序列被收入DDBJ/EMBL/GenBank（编号D86179），基因重组蛋白经动物试验证明具有显著抑瘤活性，即将获得国家发明专利，正在进行海洋抗肿瘤药物开发。目前他已在国内外学术刊物上发表论文60余篇，主编专著3部，在9次国际学术会议上作了报告。青年学术带头人、国家杰出青年基金获得者、博士生导师焦念志研究员开拓了海洋微型生物学研究新领域，先后在美国麻省理工学院、日本工业技术院进行合作研究，发表论文60余篇，主编专著1部，获得“中国青年科技奖”、中国科学院“青年科学家奖”和国务院“政府特殊津贴”，1998年在国际微生物生态大会获得“青年学者奖”，现任LOICZ中国委员会副秘书长、美国科学促进会（AAAS）特邀会员等。青年学术带头人、国家杰出青年基金获得者、博士生导师宋金明研究员主持“海带植物促生长剂”、“优质甲壳素、壳聚糖工业化生产新技术及深加工产品开发”等国家海洋“863”项目，取得了优秀研究成果，作为负责人获中国科学院自然科学三等奖和国家杰出青年基金资助，已发表论文77篇，专著4部。1998年获得“中国青年科技奖”。其他的青年学术带头人王广策博士、严小军博士分别获得德国洪堡奖励和日本科学技术厅学术奖励，在藻类光合作用与海洋生物活性领域发表了多篇国际学术榜论文。

该室研究人员与国内外同行专家通过共同申请项目、互访和参加学术会议进行了广泛的学术交流，建立了多种形式的合作关系。例如，与德国马普海洋微生物研究所共同承担了中国科学院－马普学会双边交流项目（3年），共同开发海洋极端环境微生物资源；在中美海洋生物技术合作协议框架下，该室与美国方面人员交流项目20人次以上；与加拿大多伦多大学长期合作开展了转基因海水鱼研究项目和生长激素基因、抗冻蛋白基因表达产物在水产养殖中应用的研究项目，取得重要研究成果；与德国维尔兹伯格大学签订了在海洋生物活性物质方面合作研究备忘录；实验海洋生物学开放实验室通过参加国际学术会议扩大影响，例如，1999年3月28 日至4月3日，相建海研究员应邀到新加坡国立大学农业分子生物学研究所参加研究所大楼剪彩仪式，并作特邀报告；1999年6月21～25日室学术委员会主任费修绠研究员和姜鹏博士赴香港参加第二届亚太地区藻类学会，作特邀报告；1999年5月28日至6月5日，相建海研究员应韩国海洋与水产部邀请，参加国际海洋环境政策学术研讨会，作特邀报告。 （练树民）

【海洋生物工程山东省重点实验室】 青岛海洋大学

是一所以研究海洋科学为主的国家教育部直属重点综合性大学，是国内最早开展海洋生物病害学和分子生物学的研究和教学的单位之一。海洋生物工程山东省重点实验室成立于1996年，具备从事分子生物学、海产动物病害学等研究的实验条件。本实验室主要开展海产经济生物的遗传育种和分子生物学研究，应用海洋生物技术，围绕海产养殖生物的种质改良、基因工程、分子标记辅助选育及病害检测等方面进行基础理论和实用技术的研究。最近，作为青岛海洋大学"211"工程建设的重点实验室，已更换和添置新的仪器设备，条件大为改善，为海洋生物工程科研和教学提供了可靠的保障。该实验室已经完成了多项国家"863"和"973"项目课题的研究，近年来，主要开展了以下几个项目的研究工作：

海洋动物分子标记与辅助育种 以中国海水养殖的重要经济贝类——扇贝为主要研究对象，采用现代生物技术和传统育种技术相结合的方法，建立海洋经济贝类（扇贝、牡蛎）的分子标记辅助育种技术，应用分子生物学技术进行物种的鉴定和在分子水平上探讨品种的亲缘关系，加快贝类的良种培育进程，培育出抗病抗逆、优质高产的海水养殖新品种。

采用的遗传育种、分子标记、数量性状基因连锁图以及分子标记辅助育种方法对经济贝类（扇贝、牡蛎）等进行研究，采用RAPD、AFLP等技术，建立海洋经济贝类（牡蛎、扇贝）的分子标记技术，寻找与高产抗病优良性状相连锁的QTLs基因，以辅助海产贝类的常规育种，使现代生物技术和传统育种技术结合起来，加快贝类的良种培育进程。

对20余个优良的家系进行了进一步的选育，获得多个高产种群，生长速率比野生种群平均提高28%以上，并表现了较好的抗病性。在1999年扇贝的大规模病害中，平均成活率高于同海区养殖扇贝30%以上。现在已有经5年选育的15个群体，3龄亲贝1 500万只左右，已具备较大规模供应育苗单位种贝进行产业推广的能力。重点对3个高产抗病的家系进行了苗种培育，对其中2个优良家系进行了扩大育种，目前共有稚贝1亿粒以上。对扇贝的高产和抗逆性状进行分子标记，已完成了不同群体和家系3个重点选育群体和1个原产地野生种群的AFLP标记，特征标记与生产性状的连锁关系正在结合海上选育进行研究，AFLP的图谱构建工作已经取得突破进展。

同时，还开展了其他海洋动物的分子标记和遗传育种研究。①在诱导贝类雌核发育的研究中，通过实验确定了UV照射精子失活精核的照射剂量和雌核发育的条件，成功地诱导了贝类的雌核发育。对扇贝和牡蛎的染色体进行了G带、C带分析和NOR区域显示，并进行了应用于高精密染色体定位的细线期染色体和染色质丝的制备。②在红鳍东方鲀和假睛东方鲀分类地位及其东方鲀属5种鱼类亲缘关系的研究中，用RAPD和16S rDNA测序技术对东方鲀属几种经济种类的亲缘关系进行研究，确定了它们相互间的亲缘关系。证明红鳍东方鲀和假睛东方鲀是同一个种，它们外部形态的差异是种内表现型的不同。该研究结果澄清了多年来围绕红鳍东方鲀和假睛东方鲀分类地位的分歧，同时也为东方鲀属的系统分类提供了分子生物学证据。其中5种东方鲀的16S rRNA基因的DNA序列已被GeneBank收录。③在红鳍东方鲀和假睛东方鲀种群遗传学研究中，用RAPD技术对其种群的遗传结构和遗传多样性进行研究，比较中国和日本红鳍东方鲀以及红鳍东方鲀和假睛东方鲀种群之间的遗传分化。结果表明3个种群之间的遗传距离为零，说明红鳍东方鲀在中国和日本之间不存在分化，而假睛东方鲀和红鳍东方鲀作为种群也不存在分化，从而在群体水平也证实了它们是同一个种。④在红鳍东方鲀种质鉴定技术研究中，通过用筛选到的随机引物对大样本红鳍东方鲀和假睛东方鲀的扩增，发现该随机引物在红鳍东方鲀与假睛东方鲀的品种鉴定上非常有效，完全可以区分这两种鱼。建立了红鳍东方鲀与假睛东方鲀的种质鉴定技术。

基因转移及合子融合培育快速生长的皱纹盘鲍新品系 应用PCR和基因克隆技术从皱纹盘鲍的基因组中成功地将肌动蛋白启动序列克隆出来。目前已克隆的鲍的启动元件只有美国红鲍和中国的皱纹盘鲍的肌动蛋白启动子。肌动蛋白基因的启动子AAP(Abalone Actin Promotor)，长度为476bp。通过对其进行测序和序列分析表明，与美国加里福利亚红鲍（California red abalone）肌动蛋白基因序列（GenBank I68309）的启动子区同源性为95％，序列中含有3个CAAT box, 3个E－box和1个TATA box。

为考察肌动蛋白启动子在皱纹盘鲍体内的表达特性和效率，利用报道基因绿色荧光蛋白基因（GFP）和β-半乳糖苷酶基因（LacZ），构建了pAAP-GFP和AP-LacZ两种表达载体,利用这些载体研究了所克隆的启动子在鲍细胞中的启动活性和特异表达情况。采用电脉冲法和精子载体法成功地将构建的质粒转入皱纹盘鲍的胚胎内。电脉冲的最高转导率为56.3%。对精子载体法进行了新的改进，将普通方法中的精子和质粒的直接温浴，然后受精改进为先将精子和质粒用电脉冲处理，促使精子和质粒的结合，然后再用携带外源DNA的精子对鲍卵子授精，较好地解决了精子载体法不可靠的问题，使外源质粒DNA可随精子DNA直接进入卵细胞核，增加了外源基因整合进入基因组DNA的机会。同时又开发了一种新的基因转移技术，利用大分子聚合物PEI和DNA形成复合物，成功地将外源基因带入皱纹盘鲍靶细胞。利用克隆的皱纹盘鲍启动子序列和鲑鱼的生长激素基因构建了皱纹盘鲍的特异表达载体。转导皱纹盘鲍后，构建的表达载体在皱纹盘鲍的胚胎和幼体中都可进行表达。转基因组的幼鲍平均壳长大于对照组。

开发出一种新的皱纹盘鲍卵子除膜技术，可快速无损伤地将皱纹盘鲍的卵膜除掉。应用PEG和脂质体方法将去膜卵子（合子）成功地进行了融合。融合率可达到43%以上，融合胚胎的四倍体率为22.4%。针对四倍体鲍可能难以变态附着的问题，目前正在开发一种新的获得多倍体的技术——二倍体载体法，用细胞工程技术将尚未分化的胚胎细胞融合成四倍体，然后将四倍体细胞移植到二倍体早期胚胎中，形成二倍体和四倍体的嵌合体，使正常的二倍体的部分组织，尤其是生殖腺组织成为四倍体。

三倍体快速检测技术 应用血细胞银染法建立了一种长牡蛎三倍体快速活体鉴定法，二倍体牡蛎血细胞只有1～2个核仁，平均值在1.81左右；而三倍体牡蛎血细胞2核仁和3核仁细胞数占观察总数的70%以上，少数细胞具有1个或4个核仁，核仁平均数在2.59左右。该技术能够应用于三倍体长牡蛎的快速检测工作。

连续性细胞系的建立 青岛海洋大学樊廷俊研究了中国对虾细胞的传代培养、化学诱导转化、物理诱导转化、生长因子诱导转化和杂交细胞制备等条件和技术，建立了中国对虾连续性细胞系，获得了传代30余次的bFGF和IGF-II协同诱导的对虾细胞、传代20余次的鱼-虾杂交细胞和传代10余次的诱导转化细胞。

大型经济红藻分子生物学研究 利用RAPD技术检测野生型龙须菜及3株色素突变株的基因组特性及差异，共选用10个随机引物进行扩增，产生167条DNA片段，检测到38个多态位点，并显示gr184在0.66、0.79、2.0kb处的特征带，为龙须菜突变体检测提供了新的方法和途径，并对DNA序列进行了测定，获得了特异性碱基序列。

郭宝太、戴继勋等建立了利用海螺酶处理紫菜叶状体制备的细胞为材料，用SDS-蛋白酶K作裂解液，获得的裂解物无粘性，较易提取到总核酸与总DNA，且提取物中多糖污染很少。初步建立了纯化DNA粗提物的3种方法：琼脂糖包埋－小室电洗脱法，玻璃粉浆（glassmilk）法及Wizard DNA Clean-up柱层析法，有效地去除多糖，经纯化后的总DNA能被EcoRI、PstI、DraI、NotI、HaeIII等限制酶完全酶切，并在酶切图谱上形成明显的DNA带型，在条斑紫菜和坛紫菜总DNA酶切图谱上的DNA带型明显不同，且易发现特有条带，可作为分子分类的新方法；在用异硫氰酸胍－十二烷基氨酸钠裂解紫菜细胞时，在条斑紫菜和坛紫菜总DNA提取物中发现都有一条2.3kb的质粒状DNA带，且含量较高，为质粒状DNA研究提供了一种简便的分离方法。

海带种质工程的研究 利用海带配子体克隆作为实验材料，进行海带优良种苗的培育工作。该课题作为国家“九五”和海洋“863”课题，目前已通过验收。利用大西洋和太平洋海带物种远缘杂交培育出“远杂10”号海带新品种，具有根系发达、基部宽、中带明显、厚成早（5月初叶片已开始增厚）、孢子囊较发达等特点，属早厚成高产品种。经66.7hm^2生产性养殖表明，比当地生产品种增产30%以上。同时，利用优良海带配子体克隆进行了杂交育苗研究，该技术是通过生物反应技术大量扩增雌雄海带配子体克隆，杂交后将其附着在苗帘上，生产杂种优势苗。该技术可作为新型的海带育苗技术用于海带育苗工艺的革新，目前该技术已申请专利。其主要优势在于可缩短育苗周期，减少育苗成本。据实验表明，育苗时间比常规育苗缩短1/3以上。另外，该技术如结合杂种优势利用，还可大大增加养殖产量。

对海带配子体克隆进行了同工酶分析和RAPD分子进化研究，发现海带配子体克隆作为材料提取同工酶和DNA具有多糖干扰少、提取方法简便的特点。在同工酶谱及总DNA带中均发现了特异性带，可作为分子标记和分子系统分类的依据。 （包振民）

【转基因鱼和克隆鱼】 中国水产科学研究院黑龙江水产研究所梁利群在1999年报道，用显微注射的方法共生产出以大麻哈鱼生长激素为结构基因，鲤鱼MT基因为启动子的融合基因转基因鲤鱼1.5万尾，同时筛选生长快表型性状好的个体进行Dot Blot和Southern Blot杂交，得到189尾整合外源生长激素基因鲤鱼，并获得1尾比对照最大个体体重达1.8倍的“超级鲤”。通过年龄鉴定确认其为3龄鱼。

中国科学院水生生物研究所曾志强等1999年开展了四倍体转基因鱼的研究，将含β-actin基因启动子的草鱼生长激素cDNA“全鱼”基因pCAgcGHc用显微注射方法导入四倍体鱼卵，获得了生长快、个体硕壮的转基因四倍体鱼。240日龄时，转基因鱼平均体重为302.7g，是对照鱼的3.1倍；平均体长是对照鱼的1.34倍；并可从部分转基因雄鱼挤出精液，而对照鱼尚无此现象。对19尾转基因四倍体雄鱼的精液和尾鳍DNA进行PCR检测，外源基因的阳性率分别为94.7%和52.6%。

青岛海洋大学海洋生命学院李荔等1999年开展了斑马鱼本种克隆，将囊胚期细胞核直接移植到未去核的斑马鱼未受精卵子中，首次获得了正常发育的幼鱼，幼鱼成活率为1.67%。染色体检查结果显示，移核胚胎众数为二倍体；组织切片检查结果表明卵子中未去掉的原有的雌原核在供体核移入后退化，不参与胚胎发育。这是首次对模型鱼斑马鱼本种克隆的报道。（张士璀）

【联合国教科文组织中国海洋生物工程中心】 1995年2月，联合国教科文组织生物工程委员会决定在世界范围内挑选和资助建立5个地区性“植物与水生生物工程中心”，以促进发展中国家的科学发展与进步。“中国海洋生物工程中心”（以下简称“中心”）是该组织资助建立的5个中心中惟一的海洋生物工程中心。“中心”于1995年7月13日正式成立。中国工程院院士、青岛海洋大学校长、著名海洋药物学家管华诗教授任“中心”名誉主任，徐怀恕教授任“中心”主任，美国国家科学基金会主席、马里兰生物工程研究院院长、著名海洋生物工程学家Dr. Rita R. Colwell教授及中国科学院院士、中国科学院海洋研究所名誉所长、著名海洋生物学家曾呈奎教授任“中心”顾问。

联合国教科文组织通过签订工作合同向“中心”提供经费资助。“中心”的主要任务是：①为亚洲地区青年科学家开设短期高级培训课程及高级研讨会；②接受亚洲地区青年科学家在“中心”做研究工作和学习（访问学者）；③在亚洲地区起科技带头作用。

1996年7月，联合国教科文组织总干事Dr. Federico Mayor授权联合国教科文组织生物工程委员会主席Dr. Indra K. Vasil教授代表联合国教科文组织与青岛海洋大学校长管华诗教授签署了“中心”的长期协议书。中国科学院副院长许智宏教授、联合国教科文组织驻中国代表、中国联合国教科文组织全国委员会的官员、青岛市副市长李乃胜、曾呈奎院士、冯士筰院士等出席了签字仪式。

至1999年底，联合国教科文组织已向“中心”提供了25万美元的活动经费。“中心”已组织了有关水产养殖动物病害及其防治、海洋经济动物养殖技术、海洋药物、对虾病害防治技术等4期高级培训课程，共有85名来自亚洲地区的青年科学家参加了培训课。“中心”已接受14名青年访问学者在“中心”做科研进修。

1998年10月6~9日组织了“国际海洋生物工程学进展与展望”学术会议，来自全世界24个国家的206位科学家出席了会议。1998年10月10~14日“中心”组织了“对虾病害及控制技术”高级研讨班，共有30位来自亚洲9个国家和地区的专家出席。1999年9月5~14日，“中心”组织了“亚洲地区虾病问题及虾病的环境控制”高级培训课程，共有17名学员来自东亚和东南亚6个国家和地区，8位知名教授授课，其中2位来自泰国和菲律宾。1998年接受1名来自印度的访问学者，1999年接受国外访问学者2名（马来西亚1名、泰国1名），接受国内访问学者2名（来自四川畜牧兽医学院），派出访问学者2名（1名前往美国，1名前往泰国）。

“中心”将继续就海洋生物工程学的各个领域组织国际学术会议，研讨会及培训课程，接受青年访问学者。（徐怀恕）

【中国水产科学研究院重点开放实验室——海洋渔业生态环境与污染监控重点开放实验室】 该实验室于1998年由中国水产科学研究院批准设立，主要研究方向及内容是：外部污染因子对渔业生态环境和水生经济种类的影响效应；海水养殖自身污染的影响与防控；渔业环境变化与暴发性病害发生的关系；重要增养殖水域环境容量、环境调控机制和环境修复技术；渔业生态环境质量监测技术与评价体系；赤潮发生机理和防治；有毒藻类与藻毒（贝毒）素；渔业生态环境与生物多样性基础研究；水产药物的环境效应基础研究；渔业环境信息系统、灾害警戒预报系统。

实验室现有科技人员20名，其中研究员3名，副研究员4名，拥有较先进大型科研仪器设备13台（套），各种常规仪器设备200余件（套），实验室面积1 420m^2，为开展科学研究提供了有力的技术保证。

实验室与美国渔业污染研究中心、美国伍兹霍尔海洋研究所海岸研究中心、英国罗斯托夫渔业环境研究中心等国外研究机构有密切的联系，曾进行相互考察和访问，就海洋生态环境保护、污染物毒性毒理研究、大型工程环境影响评价、渔业环境质量监测的技术和方法等方面进行交流和研讨，并对合作开展赤潮研究、“贻贝观察”等项目形成了意向性意见。实验室还与中国科学院海洋研究所海洋环境研究中心、中山大学环境科学研究所等单位合作进行有关赤潮发生机理、大型建设项目环境影响评价、污染物对海洋生物的毒性毒理等方面的研究。

（中国水产科学研究院南海水产研究所供稿）

【海水增养殖】 海水珍珠养殖：中国开展海水珍珠养殖的省（自治区）有广东、广西、海南，以湛江雷州半岛和广西北海合浦为主，养殖种类为合浦珠母贝。养殖方式主要采用笼养法，贝苗笼吊养在1.0～1.5m水层，每笼放5 000个苗，以后逐级分疏，养至壳长3cm的小贝，然后进行中贝、大贝的养成。习惯上将壳长5.0～6.9cm的称中贝，7cm以上的称大贝。中贝笼放贝50～60个，大贝笼放贝35个左右。大贝经人工插核施术后需经15天至1个月的休养，伤口愈合后才移到育珠场养殖。养殖1～2年，珠层厚度0.1～0.12cm即可采收。

近两年来，不少科研院校及珍珠企业单位对海水珍珠养殖开展多方面的研究和实践探索，其中包括：① 湛江海洋大学的“马氏珠母贝种质资源研究”，其研究目的在于为马氏珠母贝是否出现种质退化提供实验依据，并提出原种种质标准，为今后良种生产提供理论指导；②“深水育珠模式的研究”，该研究已在雷州半岛流沙港及北海市铁山港进行，旨在开发未被利用的深水养殖海区，以改变目前浅水高密度桩式育珠模式高死亡率的现状，以提高育珠贝成活率，并减轻浅水养殖区养殖负荷；③“池塘生态系育珠模式的研究”，该研究对沿海废旧虾塘及大围进行改造利用，把育珠贝置于人工可控程度较高的环境下进行生态系培育，旨在培育高产优质的珍珠及开拓一个新的育珠模式；④ 南海海洋研究所开展的“马氏珠母贝多倍体的研究”，其中包括三倍体和四倍体的研究，旨在培育出不育的三倍体，以提高珍珠贝的生长速度和存活率，并减少或抑制生殖腺的形成，利于插核及形成优质珍珠。该研究已取得一定的进展；⑤“插核育珠技术的培训及推广”，湛江海洋大学有关专家针对珠农插核育珠技术滞后造成育珠贝死亡增加情况，先后赴广西北海及雷州半岛举办数期学习班，使珠农提高插珠技术，减少育珠贝死亡率；⑥ 开发大珠母贝，进行大珠母贝人工育苗及大型珍珠的培育研究。1999年，湛江海洋大学的“珍珠养殖技术的推广”获广东省农业推广进步二等奖。　（刘志刚）

高位池养虾：高位池养虾是利用高潮线以上的地带，建造虾池，用抽（扬）水进行高密度精养对虾的一种新的集约式养虾模式。高位池养虾，分为一般高位池和多级高位池养虾两种类型。还有利用地势较高的虾池，铺上人工塑料布膜入池内，其他均仿高位池养虾的作业方式，称为地膜养虾，也是属这类的精养对虾的模式。

高位池的构造：一般高位池又分为高标准高位池和低标准高位池。前者建在地势较高的地带，池形多数是椭圆形，面积每口池10亩左右，底质绝大多数是砂质地，无保水能力。因此，为了保水，池底要铺上厚的农用薄膜，再盖上30cm厚的细砂。堤高1.8～2.5m，容水深为1.5～2.0m，新近建造的高位池容水深2.0m左右为多。排水闸门（或排水口）设在池边，似一般闸门。低标准高位池，一般在高潮线上建池，能保持水位1.5m左右，堤坡与池底不加设任何设施，与一般虾池无差别，不同之处在于面积较小，每口池10亩左右，池水深1.5m左右，依赖抽（扬）水养虾，多数配有增养机。

高位虾池养虾的特点是：一大、四高、一风险。一大是虾苗放养密度大，每亩放健壮大规格斑节对虾苗4万～6万尾，或南美对虾苗3万～4万尾，日本对虾苗5万～7万尾。四高是虾池造价高，每亩虾池造价及配套设施要2万～3万元；养成技术要求高；产量高，每造亩产400～800kg以上；经济效益高，每造每亩纯利1万～2万元。一风险是如果养殖技术过不了关，引起病害，会造成严重经济损失。养殖技术一定要按精养对虾操作要求认真执行；严格清污、消毒；选好健康虾苗；控制好水质；供应优质饲料；科学管养，注意增氧与水体消毒，调节水质；及时做好病害防治工作。　（吴琴瑟）

沉箱养鲍：用钢筋混凝土制成圆筒状的沉箱主体部分（直径1.0～1.2m，高0.6～1.0m），下有底，上加盖，构成封闭式的沉箱。在箱盖设有投饵孔和水孔，底部有四周亦有水孔。箱内置筒形的铁框，外置尼龙网箱，网箱内放入小型鲍礁，在自然海区进行养鲍。这种养鲍技术，在国内尚属首创，具领先水平，获湛江市1999年科技进步一等奖。

沉箱设于岩礁滩，不占用陆地，箱内模拟了自然生态环境，有利于鲍的生活和生长。沉箱稳重，抗风浪力强，经久耐用，且防逃、防盗性能好，管理方便。箱内水流畅通，鲍的病、敌害少，生长快，肉味佳。沉箱养鲍成本低、产量高，每个沉箱造价300元左右，可使用多年，群众可依经济情况而灵活投资养鲍。每个沉箱放养2 cm的幼鲍800只左右，经6～8个月的养殖和稀疏，可产商品鲍10～12kg。1997年湛江硇洲镇沉箱养鲍发展到1 800个，年产鲍20t，产值约500万元。1999年硇洲和海南省沉箱数均超1万只。沉箱养鲍已成为广东、广西和海南三省（区）养鲍的主

要模式。（蔡耀国）

【海湾系统养殖容量及环境优化技术】 1998～2000年期间，在前期工作的基础上，该专题进行了莱州湾养殖容量评估、养殖水域布局和养殖技术优化，桑沟湾多元生态优化模式和技术，鳌山湾化学生态调控技术等研究工作；并解决和取得了以下关键性技术和重大科技成果：①首次提出了海湾系统多参数养殖容量评估指标和模型，包括建立了主要养殖和附着生物不同季节的能量需求变化的测定技术，半封闭养殖水域和开放式养殖水域的多参数养殖容量评估技术，以及对莱州湾的海湾扇贝、桑沟湾的栉孔扇贝养殖容量进行了评估等。根据这些关键性技术提出的适宜养殖总量及最佳养殖密度优化措施，已被莱州、荣成等当地政府和养殖单位采纳实施，并取得显著效果。该项研究成果同时也在福建省养殖容量研究项目及养殖实践中应用。②根据养殖容量研究结果和不同养殖种类间的生态互补性，提出并实施了扇贝与海带、牡蛎与海带、鲍鱼与海带等贝藻多元生态优化养殖模式与技术，在桑沟湾推广应用规模达到了800hm^2，实现了产业化。每亩提高经济效益1 200元，示范区平均经济效益提高20%以上，每年增加经济效益1 400万元以上。③首次提出了三疣梭子蟹浅海筏式养殖技术，每亩每年获纯利润2万元左右，经济效益高于扇贝养殖2～3倍。该项技术既减轻了因扇贝养殖密度过大而对养殖水域容纳量的压力，又为沿海人民群众开辟了一条新的致富途径。并迅速在威海、青岛等地推广应用，2000年青岛市发展笼养梭子蟹30万笼，约750亩。④掌握了莱州湾海湾扇贝养殖中主要敌害生物——牡蛎的繁殖及幼虫附着规律，提出了降低水层和延缓海湾扇贝入笼时间等防治技术与措施。该项技术措施不但提高了扇贝养殖产量，而且可以因附着牡蛎的减少而扩大养殖水域的养殖容量。该成果在莱州湾推广应用后，效果显著。除每亩可节约苗种清理费1 000元左右外，同时因附着牡蛎减少而产量提高所增加的经济效益达到每亩每年3 000元以上。2000年推广应用面积达到3 000亩，每年增加经济效益1 200万元，示范区平均经济效益提高30%以上。⑤在国内外首次开展了既考虑环境健康又考虑营养水平和饵料状况的浅海养殖环境的评价研究，并建立一种“浅海水域贝类养殖环境质量评价模型”，较好地解决了养殖环境评价问题。应用该模型对莱州湾、鳌山湾、日照沿海、胶州湾和崂山沿海的养殖水域进行了评价，给出的评价结果与实际养殖生产效果能很好地吻合。可广泛应用于北方沿海浅海养殖场所的新建、扩建、改建工程规划中。⑥在国内外首次提出浅海了营养贫瘠养殖区化学生态调控技术并应用于鳌山湾生态调控，收到了十分满意的效果。无机氮最高可以提高2.57倍，维持4天；无机磷最高可提高5.56倍，维持一个半月；浮游植物细胞数量施肥后逐渐升高，第5天是施肥前的2.66倍，第6天是3.85倍，一个半月后增加到12.28倍。调控前后，浮游植物的优势种发生明显变化，为人工控制海湾生态系提供了范例。⑦发表和待发表论文30篇。培养博士1人，硕士2人。

【扇贝三倍体技术研究】 1998年的工作重点是继续进行三倍体诱导的细胞学机理和诱导参数的研究。1999年主要进行三倍体栉孔扇贝苗种生产工艺的研究。主要结果如下：①研究分析了栉孔扇贝受精卵减数分裂的细胞学过程。②阐明了6-DMAP诱导栉孔扇贝三倍体的细胞学机理。实验证实6-DMAP诱导栉孔扇贝产生三倍体的细胞学机理，是通过抑制受精卵的染色体分离和原核移动，使极体排放受阻诱导出三倍体，延长处理时间可造成染色质分散，造成死亡，为适宜诱导参数的研究打下了基础。③确立了三倍体苗种生产工艺。在实验室工作的基础上，确立了适宜的诱导参数，并分别在胶南市、荣成市、长岛县进行三倍体苗种生产性试验。在生产过程中对诱导参数不断进行修正，总结出了完整的三倍体扇贝苗种生产的有效方法，可以满足大面积生产的要求。三倍体诱导率可稳定在80%以上，孵化率达60%左右。④比较了三倍体和二倍体栉孔扇贝生物学性状的差异。从幼虫阶段处理组就表现出明显的生长优势，不仅生长速度快，而且发育到变态时的个体增大；三倍体成体表现出严重的不育性；闭壳肌鲜肉柱出柱率三倍体可提高60%～130%，随个体的增大百分比增加。证实栉孔扇贝三倍体是一种很有实用价值的养殖新品种。

（中国水产科学院黄海水产所供稿）

【海产品加工与综合利用】 南海海产贝类的食品化学特性及其加工利用：海产贝类资源丰富、营养成分含量高。食品化学特性研究的结果表明：翡翠贻贝肉的粗蛋白含量为67.6%（干基），氨基酸价为81，且富含牛磺酸、锰、维生素等，Glu、Asp、Gly、IMP等呈味物质含量丰富；马氏珠母贝肉粗蛋白含量为74.9%（干基），氨基酸价为82，富含Glu、Asp、Gly等呈味氨基酸，Zn、Se含量较高，牛磺酸含量高达1.38%。根据上述食品化学特性，采用双酶水解技术制备贝肉水解蛋白（HAP）可应用于海鲜调味料、营养液等的生产，也可直接将贝肉制成调味干制品等。最新的研究结果表明，翡翠贻贝、马氏珠母贝肉中所含的糖胺聚糖具有一定的抗肿瘤活性。翡翠贻贝糖胺聚糖对昆明小鼠移植性肿瘤S-180显示抑瘤效果，马氏珠母贝糖胺聚糖可显著增加抗肿瘤药的抑瘤作用，因此，上述海产贝类可用于开发抗肿瘤的海洋功能性食品或海洋药物。（吴红棉）

天然海鲜调味料生产新工艺：低值鱼贝类、虾类在海洋捕捞量中占有较大的比例，如何提高其经济价值，一直是水产品加工利用的重要课题。利用虾组织快速自溶技术和双酶水解技术，对低值水产动物资源或其加工废弃物进行深加工利用，可获得营养丰富、用途广泛的水产动物水解蛋白（HAP）。

虾组织快速自溶技术是以紫外线照射激活虾组织自溶多酶体系，并提供适宜的自溶反应条件，使虾肌蛋白组织在较短的时间内自溶水解，水解率为80%以上。双酶水解技术是采用枯草杆菌蛋白酶和胃蛋白酶在最适的反应条件下分别对鱼贝肉进行水解，在5～6h之内水解率可达80%以上，保持原有的营养和风味，无加酶异味。

上述两种水解技术对蛋白质的水解率均达到盐酸水解水平，且反应条件温和，水解时间短，最大限度地保持和提取了海洋生物中的营养成分和生物活性物质，提高了蛋白质提取物的营养价值和保健价值。可广泛应用于海鲜调味料、功能性食品、医疗药膳、食品添加剂等方面的生产上。该项成果1998年获国家海洋局科技进步三等奖。（章超桦）

【有棘和无棘两种表型栉江珧同工酶差异的比较】 栉江珧在传统形态学分类中存在较多分歧。采用同工酶谱技术对我国南海栉江珧进行分析比较，发现外部形态与同工酶表型具有明显相关性，其中外壳上棘的表型（有或无）在同工酶表型中也能反映出来。但与日本研究者的结论不同，棘的有无不能作为将栉江珧分成有棘和无棘两个种的依据。

（余祥勇　王梅芳　杨书婷）

【刀额新对虾快速自溶技术】 通过对刀额新对虾快速自溶影响因素的研究，为虾组织快速自溶技术提供了一个基本模式。结果表明：紫外线照射20min对虾组织快速自溶有促进效果；Na^+亦有较大的促进作用，而K^+、Ca^{2+}基本无影响；pH值为7.0～7.5时，自溶效果最佳；采用45～60℃（5℃/min）的梯度温度优于45℃、55℃、65℃恒温反应的效果。虾组织自溶反应时间为3h左右，蛋白质水解率可达80%以上。该成果可应用于低值虾或虾头的加工和综合利用。

（章超桦　邓尚贵　洪鹏志）

【双酶法在水产品水解动物蛋白制作工艺中的应用研究】 研究探讨了贝类（翡翠贻贝、珍珠贝）、鱼类（青鳞鱼）等为原料的双酶水解条件，并制成水解动物蛋白，解决了传统的酸水解法、碱水解法及单酶法水解率低（≤70%）的难题；并发现酵母粉和风味酶对水产品腥臭味及苦味的脱除有较为显著的效果。该成果可以应用于以低值鱼贝类或其下脚料为原料制作水产HAP的生产中，具有较高的应用价值。

（邓尚贵　章超桦）

潜水和水下工程技术
Diving and Submarine Engineering Technology

【潜水和水下工程技术现状】 自20世纪80年代以来，随着现代高科技的发展和海洋开发的需要，海洋水下工程技术迅速发展。水下工程技术通常是指海洋工程中围绕海底油气及其他矿产资源的勘探、开采、港口码头建设和救助打捞工程所需要的设备、设施的设计、建造以及施工工艺和作业技术。水下技术是人们为达到上述目的进入水下而采取的技术手段，主要包括直接潜水技术（潜水员潜水）和间接潜水技术（载人和无人遥控潜水器）、水下搜索观察与定位通讯技术和水下作业技术。

水下技术的应用范围包括海洋地质地貌及资源调查、海洋石油勘探开采和输送工程、现代海洋救助打捞、水下军工技术、海底电缆工程和港口码头的检测与维护等方面。在内河、水库、大坝、码头、桥梁和过江跨河电缆的建设中，已广泛应用水下技术设备，如应用水下电视、声呐和水下开沟机等进行水下检测、工程监理和施工服务，可提高施工效率和质量。可以说，与水有关的所有工程几乎都离不开水下技术。

地球71%的面积是海洋。当今世界的资源竞争在很大程度上是海洋的竞争。谁先开发这个“蓝色聚宝盆”，谁就能在竞争中获得主动权。没有先进的水下工程技术，海洋是开发不了的，所以发展水下技术具有重要的战略意义。继美国的“特里埃斯泰”号载人潜器1960年到达10 912m的深度以后，1994年日本的“海沟”号无人潜水器到达11 000m的海底进行海底板块俯冲情况调查。1998年中国自行研制的无人潜水器到达6 000m 海底进行海洋资源调查。

中国是一个海洋大国。预计21世纪海底油气开发、大洋深处矿物勘探和开发将有较大发展，对水下高技术的需求将越来越多。同时，国家对交通水利建设投入增加也对水下技术提出新的要求。因此，加快发展中国家的海洋及内河水下工程技术，具有重要的战略意义。

水下的特殊环境，如水介质、高压、黑暗、风浪、水流和海水腐蚀等条件决定了水下技术的高技术需要和高投入特点。因此，水下技术实质上是集现代材料技术、现代控制技术、现代通讯技术、现代生理医学和现代制造工艺技术于一体的高技术领域。中国水下技术的研究起步较晚，整体水平约落后于世界水平20年。80年代开始，随着海洋石油开发业的兴起，产生了对水下技术的迫切需求，国内的海洋科学研究机构，包括高校的相关专业、中国科学院、中船总公司及其他工业部门的相关研究所，都开始重视水下技术研究。当时的国家经委海洋石油设备领导小组对这一研究注入了部分资金，推动了国内水下技术研究的发展。到目前为止，中国的大深度饱和潜水技术的基础研究已基本达到了世界先进水平，无人潜水技术（主要指无人潜水器）的研究也逐步缩短了与世界水平的差距。但水下技术综合研究还处于起步阶段，总体研究能力和水平与先进国家相比还有很大差距。

【上海海科院的潜水和水下技术研究】 上海海洋水下工程科学研究院是1978年成立的专业从事水下技术研究的交通部属一级科研单位。建院20余年来在潜水技术、水下技术装备、水下工程建设和施工工艺等方面已取得了丰硕的科研成果，有的已达到世界先进水平。主要科研成果有大深度饱和潜水技术的试验研究、高海拔潜水技术的试验研究、海洋生物毒素的研究、无人遥控潜水器的研制、水下技术装备（图像声呐、水下电视、水下作业工具、水下照明灯具、水下通讯设备等）研制、水下施工工艺（钢桩涂装系统、水下光缆与电缆敷设、水下管道埋设工艺等）研究及水下检测技术的研究等。目前已形成较先进的研究试验设备和综合配套的研究队伍，曾多次进行国际联合试验研究。

水下技术的核心是潜水作业技术（包括有人和无人潜水）。海科院正是围绕着潜水技术这个核心开展科学研究。在有人潜水技术研究方面，通过生理和医学实验方法，研究安全、高效、实用的潜水技术。包括：①潜水减压过程中的生理医学实验研究；②工程作业潜水减压程序的实验研究；③潜水安全及潜水事故后鉴定管理；④高压氧治疗、潜水病的临床及机理的试验研究；⑤潜水员培训；⑥新型潜水装具及其生理医学要求的试验研究。在无人潜水技术研究方面，实现人体及机械设备在水下环境下的运动、动力、耐力、稳定性、有效性、安全性以及水下施工作业的可行性、经济性等试验研究。包括：①潜水器水下运动性能，操纵性能及作业效能试验；②水下观测、定位、测量、设备的性能试验；③水下施工工艺评价试验；④水下结构的吊放、安装、布设试验；⑤救助打捞模拟试验；⑥ROV操作人员培训。

建院以来先后完成潜水和水下技术科研项目100项，获国家和部级科技进步奖28项。其中，300m饱和潜水实验舱群设计制造、302m氦氧饱和潜水实验、300m氦氮氧饱和潜水实验、高海拔潜水实验和1995年中美联合氦氧饱和潜水实验等一系列实验，把中国潜水科学研究推向了国际先进水平。在水下技术装备领域也取得一批优秀成果，如自行研制的SYG-I和SYG-II型无人遥控潜水器、UNTI水洞检测专用遥控潜水器、水下电视和测量电视系统、彩色图像声呐等一批产品都处于国内先进水平。1998和1999年该院在水下技术研究中有水下非接触测量仪的研制、HKM-1型舱用气动马达研制、加压舱消防安全技术条件、减压病加压治疗技术要求、潜水员水下用电安全操作规程和氮氧(或空气)饱和－空气巡回潜水减压程序国家标准等项研究成果通过部级鉴定。氮氧饱和－氦氮氧巡回潜水作业技术、2010年中国交通水下工程技术发展战略与对策研究、潜水员水下用电安全技术规范等3项研究成果分获交通部和上海市科技进步三等奖。

【水下技术综合实验室被认定为交通部重点实验室】 交通部于1999年10月派出专家组对上海海科院的水下技术综合实验室进行现场评审。该实验室主要从事有人潜水技术和无人潜水技术研究，学科涉及海洋工程、潜水技术、水下应用设备、水下测控与水下检测、特殊环境劳动卫生和高气压医学等。专家组根据交通部重点实验室认定指标体系，对近5年实验室在承担任务、研究成果、人才培养、开放水平和设备利用率等项做了定量认定；并从设备与环境条件、学术水平和研究成果、队伍建设和人才培养、单位支持与管理水平等方面进行了定性认定。大家认为，实验室专业特殊、技术人才基础好，具备较完善的水下技术实验手段，已进行过多次国际联合实验研究。最后经交通部正式批准，水下技术综合实验室被认定为交通部重点实验室。

作为重点实验室主要实验场所的水下环境条件模拟实验室，可用于水下工程技术研究和设备开发、潜水员及水下工程技术人员培训等目的。1996年建成。

实验室包括静水池、流水池、学术活动室、专家工作室、实验工作室、办公室及其配套的供电、供水和各种功能设备，总建设面积2 930m^2。实验室具有水体空间模拟系统、水流模拟系统、水温模拟系统、浊度盐度模拟系统和照度模拟系统等。静水池长25m、宽15m，分6m和10m两个深度段，池壁分2层设置26个600mm观察窗。水池屋顶设10 t双梁行车，池面分设两辆月池式工作跑车。水流模拟系统最大设计流速为1m/s，实测最大流速为1.25m/s。流水池为双层箱式结构，内壁主尺度为长15m、宽5m、深7m。在水面下3.75m处设置中隔板，将水池分隔成上、下两个廊道。造流机系统由4套水泵、驱动电机及变速系统组成。整流系统包括导流栅、蜂窝整流器和安全网。流水池面也设有月池式工作跑车。水体实验温度分为2～12℃、12～22℃、22～32℃3个温度段。水体降温由冷水机系统实现，水体升温由锅炉加热系统实现。浊度模拟范围0～600NTU。照度模拟分低照度段和高照度段，高照度由可移动无级调光水下照明系统实现。（马洪年）

海洋遥感技术

Marine Remote-Sensing Technology

【多遥感器数据同化和遥感资料优化扩展技术】 国家海洋局第一海洋研究所研究员潘增弟等重点发展单要素的直接质量评估和直接质量控制方法。通过遥感数据同各种类型海面实况资料的直接比较，对遥感数据误差进行评估分析；在质量评估工作的基础上，删除不可靠观测数据，利用最小二乘法等方法建立遥感数据同海面实况数据的统计相关性，根据统计关系对遥感数据进行优化调整，建立中国近海浮标数据的动态信息系统，提供便捷的数据管理和综合分析工具，来支持遥感数据的质量评估和控制体系。

建立了海洋遥感资料同化基本理论，尤其是发展动力模式初始场优化调整和模式可调参数优化调整的同化模式，提高了模式模拟计算值和预报值的精度，同时达到遥感资料优化扩展的目的；建立了多遥感器海洋观测资料的融合同化方法用以监测某一物理现象发生、发展及消衰的演化规律，弥补了不同遥感器间的缺陷，为有效的海洋特征要素提取和分析奠定基础；建立了海浪资料同化系统，它包括海面风场资料同化和海浪资料同化，建立基于初始场优化的海浪同化模式对短期海浪预报和涌浪预报是重要的；建立了破碎波覆盖的微波散射理论模型及散射计资料的风场反演理论模型。

【SeaWiFS资料的大气校正技术】 国家海洋局第一海洋研究所研究员李武等通过现场调查和历史资料收集，获取黄海和南海共计70个站次约50 000个海洋光谱数据和同步测量的海洋环境要素资料，绘制了光谱辐照度垂直分布曲线，编制了海洋光谱图集；建立了离水辐亮度LW（λ）的测量技术和数据处理方法，解决了主要由美国密码解码器引起的与中国系统不匹配的问题，开发了资料的预处理软件及产品制作软件，解决了SeaWiFS资料适合于中国用户的数据格式转换，并建立了相应资料查询和分发系统；解决了SeaWiFS一、二类水体的叶绿素、悬浮泥沙、赤潮及油膜污染等信息提取模式和产品制作技术、辐射同步比测技术、水中垂直剖面和水面光谱特征测量，建立了小型SeaWiFS应用示范系统，为SeaWiFS资料在海洋初级生产力和渔情分析、河口港湾治理、赤潮监测、海洋动力研究等方面打下了良好基础。成果总体水平国内领先，国际先进。

【多模态微波遥感器对地遥感模拟仿真技术】 多模态微波遥感器包括微波高度计、散射计和辐射计。为提高三模态微波遥感器所获取的图形或参数在海洋应用中的准确性和利用率，对于3个模态的微波遥感器、大气传输介质、目标物的反射、散射和辐射过程及轨道特性进行模拟仿真，给出仿真条件下遥感过程与理想状态 发生偏离的系统分析。为遥感系统技术指标的跟踪研究，原始数据质量预测，遥感数据的处理提供理论和实验依据。在国内首次从理论上论证了影响三模态高度计测高精度的各因子，同时，评述了散射计和辐射计指标的合理性。（路应贤）

【海洋水色遥感与仿真系统】 **SeaWiFS海洋水色遥感应用技术研究** 该项目属于遥感应用技术研究，由国家海洋局第二海洋研究所承担（1994-1998年），其目标是接收、处理、分发和试应用美国SeaWiFS卫星资料。①在申请到美国SeaWiFS免费接收权（中国内地惟一）的基础上，建立了地面接收系统1套、图像处理系统1套（同时研制开发国内领先的适合于中国海区的产品制作软件）；②编制了SeaWiFS图像产品的转换软件，解决了在国内推广应用SeaWiFS资料的关键技术；③开发了SeaWiFS资料查询和分发系统，其分发水平具国际先进水平；③提供了适应于中国海区的SeaWiFS一、二类水体的叶绿素、悬浮泥沙、赤潮等信息提取模式和产品制作技术，提高了反演精度；⑤首次开始与SeaSTAR卫星同步的与国际接轨的水中垂直剖面和水面光谱特征测量，其成果为中国海洋水色卫星的辐射定标和真实性验证打下了基础，辐射同步比测技术在国内领先。成果应用前景广阔，可用于海洋渔业资源开发和保护、海岸带牧化管理、河口港湾工程环境评价、海洋污染环境监测、农作物估产和林业资源及军事应用等。本项目与国际海洋水色遥感接轨，其成果总体水平国内领先，国际先进。获1999年国家海洋局科技进步一等奖。

SeaWiFS与AVHRR卫星资料复合技术研究 该项目由国家海洋局第二海洋研究所承担（1996～1998年），研究结果如下：①本项目在SeaWiFS和AVHRR资料的几何空间复合提供了高精度的配准技术，在星下点附近象元的偏差控制在1个象元以内。成果论文发表在《International Journal of Remote Sensing》上。③提供的东海海区SeaWiFS辐射大气校正模式优于美国NASA SeaDAS模式。SeaWiFS与AVHRR辐射复合建模正确。③复合产品综合了SeaWiFS与AVHRR两种资料在海洋应用上的长处，并在赤潮探测和海表流中得到了试应用，效果良好。

该项目的总体研究水平国内领先，达到了国际先进水平。

海洋光学遥感信息应用技术研究 该项目为国家863-818海洋高技术项目，由国家海洋局第二海洋研究所牵头，中国科学院南海研究所、香港科技大学、国家海洋局第三海洋研究所和海洋技术研究所、青岛海洋大学、大连海事大学和福州大学参加。1998年立项，2000年验收。项目的主要成果有：海水层辐射校准技术、海洋工程环境分析中应用技术、海洋污染探测应用技术和应用软件技术。这些技术在国内领先，国际先进。它将大大促进中国海洋可见光遥感事业的发展。该项目中期评估为优，并获奖励费。

可见光卫星遥感光谱复合研究 该课题属国家海洋局第二海洋研究所获准的863-818青年基金资助项目（1998～2000年），初步完成了中国海区可见光卫星资料的大气校正方法，建立了实用的二类水体、大气校正模型，实现了将不同卫星接收到的可见光辐射信号转换为海面归一化离水辐射率和自动几何配准方法，为建立长序列遥感资料创造了条件。中期评估总体评价为优。

中国极轨卫星应用效果的数字仿真系统 该项目由国家海洋局第二海洋研究所牵头（1997～2000年），国家卫星气象中心等参加，该仿真系统包括海洋、气象、陆地和军事极轨卫星的应用效果仿真，起到以下作用：①在中国极轨遥感卫星的立项论证阶段，能为卫星、轨道和有效载荷等技术指标的合理确定，提供科学依据；②在卫星立项后的研制阶段，能为遥感资料的质量预测和利用率的评估提供模拟仿真图像资料，对卫星可能应用效果作出评估，以便发现问题，供卫星总体部门决策，能为卫星用户提供模拟仿真图像，以便尽早作应用的准备；③在卫星入轨后的正常运行阶段，能为遥感资料的处理和相关遥感信息的提取提供技术支撑；④能为中国极轨卫星长远计划提供及时服务。

该项目1998年立项，将于2001年验收并交付使用。该项目的完成将填补仿真技术在中国航天工程设计应用中的空白。

对地遥感模拟仿真研究 1999年12月，由民用遥感器应用研究分系统主持，对国家海洋局第二海洋研究所承担的对地遥感模拟仿真研究课题进行了鉴定。主要鉴定如下：①该题圆满地完成了两大民用遥感器——中分辨率成像光谱仪（CMODIS）和多模态微波遥感器（M3RS）模拟仿真研究；②在国际上首先提出了可见光遥感图像综合信噪比的概念，为航天遥感器海洋应用效果的定量化预测方面开创了先例，该技术已推广应用到台湾ROCSAT-1和韩国KOMPSAT-1卫星的水色遥感器仿真和质量预测；③通过大气应用仿真研究，提出了CMODIS近红外波带可用于遥感水汽的通道，该技术已应用于FY-1C水汽通道的资料处理，取得了良好的效果；④通过了陆地应用仿真研究，开发了陆地目标的分类和光谱仿真软件，为中国陆地遥感试验场的工作开展起到了积极作用；⑤通过M3RS仿真研究，在国内首次从理论上系统地论证了影响M3RS高度计测高精度的各因子，同时，评述了散射计和辐射计指标的合理性。

该课题总体研究水平国内领先，部分研究达到国际先进水平。

【微波遥感技术及其应用】 重点海域航天SAR数据应用示范工程 国家海洋局第二海洋研究所承担的总装卫星应用技术重点项目“重点海域航天SAR数据应用示范工程”（1996~1999年）突破了航天SAR海岸带、浅海水下地形和海浪探测的关键技术，取得了具有重要应用价值和十分广阔应用前景的研究成果，该项目总体技术水平达到国际先进水平。

合成孔径雷达遥感信息应用技术研究 该课题为863-818项目（1997～2000年），国家海洋局第二海洋研究所是副组长单位，承担了首次利用SAR仿真模型模拟出不同雷达参数、水深、坡度、流场和风速时的浅海水下地形规律；首次成功地应用二维快速傅立叶变换和小变换新技术提取内波信息及其主要参数，获得重点海域内波的时空分布，受到863-818专家组的高度评价，被认为是863-818-06-02课题中完成最好的内容，并得到追加经费的奖励。

长江三角洲地区遥感卫星动态决策咨询系统 由国家海洋局第二海洋研究所、中国科学院南京地理与湖泊研究所、上海气象科学研究所共同主持的总装卫星应用重点项目“长江三角洲地区遥感卫星动态决策咨询系统”于1998年结束并鉴定。该课题将长江三角洲作为一个整体，运用卫星遥感技术，查清资源、环境、产业布局、城镇发展的动态变化，建立了中国尚属首次的动态决策咨询系统。其成果为该地区资源的合理利用、国民经济的宏观调控、实施可持续发展战略提供了重要的决策依据，有着重大的应用价值。在信息共享、关键技术研究、试运行系统建设以及土地利用、防灾减灾等方面取得良好的社会和经济效益。整体上达到了国际先进水平。

赤潮监测及其短期预测试验性研究 国家海洋局第二海洋研究所于1996~1998年开展了海洋水产养殖区赤潮监测及其短期预测试验性研究。该项目利用卫星遥感技术，配合海上现场观测方法监测赤潮。成功地监测和预报了发生在浙江、福建和广东沿海的赤潮，开创了中国赤潮灾害预报的先例，在将遥感、生物和化学技术综合起来进行赤潮灾害监测和预报方面达到国际领先水平。该项目发布的赤潮预报得到有关政府管理部门的高度重视和水产养殖单位的实际应用，在防灾减灾中发挥了重要作用，产生了很好的社会和经济效益。该课题是浙江省科技计划重点项目，已于1998年通过鉴定和验收。 （孙煜华）

海洋观测、监测技术
Ocean Observation and Monitoring Technology

【滨海台站自动观测技术】 滨海台站自动观测技术进行观测或监测的技术。目前，中国有各种滨海观测站524个，其中海洋站61个，验潮站191个，气象台站是指利用沿岸、平台、岛屿作为观测平台，设立多参数或单参数的海洋观测站，对海洋水文、气象和水质113个，雷达测冰站1个。全国联网监测的海洋污染监测站248个。上述观测（监测）站分别隶属于不同的涉海行政或业务管理系统。滨海观测是海洋环境预报和信息服务的主要数据源，确保滨海环境观测的定点、连续、自动、可靠观测及实时数据传输是滨海环境自动观测技术要解决的主要问题。

先进海洋国家滨海观测技术的主要特点是：①数据采集和控制的硬软件平台的功能强、集成度高、可靠性好、功耗低；②主要以卫星通讯方式实时传输数据，时间延迟不超过30min，并用卫星上的振荡器统一校准采集和控制平台的时钟，准确度达到2s/月；③用太阳能电池供电；④组网观测和可视化的信息服务。

结合不同海洋站的特点，国内先后研制了几种型号的自动观测系统，并实现了海洋台站的微机有线数据通讯和应用软件的故障远程诊断和修复，提高了自动观测能力，但总体上中国滨海台站环境观测的自动化水平和集成度落后于先进海洋国家。为提高国内海洋环境自动监测技术水平和产业化能力，近海环境自动监测技术研究课题被列入“九五”国家“863”计划的海洋监测技术主题（818），承担单位是海洋技术研究所。1998年“近海环境自动监测技术”课题按合同管理办法启动研制。该课题主要研究三个方面的技术，并集成为4个示范性质的系统/装置，显示、体现三个方面技术的研究成果。三个方面的技术是：（1）海岸基－平台基海洋环境自动监测技术，主要研究在沿岸和岛屿海洋站以及在海上油气平台进行海洋水文、气象多种参数自动监测所需要的关键技术，包括：① 海洋环境监测专用数据采集和控制软硬件平台技术；② 仰视式声学多普勒海流剖面测量技术和利用多普勒信息反演波高、周期、波向、能量谱和方向谱的技术，形成坐底式声学海流－波浪测量仪；③海洋藻类和悬浮物浓度测量技术；④ 能够测量波高、周期、波向、水温和盐度的多功能波浪浮标；⑤强风计，风速测量上限100 m/s；⑥ 滨海台站环境自动监测系统的抗雷电干扰技术。（2）海床基海洋环境自动监测技术，主要研究在浅海底进行悬浮泥沙特性参数和海洋动力环境参数同步监测所需要的关键技术，包括：① 声学悬浮泥沙浓度剖面测量技术；② 声光悬浮泥沙粒径谱测量技术；③ 水下悬浮泥沙自动采样技术；④ 海床基测量平台的系统集成技术，以及在恶劣海况下系统安全工作和可靠回收技术。（3）海洋污染－生态环境综合测量技术，主要研究目前在海滨监测站、将来在锚泊浮标上进行海洋水质参数自动监测所需要的关键技术，包括：① 磷酸盐、亚硝酸盐和硝酸盐现场自动分析仪；②低漂移、易校准、高可靠的溶解氧、pH、负二价硫、氨氮、水温和盐度测量传感器技术；③防海水腐蚀和防生物附着技术。合同任务计划于2000年结束，上述研制成果将集成为岸基台站海洋环境自动监测系统、平台基海洋环境自动监测系统、海床基海洋环境自动监测系统、水质监测浮标、便携式水质仪。预计在滨海台站自动观测技术方面将会有较大的进步，并将大幅度提高国内滨海台站观测系统的自动化水平和集成度。课题研制的系统将与高频地波雷达、卫星遥感应用系统及数据处理中心等组成区域性的海洋环境立体监测和信息服务系统，并在以上海为中心的长江三角洲濒临海域组织示范试验。在国家计发委的支持下，“中国近海环境自动监测系统——台站和志愿船观测系统”第一期工程技术方案已通过评审，并将采用863－818的成果。预计到2001年将有56个海洋观测站的主要环境参数实现全自动观测。

【浮标观测技术】 浮标观测技术包括锚碇资料浮标、潜标、漂流浮标及投掷浮标。浮标观测的特点是能在恶劣海洋环境下无人值守，自动、连续获取水面和水下的海洋环境数据。

资料浮标技术 山东省科学院(青岛)海洋仪器仪表研究所与国家海洋局北海分局等单位合作，先后改进和研制了FZF2-2和FZF2-3型资料浮标。技术上的主要进步是：①用Inmarsat-C/GPS卫星通信和定位，提高了数据的有效接收率和浮标的定位精度。采用HF通信时，数据平均有效接收率只有70%左右，目前已达到90%以上；②数据采集和控制平台采用模块化结构，提高主机的可靠性，去掉双机热储备，降低了成本；③采用8MB固态存储器代替数字磁带机和硬盘机，大幅度提高存储容量和数据存储的可靠性；④采用太阳能电池板和蓄电池组合供电，使蓄电池数量由原来的305块减少到27块，减轻了重量，方便了浮标的维护；⑤用卫星通讯后，简化了岸站的硬软件配置；⑥浮标设计在位周期由1年提高到2年。

由海洋测绘研究所主持和组织研制的船形气象资料浮标，已有两套于1999年下半年布放在南海某海域，浮标具有对海洋气象和水文数据的自动遥测和传输功能。船形资料浮标的研制和使用推进了国内资料浮标技术的发展。海洋技术研究所目前正在研制用于卫星遥感地面定标校验的资料浮标，监测参数包括风速、风向、气温、气压、湿度、水温、盐度，用太阳能电池板供电，数据由VHF向岸站传输，同时经通信卫星的DCP向北京的遥感中心传输，该浮标计划布放在青海湖。中国科学院声学研究所声场声信息国家重点实验室，将Inmarsat-C/GPS卫星通信和定位技术、资料浮标技术、水声测量技术相结合，研制了卫星－浮标水声测量系统，替代传统的用船作测量平台的水声测量系统，减少了环境噪声，提高了数据实时传输能力。数据传输速率300~1200 bit/s，采用存储－转发方式，时间延迟一般为数分钟到数十分钟。总体上看，国内的资料浮标技术已接近世界先进水平，今后发展的主要方向是：①提高传感器的可靠性；②增加观测参数，尤其是增加水下环境参数剖面观测，构成从水面到水下的立体监测和水下观测参数的实时传输；③发展小型资料浮标；④发展污染和生态环境监测浮标。

潜标技术 海洋技术研究所受有关用户的委托，目前正在研制深海4 000m潜标测流系统。该系统将采用两个应答释放器并联工作模式，以提高系统的回收可靠性。系统上将挂7台海流计，并应用上视式声学多普勒海流剖面仪（ADCP）测7层海流剖面。系统的水下工作周期预定为3个月,这是目前国内设计深度最大的潜标系统。国家海洋局南海分局和中国科学院南海海洋研究所等单位，在浅海潜标系统的应用中，对潜标的布放、抗台风浪、抗渔网拖挂及安全回收方面进行了技术改进，包括：提高水面标志浮标的抗台风、抗倾覆、抗沉能力，改连接件为流线型；选用抗风能力强的系统设计；设计了新型的打捞钩，方便打捞丢失的仪器设备。总体上看，国内的潜标技术在系统回收率、可靠性及布放深度方面与先进海洋国家相比有较大差距。为满足海洋环境监测的需要，应积极发展潜标技术。

漂流浮标和其他浮标技术 海洋技术研究所对1994年研制成功的表面漂流浮标进行了技术改进。原标体是长圆柱形，现改为两半球组合成的玻璃浮球型；水帆由直径0.5m×长10m，改为直径1m×长3.7m。仍然用ARGOS卫星通讯和定位。数据改为从因特网上用电子邮件传输。国内几个大的海洋调查研究项目都开始使用这种表面漂流浮标。

该所完成了机载投弃式温盐深浮标的研制。该浮标包括投弃式浮标和机上数据接收处理装置两部分。浮标从飞机上投放，先完成表层温盐参数的测量，然后探头下沉，并测量表层以下至200m水深的温盐剖面。浮标在下沉和测量过程中随时将观测数据发送到飞机上。数据经接收和处理后，随时给出投标点的温盐深剖面数据，并可向地面站实时发送。温度测量范围22℃~+35℃，准确度±0.17℃；盐度测量范围20～35，准确度±0.03；深度测量范围200m，准确度±2.8%；时间常数0.25s；抗冲击 330g；飞行高度 500～1 500 m；航速200～300 km/h。

【船基调查和观测技术】 船基海洋调查观测技术的发展特点是：① 向多功能发展，提高船时利用率，配备多种调查观测仪器，在一个航次中执行多项调查观测任务；② 努力提高现场调查观测仪器的自动化水平，例如：用ADCP测海流剖面，带电控多瓶采水器的CTD剖面测量，用拖曳式综合测量系统同时监测水文和水质参数；③ 配有船用微机局域网络，资源共享，共用终端，实时分析，提高实时数据处理能力，保证调查观测数据的有效性。船基海洋调查观测的主要仪器设备是高精度CTD剖面仪和声学多普勒海流剖面仪（ADCP）。

温盐深测量技术 STD/ CTD测量技术的发展大致经历了3个阶段：20世纪60年代是STD阶段，直接测量盐度；70年代是数字式CTD阶段，通过测电导率计算出盐度；80年代以后是智能的高准确度CTD阶段，CTD仪器越来越精巧、轻便和多功能。代表当前CTD仪器国际先进水平的是美国Seabird公司生产的SBE*PLUS-CTD系统，其主要技术指标为：温度静态准确度±0.001℃，月稳定性±0.001℃，响应时间65ms；电导率静态准确度0.003ms/cm，月稳定性0.003ms/cm，响应时间65ms；压力测量准确度0.015% F.S，月稳定性0.0015%F.S。

国家“863”计划818主题1998年启动了“高精度CTD剖面仪和定标检测设备”专题的研制任务，由海洋技术研究所承担，主要合作单位是国家海洋标准计量中心。主要任务是：①研制高精度CTD剖面仪，主要技术指标为：温度测量范围－5℃～35℃，准确度±0.003℃，响应时间0.07s，稳定度/月±0.001℃；电导率测量范围0～65ms/cm，准确度±0.003 ms/cm，响应时间0.07s，稳定度/月±0.001 ms/cm；压力测量范围0～30 MPa，准确度±0.015% F.S，响应时间0.02s，稳定度/月 ±0.001 5% F.S；溶解氧测量范围0～15mg/L，准确度±2.0 mg/L，响应时间2.0s，稳定度/月 ±0.15% mg/L；pH 测量范围2～14，准确度±0.1，响应时间1.0s， 稳定度/月±0.01。②研制实验室用CTD剖面仪定标检测设备，用于整机和传感器的室内定标和检测。主要技术指标：温度测量范围－5℃～35℃，准确度±0.000 5℃；盐度测量范围5～40，准确度±0.002；压力测量范围0～30 MPa，准确度±0.01% F.S；水槽恒温波动度±0.000 3℃，水槽温场均匀度±0.000 3℃；DO测量范围0～15mg/L，准确度0.05 mg/L；pH 测量范围2～14，准确度±0.01。③研制传感器时间常数测量装置。④研制温度、电导率传感器的压力效应测量装置，压力效应测量范围0～30 MPa。

课题各部分进展顺利，1999年7月顺利通过了中期评估。

海流测量技术 海流是海上交通和航运、海洋工程、海洋渔业、海上军事活动及全球气候研究最为关注的基本海洋动力学参数之一。目前世界上有代表性的海流测量仪器，是挪威安德拉公司的RCM系列海流计、美国IO公司的S4人工磁场海流计和美国RDI公司的声学多普勒海流剖面仪（ADCP）。目前声学多普勒海流剖面测量技术的世界先进水平是美国RDI研制的ADCP，最大海流剖面测量深度1 200m，对底跟踪深度5 000m，采用宽带相控阵ADCP技术。国外正在发展声相关海流剖面测量技术ACCP。中国海流测量技术的发展基本上分三个阶段：20世纪50～70年代，以厄克曼海流计和印刷海流计为主的纯机械海流计。80年代，主要发展数字式转子海流计和声学海流计，包括声学时差法海流计和声学多普勒海流计。90年代主要发展声学多普勒海流剖面测量技术。目前国内ADCP技术达到的水平是：剖面深度150m，对底深度250m，最多测层128层，流速测量准确度1～3cm/s，最小层厚1m，工作频率200kHz/300kHz。

“九五”期间中国科学院声学研究所和国家海洋局海洋技术研究所共同承担了国家“863”计划818-03专题的研究任务，目标是研制剖面深度60m和350m的船用多功能ADCP和研究声相关海流剖面（ACCP）测量关键技术。多功能ADCP的主要特点是，在测量海流剖面的同时可以测量悬浮物浓度。①350m多功能ADCP技术指标：工作频率150 kHz，测速范围0～10m/s，测速精度±0.2%×测量值±(0.2～0.5) cm/s，测向范围0～360°，测向精度±5°；测流层数1～128层，分层厚度2m～16 m，测流剖面深度350 m；悬浮泥沙浓度值估测范围0.1～5g/L（定量）或5～50g/L（定性），浓度测量的系统误差±10%，浓度剖面深度分辨率20cm。②60m多功能ADCP技术指标：工作频率600kHz，分层厚度0.5～12 m，测流剖面深度60 m，浓度剖面深度分辨率10 cm，其他指标与350 m多功能ADCP相同。

目前，两个课题都取得了突破性进展。ADCP课题已解决了宽带、高速信号采集和高速数据处理等关键技术。ACCP课题在测速模型、流速误差估计的方差计算及换能器设计方面都取得了大的进展。预计ADCP和ACCP技术都能达到一个新水平，并将形成适用于船、浮标、海床基应用的浅海型ADCP产品生产能力，占领国内浅海用ADCP产品的国内市场。

【高频雷达海洋环境观测技术】 高频雷达用于目标物的探测是基于目标物对雷达波的反射、散射和多普勒频移原理。70年代起国外相继发展高频地波雷达探测海洋环境技术，通过测量波浪和海流对雷达波散射和多普勒频移来测量波高和流速，并计算出风速。利用两台以上雷达交叉探测，可给出共同覆盖区的海浪谱、矢量海流图，并推算出风场。探测距离和精度与雷达的发射功率、频率和天线设计有关。短程雷达的作用距离在60km左右，中程雷达的作用距离在200～400km，测流和测浪有不同的作用距离。哈尔滨工业大学研制了高频地波雷达，用于海面移动目标的探测，也开展了海洋环境观测技术的研究。"九五"期间，武汉大学在研制海态分析雷达原理样机（OSMAR）的基础上，承担了国家"863"计划818主题支持的海洋环境探测高频地波雷达的研制任务，目标是研制海流探测距离200km、海浪探测距离150km的高频地波雷达。目前在天线、全固态发射机、电子移相技术等方面都取得了重要进展，并已进入现场调试阶段。

【海洋观测系统】 国内海洋观测技术的发展已由单机的研制进入系统集成和系统建设阶段，更多地重视海洋观测系统的建设和系统功能的完善，这是中国海洋观测技术发展和工业化水平提高的重要标志，也是国民经济和社会发展对海洋观测技术发展提出的要求。中国海洋观测系统的建设将在全球海洋观测系统GOOS的框架下参与全球和地区的合作，解决全球和地区的环境问题。

中国海洋环境监测系统——海洋站和志愿船系统 该项目已于1999年7月由国家发展计划委员会批准建设，项目主持单位是国家海洋局。该项目旨在海洋站和志愿观测船30余年工作的基础上，应用海洋、电子、计算机和通信等领域的高新技术，建设、改造和装备中国的海洋站和志愿观测船。通过该项目的建设，将基本改变中国海洋环境监测系统中海洋站和志愿观测船布局不合理、观测技术落后、设备陈旧的现状，实现对中国滨海、近海和邻近大洋海域的海洋环境进行有效地监测，为提高国内海洋环境预报和警报水平、合理开发利用海洋资源、有效保护海洋环境，提供准确、可靠的基础数据和数据产品服务。项目的主要建设内容是：重建8个海洋站，新建8个岸滨海洋站和6个石油平台海洋站，使中国海洋站总数达到77个，重点加强14个示范海洋站的建设；120艘志愿观测船配备自动观测仪器；采用高新技术对海洋站和志愿观测船观测工作中的主要观测项目实现自动观测。该项目将于2001年完成。

863-818海洋环境立体监测和信息服务系统上海示范区 "九五"期间，国家科技部、国家海洋局、上海市人民政府联合组织和资助，在以上海为中心的长江三角洲邻近海域，利用"863"重大项目Z40的主要研究成果，建设海洋环境立体监测和信息服务系统上海示范区。该项目进展见"海洋科技概况"部分。

珠江口海洋环境立体监测示范系统 在863-818的支持下，"九五"期间，由香港科技大学和中山大学合作，研制一个由天基、船载、岸基、海面、水下平台组成的立体监视系统，可以在恶劣海洋环境下进行长期、连续、自动的近岸海洋环境监测，实时测报资料经同化处理后，与大型综合数学模型以四维同化技术连接，以保持最佳模拟和预报精度。系统以珠江口海域为示范区。系统包括：①定点观测、船载平台巡测、浮标监测；②卫星遥感遥测，监测要素包括表层流场、表层悬浮物含量、水温、叶绿素、油污等；③短程高频地波雷达近岸表层海流监测，补救卫星监测分辨率低的不足；④系统集成和资料实时收集处理。监测数据除了用来校验数学模型外，环境参数也直接应用在经济发展及管理上。通过研究和示范试验，将提出一个未来在开发海洋沿岸经济过程中如何保护海洋环境的构架和蓝图。该示范系统研究和试验的主要任务包括：接收、分析、校验海洋卫星资料，连续监测珠江口附近水域一年，以覆盖其季节性变化；建立综合性的动力学模型，其中包括化学与生物作用模型、沉积物及污染物输运扩散模型；建立水动力环境要素非线性行为模型；珠江河口动力系统与断面测验；污染物输运研究。

【其他水面和水下观测技术】 国家海洋局第一海洋研究所、中国科学院南海海洋研究所、青岛海洋大学、浙江大学等单位，"九五"期间分别承担了863-818主题的"海面和海水层光学测量技术研究"课题和"海面微结构光学测量技术研究"课题的研究任务。该两项研究的成果将对光学遥感应用研究有重要作用。"海面和海水层光学测量系统"由海面光谱辐射计、水下光谱辐射计、辐亮度计、透射率计、量子计、荧光计、温度计、电导率计、压力计等仪器设备组成，辐射测量的光谱精度为1nm，辐射精度5%。"海面微结构光学测量系统"将采用微尺度坡度场颜色编码方法和提取技术，研制海面微结构光学测量装置，并要应用该装置得到准确的微尺度海面坡度场结构，为物理海洋动力学和卫星遥感海洋学研究提供基础数据。主要技术指标：影像尺寸0.4m×0.3m，，斜率测量准确度1°，波长空间分辨率0.5mm。

（朱光文）

海洋防腐、防污损技术
Anti-Corrosive and Anti-Fouling Technologies for Marine Works

【防腐技术】 海洋开发促进和带动了一批高新技术产业的发展，其中防腐蚀涂料，尤其是重防腐涂料市场相当活跃。海洋气候多盐雾、温热，加之沿海城市的工业大气污染，使得海洋、滨海和临海地域成为环境恶劣的重腐蚀区。这里的海港设施、码头、栈桥、护岸堤坝、铁塔、平台、钢管桩等大型钢结构都需要以防腐涂料为首选的防护措施。面对更新更高的防腐要求，新型防腐涂料的开发技术层面正在发生变化，高校科研院所及其科工贸一体化的科技企业已成为生力军，例如武汉化工学院、武汉现代工业研究所、武汉汽车工业大学、青岛化工学院、武汉高校新技术研究所、华中理工大学、长沙电力学院、大连理工大学、华南理工大学、青岛海洋大学、东莞理工学院科技开发公司等单位，在新型防腐涂料的IPN互穿网络重防腐涂料、带锈涂料、水性防腐涂料、晶须材料、纳米颜料、高固体份防腐涂料、玻璃鳞片重防腐涂料等领域内有所创新，并有产品在重大工程上应用，市场前景看好。其中武汉现代工业研究所研制的常温固化IPN防腐涂料，用于高塔、桥梁、化工管道、海洋船舶、水闸等大型钢铁结构件防腐，已有8年完好的业绩；长沙电力学院推出的“新型水性转化渗透型带锈防蚀涂料”属于环保产品，在以亚铁氰化钾和植酸的复合应用上很有创意；武汉高校新技术研究所的铁神牌TS漆酚钛重防腐涂料，具有耐强酸、强碱、耐盐水、盐雾、耐沸水、耐溶剂和油、耐300℃高温等高效多功能特点，很受用户欢迎。

许多科研单位在海洋工程防腐涂料技术方面积极向先进国家靠拢，采用新技术、新工艺不断提高涂料档次。如大连塑料研究所开发的氟涂料，用于大连滨海北大桥，1995年至今完好，完全胜任盐雾严重的滨海桥梁防护。同时，在重庆嘉陵江大桥的6年完好情况表明，该涂料耐酸雨浸蚀也是出众之好；化工部海洋化工研究院研制的T54/T60舰船阻尼涂料和微泡弹性聚氨酯防水涂料，具有较高的水平，是海洋开发的有力技术支持；天津石油工程技术研究院采用国产腰果酚改性环氧树酯制备新型涂料，防腐蚀、柔韧性耐冲击、耐热性等性能明显改善，适合重防腐应用，并由于可利用经济作物副产品腰果壳油，其价格低廉，值得开发；中国科学院金属腐蚀与防护研究所研制的F1-01重防腐涂料，属于多维互穿网络（IPN）体系，主要用于凉水塔、空冷器管道，还可带锈涂装，是水环境大型钢结构防腐的首选保护涂料；核工业地质研究院推出的RG系列防水涂料，可在潮湿面甚至雨后施涂，无毒、耐冻（－30℃），用于饮水工程防护；化工部常州涂料研究院研制的NC系列核电站工程防护涂料和工程维护修补涂料，在耐磨耐热、抗潮湿、防辐射污染、耐介质腐蚀方面性能优良，可应用于沿海能源工程设施；上海建筑科学研究院针对沿海城市建设的高速发展推出双组分聚氨酯玻璃片重防腐涂料，固体分80%以上，可低温施工（－10℃以下）。涂层耐磨、抗渗、耐腐蚀优异，可保50年安全使用。已在江苏油田、富民油田地下管线、注水管线以及上海吴泾化工总厂自来水管道工程应用；国家海洋局天津海水淡化与综合利用研究所配制生产的TH-942无溶剂环氧防腐涂料和TH-MP氯醚树脂防腐涂料，在沧州炼油厂、濮阳油田、塘沽南疆码头等单位应用效果良好；北京钢铁研究总院研制的PS-02铁锈转化剂，是一种很好的转化型锈面处理涂料，它以水为载体，采用特殊合金粉，完成磷化—钝化—锈转化一体化成膜，达到室外放置2～3个月，室内放置1年不返锈，与现有环氧、酚醛、醇酸等大多数涂料配套，成本低，实用性强；山东省建筑科学研究院以丁基橡胶、氯化橡胶和氯化聚乙烯为基础，研制一种三元橡胶防腐涂料，在气密性、耐候性、防腐蚀阻燃等方面协同增效综合性能良好，已在排水工程水管内壁、化工厂房、海洋工程建筑等方面得到应用。

一批工厂和科技公司在海洋开发和海洋经济中崭露头角，其防腐技术的起点较高，已引起人们的关注。西安天元化工有限公司推出的饮水管线专用防腐涂料，以100℃可使用、不结垢、抗含硫水为特点，受到引水和输水工程的青睐；深圳青田实业公司研制的氟碳涂料，已在航空航天、化工、桥梁、舰船、港口机械等方面得到应用；扬州金陵特种涂料厂生产的ET-98特种长效无机磷酸盐富锌涂料，对表面处理要求并不苛刻，快干、坚硬耐磨、耐油、耐海水，可对多种面漆适应配套，是很好的重防腐底漆品种；江苏镇江市海王造漆公司生产的G2型环氧煤沥青防腐涂料，采用新材料改进耐湿变性，抗微生物腐蚀、耐杂散电流、适合联合保护（配合阴极保护），已在污水截流工程、引水工程、水厂技改工程应用；河北唐山冶金机械厂对于要求抗高温、高湿、高盐雾的海军海岸设备如10吨级超低空雷达的防腐配套涂料体系，做了大量工作，防腐蚀维修期已提高到5年以上；青岛捷德化工集团有限公司和青岛海洋大学合作研制的新型车舰甲板防滑涂料，耐重载冲击和骤冷热形变，适用于多类战舰、海上平台、港湾设施工程。

金属喷涂及其与涂层配套，已证明是长效防护、防腐的好办法之一，江苏淮海农场在近海地区水工钢闸门保护方面有很好的实践，大气部分选择金属喷涂加防腐涂料方式，水位线区采用金属喷涂、涂料和电化学联合保护；水下部分为电化学－涂料联合保护，其中水电阻在2 000 Ω cm以下，采取牺牲阳极法，2 000 Ω cm以上则宜外加电流保护。

【防污技术】 化工部青岛化工研究院和中船总公司725所，对新型无毒防污涂料进行较多的研究，特别是硅酸锌和有机氟树脂涂料，已具有实海应用的能力；中国科学院长春应用化学研究院研制的导电聚苯胺防污防腐涂料，采用新型导电聚合物材料，兼有防腐防污功能、无毒害、高效多功能，是较有前途的新品种；青岛418生物化工技术研究所由天然生物提取物制成的无毒防污剂，是一种用于抗海生物污损的忌避剂，无毒无海洋污染，来源可靠，涂料样板经海港实海试验，一年中无污损，已具备投付实用能力。

（闫明久）

海洋油气勘探开发技术
Marine Oil and Gas Exploration & Development Technologies

【海洋油气勘探开发技术】 渤海湾埕岛油田油藏工程优化技术研究 主要成果包括：①开发应用测井约束地震反演技术，准确描述开发前期储层预测；②采用三角形（四点法）井网，拉大井距（500m），依据油沙体形态布井；③开展了注水时机、方式和注采比优化精细研究；④界定了埕岛油田在不同油价下开发的技术经济极限指标，形成了开发中后期采取提液和补射的优化组合技术；⑤建立了埕岛油田馆陶组现代油藏经营管理模式。

注海水水质评价及地面工艺研究 ①完成了不同水质配伍、结垢趋势和岩心试验，确定了注水水源及注水水质标准；②完成了海水四季水质变化规律研究；③完成了海水的室内试验和中间试验；④完成了海水处理工业装置的设计、施工及预投产。

滩海油田分层注水管柱及配套工艺技术 ①完成了国内外注水井的防砂方式及注水工艺技术调研；②进行了整体方案的论证，形成了分层防砂工艺管柱、注水工艺管柱、测试及投捞调配工艺等三大工艺技术；③完成了同心双管和单管分注工艺管柱室内试验；④进行了现场实验；完成了陆上单管分层转注井先导试验，配注正常。

滩海油井井下安全生产配套技术 ①形成了一套适合石化集团胜利浅海油田的滩海油田采油管柱及配套工具的优化选择技术；②对滩海油田自喷、电泵采油安全系统研制成功了井下安全阀、过电缆封隔器、排气阀、液压封隔器等主要配套工具；③对滩海油田螺杆泵采油管柱研制成功了油管安全阀、螺杆泵封隔器、排气阀等主要配套工具；④建成了一套井下安全阀检测试验装置；⑤在167口油井中得以应用（总油井数186口）。

桶形基础采油平台技术 ①完成了室内物模试验、数模分析等机理研究，并完成了海上中间试验；②完成了四桶浅基导管架平台的设计；③完成了施工机具装配，施工测控系统调试及室内自控联调；④在完成了海上单桶桩基沉贯实验的基础上，1999年10月25日渤海湾埕岛油田CB20B井组桶形基础负压沉贯成功；⑤完成平台甲板主要结构的预制。

浅海采修一体化平台技术 ①研究了滩海软地层与大载荷桩基作用机理，完成了5座平台的优化设计；②完成了平台总体和各个组块的平面布局优化设计；③完成了修井模块各移动组件的锁紧定位装置设计；④确定了修井机井架结构和驱动方式；⑤研制了快速联接供配电装置及新型井口油气集输装置；⑥已在渤海湾埕岛油田CB1A、CB1B等5个井组上建成投产，并已完成了CB1A井组两口油井的维修作业。

浅海海底管缆检测及维修装置研制 ①完成了水导试验、阻力试验；②完成了总体、舾装、轮机、电气、维修舱、结构、推进系统、智能控制和检测系统等9个部分的设计；③进行了工作舱的喷冲下沉和螺旋定位桩的模拟试验，完成了工作舱动火试验；④完成了引进设备的选型。

滩海铺管敷缆船研制 ①船体：1999年5月1日下水，进行船内设备安装；②动力系统：3台600kW引进发电机组调试运转正常；③起重系统：60 t 和16 t 吊机调试正常并运转；④船体移位系统：完成了9台锚机安装；⑤管线铺设系统：完成了张紧器和A/R绞车液压动力站安装；⑥电缆敷设系统：完成了直线式布缆机、冲埋机、退挠架及控制室安装；⑦完成了安全救生系统装配和电气控制系统主要布线；⑧焊接作业线：完成了24套辊道制造；⑨完成了GPS定位控制系统的安装。

海底单壁输油管道技术研究 ①依托工程埕岛油田CB251D－CB251C海底管线的选择和实施方案编制，通过专家审查；②设计制造并安装调试混凝土加重层涂敷试验装置；③完成了海底管线的计算、设计及施工方案；④完成了保温层补口模具和牺牲阳极模具的设计、制造；⑤预制出供水泥加重层涂敷用的泡沫夹克管一批；⑥水泥加重层涂敷正在室内调整配方。

管道焊口内防腐工艺研究及标准制订 ①完成了喷焊材料化学成分、组织形态和复合粉末制备方法的研究；②打底焊条新配方及镍、铬和稀土金属含量对焊缝机械性能的影响；③制定出《管道焊口喷焊内防腐工艺规程》；④推广应用，现场中试管线的设计、施工，并投入运行。

滩海油田钢结构腐蚀控制技术研究 ①开展浅海不同腐蚀区带腐蚀特点研究；②进行了海水腐蚀环境模拟装置的研制；③不同区带阴极保护及涂层保护的最佳设计；④完成了管道内防腐作业线的试运，其主要工艺包括除锈、底漆喷涂、中频加热固化、赛克－54陶瓷环氧涂料喷涂，目前已能批量试生产；⑤研制成功了与赛克－54内防腐管配套的补口技术，即玻玻璃钢内涂层焊接保护套组合件。

海上平台高压电气设备研究 ①初步确定了海上平台大气污秽等级；②完成了电气设备的结构设计；③完成了设备试制和型式试验。

（罗大清 刘崇惠 张建培 彭伟欣 宋占魁 陈健康）

海上油气资源区域快速综合评价技术 该课题由中国地质调查局青岛海洋地质研究所和中国科学院地球物理研究所共同承担，中国海洋石油总公司勘探开发研究中心、中国地质大学、广州海洋地质调查局等单位协作完成。

该课题是针对中国边远海区，在无钻孔或钻孔与其他地球物理资料很少的条件下，以地震方法为主线，集成多学科的评价技术，建立一套海上盆地油气早期快速综合评价技术系统。完成了一套多学科海上盆地油气早期评价综合技术及软件系统，该系统包括盆地描述和盆地模拟两大部分。

该项技术集成系统是第一套海上油气资源综合评价的高新技术，已成功地应用于《南沙海域主要盆地油气资源评价与技术方法研究》和《我国专属经济区和大陆架勘测》专项，二维盆地模拟技术已作为中国海洋石油总公司的高技术支撑予以全面推广应用，地震反演等软件已推广到中国石油天然气集团公司。

（青岛海洋地质研究所供稿）

海洋教育
Marine Education

·专文·

中国的海洋教育

侯家龙　刘安国
（青岛海洋大学）

发展历程

中国的海洋教育始于20世纪20年代，1921年在厦门大学创办初期就开设了有关海洋生物学方面的课程。1946年，唐世凤在厦门大学创办海洋学系。同年，童第周在山东大学创办海洋研究所，还协助组建了水产学系。但这两所大学只培养了少量的毕业生。中华人民共和国成立后，1952年，厦门大学海洋系与山东大学海洋研究所合并，在山东大学组建海洋学系，由赫崇本任系主任。是年，山东大学海洋学系和水产学系扩大了招生规模，从而开始了中国成批培养高级海洋专业人才的阶段。随着中国海洋事业的发展，1959年，以山东大学海洋学系、水产学系以及部分物理、化学、生物三系的专业组为基础，成立了中国第一所专门培养高等海洋科技人才的综合性大学——山东海洋学院，1988年发展为以海洋、水产学科为主的综合性大学——青岛海洋大学。此外，自60年代开始，国家陆续在中国沿海一些高等院校中设置了一批独具优势与特色的海洋学科与专业。至80年代中期，在海洋教育中基本已形成了以海洋、水产、海运、船舶与海洋工程为主的学科体系，负责海洋人才培养。

近20年来，中国的海洋教育正经历深刻的变化，在国家教育部的高校中，不仅是海洋专业的院、系数量在扩大，更重要的是从硕士生到博士生的高层次人才的培养数量明显增加。由于高校正处于深化改革过程中，海洋专业的结构更趋合理，更受社会欢迎。

此外，50年代以来，尤其是改革开放以来，中国的海洋研究部门、海洋产业界已进入一个新的时期，这些单位中从事海洋研究、海洋开发的科技人员，在研究、生产、国际协作的交流中科技水平迅速提高，也成为培养海洋高级科技人员的一支极重要的师资力量。在当今的海洋教育事业上，除教育部之外，还包括中国科学院、国家海洋局、中国气象局、国土资源部、交通部、农业部、中国海洋石油总公司、中国船舶工业总公司等部门以及其所属的研究院、研究所、高等院校，有很多单位都具有硕士、博士学位授予权，甚至还建立了博士后流动站，从而形成了多渠道、多层次培养海洋科技人才的模式。

近年来，中国大陆海洋教育事业又有了较快的发展。1996～1997年间，国家分别在广东湛江市和浙江舟山市成立了两所海洋院校，至此，中国内地的专门海洋高等院校已增至3所，即青岛海洋大学、湛江海洋大学和浙江海洋学院。在涉海的高校中，有关海洋的系、专业和研究领域也在不断扩充。

突出海洋特色，在发展中创新

中国的改革开放政策为中国海洋教育的发展提供了机遇，沿海各省市自治区对海洋的管理、对海洋各功能区的规划和因地制宜的开发为各涉海高校在海洋教育上的创新提供了方向，在国家和各级地方政府、有关部委、企业的支持下，以多种形式支持了涉海高校海洋教育与事业的发展，而且特色更加鲜明，更具强项与优势，更显勃勃生机。目前，据不完全的统计，在中国内地的涉海高校有20余所，在海洋教育方面各有特色与优势，覆盖范围几乎遍及所有海洋领域。

青岛海洋大学：以海洋学科和水产学科为特色，在海洋环境、海洋水产、海洋药物、海洋生命（包括海洋生物工程）、海洋地球科学、海洋化学化工、信息工程（尤其是海洋遥感与海洋光学）、海洋工程、海洋法与海洋经济方面都独具优势。

湛江海洋大学：是以海洋、水产为主，以热带和亚热带为特色的综合性海洋大学。

浙江海洋学院：以海洋渔业、海洋运输等海洋应用技术学科为主，其特色是海洋渔业、制冷与低温技术。

大连海事大学：以航海类重点学科为主干，以海上运输类学科专业为主体。特色是航海、轮机、海上交通运输管理、海洋环境工程。

大连理工大学：着重于水利工程（水力学、水工结构工程、水利水电）、化学工程与技术、船舶与海洋工程3个一级学科，主要包括：海港、海岸和近海工程、船舶与海洋结构物设计制造、环境工程。

哈尔滨船舶工程大学：最强的优势是水声工程和自动控制习惯性导航。水声工程主要方向为水声远程探测和目标识别技术。

天津大学：主要特色是海洋与船舶工程、海洋与特种工程。包括海洋石油建筑工程、近海和海洋工程、海岸工程、水工结构等。

天津轻工业学院：特长是（海洋）盐业工程。

华中理工大学：特色是船舶与海洋工程，重点是船舶工程、内燃机和应用电子技术。

南京大学：特色是大地海洋科学、海岸与海岛开发。后者主要研究方向为：海岸、滩涂、浅海陆架、岛屿及周围海域环境资源的开发利用、防灾减灾。

河海大学：航运和海洋工程系有近50年的建系历史。特色是海岸工程、港口工程、水道工程、河口工程和近海工程。

上海交通大学：在船舶与海洋工程领域内学科齐全。其中水下工程研究所是国内最早组建的水下工程和深潜技术机构。

同济大学：优势为海洋地质，在古海洋学上更具特色。

华东师范大学：特色是河口海岸研究，着重于河口、海岸、沉积、遥感应用与资源开发。

杭州大学：特色是海洋经济、海洋生物、海洋环境保护、海岸带和港口城市规划。

宁波大学：重点是海运与水产。

厦门大学：除海洋科学外，着重于亚热带海洋、环境科学（海洋环境、海洋管理和环境工程）、海洋生态、海岸带可持续性发展。

集美大学：特色是航海和水产。

中山大学：除海洋科学外，特色是海岸河口环境、河口海岸动力地貌。

积极为省、市、自治区地方服务，使海洋特色教育持续发展

在国家，尤其是沿海省、市、自治区地方的发展中，尽管各级领导已认识到海洋的重要性，但由于众多原因，尤其是技术方面的原因，海洋资源尚未得到合理开发，更远未形成可持续发展的海洋产业，因此，对海洋人才的需求往往形成起伏的态势。为了给海洋专业的学生有更宽的求职适应性，不少涉海学校已注意到双学位的培养，以及加强在外语、计算机应用技能上的培养。

关于海洋教育的重要性，中国工程院院长宋健在一次会议上的讲话指出：“从历史实践来看，凡是海洋强国都成为发达国家，而发达国家必是海洋强国。”要使中国尽快成为海洋强国，关键在于人才，这就是在迎接海洋新世纪时对全国海洋教育界的期望。（香港、澳门特别行政区和台湾省有关涉海高等院校的资料暂缺）

国家海洋局海洋教育
SOA Marine Education

【概况】 适应海洋综合管理和海洋科学技术发展对专业技术人才的需要，国家海洋局在贯彻落实国家有关教育工作方针政策的基础上，结合海洋局实际，制定了一系列教育工作有关规定，并采取了许多具体而颇具力度的步骤以保证这些规定的实施。例如：1995年国家海洋局曾组团赴美国、加拿大招聘出国留学人员回国为海洋事业服务；1996年制定了“双百人才工程计划”及实施方案；1998年在加强局属各单位现有研究生点招生和管理工作的同时，又大力推动并支持国家海洋信息中心与青岛海洋大学联合举办“环境科学”和“工程硕士”两个专业的研究生培训工作；1999年在海洋局领导和局教育主管部门的直接关心下，局属科研单位决定与青岛海洋大学联合筹建“青岛海洋大学研究生院”，并于同年9月在青岛召开了联合筹建研究生院第一次会议，会议讨论通过了“青岛海洋大学研究生院（筹建）章程”等多项决议，并取得圆满成功。

与此同时，局属各单位根据国家和海洋局有关规定和要求，密切结合本单位实际，开展了多种形式、多种层次的培训工作。现将局属各单位1998～1999年度培训情况示于表1、表2。 （徐永武）

表1　国家海洋局系统研究生教育情况一览表

单位：人

单位名称	专业名称	年份	年初在读生数				本年计划招生数				本年实际招生数				本年毕业生数				年末在读生数			
			国家计划内		国家计划外		国家计划内		国家计划外		国家计划内		国家计划外		国家计划内		国家计划外		国家计划内		国家计划外	
			非定向	定向	委培	自筹	非定向	定向	委培	自筹	非定向	定向	委培	自筹	非定向	定向	委培	自筹	非定向	定向	委培	自筹
海洋局机关	环境海洋	1998		3		2		2		2						1				2		2
		1999																				
北海分局		1998																		6		
		1999		6																		
东海分局	海洋环境	1998																				5
		1999																				
国家海洋信息中心		1998		15	4			10				15	4							15	4	
		1999		15	4											15	1				3	
国家海洋环境监测中心	环境海洋	1998		3		2		2		2						1				2		2
		1999		2		2		1								1	1			2		1
国家海洋环境预报中心	物理海洋	1998		5				4				4									9	
		1999		8	1			4				4				3				9	1	
杭州水处理中心	环境工程	1998	2								2								2			
		1999																				
第一海洋研究所		1998		26				10				8				9				25		
		1999		26				15				15				8				33		3
第二海洋研究所		1998	10				6				6								16			
		1999	16				6				6				6				16			
第三海洋研究所		1998	4				4				4								8			
		1999	10				2				2				3				9			
海洋技术研究所	港口海岸	1998		3				2				2								5		
		1999		5				2				2				2				5		
合计			42	117	9	6	18	52		4	20	50	4		9	40	1	1	51	104	17	13

表2 国家海洋局系统在职人员培训情况一览表

单位：人

单位名称	年份	合计	出国学习人数	高等教育人数	中等教育人数	短期培训人数				经费支出（千元）
						小计	岗位培训	继续教育	其他	
北海分局	1998	1 152		58		1 094	850	133	111	138.0
	1999	440		44		396	292	32	72	466.1
东海分局	1998	496	1	45	1	449	389		60	
	1999	109		60		49	49			
南海分局	1998	123		3		120	120			40.0
	1999	114		4		110	110			720.0
国家海洋信息中心	1998	19		19						76.5
	1999	19		19						85.0
国家海洋环境监测中心	1998	33	3	6		24	24			44.2
	1999	39	2	5		32	32			41.0
国家海洋局预报中心	1998	82	2			80	40	40		12.0
	1999	37				37	10	12	15	8.0
国家海洋标准计量中心	1998	17		1	2	14	12	1	1	18.0
	1999	13			2	11		11		5.0
杭州水处理中心	1998	97				97	97			
	1999	78				78	78			
第一海洋研究所	1998	170	6	9	3	152	74	34	44	35.0
	1999	135	6	15	8	106	22	81	3	
第二海洋研究所	1998	523	4	15		504	194		310	71.0
	1999	104		18	10	76	40	11	25	120.9
第三海洋研究所	1998	40	1	3		36	28	8		42.0
	1999	52	5	2		45	15	30		
海洋技术研究所	1998	48	1	4		43	43			1.9
	1999	190		5		185	185			11.6
中国极地研究所	1998									
	1999	10	1	1		8	2	6		15.5
极地考察办公室	1998	6		5		1		1		
	1999	9		4		5	4		1	
大洋协会办公室	1998									
	1999	2	2							
中国海洋报社	1998									
	1999	5		3		2		2		
机关服务中心	1998	25		6		19	13	6		13 000.0
	1999	38		6		32	10	10	12	26.0
海口中心站	1998	29				29	29			13.0
	1999	61				61			61	20.0
宁波海洋学校	1998	31		8		23	18	5		33.8
	1999									
海洋出版社	1998	4				4	4			17.2
	1999	4				4	4			17.2
海水淡化与综合利用所	1998	3				3			3	12.0
	1999									
合　计		4 357	34	368	26	3 929	2 788	423	718	15 090.9

（徐永武）

部分涉海院校简介

Marine Education in Part of the Ocean-related Universities and Colleges

【青岛海洋大学】 青岛海洋大学是一所以海洋和水产学科为显著特色的，包括理、工、农（水产）、医（药）、经济、管理、文学、法学等学科门类较为齐全的国家教育部直属重点综合性大学，是通过国家“211工程”预审并经国家计委正式批准、作为国家“211工程”重点建设的100所高等学校之一。学校实行校、院、系三级管理，设有海洋环境、信息科学与工程、化学化工、海洋生命、海洋地球科学、水产、经济贸易、工程、外语、中国语言文化、法学、职业技术和成人教育等13个学院，32个系、部，38个本科专业，5个博士后流动站，10个博士学位授予点，28个硕士授予点。学校现有在册学生万余人，其中博士、硕士研究生1 000余人，留学生100余人，本科生7 000余人，高职生600余人。现有教学、科研及实验技术人员1 000多名（专任教师704人、专职科研人员190人），其中正教授200人。教授中包括中国科学院院士2人、中国工程院院士1人，博士生导师76人。

在中国高等教育管理体制改革中，青岛海洋大学是第一批实现中央和地方共建的高等学校之一，山东省政府每年拨专款支持青岛海洋大学建设。1997年以来，青岛海洋大学先后与中国科学院海洋研究所、国家海洋局、中国水科院黄海水产研究所、国土资源部海洋地质研究所等单位联合组建了“海洋科学研究生教育中心”、“中国海洋科学研究生院”，并签署了科教合作、共建海洋大学合作协议。1999年11月国家计委正式批准青岛海洋大学作为国家“211工程”重点建设的高校。从此，青岛海洋大学进入了中国高等教育21世纪重点建设100所大学的行列，实现了建校以来的又一次历史飞跃。1999年12月15日，李岚清副总理在听取山东省副省长邵桂芳关于山东省建设一流大学方案的汇报时指出：青岛海洋大学要保留发展它的特色，可以由教育部与山东省、青岛市共建，有些事还要和国家海洋局沟通。李岚清副总理的这一富有远见实事求是的指示，为青岛海洋大学的发展指明了方向，提供了一个极好的机遇。为了落实李岚清副总理的指示，青岛海洋大学（在充分调查、认真分析、集思广益、严肃论证的基础上，）制订了“青岛海洋大学建设高水平特色大学的方案框架”。目前，已得到教育部、山东省、青岛市和国家海洋局领导的肯定和支持，为青岛海洋大学进一步改革与发展奠定了重要的基础。

在学科建设方面，青岛海洋大学在顺利通过“211工程”部门预审、启动建设以来，1999年正式列入国家“九五”建设计划。青岛海洋大学的物理海洋、水产养殖、海洋药物及海洋化学四大特色学科得到进一步加强，物理海洋与水产养殖两个国家级重点学科继续居于国内领先和国际先进地位。“八五”立项的环境海洋等9个省级重点学科和海洋药物等6个省级重点实验室，1999年4月通过省教育厅组织的专家组验收，取得了8个优秀等级的好成绩。“国家海洋药物工程技术研究中心”正式挂牌，形成了海洋药物教学、科研、开发、中试、生产的运行机制。开发的海洋新药有3种已进入临床试验阶段，另有3种现正进行动物试验。物理海洋、水产养殖、海洋遥感3个教育部重点实验室继续保持重点建设，建设水平进一步提高。物理海洋、水产养殖、海洋药物、海洋生物、海洋遥感等5个学科进入国家“长江学者奖励计划”，获准设置特聘教授，使海洋、水产学科特色更加显著。在“综合强化特色，特色带动综合”的学科建设原则指导下，学校在注重强化特色学科的同时，还特别加强了基础学科、经济学科、管理学科、人文学科的建设，调整了学科结构，成立了海洋经济与海洋法学研究院、海洋文化研究所、国家海洋观教育基地，形成学校整体学科建设的新生带。

学校经国家投资建设的3 500吨级的“东方红2”号海洋科学调查船在完成学生海上实践教学任务的前提下，逐步实现运行管理机制的改革。1998年以来，先后承担了国际合作、国家任务、工程任务等海上作业10余航次，年出海执行海上作业150天以上。1999年经过招标竞争，“东方红2”号中标成为海洋监测高技术集成和示范试验的执行船只，显示出“东方红2”号调查船在海洋综合调查研究的作用，为学校发展特色学科提供了良好的保障。

在人才培养方面，青岛海洋大学始终以人才培养为中心，以提高教育质量为主题，不断深化教学改革。1998年结合教育部颁布的新专业目录，调整了专业设置，按照“加强基础，拓宽专业，注重素质，增强能力，因材施教，突出特色”的原则，重新修订教学计划，加大实践教学的力度。围绕创新人才培养，实施系列工程，设立“科技活动奖励基金”、“创新奖学金”、“奖励学分”等措施，鼓励学生参加教师科研项目，加强学生创新能力和实践能力的培养。开展教学研究，不断推进教学内容、课程体系、教学方法、教学手段和考试方法的改革。1997年以来，教学研究立项课题学校63项、山东省教育厅22项、教育部9项。加大课程和教材建设的力度，先后有5门课程列入教育部重点建设的名牌课程，5门课程获省教育厅批准为试点课程立项建设。在教材建设方面，《海洋科学导论》、《海洋地质学》两部教材分别被确定为国家和教育部“九五”重点教材。《海洋科学导论》、《海洋水团分析》和《海洋调查方法》作为面向21世纪的教材已经出版。目前，青岛海洋大学正在根据教育部关于本科教学优秀学校的评价方案，按照“以评促建，以评促改，评建结合，重在建设”的原则，积极准备迎接教育部的评价。

在科学研究方面，青岛海洋大学是中国海洋、水产、海洋药物研究领域的重要研究力量。青岛海洋大学的科研始终瞄准世界科学发展前沿，面向经济主战场，大力加强基础研究和高技术研究。承担了国家级课题涉及国家科技攻关计划、国家自然科学基金、“863”计划和国家基础研究发展项目等多项国家级计划。科研经费从1996年的1 734.2万元增加到1999年的3 491.0万元。1999年发表科研论文671篇，其中被SCI收录53篇。科研成果1996年以来获国家奖4项。全校已鉴定的成果中有半数达到国际领先和先进水平或国内首创和领先水平。其中，文圣常院士的“海浪理论和预报方法”、管华诗院士的“海洋药物研制”、冯士筰院士的“浅海动力学和风暴潮理论和方法”等都处于国际前沿水平。《青岛海洋大学学报（自然版）》1998、1999两年中，又进入美国《化学文摘》（CR）、俄罗斯《文摘杂志》（AJ）、美国《剑桥科学文摘——海洋集》（CSR）、美国《动物学纪录》检索系统，使该学报进入的国际重要检索系统达到6个。

青岛海洋大学的教育和科技外事工作有了进一步的发展，现已与境外22所大学签订了合作交流协议，承担国际合作项目48个。有1 300余人次因公出国出境访问、讲学、参加国际会议及合作研究任务，有784名外国专家和学者来该校进行交流和讲学，接受留学生1 163人次。1998年国际海洋年期间，海洋大学成功地主办了7个国际学术会议，有来自36个国家和地区的281名境外专家参加了会议。1999年又与澳大利亚拉筹伯大学开展了中澳合作办学，为学校提高办学效益、加强国际合作开创了一个新途径。

（武心尧　吴忠济）

【湛江海洋大学】 湛江海洋大学由原湛江水产学院和原湛江农业专科学校合并，于1997年1月10日正式挂牌成立。现设有水产学院、工程学院、农学院、经济管理学院、外语系、高等职业技术学院和成人教育学院等7个教学单位。本科专业16个，在校本科生5 310人，涉海专业有水产养殖、海洋科学（海洋生物方向）、食品科学与工程（水产品加工及储藏工程方向）、海洋渔业科学与技术、轮机工程、船舶与海洋工程、公共事业管理（海洋环境经济与管理方向）、经济学（海洋经济方向）、海洋船舶驾驶等9个专业；专科专业7个，在校专科生620人。1999年建立的高等职业技术学院有7个专业，在校生659人。成人教育学院设有8个专业，在校生950人。综上所述，1999年在校生总数7 539人，分别来自全国17个省、市、自治区，毕业生1 281人。

1998年经国务院学位委员会批准，学校取得硕士学位授予权，水产养殖学（研究方向：水产经济动物繁殖生物学、水产经济动物病害及其控制、贝类养殖及珍珠培育）和水产品加工与储藏学（研究方向：水产品深加工、海洋药物、冷冻冷藏工程）为学校首批硕士点。1999年顺利通过国家教育部进行的本科教学合格评价。在硬件建设上，新建“现代生物化学省级重点实验室”、“通风与除尘实验室”、“空调实验室”，充实了一批教学实验室的仪器设备，建立了13个校外教学实习基地。在软件建设上，完善教学管理制度，强化教学质量意识，加强专业和课程建设。《海产经济动物增养殖学》、《淡水经济动物增养殖学》、《水产经济动物病害防治》、《捕捞学》、《水产食品加工学》等8门课程被评为广东省省级重点课程；《水产养殖学科》被评为广东省省级重点学科。在师资方面，加大师资队伍建设力度，一方面鼓励、安排年轻教师攻读在职博士、硕士研究生，一方面引进高层次人才，两年内引进教授、副教授13人，博士4人，硕士33人。现全校在职教师488人，其中教授、副教授140人，具有研究生学历的教师106人。

学校设立科研机构7个。水产学院设有珍珠研究室和海洋生物研究所。珍珠研究室于1978年由原国家水产总局和广东省高教局批准成立，从事珍珠养殖技术和珍珠加工技术的研究，其科研成果曾获全国科学大会奖、广东省科学大会奖、农牧渔业部科技进步三等奖各1项，目前正在开展合浦珠母贝的种质标准和品种改良研究、大珠母贝人工育苗及游离珠形成的研究。海洋生物研究所于1998年成立，目前设海洋生物技术研究室、海产经济动物病害防治研究室、海产经济动物增养殖研究室、海洋药物研究室、海洋食品研究室和测试中心，仪器设备总值700万元。在研课题有：海水鱼类人工繁殖及种质研究；合浦珠母贝种质资源研究；罗非鱼多倍体研究；对虾白斑病防治药物研究；抗癌、抗老年痴呆症等海洋药物研究；海洋生物活性物质提取；虾蛄、中国鲎、远海梭子蟹人工繁殖研究等。研究所除开展科研工作外，还承担培养研究生的任务。全校共承担各类科研课题51项，其中国家自然科学基金子课题2项，“863”计划子课题1项，广东省科委研究课题3项，市、厅级课题29项，其他为横向课题。科研项目获省部级奖励5项，市、厅级奖励5项，通过成果鉴定6项，取得国家实用新型专利2项，出版专著2本，发表学术论文402篇，其中核心期刊104篇，国外刊物6篇。

为了提高海洋经济的科技含量，以湛江海洋大学为主的湛江海洋高新科技园被广东省政府列为广东省4个科技兴海示范基地之一。为了更好地组织、协调省内涉海科研机构的工作，形成合力，广东省政府决定成立海洋研究开发中心，中心机构设在湛江海洋大学。其任务是组织、协调省内海洋、水产科研院所、高等学校的科技人员，以项目为纽带，开展科技兴海重大项目的联合攻关。为了加强在职干部培训和海洋科普教育，广东省政府还决定在湛江海洋大学建立沿海市、县领导干部培训基地，对沿海地区的各级领导干部进行短期培训。

学校非常重视与国内外专家、学者进行学术交流，有32人参加国内外学术会议，交流论文32篇；两年来邀请10余位著名专家来校讲学或作学术报告，其中有曾呈奎院士作“中国和亚太地区藻类学的过去、现在和将来”的学术报告；日本东京水产大学名誉教授须山三千三作“食品加工技术的展望”和“鱼贝类的功能性成分”的讲学；主办了“中日藻类学术交流会”，中日两国专家交流海藻栽培和加工技术；与中国水产学会联合在湛江市举办了全国健康养虾学术研讨会；与海南省水产局联合在海口市举办了海南省养虾技术研讨会；农业部教学指导委员会食品工程学科组、水产学科组扩大会议以及教育部海洋科学学科组会议都在湛江海洋大学召开，会上各院校交流了面向21世纪教学改革方案，以促进教学改革的发展；与广东省食品学会联合在湛江海洋大学举办首届海洋食品学术研讨会，并出版了论文集。为了促进水产和海洋领域内相互间的学术交流，1999年3月和11月学校组织访问团分别访问了台湾省和日本有关海洋与水产的院校和研究所，与台湾海洋大学、台湾高雄海洋技术学院以及日本东京水产大学签订了学术交流合作协议书，建立校际关系。台湾高雄海洋技术学院院长于同年8月对湛江海洋大学进行了回访。

为了给全校师生员工创造一个良好的学习、工作和生活环境，加快校园建设步伐，目前校园已绿树成荫，花草丛生，犹如一个美丽的花园。新建运动场面积为24 000m^2，新建游泳池2个，门球场1个，排球场2个，篮球场18个。教师集资建房进展顺利。学校积极推进校内管理体制改革，取得了一定成效。按照“理顺管理体制，搞活运行机制，实行管理服务和经营服务分流”的校内后勤改革基本思路，积极引进社会资金，建设学生公寓，共建学生公寓10幢，总建筑面积41 000m^2，可住学生6 048人。这样既加快了学校建设，适应学校的发展和扩招的需要，亦解决了政府资金投入不足的问题。同时抓好食堂建设，在定额承包的基础上，实行企业化管理和效益工资制。现校内食堂和学生公寓与学校剥离，加入湛江高校后勤集团，加快后勤社会化的步伐。面临世纪之交，全校师生员工在校党委领导下，同心同德，锐意改革，努力开创湛江海洋大学发展的新局面。　（叶富良）

【浙江海洋学院】 浙江海洋学院是1998年3月经原国家教委批准，由浙江水产学院和舟山师范专科学校合并而成的一所省属本科院校，实行浙江省、舟山市共建共管，重大事项以浙江省为主的管理体制。浙江水产学院建于1958年，为浙江省较早创建的省属本科院校之一；舟山师范专科学校建于1978年，为市属学校。两校合并，实现了资源共享，优势互补，增强了办学活力。

该校位于风景秀丽的“千岛新城”舟山市区，教职工458名，其中专任教师230名，高级职称人员81名，中级职称人员138名。

该校设有工程学院、渔业学院、海洋科学与技术学院、管理学院、信息学院等9个二级学院、3个直属系，并建有海洋科学研究所、海洋管理培训中心。学校下设海洋科学、海洋技术、船舶与海洋工程、海洋渔业科学与技术、建筑环境与设备工程、汉语言文学、英语等本科专业及应用电子技术、文秘、旅游管理与服务等地方经济建设所急需的专科专业。

该校的奋斗目标是，以第三次全国、全省教育工作会议为契机，以提高教育质量为核心，以学科建设为龙头，以师资队伍建设为重点，进一步完善办学条件，深化教学改革，扩大对外开放，推进科学研究，努力把学校建成一所集海洋、水产、教育及其他基础学科于一体的，具有一定规模和海洋特色的多学科性大学。

该校的校训是“海纳百川，自强不息”。

党委书记：王辉忠（中共舟山市委书记兼任）

党委委员、院长：裴鲁青（全国人大七、八、九届代表）　（浙江海洋学院供稿）

【厦门海岸带可持续发展培训中心】 厦门市海洋主管部门与厦门大学海洋与环境学院于1997年1月25日

共建成立了“中心”。“厦门海岸带可持续发展培训中心”成立的宗旨是通过培训工作提高决策者的科学素质和管理水平；促进科学更直接地为社会经济发展和管理服务，促进学科交叉与人才培养。同时面向国内外，推广厦门在海岸带综合管理和环境保护方面的经验，引进和吸收国际上先进的管理技术，使厦门海岸带的管理跻身于国际先进行列。培训中心的建设得到了厦门市政府的高度重视，厦门市常务副市长（现为福建省副省长、厦门市市长）朱亚衍亲自担任培训中心主任，体现了市政府把培训中心办成厦门市管理干部队伍培训基地之一的决心。应邀出席培训中心揭牌仪式并为学员讲授第一堂课的联合国可持续发展高级咨询委员会委员、全国人大环资委主任委员曲格平高度评价厦门市政府和厦门大学联合建立海岸带可持续发展培训中心，认为培训管理决策人员的做法是一种创举，为全国带了一个好头，值得其他地方仿效和学习。培训中心成立后已于当年5、6月份成功地举办了“海洋管理与21世纪”短期干部培训班，聘请国内知名学者、专家，国家海洋局、国家环保局的高级官员为厦门市政府相关部委、办、局的副处级以上干部分别作了题为“可持续发展思想、理论、方法的再思考”、“可持续发展与中国的实践”、“国际海洋法与海洋综合管理”、“把可持续发展作为海洋工作的基本指导思想”等短期授课，从国际、国家的战略高度介绍海洋、海岸带管理与可持续发展的关系，并针对厦门的实际提出了很有价值的实施海岸带可持续发展战略的建议，使培训者均感受益匪浅。在其后的时间里，培训中心每年均针对海洋与环保管理人员开设了一定数量的短期培训课程或系列讲座。同时还与国际海事组织东亚项目机构多次合作，对来自东亚沿海国的海洋管理官员进行了有关海岸带综合管理方面的培训。（薛雄志）

【全国环境科学研究生暑期学校】 受国家教育部、国家自然科学基金委以及厦门大学研究生院的委托，厦门大学环境科学研究中心于1999年7月17日至8月15日成功地举办了1999年全国环境科学研究生暑期学校。暑期学校开设有“可持续发展论”、“污染气象学”、“大气环境化学”、“环境评价学”、“海洋生态毒理学”等10余门课程，南开大学环境科学系戴树桂教授、中国人民解放军农牧大学殷震院士、南京大学环境科学系王连生教授、国家环保总局张坤民教授、美国罗德岛大学Kester教授、厦门大学环科中心洪华生教授、香港城市大学Rudof Wu等4位教授、国家自然科学基金委地学部林海教授以及来自北京大学、清华大学、英国威尔士大学、香港科技大学、中山大学、厦门大学等28名教师进行了专题讲座及授课，来自全国各地28所大学150余名学生参加了暑期学校的学习。暑期学校除了进行专题讲座及课程外，还举办了参观工厂、考察红树林、进行海岸环保等野外活动。（李云霞）

【大连理工大学】 该校是一所综合性理工大学，海洋教育的学科设有港口航道与海岸工程、港口海岸及近海工程，开设有硕士、博士学科点。“海岸和近海工程”为国家重点建设学科、“211”重点建设学科和国家重点实验室。现有从事海洋教育的教师及技术人员50人，其中教授21人（包括3位院士）、副教授13人。现有多功能综合水池、浑水水槽、大波流水槽、溢油水槽、激光质点成像法流场测量系统、数值波浪实验工作站系统、电液侍服模拟系统、DS-2T电液侍服三轴仪、混凝土三真轴实验机等大型实验设备。其中多功能综合水池可模拟多向不规则海浪、海流、潮汐及风的综合作用，是国内功能最齐全的设备之一，在国际上是继英国水力研究公司、荷兰Delft实验室之后排世界第三位的造波机系统。

（大连理工大学供稿）

【大连海事大学】 设有航海学院、轮机工程学院、交通运输学院、信息工程学院、法学院、国际商务学院、海洋环境工程学院、远洋职业技术学院，已形成了以航海类重点学科专业为主干，以海上交通运输类学科专业为主体，包括工程、管理、经济和法律等学科在内的学科专业体系，有17个本科专业及1个博士后流动站，5个博士点和15个硕士点。拥有一支整体素质好、层次结构合理、相对稳定的师资队伍，现有教授90人，在航海领域集中了一批专业理论深厚、科研能力较强的知名专家。科研课题主要集中在海上交通工程、航海信息工程、船舶动力系统及节能技术、船舶修建工程、船舶智能化、综合运输与航运经济、海事法规体系等。（大连海事大学供稿）

【大连水产学院】 中国地方惟一的一所水产高等院校，学院设水产养殖系、海洋渔业系、机械工程系、电子与信息工程系、土木工程系、经济管理系；设基础教学部、社会科学部；设渔业经济与社会发展研究所、渔业工程技术研究所、水产养殖研究所、食品工程研究所、水产养殖病害防治中心；设水产养殖、捕捞学、农业环境与能源工程、水生生物、水产品加工及储藏5个硕士点，其中水产养殖学科是农业部和辽宁省重点学科。现有专业教师262人，其中教授22

人，副教授82人。学校拥有电子显微镜、气相色谱仪、紫外光谱分析仪、液体闪烁计数器、捕捞监测系统等大型仪器设备和海水育苗场等校内实习基地。

（大连水产学院供稿）

【天津大学建筑工程学院】 建筑工程学院是在原土木系、水资源与港湾工程系、海洋与船舶工程系基础上于1997年9月2日组建而成。现设土木工程系、环境工程系、建筑及设备工程系、水利水电建筑工程系、港口及海岸工程系、海洋工程系、船舶工程系、交通运输工程系等8个系；设水利科学研究所、结构工程研究所、环境工程研究所、海洋与船舶工程研究所、岩土工程研究所、道路与桥梁研究所、防火减灾研究所等9个研究所；设结构工程检测中心、水利工程试验中心、计算中心及19个实验室。

建筑工程学院的结构工程，港口、海岸及近海工程两个学科具有博士学位授予权；结构工程、热能工程、供热供燃气通风及空调工程、环境工程、岩土工程、水力学及河流动力学、水力水电工程、港口、海岸及近海工程、船舶及海洋结构物设计制造9个学科具有硕士学位授予权。学院具有雄厚的教学科研实力。学院现有院士1名、教授45名（博导16名）、副教授（高工）128名，有一大批年富力强的讲师和助教，在校博士生65名、硕士生413名。教师中具有博士学位的46名。在校硕士生346名、本科生1 719余名。

学院完成“六五”、“七五”、“八五”国家攻关项目86项，完成国家自然科学基金项目39项，完成建设部、交通部、水利部、石油部等部委项目200多项，均通过部级鉴定，达到国际先进或国内领先水平，至今获得国家科技进步奖16项，省部级奖90项。同时承担了大量来自生产实际科研课题，在建筑工程、水利工程及海洋与船舶工程等建设开发领域，做出了重大贡献。

海洋工程系 1970年成立海洋工程专业，曾先后隶属于水利工程系、海洋与船舶工程系。1997年组建海洋工程系，隶属于天津大学建筑工程学院。设有海洋工程结构教研室、海洋工程设计教研室、海洋工程实验基地。现有教授4人，副教授6人，高级工程师3人。实验研究基地包括大型低温冰工程实验室、小型低温冰工程实验室、海洋水动力实验室、海洋工程结构及振动实验室、土力学与地基实验室各一座。其中，大、小冰工程实验室可进行不同种类的海冰作用力、冰激结构振动、海冰环境条件、低温基础工程等试验，是国内惟一的低温冰工程实验基地。本专业名称先后曾称海洋工程、海岸与海洋工程、船舶与海洋工程。从1972年招收第一届学生开始，至1999年共招收27届、700余名本科生，毕业生在中国的海洋开发事业中做出了巨大贡献。研究生专业为近海工程（二级学科），1997年经国务院学位委员会和原国家教委调整为港口、海岸及近海工程，隶属于水利工程一级学科，天津大学具有该学科的硕士及博士学位授予权。本学科有博士生导师4人，教授10人，副教授14人，高级工程师3人。从1981年开始以水工结构工程、海岸工程等专业招收研究生开始，共培养研究生19届97名。

1998～1999年开展的重大项目及进展情况：海冰荷载及冰激振动的实验研究，国家自然科学基金重点项目子课题，已进行模型试验和理论研究；100kW波力电站水动力研究及结构设计，属国家科委“九五”攻关项目，（1997～1999年），已完成并发电；“可移动桶形基础采油系统技术研究”的子课题，国家科委“863”820主题：“海洋探查与资源开发技术”的子课题（820－10－01）正按计划进行；钢筋混凝土平台研究，中国石油天然气总公司“九五”科研规划，已完成；大当量爆炸兴波的数值模拟，海军后勤部项目，已完成；新型丛式多井口平台的冰力实验研究、渤海简易平台冰力研究，中国海洋石油总公司所属项目，已完成；浅海浮式储油输油装置研究，中国石化集团公司所属项目，已完成；半圆型构件冰力模型实验研究，交通部所属科研项目，已完成；中心二号桶形基础火炬平台结构强度计算分析，中国石化集团公司所属项目（1997～1998年），已完成；胜海八井井口保护平台结构强度计算分析，中国石化集团公司所属项目（1997～1998年），已完成；滩海路提及栈桥工程研究，中国石油天然气集团公司所属项目（1998～1999年），已完成；油罐举升安全监测与数据采集系统，中石化集团公司所属项目（1998～1999年），已完成；储罐补偿振动试验研究，中石化集团公司所属项目，已完成；浅海平台上储罐地震反应实验研究，中石化集团公司所属项目，已完成；桶形基础平台结构及稳定性分析研究，中石化集团公司所属项目（1999～2000年），正按计划进行；滩海路堤、栈桥工程研究栈桥海冰力试验研究，中国石油天然气集团公司所属项目（1999～2000年），已完成；筒式负压桩路基滩海过水道路波浪浮托力及连接结构研究，中国石油天然气集团公司所属项目，已完成。

船舶工程系 该系的前身船舶工程专业成立于1970年，当时归属于水利工程系。1983年10月，与海洋工程专业合并组建为海洋与船舶工程系。1997年学院制后，船舶工程专业成为建筑工程学院的船舶工程系。

船舶工程专业1972年开始每年招收本科生30人，从1998年起扩招为55人。至今已招收本科生约800人，毕业630余人；从1981年开始招收硕士生，已招硕士生97人，毕业75人；招博士生23人，已毕业5人，招博士后2人。

船舶工程系下设船舶原理、船舶结构、船体建造工艺3个学科组和1个船舶实验室。目前在岗教师13人，实验技术人员5人；有博士生导师3人，教授6人，副教授6人，讲师1人，高级工程师1人，工程师4人。其中具有博士学位中青年教师3人，赴美国、英国、日本、挪威、法国等访问学者8人。

本系拥有中国华北地区规模最大的船舶实验水池、船舶结构振动实验及计算机系统。

本学科的硕士研究生专业为“船舶与海洋结构物设计制造”。有硕士研究生指导教师10名，校外指导教师7名。博士研究生专业为“结构工程”和“海岸与近海工程”。有博士生导师3名。

该系主要科研项目有基于遗传算法的海洋平台可靠性优化方法（国家自然科学基金，1997～1999年）、张力腿平台非线性振动研究（国家自然科学基金，1997～1998年）、舰船非线性运动理论研究（国家自然科学基金，1998～1999年）、舰船非线性运动内共振问题研究　（国防科技预研基金，1998～1999年）、基于遗传模糊推理系统的舰船运动方程建模研究（国防科技预研基金，1997～1999年）、层化海洋中潜体作非定常运动时的水动力模型和解法探讨（国防科技预研基金，1997～1999年）、基于遗传神经网络综合技术可靠性优化方法（教育部优秀年轻教师基金，1999～2000年）、海上油气开发工程定量风险评估（教育部博士点基金，1999～2000年）、海上油气生产设施安全风险分析（中海石油总公司，1997～1999年）、输油管道安全风险评估方法研究（中国石油天然气总公司，1998～1999年）、散货船强度研究（中国远洋运输总公司，1998～1999年）、散货船抗沉性研究（中国远洋运输总公司，1998～1999年）、扩展器实验研究（中海石油物探局，1998～1999年）、现役散货船结构风险评估及安全管理系统（中远散货船运输有限公司，1998～1999年）、输油管道安全风险评估方法及其风险管理研究（中国石油天然气总公司，1998～1999年）等。

1998～1999年编写部级重点教材2项：《船舶结构系统可靠性分析》及《高等结构动力学》。

港口航道与海岸工程系　港口航道与海岸工程系创建于1951年，1959年开始培养硕士研究生，1986年获博士学位授予权，并可接待博士后流动人员。除在校研究生外，还与涉海单位联办工程硕士班。本专业从建立初期就承担国家重要港口海岸工程科研任务，在泥沙运动与河口海岸演变、海岸动力因素与建筑物作用、港口海岸工程结构等领域取得一批重要科研成果。本专业现有在职教授6人，其中1人为工程院院士，4人为博士生导师，副教授、高级工程师8人。1998～1999年承担国家自然科学基金、国家“九五”科技攻关、交通部规范等科研任务9项，获钱宁泥沙科技奖、天津市自然科学奖二等奖各1项。在沉入式大直径圆筒结构工作机理、港口海岸工程结构动力分析、波浪水流相互作用机理、粘性泥送输移规律、波浪破碎和波生流系统模拟、新型防波堤水动力特性、船舶离线操纵模拟在港口航道设计中的应用等课题的研究取得重要进展。

（天津大学建筑工程学院供稿）

【天津理工学院】　天津理工学院是天津市属的一所理工科重点大学。学院学科门类较为齐全，办学综合实力较为雄厚，是一所工、理、管、文、法相结合，以工科、本科教育为主的高等院校。学院具有硕士学位授予权。

目前天津理工学院设有10个二级学院、4个系、28个本科专业。海运系（原天津大学分校海运工程系）始建于1986年，设有“航海技术”和“轮机工程”两个本科专业，具有一支水平较高、梯队合理的师资队伍，实验设备较为完善，并拥有一艘4 000吨级实习船“育通”轮。已获中华人民共和国海事局批准的多项船员培训许可证，并通过了中华人民共和国海事局的“船员教育和培训质量体系”审核。

（天津理工学海运系供稿）

【上海水产大学】　上海水产大学1912年创建，原名江苏省立水产学校（俗称吴淞水产学校），新中国成立以来先后改名为上海水产专科学校、上海水产学院、上海水产大学，至今已是一所以水产特色学科为主，农、理、工、经等学科协调发展的农业部重点大学。

学校现有学生7 000余人，分为8个学院、3个中心，即渔业学院、海洋学院、食品学院、经济贸易学院、计算机学院、人文与基础科学学院、成人教育学院、高等职业技术学院以及海洋科学与技术中心、生物技术研究中心、水环境研究中心；并设有中央农业干部管理学院上海水产大学分院、农业部远洋渔业培训中心、农业部渔政管理干部上海培训中心和农业部冷库及制冷设备质量监督检验测试中心，承担干部培训和技术检测等任务。

学校师资力量雄厚，仪器设备先进，拥有高级职称者近200人，设有1个农业部水产增养殖生态生理重点开放实验室和由著名鱼类学家朱元鼎先生创建的鱼类标本室。学校现有1个博士点、7个硕士点、17个本科专业、16个专科专业；在校学生（含研究生）3 200余人；学校藏书30万册。

学校在鱼类学、水产动物养殖和育苗、病害防治、鱼类营养与饲料、种质资源、海藻细胞工程、渔具渔法、渔业机械、水产品加工综合利用、制冷与冷藏、渔业资源保护与管理、渔业法规与政策、渔业经济、渔业综合开发等方面形成了自己独特的优势；近年来取得了100余项研究成果和10余项专利技术，其中70余项获国家和省部级科研成果奖，产生了显著的经济效益和社会效益。

建校以来，学校已为国家培养高级水产科学技术人才2万余人，遍及全国水产、外贸、金融、轻工、交通、教育、卫生及国家机关等系统，许多人已成为水产教育、科研和生产战线上的领导和重要技术骨干。如今，学校的水产养殖学科已被确定为农业部和上海市重点学科，在全国大学生数学建模、产学研结合、电机课程设计、教学管理等方面获得多项教育研究奖项和成果。1997年“海洋渔业专业的教学改革和实践”获得国家级教学成果一等奖，这些都为学校今后的发展注入了新的生机和活力。

改革开放以来，学校积极拓展国际交往，目前已同日本、美国、英国、韩国、俄罗斯等许多国家和地区的大专院校、研究机构开展学术往来和校际交流，并与日本东京水产大学签订了在读学生赴日留学协议。学校还与联合国粮农组织、教科文组织、加拿大国际开发研究中心、瑞典国际科学基金会、亚洲水产学会等国际组织进行经常性的合作与交流，对于推动国际水产业的发展、提高学校的教学与科研水平发挥了积极的作用。

在国内，学校开拓思路积极创造条件进行建设和发展，为加强中西部地区服务力度，在江西农业大学、湖南常德师范学院和山东烟台师范学院分别设立学区。利用暑假进行科技下乡服务，为江西省水产十部（处、局级）连年举行了继续教育培训班，与上海市青浦县沈巷镇联合承担“鱼菜共生”研究项目等。在校企合作方面也作出了努力，目前已与中国水产集团总公司签订了全面合作意向书，农业部部长陈耀邦出席了签字仪式。与中国水产研究院的联合培养研究生工作已成功地召开了研究会议，准备于2000年正式联合招生。

该校的科研成绩喜人，科研经费达998万，比1998年增加了44%。获国家级和省、市级奖项共6项，通过鉴定项目6项。其中“紫菜养殖加工出口产业链的开发”被批准为国家农业首批“跨越计划”20个项目之一（水产类仅此一项）。1999年主要科研项目有紫菜基因工程（“863”项目）、渔船经济效益研究（联合国粮农组织合作项目）、东海捕捞业责任制渔业转制过程中经济与社会影响研究（联合国粮农组织合作项目）、渔业经济学（中华农业科教基金）、紫菜基因研究（中华农业科教基金）、渔业动植物病原库建设（农业部项目）、三大洋金枪鱼渔业发展政策和管理研究（农业部项目）、耐盐性萨罗罗非鱼（“948”项目）、紫菜养殖加工出口产业链的开发（农业科技跨越计划项目）、河口区日本对虾苗种培育技术开发（上海市农委项目）、毛蚶净化研究（上海市科委项目）、海带制碘废液中多糖产品开发（市教委局管基金）、中华绒螯蟹“抖抖病”防治技术的研究（市教委重点学科）、河蟹育苗系列生物饵料研究与开发（市教委重点学科）、中华绒螯蟹早熟机理的研究（市教委重点学科）。

渔业学院 上海水产大学渔业学院是该校建制最早的教学、科研部门之一。科研成果众多，培养造就了一大批在国内外水产及其他相关领域出类拔萃的精英。多年来，该学院共获得77项省部级科技奖励和8项国家级科技奖励，为社会培养了7 000余名研究生和本、专科学生。

渔业学院拥有博士点1个、硕士点2个、本科专业点3个；拥有部级重点开放实验室1个，部、市级重点学科各1个。除各教学单位外，学院还有特种水产研究所、水族馆研究所、卤虫研究开发中心、水产苗种检测中心等研发中心。

该学院师资雄厚，有教师及科研人员80余人，其中教授19人，副教授20人。

渔业学院目前与国际、国内的高校及科研机构有着密切的学术交流关系和合作，并积极拓展这种交流与合作。

该学院现设有涉海专业：水产养殖学（有农学博士、硕士、学士授予权）、水生生物学（有理学硕士、学士授予权）。

海洋学院 上海水产大学海洋学院是在该校最早成立的海洋渔业系的基础上发展起来的，目前设有渔业工程、渔业资源、机械工程等3个学科，以及水域环境等相关学科；下设8个学科点：鱼类行为学、渔具力学、渔具渔法学、设施渔业工程、渔业资源评估、海洋渔业生态系统、机械工程与自动化、机械设计与理论。2个综合实验室：机电基础实验室、渔业工程实验室；2个研究室：渔业机械研究室、远洋渔业研究室；拥有两个硕士点：捕捞学和渔业资源。共有教职工65名，其中教授7名、副教授25名。

上海水产大学海洋学院的主要研究方向有：渔具渔法选择性、国际渔业与政策、渔业资源与渔场、渔业资源评估与管理、渔场渔情预报技术、中国渔业发展战略与政策、海洋生物资源开发与利用、海洋工程装备、海洋环境保护与监测、海洋生态系统动力学、海洋药物、海洋旅游、海洋生物技术等。

近年来，海洋学院获得了丰硕的教学科研成果。其中获国家级教学成果一等奖1项，国家级科技进步三等奖1项，农业部科技进步一等奖1项，农业部科技进步二等奖1项，上海市产学研工程一等奖1项。

现设有涉海专业：捕捞学（有农学硕士、学士授予权）、渔业资源学（有农学硕士、学士授予权）、海洋渔业科学与技术学（有工学学士和农学学士授予权）。

经济贸易学院 经济贸易学院前身为该校1984年建立的渔业经济管理系，是能集中培养研究生、本科生、专科生等高学历渔业经济与管理人才的基地，也是国内渔业经济管理学科研究人员较集中的单位。根据国内外渔业发展趋势和市场经济的需要，现设有产业经济学硕士点、农林经济管理等4个本科专业、1个专科专业和渔业经济研究所。截止1999年该院已为社会培养了1 802名本专科毕业生，并短期培训200余位渔业行政管理部门和企业在岗领导、技术人员。目前在校本科生655名、专科生 71 人、硕士研究生10 名。现有在职教职工32位，其中教授1名、副教授10 名、讲师13 名、硕士生导师4人。另聘请上海市金融、贸易、经济管理界5位教授、专家担任兼职教授。主持或参加并完成的主要涉海科研课题有：电子计算机在水产养殖企业中的应用；浙江嵊山渔港养殖区经济效益分析及可行性报告；青岛沙河子渔港及水产品批发市场规划；中国进口水产品的调查分析；都市渔业研究；中国渔业信息网（INFOYU）建设；中国沿海渔船技术经济指标调查；上海金山嘴渔港及水产品批发市场可行性论证等。

该院“产业经济”硕士点是国内高等院校中惟一以渔业经济管理为主要研究方向的硕士点，主要研究方向为渔业政策以及渔业企业经营管理中的经济活动分析。根据国内外渔业发展趋势和社会主义市场经济的需要，目前设有渔业经济管理、渔业资源经济、水产品贸易3个研究方向。主要研究开发利用海洋渔业资源的最大可持续捕获量、最佳经济捕获量及优化渔业投入问题；持续发展水产养殖业中的产量、产值、经济效益与水环境保护问题；水产品保鲜、运输、加工中投入与产出比较研究问题。

现设有涉海专业： 农林经济管理学（有管理学学士授予权）、国际经济与贸易学（有经济学硕士、学士授予权）。 （上海水产大学供稿）

【上海海运学院】 该校地处上海浦东新区陆家嘴金融贸易区，是一所以经济管理与航运技术为重点的具有工学、管理、经济、文学、法学等学科门类的多科性大学，也是首批获得中华人民共和国船员教育和培训质量体系证书以及挪威船级社颁发的ISO9001质量保证体系证书的高校。

该校前身可追溯到1909年晚清邮船部上海高等实业学堂（南洋公学）船政科，1959年交通部在沪重建上海海运学院，至今已有90年的办学历史。目前学校设有19个本科专业，8个专科专业。20个学科有博士和硕士学位授予权。其中工商管理硕士（MBA）是交通部属高校中惟一有学位授予权的高校。学校经教育部批准，具有交通运输工程、轮机工程、电力电子与电力传动、产业经济学4个学科的教授评审权。学校有工程硕士学位授予权，有在职硕士研究生并进行单独考试的自主权和同等学力申请硕士学位授予权。交通运输规划与管理、产业经济学和电力传动与自动化3个学科为交通部和上海市重点学科。学校现拥有专职教师近700人，其中正副教授300余人，在校本、专科生5 000余人，研究生近600人，成人教育学生3 000人，并招收海外留学生。学校与美国、英国、日本、挪威、荷兰等20余个国家、地区和国际组织保持着友好往来、学术交流和合作办学。

上海海运学院的教学、科研设施齐全，拥有设备先进的航海和轮机实验中心、管理模拟中心、电教中心、计算中心及其他各类实验室40余个。设有水上训练基地，以及游泳池和体育馆。拥有“育银”、“育锋”等万吨级远洋教学实习船和“天鹰”、“天琴”两艘无限航区远洋训练帆艇。学校图书馆藏书70余万册，中外期刊2 000余种，其中海商法律类图书与资料的馆藏量为国内之最。

学校还拥有水运经济科学研究所、机械工程设计研究所、航海科学技术研究所、轮机工程研究所、网络计算研究所、应用数学物理研究所、应用电子研究所、社会发展研究所、高等教育研究所、CAD研究室、海商法研究中心、上海国际航运研究中心、中荷教育研究中心等科研机构。此外，交通部港口机械质量检测中心、全国海洋运输情报网、上海船员培训中心均设在学校内。学校拥有专职科研人员100余名和一批兼职研究员，每年科研经费2 000万元左右。学校出版的学术刊物有《上海海运学院学报》、《水运管理》、《集装箱化》、《远洋运输》、《计算机辅助工程》、《海运情报》等。

学校科研工作情况 1998、1999年学校科技工作紧紧围绕社会生产主战场开展研究攻关，并取得显著成效。全院共组织申报国家、部市级课题116项。1998年项目经费总额达1 837万元，1999年项目经费总额达到2 005万元，首次突破2 000万元。两年间纵向课题49项，横向课题71项，取得了一批重要科研成果，共获得各类科技奖项16项。其中，“大型港口机械结构稳定性和裂纹控制技术”项目获得交通部科技进步二等奖，该项目连同其他3个项目一起被交通部列入成果推广应用推荐项目。“船舶机舱仿真系统的MMI开发技术及实验”和“大型航海操纵模拟器”2个项目获得上海市优秀发明选拔赛一等奖。“空调滴水雾化器”和“金属轴搓滚加工工艺与设备”2个项目获得国家实用新型专利权。共在国内外学术刊物上公开发表论文761篇。此外，校办科技企业也取得积极成就，学校科技开发公司被批准为“上海市高新技术企业”，其产品有2项被批准列入“上海市高新技术成果转化”项目。

商船学院 商船学院的前身是吴淞商船学校，现由航海系、轮机工程系、电气自动化系组建而成，以培养航海高级技术人才为主要特色，被誉为“高级海员的摇篮”。现拥有3个系、3个研究所、5个硕士点，4个本科专业和3个专科专业。

学院具有较完备的教学和科研设施，设有1个实验中心，中心拥有雷达模拟器、船舶操纵模拟器、电子海图、全球海上遇险与安全系统（GMDSS）、天象馆、轮机模拟器、自动化机舱等具有国内外先进水平的实验设备；设有1个水上训练站，站内拥有“天琴”、“天鹰”2艘无限航区的现代化远洋训练帆船和齐备的海员安全及应急训练设备。

学院现有教职工206人，其中教授23人，副教授52人，高级工程师7人，讲师57人，15名船长，5名轮机长。多年来，学院为国家培养和输送了大批高级航海技术人才。自1972年以来，已有约5 000名航海类专业毕业生走出校门，投身航运事业，其中许多人已成为中国发展国内外运输和航海科技事业的骨干力量。

水上训练站 1981年建于江苏平望莺逗湖。该站是航海类专业学生和在职船员进行各项水上专业培训的基地。培训的项目有海上求生、救生艇筏操纵、船舶消防、海上急救等。教学和培训严格按照国际海事组织（IMO）及中国海事局的规定和要求进行。经海事部门评检，培训条件及培训质量为首批符合标准的单位。该站现拥有教练艇6艘、机动教练艇4艘，有远洋训练帆艇“天琴”和“天鹰”号。

（胡荣山）

【上海交通大学】 设有工程力学、船舶与海洋工程、国际航运、信息工程、测控技术与仪器、材料科学与工程、生物工程、生物技术、生物医学工程等专业。该校还设有水下工程研究所。

【华东船舶工业学院】 设有经济学、机械设计制造及其自动化、信息管理与系统等专业。

【武汉交通科技大学】 设有通信工程、环境工程、交通运输、航海技术、轮机工程等专业。

【长沙交通学院】 设有交通运输、工程管理、港口航道与海岸工程等专业。

【青岛远洋船员学院】 设有轮机管理、国际航运管理、海洋船舶驾驶等专业。

【海军工程学院】 设有舰船内燃动力机电管理工程、计算机工程等专业。

【集美大学】 设有计算机科学与技术、食品科学与工程、航海技术、轮机工程、交通运输、热力与动力工程等专业。

【华东船舶工业学院】 设有经济学、工商管理、会计学等专业。

国家海洋信息中心

国家海洋信息中心（包括国家海洋局海洋科技情报研究所、国家海洋资料中心、海洋档案馆、国际海洋学院中国业务中心）创办于1958年，是国家海洋局直属的归口管理全国海洋信息资源，为海洋管理、海洋经济、海洋权益维护和国防军事建设提供业务技术支撑与信息服务的公益性事业单位。该中心的基本任务是对全国海洋信息工作实施业务指导和协调;归口管理全国及国际合作的海洋基础信息与基本数据;建设管理国家级海洋基础信息数据库;负责全国海洋档案和文献的管理与服务;承担国家海洋经济与社会发展统计分析和预测工作；负责海洋信息及产品的质量控制管理和质量认证，建立全国海洋信息管理体系;负责维护管理国家海洋局政府网站和中国海洋信息网，并承担国际组织有关海洋信息工作的国家义务。多年来，该中心紧紧围绕落实国家海洋局所赋予的职能，以海洋管理技术支撑和公益服务为主线，为建立完善、高效的海洋信息管理与服务体系，为树立国家业务中心的新形象，开拓进取，努力拼搏，不仅在基础和公益性工作重大项目的完成等方面取得了显著成绩，而且为维护国家海洋权益、国防军事建设、海域使用管理、海洋环境保护、海洋执法监察以及国家和地方海洋宏观决策提供了科学依据和技术支撑。目前，该中心在海洋信息技术支撑和服务方面已具备了相当的规模和能力，形成了一支水平较高、结构较为合理的海洋信息工作队伍，拥有一批数量可观、性能良好的技术装备和基础设施，并正在筹建国家海洋局数字海洋实验室，所有这些，都为新世纪的信息工作奠定了坚实的基础。

国家海洋信息中心现任领导班子（左起：党委副书记王淑华、副主任林绍花、主任王宏、党委书记徐承德、副主任曲绍生）

政府间海洋学委员会西太平洋国际水深图编委会第三次会议在国家海洋信息中心召开

图像处理和产品制作系统

信息产品

国家海洋局第

2000年，该所正式迁入青岛高科技工业园区

所长袁业立院士在“973”项目课题会上

国家海洋局第一海洋研究所拥有省部级重点实验室2个、工程勘探设计研究院1个，并拥有其他科学实验室和中心多个。该所目前在海洋科学领域已形成环境海洋学、物理海洋学、海洋遥感学、海洋地质学等优势学科，是国家海洋科学基础研究计划（“973”计划）项目牵头单位之一，国家海洋高新技术发展计划（“863”计划）的主持单位。1998年以来，该所承担的国家、国防重大项目、攻关项目和基金项目等均列全国海洋单位之前列。

由该所主持的国际会议

重点实验室计算机工作站

国际著名海洋学家访问该所

一海洋研究所

生物活性重点实验室主任向解放军总装备部领导介绍该室产品

该所研究开发的生物活性物药品样品

海洋调查仪器室一角

该所工程院承担海底光缆路由项目

该所培养的博士生在答辩

国家海洋局第二海洋研究所

概况

国家海洋局第二海洋研究所创建于1966年，是一个享誉国内外、学科齐全、科技力量雄厚、设备先进的综合型公益性海洋研究机构。主要从事中国近海及大洋、极地海洋环境与资源的调查、勘测、预报和应用基础研究。具有与国际接轨并跻身于世界先进行列的海底探测技术和海洋环境调查技术与能力，具有优势的海洋遥感技术与海洋动力过程研究能力，以及为海底、海上和海岸等工程进行选址、勘测、设计、环境质量评价、数值模拟与预测预报能力。在海底探测、海洋遥感、物理海洋、海洋环境、海洋工程和海洋产业等方面形成了一支稳定的科技队伍和一批在国内外有影响的造诣颇深的学术带头人。该所还建有两个国家海洋局开放实验室，加强了海洋基础性科学研究，并主编出版海洋综合性学术期刊《东海海洋》。

学术委员会主任刘光鼎院士（右）和副主任金翔龙院士在成果鉴定会上

用该所改制的多管取样器采集的不扰动样品（含上覆水）

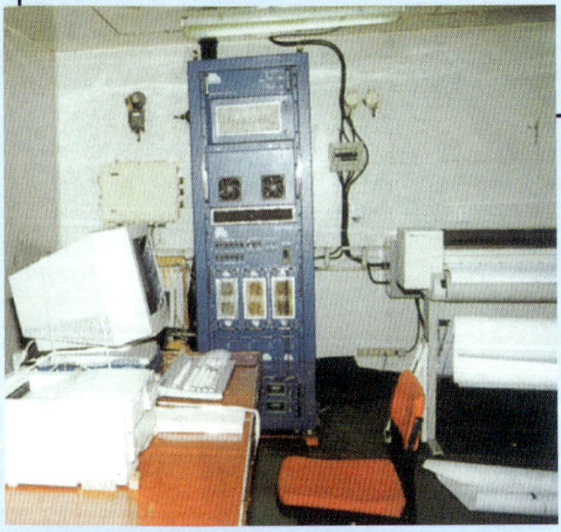

具备浅、中、深水下地形全覆盖高精度的测量系统

施放CR－01 6 000m 自治机器人下水

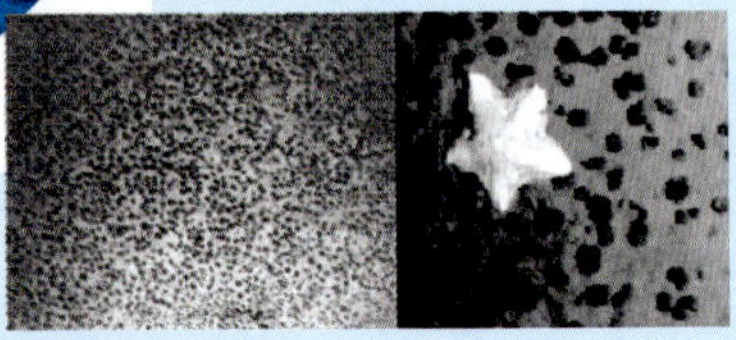

用水下机器人和深海照相系统拍摄的大洋5000多米水深的海底多金属结核和底栖生物

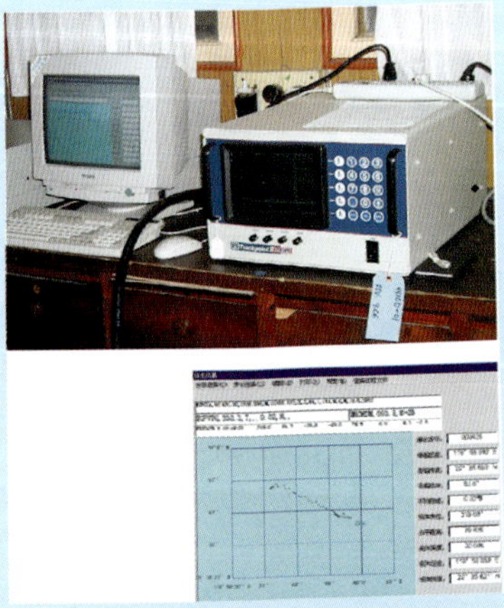

该所拥有全海洋高精度定位系统。图为“863”高技术项目开发的具有国际先进水平的拖体实时超短基线定位系统

该所拥有多种物理海洋要素测量系统。图为科学家在施放CTD/ADCP

布放深海锚系系统

“863”高技术项目软件成果——电子地形图

SeaWiFS 海洋水色遥感应用系统

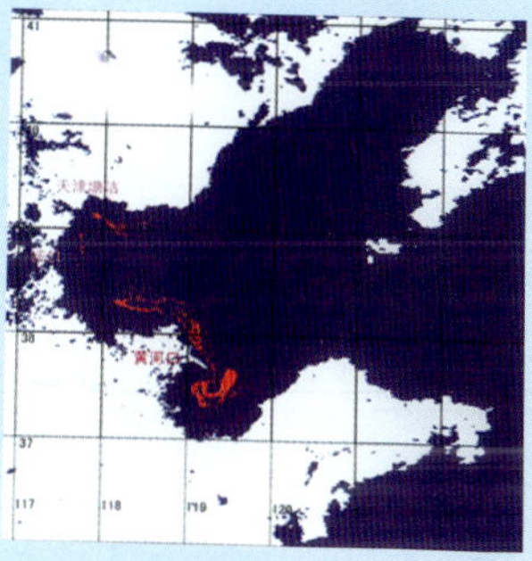

“863”高技术项目之一，成功地利用遥感技术监测赤潮的发生发展，图为1999年观测到的渤海湾赤潮遥感图像，红色为赤潮发生区，面积约1 688.5km^2

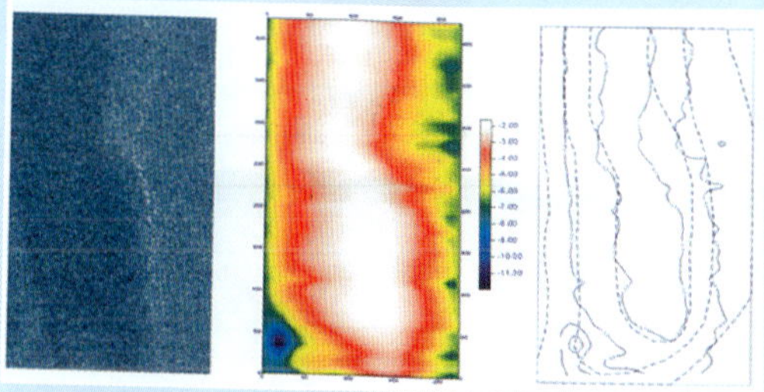

SAR浅海水深测量图。左：SAR图象；中：水深分布图；右：SAR测得的水深（实线）与实测水深（虚线）比较图

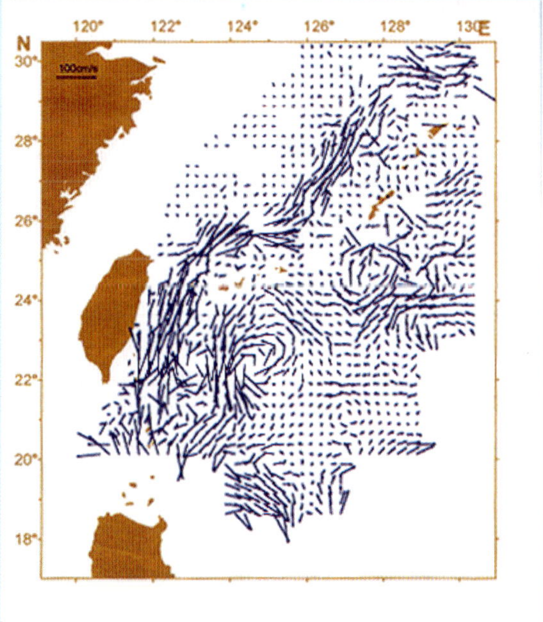

这是国家自然科学基金资助项目及国家重点基础研究发展规划资助项目，p矢量方法首次在黑潮及琉球海流中得到应用。该图是1997年7月黑潮及琉球海流表层速度分布

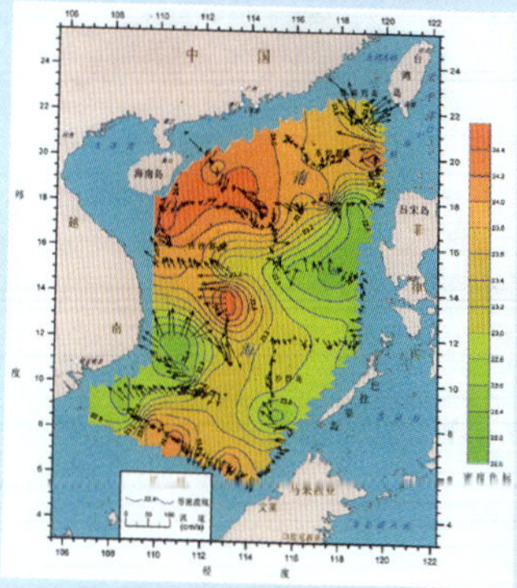

南海季风
海气相互作用

青岛海洋工程勘察设计研究院

院长刘昌荣

青岛海洋工程勘察设计研究院成立于1998年，其前身是1993年成立的国家海洋局青岛海洋工程勘察设计和环境开发中心。该院一贯坚持质量第一、面向用户的方针，建立了较为完善的质量管理体系，已获得英国皇家认证中心颁发的国际标准认证证书和北京9000标准质量体系认证中心颁发的质量体系认证证书。此外，该院还持有中华人民共和国建设部颁发的《大型海洋专项工程设计证书》，国家测绘局首批颁发的《测绘资格证书》。该院是融海洋工程勘察设计及研究于一体的综合性的公益事业性科技实体，不仅拥有先进的多波束、侧扫及浅剖等仪器设备，而且还有一支一流的专业海洋工程勘察设计队伍。该院业务范围涉及海底光缆及管道路由勘察、海洋油气勘探开发工程勘察、核电站及海岸工程调查研究、海洋工程环境参数数值模拟、统计分析及环境影响评价、海域使用论证及环境保护等方面。其中完成的重大工程项目有：亚欧海底光缆系统路由勘察（中国段）、东方1-1油气田平台场址和海底管道路由工程地质调查、香港铜鼓水道水文水质调查、珠江口附近海域数模水文水质调查、东亚交汇海底光缆系统路由勘察（青岛北段和南段）、北亚海底光缆系统路由勘察（香港段）、亚太2号海底光缆系统路由勘察（上海北段，汕头北段及南段）、辽冀省际海域划界等。正在进行的重大勘察项目有我国专属经济区和大陆架的勘测专项。

与外国科技人员交流仪器使用及勘察工作体会

海底光缆路由勘察重力柱状取样

又一条国际海底光缆路由勘察合同在该院签字

科技人员在现场进行资料处理及解译

在油气田平台场址调查的勘察船上进行勘察作业

课题负责人在专项课题中期检查评估会上介绍项目的进展情况

由国内知名专家学者参加的亚欧海底光缆中国段路由勘察评审会会场

该院领导与上海中英海底系统有限公司同行交流

国家海洋环境预报中心

中心主任蒋兴伟

国家海洋环境预报中心成立于1966年，是国家海洋局直属的公益性事业单位。30多年来，一直致力于海洋环境的预测和预报，为我国的经济建设、国防建设和社会发展作出了重大贡献。

该中心拥有雄厚的技术力量和一支海洋预报专业队伍，其中中国科学院院士1人，研究员28人，高级工程师61人，工程师94人。

该中心的主要职能是负责我国海洋环境预报、海洋灾害预报和警报的发布。在进行海洋环境预报服务的同时，还努力进行海洋环境预报技术的应用研究。先后主持、承担完成了多项国家重大科研项目和国家海洋局下达的科研任务，并多次荣获国家和海洋局科技进步奖。同时，积极推广研究成果的应用，取得良好效果，为海洋防灾减灾发挥了作用。

国家海洋环境预报中心与世界上许多国家和地区建立了广泛的联系与合作，同美国、加拿大、日本、澳大利亚、俄罗斯、芬兰等国家和地区建立了经常性的学术交流与业务合作。

制作海洋预报

海洋预报值班室

海洋预报会商

风暴潮预报

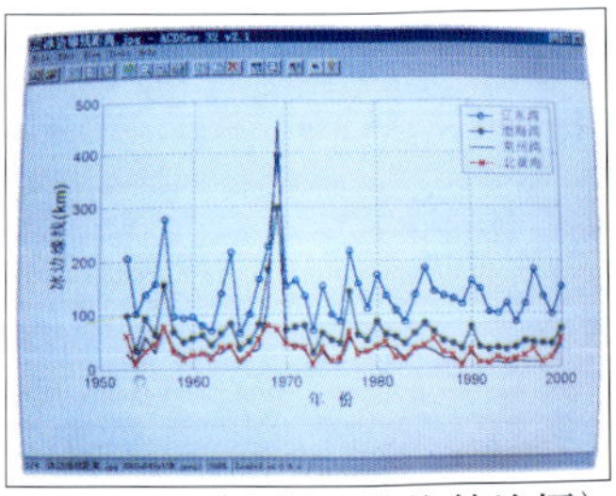

海冰年际曲线

（本版照片徐棉法摄）

国家卫星海洋应用中心

国家卫星海洋应用中心下设办公室、业务处、技术一部、技术二部、北京卫星地面站、三亚卫星地面站等6个部门，现有正式职工25人，其中具有高级职称7人，平均年龄30岁。其宗旨是发展我国海洋卫星，开展卫星海洋应用，为国民经济和社会发展服务。

国家卫星海洋应用中心的前身是1996年5月国家海洋局组建的卫星总体部，1997年1月完成了海洋水色卫星立项综合论证工作。1997年6月，海洋一号（HY-1）卫星正式得到国防科工委的立项批复，HY-1卫星立项标志着我国海洋遥感事业进入一个崭新时代。目前，HY-1卫星地面应用系统建设工作正在紧锣密鼓进行之中，将按预期计划按时完成。待HY-1卫星地面应用系统建成后，将初步建立由北京、三亚两个卫星地面站和北京数据处理中心组成的，功能较为齐备，准业务化运行的海洋卫星应用体系，具备接收、处理海洋卫星、气象卫星和国外遥感卫星资料的能力，将为我国海洋事业的发展提供强有力的技术支撑。

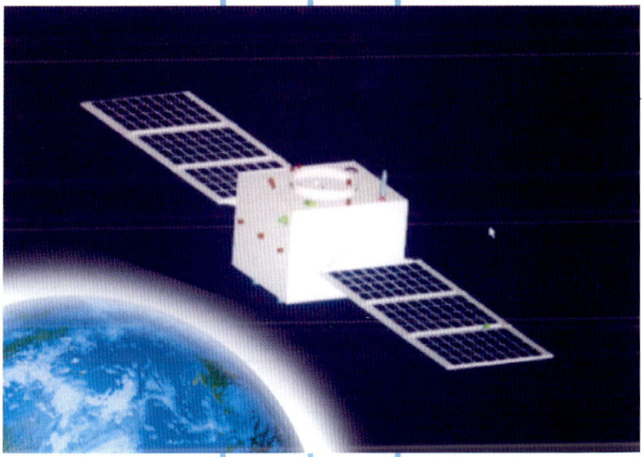

海洋水色卫星（模型）

海洋水色卫星主机房

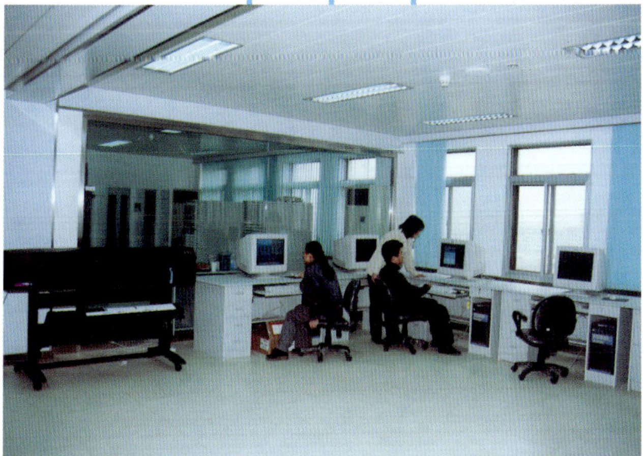

海洋水色卫星机房

（本版照片徐棉法摄）

国家海洋局海洋技术研究所

海洋技术研究所创建于1965年，隶属国家海洋局，是我国惟一从事海洋技术研究、重点是海洋环境观测技术研究的公益型非赢利性事业单位。现有职工600余名，科技人员占70%以上，其中研究员34名，高级工程师102名，具有硕士学位授予权。建所以来，围绕国家的海洋管理、公益服务和海洋科学调查、研究以及国防建设需要，积极发展我国的海洋观测、监测、监视技术，特别是“九五”期间，通过承担和完成国家科技攻关、国家“863”计划和海洋业务系统能力建设等重大项目的研究和实施，较好地发挥了国家海洋局技术支撑职能，确立了在国内海洋观测技术领域主力军的地位。目前该所已在海洋环境自动观测系统、海洋遥感遥测、海洋浮标、潜标、水下声学探测、定位、CTD测量和系统集成以及海洋能开发利用等技术领域形成了自己的专业特色。共取得具有较高学术水平和推广应用价值的科技成果260余项，其中有120项填补了国内空白，50余项达到国际先进水平，40余项获国家或部委级科技进步奖。这些技术与成果在我国的海洋管理、公益服务、环境保护、防灾减灾和海洋环境调查研究以及国防建设中发挥了重要作用。

近年来，该所主动适应市场经济的发展，面向经济建设主战场，围绕企业提高生产管理能力、工艺技术水平和产品质量等方面进行开发研究，已开辟了表面涂装技术、遥测遥控技术、通讯技术、计算机网络和开发应用设计、卫星定位和工程测量、机电一体化自动控制等各类专用设备的制造，以及非标设计、制造等新的技术领域。

所长惠绍棠研究员

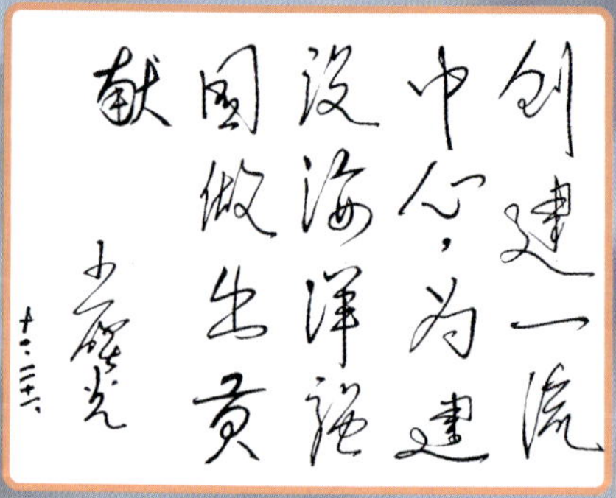

国家海洋局王曙光局长为该所题词

该所领导向来所视察的王曙光局长汇报工作

该所承担的国家“863”项目海洋环境立体监测系统上海示范区示意图

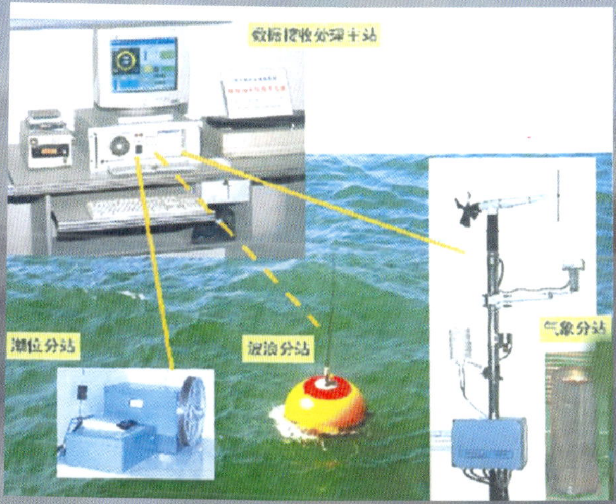

近海海洋环境自动监测系统的数据接收处理中心

海床基海洋环境自动监测系统

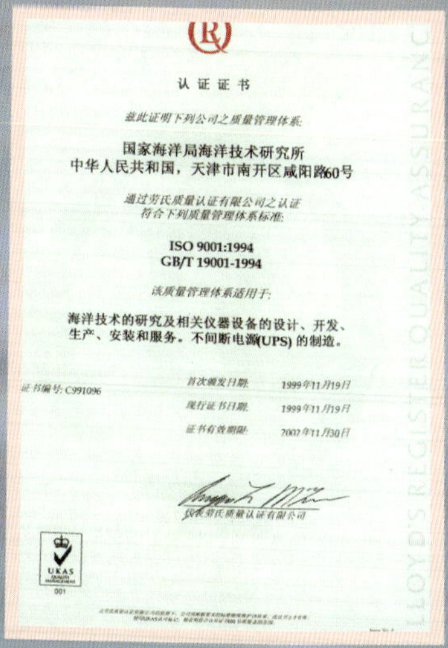

认证证书

兹此证明下列公司之质量管理体系:

国家海洋局海洋技术研究所
中华人民共和国，天津市南开区咸阳路60号

通过劳氏质量认证有限公司之认证
符合下列质量管理体系标准:

ISO 9001:1994
GB/T 19001-1994

该质量管理体系适用于:

海洋技术的研究及相关仪器设备的设计、开发、生产、安装和服务。不间断电源(UPS)的制造。

证书编号: C991096

首次颁发日期: 1999年11月19日
现行证书日期: 1999年11月19日
证书有效期限: 2002年11月30日

代表劳氏质量认证有限公司

UKAS QUALITY MANAGEMENT
001

LLOYD'S REGISTER QUALITY ASSURANC

该所通过英国劳氏公司ISO 9001质量管理体系认证的证书

用于监测海洋生态环境的水质监测浮标

国家海洋局天津海水淡化与综合利用研究所

所 长 李长建

5000m³/d
低温多效海水
淡化设备

沙漠油
田压汽蒸馏苦
咸水淡化装置

该所是我国惟一专门从事海水与苦咸水淡化、饮用纯净水及工业超纯水制备、海水直接利用、海水化学资源综合利用、防腐等技术研究、开发的国家级研究所。具有该领域国内一流的科研、检测手段和国家甲级设计资质。该所开创我国海水循环冷却等技术研究的先河,在海水化学资源提取及其深加工和防腐技术研究方面，独树一帜，享有盛誉。

该所下属的天津市海跃水处理高科技有限公司专门从事水处理技术研究工程设计和施工，是我国水处理市场的生力军，并已代表该所通过ISO9001国际质量体系认证。

该所秉承“信誉为本、用户至上”的理念，遵循“设计合格率100%，合同履约率100%”的质量方针，竭诚提供如下服务：

①海水淡化、工业用水、饮用纯净水以及工业物料浓缩、分离、提纯和工业废水处理与回用等一系列工程技术咨询、设计、工程总承包。

②工业冷却水（淡水、海水）系统及缓蚀剂、阻垢分散剂和菌藻生剂的研究、生产、技术服务和工程总承包。

③城市污水、工业废水及游泳池水等水处理工程的技术咨询、设计、技术服务和工程总承包。

④海水、卤水提取钾、溴、镁盐等化学资源并以此为基础生产高附加值的海洋化工产品。

⑤防腐材料的筛选、防腐方法的研究及系列防腐涂料的生产和工程施工。

联系人：王 岩
电 话：(022)87891278
E-mail：dhskjc@public.tjuc.com.cn

1000m³/h海水
循环冷却工业试验
装置图

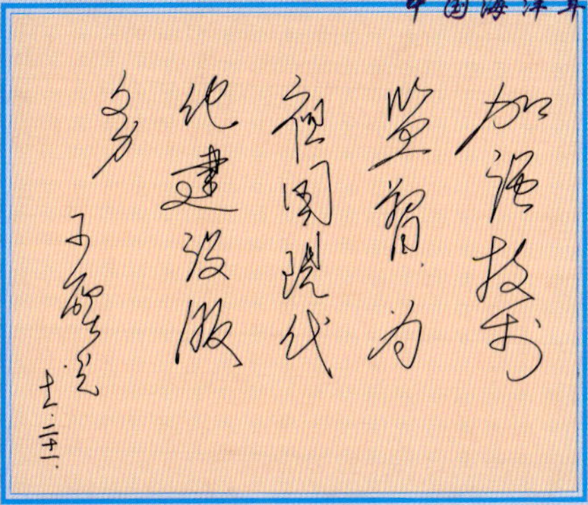

国家海洋标准计量中心

国家海洋标准计量中心是国家海洋局直属事业单位，同时兼为国家海洋计量站和科技成果检测鉴定国家级检测机构。业务工作接受国家质量技术监督局的指导。其主要职能：管理全国海洋标准化、计量和质量工作，为海洋管理、海洋经济发展、海洋科技进步和国防建设提供技术支撑与公益服务。主要业务范围：海洋标准与计量法规的拟订；海洋标准计量科学研究；建立和保存海洋学特殊量值的计量基准、标准，制定计量检定体系；海洋计量器具的检定、校准、检测，环境试验；海洋计量新产品定型鉴定与测试；海洋计量技术仲裁检测；海洋计量认证；海洋仪器设备质量检测；海洋仪器设备产品的注册登记管理；海洋标准化技术归口；海洋标准、计量和质量信息资料的收集、处理、储存；海洋标准计量质量技术服务；海洋标准计量质量技术考核培训。目前，该中心已建立了温度、盐度标准实验室，温度仪器检定室，水位计（验潮仪）检定室，化学实验室，标准海水生产实验室，温盐深（CTD）现场测量仪检定室、环境试验室、压力试验室。经国家质量技术监督局考核发证可作为社会公用的海洋计量标准装置有6项：颠倒温度表检定装置，温、盐、深检定装置，船用pH 计检定装置，水位计（验潮仪）检定装置。

中心主任：惠绍棠　地址：天津市南开区芥园西道
邮政编码：300112
电　话：(022)27520289　传真：(022)27518244
E -mail：gjhybzjl@public.tpt.tj.cn

中心领导

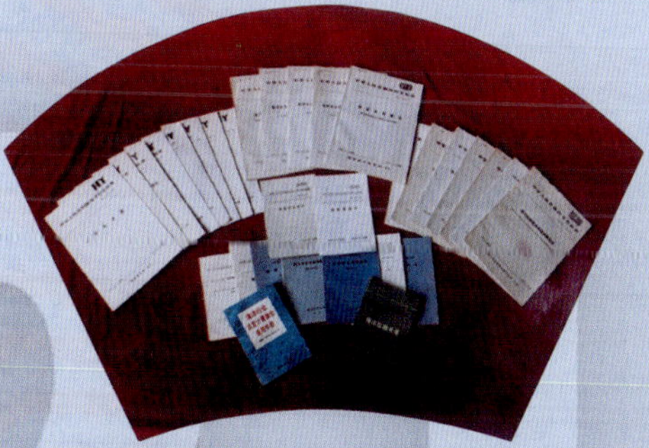
部分国家/行业标准、规程出版物

JSA2−1型压力试验设备

F_{18mk2}精密交流测温电桥

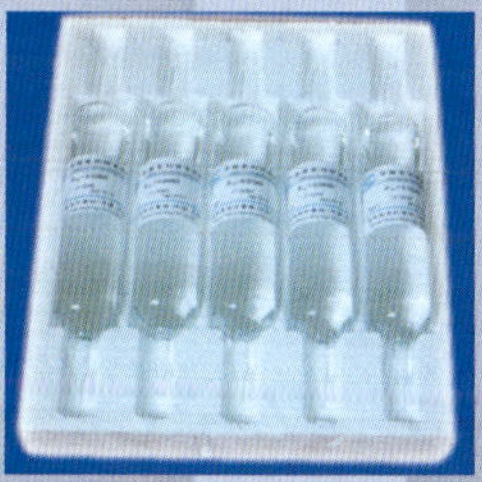
中国系列标准海水

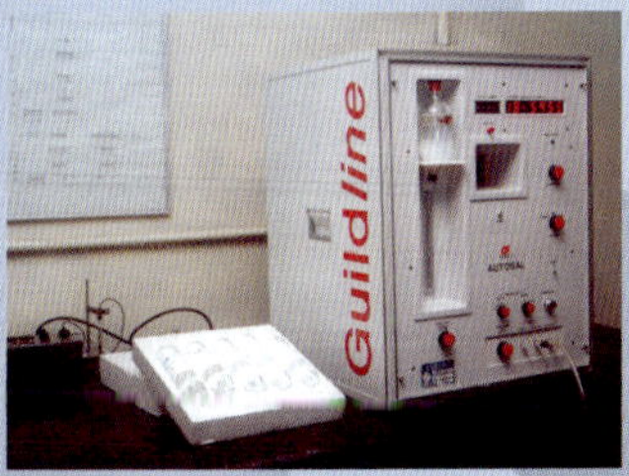

AUTOSAL 8400B型实验室盐度计

JS−6−60双活塞标准活塞压力计

国家海洋局杭州水处理技术研究开发中心

国家海洋局杭州水处理技术研究开发中心是专门从事分离膜研究开发应用的专业实体，现由中国工程院院士技术领衔，百余名水处理技术专家加盟，是国家液体分离膜工程技术研究中心依托单位。

中心自20世纪60年代起即致力于分离膜与膜分离的研究，曾荣获国家科技进步一、三等奖和国家新产品重大科技成果奖各1项，部省级科技进步奖30余项，国家专利20余项。在我国膜分离技术研究和应用领域独具电渗析、反渗透、超滤、微滤四大主流技术，产品广泛应用于海水、苦咸水淡化，纯水、超纯水的制备，饮用水的净化及化工分离浓缩提纯等领域，市场业绩遍布电子、电力、化工、轻工、煤炭、环保、医药、食品等行业。

为进一步促进科技成果转化，扩大产业规模，中心先后组建了杭州（火炬）西斗门膜工业公司、杭州华新净水有限公司、中国海洋技术开发公司。进一步完善了电渗析、反渗透、超滤、微滤4条生产线，生产25个系列产品或单项产品，并最新开发了纳滤技术，取得了良好的社会和经济效益。中心先后为娃哈哈集团、上海正广和集团、顶新国际食品公司、维维集团、海南养生堂、广东今日集团等国内知名企业提供设计－成套－安装调试－技术培训全程服务，向国内外客户提供纯净水成套设备数百套。在海水淡化领域，中心早在20世纪80年代即在西沙建立了当时世界规模最大的电渗析海水淡化装置，为西沙机场的建设提供主要的淡水水源。近年来，中心又先后与舟山嵊泗和山东长岛地区建立了多座大规模反渗透海水淡化示范工程和纳滤淡化海岛高硬度苦咸水示范工程。中心将继续努力实现“把您拥有的水，变成您需要的水”的承诺。

地 址：浙江省杭州市文一路148号 邮 编：310012
传 真：0571-8855231 8912021
电 话：0571-8866168 8855054

全国人大常委会副委员长邹家华视察该中心

全国政协副主席、中国工程院院长宋健与该中心高从堦院士交谈

大型频繁倒极电渗析工程

大型反渗透设备，用于电厂锅炉补给水

集成式微孔过滤装置

500m³/d 海水淡化工程

大型超滤装置

青岛海洋地质研究所

青岛海洋地质研究所是一所隶属于国土资源部、中国地质调查局的部属海洋地质专业研究机构，1964年始建于历史名城南京，1979年重建于现代海洋科学城青岛。

该所现有在职职工203人。其中科技人员147人，高级职称人员71名，中、初级职称人员75名。下设海洋地质学科研究室8个、部属开放研究实验室1个、海洋工程地质勘察院1个以及宝玉石质检站等部门。

该所实验测试中心不仅拥有一批大型分析测试仪器，而且具有较强的技术队伍。1992年通过了国家技术监督局（CMA）计量认证，1997年又通过了复审。该所主办《海洋地质与第四纪地质》、《海洋地质动态》两种学术类刊物。

该所是以区域海洋地质调查研究为基础，以海洋矿产地质和海洋环境地质调查研究为重点，以中国领海和管辖海域为工作区，以高新技术为依托，为国家和社会公众服务的调查研究一体化的事业单位。“九五”以来承担国家、部、省级以及CCOP等国际合作项目共100多项。其中61项获得了国家、省部级和CCOP国际地学组织的奖励。该所目前已同18个国家和地区的44所大学和研究单位建立了学术交流及合作研究关系，大大开拓和发展了国际间科技交流与合作。

该所的业务建设目标是：在不太长的时间里，把该所建成学科设置和人员结构合理、装备精良、业务技术水平较高、可持续发展能力较强、在国内外有较高知名度和竞争能力的专业海洋地质调查研究机构，成为全国性的海洋地质研究中心、海洋地质实验测试中心和海洋地质信息资料中心。

地 址：青岛市福州路62号；邮编：266071
电 话：0532-5725313 5776406
传 真：0532-5720553

刘守全所长在全国海洋地质科技工作会议上作报告

国家“863”计划子课题结题会议

年轻年代ESR测试技术

青岛跨海大桥基础勘探首钻

青岛海洋地质研究所办公楼

中国水产科学研究院
黄海水产研究所

所长兼党委书记
唐启升院士

中国水产科学研究院黄海水产研究所系农业部所属综合性海区水产研究机构。始建于1947年1月。现在编职工581人、在职360人中，有中国工程院院士2人，高级职称81人，中级职称105人。有12人获国家、部有突出贡献中青年专家称号。现有博士生、硕士生导师22人，另外，还聘请14位国内外知名专家任客座研究员。

该所下设3个重点开放实验室、3个研究中心及10个研究室、1个海水增养殖实验基地、1个开发总公司、4个挂靠机构、5个与企业共建实验基地；拥有世界先进水平的海洋科学调查船“北斗”号，万元以上仪器设备170台（套）；馆藏中外文图书8.4万册，中外文期刊3万余册；编辑出版学报级刊物《海洋水产研究》。

主要研究领域为海水增养殖、生物资源与环境可持续利用和渔业工程技术等。先后完成800余项科研课题，取得210余项科研成果。其中，获国家科技进步一等奖2项。承担的国家重大研究项目有国家专项1项、国家重点基础研究发展规划“973”项目2项、国家自然科学基金重大和重点项目2项、国家高科技研究发展计划“863”项目6项、国家“九五”科技攻关专题3项。

1995年被国家科委确认为“改革与发展重点研究所”；1996年被农业部评为“基础研究十强”所；1998年被中国水产科学研究院评为“文明单位”。

该所先后与136个国家、地区、国际组织及单位开展科技合作、技术交流、资料交换和人才培养等项合作。建成“适应新经济体制的、现代化的国家级海洋渔业科技创新中心”为该所奋斗目标。

地址：山东省青岛市南京路106号
邮编：266071
电话：0532-5836200
传真：0532-5811514
E-mail：ysfri@public.qd.sd.cn

国家重点基础研究发展规划“973”项目“东、黄海生态系统动力学与生物资源可持续利用”培植项目研讨会

农业部海洋渔业资源可持续利用重点开放实验室举行学术委员会会议

国家高科技研究发展计划“863”项目“扇贝三倍体技术研究”课题培育出的三倍体具有显著优势

山东省科学院海洋仪器仪表研究所

所长 王军成

山东省科学院海洋仪器仪表研究所，于1966年诞生在美丽的海滨城市——青岛。30年来，已发展成为中国海洋仪器仪表研究、开发、生产中心之一。拥有9个研究室、1个省级海洋监测重点实验室、1个试验工厂、1个档案资料室。其民品和军品质量保证体系均通过ISO9001质量体系认证。

该所海洋监测仪器的研究一直处于国内领先地位，在国际上也有较高的知名度。目前主要从事海洋遥测水文气象浮标系统、温盐深、波浪及气象仪器、海洋平台自动观测系统等海洋监测、调查工具的研究和生产，同时承担部分国防军工装备的研制任务。30多年来，完成科技成果400余项，其中技术性能达到国际水平的17项、填补国内空白的24项、国内先进水平的成果36项、获国家科技进步奖3项、山东省科技进步奖14项、山东省科学院科技进步奖31项，获批专利17项。特别是海洋资料浮标系统为“七五”国家重点科技攻关计划项目，5个型号的产品分别获国家科技进步二等奖、国家科技进步三等奖和机电部科技进步一等奖、国家海洋局科技进步一等奖、山东省科技进步二等奖。数字气象仪和船舶气象仪通过了“船检”和“军检”，被海军装备部列入“海军舰船导航装备系列型谱”，还出口俄罗斯、阿尔及利亚、缅甸等国家。开发研制的岸用声学测波仪、重力测波仪、近海遥测波浪仪、船用遥测波浪仪、波高传感器等系列测波仪器，广泛用于沿海台站、船舶、海上平台等领域。

该所现已建成“山东省海洋环境监测技术重点实验室”。实验室总面积400m^2，设有环境实验室、海洋水文、气象实验室、海洋环境监测实验室及通用分析实验室。目前承担国家“863”计划“818”主题“05”专题温、盐、深仪器配套任务，并与俄罗斯合作进行海洋水质监测设备的研究。

该所先后派员出访美国、英国、俄罗斯等国家的海洋研究单位，寻求技术合作及参加海洋学术会议，还先后接待美、英、日、俄、芬兰等国的海洋科技代表团，并进行学术交流。

近年来，该所不断提高海洋仪器的研制水平，努力开辟新的技术领域，面向市场，服务社会，逐步形成了以海洋监测技术为主、工业自动化测控技术为辅的综合科研体系，将为我国的海洋科技发展和国民经济建设创造新的业绩。

地址：青岛市浙江路28号　　http://www.sdioi.com
邮编：266001　　E-mail: sdioi@sdioi.com
电话：(86-532) 2865446　　传真：(86-532) 2870927

海洋资料浮标

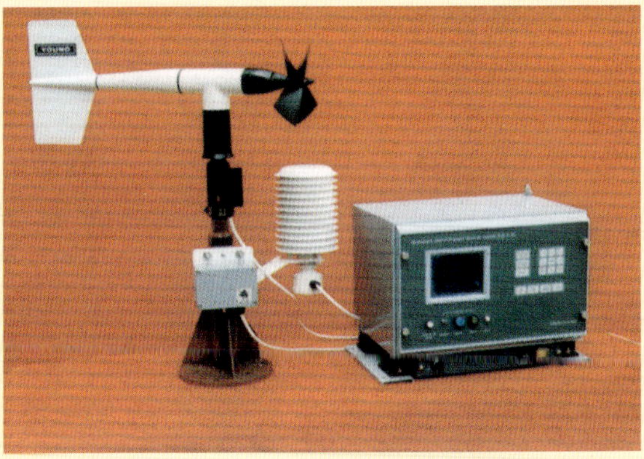

最新式船舶气象仪

国家教育部 山东省人民政府
国家海洋局 青岛市人民政府

共建大会会场

管华诗校长接受记者采访

教育部、山东省、国家海洋局、青岛市的领导互致祝贺

管华诗校长陪同领导考察海洋药物和食品研究所

校长管华诗院士介绍学校的现状和发展

重点共建青岛海洋大学

青岛海洋大学海洋药物与食品研究所

专家与领导对该所取得的成绩给予充分肯定

青岛海洋大学海洋药物与食品研究所创建于1980年，主要从事海洋生物资源综合开发的有关基础及应用研究，既注重于活性物质的发现，又注重于在构效关系研究基础上的应用开发。该所设有生药学和药物化学两个硕士点，可招收海洋药物方面的博士研究生。海洋糖工程实验室是省级重点实验室，海洋药物学科设有首批“长江学者”奖励计划特聘教授岗位。以研究所为技术依托组建的国家海洋药物工程技术研究中心已正式投入运行。经过20余年的努力，研究所已形成了整套的海洋药物研究、开发、工程化和产业化的技术体系，具备了学科的特色和优势，具有承担国家级基础研究、基础应用及应用开发研究项目的条件和能力。

科研人员正在使用流式细胞仪

600 兆核磁共振

国家海洋药物工程中心中试生产线

丰硕的科研成果及产品

国家海洋局宁波海洋学校

校址：浙江省宁波市曙光路 80 号
邮政编码：315040

该校是国家海洋局直属的一所多学科的中等专业学校，创建于1980年，1993年成为省部级重点中等专业学校。主要任务是为发展我国海洋事业，培养从事海洋科学考察、海洋环境保护监测、海洋管理和机要通信、电子技术应用、水处理技术应用、机电技术应用、计算机及应用等方面的中等专业技术人才。现设有海洋环境保护监测、电子技术应用、水处理技术、经贸英语、机电技术应用、计算机及应用、文秘与档案管理和船舶驾驶、轮机管理等专业。同时，还担负着国家海洋局系统的成人教育和宁波国际海员培训基地等任务。

学校占地7.8 万m^2，校舍建筑面积3.9万m^2。现拥有4 800m^2新教学楼、2 800m^2新图书馆及各类实验室38个，并配有标准运动场、计算机房、多媒体教室、语音室和水上实习基地等现代化教学设施，以及近500万元的各类教学、实验仪器设备，为学生的学习、实验、实习提供了十分有利的条件。图书馆藏书达8万余册。学校还设有电影院、多功能厅、健身房等文体活动设施，丰富了学生的业余文化生活。

学校现有在校生近2 000人，其中中专生1 700余人、高职生237人。已拥有一支高级讲师38名，讲师和助理讲师、实验员等60名的百人师资队伍，还聘请了10余名国内知名学者、教授和高级工程师任教授，并先后接待了美、比、日、澳等国家的专家、学者来校进行讲学和学术交流。

两年多来，学校注重综合实力的提高。通过狠抓教学质量和师资队伍建设，1998年荣获浙江省行风建设先进单位称号，1999年通过了交通部组织的船员教育和培训质量体系评审和浙江省教委组织的教学管理评估，并被确认为A级。2000年初还顺利地通过了申报全国重点中专的省级检查。

建校20年来，先后培养了各类专业人才3 500余名，举办各类培训班1688期，累计毕（结）业学员15 600人。此外，还先后承担了上海金山石化厂排污口选址调查、宁波市海岛调查、对虾配合饵料研制、宁波算山30万吨级泊位水文测验等数十项科技项目。

为适应我国教育事业发展的需要，学校根据国务院和国家海洋局的决定正在进行深层次的教育体制改革，使之成为培养多层次经济建设人才的基地。

校长简介

校长沈毅楚，1940年5月生。1960年11月加入中国共产党，教授级高级工程师。1963年毕业于海军第一水面舰艇学院航海系。1991年3月任国家海洋局第二海洋研究所副所长，1996年8月任国家海洋局宁波海洋学校校长、党委书记。1993年10月享受国务院特殊津贴，1984～1996年兼任浙江省海洋学会秘书长。长期从事海洋科技管理和海洋教育工作，并组织和参加了多次重大海洋考察调查项目，曾因“首次南大洋考察”等项目荣获1988年国家科技进步二等奖第二名和1998年国家海洋局科技进步二等奖第二名。1998年荣获国家海洋局优秀党务工作者称号。

浙江海洋学院

1999年9月4日，浙江省委书记张德江（前左一）、省长柴松岳（前左二）视察学校

浙江海洋学院是1998年3月经原国家教委批准，由浙江水产学院和舟山师范专科学校合并而成的一所省属本科院校，实行浙江省、舟山市共建共管，重大事项以浙江省为主的管理体制。浙江水产学院建于1958年，为浙江省较早创建的省属本科院校之一；舟山师范专科学校建立于1978年，为市属学校。两校合并，实现了资源共享，优势互补，增强了办学活力。

该校位于风景秀丽的“千岛新城”舟山市区，教职工458名，其中专任教师230名，高级职称人员81名，中级职称人员138名。

该校下设工程学院、渔业学院、海洋科学与技术学院、管理学院、信息学院等9个二级学院、3个直属系，并建有海洋科学研究所、海洋经济研究所、海洋文化研究所以及浙江省远洋渔业培训中心、海洋管理培训中心。学校设有海洋科学、海洋技术、船舶与海洋工程、海洋渔业科学与技术、建筑环境与设备工程、汉语言文学、英语等本科专业及应用电子技术、文秘、旅游管理与服务等地方经济建设所急需的专科专业。

该校的奋斗目标是，以提高教育质量为核心，以学科建设为龙头，以师资队伍建设为重点，进一步完善办学条件，深化教学改革，扩大对外开放，推进科学研究，努力把学校建成一所集海洋、水产、教育及其他基础学科于一体的、具有一定规模和海洋特色的多科性大学。

该校的校训是“海纳百川，自强不息”。

院党委书记：王辉忠（中共舟山市委书记兼任）

党委委员、院长：裴鲁青（全国人大七、八、九届代表）

外籍教师在该校教学

学校领导与加拿大客人进行友好交谈

地　址：浙江省舟山定海文化路105号
邮　编：316004
电　话：0580-2550009　2550007
传　真：0580-2551319
E-mail:zjhyxy@mail.zsptt.zj.cn

涉海管理干部培训班开班

学校与上海交通大学达成合作协议

学校召开海洋技术专业建设研讨会

领导班子

广东省水产学校

广东省水产学校创办于1935年，历史悠久，是广东省惟一一所海洋与水产中等职业学校，集中专、中技、培训中心三位于一体。1999年被评为省级重点中专，2000年又跨入了国家重点中专行列。1997年，省政府将广东省水产学校列为广东省建设海洋强省的中等海洋人才培训基地。目前学校在校学生1 900人，校园占地面积13.48hm²，校园建筑面积为37 533 m²，具有300 m²（6跑道）运动场，藏书量13.2万册。学校具有一支较强的师资队伍，专任教师89人，高级讲师30人，讲师33人。现开设有水产养殖等12个专业，其中水产养殖专业是省级骨干专业，并在番禺、大亚湾等地拥有3个实习基地。校内有制冷空调拆装车间、中央空调实验室、计算机中心、水处理实习车间、多媒体教室、语音室等先进的教学实习、实验室20余间，并与仲恺农业技术学院联合举办3个专业的大专班。广东省水产学校已经建设成为一所学科设置颇有特色、教育环境优美、师资队伍较强、教育设施先进的中等专业学校。

校长：林雄　校址：广州市海珠区赤沙路15号　邮政编码：510320
电话：020-84093133　84095813　传真：020-84095766

海南省海洋学校

海南省海洋学校地处美丽的南国滨海旅游城市——三亚市，座落在依山傍海、风景怡人、热带海洋资源富足的鹿回头半岛，校园环境优美。海南省海洋学校是在国家教委、国家科委等6个部、局、院的支持下，经省政府批准于1991年2月成立的。学校师资力量雄厚，有足够的从事海洋水产养殖研究的专业教师和教学经验丰富的基础课教师。学校设有海水养殖、海洋管理及海洋旅游等专业，教学设备先进完备，实习基地有广泰高位池养虾场和大东鲍鱼养殖场。海南省海洋学校在校长梁有雄的率领下，以“培养高素质的专业技术实用型人才”为办学宗旨，更好地为社会、国家培养海洋科技的栋梁之材。

校址：海南省三亚市鹿回头　邮编：572020

校长梁有雄，高级讲师，在职研究生，曾任海南省通什师专数学系副主任、系党支部书记及琼州大学理科部党总支书记等职务

海南省海洋学校
花园式校园一角

潍坊市海洋与水产局

领导班子研究工作

潍坊市海洋与水产局是市政府主管全市海洋事务和渔业行政的职能部门，同时又是“海上潍坊”建设领导小组办公室，内设5个科室。其主要职责是贯彻执行国家海洋与渔业的法律法规和方针政策，制定调整和组织实施海洋与渔业发展战略、规划、计划和科技进步措施；制定海洋功能区划，论证、审查、确定海洋、海岸带和渔业开发重大工程项目和资金投向，实施监督海域使用证制度和海域有偿使用制度；负责海洋与渔业经济、资源、环境调查、预报和管理；指导近海和外海渔场捕捞活动，组织和管理浅海、滩涂和内陆水域水产增养殖开发和渔业种质资源，归口管理远洋渔业、水产品加工流通和渔船、渔机、网具制造业；建设和管理全市海监和渔政队伍，维护国家海洋权益和渔业生产秩序，负责渔业的抢险救助、重大纠纷和事故的调查处理；加强海洋与渔业对外经济技术合作，监督执行《联合国海洋法公约》和双边多边渔业协定，发展外向型海洋与渔业经济，指导县市区海洋与渔业行政管理工作。

近年来，潍坊市充分利用地处渤海莱州湾拥有的24.5万hm^2浅海滩涂、3万hm^2海淡水养殖水面、583亿m^3 12° Be的地下卤水、1.5亿t地下石油、2 500万m^3天然气储量和22万hm^2滨海平原，大力实施建设“海上潍坊”和渔业现代化战略，海洋与水产事业得到全面发展。2000年全市海洋产业产值达到90亿元，增加值达到54亿元，分别比上年增长7%和10.2%。机动渔船3 752艘，12万kW，比上年增长9%；海水育苗水体达到8万m^3，比上年增加2.6万m^3，渔业水产品产量达到53万t，稳中有升；水产品产值42.3亿元，比上年增长11.3%。盐及盐化工已形成年产680万t原盐、20万t纯碱、4万t溴素及50余种化工产品的生产能力，产值达30亿元；海洋油气站库40座，管线2 000余千米，投产油气井600余口，年产量100余万吨，产值8亿元。沿海港口7处，年吞吐能力100万t，海上运输产值2.1亿元；滨海人文景观进一步发展，公路通车总里程达到1 000余千米，益羊铁路直达盐化重镇——大家洼，大莱龙铁路开始建设，滨海旅游产值达9亿元；渔船修造厂3处，产值为0.2亿元。

潍坊市以优越的地理条件，四通八达的交通通讯网络、丰富的海洋与渔业资源和优惠的配套政策，为投资开发者提供了良好的环境，热情欢迎国内外同行及投资开发者前来共同创造美好的未来。

地址：山东省潍坊市胜利东街322号　　邮编：261041
传真：（0536）8237040
电话：（0536）8216598　8232568

万公顷养虾场

捕捞船驶向渔场

广州市海洋与水产局

广州市海洋与水产局是市人民政府主管全市海洋综合管理和海洋、江河水产及水产流通工作的职能部门。广州位于珠江流域入海口，濒临南海，海洋资源丰富。珠江口海岸线522km，滩涂面积逾500 km^2，20m以内浅海水域面积约4 000 km^2，珠江口油气资源约50亿t，南海经济鱼类近1 000种，探明海砂储量1.74亿m^3。这些自然资源和环境为广州发展海洋经济提供了丰富的物质基础和广阔的发展空间。广州是国家首批确定的14个沿海开放城市之一。改革开放以来，广州海洋产业有了很大发展，已形成了具有相当规模的海洋交通运输业（包括港口、海运和航道）、海洋水产业、海洋造船业。广州是全国三大海运基地之一、三大海洋造船基地之一、五大重点渔业城市之一以及3个国家级水产品中心批发市场的定点城市之一及全国优秀旅游城市之一，广州港已发展成为全国第二个上亿吨的重要枢纽港口。近年来，广州海洋经济持续快速发展，已成为广州国民经济发展的新增长点，据统计：1999年海洋产业总产值617.58亿元（现行价，下同），占全省的1/3以上；增加值198.09亿元，占全市GDP的9.6%；预计2000年海洋产业总产值650亿元，增加值220亿元。广州海洋产业在全省和全国都占有重要的经济地位。2000年2月23日广州市召开第一次海洋工作会议，提出了“建设海洋经济强市”的目标和发展战略，会后完成了《广州海域开发利用总体规划》和《广州市海洋产业“十五”发展计划》的编制工作，提出了“十五”发展目标：到2005年，全市海洋总产值将达1 412亿元。

2000年2月23日广州市召开海洋工作会议，市委书记、市长出席会议并讲话

在海上值勤的渔政海监船艇

国际海洋年宣传日活动时，宣传员向群众宣传海洋法规，共同保护海洋环境

昌邑市海洋与水产局

奋进中的昌邑渔业

局长付百平，山东省昌邑市人，1954年1月16日生，大学本科文化程度。自1982年起，在《中国青年》、《齐鲁渔业》、《中国改革开放理论与实践》等杂志上发表论文多篇。

昌邑市地处莱州湾南岸，海岸线长52km，水深10m以内浅海滩涂28.7万hm^2，海水池塘养殖3667 hm^2。自昌邑市委、市政府提出建设“海上昌邑”战略以来，昌邑市海洋与水产局因地制宜，大力发展浅海滩涂贝类养殖，优化海水养殖结构，积极稳妥地发展远海大船生产，配套完善水产品加工设施，收到了显著成效。

海水育苗，养殖多元化。2000年，全市10家育苗单位1800m^3水体，共育出中国对虾苗2亿尾、日本对虾苗2亿尾、南美白对虾苗2000万尾、河蟹苗1100kg、梭子蟹苗1329kg、史氏鲟鱼苗5万尾，实现产值1350万元，创历史最好水平。

2000年大面积引进了南美白对虾养殖，并积极发展梭子蟹、河豚、美国红鱼养殖和大菱鲆工厂化养殖，3667 hm^2池塘共产虾类650 t，梭子蟹150 t，河豚8万尾，实现产值4500万元。

护滩育贝效果显著。2000年共投入资金300万元，增殖贝类苗种450t，建成贝类精养面积2667 hm^2，收获文蛤、青蛤、竹蛏等贝类1200 t，实现产值1000余万元。文蛤、青蛤幼苗密度每平方米达上百粒。

远海、远洋渔业稳步发展。目前已组建了10对大马力渔船在黄海外海水域以捕鱼为主。2000年海洋捕捞总产量4.5万t，实现产值2.8亿元，其中大船远海产量3.5万t，产值2800万元。

局办公楼

局领导集体

辽宁省盘山县海洋水产局

局长李桐良，工程师。长期从事水产养殖生产及管理工作，擅长对虾育苗与养殖、中华绒螯蟹育苗与养殖等技术。工作所到之处屡创佳绩，为全县水产事业的发展做出了突出贡献。1992年被评为市劳动模范，1998年被评为省劳动模范。

辽宁省盘山县位于辽河下游，濒临渤海辽东湾，海岸线长72km，10m等深线以下浅海水域600km^2，潮间带滩涂2.12万hm^2，内陆有13条大小河流穿境入海。海洋生物资源十分丰富。

该县1993年养虾面积已达2000hm^2。“八五”期间该县中华绒螯蟹基地建设蜚声大江南北，闻名全国。1999年文蛤工厂化育苗取得了满意的技术成果，并于2000年使该项目顺利转入示范阶段，成为省级文蛤苗种繁育及养殖产业化示范基地。到2000年，该县海洋渔业产量达4.2t，海洋渔业经济形成的产值9亿多元，今后的5~10年，文蛤苗种繁育及养殖，将成为该县继中华绒蟹基地建设之后的又一新的经济增长点。

盘山县海洋水产局是同级政府海洋与渔业行政主管部门，其职能是对全县渔业经济实施规划、协调、指导和服务，并对海洋和渔业资源依法实施管理保护。对下管辖盘山县渔政管理所、盘山县水产技术推广站、盘山县河蟹技术研究所、盘山渔港监督、盘山县滩涂贝类增殖管理站，并代表政府对多家水产企业实行行业管理。

工作人员在所管辖海域进行水质检测

日照市海洋与渔业局局长 卢绪敏

山东省日照市海洋与渔业局

日照市水产育苗名扬全国。图为日照市海洋与渔业局副局长、水产研究所所长、研究员宋全山（左一）在检查育苗情况

海上执法行动

日照市海洋与渔业局是主管全市海洋事务和渔业行政的市政府组成部门。局机关下设办公室、人事科、海洋综合管理科、政策法规科、计划财务科、加工流通科、渔业生产科7个职能科室和5个直属单位，共437人。其主要职责是：贯彻执行国家有关法律法规和方针政策，研究拟定日照市海洋与渔业的规章，制订并组织实施全市海洋与水产业的发展战略、规划和科技进步措施，负责全市海域合作监督管理。统一制订本市管辖海域发展规划、总体使用规划和海洋功能区划，负责论证审查海洋、海岸带、海岛工程项目；组织海域使用制度和海域有偿使用制度的实施和监督，统一审批、发放海域使用许可证，协调管理沿海区县和涉海部门、行业的海洋开发活动。组织实施海洋资源、海洋环境调查，指导海洋捕捞活动，组织和管理浅海滩涂及内陆水域水产增养殖开发，管理全市远洋渔业、水产品加工、流通以及渔船、渔机、网具制造、加工业等。近年来，该局在日照市委、市政府的正确领导下，紧紧围绕着建设“海上日照”的总体目标，充分利用优越的海洋资源优势和区位优势，加速传统海洋产业的改造，大力发展新兴海洋产业，积极探索海洋经济发展的新途径，促进了海洋经济的持续快速发展，初步形成了结构合理、体系完善的海洋产业体系。海洋渔业迅速发展，沿海经济日益繁荣。全市已拥有各类机动渔船 4 424艘，总功率165 863kW，海淡水养殖面积13 496hm^2,水产育苗场105处，15万m^3水体，2000年全市水产品总产量达到48.38万t,水产业总产值16.61亿元;水产品加工出口3.01万t，创汇8 130万美元。海洋交通运输业迅速兴起，拉动了城市经济蓬勃发展。日照桥头堡建设列入《中国21世纪议程优先项目计划》，日照港至日本、韩国集装箱航线相继开通，2000年达到3.5万标箱，路桥过境运输实现了零的突破。滨海旅游及新兴产业发展迅猛。城市功能日益完善。滨海旅游、海洋化工、海洋食品等新兴产业异军突起，成为全市新的经济增长点，辐射和带动了沿海经济的发展。21世纪人类将进入海洋时代。日照市将抓住这一历史机遇，以更加饱满的热情、勤奋扎实的工作，全面推进“海上日照”建设，为日照的经济发展和社会进步做出更大的贡献。

青岛罗非鱼良种场

厂长韩风进，1950年生，高级工程师。自1992年从事淡水苗种和淡水鱼养殖生产工作以来，大胆开拓，勇于创新，多项科研成果获省、部级奖励。先后荣获“青岛市专业技术拔尖人才”、“如心农业奖励金”、“青岛市劳动模范”、“山东省农村科技大王”等荣誉称号。

青岛罗非鱼良种场是我国第一家国家级良种场，也是全国最大的淡水水产良种场和我国罗非鱼良种主要保护基地。场区占地面积53.4万m^2，固定资产净值6 000万元，现有员工300人，其中高级工程师6人，工程师8人，专业技术人员占职工总数的60%以上；拥有6 000kW发电机组配套车间一座，年产万吨饵料加工厂一座，10万m^3水质净化池一座，先进的养鱼流水池74个，设有标本室、化验室等，并配备先进的设备、仪器，专门从事尼罗罗非鱼、奥利亚罗非鱼、菲律宾吉富尼罗罗非鱼等5个罗非鱼原良种及四大家鱼、淡水白鲳、美国大鲫、淡水鲨鱼等名优淡水良种的苗种生产，年可培育各类大小规格苗种1.5亿尾，产商品成鱼800t 。

该场具有雄厚的科技实力，以高起点、高科技、高投入、高效益为指针，大力实施“科技兴渔”战略，在淡水养殖领域的科研开发和技术推广应用中成绩显著。“温流水高产高效养鱼试验”、“淡水白鲳人工繁殖研究”、“吉富尼罗罗非鱼的引进及其同现有养殖品系的评估”、“淡水鱼养殖技术开发项目”、“彩虹鲷的引进与养殖推广”等项科研课题均取得巨大成功，研究水平达国内领先或国际先进水平。该场利用发电余热养鱼的方式被专家称誉为“渔电完美结合的典范”和“工农业相结合的典范”，并在全国许多电厂得到普及推广。

该场为推动胶州、青岛乃至全国淡水渔业的发展，丰富我国淡水渔业生产经营方式做出了积极贡献，并带动了整个社会淡水养殖技术水平的提高。由于繁殖的鱼苗科技含量高、良种种质纯、生长速度快、抗病力强，受到了社会养殖生产者的普遍欢迎。自1992年以来，共向社会输送各类淡水鱼苗、良种10亿余尾，遍及全国各个省市，创社会效益和经济效益累计达10亿多元，对发展农业生产、繁荣农村经济产生了巨大推动作用。

自1990年以来，企业先后荣获“节能先进企业”、“青岛市百强先进企业”、“花园式单位”、“青岛市文明单位”、“青岛AAA级资信企业”、“青岛市高新技术企业”等多项荣誉称号。

地　址：青岛胶州市小麻湾
邮　编：266317
电　话：（0532）8260730　8260807
传　真：（0532）8260807
网　址：http：//www.luofei.com
E-mail：luofei@cntilapia.com

埃及尼罗罗非鱼

台湾红罗非鱼

奥利亚罗非鱼

吉富尼罗罗非鱼

淡水白鲳

生产车间

青岛海丰集团股份有限公司

青岛海丰集团股份有限公司是以青岛市水产供销总公司为核心组建而成的，主要经营冷冻、鲜活水产品、各种渔需物资、冷冻干燥蔬菜、海洋蔬菜、水果、肉食品等，是一个集水产品加工、食品加工、国际贸易、海水养殖、远洋渔业、近洋国际运输、水产品开发于一体的大型综合性企业。狭鳕、真鳕、黑线鳕、三纹鱼、金枪鱼、墨鱼、鱿鱼、模拟蟹肉、鲱鱼籽、虾、鳕蟹、淡水龙虾、杂色蛤、牡蛎、扇贝等“海丰舟”系列产品畅销世界各地。“海丰园”牌海鲜丸、海鲜水饺、鱼排、烤鱼系列、海洋蔬菜、油炸食品等系列方便食品受到广大消费者青睐。近年来，公司本着“诚实守信、双赢合作”的经营理念，已与十几个国家和地区建立了良好的贸易合作关系，在国内外客户中享有较高声誉，国际营销网络已形成规模。“海丰是舟，您是帆”。海丰人将继续弘扬“同舟共济，自强不息”的企业精神，与海内外各界朋友携手合作，共同发展。

地址：青岛市四川路 19 号乙； 邮编：266002； 电话：0532-2875174 2620274 ；传真：0532-2874821

金枪鱼片

福建省平潭县海洋与水产局

局长简介

平潭县海洋与水产局局长高扬盛，男。1947年2月生，毕业于厦门集美水产学校，长期从事水产工作。1984年曾自行设计、建造全县第一个网箱石版鱼鱼台，为平潭网箱养鱼的兴起和发展起了示范作用。1988～1999年，被福州市委、市政府授于1988～1989年度关心支持教育事业最佳公仆称号；1991年10月，任县水产局局长以来，领导平潭水产业在远洋渔业、浅海开发、结构调整以及渔业基础设施等方面，取得较大突破。该同志撰写的《适应时代要求，发展远洋渔业》一文被编入《改革开放20年成果览览》、《中国当代改革发展文集》。

平潭是福建省第一大岛县，总面积 368km²，全县有 15 个乡镇，人口 38 万，海岸线长 418km，海域面积 2 164km²，是陆地面积的 6 倍，其中滩涂面积约 6 000hm²，40m 等深线以内的浅海面积 10.67 万 hm²。广阔的海域滩涂，丰富的海洋生物资源，温和的气候条件，为平潭发展海洋渔业、建设海上平潭，提供了得天独厚的区域优势，海洋渔业一直是平潭的支柱产业。2000 年，全县水产品总产量 30.41 万 t ，居全省第三位，水产业总产值 22.23 亿元，占大农业总产值 90% 以上，被省政府授予全省渔业10强县的第二位。平潭县海洋与水产局是县政府管理、协调、服务全县海洋渔业生产的职能部门，1954 年 4 月，县政府根据平潭的海域优势设置了水产科，后改为水产局，1997 年 10 月，经福州市委、市政府批准，正式改名为平潭县海洋与水产局。现有行政编制人员19人，下属事业单位有渔政站、水技站、经管站、电讯站、县水产苗种场以及 10 个纯渔业乡镇的乡镇水技站，人员 100 余人，下辖国有水产企业 12 家，干部职工 1 350 余人。

平潭县东沃一级渔港

平潭县竹屿内港养殖区一角

平潭县竹屿港网箱养殖一角

极 地 篇

Polar

极 地 考 察
Polar Research

综 述
Summary

【概况】 1998～1999年，中国的南极考察贯彻了“突出科学考察、完善‘一船两站’基础设施、加强环境保护措施”的工作方针，实施了中国首次北极科学考察、中国第十五次南极考察和第十六次南极考察任务，执行了国家“九五”南极科技攻关项目和国家重点自然科学基金项目。

在执行国家“九五”科技攻关项目“南极地区对全球变化的响应和反馈作用研究”（98-927）中，分别在中山站、长城站、南大洋、内陆冰盖和格罗夫山脉的广阔区域深入开展了多学科的综合科学考察。

中山站 中日合作高空大气物理观测，甚低频、短波场强和极光观测，中层大气物理观测，气象观测、预报和卫星图象接收，重力场和固体潮观测，臭氧观测，地磁观测，国际GPS联测，以及淡水生态考察研究。

长城站 GPS国际联测，南设德兰群岛新生代研究，站区自然界面环境过程与全球变化关系研究，以及站区环境影响评价研究。

南大洋 船载气象卫星云图接收系统航行实验研究；走航式多普勒声学海流计（ADCP）、温盐深(CTD)和抛弃式温深仪(XBT)的海洋物理学观测，以及气溶胶采样和表层海水采样；普里兹湾断面调查观测的DOC、POC、PCO2的碳循环和同位素等化学海洋学，高速生物采集、IKMT拖网、浮游生物拖网和CHIA、ATP等生物海洋学等研究。

内陆冰盖考察队 在首次考察获取样品、资料和经验的基础上，第二次内陆冰盖考察队于1998年2月3日，从中山站出发，历时17d，挺进464km，到达73°22′S、77°00′E的位置，2月19日返回中山站。第三次内陆冰盖考察队于1998年12月15日出发，于1999年2月2日返回中山站，历时50d，到达79°16′46″S、76°59′46″E的南极冰盖最高处的A冰穹地区，距中山站1106km处，这也是1991年国际实施横断南极冰盖考察计划以来第一支进入该地区的科学考察队。

格罗夫山地质考察队 格罗夫山脉是研究东南极大陆高级变质岩变质作用与构造变形及同位素年代学的理想区域。中国格罗夫山地质考察队分别于1999年和2000年两次深入离中山站500km的格罗夫山脉考察，在2 000km^2范围内对51座冰原角峰进行了地质考察，采集岩石标本样品910块，在哈丁山和萨哈罗夫岭设置四个永久性大地水准标，完成核心区110km^2的平面图的测绘工作。为中国首次采集到32块南极陨石，成为世界上第五个拥有南极陨石最多的国家之一。

中国首次北极科学考察 1999年7～9月，中国“雪龙”号极地考察船执行了中国首次北极科学考察，历时70d，先后在白令海、楚科奇海、加拿大海盆和北冰洋常年海冰区进行了海/冰/气/生物的相互作用的多介质多学科综合考察，取得了大量大范围的北极地区第一手资料，为了解北极地区在全球变化中的重要作用和对中国环境、气候和渔业可持续发展的影响提供科学依据。

【基础设施建设】 1998～1999年，第十五次和第十六次队，先后对长城站和中山站的建筑物进行除锈油漆；对长城站发电机组进行大修、中修，改进了发电机组的报警系统；更新了中山站3台150kW发电机组的安装调试工作，并投入正常运行；同时对两站发电的管理工作经验进行了总结。为长城站增配一辆YAMAHA540型雪地摩托车和山地越野车，新安装了卫星通信地面接收站B站；为中山站购置了YAMAHA540型雪地摩托车和雪橇。

【重要事件】 **春节慰问南极考察队员** 中共中央政治局委员、书记处书记、国务院副总理温家宝分别于1999年2月14日和2000年2月2日，通过卫星通信慰问南极考察队员，祝贺新春佳节和发表重要讲话。

中国南极考察团 中国分别组织了第五、六次政府南极考察团，于1999年1月30日至2月12日和2000年1月26日至2月22日，赴中国南极长城站视察中国南极考察工作。在视察期间，考察团举行了江泽民主席题写站名的铜匾揭牌仪式。

中新签定政府间的南极合作声明 1999年1月22日，中国外交部部长助理王光亚和新西兰外交与贸易部部长兼环境部长西蒙厄普顿在惠灵顿签署了“中新两国政府关于南极合作的联合声明”。（陈立奇）

中国首次北极科学考察
China's First National Arctic Research

【概况】 中国首次北极科学考察队乘“雪龙”号科学考察船于1999年7月1日从上海出发，穿过日本海、宗谷海峡、鄂霍次克海、白令海，两次跨入北极圈，到达楚科奇海、加拿大海盆和多年海冰区，圆满完成了三大科学目标预定的现场科学考察计划任务，获得了大批极其珍贵的样品、数据和资料。满载着中国首次北极科学考察丰硕成果的“雪龙”船，历时71d，安全航行14 180n mile，航时1 238h，于1999年9月9日抵沪。

中国首次北极科学考察队主要任务是考察研究北极地区在全球变化中的作用和对中国气候的影响；北冰洋与北太平洋水团交换对北太平洋环流的变异影响；北冰洋及其临近海域生态系统与生物资源对中国渔业资源发展的影响等重大科学课题。

中国首次北极科学考察实行首席科学家负责制。首席科学家由国家海洋局极地考察办公室陈立奇主任担任，同时兼科学考察队队长。船长袁绍宏，在首席科学家领导下船长分工负责船舶航行安全、船舶管理工作。为有效地对该次北极科学考察的整个航次进行监督、协调和保障，成立了中国首次北极科学考察队临时党委。临时党委书记由首席科学家陈立奇担任，副书记由颜其德、鄂栋臣、李远忠担任。该航次由“雪龙”船执行首次北极科学考察航行任务，极地所负责指挥，通讯联络由东海分局承担。

参加中国首次北极科学考察队的队员共124名，其中科学考察和协调保障人员66人，记者20人，船员38人，分别来自7个部、委局的40多个单位和俄罗斯、日本、韩国以及香港特别行政区和台湾省。启航人数为122人（台湾科学家张瑞刚在诺姆港上船，香港科学家何建宗在图克港上船），返航人数为120人（日本科学家东久美子和国家海洋局第二海洋研究所赵进平在图克港下船回国，台湾科学家张瑞刚、香港科学家何建宗在诺姆港下船）。

该航次先后锚泊美国诺姆港，完成安全接送港、台科学家及贵重仪器离船和船只机械设备的维修、保养；锚泊加拿大图克港，克服重重困难，实现了与全球华人世纪行北极探险队的会合和联谊。因天气等原因，科学考察队员及船员在外港均未下船，且未进行任何补给。

【科学考察任务】 中国首次北极科学考察队，用两个月时间，对北极地区广阔的海域进行了大规模、多学科、综合性的科学考察，获得了一批极其珍贵的样品、数据和资料，为研究北极地区环境提供了科学的依据，取得了圆满成功。

楚科奇海 完成了楚科奇海14个站位的科学考察，取得了大批宝贵的海洋数据，为北极地区物理海洋学、海洋生物学、海洋化学、海洋地质学的深入研究奠定了基础。

7月14～19日，在165°～175° W,67°30′～71° N范围内，楚科奇海冰缘区开展综合调查作业。在物理海洋学方面共完成15个温盐测站作业，采水成功率99%，获取温度与盐度资料6MB；完成了温度与盐度的走航观测，投放抛弃式温度探头12枚，温盐探头8枚，获取资料3.8MB；连续记录了多普勒声学测流数据100 MB。

化学海洋学和生物地球化学 获取二氧化碳样品60个，测定溶解氧、二氧化碳通量和营养盐数据320个，采集水团同位素示踪水样63个。同时还测定叶绿素和初级生产力数据等495个。

海洋生物学 进行浮游生物、动物垂直拖网13次，获得各种样品120个。进行了浮游生物高速采集器的走航拖网5次，表层叶绿素走航采样19个。

海洋地质学 获取了14个站位的表层样计22箱斗，获得了第一批北冰洋沉积物岩芯样品5个，其中4个样品达到或超过300cm，为探讨研究北冰洋的沉积物物质来源、沉积速率、地层结构以及气候环境记录等问题提供分析数据。楚科奇海测站的设置，涉及到北太平洋水流入区、近岸流区和部分冰层覆盖区，所取得的资料对了解楚科奇海环境结构、北冰洋与北太平洋水交换，研究其对全球气候变化的贡献和对中国气候和海洋环境的影响，海冰对海洋过程的影响等科学问题有重要意义。

白令海 完成了白令海42个站位全部考察项目预期的科学考察目标。从7月20日到8月1日，对白令海进行了历时13d 的海洋资源考察，共6条剖面，42个站位。考察站覆盖白令海全部公海海域，近24万km^2，在每个作业站都进行了多项目的综合考察。物理海洋学完成42个CTD作业，进行了31个水深超过2 000m的深水站作业，CTD下放最大深度3 750m，采水成功率99%，获取资料50 MB。同时记录了ADCP剖面测流数据300MB；完成了走航表层温度和红外测温1 600组连续观测的数据。

化学海洋学和生物地球化学 获取碳循环采样548个，大气气溶胶走航采样总量样品22个，分层样品42个，测定溶解氧、二氧化碳通量和营养盐数据

1 818个，二氧化碳和水圈同位素示踪水样、垂直层冰样等1 541个。

海洋生物学、渔业资源 进行了浮游动物垂直拖网80次，浮游生物垂直拖网154个，微型浮游动物样品44个。进行了32小时的连续站生物分层拖网观测，并进行了浮游生物采集和浮游动物关键种生物生长过程现场研究实验。渔业资源探鱼仪进行连续观测，渔业拖网19次，对研究渔业资源可持续发展做了基础性工作。

海洋地质、低栖生物 获取13个站位的表层水样，计13箱斗，获取6个站位的柱状地质样品，最大长度为519cm。还获取4个站位的多管式地质样品，这些数据为探讨白令海的沉积物物质来源、沉积速率、地层结构以及气候记录及生物多样性等问题提供了分析数据。

航渡调查和北冰洋联合水文观测 利用“雪龙”船重返北冰洋，完成了沿航线增设海洋断面调查站、点的任务以及在北冰洋的联合水文观测。从白令海返回北冰洋，利用“雪龙”船航渡，增设海洋断面调查站位。在首席科学家的领导下，大洋组队员继续发扬白令海测站的吃苦耐劳、顽强拼搏、团结合作、连续作战的精神，完成了39个站位的作业任务。其中“雪龙”船测站24个，小艇测站13个，飞机测站2个。这对于进一步了解楚科奇海环境结构、北冰洋与太平洋水交换、加拿大海盆深层水和底层水的形成机制、海冰和海洋过程的影响等科学问题有重要意义。特别是在第一阶段楚科奇海考察中，已经获得了第一次数据，这次利用重返北冰洋机会再次观测楚科奇海，将大大增强楚科奇海考察成果。经过对数据的初步分析，发现物理数据中不仅包含明确的北冰洋与太平洋水交换信息，而且显著地记录着融冰过程和融冰后海洋的强烈变化。

浮冰边缘观测实验和绝对重力测量 在北冰洋浮冰区，建立临时冰站，进行浮冰边缘海－气－冰耦合观测实验和绝对重力测量。8月4日，中国首次北极科学考察队利用直升机对海冰冰缘带和海冰分布进行了侦察。在73° 26′ 31″ N，164° 59′ 30″ W，发现了一块约1km²浮冰，浮冰厚度约4m，冰状况基本代表了北极浮冰的特点。经过现场科学论证，首席科学家陈立奇决定在这块浮冰上建立临时联合冰站。

从8月4日23点起，用1小时30分建起了12m²的帐篷，架设4m观测塔，在2个小时内完成了各种观测仪器的安装、调试。开始对北极大气边界层结构和动量、热量和物质等湍流通量交换，对流层、平流层大气温度、气压、湿度、风向、风速变化等过程进行了近24小时的联合观测，获取了重要的资料。

系留气艇探测大气边界层 在临时冰站上对不同天气状况的大气边界层结构进行了7次系留气艇探测，最高探测高度达到1 580多米。其中观测到一个罕见的强逆温过程。观测数据显示，地面以上400多米的气温达到17.8℃，而冰站冰面只有0.8℃，一天时间里，逆温层顶高度最低为396m，最高时能达到477m。这些发现为研究海冰上的冰－气交换和为今后深入从理论上研究提供了重要的研究资料。

高空探测 利用“雪龙”船上的无线电探空接收系统和临时联合冰站释放探空仪，进行了4次高空温度、气压、湿度、风向和风速的大气探测。最高探测高度为25km，探测到冰面直到约300m高度的强逆温过程，温度变化达到16度。

热量平衡观测 使用超声风速温度仪、L-a温度仪、铂丝温度脉动仪对风速、温度、湿度脉动量进行了观测，获取了近16h 的资料。对计算边界层动量、感热、潜热通量等特征参数，分析冰气交换和日变化物理过程提供了科学依据。

辐射平衡观测 使用辐射传感器和自动采集系统，对太阳总辐射、反射辐射、大气逆辐射和冰面有限辐射进行了观测，获得了近16小时资料。联合冰站的探测获得了研究北极海冰冰缘海-冰-气相互作用过程的重要资料。

首次北冰洋绝对重力测量 8月5日9：14，武汉测绘科技大学鄂栋臣教授与台湾明新技术学院的张瑞刚教授合作，在73° 26′ N，164° 59′ W的临时联合冰站上，进行了绝对重力测量。第一次成功地获得了北极地区绝对重力值，这也是世界上第一次在北冰洋测得这一重要科学数据。

利用小艇在北冰洋冰边缘开展立体考察 8月3日，中国北极科学考察队第一次使用小艇，实施冰边缘小艇多学科综合观测，以进一步研究北冰洋海—冰—气相互作用，这是中国在极地科学考察中首次利用小艇进行冰边缘的多学科综合观测。先后在北冰洋三次放小艇在冰边缘测量太阳辐射和海水反射的量。同时利用系留气艇、CTD仪，取得了海洋、大气和海冰的立体式观测重要数据，为研究海洋对太阳辐射的屏降作用进行了新尝试。

建立联合冰站 8月17日，为建立具有科学意义和安全的联合冰站，考察队先后3次利用直升机侦察冰情,8月18日中国首次北极科学考察队在74° 5 8′ N、160° 32′ W找到了一块大约1km²的多年浮冰，经考察适合建立冰站。18日15：42，26名队员（包括记者）携带建站设备和科学考察仪器乘坐小艇前往距离“雪龙”船1千米余的浮冰，当时气温已经降到−5℃，4～5级的寒风刺痛了队员们的脸颊。小艇迎风斩浪到达浮冰边缘，队员们从小艇上往浮冰上装卸建站物资和设备以及科学考察仪器，把大大小小数十件考察物资运到了冰上。海冰组和测绘组分别支起了帐篷，架设8m气象观测塔，开始联合冰站工作。这是该次科学考察“雪龙”号到达的最北端，标志着北极科学考察进入了最后攻坚阶段。

在这块浮冰上，科学考察队进行长时间、大规模、全方位和多学科的综合观测。大气组使用国际上最先进的观测仪器在冰上进行7天的大气边界层、辐射平衡等项目观测；冰雪组利用冰雷达测冰的厚度和考察冰的物理过程，并钻取冰芯和采集表层冰雪样品；海冰组的科研人员对海冰生物群落结构和海冰区碳循环的重要环节进行测量研究；大洋组对冰边缘海水温度、盐度和深度以及洋流进行了测量和观察；测绘组在冰站又一次进行了绝对重力的测量。获得了大批极其珍贵的样品、数据和资料，为人类科学了解北极作出了贡献。

利用直升机协助远距离冰上作业 为更多地获取北极科学考察资料，科学考察队还利用“雪龙”船搭载的直升机作后勤保障，以冰站为基点向正北、东北、西北飞1～2个纬度，最远点达到77°18′N。飞行8架次，飞行18小时11分，26人次乘飞机至冰上考察，运送2t多物资和样品，取得了14组冰样和14组表层雪样。

【与全球华人世纪行北极探险队在加拿大图克港会合】 “雪龙”号科学考察船于8月12日中午安全抵达加拿大图克托亚图克港，与加拿大户外运动协会组织的全球华人世纪行北极探险队的60名队员会合。中国首次北极科学考察队对这次会合非常重视，作了周密的安排。对考察队员参观爱斯基摩社区文化也做了精心的部署。60名全球华人世纪行北极探险队队员专程从伊努维克乘飞机到图克港准备登“雪龙”船，同时还邀请中方派50名代表前往伊努维克市参加市长出席的午宴。加拿大官方非常配合，同意中方使用“雪龙”船搭载的直升飞机和长城艇作为交通工具运送人员。但由于大雾弥漫，能见度极差。“雪龙”船锚泊地距图克港25n mile，无法逾越，给会合带来了无法克服的困难。

8月14日凌晨，考察队作出决定，利用瞬间的稍好天气，使用直升机将全球华人世纪行北极探险队选派的24名代表接上船，在“雪龙”船2号舱盖甲板举行会合联谊会。联谊会由中国首次北极科学考察队副队长颜其德主持，首席科学家陈立奇、船长袁绍宏和全球华人世纪行北极探险队队长糜一平分别在联谊会上讲话并互赠纪念品。华夏子孙相聚北极，气氛十分热烈。会后，展示了侨务办公室为澳门回归预制的长龙旗，考察队员和船员在长龙旗上签字。双方还进行了北极考察交流，召开了记者招待会。11时，中国首次北极科学考察队举行了冷餐招待会，副领队和首席科学家一起陪同全球华人世纪行北极探险队共进午餐。14：30，24名队员乘直升机离船。考察队员未能观摩这个世界上最北的城镇之一——图克港，参观爱斯基摩保留区社会文化。原定的中方出席伊努维克市招待会不得不取消。

【直升机探察冰情开创中国直升机在北极飞行的先河】 中国首次北极科学考察，在“雪龙”船配备了由中国飞龙专业航空公司提供的国产直九和引进的小松鼠等两架直升机。直升机主要用于探察冰情和冰间水道，用于支持野外冰上站位科学考察和为新闻记者提供服务等。公司派出了5名有丰富经验的空勤地勤人员执行北极考察的飞行任务，与考察队等有关人员组成飞行组，在全队的密切配合下，克服了飞行中的各种困难，安全圆满地完成了预定的任务。

安全飞行是完成北极考察飞行任务的关键。北极的气候特点是：晴朗的天气少，多为浓雾天气，能见度变化快。前后十多分钟，气象情况就会变得截然相反。几分钟前能见度几千米，几分钟后就变成几十米。北极海冰平坦冰面少，漂移速度快，几个小时就可能漂离原地几海里。这些对执行飞行任务带来极大的困难。为了保证飞机能在浓雾中顺利降落，结合实际制定了应急措施保证安全：特意给地勤配备了高精度的GPS，及时通报飞行甲板的经纬度，使飞机降落时尽快找到船的飞行甲板。对飞机到锚地找船困难，因气象条件变坏造成飞机定点找站位困难而出现的不安全因素，做了几个应急方案，从而保证了飞机在北极特殊气象条件下完成飞行任务。

从7月14日试飞开始到8月24日最后一次探察冰间水道为止，先后分四个阶段组织飞行。两架直升机共起降78架次，其中甲板起降49架次，陆地起降6架次，野外冰上起降23架次；共飞行49h52min，飞行里程约7 000km；共接送人员571人次，运送物资、仪器设备和样品约4 490kg。

【新闻报道工作】 该次队有13个新闻单位的20名记者随中国首次北极科学考察队采访报道，这是自1984年中国首次开展南极科学考察以来随队记者最多的一次。这是一支用高科技“武装”起来的新闻“军团”，共携带卫星电话6部、铱星电话2部、便携电脑10多台、数码相机5台、专业摄像机6台。随时随地向国内和通过因特网向国外发稿。这对宣传中国极地事业是一次难得的好机会。临时党委十分重视新闻工作，专门成立新闻班，并设立党支部，指派专人负责，并适时、适度地召开有关船、科学考察和重要内容的“新闻发布会”。在调查作业期间，许多记者深入第一线，写出了为数不少的深度报道。为使消息及时向国内发回，新华社、人民日报、中央电视台记者充分利用自己携带的海事卫星B站电话图象传输系统，架设在甲板上，克服种种困难坚持每天发稿，及时、全面地向国内介绍科学考察现场进展。

在71天的中国首次北极科学考察中，记者们共发出文字稿 677篇，电视报道31条，图片新闻295幅，电视记录片10集，回国后，有4人出版了专著。记者们利用业余时间，积极主动地参与主办《极地探索》报，采取最先进的电子排版技术，彩色打印，共出版了10期《极地探索》报，集新闻性、可读性、知识性为一体，被广泛地传看、评论和收藏。

（吴金友　陈立奇）

中国南极考察队
China's National Antarctic Research Expedition (CHINARE)

【中国第十五次南极考察队】 中国第十五次南极考察队由长城站考察队、中山站考察队、内陆冰盖（中山站至Dome A）考察队，格罗夫山地质考察队、南大洋考察队和“雪龙”船组成。中国第十五次南极考察队队长王德正，长城站站长孙云龙，中山站站长李果，“雪龙”船船长袁绍宏。第十五次考察队总人数139人，长城站考察队员22人，中山站考察队员40人，内陆冰盖考察队10人，格罗夫山地质考察队4人，南大洋考察队17人，“雪龙”船46人。第十五次南极考察队实施“一船一站”考察，即长城站队员乘机前往长城站，中山站及其他考察队员乘“雪龙”船赴中山站考察。在“雪龙”船途经澳大利亚弗里曼特尔港时，2名与中方合作的美国专家登船，3名俄罗斯人和1名澳大利亚人搭乘“雪龙”船前往俄罗斯进步2站。

长城站考察队 中国第十五次南极长城站考察队由16人组成，其中越冬队员13人，度夏队员3人。长城站考察队于1998年12月10日从北京乘加航飞机出发，11日抵达智利首都圣地亚哥。经极地办驻智利办事处安排，12日早从圣地亚哥飞往彭塔阿雷纳斯，13日上午乘智利空军大力神C-130飞机抵达长城站。在考察中，一名队员在寻找遇暴风雪迷途队员而意外负伤，于1999年3月6日送回圣地亚哥治疗；另有2名越冬队员身体不适，于1999年3月24日随同度夏队3名队员离站返回智利彭塔阿雷纳斯，6人于1999年4月2日乘加航离圣地亚哥，4月3日抵达北京。10名越冬队员继续留在长城站进行越冬考察。1999年9月，第16次越冬考察队厨师提前抵达长城站，同第十五次越冬队员一起工作。第十五次越冬队于1999年12月18日离开长城站返回智利彭塔阿雷纳斯，12月29日离开圣地亚哥，于12月31日抵达北京。

度夏期间，根据国家南极考察“九五”科学考察计划，进行了长城站地区环境考察和国际GPS联测及气象、高分辨卫星云图接收和地震常规观测等科学考察工作。

站务工作：完成了新的海事卫星B站和C站的安装，拆除了原有旧的海事卫星A站。对柴油发电机组和车辆进行了大修，修筑了食品库至码头的道路，对部分建筑物进行了油漆工作。

度夏期间，考察队还接待了以国家海洋局局长张登义为团长的中国政府第五次南极考察团。在考察团的主持下，在长城站举行了由江泽民主席题写的“中国南极长城站”站匾的揭幕仪式。

中山站考察队 中山站考察队40人，其中越冬人员22人，度夏人员18人。考察队于1998年11月5日乘“雪龙”船离开上海，12月5日抵达中山站。度夏考察工作1999年2月20日结束，度夏工作时间77天，度夏队员随“雪龙”船于4月2日返回上海。

度夏期间，根据国家南极考察“九五”科学考察计划，进行了野外地质考察、生态环境科学研究，中山站自然环境过程与环境指示研究，中山站水体、冰藻类的UVB生态效应现场考察、中山站区环境专题研究及气象、极光、臭氧等科学考察项目。

完成的站务工程有：新安装了3台发电机组，拆换了原有旧机组，确保了中山站的正常供电；调试运行了污水处理系统；安装了新型垃圾处理设备；清除了中山站十多年来的报废设备、建筑和生活垃圾，全部运回国内处理；完成了站区建筑的粉刷和油漆工程，并将建筑内的暗线改为明线，以利维修和保养。

越冬队员22人继续留站进行科学考察常规观测和站务维护工作。完成越冬任务后，于1999年12月4日加入第十六次中山站度夏考察队。

内陆冰盖考察队 考察队由10名队员组成，负责人李院生，包括4名科研人员、2名冰芯钻工、2名机械师、2名中央电视台记者。驾驶3辆240型雪地车，后拖6个雪橇舱，分别装有科学考察设备、燃油、食品等75t。

考察队于1998年12月15日出发在前464km区段，与格罗夫山考察队同步行动。12月24日两队分开。1999年1月5日到达距中山站直线距离1 000km预定地点，6日又继续前进1天，在79° S位置设立营地。7日小分队驾驶单车抵达Dome-A（A冰穹）地区，这也是1991年国际实施南极冰盖断面计划以来第一支到达该地区的考察队。1999年1月15日考察队启程返回，于2月3日安抵中山站。该次冰盖考察历时50天，成功穿越了200km长的冰裂隙区域，取得了丰硕成果。

该次考察终点位置79° 16′ 46″S、76° 59′ 46″E，距中山站直线距离1 106km，海拔高度3 931m（GPS数据），雪地车行程1 250km，仲夏气温−32℃～−37℃。考察队建立了664km长的冰川学综合研究剖面，完成了冰雷达探测，建立了16个新GPS精确定位点，在不同高程的典型降雪区设立了5组物质平衡观测阵。在1 076km钻取100.6m冰芯1支，在800km处钻取82.5m冰芯1支，并在沿途进行了系统的气象观测和采集了各类雪样、大气样品、气溶胶样品等。

格罗夫山地质考察队 格罗夫山考察队员共4人，负责人刘小汉。于1998年12月8日开始进行现场物资卸运和准备工作，配备了2辆雪地车（中途1辆因故障撤出），2辆雪上摩托车及燃油、科学考察设备、雪橇、食品及其他物资等。12月15日16：45出发赴格罗夫山考察，于1999年2月3日凌晨返回中山站。考察时间50天，总行程2 000km，全程共设置旗标134个，站位14个。其中在格罗夫山区内设置8个站位，累计行程133km。

南大洋考察队 南大洋考察队员共17人。大洋调查共分两个航段，第一航段从1998年12月16～24日；第二航段从1999年1月12～21日。共完成29个综合站和两个48h 生物、化学、海洋水文要素的连续站的调查任务。

“雪龙”船 船员40人，管理及指挥人员6人。“雪龙”船于1998年11月5日驶离上海赴南极，1998年12月5日抵达中山站，1999年2月20日从中山站返航，4月2日抵达上海港。“雪龙”船共航行20 326 n mile，两次穿越西风带，其中浮冰区航行1 600 n mile，破陆缘冰18.3n mile。进行了2个阶段的南大洋科学考察任务。“雪龙”船抵达中山站后，在陆缘冰未完全破裂前，通过海冰卸运了科学考察的大型设备和运输工具，中山站站用燃油等；1999年1月27日至2月5日，陆缘冰破裂后，利用小艇拉回中山站垃圾。共计卸运物资23车次、5艇驳次、各类物资设备100余吨，航空煤油210桶，煤气罐50个，发电用油242m^3及11艇驳垃圾。此外，“雪龙”船还在中山站海域进行海底测绘，首次发现了“中山”锚地。

【中国第十六次南极考察队】 中国第十六次南极考察队由长城站考察队、中山站考察队、格罗夫山综合考察队、南大洋考察队和“雪龙”船组成。中国第十六次南极考察队队长盛六华，后因考察途中突发疾病返国，由王德正于1999年12月28日接任考察队队长，长城站站长吴金友，中山站站长刘书燕。考察队总人数139人，长城站21人，中山站44人，格罗夫山考察队10人，“雪龙”船47人，南大洋考察队12人，外国科学家5人。第十六次考察队实施“一船两站”方案，“雪龙”船先行赴中山站，由中山站赴长城站，然后再返回中山站。

长城站考察队 长城站考察队共21人，其中越冬队员13人，度夏队员8人。长城站考察队于1999年12月10日从北京出发，12月11日抵达智利圣地亚哥，经极地办驻智利办事处安排，12月14日飞往智利彭塔阿雷纳斯，15日乘智利空军大力神（C-130）飞机抵达长城站。度夏队于2000年3月28日离长城站飞往智利彭塔阿雷纳斯，4月3离圣地亚哥飞往巴黎，7日抵达北京。越冬队13人继续留站进行常规观测和站务维持工作。

度夏期间，根据国家“九五”南极科学考察计划，进行了GPS国际联测、地质与生态环境考察以及长城站环境影响评价等科学考察项目。进行了气象及高分辨卫星云图接收等常规观测项目。

度夏期间的站务工作主要是：完成了考察站的物资和燃油的卸运工作。对考察站的发电机组、各种车辆设备等进行了维修保养，对部分建筑油漆粉刷，拆除了地磁观测空房、旧发射天线及铁塔，清理了站区环境，运回了站上各种废旧物资、废油和各种垃圾等。

中山站考察队 中山站考察队共44人，其中越冬队员18人，度夏队员26人。1999年11月1日从上海乘“雪龙”船启程赴中山站，12月4日抵达中山站。中山站度夏队于2000年3月1日随“雪龙”船撤离中山站，4月5日抵达上海港。越冬队18人继续留在中山站进行考察工作。

度夏期间，中山站完成的站务工作有：中山站新建宿舍栋的基础建设工作，对站上的发电机组、各种车辆等进行了维修、保养。对站上部分建筑设施进行

和天气信息。

地震、地磁观测 主要内容是地震模拟三分向（DSL-3）、地磁模拟三分向（GM-1）、地磁数字三分向（GM-2）、地磁总强度数字观测（ZZZ-1）。共取得连续完整的地磁数据28盘，数据记录纸3卷，记录图纸12盒，地震记录纸12卷。

中山站科学考察 **气象常规观测预报** 除常规气象观测项目、编发天气报外，还接收卫星遥感资料和气象传真图，为考察站的各种活动安排提供预报服务和天气信息。

臭氧观测 采用加拿大生产的BREWER观测仪进行常年臭氧观测，用以了解臭氧在南极的总量与UVB辐射的关系。极夜期间，虽无法进行对日观测，仍可以对天顶观测，获得了大量的NO_2数据，此系中山站首次观测。本年度共观测臭氧289天，获数据51盘，检测和监测资料各10本，每月及时将观测资料制成报表报回国内。由于该仪器已连续观测了数年，于1999年11月7日中断观测，将仪器运往加拿大进行标定。

地磁常规观测 内容分别是三分量相对地磁场、三分量绝对地磁场、地磁脉动、哨声等的常年观测。一年中共收集相对地磁观测资料40MB左右，哨声甚低频共观测了近230d，记录一直正常进行，从未中断。

重力场与固体潮 观测的目的在于了解南极地壳弹性参数、极点的移动规律、尤其是在冰雪负荷下的形变规律。取得324d共7 776h的连续观测资料，并实现了模拟记录数字化，对弹簧重力仪记录系统作格值标定，结果表明，仪器的工作状态和稳定性良好，这次取得的资料和以前历次队的观测资料的精度在同一量级水平。

平流层和大气电场观测 使用激光雷达探测南极平流层的气溶胶，再配以其他设备探测南极平流层云的变化规律，从另一个角度加深对南极臭氧洞的认识。采用大气电场仪对大气电场实施不间断监测，为南极地区日地系统整体行为研究提供部分资料。时值第23周太阳活动峰年，使观测更具有十分重要的意义。从2月底至10月利用可观测天气，对平流层的气溶胶进行了163次有效观测。地面大气电场仪始终工作正常，共记录40盘录音带，达到了连续观测的目的。

高空大气物理观测 采用的观测仪器分别是：磁通门磁力计、宇宙噪声接收仪、扫描光度计、全天空电视摄像机、地面臭氧仪、感应式磁力计和电离层测高仪。该项目还是一项国际合作项目，同时执行与中—日、中—澳的合作观测。本次队越冬绝大多数仪器一直处于正常运转状态，获得了连续完整的数据，数字化数据约170GB，包括58片MO、30盘数据流带、8盘DLT、6片软盘。模拟数据125盘及26卷纸记录。

GPS常规观测 在中山站设置该观测项目的第一年，其主要任务是：①建立GPS跟踪站，进行GPS常规观测，②参加GPS国际联测（15次度夏期间），③为冰盖和格罗夫山两支内陆队提供GPS定位支持（15次度夏期间）。度夏结束后，进入越冬常规观测，每两个月将记录的原始数据刻入光盘保存，共取得约2 200MB的实测数据，对监测南极板块运动，地球动力学以及毫米级大地测量的研究具有重要的意义。

【中国第十六次南极度夏科学考察】 中国第十六次南极夏季科学考察是在南极现场执行“九五”国家重点科学计划（攻关）项目的最后一年，共安排科学考察项目10项，除国际GPS联测外，其余所执行的均为“九五”攻关计划。

长城站科学考察 **GPS国际联测** 执行99/00南极夏季1月20日至2月20日国际全南极的GPS观测，目的是针对大地形变开展的观测研究，共取得30天的联测数据光盘。

南设德兰群岛新生代研究 考察的目的是：①采集新生代火山岩样品，为恢复群岛的形成、抬升、剥蚀与环境变迁的演化过程收集野外资料。调查长城站火山机构的分布、形态、产物；②与韩国合作共同采集火山岩样品，为研究海峡拉张积累资料；③对南安第斯山脉开展包括构造、沉积盆地、岩浆活动、矿产及火山岩同位素地球化学等方面的调查。通过野外考察，获取了大量宝贵的标本和资料，为深入研究创造了良好的条件。

站区自然界面环境过程与全球变化专题考察 此本次考察围绕全新世表生地球化学过程进行，着重采集有关环境样品和数据，目的在于探讨不同高度上古新湖泊沉积所表达的气候、污染物、生物活动的环境演化过程及其环境事件。

站区环境影响评价 长城站区环境影响评价的目的是：①科学考察活动环境影响因子跟踪识别、污染源调查；②站区环境治理及环境管理措施评估；③站区水质、底质质量状况监测评价；④环境评估公众参与调查。除地质采样因客观原因未能按计划完成外，通过现场考察和调查，所取得的样品和资料将为长城站环境保护提供依据。

中山站科学考察 **站区附近及近岸地区生态环**

境监测与研究 该项考察属于国家“九五”攻关第四专题的内容，以站区为基地，对站区及近岸地区常规生态环境因子进行系统监测，与第十五次队的工作进行比较，做出阶段性的总结。该次考察共获取环境化学、环境生物学、大气及其他常规要素67份样品，194组数据，基本涵盖了中山站区及近岸地区的环境生态现状，为长期监测提供了背景资料。

站区环境影响评价 中山站区环境影响评价的目的是：①科学考察活动环境影响因子跟踪识别与污染源调查；②站区环境治理及环境管理措施评估；③站区水质底质监测评价；④环境评估公众参与调查。通过现场考察和调查，针对存在的问题，提出了初步的改进建议，所取得的样品和资料将为中山站环境保护提供依据。

风化壳和原始环境形成过程 该项目开展了两项现场考察工作：环境中有机污染物调查；企鹅传染病调查。第一项的考察和取样对象分别是：生物样、岩土、水样、固体废物等。第二项完成部分现场采样，因客观条件限制，部分未能完成，样品分析在国内进行。

全程臭氧和紫外辐射的监测和变化机制研究 通过安装在“雪龙”船的高精度紫外辐射和地面臭氧观测仪器，获取整个航线的资料，对中山、长城两站的常规气象观测也进行了全面了解，通过对资料的综合分析，揭示紫外和臭氧变化规律，并与国内外和站上的同期资料相比，分析南极地区臭氧和紫外辐射的变化过程及其在全球变化中的作用。

格罗夫山综合考察 基本完成了预期的目标，主要成果和进展是：完成核心区110km^{2}第一张1∶2.5万地形图；收集28块陨石；采集了大量沉积岩转石；发现并确认6条悬浮终碛堤；考察了分布在各岛峰山体上的冰川；发现了系列古土壤（据了解该发现尚属首次）；在蓝冰区钻设定位标杆；首次实施冰缝内部直接观测并取样；在核心区主峰大本营树立了半永久性纪念标。

南大洋和普里兹湾考察 该考察是执行“九五”攻关计划的最后一个航次，同时又是执行国家重点基金项目“南大洋碳循环”的关键航次，重点保证了“碳循环”项目的实施，在普里兹湾着重于从陆隆与深海洋区之间的直达海底作业，完成了中美合作沉积物捕捉器的回收和重新布放作业，走航观测按照计划要求执行，取得了大量宝贵的资料和样品。

（吴依林）

极地后勤保障
Polar Logistic Support

【长城站】 1998年第十五次南极考察队乘飞机经加拿大、智利赴长城站。这次队主要完成了气象栋、文体栋、科研栋、综合库、食品库底部的除锈油漆；按有关条例和规定完成了车辆机械的维护修理、发电机组的大修、中修。并对发电机组的报警进行了改进，对发电的管理工作经验进行了总结。

当年因国内无考察船到长城站，部分补给物资通过国际海运到智利后，转由别国的考察船运抵长城站。此次给站上新增配1辆YAMAHA540型雪地摩托车，新安装了卫星通信地面接收站B站，其余的大部分食品、物资和油料等均由“雪龙”号船在1997年补给。

1999年第十六次南极考察队长城站队员，乘飞机经法国、智利赴长城站。这次队除进行了站上正常的车辆发电设备维护保养和站上常规的环保工作外，主要对站上的房屋设施和油库设施进行了全面地除锈油漆，拆除了已报废的短波天线塔及其附属设备，拆除了用于高空物理观测的两个集装箱和地球物理实验用房，清理了油库和车库周围多年积存的废弃油桶等。

“雪龙”号船于2000年1月3日抵长城站，为长城站补给燃油408m^3，补给了第16次队的各种物资和17次队部分物资，为长城站运去吉普车一辆。同时将长城站待修的装载机、2020吉普车、各种已拆除报废物资和垃圾共计230多t运上船，带回国内处理。

【中山站】 为了完成第十五次队中山站的艰巨任务，事前在国内做下列准备工作：①对第十四次队从站上运回的5辆雪地车（3辆240、1辆170、1辆150）进行了大规模的检查修理；②加工了南极内陆冰盖考察所需要的雪橇、成员仓等配套设施；③购置了焚烧炉、压实机，对中山站更新发电机组等进行了各种准备工作。

1998年第十五次南极考察队中山站队员乘“雪龙”船赴中山站，分3次为中山站补给了物资设备。“雪龙”船12月初到达中山站附近海域，12月5～9日利用当时陆缘冰未开的有利时机，连续作业，安全地实施了冰上卸货，及时将大型雪地车、雪橇、新购置的YAMAHA540型雪地摩托车及急需物资、设备和生活用品卸运到站，保证了内陆冰盖考察队能够及时出发，保证了站区工程能够按时进行。1999年1月4～6日进行了冰上卸油，为中山站安全补给燃油242m^3。1月27日至2月5日，利用陆缘冰开裂的机会，及时将剩余的物资设备和生活用品抢运上站。同时将中山站10年来报废的设备、物资和垃圾约200t装船后运回国内。

这次队完成了更新3台150kW发电机组的安装调试工作，并投入正常运行；安装了更新的焚烧炉、压实机，通过调试使上次队更新安装的污水处理装置投入运行，从而完善了中山站的环保系统。同时完成了全站供电线路的改造，更换了制冷机组，拆除了旧湖心泵，还进行了机械车辆维修等工程任务。这次队内陆冰盖考察队和格罗夫山地质考察队利用5辆大型雪地车、雪橇等设施，装载着所需各种给养，分别进行了1 000余千米的内陆冰盖考察和格罗夫山的地质考察。

1999年第十六次南极考察队实施一船两站计划。中山站考察队员乘“雪龙”船于12月4日到达站上。由于气象特殊，冰情严重，原准备利用固定陆缘冰卸运近500t物资的计划未能顺利实现，仅在冰上抢运了格罗夫山考察物资、站上大部分越冬物资和新购置的1辆SCANDIC380型(Ski-doo) 雪地摩托车，保证了格罗夫山地质考察和中山站度夏考察工作的开展。为了力争几百t建站物资能够尽快卸到中山站，其间曾求援俄罗斯，商定利用俄“弗德罗夫院士”号船和直升机于1月18日进行联合卸运物资，但由于一些客观的原因未能实现。直到1月27日，由于天气异常，中山站外陆缘冰仍延伸10余海里，冰厚1.4m，冰丘处甚至达几米，不但建站物资无法卸运，连冰上卸油都难以进行。从2月4日开始，经过艰难地破冰，于2月15日抵达预定的冰上输油点，采用冰上管道给站上输油，其间在大潮和冰山作用下，中山湾固定冰开裂浮动，给安全输油造成威胁，船上采取措施，停止输油，断开油管接头，待浮冰稳定后，重新组织输油，终于在17日完成了给中山站补给燃油257m^3。

由于该次南极考察队在中山站遭遇到近几十年来少有的恶劣天气，“雪龙”船上为中山站新建一座综合楼的建筑材料始终无法卸运上岸，新楼的建设工程也无法按计划进行。考察队除完成机械设备的维护修理和保证站上各生活设施正常运行外，主要为综合楼的建设做了许多准备工作，大力整治了站区的环境卫生，完成了建筑设施的油漆工程、上下水工程等。该次队的格罗夫山综合考察队乘3辆PB240大型雪地车，拖带雪橇，携带食品、油料和必需物资对格罗夫山进行了地质考察。

【“雪龙”船】 1998年7～10月按船检规范要求，对“雪龙”船进行了建造以来的第一次特别检验。此次特检修理共完成甲板工程、轮机工程、电气工程约300项，特别是尾轴可调桨的拆检工程难度大，特派专家代表团到乌克兰和俄罗斯原制造厂家考察、邀请俄方技术专家来沪现场指导，最后由上海沪东造船厂承担完成。这次特检修理，为“雪龙”船在今后5年内能顺利执行极地考察任务，打下了基础。

“雪龙”船于1998年11月5日至1999年4月2日，执行了中国第15次南极考察任务，先后停靠新加坡、澳大利亚弗利曼特尔、霍巴特3个港口，在外港主要补给重油3 346t、轻油1 212t、极地油170t、航空煤油60桶、船用汽缸油310桶，补给淡水1 172t。“雪龙”船此航次承担了为中山站补给物资、运送设备、人员和南大洋调查任务，历时149天，航行20 326n mile，航行1 536h。在执行任务期间，首次利用陆缘冰卸运了大型车辆和物资，冰上为中山站补给了油料，并利用陆缘冰开裂的有利时机，及时将剩余设备、物资和生活用品抢运上站，同时将建站10年来的废旧设备、物资和垃圾运上船，拉回国内处理。“雪龙”船在撤离中山站返航途中，应澳大利亚南极局的要求，专程到戴维斯站把装有垃圾和其他物品约10t的大小集装箱10只运上船，并在霍巴特移交澳方。

“雪龙”船于1999年7月1日至9月9日，执行了中国首次北极科学考察任务，先后在美国诺姆港、加拿大图克托亚图克港的港外锚泊，接送考察队员、与“全球华人世纪行”北极探险队会合。此次科学考察主要在浮冰区和浮冰上进行。为了保证科学考察计划的实施，除了把“雪龙”船作为海洋、大气考察作业平台和基地外，还在船上配备了两架直升机，两条工作艇，同时为海冰考察作业准备了雪地摩托车、小型雪橇、大小帐篷、便携式发电机和通讯设备等。8月20日在浮冰区作业时，为了保证直升机的安全降落，受当时风、流变化的影响，刚吊放到“雪龙”号右舷的“长城”艇，来不及吊起，被浮冰压坏右舷，换用“中山一”号艇支持冰站考察。

“雪龙”船于1999年11月1日至2000年4月5日，执行了中国第十六次南极考察任务，实施“一船两站”新的运输补给方案，按上海—中山站—蓬塔—长城站—中山站—上海的航线航行。该航次先后停靠新加坡、澳大利亚弗利曼特尔、智利彭塔阿雷纳斯港口，在外港补给重油2 826t、轻油 874t、船用辅助油料40 500L，极地油172t、航空煤油5.6t，汽油20桶（200L/桶），煤气30罐（35kg/罐）。整个航次，四过西风带，历时157d，主机安全运行2 200h，航行27 053n mile，累计破冰作业51h，破冰43n mile，完成了大洋调查和给“中山”、“长城”两站物资、油料补给及运送考察队员的任务。同时，还为韩国南极考察站运送大型车辆和部分物资，完成了中美合作项目沉积物捕集器的回收和施放任务。（胡全功）

极地国际事务
Polar International Affairs

【国际交流与合作】 1998年初，国际南极和南大洋联盟（ASOC）专门致函国家海洋局极地考察办公室，就中国信守南极条约之环境保护议定书，将南极长城站区积存的14年不易焚烧垃圾运回国内处理、制定溢油防范及应急措施、提交“环境影响报告”等保护南极环境的行为给予了充分肯定与赞扬。

1998年5月29日中国极地研究所与挪威特罗姆瑟(Tromso)大学理学院签订“学术交流与合作协议”，双方一致同意在共同感兴趣的极地各学术领域进行交流与合作。

1998年7月14日至8月5日，经国土资源部批准，国家海洋局派出以原副局长陈炳鑫为团长，陈立奇、陶丽娜、袁绍宏组成的中国北极考察团赴俄罗斯和北极点，为中国政府首次北极科学考察活动进行调研和航线设计的前期准备工作。

1999年1月22日，应新西兰外交部的邀请，由中国外交部部长助理王光亚、条法司刘振民副司长、条法司五处王承军副处长组成的中国代表团赴新西兰签署了“中新两国政府关于南极合作的联合声明”。声明指出，两国将就南极方面的事务进行磋商与合作。25～28日代表团还参加了由26个国家南极条约协商国外部、环境部部长组成的部长级南极冰原考察活动。

【国际会议】 **东南极航空网工作组会议** 会议于1998年3月2～3日在日本国立极地研究所召开。来自俄罗斯、澳大利亚、中国等国家的该工作组成员、专业顾问和商业航空公司代表参加了本次会议。中国代表陈立奇出席会议。会议围绕在东南极拉斯曼丘陵地区修建机场跑道、形成南极洲航空网等事宜进行了磋商。中、俄、澳三国还就建机场事宜签署了备忘录。

国际北极科学委员会会议 会议于1998年4月26～28日在美国阿拉斯加大学召开，会议代表分别来自美国、加拿大等17个国家，由国家海洋局极地考察办公室主任陈立奇任团长的中国代表团一行4人出席了此次会议。会议主要围绕全球变化对北极的影响、北极稳定持续发展等问题进行了研讨。

第22届南极条约协商国会议 会议于1998年5月25日至6月5日在挪威特罗姆瑟（Tromso）召开，26个南极条约协商国、8个签约国派员参加了会议。由外交部法律顾问许光建任团长、国家海洋局极地考察办公室主任陈立奇为副团长的中国代表团一行5人出席了此次会议。会议主要讨论了南极条约之南极环境保护议定书生效后的有关问题及环保委员会工作章程、南极环境责任附件问题。

第25届国际南极研究科学委员会（SCAR）和第10届国家南极局长理事会/南极后勤支援与作业常设委员会（COMNAP/SCALOP）会议 会议于1998年7月20～31日在智利康塞普西翁召开，共有26个国家的340名代表参加了会议。国家海洋局极地考察办公室副主任贾根整任团长的中国代表团一行6人出席了本次会议。

全球变化与极地作用研讨会 会议于1998年8月24～28日在挪威特罗姆瑟(Tromso)召开，中国代表团一行3人出席了本次会议。

国际南极冰川学学术研讨会 会议于1998年9月5～9日在中国兰州召开，共有20个国家的84名代表参加了会议。会议期间，南极研究科学委员会冰川学工作组召开了会议，推选中国科学院环境与资源协调局局长秦大河为新一任工作组主席。

国际北极科学委员会年会及'99北极科学高峰会议周 会议于1999年4月25～29日在挪威特罗姆瑟（Tromso）召开，17个国家的150多位代表参加了此次会议。由国家海洋局极地考察办公室主任陈立奇任团长、中国极地研究所所长董兆乾、中国科学院刘健、国家海洋局极地考察办公室彭鹏等4人组成的中国代表团出席了此次会议。会议研究主要议题是：“全球变化对北极地区的影响”。中国代表团在会上宣布了1999年中国政府首次北极科学考察计划。

第23届南极条约协商国会议 会议于1999年5月24日至6月4日在秘鲁首都利马召开，27个南极条约协商国和11个非协商国派团参加了会议。由外交部法律顾问许光建任团长、国家海洋局极地考察办公室主任陈立奇为副团长的中国政府代表团一行6人出席了此次会议。会议讨论了南极条约的实施、议定书的遵守情况、极区船舶航行、南极旅游与非政府性活动管理等诸多议题。

南极高空大气物理中日合作研究研讨会 会议于1999年6月28日至7月1日中国上海召开。此次会议由国家海洋局极地考察办公室主办，中国极地研究所和日本国立极地研究所共同组织，并得到了国家自然科学基金委的资助。来自中国、日本、挪威、澳大利亚等4个国家的44名代表参加了本次会议。与会代表围绕各国在极隙区高空大气物理研究中取得的最新成果，特别是中日南极合作研究协议执行5年来所取得的重要进展，以及未来各国的极地科学研究合作进行了交流与讨论。

第11届国家南极局长理事会和后勤作业常设委员会（XI COMNAP/SCALOP）会议 会议于1999年9月20～24日在印度果阿（GOA）召开，25个国家的68名代表参加了会议。由国家海洋局极地考察办公室主任陈立奇任团长、贾根整副主任、吴军组成的中国代表团出席了此次会议。会议围绕着COMNAP执行秘书的报告、拉美国家南极局长理事会议报告、修改后的COMNAP和SCALOP目标、各工作组活动报告及经费预算安排、下届SCAR/COMNAP与SCALOP会议安排等16项议程做了研究与讨论。

（赵 萍 贾根整 陈立奇）

大事记
Chronicle of Events

1998年6月20日，国务院总理朱镕基致电慰问各国南极考察队员。

1998年7月14日至8月5日，中国北极考察团赴俄罗斯和北冰洋考察。

1998年7月20～31日，中国代表团出席第25届南极研究科学委员会(SCAR)会议和国家南极局局长理事会/南极后勤支援与作业常设委员会(COMNAP/SCALOP)会议。

1998年8月24～28日，国家海洋局派代表团参加挪威特罗姆瑟举行的全球变化与极地作用研讨会。

1998年9月5～9日，第六届国际南极冰川学学术讨论会在中国兰州举行。秦大河教授当选为新一任主席。

1998年9月17日，中国首次北极科学考察计划专家评审会在北京召开，7个部委的14名院士出席了会议。会议由国家海洋局副局长陈炳鑫主持，局长张登义出席会议，国家海洋局极地考察办公室主任陈立奇向专家们介绍了中国首次北极科学考察计划基本思路和编制过程。与会院士充分肯定中国首次北极科学考察具有重要意义，呼吁国家给予支持，并就研究内容提出重要的修改意见。

1998年9月20日至10月7日,应日本国立极地研究所所长平泽威男教授的邀请，中国极地研究所所长董兆乾访问日本国立极地研究所。

1998年10月18～20日,中国极地考察咨询委员会年会在黑龙江省亚布力滑雪场中国南极训练基地举行。

1999年1月8日，中国第十五次南极考察队第三次内陆冰盖考察队(10人)乘雪地车抵达冰穹A(79° 16' S，76° 59'E)，离中山站1 100km，海拔3 900m，历时25天。此次内陆冰盖考察获取了1 100km的考察剖面和大量珍贵的冰芯样品。

1999年1月22日，中国和新西兰签署了“中新两国政府关于南极合作的联合声明”。

1999年1月25～28日,外交部部长助理王光亚和副司长刘振民参加新西兰组织的26个南极条约协商国部级官员考察南极冰原活动。

1999年1月30日至2月12日，经国务院批准，以国家海洋局局长张登义为团长的一行8人南极视察团视察南极长城站。在视察期间，举行了江泽民主席题写站名的铜匾揭牌仪式。

1999年2月14日，国家海洋局在北京举行春节慰问中国第十五次南极考察队通话会。在听取考察队队长、站长和船长的汇报后，中共中央政治局委员、书记处书记、国务院副总理温家宝代表党中央、国务院和全国人民，向中国第十五次南极考察队和“雪龙”号船员致以节日的问候，并对所取得的成绩给予高度赞扬。国土资源部部长周永康、国务院办公厅副秘书长马凯、国家科技部副部长邓楠、卫生部副部长彭玉、中国科学院副院长陈宜瑜、中国地震局局长陈章立、中国气象局局长温克刚、国家测绘局局长金祥文和国家海洋局局长张登义及有关部门的负责人和科学家参加了这次春节慰问通话会。

1999年4月2日,中国第十五次南极考察队圆满完成各项考察任务后乘“雪龙”号船返回上海港。国家海洋局在码头举行了隆重的欢迎仪式。国家海洋局局长张登义、国家科技部副部长惠永正、中国科学院副院长陈宜瑜以及外交部、财政部、中国地震局、中国气象局等中央有关部门和上海市的委、办、局等的领导和几百名群众出席了欢迎仪式。

1999年4月25～28日,中国派团参加在挪威特罗姆瑟举行的国际北极科学委员年会和北极科学高峰会议周。

1999年5月7日，由科技部农业社会司主持、国家海洋局科技司召集的海洋口“十五”及2015年计划和规划预研座谈会，通过一系列的预研，9月20日通过专家论证后，产生了“十五”及2015年极地领域预研报告—“21世纪初中国极地资源与环境的关键科学研究”，作为《21世纪初中国海洋科学技术发展前瞻》一书中的组成部分正式出版。

1999年5月24日至6月4日，第二十三届南极条约协商国会议在秘鲁首都利马市举行。中国派出以外交部条法司许光建大使为团长、国家海洋局极地办主任陈立奇为副团长的一行6人代表团出席了会议。

1999年7月1日，中国首次北极科学考察队暨“雪龙”号船首航北极。国家海洋局在上海举行隆重欢送仪式，上海市副市长左焕琛及上海市市府委、办、局和中国极地研究所等有关单位领导和群众出席。国家海洋局副局长陈连增主持仪式，国家海洋局局长张登义、上海市副市长左焕琛分别在仪式上讲话。中国首次北极科学考察队首席科学家陈立奇，代表全体队员发言。他表示，决不辜负国家和人民的期望，发扬爱国、拼搏、求实、创新的南极精神，克服困难，不辱使命，圆满完成任务，以优异成绩向国庆50周年献礼。

1999年7月30日，国家海洋局极地考察办公室档案目标管理达标，被授予《国家海洋局科技事业单位档案管理一级单位》证书，编号HY9128007。

1999年9月2日，“南极石”矗立于国家海洋局大楼前，被列为北京长安街迎国庆新建十雕塑之一。“南极石”基础为正方形，高1.45m，边长2m，正面是“南极石”三个大字，基座上镌刻着邓小平的“为人类和平利用南极做出贡献”题词，背面有说明文字：岩石名安山质玄武岩；重量5t；采集日1987年2月；采集地：中国南极长城站；地理坐标62°25′9″S、58°57′52″W，与北京距离17 501.949km；采集者：中国第三次南极考察队。

1999年9月9日，中国首次北极考察队暨“雪龙”号船完成首航北冰洋和北极科学考察计划任务胜利安抵上海港，国家海洋局举行了欢迎仪式。国家海洋局陈连增副局长主持会议，国家海洋局张登义局长、上海市周禹鹏副市长在会上讲话，50多个单位的500多人参加了欢迎仪式。这次考察历时71天，航行14 180 n mile，1 238h；考察队员共有124名，其中科学考察和协调保障人员66人(包括俄罗斯、日本、韩国以及中国香港特别行政区、台湾省科学家)，记者20人，船员38人。

1999年9月20～24日，中国代表团出席了在印度哥瓦举行的第11届南极局长理事会和后勤作业常设委员会会议。

1999年9月28日，中国极地考察工作咨询委员会1999年会在厦门召开，26名代表出席会议；主要会议议程是汇报首次北极考察情况，“九五”国家科技攻关和自然科学重点基金项目的执行情况；第16次队的任务安排和组队；“十五”计划和2015年发展规划的预研进展；国家极地重点基础研究(973)立项；南北极国际会议和极地科普馆等事项。

1999年12月15日，中共中央宣传部、国家科技部、教育部和中国科学技术协会在全国科普工作会议上确定极地科普馆命名为“全国青少年科技教育基地”。

（王耀明　陈立奇）

国际海底篇

International Seabed

国际海底
International Seabed

综　述
Summary

【国际海底区域形势】 1998～1999年举行的国际海底管理局第四届和第五届会议继续对《国际海底区域内多金属结核勘探规章》进行审议。会议的热点表面上依旧集中在海洋环境保护、勘探资料保密性、人员培训等问题上，但实质上反映了国际上各利益集团对国际海底区域（下称“区域”）资源的权利主张与要求。

一些大洋多金属结核所含金属的陆地生产国希望尽可能地减少“区域”多金属结核开发对其造成的不利影响，因此在深海采矿环境问题上提出了较苛刻的条款；不拥有深海开发技术的国家，尤其是沿海的第三世界国家，因为看不到具体的利益，要求降低资料的保密性原则以获取更多的资料和技术；国际上的环保主义国家和组织从纯粹的保护和保全海洋环境出发，也提出了一些苛刻的环保动议。管理局第四、五届会议过程中先驱投资者国家（包括潜在的先驱投资者国家）与其他利益集团的分歧较大，中国一方面作为发展中国家与世界上广大的第三世界国家有政治上的共同利益，另一方面作为先驱投资者国家与发达国家有经济上的共同利益，鉴于中国在管理局中的特殊地位，因此磋商过程中对于一般性条款多采取了灵活的态度。

随着人们对深海资源认识不断深化，大洋多金属结核以外其他海底资源（富钴结壳、热液硫化物、磷块岩、天然气水合物、深海生物基因资源等）引起各国的广泛重视。鉴于理事会成员对《国际海底区域内多金属结核勘探规章》有关条款的意见逐渐趋于一致，管理局将会有更多的精力讨论通过其他相关规章，因此管理局内部呼吁制定国际海底区域内多金属结核以外其他海底资源勘探规章的声音越来越强烈。俄罗斯代表团于1998年国际海底管理局第四届会议期间正式提出了要求管理局制定海底富钴结壳有关规章的要求。按照《联合国海洋法公约》的有关规定，一旦有缔约国提出其他矿产资源立法的要求，管理局应在3年内开展立法工作。

国际海底资源、技术、环境是世界各国关心的焦点问题。国际海底管理局分别于1998年在中国三亚召开了深海环境影响评价国际研讨会、1999年在牙买加金斯敦召开了深海采矿技术国际研讨会。国际海底管理局计划于2000年继续组织召开多金属结核以外其他资源国际研讨会。通过各国专家的研讨进一步深化了国际社会对深海资源研究开发的认识，引起各国政府的重视。

【中国大洋矿产资源研究开发协会的有关活动】 中国大洋矿产资源研究开发协会（以下简称中国大洋协会）对外作为在联合国登记注册的国际海底先驱投资者，为巩固和提高中国的国际地位，参与“区域”国际事务，起到了积极的作用；对内作为政府与企事业的桥梁和中介，在大洋专项的管理和实施过程中开展了大量的组织协调工作。

1998～1999年间协会进一步开展了开辟区的勘探和环境调查，完成了区域放弃、资源评价、环境评价等重点任务。考虑到国际海底资源研究开发的新形势，及时安排了富钴结壳靶区的勘探工作，同时兼顾了热液硫化物等其他资源的前期探查，迈出了从单一多金属结核资源研究开发到多种资源研究开发的步伐。协会的深海采矿系统、资源加工利用等技术发展项目继续瞄准国际前沿，遵照有限目标、滚动发展的原则，适时确定了新的研究开发课题，并开展第二台6 000m水下自治机器人（CR-02）的研制。

1998～1999年间，协会还重点开展了国际海底区域资源研究开发战略研究和“十五”计划制订等工作，基本确定了中国面向21世纪的国际海底区域战略，初步形成了由单一向多种“区域”资源转移的战略格局。以国际海底区域战略为指导，中国大洋协会办公室组织有关专家编制了《国际海底区域资源研究开发“十五”计划（草案）》，计划提交2000年协会理事会审议后，报请国家有关部门批准。

1998～1999年协会各级机构的正常运转保证了协会工作的顺利进行。协会理事会、常务理事会对协会的重大业务问题，包括协会年度工作安排、经费预算、项目设置、经费安排、技术路线等进行了审议，特别是对中国大洋工作的长远安排、战略布局、“十五”计划等及时进行了研究决策。协会办公室和联合办公会议根据协会业务工作的需要及时就协会业务工作中的重要问题进行了磋商，对拟提交常务理事会的

重大议题进行了讨论，及时贯彻落实了协会理事会、常务理事会的决定。 （刘 峰）

中国大洋矿产资源研究开发协会
China Ocean Mineral Resources R&D Association (COMRA)

【概况】 中国大洋协会是1991年经国务院批准成立的社会团体，负责组织协调中国在国际海底区域进行矿产资源的研究和开发活动。1991年协会在联合国登记注册为国际海底区域先驱投资者。协会的宗旨是通过国际海底矿产资源研究开发活动，为中国经济的可持续发展储备新的矿产资源和能源，促进国际海底资源开发高新技术的发展，维护中国在国际海底的权益，并为人类开发利用国际海底资源作出贡献。协会主要机构为理事会、常务理事会和协会办公室。理事会是协会的权力机关，对有关协会发展的重大事项作出决定；常务理事会是协会的执行机关，基本职能是审定协会的重大业务问题；协会办公室作为国家大洋专项的具体管理部门，其基本职能是按照协会理事会和常务理事会确定的各项方针、政策和决定，承办协会日常事务。现任协会领导为：理事长陈炳鑫，副理事长曾绍金、李尚诣、钮因健，高级经济顾问马洪，高级技术顾问张炳熹、王淀佐、李廷栋、陈毓川，高级法律顾问倪征日奥。

【协会三届二次理事会】 1998年4月22～25日协会第三届理事会第二次全体会议在三亚市召开。会议审议通过了陈炳鑫理事长代表常务理事会所作的《中国大洋协会三届二次理事会工作报告》，审查了协会办公室向会议提交的《中国大洋协会三届二次理事会专项经费财务报告》，听取了国家海洋局、国土资源部地调局、国家冶金工业局、国家有色金属工业局关于1997～1998年度大洋专项执行情况报告。有关专家金建才、娄洪、刘峰分别就"关于国际海底法律制度的最新发展"、"国际海底管理局财政委员会的有关情况及中国的对策"和"深海高技术现状与发展趋势"作了专题报告。

会议重点讨论了中国开展国际海底区域资源勘探开发活动的有关思路，与会代表认为在当前国内外形势下，中国在国际海底区域的活动应从国家利益出发，综合考虑政治、经济、科技、外交等因素，在政策制定中应进一步树立和强化中国的"国际海底区域"观念，在战略实施中，应坚持两个基点：把占有国际海底资源作为一项基本资源战略，把发展和储备深海高技术作为国家一项基本技术战略。

【协会三届三次理事会】 1999年3月16～18日在昆明召开了协会第三届理事会第三次全体会议。会议审议通过了陈炳鑫理事长代表常务理事会所作的《中国大洋协会三届三次理事会工作报告》，审查了协会办公室提交的《中国大洋协会三届三次理事会专项经费财务报告》，听取了国家海洋局、国土资源部地调局、国家冶金工业局、国家有色金属工业局关于1998～1999年度大洋专项执行情况报告和协会金建才秘书长所作的《关于中国国际海底区域资源研究开发的战略框架》的专题报告。

会议肯定了协会1998～1999年度工作，并结合当前形势和金建才秘书长所作的《关于中国国际海底区域资源研究开发的战略框架》的专题报告，讨论了理事会工作报告中有关"区域"战略的论述，与会代表一致认为：为适应当前的国际形势和中国国民经济和社会发展第三步战略需要，提出中国国际海底区域资源开发的战略框架是非常必要和及时的。在战略部署上，理事会强调：应强化深海技术的开发研究，深刻理解"科学技术是第一生产力"在中国大洋工作中的现实和深远意义；要通过国际合作加快研究开发国际海底资源的步伐。

【协会常务理事会】 根据协会的章程，协会三届理事会常务理事会，对协会的重大业务问题包括协会年度工作安排、经费预算、项目设置、经费安排等进行了审议，特别是对中国大洋工作的长远安排、战略布局等及时进行了研究决策，在三届七次常务理事会和三届八次常务理事会上分别原则通过中国国际海底区域研究开发"十五"规划纲要和"十五"计划。在1998～1999年期间，常务理事会共召开5次会议。协会常务理事会于每年春节前夕召开协会业务工作汇报会，邀请国家海洋局、国土资源部、国家冶金工业局、国家有色金属工业局等协会业务依托部门领导、协会高级顾问以及国家综合部门的分管司领导出席，听取协会业务依托部门的领导对协会工作的指导，增进政府各部门和协会高级顾问对协会工作的了解。

【协会办公室】 协会办公室作为国家大洋专项任务具体管理的常设机构，根据协会理事会和常务理事会的决定，组织落实经协会理事会、常务理事会确定的工作，并承办协会日常事务。根据1999年国家海洋局"关于中国大洋协会办公室机构调整的批复"，协会办公室内设机构为：计划财务处、项目管理处、秘书处、技术开发部和专项工作处。办公室的主要职责为：①执行协会理事会和常务理事会的决定和指示；②组织研究中国国际海底资源研究开发战略，拟订规划、计划和规范；③组织有关国际海底区域制度等方面的研究，向国家提出有关的决策建议；④组织协调中国在国际海底区域的勘探、环境评价、采矿、冶炼等研究开发活动，进行业务监督；⑤组织实施协会对外交流与合作计划；⑥组织实施协会应履行的国际义务；⑦会同协会各业务依托部门，组织项目的立项论证，签定合同、中期评估与验收工作；⑧负责国家大洋专项经费的日常管理；⑨向协会常务理事会、协会业务主管部门和国际海底管理局提交工作报告。

【联合办公会议】 联合办公会议由协会办公室领导和国家海洋局、国土资源部、国家冶金工业局、国家有色金属工业局等协会业务依托部门委派的代表组成。其主要职责为：①审议协会的年度计划与经费预算；②审议协会办公室编制的协会年度工作报告；③听取协会办公室业务部门的工作报告；④交流有关部门的业务工作进展；⑤就协会业务工作向办公室提出建议；⑥就协会重要事项向常务理事会提出意见和建议；⑦建议召开常务理事会议。

在1997～1998年间，联合办公会议根据协会业务工作的需要及时召开，对协会业务工作中的重要问题进行磋商，对拟提交常务理事会的重大议题进行讨论，密切了协会办公室与政府部门、项目承担单位的联系，有利于协会办公室根据业务依托部门的情况反映及时调整业务工作方向。

【协会1998～1999年业务重点】 1998年协会业务工作的重点是：①以区域放弃和资源评价为目标，做好开辟区的勘探和环境调查，兼顾富钴结壳靶区的前期勘查；②按照已签定的各项合同内容，继续深入开展研究；③遵照有限目标、滚动发展的原则，适时确定新的研究开发课题；④修订协会经费和项目管理暂行规定。

1999年协会业务工作的重点是：①研究制定中国面向21世纪的国际海底区域研究开发战略和“十五”计划；②组织以富钴结壳矿区勘探、开辟区环境调查为主要作业内容的海上调查航次，兼顾热液硫化物等其他资源的前期探查；③密切采矿系统内部的有机联系，为最终完成技术设计、部分系统进行水下试验打下良好的基础；④加强协会资产管理，促进研究成果的开发和应用。

（王秀梅）

国际海底区域资源开发战略研究报告

Strategic Report on Research and Development of International Seabed Resources

【“区域”战略研究】 “九五”期间，为适应国际上由单一向多种“区域”资源竞争的形势，确定中国面向21世纪的国际海底区域战略，中国大洋协会办公室设立了以金建才为组长的国际海底区域战略研究小组，分别就“区域”资源、勘探开发技术、“区域”法律制度以及经济评价与管理运行机制等问题开展研究工作。在1998年6月“区域”资源开发战略研讨会、1998年10月深海技术发展战略研讨会以及多次“区域”制度研讨会和深海资源经济模式等研究成果基础上，协会办公室于1999年2月4～9日在北京香山饭店召开了“区域”战略暨“十五”计划预研会。1999年3月大洋协会三届三次理事会会议听取了协会办公室关于“区域”战略框架的报告，协会办公室根据理事会会议提出的修改意见，并结合国际上“区域”及深海资源与技术发展的最新动向，充实已有的战略框架，于1999年9月完成了国际海底区域资源开发战略研究报告。1999年10月4～7日中国大洋协会在杭州召开了中国国际海底区域资源开发战略研讨会。会议的主题是：从发展战略、全球战略和大国战略来审视国际海底区域活动。来自国务院办公厅、中央政策研究室、国家计委、财政部、外交部、国土资源部、国家海洋局、国家冶金工业局、国家有色金属工业局、海军以及相关的研究院所、高等院校等部门的领导与专家50多人参加了会议。在对中国国际海底区域战略形成广泛共识的基础上，协会办公室于1999年11月邀请了30多位相关领域的专家，其中包括11名两院院士和有关部门的业务领导与专家，召开了国际海底区域“十五”计划暨2015年规划纲要座谈会；并于年底协会办公室召开的年度业务工作会议上，邀请在大洋工作第一线的专家讨论制订了国际海底区域“十五”计划。至此，大洋协会完成了国际海底区域战略的系统研究工作，为向政府有关部门决策中国国际海底区域战略布局、工作方针与分期目标等提供了重要依据。

【“区域”战略研究报告】 《国际海底区域资源开发战略研究报告》是“九五”期间大洋协会办公室组织多学科专家，对包括国际海底区域资源、法律制度、技术发展诸多方面的现状与趋势进行分析，对中国在国际海底区域这一国际舞台中的地位进行评估，对21世纪中国在这一领域的权益、战略目标、布局、重点任务、政策措施等进行研究基础上提出的。所述观点在1999年10月4～7日召开的“中国国际海底区域资源开发战略研讨会”上形成了广泛的共识。这些观点包括：①应从发展战略、全球战略、大国战略来审视国际海底区域，建立国家的“区域”战略观；②国际海底区域必将成为21世纪国际政治、经济、科技竞争的重要场所，中国应坚持积极介入“区域”活动的政策，确立寻找新的可开发资源和建立深海产业、推动中国深海技术和地球科学发展、加强在“区域”事务与国际舞台上大国地位等多重战略目标；③中国的国际海底区域活动应采取“持续开展深海勘查、大力发展深海技术、适时建立深海产业”的工作方针。在21世纪中期以前大致可分为以资源勘查和申请矿区为主，研究开发深海产业技术为主和建立深海产业三个阶段，逐步发展“区域”及深海资源开发事业；④鉴于深海资源的客观分布与有关勘查开发技术的相通性，《报告》期望在国家利益这一根本前提下，有关“区域”的战略与政策能部分适用于不属于“区域”的深海资源，探讨建立以“区域”资源为主、兼顾其他的运行机制。《报告》据此提出了中国“区域”活动的分期目标、“区域”战略的实施方案等，为确定中国21世纪的国际海底区域战略，进行适应国际海底区域形势的战略调整，明确不同阶段的工作目标，作到理论与认识上的准备。（金建才）

国际海底考察与研究
International Seabed Investigation and Research

【DY95-8航次】 DY95-8航次由“大洋一”号船执行，由国家海洋局组织实施，业务负责单位为国家海洋局第二海洋研究所，参加单位有国家海洋局北海分局等11个单位，共有106名科学家、船员及来自美国、德国、俄罗斯的5名专家参加了航次工作。航次实行临时党委领导下的首席科学家和船长分工负责制。分航段临时党委书记为万国铭、马成璞，分航段首席科学家为吕文正、睢良仁，船长滕征光。航次主要任务是在东、西开辟区内进行视像深拖调查、以生态环境为主的环境基线调查和富钴结壳前期调查等3项内容，同时兼顾土工测试及海底热液矿床的试验性调查等。

“大洋一”号船于1998年5月18日离开青岛，1998年12月2日顺利返回青岛，历时199天，航程25 092n mile，圆满完成航次预定目标：①完成光学拖体测量1 677.6km。一次下放海底作业长达84h、拖曳距离222.63km；②环境基线（生物生态、化学、水文和地质）调查获取样品包括：浮游生物58个；鱼卵、仔鱼28个；叶绿素230个；初级生产力78个；浮游植物粒度测定48次，获得16个巨型底栖生物标本；大型底栖生物样品104份；小型底栖生物样品520份。此外还获得大量的化学水样和沉积物样品及水文数据；③富钴结壳前期调查，共进行多波束地形测量3万km^2；完成磁力测量、站位取样、海底剖面照相等多项作业；④土工力学性质测试获得土工参数4 177个；⑤海底热液矿床的试验调查：完成多波束测量1 000km^2，进行5次拖网取样，获得岩石样品1 420kg。

【DY95-9航次】 DY95-9航次由“海洋四”号船执行，委托广州海洋地质调查局组织实施，共有79名科学家、船员等参加了航次工作。航次实行首席科学家负责制，首席科学家为张国祯研究员。航次主要任务是在东、西开辟区内进行视像深拖调查、以生态环境为主的环境基线调查和富钴结壳前期调查等3项内容，同时兼顾土工测试及海底热液矿床的试验调查等。

“海洋四”号船于1998年5月19日离开广州至1998年10月28日回到羊城，历时163天，航程25 000 n mile，圆满完成航次预定目标：完成地球物理剖面11 897km，其中多频探测4 326.8km、磁力测线2 382.5km、浅地层剖面1 317.9km；完成单次海底照相20个站位；完成结核调查地质测站380个，共采样1 170次，其中自返式抓斗取样1 140次、箱式取样23次、大型重力活塞取样3次、拖网取样4次；完成结壳靶区调查测站23个，采样34次，获得大量结壳样、岩石样、沉积物样品。

【DY95-10航次】 DY95-10航次由“大洋一”号船执行，由中国大洋协会办公室组织，国家海洋局科技司、中国地调局海办协助执行。国家海洋局北海分局负责船舶指挥调度，共有来自国家海洋局北海分局、国家海洋局第二海洋研究所、广州海洋地质调查局等10个单位的99名科学家、船员参加了航次工作。航次实行首席科学家负责制，成立临时党委，主要职责是负责整个航次的监督、协调和保障。首席科学家由大洋协会办公室郭世勤总工担任，首席助理分别为国家海洋局第二海洋研究所的吕文正和广州海洋地质调查局的张国祯。航次主要任务是进行富钴结壳靶区调查和开辟区环境基线调查。

“大洋一”号船于1999年6月16日离开青岛，1999年10月12日顺利返回青岛，历时119天，航程20 360n mile，圆满完成航次预定目标：完成结壳靶区多波束测深43 016km^2、磁力测线5 300km，完成海底摄像、海底照相、CTD测量等项工作；结壳拖网44个测站，获得大量富钴结壳样品、岩石样品；环境调查完成多管采样32个测站、箱式采样6个、CTD+ADCP+分层采水20个测站、叶绿素a采样8次、初级生产力采样3次、帮哥网12次及底栖生物拖网4个测站，除获得底栖生物以外，还获得大量结核样品。另外，还完成土工原位测试3个测站，并成功回收了2个测站的锚泊系统和1个测站的沉积物捕获器。

【资源评价与基础海洋地质研究】 结合中国多金属结核开辟区的海上勘查工作，围绕协会“九五”期间的总体目标，资源评价与基础海洋地质研究方面共安排课题20个，截止1999年底，已结题16个。主要包括多金属结核的分布规律研究、矿床分类及矿床特征研究、成矿条件研究、多金属结核成因探讨、开辟区资源动态评价及矿区圈定综合研究等。通过研究，对大洋多金属结核资源的认识水平有了进一步提高，基本掌握了中国开辟区多金属结核资源的矿床特征及分布规律，建立了多金属结核矿床储量动态评价体系，提出了中国开辟区最终20%区域放弃方案，并如期完成向国际海底管理局提交的区域放弃报告。经过区域放弃所保留的7.5万km^{2}矿区范围内的多金属结核资源量完全可以满足中国年产300万t干结核、开采20年的资源需求。

【富钴结壳资源研究】 富钴结壳是继多金属结核之后另一种备受各国关注的重要的深海资源，西方发达国家以及韩国、印度等发展中国家近期已将工作重点由多金属结核转向富钴结壳，并进行了若干航次的海上调查工作。中国大洋协会根据国际海底资源研究开发形势，及时调整战略，适时从多金属结核专项经费中挤出部分资金，安排开展了富钴结壳资源的调查与研究工作。“九五”期间共安排6个课题，包括中太平洋富钴结壳预选区地质特征和资源评估、西太平洋富钴结壳矿床特征及预选矿区资源评估、中太平洋结壳区基岩岩石学与地球化学特征研究、大洋富钴结壳形成富集的地球化学限制等内容。截止1999年底，研究已取得了一定的成果，基本摸清了中太平洋和西太平洋海山区地质特征、地球化学特征和富钴结壳资源的分布规律，为进一步开展富钴结壳资源调查工作，圈定富钴结壳矿区奠定了基础。（彭利生）

【深海环境基线及其自然变化研究】 “九五”期间作为独立项目单独立项的环境研究项目通过全面规划和设计被赋予了新的内容。在总结和借鉴国内外深海环境项目成果和经验教训的基础上，经过反复论证，提出了适合中国国情和实际需要的“基线及其自然变化（Natural Variability of Baseline Study -NaVaBa）”计划。NaVaBa计划安排了6个课题，它们分别是大洋环境基线调查技术规程研究、中国开辟区海洋生物生态基线研究、中国开辟区化学基线研究、开辟区及邻域物理基线和羽状流研究、中国开辟区地质基线综合评价和研究、现有深海采矿环境影响实验方法和结果的评价。组织实施NaVaBa计划的目的在于，通过对同一区域不同时间深海环境数据以及同一时间不同区域深海环境数据的收集和对比研究，了解和掌握中国开辟区环境基线的变化规律，为今后采矿实验对环境影响的评价分析提供可靠的依据。

在中国开辟区的东西区域内分别选定了15km^{2}的小区作为参照区，并在每个小区设立了若干固定的观测站。截止1999年中国已经针对NaVaBa计划开展了4个航段的海上调查工作，开展的调查项目包括深海光学系统观察、深海声学系统观察、CTD和ADCP测量、深海锚系系统连续观察、各种形式的地质取样和生物取样、土工力学特性原位测量等。初步的调查和分析结果显示，无论在同一区域的时间序列上，还是在同一时间的空间分布上，深海环境基线的变化都是非常明显的。生物种群的密度在不同区域的分布有明显的区别、在同一区域不同时间也有明显的区别。例如，在同一时间，东参照区小型底栖生物（Meiofauna，如线虫、猛水蚤和裨螨类）的密度为46个/cm^2，而在西参照区小型底栖生物的密度只有21个/cm^2。分别投放于东西区长达近1年的锚系记录结果更反映出海底底流在时间上的明显变化。专家认为，这种环境基线变化的原因来自很多可能，原因之一可能是期间发生的厄尔尼诺现象造成的。

【深海采矿系统研究开发】 针对中国矿区结核丰度、地形等特点确定采矿系统的设计年生产能力为1.5×10^6 t，采用2套完全独立的系统达到第一期发展规划确定的年产3×10^6 t商业生产规模。“九五”期间大洋多金属结核采矿系统研究开发目标是完成系统的技术设计，进行部分系统的湖试。系统共分解为20个相互联系课题，分别由长沙矿山研究院、长沙矿冶研究院、中国船舶科学研究中心、北京科技大学等国内优势单位承担。

在各研究课题顺利进行的基础上，1998～1999年间，中国大洋协会办公室组织采矿专家组以及有关海洋地质专家审查确定了采矿系统总师组提出的“大洋多金属结核矿产资源研究开发中试采矿系统总体设计方案”。中试采矿系统生产能力为商业采矿系统1：10，中试系统将采用自行式履带作业车、软管和硬管相结合的矿浆泵输送方式，系统中将包括中间矿仓和测控子系统等模块。

同时，中国大洋协会办公室还组织采矿专家组审查确定了“大洋多金属结核中试系统湖试方案”。湖试方案中突出了系统集成概念，在“九五”末期安排从集矿机、软管、模拟矿仓、结核输送到水面及测控动力等系统进行不低于120m水深的湖试。要求试验最终应达到调通采矿系统工艺流程，设备运行基本正常，能从湖底采集结核并输送到水面船上。方案还对主要考核指标如系统生产能力、采矿采集率、集矿机行驶速度等提出了具体要求。湖试任务将由采矿项目总师组负责统一协调、组织实施。协会办公室于1999年7月正式下达了湖试综合试验的通知，决定于2000年底和2001年初在云南抚仙湖进行包括中试采矿系统湖试，CR－02自治水下机器人湖试和模拟环境影响评价等内容的综合试验。（刘　峰）

【深海勘探技术开发与研究】 资源之争是当今国际海底区域权益之争的焦点，勘探技术是增强中国深海资源占有能力的重要保证。因此，协会十分重视深海勘探技术的开发与研究。“九五”期间，协会共设置研究及开发课题9个，主要包括深海光学拖体系统研制、取样设备研制、深海摄像及处理系统研制、海底矿产资源的宽频声波探测技术开发研究、深拖系统海底电视图像处理技术研究及多波束系统振幅、定位提取与解释处理模块的开发等。1998～1999年已有8项研究成果投入使用，在中国多金属结核开辟区资源评价、富钴结壳资源评价以及多金属结核开辟区区域放弃等方面发挥了积极的作用。另外，1999年8月，协会还参与支持6 000mCR-02自治水下机器人的研究开发，项目由中国科学院沈阳自动化研究所承担，预计2000年底完成研制、2001年初同深海采矿系统一起进行湖试，“十五”期间投入航次调查使用。该项研究成果必将进一步促进中国深海勘查技术的发展。

（彭利生）

【选冶加工技术研究】 大洋协会“九五”开展的“大洋多金属结核熔炼—锈蚀—萃取工艺研究”和“大洋多金属结核亚铜离子氨浸研究”，在完成实验室试验装置的改装调试和试验规模扩大后关键技术的攻关后，打通了全流程，实现了工艺流程的连续化，并进行一系列工艺参数的试验，预计2000年12月完成，将为中国矿区多金属结核资源提供高效、低耗、环保型的加工工艺和进行资源评价提供科学依据。利用结核作固定化载体，结合先进的生物工程技术，开展生物冶金的探索研究，开发无污染、反应条件温和的新的结核冶金新工艺，现已取得阶段性成果。另外，协会安排了“大洋多金属结核海上现场加工可行性研究”这一前瞻性的调研课题，该研究突破了陆地加工工艺的传统模式，提出结核矿的加工工艺部分在海上、部分在陆上进行的实施方案，对今后的海底金属矿产资源加工方式有一定的指导意义。

为提高结核的综合利用价值，协会继续开展了结核非传统加工利用研究，已完成了结核应用于工业吸附剂和结核的催化活性的探索性研究，研究结果表明利用结核的天然理化特性可处理“三废”，具有较好的应用前景；还开展了结核材料在高能化学电源中的应用研究，也取得了阶段性成果。为面向国际海底区域多种资源，协会还安排了大洋富钴结壳湿法和火-水法冶炼的探索性研究。以上研究工作预期2000年12月全部完成。

【生物基因资源研究】 海洋生物基因资源是指具有特殊功能的海洋生物中那些起决定作用的基因，这些基因能够通过基因工程手段在其他生物体内表达并具有它们原来的功能，从而使人类能够利用这些海洋生物所具有的特定功能而毋需大量采集或养殖该种海洋生物。现代分子生物学的发展使基因能够独立于生物体之外而得到改造、加工、保存或转移进其他生物。因此，研究海洋生物基因能够实现资源的永久性可持续利用。特别是生存在极端环境条件下的深海生物，所赋存的特殊基因有别于陆地的生物，潜在的利用价值非常巨大。目前，中国在海水养殖业、海洋生物活性物质开发方面已取得了一些成果。对具有重大应用价值的活性物质的基因工程研究才刚刚开展，如深海生物的应用研究、某些新型抗病毒药物的研究和分解环境污染因子的功能基因的研究等。其他发达国家如美国等开发利用海洋生物基因资源已取得了较大的效益和大量的技术专利。总的来看，从国际国内动态分析，有些极具发展前景的海洋生物基因工程项目已初露锋芒，主要集中在以下几个方向：抗病基因的发现和应用、极端环境条件下海洋生物的蛋白质或酶基因研究及其开发应用、基因重组病毒疫苗的研制、消除环境污染的基因工程菌。协会设立“深海生物的分子生物学及其应用研究”课题从1998年正式启动，课题利用分子生物学有关技术，研究环境变化与基因结构的相互关系，分离纯化深海生物的低温酶类，建立深海生物CDNA文库，为进一步推广应用打下基础。目前课题进展顺利，预计2000年完成。

【天然气水合物资源研究】 天然气水合物是甲烷等碳氢气体和水分子在高压低温条件下所形成的一种结晶状固体化合物，其外表类似冰或松散的雪，充填于沉积物或岩层、裂隙中，呈层状分布，规模巨大，主要分布于陆坡、坡麓、海槽及盆地中，少量分布于极地的大陆架区。天然气水合物储藏大量的甲烷，是一种潜在的能源资源。另一方面，水合物的分解，释放出大量的甲烷气，可造成严重的温室效应，影响全球气候变化，还可能是导致海洋地质灾害的主要因素之一。基于以上几点，有关天然气水合物的调查研究，已成为目前世界海洋地质界研究的热点之一。

大洋协会跟踪国际形势，及时安排了“西太平洋碳氢水合物找矿前景与方法的调研”课题，该课题对水合物在世界大洋洋底的分布规律、主要勘探调查方法和开发技术的评价等进行了调研，并对西太平洋海域的找矿前景进行了初步评价。有关单位在西沙海槽西缘发现存在明显的甲烷异常及BSR现象。1999年4月完成的ODP-184航次，发现在南海北部陆坡区1144号站和1146号站气体含量非常高，并且在1146号站海底450m以下钻孔样品的孔隙水中，盐度和氯离子含量明显降低。以上异常证实该区海底存在气体水合物的可能性。据悉，有关部门正组织向国家建议设立专项开展对天然气水合物的调查研究。

【其他海底矿产资源研究】 **热液硫化物** 海底热液硫化物是海底热液经地层裂隙向地表溢出时遇低温海水凝固而成，主要为硫化物的结晶矿物组分，富含铜、锌、铁、锰等，另外银、金、钴、镍、铂等在一些地区也达到工业品位。赋存在水深几十米至3 500m，矿体大多为烟囱状构造，范围为几十米到几百米之间。较结核和结壳相比，从长远角度来看，热液硫化物矿床更易于开采和冶炼，并且经济价值非常显著。另一方面，调查研究表明，海底热液可能是海底矿物的物流和热流的来源，对现代海洋地质演化作用和海底矿物成矿规律的研究有着重要意义。近10余年，海底热液活动和热液硫化物的研究也是海洋科学研究热点问题之一。协会于1999年底完成的“世界海底热液硫化物‘矿点’资源评价和编图”课题比较了各大洋“矿点”的自然资源条件，权衡了中国的政策经济利益，确定了可供选择的西南太平洋和西太平洋特定海区为中国近期的勘查靶区方案。

粘土矿物 粘土矿物是海洋环境中分布最为广泛的矿物，在大洋深海区的粘土矿物更是组成沉积物的主要成分。由于粘土矿物具有独特的特点，如颗粒的微细性、结构的无序性和过度性以及成分的多变性，它除了对地质作用和地质环境的变化反映敏感，还可用于岩相古地理、古气候、古环境、地层对比和成岩成矿条件的研究和恢复。另外，深海中的粘土矿物和深海软泥存在于非常独特的环境，有着独特的潜在应用价值，如现代海洋碳酸岩沉积和碳酸盐岩可部分地用作建筑材料，也可以用作保健品原料。从环境的角度考虑，人类将来对深海中的粘土和碳酸盐的利用有可能要早于其他矿产资源。协会于1999年设立“世界大洋深海粘土和软泥的前瞻性研究”课题，从资源潜力评价的角度对深海粘土和软泥进行系统研究，旨在为中国“区域”活动可持续发展和战略决策提供科学依据，推动中国在“区域”活动上占有主动权。

（邬长斌）

国际海底管理局的活动
Activities of the International Seabed Authority

【国际海底管理局第四届会议】 **国际海底管理局四届一次会议** 于1998年3月16～27日在牙买加首都金斯敦召开。以李尚胜为团长、陈炳鑫为副团长的中国政府代表团出席了会议。法律技术委员会基于联合国海底筹备委员会会议期间第三特别委员会审议制订的深海采矿规则草案，在上届会议讨论基础上，审议并通过了《“区域”内多金属结核探矿与勘探规章》草案。根据议程，《“区域”内多金属结核探矿与勘探规章》应提交管理局理事会进行审议并提交管理局大会通过。理事会据此将审议《“区域”内多金属结核探矿与勘探规章》草案作为管理局近期的重点工作，此次会议开始着手审议这一规章草案。理事会还审议通过了管理局理事会成员任期决定。根据这一决定，1996年管理局二届一次会议选举产生的任期2年的理事会成员国任期至1998年底，任期4年的成员国任期至2000年底。此外，管理局大会审议通过了国际海底管理局特权与豁免议定书；财务委员会开始审议国际海底管理局财务条例。

中国代表团积极参加了管理局各级机构的活动，并在这次会议期间争取到国际海底管理局首次研讨会——深海采矿环境影响评价研讨会在中国召开。

国际海底管理局四届二次会议 于1998年8月17～28日在牙买加金斯敦召开。以刘大群为团长、陈炳鑫为副团长的中国政府代表团出席了会议。会议重点安排理事会审议《“区域”内多金属结核探矿与勘探规章》草案。在对规章草案进行了一般性辩论之后，理事会以非正式会议的形式，对规章草案条例2～22进行了一读。理事会同时根据四届一次会议关于理事会成员国任期的决定，进行了换届选举。中国作为理事会成员国所在的B组根据理事会组成之时达成的谅解，由荷兰自动接替印度为理事会成员国，选举德国连任4年。除管理局各级机构继续各自职能范围内的业务工作外，这次会议未能就管理局1999年度预算分摊比额达成一致，并由于出席会议参加表决的成员国未过法定数，未能就管理局1999年度预算作出决定。

这次会议一个引人注目的动向是，会议第一天，俄罗斯代表团在大会上提出：国际海底局应将“区域”其他资源特别是富钴结壳与海底热液硫化物资源的立法问题提上管理局的议事日程。其后，俄在会议期间发表了一份非正式声明，公布了其已经调查过的位于西太平洋的富钴结壳矿区坐标，并声称对这一“区域”内的富钴结壳矿区申请享有优先权。根据《联合国海洋法公约》第一六二条2（0）、（2）款的有关规定，有关多金属结核以外任何资源的勘探和开发的规则、规章和程序，应于管理局任何成员向其要求制订之日起3年内予以制定。

国际海底管理局四届三次会议 于1998年10月12～13日在纽约联合国大会期间召开。中国常驻联合国代表团派代表出席了会议。会议通过表决确定了管理局1999年度预算分摊比额表，审议核准了管理局1999年度预算。

【国际海底管理局第五届会议】 **国际海底管理局第五届会议** 于1999年8月9～27日在牙买加首都金斯敦召开。以刘大群为团长的中国政府代表团出席了会议。该届会议重点安排理事会对《“区域”内多金属结核探矿与勘探规章》的审议。在上次会议完成对规章草案条例2～22一读的基础上，理事会经过10余次非正式会议，完成了规章草案其余部分（序言、条例1、条例23～33和附件1～4）的一读，并进行了部分文本（序言和条例1）的二读。从审议情况看，各利益集团普遍关注的问题主要为：深海环境保护、勘探资料的机密性和承包者的义务等问题。理事会同时审议通过了法律技术委员会的工作报告，其中包括认可了中国大洋协会提交的开辟区30%区域放弃报告；审议并原则通过了法律技术委员会议事规则（但条例6与53未决）；审议通过了财务委员会制订的《国际海底管理局财务条例》草案，决定在大会核可前，暂时适用这一草案，并建议大会核可这一条例。除理事会开展的工作外，其他机构取得的主要进展有：大会审议通过了《国际海底管理局总部关系协定》；法律技术委员会审议了先驱投资者的定期报告和有关报告；财务委员会讨论制订了《国际海底管理局财务条例》草案。

【国际海底管理局深海环境影响评价研讨会】 国际海底管理局于1998年6月1～5日在中国三亚市召开了“区域”内多金属结核勘探环境影响评估准则研讨会。会议代表近40人，除以秘书长南丹先生为首的国际海底管理局主要官员外，与会专家分别来自中国、美国、德国、澳大利亚、俄罗斯、巴西、印度、波兰、日本、韩国、印度尼西亚、纳米比亚、牙买加、喀麦隆、巴布亚新几内亚等有关国家和地区。此外，中国国家海洋局、外交部条法司、海南省与三亚市政府领导、美国驻中国大使馆科技参赞和广州总领事出席了研讨会。

作为国际海底管理局自1994年成立以来召开的首次研讨会和首次在其牙买加总部以外召开的会议，国际海底管理局为此次会议作了充分准备。管理局在会前向会议代表分发了《“区域”内勘探和采矿环境影响评估准则（草案）》，管理局还向各先驱投资者发出了《与“区域”海洋环境保护和保全有关的开辟活动——对潜在合同者的环境调查表》。

这次会议大致检阅了各有关国家与组织已有的深海环境调查研究工作，比较充分展示了科学家、国际环保主义者、各有关利益集团等不同群体对深海环境保护工作的意见与想法，并在许多问题上达成了共识。会议取得的主要成果有：讨论制订了《“区域”内勘探活动可能引起的环境影响的评估准则草案》，并明确它应是深海采矿法典的补充，在经国际海底管理局法律技术委员会充分审议后，将成为管理局的指导性文件。

中国大洋协会受国际海底管理局的委托具体承办了此次会议，并派金建才、李裕伟、刘峰、周怀阳、阳宁等专家与会。

【国际海底管理局深海采矿技术研讨会】 国际海底管理局于1999年8月3～6日在其总部所在地牙买加首都金斯敦召开了深海采矿技术研讨会。来自有关国家和先驱投资者的专家与代表、部分国家驻管理局常驻代表处代表、先期到达参加管理局第五届会议的有关国家代表以及国际海底管理局秘书处成员共计80余人出席了会议。中国大洋协会代表金建才、刘峰、中国驻管理局代表处副代表毛彬参加了会议。

此次会议是继1998年6月在中国三亚召开的深海环境影响评价研讨会之后管理局召开的第二次学术研讨会。会议中心议题为：①回顾总结大洋多金属结核资源开发技术发展历史，特别是已登记的先驱投资者的技术发展现状；②交流其他海洋领域技术发展的情况。有关国家的专家和先驱投资者代表从不同角度介绍了深海采矿技术发展的现状、深海勘探采用的技术、大洋多金属结核以外的其他资源情况，并探讨了开展国际合作的可能性。中国大洋协会代表刘峰在会上作了《适应海洋环境的深海采矿系统》的报告。

作为管理局召开的系列研讨会的后续，管理局秘书长南丹在会议总结时提出，为适应国际上面向“区域”多种资源的有关活动的需要，继环境、技术研讨会之后，管理局将于2000年适当时候召开以多金属结核以外的“区域”其他资源为主题的研讨会。

【国际海洋学院深海资源研讨会】 在对“区域”及深海其他资源日益引起国际社会关注的背景下，作为国际海底管理局观察员身份的非政府组织——国际海洋学院分别于1998年8月24～25日国际海底管理局四届二次会议和1999年8月14～15日国际海底管理局五届会议期间举办了两次关于“区域”及深海其他资源的研讨会。会议邀请了部分参加国际海底管理局会议的有关国家代表团与会，来自美国、德国、印度、巴布亚新几内亚、加拿大、澳大利亚、俄罗斯等国专家介绍了深海其他资源——包括富钴结壳和热液硫化物等金属矿、天然气水合物、深海生物基因等资源的分布，这些资源的勘探开发技术及环境保护等方面的最新动态，引起了与会者的极大关注，并就涉及的法律制度等问题展开了讨论。（金建才）

国际合作与履行义务

International Cooperation and Fulfillment of COMRA's Obligation as a Pioneer Investor

【区域放弃】 按照《联合国海洋法公约》的有关规定，先驱投资者应在批准之日起3年届满时放弃开辟区面积的20%，5年届满时放弃10%，8年届满时再放弃20%，使其恢复为国际海底。中国已于1996年3月5年届满时一并放弃开辟区面积的30%，并于1999年3月5日中国登记矿区8年届满时通过中国驻国际海底管理局常驻代表处向国际海底管理局递交了《中国多金属结核开辟区20%区域放弃报告》，中国多金属结核开辟区50%区域放弃工作全部顺利完成。20%区域放弃工作是在综合分析DY95-6、DY95-7、DY95-8、DY95-9航次资料、充分利用高新技术手段及其他大洋研究成果、基本搞清中国开辟区多金属结核地质特征和分布规律的基础上进行的，进一步剔除了海山等不利开采区块，重点对低丰度、低品位区域进行了放弃。同时，区域放弃方案中强调了保留矿区边界的完整性。区域放弃之后，中国拥有7.5万km^2保留区域的专属勘探权和未来商业开采的优先权。初步资源评价表明，区域内结核资源量，在目前可预期的回采率条件下，完全可以满足年产300万t干结核、开采20年的目标要求。

【双边合作】 **中法合作** 根据协会深海采矿项目工作需要，为了深入了解国外1978年在太平洋进行试采的情况，掌握与海洋采矿直接相关的技术和配套设备的最新进展，寻求实质性的国际合作，为最终确定中国海上中试采矿系统技术设计方案提供必要的技术资料和信息，为确定中国深海技术发展战略提供借鉴方案。1998年，协会先后派出了深海采矿技术访日、美代表团和访欧代表团。深海采矿技术访日、美代表团由大洋协会办公室总工程师郭世勤任团长、协会办公室项目处项目主管邬长斌及采矿项目总师组成员阳宁、陈新明、余梦迪等5人组成，1998年4月15～30日前往日本和美国，先后对日油技研工业株式会社及海洋声学系统有限公司（SOSI）等14个单位进行了广泛地技术考察。

深海采矿技术访欧代表团由大洋协会办公室主任助理、项目处处长刘峰任团长、采矿项目总师王明和、采矿项目总师组成员黄家桢、益其乐和协会办公室对外关系处翻译吴桂凤5人组成。于1998年7月26日至8月11日先后访问了意大利Tecnomare 海洋技术有限公司、德国KSB潜水泵公司、德国凯撒劳藤大学、法国Cybernetix 自动化控制公司、法国海洋技术研究院土伦研究中心、英国SEL 斯灵拜工程有限公司和英国SMD 土壤机械动力有限公司等与深海采矿技术密切相关的研究开发单位。考察团的访问为协会同有关国家的研究开发单位建立实质性的合作奠定了坚实的基础。

采矿项目总师组根据采矿系统的具体技术要求，为提高研制起点、缩短研制周期、保证系统可靠性、尽快赶上国际先进水平，经过对潜在合作对象的比较分析，并经过多次技术交流和几轮谈判和报价，从技术方案、价格、交货期、合作方式等方面综合考虑，总师组确定把法国Cybernetix作为合作对象。于1999年7月28日提出与法国自动控制公司进行合作的报告，经协会审批后，开始了商务谈判。

协会与法国Cybernetix的合作的主要内容包括：总体方案由中方提出，软底行驶履带底盘与车架、集矿机构及破碎机等采矿专有技术由中国自行解决，法国Cybernetix提供的控制设备、液压系统与技术，知识产权特别是集矿头、履带、破碎机和软管输送属中方所有，所有实验数据归中方。法方有责任为中方保密，未经中方许可，不得向外泄漏。合同总金额103万美元。双方签定的技术合作合同已报请国家海洋局批准实施，合作内容已纳入中法海洋科技合作协议框架。

中韩合作 根据中韩海洋科技合作谅解备忘录和中韩海洋科技合作联合委员会第三次会议纪要精神，应中方邀请，以韩国海洋水产部海洋政策局海洋开发课课长朱成皓为团长的代表团于1999年5月26～30日对中国大洋协会进行了访问。在北京同以中国大洋协会办公室主任助理、项目管理处处长刘峰为团长的中国大洋协会代表团在友好的气氛下举行了会谈，并参观了北京矿冶研究院。双方代表团分别介绍了各自国家在深海资源研究开发方面的工作情况，并就国际海底管理局事务等内容进行了交流，对在环境研究、勘探、采矿、冶炼等方面的合作内容进行了深入讨论。双方愿意在勘探与环境研究、深海采矿、冶炼技术等方面加强合作，双方愿意在条件成熟时，合作召开环境、采矿及冶炼等方面的国际性会议。访问期间确定中国大洋协会将于2000年适当时候派代表团访问韩国，并正式签定合作协议。

中德合作 应中国大洋协会的邀请，德国柏林工业大学海洋地质学家Grupe先生参加了“大洋一”号船于1998年执行的DY95-8航次环境航段的工作；1999年德国柏林自由大学海洋生物学家Maggiulli先生应邀参加了协会组织的DY95-10航次，同中国科学家一起对大洋海底沉积物的力学特性、海底生物等进行了合作研究。作为中德大洋科技合作计划的一部分，同时也作为上述合作项目的继续，国家海洋局第二海洋研究所倪建宇博士从1999年11月起开始在德国柏林工业大学环境工程研究所进行为期半年的大洋沉积物地球化学和间隙水化学的合作研究，研究的主要内容包括海底沉积物粒度分析、沉积物形态结构、沉积物主要矿物成分、沉积物间隙水分析等。

（刘 峰）

国际合作篇

International Cooperation

海洋国际合作
International Marine Cooperation

综 述
Summary

【国际海洋合作与交流综述】 1992年召开的联合国环境与发展大会通过的《21世纪议程》指出，海洋是全球生命支持系统的基本组成部分，是实现可持续发展的宝贵财富。《议程》特别提出要为实现海洋可持续发展而加强国际合作与协调。1994年《联合国海洋法公约》生效后，为建立世界海洋新秩序，国际间的海洋合作与交流日趋频繁。在这种新形势下，近几年来，中国的国际海洋合作与交流在原有的基础上展现了新的面貌，其主要特点一是紧密配合国家的海洋可持续发展战略，为发展海洋经济，推进海洋综合管理，保护海洋环境和促进海洋资源的合理开发利用服务；二是合作与交流渠道不断拓宽，内容不断增加，形式不断向多样化方向发展；三是海洋国际合作与交流在外交中发挥越来越重要的作用；四是中国科技人员在国际合作与交流中的地位不断提高；五是合作与交流效果日益明显。

1998～1999年，双边合作稳步开展，在原有的海洋科技合作继续深入进行的同时，直接为海洋综合管理服务的合作内容逐渐增多。在双边合作中，中美海洋合作仍是重点。1998年，国家海洋局局长张登义率团访问美国，双方就中美面向21世纪的海洋合作战略、优先领域和重点项目等共同关心的问题举行了卓有成效的会谈，签署了两个伙伴海洋自然保护区协议，协商成立了“中美海洋和海岸带管理联合协调小组”。1999年是中美海洋与渔业科技合作议定书签署20周年，中美双方分别在北京、杭州举行了20周年庆祝仪式、合作回顾展、科学研讨会和中美海洋与渔业科技合作联合工作组会议等系列活动，美国海洋与大气局局长贝克率领了有三名助理局长参加的近40人的庞大代表团来参加上述活动。双方在海洋自然保护区方面的合作，标志着中美海洋合作领域正向管理方向扩展。与日、韩、加、德、法、朝等国以及与中国香港、澳门特别行政区和台湾省的合作也取得了新的进展。中日合作项目“东海特定海区河流入海环境负荷及其对海洋生态系的影响研究”，1999年11月召开了项目成果总结验收会。该项目1997年3月签署实施协议，为期3年。该项目的成功实施，为合作海区的生态环境和资源保护以及环境管理提供了有价值的科学依据。中法双方申请的“桑沟湾养殖容量”合作项目获得了欧盟的资金援助。在1998年举行的中加海洋和渔业科技合作联委会第三次会议上，双方确定了新时期的优先合作领域：①海岸带和海洋自然保护区管理；②海洋生物资源的保护与合理利用；③海洋过程与气候变化。这标志着中加海洋合作朝着更加务实的方向发展。

在多边海洋事务方面，认真贯彻国家制定的多边对外方针政策，积极参与国际和区域组织的有关活动，推动国际海洋事务的发展，维护中国海洋权益。1998年3月23日，中国政府签署了《1972年伦敦公约1996年议定书》，标志着中国海洋倾废管理工作步入一个新阶段；在国际海底资源方面，中国代表团积极参与了《“区域”内多金属结核资源探矿和勘探规章》的审议，成功地举办了国际深海环境研讨会；参加了《联合国海洋法公约》缔约国第8次会议（1998年）、第九次会议（1999年）、联合国大陆架界限委员会会议、联合国可持续发展委员会会议以及亚太经合组织、北太平洋海洋科学组织等的有关活动。为推进海洋综合管理工作，1999年中国与联合国教科文组织政府间海洋学委员会共同发起并召开了沿海超大城市国际研讨会；与国际海洋学院合作，举办了海岸带综合管理培训班。另外，积极参与了政府间海洋学委员会组织的许多海洋科学计划，如全球海洋观测系统计划等。

1998年是国际海洋年，对全世界，尤其是对国际海洋界来说，是具有重要意义的一年，国际、国内均组织了许多有意义的宣传庆祝活动。由加拿大政府发起的“海洋章程”签署活动和“我的海洋章程”签名活动均取得了丰硕成果，包括中国在内的50多个国家的政府签署了“海洋宪章”，有几百万人以个人名义签署了“我的海洋章程”。由葡萄牙政府承办的“1998国际海洋博览会”在宣传海洋、提高全球海洋意识和促进国际合作与交流方面发挥了重要作用，中国积极参加了“海洋博览会”的展览，并派了代表团前往参观。

积极争取国际组织和外国政府的技术援助，为推进海洋工作的发展和促进沿海地方海洋经济服务，是近年来海洋国际合作与交流工作的重要内容之一。

1998年是GEF/UNDP/IMO东亚海域海洋污染防止和管理项目运行的第五年，经过国内外各方的共同努力，项目取得了圆满成功。通过项目的实施，建立了厦门地区海岸带综合管理机制，制定和完善了有关法规，建立了环境监测体系和信息系统，提高了民众对海洋综合管理的参与程度及海洋意识，促进了厦门地区的可持续发展。在厦门示范区项目结束之后，又启动了东亚海项目第二阶段的渤海示范计划。南中国海北部海岸带综合管理能力建设项目，近几年也取得了进展。除此之外，黄海大海洋生态系保护项目和南中国海北部生物多样性管理项目也开始启动。中日合作项目“珠江口海洋环境综合调查合作”1999年达成初步合作意向。

《联合国海洋法公约》生效后，世界各国间在不断加强海洋合作与交流的同时，国际上围绕海洋权益的斗争也日益加剧。中国同周边许多国家存在海域划界和岛屿归属争端问题。因此，近几年来，维护海洋权益工作已成为海洋国际合作与交流的一项重要内容。中国积极开展了与周边国家的海洋法磋商或海洋问题磋商、海域划界谈判，参与了东盟论坛和亚太安全理事会的相关活动。同时根据联合国海洋法公约，积极开展了涉外海洋科研活动管理工作。

当今世界，由于人口的迅速增加和陆地资源的日趋匮乏，人类必将更加重视海洋资源的开发利用；由于越来越多的国家批准和加入《联合国海洋法公约》，在《公约》的基础上建立国际海洋新秩序，将成为各国，尤其是各海洋国家所面临的重要任务；《21世纪议程》的不断实施，人类在海洋环境与资源的可持续发展方面将会更多地采取一致行动，海洋环境与资源的保护工作将不断得到深化。所有这些，均会使各国更好地协调步伐，携手并进，进一步加强海洋领域的国际合作与交流。

在新形势下，应围绕以下重点工作开展国际合作与交流：

（1）巩固和加强同发达国家在海洋高科技领域的合作。未来的海洋开发利用、海洋综合管理和海洋环境保护等，均需要高新技术的支持。加强海洋卫星遥感技术、海洋环境观测监测技术、海洋资源开发利用技术、海洋生物技术、海洋信息技术等方面的合作。

（2）加强同周边国家和其他发展中国家的合作，取长补短，共同提高。同时也要重视同其他发展中国家的海洋合作。

（3）根据《联合国海洋法公约》，不断拓宽海洋法律制度方面的合作，积极参加国际和区域海洋组织的活动，促进国际海洋新秩序的建立。

（4）加强在海洋综合管理和海洋经济领域的合作，为发展海洋经济服务。

（5）进一步强化与各国际和区域组织的合作，积极参与有关的合作计划，争取更多的技术和资金援助，以加强海洋能力建设，培养更多的管理及科技人材。

（6）积极加强深海资源勘探与开采技术方面和极地领域的合作。 （李景光）

国际海洋经济合作
International Marine Economic Cooperation

海洋石油国际合作

【中国海洋石油总公司国际合作】 中国海洋石油总公司高速高效的发展得益于成功的国际合作。经过4轮招标和多次双边谈判，中国海洋石油总公司先后与18个国家和地区的69家公司签订了140个石油合同和协议，直接利用外资近70亿美元。在对外合作过程中，中国海洋石油总公司还全面提高了企业技术水平和管理能力，实现了管理体制与国际惯例的基本接轨。外方合作伙伴得到丰厚的投资回报，中外双方实现了双赢互利的合作效果。

国际合作情况 1998年中国海洋石油总公司共与外国公司签订了6个石油合同和协议，合同区总面积为5 390km^2。外方承诺的二维地震义务工作量1 500km，初探井12口，在勘探期外方的勘探投资为5 650万美元。

签订的7个合同和协议有：与菲利普斯中国有限公司在珠江口的15/24合同区石油合同；与ACT在珠江口的16/19合同区石油合同；与阿吉普中国公司在渤海的09/11合同区石油合同；与阿科、德士古公司在渤海的秦皇岛32-6合同区石油合同；与壳牌勘探（中国）有限公司在珠江口的15/12合同区物探协议；与圣太菲中国能源有限公司在珠江口的26/35合同区石油合同，以及与ACT签订了珠江口16/08合同区惠州32-5油田开发补充协议。终止的合同和协议有5个，分别是：与赛顿公司在24/10合同区联合研究协议，于1998年1月31日终止；与阿科公司在63/20合同区的石油合同，1998年5月28日终止；与阿科公司在63/28合同区的石油合同，1998年6月30日终止；与赛顿公司在16/22合同区的石油合同，1998年8月31日终止；与圣太菲公司在33/20区块的联合研究协议，1998年11月30日终止。

1999年中国海洋石油总公司与外国公司签订了3个合同和协议。合同区总面积为7 118km^2。外方承诺的二维地震义务工作量3 000km，初探井10口。在勘探期外方的勘探投资为3 500万美元。

签订的3个石油合同是：与圣太菲中国能源有限公司在珠江口的16/02合同区石油合同；与圣太菲中国能源有限公司在珠江口的16/05合同区石油合同；与布莱石油矿业公司在北部湾的22/12合同区石油合同。终止的6个合同和协议是：与凯恩公司在23/10合同区的石油合同，1999年2月28日终止；与阿科公司在52/12合同区的石油合同，1999年3月31日终止；与雪佛龙公司在50/20合同区的物探协议，1999年6月30日终止；与雪佛龙在63/15合同区的石油合同，1999年11月30日终止；与雪佛龙公司在62/23合同区的石油合同，1999年11月30日终止；与科麦奇公司在27/11合同区的石油合同，1999年12月31日终止。

1999年，由于改革重组，中国海洋石油总公司的经营模式和股权结构发生变化，对外合作的体制亦有所变化。重组后的总公司作为国家石油公司的法律地位不变，根据法律赋予的职权作为海上石油勘探开发对外合作专营权的主体，负责就取得的海上区块对外招标、谈判、签约；签约后除保留国家赋予的有关管理职能外，将其在合同项下的权利义务转让给中国海洋石油（中国）有限公司，由该公司负责执行合同，总公司对该合同的执行承担连带责任。

1999年，中国海洋石油总公司大力加强勘探前期研究工作，协助外国公司在合作区域内精选勘探目标，实现了对外合作勘探的历史性突破，其中与美国菲利普斯石油公司合作勘探的蓬莱19-3油田是中国近十年来发现的最大整装油田。以其为代表的一系列合作勘探成果大大调动了外国公司对中国近海海域勘探投资的热情。

中国近海海域具有良好的含油气远景。目前，中国近海海域石油勘探发现程度仅为18.5%，天然气发现程度仅为9.2%。中国海洋石油总公司正准备推出一批新的合作区块，以进一步吸引外国公司加大对中国海域的合作勘探投资，并将研究和调整有关合作政策，探索扩大合作的新途径和新方法。

中国海洋石油总公司坚持国际化经营方针，稳步推进海外发展战略。至1999年底，先后在印尼马六甲合同区区块、缅甸两个区块、美国墨西哥湾7个区块等拥有投资权益，累计获得海外份额原油122万t。

（中国海洋石油总公司）

【中国石油化工集团国际合作】　中美埕岛西浅海区合作项目　埕岛西合作区面积149km^2，位于埕岛油田以西，构造上位于埕北大断层下降盘。最大水深在10m以内，由极浅海、两栖地和潮间带三个地貌单元组成。

埕岛西的合同模式采用国际上通行的产品分成合同，合同者负担勘探作业的全部勘探费用。该合同1996年7月10日与美国阿莫科公司签订，当年10月1日生效。生效后不久阿莫科将此合同全权转让给美国能源开发公司（EDC），1997年4月1日正式实施。按照合同规定，通过中外专家的结合，在完成了全区的综合地质和油藏研究的基础上，于1997年底在A区部署了两口评价井，1998年7月完钻，其中CB18-1井试油日产油1 480桶，不含水；CB19-1井试油日产油140桶，不含水。1998年底，埕岛西A区块分38个油砂体计算并上报国家储委批准了三类探明含油面积14.3km^2，石油地质储量3 515万 t。从1998年初开始埕岛西A区块ODP的编制，至1999年7月完成了A区ODP研究报告，包括油藏、钻井、采油、海工工程以及经济评价、安全分析、环境评价等7大部分。1999年9月通过了中石化集团公司组织的专家评审，并上报国家有关部门审批，近日内可望获得批准，该块就进入开发阶段。经联管会同意，完钻了CB102-1开发准备井，ODP的海工平台和海底管道的设计也已正式开始，预计2000年底将进入建造和开发钻井阶段，争取2002年投入商业性生产。该块最高年产油量将达40多万吨。在B区块，采用先进的测井约束反演等综合技术评价描述油藏，已部署了探井两口，预测将会有好的发现。

中美东海西湖凹陷技术合作项目　1998年1月，为执行石化集团新星石油公司与美国美孚石油公司签订的《中国东海西湖凹陷技术合作协议》（1997年8月19日），并根据协议要求石化集团新星石油公司上海海洋石油局选派了地质、地球物理及开发方面的专家，与美孚石油公司专家共同组成技术合作小组，联合对中国东海西湖凹陷油气地质的生、储、盖能力及该区潜在油气地质储量及勘探优先标准进行评价，并在此评价基础上完成《中国东海油气远景研究成果》报告。1998年8月，由双方专家组成的技术合作小组完成并提交了联合研究报告。

中国—挪威东海西湖凹陷地震采集、处理合作项目　1999年7月15日，石化集团新星石油公司与挪威PGS石油地学服务亚太有限公司签署《中国东海西湖凹陷三维地震采集、处理合同》。此次三维地震作业项目，是迄今为止中国东海油气勘探史上规模最大的一次三维地震勘探活动（共约2 100km^2）。合同约定，在石化集团新星石油公司指定的区域内，由PGS

公司负责进行三维地震数据采集、处理，采集、处理资料及其相关资料都归石化集团新星石油公司所有。

1999年8月21日，PGS公司地震作业船NORDIC EXPLORER开始按合同规定的技术规范进行野外三维地震采集和处理作业，所有野外三维地震施工作业将于2000年7月2日完成，地震数据处理工作计划于2000年9月初完成。

中英东海西湖凹陷天然气输气管道机会研究合作项目 1999年6月30日，石化集团新星石油公司与英国PSG国际有限公司、霍金斯国际有限公司和中亚资源有限公司组成的集团签署了《中国东海西湖凹陷天然气输气管道机会研究协议》。根据协议，石化集团新星石油公司上海海洋石油局派出了油藏、开发、财政、项目管理专家与外方专家组成联合技术小组，共同研究在中国东海建设具有成本效益的输气和（或）输液管道系统，并研究开发一条最优的管道路线系统。双方联合技术小组于1999年12月完成并提交了《中国东海西湖凹陷天然气输气管道研究报告》。

【其他】 1998年2月14日，中国石化集团胜利石油管理局与美国能源开发公司（EDC）举行埕岛西区块海上钻井承包合同签字仪式。埕岛西区块石油合作合同于1996年6月签字，区块位于胜利浅海水域，面积249km^2，探明石油地质储量5 440万t，一期风险勘探合同期为2年。

5月22日，由中国石化集团胜利海洋钻井公司胜利六号平台施工，石化集团胜利油田与美国能源开发公司（EDC）合作的第一口评价井CB18-1井完钻。该井于4月30日开钻，完钻井深1 670m，各项技术指标全部达到设计要求。6月7日，CB18-1井自喷，日产原油34m^3。标志着胜利油田第一个境内对外风险勘探合同进入现场施工阶段。（罗大清 刘崇惠 张建培 彭伟欣 宋占魁 陈健康）

船舶工业国际合作

【第十届国际海事技术学术会议及展览会(Marintec China’99)】 1999年11月30日第十届国际海事技术学术会议及展览会（Marintec China’99）在上海展览中心举行。

该次展会展览面积达13 000m^2，来自亚、欧、美、大洋洲的20多个国家和地区的60多家公司参展，创下了历届海事会之最。其中，奥地利、丹麦、荷兰、芬兰、法国、德国、日本、挪威、英国及中国(由中船集团公司、中船重工集团公司组成)的10个强大的国家集团馆是本届展览会的主体。许多国际上著名的造船及船舶配套企业都在展出行列，世界几大著名船级社也都设台展出。这次展会技术新、内容广、气势大、阵容强，观众人数达35 000余人次。从1981年开始，每两年一届的国际海事会议一直是世界海事界日历上的主要事件。十届海事会真实、生动地反映了中国造船、航运和港口业蓬勃发展的历程。为中国与国际海事界寻求全方位、多层次的合作架起了桥梁，连起了纽带，成为国际海事界了解中国造船、航运、港口等领域的重要窗口。

该届国际海事技术学术会议和展览会是由上海造船工程学会与博闻公司/英国海贸集团联合举办，得到了上海市政府、国防科工委、交通部、海军装备部、中国造船工程学会、中国船舶工业集团公司、中国船舶重工集团公司、中国远洋运输（集团）总公司、中国海运（集团）总公司、上海组合港管理委员会、上海航运交易所、中国船级社、中国海洋石油总公司、中国石油天然气总公司、中国舰船研究院、上海交通大学、英国皇家造船师学会和英国轮机工程师学会等部门和单位的大力支持。

1999年11月30日下午至12月1日，在上海锦沧文华大酒店举行了为期一天半的“高级海事论坛”。论坛的主题是“21世纪的国际海事和世界合作”。

【中俄政府签署建造高速船合作协议】 1998年2月17日，在李鹏总理访问俄罗斯期间，中俄两国政府签署了《中华人民共和国政府和俄罗斯联邦政府在高速船建造领域进行合作的协议》。协议指出，中俄两国政府为进一步促进两国间的经贸关系和友好往来，将共同致力于水翼客船、三体船、气泡滑行艇、民用地效翼船等多种高速高性能船舶的开发、建造、维修和使用以及其他船舶技术的合作。中俄两国政府分别授权中国船舶工业总公司和俄罗斯“快速船队”财政工业集团为中俄双方的主要执行单位。

1998年6月13日至20日，以俄罗斯“快速船队”财政工业集团总经理别尔吾什为首的高速船合作谈判代表团一行10人应邀访问中国船舶工业总公司，就高速船的具体合作项目进行了商谈，并在若干问题上达成了一致意见。中俄双方将联合设计和生产25吨级民用掠海地效翼船。俄方担任第一总设计师，负责地效翼船技术性能指标的实现。中方担任第二总设计师，负责工程中由中方承担的那部分技术工作及船的建造和试验；双方一致同意在重庆造船厂建立高速船维修服务中心，俄方负责技术和配件的提供，中方负责具体落实工作；双方还就在水翼船、气泡船和三体船方面开展技术合作签署了意向书。

【中国船舶工业总公司和德国豪华造船厂签署合作谅解备忘录】 1998年10月26日中国船舶工业总公司(CSSC)和德国豪华造船厂(HDW)签署了一份双方合作谅解备忘录。

CSSC和HDW本着互利的原则，就CSSC所属的船厂和HDW之间进行合作的可能性达成了谅解。双方的合作伙伴是，CSSC一方为大连造船新厂、江南造船(集团)、沪东造船集团，HDW为另一方。HDW是德国最大的造船厂，在设计和建造集装箱船、液化天然气船和其他类型船舶方面有着丰富的经验。针对CSSC船厂的不同特点，双方有不同船型的合作，大连造船新厂：通常为大型集装箱船和液化天然气船，但不局限于此。江南造船（集团）：中型液化天然气船、集装箱船、滚装船。沪东造船集团：50 OOTEU以下的集装箱船、液化天然气船、旅客渡轮和其他类型相应尺寸的船舶。

欧洲和亚洲造船业的竞争一直很激烈，早在一年多以前，HDW就着手寻找在亚洲的合作伙伴。经过长时间的考察，HDW认为CSSC的船厂是较好的合作对象。HDW董事会主席高霖伯对双方的合作充满信心。他认为，HDW有先进的设计和技术，CSSC有良好的生产环境和成本低的优势，双方的合作将是一个良好的互补。 （朱汝敬　杨日旺　高建光）

海洋渔业国际合作

【渔业国际合作与交流】 1998～1999年，农业部渔业局在海洋渔业方面开展了广泛的国际合作。1998年9月11日，农业部总经济师、渔业局局长卓友瞻与日本农林水产省水产厅长宫中须勇雄签署了《关于实施栽培渔业技术合作项目的讨论记录》。双方商定，在山东省日照市实施“中国水产增殖技术开发合作项目”，中方执行单位为全国水产技术推广总站，日方执行单位为日本栽培渔业协会，项目实施期限为5年。在此期间，日方将无偿援助项目实施所必需的设备、器材并派遣专家。

1998年11月7～9日，经过近5年的专家级和政府间会谈，中韩双方于中韩1998年第七次会谈中，就两国政府间渔业协定达成一致。

同年11月11日，中方首席代表、外交部条法司副司长刘大群与韩方首席代表、外交通商部亚太局审议官辛正承在北京草签了《中华人民共和国政府和大韩民国政府渔业协定》，中方副首席代表、农业部渔业局局长杨坚和韩方副首席代表、海洋水产部国际协力官安国全草签了《中华人民共和国部长和大韩民国海洋水产部部长谅解备忘录》。农业部部长陈耀邦和韩国海洋水产部部长金善吉出席了草签仪式。

1999年1月8日，农业部渔业局在北京召开远洋渔业马来西亚项目工作小组筹备会，成立了马来西亚项目工作小组，会后下发了《会议纪要》。

1月10～21日，中美两国政府渔业合作会谈在美国华盛顿举行。以中国农业部渔业局局长杨坚为首的中方代表团，同以美国负责海洋事务的助理国务卿帮办伍思特大使为首的美方代表团，就全球和双边渔业合作问题进行了会谈。双方同意在多、双边领域加强合作并建立双边会谈的机制。

1月31～2月7日，以农业部部长陈耀邦为首的中国代表团访问了委内瑞拉和厄瓜多尔两国，探讨了发展双边农业和渔业合作关系。

2月10～19日，中、西部太平洋高度洄游鱼类资源养护和管理第四次多边会议在美国夏威夷召开。农业部渔业局李健华副局长率团出席了会议。会议通过了旨在限制对南太平洋海域的新入渔者没有约束力的决议。

4月9～10日，中韩两国政府渔业部门举行第二次渔业事务级磋商，双方就中韩《渔业协定》生效等问题交换了意见。

5月31日～6月2日，中日渔业协定生效问题非正式磋商在东京举行，中国农业部渔业局李健华副局长与日本水产厅新庄部长就解决中日暂定措施水域北限线以北水域渔业安排问题进行了磋商。

9月6～15日，中西部太平洋高度洄游鱼类养护和管理第五次多边会议在美国夏威夷召开。会议继续讨论建立中西部太平洋高度洄游鱼类资源多边管理机制，农业部渔业局李健华副局长率团出席了会议。

10月21～23日，农业部齐景发副部长与毛里塔尼亚伊斯兰共和国渔业与海洋经济部穆罕默德·埃尔·莫克塔尔·乌尔德·扎迈尔部长共同主持了在北京召开的中毛渔业混委会年会。渔业局李健华副局长与毛方部长技术顾问穆罕默德·麦纳·乌尔德·谢巴尼先生等代表团成员进行了会谈，就加强渔业合作、船员毛塔化、转汇、降低税费、鱼货销售、企业纠纷等问题进行了磋商，双方签署了会谈纪要。

10月24日，农业部陈耀邦部长会见毛里塔尼亚伊斯兰共和国渔业与海洋经济部部长穆罕默德·埃尔·莫克塔尔·乌尔德·扎迈尔率领的毛里塔尼亚渔业代表团。

12月21～27日，中俄渔业混委会第十次会议在莫斯科举行。以农业部副部长齐景发为首的中方代表团和以俄罗斯渔业委员会副主席契斯嘉科夫为首的俄方代表团，就1999年中俄渔业合作情况、2000年中国渔船在俄罗斯专属经济区作业及其他渔业合作问题交换了意见。会谈后，双方签署了会谈纪要。

（刘大安）

海洋运输国际合作

【海运国际合作】 交通部在海运方面的国际合作继续保持了发展的势头。1998年2月23～26日，中日两国海运主管部门在北京举行会谈，就独资船务公司数量、设立条件、业务范围、集运公司、多式联运，港口收费和上海航交所等问题交换了意见。

3月30日～4月3日和8月24～25日，中美两国海运主管部门分别在华盛顿和北京就海运及相关问题举行了谈判。

8月19～21日，交通部组团赴新加坡参加了第四次亚洲航运论坛，与会各国交流了各自的航运政策和航运现状。会前，中新双方就两国海运关系问题举行了会谈，双方对目前的关系与合作表示满意，并签署了会议纪要。

9月22日，黄镇东部长和秘鲁交通、通讯、住房和建设部部长卡哈瓦尔分别代表两国政府在利马签署了《中华人民共和国政府和秘鲁共和国政府海运协定》。

12月2～4日，中摩两国海运主管部门在北京就商签《中华人民共和国政府和摩洛哥王国政府关于商船航运领域的协定》举行了事务级会谈，并对拟议中的协议文本基本上达成了一直意见。双方同意在协定确立的原则下进一步发展两国主管部门和相关组织在商业航运领域的合作，为双方航运公司的业务发展提供便利条件。双方于12月4日在摩洛哥首相访华期间对协定文本进行了草签。

12月6～11日，中俄总理定期会晤委员会运输合作分委员会及下设的海运、河运、汽车运输和公路组在北京举行了第三次会议，双方就广泛的运输领域合作问题交换了意见。12月10日，洪善祥副部长和俄罗斯联邦运输部副部长斯米尔诺夫签署了《中华人民共和国交通部与俄罗斯联邦运输部关于中国船舶经黑龙江俄罗斯河段从事中国沿海港口和内河港口之间货物运输的议定书》和《中华人民共和国交通部与俄罗斯联邦运输部关于一九九二年一月十六日签署的〈中华人民共和国与俄罗斯联邦运输部关于利用中俄船舶沿黑龙江、松花江组织外贸货物运输协议〉第八条的修改议定书》。

截止到1998年底，中国已同52个国家签订了政府间海运协定。

【中国海事系统对外交往】 1998年6月，国际航标协会（IALA）在德国汉堡召开了第十四届大会。海监局刘功臣局长一行5人出席了本届大会。在本届大会上，中国再次当选为该组织的理事，表明中国在国际组织的地位不断巩固和加强，在航标事业方面取得的成绩得到了认可。

1998年10月12～16日，海事局成功举办了“远东无线电导航服务网（FERNS）第七次理事会会议”，中国、日本、韩国、俄罗斯4个成员国代表及国际航标协会、美国海岸警备队派员出席了会议。

【友好港口缔结与活动概况】 改革开放以来，中国一部分对外开放的港口主动走出去、请进来，与国外港口缔结友好港，为中国港口走向世界、扩大交流、促进友好往来、引进技术等方面作出了积极努力。

第一个友好港是美国的西雅图港，由上海港1979年与其缔结。随后，中国港口与国外港口建立友好港关系的范围不断扩大和发展。截止到1998年底，据不完全统计，已有上海、天津、广州、大连、青岛等10多个港口先后同亚洲、欧洲、北美洲和大洋洲的日本、韩国、越南、俄罗斯、意大利、法国、德国、荷兰、比利时、瑞典、美国、加拿大、澳大利亚和新西兰等14个国家的49个港口缔结了友好港。从1990年开始，大连、秦皇岛、天津、青岛和上海5个港口自发地组织起来，开展了友好港的研究工作。每年召开国际友好港研讨会，交流经验，沟通信息，开拓视野，推动了友好关系的健康发展。到1998年已连续召开了九届研讨会。通过友好港渠道，在人员培训、技术交流、港口营销、设备引进、信息咨询等方面开展了内容广泛、形式多样的工作，在增进港口间联系和友谊的同时，也扩大了中国港口在世界上的知名度和影响，促进了中国港口事业的发展。 （洪晓枫）

海洋盐业国际合作

【海洋盐业技术合作】 中盐总公司制盐工程技术研究院自80年代以来先后与多个国家进行技术合作，引进和吸收了国外先进的科学技术，组织了多人次的技术人员互访和交流，在国际知名刊物上发表了几十篇论文，扩大了该院在国际上的知名度。在1998年至1999年度该院正在执行和已执行结束的国际科技合作项目有：《中国—西班牙政府间科技合作项目——食盐加工加碘技术及装备的研究与在中国建立加碘食盐生产样板厂》、《中国—比利时科技合作项目——中国特殊卤虫品系的特性研究及卤虫资源进一步开发和利用》、《中国—希腊政府间科技合作项目——卤虫不同发育阶段的脂肪新陈代谢和营养的研究及在水产养殖上的应用》、《中国—希腊政府间科技合作项目——微藻冷冻技术及在水产养殖上的应用研究》、《中国—比利时政府间科技合作项目——中国卤虫生物多样性的研究以及 在水产养殖中的应用》。

《中国—西班牙政府间科技合作项目——食盐加工加碘技术及装备的研究与在中国建立加碘食盐生产样板厂》，该项目由西班牙政府赠款2.8亿比塞塔（约220万美元），中国投资100万美元在中盐制盐工程技术研究院建立年产5万t 加碘食用盐生产样板厂，此项目旨在通过中国和西班牙在食盐加工加碘技术和装备方面的技术合作，引进消化吸收西班牙的先进技术，改善和提高中国粉洗精制加碘盐工艺技术和装备水平，实现中国2000年消除IDD目标奠定技术基础。此项目于1997年底正式启动，1998年进行土建施工和设备安装工作，1999年试车并正式生产。

《中国—比利时科技合作项目——中国特殊卤虫品系的特性研究及卤虫资源进一步开发和利用》项目，主要研究内容包括：对中国的内陆盐湖和沿海盐场进行调查，采集卵和成虫，研究其生态环境特征（离子组成、营养成分、物化因子的季节性变化等）；卤虫卵和无节幼体的特性及在水产养殖业的适用性；鉴别分类和遗传特性的研究（成虫的形态学和异速生长的研究、生殖方式、杂交试验、异型酶电泳、DNA指纹法测定）；生活史特性（温度、盐度的耐受范围、成熟时间及生殖力、后代的类型和数量）等。该项目于1997年开始，1999年结束，并提交报告和通过比利时专家验收。

（中盐制盐工程技术研究院供稿）

国际海洋科技合作
International Marine Scientific and Technological Cooperation

【中美海洋科技合作】　纪念中美海洋与渔业科技合作议定书签署20周年系列活动　根据中美政府间科技合作协定，中国国家海洋局与美国国家海洋与大气局于1979签署了中美海洋和渔业科技合作议定书。过去20多年来，两国在海气相互作用、海洋地质、海洋化学、海洋物理、海洋渔业、减灾防灾等方面进行了广泛的和富有成效的合作。1999年，为纪念中美海洋和渔业科技合作议定书签署20周年中美两国在北京举行了系列活动。

应国家海洋局局长张登义的邀请，以美国商业部副部长、国家海洋大气局局长瞻姆斯・贝克博士为首的美国代表团一行30余人，连同中方有关单位近70人参加了1999年9月23日在北京举行的中美海洋和渔业科技合作议定书签署20周年庆祝仪式暨中美海洋变异对气候影响研讨会的开幕式。张登义局长和贝克局长分别代表中国国家海洋局和美国国家海洋大气局对双方过去20年的合作进行了回顾，对双方进行的互惠互利和富有成效的合作给予了充分的肯定并展望了今后双方面向21世纪的合作。

为配合中美海洋与渔业科技合作20周年庆祝活动，国家海洋局还举办了中美海洋和渔业科技合作20周年回顾展，以图片和文字方式回顾了双方在过去20年里所走过的足迹，并重点介绍了一些较大合作项目和合作事例。

中美海洋变异对气候影响研讨会于1999年9月23日至24日在北京举行。来自美国国家海洋大气局、航空航天局的代表及有关大学的专家、学者和中国国家海洋局、中国科学院、农业部、中国气象局以及青岛海洋大学的专家学者近50名科学家出席了会议，与会者分别在海洋作为气候变异的驱动、海洋监测和卫星遥感资料的应用、预报模式和实时预报、季风和厄尔尼诺相互作用的理论研究以及海洋变异对气候的影响等领域进行了研讨。双方科学家还分别提出了今后各自对合作感兴趣的领域，如中方对获取布放在西太平洋TAO阵列浮标资料感兴趣，美方有意邀请中方参加在全球范围内布放ARGO浮标计划。双方还就上述领域开展合作的可能性进行了探讨。　（梁凤奎）

中美在海岸带管理领域的合作　中美在海岸带领域的合作是继中美TOGA和TOGA-COARE等重大合作项目后又一重要合作领域。双方对此领域的合作都非常重视。1998年5月张登义局长访美期间与美海洋大气局贝克局长商定成立了中美海洋与海岸带管理联合协调小组，以全权负责协调双方在海岸带领域中越来越多的合作项目。自协调组成立以来，双方的合作与交流十分活跃，双方多名专家进行了互访。截止1999年，该协调小组已召开过两次会议，分别于1998年9月16～18日和1999年7月24～26日在中国北京和美国圣迭戈召开。在第一次会议上双方本着务实精神商定了协调组初期阶段的工作安排。会议同意将中美双方共同制定的16个中国海岸带综合管理项目中的5个短期项目，即为期6个月的项目，定为开始阶段的优先实施项目。双方同意为推动优先项目的实施，重点是搞好培训。此次会议确定了分为3个阶段的一揽子培训方案。

1999年3月22～27日在中国海南三亚市召开的中美海洋自然保护区管理研讨会是该协调小组第一次会议确定的系列合作项目之一。来自中国沿海省、市、自治区以及计划单列市海洋厅（局）、海洋自然保护区的专家和管理人员约40余人出席了会议。此次来华参加研讨会的美方专家就“海岸带综合管理”、“保护区教育与宣传规划”、“保护区生态旅游规划”等议题作了专题报告，介绍了美国的一些成功的管理经验和实践，引起与会代表的极大兴趣和关注；中国与美国建立了姊妹合作关系的三个国家级海洋自然保护区（海南三亚珊瑚礁、广西山口红树林、天津古海岸与湿地海洋自然保护区）的代表也分别介绍了各自的管理经验与做法。有些经验与做法得到了美方专家的赞赏。

协调小组第二次会议对第一次会议以来的进展和项目实施所取得的成果表示满意，特别是双方在中国三亚成功地召开了海洋自然保护区管理研讨会，为双方今后在此领域中的进一步合作打下了良好的基础。

在讨论联合协调小组下一阶段工作安排之前，双方还分别就各自国家在未来5年内沿海地区的发展趋势阐述了各自的看法。双方一致认为，海岸带综合管理是21世纪可持续发展的一个非常重要的内容，中国和美国在这一领域的互惠合作关系到双方的共同利益。

在讨论1999～2000年度的工作计划时，双方一致同意，下一阶段需要优先完成的一项工作是加快实施协调小组第一次会议确定的长期计划，即制定海岸带综合管理项目（长期项目资金申请）建议书，提交合适的国际赞助组织，以争取他们的资助。双方同意，建议书在提交国际赞助组织之前须提交联合协调小组第三次会议审议通过。（梁凤奎）

美海洋资料和信息合作联合协调小组第六次会议 1998年9月12～18日，中美海洋资料和信息合作联合协调小组第六次会议在国家海洋信息中心召开。

双方回顾了第五次会议以来两中心之间的合作情况，讨论了资料交换情况、沿海预报研究等方面的工作。双方互赠了有关资料：中方向美方赠送了包括13个沿海观测站的温盐资料和9个站次的波浪资料的6套资料集，以及渤海、黄海和东海三套海洋图集；美方向中方赠送了TOGA-COARE资料、TOGA-TAO资料、海岸带信息资料等，以及两套完整的光盘。

就未来合作研究领域，双方讨论了沿海海洋资料合作事宜，同意在开发沿海海洋资料管理系统、资料产品、绘图软件等方面进行合作。我方同意与美方互换珊瑚礁位置和赤潮发生地清单；美方同意向我提供全球温盐剖面计划（GTSPP）资料，建立一个GTSPP资料库。会议还讨论了地理信息系统、出版物交换及通过互联网进行资料传输等问题。

（魏 燕）

【中日海洋科技合作】 中日两国自1986年开展双边合作以来，先后开展了几个大型和一些小型项目的合作，合作的成果是明显的。通过合作培养了人才，形成了一支研究水平较高、实力较强的海洋科研队伍。

中日副热带环流合作调查研究项目是中日之间在海洋领域中开展的一项重要双边海洋科技合作项目。根据1995年3月底中日双方正式签署的“中日副热带环流合作调查研究实施协议”，该项目第二次学术讨论会于1998年11月24～25日在厦门召开。以日本科学技术厅研究开发局中村雅人为团长，由日本水产厅、气象厅、海上保安厅水陆部以及日本海洋科技中心官员、学者组成的代表团一行20人和中国国家海洋局机关有关司及国家海洋局第一、二、三海洋研究所、国家海洋信息中心、青岛海洋大学的代表共60余人出席了学术讨论会。中国国家海洋局副局长杨文鹤、厦门市市长助理以及厦门市外办、科委、海管办的领导出席了学术研讨会的开幕式和欢迎招待会。中日双方科学家发表基调演讲2篇，论文报告22篇，总结了4年来该项目的合作调查研究成果。该项目第四次项目工作组会议同时于27日在厦门召开，中日双方共26人出席了会议。会议回顾总结了4年来合作项目外业调查、合作研究课题、人员交流、资料交换、调查船停靠等实施情况，并就副热带环流合作项目结束后双方的合作事项交换了意见。

中日东海特定海区合作调查研究项目是中日环境合作框架下海洋环保项目。1998年2月16~20日该项目第二次联合工作组会议在日本筑波召开，双方分别报告了这一项目1997年第一航次的调查情况、样品分析结果和人员交流情况，协商了1998年第二航次计划，签署了会议纪要。1998年5月13日至6月4日，进行了该项目第二航次特定海区调查和围隔生态实验，中日双方科研人员21人参加了这一航次的调查，取得了令人高兴的成果。1998年6月5日，双方在上海举行了工作会晤，总结了第二航次的调查情况，协商了1999年召开学术讨论会的有关事项，并就今后继续合作交换了意见。1999年3月双方在日本召开了该项目学术讨论会及第三次工作组会议。讨论会获得了圆满成功，肯定了研究成果服务于海洋环境管理的方向，达到了交流研究成果，提高中国研究和管理水平的目的。在1999年11月在北京召开的中日环境保护联合委员会第五次会议上，中日双方对该项目的合作和项目取得的成果进行了高度评价。该项目成果总结验收会于1999年11月27～28日在青岛召开。会议由国家海洋局环保司和国际合作司共同主持，第一海洋研究所具体承办。国家海洋局第一、第二海洋研究所、东海分局、

青岛海洋大学及特邀专家30余人出席了成果总结验收会。 （梁金哲）

【中加海洋科技合作】 中加海洋和渔业科技合作 根据中加海洋和渔业科技合作谅解备忘录，经双方商定，中加海洋和渔业科技合作联合会委员会第四次会议于1998年11月5~6日在北京召开。

双方分别介绍了各国近年来的海洋工作。双方在回顾中加海洋与渔业科技合作谅解备忘录自签订以来的合作情况时，一致认为合作是互利和有成效的。鉴于合作谅解备忘录1998年到期，会议确认根据合作谅解备忘录第十条，该谅解备忘录将自动延期5年。

双方回顾了第三次联委会确定的合作项目的进展情况，有些项目已经完成，有些项目也取得了一定的进展，但双方认识到经费不足将成为影响合作项目实施的主要障碍，双方同意精简项目数量，确保有经费保障的项目的实施。双方还同意，双方应积极地、多渠道争取资金机构的赞助，以支持合作项目的实施。

考虑到目前的合作情况，双方认为今后的合作领域应围绕优先领域展开。这次会议共达成合作项目23个，其中第三次联委会商定的33项合作项目中已完成2项，继续保留和执行的合作项目19项，取消14项，联委会第四次会议新商定合作项目4项。双方同意将这次会议确定的项目分别归纳到对双方来说均是优先领域的三个方面：①海岸带管理和海洋保护区；②海洋生物资源的保护和合理利用；③海洋过程与气候。这标志着双方由过去较松散的合作形式向着较密切的形式发展。双方还探讨了启动规模大一些的合作项目的意向，以进一步推动双方今后的合作。

（梁凤奎）

中加国际海域划界技术援助项目 中加国际海域划界技术援助项目，是国家海洋局海洋发展战略研究所和加拿大海洋事务研究所之间开展的所际合作项目，由加拿大国际发展署提供资助，海洋发展战略研究所提供相应配套资金。该项目自1997年12月开始执行，预计2001年2月全部完成。

中国同所有海上邻国都有海域划界问题，计算机辅助划界技术是利用现代科学技术促进解决边界问题的有效手段。加拿大在同海上邻国的海域划界方面已有一定经验，并开发出用于海洋划界的计算机软件。根据双方协议，项目共分三个阶段进行：第一阶段是海域划界技术培训；第二阶段是互访和交流；第三阶段是在北京举行学术研讨会，交流和总结双方合作研究的成果。

第一阶段以培训班的形式在北京进行。加方培训专家包括：加拿大海洋事务研究所所长皮特·奥斯特教授(Prof. Peter Outhit)，加拿大达尔豪西大学海洋管理项目主任艾尔多·兹考伯博士，加拿大海洋科学顾问葛罗·克拉罗先生，加拿大达尔豪西大学教授大卫·万德兹瓦格博士；中方培训专家是海洋发展战略研究所所长高之国博士。培训班学员来自外交部、国土资源部、农业部渔业局、国家海洋局、海军军事学术研究所、中国人民大学、中国海洋石油总公司等单位。培训内容包括：海洋划界的技术基础、海洋划界的法律原则和国家实践、国际海域划界的新发展、亚洲的海洋划界实践、海洋划界中重叠区问题的考虑、海洋划界法律和实践的实际运用、划界争端的解决方法。培训班学员还进行了计算机划界和划界谈判的模拟练习。按照合作项目协议，加方还向国家海洋局战略所赠送了加拿大开发的计算机划界软件。加方赠送的DELMA计算机划界软件是一套商业软件系统。目前世界上有70多个国家和有关国际组织使用这套软件。

第二阶段是学术交流和访问。项目的中方合作单位——国家海洋局海洋发展战略研究所组团访问了加拿大的哈利法克斯和温哥华。加方主要接待单位包括加拿大海洋事务研究所、加拿大渔业与海洋部、环境部、自然资源部、加拿大海岸警卫队，以及贝福德海洋地理研究所、达尔豪西大学、国际海洋学院和不列颠哥伦比亚大学等。第二阶段的主要内容包括：就海域划界的法律问题、法律程序、技术规范以及国家间的海域划界纠纷的政治和法律解决途径等问题进行交流和讨论；探讨谈判的理论和技巧；查询和收集关于国际海域划界、南中国海等问题的相关资料；参观加拿大海岸警卫队的科考船，并听取情况介绍；解决了本项目第一阶段划界软件所有技术难点，完全掌握该软件的应用技术，基本具备了使用该软件作为技术手段服务于中国海域划界实践的条件；了解了加拿大联邦政府和各省之间海洋管理的分工和合作以及管理界限问题，各省之间的海域划界问题。

第三阶段是中加双方专家学者在北京举行学术研讨会。双方围绕《联合国海洋法公约》和大陆架划界、历史性水域和历史性权利的理论和实践、海洋划界理论和实践的新发展等问题展开了研讨。国家海洋局海域司还就省际海域勘界问题，同加方专家在技术层面上进行了探讨。

中加国际海域划界技术援助项目经过双方的共同努力，三个主体阶段的任务已执行完毕。通过这一双边合作项目，中方学习、了解、掌握了国际海域划界的最新理论、实践和计算机技术。对研究中国与周边国家的海域划界问题，具有积极的借鉴意义。

（贾　宇）

【中德海洋科技合作】 1998年6月15至16日，中德海洋科技合作联委会第十次会议在德国波恩举行。

联委会回顾了上次会议以来合作项目的开展情况，确定12个项目圆满完成。双方讨论确定了延续项目和计划项目，并通过了12个新项目申请。双方一致认为，未来的合作领域是全球气候变化、季风研究、极地研究、赤潮、深海采矿及环境研究。会上，双方还就进一步加强项目管理的办法作出了规定，并在对《涉外海洋科学研究管理规定》进行讨论后，达成了合作的共识。6月16日，双方签署了会议纪要。

【中法海洋科技合作】 中华人民共和国国家海洋局和法兰西共和国海洋开发研究院海洋科技合作联合工作组第三次会议于1999年4月13～14日在北京举行。

会上双方分别介绍了各自近年来的海洋工作概况，回顾并总结了中法海洋科技合作联合工作组第二次会议以来双方合作交流项目的执行情况。双方对合作项目的进展情况表示满意，确认了第二次会议达成的11个合作项目中已完成2项、合并2项、取消 1 项、继续合作2项、继续探讨合作 2 项。会议还审议了双方分别提出的新合作项目建议，并确定了包括第二次会议保留项目在内的11个合作交流项目，其中自1999年起执行项目5项，探讨合作项目6项。4月14日上午，双方签署了会议纪要。

（魏　燕）

【中韩海洋合作】 中韩两国根据1994年10月签署的《中韩海洋科技合作谅解备忘录》，在海洋综合管理、海洋政策、海洋环境、海洋生物资源的保护和利用、海岸带管理和开发等领域内开展了合作。1998～1999年，中韩两国在海洋领域的合作稳步发展，韩国已经成为与我开展双边海洋合作最活跃的国家之一。

1998年4月20～21日，中韩海洋科学技术合作联合委员会（联委会）第二次会议及中韩海洋科学共同研究中心管理委员会（管委会）第三次会议在中国海南省海口市举行。双方分别通报了两国近年来海洋工作的进展情况，对两国海洋科技合作项目的执行情况进行了简要的回顾和总结，商定了今后的合作领域和项目，其中，优先启动项目5项。管委会听取、审议并批准了中韩中心1998年度的业务工作计划和财务预算报告，并建议将“中韩海洋科研调查标准和资料处理方法的对比研究”列入中心1998年的业务工作计划。管委会同意中韩中心暂以“中韩合作研究中心”的名义向科技部重新申报，并同意要积极创造条件，向“中韩合资研究开发机构”的方向过渡，争取尽快成为独立法人单位。管委会讨论了加强对中心的管理和业务指导问题。强调要加强对中心业务工作计划的审批、监督、检查和指导。

1999年1月，中韩海洋科技合作联委会第三次会议和中韩海洋科学共同研究中心管理委员会第四次会议在韩国济州岛举行。联委会双方分别介绍了各自国家近期海洋工作、海洋政策动向以及机构改革等情况。对过去一年来两国海洋科技合作项目的进展情况进行了回顾，根据执行情况重新对项目进行了整理。联委会对中韩4个重点合作项目的进展情况进行了评价、讨论和协调，商定了在极地研究、大洋矿产资源合作等新的合作领域，对中、韩、朝三方的合作进行了探讨，还对第二次黄海海洋学研讨会有关问题进行了讨论。管委会总结了1998年的业务工作和财务决算情况，审议了1999年业务工作计划和财务预算。对增加中韩中心业务经费、第三届中韩中心主任、副主任等问题进行了协商。

1999年5月，第二次中韩黄海海洋学讨论会在韩国举行。双方科学家就中韩黄海水循环动力学合作研究项目报告了研究成果。

两年来，中、韩双方还成功地开展了“中、韩黄海水循环动力学合作研究”、“中、韩黄海沉积动力学与古环境演变合作研究”、“中、日、韩黄东海海域海洋环流和气旋发展合作研究”、“黄海污染减轻对策研究”等合作项目。另外，中韩双方还在大洋矿产资源开发、极地等领域开展了富有成效的合作。

（梁金哲）

【中朝海洋科技合作】 根据中国国家海洋局与朝鲜气象水文局1986年签署的《中朝海洋科学技术合作议定书》，我本着“友好合作、稳步发展”的原则，同朝鲜开展了海洋资料交换、科学家交流及海洋科研项目合作。

1998年9月20～26日，应国家海洋局的邀请，朝鲜民主主义人民共和国气象水文局许昌淑副局长为团长的气象水文局代表团一行4人访问了中国。访华期间，朝方代表团和中方代表团在北京举行了海洋科技合作第九次会议。双方分别介绍了各自海洋工作的近况，回顾和总结了中朝海洋科技合作第八次会议以来合作交流项目的执行情况，商定了本世纪末前的合作交流项目。双方认为，合作交流项目的进展是顺利和卓有成效的。

1999年10月12～19日，国家海洋局派科学家代表团就中朝风暴潮－潮汐－海浪联合模式合作研究项目的结束收尾工作访问了朝鲜。中朝两方对此项合作研究给予了高度肯定，认为研究成果具有较高水平，可供实际业务预报使用，朝方的模式研究吸收了中方提出的思路和观点，通过合作研究，大大促进了朝方风暴潮预报工作的开展，并认为今后应继续加强中朝方面的海洋科学合作。双方还就下阶段海温预报的可能合作研究进行了探讨。

【祖国内地与香港、澳门特别行政区和台湾省的海洋合作】 祖国内地与香港特别行政区、澳门特别行政区和台湾省在海洋领域内有共同的利益和兴趣，与该地区开展海洋领域的合作与交流是祖国内地海洋工作的重要方面。在香港、澳门两地回归祖国前后，根据中央有关精神，祖国内地积极开展了同该两地区的海洋合作。与此同时，祖国内地也与台湾省开展了海洋科研等领域的交流活动。其开展海洋合作的领域有：海洋管理、海洋环境监测与保护、海洋科学研究、海洋工程、培训等。

与香港的合作与交流 1997～1998年间，由国家海洋局第一海洋研究所与香港土木工程署委托的香港信伟公司签订协议，开展了“铜鼓水道水文水质调查研究”项目，国家海洋局南海分局、第二海洋研究所、中科院南海所等内地单位也参加了该项目。

1999年7月29～30日，根据粤港环保联络小组的安排，在香港特别行政区环保署召开了“海洋疏浚倾倒环境影响及管理研讨会”，内地海洋、环保、港监等中央和地方部门共15人参加了研讨会。

1999年9月21日，国家海洋局南海分局与香港特别行政区政府环保署就第二次全国海洋环境污染调查和全国海洋环境监测网的合作签署了《关于合作开展海洋环境保护工作的备忘录》。根据备忘录，香港环保署将从现有的资料着手，向“二基”调查全国技术组提供资料，国家海洋局南海分局给予一定的技术支持。另外，双方均认为需要成立一个由双方专家组成的海洋环境监测网工作小组，进一步探讨港方加入海网的可行性和商议具体合作的内容，为香港环保署参加全海网和南海区网作准备。

从1999年开始，国家海洋局第二海洋研究所、南海分局、中科院南海所等内地单位与香港科技大学等香港单位开展了香港特别行政区政府项目“珠江水域污染研究计划（PREPP）”，该项目为期3年。

另外，1998～1999年，国家海洋局与世界自然（香港）基金会联合举办了第四、五期湿地保护区管理培训班。国家海洋局、沿海省市海洋管理部门及基层保护区的多位同志参加了培训班。经过培训，了解了香港自然保护区工作现状和管理方式，学习了香港先进的自然保护区管理方式和经验。

与澳门的合作与交流 1997年12月29日，国家海洋局南海分局与澳门港务局在澳门签订了《关于澳门在珠江口海域倾倒废弃物问题的备忘录》。根据备忘录，澳门方面同意其管辖区内需要向海洋倾倒疏浚物的单位依照《中华人民共和国海洋倾费管理条例》的规定，向国家海洋局南海分局申请办理《普通废弃物倾倒许可证》。南海分局同意澳门内港维护产生的疏浚泥倾倒在九澳岛东南倾倒区，并依法保护澳门方面持《普通废弃物倾倒许可证》的单位合法的海上倾倒活动。1998～1999年间，该项活动按照备忘录的规定正常执行。

与台湾的合作与交流 在亚太经合组织(APEC)赤潮管理计划框架下，国家海洋局第一海洋研究所与台湾大学于1996～1999年开展了“赤潮毒素监测技术、方法”合作研究，并在青岛举办了“赤潮毒素监测技术、方法”学习班，由国家海洋局、中科院、农业部水科院等6个单位派人参加。

另外，1998～1999年间，内地有关专家学者赴台参加了“第一届海峡两岸地球科学推动研讨会”、“海洋环境的过去、现在和未来研讨会”等学术活动，台湾有关专家学者也多次赴大陆参加了有关海洋方面的学术活动。 （梁金哲）

重大合作项目

【实施全球环境基金“黄海大海洋生态系保护”项目】 1999年4月，全球环境基金黄海大海洋生态系项目准备阶段工作正式启动。为此，成立了由财政部、交通部、科技部、农业部渔业局和国家环保总局等有关部委局组成的部委间项目协调委员会；以及由国家海洋局第一海洋研究所、海洋环境监测中心、海洋发展战略研究所、农业部黄海水产研究所等组成的国内项目专家组，对黄海项目所侧重的生态系、渔业、污染、法律等4方面内容提出了工作意见。1999年在青岛分别组织召开了第一、二次国内项目研讨会；在北京召开了第一次项目指导委员会会议；并组团参加了在汉城召开的第二次项目指导委员会会议和第一次区域研讨会。

第一次国内研讨会主要目的是向与此项目有利益关系的各方介绍项目的基本情况，征求他们对项目的意见。来自农业部、交通部、环保总局、黄海水产研究所、辽宁省海洋与水产厅、山东省海洋与水产厅、江苏省海洋局、青岛市政府稽查处、青岛市海洋与水产局、青岛港务局、青岛港建指挥部、青岛海洋渔业公司、黄渤海渔政渔港监督局、荣成寻山水产集团以及国家海洋局第一海洋研究所、海洋环境监测中心和中韩中心等共35位代表出席了会议。会议共分3个部分：第一部分介绍黄海大海洋生态系项目基本情况及项目准备阶段主要活动和计划安排。第二部分为专家报告，题目分别为“黄海大海洋生态系环境特征、开发利用现状和存在问题”、“黄海渔业现状和管理措施”和“黄海生物多样性和污染状况”。第三阶段针对黄海存在的问题展开了讨论。介绍了黄海大海洋生态系项目基本情况及项目准备阶段主要活动和计划安排，并对黄海存在的问题展开了讨论。

【全球环境基金东亚海域海洋环境保护与管理伙伴关系项目启动】 1999年9月，东亚海域海洋环境保护与管理伙伴关系项目主任蔡程瑛博士对人大环境资源委员会、交通部、国家环保总局、农业部渔业局、UNDP北京办事处、地球村、清华大学、北京大学等部门和单位进行了访问，标志着该项目在中国范围内全面启动。同时，还协助北京地球村拍摄了有关环渤海的录像片，宣传开展环渤海海洋环境整治的重要性，配合项目的实施。

鉴于环渤海项目的执行涉及许多部门，按照项目实施要求，将着手成立国家项目委员会。由国家海洋局、国家环保总局、交通部、农业部、国家旅游局，以及辽宁、大连、河北、天津、山东等省、市参加，负责进行部门间及部门与各有关省、市的政策协调。2000年还将召开“环渤海项目计划会议”，讨论环渤海项目实施的具体方案。（陈 越）

国际海洋组织及会议
International Marine Organizations and Meetings

【联合国海洋法公约缔约国大会第九次会议】 联合国海洋法公约缔约国大会第九次会议于1999年5月19日至28日在联合国总部纽约召开。共有127个缔约国的代表、十多个国际组织代表以及观察员代表出席了会议。会议审议了国际海洋法法庭提交的年度报告、国际海洋法法庭2000年预算草案、《国际海洋法法庭财务条例》和《国际海洋法法庭工作人员条例》，新选出了7名国际海洋法法庭法官，此外，会议还讨论了缔约国会议议事规则等其他有关事项，会议的主要情况如下。

1. 关于审议国际海洋法法庭年度报告

多数成员国对法庭提交的年度报告表示满意，认为法庭的工作取得了相当进展，特别是对“塞加”号油轮一案迅捷的审理是对国际司法工作的一个很大的促进，也使得越来越多的缔约国增加了对法庭在审理海上纠纷案方面的信心以及将纠纷案提交法庭审理的意愿，这也说明了《联合国海洋法公约》的重要性，呼吁尚未批准公约的缔约国尽早批约。

2. 关于国际海洋法法庭法官的选举

联合国海洋法公约缔约国第六次会议于1996年8月1日举行了法庭法官的第一次选举。按照《公约》规定，法官任期9年，可连选连任，但须在第一次选举中选出7名任期3年的法官和7名任期6年的法官。7名任期3年的法官将于1998年9月30日到期。此次缔约国会议将就1998年9月30日后出现的7个空缺进行选举，选出的法官任期9年。

根据7名空缺法官的区域分布，具体的区域指标为：非洲2名，亚洲2名，东欧1名，拉美1名，西欧1名。

会议经过投票表决，选出了7名法官。

3. 关于调整法官薪酬、2000年法庭预算和财务条例

（1）会议决定核准法庭提出的将法庭法官的最高年薪调高到联大第53/214号决议决定的国际法院法官薪酬水平，即160 000美元，从2000年1月1日起生效。

（2）2000年法庭预算会议核准了法庭2000年预算，同时还核准了日本提出的关于国际海洋法法庭预算最低摊款率和最高摊款率的提案，决定自2000年起适用法庭预算的分摊比额表应依据适用联合国经常预算的分摊比额表，规定最低摊款率、最高摊款率和联合国最不发达会员国最高摊款率。为此，从2000年起日本的会费比率将由30%降至25%，包括中国在内其他缔约国的会费将会有所提高。

（3）关于《国际海洋法法庭财务条例》

会议在审议已于1998年10月8日经法庭核可的《国际海洋法法庭财务条例》过程中，提出的修改意见较多，难于达成共识，建议下次缔约国会议上再重新进行审议。

4. 关于缔约国议事规则及其他

关于第53条，即关于就实质问题作决定这一规则，英国代表团向会议提交了书面建议：在不违反第52条的情况下，关于预算和财务事项的决定应以出席会议并参加表决的缔约国四分之三多数作出，但此一多数须包括支付至少四分之三的国际法庭费用的缔约国以及出席会议的多数缔约国……。对此提议成员国异议颇多，反对这种带有歧视性的“加权表决”方式。会议决定此提案留到下次会议审议。

在审议其他事项议题时，大会主席向会议宣读了大陆架界限委员会主席给第九次缔约国会议主席的信，要求缔约国会议审议关于设立由联合国秘书长管理的信托基金的建议。该基金将用以支付发展中国家的委员会成员出席委员会会议的旅费和膳宿费。会议作出决定，请大陆架界限委员会主席在缔约国会议第十次会议期间向大会汇报委员会的工作情况，包括针对设立信托基金以资助来自发展中国家的委员会成员参加大陆架委员会工作，提出有关实际需要和财务估计数的情况。就此问题还引发了包括国际海底管理局应该不应该向缔约国提交报告问题。智利代表团提出，国际海洋法法庭、大陆架界限委员会及国际海底管理局这3个由公约建立的机构应该每年向缔约国会议提交报告的建议，但多数成员国认为大陆架界限委员会和国际海底管理局虽说是由公约创造，但它们都是相对非常独立的机构，没有向缔约国提交报告的义务。 （梁凤奎）

【联合国可持续发展委员会第七次会议】 联合国经济及社会理事会下设的可持续发展委员会(CSD)第七次会议于4月19～30日在纽约联合国总部举行。海洋问题是这次会议的主题之一。这是CSD自1996年第四届会议以来第一次全面审查海洋议题。本次会议的其他议题还包括可持续生产与消费旅游以及小岛屿发展中国家可持续发展等。由外交部、国家环保总局和国家海洋局等共12人组成的中国代表团出席了会议。

在海洋议题下，CSD-7审议了联合国秘书长关于海洋问题的报告,对《21世纪议程》第17章所述的海洋问题，特别是渔业管理及其他海洋生物资源的保护，海洋陆源污染全球行动计划（GPA）的执行以及海洋领域的国际协调与合作等进行了审查。

在渔业资源管理方面，CSD鼓励各国考虑批准联合国粮农组织1995年通过的《负责任捕鱼行为守则》和《促进公海渔船遵守国际养护和管理措施的协定》等有关渔业管理协定。对其他海洋资源的管理，CSD确认了国际珊瑚礁倡议(ICRI)的有关行动并鼓励各国在《联合国海洋法公约》的框架内根据《生物多样性公约》及其《雅加达任务规定》所制订的工作方案建立和管理海洋保护区。

关于海洋陆源污染问题，GPA的执行进展缓慢，其最大的障碍是缺乏资金，特别是发展中国家普遍面临资金不足、技术落后和人员能力缺乏等问题。为此，CSD敦促各国政府、国际组织以及双边和多边的捐助机构应加强能力建设。另外，还应建立资料中心机制（clearing house mechanism），即提供目前资料源、实践经验、科技专门知识，可能还提供筹资来源的查询系统，以便利决策者。

在海洋科学研究方面，CSD强调通过全球海洋观测系统（GOOS）收集可靠的海洋学数据的重要性，以及将厄尔尼诺/南方涛动问题列入下次每5年一次的全盘审查《21世纪议程》工作范围的重要性。

海洋领域的国际合作与协调问题是CSD-7辩论的焦点。委员会呼吁各有关机构，不论国家、区域或全球一级的机构，都应增强它们相互间的合作，但需顾及它们各自的任务规定，以期促进协调一致的方针，避免重复，增强现有组织的有效运作并且确保改善取用资料的途径及推广其传播。鉴于联合国大会每年对海洋问题的审议只有1天，不足以充分地讨论综合性的海洋问题，因此，为了提高联大辩论的有效性，CSD-7建议联大设立一个不限名额非正式的协商进程（an open-ended informal consultative process），依据《联合国海洋法公约》并在《21世纪议程》的框架内审议海洋问题。设立该进程的主要目的是为联大审议秘书长关于海洋的报告做准备，并为联大通过有关海洋的决议提供素材。该进程将每年举行1次会议，时间为1周，将促使政府各涉海部门的广泛参与。时间安排上应便利各国首都的代表参加。联大将不迟于该议程建立4年内来评述其有效性。 （陈　越）

【1972伦敦公约缔约国第20次协商会议】 1972伦敦公约缔约国第20次协商会议于1998年12月14～18日在英国伦敦国际海事组织总部举行。出席会议的有34个缔约国的代表、6个观察员国家的代表、3个联合国机构的代表以及10个政府间及非政府间组织的观察员约100余人。会议的主要议题包括：协商会议及特别会议议事规则中的表决规则问题、放射性废物的最小免除浓度问题、履约问题、废物的评价指南以及公约与议定书的关系问题等。中国由国家海洋局、外交部、交通部和中国海洋石油总公司等单位组成的代表团出席了会议。

关于协商会议议事规则中的表决规则问题，一些缔约国主张将实质性问题表决的简单多数原则改为三分之二多数原则。但绝大多数国家对修改议事规则持保留态度，认为目前没有修改的必要。

关于放射性问题，国际原子能机构提出应适用国际上通常所接受的放射性防护原则，即应该进行控制和可以忽略不计。一些代表团认为在伦敦公约中对放射性应用最小免除浓度的做法理由不充分，认为此种做法可能为放射性废物向海洋倾倒重开方便之门。而另一些缔约国则认为国际原子能机构的工作对于区分“放射性”和“非放射性”物质是十分有价值的，因而支持最小免除浓度的概念。但就此概念制订一个全球通用的数值标准似乎是不现实的。

关于制订公约的遵守程序问题，多数代表团认为有必要考虑如何改善对公约的执行和遵守，制订遵守程序有利于从公约到议定书的平稳过渡。但是，在现阶段建立一个遵守问题的附设工作组是不成熟的，而协商会议和科学组会议应负担这方面的工作。中国对公约遵守问题的立场是：遵守程序应旨在建立一种相互间合作的伙伴关系，应是一种鼓励机制，而不是惩罚机制，因为不能无视缔约国为主权国家这一事实。

关于废物评价指南问题，科学组已经制订了一般性废物指南和渔业废物、惰性无机地质材料和大体积废物等3个指南，阴沟污泥、有机材料、石油平台或其他人工构造物以及船舶等4类废物的处置指南将于两年内完成。关于一般性废物指南和7个具体指南一并列出，即左栏是一般性指南，右边依次列出7类物质指南。会议决定等所有的指南完成后一揽子提交协商会议审议通过。

本次会议是公约向议定书过渡过程中的一次例会，因此讨论的问题既有公约执行中的问题，又有未来议定书执行安排的问题。由于丹麦、英国和德国已经批准了议定书，芬兰、挪威、加拿大和澳大利亚也表示将于1999年底完成批准程序，因此议定书的生效过程可能会加快。中国已于1998年3月签署了议定书。因此，应尽早考虑中国批准议定书的问题。

（陈　越）

【1972伦敦公约缔约国第21次协商会议】 1999年，由王曙光副局长为团长、外交部、交通部、中国海洋石油总公司和国家海洋局代表组成的中国代表团出席了在国际海事组织总部举行的伦敦公约缔约国第21次协商会议。协商会议审议了1972伦敦公约及其1996议定书的现状及遵守问题、放射性废物最小免除浓度问题、科学组报告问题、拆船问题、公约经费问题等。

关于公约及议定书的现状，在77个公约缔约国中只有18个国家签署了伦敦公约1996议定书，而批准的只有6个国家，离生效所需的26个国家尚有较大距离。因此，会议认为应建立“公约及议定书网络”和印刷宣传材料，加大宣传力度，并通过加强技术合作来帮助发展中国家早日加入议定书。

针对1996年75个缔约国中43个国家没有向国际海事组织报告倾废情况，而1997年77个缔约国中有52个未报告倾废情况，会议认为急需要采取措施来扭转这一局面。建议采取适当措施，其中包括向缔约国发送调查问卷，了解不遵守公约的原因；向全球环境基金申请经费，组织一些专家到缔约国开展实地调查，找出影响履约的问题，并提出解决办法；加强技术合作，帮助发展中国家建立机构和制订法规等。

关于放射性废物最小免除浓度问题，协商会议审议并通过了放射性废物最小免除浓度特设专家组提交的关于放射性废物最小免除浓度问题的报告，其中包括“在1972伦敦公约下应用最小免除浓度概念的指南草案”。会议同时指出，该指南要根据今后的发展和新的科研成果进行审议和更改。国际原子能机构还要制订具体评价指南，而具体评价指南出台之前，凡批准在公海区倾倒物质的缔约国应将其使用的评价标准写入它的年度倾废情况报告中。

协商会议还讨论并通过了第22次科学组会议的报告。其中一项重要内容是科学组职责的修改。修改后的职责可以使科学组既服务于1972伦敦公约，又服务于1996年议定书；另外，使科学组在推动倾废管理、清洁生产、监测和监视等技术的发展和技术合作方面发挥积极作用。

会议还讨论了1972伦敦公约经费问题。国际海事组织海洋环保司司长提到：虽然1972伦敦公约的2000～2001年经费已得到批准，但个别国家是海事组织成员国而不是1972伦敦公约缔约国，提出了改变1972伦敦公约经费机制的建议，即从由国际海事组织提供经费改为由1972伦敦公约缔约国提供。会议多数国家认为应保持现有经费渠道，因为国际海事组织多年来一直积极支持1972伦敦公约秘书处的工作，且公约所需经费仅占国际海事组织总经费的1.5%，约为30万英镑，数额不大。另外，如由缔约国提供经费，将要建立另一套财务机制，增加管理人员和开支，同时还会影响各国参与公约活动和加入1996议定书的积极性。我代表团出于维护国家利益和1972伦敦公约的利益，积极表态维持现有经费渠道不变。　（陈　越）

【国际海底管理局四届大会】 国际海底管理局大会四届一、二次会议分别于1998年3月16～27日和8月17～28日在牙买加首都金斯敦召开。69个国家和3个观察员国家以及6个国际政府间和非政府间组织派代表出席了会议。我由外交部、国家海洋局、地质矿产部（国土资源部）等部门共同组团出席了会议。

大会期间，理事会、法律和技术委员会以及财务委员会都分别举行了会议。会议重点审议了《“区域”内多金属结核探矿和勘探规章》草案，国际海底管理局1999年预算以及会费分摊比额表及国际海底管理局与牙买加政府关于管理局总部的协定等议题。

关于审议《“区域”内多金属结核探矿和勘探规章》草案，由于该规章是涉及在深海底勘探矿产资源

第一部实质性的法律规章，涉及多方利益，规章草案的审议十分激烈。以拉美等国为代表的发展中国家与发达国家展开了对峙，问题的焦点仍是环境和资料的保密。发展中国家强调在从事海底勘探活动应注重深海环境的保护与保全，而发展国家则强调在探矿和勘探期间的活动不会对海洋环境造成影响，不应给投资者增加过多的负担，从而不利于各国向深海投资。由于此次会议未完成草案的审议，会议决定明年将继续重点审议。

此外，会议还选出了新一届理事会和大会主席及新一届的理事会成员，中国的任期将于2000年12月31日到期。大会通过了国际海底管理局特权与豁免议定书。关于国际海底管理局总部协定与国际海洋法法庭关系协定的审议也取得了新的进展。

大会通过了管理局1999年预算。1998年是国际海底管理局成员国以会费方式负担管理局会费的第一年，而多数会员国尚未交纳会费，特别是美国由于国内还未批约，纳费还未排上日程，从而使管理局的经费紧张。大会的第一天，大会主席就呼吁仍未交纳会费的成员国尽快履行纳费义务。大会顺利地通过了管理局1999年财政预算，并通过了为节约开支将明年计划召开两次每次为期两周的会议，改为只召开一次为期3周的会议的建议。

此次会议值得引起人们注意的另一个现象是目前各国勘探和开发国际海底资源，已由过去单打一朝着向开发多种资源的目标进军的趋势更加明显。此次会议期间，俄罗斯提出 请管理局着手制定除多金属锰结核资源以外其他资源探矿和勘探的规章的动议。根据联合国海洋法公约规定，有关多金属以外任何资源的勘探与开发的规则、规章和程序，应于管理局任何成员向其要求制定之日起3年内予以制定。在此会议期间，由国际海洋学院举办了两次多种海底资源研讨会，美、德两国学者介绍了热液硫化物、富钴结壳和生物基因等多种资源的情况。通过上述的情况和活动表明锰结核已不是各国开发海底资源的惟一目标，同时转向多金属结核以外的其他多种资源开发并举。有些国家已具有提出申请的可能，以占有更多的国际海底资源的国际竞争更趋激烈。（梁凤奎）

【国际海底管理局第五届会议】 国际海底管理局第五届会议于1999年8月8～27日在牙买加首都金斯敦召开，共有67个管理局成员国和6个观察员国家及联合国有关机构派团参加了会议。中国代表团由外交部、国土资源部和国家海洋局的代表组成。

此次会议主要议题是听取秘书长的年度报告，审议多金属结核探矿和勘探规章、财务条例、法技委议事规则、总部协定、管理局预算和各成员国分摊比额。整个会议期间，围绕采矿规则和法技委议事规则展开深入广泛的讨论，有时争议相当激烈，各利益集团极力维护各自利益，常常互不相让。由于长时间的争执，此次会议未能对工作人员条例进行审议。

本届会议将重点放在对“勘探规章”条款的审议上，力图尽早通过该规章，以付诸实施。但是，在理事会各次非正式磋商中，一些国家在有关环境保护、资料保密、人员培训、技术转让和紧急环境事件等问题的条款上提出了苛刻的要求：在环保和紧急情况方面，必须确保海洋环境的保护和保全，对因严重灾害可能产生的各种紧急情况，仅采取预防措施是远远不够的，还应该建立非常严格的程序。一旦造成损害，不但要进行补救，而且要向受影响的国家提供赔偿。因此承包商在开始勘探工作前就必须交存一笔环境保证金；在资料保密方面，不反对保护必要的机密性，但认为不能利用机密性去损害管理局成员国了解所关切的事项并参加有关机构对这些事项审议的权利；在人员培训和技术转让方面，强调发达国家应积极为发展中国家培训涉及探矿和勘探各个环节的人员，必须处处以“人类共同遗产”这个概念为依据，以便使管理局所有成员都有可能公平地获得海底资源。

通过近两星期激烈的争论，终于完成了对条例第22～33条及4个附件的一读。除了对原有的一些条款进行补充和细化外，还单独列出了：年度报告内的探矿数据和资料的保密性、关于对海洋环境造成严重损害的事故的通知、考古和历史文物、承包者的权利、沿海国家的权利等条款。在随后进行的二读中，争论更为激烈，直到会议结束，连条例1“用语和范围”中的定义都未达成共识。因此，这次会议实际上只完成了去年会议剩余部分的一读。（朱文熙）

【联合国教科文组织政府间海洋学委员会第三十一届执理会】 联合国教科文组织政府间海洋学委员会（简称海委会）第三十一届执理会于1998年11月17～27日在巴黎召开。包括中国在内的35个海委会执理国代表及国际组织观察员出席了会议。会议听取了海委会执行秘书所做的项目执行和预算使用情况报告，审议了海委会各业务计划的进展情况，通报了国际海洋年的庆祝活动和有关后续活动。会议通过了海委会给联合国可持续发展委员会第7次会议的声明。

关于海委会的主要业务活动计划，会议重点讨论了全球海洋观测系统（GOOS）和海岸带综合管理计划（ICAM）的发展，以及海洋科学与生物资源计划，特别是赤潮问题。关于GOOS计划，本次会议开始提出GOOS各模块之间的均衡发展问题，特别是气候观测模式迅速发展和诸如生物资源、海洋环境状况和海岸带管理等模式的发展相对滞后的问题得到普遍关注。会议还讨论了关于将世界气象组织海洋气象委员会（CMM）与海委会全球海洋服务系统联合委员会（IGOSS）合并为海洋学和海洋气象技术委员会（J-COMM），主席和秘书处由世界气象组织和海委会共同承担的建议，以便加强合作，减少重复，提高效率，并决定将此提交海委会第二十届大会讨论通过。

关于生物资源计划，在国际海洋研究科学委员会（SCOR）和海委会于1998年10月举行的一次全球赤潮生态学和海洋学研讨会上，提出发起一个新的全球赤潮生态学和海洋学科学计划（GEOHAB），目的是通过GEOHAB 科学指导委员会大力推进此项工作的开展。此外，由于近年来关于海洋生物的国际计划不断产生，特别是GOOS计划中也建立了海洋生物资源模块，会议决定对海洋生物资源计划做适当调整，使其与海委会各区域组织、各业务计划等加强结合，积极促进海洋生态系统和生物多样性的保护和管理。

关于海岸带综合管理计划，秘书处向会议通报了自上届大会成立了独立的多学科海岸带综合管理计划以来的进展情况。此计划的目的是把自然科学和社会科学，科学家、管理人员和决策者，以及海委会海岸带管理的有关计划和其他国际组织的有关计划有机地结合起来，从而达到海洋科学为海洋管理服务的目的。会议对海委会在这方面的进展表示赞赏，并决定进一步加大投入，更好地满足各国海岸带管理的需要。

国际海洋年活动是此次会议的另一个重要议题。海委会是提出国际海洋年倡议并具体协调海洋年有关活动的国际组织。会议举办了国际海洋年展览，展出了各国庆祝海洋年所举行的活动及纪念品，包括出版物、声像资料、邮票、纪念币、旗帜、T恤衫等。中国在会上散发了中国庆祝海洋年活动宣传手册，播放了庆祝海洋年有关活动的录像，展出了广大群众签署的“我的海洋章程”大型条幅及有关科普读物。当天，教科文组织总干事马约尔先生专门到会对各国在国际海洋年期间所取得的成果表示祝贺。同时，会议还组织召开了青年海洋论坛，各国选派的青少年代表通报了各国青年庆祝海洋年的活动，并就青少年关注的海洋环保、教育问题展开了热烈的讨论。

（李海清）

【教科文组织政府间海洋学委员会第二十届大会】 联合国教科文组织政府间海洋学委员会（简称海委会）第二十届大会于1999年6月29日至7月9日在巴黎召开。包括中国在内的共有130多个国家和十几个国际组织的代表出席了此次会议。会议听取了海委会执行秘书所做的1997～1998年年度工作报告和预算执行情况的报告，审议了海委会业务计划的进展情况，通过了2000～2001年的计划与预算，进行了主席、副主席和执理国的换届选举。大会期间，还举办了1998国际海洋年展览会。中国提供的由国家领导人、国土资源部和国家海洋局领导及广大北京市民共同签署的巨幅“我的海洋章程”，以及青岛小学生集体绘制的巨型“我爱海洋”T恤衫被摆放在会议休息大厅的最显著位置展出。

在大会的选举中，中国著名海洋学家、中科院院士、国家海洋局第二海洋研究所名誉所长苏纪兰教授当选为海委会主席。这是中国恢复在该组织席位20年来第一次当选为主席。第一、二、三、四副主席分别由英国、俄国、巴西、尼日利亚当选。

此次大会对海委会章程进行了修改。此次修改是在联合国环发大会的召开，特别是21世纪议程的制定，以及联合国海洋法公约、生物多样性公约、气候变化框架公约的生效，防止陆源污染全球行动纲领的制定，海委会的职能不断得到扩大，以及教科文组织重新确认了海委会职能自治的地位，而在计划、经费和组织、人员等方面均已不能适应形势的发展，急需对章程进行重大调整的背景下进行的。此次通过的对海委会章程的修改主要侧重以下几点：①海委会的目标和职能；②与其他国际组织的关系；③成员国的义务；④大会和执理会的权力；⑤财政来源。海委会章程的修改对进一步明确海委会“职能自治”的含义，适应海委会不断扩大的工作性质和范围，加强与其他国际组织的合作，确保充足的资金来源将起到重要的促进作用，并将有助于进一步加强海委会在国际海洋领域，特别是在促进、组织协调国际海洋科研、服务和基础监测领域的领导地位。

会议讨论了GOOS各模块不均衡发展问题，特别强调了GOOS海岸带模块在满足成员国海洋与海岸带管理需要方面的重要性。会议还讨论了以美国为首的西方国家ARGO计划所带来的法律问题。ARGO计划旨在通过在3年内向大洋投放3 000个可测深度为2 000m 的抛弃式温盐浮标，把海洋实时观测和中长期气候预测和气象预报能力大大提高。但由于这种浮标可能随海流漂入沿海国的管辖海域（如专属经济区），而现存国际公约，包括联合国海洋法公约对此类高科技海洋资料获取系统没有明确和具体的规定，因而突破了现有国际公约对传统科研调查的约束，对国际法，特别是海洋法提出了挑战，引起了一些发展中国家的关切。在广大发展中国家的共同努力下，大会一方面通过了ARGO计划，另一方面，将该计划纳入了联合国海洋法公约的管辖，从而为下一步制定管理和控制ARGO浮标的国际协议奠定了法律基础。为了尽快提高业务化海洋学和海洋气象预报水平，加强合作，避免重复，会议讨论通过了将海委会的全球海洋服务系统和世界气象组织的海洋气象委员会合并成联合海洋气象委员会(J-COMM)的建议，将GOOS范畴内的所有业务化海洋学系统交由该委员会统一管理，以促进全球海洋观测系统和全球气候观测系统的建立。会议决定，分别由海委会和世界气象组织提名1人为主席，形成该委员会的共同主席，两组织的秘书处也将向对方互派代表，秘书处工作由两组织共同承担。

此外，会议进一步强调海洋科学为海洋与海岸带管理和可持续发展服务的重要性，通过建立海岸带综合管理计划，把自然科学和社会科学，把科学家、海洋管理人员和决策者，海委会与海岸带管理有关的项目本身及与其他国际组织的有关项目结合起来，从而达到海洋科学为海洋管理和可持续发展服务的目的。

在海洋立法方面，大会还确定了在海洋法方面的优先工作目标：①根据海洋法公约第247条制定有关国际组织发起或主持的海洋科学研究计划的指南；②根据海洋法公约第十四部分（技术转让）的有关规定制定海洋技术转让的指南；③就新的海洋资料获取系统（如漂流浮标计划、ARGO 计划）组织起草具体的法律文件等。（李海清）

【政府间海洋学委员会西太分委会第四次会议】 政府间海洋学委员会西太分委会第四次会议于1999年3月22～26日在韩国汉城召开。出席会议的有来自成员国和有关国际组织的60多名代表，政府间海洋学委员会执行秘书Bernal博士到会讲话。会议回顾总结了自1996年第三次会议以来的工作情况，讨论了今后3年的工作计划。回顾主要包括东北亚海洋观测系统计划、海岸带卫星遥感计划、海洋生物资源计划、非生物资源科学计划、西太测深图计划、资料交换计划的进展以及在海洋污染研究与监测方面开展的工作，同时介绍了西太第四次学术研讨会的情况。会议确定的今后3年的主要工作有：推进东北亚海洋观测系统计划，包括增加上网资料、加强资料质量控制、拓展用户、与海洋动力学与气候计划合作开展预报模式研究；海岸带卫星遥感计划要促进各国间的资料交换、制订有关指南和规范；召开一次有害藻类学术研讨会；编辑出版古地理资料图集；举办一个贻贝监测培训班；召开西太测深图计划第三次编委会会议；召开一次西太学术研讨会。在讨论过程中，秘书处提出要配合全球海洋观测系统计划推进东南亚海洋观测系统计划，但反应甚微。会议还讨论了西太分委会秘书处的运行问题，许多代表对秘书处经费短缺、人手紧张的状况表示关注，建议政府间海洋学委员会采取有效措施加强西太秘书处的工作。会议还讨论了海委会西太分委会的长期战略计划，代表们建议要集中有限资源在海岸带综合管理、海洋环保、海洋减灾防灾等方面开展工作。（李景光）

【海委会西太分委会第四届科学会议】 1998年2月2～7日，联合国教科文海委会西太分会第四届科学会议在日本冲绳召开。来自西太地区近200名科学家参加了会议。会议议题主要涉及物理海洋学、海洋地质学、海洋生物学和海洋化学等几个方面。

上次西太分委会上正式立项的遥感与海岸带综合管理项目在本次会议期间举行了研讨会，目的是交流各国遥感技术在海岸带综合管理中应用的经验和技术以及讨论制定区域合作研究计划。通过这次研讨会，该项目成立了由10个国家科学家组成的工作组，并且确立了两个子项目。项目负责人是国家海洋局第二海洋研究所黄韦艮博士。

会间还临时磋商讨论了东南亚海洋观测系统（SEA-GOOS）。

通过这次会议，全面了解了西太区域海洋科学领域各学科发展动态和各项目的进展、实施情况。

（朱文熙）

【亚太经济合作组织海洋资源保护工作组会议】 1999年，中国国家海洋局代表积极参与了亚太经济合作组织海洋资源保护工作组的活动，包括出席了第十二次工作组会议，在北京举办了海洋模式与信息系统项目(OMISAR)第二次模式研讨会等。

亚太经济合作组织（APEC）海洋资源保护工作组(MRC)第12次会议于1999年5月17～19日在澳大利亚凯恩斯举行，来自14个经济成员体（Member Economies）以及APEC秘书处的代表共约40人出席了会议。会议讨论了海洋资源保护工作组与渔业工作组的合作问题，确认两组分别有着各自明确的兴趣，海洋组侧重于海岸综合管理、海洋污染防治、控制、减少以及其他海洋资源保护问题；渔业组着重渔业管理、海水养殖以及鱼及鱼产品贸易政策问题。指出每一工作组应继续其各自的目标，并在双方共同感兴趣的领域包括：破坏性捕鱼及其对珊瑚礁环境的影响，海岸带综合管理，海藻毒素及海水养殖等方面采取联合行动，包括联合项目、研讨会和其他活动等。两组还应加强相互之间的合作，如通过两组国内联络人沟通信息，交换资料以及牵头人互相出席会议等。两组还决定至少每两年召开一次联合会议。关于企业/私营部门介入海洋资源组的活动问题，会议讨论了企业/私营部门介入海洋组活动的有关指南，包括举办圆桌会议、建立常设组、鼓励企业/私营机构以嘉宾代表的身份出席海洋组会议并在会议议程中包括企业/私营机构的情况介绍、与国际商业组织建立长期联系以及计划一次会间的市场会议等。

OMISAR是APEC区域海洋模式与信息系统的简称,它是APEC海洋资源保护工作组两个主要项目之一，项目周期为1997～2001年。该项目的主要目的包括协调该区域的海洋模式发展，促进海洋信息的收集和分析以及转让模式技术等。中国国家海洋局于1999年10月在北京举办了OMISAR项目第二届海洋模式研讨会。会议由海洋环境预报中心与台湾大学海洋研究所具体承办。来自中国、中国香港、中国台北、日本、韩国、秘鲁、新加坡和泰国等8个APEC经济成员体共约40位代表出席，其中包括国内青岛海洋大学、中国科学院海洋研究所、国家海洋局第一海洋研究所、第二海洋研究所和海洋环境预报中心的代表。这次会议交流讨论了①业务波浪与海洋模式；②波浪模式的研究与开发；③河口与海岸环流的水动力模式；④波浪观测与波浪模式验证；⑤开放大洋循环模式；⑥海洋运输模式及海洋生态模式，提出了关于验证波浪模式的联合计划以及共同发展并验证近海环流与运输模式及其培训和使用指南的计划。（陈 越）

【北太平洋海洋科学组织(PICES)第七届年会】 北太平洋海洋科学组织（PICES）第七届年会于1998年10月14～28日在美国阿拉斯加州费尔班克斯市召开。会议分两个阶段三大部分。第一阶段为PICES各科学委员会（生物海洋学委员会、渔业科学委员会、海洋环境质量委员会、物理海洋学和气候委员会、资料交换技术委员会）及其下属各工作组会议。第二阶段为管理机构（理事会、财务与行政管理委员会、科学董事会）会议和学术交流会议。出席会议的代表共260余名。年会的一项重要内容是改选执行秘书，为此PICES专门成立了评选委员会，对3位执行秘书候选人进行了资格评审，评审结果报理事会讨论，但未能达成一致意见（会后经过反复磋商，俄罗斯候选人Alexander Bychkov当选）。财务与行政管理委员会主要讨论了年度结余经费是否转为信托基金的问题，但由于意见分歧也未能达成一致意见。

年会期间召开的学术报告会所涉及的领域主要有：①海洋与气候变化（特别是厄尔尼诺事件）；②海洋与大气之间的相互作用（碳循环、铁元素）；③生物系统容纳量；④海洋生物过程的控制因子（上行控制和下行控制）；⑤资料同化、管理与交换。会议中涉及的值得关注的问题有：①漂流浮标观测问题：美国代表介绍了一项称之为“ARGO”（Array for Real-time Geostrophic Oceanography)的全球观测计划，拟用随机船在全球布设3 000个漂流浮标，测量海面温度、盐度、海流。重点区域是北大西洋。科学家们认为这是一项覆盖全球的并带方向性的计划，有可能使海洋科学（至少是物理海洋学）获得新的发展。②厄尔尼诺和二氧化碳的研究问题。年会的一个内容是介绍和讨论1997～1998年度厄尔尼诺对北太平洋地区的影响。据美国代表介绍，厄尔尼诺是美国的重点研究领域，成立了专门机构，投入大量资金建立相应的监测网。另外，从会议了解到，美国、加拿大、日本等对北太平洋地区〉二氧化碳和铁元素的分布和时间变化等方面做了不少工作。

会议上，中国代表等还提出了北太平洋海洋科学组织应加强对成员国海洋科学研究计划的协调、突出研究重点、改变目前研究区域仅限于白令海的状况、加强与其他国际和区域组织的合作等建议。

（李景光）

【北太平洋海洋科学组织第八届年会】 北太平洋海洋科学组织（PICES）第八届年会于1999年10月8～17日在俄罗斯的海参崴召开。中国国家海洋局和农业部组成的政府代表团出席了会议。会议期间，分别召开了生物海洋学委员会、渔业科学委员会、海洋环境质量委员会、物理海洋学和气候变化委员会以及资料交换技术委员会的会议，科学局会议，财务与行政委员会会议和理事会会议。

在科学议题上，此次年会在物理海洋学研究方面对全球海洋观测系统在北太平洋的实施，ARGO计划在北太平洋的执行进行了充分的讨论，并提出成立PICES-GOOS。在海洋环境质量方面，会议发起了北太赤潮研究计划。在渔业研究方面，会议在已开展的全球海洋生态动力学研究（GLOBEC）的基础上进一步加强气候变化对海洋渔业，特别是初级生产力和渔业补充量的影响的研究。

在政策问题上，会议接受了中国的提议，将白令海、日本海、东中国海、黄海等北太平洋边缘海列为北太平洋海洋科学组织的重点研究区域，同时，增加合作调查、相互校准和培训等方面的工作。会议决定于2000年开始实施实习生培训计划，成员国可以推荐青年科技和行政管理人员到PICES秘书处进行锻炼。会议决定正式邀请墨西哥政府加入北太平洋海洋科学组织。会议决定在维持零增长的前提下，从2000年起将其经费预算每年增长3%。会议还决定于2002年举行系列科学活动，以庆祝北太平洋海洋科学组织成立10周年。

【GOOS 指导委员会第二次会议】 1999年4月26～29日，由联合国教科文组织政府间海洋学委员会、世界气象组织、国际科联理事会共同发起的全球海洋观测系统（GOOS）指导委员会第二次会议在北京召开。包括指导委员会成员、海委会、世界气象组织、国际科联理事会的代表，GOOS各专业委员会的代表，以及包括中国在内的观察员近40人参加了会议。国家海洋局副局长陈连增到会表示祝贺。

GOOS是根据联合国制定的21世纪议程由海委会牵头并与世界气象组织、国际科联理事会共同发起的。其目的是利用最新科技手段（如卫星、浮标等）建立一套资料数据可自由获取的、以提供实时和近实时资料为特点的立体海洋观测系统，为海洋、气候变化的预测、预报，海洋资源的开发、保护和管理决策提供强有力的科学依据。

此次会议的主要目的是GOOS指导委员会第一次会议以来的进展，为GOOS新的业务计划提出科学指导意见，并讨论通过GOOS指导委员会1999年到2000年的双年度经费预算。

中国政府一直重视并积极支持GOOS的建立。中国是东北亚GOOS的发起国。目前，中国科学院院士苏纪兰教授是GOOS指导委员会的惟一中国成员；国家海洋预报中心余宙文教授是东北亚GOOS的主席；国家海洋信息中心副主任王宏是沿岸GOOS专业委员会的成员。 （朱文熙）

国 际 交 流
Inetrnational Exchange

【PACON '99会议】 “'99太平洋地区海洋科学与技术大会”（PACON'99）于1999年6月23～25日在俄罗斯莫斯科市召开。大会由俄罗斯科学院Shirshov海洋研究所具体承办。会议主题为“人类和世界海洋”，意在人类和海洋休戚相关，警示人类和平利用海洋、善待海洋。来自中国、美国、德国、日本、韩国、澳大利亚及俄罗斯等150余名科学家参加了会议。在开幕式上，中国PACON主席杨文鹤应国际PACON主席Dr. Saxena的邀请，代表中国科学家向大会表示祝贺，并表示中国PACON将一如既往地发挥其在国际PACON中的作用。中国共有来自国家海洋局、南京大学、上海交通大学、厦门大学、香港城市大学和台湾大学约20名代表参加会议，递交会议论文10余篇。

会议共由5个大会报告、22个分组议题组成。内容包括海洋遥感、海气相互作用、海洋地震学、地质学和地球化学物理学、海洋生物领域、海洋技术和设备、海洋矿产资源、海洋油气田、海洋食物资源、海洋能源、海岸带地区经济社会和环境的可持续发展、海上交通和海洋国际合作等。

【沿海超大城市国际研讨会】 1999年9月27～30日，由政府间海洋学委员会和中国国家海洋局共同发起的“沿海超大城市国际研讨会”在杭州召开。来自上海、天津、汉城、雅加达、马尼拉、孟买、马德拉斯、布宜诺斯艾利斯、拉格斯、洛杉矶等沿海超大城市的代表，以及科学家、社会经济学家和世界银行、联合国环境规划署、联合国教科文组织等国际组织的代表约60人出席了此次研讨会。国家海洋局副局长陈连增、政府间海洋学委员会主席苏纪兰和杭州市副市长叶德范到会祝贺。

研讨会除邀请沿海超大城市的代表介绍他们在城市计划、规划和管理中所取得的经验和存在的问题外，还分别就全球变暖与海平面上升、沿海生态与环境、海岸侵蚀、污染监测与控制、港口管理、海洋灾害、海水侵入、海产品与人类健康、城市规划与海洋综合管理等对沿海超大城市的影响进行了讨论。

会议还通过了关于沿海超大城市宣言，呼吁各国中央与地方政府、政府间和非政府间国际组织将沿海大城市、超大城市和海岸带综合管理问题作为21世纪人类关注的重大课题予以高度重视。

（朱文熙）

附　录

Appendixes

附录1　1998～1999年间海洋科研项目获奖成果一览表

Appendix 1　Table of Award-Winning Achievements of the Marine Scientific Research Projects During 1998～1999

表1　海洋科研获奖成果一览表

年份	项目名称	奖励等级	主要完成单位	主要负责人（前3名）
1998 1999	南海重点海域水声综合考察	中国船舶总公司科技进步一等奖 国家科技进步二等奖	中国船舶工业总公司七一五所　哈尔滨工程大学　中国科学院南海海洋研究所　船舶系统工程部　海军第四试验区等	杨士莪　宫先仪　任克明　甘子钧　阎福旺　宋明凯　宋铭勋　何绍茵　陈德智　郭良浩　胡均川　屠庆平　严　琪　黄企洲　姜为民
1998 1999	中国海洋功能区划	国家海洋局科技进步一等奖 国家科技进步三等奖	国家海洋局第一海洋研究所　国家海洋环境监测中心　广东省科学技术委员会　山东省科学技术委员会海洋处　福建省科学技术委员会	鹿守本　李鸣峰　艾万铸等
1998 1999	中国南极海冰监测、研究及其应用	国家海洋局科技进步二等奖 国家科技进步三等奖	国家海洋环境预报中心	解思梅　郝春江　姜德中等
1998 1999	涠11-4平台结构强度全尺度原位监测研究	中国科学院科技进步二等奖 国家科技进步三等奖	中国科学院力学研究所　中国科学院南海海洋研究所	柳春图　申仲翰　陈俊昌　王克仁　李　禾　赵　强等
1998	中国海洋政策	国家海洋局科技进步二等奖	国家海洋局海洋发展战略研究所	杨金森　王建文　赵吉浩等
1998	东方1-1气田平台场址和海底管道路由工程地质调查	国家海洋局科技进步二等奖	国家海洋局第一海洋研究所　广州二海海洋勘察公司等	曲绵旭　刘昌荣　亓发庆等
1998	红鱼引种驯化和繁殖生物学研究	国家海洋局科技进步二等奖	国家海洋局第一海洋研究所	毛兴华　季如宝　许德体等
1998	北部湾渔业资源调查	国家海洋局科技进步二等奖	中国水产科学研究院南海水产研究所　广西北海海洋渔业公司	袁蔚文　邱永松　郭金富等
1998	太平洋牡蛎引种复壮技术研究	国家海洋局科技进步二等奖	青岛市渔业技术推广站　青岛市城阳区流亭镇水产办公室	郭新堂　曹金祥　王铎文等
1998	华贵栉孔扇贝的育苗与养殖	中国科学院科技进步二等奖	中国科学院南海海洋研究所	金启增　黎　辉　徐梅春等
1998	南沙群岛海区初级生产力研究	广东省自然科学二等奖	中国科学院南海海洋研究所　中国科学院广州地球化学研究所	黄良民　徐瑞松　陈清潮　等
1999	南沙群岛及其邻近海区资源、环境和权益综合调查研究	国家科技进步二等奖	中国科学院南海海洋研究所　国家海洋局海洋发展战略研究所　中国科学院海洋研究所　广州地质调查局研究所　中国水产科学院南海水产研究所　青岛海洋大学　中国海洋石油总公司海洋石油勘探开发中心	陈清潮　赵焕庭　沈文周　陈俊德　金庆焕　夏戡原　钱光华　陈真然　陈　铮等
1999	SeaWiFS 海洋水色遥感应用技术研究	国家海洋局科技进步一等奖	国家海洋局第二海洋研究所　国家海洋局海洋技术研究所　国家海洋局第三海洋研究所　国家海洋局第一海洋研究所　中山大学	潘德炉　毛天明　朱延璋等

续表

年份	项目名称	奖励等级	主要完成单位	主要负责人（前3名）
1999	鳀鱼油深加工技术研究	国家海洋局科技进步二等奖	国家海洋局第一海洋研究所	刘发义 李光友 石书河等
1999	南海西部文昌、莺琼海区海洋工程环境参数区划研究	国家海洋局科技进步二等奖	国家海洋局第一海洋研究所 中国海洋石油南海西部公司	潘增弟 乔方利 于卫东等
1999	“九五”期间大洋矿产资源勘查与研究	国家海洋局科技进步二等奖	国家海洋局第二海洋研究所 国家海洋局北海分局 国家海洋局南海分局 国家海洋局第三海洋研究所 国家海洋局第一海洋研究所	吕文正 周怀阳 眭良仁等
1999	GEF/UNDP/IMO东亚海域海洋污染预防与管理厦门示范计划海洋环境监测与污染管理效果评价	国家海洋局科技进步二等奖	国家海洋局第三海洋研究所 厦门大学环境科学研究中心 厦门市环境监测站 福建省海洋研究所 福建省渔业环境监测站	许昆灿 暨卫东 杨慧辉等
1999	船载气象卫星接收处理系统	国家海洋局科技进步二等奖	国家海洋环境预报中心 航天工业总公司二院二部 川页电气公司	解思梅 盛晓文 邹　斌等
1999	刺参生态增殖技术研究试验	国家海洋局科技进步二等奖	辽宁省海洋水产研究所	周　玮 王树海 姜连新等
1999	冲绳海槽北段地形及晚更新世以来的沉积体系勘查	中国科学院科技进步二等奖	中国科学院海洋研究所	
1999	基因工程鱼生长激素研究	山东省科技进步二等奖	中国科学院海洋研究所	
1999	藤壶附着机理研究	广东省自然科学二等奖	中国科学院南海海洋研究所 中山医科大学 第一军医大学	严文侠 潘苏华 方正信等
1999	红树林主要树种造林与经营技术研究	林业部科技进步二等奖	热带林业研究所 中国科学院南海海洋研究所	郑德璋 廖宝文 郑松发等

表2　海洋渔业获奖科研成果一览表

年份	项目名称	奖励等级	主要完成单位	主要负责人（前3名）
1998	南海贻贝观察体系的研究	国家科技进步三等奖	中国水产科学研究院南海水产研究所	贾晓平 林　钦 周国君 宗志伦 陆超华
1998	石油对南海北部重要水生经济品种的影响研究	农业部科技进步二等奖	中国水产科学研究院南海水产研究所	贾晓平 林　钦 胡石金等
1998	生态环境对滩涂贝类死亡影响机理的研究	山东省科技进步二等奖	中国水产科学研究院黄海水产研究所	马绍赛 崔　毅 于惠霆
1998	桑沟湾养殖容量的研究	农业部科技进步二等奖	中国水产科学研究院黄海水产研究所	方建光 孙慧玲 孙　耀
1998	可溶性海洋生物钙强化食品开发	农业部科技进步二等奖	中国水产科学研究院东海水产研究所 上海第二医科大学	陈　琪 邹胜祥 黄令玲等
1999	南沙群岛及其邻近海区资源、环境和权益综合调查研究	国家科技进步二等奖	广州市海洋渔业公司　中国水产科学研究院南海水产研究所	曾炳光 陈　铮 李辉权 章涉珍 詹海刚等
1999	水产养殖病害防治药物效果对比筛选试验	农业部科技进步二等奖	中国水产科学研究院黄海水产研究所	李　健 孙修涛 宋晓玲
1999	青蛤增养殖技术研究	农业部科技进步二等奖	中国水产科学研究院东海水产研究所 大连金州区白家育苗场　南通盐业分公司启东盐场	于业绍 周　琳 顾润润等

续表

年份	项目名称	奖励等级	主要完成单位	主要负责人（前3名）
1999	高强度渔用聚乙烯材料研究	农业部科技进步二等奖	中国水产科学研究院东海水产研究所	王鲁民 陈雪忠 胡萍等
1999	世界海洋鱼名词汇	农业部科技进步二等奖	中国水产科学研究院东海水产研究所	赵传因 崔秀士 邓思明等
	双底船拖网渔具性能及其优化设计	农业部二等奖	中国水产科学研究院东海水产研究所	

表3 海洋石油获奖科研成果一览表

年份	项目名称	获奖等级	主要完成单位	主要完成人
1998	东海西湖凹陷油气区带工业勘探报告	国土资源部科技进步一等奖	中国石化集团公司新星公司上海海洋石油局	
1998	驳载拖橇式滩海挖沟装置	中国石化集团公司科技进步二等奖	中国石化集团公司胜利石油管理局	
1998	海水低固相不分散钻井液的应用研究	中国石化集团公司科技进步二等奖	中国石化集团公司胜利石油管理局	
1998	东海陆架盆地油气区域评价报告	国土资源部科技进步二等奖	中国石化集团公司新星公司上海海洋石油局	
1998	东海春晓构造西断块油气地质储量报告	国土资源部科技进步二等奖	中国石化集团公司新星公司上海海洋石油局	
1998	东海武云亭油气田（武云亭、武北区块）油气探明储量报告	国土资源部科技进步二等奖	中国石化集团公司新星公司上海海洋石油局	
1998	东海西湖凹陷保俶斜坡油气成藏条件与评价研究	国土资源部科技进步二等奖	中国石化集团公司新星公司上海海洋石油局	
1999	渤海快速钻井技术及其应用	国家科技进步二等奖	中国海洋石油渤海公司 中国石油技术服务公司塘沽分公司 中海石油北方钻井公司 中国海洋石油测井公司塘沽分公司	王家祥 周守为 曹式敬 方长传 王爱国 王长利 李勇 董星亮 李自立
1999	南沙群岛及其邻近海域资源、环境和权益调查研究	国家科技进步二等奖	中科院南海海洋研究所 国家海洋局海洋发展战略所 中科院海洋研究所 国土资源部广州海洋地质调查局研究所 中国水产科学研究院南海水产研究所 青岛海洋大学 中海石油研究中心勘探研究院	陈清潮 赵焕庭 沈文周 陈俊德 金庆焕 夏戡原 钱光华 陈真然 陈铮
1999	渤海西部自营探区近期油气体系勘探研究与实践	国家科技进步三等奖	中国海洋石油渤海公司	曹文贤 邓运华 于水 焦博 王志君
1999	东海西湖凹陷油气田群的发现与评价	国家科技进步三等奖	中国石化集团公司新星公司上海海洋石油局	
1999	胜利浅海油田采油生产安全配套技术	国家经贸委安全科技进步一等奖	中国石化集团公司胜利石油管理局	
1999	胜利海上埕岛油田高速、高效开发技术培训	中国石化集团公司科技进步一等奖	中国石化集团公司胜利石油管理局	

表4　海洋交通运输获奖科研成果一览表

年份	项目名称	奖励等级	主要完成单位
1998	港口新型抓斗吊具系列推广	国家科技进步二等奖	上海港务局
1998	1 600t/h 抓斗卸船机	国家科技进步三等奖	交通部水运科学研究所
1998	WMS-1型远洋船舶轮机仿真训练器	国家科技进步三等奖	武汉交通科技大学
1998	港口化学品污水处理研究	国家科技进步三等奖	西安公路交通大学
1998 1999	松花江三姓浅滩航道整治关键技术研究	交通部科技进步二等奖 国家科技进步三等奖	交通部天津水运工程科学研究所
1998 1999	天津港东突堤（一期）工程	交通部优秀设计一等奖 国家优秀设计银奖	交通部第一航务工程勘察设计院
1998	天津港东突堤工程勘察	交通部优秀勘察二等奖	交通部第一航务工程勘察设计院
1998	厦门嵩屿石化仓储库10万吨级油码头工程	交通部优秀设计二等奖	交通部第一航务工程勘察设计院
1998	天津港维护疏浚工程与回淤规律的研究	天津市科技进步二等奖	交通部天津水运工程科学研究所 天津港务局
1998	黄骅港浑水动床泥沙物理模型试验研究	交通部科技进步二等奖	水利部　交通部　电力工业部　南京水利科学研究院
1998	船舶碰撞法（著作类）	交通部科技进步二等奖	大连海事大学
1999	长江口拦门沙航道演变规律与深水航道整治方案研究	交通部科技进步一等奖	上海航道局　南京水利科学研究院　河海大学　华东师范大学　交通部上海船舶运输科学研究所　上海勘察设计院　上海港务局　江苏省交通规划设计院
1999	澳门国际机场人工岛工程建设成套技术	交通部科技进步一等奖	上海港湾建设（集团）总公司　交通部第三航务工程勘察设计院　广州航道局　中港第一航务工程局　中港第三航务工程局　中港第四航务工程局　天津港湾工程研究所　交通部第四航务工程勘察设计院　上海港湾工程设计研究院
1999	天津市居住建筑优秀景观设计方案	天津市优秀方案设计一等奖	交通部第一航务工程勘察设计院
1999	JAJ52型岸边集装箱起重机	交通部科技进步二等奖	上海港口机械制造厂　交通部水运科学研究所
1999	国际集装箱运输电子信息传输和运作系统及示范工程	交通部科技进步二等奖	交通部水运科学研究所　交通部上海船舶运输科学研究所　中国远洋运输（集团）总公司　上海港务局　天津港务局　青岛港务局　宁波港务局
1999	稀土Al-Si合金铸铁抗Zn液腐蚀及镀（熔）Zn锅的研究	交通部科技进步二等奖	大连海事大学
1999	大型港口机械结构稳定性和裂纹控制技术	交通部科技进步二等奖	上海海运学院　连云港港务局第二港务公司
1999	全国水运主通道、港口主枢纽发展战备研究	交通部科技进步二等奖	交通部规划研究院
1999	长江三角洲地区港口总体布局规划研究	交通部科技进步二等奖	交通部规划研究院
1999	上海港罗泾煤码头装卸系统成套设备	交通部科技进步二等奖	中国港湾建设（集团）总公司　中港进出口本部第三技术部　上海港口机械制造厂　上海三航安装工程公司
	海平面上升对上海影响及对策研究	上海市科技进步二等奖	上海航道勘察设计院

表5 海洋高校获奖科研成果一览表

年份	项目名称	奖励等级	主要完成单位	主要负责人（前3名）
1998	海洋与淡水环境中纤毛原生动物的基础生物学研究	国家教委科技进步一等奖	青岛海洋大学水产学院	宋微波
1998	海洋上混合层动力机制的研究	国家教委科技进步二等奖	青岛海洋大学环境学院	田纪伟
1998	分层介质中波的逆散射的研究	国家教委科技进步二等奖	青岛海洋大学技术学院	王 宁
1998	中国对虾维生素营养的研究	国家海洋局科技进步二等奖	青岛海洋大学水产学院	李爱杰 陈四清 刘铁斌 徐志昌 张加萌
1998	有机磷农药对海洋微藻改毒机理研究	国家海洋局科技进步二等奖	青岛海洋大学生命学院	唐学玺 李永祺 宫相忠 黄 健 杨 震
1998	南沙海域内波及垂直细结构研究	国家教委科技进步二等奖	青岛海洋大学环境学院 中国科学院南海海洋研究所	方欣华 吴 巍 鲍献文等
1998	通用LED视频显示非线性控制系统	上海市优秀发明选拔赛二等奖	上海海运学院科技开发公司	徐鸿平等
1998	大型船舶操纵模拟器	上海市优秀发明选拔赛一等奖	上海海运学院	施朝健等
1999	中型草型湖泊渔业综合高产技术研究	国家科技进步二等奖	上海水产大学	陈马康
1999	天鹅洲通江型故道四大家鱼种质资源天然生态库的研究	国家科技进步三等奖 农业部科技进步二等奖	上海水产大学	李思发
1999	条斑紫菜病烂原因调查及防治的研究	国家科技进步三等奖 农业部科技进步二等奖	上海水产大学	马家海
1999	中国沿海月均和年均相对海面的机理和预报的研究	教育部科技进步一等奖	青岛海洋大学 国家海洋信息中心	陈宗镛 郑文振 于宜法等
1999	海带配子体细胞工程研究及其应用	教育部科技进步一等奖	青岛海洋大学荣成海兴育苗场 荣成市水产养殖场	戴继勋 崔竞进 欧敏麟等
1999	验色光谱议（智能验色光谱议）	教育部科技进步一等奖	青岛海洋大学	束越新 张幼红 顾宝柬 等
1999	齐鲁石化公司排海管线（广饶段）泄漏调查评价	教育部科技进步二等奖	青岛海洋大学	刘贯群 贾永刚 刘红军等
1999	龙须菜遗传学研究	国家海洋局科技进步一等奖	青岛海洋大学生命学院	张学成 隋正红 李向峰等
1999	濒危动物文昌鱼的发育和生殖	国家海洋局科技进步二等奖	青岛海洋大学生命学院	张士璀 张红卫 吴贤汉等
1999	《功能文体学》	山东省社科优秀成果二等奖	青岛海洋大学外国语学院	张德禄
1999	岩藻聚糖硫酸酯生产的技术研究	山东省科技进步二等奖	山东省结晶集团股份有限公司	薛长湖 林鹤峰 李兆杰
1999	制取甘露糖醛酸丙酯硫酸酯钠盐的方法	山东省专利一等奖	青岛海洋大学	管华诗
1999	一种生产6-0羧甲基壳聚糖的工艺	山东省专利一等奖	青岛海洋大学生命学院	刘万顺

续表

年份	项目名称	奖励等级	主要完成单位	主要负责人（前3名）
1999	珍珠养殖技术的推广	广东省农业推广进步二等奖	湛江海洋大学	
1999	北太平洋鱿鱼资源开发和捕捞技术及其装备的研究	农业部科技进步二等奖	上海水产大学	王尧耕
1999	中国经济海藻超微结构研究	农业部科技进步二等奖	上海水产大学	王素娟
1999	我国远洋渔业拓展前景的研究	农业部科技进步奖二等奖	上海水产大学	周应祺
1999	淡水鱼类种质标准参数及其应用	农业部科技进步奖二等奖	上海水产大学	李思发
1999	船舶机舱仿真系统的MMI开发技术及实验	上海市优秀发明选拔赛一等奖	上海海运学院	叶银忠 黄允千 郑华耀等
1999	集装箱船舶机舱系统仿真模型建立与仿真软件开发	上海市优秀发明选拔赛二等奖	上海海运学院	叶银忠 郑华耀 李杰仁等
1999	大型港口机械结构稳定性和裂纹控制技术	交通部科技进步二等奖	上海海运学院	宓为建 沈一飞 张浩鹏等
	浦东国际机场东移与九段沙生态工程研究	上海市科技进步一等奖	华东师范大学	
	中国主要河流沉积动力学过程研究及其应用	教育部科技进步二等奖	华东师范大学	
	长江口三角洲风暴沉积与环境演变	教育部科技进步二等奖	华东师范大学	
	长江口深水航道治理与港口建设	交通部科技进步二等奖	华东师范大学	
	6 000m深海拖曳观察系统	教育部科技进步一等奖	上海交通大学	

附录2 中国海洋学术团体

Appendix 2 Marine Learned Societies of China

【中国海洋学会】 1999年，中国海洋学会以学会换届为契机加强了学会的组织建设，积极开展学术交流，多形式、多途径地开展海洋科技普及活动。

中国海洋学会的组织建设工作 学会办公室注意增强海洋学会会员队伍素质，提高学会领导班子水平、发挥桥梁与纽带作用，更多更好地为海洋科技工作者服务，并探索学会的社会服务功能，以改革求发展。

（1）完成海洋学会换届工作。中国海洋学会换届、召开中国海洋学会第五届会员代表大会是学会办1999年重点工作。经反复酝酿，按学会章程规定的程序，选举产生了第五届理事会、常务理事会、正副理事长、秘书长、名誉理事长、顾问等领导班子，以及各工作班子的领导成员；全面回顾总结了第四届理事会领导下的学会工作的成绩、问题及经验教训；研究确定了学会五届期间工作的指导思想和主要任务；按民政部要求，全面修改并通过了学会章程（修正案）；表彰了学会先进工作者和学会工作积极分子；汇总整理了中国海洋学会20年大事记。

（2）完成学会重新登记工作。中国海洋学会的清理整顿复查工作，经挂靠单位与业务主管部门的审核、复查，经民政部核准，先后予以通过，获准重新登记。

（3）进行了学会组织工作调研。为加强学会的组织建设，规范学会的社团行为，结合海洋学会的换届工作，在全面掌握学会内部组织工作状况的同时，采用电话咨询、上门访问和相互交流等形式，向10余个学会调研，学习组织工作的经验。在调研基础上，研究并提出了海洋学会会员重新登记工作及执行会费收缴制度的实施意见。

组织开展学术交流活动 学会办围绕经济建设与社会发展需要的海洋科技重点热点问题，组织开展学术交流活动，注重提高学术活动质量与水平。

（1）组织专家参加中国科协主办、各学会联办的“减轻自然灾害学术研讨会”，参与编写呈国家领导人与有关部门领导参阅的《减轻自然灾害白皮书》中的海洋灾害部分，以期提高社会各界尤其是领导层对海洋灾害作为中国七大自然灾害灾种之一的认识，引起对减轻、防御海洋灾害、加强减灾防灾管理工作的重视。为继续做好今后几年赤潮灾害的专家预测工作，委托海洋环境分会召开了赤潮监测、预报及管理的专题研讨会，对赤潮灾害现状、防治对策及趋势预测等方面展开热烈的讨论，形成了专家意见材料，为编写2000年的《减灾白皮书》做了准备。

（2）在东营市政府、国家海洋局科技司的支持下，中国海洋学会组织召开了“全国海水灌溉农业发展战略与技术开发研讨会”。全国政协副主席李贵鲜到会指导并作了重要讲话。会议交流了应用基因工程、细胞工程等现代生物技术研究耐盐作物的动态，探讨了中国发展海水灌溉农业的战略对策、重点领域与关键技术，并提出了积极的建议。

（3）在中国海洋学会“五大”期间，举办了“迎接海洋新世纪暨纪念中国海洋学会20周年学术年会”。年会收到论文170余篇，涉及海洋领域的各个学科。大会就面向21世纪的海岸海洋科学、海洋生态学、海洋药学、蓝色农业、海洋能技术、水下工程技术、海洋环境监测技术、海洋灾害及海平面上升等问题，作了专题报告，3个分会场按专题进行交流。评选出的优秀论文将编入《海洋学报（增刊）》。

（4）中国海洋学会组团参加中国科协首届学术年会，在地球科学分会会场上，海洋学会组织的3位专家做了关于“中国海洋环境污染及其对策”、“沿海城市可持续发展中的ICM与科学技术”、“面向21世纪的海岸海洋科学”等3个报告。

（5）中国海洋学会作为国际PACON中国分会组团参加了1999PACON莫斯科学术年会，李允武理事在会上作了“面向21世纪中国的海洋科学与技术”的报告。

（6）中国海洋学会海洋工程分会、河口海岸分会等联合在南京召开了“第九届海岸工程学术讨论会”。参加会议的代表有100余人。会议就海岸河口演变及航道治理，海岸动力、港口淤泥及海涂围垦，港口波浪及防浪建筑物、港址选择、总平面设计、施工技术及环境工程、海岸建筑物的新结构、新材料及地基处理，现场测量新技术与新方法，海岸工程的管理技术等内容进行了广泛的研讨。

（7）1999年7月，中国海洋学会海洋经济分会与青岛市政府、国务院发展中心共同举办了“'99海洋节海洋经济论坛”。出版了《海洋科技产业化发展战略》一书。

（8）1999年9月，中国海洋学会海洋地质分会在上海举办了“东海深部地区物理研讨会”，参加会议的代表有50人。主要内容是结合“863”国家高科技攻关项目中海上双船作业施工取得的折射反射等地震资料在处理工程中遇到的问题和初步处理成果做讨论和展示。到会专家对深部地区物理研究工作中对地震波传播速度研究、多次波的消除等提出了建议。

（9）1999年11月9～12日，中国海洋学会海洋环境科学分会联合其他学会在广西桂林召开了“海洋环境与水环境暨赤潮防治学术研讨会”。在赤潮主题研讨会上，中国海洋学会委托国家海洋局环保司主持召开了有关“赤潮灾害”的主题座谈会。与会代表对杨积武博士提出的政府所关心的几个问题：1999年赤潮发生的特点、监测监视、防治及2000年赤潮发生的趋势等问题展开了讨论，并提出了建议。此次会议为2000年中国科协的减灾白皮书中海洋灾害的内容编写打下了良好的基础。

（10）1999年11月2～3日，中国海洋学会海冰专业委员会在秦皇岛市召开了1999年度海冰年会，40余位代表出席了会议。会议对去年的黄、渤海的冰情进行了总结，对1999年度黄海及渤海北部的冰情进行了会商讨论，并就海冰监测预报技术进行了学术交流。会议提出了加强对海冰的监测预报，尤其要关注入冬后第一次强冷空气造成的影响冰情的发展。

广泛开展海洋科普工作 面向社会，多形式、多途径、广泛地开展了内容丰富的海洋科普活动，取得了较好效果。中国海洋学会因多年来在科普工作中的突出成绩，在全国科普工作会议上被国家科技部、中宣部、中国科协评为“全国科普工作先进集体”。

（1）海洋学会组织编写、河南大象出版社出版的海洋科普丛书《走向海洋》荣获国家图书提名奖，该丛书4册、20万字、600余幅图片，图文并茂、通俗生动地描绘中国的海洋，突出介绍了中国万里海疆的海岸、海岛、海洋生物及海洋资源的开发利用等知识。发行后，深受广大青少年和家长的欢迎。学会组织编写的《海洋科学大博览》科普丛书，也将与读者见面。

（2）协助中国科协组织拍摄的《迎接新世纪——科学家与青少年的对话》大型高科技科普系列光盘中《探索海洋的奥秘》上、中、下三集，共90分钟，已向社会发行。中国海洋学会承制的《走进蓝色的梦》海洋科普光盘，由漫游水世界、地球南北极、海洋生物世界、人类与海洋等四部分组成；按海洋剧场、科学家谈海洋、海洋图片库等栏目，以录像、三维动画及大量新图片等形式予以表现丰富多彩的海洋世界。正在录制和编辑之中。

（3）依托社会力量举办海洋科普展览。“海洋与人类”全国海洋科普展继北京、秦皇岛、广州、南宁等地展出后，1999年又在成都、南京、银川等地的科技馆、文化馆、水族馆等展览。海洋图片展板与当地馆所的陈列物、生物活体等展品交相辉映，扩大了展览效果。据统计，约有12万人次观众参观了此展。今后还将在甘肃、青海等地巡展。

由中国海洋学会与国家海洋局极地考察办公室联合举办，主题为“探索北极，保护地球”的海洋与极地科普全国巡回展，在中国海洋学会科普教育基地太平洋海底世界博览馆拉开序幕。展出3个月后到南京、秦皇岛等地巡展。此次展览将展板展示与北极科考队员的专题讲座、中学生的北极科普知识竞赛等活动结合起来，广泛进行海洋与极地知识的普及教育，收到了较好的效果。

另外，与海南省科协联合举办了“’99中国海洋科普夏令营”。 （王景学）

【中国海洋湖沼学会】 组织建设工作 1999年中国海洋湖沼学会在组织建设方面，做了许多工作取得了显著的成绩。

（1）圆满完成了民政部和中国科协布置的社团重新登记工作，确定了该会在国家社团组织中的合法地位，为该会今后开展工作提供了法律保证。

（2）该会积极进行两院院士的增补工作，该会名誉副理事长陈吉余教授、常务理事唐启升教授、理事陈冀胜教授、贝类学分会常务理事长张福绥教授被增补为中国工程院院士。

（3）10月23日，在藻类学会第五届会员大会暨第十次学术讨论会上，评选出第二届曾呈奎优秀论文奖（藻类学领域），评出一等奖1名，奖金1 000元；二等奖3名，各得奖金600元；三等奖5名，各得奖金400元。这次参加评选获奖的论文学术水平较高，其中有6篇被SCI摘录。

（4）在1999中，该会贝类学分会和藻类学分会进行了换届选举，产生了新一届理事会。

（5）该会各二级分会积极发展新会员，据不完全统计，1999年共发展新会员160余名，几乎全为中、青年海洋湖沼科技人员，使该会又补充了新鲜血液。

积极开展学术交流 1999年，该会及下属分科学会和专业委员会密切配合国家科教兴国战略，大力开展学术活动，不仅进一步提高了学术活动质量，而且更注重了社会主义市场经济下的社会效益和经济效益，体现了新形势下学会工作改革的进一步深化。主要学术活动有：

（1）1999年10月11～14日，水文气象分会在江西鹰潭召开了该会第十一次学术研讨会，来自全国17个单位的64名代表出席了会议，会议收到论文摘要48篇。有32位同志进行了学术报告和交流，展示了中国学者在海洋波动、大洋环流、南海海气相互作用、中国近海海温和温跃层、El Nino、中国气候异常与洪捞灾害的防治，以及海水养殖等方面的最新成果。会议学术气氛活跃，尤其是针对目前几个国际前沿中领域的学术问题进行了较深入系统的研讨。

（2）1999年11月2～6日，鱼类学分会在厦门召开了鱼类学分会成立20周年暨伍献文教授诞辰100周年学术研讨会，来自全国各地有关鱼类学科研和教学单位的116名代表出席了大会，会议收到学术论文摘要121篇。中国海洋湖沼学会副理事长、中国科学院副院长陈宜瑜院士，中国海洋湖沼学会名誉理事长、湖北省科协主席刘建康院士等亲临大会祝贺。在大会开幕式上，陈宜瑜院士系统地介绍了伍献文教授从启蒙开始进行动物学研究，赴法国深造到开辟鱼类学研究新领域以及创立学术思想体系四个阶段，一生从事动物学研究的光辉业绩。刘建康院士做了大会特邀报告。此外，中山大学林浩然院士、美国史密森研究院国家自然博物馆宁佳坤教授、台湾省动物研究所邵广昭教授、中国科学院水生生物所吴清江研究员等也分别做了大会报告，受到与会代表一致的好评。从这次会议可以看出，中国鱼类学研究在立足基础研究、面向经济建设、紧密结合生产实际等各个方面，都取得了许多重要的科研成果，有力地推动了相关产业的发展和科学技术的进步与提高。

（3）1999年11月10～12日，水环境分会在桂林市召开了“全国第六届海洋环境与水环境学术研讨会暨赤潮防治专题研讨会”，来自全国有关单位80余名代表出席了会议，大会收到论文100余篇，有94篇论文摘要收入论文摘要集。这次会议就海洋环境保护的管理、质量保证、海洋溢油集油处理剂以及洪水入海对养殖环境影响评估等海洋污损灾害最新研究成果进行了交流。会议还对1999年赤潮发展的特点和2000年发展趋势、赤潮预警预报、赤潮监测监视、毒素检测、赤潮治理、灾后评估等进行了讨论，提出了很多建议和意见。

（4）11月21～23日，藻类学分会在宁波召开了藻类学第五届会员大会暨第十次学术讨论会，来自全国有关单位的208名代表出席了会议，会议收到并编入论文摘要集的论文共246篇。在大会学术报告中，曾呈奎院士和毕列爵教授分别作了题为“中国海藻的研究”和“中国淡水藻类的研究”的报告，回顾总结了中国藻类学研究的历史和发展过程，特别是全面总结了新中国成立50年来中国藻类学研究所取得的巨大成就，并展望了未来的发展趋势。此外，张宪孔教授做了题为“中国藻类学会20年”的大会报告，胡征宇研究员做了纪念饶钦止的专题报告。会上还颁发了第二届曾呈奎优秀论文奖（藻类学领域）。

（5）10月26～31日，贝类学分会在泰安召开了第五届代表大会暨第九次学术讨论会，来自全国各有关单位的110名代表出席会议，会议共收到论文80余篇。这次学术交流的突出特点是：在发挥国内贝类学研究传统的分类学、生态学、养殖生物学和生物技术等学科优势的基础上，结合当前国家目标和产业可持续发展中的重大研究和技术问题，如贝类多倍体研究和养殖贝类的流行性疾病等进行了广泛深入的研讨，基本上反映了国内当前贝类学研究领域的最新发展动态。

此外，该会与中国科学院海洋研究所联合，于10月15～17日在青岛召开了第四届亚洲海洋地质国际学术研讨会。还积极参与了中国科协首届学术年会的组织工作。

科普工作与青少年科技活动　1999年中，该会开展了一系列海洋湖沼科普活动，尤其是向青少年宣传海洋科学基本知识，取得显著成效。

（1）为了更好地实施“科教兴国”的伟大战略，向青少年传播科学知识、科学方法、科学思想和科学精神，该会于1999年先后在青岛文登路小学和南京路小学建立了科普基地。对在青少年学生中广泛开展海洋湖沼科普教育，贯彻落实中国科协青少年工作部“关于开展‘大手拉小手，迎接新世纪’青少年科技传播行动的通知”精神，具有重要意义。

（2）1999年，该会举办了一系列海洋科学知识科普讲座：①“鱼类发声”讲座；②“微藻”讲座；③“鱼类趣谈”讲座；④“金色的海滩”讲座；⑤“海洋石油平台上海洋水文气象的观测”讲座；⑥“化学海洋与全球变化”讲座；⑦“海洋资源综合利用”讲座；⑧“海洋化学及海洋化学现场调查”讲座。通过举办系列讲座，向青少年学生及其他听众普及了海洋科学基本知识。

（3）为了普及海洋、天文科学知识，配合中、小学《地理》、《自然》课程教学丰富少年儿童的暑假生活，该会和青岛天文爱好者协会于1999年7月28日在青岛联合举办了一次海洋、天文夏令营。青岛市80余名中、小学生参加了这次夏令营。在开营式上，该会名誉理事长曾呈奎院士致开幕词。营员们先参观了青岛远洋船员学院和中国科学院海洋研究所的人工海洋和标本室。并在青岛观象台多功能厅举办了海洋、天文科普讲座。

编辑出版工作 1999年该会坚持正确的办刊方针，严把刊物的学术质量和编校质量关，主办的《海洋与湖沼》学报、《中国海洋湖沼学报》（英文版）和《湖泊科学》学报在国内外的地位进一步提高，影响不断扩大。

据资料显示，《海洋与湖沼》学报仍被国际上最权威的六大检索系统中的五大系统所引证检索。

据中国信息所提供的资料，1997～1998年《海洋与湖沼》在被引频次最高的中国科技期刊500名排行榜中分别列为第35名和第33名，位居本学科领域期刊之首，并连续5年（1994～1998）入围被引频最高的中国科技期刊百名表，排序为34名，在同类期刊中仍居榜首。

1999年《中国海洋湖沼学报》发表的论文中，由省部级以上基金资助的论文占84%，由国外学者单独和合作撰写的论文约占20%。该刊现已被CA、BA等国内外10余种文摘刊物或数据库收录。根据1999年“中国科技期刊引证报告”公布的1998年引用频次和影响因子情况，《中国海洋湖沼学报》在其引证的20种英文核心期刊中，影响因子排名第4，引用频次排名第九。中国科学院海洋研究所每年利用该刊与21个国家的66个单位交换刊物，节约订刊费在30万元以上。该刊1999年获得山东省十佳期刊称号，受到山东省新闻出版局、省科委的表彰。

（张首临 郑一钧）

【中国水产学会】 中国水产学会（The China Society of Fisheries (CSF)），是由水产及与水产有关的科技工作者自愿结成的全国学术性、科普性的社会团体，是依法登记的社团法人，是党和政府联系广大水产科技工作者的桥梁和纽带，是国家发展水产科学技术事业的重要力量。其宗旨是团结和动员水产科技工作者以经济建设为中心，坚持科学技术是第一生产力的思想，实施科教兴国和可持续发展战略，促进水产科学技术的繁荣和发展，促进水产科学技术的普及和推广，促进水产科技人才的成长和提高，促进水产科学技术与经济的结合，为社会主义物质文明和精神文明建设服务；反映水产科技工作者的意见，维护水产科技工作者的合法权益，为水产科技工作者服务；充分发挥跨部门、跨行业、横向联系的特点，为加速实现中国社会主义现代化建设事业做出贡献。业务范围主要是围绕水产及与水产有关科技领域开展以下活动：①开展国内学术交流，组织综合性、战略性、学科建设等重要问题及有关国民经济、科学技术和发展水产预测性课题的研究讨论；②组织国际间学术交流，发展同国外及香港、澳门特别行政区和台湾省的科技团体、科技工作者的友好往来和科技合作，举办各种形式的学术会议、讲座、展览会等活动，促进国际和地区间的民间科技合作；③普及水产科学知识，传播科学思想和方法，推广先进水产科学技术，开展青少年科学传播活动；④开展水产方面的科学论证，提出政策性建议；⑤接受委托承担项目评估、成果鉴定、质量认证、专业技术职务资格评审。⑥开展科技咨询和信息服务，促进科技成果转化；⑦为国内外提供渔业信息咨询和信息服务；⑧开展水产科技继续教育和培训工作。

本会的最高权力机构是全国会员代表大会。理事会是会员代表大会的执行机构，在代表大会闭会期间领导本会开展日常工作。常务理事会由理事会选举产生，在理事会闭会期间行使理事会职权。秘书处是负责处理本会日常事务办事机构，负责组织实施年度工作计划，协调各分支机构、刊物编辑委员会开展工作。目前秘书处下设办公室、学术交流处、科学普及处、信息咨询处和渔业战略发展研究中心5个处室，共有专职办事人员21名。

中国水产学会下设游泳池塘养殖专业委员会、海水养殖专业委员会、科学普及工作研究会等17个专业委员会（研究会），有工程师职称以上的会员15 000余人，单位会员50余家。该会出版物有《水产学报》、《海洋渔业》、《淡水渔业》、《科学养鱼》杂志等，其中《水产学报》是国内水产学术领域的权威性期刊。

主要活动 1998～1999年，该会在农业部和中国科协的领导下，团结广大科技工作者，切实履行党和政府联系科技工作者的桥梁和纽带职责，充分发挥学会“学术交流主渠道、科普工作的主力军、国际民间科技交流主要代表和科技工作者之家”的作用与群众团体的优势，通过开展不同形式的学术交流、积极有效的科技服务和形式多样的科普活动，为实施科教兴国战略和可持续发展战略、实现经济体制和经济增长方式的根本转变，完成党的十五大提出的宏伟任务做出了应有的贡献。

（1）发挥学术交流主渠道作用,进一步提高学术活动质量，促进学科发展。两年来，秘书处和各专业委员会（研究会）认真探讨新形势下学术交流活动的规律，本着立中国内、开拓国际的交流原则，注意学术交流形式的多样化，努力为青年科技工作者创造条件，提供学术讲坛，抓住学科发展的重点、热点和难点问题，共召开学术研讨会30余次，出席会议代表约2 000人，收到论文约700篇。并开展国际间及台港澳民间科技交流与合作5次，提高了该会的地位，增加了凝聚力。

（2）紧密结合生产实际，发挥科普主力军作用，做好渔业科学技术普及工作。两年来，该会认真贯彻落实党的十五大和中共中央国务院《关于加强科学技术普及工作的若干意见》精神，围绕渔业发展的重点、难点和热点问题，注意与地方联合、水产科学与其他社会科学的联合、与企业联合，使水产科普工作在群众化、社会化和经常化的氛围中有序进行。①面向社会、面向基层、面向大众，本着"实际、实用、实效"的工作主题，开展科普培训工作。②充分发挥广大水产科技工作者在科普工作的重要作用，积极组织出版科普读物。③组织专家编写《1999病虫害防治绿皮书》水产部分。④组织青少年科技夏令营。

（3）加快渔业信息体系建设步伐，提高渔业信息咨询服务质量。①与农业信息中心合作开发了水产品市场价格的网络报送软件，实现各地在当地上网进行价格报送及远程报送，同时进行每周2次进行一次水产品市场价格汇总，每月进行一次市场分析，并即时汇总和分析情况报送有关部门，供决策参考。②认真做好渔业统计工作，并编辑出版《中国渔业统计年鉴》和《中国水产品进出口》。③编辑出版每年12期《INFOYU快讯》（中、英文版）。④认真做好与FAO渔业信息网的其他分支机构之间的日常联络，接受委托完成有关调研项目。

（4）完成建国50周年农业和农村经济成就展渔业部分的组织筹备和展出任务。"建国50周年农业和农村经济成就展"，是农业部按照中央总体部署举办的大型展览，受渔业局委托，本展览的渔业部分由该会承担。通过该会的精心组织策划，按时、优质地完成任务，受到农业部筹展领导小组的好评，被评为优秀奖。

（5）加强自身建设，探索建立适应市场经济发展要求的内部运行机制。为适应市场经济的发展和改革的要求，强化自立自强的造血功能。主要做了两件事：一是贯彻条例、认真自查，完成法人变更及社团重新登记工作；二是以"三讲"集中教育为契机，建立和完善秘书处竞争机制与激励机制。

（赵文武）

【中国水产流通与加工协会】 中国水产流通与加工协会是由水产品加工、市场、贸易、科研、教学等企事业单位，相关社会团体自愿联合的全国性行业管理、协调、服务的非营利性社团组织，具有社团法人资格。

协会的宗旨是：积极向政府部门反映会员的愿望和要求，指导会员执行国家的政策法令，协调会员的关系，维护会员的合法权益，为会员提供技术咨询和信息服务，组织国内外水产品加工技术交流和贸易洽谈，促进中国水产品加工技术和管理水平的提高，规范和繁荣水产品市场，不断提高水产品加工流通行业的经济效益和社会效益。

协会下设若干个专业委员会，现有会员500余家，分布在全国各地。并与国外相关组织和团体建立了友好关系。

协会协助政府部门制定水产品加工流通的发展规划，协调行业发展；经常举办水产品贸易交流活动；组织参加国内外大中型展览会；举办不同类型、不同层次的培训班、研讨会；开展和接受委托行业内调查；拟定产品标准，并进行监督检查评比；加强与国外相关行业民间组织的联络，组织安排相关国际经贸洽谈和其他交往活动。

协会每年出版24期《中国水产流通与加工动态》，为会员提供了及时准确的信息；协会还协助政府部门建立了"中国水产品价格信息网络"，向国内外提供水产品价格动态。

【中国渔船渔机行业协会】 中国渔船渔机行业协会是由国内渔业船舶、渔业机械、渔业仪器、绳网渔具和渔具材料的设计、制造、使用、经销、科研与教学、技术推广、渔船检验和检测中心等单位联合组织起来的一个全国性的民间社团组织，目前有渔船、渔业机械、渔具和质量管理4个专业委员会，共有团体会员207个，基本上都是行业的骨干企事业单位，跨行业、跨地区、跨所有制，分布在全国各地。其宗旨是为渔船渔机渔具生产、使用与管理企事业单位服务，为渔业生产发展服务；在政府主管部门和会员之间起桥梁、纽带作用；维护企业和行业的利益，推动行业的发展；促进行业企业改善经营管理，提高经济效益，推动中国渔船渔机现代化的普及和提高。协会自1992年成立以来，举办了多次渔船渔机贸易洽谈和展览销会，多次组织了专业性的出国访问，出版了《中国渔船渔机通讯》月刊，组织了热点问题和专题调查，开展了技术咨询与技术服务。业务范围包括：①渔业船舶方面：渔业船舶设计、制造和使用与管理，主机、辅机、捕捞机械、甲板机械，船用冷冻机械、渔用仪器包括探渔仪、卫星导航仪等助渔、导航仪器等船用产品设备制造等。② 渔业机械方面：养殖机械、水产品加工机械、饲料加工机械、水工施工机械制造等。③ 绳网渔具方面：包括各种单丝、合股线、缆绳以及网具的生产；绳网机械制造等。④ 渔船渔机渔具行业国家、部级质量监督检验、检测等。

【中国大洋矿产资源研究开发协会】 **1999年大洋协会各级机构的运转情况** 在大洋协会常务理事会的领导下，1999年协会各级机构继续高效运转。中国大洋协会第三届理事会第三次会议暨第五次常务理事会于1999年3月16～18日在昆明召开，会议审议通过了《中国大洋协会三届三次理事会工作报告》，审查通过了《中国大洋协会三届三次理事会专项经费财务报告》，听取了原业务依托部门关于1998～1999年度大洋专项执行情况的报告，听取并讨论了《关于我国国际海底区域资源开发的战略框架》专题报告,常务理事会原则通过了《中国大洋矿产资源研究开发经费于项目管理办法》。

协会办公室多次组织召开联合办公会议，对航次任务安排、拟提交常务理事会讨论的重大议题等进行了充分的讨论；针对国际海底资源研究开发战略和“十五”计划与2015年规划多次听取协会高级顾问及有关专家的意见；协会办公室的各级专家组、项目责任科学家、采矿项目总师组在项目管理过程中起到了重要作用。

（1）充分发挥协会在政府决策中的咨询职能。

大洋协会是一个执行国家大洋专项任务的社会团体，通过近9年的活动，在大洋研究开发方面，已经形成了一支集科技、法律、经济、管理在内的优秀人才队伍，为维护中国在国际海底区域的权益发挥了基本的业务支撑作用。协会通过组织研究，就中国国际海底区域活动的政策向国家外交、财政、计划、科技、国务院办公厅等综合部门提出建议，为维护国家海洋权益、促进政府决策，发挥了重要作用。

（2）切实履行协会对国家专项的协调组织职能，做好政府的助手。

中国在国际海底区域的勘探开发活动是一种国家行为，管好、用好专项经费，保证国家专项任务的顺利完成是协会的基本任务。协会在1998年的基础上，根据专家意见，科学合理安排航次，打破部门界限，根据地质勘探、环境、采矿、冶金、勘探技术发展的实际需要，实行航次综合编队，有力地配合各项研究工作的开展，并提高了专项经费的使用效益。

（3）战略研究工作和DY95-10航次为协会从“九五”向“十五”顺利过渡奠定了坚实的基础。

DY95-10航次作为大洋专项在“九五”期间的最后一个航次，已经圆满完成，这标志着协会完全能够全面超额完成“九五”计划；战略研究工作完成了战略报告，各方面对区域战略观念达成高度一致，同时编制完成了《国际海底区域研究开发“十五”规划纲要》，为实现协会工作的战略调整奠定了基础。

1999年协会业务工作的主要进展 根据协会常务理事会审议通过的1999年协会业务工作要点，协会业务工作的重点有：① 研究制定中国面向21世纪的国际海底区域研究开发战略和“十五”计划；② 组织以富钴结壳矿区勘探、开辟区环境调查为主要作业内容的海上调查航次，兼顾热液硫化物等其他资源的前期探查；③ 密切采矿系统内部的有机联系，为最终完成技术设计、部分系统进行水下试验打下良好的基础；④ 完成区域放弃任务；⑤加强协会资产管理，促进研究成果的开发和应用。在国家综合部门的指导以及通过协会理事会和常务理事会的领导下，经协会办公室的周密安排和部署，通过协会办公室、承担任务单位的共同努力，以上各项工作取得了很大成绩。

（1）深海采矿中试系统湖试方案。

协会办公室于1999年5月和7月两次组织采矿专家组对研究人员和总师组提交的“大洋多金属结核中试系统湖试方案”和“大洋多金属结核中试采矿系统湖试大纲”进行了审议，专家组认为湖试方案突出了系统集成概念，肯定了从集矿机、软管、模拟矿仓、结核输送到水面及测控动力等组成的试验系统和试验方案。协会办公室以此为依据，批准了湖试方案和试验大纲，要求严格按照湖试目标、技术考核指标和试验进度完成任务。采矿项目重点加强了各子系统间界面和课题间接口的研究，明晰了系统内部的相互联系，加大国际合作力度，所有课题均按合同进度要求进展正常。

（2）区域放弃工作。

经过协会成立以来9个航次的海上工作和调查资料数据的系统分析和资源综合评价，在1996年完成30%区域放弃工作的基础上，中国于1999年3月5日中国大洋协会成为在联合国登记注册的先驱投资者8年届满之前，又完成了20%的区域放弃义务，国际海底管理局8月召开的第五届会议已经认可协会提出的区域放弃方案，至此中国大洋矿产资源研究开发协会应履行的50%区域放弃义务已经全部完成。

（3）加强项目执行过程的中期管理。

1999年3月协会办公室结束了对跨越1998年度的

24个课题的现场中期评估，评估总结已正式上报国家综合部门和协会领导。总体上，各课题进展顺利，经费使用比较合理，但也存在发展不平衡的状况。根据具体情况协会办公室及时与业务依托部门进行协商，采取了必要的措施，适时组织了有关项目、课题的汇报与交流，加强了协会各项目的年度监督与检查。目前采矿项目、资源评价与地质研究、结核加工工艺研究、环境基线研究、深海勘探技术应用研究等项目进展顺利，继续根据合同研究内容与年度计划要求顺利开展。预计1999年底前后将有26个课题鉴定验收。

根据应用研究与前瞻性研究相结合的原则，1999年协会办公室继续安排了周期短、见效快、占据深海资源研究开发前沿领域的探索性研究课题。“结核材料在高能化学电源中的应用研究”、“深海多金属结核生物固化载体探索研究”、“世界大洋深海粘土和软泥的前瞻性研究”等短平快课题进展迅速。

（4）优化项目管理模式的尝试。

针对协会办公室管理人员少、知识面、专业面局限的具体情况，根据抓大放小的原则，在深海采矿系统中法科技合作项目的组织过程中，采取了适当减小管理幅度的办法，在协会严格把握采矿系统指标、严格控制国际合作规模的前提下，把技术谈判、商务谈判的责任明确到具体承担单位，极大地调动了他们的积极性、主动性，增强了他们的责任心。最后以较低的价格达成了合作协议。

经过同国家科技部高新技术司协商，由国家“863”出资550万元，协会匹配部分经费开展了第二台水下自治机器人“CR-02”的研制，开创了协会多渠道投资的先河。国家“863”计划强调业主行为，由协会办公室同“863”自动化领域专家组签订了研制合同。“863”经费直接下拨协会办公室，由协会全权负责项目的组织实施。研制成功后“CR-02”连同“CR-01”产权归国家所有，划拨大洋协会作为“大洋一”号船的船载设备，由协会办公室代表国家进行管理。

（5）经费与资产管理工作。

为适应协会在“十五”期间组织实施国际海底全方位战略部署的需要，1999年下半年开始对协会成立以来所形成的固定资产进行了重新登记和统计，重建了固定资产明细账卡片。并借此机会，对协会的经费管理工作进行了自检和评估，进一步理清了有关工作思路，起草完成了《中国大洋协会经费与项目管理办法》和《中国大洋协会固定资产管理办法》。

（6）对外宣传工作。

1999年开创了协会成立以来对外宣传的新局面，协会基本建立了一个覆盖各大报社、电台、电视台的宣传报道网络，对区域放弃工作、DY95－10航次及国际海底区域21世纪战略进行了重点宣传，报社、电台、电视台对协会领导进行了专访，并以专题片、专题节目、专版等形式对中国大洋事业的进展和取得的成绩进行了报道，在社会上产生了深远的影响。

（7）重点项目。

到1999年底多波束海底地形勘察项目已完成勘察总面积的41.6%；海洋生物资源补充调查及资源评价项目已完成计划总航次的85%；海洋地质地球物理补充调查及矿产资源评价项目已完成海上调查总工作量的80%，室内样品分析、测试工作已完成总工作量的50%；海洋环境补充调查及环境评价项目已全部完成外业调查任务，所有勘察资料和分析测试数据已于10月底前全部汇交到国家海洋信息中心；海域划界研究项目基本上按计划执行。另外，建设海洋地理和资源信息系统项目已完成系统总体设计、标准规范制订及各分系统的设计工作，初步完成1∶50万中国近海、邻近海域及近岸陆地基础地理信息分系统，及多波束测深、海洋水文、海洋气象、海洋生物、海洋经济等数据库，开展了划界系统软件研究，并已提交外交部，用于中日、中韩渔业谈判，受到好评。

（大洋协会供稿）

【中国太平洋学会】 根据国家民政部的要求，中国太平洋学会1998年主要工作是进行清理整顿，加强内部组织建设。1999年8月经业务主管部门——国家海洋局的初审，同意该会的清理整顿报告。同年10月经民政部审核，该会符合《社会团体登记管理条例》的要求，予以保留，并已核准登记。

清理整顿后，由张海峰出任中国太平洋学会执行会长兼社团法人，张序三为副会长，鹿守本为秘书长。

中国太平洋学会下设11个分支机构：金融专业委员会、港口与航运专业委员会、进化与发展专业委员会、黄河文化专业委员会、民间传统专业委员会、古海洋学专业委员会、太平洋安全专业委员会、太平洋法律专业委员会、太平洋地区论坛、裕民经济技术中心、亚太经济合作促进会。

作为全国性的一级学会，中国太平洋学会的宗旨是：组织专家、学者从多学科的角度研究太平洋区域及其周边国家的历史、现状和未来；增加中国人民对太平洋区域的了解和各国人民对中国的了解，为促进各国之间的文化、科技与经济交流，促进太平洋区域的和平发展作出贡献。其主要业务范围包括：开展文化、科技与经济交流，开展民间国际交往及香港、澳门特别行政区和台湾省交流活动；编辑、出版、发行本领域学术期刊及学科书籍；参与决策咨询、科学论证，提出政策建议；提供科技咨询、技术服务，举办国际海洋展览会；推荐人才、表彰先进，组织继续教育、培训；兴办与学会宗旨相符合的民办非企业团体。

学会会刊《太平洋学报》每季出版一期。为保证刊物的学术水平，编辑部严格把关，使该刊在国内外学术界评价较高。

1999年举办了“知识经济与中国国际学术讨论会”，美国、新加坡、香港特别行政区等地学者和企业界知名人士参加了会议。会上就知识经济与21世纪中国的经济社会发展进行了深入讨论。全国政协副主席经叔平参加了会议。

1998～1999年，进化与发展专业委员会与上海太平洋学会，举办了多期高层次的21世纪和中国加入WTO学术研讨会。太平洋学会的亚太经济合作促进会等分支机构不间断地为企业提供咨询，帮助解决发展中的困难，组织企业家参加APEC研讨会和考察活动。（王景学）

【中国海洋法学会】 中国海洋法学会是1993年12月3日经中华人民共和国司法部批准，并于1994年8月15日民政部颁发社会团体登记证而成立的。学会的主要任务是向国家主管部门提供有关制定和完善中国海洋立法咨询的意见和建议，开展海洋法问题的研究和学术交流活动，维护国家海洋权益，促进中国海洋事业的发展。学会的宗旨是为完善国内海洋法律制度服务；学会的业务范围是开展学术交流和咨询服务。

1998～1999年的主要活动情况：

（1）法律咨询服务。1998年根据学会常务理事会的决定，并经司法部批准，接受国家主管部门、法人或自然人的委托，提供法律咨询活动。1998年接受山东省荣城市龙须岛渔业公司 和落凤岗渔业公司的委托，对烟台海上救助打捞局所属“烟救油2”轮误入养殖区，搁浅、触礁、泄油200余吨，造成两公司养殖业重大损失诉讼案件提供全面咨询。

（2）组织专题报告会。该学会关注中国外交战线上的情况，随时请有关部门的领导、同志向会员介绍相关情况。包括请外交部的领导介绍南海国际会议和东盟外长会议情况；请农业部渔业局领导介绍联合国渔业会议的情况；请国家海洋局领导介绍国际海底管理局会议的情况；请有关海洋部门（最高法院、交通部、农业部、地矿部、海洋石油总公司等）介绍各部门海洋工作情况。

（3）学术交流。请来华访问的外国专家、学者向会员作有关海洋法的学术报告。包括日本防卫厅研究所研究人员关于海洋防卫与海洋法的有关问题的报告；日本早稻大学、福冈大学教授的海洋法报告；荷兰学者关于国际争端的解决的报告，关于环境保护的报告；澳大利亚海洋划界专家关于中国与海上邻国的海洋划界报告等。

（4）编发《中国海洋法学会会员通讯》。学会秘书处坚持不定期编发会员通讯，无偿提供给所有会员，使其及时了解学会工作和中国海洋法学界的研究进展等情况。

（5）获准重新登记。根据中央和国务院有关社团重新登记的规定，经民政部审核，学会于1999年8月19日获准重新登记。

在登记过程中，根据有关登记的具体规定，原会长倪征日奥、原副会长赵理海，因年龄原因不再担任原职务，改任名誉会长。由原国家海洋局副局长、学会副会长陈炳鑫任学会会长。国家机关处以上领导干部不再担任学会领导职务，改任常务理事。

根据民政部《社会团体章程示范文本》，将《中国海洋法学会章程》（修正案）提交司法部、民政部审核，并将提交第二届代表大会审议。

在登记过程中，经民政部指定的会计师事务所对学会成立以来的财务进行审计，符合要求。

根据学会章程，经常务理事会讨论决定，拟于2000年8月召开第二届代表大会。筹备工作已经展开。

该学会广泛团结了国内有关海洋工作部门和法律方面的单位和人士，在国内外，尤其是在香港、澳门特别行政区和台湾省有很广泛的联系和影响，继续办好海洋法学会，发挥它的参谋咨询作用，也是各方面的要求和希望。（贾　宇）

【中国信息协会海洋分会】 1998年6月中国信息协会海洋分会与中共长岛县县委主办的旨在联结海洋科研机构和涉海企事业单位的信息发布、项目洽谈活动在山东省长岛县成功举办。

以信息及科技成果提供为一方的是具有国内一流海洋科研实力的交通部、中国科学院、国家海洋局所属科研所及青岛海洋大学等10家科研机构，共计在会上发布了有关海水养殖、水产品加工、病虫害防治、海洋生物制品开发、环境监测和保护技术设备、化工产品、水资源开发利用等方面的科技与产品信息约500余条。

海洋信息分会的部分理事和会员单位21家参加了

该项活动，与作为需方的长岛县各涉海管理部门、企业界代表广泛交流了信息，并在水下监控及减压医疗设备方面进行了项目洽淡，取得了意向性进展。

为期3天的信息发布、项目洽淡活动是一次将信息需求双方有机地进行结合的成功尝试，不仅对发展长岛的海洋产业起到积极作用，而且对海洋信息分会在今后的信息转化、实现信息产业化方面的工作具有指导意义。

本次活动得到了中共长岛县县委的积极支持，县委王国强副书记出席了开幕式，并作了重要发言。海洋信息分会副理事长、国家海洋信息中心副主任刘法孔到会并讲了话。

中国信息协会海洋分会为了提高全体联络员的信息意识和有效开拓信息源，于1998年6月在山东长岛县举办了首次信息工作培训活动，中国信息经济学会副理事长、国家信息中心研究员于清文先生应邀到会，并作了题为“我国信息产业化政策及进程”的专题报告，对今后从事协会工作具有重要的指导意义。

活动期间，大家还就协会拟定的有关信息采编规定进行认真的讨论，为进一步规范协会工作起到积极作用。

中国信息协会海洋分会自建立以来，在服务于政府、服务于社会的指导思想下，一直致力于组织建设和提高服务能力、改善服务手段的建设，力求信息交流、咨询服务工作的日益完善，以取得较好效益。1999年协会在“中国海洋信息网”上建立主页，并首次推出“海洋信息快报”有关内容，立即在社会上引起反响，被誉为该网更新周期最短的网页之一。

此外，协会注重将信息需求普查和发展组织的工作结合起来，随时组织不同规模、不同类型的信息交流活动，并通过对涉海部门的调访和参加一些行业聚会（如展览、研讨会等）的形式，全方位地接触涉海各行业人员，两年中发展了10余家包括海洋行政管理、研究院所、海洋企业类的单位，这对调整会员结构起到重要作用，扩大了海洋产业部门和海洋经济实体的比例，增进了科技成果信息的转化力度，达到信息为经济建设服务的目的。（徐志道）

附录3　1998～1999年海洋界新增中国科学院和工程院院士名录

Appendix 3　Name List of Academicians of the Chinese Academy of Sciences and the Chinese Academy of Engineering from the Marine Community During 1998～1999

张福绥　男，汉族，1927年12月27日生。1953年毕业于山东大学水产系，1962年在中国科学院海洋研究所海洋生物专业副博士研究生毕业，1978年从助理研究员晋升为副研究员，现为中国科学院海洋研究所研究员，中国工程院院士。张福绥是国内外知名的贝类学家，是中国海洋贝类增养殖生物学和养殖产业化的主要奠基人。为中国贝类养殖事业做出了积极的贡献。先后获得国家、中国科学院、山东省科技进步奖一等奖，王丹萍科学奖金提名奖及陈嘉庚农业科学奖。

（练树民）

陈吉余　男，1921年生，中国工程院院士，河口海岸学家，中国河口海岸研究的主要开拓者。现任华东师范大学河口海岸研究所教授、名誉所长，中国海洋湖沼学会名誉理事长，国际欧亚科学院院士。

陈吉余教授创建了国内第一个河口海岸研究机构，提出长江河口发育模式及自适应和人工控制理论，为长江口深水航道选槽和河口治理提供了科学依据；他建议利用潮滩建设浦东国际机场并主持九段沙生态工程，取得了显著的社会经济效益；根据涨潮冲刷槽理论提出陈山原油码头选址方案，开创了在杭州湾强潮海湾建港的先例；提出钱塘江河口沙坎形成的历史过程和结合围垦治理江槽的治理原则。主持了三峡工程对长江河口生态环境影响的研究，并在水资源、滩涂围垦、护岸工程等方面做出了突出贡献。他还主持了中国主要河口研究国家重大基金项目和海岸带资源环境利用关键技术“九五”攻关项目等多项任务。他先后培养硕士、博士研究生30余名。发表论著150余篇部，先后获国家科技进步一等奖1项，省部级科技进步一、二等奖15项，曾获全国五一劳动奖章和全国先进教育工作者。　　（华东师范大学供稿）

陈联寿　男，1999年当选为中国工程院院士。1957年毕业于南京大学。1982年赴美国科罗多州立大学大气科学系留学两年半，从事热带气旋研究。曾任中央气象台台长、中国气象科学研究院院长和世界气象组织（WMO）海洋气象委员会委员等职。现任中国气象学会副理事长、天气极地气象学委员会主任委员、中国气象科学研究院研究员、博士生导师、国家攀登计划青藏高原地气物理过程及其影响（TIPEX）项目首席科学家；联合国世界气象组织（WMO）系列性国际热带气旋科学大会（IWTC）联合主席、专题主席、组委会委员；中日高原大气科学试验协调委员会（JCC）主席。长期从事天气动力和热带气旋的研究与预报工作，对热带气旋做了系统性和开拓性研究，揭示了台风机理的新事实、新论点，对全国台风研究起了重要推动作用。长期负责全国范围灾害性天气预报警报的制作和发布，对减轻国家自然灾害做出了重要贡献。1998年指挥和实施了第二次青藏大气科学试验，成功完成预订目标。开创了全国电视天气预报动态显示业务系统，在全国推广，取得卓著的社会、经济效益。论著丰硕，曾获国家科技进步奖二等奖1项，三等奖2项，省部级科技进步一、二等奖多项。1998年获得国家有突出贡献的中青年专家称号，1991年国务院授予其政府特殊津贴。　　（闫俊岳）

徐　洵　女，1934年生，中共党员，福建省建瓯市人，1957年毕业于中国医科大学生物系生物化学专业。1986～1990年任中国科技大学教授、博士生导师。1991年至今在国家海洋局第三海洋研究所工作，1999年当选为中国工程院院士。现任国家海洋局海洋生物工程重点实验室主任、首席研究员。

徐洵教授1992年获国务院政府特殊津贴，1994年获中国科学院自然科学二等奖1项，1997年获国家海洋局科技进步一等奖1项，1999年获中国科协全国优秀科技工作者奖，并是人事部表彰的“一等功”获得者。

徐洵教授是我国海洋生物基因工程的奠基人，1985～1990年在美国加州大学期间，利用DNA重组技术研究生物功能蛋白的起源上有新的发现，这一发现对分子进化研究有重大意义。90年代，在海洋分子生物研究上又有了新的突破。1991年她建立了我国最早的海洋生物基因工程实验室，从事“鱼生长激素基因工程”、“海洋环境病毒污染检测的生物技术研究”及“对虾白斑杆状病毒的分子生物学研究”等海洋基因工程方面的研究。1999年，由她领导的实验室在国际上率先完成了对虾白斑杆状病毒（WSBV）基因组

DNA的全序列测定，建立了对虾白斑病毒基因检测技术。这一系列科技成果，具有潜在的经济效益和社会效益。

徐洵教授作风严谨、淡薄名利，多次谢绝国外邀聘。她先后培养硕士和博士研究生20余名。

（国家海洋局第三海洋研究所供稿）

唐启升 男，1943年生，中国工程院院士、海洋渔业资源与生态学家、中国大海洋生态系统和海洋生态系统动力学研究的开拓者，国家重点基础研究“973”项目首席科学家。现任中国水产科学研究院黄海水产研究所所长、研究员、博士生导师。他长期从事海洋生态资源开发与保护研究，取得了一系列富有创造性的研究成果：①发展大海洋生态系概念，推动海洋生态系统动力学前沿学科发展，并有良好的国际影响；②系统研究海洋渔业生物学，创造性地发展了在不同环境条件下的亲体与补充量关系理论模式，完成出版了我国第一部海洋渔业生物学专著，建立了具中国特色的新学科体系；③深入研究北太平洋狭鳕渔业资源，在公海幼鱼分布方面取得了国际公认的重要成果，为国家维护远洋渔业重大利益发挥了重要作用。他的研究成果应用于渔业实践，社会经济效益显著，新增产值达数亿元。

他热爱祖国，事业心强，先后有7项成果获国家及省部科技进步奖励，其中，国家科技进步二、三等奖各1项、部级科技进步二等奖1项；发表论文百余篇，其中，在国内外学报刊物及国际会议发表论文40篇，主编或与他人合作专著6部；培养博士生5人；先后在20余个国际和国家科学组织及学报刊物担任学术职务，出席或组织国际学术会议近50次，是活跃在国内外渔业可持续利用和海洋科学前沿领域有影响的中年学者。他先后获“全国农业科教优秀回国留学人员”、首届“中华农业科教基金科研奖”和“国家级有突出贡献中青年专家”等6个国家和部省级个人荣誉称号。

1994年任所长以来，坚持改革，致力于学科调整发展和人才培养，推行在职研究生制度，发展在职博士生、硕士生及其导师50余人。该所1995年被国家科委确定为“改革与发展重点研究所”，1996年被农业部评为“基础研究十强”，先后批准建立“农业部海水增养殖病害与生态重点开放实验室”和“国家海水养殖病害防治和环境监测工程中心”等。

（李学增）

谢世楞 男，1935年5月生，原籍浙江慈溪。1956年毕业于大连工学院水利系港口和水道工程专业，1979～1981年在荷兰德尔夫特（Delft）理工大学进修海岸工程，为港口和海岸工程专家，1999年当选为中国工程院院士。从事港口和海岸工程设计40余年来，参加和主持国家重点及大中型设计和科研项目40余项，其中主编的交通部《海港水文》规范获国家科技进步二等奖（1985年）；主管的“石臼（日照）港10万吨级开敞式煤码头设计”获国家优秀设计金奖（1990年）和联合国发明创新科技之星奖（1996年）。在国内外发表论文50余篇，1981年提出的“直立式防波堤前海底冲刷形态和冲刷深度计算公式”多次在国际会议和刊物上被推荐使用，现已纳入交通部防波堤设计规范；1998年提出的“淹没情况下半圆型防波堤上的波浪力计算方法”已在长江口治理工程的导堤设计中得到采用，取得良好效果。现任中交第一航务工程勘察设计院副总工程师，天津大学教授和博士生导师，大连理工大学、河海大学和青岛海洋大学兼职教授，中国海洋工程学会常务理事，国际水利研究学会（IAHR）海洋水力学专业委员会委员。1986年被批准为国家有突出贡献的中青年专家，1991年享受政府特殊津贴，1992年被天津市授予“海岸动力及海岸工程设计专家”，1994年获中国工程设计大师称号。

（中交第一航务工程勘察设计院供稿）

附录4 中国海洋行政机构和涉海企事业单位简介

Appendix 4 A Brief Introduction to China's Marine Administrative Organs and Ocean-related Institutions and Enterprises

【概况】 中国涉海机构主要有国家海洋局和沿海省市海洋管理机构、农业部渔业局、中国海洋石油总公司、中国石油化工集团公司、国土资源部、交通部、中国科学院、中国气象局、中国船舶工业集团公司、中国船舶重工集团公司、中国盐业总公司以及高等和中等海洋院校。其中国家海洋局是国土资源部管理的监督管理全国海洋事务的职能部门。下面对有关机构及其下属部分部门作一简单介绍。

国家海洋局

【国家海洋局职能配置、内设机构和人员编制】 根据第九届全国人民代表大会第一次会议批准的国务院机构改革和《国务院关于部委管理的国家局设置的通知》，设置国家海洋局。国家海洋局是国土资源部管理的监督管理海域使用和海洋环境保护、依法维护海洋权益、组织海洋科技研究的行政机构。

主要职责 根据以上职能调整，国家海洋局的主要职责是：

（1）拟定中国海岸带、海岛、内海、领海、毗连区、大陆架、专属经济区及其他管辖海域的海洋基本法律、法规和政策。组织拟定海洋功能区划、海洋开发规划、海洋科技规划和科技兴海战略。管理国家海洋基础数据，承担海洋经济与社会发展的统计工作。

（2）监督管理海域（包括海岸带）使用，颁发海域使用许可证，按规定实施海域有偿使用制度，管理海底电缆和管道的铺设，承担组织海域勘界。

（3）组织拟定海洋环境保护与整治规划、标准和规范，拟定污染物排海标准和总量控制制度。按照国家标准，监督陆源污染物排入海洋，主管防止海洋石油勘探开发、海洋倾废、海洋工程造成污染损害的环境保护；管理海洋环境的调查、监测、监视和评价，监督海洋生物多样性和海洋生态环境保护，监督管理海洋自然保护区和特别保护区。核准新建、改建、扩建海岸和海洋工程项目的环境影响报告书。

（4）监督管理涉外海洋科学调查研究活动，依法监督涉外的海洋设施建造、海底工程和其他开发活动。组织研究维护海洋权益的政策、措施，研究提出与周边国家海域划界及有归属争议岛屿的对策建议；维护公海、国际海底中属于中国的资源权益；组织履行有关的国际海洋公约、条约。组织对外合作与交流。

（5）管理“中国海监”队伍，依法实施巡航监视、监督管理，查处违法活动。

（6）组织海洋基础与综合调查、海洋重大科技攻关高新技术研究。管理海洋观测监测、灾害预报警报、综合信息、标准计量等公益服务系统。负责发布海洋灾害预报警报和海洋环境预报（不含天气预报警报）。管理极地和大洋考察工作。

（7）承办国务院和国土资源部交办的其他事项。

内设机构 据上述职责，国家海洋局设6个职能司（室）：

（1）办公室（财务司）

承担局机关政务、新闻宣传、机关文电处理、对外联络、文书档案、信访、保卫、保密工作。管理国家海洋基础数据，承担海洋经济与社会发展的统计工作。管理海洋事业经费、专项资金等国家财政拨给的资金并监督检查使用情况。

（2）海域管理司

草拟中国海岸带、海岛、内海、领海与毗连区、大陆架、专属经济区及其他管辖海域的海洋基本法律、法规和政策。草拟海洋功能区划、海洋开发规划，核准海域使用许可证。具体组织海域勘界，组织监视涉外的海洋科学调查研究、海洋设施建造、海底工程和其他开发活动。审核并监督海底电缆、管道的铺设，审核新建、改建、扩建海岸和海洋工程项目的环境影响报告。联系“中国海监”队伍。

（3）海洋环境保护司

组织海洋环境的调查、监测、监视和评价，组织监测监视海洋石油勘探开发、海洋倾废、海洋工程造成污染损害环境的情况。草拟海洋环境保护与整治规划、规范和标准。草拟污染物排海标准和总量控制制度。按照国家标准监测陆源污染物排海，监测监视海洋自然保护区和特别保护区。组织海洋环境观测监测、灾害预报警报。

（4）科学技术司

草拟海洋科技规划和科技兴海战略，组织海洋基础与综合调查、国家海洋重大科技攻关和高新技术研究等科学研究工作。

（5）国际合作司

组织研究维护国家海洋权益的政策和措施，研究组织履行有关国际海洋公约、条约。承办、组织对外合作与交流工作。

（6）人事司

管理局机关、直属单位机构编制和人事、教育等工作。承办机关党委的日常工作。

机关党委负责局机关及直属单位的党群工作，办事机构设在人事司。

人员编制 国家海洋局机关行政编制为100名。其中：局长1名，副局长4名，正副司长职数20名(含机关党委专职副书记)。

国家海洋局下属机构简介

【国家海洋局北海分局】 国家海洋局北海分局成立于1965年，是国家海洋局在北海区的海洋行政管理机构，依法对黄海、渤海海域实施海洋综合管理，完成国家下达的维护海洋权益、开发海洋资源、保护海洋环境、防灾减灾服务等任务，并负有对辖区内各省市的海洋管理工作实施领导、协调、监督和服务的职责。

北海分局现有职工1 800余人，其中科技人员978人（高级职称84人，中级职称407人，享受政府特殊津贴专家10人），船员394人，分别从事海洋水文、气象、地质、化学、生物、海洋仪器、航海、轮机、通讯导航、信息、计量、浮标、航空遥感、远洋运输和船舶修理等项专业工作；拥有配套齐全、现代化程度较高的海洋调查、监测、观测、实验等基础设施和仪器设备，包括中国海监船、远洋调查船、远洋运输船、中国海监飞机、海洋遥测浮标、海洋航空遥测系统，以及用于海洋环境短、中、长期预报的气象卫星传真接收系统。

北海分局自建立以来，连续开展海洋监测、调查、预报，进行了海洋工程的环境调查、监测和影响评价；完成了地方政府和部门委托的港口及沿岸工程、海洋石油开发工程、海底管道、电缆路由调查等多项调查任务；先后参加了联合国世界气象组织的“全球大气试验”、“中日黑潮合作调查”、“太平洋多金属结核调查研究”和中美、中法联合研究等项目；曾6次参与远征南极，进行南大洋考察。

【国家海洋局东海分局】 国家海洋局东海分局是国家海洋局派驻上海、管理东海区的海洋行政管理机构，依法对东海区实施海洋综合管理，完成国家下达的维护海洋权益、开发海洋资源、保护海洋环境、防灾减灾服务等任务，为地方海洋经济的发展提供保障和服务。

国家海洋局东海分局辖区南起闽粤交界处的诏安头，北至苏鲁交界处的中国内海、领海和专属经济区大陆架，管理系统包括4个海洋管区、17个海洋监察站、1个中国海监船大队和1个监测中心21（航空监视室）。

自1965年成立以来，经过30余年的建设，东海分局已建立起一支初具规模的海洋管理队伍和一支实力较强的海洋科技专业队伍。现有员工1 780余人，从事水文、海洋气象、化学、生物、地质、地球物理、船舶驾驶、通讯导航等各类专业技术人员721人，其中有高级职称57人，中级职称313人。拥有“中国海监”船和远洋考察船两个大队，有各类海洋调查船、极地破冰船、“中国海监”船舶12艘，船员近600人，其中“雪龙”号极地考察破冰船是目前中国最大的考察破冰船，承担着赴南极科学考察的任务；已建立起由环境监测中心、海洋管区、海洋监测站以及海洋浮标、船舶、飞机组成的立体、多维的海洋监测网和海洋执法管理系统；在上海、厦门设立了海洋预报台，与分布在东海辖区沿岸的20个海洋站组成较为完整的观测、预报系统，为东海辖区提供比较及时、准确的风暴潮预报和海浪预报；同时还有一批较为现代化的海洋监测、调查、分析和计量鉴定仪器设备。

【国家海洋局南海分局】 国家海洋局南海分局成立于1965年3月18日，是国家海洋局设在广州的南海区海洋行政管理机构，并对中国海监南海总队实施管理。分局机关内设12个职能处室，另有直辖15个处级单位，中国海监南海总队内设4个职能处室，直辖第七、第八、第九支队以及陆航执法监察队。南海分局现有职工1 421人（编制1 790人），其中科技人员614人，船员365人。拥有海洋水文、化学、地质、气象、生物、遥测浮标、海洋计量检定、海洋环境质量评价、海洋信息服务等专业队伍，并有遍布在两广的沿海观测站网和遥测海洋环境数据的浮标网，装备比较先进的“中国海监”第七、第八支队拥有11艘集海洋执法和科研调查为一体的执法和科研调查船只。

南海分局建局30余年来，在国家和驻地党政军的关怀支持下，根据国家在不同时期赋予的职能，经历届分局领导和广大职工的共同奋斗，不断成长壮大，创造了光荣的业绩。尤其是党的十一届三中全会以来，为适应国际海洋权益斗争形势和国内经济建设发展的需要，坚持以发展海洋经济为中心，围绕“权益、资源、环境和减灾”的目标，以海洋行政管理、执法监督和公益服务为主线，依靠科技进步全面推进南海区各项海洋工作，并完成国家下达的海洋监测、调查科研、减灾防灾等任务。在维护海洋权益、开发海洋资源、保护海洋环境和为地方海洋经济发展提供服务等方面发挥了积极作用。

【国家海洋环境预报中心】 国家海洋环境预报中心成立于1965年，是由国家海洋局组建的专门从事海洋环境预报、咨询服务和科学研究的业务机构,也是国家授权发布海洋环境预报的惟一的国家级机构，其预报产品以国家海洋预报台名通过多种方式、途径对外发布。业务组织机构的设置为：海洋水文预报一室、海洋水文预报二室、海洋气象预报室、极地预报室等10个处室，现有科技人员274名，其中高级科技人员70名,中级科技人员152名。

海洋环境预报事业是新中国成立以后发展起来的一个新兴公益服务事业。经过几十年的发展，已建成了由国家海洋预报中心和大连、青岛、上海、厦门、广州、北海、海口海洋预报台等组成的海洋环境预报系统，形成了海洋实时资料的收集和传输、产品分析制作和发布等一系列内容组成的预报体系。国家海洋环境预报中心是中国海洋环境预报系统的业务中枢，其预报产品以国家海洋预报台的名义，通过新闻媒介公开向社会发布，还利用传真、电传、计算机通信、公众邮电网等多种途径向社会和用户传输。

国家海洋环境预报中心的海洋环境要素分析预报的业务项目为：海浪、风暴潮、海冰、海流、海水温度、厄尔尼诺(赤道东太平洋海水异常现象)、海水盐度、海啸、潮流、海平面、溢油漂移和台风、气旋、海雾、航路气象导航等。预报范围为中国近海与世界各大洋。

该中心全天候监视海洋环境要素的变化，为国务院有关部委、沿海省市人民政府的防灾减灾提供海洋灾害预报、警报服务；为海上交通运输、救助打捞、油气勘探、渔业生产、沿海养殖、港口建设、海上工程、远洋航行、军事活动及科学考察等活动提供海洋要素的短、中、长期预报、警报和咨询服务，还承担海洋环境评价、海洋工程参数计算、海洋大气边界层探测等专项服务。

【国家海洋信息中心】 国家海洋信息中心创办于1958年，隶属于国家海洋局，是由国家海洋资料中心、海洋科技情报研究所（含海洋档案馆）、国际海洋学院中国业务中心、海洋空间信息研究开发中心4个科研业务系统组成的国家综合性海洋信息技术研究和公益服务部门。其主要任务是组织协调全国海洋信息工作，负责各类海洋信息的搜集、处理、储存和服务，建设各类海洋数据库，提供各类海洋信息产品和信息服务。国家海洋信息中心是继美国、俄罗斯、日本之后的第四个世界海洋资料中心，是联合国水科学和渔业情报系统中国国家输入和服务中心，是联合国教科文组织政府间海洋学委员会资料交换委员会的国家协调单位，是政府间海洋学委员会文件和出版物中国保管中心，还是世界海洋学委员会西太秘书处，全球海洋教育网络成员。

国家海洋信息中心现有职工526人，其中具有高级职称的科技人员94名，已初步形成了一支从事各种海洋资料处理和各类海洋信息服务、海洋研究、分析预报的技术骨干队伍。

国家海洋信息中心现有Sun1000服务器、Sun、SGI工作站、大幅面冲纸机、悬挂式冲卷机、轨道式放大机、高精度扫描仪、热升华彩色打印机、卫星接收与处理、自动冲洗、光盘检索系统等先进设备。目前馆藏国内外各类海洋数据资料8 000万站次，中外文图书等10万余册，磁带和光盘记录的国外文摘近40万篇。已与世界上32个国家和地区的170余个单位建立了经常性业务和技术合作关系。

该中心承担着多项国家“八五”、“九五”攻关项目、国家重点课题和国家自然科学基金项目，获科技成果奖200余项，其中国家级奖2项，部委级奖20余项。建设和开发的国家海洋信息系统，已取得了较好的社会效益和经济效益。

【国家海洋环境监测中心】 国家海洋环境监测中心暨国家海洋局海洋环境保护研究所是国家海洋局直属的以公益服务为主体、以应用基础研究和应用技术研究为方向、以科技开发和科技产业化为支撑的事业单位。其基本职能是实施全国海洋环境监测业务技术管理和技术支持，进行海洋环境保护、规划、管理、治理等应用技术研究和开发，为国家和地方海洋综合管理以及海洋产业发展提供服务和技术支撑。

国家海洋环境监测中心现有科技人员300余人，其中，中国工程院院士1名，高级职称80人；设有生物、地质、水文、化学、海冰、信息遥感等11个研究室；持有国家技术监督局颁发的《计量认证合格证书》、国家环保局颁发的甲级《环境质量评价证书》及建设部颁发的甲级《海洋工程勘察设计证书》。

近年来，国家海洋环境监测中心在搞好公益服务的同时，加大应用基础研究与应用技术开发力度，取得了突出成绩，主持编制的《海洋监测规范》、《海面溢油鉴别系统规范》、《海洋石油勘探开发使用消油剂性能指标及检验方法》已作为国家行业标准颁布实施；主持完成的《黄海北部5号试验倾倒区碱渣海洋试验倾倒研究》获大连市科技进步一等奖，为生产部门解决了废渣排放难题；工程海冰的研究和即将出台的《工程海冰技术规划》为寒区沿海工程的设计建造提供了科学依据。

国家海洋环境监测中心积极为地方经济建设服务，先后承担了“大连大窑湾港疏浚物倾倒区选划”、“辽河油田浅海开发环境调查”、“黄骅港航道工程地质勘察”、“亚欧海底光缆汕头、上海段预选路由可行性论证”等项目；还研究开发海洋环保产品，目前CAX系列污水处理专利产品、石油乳化剂系列产品、深水摄像系列产品已研制成功并批量上市。

【国家海洋标准计量中心】 国家海洋标准计量中心成立于1990年，是国家海洋局直属事业单位，并同时兼为国家海洋计量站和国家级成果检测机构。在业务上受国家技术监督局指导与监督。中心的主要任务和职责是宣传国家有关技术监督的方针、政策、法律、法规并贯彻执行；承担海洋技术监督的业务规划、计划的拟订；承担海洋国家标准、行业标准、国家规程、部门规程的制(修)订及归口管理；负责研究和建立海洋学特殊量值的计量基准、标准、计量检定系统，开展传递、检定测试工作；负责研制、维修专用计量标准的配套设备，负责海洋仪器、设备、标准物质等产品的检测、鉴定和环境试验及发放生产许可证的技术申报工作；负责对海洋调查、监测、监视、预报等工作的技术监督；为实施海洋技术监督提供技术培训、咨询和技术服务。

目前，该中心已建立温度、盐度标准实验室，温度仪器检定室，化学实验室，标准海水生产实验室，温、盐、深现场测量检定室，以及模拟海洋气候条件、机械振动、冲击、摇摆等条件的环境实验室。经国家技术监督部门考核发证可以作为社会公用的海洋计量标准装置有5项，即：海水颠倒温度表检定装置，海水温、盐、深测量仪检定装置，船用pH计检定装置。

国家海洋标准计量中心建筑面积3 000余平方米，实验室面积1 500余平方米，现有专业技术人员50余名。其中工程技术带头人2人，高级技术人员16人，中级技术人员17人；国家级计量认证评审员2人，计量监督员6人，计量检定员10人。中心设有办公室、计划处、计量检定室、标准质量室、设备研制开发室、综合服务室。

【中国海监总队】 1998年10月19日，中央编制委员会办公室下发《关于国家海洋局船舶飞机调度指挥中心更名为中国海监总队的批复》，同意国家海洋局船舶飞机调度指挥中心更名为中国海监总队。

1999年1月13日，中国海监总队挂牌成立。国家海洋局局长王曙光兼任中国海监总队总队长，张有份任中国海监总队常务副总队长，胡殿贵、米国中任中国海监总队副总队长，庄进任中国海监总队副政治委员。根据国家海洋局印发的《中国海监总队职能配置、内设机构和人员规定》，中国海监总队机关参照国家公务员制度进行管理。其主要职责是依照有关法律和规定，对我国管辖海域（包括海岸带）实施巡航监视，查处侵犯海洋权益、违法使用海域、损害海洋环境与资源、破坏海上设施、扰乱海上秩序等违法违规行为，并根据委托或授权进行其他海上执法工作。中国海监总队内设办公室、巡航处、执法处、装备技术处、信息处、政治部（人事处）6个处室，并管理国家海洋局机要处。

【国家海洋局第一海洋研究所】 国家海洋局第一海洋研究所是基础研究与公益服务并重的综合性海洋研究所，主要使命是开展国家海洋局职能内的海洋科学技术研究，国家海洋科学基础研究、应用基础研究和高新技术研究。数年来已获得国家级科技进步奖7项，省部级科技进步奖近70项。1996年，被列为国家科委重点支持研究所，经济效益已进入科研机构百强行列。

该所科研力量雄厚，现有507名员工中，研究员级80人，副研究员级131人；有中国工程院院士1名，博士生导师13人，具有博士学位的39人，硕士学位82人；在国内外聘请客座知名教授、研究员23人。

该所由海洋地球流体力学与数值模拟国家海洋局重点实验室、海洋生物活性物质国家海洋局重点实验室、物理海洋研究室、海洋地质研究室、海洋遥感研究室、海洋化学研究室、海洋生物研究室、海洋高新技术研究中心和海洋工程勘察设计研究院下属的海洋工程环境室、海洋地球物理室、海洋工程地质室、海洋测绘室、导航定位室、规划设计室、数据处理中心组成。与山东省海洋工程研究院共建了山东海洋生化工程技术研究中心。中韩海洋科学共同研究中心挂靠在该所。目前，已与20多个国家和地区建立了科技合作与交流关系。

近年来，该所承担一系列国家重大科技专项、国家“973”项目、国家“863”项目、国家科技攻关项目、国家重大和重点基金项目、国防科工委重点项目、大型国际合作项目及年合同额3 000余万元的海洋工程勘探开发项目。成果令人瞩目，社会效益和经济效益良好。

【国家海洋局第二海洋研究所】 国家海洋局第二海洋研究所创建于1966年，是一所在国内外享有盛誉的综合性海洋研究、开发和工程勘察设计机构，主要从事中国近海及大洋、极地海洋环境与资源的调查、勘测、预报和应用研究，为维护海洋权益、海洋综合管理、海洋矿产资源开发、海洋工程建设、海洋灾害和海洋环境保护等提供科学依据和有效服务。

该所拥有国家有关部局颁发的大型海洋工程勘察专项证书、海洋环境质量评价甲级证书、海洋测绘甲级证书和国家计量认证合格单位证书。全所现有各类科技人员351名，其中中国科学院院士1名，中国工程院院士1名，研究员45名，高级工程师和副研究员134名，博士、博士后多名，近几年又形成一支从事海洋高新技术“863”的中青年队伍。该所是国务院学位委员会首批批准的硕士学位授权单位，现有物理海洋学、海洋地质学、海洋化学3个硕士学位授权点，有博士生导师3名，硕士生导师22名。设有海洋地质、地球物理、大洋矿产资源、物理海洋、海洋化学、海洋生物、海洋遥感技术与应用、海洋工程勘测设计、海洋动力数值模拟等12个专业机构，以及国家海洋局海洋科学开放实验室和国家海洋局海洋动力过程与卫星海洋学开放实验室。承担多项国家专项、国家科技攻关项目、“863”高科技项目、国家重大基础研究项目（973）、国家自然科学基金项目(包括重大基金项目)和部省级重点科技项目以及一大批海洋产业开发与技术服务项目，取得了丰硕成果，为南极、南大洋科学考察研究和使中国成为世界第五个大洋多金属结核资源开发先驱投资者做出了重大贡献。建所30年来，共获国家、省、部级科技进步奖143项，其中国家一、二等奖8项，省部级一等奖18项。

第二海洋研究所还是国家海洋局海洋科学调查研究对外合作的主要窗口之一，国际交流十分频繁，先后与美、德、法、日、澳、荷等20余个国家和地区进行合作调查研究，大大提高了科技人员综合研究开发能力和该所的国际知名度。

【国家海洋局第三海洋研究所】 国家海洋局第三海洋研究所现有在职职工400余人，其中正高级人员38人，副高级人员122人，在国外攻读学位者47人。

国家海洋局第三海洋研究所是社会公益服务型综合性海洋研究所，现设有海洋化学、海洋生物学、物理海洋学、地质与海洋工程、放射性与核技术应用、环境与资源评价、遥感与信息系统、情报资料等8个研究室和海洋工程勘察设计中心、海洋生物工程中心、海洋监测技术中心、电子技术开发应用中心、物探工程部等机构；拥有国家海洋局重点实验室——海洋生物工程实验室；持有国家环保局颁发的海洋环境质量评价甲级证书，建设部颁发的海洋工程勘察设计甲级证书和收费资格证书，国家技术监督局颁发的计量认证合格证书。该所还是国务院学位委员会第二批批准的硕士研究生授予单位。

该所近几年承担的科研任务有国家“八五”、“九五”攻关项目，“863”计划项目等。建所以来，共取得1 500余项科研成果，其中100项获国家、省部级自然科学奖、科技进步奖、科技成果奖；科技人员撰写出版专著、译著28部；编辑出版学术刊物《台湾海峡》50余期；此外还主持制定了《海水水质标准》、《海洋污染调查规范》等多项国家标准和技术规范；情报资料研究室馆藏中外书刊6.8万余册。

在为地方经济建设服务方面，近几年完成经济建设部门委托的横向任务400余项，合同额累计5 000余万元。在技术与产品开发方面，成功地研制了金膜测汞仪、抛弃式温深计、SLT1-3型声学多普勒海流计、SSA1-1型声学水位计、数字式网口流量计、家用净水器、液晶显示远传水表、电子防盗门控制系统等；成功地开发了“海洋宝”4个系列、壳聚糖、角鲨烯、助焊剂、稀释剂、电解液等产品；天然海洋鱼类生长激素产品正在进行中试。

【国家海洋局天津海水淡化与综合利用研究所】 国家海洋局天津海水淡化与综合利用研究所是以从事海水（苦咸水）淡化、水处理技术、海水直接利用技术和海水化学资源开发利用技术及防腐蚀技术研究和相关工程设计、施工为主的技术开发型研究所。

该所现有科技人员和技术工人460余人，其中高、中级科技人员168人。现设有水资源利用技术开发中心、膜分离技术开发中心、海洋化工技术开发中心、海洋防腐工程技术开发中心、技术监测中心和占地达1.24km^2的实验基地。

该所自1984年建立以来，主要开展了压汽式蒸馏技术与装置、低温多效海水淡化技术与装置、海水反渗透工程技术研究，纯水、超纯水制备技术研究，海水冷却技术研究，海水卤水提取硫酸钾技术研究，溴素及深加工技术研究，盐湖和地下卤水化学资源开发与综合利用技术研究，海水卤水提取镁系列产品研究以及海洋工程防腐技术研究等。迄今已取得了国家级科技进步二等奖、三等奖各1项，部级科技进步奖6项，获国家专利10项。“九五”期间，该所先后承担了国家“九五”重点攻关项目——“海水资源综合开发利用关键技术研究”，天津市“九五”重大科技攻关项目——“海水循环冷却工业应用试验研究”等。

该所具备国家甲级设计资质，通过英国劳氏质量体系认证，承担了一大批海水淡化、苦咸水淡化、软化水、纯净水、工业冷却水、游泳池给水与净化及海水化学资源综合利用、防腐涂料等重大工程项目的设计、咨询和施工。

【国家海洋局海洋技术研究所】 国家海洋局海洋技术研究所创建于1965年，现有职工600余名，科技人员占70%以上，其中研究员34名，高级工程师102名，具有硕士学位授予权。海洋、机械、电子、光学、声学、计算机和化学等各类专业人员配置齐全，有长期从事海洋技术研究的丰富经验。

该所作为中国从事海洋技术特别是海洋环境监测技术研究的专业机构，研究和开发了大量的海洋环境监测技术和仪器设备。近10余年来，取得了260余项科技成果，其中有120项填补了国内空白，34项达到国际先进水平，6项获国家级科技进步奖，27项获部委级成果奖，4项获国际博览会金奖。

国家海洋局海洋技术研究所已在海洋环境自动监测技术、航空遥感技术、水质和水底取样技术、水底探测和动静态定位技术、三防处理技术、海洋能源利用技术以及专业计算机技术等领域形成了自己的专业特色。该所研制的盐度计、海流计、水位计、气象仪、无沾污采样器及专用计算机软件和声光器件等20余种产品已达到或接近国际先进水平。该所还与美国、英国、法国、加拿大、日本、德国、韩国、芬兰、挪威等10余个国家开展了交流与合作。该所编辑出版的学术刊物《海洋技术》和《海洋开发技术进展》为海洋界同行提供了最新的海洋技术动态信息。

近年来，国家海洋局海洋技术研究所主动适应市场经济的发展，面向经济建设主战场，围绕企业提高生产管理能力、工艺技术水平和产品质量等方面进行开发研究，已开辟了表面涂装技术、遥测遥控技术、通讯技术、计算机网络和开发应用设计、卫星定位和工程测量、机电一体化自动控制等各类专用设备的制造，以及非标设计、制造等新的技术领域。

【国家海洋局杭州水处理技术开发中心】 国家海洋局杭州水处理技术开发中心组建于1984年，主要从事膜法水处理技术研究及其产业化工作，是国家液体分离膜工程技术研究中心，集科、工、贸于一体。中心现有职工180人，其中专业技术人员占75%以，有中国工程院院士1人，高级技术人员40人，中级技术人员40人，是目前中国膜法水处理领域技术力量最雄厚的单位之一。

“七五”以来，中心共完成重大科技计划项目60余项，其中获国家科技进步一、三等奖各1项，国家部委重大科技成果奖3项，部省级科技进步奖30余项，填补了中国膜法分离技术领域的多项空白，为中国膜分离技术跨入世界先进行列做出了较大贡献。

膜分离技术产业化是该中心重要任务之一，几年来，通过合资、控股等形式创立了3个企业，总投资6 000余万元，建立了电渗析、反渗透、超滤、微滤4条生产线，生产25个系列产品或单项产品，年销售能力达6 000余万元，并通过技术转让、合作经营等形式，建立定点配套企业20余个，新增年产值超亿元。产品广泛应用于海水、苦咸水淡化、纯水超纯水制备、食品饮料用水和医药卫生用水制备等，部分产品出口新加坡、马来西亚、巴基斯坦等国。

该中心是中国膜分离技术学术交流的活动中心，先后接待了近百名国外膜科学家和技术专家，参加或承办了20余次国际性膜学术交流会，举办了20余次全国性学术交流会或培训班，创办了全国性《水处理技术》期刊。

几年来，中心坚持科技体制改革，技术经济实力明显增强，实有资产近7 000万元，已成为中国膜分离技术研究和产业的重要基地。中心1994年被国家科委评为“实施国家火炬计划先进单位”，1995年获浙江省人民政府“重大科技贡献奖”，1996年被浙江省计经委等部门评为1995年度工业企业“最佳经济效益企业”。

【中国极地研究所】 中国极地研究所于1989年10月成立，隶属于国土资源部国家海洋局。主要任务是开展南、北极科学研究和考察，以及极地信息、档案的管理和服务。全所70名职工中，科技人员58名（其中高级职称17名，中级职称19名），设所办公室、党委办公室、计划科技处、条件保证处、开发处、极地冰川研究室、极地综合研究室（含高空大气物理、极地低温生态两个研究方向）、极地信息中心等8个部门。该所以极地冰川学、极地海冰区生态学、极地高空大气物理学为重点研究方向。设在该所的国家极地档案馆负责全国的极地档案工作。属国家一级学术刊物的《极地研究》中、英文版均由该所编辑出版。

中国极地研究所是中国从事极地科学研究的惟一专业研究所，隶属于国家海洋局。全所有17名高级科研人员，初步形成了以博士、硕士为主体的青年科学家队伍，70%以上人员经受过南极艰苦环境的锻炼。目前，已建成冰雪研究低温实验室、冰雪分析洁净实验室、高空大气物理实验室、低温生物等实验室，并正在为建设“国家极地重点实验室”而努力。

极地研究所以开展有突出极地特点的、对中国和世界有重大科学价值的学科研究为主要研究方向。目前承担的主要任务是与人类未来生存环境——全球变化密切相关的极地冰川、极地低温生态、极地高空物理、南大洋海洋学和极地信息科学研究工作；并协助主管部门制定极地考察研究的长远规划、年度计划，协调实施考察计划的完成，广泛进行国际学术交流和合作。

极地研究所确定了有限目标、重点突破、引进和培养高层次人才、通过国家支持和加强国际合作取得发展的战略，已圆满完成了在国家“八五”攻关项目中承担的冰川学、海冰生态学、高空大气物理学和南大洋海洋学等的研究任务。科研人员先后在国内外学术刊物上发表研究论文70余篇，其中在国际刊物上发表14篇，并在某些领域达到了国际先进水平。

中国极地研究所建立了极地图书馆和档案馆，出版了《南极研究》中、英文版学术刊物和有关极地数据报告，并正在进行“计算机网络系统”和“国家极地信息系统”的建设和开发工作，已成为中国的极地信息中心。

【国家海洋局海洋发展战略研究所】 国家海洋局海洋发展战略研究所成立于1987年，为国家海洋局直属事业单位。该所辖有海洋法律、海洋政策、海洋经济、情报资料研究室和办公室等5个室。编制总人数为30人，现有20人，其中研究员6人，副研究员6人，博士2人，硕士1人。客座研究员15人。该所自成立以来，参与海洋决策研究工作，拟定了中国海洋发展战略、方针、政策、法规。获得国家科技进步和自然科学奖3项；部委局一等奖2项，二等奖4项，三等奖3项。完成的主要科研工作包括：进行了《联合国海洋法公约》的研究和分析工作，完成了关于维护中国海洋权益形势分析和对策研究等课题和报告；完成了中国海洋与发展政策国家报告，并拟作为指导性文件在全国公布；完成了《中国海洋21世纪议程》的研究与编写工作，作为宏观政策指导在全国发布；完成了黄海海域、东海海域和维护南沙群岛主权与海域划界研究，获得了国家奖励；完成了北仑河口、鸭绿江口综合治理研究工作及图们江出海权研究，推动了图们江地区的国际投资与开发；完成了中国海洋技术政策研究，国家科委以《中国科学技术蓝皮书第9号》的形式正式公布；完成了中国国际海底开发政策研究，为中国开发国际海底资源作了政策上的准备；完成了海洋减灾对策研究和气候变化对沿海地区海平面影响及适应对策研究，为国家和沿海省市防灾、减灾起了指导作用；编写了全国科技兴海规划纲要，并以国家科委、国家计委和国家海洋局的名义下发沿海各省市，指导科技兴海工作；完成了《1972伦敦公约》、《伦敦公约1996年议定书》的研究工作以及《伦敦公约25年》一书的编撰，并建议中国政府批准该议定书。该所的主要出版物为：《海洋发展战略动态研究》。从战略所10余年实践和取得的成绩表明，国家海洋局海洋发展战略研究所已成为全国海洋软科学研究的主要单位和联络中心。在国内外海洋法律、海洋政策、海洋经济、海洋管理研究中，都享有较高声誉。

【国家海洋局极地考察办公室】 国家海洋局极地考察办公室（原名为国家南极考察委员会办公室）成立于1981年，是承担中国极地考察具体工作的职能部门。其基本任务是组织协调和管理中国极地考察、研究工作。

国家海洋局极地考察办公室下设秘书处、计划处、财务处、科技处、条件保障处、外事处。极地考察办公室还负责管理驻智利南极代表处、亚布力训练基地。80年代以来，中国先后在西南极乔治王岛建成常年科学考察站——长城站，在东南极的拉斯曼丘陵建立中山站，拥有了“雪龙”号极地考察破冰船，在上海浦东建立了中国极地研究所，在黑龙江省亚布力滑雪场开辟了极地考察训练基地，在智利设有南极代表处。至2000年，中国已经成功地组织了17次南极考察，进行了中国首次北极科学考察。

【国家海洋局学会办公室】 中国海洋学会成立于1979年9月，是全国海洋科技工作者的学术性群众团体，是中国海洋界高层次的科技社团。学会的宗旨是：坚持民主、科学、求实、创新的办会精神，团结广大的海洋科技工作者，为繁荣中国海洋科学，促进海洋科技与经济的结合，促进海洋新技术的应用和高新技术产业的发展，培养海洋科技人才，普及、宣传海洋科学知识做出贡献。

中国海洋学会设有海洋生物、化学、地质、物理、环境、调查、经济、工程、遥感、技术、海水淡化与水再利用、河口海岸、海岸带开发管理、风暴潮与海啸、潮汐与海平面、海气相互作用等专业学术机构和学术交流、科学普及、期刊管理、国际交流、青年工作、科技开发与咨询等工作委员会。学会发挥海洋学科齐全、人才荟萃、智力与网络组织优势开展学术交流、人员培训、科技普及、国际交流、咨询服务、科技开发等各项活动。学会会员遍及海洋科技、教育、产业及管理等部门的各个领域。

中国海洋学会主办的学术刊物有《海洋学报》（中、英文版）、《海洋工程》，科普期刊有《海洋世界》。

【中国大洋矿产资源研究开发协会】 中国大洋矿产资源研究开发协会(简称“中国大洋协会”)于1990年经国务院批准成立，并于1991年经联合国批准在东北太平洋克拉里昂—克林帕顿区获得了15万km^2的专属开辟区。中国大洋协会以国家海洋局、原地质矿产部、冶金工业部和中国有色金属工业总公司为业务依托部门，致力于国家长远发展项目海底资源的勘探开发。协会的宗旨是为中国开辟新的矿产资源，促进海底资源开发的高技术发展，并为人类开发利用国际海底资源做出贡献。

中国大洋协会的最高权力机构是协会理事会，目前，由来自国家有关部门及其下属单位的理事组成；协会执行机构是常务理事会，协会办公室是根据理事会和常务理事会的决定承办日常事务的机构。

【中国海洋报社】 《中国海洋报》由国家海洋局主办，于1989年9月27日创刊，邓小平同志题写报名。办报宗旨是增强民族海洋意识,促进涉海各业发展,荟萃沿海经济信息，展示环宇海事风云。

1989年为双周刊，1990～1992年为周一刊，1993年为周二刊，国内外公开发行。现有编辑11人,均系大专以上学历，大多为新闻或中文专业毕业。创刊以来，《中国海洋报》以生动活泼的形式、丰富多采的内容、及时实用的信息,以及《海洋开发面面观》、《沿海经济纵览》、《大海之子》、《经营之道》、《企业之星》、《市场广角》、《观察与思考》、《来自权威部门的信息》、《蔚蓝色》、《海洋大观》、《军事角》等各具特色的栏目，向读者传递海洋开发的动态，沿海经济腾飞的走势，企业扭亏增盈的经验，沿海与内地联手发展的热点和靠海致富、预防灾害的门道，不仅是政府职能部门指导工作的参谋，也是广大企业在市场经济大潮中搏击的助手和知音。报社创办时，只有10余人，设立3个部门。目前已发展到30余人，设立了办公室、新闻部、副刊部、发行出版部、经营管理部等5个部门。《中国海洋报》在沿海各地建立了23个记者站,现有记者40人，特约记者61人，报纸排版完全电脑化。

【海洋出版社】 海洋出版社成立于1978年6月2日，隶属于国家海洋局。是中央级出版社。

海洋出版社主要出版海洋科学理论、应用技术及知识性著作；与海洋相关的基础科学、通用技术、工具类图书；科学普及读物；海洋专业的大专院校和职工教育培训教材。同时也出版计算机类、医学保健类等大科技类图书。

20余年来，海洋出版社出版各类图书6 000余种，中外文期刊20余种。有130余种图书和期刊获得国家和省、部委等各种级别的奖励。海洋出版社是中国最早进入国际图书市场的出版社，在国际图书版权贸易方面做了许多开创性的工作。有非常丰富的国际版权贸易经验，与20余个国家和地区的30余家出版机构有着广泛的合作关系。

海洋出版社拥有一支高素质的编辑出版队伍。现有高中级编辑职称者60余人，下设第一、二、三、四图书编辑室，海洋学报编辑室、期刊编辑室、国际部、总编室、出版处、发行处、财务处和办公室等部门，可以出版各种介质的出版物。

【国家海洋局宁波海洋学校】 宁波海洋学校是国家海洋局直属的一所多学科的省部级重点中等专业技术学校，地处浙江省宁波市。该学校创建于1980年，主要任务是培养从事海洋科学考察、海洋管理、海洋环境保护监测、计算机和水处理技术等方面的中等技术专业人才。设有海洋水文气象、海洋环境监测与保护、计算机与通信、计算机及应用、水处理技术、船舶驾驶、轮机管理、文秘与办公自动化、经贸英语等专业，同时还担负着国家海洋局成人教育中心和宁波国际海员培训基地等职责和任务，以及海洋科技开发方面的研究服务工作。现已培养输送了各类专业技术人才千余名，函授、短训班学员近万名。

目前在校生约2 000人，各类函授生和短训班学员360名。现有教职工160人，其中高级职称34人，中级职称28人，双师型10人，享受国务院特殊津贴3人。曾先后聘请国内外海洋界的教授、学者、高级技术人员来校任教，并接待了美国、日本、比利时等国家的多批专家、学者来校讲学，与日本海洋技术专科学校建立了友好学校关系。学校占地面积7.8万m^2，建筑面积4.2万m^2。藏书近10万册。现有各类实验室和陈列室38个，并配有气相色谱、原子吸收、千米温盐深自测仪、计算机、GPS定位仪、水处理、电化和语音教学设备等，还有实验实习基地3个。

为了适应中国海洋事业发展的需要，学校根据国家海洋局的决定，在继续办好现有中等专业教育的基础上，自1997年开始，与宁波高等专科学校合作，开办了应用电子技术高职班。

农业部渔业局

【中国水产科学研究院】 中国水产科学研究院（以下简称水科院）是农业部领导下我国惟一的综合性水产科学研究机构。1978年经国务院批准在北京成立后，将原水产部、国家水产总局所属各研究所全部划入管理。经过20余年的改革和发展，目前全院下属9个研究所和4个增殖实验站。具体是：按海区分别在青岛、上海和广州设有黄海、东海和南海3个海区水产研究所；按流域分别在哈尔滨、荆州、广州和无锡设有黑龙江、长江、珠江水产研究所和淡水渔业研究中心4个流域水产研究所；按专业分别在上海、北京设有渔业机械仪器、渔业工程2个专业研究所；在北戴河、营口、长岛和下营设有渤海水产科学增殖实验基地的4个增殖实验站；在院部还设有渔业综合信息研究中心、远洋渔业研究中心、中国水产品质量认证中心和渔业环境保护研究室等非独立科研机构。全院有部、院级重点开放实验室12个，国家级、部级质量监督检验测试中心6个，国际水产培训中心２个。全院职工3 450余人，其中在职人员2 341人。在职科技人员1 376人，其中，高级技术职务的340余人，中国工程院院士2名，具有突出贡献的中青年专家32名，享受政府特殊津贴专家196名。

（中国水产科学研究院供稿）

【中国水产科学研究院黄海水产研究所】 系农业部所属综合性海区水产研究机构。始建于1947年1月。

现在编职工579人，在职387人中，有中国工程院院士2人，高级职称86人，中级102人。有3人被评为国家级有突出贡献专家，3人入选国家“千百万人才工程”，1人获“中华农业科教奖”，53人享受政府特殊津贴，9人被评为部级有突出贡献专家，3人获省级专业技术拔尖人才称号。现有博士生、硕士生导师22人，聘请14位国内外知名专家任客座研究员。

设1个部级重点开放实验室、3个研究中心及10个研究室、1个海水增养殖实验基地、1个开发总公司、4个挂靠机构；拥有世界先进水平的海洋科学调查船“北斗”号，万元以上仪器设备170台（套）；馆藏中外文图书8.4万册，中外文期刊3万余册；编辑出版学报级刊物《海洋水产研究》。

主要研究领域为海水增养殖、生物资源与环境可持续利用和渔业工程技术等。先后完成800余项科研课题，取得210余项科研成果。其中，获国家科技进步一等奖2项。承担国家重大研究项目有：国家专项1项；国家重点基础研究发展规划“973”项目2项；国家自然科学基金重大和重点项目2项；国家高科技研究发展计划“863”项目6项；国家“九五”科技攻关专题3项。

1995年被国家科委确认为“改革与发展重点研究所”；1996年被农业部评为“基础研究十强”所；1998年被中国水产科学研究院评为“文明单位”。

国际合作与交流日益发展。先后与136个国家、地区、国际组织及单位开展科技合作、技术交流、资料交换和人才培养等项合作。

建成“适应新经济体制的、现代化的国家级海洋渔业科技创新中心”为该所奋斗目标！

所长（法人代表）：唐启升（中国工程院院士）

名誉所长：赵法箴（中国工程院院士）

（黄海水产研究所供稿）

【中国水产科学研究院东海水产研究所】 东海水产研究所创建于1958年10月。隶属农业部，是面向东海的国家三大海区综合性渔业研究机构之一。

全所现有职工262名，包括各类专业技术人员137名。其中，高级研究人员37名，中级研究人员55名；有5人获得部级“突出贡献中青年专家”称号，29人享受政府特殊津贴。建所以来，公开发表论文、专著1 600余篇、部；自1978年起，先后获得国家有关科技成果奖励200余项次。其中国家级奖励13项，部(省)级奖励91项；1992年获“七五全国农业综合科研能力优秀单位”称号。经多年发展，已形成一支学科结构合理、业务素质较高、具有雄厚科研实力的渔业科研队伍。

研究所主要从事海洋和河口渔业及相关学科的应用基础、应用技术研究。近几年来，主要研究方向根据我国渔业持续发展的需要调整为以远洋渔业、渔业资源、环境、渔具材料、海水养殖和水产品精深加工为重点，开展渔业应用基础和高新技术应用开发研究。目前，全所设有渔业资源、渔业环境、海洋捕捞、海水养殖、水产品综合加工、渔业信息6个研究室和“水科院长江口渔业生态重点开放实验室”。此外，农业部以研究所的科研力量为依托，在所内设立了“农业部绳索网具产品质量监督检验测试中心”和“农业部东海区渔业资源动态监测站”、“农业部东海区渔业环境监测站”。

研究所占地面积25 000m²，在上海市郊还建有20hm²养殖水面的海水养殖试验场和设施完备的1 000m³水体的育苗场；所内配备有生物学、生物化学、食品化学、材料分析等大型仪器设备120余台（套）；图书馆馆藏各类中外专业书籍、期刊150余种10万余册；标本陈列室展藏有海淡水鱼类、头足类、甲壳类等各种标本1 700余种，所科研人员参加我国首次南极考察采集的企鹅、海豹、大磷虾等标本亦陈列于此。此外，所内还建有拖、围、张、拦、钓、流刺网及各种渔船模型的渔具模型陈列室和我国惟一一座具有国际先进水平的大型拖网试验水池。

研究所出版有国内外公开发行的《海洋渔业》、《现代渔业信息》和内部发行的《远洋渔业》等期刊，并与世界上20余个渔业国家及欧共体、联合国FAO等国际组织的学术机构、专家、学者建立了广泛的联系。 （东海水产研究所供稿）

【中国水产科学研究院南海水产研究所】 南海水产研究所创建于1953年，是一所国家级的面向南海区，为渔业生产持续发展和资源持续利用提供现代科学技术的综合性科研机构。具有一支专业素质和研究水平较高的优秀科技队伍，拥有专业科技人员198名，其中高级科技人员46名，中级72名，获国家和省、部级“有突出贡献的中青年专家”称号的有7人，能承担国内外重大科研项目和开发项目。

南海水产研究所建所以来，获得了170余项科技成果，其中获国家级成果奖9项，省部级奖励52项，其他奖项多项。1991年以来，全所承担科研课题共98项，取得科研成果共67项，获奖比率为70%。1992年以来，该所共接受社会委托的开发研究项目近50余项，取得了巨大的社会效益和经济效益，受到国内外水产界的高度评价和嘉奖。

目前，该所为进一步适应科技创新和科技成果产业化的需要，调整了该所现有学科结构和研究方向，重点发展4个研究领域，即热带亚热带海洋生物资源与生物多样性、海洋渔业生态环境与污染监控技术、海水养殖种质资源与增养殖技术、海洋生物功能性食品与海洋药物；3个开发中心，即热带亚热带水产增养殖种苗与养殖技术中心、科技咨询服务中心、饲料与健康养殖产品开发中心。（南海水产研究所供稿）

海洋交通业涉海机构

【主要涉海机构】 海洋交通运输业主要涉海机构有：交通部天津水运工程科学研究所、交通部水运科学研究所、交通部上海船舶运输科学研究所、交通部规划研究院、中交水运规划设计院、大连海事大学；上海港务局、大连港务局、营口港务局、秦皇岛港务局、天津港务局、青岛港务局、烟台港务局、连云港港务局、宁波港务局、厦门港务局、广州港务局、深圳港务局、珠海港务局、防城港务局；交通部海上救助打捞局、上海海上救助打捞局、烟台海上救助打捞局、广州海上救助打捞局；中国港湾建设（集团）总公司、中国远洋运输（集团）总公司、中国海运（集团）总公司。

【中华人民共和国海事局】 中华人民共和国海事局是国家执法监督部门，负责依法维护国家海洋管理权益，行使国家水上安全监督和防止船舶污染、船舶及海上设施检验、航海保障、海上航标、海道测量、海上安全通信的管理和行政执法职能。中华人民共和国海事局在全国沿海主要港口和长江、珠江、黑龙江等水系设置有20个直属海事局、97个分支机构，实行垂直管理体制。各级海事机构通过发扬“开拓进取、务实高效、团结奉献、廉洁公证”的精神，加强执法队伍建设，为中国经济建设和海事事业的发展做出贡献。 （洪晓枫）

【交通部天津水运工程科学研究所】 交通部天津水运工程科学研究所是国家级重点科研院所，是交通部组建的“水运工程科学研究中心”核心成员单位，在科研院所转制改革中，被国家科技部批准保留事业单位性质。其前身是天津港回淤研究站（1957年）、西南水利水运科学研究所（1965年）于1974年5月合并而成。现有职工375人，其中有博士6人，硕士16人，专业技术、管理人员262人，具有科研、生产高级职称92人，占科研、生产人员的38.9%。本所占地17.5万m²，建筑面积达8.6万m²。拥有各种大型试验厅14座，实验室数十座。试验厅（室）内配备有各种试验用大、中型现代化仪器设备，如环型水槽、大型不规则波造波机等国内先进设备。建立了局域网并与交通部信息网、中国科技信息研究所万方信息网络中心、国际互联网等进行了联网，具有广泛获取信息的能力。1999年2月通过英国劳氏质量认证公司ISO9001质量体系认证。

该所具有工程咨询甲级资质，设有港口航道泥沙、波浪及水工建筑物、港工结构、环境评价与治理研究等交通部重点研究专业。利用原体观测、物理模型、数学模型、卫星遥感、电子遥控自航船模、动态仿真技术等手段，承担国内、外海岸河口、内河航道、环境保护、港工结构、通航水利学、水利枢纽、海上建筑物等方面的科研、技术服务、技术咨询等工作。具有全国勘测甲级证书、环境影响评价甲级证书、设计乙级证书单位，具有设计、施工总承包资质，承揽水运、建筑、环保工程勘测设计任务。

自建所以来，该所先后承担了国家和交通部系统数百项重点建设项目和攻关项目的研究，为工程的科学决策、方案优选做出了重要贡献，如三峡工程、葛洲坝工程中航运和泥沙关键技术的研究，长江、黄河、珠江、黑龙江的开发和全国各主要港口的新建、扩建工程。仅“七五”、“八五”期间就获得了科研成果930项，其中获国家、省部级各种奖56项，同时在海洋研究、开发方面取得了重要成果，如洋山港区潮流泥沙模拟试验研究、连云港核电站排水工程泥沙物理模型试验、天津港深水航道工程环境影响评价等项目。现承担国家“九五”重点攻关项目——深水枢纽港建设关键技术及示范工程研究，交通部水运司下达的《海港总平面设计规范》修订等科研任务。

（天津水科所供稿）

【上海海洋水下工程科学研究院】 上海海洋水下工程科学研究院（简称海科院）创建于1978年，原名为交通部海上救捞科学研究院、交通部石油部海洋水下工程科学研究院。现有职工170人。科技人员114人，其中高级科技人员38人，享受国务院津贴的专家10人。

海科院是面向国内外专门从事海洋水下工程综合性研究和开发的机构。主要从事海洋和内河水下工程技术研究、潜水技术研究，以及水下应用设备的设计开发。下设水下工程研究所、水下测控技术研究所、劳动卫生研究所、高压舱实验研究室、水下环境条件模拟实验室、水下工程技术综合实验室、科技情报研究室、深水作业部以及交通部潜水设备产品质量监督检验测试中心、海科工程监理所、通海水下技术工程公司、海泉科技公司、实验工厂和海工医院等研究开发机构。

建院以来海科院形成了丰富的科学技术储备，具有先进的大深度饱和潜水技术，无人遥控潜水器（ROV）研制技术，水下电视、声呐系统的研制技术， 水下设备的试验检验技术，ROV水下服务承包资格和服务技术，海洋、内河、水库等水下工程检测、工艺设计和施工技术以及交通安全和劳动保护技术等。这些技术面向社会，已应用于厦门至鼓浪屿过海输水管道、中日海底光缆上海水下段和中韩海底光缆青岛水下段等敷设工程，新安江、刘家峡、三门峡和丹江口等水库的坝基检测，深圳市蛇口赤湾港防波堤、北仑港码头钢桩等水下检测，上海港、宁波港、宝钢和海南岛码头水下结构检测、铜陵长江大桥水下施工、上海苏州河闸桥水下结构检测以及长江沉船测寻、南海油田水下150m检测等多项水下测控和水工监理项目中，取得了较好的经济效益和社会效益。

海科院具有先进的专业科学实验设施和设备。其中3MPa潜水实验高压舱群和1987年建成的水下环境条件模拟实验室处于国内领先地位，可模拟大深度水下压力等多种水下环境条件，为水下高科技研究实验提供了良好的实验条件。该院水下技术综合实验室1999年被认定为交通部重点实验室。

海科院重视国际交流合作，与美国等国家进行过多次联合实验研究。其中主要有1991年和1995年两次中美联合氮氧饱和一巡回潜水科学实验。海科院的发展目标是赶超国际先进水平，建成先进的水下技术研究、应用和咨询服务中心。

近3年来全院科研生产总值不断增长，在1997年比1996年增长8.7%的基础上，1998年比1997年增长13%，1999年又比1998年增长20.8%。

1998和1999年间，该院有公路客车内空气质量标准和安全措施研究、2010年我国交通水下工程技术发展战略与对策研究、HKM-1型气动马达研制、加压舱消防安全技术条件、减压病加压治疗技术要求、潜水员水下用电安全操作规程、氮氧（或空气）饱和一空气巡回潜水减压程序国家标准、富氧装置对人体生理功能的影响及高原地区应用等10余项研究成果通过部级鉴定。

为了更好地进入市场，1999年新组建了深水作业部，并从美国引进了国际先进水平的水下无人遥控潜器Max Rover-MKI ROV 系统，已投入海洋石油平台服务。

海科院各研究所、室和公司面向生产走向市场，1988年完成了三门峡水库清杂、北太平洋钓鱿、汕头水下地貌勘察等多项水下测控项目和南京二桥水下作业、海口海洋放流管工程、奉贤水厂取水头工程、上海合流污水一期工程1号排放管扩散段检测、秦山核电站水下沟槽检测等多项水下工程项目。此外，还完成了上海豫园灯光工程、通用汽车电子设备安装工程、黄浦中心医院集中供氧负压吸气和应急呼吸工程等项目。1999年完成了胜利油田埕北海区事故井水下处理一、二期工程、丹江口大坝高程裂缝处理水下录像与监测、水利枢纽金属结构表面水下防护涂层试验、广东南水电厂大坝水下检查、三门峡电厂尾水门槽水下清理工程等多项水下工程项目。此外，还完成了复合气瓶水压测试系统研制、苏州观前地区外景灯

光集控系统、大华医院集中供氧和负压吸引系统等工程项目，均获得用户好评。 （马洪年）

【交通部批准成立海科工程监理所】 为充分发挥上海海洋水下工程科学研究院长期从事潜水和水下工程技术研究的特长，更好地为经济建设服务，1988年底经交通部批准，在该院成立了海科工程监理所。该所是获得交通基本建设工程监理资质的第一个全国范围水下工程（包括潜水施工项目、水下混凝土、水下钢结构等）项目的监理单位。一年多来监理所承接了大连市旅顺城区污染综合治理排海工程监理、安庆石化总厂源水泵房取水口外移改造工程监理、大连龙河防潮堤工程监理、苏州河闸桥改建工程监理等多项水下工程监理项目，取得了较好的经济和社会效益。

（洪晓枫）

【中交第一航务工程勘察设计院】 中交第一航务工程勘察设计院（原交通部第一航务工程勘察设计院）始建于1958年，主要从事水运工程的勘察设计工作，持有国家有关部门颁发的水运工程勘察、设计、咨询、建筑工程设计、智能建筑工程设计、海域使用可行性论证、工程总承包和工程测量等甲级资格证书，另有5项跨行业乙级资格证书。1992年至今每年均被列为全国勘察设计行业综合实力百强单位，1999年被列为第49位。1995年被建设部评为全国工程设计计算机应用先进集体，1996年由英国劳埃德公司认证通过ISO9001质量体系，并于1999年通过了换证评审。

全院近千名职工中，工程技术人员占70%，近400人具有高级职称。其中中国工程院院士1人，设计大师2人，勘察大师1人，国家有突出贡献的中青年专家4人，享受政府特贴专家28人，天津市授衔专家6人。1995年开始实施的“121人才培养工程”，进一步加速了人才队伍的培养进程，一批年轻的技术人才正在茁壮成长。

该院完成的3 300余项勘察、设计、监理、施工等工程，遍布中华各地，并远涉地中海的马耳他，非洲的毛里塔尼亚、乌干达，南美洲的委内瑞拉和东南亚的柬埔寨、泰国、缅甸、马来西亚。其中首次采用新技术70余项，荣获部市级以上奖励的有64项，包括全国优秀设计金奖6项，国际技术银像奖1项，联合国发明创新科技之星奖2项，改革开放以来全国十大水运工程3项。受交通部委托编写了《海港工程设计手册》等港口工程设计规范和标准50项，其中主编31项，参编19项。

改革开放以来，该院主动适应社会主义市场经济，调整经营战略，立足北方，开拓南方，走向世界，以勘察设计为主业，不断向两头拓展延伸，开拓了建筑设计、路桥设计和基础施工、工程咨询、工程监理、工程总承包和岩土工程以及工程桩测试、机电工程、计算机开发与应用等新的经营领域，并在祖国的南方和东南亚、非洲等地区开辟了新的市场。

为了企业的生存和发展，该院一贯坚持“科技兴院，质量立院，科学管院，信誉荣院”的办院方针，狠抓技术进步、质量管理、企业改革和人才培养工作，取得了可喜进步，获得天津市“文明单位”和“尊重知识尊重人才”先进单位等多种称号。

（马成通）

中国科学院涉海机构

【中国科学院海洋研究所】 中国科学院海洋研究所位于黄海之滨的青岛，它成立于1950年8月1日，是中国目前规模最大、学科最全的综合性海洋科学研究机构之一。

目前，全所在职职工600余人，其中科技人员400余人，高级研究人员近200人；有中国科学院院士3人，中国工程院院士1人，第三世界科学院院士1人；博士生导师近60人，是国务院学位委员会批准的海洋科学一级学科博士学位授予单位，设有4个博士点和8个硕士点，也是国内海洋科学博士后流动站和中国科学院博士生重点培养基地。

建所50年以来，主要在海洋生物分类区系、海洋生态学、实验海洋生物学、海洋水产养殖生物学、海洋生物技术、海洋环流与海气相互作用、潮汐、海浪、风暴潮、海洋沉积、海洋地球化学、海底岩石圈结构、化学海洋学、海藻化学和海洋资源化学、海洋工程环境、赤潮与海洋环境保护、海洋腐蚀及防护、海洋观测及传感技术等方面的研究中，做出了许多开创性和奠基性的工作，取得了500余项科研成果；其中获得国家二等奖以上和中国科学院、省、部（委）一等奖以上的成果60余项。

该所还拥有中外文藏书近16万册，期刊4 600余种，现期期刊近千种的图书馆，所内主办的学术刊物有《海洋与湖沼》、《海洋科学集刊》、《海洋科学》、"Chinese Journal of Oceannology and Limnology"，其中《海洋与湖沼》成为国内海洋科技刊物中最有影响的期刊。该所还拥有目前中国收藏种类最多、规模最大的海洋生物标本馆，收藏海洋生物标本67万余号。另外，还有建筑面积为4 230m^2，内设不同容量的海水实验水槽，可用来进行海洋生物活体培养的生物培育楼，其中，“人工海洋”总容积为300m^3，可直接观察到在模拟自然生态条件下海洋动物的行为。还有大型仪器设备数百台（套）和“科学一”号、“金星二”号等海洋科学调查船。其中“科学一”号是一艘排水量3 300 t、续航力8 000 n mile的远洋综合科学考察船。参加过TOGA-COARE等多次大型国际合作考察。

现任所长是相建海研究员，党委书记是孙松研究员。（练树民）

【中国科学院南海海洋研究所】 中国科学院南海海洋研究所成立于1959年1月，所址在广州，是目前我国规模最大的综合性海洋研究机构之一。现有职工525人，其中科研人员389人，含研究员35人，副研究员和高级工程师114人。有海洋生物学博士学位授予点1个，物理海洋学、海洋地质学、海洋生物学、海洋化学、环境科学硕士授予点共5个，已形成了一支具有热带海洋学科特色的、有创新能力的高素质科技人才队伍。设有物理海洋研究室、应用海洋生物研究室、海洋环境生态研究室、海洋构造地球物理研究室、海洋地质环境研究室；4个临海海洋生物实验站——大亚湾海洋综合生物实验站、海南热带海洋生物实验站、湛江海洋经济动物实验室、汕头海洋植物实验站；3个开放实验室（站）——中国科学院大亚湾海洋综合生物实验站、热带海洋环境动力学开放实验室、边缘海地质与古环境开放实验室。是全国海洋科研机构首先获得ISO9002质量体系认证的科研单位。该所以热带海洋环境、资源和海洋开发中的重大科学技术问题为主要方向，着重开展热带海洋环境动力过程及其生态、资源与气候效应、边缘海地质与古环境演变、海洋生物技术应用与生物资源持续利用的研究。建所以来，先后在南海及其邻近大洋开展了包括海洋地质、地球物理、水文、气象、生物、化学、物理等基础学科的综合调查研究，取得了大量有价值的数据、资料和成果，为热带海洋科学的发展和南海的资源开发做出了巨大的贡献。同时紧密结合国民经济建设的需要，积极开展海洋工程、海洋环境、海洋生物病害防治、海洋药物等应用研究。共取得科研成果469项，获国家、中国科学院、部委和省市级成果奖200项。成为国内外积累南海和相邻热带海域科学资料和研究成果最为系统全面的单位之一，为海洋科学发展和南海的资源开发作出了重要贡献。“九五”期间，主持国家、部、省级重大和重点科研项目70余项，包括国家重大科技专项、科技攻关、“863”计划海洋领域课题、国家重点基础研究、自然科学基金重点课题、中国科学院重大和重点项目、广东省和农业部重点项目等。

面临21世纪知识经济时代的挑战，该所根据我国实施“科技兴海”和可持续发展战略的需要，按照中国科学院“创新工程”的要求，确定该所今后5～15年内的奋斗目标是：建成能承担国际海洋领域的战略性综合性重大科技任务，在国际海洋科学研究前沿占一席之地，有鲜明学科特色的国家热带海洋科学研究基地、科研成果转化基地和高层次海洋科技人才培养基地。（陈绍勇）

【中国科学院声学研究所】 中国科学院声学研究所成立于1964年，主要从事声学和信号信息处理研究，特色研究领域包括水声物理与水声探测技术，音频声学与噪声控制技术，超声学与超声技术，语言声学与语音信号处理技术，以及数字音视频和数字系统集成技术。

声学研究所现在有4个高技术研究部、1个国家重点实验室（基础研究部）、1个应用工程部、1个工程研究中心和分布在海南、上海和青岛的3个研究站。全所人员552人，其中研究员55人（含中国科学院院士5人，博士研究生导师22人），副研究员110人。

声学所是声学专业和信号与信息处理专业的博士、硕士学位授予点和博士后流动站。目前在学研究生总数达到142人，其中硕士生81人、博士生61人，在站博士后20余人。

多年来，声学所承担了国家各方面的大量基础性、战略性和前瞻性的创新性研究项目，如国家攀登、国家攻关、“863”、“973”、国防预研与重大型号、院重大、重点以及国家自然科学基金等。1979年以来共取得400余项科研成果。获国家级奖30个项，部、院、省级奖160余项。“九五”期间声学所承担重大、重点项目近200项，总经费约达1.8亿元，而2000年全所经费收入将超过一亿元。

近年来，声学所研究发展的浅海声学理论、新概念声呐技术、概念网络层次理论、语音处理技术、非线性驻波场理论、有源噪声与振动控制技术、微穿孔板理论、压电体声电耦合理论、多界面无损检测技术、数字信号处理、超大规模集成电路设计、数字多媒体与网络通信技术等，不仅在国内外声学研究领域均享有盛誉，而且在国家经济建设、国防安全和社会进步等方面发挥了重要作用。

声学所实验手段齐全，主要设施包括音频声学实验室、高声强实验室、超声电子学实验室、水声测量实验室、超声检测实验室、语音声学实验室、水声实验船等以及相关的仪器设备。仅1999年和2000年，声学所在基础设施和仪器设备条件方面的投资就超过5 000万元。

声学所在国内声学界充分发挥了国家队的作用，挂靠有中国声学学会、全国声学标准化技术委员会、中国科学院声学计量站、中国环境科学学会环境物理委员会等学术机构或组织。编辑出版《声学学报》中英文版、《应用声学》、《微型计算机应用》、《声学技术》、《中国医学影像技术》等多份专业学术杂志。（声学研究所）

中国气象局

【中国气象局涉海机构】

总体规划研究设计室

中国气象出版社

中国气象报社

中国气象学会

中国华云技术开发公司

国家气象中心

国家卫星气象中心

国家气候中心

中国气象科学研究院

中国气象行政管理局

海洋油气业涉海机构

中国从事海洋石油天然气勘探、开发、加工与利用的机构主要有中国海洋石油总公司、中国石油化工集团公司和中国石油天然气集团公司。

【中国海洋石油总公司（CNOOC）】 中国海洋石油总公司是经国务院批准于1982年2月15日成立的国家石油公司。国务院颁布的《中华人民共和国对外合作廾米海洋石油资源条例》，授权中国海洋石油总公司全面负责中华人民共和国对外合作开采海洋石油、天然气资源业务。

中国海洋石油总公司注册资本为200亿元，在职职工近2.1万人，总部设在北京，控股一家在香港注册的独立油气勘探生产公司——中国海洋石油有限公司，下属1家研究中心、8家专业技术服务公司和5家基地公司，海外有休斯敦、雅加达、东京、新加坡4个代表处。

中国海洋石油有限公司：中海石油（中国）有限公司（下属4家分公司，即上海分公司、天津分公司、深圳分公司和湛江分公司）、中国海洋石油国际有限公司、中国海洋石油（新加坡）国际有限公司。

直属单位：中国海洋石油渤海公司、中国海洋石油南海西部公司、中国海洋石油南海东部公司、中海华东能源有限公司、中海实业公司、海洋石油工程股份有限公司、中海石油地球物理勘探公司、中海石油技术服务公司、中国海洋石油测井公司、中海石油北方钻井公司、中海石油南方钻井公司、中海石油北方船舶公司、中海石油南方船舶公司、中海石油研究中心、中国海洋石油报社、中海油气开发利用公司、中海信托投资有限责任公司、海洋石油化学公司筹建处新加坡代表处、休斯顿代表处、东京代表处、雅加达代表处。（中国海洋石油总公司供稿）

【中国石油化工集团公司涉海机构】 主要涉海机构有：胜利油田海洋石油开发公司、胜利油田海洋石油钻井公司、胜利油田海洋石油船舶公司、新星石油公司上海海洋石油局。（罗大清）

中国船舶业涉海机构

【中国船舶工业集团公司主要成员单位】 1. **工业企业**（30个）：中华造船厂、江南造船（集团）有限公司、沪东造船集团、求新造船厂、上海船厂、东海船舶修造厂、澄西船舶修造厂、南京绿洲机器厂、海鹰企业集团有限责任公司、正茂集团有限责任公司、广州广船国际股份有限公司、广州黄埔造船厂、广州文冲船厂、西江造船厂、广西桂江造船厂、华南船舶机械厂、上海航海仪器总厂、上海环球集装箱厂、中国船舶电站设备公司、芜湖造船厂、安庆船舶电站设备公司、芜湖造船厂、安庆船舶柴油机厂、江西航海仪器厂、九江船用机械厂、江西船用阀门厂、江西朝阳机械厂、江西江州造船厂、江西江新造船厂。

2. **科研设计单位**（9个）：船舶系统工程部、中国船舶及海洋工程设计研究院、中国船舶工业综合技术经济研究院、上海船舶研究设计院、广州船舶及海洋工程设计研究院、中国船舶工业船舶工艺研究所、中国船舶工业第九设计研究院、中国勘察设计研究院、九江精密测试技术研究所。

3. **其他企事业单位**（2个）：广州造船厂（广船国际非上市部分）、北京船舶工业管理干部学院。

4. **地区派出机构**（3个）：上海船舶工业公司、广州船舶工业公司、九江船舶工业公司。

5. **持股企业**（14个）：中国船舶工业贸易公司、中国船舶工业物资总公司、香港华联船舶有限公司、国际联合船舶投资有限公司、中船财务有限责任公司、中国国际海洋石油工程公司、深圳船舶工业贸易公司、上海瑞苑房地产发展有限公司、上海新兴建设工程总承包公司、福建华通国际招商股份有限公司上海远东船务工程公司、九环环保集团、华海船用货物通道设备公司、上海方舟发展有限公司。

【中国船舶重工集团公司主要成员单位】 1. **工业企业**（48个）：大连造船厂、大连造船新厂、大连船用柴油机厂、大连船用阀门厂、大连船用推进器厂、辽宁渤海造船厂、武昌造船厂、湖北华舟有限责任公司、宜昌船舶柴油机厂、武汉船用机械厂、西安东风仪表厂、山西平阳机械厂、江淮机械厂、汾西机器厂、辽海机械厂、北京长城无线电厂、陕西柴油机厂、青岛北海船厂、山海关船厂、秦皇岛船用机械厂、风帆集团有限责任公司、淄博蓄电池厂、昆明船舶设备集团公司、天津造船公司、汉光机械厂、武汉重型铸锻厂、武汉造船专用设备厂、中南光学仪器厂、江峡船舶柴油机厂、江新机械厂、河南柴油机集团有限责任公司、重庆造船厂、川东造船厂、重庆长江柴油机厂、重庆液压件厂、重庆红江机械厂、重庆跃进机械厂、江津增压器厂、重庆齿轮箱有限责任公司、红阳机械厂、华渝电气仪表总厂、重庆江陵仪器厂、重庆长平机械厂、重庆重型铸锻厂、重庆衡山机械厂、重庆清平机械厂、前卫仪表厂、重庆长江涂装机械厂。

2. **科研设计单位**（28个）：中国舰船研究院、武汉船舶设计研究所、中国船舶科学研究中心、哈尔滨船舶锅炉涡轮机研究所、上海船舶设备研究所、西安精密机械研究所、天津航海仪器研究所、武汉数字工程研究所、宜昌测试技术研究所、上海船用柴油机研究所、武汉船用电力推进装置研究所、郑州机电工程研究所、中国舰船研究院科技情报研究所、杭州应用声学研究所、江苏自动化研究所、华中光电技术研究所、邯郸净化设备研究所、武汉第二船舶设计研究所、武汉船舶通讯研究所、扬州船用电子仪器研究所、南京船舶雷达研究所、洛阳船舶材料研究所、上海船舶电子设备研究所、大连测控技术研究所、昆明船舶设备研究试验中心、热加工工艺研究所、天津修船技术研究所、中船建筑工程设计研究院。

3. **其他事业单位**（1个）：技术档案馆。

4. **地区派出机构**（5个）：大连船舶工业公司（集团）、西安船舶设备工业公司、武汉船舶工业公司、重庆船舶工业公司、天津船舶工业公司。

5. **持股企业**（15个）：中国船舶工业贸易公司、中国船舶工业物资总公司、香港华联船舶有限公司、国际联合船舶投资有限公司、中船财务有限责任公司、中国国际海洋石油工程公司、深圳船舶工业贸易公司、上海瑞苑房地产发展有限公司、上海东舟实业公司、深圳远舟科技实业有限公司、海南和平实业股份有限公司、远东（海南）联合航运公司、海南京润公司、南海雷蒙华昌工程有限公司、中船重工集团成套设备公司。　（朱汝敬　杨日旺　高建光）

地方海洋管理机构

【沿海省、市、自治区海洋管理机构】

海南省海洋与渔业厅
广西海洋局
广东省海洋与渔业局
福建省海洋局
厦门市人民政府海洋管理办公室
浙江省海洋与渔业局
宁波市海洋与水产局
上海市海洋局
江苏省海洋与渔业局
山东省海洋与渔业厅
青岛市海洋与水产局
河北省海洋局
天津市海洋局
辽宁省海洋与渔业厅
大连市海洋局
吉林省海洋管理办公室

其　他

【中国地质调查局】 其下属涉海单位有广州海洋地质调查局和青岛海洋地质研究所。

青岛海洋地质研究所　青岛海洋地质研究所是一所隶属于国土资源部、中国地质调查局的部属海洋地质专业研究机构，1964年始建于历史名城南京。1979年重建于现代海洋科学城——青岛。

概况：该所现有在职职工203人。其中科技人员147人，具有高级职称（研究员、副研究员）71名，中初级职称人员75名。建有相关海洋地质学科研究室8个，部属开放研究实验室1个，海洋工程地质勘察院1个，以及宝玉石质检站等部门。

实验测试和信息资料工作在相同业务行业中也具有较高的声誉。该所实验测试中心不仅拥有一批大型分析测试仪器，而且具有较强的技术队伍。1992年通过了国家技术监督局（CMA）计量认证，1997年又通过了复审。该所主办的两份学术类刊物《海洋地质与第四纪地质》、《海洋地质动态》，前者连续九年被评为省部级优秀期刊，在1999年期刊引证报告对国内1286种期刊总引用率排名中位于第186位。后者也多次获得省部级奖励。成为国内外海洋地质科技成果和信息交流的园地与纽带。

发展方向：以区域海洋地质调查研究为基础，以海洋矿产地质和海洋环境地质调查研究为重点，以中国领海和管辖海域为工作区，以高新技术为依托，为国家和社会公众服务的调查研究一体化的事业单位。

近期成果："九五"以来承担国家、部、省级以及COPP等国际合作项目共100多项。其中61项获得了国家省部级和CCOP国际地学组织的奖励。目前正在进行的项目有：国家有关专项项目，国家"863"项目，国家地质大调查项目，国家及省自然科学基金项目。海洋地质工程勘察院已通过ISO9002质量体系认证，承担了大量的地方有关部门（如青岛跨海大桥基础勘探项目）的科研和调查项目，在国家基础调查研究和地方经济建设中做出自己应有的贡献。该所目前已同18个国家和地区的44所大学和研究单位建立了学术交流及合作研究关系，大大开拓和发展了国际间科技交流与合作。

该所的业务建设目标是：在不太长的时间里，把海洋地质研究所建成学科设置和人员结构合理，装备精良，业务技术水平较高，可持续发展能力较强，在国内外有较高知名度和竞争能力的专业海洋地质调查研究机构。成为全国性的海洋地质研究中心、海洋地质实验测试中心和海洋地质信息资料中心。

（青岛海洋地质研究所供稿）

【中盐制盐工程技术研究院】 中盐制盐工程技术研究院直属于中国盐业总公司，成立于1955年，目前已发展成为一个科技型企业。下设盐化工程研究中心、盐田生物技术中心、全国海湖盐质量监督检测中心、全国海湖盐业信息中心、年产3万t 原盐场、5万t 精制粉洗加碘盐生产厂；是全国制盐、盐化工、制盐机械和设备、盐田生物的技术开发中心。从事全国海湖盐研究开发与工程设计，同时承担制定和修改国家行业标准、为行业提供信息服务等任务。

建院以来，已完成了国家科技重点攻关项目、部级项目、国际合作项目和工程项目近400余项，有力地促进了盐业企业的科技进步与技术改造，对我国制盐行业的发展和生产起了重要的指导和推动作用。该院还致力于盐田生物技术方面的开发研究工作。盐藻的养殖和提取、天然胡萝卜素和藻粉系列功能保健产品的研究、水产育苗鲜活饵料卤虫和卤虫卵、轮虫及轮虫休眠卵的开发研究，均处于国内领先水平。在多年的研究过程中，该院与许多国家和机构在盐化工和盐田生物方面建立了良好的合作关系。尤其是在精制粉洗加碘盐方面，为国内外多家工厂提供了全套生产设备的设计、加工和安装服务，并实现了成套设备出口。

（中盐制盐工程技术研究院供稿）

【山东省海水养殖研究所】 山东省海水养殖研究所创建于1950年，是山东省海洋与渔业厅所属事业单位，主要从事海洋经济动植物的苗种培育、增养殖技术、病害防治、新品种培育及海洋动物配合饲料研制等应用和开发技术的研究。现有在职职工149人，其中科技人员82人，具有高级职称人员28人。所内机构设置分：①职能部门：办公室、科研科、人事科、财务科；②研究开发部门：山东省水产养殖病害防治中心，山东省海水养殖病害防治研究重点实验室，山东省引进国外海洋水产良种与技术推广示范园，藻类良种选育室及种质资源库，鱼类、虾类、贝类饲料技术开发研究室及海水养殖苗种繁育基地和资料信息中心。

建所以来，共进行了近百项重大课题研究，获重大科技成果奖50余项。其中国家发明奖和科技进步奖5项，省部级奖31项，荣获国家发明奖的"海带筏式全人工养殖技术"、"海带自然光育苗技术"、"石花菜营养枝筏式多茬养殖法"，为全国海藻养殖事业的创立和发展做出了巨大贡献，奠定了全国海水养殖事业发展的基础。获得国家科技进步奖的"对虾工厂化人工育苗技术"及获省科技进步奖的"对虾大面积高产养殖技术"、"对虾放流增殖技术"等科技成果为推动全国对虾养殖生产做出重大贡献。同时，"扇贝育苗及增养殖技术"、"海参鲍鱼人工育苗及增养殖技术"、"虾全人工配合饲料研究"、"蛤人工育苗新技术 研究"一大批重大科研成果的推广应用，有力地推动了全省乃至全国海水养殖事业的发展。近年来，该所承担的"本真海带、长叶海带引种繁育"项目获得圆满成功，目前已进入产业化阶段。这不仅为全国海藻养殖业增添了新品种，为海藻遗传育种提供了新的种质资源，同时，也为改善海洋环境促进生态平衡起到了重要作用。

为加强海洋生物养殖病害防治工作，1998年12月，在国家和山东省的大力支持下，作为省内惟一的山东省海洋生物病害防治重点实验室"水产养殖病害防治中心"在该所建立。实验室拥有一大批高级专业技术人才及先进的仪器设备。标志着该所综合科研能力和技术手段的提高，同时也为全省海水养殖病害防治工作奠定了基础。

在改革开放的时代大潮中，该所把多年积累的一大批科研成果迅速转化为生产力，广泛进行技术推广和技术服务，先后兴办了多个技术开发中心，三产服务经济实体，并广泛与省内外水产企业合作，合资共同开发水产事业，取得了重大经济效益和社会效益，在崂山高科技工业园投资兴建了综合型的科研、开发中试基地，初步构成了科研、开发、经营一体化的新型研究所框架，增强了自我发展能力，进入了以科研促开发，以开发保科研的良性循环。

为了全省海洋水产业的持续稳定的发展，今后该所将在海水养殖新品种的培育、选育及引进，海水养殖生物病害防治以及健康型海水养殖技术和生态养殖技术模式等方面进行重点技术攻关研究，以适应新世纪海洋事业发展的需要。（李美珍）

【广西海洋研究所】 广西海洋研究所成立于1978年，是广西目前惟一的一所综合性海洋科学研究机构。全所共有在职职工106人，其中专业技术干部80人。具有高级职称的专业人员13人，中级职称50人。下设红树林研究中心、海洋生物技术研究中心、海洋环境工程中心、海水养殖应用研究中心、海水增养殖试验基地、鱼虾病防治研究中心、行政办公室、人事教育科、业务管理科等研究、开发及管理机构。该所拥有一批包括多倍体分析仪、液相蛋白层析仪、电子分析天平、高精度显微镜等大型仪器在内的海洋研究仪器设备。所内有科研试验大楼和综合办公大楼各1栋，并有图书资料室和生物标本室。1993年建成一个面积11.3hm^{2}余的多功能海水增养殖试验基地。

建所以来，该所共承担国家和自治区等有关部门委托的科研课题120余项，已经完成90余项，获自治区级和广西科学院科技进步奖35项，发表科技论文376篇，论著8部。从80年代初到90年代初，该所承担了广西海岸带和海涂资源综合调查和广西海岛资源综合调查两大项目，项目完成后顺利通过验收，其中海岸带和海涂资源综合调查获自治区科技进步一等奖。此外，一批有影响的项目如红树林生态研究、方格星虫的繁育、海蛇综合利用、中华乌塘鳢工厂化育苗、珠母贝多倍体育种技术等均有新的突破。

1998～1999年该所承担的项目主要有马氏珠母贝种质资源遗传标记研究、马氏珠母贝优良品种快速繁育体系、广西边境海岸红树林的恢复生态学研究、红树植物木榄种群的分形生态研究、药物直接诱导马氏珠母贝四倍体的产生及机理、应用分子标记技术建立马氏珠母贝优良品种快速繁育体系、马氏珠母贝珍珠囊的体外培养及插囊育珠研究、龙虾叶状幼体营养生态学的研究、广西沿岸沙坝－泻湖形成演化与开发整治等。发表《广西江平地区沙坝－泻湖沉积相序与沉积环境演变过程》等科技论文29篇。1998年该所承担的国家“八五”攻关项目“试管珍珠的研究”获得国家海洋局海洋科技进步奖三等奖。

在水产养殖方面，该所近年来着重进行海洋水产养殖品种苗种培育的研究。中华乌塘鳢工厂化育苗的各项技术指标达到国内先进水平，并掌握了一套成熟的中华乌塘鳢工厂化育苗技术。另外，鬼鲉的人工育苗已经成功，达到了批量生产苗种的要求。目前正在开展的研究有文蛤人工育苗、大獭蛤（象鼻螺）的人工育苗、方格星虫的繁殖生态学等。

（广西海洋研究所供稿）

【国家生化工程技术研究中心】 该中心于1996年4月正式挂牌成立，科技部任命博士生导师张嗣良教授为国家生化工程技术研究中心（上海）主任，随后成立了上海国佳生化工程技术有限公司，公司总经理由张嗣良教授兼任。

国家生化工程技术研究中心（上海）是由在生化工程技术研究方面具有悠久历史和雄厚实力基础的依托单位——华东理工大学与全国最大的医药化工集团公司——上海华谊（集团）公司，以合作的方式组建的，是立足上海、面向国内外研究机构和企业的、开放式的、具有企业性质的独立法人单位。该中心得到了科技部、教育部和上海市科委的大力支持。

华东理工大学海洋生化工程研究室创建于1996年，是国内最早从事海洋生化工程这一新领域研究开发的科研组织之一。近几年来，海洋生化工程研究室与国家生化工程技术研究中心（上海）合作，将微生物发酵罐及微生物发酵过程中的多参数在线检测与控制技术应用于微藻及大型海藻的培养以及水产养殖业中，并开展了大量的研究开发工作，同时得到了“海洋生物技术863”计划、国家“九五”科技攻关计划、上海市“科技兴农重点”攻关计划、江苏省“海上苏东计划”等项目支持。在封闭式光生物反应器及水产养殖系统多参数水质在线检测方面取得了产业化成果。

国家生化工程技术研究中心（上海）和海洋生化工程研究室拥有一支由20多人组成的生物反应器、多参数在线检测与控制系统的专职研究、开发与制造队伍，有专人从事温度、pH、溶解氧、氨氮、亚硝态氮、H_2S、电导、氧化还原电位传感器的研究、开发与制造，有专人从事仪表及计算机软件和硬件的研究、开发与制造。

涉海院校

【海洋院校】 见本年鉴海洋教育部分。

附录5 国外海洋工作简况

Appendix 5 Summary of Foreign Marine Work

海洋管理

美国

【21世纪海洋工作议程】 1998年6月11～12日，美国全国海洋工作会议在加利福尼亚蒙特利尔召开。会上，克林顿总统和戈尔副总统提出一系列开发、保护和恢复美国重要海洋资源的建议，堪称美国21世纪议程。克林顿总统和戈尔副总统建议在2002年之前支出2.24亿美元用于这些举措。

海上石油钻探的海洋保护。为了保护美国的海洋和海岸免遭海上油气钻探造成的环境污染，总统发布指令，将海上区块租赁再延缓10年，并永久禁止租赁新的国家海洋保护区。

建立可持续渔业。为了恢复美国渔业，支持依赖渔业的沿海社区，政府将制定减少过度捕捞、保护主要鱼群栖息地的措施，包括禁止出售和进口大西洋箭鱼的命令。为了加速执行此措施，政府计划在5年内增加1.94亿美元投入，并呼吁其他国家作出类似努力。

21世纪的港口。为了保持竞争力，确保美国有能力安全处理21世纪更加繁忙的海洋船舶运输，政府将开展现代化工程，由即将建立的海港服务基金会筹资。基金会将在今后5年内筹集8亿美元资金，用于加深和保持航道，提高航海安全系数，以及进行其他海港工程。

加入《联合国海洋法公约》。为了保持美国在国际海洋事务中的领导地位，总统吁请美国参议院确保美国海洋各界对《联合国海洋法公约》的广泛支持，为美国加入《公约》、献礼国际海洋年铺平道路。

保护珊瑚礁。为了加强对美国海域内天然珊瑚礁的保护，克林顿总统已签发了指导联邦机构扩展研究、保护和恢复活动的指令。总统计划在2002年之前再增加600万美元，以加速这方面的努力，完成大西洋、加勒比海和太平洋18处受损珊瑚礁的恢复。

开发美国最后的疆域。为了揭开深海奥秘，寻求新的海上机遇，更好地理解如何保护海洋资源，政府将推出用先进水下技术划分和勘测美国海域的计划。到2002年，将有1 200万美元用于扩建两个浅海观测站，建立两个新的深海观测站，以及研制两艘高技术潜水器来观测外来海洋生物。此外，将启动与国家地理协会和戈德曼基金会新的合作，勘测海洋保护区，保护海滩和沿海水域。为了保护国家的海滩、沿海水域及公众健康，副总统戈尔宣布建立一个有关海滩信息和被关闭海滩情况的新网址，并提出了针对有毒藻华的协调战略。他和克林顿总统还吁请国会全力资助政府的“净水行动计划”。

监测气候和全球变暖趋势。为了更好地认识海洋在天气和气候形成中的作用，以及所面临的全球变暖的威胁，政府将宣布一项计划以扩大海洋监测系统。政府计划在2002年之前投入1 200万美元在北大西洋和北太平洋设置数百个监测浮标，测量重要的海洋数据。

公众获取军事资料和技术。为了增强对海洋生物的认识，推进天气预报和气候变化的研究，加强对珍贵海洋资源的鉴别，政府将宣布对机密的和内部的海军资料进行降密和解密。国防部还制作了计算机航海图来代替数世纪以来一直沿用的纸图，这是海洋安全领域的重大进步。

【海水可持续发展计划】 1999年，美国启动一项海水可持续发展计划。据美国科学院测算：全球海洋水体每年生产的有机物产品中约含10%碳物质，约上千亿吨，这就是海洋生态系统的巨大物质基础。在此基础上形成了由20余万种生物构成的海洋生态系，海洋生态系的各种生物都可能成为有用的资源，而且通过人工施肥和投苗等措施，还可以持续增加海洋的资源数量。因此，海洋生态农牧业是一个包括海洋中整个生物链的可持续发展，它不同于现有的单纯的海洋渔业。海洋渔业只包括了养殖、捕捞和加工3个环节，而海洋生态农牧业除了上述3个部分外，还包括资源增殖和采用综合性的高技术手段开发和利用目前尚无法利用的资源，最大限度地提高海水转化生物资源的效率，充分合理地利用海洋生物链各环节的资源，使海水的生产能力大大高于目前的水平。

日本

【第六个海岸事业计划五年计划（1996～2000年）】

由日本财政部门提出，由农林、水产、运输、建设部门联合实施。总投资19 300亿日元。该计划的主要政策是：①海岸事业主要以防灾和国土保护为重要的基础；②海岸具有极优越的自然价值，不仅对地区，而且对地球而言，是富饶的地区，是宝贵的空间。

基于这样的认识，21世纪基本目标是创造富饶的海边，包括：①保护国民生命财产和国土安全；②保护自然环境，创造丰厚的经济效益；③充分利用临海优势，创造美丽舒适的海岸。鉴于世界上200n mile体制逐步形成，日本国土厅指出，管理、利用和保护宝贵国土资源的海洋、沿岸海域为子孙后代造福是当务之急。

【海洋研究开发长期规划】 **1. 当前面临的任务**

通过海洋认识地球。通过探索海洋和地球内部，认识人类生存基础的地球是一个整体，在为积累人类知识财产做贡献的同时，为预测地球的变化做贡献。与此同时，通过提出地球与生命构成的动态的地球观，对人类即将迎来的21世纪和更远的未来进行展望。

对生命的认识。通过判明海洋及海域中生命的活动，为解开从海洋中诞生的生命之谜及判明其进化对地球产生巨大影响。

解决全球问题。关于地球温暖化问题，现在除了提高预测精度的课题之外，已经到了必须讨论减少二氧化碳排放量具体对策的阶段。随着人口的增加，确保资源、能源、粮食也将作为迫切需要解决的全球问题。对于这些全球问题，努力从海洋科学技术的角度提供解决对策。

扩大人类的活动领域。为了通过探索海洋认识地球，进行其开发和利用，为扩大人类从沿岸到深海的活动领域和利用海洋的各种潜力提供技术基础。

2. 海洋研究开发目标

（1）为了掌握辽阔、复杂的地球系统整体情况，要在填补尚未涉足领域、观测空白区域的同时，对有对照性特点的重点海域进行集中观测，在全球实施海域之间的比较研究。

（2）为了发现过去曾发生何种变化或不可逆转的变化，或者将来是否可能发生，除全球性研究外，要对地球和生命进行微观水平的研究，还有通过对古代环境的研究，争取从本质上进行了解。

（3）为了提高预测精度和制定有效的对策，要通过研究的高度化、长期化、广域化，找出对社会有重大影响的气候变化、生态系统变化、地震的发生等预测的可能性及观测方法。

3. 海洋研究开发工作重点

前期重点课题：①亚太地区气候变化的研究（已着手）；②北极圈国际合作研究；③海底地壳变动综合观测研究（已着手）；④深海地钻探计划（已经着手开发研究）；⑤海洋实验生态系统环境研究；⑥推广先进的海洋工程学。

后期的重点课题：①面向下一步海洋、大气观测系统建设的研究开发；②地球深部动态研究。

4. 方针、政策和措施

（1）合作与协作。在国内合作方面，应有机地运用研究技术和船舶、设备等资源，积极进行。在根据课题性质选择适当的方法的同时，要注意提高整个日本的研究技术水平，为培养人才做贡献。在国际合作方面，不仅停留在完成国际性责任，还要以完成更具体的研究目的为目标，积极提倡、分担综合性国际合作项目。还应发挥每个研究人员的创意，切实落实国际合作工作。

（2）营造良好的研究环境。根据任务变化，具有多种特点的调查船，按需求进一步提高功能和可靠性。要根据研究计划和国内各种形势，由有外部有关人士参加的委员会制定具有战略性的、对外开放的航运计划。加强与有关部委及大学的合作，建立灵活运行的体制，确保生命安全，努力建成精简、有效的航运组织、节约航运费、实现设备、机器类通用化、简化观测方法，进一步降低成本。

研究支援是最大限度发挥研究人员能力的措施。研究支援活动需要有合理的体制。考虑到专业、效率性，通过培养和运用外部功能实现这个目的。另一方面，对研究支援的过重负担从整体来看，可能会影响研究的进展，需要有计划地进行合理、协调。

（3）组织、体制与资金。为实现中心的研究设想，必须建立强有力的组织、体制。为此，要以实现目标为目的，确立本规划管理要素互相推动的、灵活开放的研究体制和负责任、有执行能力的促进体制。为此要加强海洋科学技术中心内各部门之间的合作；建设灵活的运行体制；提高先进技术开发尖端科学；加强对研究、管理的监督要保证内部人才，积极引进人才，同时努力为培养21世纪接班人才做贡献。要实现本规划，估计需要大大超过迄今中心预算规模的资金。确保所需资金对实现本规划是至关重要的。

加拿大

【加拿大颁布《海洋法》】 1997年1月加拿大政府正式颁布《海洋法》。该法由序言和3节组成。第一节通过宣布一个专属经济区和毗邻区承认加拿大对其海洋区域的管辖权。第二节规定根据海洋、海岸活动和资源的可持续发展及综合管理制定和实施一项国家海洋管理战略。第三节规定加强和澄清联邦对于管理加拿大海洋的职责。

《序言》部分提供一些有关联邦政府对海洋的政策的重要陈述：

（1）承认加拿大的3个海洋是所有加拿大人的共同的遗产；

（2）增进对海洋和海洋过程、海洋资源以及生态系统的了解，以促进海洋的可持续发展，支持以维持生物多样性和生产力的生态系办法为基础的保护；

（3）促进海洋资源保护、管理及开发的预报办法的广泛应用，促进海洋和海洋资源的综合管理；

（4）认识到对于沿海社会来说有着经济多样化和财富生产的重大机会；

确定渔业和海洋部（DFO）为牵头部门，授权其与其他联邦部门和机构、省政府、有关的土著居民组织、沿海各界及其他方面合作制定和实施国家管理河口、海岸和海洋生态系的战略；

（5）承认加拿大在海洋和海洋管理上是世界上的领先者。

这些陈述的重要性在于加拿大政府首次陈述了有关海洋和海岸管理的国家原则和意图，还在于一个联邦部门被首次授权为了实施资源综合管理之特定目的与众多既得利益者合作。

澳大利亚

【澳大利亚海洋政策】 澳大利亚联邦政府1998年12月公布了国家海洋政策。分为“海洋政策”、“产业发展战略”和“海洋科学技术规划”三大部分。其主要目的是统一产业部门和政府管辖区内的海洋管理决策，为规划和管理一系列海洋利用提供战略依据；确保有效控制对海洋的破坏性影响，包括陆源和海洋污染，使有用环境得到保护和维护，同时确定产业的发展机会；还将促进对影响海洋和陆地环境的全球海洋的监测与了解。“海洋产业发展战略”和“海洋科学技术规划”将为“澳大利亚海洋政策”所包含的环境保护和资源开发工作提供基本原则。确定科学、技术及产业开发的重点，以提高保护、利用和了解海洋资源的能力。根据“澳大利亚海洋政策”，该“战略”和“规划”将寻求在下列方面作出改进：

（1）产业界、政府部门及社区就有关海洋资源的事务进行合作；

（2）人们对海洋环境的了解；

（3）对海洋资源可持续利用的科学保障；

（4）海洋研究基础设施；

（5）研究和创新方面的技能基础和能力；

（6）跨部门资源综合管理；

（7）为实现资源可持续利用所作出的现有安排的效率和有效性；

（8）基础资料和监测，以便评估资源并提供有效的管理；

（9）政府政策和管理的透明度；

（10）政府间协调。

海洋科学

【全球海洋观测系统(GOOS)】 为了增进对海洋在控制气候变化上的作用的了解，科学家已开始将海洋作为一个全球系统进行实验研究和预测。全球海洋观测系统(GOOS)即出自于此目的。GOOS计划是在IOC（政府间海洋学委员会）、WMO（世界气象组织）、UNEP（联合国环境规划署）及世界科学联合会论坛（ISCU）的支持下提出的。GOOS的第一阶段前-GOOS到1998年即将完成，它由以前存在的项目成分组成。包括：海潮测量器全球网络（全球海平面观测系统-GLOS），随机项目，世界气象组织（WNO）的自动观测船计划，海洋气象委员会系列的漂流气球，全球温度盐度计划，区域数据中心，各种卫星，持续浮游生物记录行动，世界贻贝观察及海洋污染监测（MARPO LMON）项目。

GOOS的中心原则是它必须是一个有效运行的全球项目，但它基本上是由一个国家或国家的区域性组织来实施的。有几个区域组织已制定了在其所在区域实施GOOS计划。例如欧洲GOOS是由14个欧洲国家22个政府机构所组成的联合体，它正在北冰洋、Balric、西北壳、地中海及大西洋盆区建立导航或示范计划。东北亚GOOS（NEAR-GOOS）涉及到日本、中国、韩国及俄罗斯，集中研究在日本与亚洲大陆之间的海区建立一个能够包含实时及延时数据库以满足其使用者需要的数据流系统，该系统的建立标志着NEAR-GOOS项目的开始。在美国及加拿大直接针对三大主题：气候、渔业及海岸，因为这些都是海洋环境问题中众多的北美人所关心的问题。GOOS的进一步发展是按照其在5个不同的商业部门和 科学活动模块来考虑的：①气候监测、评估和预报；②海洋健康评价及预测；③海洋生物资源的评估；④沿海环境及变化的监测；⑤海洋气候学及海洋学可操作设施。

GOOS的完全实施需要通过与发展中国家建立伙

伴关系把技术转让到发展中国家，并在这些国家建立技术能力。为此，欧洲GOOS正在计划与发展中国家一起建立技术能力，在NEAR-GOOS中，日本正扩展原来的计划，以逐渐将其操作范围扩大到整个太平洋。预计GOOS的完全实施要到2010年。

【热液作用及其生态系统】 海底喷发的热液流有着复杂的物理、化学和生物相互作用，对热液作用及其构成热液系统的过程的了解将为生物、化学、地质和物理海洋学问题提供信息。在现代世界海洋研究活动中，不同程度地研究了100余个活动的和残留的热液场。对热液沉积物的地质年代学、形成机制以及对大西洋和热液场的构造位置进行了分析研究。区域性研究工作表明，大部分热液矿化点位于大西洋中脊新火山裂谷区范围内，并趋向于火山顶部，如斯内克·皮特和布罗肯·斯布尔热液场也分布在无地震区域及其附近海域，延续的海底凹陷（断裂）与热液场的分布区相接。

1998年科学家在新几内亚海（又名为俾斯麦海）新爱尔兰岛和新不列颠岛之间的海底发现了热液场并对其进行了详细的研究。在位于新几内亚海北部和中部海区面积约5 000km^{2}的马努斯海盆，从热液构筑物中采集了83块标本。分析发现它们含有金、银、锌及其他贵金属。在名为“维斯克森林”的热液场区，1t矿石中含15g金、200g银和26%的锌，而在“巴克马努斯”场区则为21g金、130g银和15%的锌。另外，科学家还对于热液系统循环方式及其对海洋化学的影响、影响热液释放的可变因素、化学合成类细菌的角色、热液系统中或其附近的生物共同体的特征等进行了研究。

【国际海洋古全球变迁研究（IMAGES）计划】 国际海洋古全球变迁研究(IMAGES)是由国际地圈－生物圈计划（IGBP）之下的核心计划“古全球变迁”（PAGES）及“南北半球古气候”（PANASH）衍生出来的，是为了解最近30万年以来海洋气候记录及机制而组织的国际海洋科学研究计划。现已有11个会员国，且数量仍在快速增加。IMAGES自1995年以来已组织了4个航次的考察：第一航次（1995年5月29日至7月11日）北大西洋挪威海古海洋研究；第二航次（1996年10月20日至11月25日）南部非洲大陆两侧南大西洋及印度洋水团交换及涌升流区的古气候－古海洋研究；第三航次（1997年5月至6月30日）南太平洋澳大利亚－新几内亚－苏禄海－南海的古气候－古海洋研究；第四航次（1998年6月5日至8月1日）南太平洋印度水域到西菲律宾及冲绳海槽的古气候－古海洋研究。第四航次已取得的初步成果主要有：①岩心MD972148（南海北坡）的沉积物中烯酮类不饱和脂肪酸，经分析后得到高解析度古温度变化曲线，明确指出岩心可达氧同位素6/7期界面。同时，海水表层温度变化可与极区冰心及北大西洋的重要古海洋－古气候信息相对应；②岩心MD972142（菲律宾巴拉望岛的西北）根据火山灰层及超微化石初步对比，显示岩心底部的年代约0.4Ma BP；③根据岩心MD972 143（菲律宾吕宋岛以东海域的宾汉隆起上）钙质超微化石的初步年代分析，显示岩心底部年龄约为2.6Ma BP，岩心上部（0～11m）沉积速率约为2.4 cm/ ka，而下部的沉积速率为1～2cm/ka。岩心中夹有21层明显可见的火山灰层，其生物定年结果可初步指示吕宋岛及周边地区火石活动相对集中的时代。

海洋开发

【海洋石油天然气开发】 到1999年5月，全球海上在钻油气钻井装置已达456艘，全球总量为619 艘，使用率为73.3%。其中在墨西哥湾的钻井装置为180艘，在钻钻井装置为114艘，使用率为63.3%；在欧洲和地中海地区的钻井装置为110艘，在钻钻井装置92艘，使用率为83.6%。

深水区域的油气开发目前虽技术难度大，但世界各大石油公司纷纷把发展的目光投向了这个领域。全球迄今已探明的深海石油储量已达400亿桶。1998年，墨西哥湾深水石油产量比1997年增长了47%。1994～1998年美国在墨西哥湾水深300m以上的石油产量增长了1.59亿桶，天然气增长了158亿m^3。1998年，美国壳牌、阿莫科、莫比尔和德士古四大石油公司联手在墨西哥湾水深2 324m处钻探深水油井，从而在世界深水钻井史上创下新的记录。这口深水油井位于德克萨斯州科铂斯克里斯蒂湾东南321.8km处的阿拉米诺斯卡永地区。

印度石油部1999年在48个区块中进行招标，其中12个位于400m水深以下。

1999年埃尔夫－阿奎坦石油公司和安哥拉国家公司共同在安哥拉海域发现了第六个深水油田。

古巴政府计划与外国公司合作，共同勘探和开发该国周边海域的深海石油。该国在墨西哥湾的专属经济区海底的储油结构面积达11.2万km^2，可划分为59个约2 000km^{2}的海底油田。

以上各国的勘探开发证实，深水区域勘探范围较大，油气储量丰富，采收程度高，可预见它将是未来石油勘探开发的第二主战场。

【气体水合物开发】 气体水合物作为一种新型能源矿产受世人瞩目。美国许多石油公司的研究机构都把气体水合物作为战略性目标进行研究。1998年，美国召开有政府部门、产业界和科学界代表参加的首次全国天然气水合物讨论会，拟建立全国天然气水合物研究机构。1999年，美国国会通过了1999年天然气水合物研究与开发法，由能源部负责该法规实施，以加强美国气体水合物的研究与开发。日本通产省制定了1995～1999年气体水合物研究开发计划。印度政府制定了1996～2000年气体水合物开发计划。此外，加拿大、英国、德国、法国、瑞士、韩国、捷克、俄罗斯、乌克兰也都在酝酿制定自己国家的气体水合物研究开发计划。

在这场气体水合物研究开发竞争中，美国投入的力量最多。美国已在南卡罗来纳海上的布莱克海岭台地首次完成了气体水合物的测量，并在墨西哥湾中Sassen和Mae Donald发现了具钻石晶体晶格的“Ⅱ型结构”水合物和因其六方晶体系结构而命名的“H型结构”水合物。日本国家石油公司(JNOC)与加拿大1998年对马更舍三角洲的水合物钻孔岩心开展了地质、生物地层、地球化学、水合物特征及测井地球物理、水合物的区域产状和气候变化进行了研究。1999年，该公司的目标是在两个地点打试采井，2010年实现商业性生产。

如何用于确定水合物的层位产状和进行资源量的评价，是当前各国所致力研究的重点。今后继续加强气体水合物勘察技术方法的研究，仍是本领域发展的主要方向。

【生物资源开发】 随着生物工程技术的发展，人类食用海洋生物已由鱼、贝的直接食用发展为采用先进技术对海水中鱼类、贝类和藻类大宗产品底值产品的精加工、深加工和综合利用，开发多种多样的营养、卫生和食用方便的新产品。近几年国外开发的水产新食品主要有：

（1）鱼鳞食品：日本志太罐头公司从废弃鱼鳞中提取胶原和鳞灰石，并已开始商品化，生产含胶原和鳞灰石的片剂及罐头食品Collagetite(食品名)。片剂中胶原是构成皮肤的主要成分，能促进皮肤健康；磷灰石是占人骨和牙齿组成成分约5%的元结构，可用于临床医疗及牙膏中。

（2）鱼子冰淇淋糕点：由日本发明。

（3）金枪鱼汉堡包。英国Marr食品公司用金枪鱼肉（65%）制成金枪鱼汉堡包，使脂肪含量减少50%，热量减少30%，外观呈褐色，可增进食欲。品种多样，适合儿童、成人食用。

（4）鳗鱼豆腐：日本开发的新品豆腐，具有鳗鱼和豆腐的营养与风味，热量高，还含有多种不饱和脂肪酸和V_A，色、香、形、口感均佳。

（5）褐藻酸钠产品：美国新罕布尔什州Paovano生物公司开发研制新品牌褐藻酸钠，商品名为Paotanal。这是用挪威西海岸产的褐藻提取的，可使调味用涂抹食品（黄油、果酱等）的脂肪量从80%降低到40%。添加褐藻酸钠能使原有的食品风味及韧性得到充分发挥。该公司还研制成功用作水果糕点添加剂的混合褐藻酸钠。它耐高温，可提高水果糕点在高温下的稳定性，有利于延长水果的保存期。

此外，近年来国外开发海洋药物的研究也相当热门，且有些已实用化。以美国、日本居领先地位。最新开发的海洋药物有：

（1）利用蓝藻制成谷胱甘肽（GSH），由日本岛根大学研制。可用来治疗肝脏疾病、糖尿病等。

（2）从鱼头中提取硫酸软骨素及活性肽，由日本北海道钏路水产实验室研制，每千克鱼头平均可提取3g硫酸软骨素。该产品属多糖，有很好的保温性及抑制炎症的作用，可作治疗腰痛及关节炎的内服药。它系由大马哈鱼头中提取生理活性肽并制成口服液，且使血压长期保持稳定。

（3）美国和日本等国从珊瑚中分离出一种前列腺素活性物质及衍生物，具有明显的抗癌作用，还可用来治疗胃溃疡、哮喘，并可调节血压和防止代谢紊乱。

（4）从角鲨胃中分离出名为角鲨胺的化学物质，并加以提纯，制成水溶性抗菌素，其抗菌效果与现今使用的氨苄青霉素不相上下。

（5）海洋微生物苔藓虫中含有一种杀死癌细胞的化合物——布拉欧斯泰啶1号，可明显延长患有白血病、淋巴瘤或黑色素瘤的老鼠之寿命。因此，可望此种抗癌物质对人体有效。

（6）从鲨鱼肝脏中萃取有助于消化脂肪的胆汁，可作为药剂，它能明显减少人体皮肤油脂腺的分泌，防治脸面部的疱疹。

【海洋能源开发】 海洋能源是取之不尽、用之不竭的无污染再生能源。尽管海洋能发电成本较高，需进一步完善，但目前的进展已表明了其商业价值。国外发达国家一直致力于这方面的研究开发。日本在三重县境内的志摩半岛上斥资10亿日元建立了世界上最大的漂浮式波浪发电站，该波能电站1998年7月建成，其发电装置——“巨鲸2”号长50m、宽30m、高12m，吃水8m，排水量4 380t，3根锁链和沉降物系泊。发电能力合计为110kW。“巨鲸”从1998年9月开始进行为期2年的实验发电，目标是把成本降到每千瓦30～40日元的水平。据有关专家介绍，日本建造“巨鲸”的意义在于：①在一些孤岛上应用这种高成本的发电技术仍有一定的必要性；②可以用它生产的电力净化沿海水质和海底，以改善和保护沿海生态环境；③可被用作为垂钓、游览以及观测气象、海象、水文等科研活动的据点。

1998年9月英国伊特电力公司正式开始新型海流涡轮发动机的设计建造工作，这项研究被列为欧盟的示范项目，并获得欧盟提供的67.5万英镑（约111万美元）的资助。其研究的主要目的是测试如何利用海洋为人类提供更有利于环保的能源。

【海洋空间利用】　贯穿全球的海底光缆铺设计划“氧气工程”总长为28.6 万km的海底光缆于1999年下半年开始铺设。“氧气工程”计划完成后，连同此前铺设的贯穿全球的36.8万km的海底光缆一起可传输多达1 000万路电话信息。

此外，韩国至欧洲的海底光缆于1998年开通。这条国际超高速海底光缆从韩国南部的巨济岛开始，经过日本、中国、泰国、印度、阿联酋、埃及、意大利、西班牙，一直到英国的伦敦，全长2.8万km。据报道，这一海底光缆由两条通信线组成，每条通信线有60 480根通信回路，并采用最尖端的传送技术，每秒可传送相当于62.5万页的资料。

巴西电信公司于1999年开始铺设第二条跨大西洋海底光缆，这条全长1.2万km的跨洋光缆计划直接连接巴西和欧洲大陆，同时通过中转站连接巴西和其他地区的通信线路。据报道，这条光缆的同步通话设计容量将达到48万路，投入使用后巴西和欧洲、非洲、亚洲之间的信息传输容量将扩大40倍。这条跨洋光缆由巴西、葡萄牙和西班牙等国共同出资完成。

越南于1999年开通第一条国际海底光缆和陆地光缆，从而使它成为全球40个沿岸光缆通信网站之一。该光缆长3.9万km, 从西欧延伸到中东、澳大利亚、东南亚和东北亚，耗资14亿美元，其中越南投资3 300万美元。世界上92家电信公司参与此光缆的建设。

海洋监测技术

【多用途电子监测网络系统】　由日本海洋科技中心1999年8月开始研制的多用途电子监测网络系统是针对不同海洋现象的长期连续观测系统，该系统的通信传输由日本电信电话公司（KDD）拥有的越太平洋第二电缆（TPC-2）承担，海底观测设备与电缆之间的连接使用了“远程操作车（ROV）”等最新技术。整个观测系统包括：① 宽带、高灵敏地震观测系统：高灵敏度、甚宽带地震计可记录到0.002 7～50Hz较宽范围的地震波；动态范围宽达144dB的数字仪可将来自地震计的模拟输出信号数字化，并将数字信号传到陆地。该系统是世界上第一个海底宽带地震实时观测系统，由此获得的数据有助于探索琉球诸岛地震发生的机理，并可提供菲律宾海洋板块的结构信息；以精确水压测量为依据的海啸监测系统通过监测海底压力变化预测海底强震引起的海啸。② 火山监测系统：在洋底安装5组测声器通过监测来自海底火山的声波来识别火山的爆发方向。这是日本首台安装在海底的区域火山长期监测系统。③ 地壳运动观测系统：安装在海底的声测距系统，可持续测量声波的传播时间，以实时监测地壳变化，并且通过在带有全球定位系统（GPS）的“声距测量浮标”与海底“声测距系统”之间实施测量，以确定测地线的基准点。④地磁和电磁场观测系统：该系统可对海底地磁场和电磁场变化作长期连续观测。⑤ 以声通信为基础的移动观测系统：用在处理海底火山突然喷发等需即时实时观测的情况。系统的高移动性使测量设备在最佳位置观测成为可能。该系统可与固定观测系统配合以覆盖更宽的观测区域。⑥ 多传感器深海环境变化观测系统：该系统使用了包括浊度计、CTD传感器（探测电导率、水温和水压变化）、电磁通量记录仪、高频地震计、水下测声器（探测地震引起的水压变化）、水下温度计（在海底以下20cm处测温）及数字静态摄像仪（由静态图像探测洋底变化）在内的多种传感器对深海环境变化作长期连续观测。

【深潜器】　由英国伦敦大学耗资上百万英镑、耗时达10年研制的新型深海探测机器人于1998年问世，该机器人可潜入1万m的深海进行海底矿物勘探和环境考察等。该机器人重达1 860kg，长2.3m，宽1.5m，高1.5m。它采用了先进的人工智能技术，能在深海中像潜水员那样灵活地运动，并能根据要求采集试样。科学家可以在考察船上遥控这种机器人，还可以根据考察任务的不同让机器人作业时携带不同的仪器。

法国国家海洋研究所最新研制的新型深海潜器，可潜入水下6 000m，拍摄深海环境的录像。深潜器由考察船运到指定海域，然后潜入海中，并通过一条长达8 000m的钢缆与考察船相连，钢缆内安装有通信光缆，可将拍摄到的图像传回考察船，工作人员可通过通信光缆对深潜器下达指令。深潜器配备声呐系统、高清晰度成像系统等，可自动调节方向和角度，深潜器的上下、左右、前后分别设有6个推进器，可调节深度、位置和方向。

加拿大最新研制的载人潜器由电脑控制，驾驶员头部位置有透明的亚克力头罩，动力来源是4个推进器，整体设计像一辆水底汽车，展开时有约4.3m长的机械臂，可潜水到610m左右，计划增加到1 220m左右，以便能深入到深海底探测。

【海洋遥感技术】 近年来，国际上利用卫星遥感技术观测海洋环境取得了很大进展。美国和日本的科学家利用卫星雷达测量海面风速、风向，其原理是由于雷达在探测海洋上的物体时会出现“噪声”，这种“噪声”是由海浪引起的，并与风速、海浪成正比。雷达通过不同角度对“噪声”进行探测，并经过比较就可得出风向的数据。据此，就可建立起全球海洋风速和风向的数据库，从而为预报天气提供重要依据。由于卫星上的雷达覆盖面广（约92%的海洋区域），因此接收卫星发回的数据，经计算机处理后就可“绘制”出全球海洋风速、风向图。

日本东京大学地震研究所的科学家们正在研究利用卫星预报海啸，其原理十分简单，主要得益于近年来迅速发展的“全球定位系统”卫星网络。构成“全球定位系统”的24颗卫星，其位置的分布使得位于地球任何地点的接收装置都可收到至少3颗卫星传出的信号。通过对接收到的3颗以上卫星所发出的信号进行分析计算，所测量出的海上浮标纵向位置运动，其误差不超过几厘米。因为海啸形成的海啸波与普通海浪相比，相邻两个波峰间距离要长得多，据此则不难对它们作出区分，得出有关信息。

【海洋声学技术】 英国纽卡斯尔大学研制的海洋声学通信系统可以16KB/s 的速度将数据在海水中传送至几千米。该系统使用了10～20kHz频率，通过使用一种称为“移相键控”的技术调制15kHz的载波，从低频挤压高速率数据，这是最新调制解调器传送数据的方法，载波利用经4种状态转换的模式传送数据位。

该系统还采用了“分集接收”，几个接收器排成环状，每一个从不同角度检取声频信号，数据流包括接收器识别的最强和最清晰的信号。并去除由回波和多普勒频移引起的失真的参考标记。最近该系统已通过了实验，下一步将在北海进行实验。

法国汤姆森公司研制出一种依靠声呐传播的水下电视系统。其原理是电视摄像机将接收的图像电讯号转为声信号，靠声呐直接在水中传播到水面，然后在水面由接收系统还原成电信号后再在电视上显示出来。这种声呐电视系统已用于1 000余米深的水下进行科学勘探和摄像处理。 （于保华）

中国海洋年鉴编辑部

地　　址：天津市河东区六纬路 93 号

邮政编码：300171

电　　话：（022）24010825

传　　真：（022）24304408

E-mail：msb@mail.nmdis.gov.cn

coy@mail.nmdis.gov.cn